高等学校"十三五"规划教材
市政与环境工程系列研究生教材

活性污泥微生物学与分子生物学

许志茹　李巧燕　李永峰　编著
张　颖　主审

哈爾濱工業大學出版社

内容简介

本书共分5篇:活性污泥微生物图谱、活性污泥微生物学原理、活性污泥功能菌、活性污泥微生物实验技术和活性污泥微生物学产业化应用。每篇具体展开以下论述:活性污泥中的细菌图谱、活性污泥中的真菌和藻类图谱、活性污泥中的原生动物和后生动物图谱;古生菌、细菌、真菌、藻类、原生动物、后生动物、病毒;产甲烷菌、产氢菌、硫酸盐还原菌、脱氮除磷微生物;显微镜技术,细菌形态和染色,活性污泥中微生物的初步观察,絮状颗粒和泡沫,活性污泥丝状生物体观察图解,活性污泥动物观察图解,活性污泥藻类、真菌和指示性生物观察图解,活性污泥中指示性生物的收集、评估及观察报告;产沼气、产氢、脱氮除磷工艺、颗粒污泥、污泥减量化、活性污泥膨胀等。

本书可作为市政工程、环境工程、环境科学等基础与应用学科的本科和研究生的辅助教材或相关专业的培训教材,也可供科研工作者参考。

图书在版编目(CIP)数据

活性污泥微生物学与分子生物学/许志茹,李巧燕,李永峰编著.—哈尔滨:哈尔滨工业大学出版社,2017.7
ISBN 978-7-5603-6479-7

Ⅰ.①活… Ⅱ.①许… ②李… ③李… Ⅲ.①活性污泥-微生物学-研究 ②活性污泥-分子生物学-研究 Ⅳ.①X703

中国版本图书馆CIP数据核字(2017)第040708号

策划编辑 贾学斌
责任编辑 郭 然
封面设计 卞秉利
出版发行 哈尔滨工业大学出版社
社 址 哈尔滨市南岗区复华四道街10号 邮编150006
传 真 0451-86414749
网 址 http://hitpress.hit.edu.cn
印 刷 哈尔滨工业大学印刷厂
开 本 787mm×1092mm 1/16 印张 40.5 字数 1056千字
版 次 2017年7月第1版 2017年7月第1次印刷
书 号 ISBN 978-7-5603-6479-7
定 价 98.00元

《活性污泥微生物学与分子生物学》编写人员与分工

编　　著　许志茹　李巧燕　李永峰

主　　审　张　颖

编写人员　李巧燕:第 1 ~6 章　　李传睿:第 7 章

吕云汉:第 8 章　　郭佳奇:第 9 ~10 章

许志茹:第 11 ~14 章　　李伟军:第 15 ~16 章

李传慧:第 17 ~20 章　　韩　伟:第 21 章

黄　志:第 22 章　　李永峰:第 23 ~28 章

文字整理与图表制作:彭方玥、骆雪晴、杨丽、张伊凡、王晓彤

前　言

将污水放置一段时间后通入空气会产生絮凝性较好的絮状体,这就是活性污泥。使用显微镜可见茶色的污泥及周围的原生动物和微型后生动物。微生物只有适应周围的环境才能生存,所以在显微镜下观察到的微生物可以认为是最适应这种环境的生物。

对于污水处理厂经营者来说,废水样品的显微镜镜检为其研究活性污泥系统中运行条件的优劣提供了方法并创造了条件,从而为维持系统的良好运行状况,对防止、纠正不良运行状况提供和确定了相应的经营和管理策略。同时,显微镜镜检也为经营者提供了以下信息:生物量情况、生物量对运行条件改变的反应、工业排放物、活性污泥法的处理效果。活性污泥系统中的混合液包含许多有机(微生物)和无机成分,通过显微镜可以观察并描述出微生物的数目、结构特征及其活动,从而为活性污泥法的过程控制和故障诊断提供指导或“生物指示”。

污水中含有种类繁多的有机污染物质,在活性污泥上栖息着多种微生物,活性污泥是一种生物群落,活性污泥降解有机物的反应与单纯化学反应不同,不是通过反应从一种静止状态过渡到另一种静止状态,而是通过一定的作用,发生酶系统和微生物种属的变化,因此,活性污泥的净化机理相对比较复杂。为了阐明这一机理,需要进行大量的调查研究、科学实验与理论探讨。此外,还应该与生物、物理和化学等知识相结合进行全面思考。

本书在第 1 篇讲述了活性污泥微生物图解,包括细菌、真菌、藻类、原生动物、后生动物和病毒等。用图表示活性污泥微生物的形态,可以帮助读者进一步了解活性污泥中的微生物。第 2 篇详细阐述了活性污泥微生物学原理,使读者在了解图谱的基础上对微生物有更深入的理解。第 3 篇介绍了活性污泥功能菌,如产甲烷菌、产氢菌、硫酸盐还原菌、氨化细菌、硝化细菌、反硝化菌和聚磷菌,主要介绍了功能菌适宜的环境条件、生理特性以及影响因素,为实际应用提供理论指导。第 4 篇详细介绍了活性污泥微生物实验技术,主要包括微生物的染色、镜检和观察图解,可以帮助读者进一步了解活性污泥的组成和微生物的特征。在阐述活性污泥微生物理论的同时,第 5 篇简单介绍了活性污泥微生物学产业化应用,如产生清洁能源——沼气和氢气、脱氮除磷、污泥减量化、抑制污泥膨胀等,将活性污泥微生物理论与活性污泥的实际工程应用相结合。

使用本书的学校可以免费获取电子课件,有需要者请与李永峰教授联系(dr_lyf@ 163.com)。本书的出版得到了黑龙江高等教育学会重点项目(16Z015)和黑龙江省自然科学基金项目(E201354)的技术成果与资金的支持,特此感谢。

本书在编写过程中参考了许多中外文献,在此向已列出和没有列出的文献作者表示诚挚的谢意。

参加本书编写的作者来自东北林业大学、东北农业大学、四川大学华西医院、杭州电子科技大学、黑龙江省城镇建设研究所、哈尔滨职业技术学院和黑龙江省伊春市中心医院。

谨以此书献给李兆孟先生(1929 年 7 月 11 日—1982 年 5 月 2 日)。

由于时间和水平有限,书中内容难免存在遗漏或不足之处,请有关专家、老师及同学们及时提出宝贵意见,使之更加完善。

作　者

2017 年 5 月

目　录

第1篇　活性污泥微生物图谱

第2篇　活性污泥微生物学原理

第3篇 活性污泥功能菌

第4篇 活性污泥微生物实验技术

第5篇 活性污泥微生物学产业化应用

第1篇　活性污泥微生物图谱

第1章　活性污泥中的细菌图谱

活性污泥法是废水处理中应用最为广泛的技术之一,活性污泥中的生物和其他成分能指示水质状况,作为废水处理系统的指示生物,从而用于评价废水的处理效果。活性污泥中的细菌具有细胞壁,属于单细胞原核生物,一般个体较小,大多在1 μm左右,在一定的环境中,不同的细菌具有相对稳定的形态和结构。活性污泥中的细菌按基本形态可分为球菌、杆菌和螺旋菌。

1.1　球　　菌

球菌是一种呈球形或近似球形的细菌,如图1.1所示。其大小以细胞直径表示,一般为0.5~1.0 μm。球菌的分裂面不同,分裂后各子细胞在空间呈现不同的排列方式。球菌根据繁殖以后的状态,可分为单球菌、双球菌、链球菌、四联球菌、八叠球菌和葡萄球菌等。

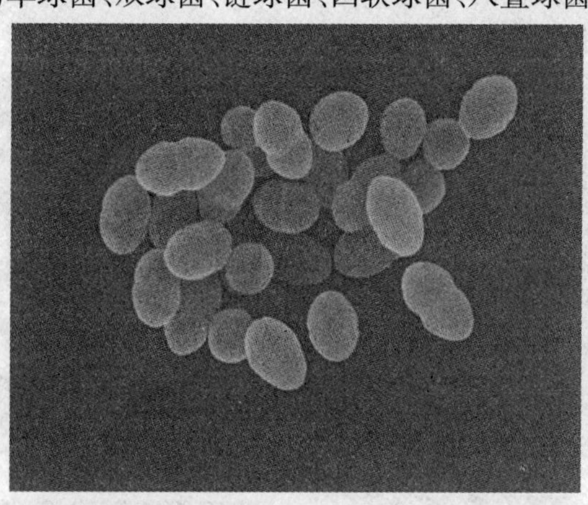

图1.1　球菌

单球菌:细胞沿一个平面进行分裂,子细胞处于分散状态、单独存在,如脲微球菌(Micrococcus ureae)。

双球菌:细胞沿一个平面进行分裂,子细胞成对排列,如肺炎双球菌(Diplococcus pneumoniae)。

链球菌:细胞沿一个平面进行分裂,子细胞呈链状排列,如乳链球菌(Streptococcus lactic)。

四联球菌:细胞按两个相互垂直的平面进行分裂,子细胞呈"田"字形排列,如四联微球菌(Micrococcus tetragenus)。

八叠球菌:细胞按3个相互垂直的平面进行分裂,子细胞呈立方体排列,如巴氏甲烷八叠球菌(Methanosarcina barkeri)。

葡萄球菌:细胞分裂面不规则,子细胞排列无次序,呈葡萄状,如金黄色葡萄球菌(Stephylococcus aureus)。

球菌的排列方式如图1.2所示。

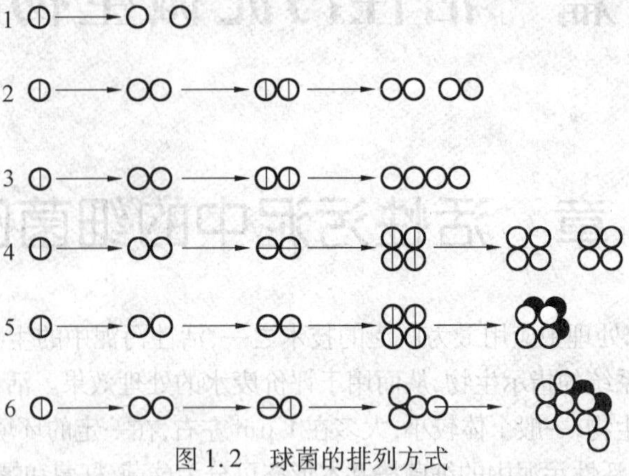

图1.2　球菌的排列方式

1—单球菌;2—双球菌;3—链球菌;4—四联球菌;5—八叠球菌;6—葡萄球菌

1.1.1　微球菌属

微球菌属(*Micrococcus*)细胞呈球形,直径为0.5~2.0 μm,单生,成对、四联或成簇出现,但不成链(图1.3),革兰氏阳性球菌;罕见运动,不生芽孢;严格好氧。菌落常有黄或红的色调。具呼吸的化能异养菌,能氧化葡萄糖,产少量酸或不产酸。通常生长在简单的培养基上。接触酶阳性,氧化酶常常是阳性的,但往往是很弱的。通常耐盐,可在5%(质量分数)NaCl溶液中生长。含细胞色素,抗溶菌酶。最适温度为25~37℃。

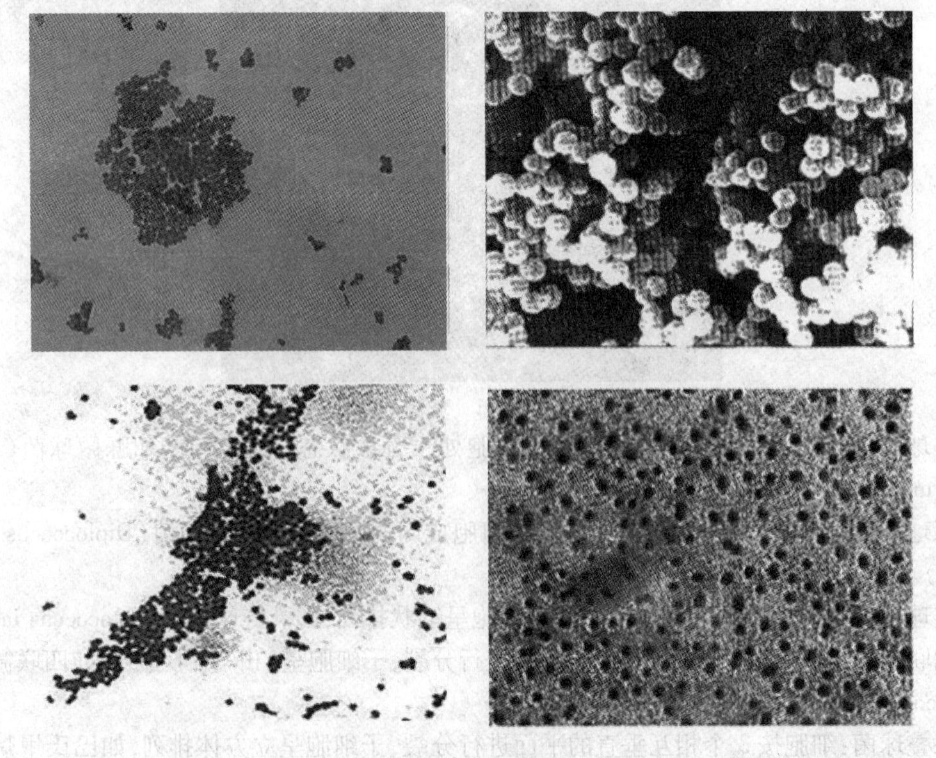

图1.3　微球菌属

1.1.2　葡萄球菌属

葡萄球菌属(*Staphylococcus*)是一群革兰氏阳性球菌,因常堆聚成葡萄串状而得名,多数为非致病菌,少数可导致疾病。葡萄球菌呈球形或稍呈椭圆形,直径为1.0 μm左右,排列成葡萄状(图1.4)。葡萄球菌无鞭毛,不能运动;无芽孢,除少数菌株外一般不形成荚膜;易被常用的碱性染料着色,革兰氏染色为阳性。葡萄球菌属于兼性厌氧微生物,在厌氧条件下可利用葡萄糖发酵,产物主要为乳酸;在好氧条件下,产物主要为醋酸和少量二氧化碳。适宜在温度为35~40 ℃,pH为7~7.5的条件下生长。

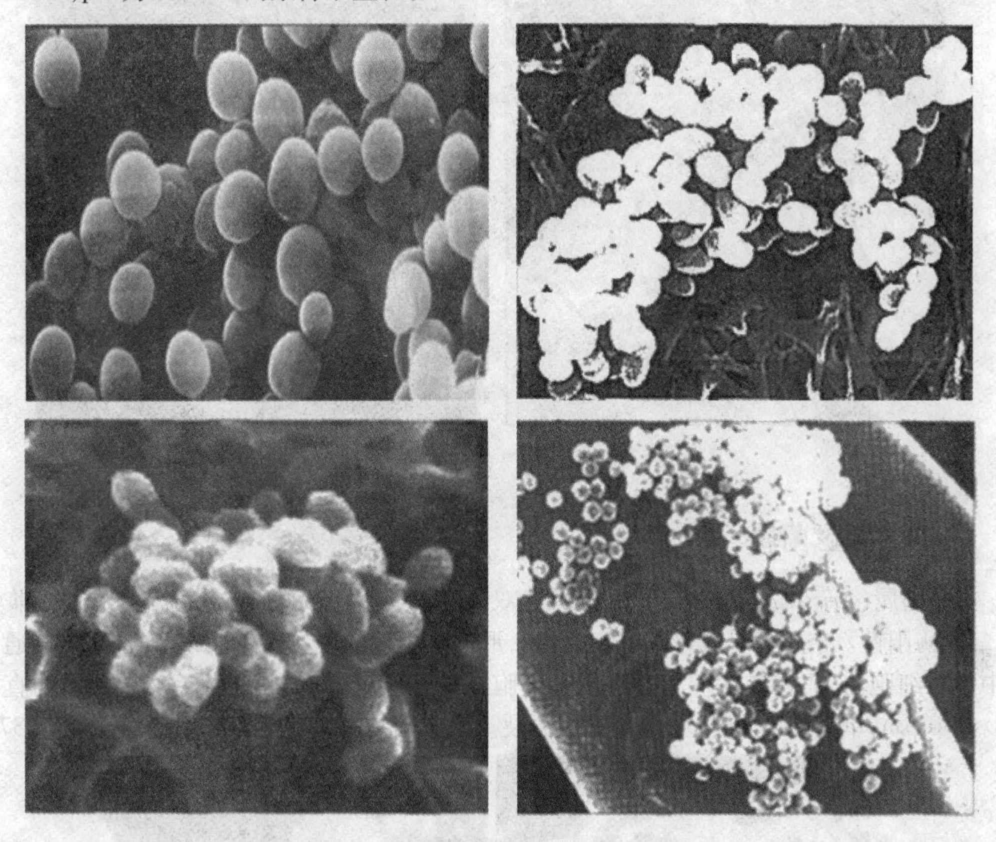

图1.4　葡萄球菌属

1.1.3　链球菌属

链球菌属(*Streptococcus*)菌体呈球形或卵圆形,直径不超过2 μm,呈链状排列,如图1.5所示。无芽孢,大多数无鞭毛,幼龄菌(2~3 h培养物)常有荚膜。多数兼性厌氧,少数厌氧,遇过氧化氢酶显阴性,最适温度为37 ℃,最适pH为7.4~7.6。细胞壁外有菌毛,革兰氏阳性菌。有机营养型,可利用葡萄糖发酵产生乳酸,无接触酶。

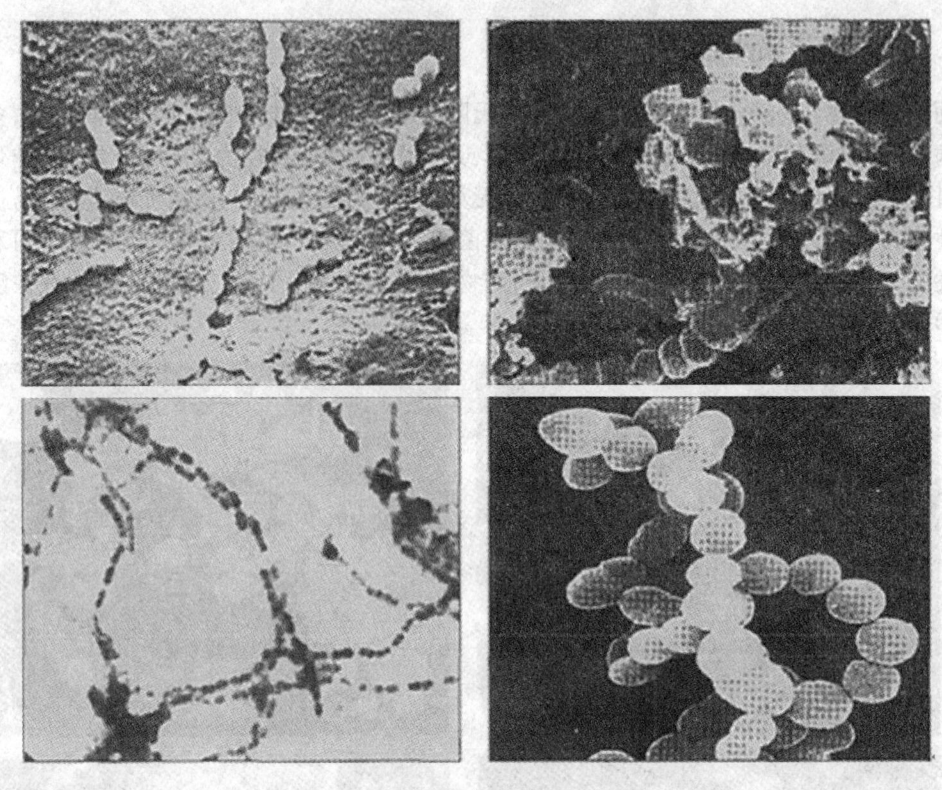

图 1.5　链球菌属

1.1.4　奈瑟菌属

奈瑟菌属(*Neisseria*)是一群革兰氏阴性双球菌,无芽孢,无鞭毛,有菌毛,好氧或兼性厌氧,氧化酶阳性。奈瑟菌是呈球形,成对排列,形似咖啡豆的革兰氏阴性球菌(图 1.6),通常位于中性粒细胞内,而在慢性淋病时常位于细胞外,新分离株有荚膜和菌毛。奈瑟菌的直径为 0.6~1.0 μm,单个或成对排列,两个平面分裂。奈瑟菌是有机化能营养型,最适温度为37 ℃。

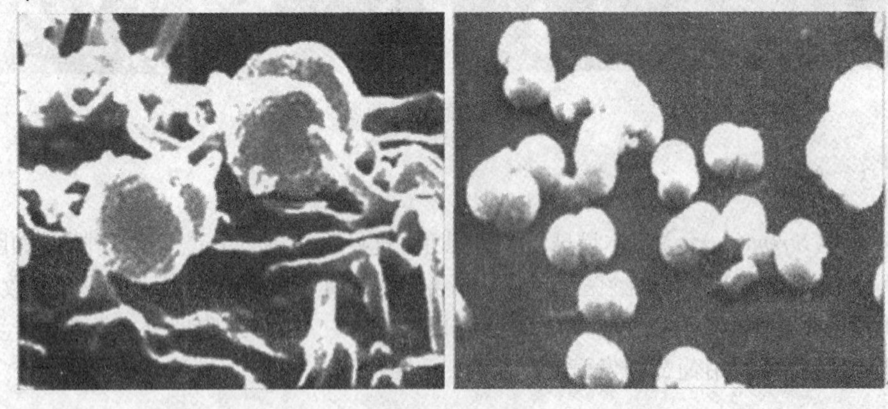

图 1.6　奈瑟菌

1.1.5　布兰汉球菌属

布兰汉球菌属(图1.7)通常为球菌,两个平面分裂,排列成双球形;无芽孢,不运动,革兰氏阴性菌;遇碳水化合物无酸生成,不产生黄色色素;有机化能营养类型,在无血通用培养基上生长良好;适宜在37 ℃下生长,好氧,接触酶和细胞色素氧化酶阳性,通常硝酸盐还原,可在哺乳动物黏膜上寄生。

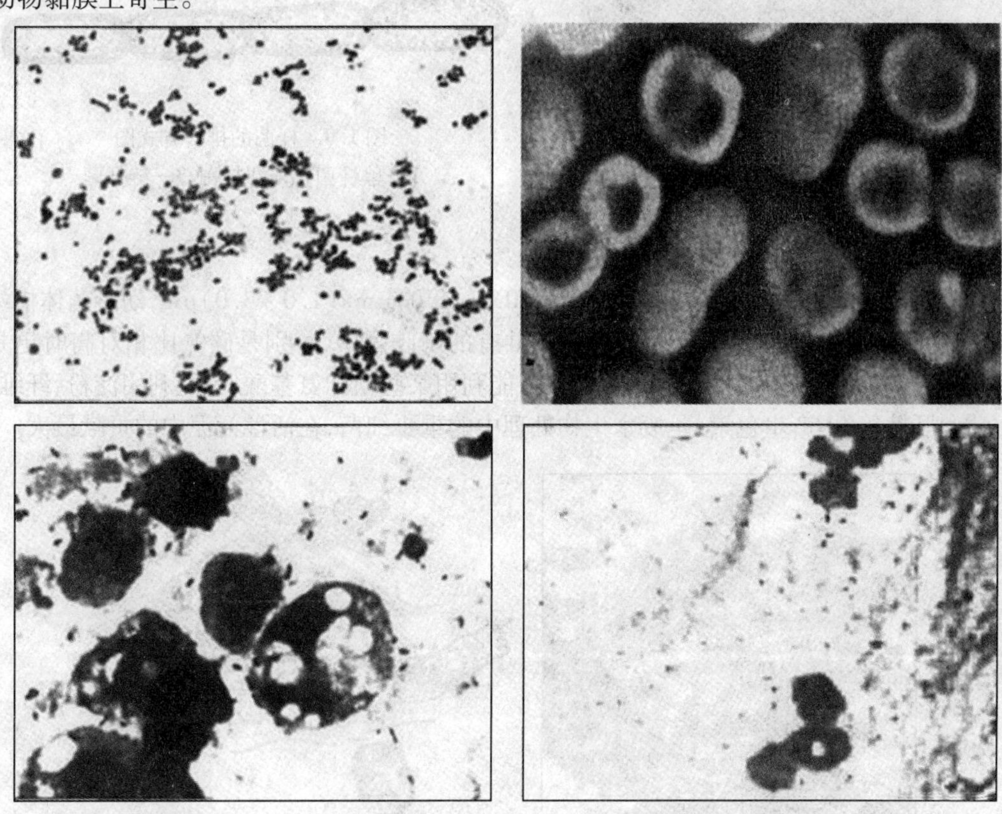

图1.7　布兰汉球菌属

1.2　杆　　菌

各种杆菌的大小、长短、弯度和粗细差异较大。大多数杆菌中等大小,长为2~5 μm,宽为0.3~1 μm。大的杆菌如炭疽杆菌((3~5)μm×(1.0~1.3)μm),小的杆菌如野兔热杆菌((0.3~0.7)μm×0.2 μm)。菌体的形态多数呈直杆状,也有的菌体微弯。菌体两端多呈钝圆形,少数两端平齐(如炭疽杆菌),也有两端尖细(如梭杆菌)或末端膨大呈棒状(如白喉杆菌)。排列一般分散存在,无一定排列形式,偶有成对或链状,个别呈特殊的排列如栅栏状或v,y,l字样,如图1.8所示。根据细胞的排列方式,杆菌可分为单杆菌、双杆菌和链杆菌,如图1.9所示。

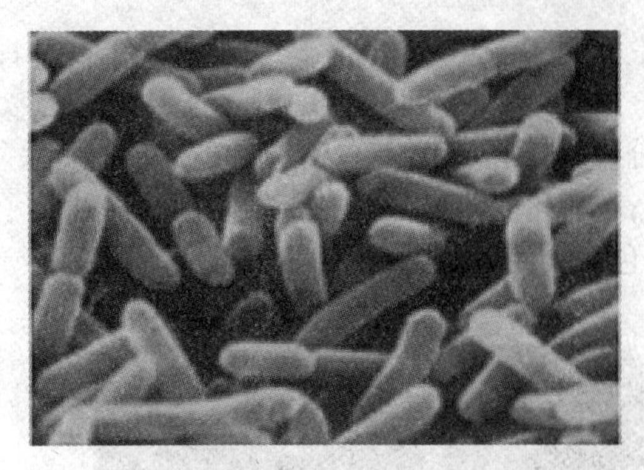

图1.8　杆菌属

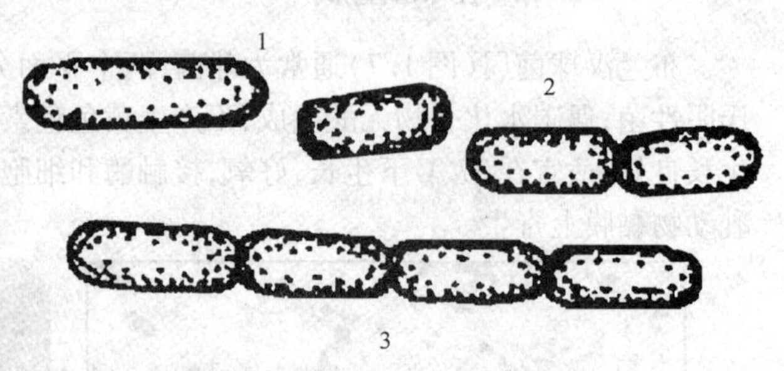

图1.9　杆菌的排列方式图
1—单杆菌;2—双杆菌;3—链杆菌

1.2.1　动胶菌属

动胶菌属(图1.10)细胞呈杆状,大小为(0.5～1.0)μm×(1.0～3.0)μm,幼龄菌体借端生单鞭毛活泼运动,在自然条件下,菌体群集于共有的菌胶团中,特别是碳氮比相对高时更是如此。革兰氏染色呈阴性,专性好氧,化能异养,能利用某些糖和氨基酸,不能利用淀粉、纤维素、蛋白质和肝糖等,不产生色素,是废水生物处理中的重要细菌,在活性污泥中的贡献最大。

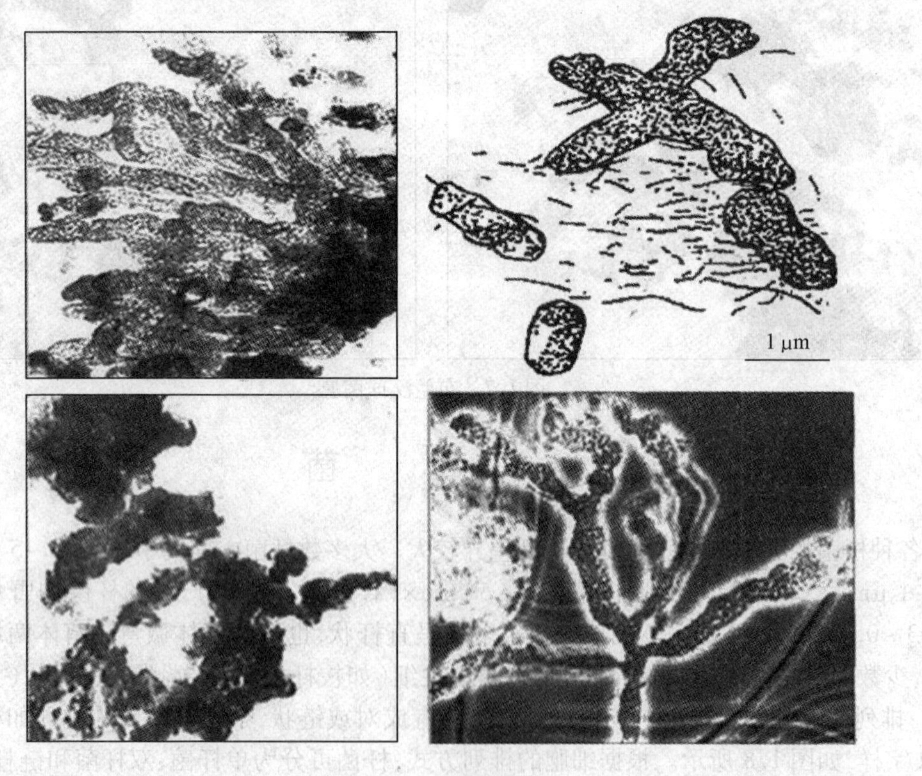

图1.10　动胶菌属

1.2.2　芽孢杆菌属

芽孢杆菌属(图1.11)细胞呈直杆状,大小为(0.5~2.5)μm×(1.2~10)μm,常以成对或链状排列,具圆端或方端。细胞染色大多数在幼龄培养时呈现革兰氏阳性,以周生鞭毛运动。芽孢呈椭圆、卵圆、柱状和圆形,能抗许多不良环境。每个细胞产一个芽孢,菌属为好氧或兼性厌氧,具有耐热、pH和盐各种多样性的生理特性。芽孢杆菌属为化能异养菌,具发酵或呼吸代谢类型。通常接触酶阳性。发现于不同的生境,少数种对脊椎动物和非脊椎动物致病。代表种为枯草芽孢杆菌,周生鞭毛,为革兰氏阳性菌,芽孢呈椭圆形,在有机物的转化和分解过程中占据重要地位。

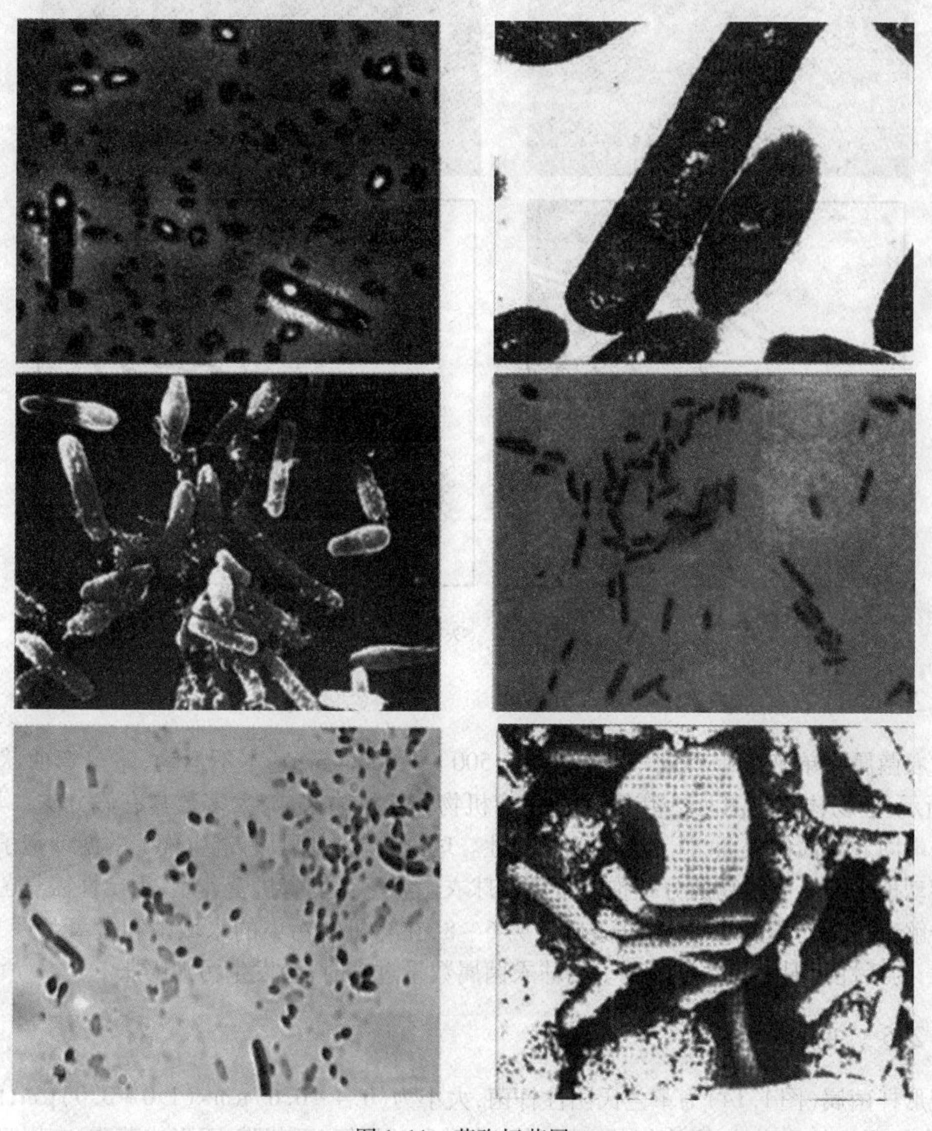

图1.11　芽孢杆菌属

1.2.3　埃希菌属

埃希菌属包括5个种,即大肠埃希菌、蟑螂埃希菌、弗格森埃希菌、赫尔曼埃希菌和伤口埃希菌。活性污泥中最常见的是大肠埃希菌。大肠埃希菌俗称大肠杆菌,在水体中常被用作粪便或病原菌污染的指示菌种,也是微生物科研中的常用菌种。

埃希菌属(图1.12)属于直杆菌,细胞呈短杆状,大小为(1.1~1.5)μm×(2~6)μm(活体)或(0.4~0.7)μm×(1.3~3)μm(干燥染色后测量)。借周生鞭毛运动或不运动,无芽孢,革兰氏染色呈阴性,兼性厌氧菌,在普通营养基上生长迅速。

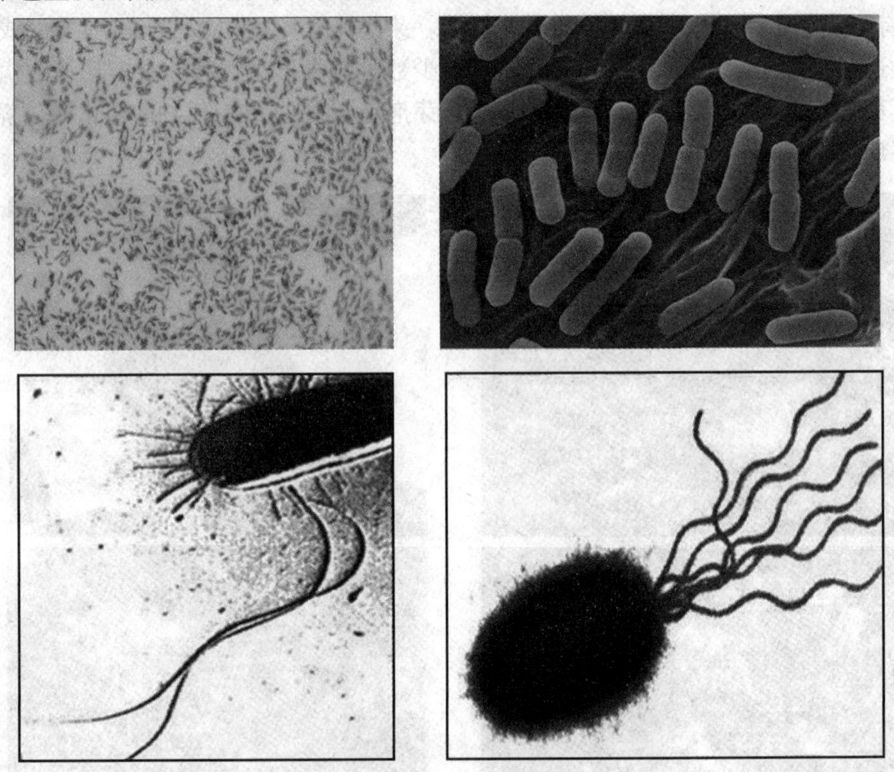

图1.12　埃希菌属

1.2.4　球衣菌属

球衣菌属为单细胞串生成丝状,丝体长500~1 000 μm,基本不运动,略呈弯曲状,如图1.13所示。丝物体外包围两层鞘套,主要由有机物和无机物组成,大多数具有假分支。具丝状鞘的一端固着在固体表面,革兰氏染色呈阴性。球衣菌能生成具有端生鞭毛的游动孢子,主要依靠游动孢子或不能游动的分生孢子繁殖。球衣菌属于化能有机营养型,为专性需氧菌,有较强的分解有机物的能力。适宜生长的pH为6~8,在有机物污染的水域中和微氧条件下可快速生长,为活性污泥中的常见菌种。当球衣菌属数量过多时,会发生污泥膨胀。

1.2.5　变形杆菌属

变形杆菌属(图1.14)为革兰氏阴性杆菌,大小为(0.4~0.6)μm×(1.0~3.0)μm,两端钝圆,形态呈明显的多形性,可为杆状、球杆状、球形和丝状等;无荚膜,不形成芽孢;有周身鞭毛,运动活泼;有菌毛,可黏附于真菌等细胞表面。菌体常有不规则的变形,借周生鞭毛运动,属于活性污泥中的常见菌种。

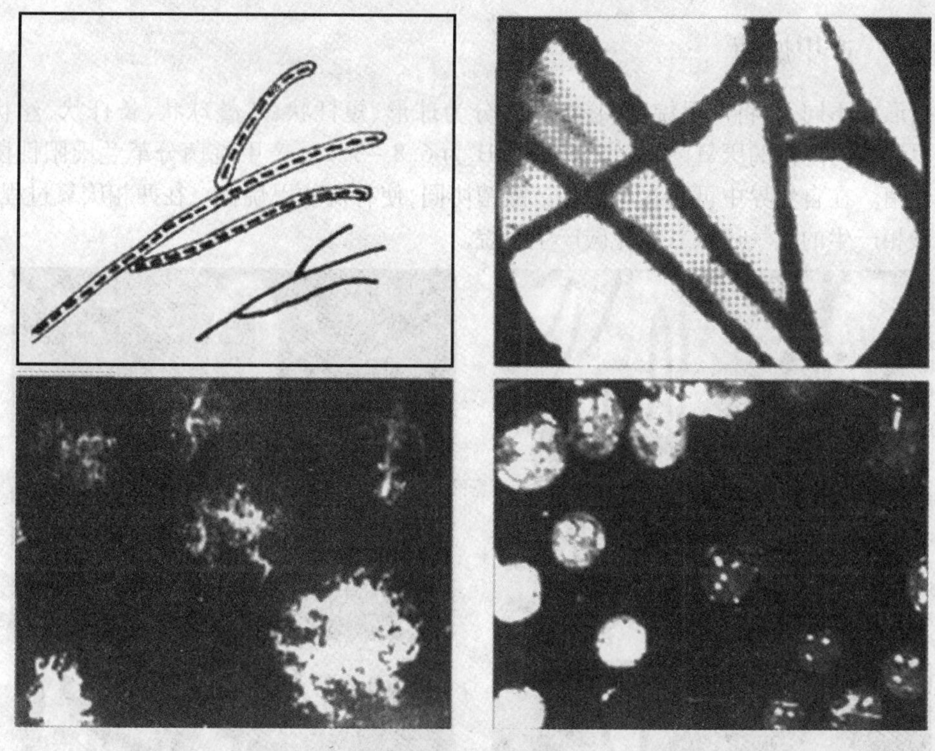

图1.13　球衣菌属

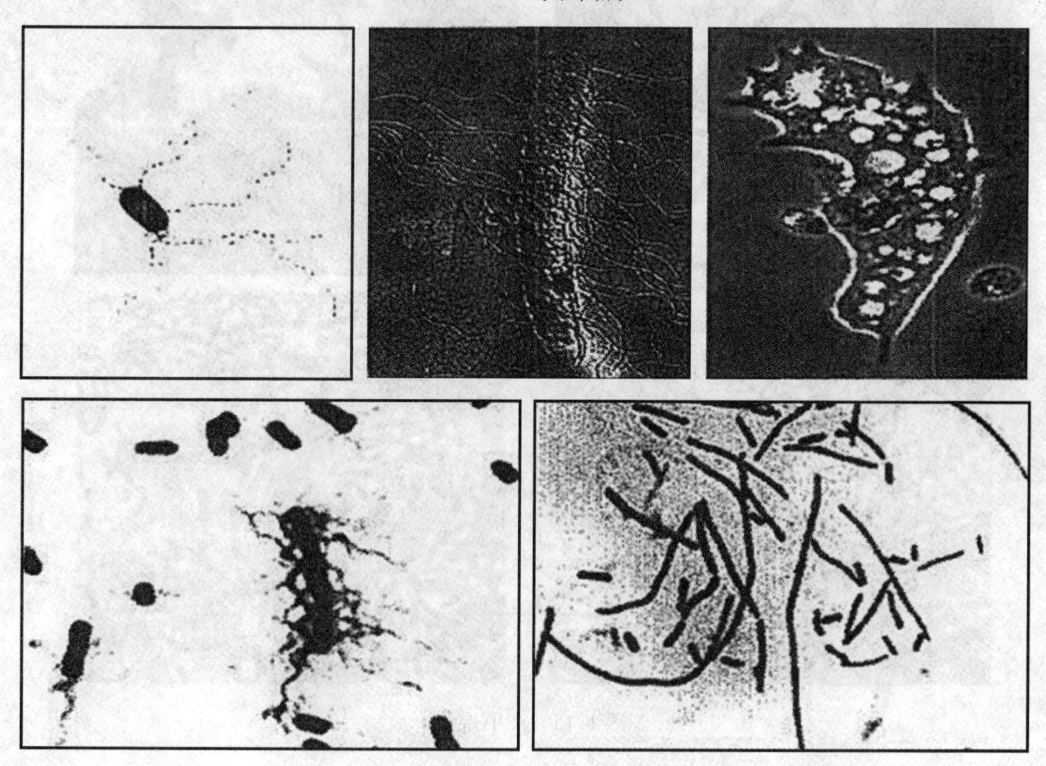

图1.14　变形杆菌属

1.2.6 产甲烷菌

根据形态不同，可将产甲烷菌（图1.15）分为球形、短杆状、八叠球状、长杆状、丝状和盘状。产甲烷菌为严格的厌氧菌，适宜生长的pH为6.8~7.2。产甲烷菌分革兰氏阳性菌和革兰氏阴性菌。在自然界中可与水解菌和产酸菌协同，使有机物甲烷化。在两相厌氧过程中，可利用产酸相产生的氢气还原二氧化碳产生甲烷。

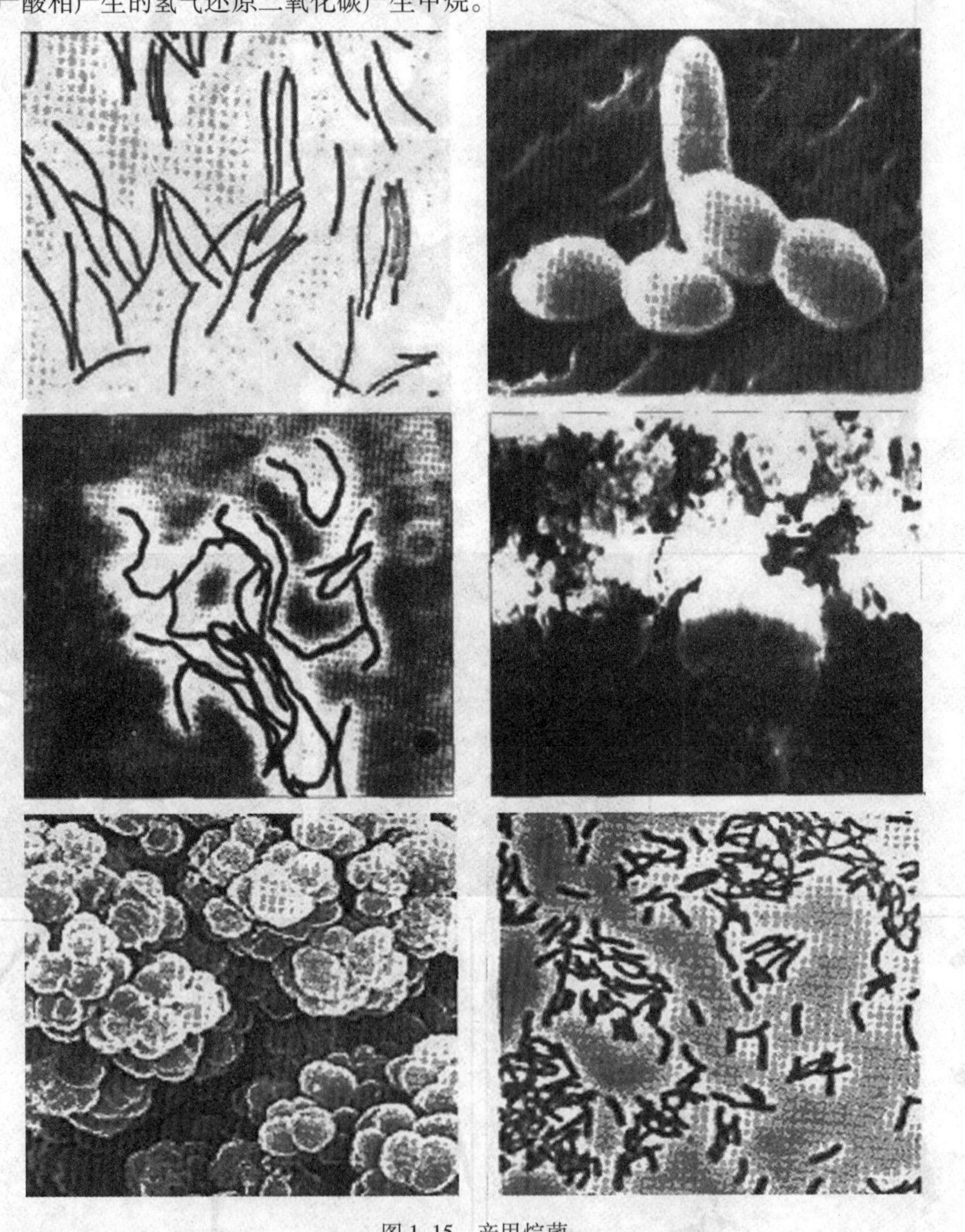

图1.15 产甲烷菌

1.2.7 发硫菌属

发硫菌属（图1.16）为兼性自养型、好氧菌，污水处理中当溶解氧含量较低时可大量繁殖。

属于丝状分支，具有薄鞘的杆菌，基部直径较大、有吸盘，一端固着于固体表面，不运动，另一端处于游离状态，能断裂出一节节的杆状体。有时菌丝体呈放射状，附着在固体物上；有时菌丝体交织在一起，自中心向四周伸展；有时菌丝体左右平行伸长为羽毛状，可滑行。

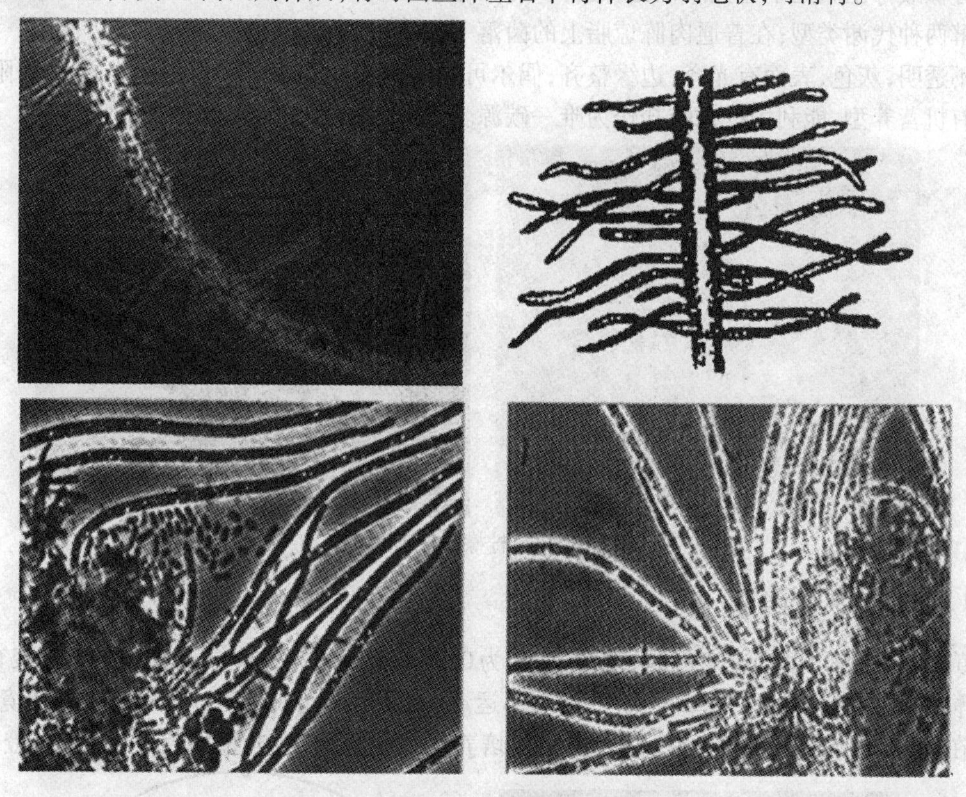

图1.16　发硫菌属

1.2.8　气杆菌

气杆菌（图1.17）为革兰氏阳性粗大梭菌，大小为(3～4) μm×(1～1.5) μm，单独或成双排列，有时也可成短链排列。芽孢呈卵圆形，芽孢宽度不比菌体大，位于中央或末次端。培养时芽孢少见，须在无糖培养基中才能生成芽孢。在脓汁、坏死组织或感染动物脏器的涂片上，可见有明显的荚膜，无鞭毛，不能运动。

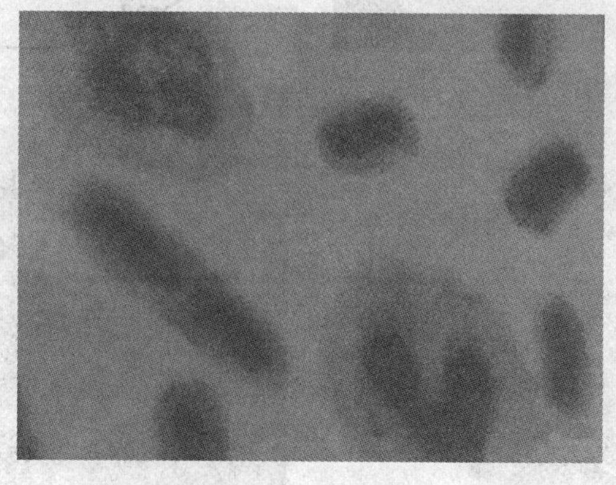

图1.17　气杆菌

1.2.9　柠檬酸杆菌属

柠檬酸杆菌属是革兰氏阴性菌，通常以周生鞭毛运动，如图 1.18 所示；兼性厌氧；有呼吸和发酵两种代谢类型；在普通肉胨琼脂上的菌落一般直径为 2 ~ 4 mm，光滑、低凸、湿润、半透明或不透明，灰色，表面有光泽，边缘整齐；偶尔可见黏液或粗糙型；氧化酶阴性，接触酶阳性；化能有机营养型，能利用柠檬酸盐作为唯一碳源。

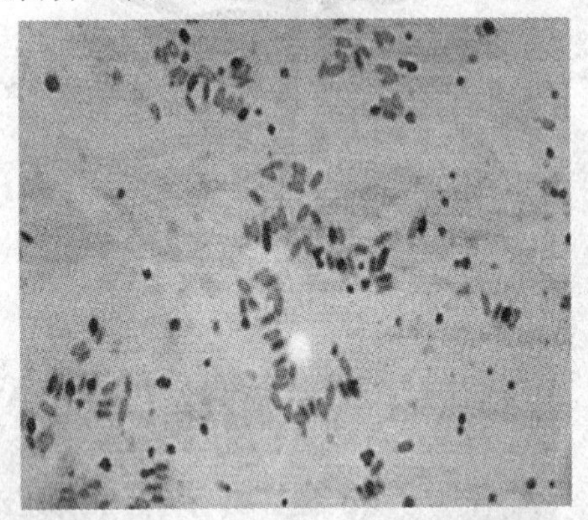
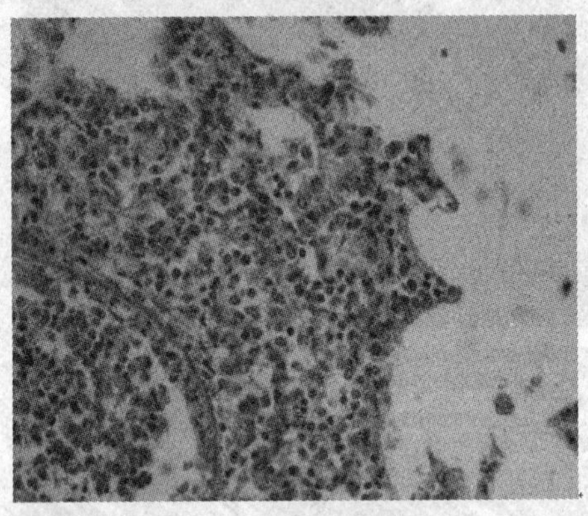

图 1.18　柠檬酸杆菌属

1.2.10　黄杆菌属

黄杆菌属（图 1.19）呈直杆状，端圆，大小为 0.5 μm×（1.0 ~ 3.0）μm，细胞内不含聚 β-羟基丁酸盐，不形成内生孢子，革兰氏阴性菌；不运动，不发生滑动或泳动；严格好氧，外环境分离物可在 37 ℃的条件下生长良好；适宜在固体培养基上生长，产生典型的色素（黄色或橙色），

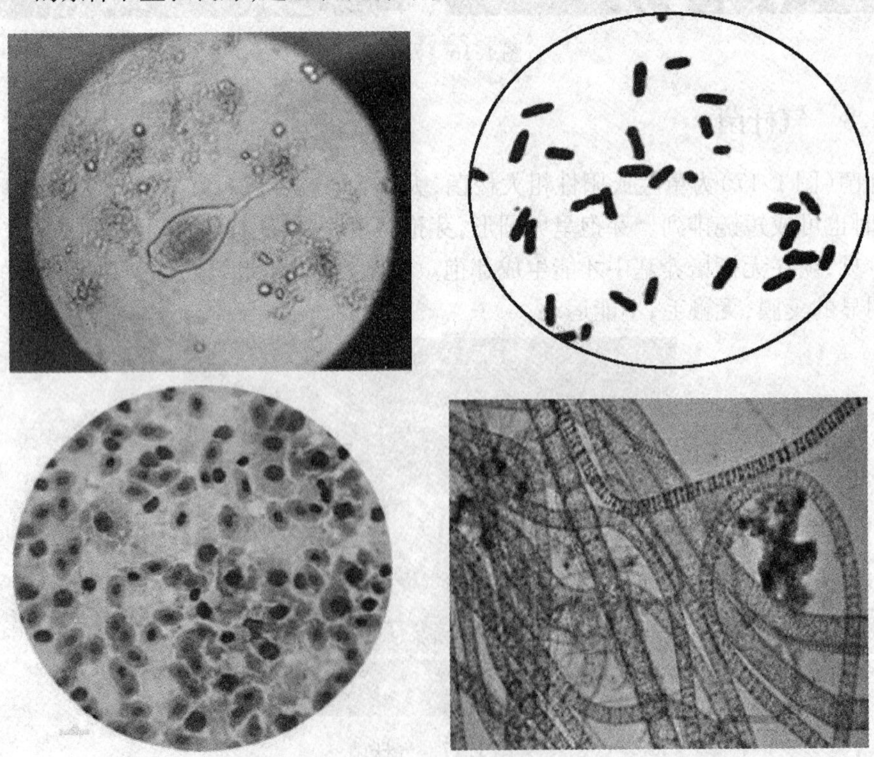

图 1.19　黄杆菌属

但有些菌株不产色素。菌落半透明或不透明,圆形,直径一般为 1 ~ 2 μm,隆起或微隆起,光滑且有光泽,全缘;接触酶、氧化酶、磷酸酶均阳性;不消化琼脂,属于有机化能营养型。

1.2.11　产碱杆菌属

产碱杆菌属(图 1.20)为革兰氏阴性菌,专性好氧,严格代谢呼吸型,以氧作为电子最终受体;有些菌株在存在硝酸盐或亚硝酸盐时进行厌氧呼吸;适宜生长温度为 20 ~ 37 ℃;营养琼脂上的菌落不产生色素;氧化酶、接触酶阳性,不产生吲哚;化能有机营养型,利用不同的有机酸和氨基酸为碳源;由几种有机酸盐和酰胺产碱,通常不利用糖类。

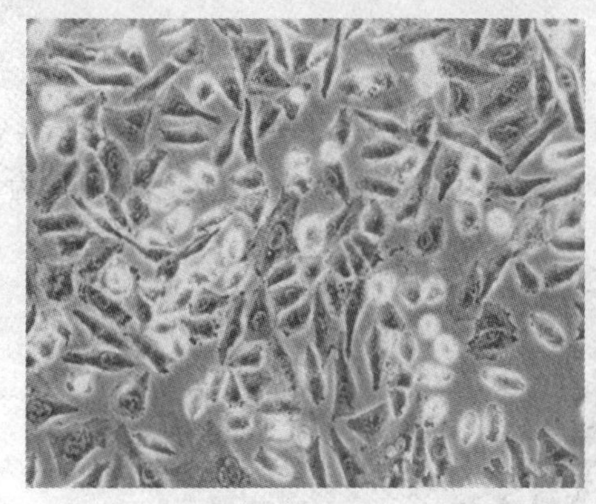
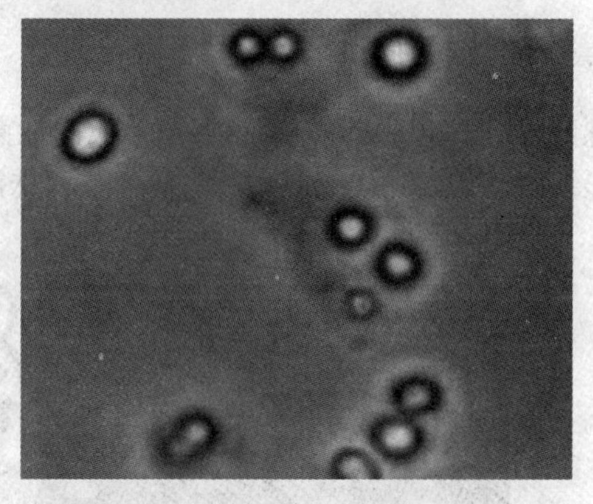

图 1.20　产碱杆菌属

1.3　螺 旋 菌 属

螺旋菌属(图 1.21)细胞呈杆形,大小为 1.0 μm×(7 ~ 10) μm 或更长;周生鞭毛运动;培养物绿色;含有细菌叶绿素 g 和类胡萝卜素;为专性厌氧的光养菌,可利用乙酸盐、丙酮酸盐、乳酸盐和丁酸盐进行光异养生长,生长需要维生素;最佳生长温度为 40 ~ 42 ℃,细菌适宜在 pH 为 1.0 ~ 7.2 的条件下生长。根据螺旋菌的弯曲程度不同,可分为弧菌和螺菌两种类型,如图 1.22 所示。通常用长度和宽度来表示螺旋菌的大小,螺旋菌的长度指菌体空间长度并非真正长度,长度一般为 5 ~ 15 μm,宽度一般为 0.5 ~ 5 μm。

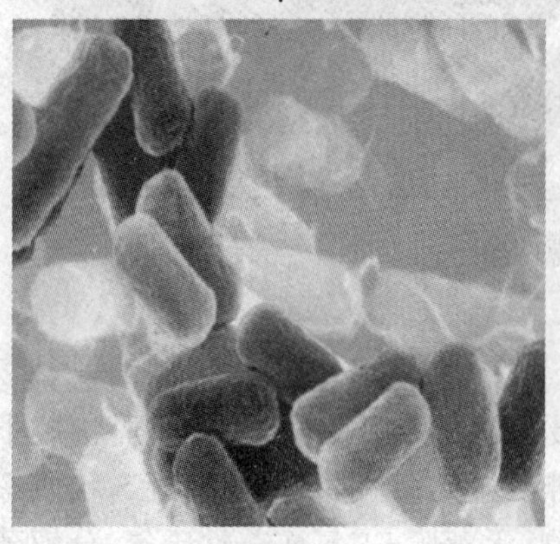

图 1.21　螺旋菌属

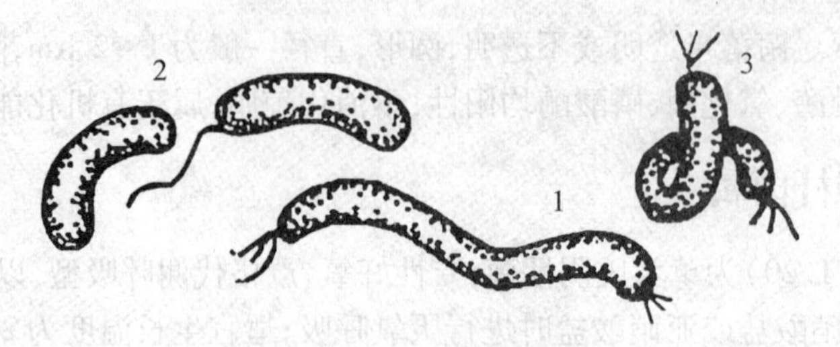

图 1.22　螺旋菌的分类图

1,2—孤菌;3—螺菌

1.3.1　螺菌属

螺菌属(图 1.23)为螺旋状菌,革兰氏阴性菌,大多数为双端丛毛,能运动,是专性需氧的螺旋形细菌;对糖类不(或弱)发酵,约半数菌株产生黄绿色或棕色水溶性色素;细胞长为 2 ~ 60 μm,宽为 0.25 ~ 1.7 μm。

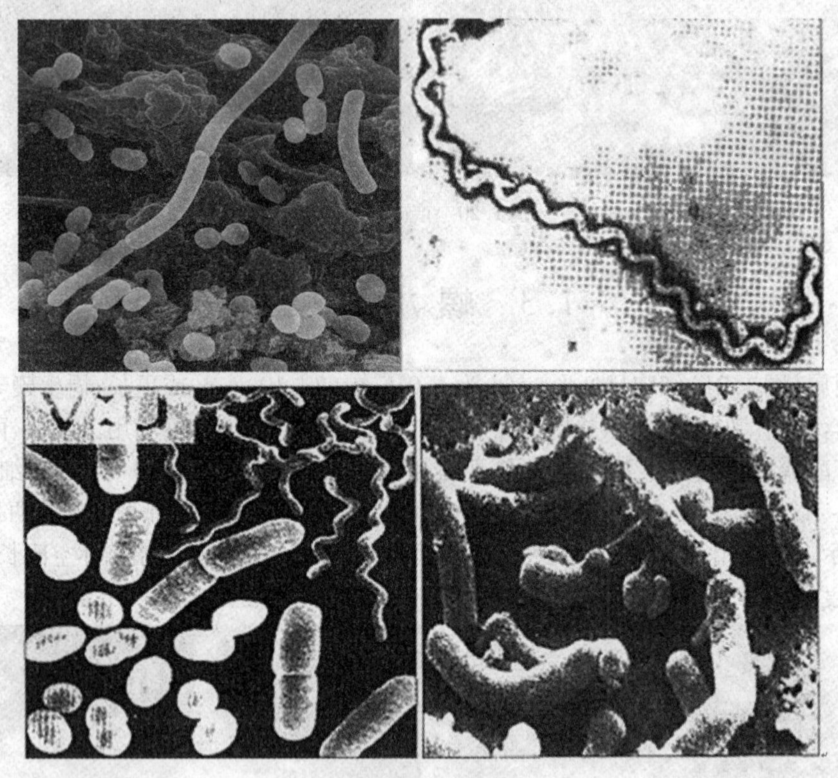

图 1.23　螺菌属

1.3.2　弧菌属

弧菌属细菌种类多,分布广泛,尤其在水中最为常见。弧菌(图 1.24)形状短小,大小为 0.5 μm×(1 ~ 5)μm,因弯曲如弧而命名为弧菌;分散排列,偶尔互相连接成 S 状或螺旋状;革兰氏阴性菌,菌体一端有单鞭毛,运动活泼;无芽孢,无荚膜;需氧或兼性厌氧,分解葡萄糖,产酸不产气,氧化酶阳性,赖氨酸脱羧酶阳性,精氨酸水解酶阴性,嗜碱、耐盐、不耐酸;能将硝酸还原为亚硝酸。

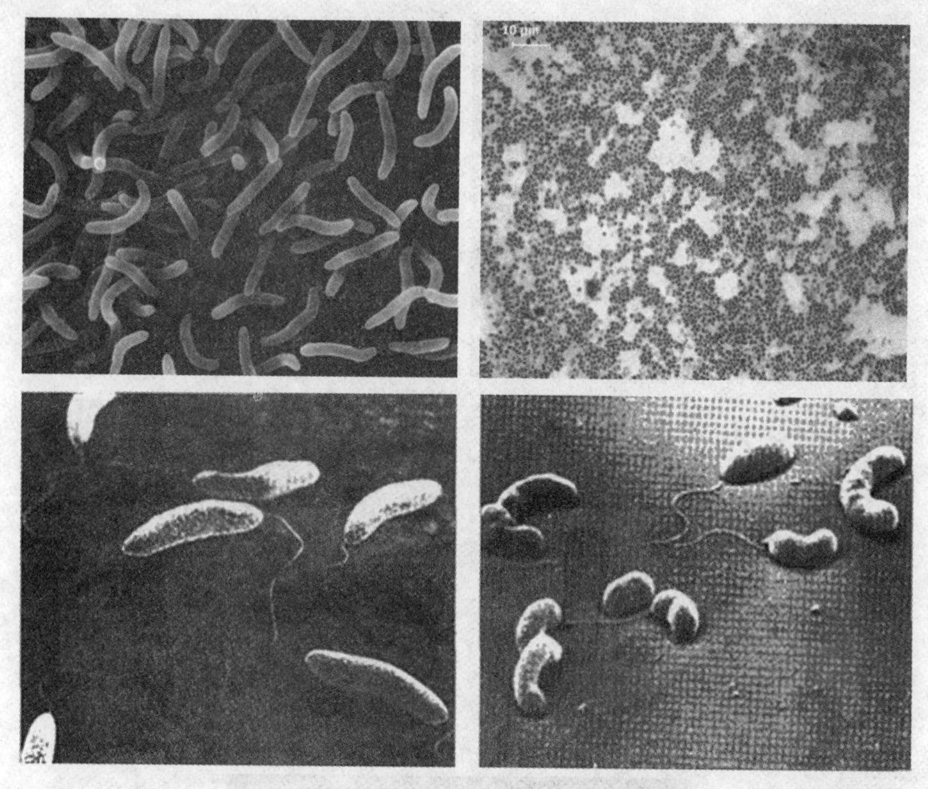

图1.24　弧菌

1.4　其他细菌

1.4.1　诺卡氏菌属

诺卡氏菌属(图1.25)是好气菌,革兰氏阳性菌,抗酸或部分抗酸,大部分无气丝,有些生气生菌丝体,基丝分支,横隔断裂成杆状体和球状体。诺卡氏菌属又名放线菌属,能利用各种脂肪酸、烃类和糖类等作为碳源。

1.4.2　硝化细菌

硝化细菌(图1.26)是一种好氧性细菌,在氮循环水质净化过程中扮演着很重要的角色。硝化细菌属于自养型细菌,包括两种完全不同的代谢群——亚硝酸菌属和硝酸菌属,它们包括形态互异的杆菌、球菌和螺旋菌。亚硝酸菌包括亚硝化单胞菌属、亚硝化球菌属、亚硝化螺菌属和亚硝化叶菌属中的细菌。硝酸菌包括硝化杆菌属、硝化球菌属和硝化囊菌属中的细菌。两类菌均为专性好气菌,在氧化过程中均以氧作为最终电子受体。大多数为专性化能自养型,不能在有机培养基上生长。

1.4.3　假单胞菌

假单胞菌(图1.27)没有细胞核,属直或稍弯的革兰氏阴性杆菌;以极生鞭毛运动,不形成芽孢;化能有机营养型菌,严格好氧,呼吸代谢,从不发酵。

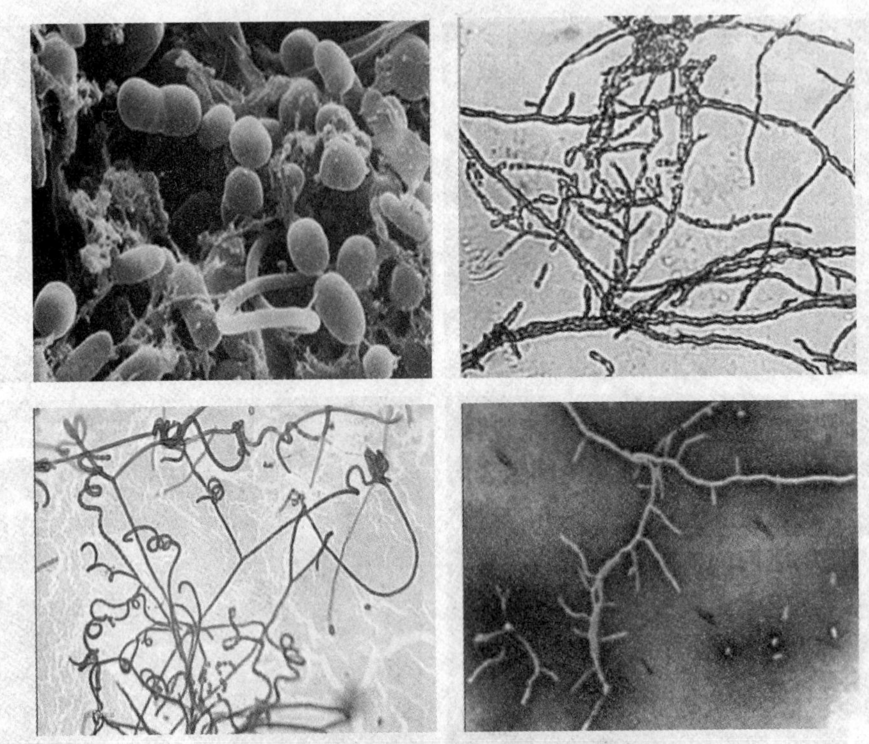

图 1.25　诺卡氏菌属

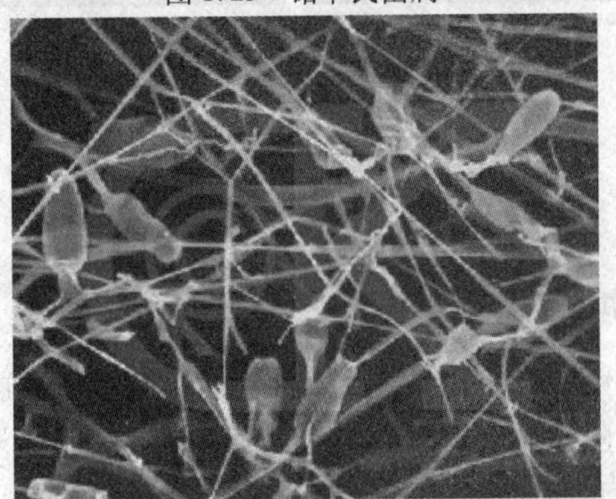

图 1.26　硝化细菌

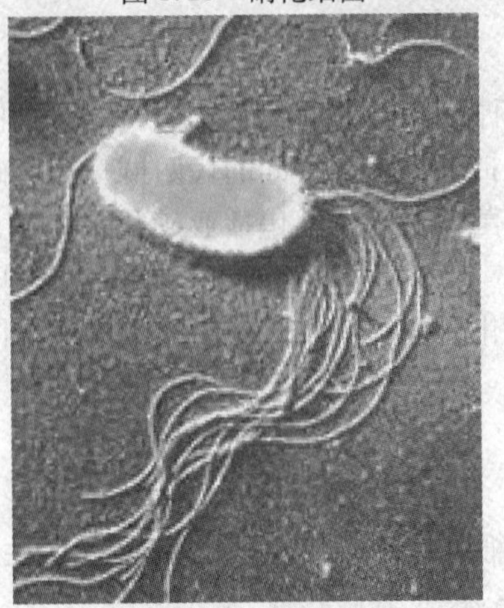

图 1.27　假单胞菌

1.4.4　鞘细菌

鞘细菌(图1.28)是一类具有特殊形态的细菌,专性需氧菌;细胞呈丝状排列,被包在鞘膜内,有独特的生活史;单个细胞呈杆状;革兰氏染色呈阳性,偏端丛生鞭毛,具有活跃运动的能力,又称为游动细胞。鞘一般由蛋白质、多糖和脂类复合物组成,有的还有锰和铁的沉积物,类似荚膜,紧贴在杆菌链的外围,可防御原生动物和某些细菌的攻击。鞘上一般有固着器,可附着于固形物上,当水中营养不足时,鞘可随水流动而富集营养。

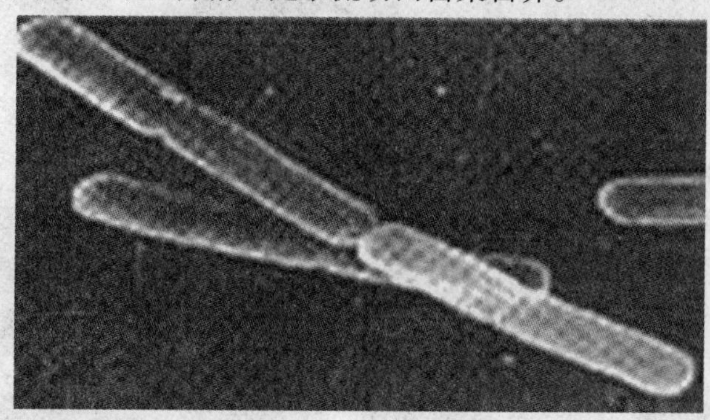

图1.28　鞘细菌

1.4.5　聚磷菌

聚磷菌(图1.29)是一类可对磷超量吸收的细菌,磷以聚磷酸盐颗粒(异染粒)的形式存在于细胞内。聚磷菌也叫摄磷菌,是传统活性污泥工艺中一类特殊的兼性细菌,可广泛地用于生物除磷。当活性污泥中的聚磷菌生活在营养丰富的环境中,在将进入对数生长期时,为大量分裂做准备,细胞能从废水中大量摄取溶解态的正磷酸盐,在细胞内合成多聚磷酸盐并加以积累,供下阶段对数生长时期合成核酸耗用磷素的需要。这种对磷的积累作用大大超过微生物正常生长所需的磷量,可达细胞质量的6%~8%,有报道甚至可达10%。

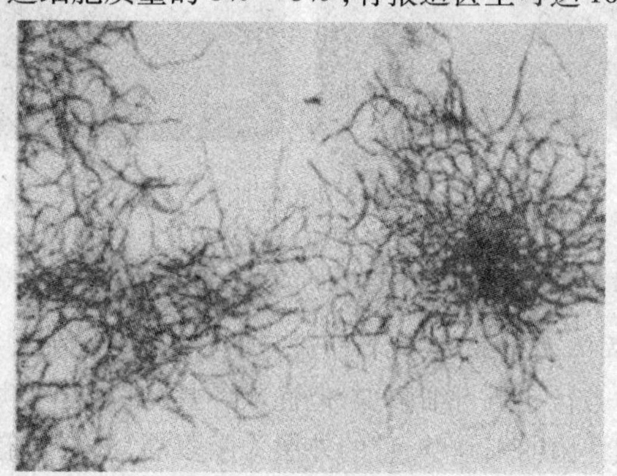

图1.29　聚磷菌

1.4.6　硫细菌

在生长过程中能利用可溶或溶解的硫化合物,从中获得能量,且能把低价硫化物氧化为硫,并再将硫氧化为硫酸盐的细菌称为硫细菌,如图1.30所示。按其取得能量的途径可分为光能营养菌和化能营养菌两种。光能营养菌产生细菌叶绿素和类胡萝卜素,呈粉红色、紫红色、橙色、褐色和绿色等,都是厌氧光合菌,多栖息于含硫化氢的厌氧水域中。化能营养菌都是不产色素的好氧菌,栖息于含硫化物和氧的水中,能将还原性硫化物氧化成硫酸。

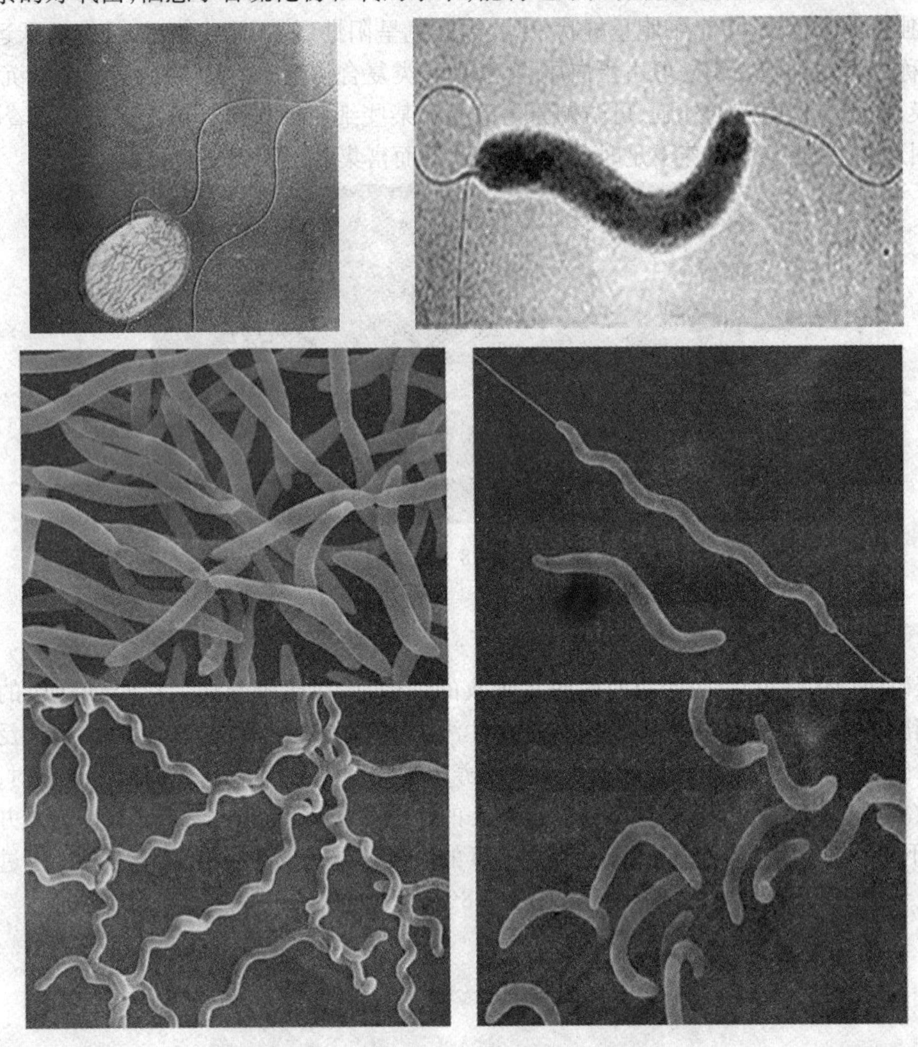

图 1.30　硫细菌

1.4.7　滑行细菌

滑行细菌是一群在固体表面或液、气界面进行滑行运动的细菌,如图 1.31 所示。它是以运动方式划分的群,其种类较非滑行细菌少,但性状各具特色,营养类型多样。滑行细菌的特点是:①具革兰氏染色阴性菌的细胞壁,壁的外层为脂多糖,内层含有呈块状分布的肽聚糖组分,因其不是完整地包围整个细胞,所以细胞可以屈挠;②细胞多呈杆状,长短不一,有的连成长丝;③不具鞭毛,电镜观察少数种类发现在肽聚糖层外有纤细的毛,可能与滑行有关;④能产生黏液并在滑行过的表面留下痕迹;⑤以分支的奇数碳脂肪酸为主,其呼吸链中的醌类是甲基萘醌。

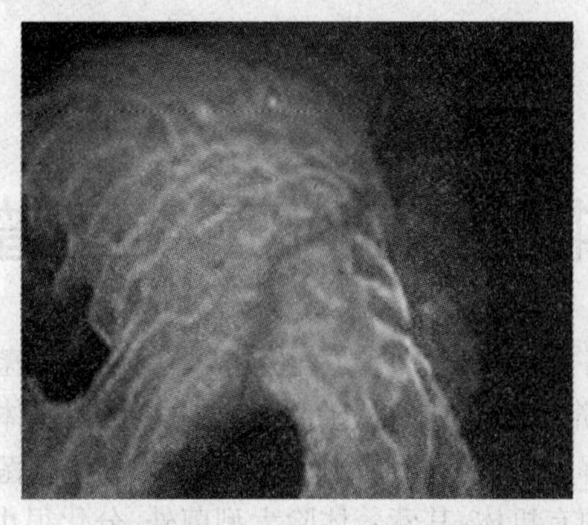

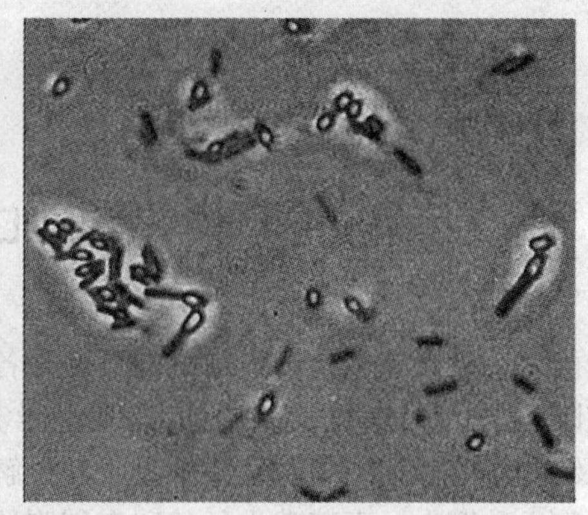

图1.31　滑行细菌

1.4.8　菌胶团

有些细菌由于其遗传特性决定,细菌之间按一定的排列方式互相黏集在一起,被一个公共荚膜包围形成一定形状的细菌集团,叫作菌胶团。菌胶团是活性污泥絮体和滴滤池黏膜的主要组成部分。菌胶团中的菌体,由于包埋于胶质中,故不易被原生动物吞噬,有利于沉降。菌胶团的形状有球形、蘑菇形、椭圆形、分支状、垂丝状及不规则形,如图1.32所示。

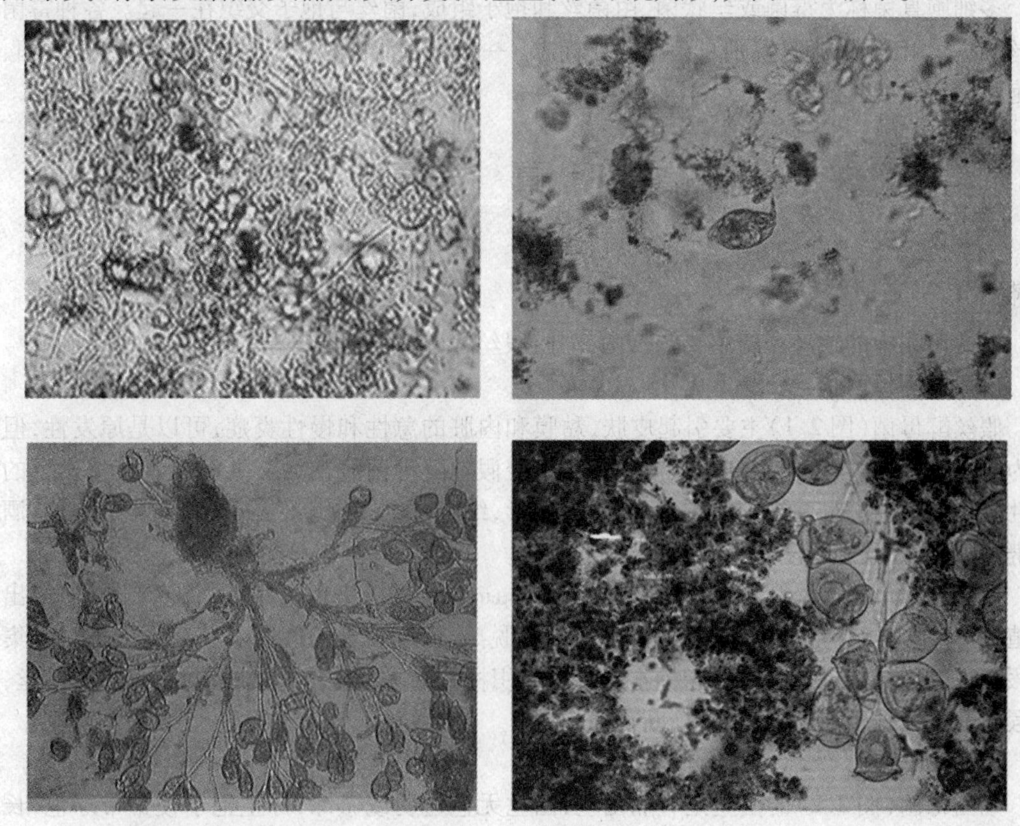

图1.32　菌胶团

第2章　活性污泥中的真菌和藻类图谱

真菌是一种真核生物。最常见的真菌是各类蕈类,另外真菌也包括霉菌和酵母菌。真菌的细胞既不含叶绿体,也没有质体,是典型异养生物。它们从动物、植物的活体、死体和排泄物,以及断枝、落叶和土壤腐殖质中吸收和分解其中的有机物,作为自己的营养。真菌的异养方式有寄生和腐生。真菌常为丝状和多细胞的有机体,其营养体除大型菌外,分化很小。高等大型菌有定型的子实体。除少数例外,真菌都有明显的细胞壁,通常不能运动,以孢子的方式进行繁殖。

真菌一般比细菌大几倍至几十倍,用普通光学显微镜放大几百倍就能清晰地观察到。依据形态,真菌可分为单细胞真菌和多细胞真菌两类。

单细胞真菌称为酵母菌,呈圆形或卵圆形,直径为3～15 μm,以出芽方式繁殖,芽生孢子成熟后脱落成独立的个体。能引起人类疾病的有新生隐球菌和白假丝酵母菌等。

多细胞真菌称为霉菌或丝状菌,由菌丝和孢子组成,菌丝与孢子交织在一起。各种霉菌的菌丝和孢子形态不同,是鉴别真菌的重要标志。一般可将活性污泥中的真菌分为致病真菌、单细胞真菌和丝状真菌。

2.1　真　　菌

2.1.1　致病真菌

活性污泥中的致病真菌主要包括两部分:假丝酵母菌和烟曲霉菌。

1.假丝酵母菌

假丝酵母菌(图2.1)主要引起皮肤、黏膜和内脏的急性和慢性炎症;可以是原发性,但大多为继发性感染,发生于免疫力低下患者。口腔假丝酵母菌病常为艾滋病患者最先发生的继发性感染。假丝酵母菌细胞呈圆形、卵形或长形,细胞可生成厚垣孢子,无色素生成;具有酒精发酵能力,无性繁殖为多边芽殖,可形成假菌丝。

白假丝酵母菌体呈圆形或卵圆形(2 μm×4 μm);革兰氏染色呈阳性,着色不均匀;以出芽繁殖,称芽生孢子。孢子伸长成芽管,不与母体脱离,形成较长的假菌丝。芽生孢子大多集中在假菌丝的连接部位。各种临床标本及活检组织标本中除芽生孢子外,还见有大量假菌丝,表明假丝酵母菌处于活动状态,有诊断价值。

2.烟曲霉菌

烟曲霉菌(图2.2)的菌丝是有隔菌丝,菌丝无色透明或微绿,分生孢子梗常带绿色,长约为300 μm,偶尔可达500 μm,宽为5～8 μm。分生孢子梗的末端是膨大成烧瓶的顶囊,直径为20～30 μm。在顶囊的上半部,直立长出长6～8 μm、宽2～3 μm的单层小梗。小梗的末端形成球形或近球形墨绿色的分生孢子,分生孢子头呈圆柱状,直径为2.5～3 μm,表面有细刺。在37～45 ℃或更高的温度中生长旺盛。

烟曲霉菌的生长能力很强,接种后20~30 h便可形成孢子。在琼脂培养基上形成绒毛状菌落,最初为白色,随着孢子的产生,菌落的颜色变为蓝绿色、深绿色和灰绿色,老龄菌落甚至呈暗灰绿色。菌落背面一般无色,但有的菌株可呈黄色、绿色或红棕色。

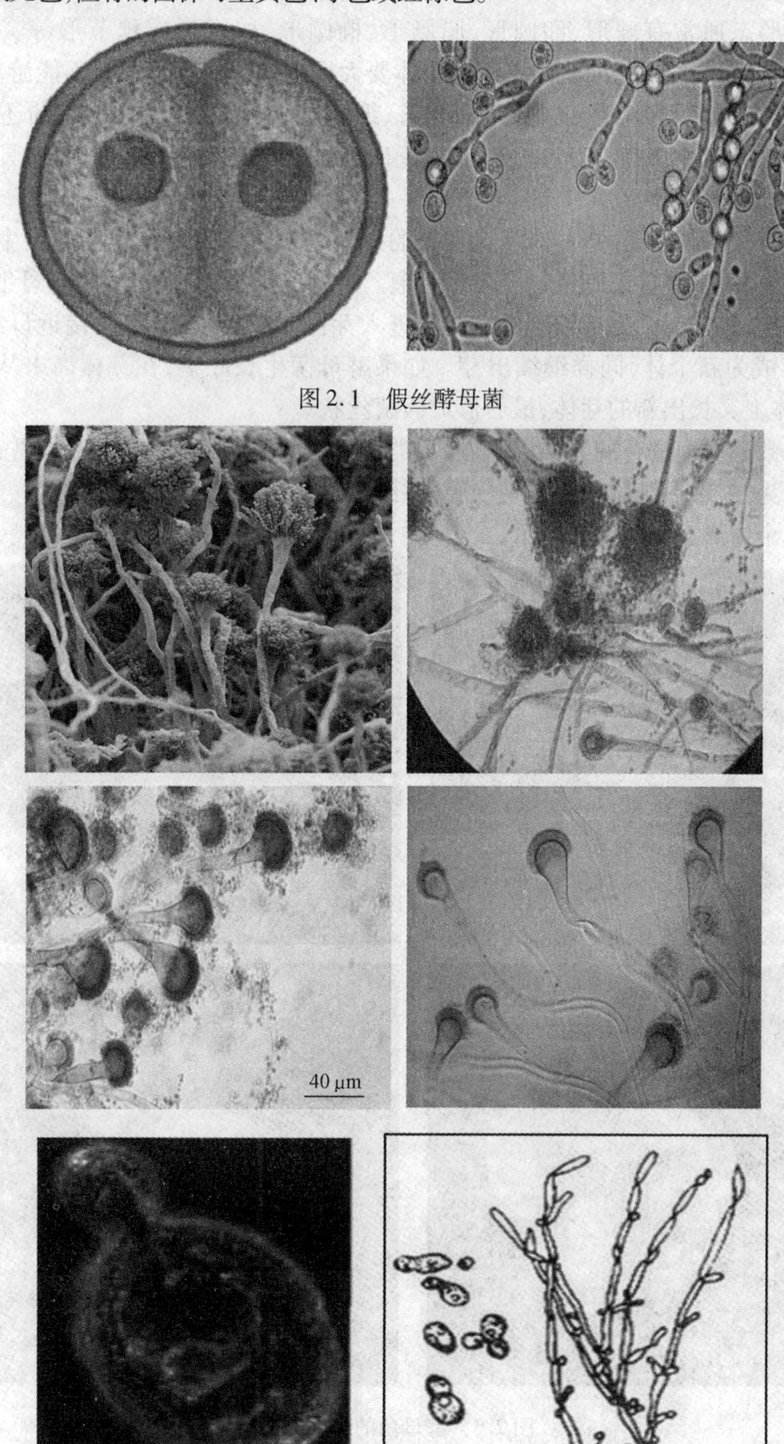

图2.1　假丝酵母菌

图2.2　烟曲霉菌

2.1.2 单细胞真菌

单细胞真菌主要指酵母菌。酵母菌是人类文明史中被应用得最早的微生物,可生存在缺氧环境中。其形态通常有球形、卵圆形、腊肠形、椭圆形、柠檬形或藕节形等。大小一般为(1~5) μm×(5~30) μm,比细菌的单细胞个体要大得多,酵母菌无鞭毛,不能游动,具有典型的真核细胞结构(包括细胞壁、细胞膜、细胞核、细胞质、液泡、线粒体等,有的还具有微体)。酵母菌繁殖方式有多种,有人把只进行无性繁殖的酵母菌称作“假酵母”,而把具有有性繁殖的酵母菌称为“真酵母”。

无性繁殖有芽殖和裂殖两种方式,最常见的无性繁殖方式是芽殖。芽殖发生在细胞壁的预定点即芽痕上,每个酵母细胞有一至多个芽痕。成熟的酵母细胞长出芽体,母细胞的细胞核分裂成两个子核,其中一个随母细胞的细胞质进入芽体内,当生成的芽体接近母细胞大小时,从母细胞脱落成为新个体,同样继续出芽。如果酵母菌生长旺盛,在芽体尚未从母细胞脱落前,即可在芽体上又长出新的芽体,最后形成假菌丝状。

裂殖是少数酵母菌进行的无性繁殖方式,类似于细菌的裂殖。其过程是首先细胞延长,继而细胞核一分为二,最后细胞中央出现隔膜,将细胞横分为两个子细胞。

酵母菌的个体形态如图2.3所示。

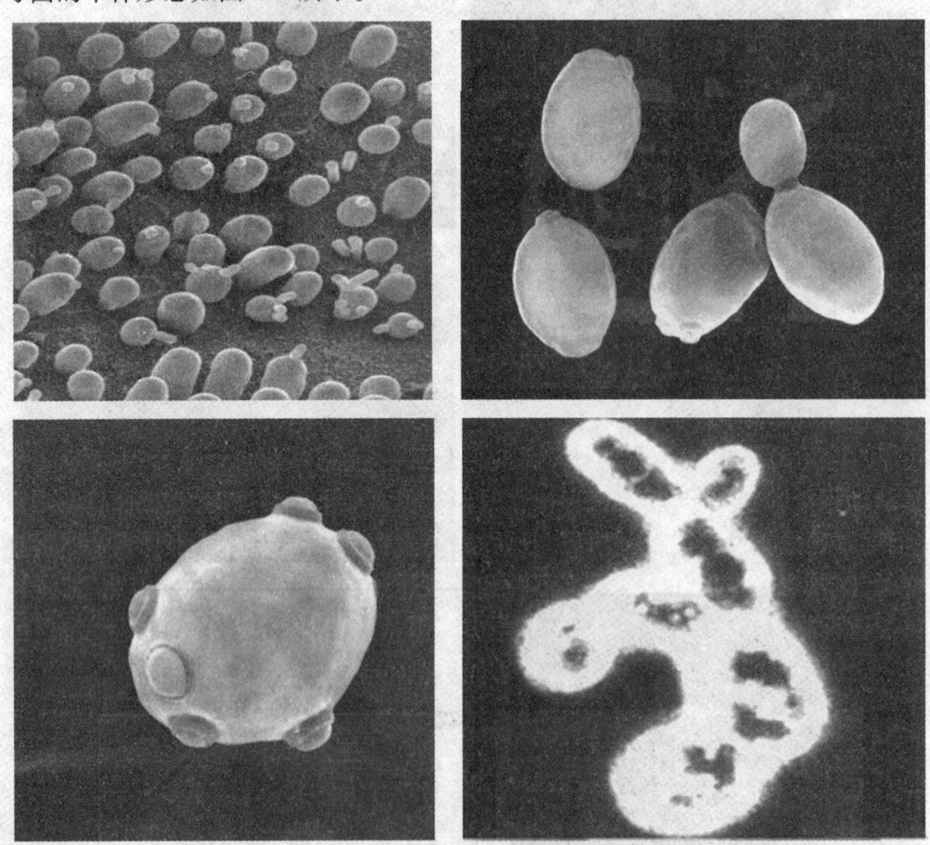

图2.3 酵母菌的个体形态

酵母菌的群体形态如图2.4所示,大多数酵母菌的菌落特征与细菌相似,与细菌相比,其不同点在于酵母菌菌落比细菌菌落大而厚,菌落表面光滑、湿润、黏稠,菌落大多为乳白色,少数呈红色，个别为黑色，菌落质地均匀，正反面和边缘、中央部位的颜色都很均一。

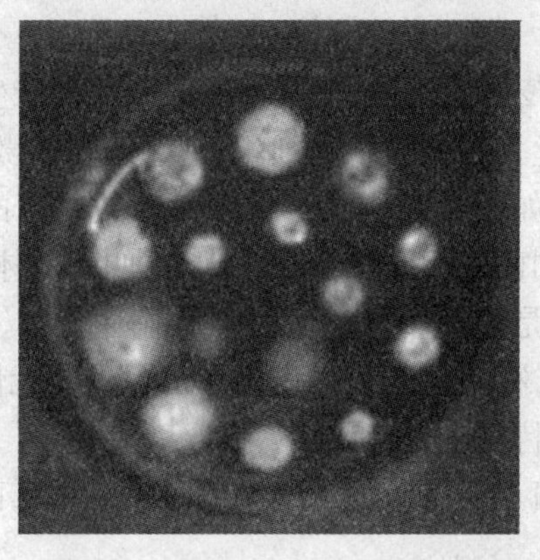
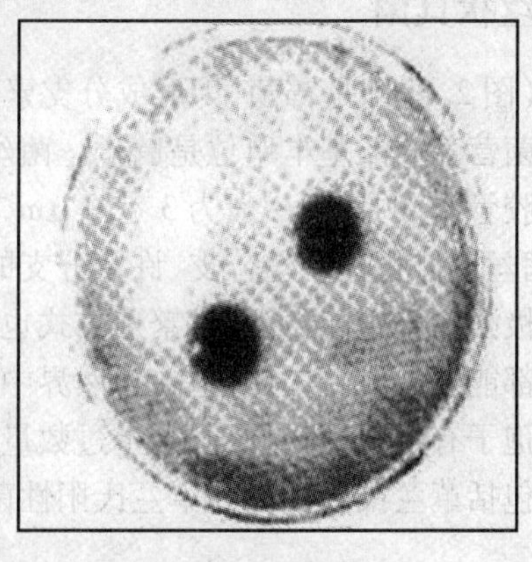

图2.4　酵母菌的群体形态

酵母菌属细胞呈圆形、椭圆形或柱形，是单细胞生物，如图2.5所示；兼性厌氧，可发酵一至几种糖类，厌氧条件下糖类发酵产生乙醇和二氧化碳；无性繁殖为多边出芽，某些种可形成假菌丝，但无真菌丝生成。菌落乳白色、有光泽、较平坦、边缘整齐。在液体培养时通常不形成菌醭。营养细胞多为双倍体，也有多倍体。有性生殖时产生子囊孢子，双倍体营养细胞可直接发育成子囊；子囊内产生1~4个光滑的球形子囊孢子，子囊成熟时不破裂；子囊孢子发芽后立即或稍过一段时间发生接合。

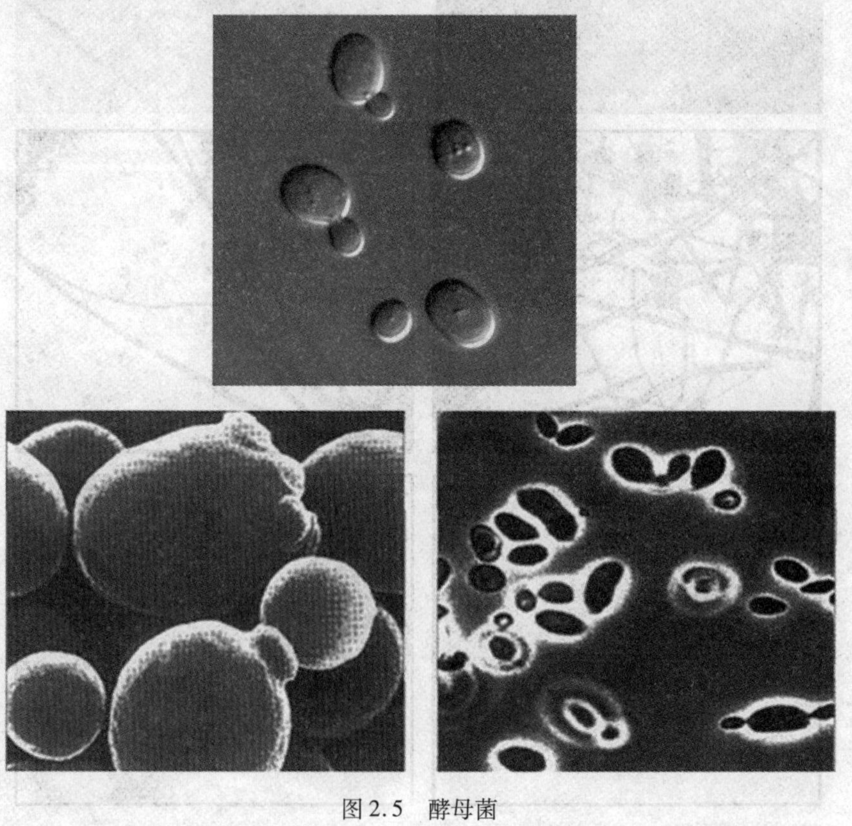

图2.5　酵母菌

2.1.3 丝状真菌

丝状真菌(图2.6)即是霉菌,为形成分支繁茂的菌丝体,但又不像蘑菇那样产生大型的子实体。构成霉菌营养体的基本单位是菌丝。菌丝是一种管状的细丝,把它放在显微镜下观察,很像一根透明胶管,它的直径一般为3~10 μm,如图2.6所示。比细菌和放线菌的细胞粗几倍至几十倍,菌丝可伸长并产生分支,许多分支的菌丝相互交织在一起,就叫菌丝体。

霉菌有着极强的繁殖能力,而且繁殖方式也是多种多样的。虽然霉菌菌丝体上任一片段在适宜条件下都能发展成新个体,但在自然界中,霉菌主要依靠产生形形色色的无性或有性孢子进行繁殖。孢子有点像植物的种子,不过数量特别多,特别小。

丝状真菌包括革兰氏阴性菌和革兰氏阳性菌。活性污泥中常见的种类有根霉菌和交链孢毒属。

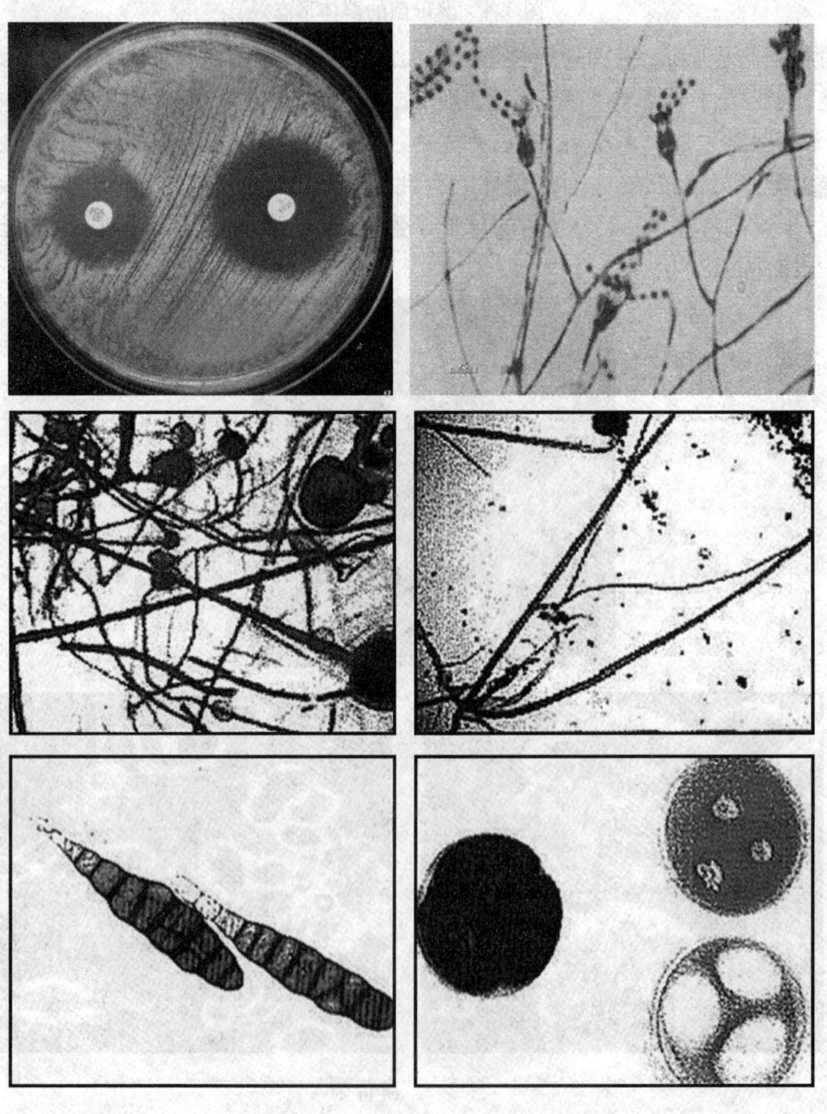

图2.6 丝状真菌

2.2　藻　　类

2.2.1　单细胞藻类

单细胞藻类(图2.7)无胚,自养型生活,进行孢子繁殖,作为一种低等植物广泛存在于活性污泥中。藻体为单细胞、群体或多细胞体,微小者须借助显微镜才能看见,大者如马尾藻、巨藻等可长达几米、几十米到上百米。内部构造初具细胞上的分化而不具有真正的根、茎、叶。整个藻体结构简单,富含叶绿素,能进行光合作用。藻类的生殖基本上是由单细胞的孢子或合子离开母体后直接或经过短期休眠后萌发形成新个体。温度和光照均可影响藻类的生长。

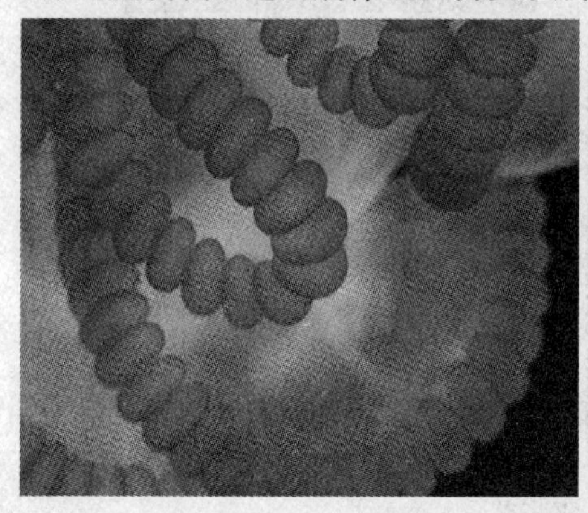
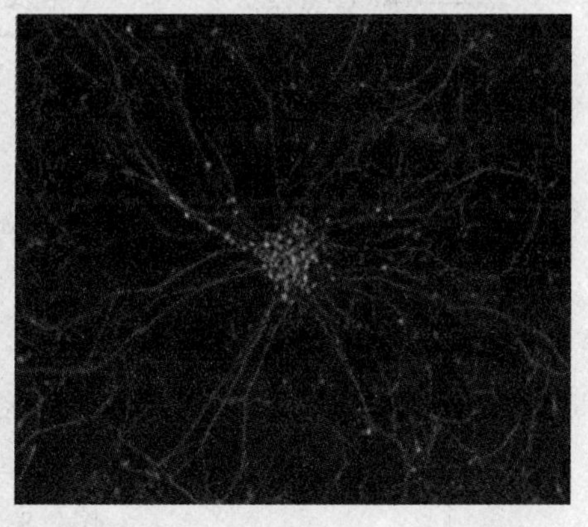

图2.7　单细胞藻类

2.2.2　平板藻属

平板藻属细胞常相连成锯齿状,也有部分脱离固着物而过浮游生活。细胞呈长形,两端大小相同,壳面中部和两端膨大;点条纹横列,无肋纹;左右对称,但无壳缝。细胞内有与壳面平行的纵隔片,但没有贯彻到整个细胞,所以称假隔片。从壳环面看,更为明显的是素体小而多。每个细胞有复大孢子一个或两个。平板藻如图2.8所示。

2.2.3　绿藻

绿藻具有光合色素,典型的绿藻细胞可活动或不能活动。细胞中央具有液泡,色素分布在质体中,质体形状随种类不同而有所变化。细胞壁由两层纤维素和果胶质组成。活性污泥中常见的绿藻有小球藻和水绵。

1.小球藻

小球藻为绿藻门小球藻属普生性单细胞绿藻,是一种球形单细胞淡水藻类,直径为3~8 μm,是地球上最早的生命之一,也是一种高效的光合植物,以光合自养生长繁殖,分布极广。小球藻细胞内含有丰富的叶绿素,属于单细胞绿藻,是真核生物。光合作用非常强,是其他植物的几十倍。其含有丰富的蛋白质、维生素、矿物质、食物纤维、核酸及叶绿素等,是维持和促进人体健康所不可缺少的营养素。

小球藻(图2.9)细胞微小,呈圆形或略微椭圆形,细胞壁薄,细胞内有一个杯形或曲带形载色体,细胞成熟时载色体分裂成数块。通常无蛋白核,只有蛋白核小球藻有蛋白核。无性生殖时,原生质分裂形成2,4,8,16个似亲孢子,母细胞壁破裂时,孢子放出成为新的植物体。

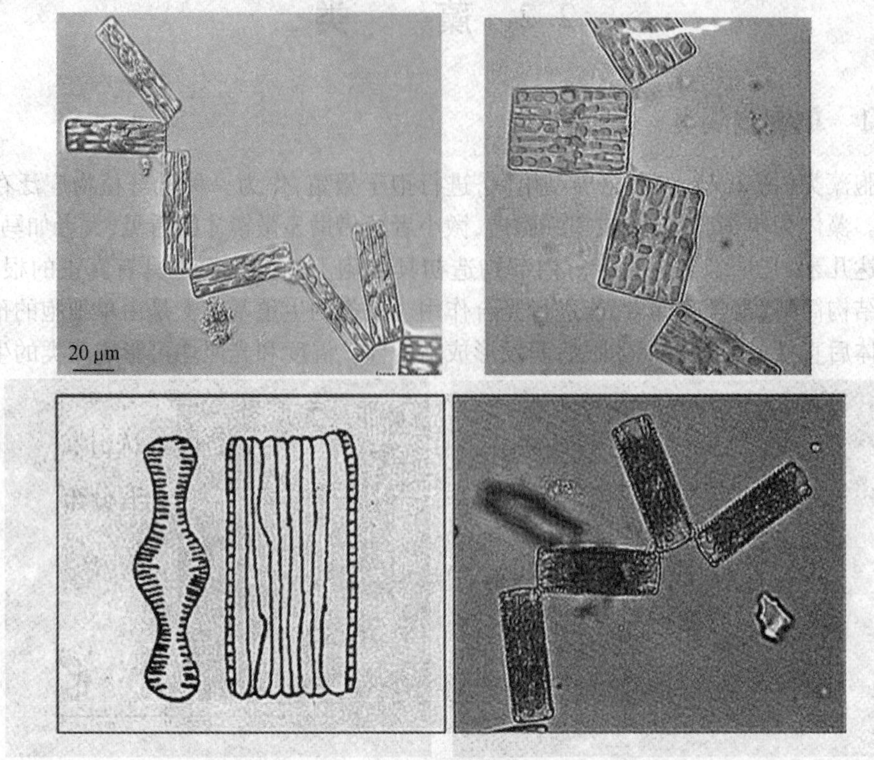

图2.8　平板藻

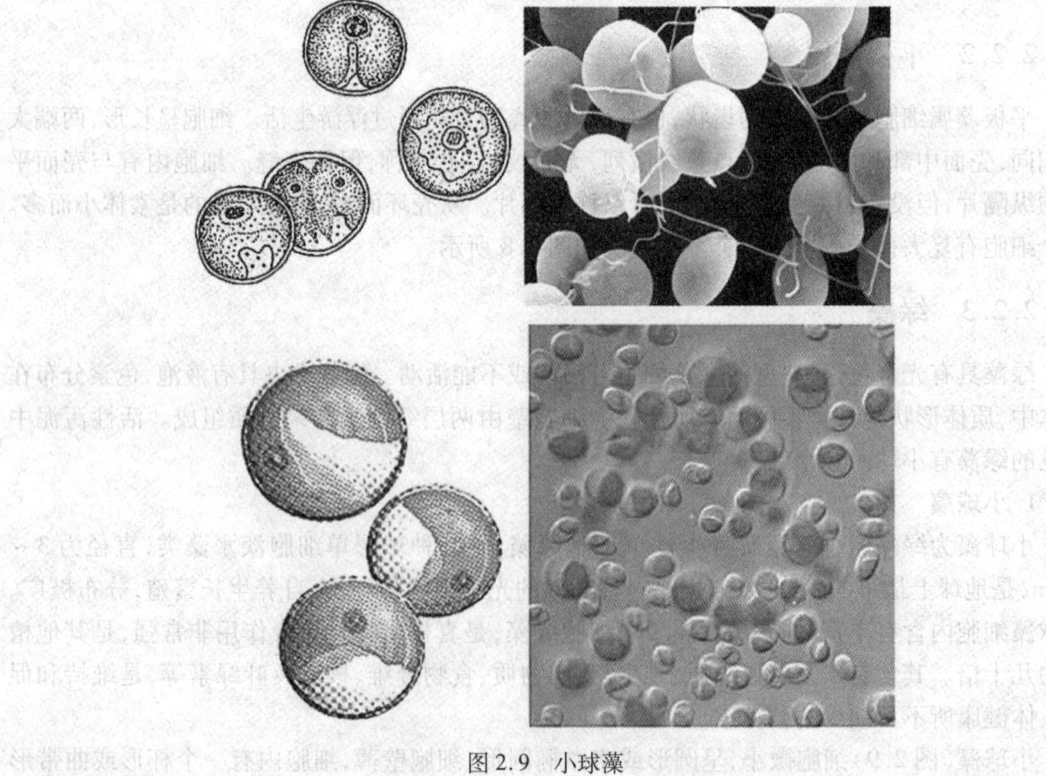

图2.9　小球藻

2. 水绵

水绵是一种多细胞植物,是常见的真核生物,绿色,属绿藻门。藻体是由一列圆柱状细胞连成的不分支的丝状体。由于藻体表面有较多的果胶质,所以用手触摸时颇觉黏滑。在显微镜下,可见每个细胞中有一至多条带状叶绿体,呈双螺旋筒状绕生于紧贴细胞壁内方的细胞质中,在叶绿体上有一列蛋白核。细胞中央有个大液泡,细胞核位于液泡中央的一团细胞质中。核周围的细胞质和四周紧贴细胞壁的细胞质之间,由多条呈放射状的胞质丝相连。

水绵通常有两种生殖方式:营养繁殖和有性生殖。常见的水绵及结构示意图如图 2.10 所示。

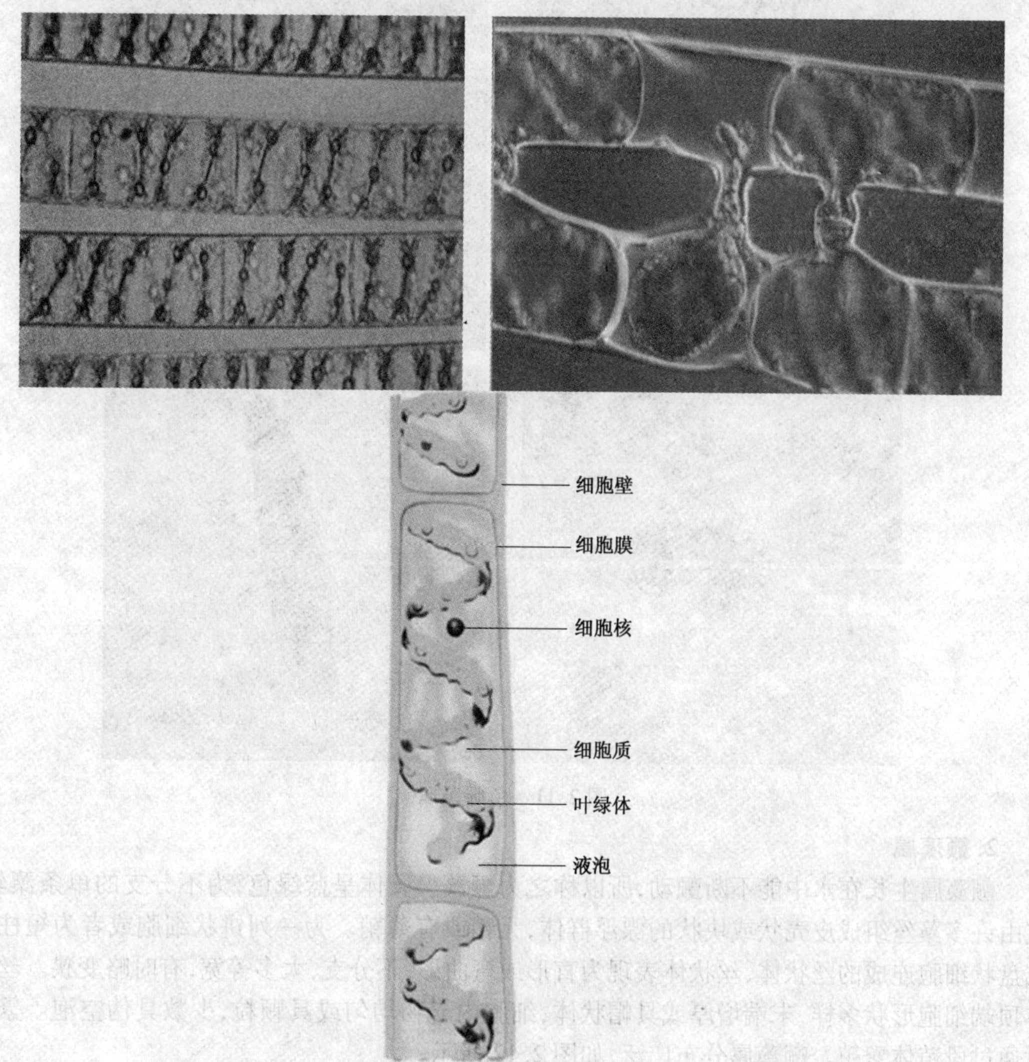

图 2.10　常见的水绵及结构示意图

2.2.4　蓝绿藻

蓝绿藻又称蓝藻,由于蓝色的有色体数量最多,所以宏观上呈现蓝绿色,是地球上出现得最早的原核生物,也是最基本的生物体。蓝绿藻属自养型生物,它的适应能力非常强,可忍受高温、冰冻、缺氧、干涸、高盐度和强辐射等不良环境条件。活性污泥中常见的蓝绿藻主要包括鱼腥藻属和颤藻属。

1. **鱼腥藻属**

鱼腥藻属为单一丝体，呈不定形胶质块或软膜状。藻丝等宽或末端尖细，呈直的或不规则的螺旋状弯曲；单生或聚集成群体。藻丝大多等宽，极少数末端狭窄；体直，或为不规则或规则的螺旋状弯曲。细胞呈球形或桶形。异形胞常间生。休眠孢子呈圆柱形，一个或几个成串，紧靠异形胞之间，可抵抗不良环境，当条件适宜时则脱落而萌发为新个体。本属中有不少为固氮种类，有的种产生毒素。鱼腥藻属如图 2.11 所示。

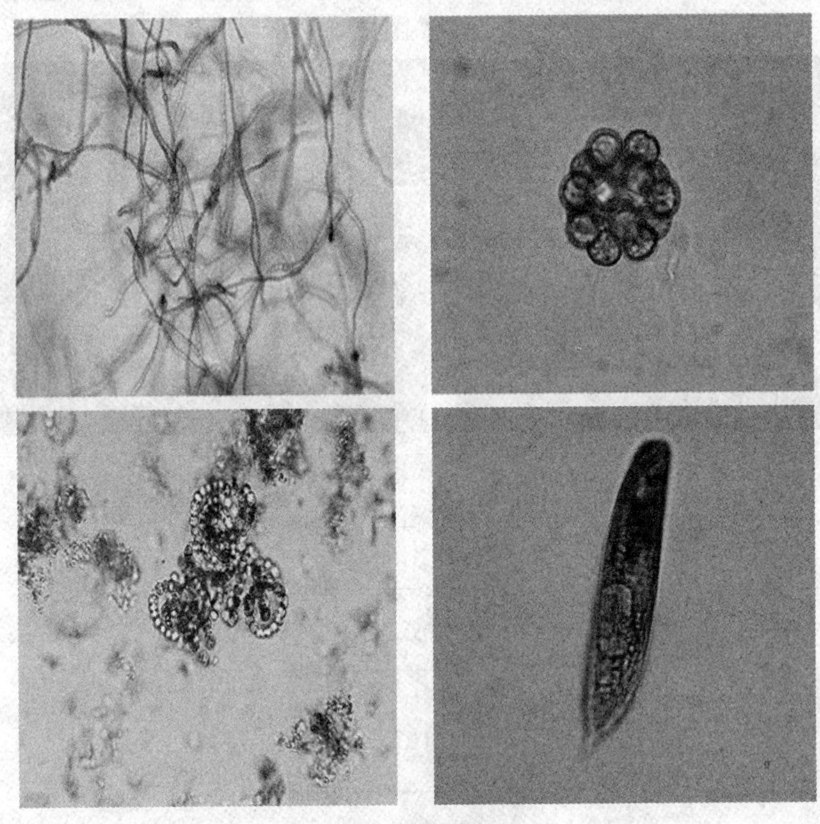

图 2.11 鱼腥藻属

2. **颤藻属**

颤藻属生长在水中能不断颤动，所以称之为颤藻。藻体呈蓝绿色，为不分支的单条藻丝，或由许多藻丝组成皮壳状或块状的漂浮群体，无鞘或有薄鞘。为一列饼状细胞或者为短柱形或盘状细胞连成的丝状体，丝状体表现为直形或弯曲形，不分支，大多等宽，有时略变狭。丝状体顶端细胞形状多样，末端增厚或具帽状体，细胞内含物均匀或具颗粒，少数具伪空泡。繁殖时通过段殖体繁殖。颤藻属分布广泛，如图 2.12 所示。

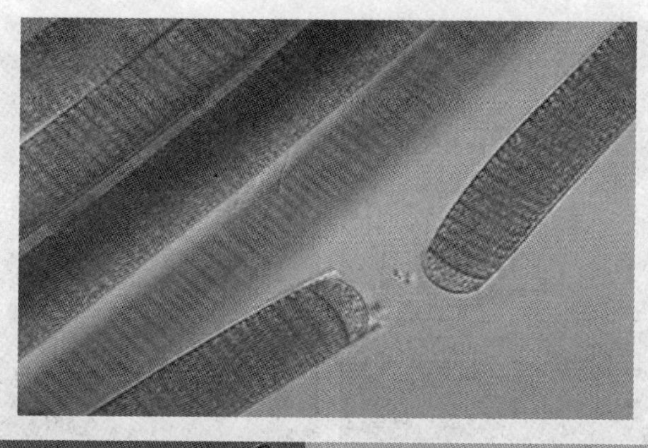

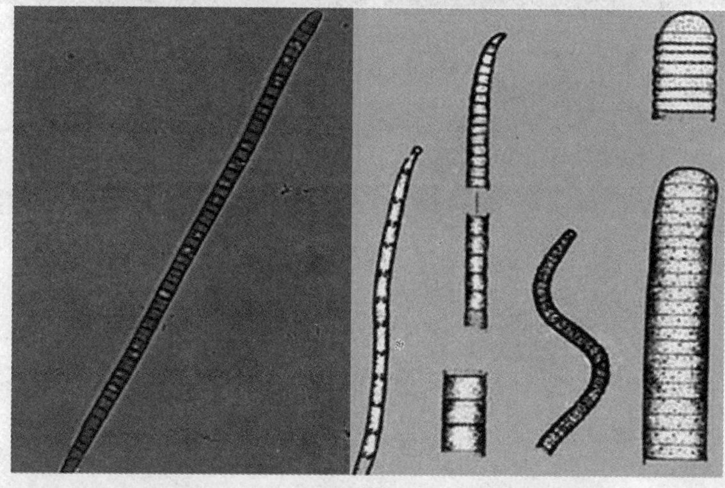

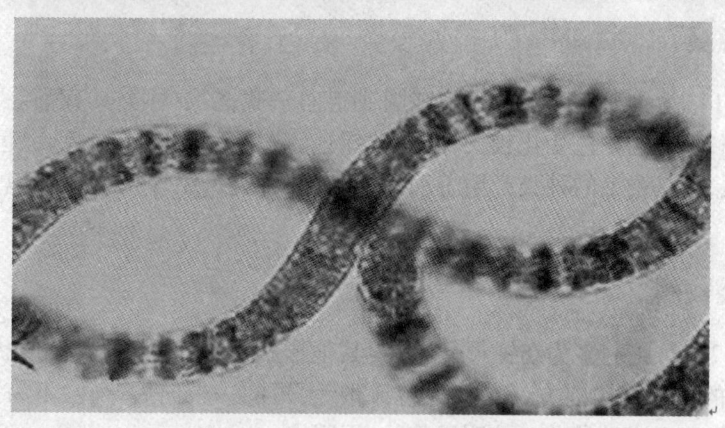

图2.12　颤藻属

2.2.5　衣藻

衣藻又名“单衣藻”，藻体为单细胞，呈球形或卵形，前端有两条等长的鞭毛，能游动。鞭毛基部有两个伸缩泡；在细胞的近前端，有一个红色眼点。载色体呈大型杯状，具一枚淀粉核。无性繁殖产生游动孢子；有性生殖为同配、异配和卵式生殖。在不利的生活条件下，细胞停止游动并进行多次分裂，外围有厚胶质鞘，形成临时群体，称为“不定群体”。环境好转时，群体中的细胞产生鞭毛，破鞘逸出。活性污泥中衣藻时常出现，如图2.13所示。

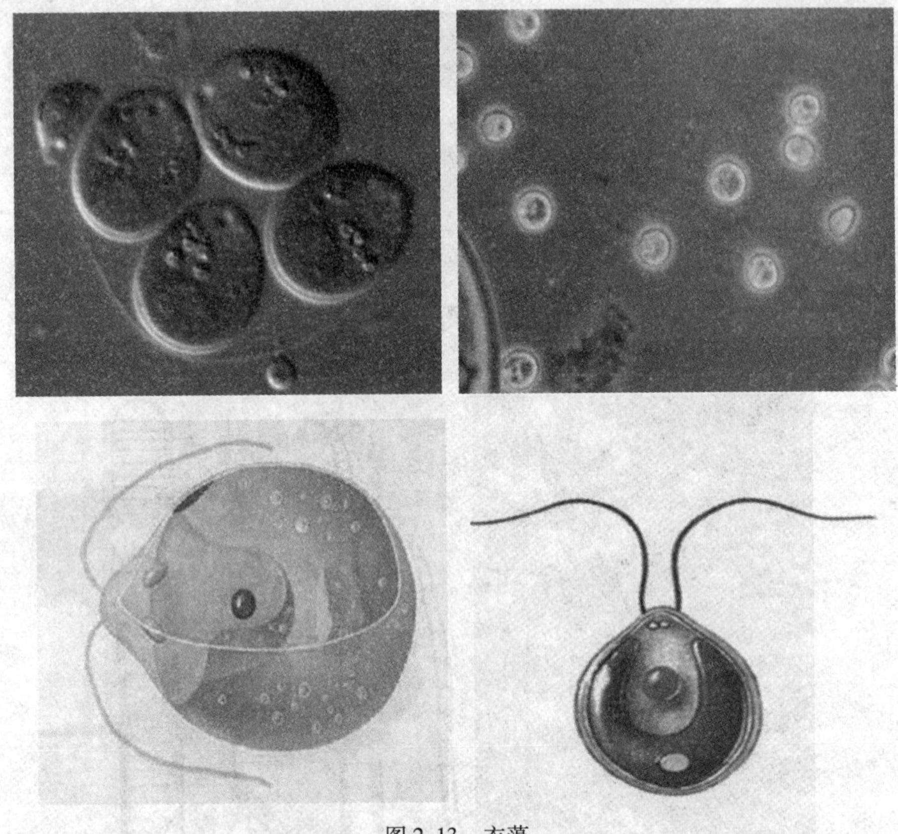

图 2.13　衣藻

2.2.6　隐藻

隐藻(图 2.14)为单细胞,前端较宽,钝圆或斜向平截;多数种类具有鞭毛,能运动。隐藻可进行光合作用;隐藻的颜色变化较大,多为黄绿色、黄褐色,也有蓝绿色、绿色或红色。生殖多为细胞纵分裂,不具鞭毛的种类产生游动孢子,有些种类产生厚壁的休眠孢子,有时在活性污泥中出现。

2.2.7　袋鞭藻

袋鞭藻(图 2.15)细胞多为纺锤形,少数为其他形状,表面多数柔软而形状易变,具线纹,有两根鞭毛,长的一根直向前方,较粗,为游泳鞭毛,短的一根向后弯转,不易见到,为拖曳鞭毛。色素体缺乏,营吞噬性营养。核明显易见,无眼点。

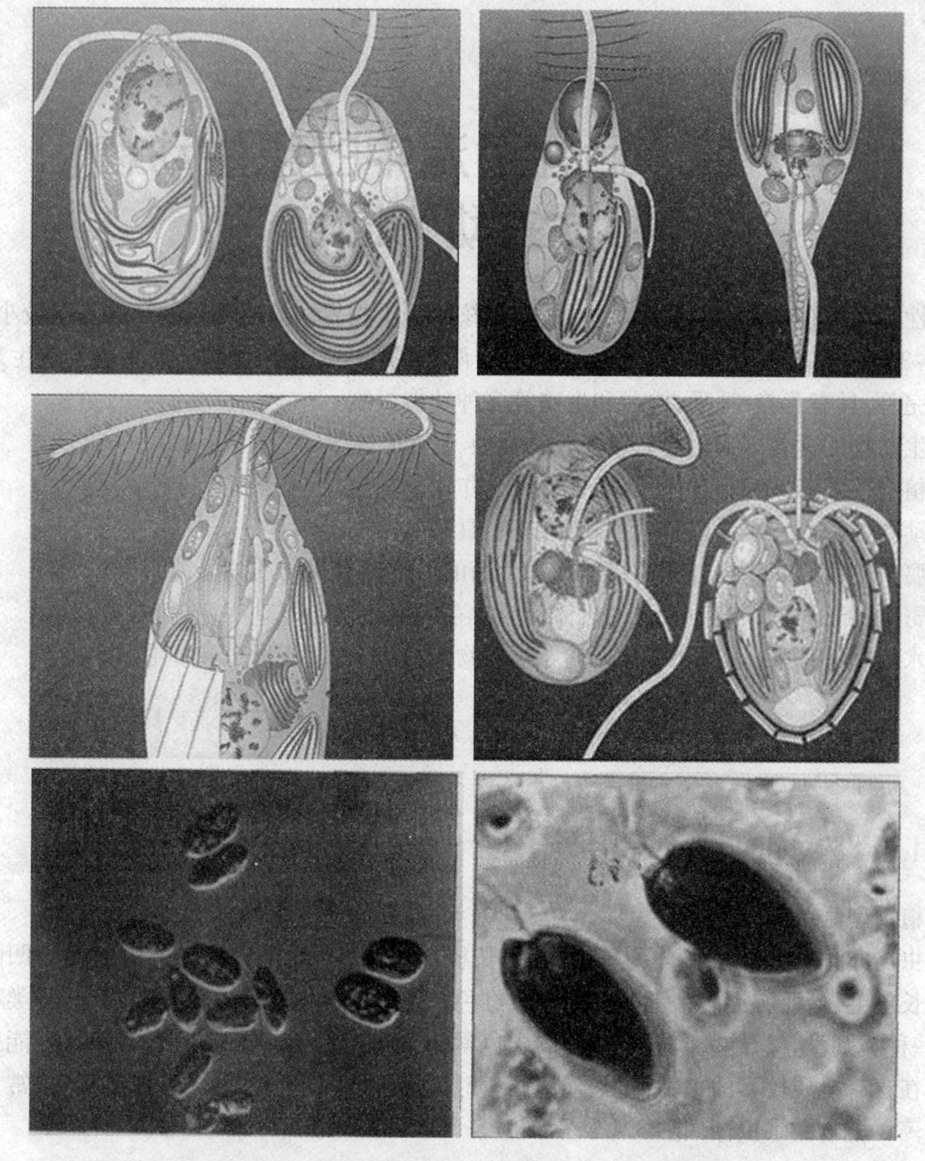

图2.14　隐藻

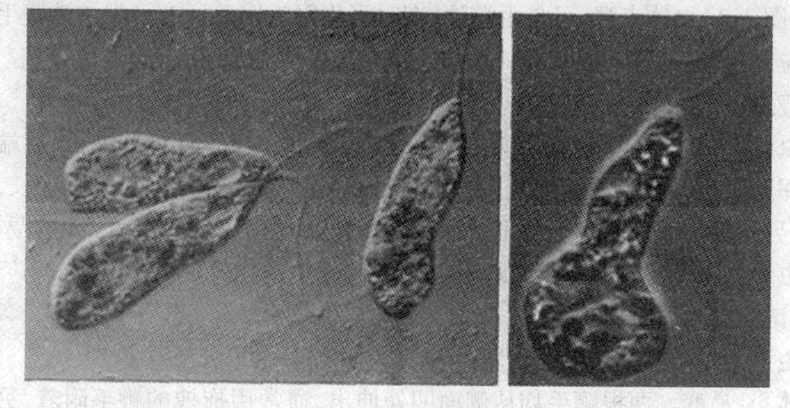

图2.15　袋鞭藻

第3章 活性污泥中的原生动物和后生动物图谱

活性污泥中存在大量的原生动物,属于真核原生生物界。原生动物的个体一般较小,长度为100~300 μm,大多数为单核细胞,少数具有两个或两个以上细胞核。原生动物在生理上相对比较完善,具有营养、呼吸、排泄和生殖等多种功能机制。

原生动物的营养方式主要有以下几种类型。

①植物性营养。细胞含色素,能进行光合作用。

②动物性营养。主要以其他生物如细菌、真菌和藻类等为食。

③腐生性营养。主要以死的机体或无生命的可溶性有机物质为生。

④寄生性营养。以其他生物的机体作为生存的场所,用来获取营养和能量。

污水处理过程中,生物处理常见的原生动物包括鞭毛虫、变形虫和纤毛虫3类。

3.1 原生动物

3.1.1 鞭毛虫

1.植物型眼虫藻

眼虫藻亦称"裸藻"。藻体为单细胞,呈长梭形或圆柱形而略带扁平,由前端小凹陷生出一条细长鞭毛,借此游动。鞭毛基部附近有红色小点,能感光,称为"眼点"。有些种类有细胞壁,有些种类则没有。绝大多数种类体内含色素体,能进行光合作用,但有的种类也能摄取有机物。在含有机质较多的水中,生长代谢旺盛时,能使水变绿色。眼虫藻种类很多,常见的是绿眼虫藻。植物型眼虫藻如图3.1所示。

2.波豆虫

波豆虫(图3.2)虫体赤裸,可自由游泳,有时可用鞭毛固着。有一根游泳鞭毛,一根鞭毛。两者均有基粒,由柔细的鞭毛根和动核连接,有1~3个伸缩泡,用分裂方法繁殖。

3.粗袋鞭虫

粗袋鞭虫(图3.3)身体静止时变动较大,无一定形式,行动时总是纵长,后端比较宽阔而呈截断状或浑圆。身体自后端渐细削;一根粗状的鞭毛从前端伸出,和本体等长,行动时笔直地指向前方,另一根细而短的鞭毛伸出后即徊后弯转,附在本体的表膜上,不容易看出。

粗袋鞭虫食物来源比较广泛,摄食细菌、藻类和原生动物等,生态环境比较广。在BOD负荷低、溶解氧浓度高水质时出现。

4.侧滴虫

侧滴虫体小,易变。两根鞭毛均从侧面凹处伸出,通常用拖拽的鞭毛附着,另一根鞭毛则无休止地运动,活性污泥中常见的有跳侧滴虫,如图3.4所示。

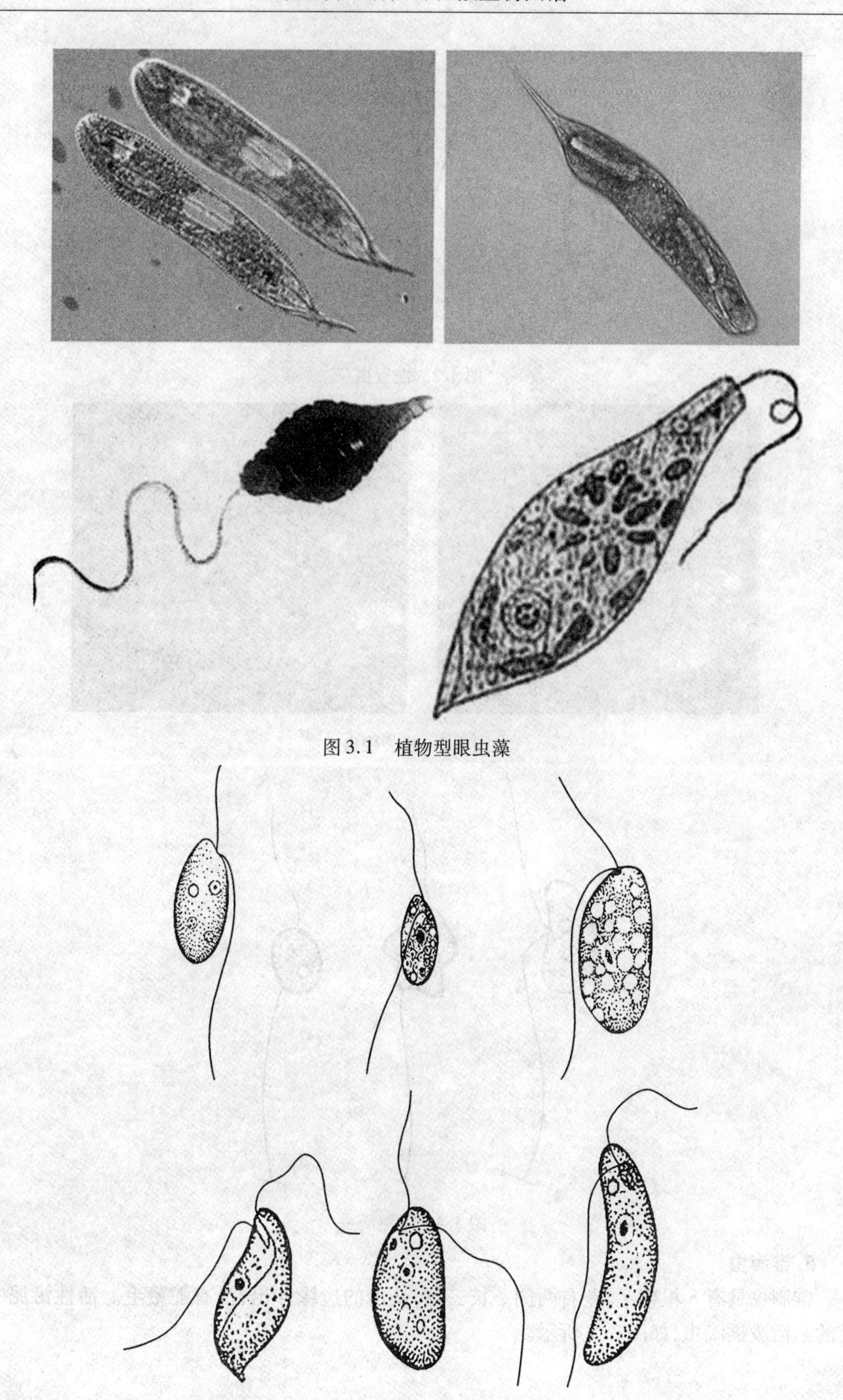

图 3.1　植物型眼虫藻

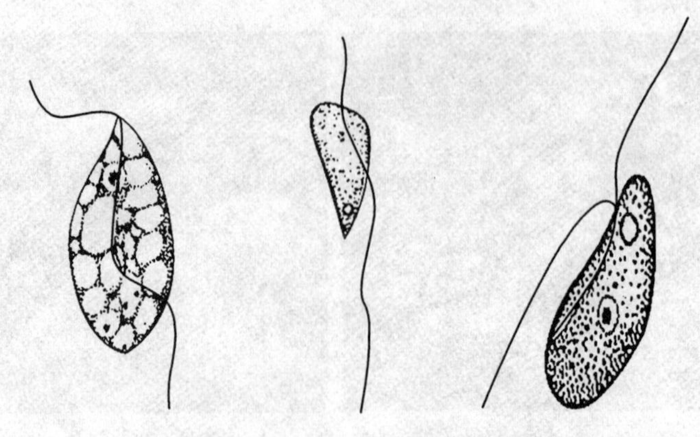

图 3.2　波豆虫

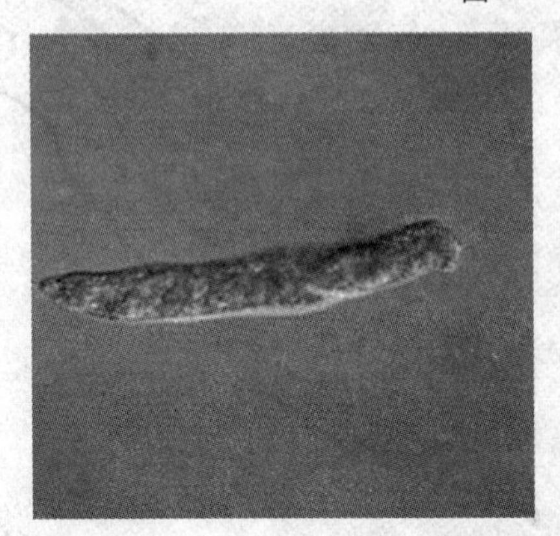

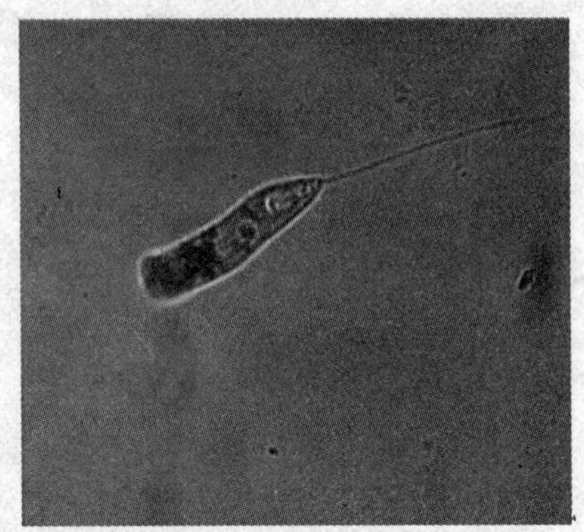

图 3.3　粗袋鞭虫

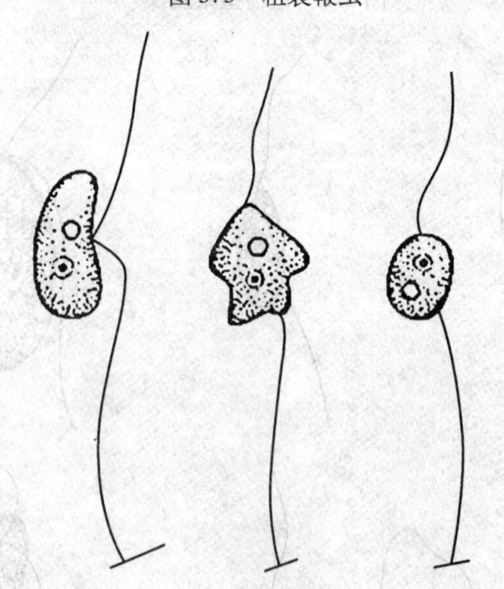

图 3.4　跳侧滴虫

5. 锥滴虫

锥滴虫具有 8 根鞭毛,左右两侧一长三短,从沟的边缘伸出,没有舵鞭毛。活性污泥中常见的是活泼锥滴虫,如图 3.5 所示。

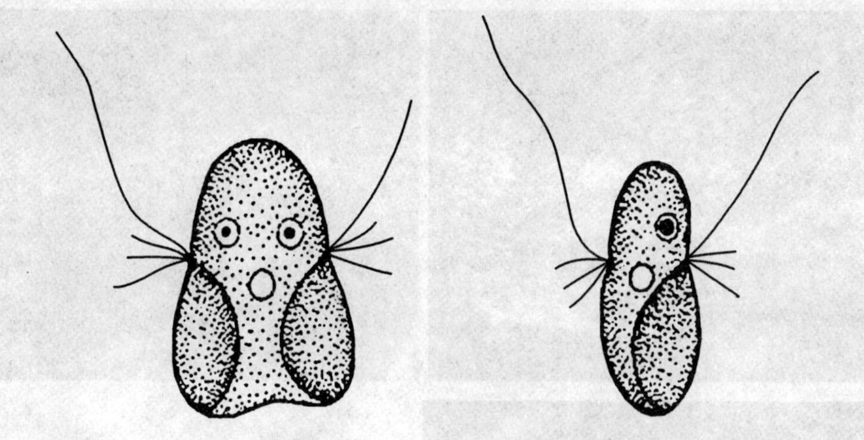

图3.5　活泼锥滴虫

3.1.2　变形虫

在多个伪足中总是有一个优势的伪足,在主身体上有一些较短的伪足伸出,伪足内常可见明显的脊状延伸,顶端常有半球形的透明帽,行动很快时也可变成单伪足。活性污泥中常见的种有大变形虫、表壳虫、砂壳虫和鳞壳虫等。

1. 大变形虫

大变形虫(图3.6)是变形虫中最大的种,但直径也仅有200~600 μm。活的大变形虫的体形在不断地改变着,但里面的结构却比较简单。它的体表为一层极薄的质膜。在质膜的下面没有颗粒、均质透明的一层为外质,在外质的里面为流动的内质,内具有颗粒,其中有扁盘形的细胞核、伸缩泡、食物泡以及处在不同消化程度的食物颗粒等。内质又可以再分为两部分,处在外层的相对固态的称为凝胶质,在其内部呈液态的称为溶胶质。伪足不仅是大变形虫的运动器,也有摄食的作用。它主要以单胞藻类、小的原生动物等为食。

2. 表壳虫

表壳虫具有叶状伪足。小型个体,壳直径为0.1~0.2 mm,壳高为0.05~0.08 mm。壳由透明的几丁质似的物质组成。俯观时,壳呈圆形;侧面观时,壳背拱起为圆弧形,如图3.7所示。壳口在腹面的中央,背面与口面连接的基角明显翘出。壳口内陷,通常可达壳高的三分之一,在接近壳口处时可以看到一个轻微的口前弧弯。通常不具有口管。表膜上的点子凹洞较大,排列较整齐。伪足呈指状。生活时,表壳上有浓密的麻点,壳色随日龄由无色变为淡黄色、棕色或深褐色等。

3. 砂壳虫

砂壳虫也是活性污泥中常见的一种原生动物,如图3.8所示。大小为30~300 μm,能伸出片状或叶状的伪足,整个原生质包在一个硬壳内。壳除了内层有几丁质内膜外,其外还黏附着由它生质体如矿物屑、岩屑和硅藻空壳等颗粒构成的表层,而且颗粒很多,以致壳面粗糙不透明。壳形状多边,呈梨形以至球形,有的还能延伸为颈。横切面大多呈圆形,口在壳体一端,位于主轴正中,壳口的边缘有的光滑,有的呈齿状或叶片状。胞质占了壳腔大部分,常用原生质线固定于壳的内壁上。核一般只有一个,伸缩泡有一至多个。伪足为指状,一般为2~6个。

4. 鳞壳虫

鳞壳虫(图3.9)的壳透明,一般为卵形或长卵形,横切面是圆形或椭圆形。壳的内层由几

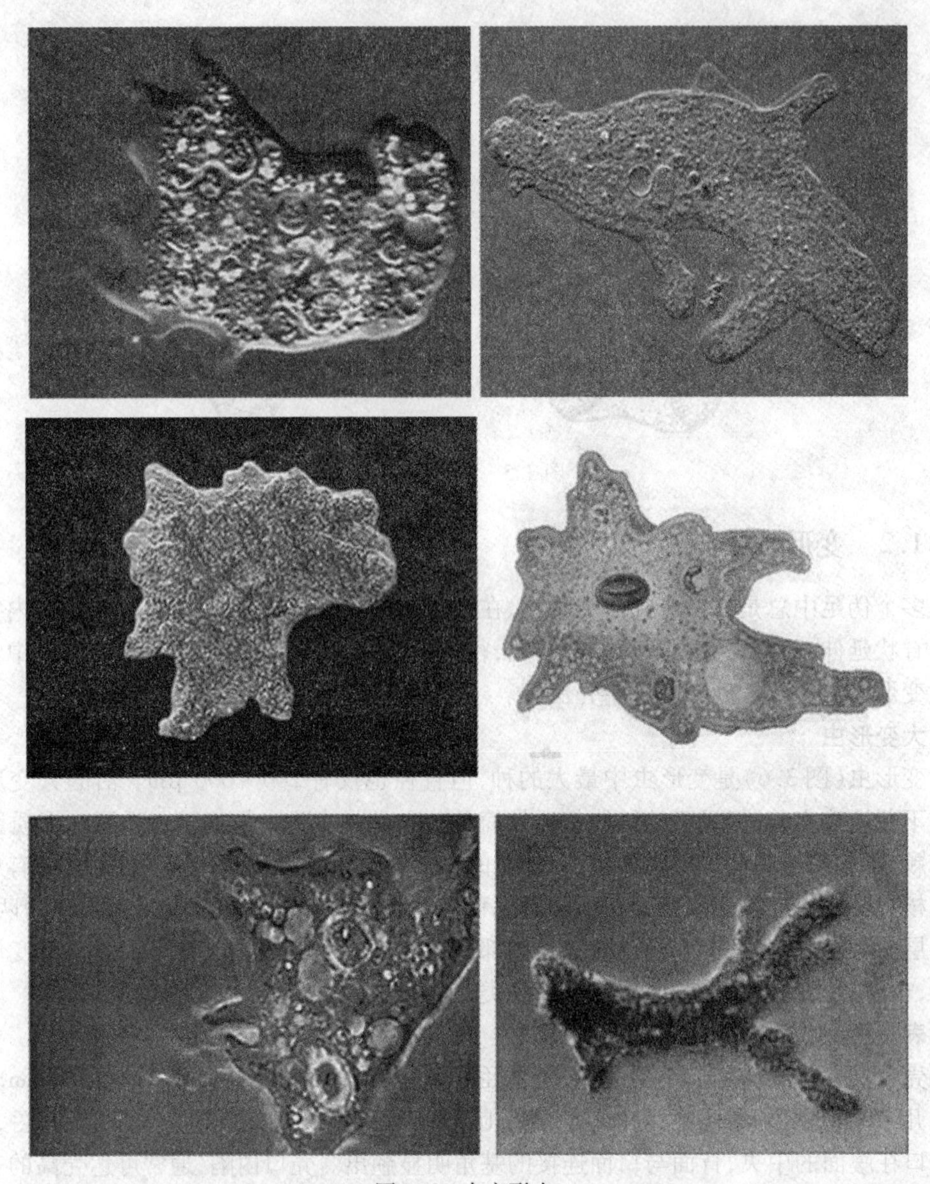

图 3.6　大变形虫

丁质组成,表层由自生质体组成。自生质体由椭圆形或圆形的硅质鳞片组成,鳞片的边缘相互衔接。壳的外表形成规则的六角形小格子,这是由于每个鳞片都与周围的 6 个鳞片衔接所致。整个壳表面全部被这些规则的鳞片覆盖,呈叠瓦状。壳口位于前端,呈圆形或卵圆形,周围的鳞片上通常有齿,与壳体的鳞片形状不同,有的种类壳体上还装有刺,伪足为丝状,交织成网状。

5. 拟砂壳虫

拟砂壳虫如图 3.10 所示。壳除了几丁质内膜外,还在表面覆盖有它生质体的沙粒,壳呈卵圆形,横切面呈圆形或椭圆形,壳口位于前端。胞质内有一个核,位于体后部,有一个伸缩泡。壳的外形和构造与砂壳虫十分相似,但伪足有很大区别。本属的伪足呈线状,长而直,能分支,但不能互相结合。

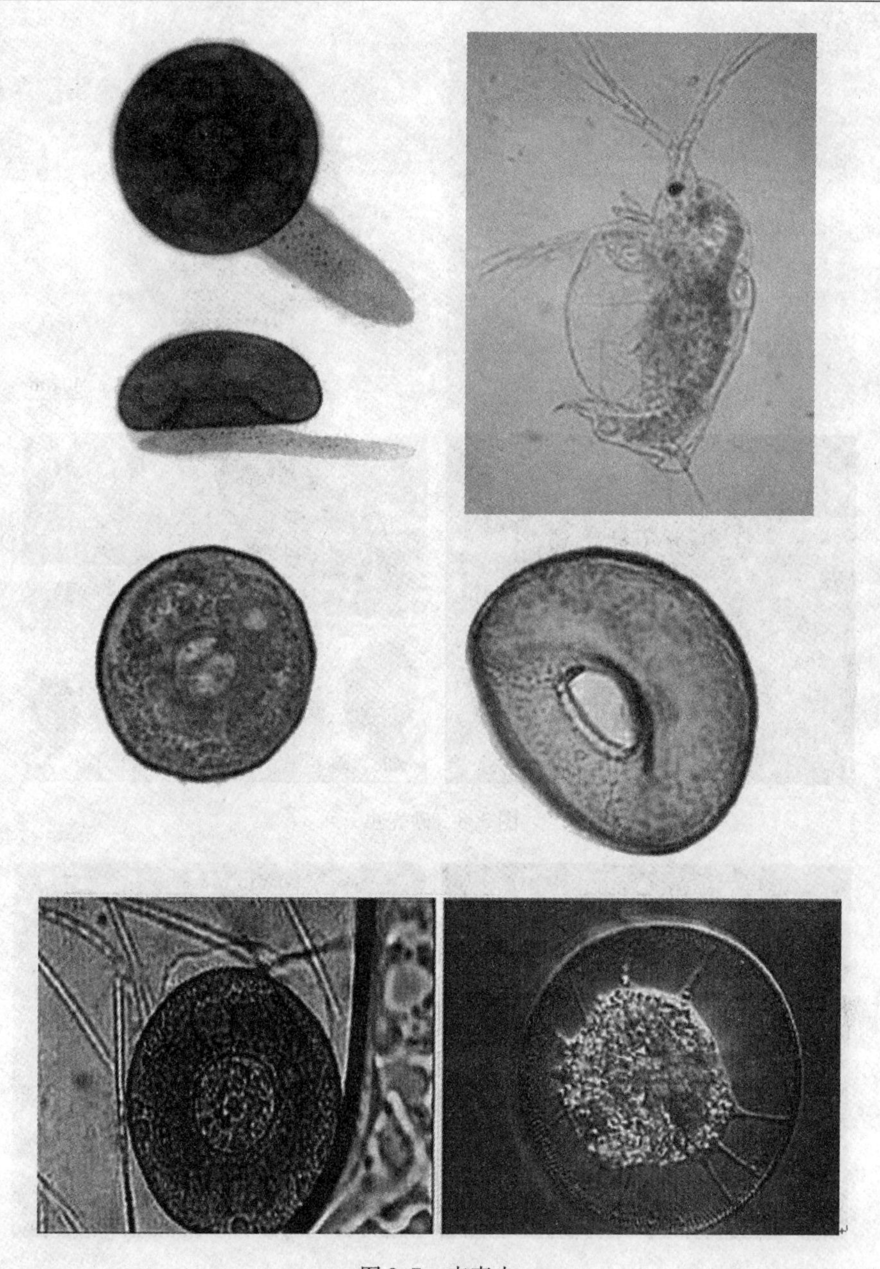

图 3.7　表壳虫

6. **棘阿米巴**

棘阿米巴(图 3.11)有滋养体期和包囊期。滋养体是棘阿米巴的活动形式,呈长椭圆形,直径为15 ~45 μm。在适宜环境下表面伸出多数棘状突起,称为棘状伪足,无鞭毛型,以伪足缓慢移动。通常依靠细菌为食物,以二分裂方式进行繁殖,繁殖周期平均约为 10 h。不同种的棘阿米巴包囊的形态和大小各异,有圆球形、星形、六角形和多角形等。

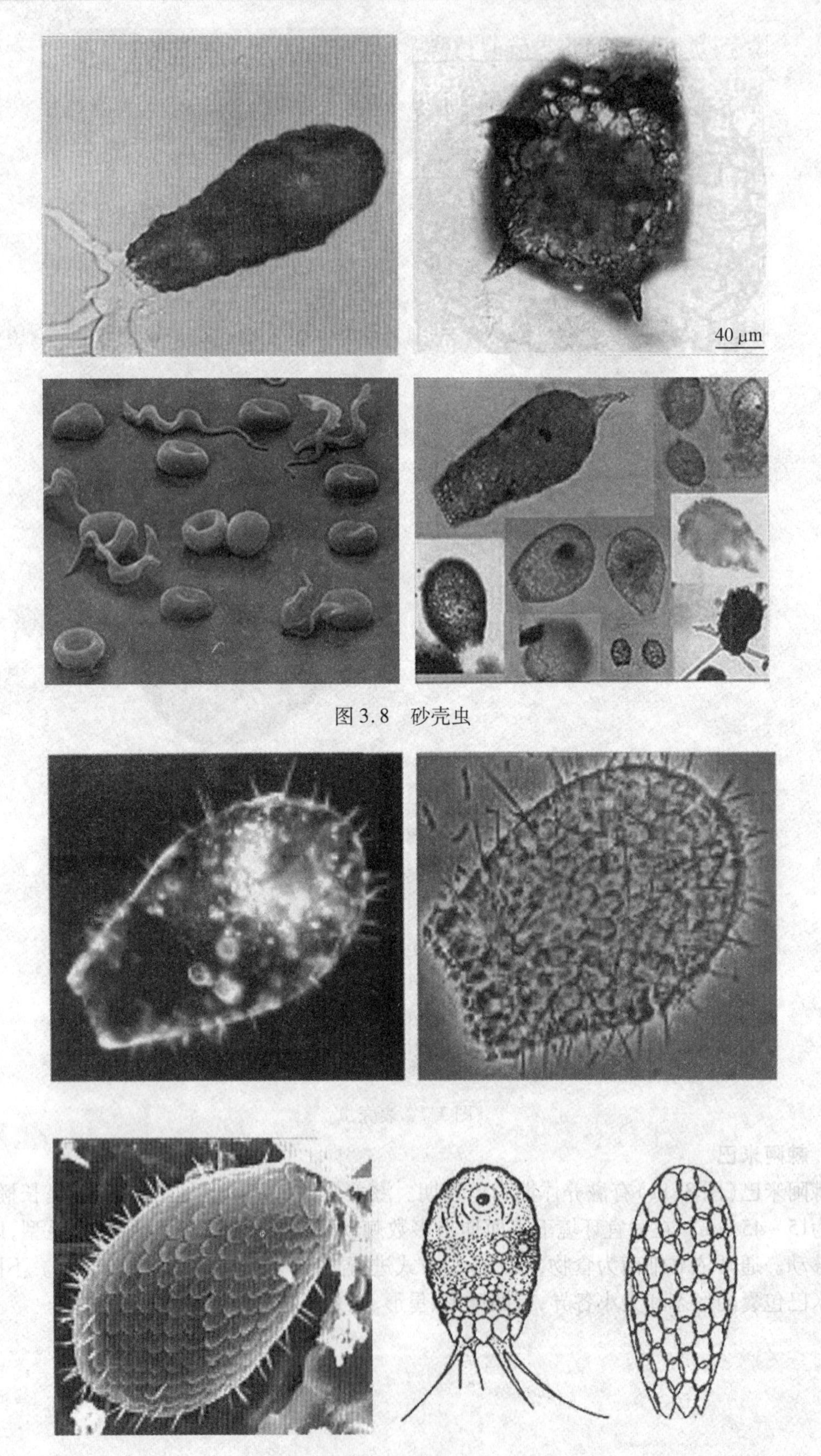

图3.8　砂壳虫

图3.9　鳞壳虫

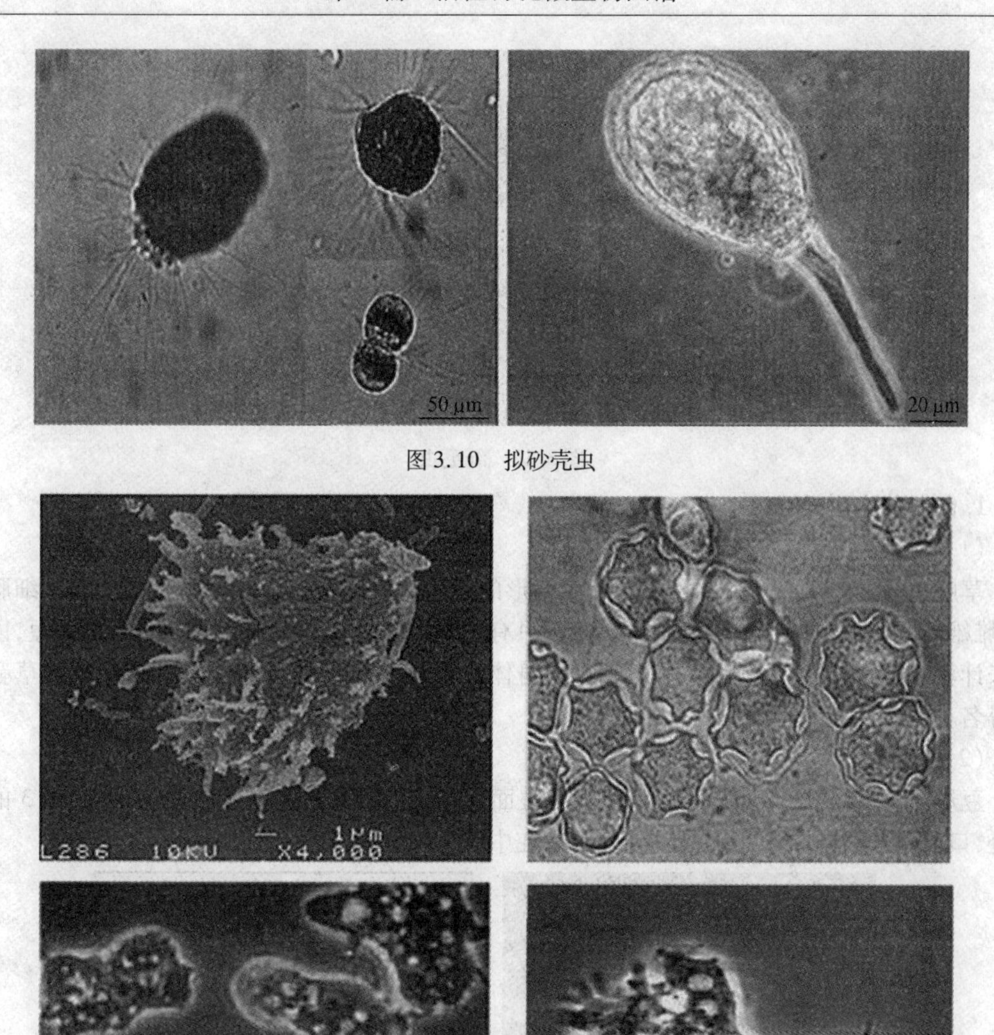

图3.10 拟砂壳虫

图3.11 棘阿米巴

3.1.3 纤毛虫

纤毛虫(图3.12)是具有纤毛的单细胞生物,纤毛是用以行动和摄取食物的短小毛发状小器官。纤毛通常呈行列状,可汇合成波动膜、小膜或棘毛。绝大多数纤毛虫具有一层柔软的表膜和近体表的伸缩泡。纤毛虫滋养体为圆形或椭圆形,无色透明或呈淡绿灰色,外被表膜覆盖斜纵行的纤毛,包绕整个虫体。

活性污泥中纤毛虫的种类和数量相对较多,主要有自由游泳型纤毛虫、匍匐型纤毛虫和固着型纤毛虫(又称有柄纤毛虫)。其中,自由游泳型纤毛虫包括草履虫、豆形虫、肾形虫、喇叭虫、四膜虫和漫游虫等,匍匐型纤毛虫包括楯虫、棘尾虫、斜管虫、游仆虫、轮毛虫和吸管虫等,固着型纤毛虫包括独缩虫、鞘居虫、盖虫、钟虫、聚缩虫和累枝虫等。

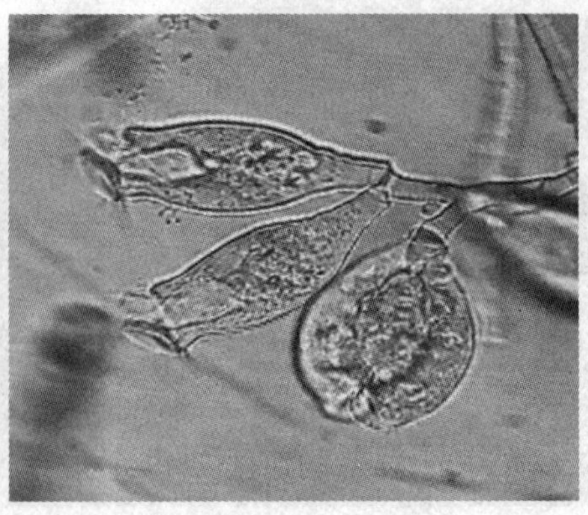

图 3.12　纤毛虫

1. 自由游泳型纤毛虫

(1)草履虫。

草履虫(图 3.13)是一种身体很小、圆筒形的原生动物,它只由一个细胞构成,是单细胞动物,雌雄同体。最常见的是尾草履虫。体长只有 180 ~ 280 μm。它和变形虫的寿命最短,以小时来计算,寿命时间为一昼夜左右。因它的身体形状从平面角度看上去像一只倒放的草鞋底而得名。

(2)豆形虫。

豆形虫(图 3.14)体宽,呈卵形,前端向腹面弯转,后端浑圆,胞口在腹面前 1/4 ~ 1/3 的凹陷处,口前缝合线向左弯曲,大核呈椭圆形,在中部,伸缩泡位于中部或稍下。

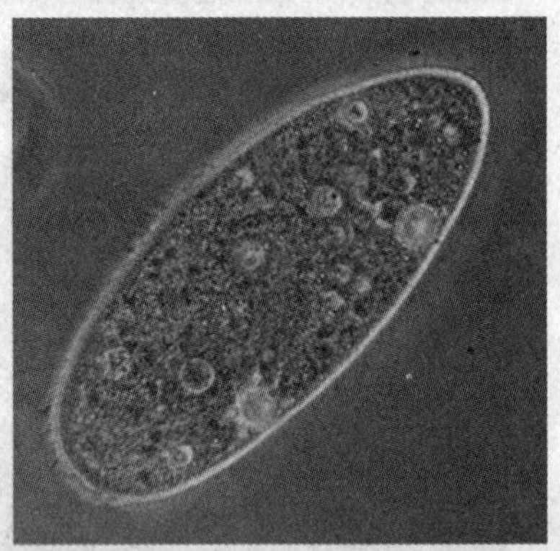
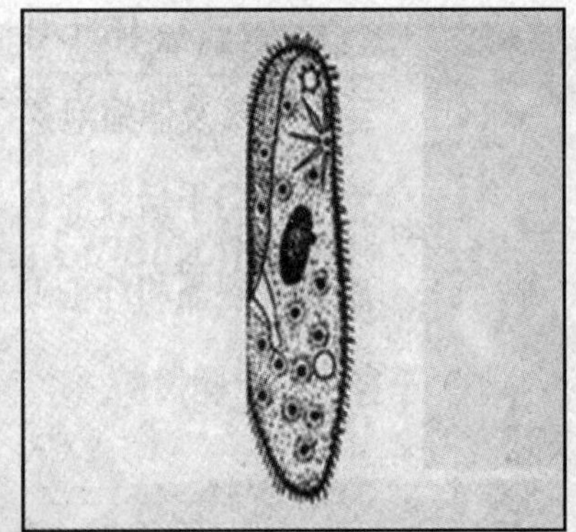
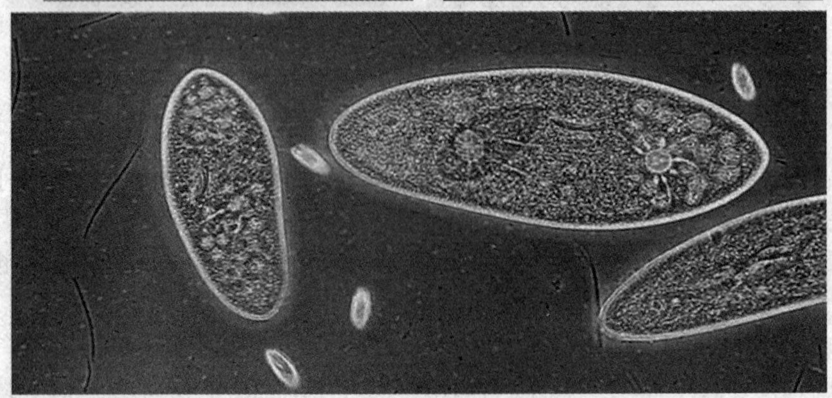

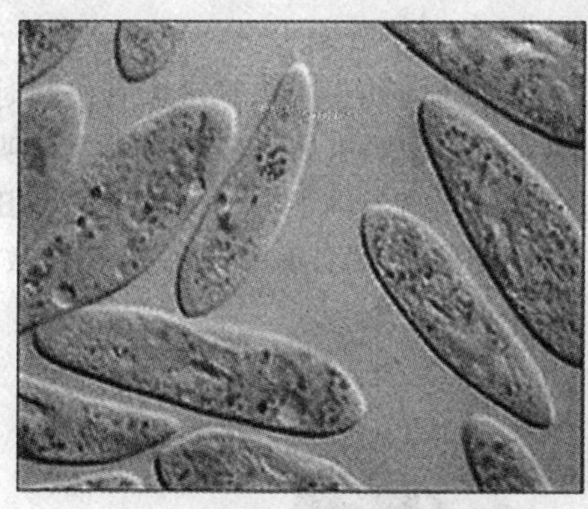
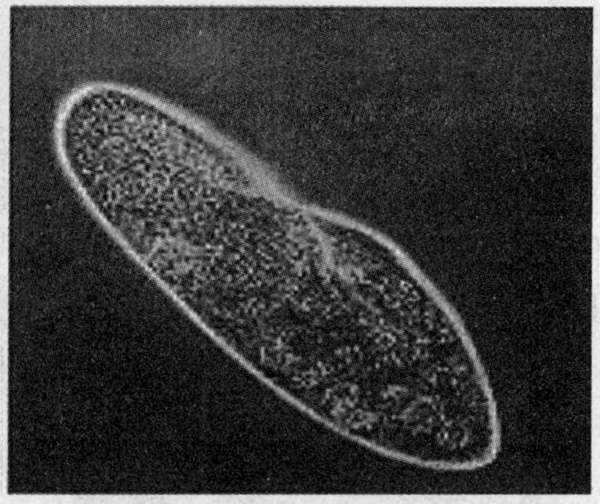

图 3.13　草履虫

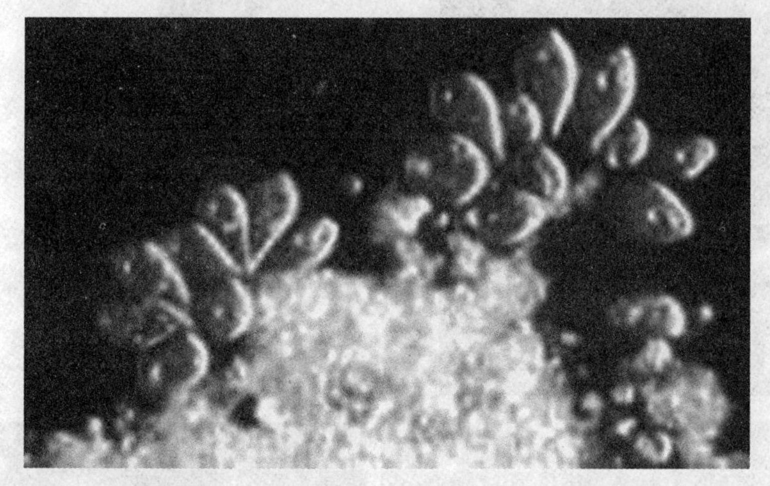

图 3.14　豆形虫

(3)肾形虫。

肾形虫(图 3.15)属于体肾形,背腹扁平,体右缘呈弧形,左缘平直,突口下方常突起,在虫体中部或偏前,呈一浅的洼窝,即门前庭。前庭壁上有不易看清的前庭纤毛,有的种类可伸出长须状的纤毛。胞口在前庭底部。体纤毛对生,均匀分布,纤毛行列从凹口前的左缘("龙骨")起向右做同心层的围绕凹口。外质常有刺丝泡。大核有一个,呈圆形;小核有 1~3 个;伸缩泡有一个,在末端。

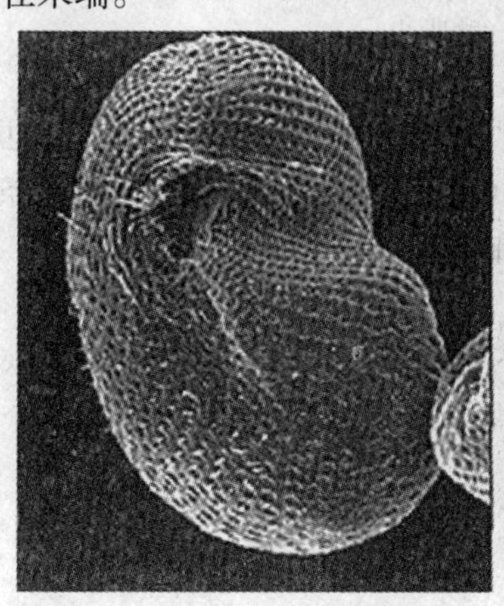
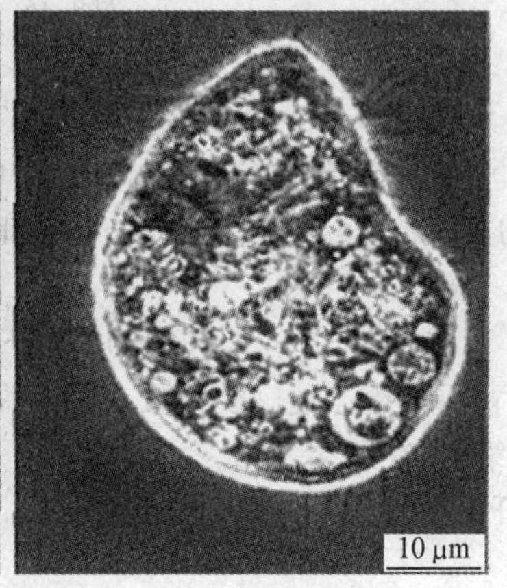

图 3.15　肾形虫

(4)喇叭虫。

虫体呈喇叭状(少数圆筒形),身体上布满了纤毛,体前端小膜口缘区长有按顺时针排列的许多小膜结构,大多数喇叭虫就是通过小膜进行运动。喇叭虫如图3.16所示。喇叭虫将细菌、藻类和原生动物等旋转着导入胞口内,食物泡中的残渣经体上方伸缩泡旁的胞肛排出体外。体纤毛完全,后端尖细,大核形式多样,有一个伸缩泡,前后各有一条小管,体极微小,较大种肉眼可见。

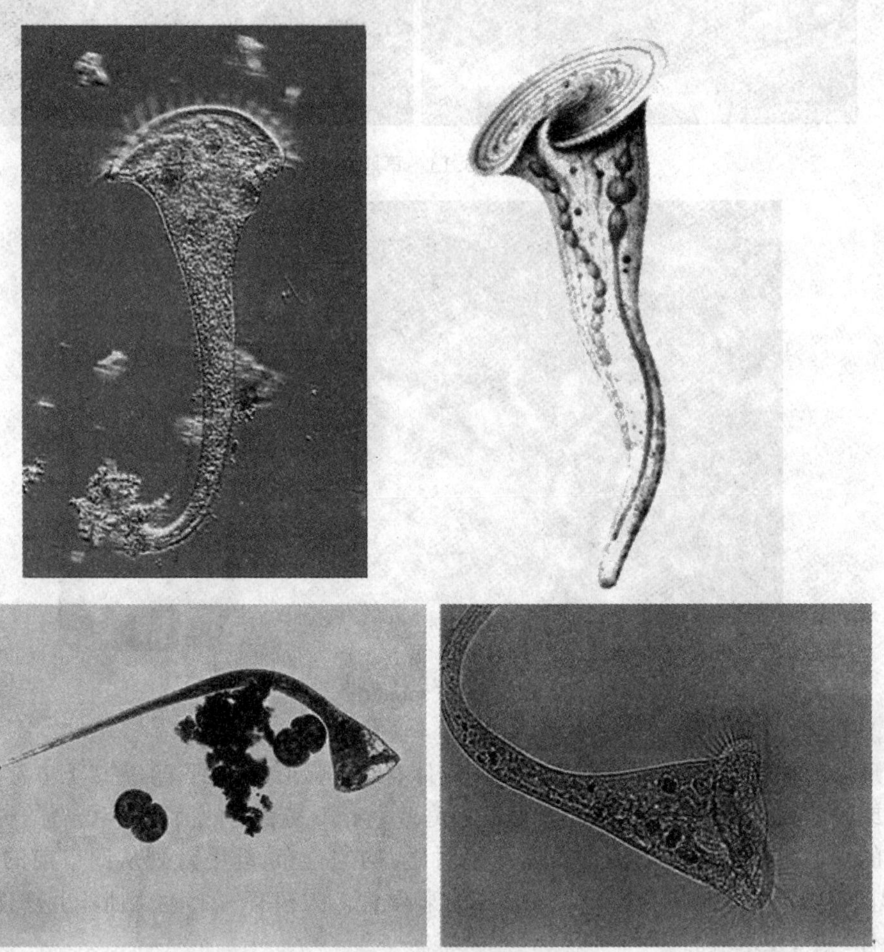

图3.16 喇叭虫

(5)四膜虫。

四膜虫(图3.17)与一般人所熟知的草履虫在形态生理上十分相似。四膜虫外观呈椭圆长梨状,体长约为50 μm,全身布满数百根长为4~6 μm的纤毛,纤毛排列成数十条纵列,是不同种间纤毛虫分类的特征之一。四膜虫身体前端具有口器,有3组3列的口部纤毛。

(6)漫游虫。

漫游虫(图3.18)体呈宽片形和短的柳叶刀形,可变形。后部较前半部宽。末端浑圆或钝圆。颈不长,向背面微弯。胞口裂缝状在颈的腹面,口侧无刺丝泡存在,有两个大核,中间小核未见,有一个伸缩泡,在后端一侧。

2. 匍匐型纤毛虫

(1)楯虫。

楯虫(图3.19)体小,呈卵圆形,表膜坚硬而不变形,小膜口缘区高度退化,前触毛和腹触

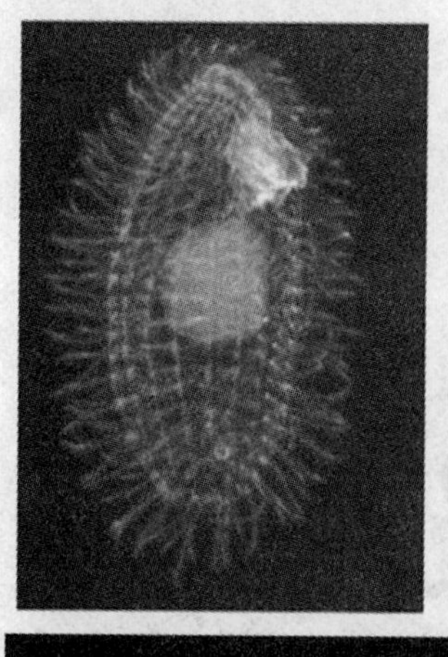
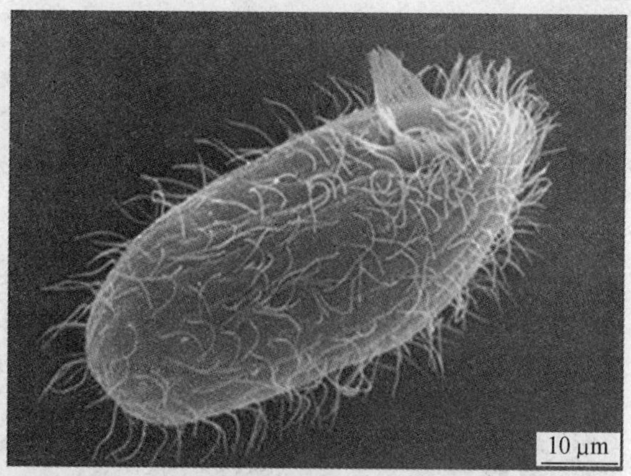

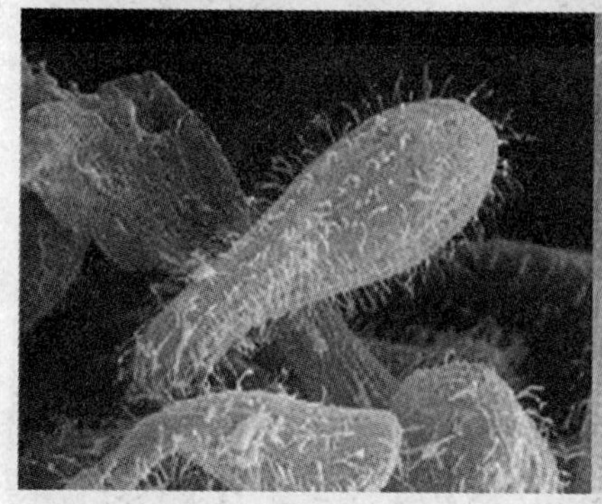
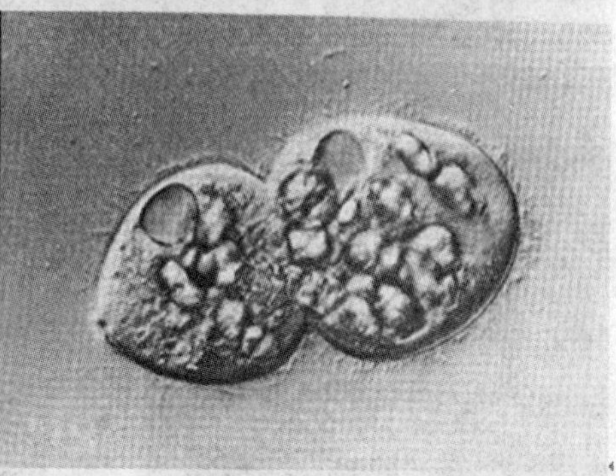

图3.17　四膜虫

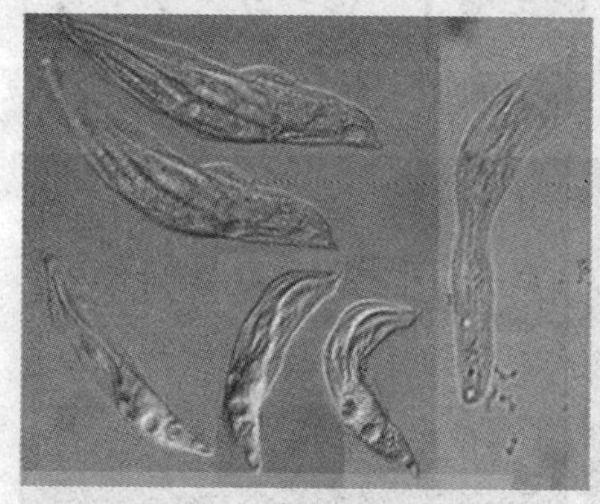
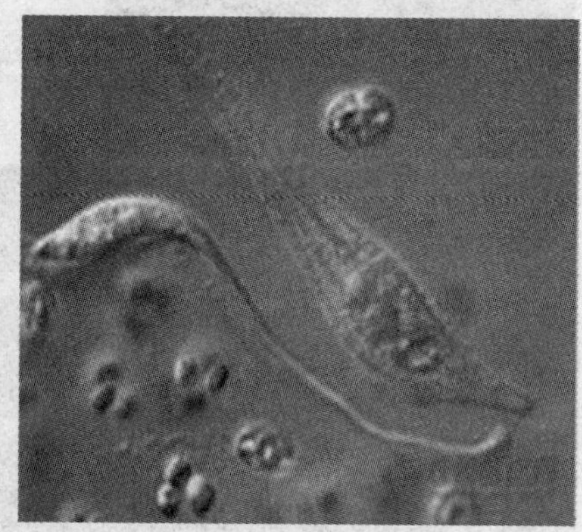

图3.18　漫游虫

毛共有7根,臀触毛有5~12根。背面有纵肋,腹面左下口缘区无明显的刺,背面有6条纵肋。

(2)棘尾虫。

棘尾虫(图3.20)体呈椭圆形,腹面扁平,背面隆起,坚实,不弯曲变形,小膜口缘区较发达,每侧各有一行侧缘纤毛,腹面前有8根触毛,5根腹触毛,5根肛触毛。末端有3根尾触毛特别硬且长,其末端形成缘,缘触毛在体末不汇合。

(3)斜管虫。

斜管虫(图3.21)种类较多,其中很多种类活动在无脊椎动物的身体上。通常为椭圆形,前端左缘有"吻"突,背腹平。腹面有纤毛,胞门位于腹面的前半部,胞咽由刺杆组成"篮咽"。胞口的前额处有一排小膜,口前接缝线伸向左前角。以口为界,腹纤毛分为左、右两部。活性

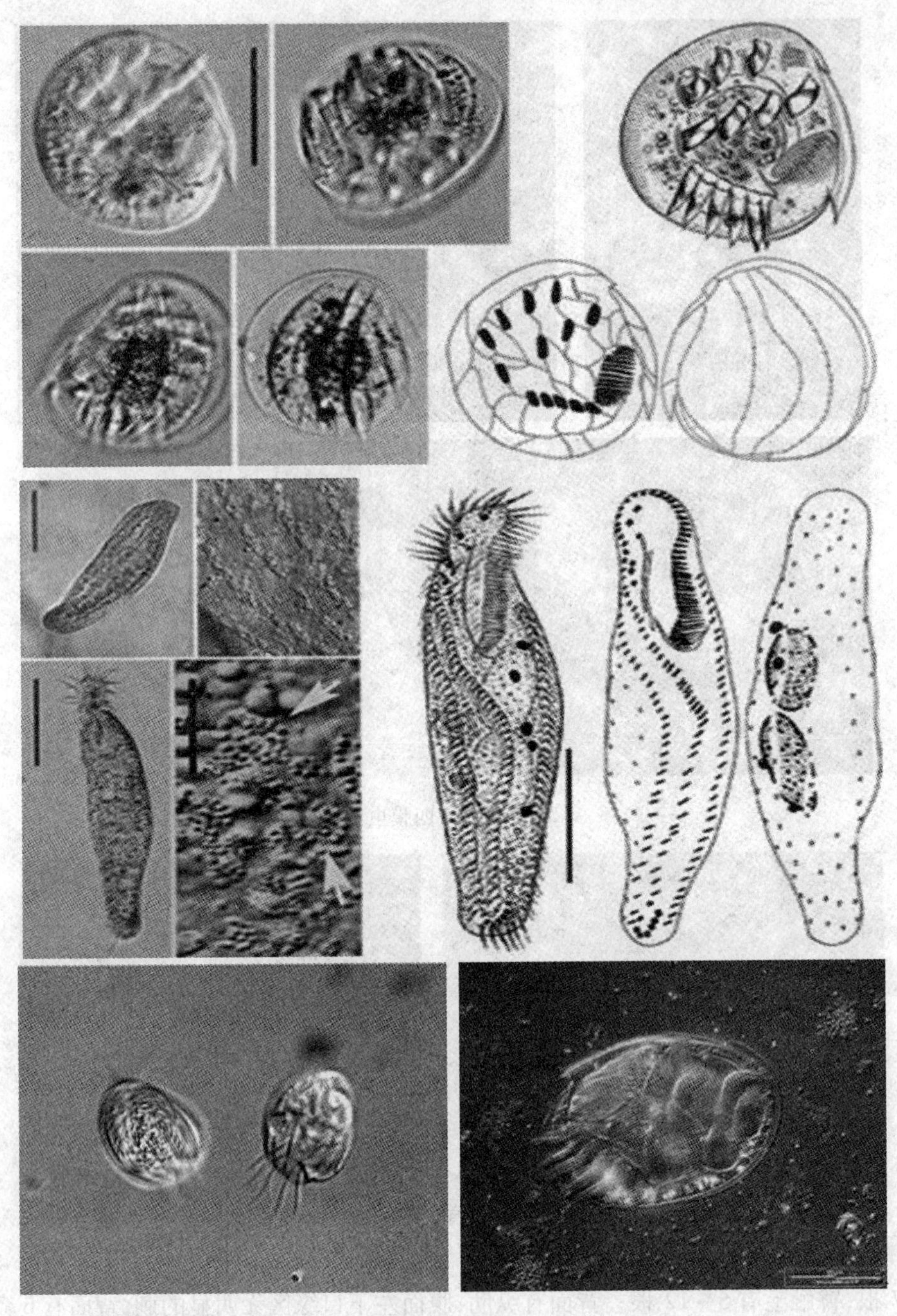

图 3.19　楯虫

污泥中常见的种类是钩刺斜管虫,如图 3.22 所示。

(4)游仆虫。

游仆虫体坚实而不弯曲,小膜口缘区非常宽阔,前触毛有 6 根或 7 根,腹触毛有 2 根或 3 根,尾触毛有 4 根,臀触毛有 5 根,无缘触毛。有一个大核,呈长带形,有一个伸缩泡,如图 3.23所示。活性污泥中常见的游仆虫是近亲游仆虫,体呈卵圆形,背面有 5 条或 6 条纵肋。小膜口缘平缓右旋达虫体中部,如图 3.24 所示。

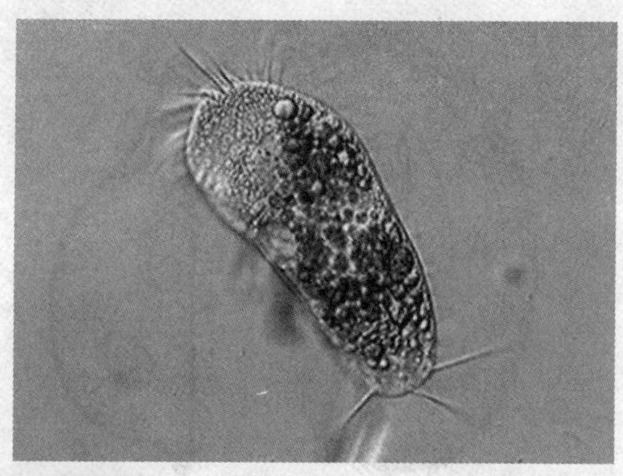

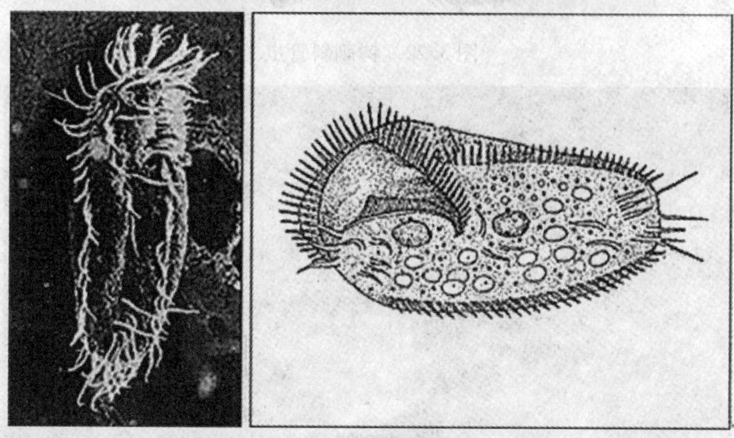

图3.20　棘尾虫

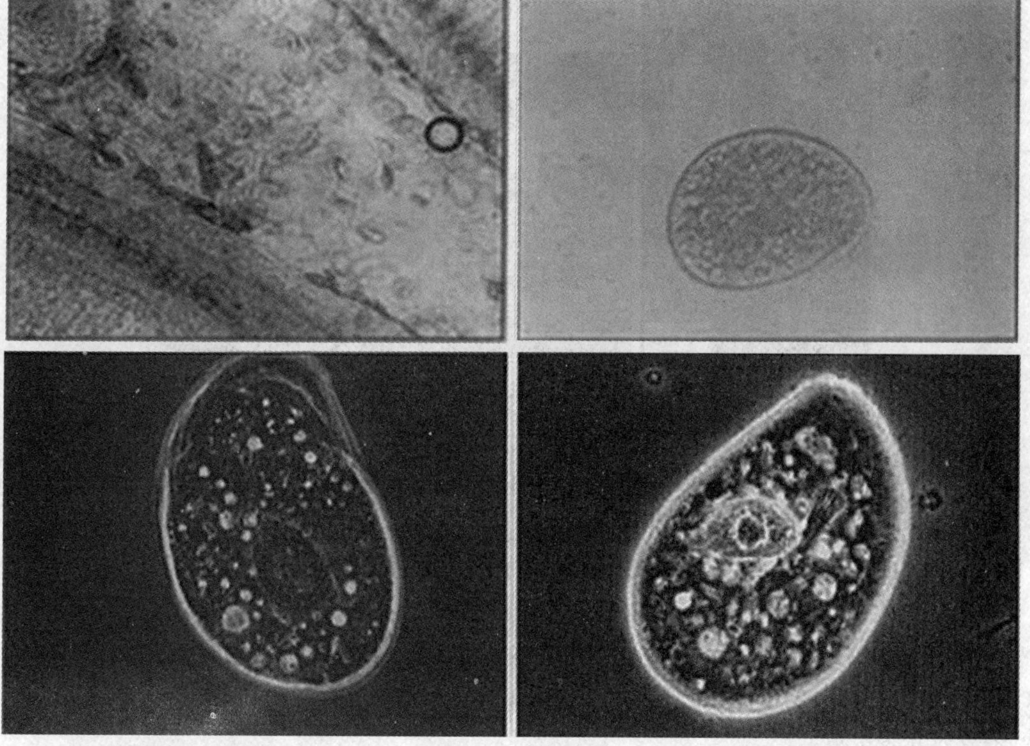

图3.21　斜管虫

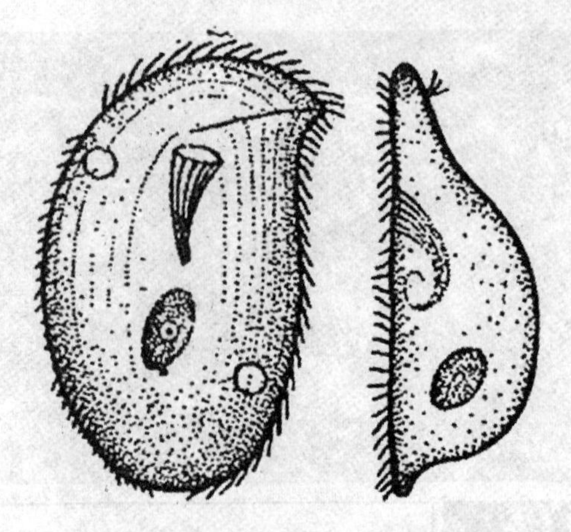

图 3.22　钩刺斜管虫

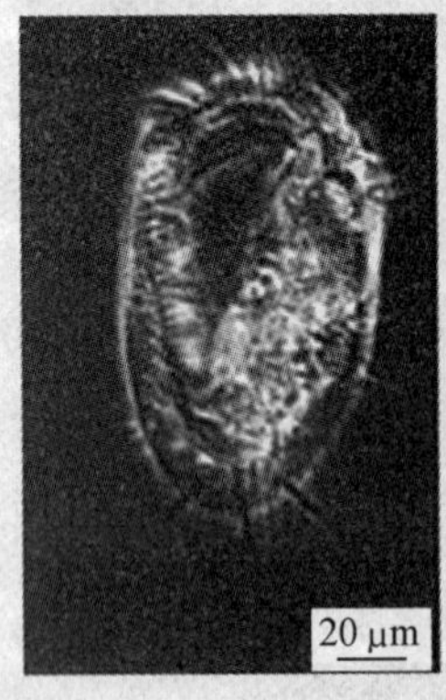

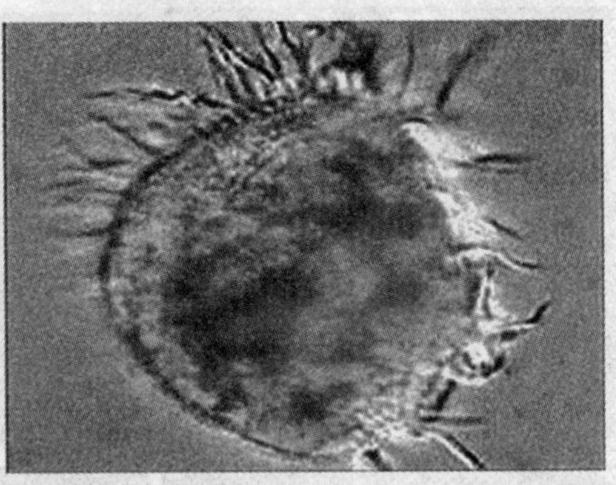

图 3.23　游仆虫

(5)轮毛虫。

轮毛虫(图 3.25)体呈卵形,背面突起,外质盔甲化,无纤毛,常有纵肋。腹面平,纤毛列 4 行,胞口在腹面右侧。胞咽由细长的刺杆组成,体后伸出一尾刺。有一个大核,为异质核型,前半部有一核内体,后半部有不能染色的粒体,有两个伸缩泡。

(6)吸管虫。

吸管虫(图 3.26)幼体期时自由游泳;成体无纤毛,一般不游泳(固着),用触手代替口摄取食物。触手有分布全身的,有分布在不同区域的。吸管虫以内出芽或外出芽产生幼体。但是,多数为分裂生殖。

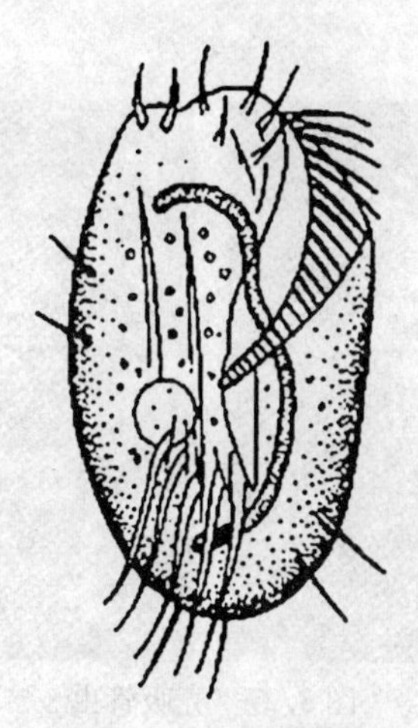

图3.24　近亲游仆虫

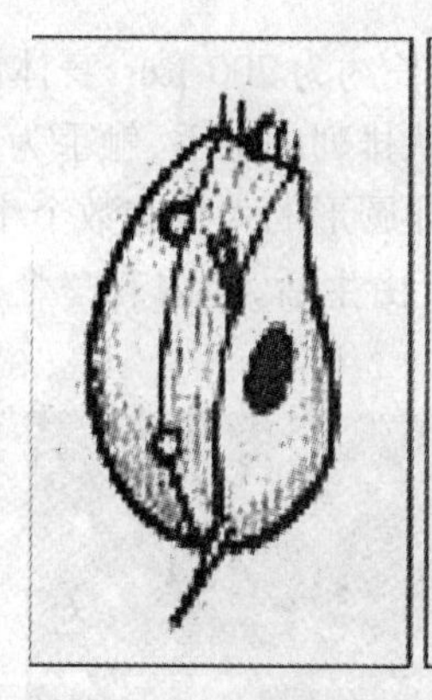

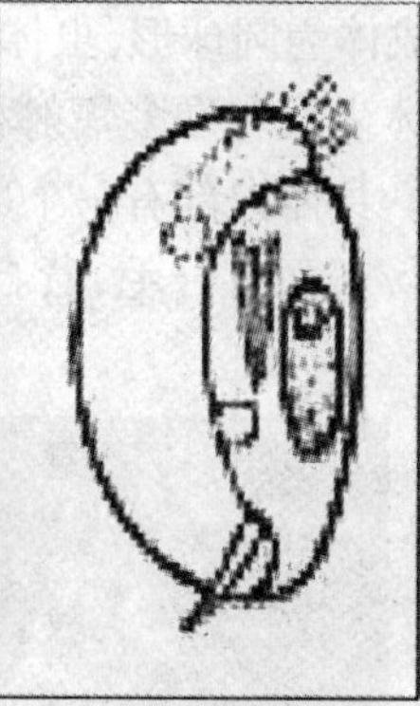

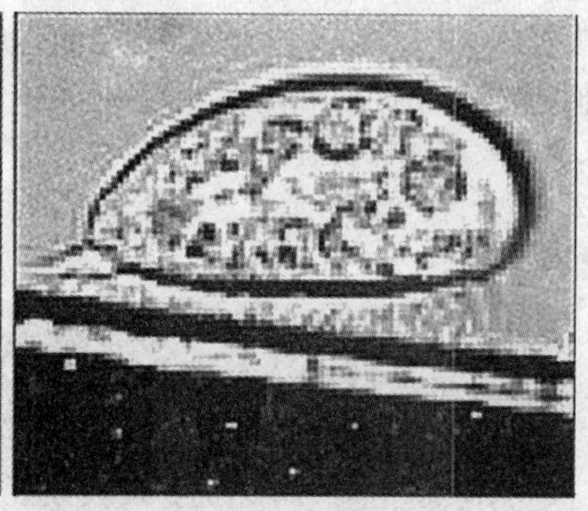

图3.25　轮毛虫

由于吸管虫幼体有纤毛，成虫纤毛消失，取而代之的是长短不一的吸管，吸管分布于全身或局部。有的吸管膨大，有的修尖，虫体呈球形、倒圆锥形或三角形等，没有胞口，靠一根柄固着生活，当幼虫固着在固体物质上后，尾柄生出，纤毛脱落。

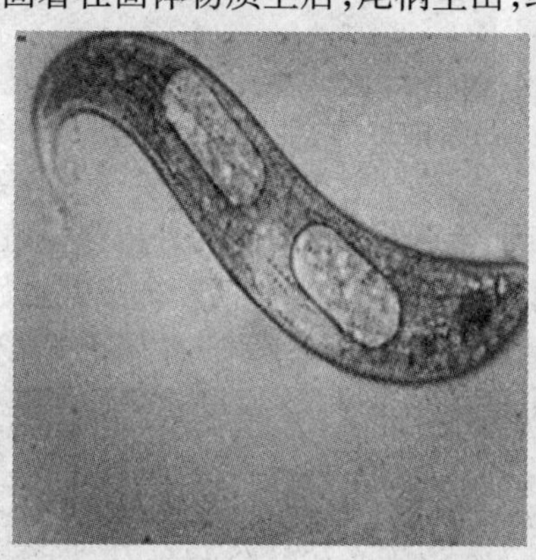

图3.26　吸管虫

活性污泥中常见的吸管虫有壳吸管虫、足吸管虫、球吸管虫和锤吸管虫。

①壳吸管虫。

虫体背腹扁，鞘略扁平，左右对称，后端无柄，体表为一透明鞘，前端两侧各长一束透明吸管，乳头状触手多汇集为两簇（或3簇），内出芽生殖，体内有一个椭圆形大核，一个小核。壳吸管虫如图 3.27 所示。

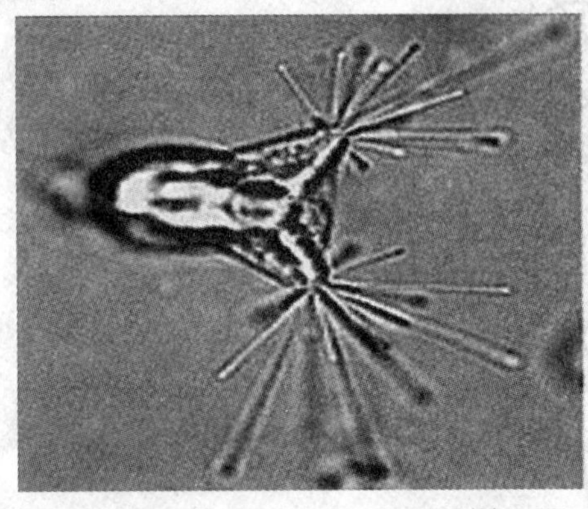
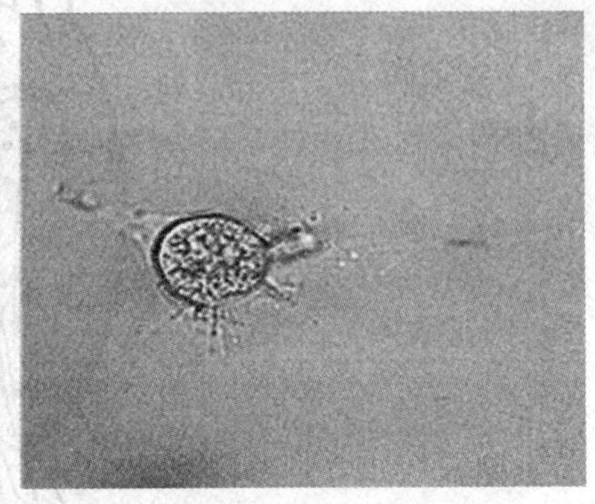

图 3.27　壳吸管虫

②足吸管虫。

足吸管虫(图 3.28)又称为固着吸管虫。成体为圆球形,虫体长约为 200 μm,身体的一端有一长柄,个体即借此柄附着在其他物体上。体表长有许多辐射状排列的触手,触手为中空的管状,末端膨大成球状吸盘。触手可自由伸缩。身体内部有一个卵圆形的大核和数个小核,伸缩泡有 2 ~8 个,食物泡若干个。幼体呈卵圆形,表面有纤毛,营自由生活,体内有一个大核及数个小核。

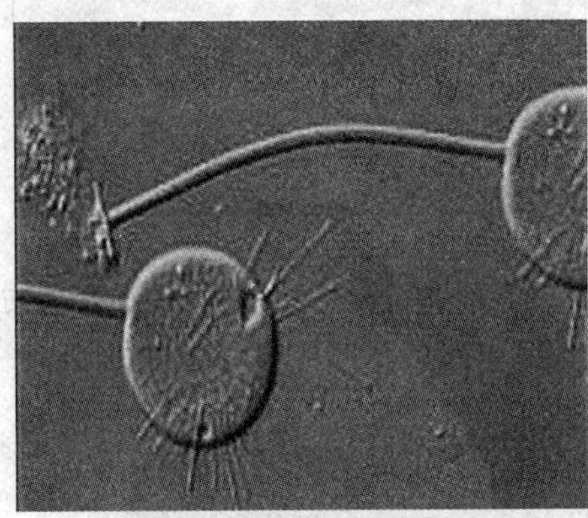
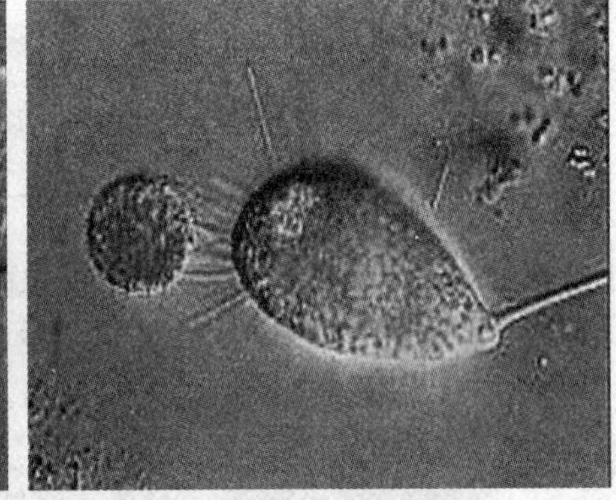

图 3.28　足吸管虫

③球吸管虫。

体圆球形,无鞘和柄,触手呈乳头状,分布于全身。无性繁殖为外出芽生殖和二分裂生殖,在水体中自由漂浮或用触手附着在其他有机体上进行营寄生生活。球吸管虫如图 3.29 所示。

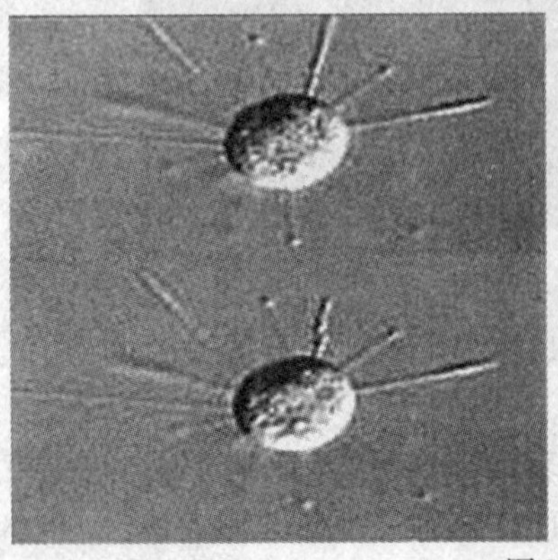
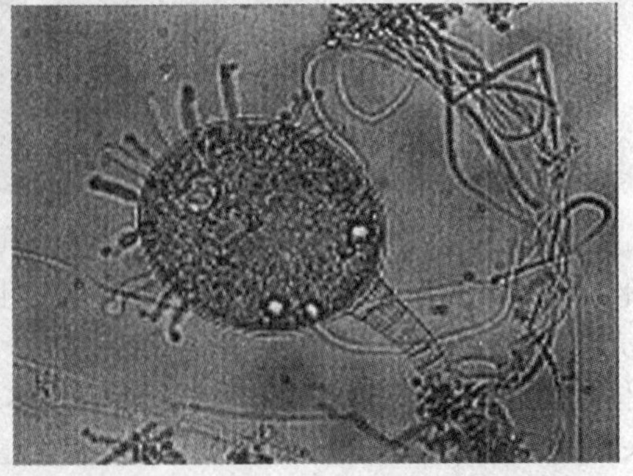

图 3.29　球吸管虫

④锤吸管虫

锤吸管虫(图3.30)的虫体里倒梨形或角锥形,无鞘,前端有乳头状触手2~4簇,柄长而柔细,内出芽生殖。

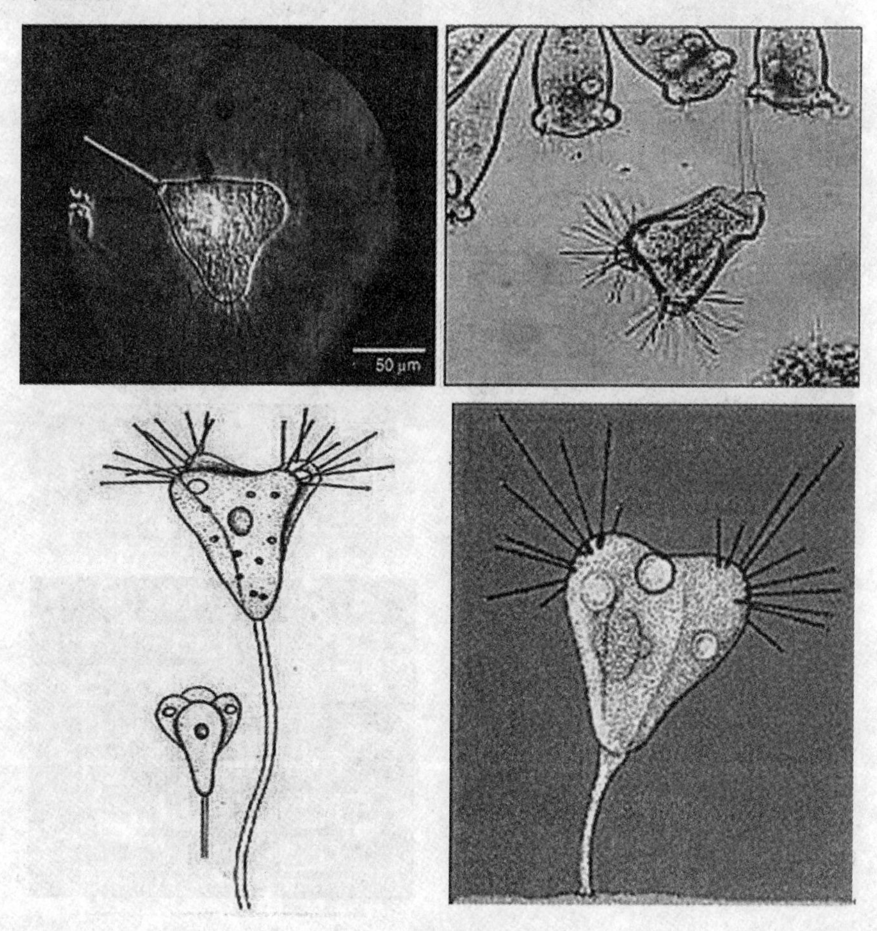

图3.30　锤吸管虫

3.有柄纤毛虫

(1)独缩虫。

独缩虫(图3.31)柄分支形成群体,肌丝在柄的分叉处互不相连。肌丝扭曲,柄收缩时螺旋盘绕,大核及伸缩泡各一个。

(2)盖虫。

盖虫柄分支形成群体,大核及伸缩泡各一个。活性污泥中常见的两种盖虫是微盘盖虫和集盖虫,如图3.32和图3.33所示。

(3)鞘居虫。

鞘居虫(图3.34)鞘呈圆筒形或瓶形,直立,鞘无柄,虫体多无柄,在水体中以游泳幼体或固着生活时,会由于其他生物运动摄食的影响而漂浮在水体中。

(4)钟虫。

钟虫体形如倒置的钟,为群体生活,柄分叉呈树枝状、每根枝的末端与另外一个钟虫连接。无论是单个的或是群体的种类,在废水生物处理厂的曝气池和滤池中生长十分丰富,能促进活性污泥的凝絮作用,并能大量捕食游离细菌而使出水澄清。因此,它们是监测废水处理效果和

图 3.31　独缩虫

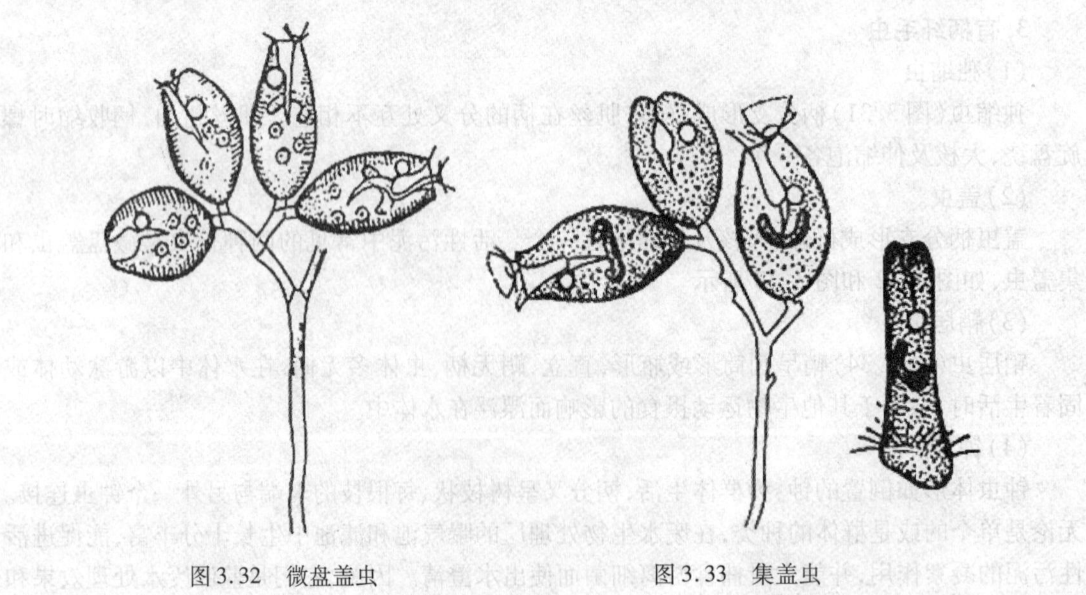

图 3.32　微盘盖虫　　　　图 3.33　集盖虫

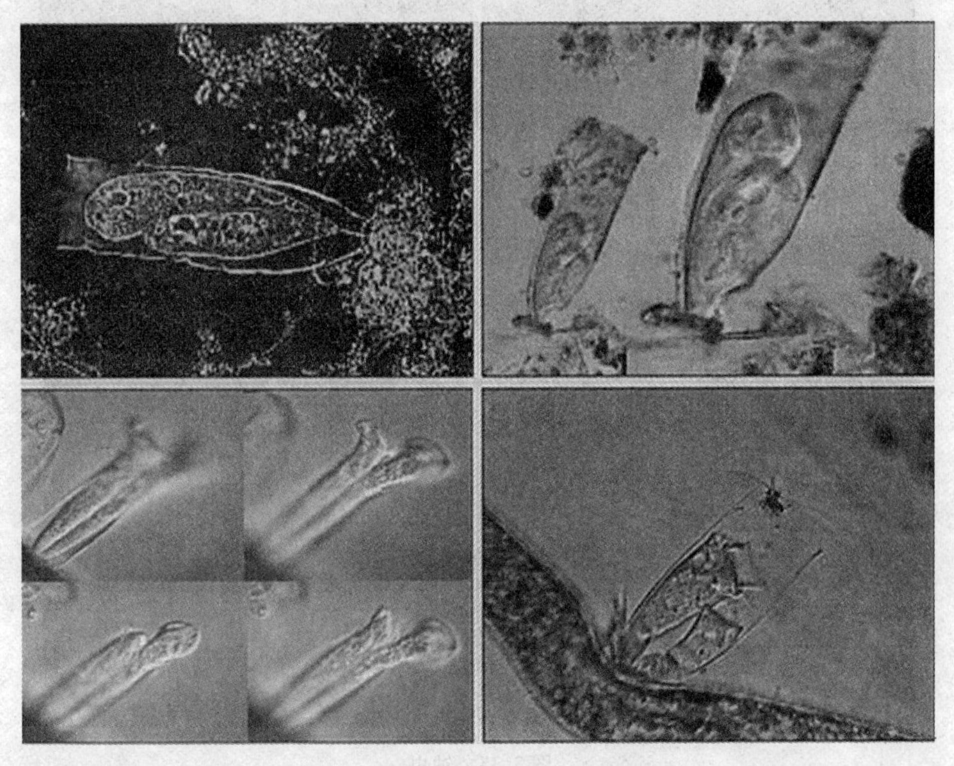

图3.34　鞘居虫

预报出水质量的指示生物，如图3.35所示。活性污泥中常见的钟虫类型包括白钟虫、长钟虫和条纹钟虫等，如图3.36所示。

(5)聚缩虫。

独缩虫(图3.37)为环状平行排布的银线，其幼体为游泳体，在水中游动时，在适宜条件下可以固着在有机物上，然后长出一柄继而繁殖形成群体，如遇到不适条件，聚缩虫前端口缘内缩，身体延长呈椭圆形，脱离柄变为休眠体，待条件适宜时重新形成游泳体。聚缩虫与独缩虫相似，主要区别在于聚缩虫的柄与分叉处的肌丝相连接，且肌丝多在柄鞘的中央而不呈波浪式扭曲，虫体表膜具有细弱的条纹，伸缩泡位于虫位顶端，柄收缩时呈"之"字形而不是螺旋形。

(6)累枝虫。

累枝虫表膜纵向，纤维单一而细密，口围盘纤维呈网状，两者在整体上形成一个完整的兜网状，累枝虫细胞表膜柔软，体型相对较大，长为180~250 μm，伸缩泡位于虫体背部，核上端自口围唇起，下端止于反口纤毛环处，大核为纵贯细胞的"L"字形。虫体前端有膨大的围口唇，群体，柄无肌丝且不收缩，如图3.38所示。着生在各种水生动植物体上，个别种营浮游生活，活性污泥中常见的有褶皱累枝虫和瓶累枝虫，如图3.39所示。

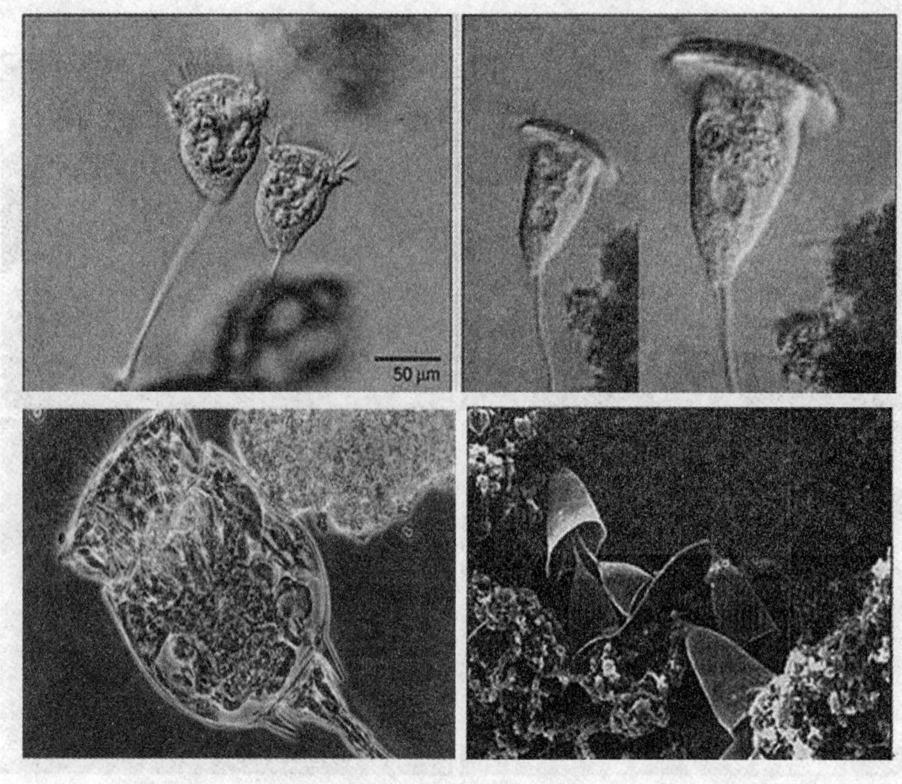

图 3.35　钟虫

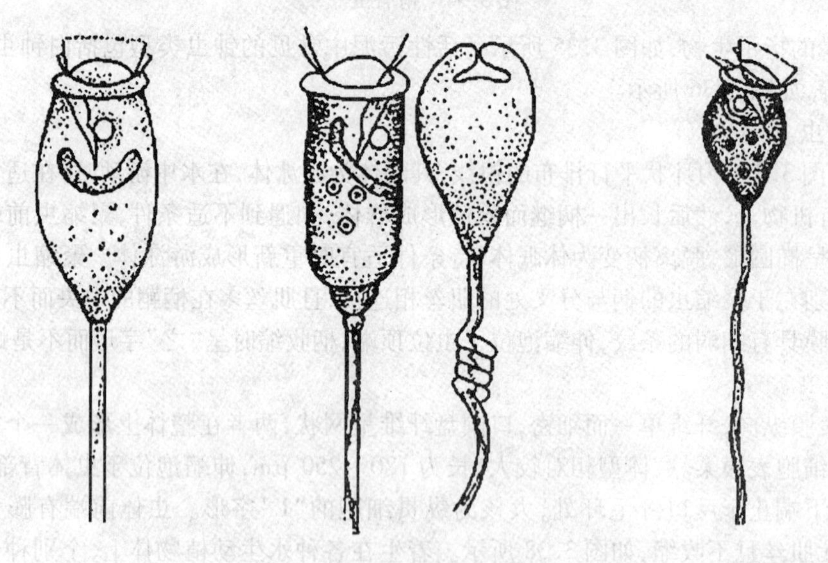

图 3.36　白钟虫、长钟虫和条纹钟虫(从左往右)

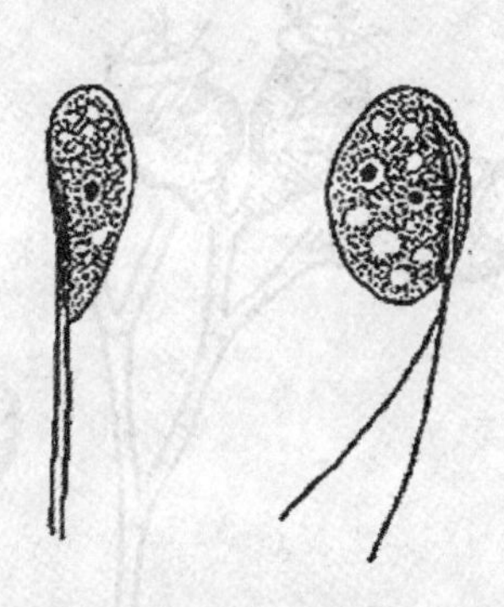

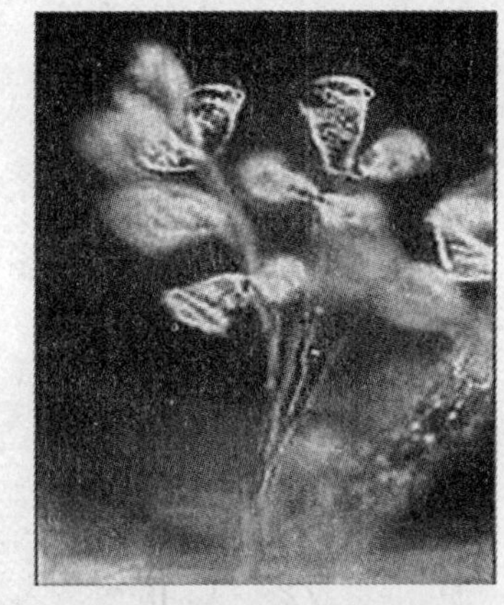

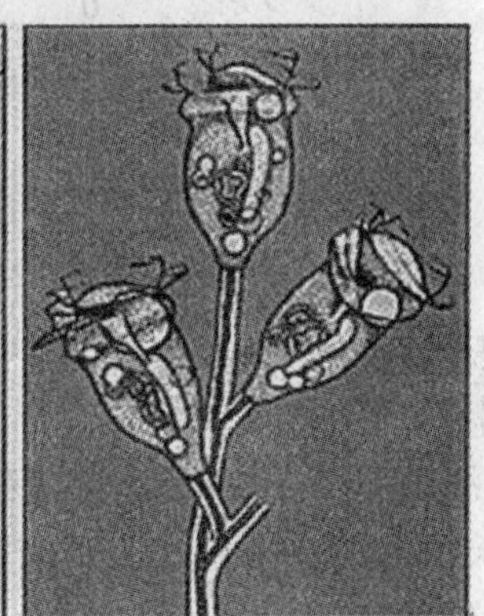

图3.37　聚缩虫

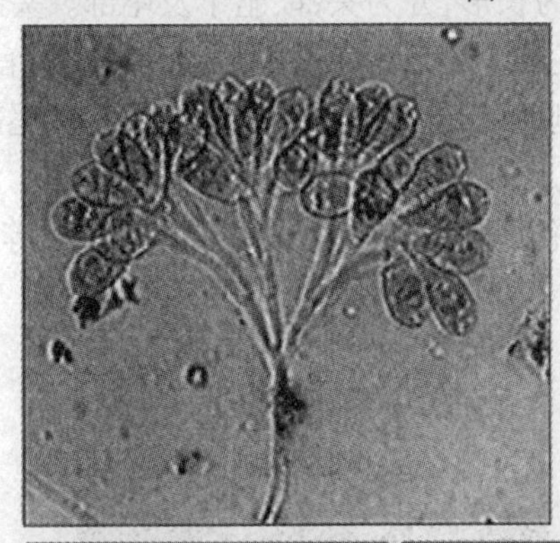

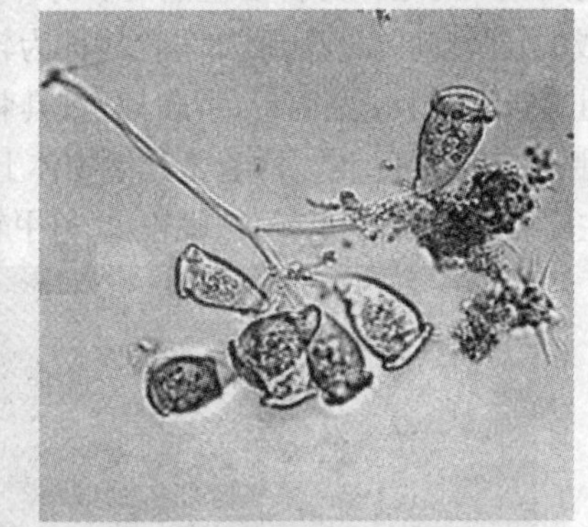

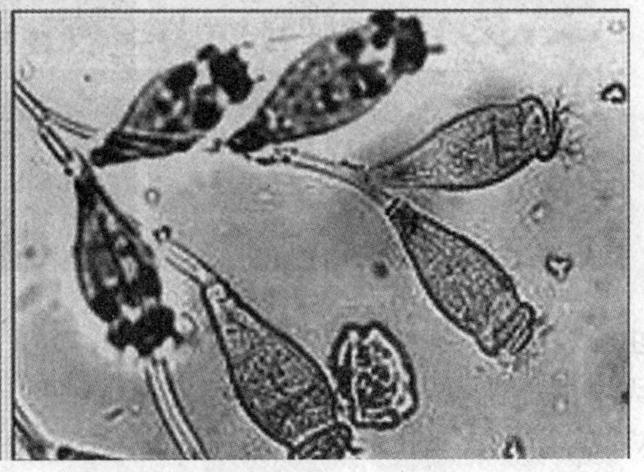

图3.38　累枝虫

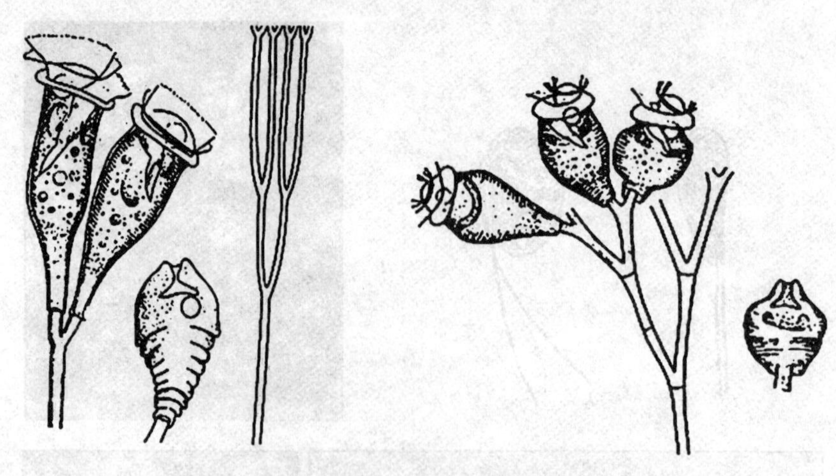

图 3.39　褶皱累枝虫(左)和瓶累枝虫(右)

3.2　后生动物

3.2.1　轮虫

活性污泥中存在多种轮虫,它具有初生体腔,是最小的后生动物。大多为底栖种类,轮虫体形很小,长度为 4 ~4 000 μm,多数在 500 μm 左右,容易判断为原生动物的纤毛虫类,须在显微镜下观察,如图 3.40 所示。

废水生物处理中的轮虫为自由生活的。身体为长形,分为头部、躯干及尾部。头部有一个由 1 ~2 圈纤组成的、能转动的轮盘,形如车轮故称为轮虫。轮盘为轮虫的运动和摄食器官,咽内有一个几丁质的咀嚼器。躯干呈圆筒形,背腹扁宽,具刺或棘,外面有透明的角质甲腊。尾部末端有分叉的趾,内有腺体分泌黏液,借以固着于其他物体上。雌雄异体,卵生,多为孤雌生殖。活性污泥中常见的轮虫主要有水轮虫、须足轮虫、旋轮虫、龟甲轮虫、平甲轮虫、腔轮虫和狭甲轮虫等。

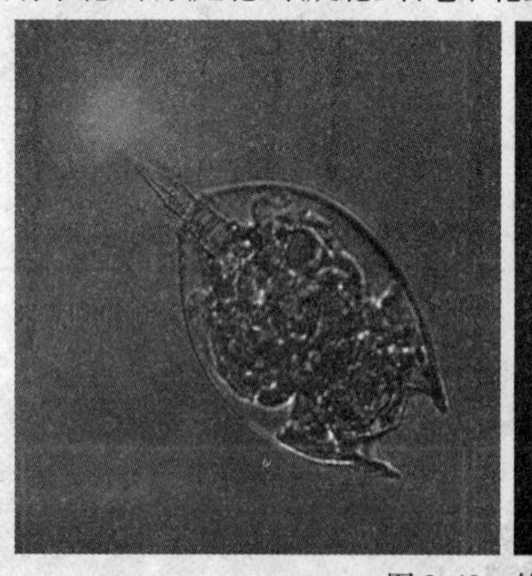

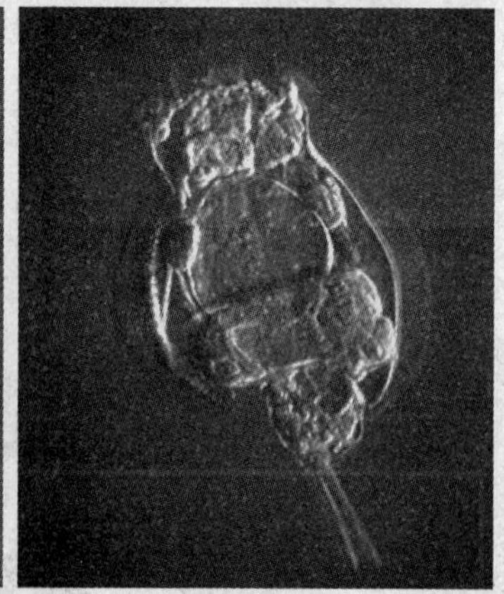

图 3.40　轮虫

1. 水轮虫

水轮虫无甲,头冠上有 3 ~5 个棒状突起,各不同种间体形差异大。椎尾水轮虫呈倒圆锥形,透明。水轮虫个体大,一般为 500 μm 左右,运动慢,没有被甲,活性污泥中的种群数量较多,在融冰后的低水温条件下即可大量繁殖。常见种有椎尾水轮虫,如图 3.41 所示。

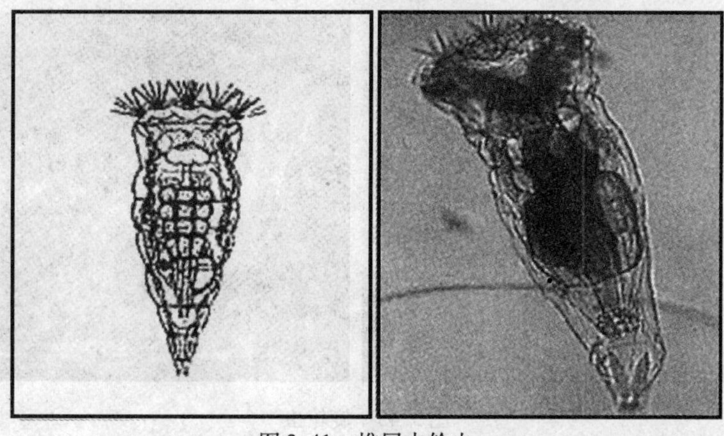

图3.41　椎尾水轮虫

2. 须足轮虫

须足轮虫(图3.42)被甲腹面一般扁平,背部拱起,有或无龙骨,侧面扩张或成羽状,外形呈卵圆形或梨形,背面末端具"V"形凹陷。足很短,2~3节,两个趾,较大,呈箭形或针形。

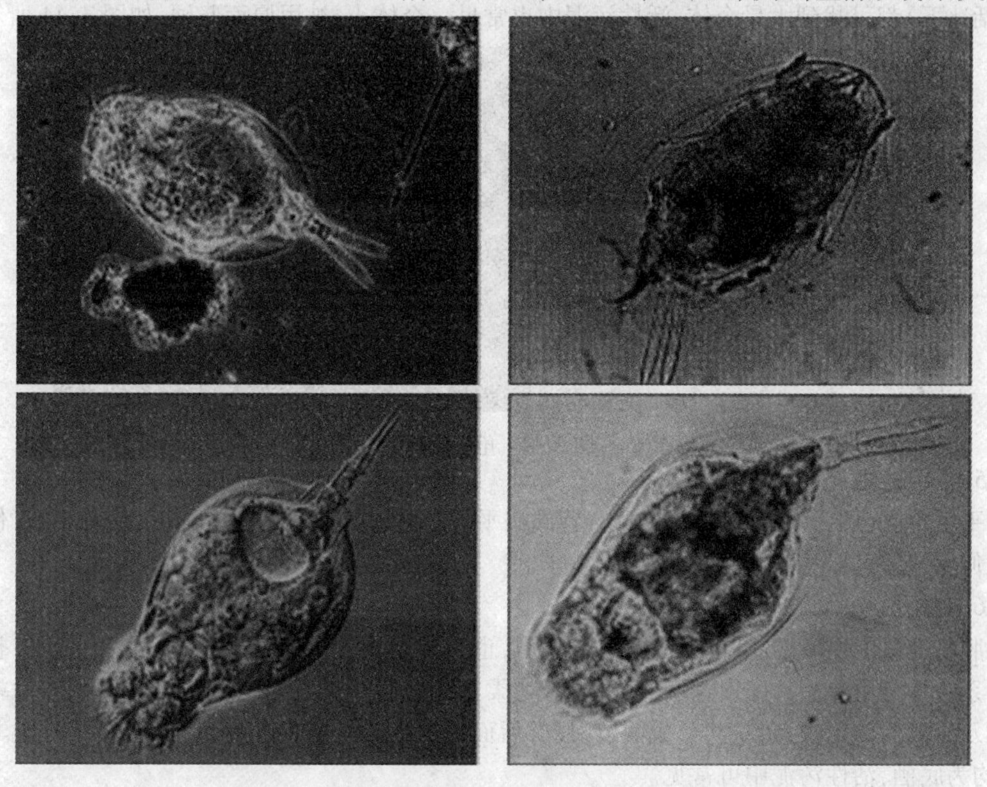

图3.42　须足轮虫

3. 旋轮虫

旋轮虫有一对眼点,总是位于背触手之后的脑的背面,比较大一些而且显著,两眼点之间的距离也比较宽。整个身体特别是躯干部分短而粗壮。躯干和足之间有明确的界限,可以把二者区别开来。吻比较短而阔,足末端的趾有4个,齿的形式一般也为2/2,是卵生而不是胎生。旋轮虫大多生活在淡水中,但在活性污泥中只看到一种,如图3.43所示。

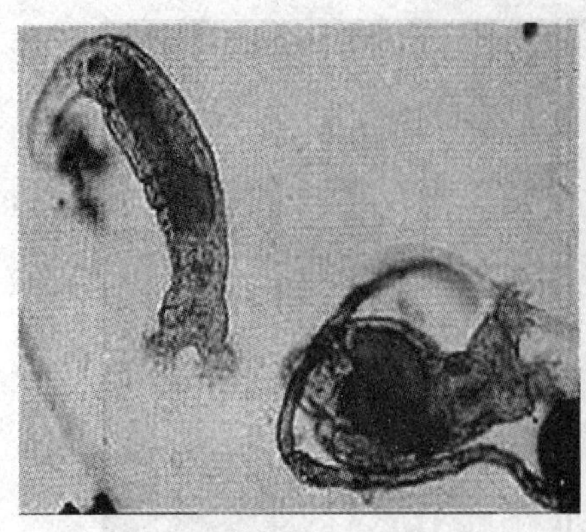
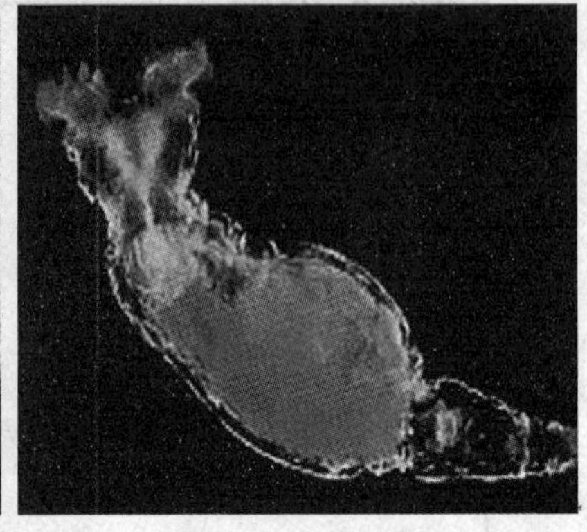

图 3.43　旋轮虫

4. 龟甲轮虫

龟甲轮虫的被甲被线纹分割成若干多角形的板片,如同龟甲,前端有 3 对不规则的棘刺,有的还有 1 ~2 条后棘刺,无足。龟甲轮虫是典型的浮游种类,分布普遍,温幅广,一年四季(包括冰下)都可找到大量个体,活性污泥中也常见。个体小,被甲厚而坚硬,如图 3.44 所示。

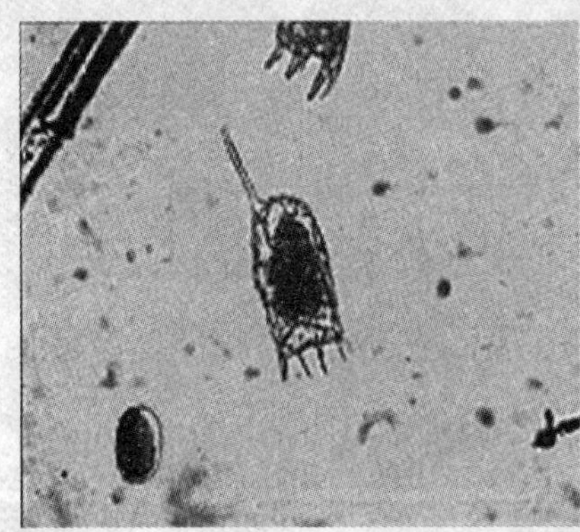
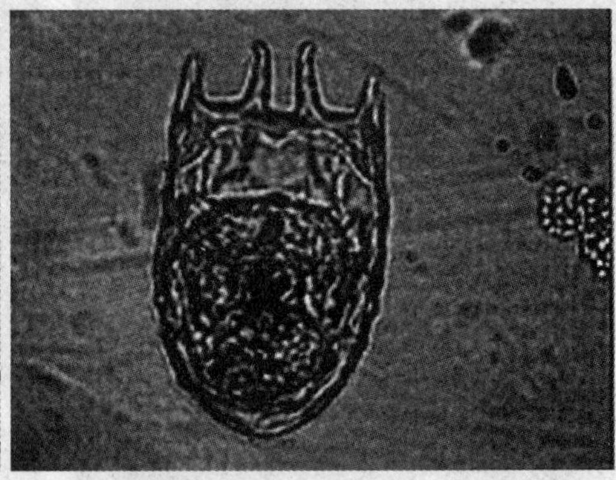

图 3.44　龟甲轮虫

5. 平甲轮虫

平甲轮虫(图 3.45)被甲或多或少,背腹扁平,被甲前缘有棘,后缘有细齿,足有 3 节,仅部分能伸缩,趾短。

6. 腔轮虫

腔轮虫(图 3.46)被甲轮廓一般呈卵圆形,也有接近圆形或长圆形的。背腹面扁平,整个被甲系一片背甲及一片腹甲在两侧和后端,为柔韧的薄膜联结在一起而形成。两侧和后端有侧沟及后侧沟。足很短,一共分成两节,只有后面一节能动。有两个趾,趾比较长。种类非常多,均为底栖,活性污泥中可常见。

7. 狭甲轮虫

活性污泥中存在一定数量的狭甲轮虫,体形较小,头部最前端具有能伸缩的钩状小甲片,足有 3 ~4 节,被甲由左右两片侧甲片在背面愈合在一起而成,腹面则或多或少开裂,并具有显著的裂缝。左右甲片总是侧扁,从背腹面观就显得很狭,这是狭甲轮虫的主要特征之一。从侧面观背甲前端浑圆,或少许瘦削而倾向尖锐化,后端极少浑圆,大多数向后瘦削比较突出,最后形成一尖角。头部最前端总有一掩盖头冠的钩状小甲片。当个体游动时,这一小甲片在前面张开,形状像一顶伞。狭甲轮虫具有一定的游泳能力,但生活方式仍以底栖为主。狭甲轮虫如图 3.47 所示。

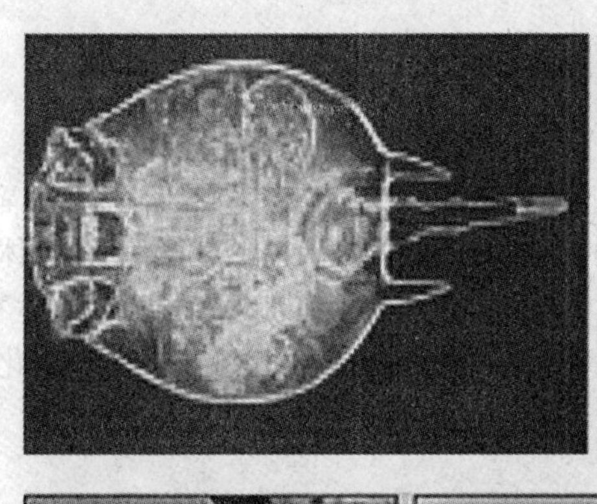
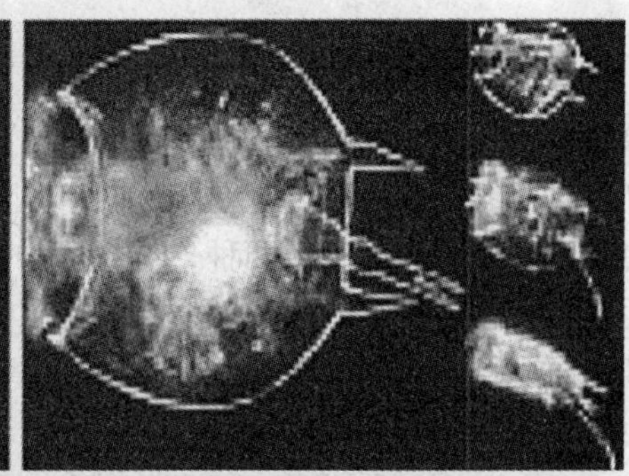
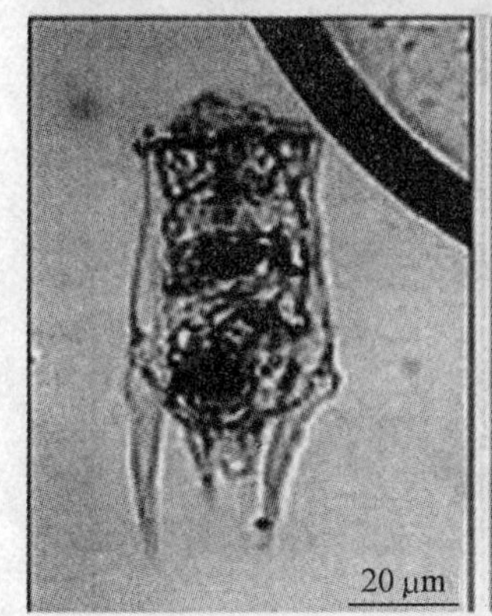

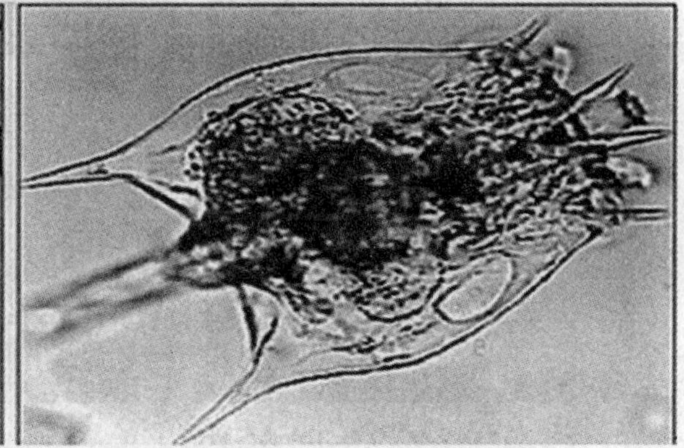

图3.45 平甲轮虫

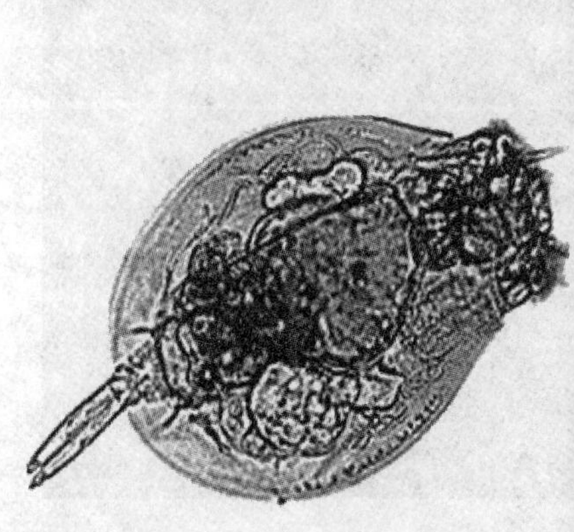
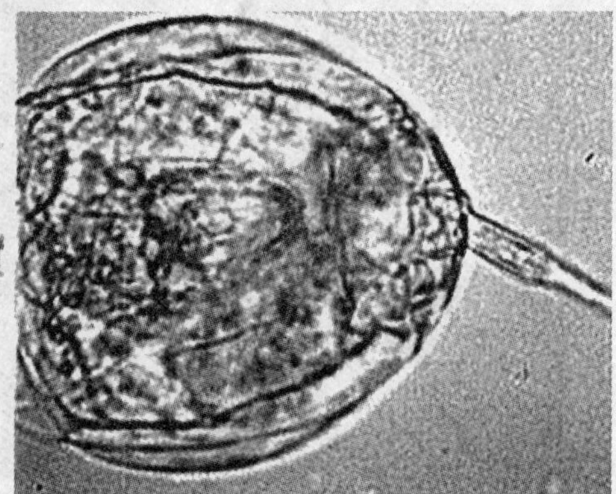

图3.46 腔轮虫

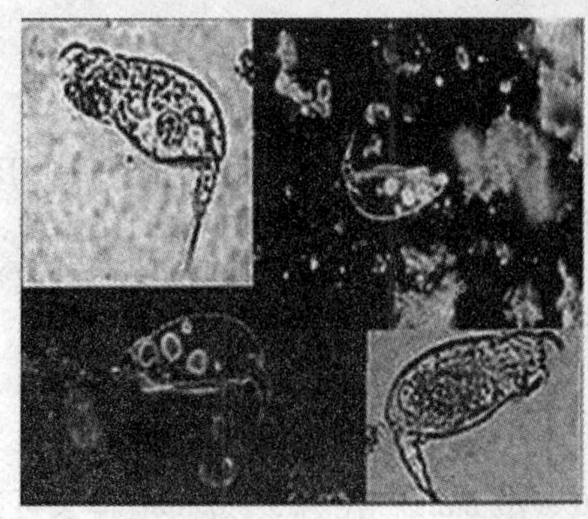
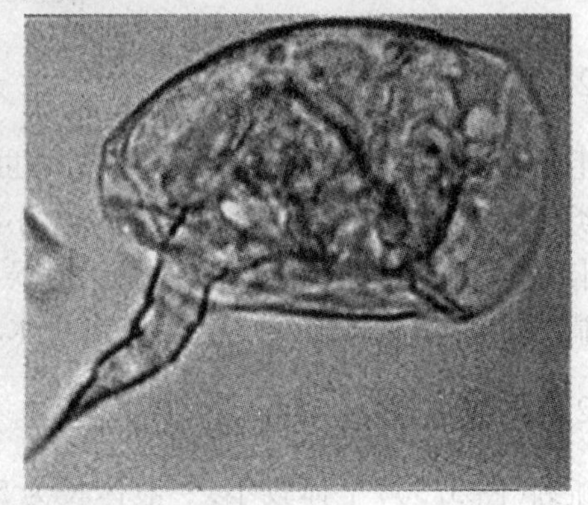

图3.47 狭甲轮虫

3.2.2 线虫

线虫(图3.48)的虫体为长线形,在水中的长度一般为0.25~2 mm,断面为圆形,显微镜下可清晰看见。线虫体内有神经系统,前端口上有感觉器官,消化道为直管,食道由辐射肌组成。线虫分为寄生和自由生活两种,自由生活的线虫体两侧的纵肌可交替收缩,使虫体做蛇状的拱曲运动。在污水生物处理中的线虫多是自由生活的,常生活在水中有机淤泥和生物膜上,它们以细菌、藻类、轮虫和其他线虫为食,在缺氧时会大量繁殖,是污水生物处理中净化程度差的指示生物。

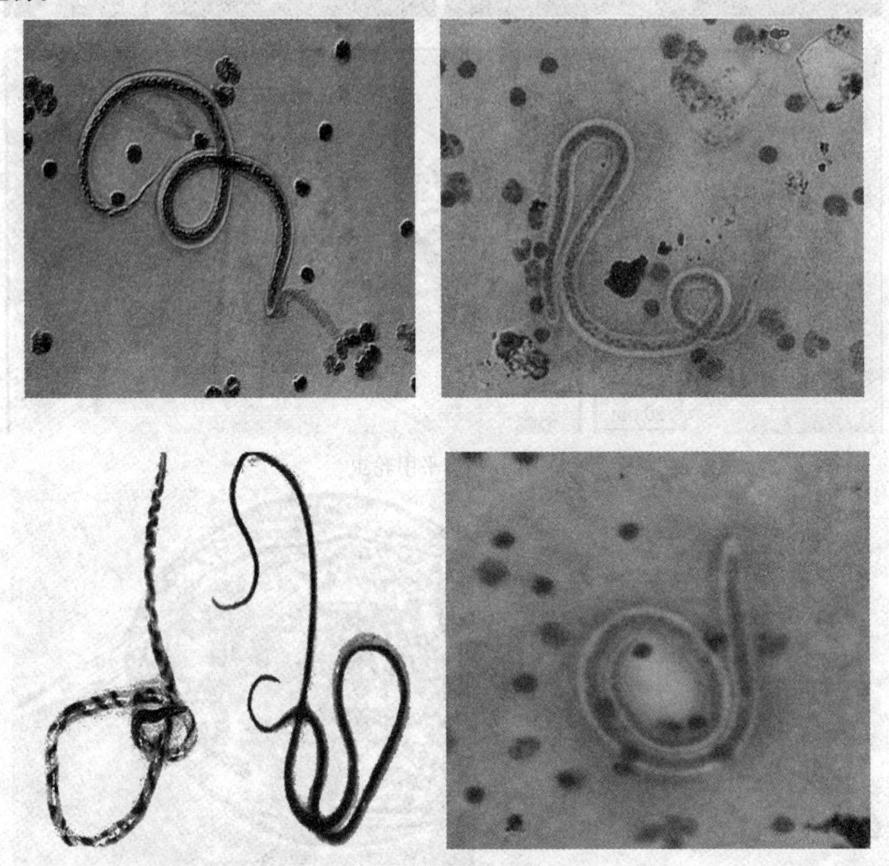

图3.48 线虫

3.2.3 钢毛虫

钢毛虫(图3.49)属于环节动物或分节蠕虫,有一个充满液体及对称的身体。属于科属中的多毛类,有数对桨状的附属物,上面长着微小的类似毛刷的结构。其中有一个品种,叫作火刺虫,刚毛里面充满了毒液,当刺中皮肤的时候,也容易脱落。钢毛虫通常有很强的感觉器官,包括眼睛、触角和感官触须,可以生活在各种水环境中。

3.2.4 红蚯蚓

红蚯蚓(图3.50)个体较小,一般体长为50~70 mm,直径为3~6 mm,体长可达90~150 mm,体色紫红,并随饲料、水和光照而改变深浅。优点是体腔厚、肉多、寿命长,适应性强。

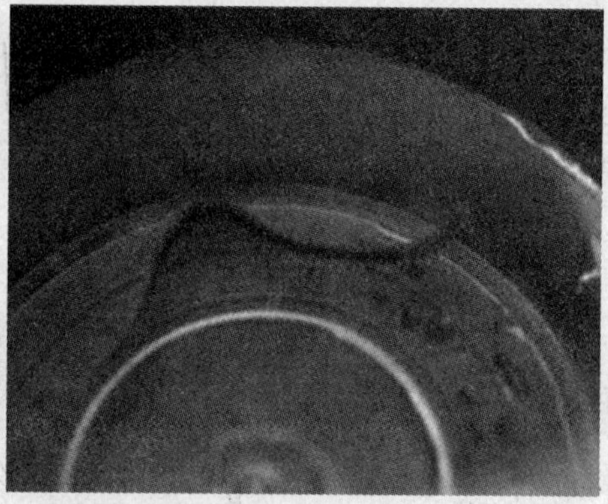

图3.49　钢毛虫

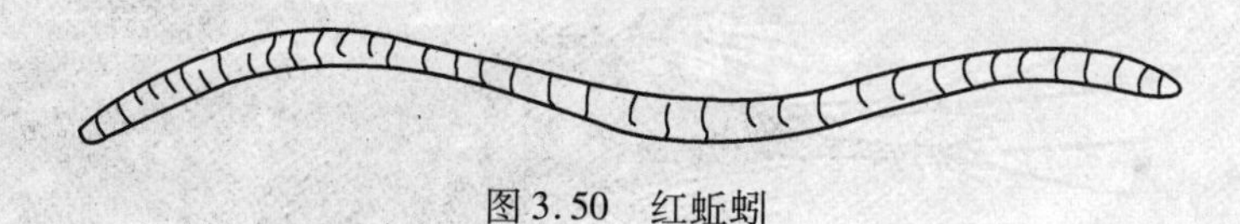

图3.50　红蚯蚓

3.2.5　水丝蚓

水丝蚓(图3.51)体色褐红,后部呈黄绿色。背部仅有钩状刚毛,末端有二叉。腹刚毛形状相似。雄性交接器具有狭长、末端呈喇叭口状的阴经鞘。

3.2.6　剑水蚤

剑水蚤(图3.52)头胸部呈卵圆形,胸部有5个自由节,腹部细长,4节分界明显。尾叉的背面有纵行隆线,内缘有一列刚毛。第一触角分14~17节(很少为18节),末3节侧缘有一列小刺。第1~4胸足的内、外支均分3节。第5胸足分2节,它的基节与5胸节明显分离,外末角附长羽状刚毛一根,末节较为长大,表面大多具有小刺,内缘中部或近末部有一强刺,末缘附长大的羽状刚毛一根,纳精囊一般呈圆形。

3.2.7　水熊

水熊长一般不超过1 mm,有一个头节及4个躯节,有4对腿从躯部伸出,腿有爪,头节中有脑,分出两纵条的腹神经索,每条腹神经索有4个神经节,口在顶端偏向腹面。前肠有两个分泌腺及排泄腺(颊腺)以及钙质的可伸出的螯及吸吮的咽,后肠开口于腹肛门。卵巢是不成

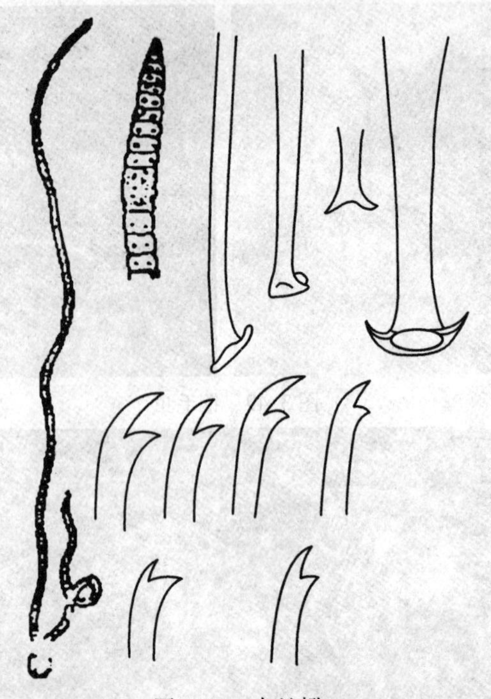

图 3.51　水丝蚓

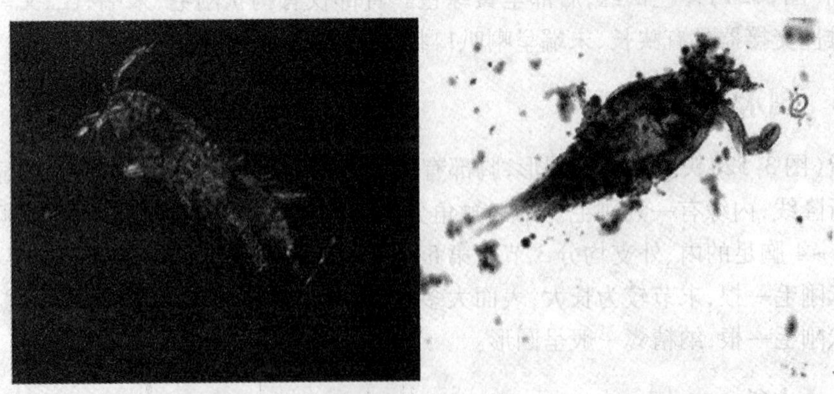

图 3.52　剑水蚤

对的囊,输卵管开口于腹面或通向直肠,有 3 个直肠腺。无呼吸及循环系统。雌雄异体,卵生,直接发育,活性污泥中存在少量水熊,如图 3.53 所示。

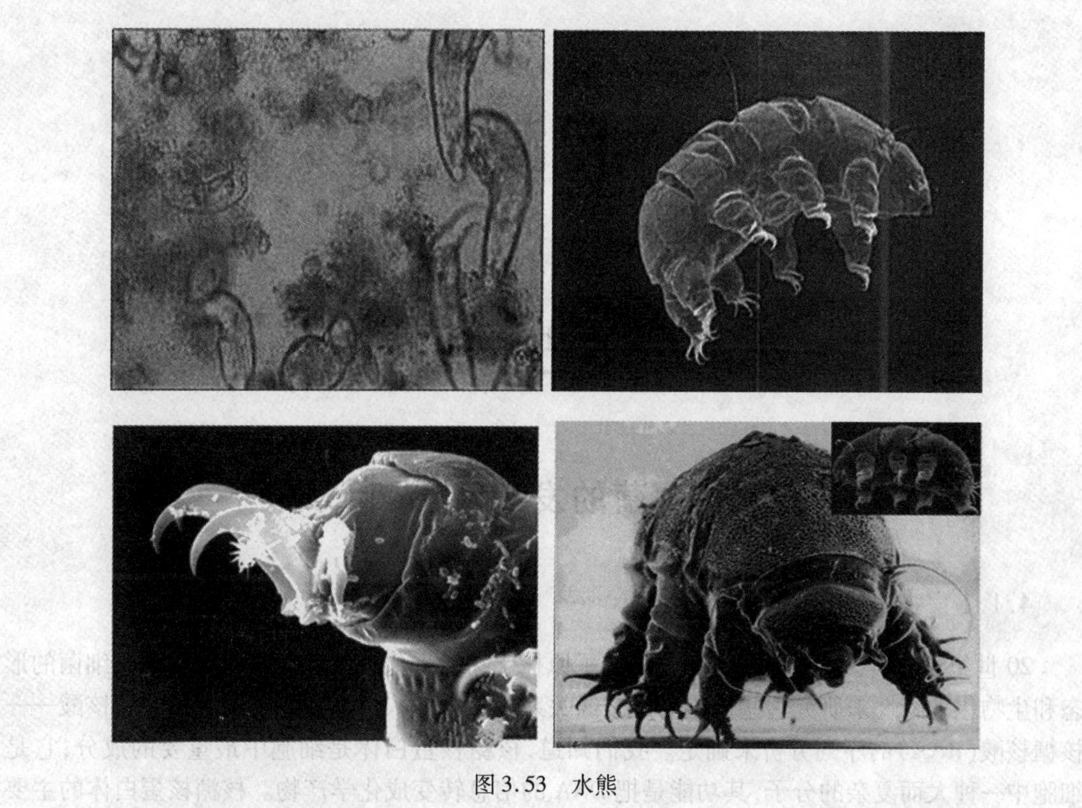

图 3.53　水熊

第2篇　活性污泥微生物学原理

第4章　古　生　菌

4.1　古生菌的发现、定义和分布

4.1.1　古生菌的发现

20世纪70年代,Woese博士率先研究了原核生物的进化关系。他没有按常规靠细菌的形态和生物化学特性来研究这些微生物的亲缘关系,而是靠由DNA序列决定的另一类核酸——核糖核酸(RNA)的序列分析来确定。我们知道,核糖核蛋白体是细胞中最重要的成分,它是细胞中一种大而复杂的分子,其功能是把DNA的信息转变成化学产物。核糖核蛋白体的主要成分是与DNA分子非常相似的RNA,组成它的分子也有自己的序列。

核糖核蛋白体对生物的表达功能非常重要。如果核糖核蛋白体序列发生任何改变,都可能会影响其本身的功能,以致不能为细胞构建新的蛋白质,所以它的序列结构不会轻易发生改变。核糖核蛋白体在数亿万年中都尽可能维持稳定,几乎不发生改变,即使改变也十分缓慢而且非常谨慎。通过这一特征,人们发现可以借助破译核糖核蛋白体RNA的序列来破解细菌的进化之谜。Woese通过比较多种细菌、动物和植物中核糖核蛋白体的RNA序列,根据它们的相似程度排列出了这些生物的亲缘关系。

Woese和他的同事们对细菌的核糖核蛋白体中RNA序列的研究结果表明,虽然大肠杆菌和能产生甲烷的微生物同为细菌,但在亲缘关系上并不相干,这说明并不是所有的微小生物都是亲戚。由于产甲烷微生物严格厌氧,会产生一些在其他生物中找不到的酶类,且产甲烷微生物的RNA序列和一般细菌的差别非常惊人,可以说它在微生物世界是个异类,因此,Woese和他的同事们把产生甲烷的这类微生物称为第三类生物。

众所周知,在生物出现以前,地球环境大气中含有大量的氨气和甲烷,而没有氧气,可能温度也非常高。这种不适合植物和动物生存的环境,反而适宜微生物的生长。因此,只有这些能产生甲烷的奇异的微生物才可以在当时的地球环境下存活、进化并在早期地球上占统治地位。在随后的研究中,研究人员又发现还有一些核糖核蛋白体RNA序列和产甲烷菌相似的微生物,这些微生物能够在盐里生长或者可以在接近沸腾的温泉中生长,因此微生物很可能就是地球上最古老的生命。

4.1.2　古生菌的简介

考虑到产甲烷微生物的生活环境可能与生命诞生时地球上的自然环境相似，将这类生物称为古细菌。据此，Woese 于 1977 年提出，生物可分为三大类群，即真核生物、真细菌和古细菌，即生物的三域系统。后来，将古细菌称为古生菌(图 4.1)。

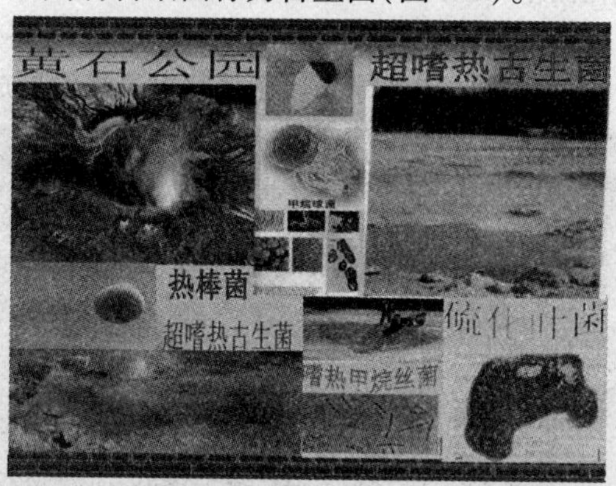

图 4.1　地球上发现的古生菌

作为一个类群，古生菌多种多样。①在生理学上，分为好氧、兼性厌氧或严格厌氧。②在营养上，从化能无机自养到有机营养均有分布。③在生存环境上，一些属于中温生物；另一些属于能在 100 ℃以上生长的超嗜热生物。④在形态学上，最小的古生菌小于 1 μm，在高倍光学显微镜下可以看到它们，最大的有芝麻粒般大小，可以用肉眼观察到。人们通过用电子显微镜对其形态的观察发现，虽然它们很小，但形态各异，有的像细菌那样为球形、杆状，但也有叶片状或块状。特别奇怪的是，古生菌有呈三角形或不规则形状的，还有方形的，像几张连在一起的邮票。⑤增殖形式上，古生菌可以分别通过二分裂、芽殖、裂殖或其他的机制增殖。⑥染色上，或是革兰氏阳性菌或是革兰氏阴性菌。

在生理特征上，有的古生菌具有原核生物的某些特征，如无核膜及内膜系统；也有真核生物的特征，如以甲硫氨酸起始蛋白质的合成、DNA 具有内含子并结合组蛋白、RNA 聚合酶和真核细胞的相似、核糖体对氯霉素不敏感等；此外还具有既不同于原核细胞也不同于真核细胞的特征，如细胞膜中的脂类是不可皂化的；细胞壁不含肽聚糖，有的以蛋白质为主，有的含杂多糖，有的类似于肽聚糖，但都不含胞壁酸、D 型氨基酸和二氨基庚二酸。

4.1.3　古生菌的分布

最先发现的喜好高温的古生菌来自美国黄石公园。古生菌的生活环境常常是极端环境，即温度超过 100 ℃的深海地表的裂缝处、温泉以及极端酸性或碱性的水中等普通常见生物很难生存的高温、强酸强碱或盐浓度很高的环境中，如图 4.2 所示。例如，有的古生菌生长在没有氧气的海底淤泥中，甚至生长在沉积于地下的石油中。有的盐细菌生长在极浓的盐水中，嗜热细菌生长在自然煤堆里以及超嗜热古生菌生长在海底深处或火山口附近，嗜硫细菌生长在硫黄温泉中，嗜压细菌生活在深海等。也有一些古生菌是动物消化系统的共生生物，存在于牛、白蚁和海洋生物的体内并且在那里产生甲烷。也有人在冷环境中发现了古生菌，似乎它们占到了南极海岸表面水域原核生物生物量的 34% 以上。最近一个最有趣的发现是：在海洋中存在着大量的古生菌。通过利用 rRNA 序列比较分析，已经确定海洋中皮浮游生物(细胞直径小于 2 μm)的大约 1/3 属于古生菌,特别是泉古生菌。

4.1.4 古生菌的系统发育

目前,三域系统已经获得国际学术界的基本肯定。总体认为,现今一切生物都是由共同的远祖——一种小的细胞进化而来,先分化出细菌和古生菌这两类原核生物,后来古生菌分支上的细胞先后吞噬了原细菌(相当于 G-细菌)和蓝细菌,并发生了内共生,从而两者进化成与宿主细胞难舍难分的细胞器——线粒体和叶绿体。于是宿主最终发展成了各类真核生物。

图 4.2 海洋中的古生菌(荧光照片)

4.2 古生菌的生理特征

4.2.1 古生菌的大小和细胞形态

古生菌属于单细胞生物。它非常微小,直径为 0.1 ~ 15 μm,一些菌丝体能够生长到长 200 μm。它们有的是单细胞,有的则形成菌丝体或团聚体。古生菌可以是球形、杆状、螺旋形、耳垂形、盘状、不规则形状或多形态的。

4.2.2 古生菌的细胞结构

像其他生物一样,古生菌细胞有细胞壁、细胞膜和细胞质 3 种结构。

1. 细胞壁

细胞壁是一层半固态的物质,可以维持细胞的形状,并保持细胞内外的化学物质平衡。除热原体属外,几乎所有的古生菌细胞的外面都围有细胞壁,然而从其化学成分看差别则非常大。主要可分为以下 5 个主要类群。

(1)假肽聚糖细胞壁。

甲烷杆菌属古生菌的细胞壁是由假肽聚糖组成的。它的多糖骨架是由N-乙酰葡糖胺和N-乙酰塔罗糖胺糖醛酸以β-1,3糖苷键交替连接而成,连在后一氨基糖上的肽尾由L-glu,L-ala和L-lys 3个L型氨基酸组成,肽桥则由L-glu一个氨基酸组成。

(2)蛋白质细胞壁。

少数产甲烷菌的细胞壁是由蛋白质组成的。但有的是由几种不同蛋白组成,如甲烷球菌和甲烷微菌,而另一些则由同种蛋白的许多亚基组成,例如甲烷螺菌属。

(3)硫酸化多糖细胞壁。

极端嗜盐的古生菌——盐球菌属的细胞壁由硫酸化多糖组成,其中包括葡萄糖、甘露糖、半乳糖和它们的氨基糖,以及糖醛酸和乙酸。

(4)糖蛋白细胞壁。

极端嗜盐的古生菌——盐杆菌属的细胞壁是由糖蛋白组成的,其中包括葡萄糖、葡糖胺、甘露糖、核糖和阿拉伯糖,而它的蛋白部分则由大量酸性氨基酸尤其是天冬氨酸组成。这种带强负电荷的细胞壁可以平衡环境中高浓度的Na^+,从而使其能很好地生活在20%~25%(质量分数)的高盐溶液中。

(5)独特多糖细胞壁。

甲烷八叠球菌的细胞壁含有独特的多糖,并可染成革兰氏阳性。这种多糖含半乳糖胺、葡萄糖醛酸、葡萄糖和乙酸,不含磷酸和硫酸。

与细菌相比较,古生菌的细胞壁有些不同。

在结构方面,古生菌细胞壁有相当大的变化。许多革兰氏阳性古生菌的细胞壁像革兰氏阳性菌那样有一个单独的、厚厚的均一层,因而革兰氏染色呈阳性(图4.3(a))。革兰氏阴性古生菌一般有蛋白质或糖蛋白亚基的表层,而没有外膜和复杂肽聚糖网络或革兰氏阴性真细菌的囊(图4.3(b))。

在化学成分方面,也有很大差异,古生菌细胞壁没有细菌肽聚糖的胞壁酸和D-氨基酸特征。所有古生菌都不受溶菌酶和β-内酰胺抗生素如青霉素的作用。革兰氏阳性古生菌细胞壁中有各种复杂多聚体。假肽聚糖是一种在它的交联中有L-氨基酸的似肽聚糖聚合物,它存在于甲烷杆菌和某些其他产甲烷菌的细胞壁中,N-乙酰塔罗糖胺糖醛酸代替N-乙酰胞壁酸,β(1→3)糖苷键代替β(1→4)糖苷键(图4.4)。甲烷八叠球菌和盐球菌与动物结缔组织的硫酸软骨素相似,缺少假肽聚糖,含复杂聚多糖。在革兰氏阳性古生菌细胞壁中也找到了其他异聚多糖。

革兰氏阴性古生菌有位于质膜外的蛋白层或糖蛋白层。这个蛋白层可厚达20~40 nm,有的是两层,一个鞘围绕着一电子密度层。这些层的化学物质变化相当大。一些产甲烷菌、盐杆菌属和其他极端嗜热菌的细胞壁有糖蛋白。相反,其他产甲烷菌和极端嗜热的脱硫球属有蛋白质壁。

2.细胞膜

众所周知,细胞膜或内膜是紧贴在细胞壁内侧、包围着细胞质的一层柔软、脆弱、富有弹性的半透性薄膜。

细胞膜具有重要的生理功能,是细胞不可缺少的组成部分。所有的古生菌均具有细胞膜。与其他生物不同,古生菌的细胞膜存在独特的单分子层或单、双分子混合膜。目前发现,这类单分子层膜主要存在于嗜高温的古生菌中,原因可能是这种膜有更高的机械强度。

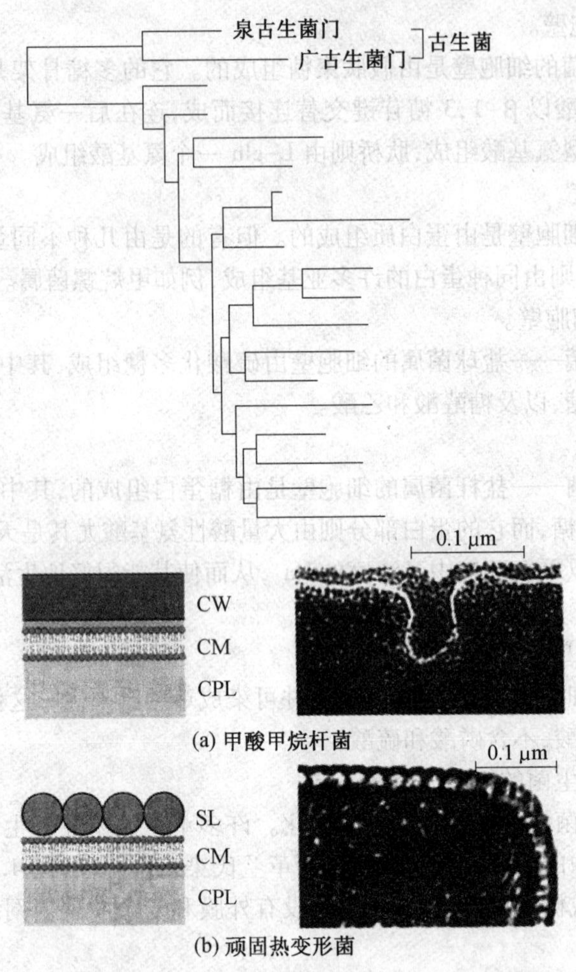

(a) 甲酸甲烷杆菌

(b) 顽固热变形菌

图 4.3 古生菌的细胞外膜

CW—细胞壁;SL—表层;CM—细胞膜或细胞质;CPL—胞质

和其他生物相比,古生菌的细胞膜在化学组成上具有显著的差别(图 4.5),基本差别有 4 点:甘油的立体构型、醚键、类异戊二烯链、侧链的分支。

(1)甘油的立体构型。

组成细胞膜的基本单位是磷脂。这是在甘油分子一端加上了一个磷酸分子,另一端则加了两条侧链。当细胞膜靠在一起时,甘油和磷酸分子的末端就悬在膜的表面,中间则夹着长的侧链。这样一层结构在细胞周围形成了一道有效的化学壁垒,以便细胞维持化学平衡。用来构建古生菌磷脂的甘油是细菌和真核生物细胞膜上所用的甘油的立体异构体。这两种甘油就像物体和它在镜子中的影像一样。它们不可能简单地旋转一下就从一种变成另一种,化学家给其中一种命名为 D 型,另一种命名为 L 型。细菌和真核生物的细胞膜中是 D 型甘油,而古生菌的是 L 型。

(2)醚键。

当侧链加到甘油分子上时,大多数生物是通过加上两个氧原子而连接到甘油的一端,即通过酯键来结合的。其中一个氧原子用来与甘油形成化学键,另一个原子则在发生结合后伸出来。古生菌的侧链则是通过醚键来连接的,并没有伸出来的氧原子。因此,古生菌的磷脂的化学性质不同于其他生物的膜脂(图 4.6)。

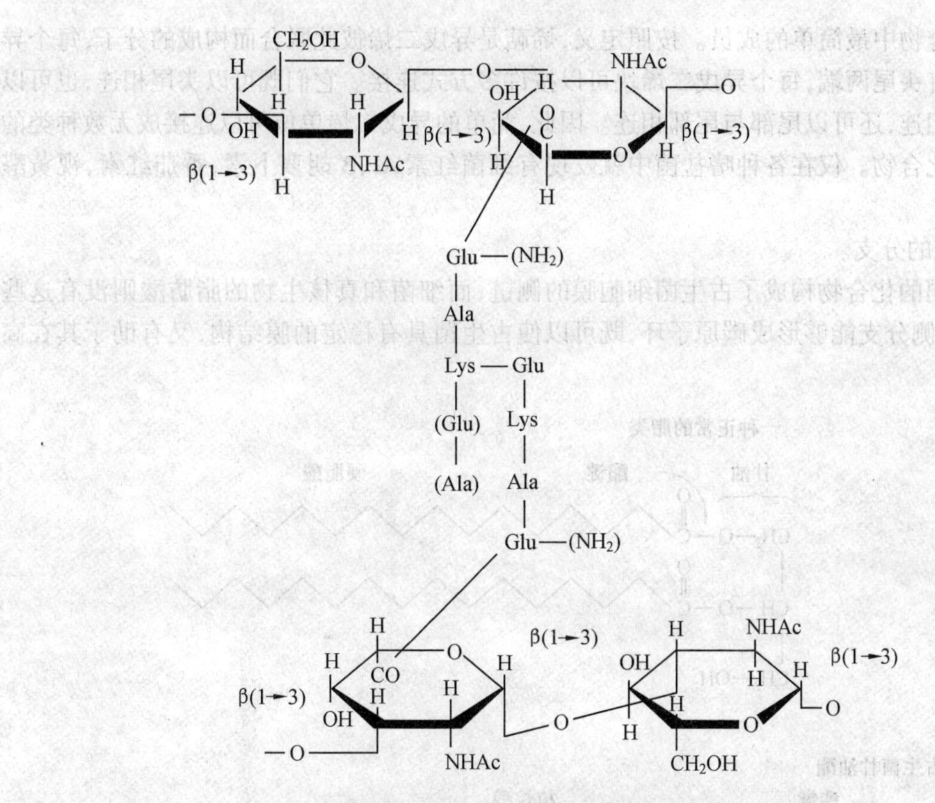

图 4.4　假肽聚糖的结构（括号内的成分并不是总存在的）

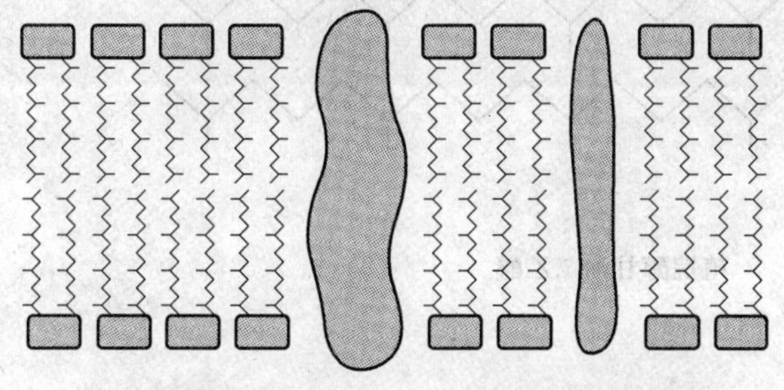

(a) 由膜内在蛋白质和双层 C_{20} 二乙醚组成的膜

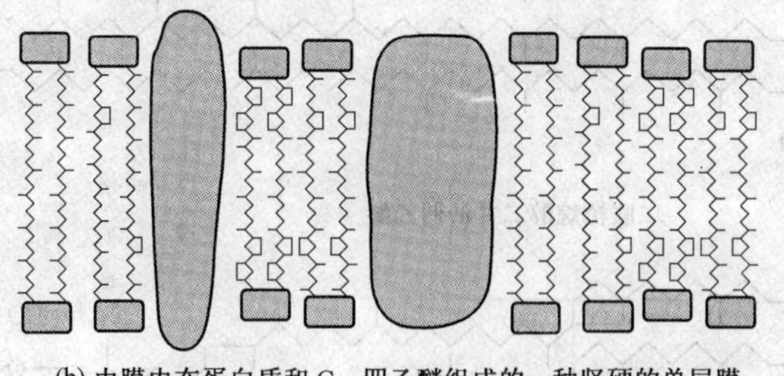

(b) 由膜内在蛋白质和 C_{40} 四乙醚组成的一种坚硬的单层膜

图 4.5　古生菌的膜的举例

（3）类异戊二烯链。

古生菌膜上的磷脂是由异戊二烯构成的由 20 个碳原子形成的侧链，这与细菌和真核生物不同，细菌和真核生物磷脂上的侧链通常是链长 16～18 个碳原子的脂肪酸。异戊二烯是称为烯萜类的化合物中最简单的成员。按照定义,烯萜是异戊二烯彼此联合而构成的分子,每个异戊二烯单位有头尾两端,每个异戊二烯块可以按许多方式连接。它们既可以头尾相连,也可以头部与头部相连,还可以尾部与尾部相连。因此,简单的异戊二烯单位可以连接成无数种类的独特的脂类化合物。仅在各种嗜盐菌中就发现有细菌红素,α、β 胡萝卜素,番茄红素,视黄醛和奈醌等。

(4)侧链的分支。

很多不同的化合物构成了古生菌细胞膜的侧链,而细菌和真核生物的脂肪酸则没有这些侧分支,这些侧分支能够形成碳原子环,既可以使古生菌具有稳定的膜结构,又有助于其在高温中生存。

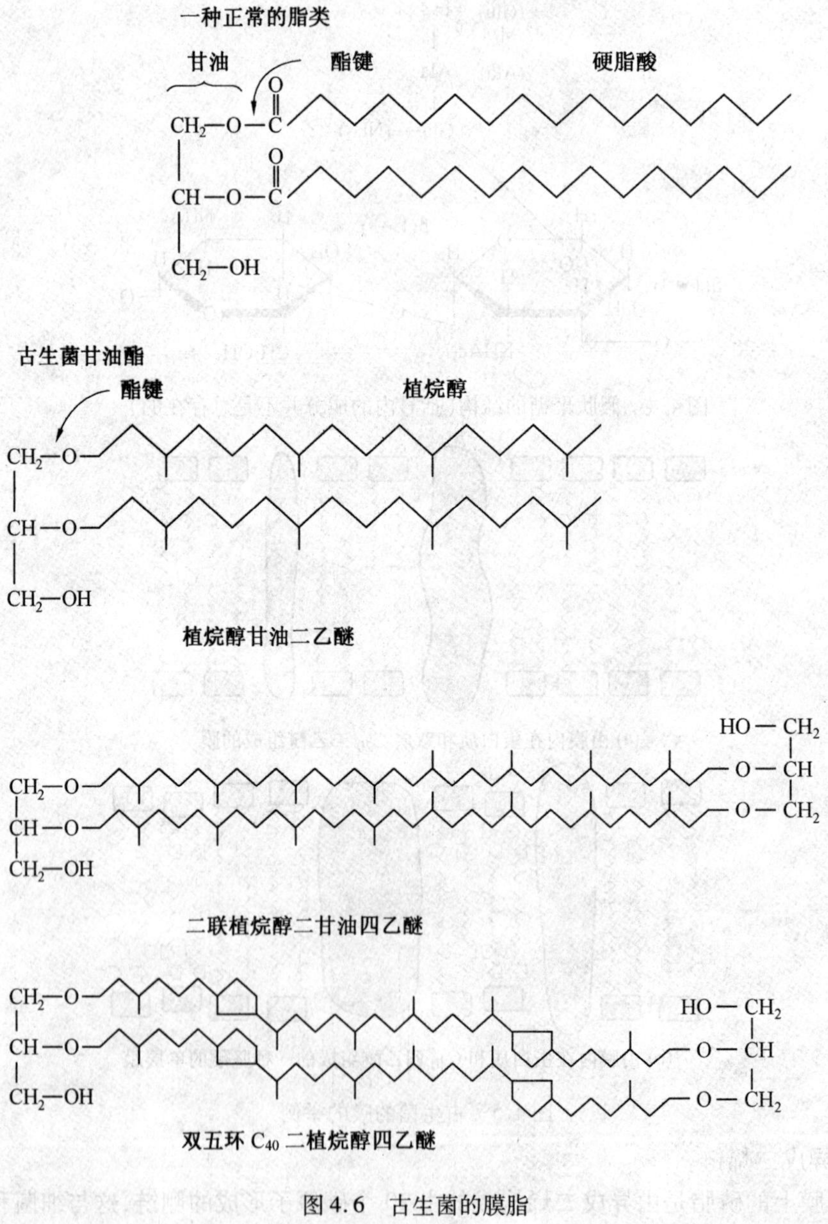

一种正常的脂类

甘油 酯键 硬脂酸

$CH_2—O—C(=O)$

$CH—O—C(=O)$

$CH_2—OH$

古生菌甘油酯

酯键 植烷醇

$CH_2—O$

$CH—O$

$CH_2—OH$

植烷醇甘油二乙醚

$CH_2—O$ … $O—CH_2$ / $HO—CH_2$

$CH—O$ … $O—CH$

$CH_2—OH$ … $O—CH_2$

二联植烷醇二甘油四乙醚

$CH_2—O$ … $HO—CH_2$

$CH—O$ … $O—CH$

$CH_2—OH$ … $O—CH_2$

双五环 C_{40} 二植烷醇四乙醚

图 4.6 古生菌的膜脂

3. 细胞质

古生菌细胞质的主要成分包括核糖体、蛋白质和一些酶类、RNA 以及大量的水分，没有细胞器的分化。其核糖体和细菌一样，大小为 70 s，但是古生菌的核糖体对作用于其他细菌的抗生素不敏感。古生菌的 tRNA 分子的结构很特别，其核苷酸序列中不存在在其他生物中常见的胸腺嘧啶。tRNA 和 rRNA 中内含子的类型均为 3′—P/5′—OH。转译起始 tRNA 均为甲硫氨酸，细菌则为甲酰甲硫氨酸；肽链延长因子 EF2 对白喉毒素敏感。此外，有的古生菌在细胞的一端生有多条鞭毛（图 4.7）。鞭毛是一种像头发一样的细胞附属器官，它的功能是使细胞能够运动。

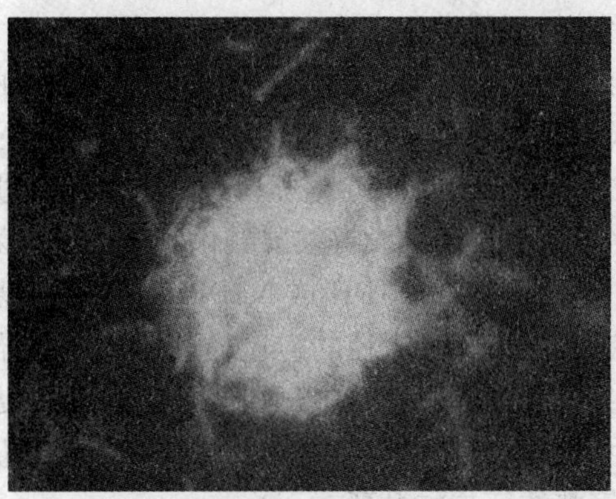

图 4.7　鞭毛菌

4.2.3　古生菌的细胞核和基因组结构

古生菌是原核生物，与细菌相同，它没有核膜，染色体是单链闭合环状 DNA，大小为 1 600～2 900 Kb，一些古生菌的基因组比正常细菌的基因组显著较小。

有些种的细菌除了一条大的环状染色体 DNA 外，还有几条小型环状染色体，合计不超过 4 Mb。古生菌很少有质粒。

古生菌中含有大量的类组蛋白，但其一级结构和空间结构与真核生物的组蛋白大不相同。虽然核小体也常见，但是相当一部分 DNA 还是裸露的。有些古细菌的核小体结构呈正超螺旋，而真核生物核小体都呈负超螺旋；古核生物染色体结构相关基因一般簇集排列，类似原核，其基因组含有插入序列，但与通常内含子的性质不大相同。

4.2.4　古生菌的遗传学

古生菌在遗传学上有某些特性与细菌相似，其启动子与细菌的启动子相似。一些古生菌的基因组比正常细菌的基因组显著较小。如嗜酸热原体 DNA 大小约为 0.8×10^9 Da，热自养甲烷杆菌 DNA 大小约为 1.1×10^9 Da，然而大肠杆菌 DNA 大小约为 2.5×10^9 Da。古生菌的（鸟嘌呤+胸腺嘧啶）（G+C）含量变化大，摩尔分数为 21%～68%，也体现了其多样性。另外，古生菌很少有质粒。根据已全部测序完毕的古生菌詹氏甲烷球菌的基因组结果，与其他生物的基因组比较，它的1 738个基因中约 56% 与细菌和真核生物中的不同。

古生菌 mRNA 与真核生物的 mRNA 有些相似。已经发现了多基因 mRNA，但没有出现 mRNA剪接的证据。古生菌起始 tRNA 有甲硫氨酸，像真核生物起始 tRNA 一样。

除了这些相似性，古生菌和其他的生物也有许多差别。虽然古生菌的核糖体和细菌一样，是 70 S,但是通过电子显微镜对其的观察,表明它们的形状是显著变化的,并且有时会呈现出与细菌和真核生物的核糖体都不同的情形。且核糖体对香霉素敏感,对氯霉素和卡那霉素不敏感,这点与真核生物的核糖体相似。古生菌延长因子对白喉毒素反应如同真核生物 EF-2 因子。某些古生菌,如甲烷菌有组蛋白与 DNA 结合形成的似核小体结构,这与其他的原核生物不同。最后,古生菌依赖 DNA 的 RNA 聚合酶与真核生物的聚合酶相似,但不同的是这些酶是巨大的和复杂的酶,并且对利福平和利迪链霉素不敏感。

4.2.5 古生菌的代谢

古生菌生活方式变化多样,不同类群成员之间代谢情况也有很大不同。一些古生菌是有机营养生物;另外一些是自养生物,少数菌类甚至进行非一般形式的光合作用。

其中,古生菌的糖类代谢最为明显。古生菌不是通过糖酵解途径降解葡萄糖,并且人们也确实发现没有 6-果糖磷酸激酶的存在。极端嗜盐菌和嗜热菌是通过 ED 途径的一种被修饰的方式降解葡萄糖的,这个途径起始中间物没有被磷酸化。虽然嗜盐菌与极端嗜热菌相比,其途径稍微有不同修饰,但仍产生丙酮酸和 NADH 或 NADPH。与葡萄糖降解相反,产甲烷菌不分解葡萄糖,嗜盐菌和产甲烷菌通过 EMP 途径的逆途径进行葡萄糖异生。经过研究,人们发现所有古生菌都没有在真核生物和呼吸性细菌中存在的丙酮脱氢酶复合物,而代之以丙酮氧化还原酶,且能氧化丙酮酸生成乙酰 CoA。在嗜盐菌和嗜热菌中已经获得了功能性的呼吸链,但没有发现产甲烷菌有一个完整的三羧酸循环。

目前,人们对古生菌中生物合成途径的了解还很少。根据初步的数据得知,古生菌氨基酸、嘌呤和嘧啶的合成途径与其他生物相似。产甲烷菌能将空气中的分子氮固定,虽然不是所有的古生菌使用糖酵解逆途径合成葡萄糖,但是至少某些产甲烷菌和极端嗜热菌使用糖原作为它们的主要储藏物质。

产甲烷菌和极端嗜热菌大多数为自养型生物,并可以固定 CO_2,热变形菌和硫化叶菌及绿硫细菌属通过还原性三羧酸循环结合 CO_2(图 4.8(a))。产甲烷细菌与大多数极端嗜热菌是通过还原性乙酰-CoA 途径结合 CO_2(图 4.8(b)),产乙酸菌和自养型还原硫酸盐细菌中也有一个相似的途径。

古生菌蛋白质合成的机制有别于细菌和真核菌的特色:Sec 途径蛋白质与真核生物途径的相似度高于细菌蛋白质;当蛋白质移动通过膜后,其信号序列被信号胜肽酶移除。

4.2.6 主要古生物群类的特征

表 4.1 为主要古生菌类群的特征。

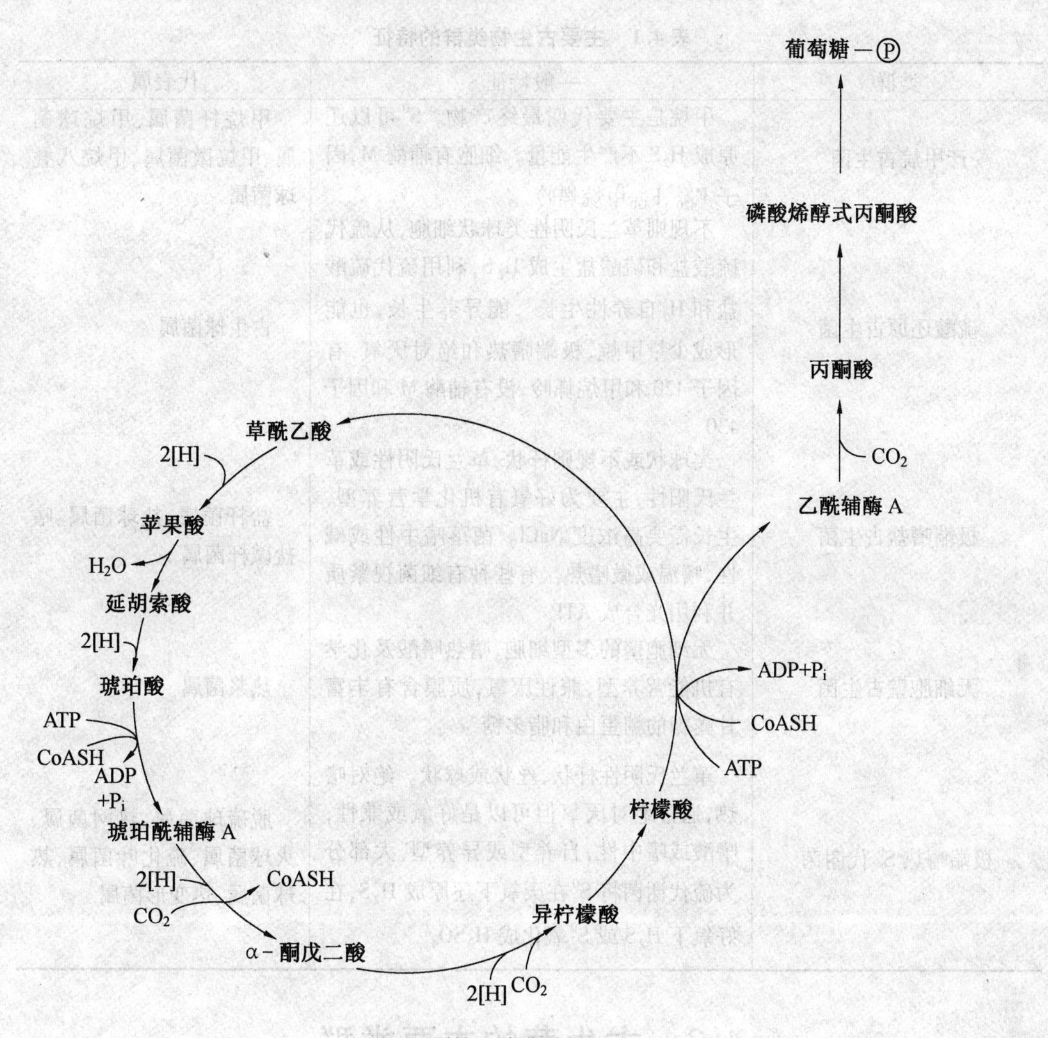

(a) 还原性三羧酸循环

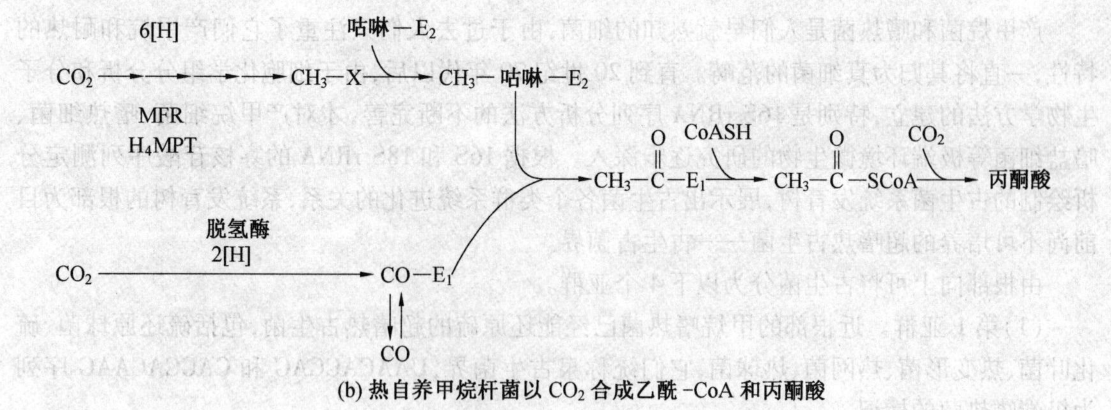

(b) 热自养甲烷杆菌以 CO_2 合成乙酰-CoA 和丙酮酸

图 4.8　自养型生物固定 CO_2 的机制

表 4.1　主要古生物类群的特征

类群	一般特征	代表属
产甲烷古生菌	甲烷是主要代谢最终产物。S^0可以还原成 H_2S 不产生能量。细胞有辅酶 M,因子 F_{420}、F_{430} 甲烷蝶呤	甲烷杆菌属、甲烷球菌属、甲烷微菌属、甲烷八叠球菌属
硫酸还原古生菌	不规则革兰氏阴性类球状细胞,从硫代硫酸盐和硫酸盐生成 H_2S,利用硫代硫酸盐和 H_2 自养性生长。能异养生长,也能形成少量甲烷,极端嗜热和绝对厌氧,有因子 420 和甲烷蝶呤,没有辅酶 M 和因子 430	古生球菌属
极端嗜盐古生菌	类球状或不规则杆状,革兰氏阴性或革兰氏阳性,主要为好氧有机化学营养型,生长需要高浓度 NaCl。菌落嗜中性或碱性,嗜温或微嗜热。有些种有细菌视紫质并利用光合成 ATP	盐杆菌属、盐球菌属、嗜盐碱杆菌属
无细胞壁古生菌	无细胞壁的多型细胞,嗜热嗜酸及化学有机能营养型,兼性厌氧,质膜含有丰富甘露糖的糖蛋白和脂多糖	热浆菌属
极端嗜热 S^0 代谢菌	革兰氏阴性杆状,丝状或球状。绝对嗜热,通常绝对厌氧但可以是好氧或兼性,嗜酸或嗜中性,自养型或异养型,大部分为硫代谢菌将 S^0 在厌氧下还原成 H_2S,在好氧下 H_2S 或 S^0 氧化成 H_2SO_4	脱硫球菌属、热网菌属、火球菌属、硫化叶菌属、热球菌属、热变形菌属

4.3　古生菌的主要类群

产甲烷菌和嗜热菌是人们早就熟知的细菌,由于过去人们只注重了它们产甲烷和耐热的特性,一直将其归为真细菌的范畴。直到 20 世纪 70 年代以后,由于细胞化学组分分析和分子生物学方法的建立,特别是 16S rRNA 序列分析方法的不断完善,才对产甲烷细菌、嗜热细菌、嗜盐细菌等极端环境微生物的研究逐步深入。根据 16S 和 18S rRNA 的寡核苷酸序列测定分析绘制的古生菌系统发育树,展示出古生菌各个类群系统进化的关系,系统发育树的根部为目前尚不可培养的超嗜热古生菌——古生古菌界。

由根部向上可将古生菌分为以下 4 个亚群。

(1)第 1 亚群。近根部的甲烷嗜热菌已经能还原硫的超嗜热古生菌,包括硫还原球菌、硫化叶菌、热变形菌、热网菌、热球菌,它们统称泉古生菌界,UAACACCAG 和 CACCACAAG 序列为极端嗜热菌的标记。

(2)第 2 亚群。产甲烷古生菌,包括产甲烷球菌、产甲烷杆菌、甲烷嗜热菌、古生球菌以及产甲烷八叠球菌-产甲烷螺菌类群。AYUAAG 序列为极端嗜热菌的标记。

(3)第 3 亚群。极端嗜盐的古生菌独立成群,包括盐杆菌、盐球菌,AAUUAG 序列为极端嗜盐菌的标记。

(4)第4亚群。嗜酸、嗜热的热源体也是独立成群,AAAACUG 和 ACCCCA 寡核苷酸序列是热源体的遗传标记。

谱系树中的第2亚群、第3亚群和第4亚群构成了广古生菌界。

4.3.1　超嗜热古生菌

嗜热古生菌(图4.9)是指能在高温环境下旺盛生长、繁殖的一类细菌。极端嗜热菌主要生活在热泉、堆肥、火山口、深海火山喷口附近或其周围区域等高温环境中,且其生存的最适温度都较高。这种温度范围不仅对高等动植物是致死温度,就是对耐热的真细菌来说,也是不能存活的温度。至今,已有科学家发现古细菌可以生活在250 ℃的环境中。

图4.9　嗜热古生菌

超嗜热古生菌分布在地热区炽热的土壤或含有元素硫、硫化物热的水域中。由于生物氧化作用,富硫的、热的水体及其周围环境往往呈现酸性,pH 为5左右,有的可低于1。但是,主要的超嗜热古生菌多栖息在弱酸性的高热地区。绝大多数的超嗜热古生菌专性厌氧,以硫作为电子受体,进行化能有机营养或化能无机营养的厌氧呼吸产能代谢。

超嗜热古生菌的生长温度比任何已知的原核生物的生长温度都要高得多。目前已经探明,超嗜热古生菌之所以能够在70~110 ℃的温度范围内生长,有的种属甚至可以在超过110 ℃的温度下正常生长,关键在于这类古生菌细胞内的蛋白质和核酸大分子物质对热的稳定性。对于耐热蛋白质来说,这种稳定性一方面取决于蛋白质中氨基酸的序列、肽键的折叠以及耐热蛋白的酶活性;另一方面通过代谢活动产生的2,3-二磷酸甘油酸可溶性物质的保护作用增强了对热的稳定性。对于 DNA 来说,则是通过一种与真核生物细胞组蛋白密切相关的结合蛋白和高浓度的2,3-二磷酸甘油酸来防止和保护在高热条件下 DNA 的变性和解链。

超嗜热菌的耐热机制是多种因子共同作用的结果。

1.细胞膜的耐热机制

嗜热古菌的细胞膜随温度的升高而发生变化,使其适应高温的环境:膜上原本主要由类异戊烯二脂组成并以醚键连接甘油的双层类脂发生结构重排,使膜成为两面都是亲水基的单层脂,避免了双层膜在高温下变性分开,并且保持了完整的疏水内层结构;膜中还存在环己烷型脂肪酸,在高温下这种脂肪酸链的环化能促使二醚磷脂向四醚磷脂转变,巩固膜的稳定性,使其耐受高温;不饱和脂肪酸的含量降低,长链饱和脂肪酸和分支脂肪酸的含量升高,形成更多疏水键,增加了膜的稳定性,提高机体抗热能力。此外,细胞膜中糖脂含量也有利于提高细菌的抗热能力,形成更多的疏水键,从而进一步增加膜的稳定性。

2. 嗜热古生菌蛋白的耐热机制

嗜热古生菌蛋白的耐热机制主要是蛋白质的热稳定性:一级结构中,个别氨基酸的改变会引起离子键、氢键和疏水作用的变化,从而大大增加整体的热稳定性,这就是氨基酸的突变适应。二级结构中的螺旋结构稍长,三股链组成的 β 折叠结构以及 C 末端和 N 末端氨基酸残基间有特殊的离子相互作用,能阻止末端区域的解链。可使其蛋白形成非常紧密而有韧性的结构,有利于稳定。

蛋白质的构象也具有热稳定性,它的蛋白与常温菌蛋白的大小、亚基结构、螺旋程度、极性大小和活性中心都极为相似,但构成蛋白质高级结构的非共价力、结构域的包装、亚基与辅基的聚集,以及糖基化作用、磷酸化作用等却不尽相同,通常蛋白对高温的适应决定于这些微妙的空间相互作用。但有同样活性中心的嗜热蛋白在常温下却会由于过于"僵硬"而不能发挥作用。

还有一些古菌有其他特别的抗热机制,如除有肽聚糖外还有由六角形排列的外膜蛋白组成的类似鞘的外层结,又如具有蛋白表面层或糖蛋白表面层等。

3. 嗜热酶的耐热机制

在 80 ℃以上环境中能发挥功能的酶称为嗜热酶。嗜热酶对不可逆的变性有抗性,并且在高温下(60 ~ 120 ℃)具有最佳活性。嗜热酶在高温环境中保持其稳定性有以下机制。

动态平衡学说是最初的解释其机制的学说。有人认为嗜热菌的许多酶在高温下分解—再合成循环进行得非常迅速,只要酶在这段很短的循环过程中有活性,细胞内的这种酶活性就能保持一定水平,这就是动态平衡学说。

其他促进酶热稳定性的因素如化学修饰、多聚物吸附及酶分子内的交联也可提高蛋白的热稳定性。嗜热蛋白酶离子结合位点上所结合的金属离子(如 Cu^{+}, Mg^{+}, Zn^{2+} 等)可能起到类似于二硫键那样的桥连作用,促进其热稳定性的提高。一些嗜热古菌体内还含有特有酶。

4. 遗传物质热稳定性

DNA 双螺旋结构的稳定性是由配对碱基之间的氢键以及同一单链中相邻碱基的堆积力维持的;DNA 中,组蛋白和核小体在高温下均有聚合成四聚体甚至八聚体的趋势,这能保护裸露的 DNA 免受高温降解;嗜热古细菌中还存在一种特殊的机制对抗热变性;tRNA 的热稳定性较高,也是对热比较稳定的核酸分子之一;核糖体的热稳定性是生长上限温度的决定性因子,发现 rRNA 的热稳定性依赖于 tRNA 与核糖体之间的相互作用;多胺在核糖体的稳定性上起着独特的作用。

5. 代谢途径及产物

具有多种糖代谢途径:EMP 戊糖循环、乙醛酸循环;有大量嗜热酶;呼吸链蛋白质和细胞内大量的多聚胺,利于热稳定性;重要代谢产物能迅速合成,tRNA 的周转率提高。

6. 热稳定性

嗜热细菌还可以通过胞内一些特殊因子来提高生物分子的热稳定性,如胞内钙离子;离子浓度可提高嗜热细菌 tRNA 的解链温度。

4.3.2 嗜盐古生菌

嗜盐古生菌是生活在高盐度环境中的一类古细菌。它们生长在高盐条件下,主要生长在盐湖、死海、盐场等浓缩海水中，以及腌鱼、腌兽皮等盐制品上。嗜盐古生菌分为一科（嗜盐菌科）六属（嗜盐杆菌属、嗜盐小盒菌属、嗜盐富饶菌属、嗜盐球菌属、嗜盐嗜碱杆菌属、嗜盐嗜碱球菌属）。一般生活在质量分数为10%～30%的盐液中。

对嗜盐菌的盐适应机理，有以下几种观点。

1. 嗜盐菌的 Na^+ 依存性

嗜盐菌要在高盐环境下生存，Na^+ 与细胞膜成分发生特异作用，增强了膜的机械强度，对阻止嗜盐菌的溶菌起着重要作用；在细胞膜的功能方面，嗜盐菌中氨基酸和糖的能动运输系统内必须有 Na^+ 存在，而且 Na^+ 作为产能的呼吸反应中一个必需因子起着作用；Na^+ 被束缚在嗜盐菌细胞壁的外表面，嗜盐杆菌的细胞壁以糖蛋白替代传统的肽聚糖，这种糖蛋白含有高量酸性的氨基酸，形成负电荷区域，吸引带正电荷的 Na^+，维持细胞壁稳定性，防止细胞被裂解。"过量"的酸性氨基酸残基在蛋白表面形成负电屏蔽，促进蛋白在高盐环境中的稳定。

2. 嗜盐菌中酶的盐适应特性

嗜盐酶只有在高盐浓度下才具有活性。嗜盐酶在低盐浓度下（1.0 mol/L 的 NaCl 和 KCl 条件下）大多数变性失活，若将盐再缓慢加回，可恢复酶活性；然而若将盐去除，嗜盐酶失活。根据嗜盐酶与盐的依存关系可分为三类：第一类为不加盐时，酶活性最高，加盐就受抑制；第二类为不加盐时有一定活性，加盐可增强酶活性，但过高浓度的盐会使酶活性受抑制，盐浓度低于细胞内离子浓度时具有最适盐浓度；第三类酶为不加盐时几乎不显示活性，由于盐的作用使酶强烈的活性化。

3. 嗜盐菌质膜、色素及 H^+ 泵作用

嗜盐菌具有异常的膜。嗜盐菌细胞膜外有一个亚基呈六角形排列的S单层，这个所谓的"S单层"由磺化的糖蛋白组成，由于磺酸基团的存在使S层呈负电性，因此使组成亚基的糖蛋白得到屏蔽，在高盐环境中保持稳定。

限制通气，即低氧压或厌氧情况下光照培养，嗜盐菌产生红紫色菌体，这种菌体的细胞膜上有紫膜膜片组织，约占全膜的50%，由25%的脂类和75%的蛋白质组成。现已发现4种不同功能的特殊的色素蛋白——视黄醛蛋白，即细胞视紫红质、氯视紫红质、感光视紫红质Ⅰ及感光视紫红质Ⅱ。当在低氧浓度生长时，某些盐杆菌合成一种经修饰了的细胞膜称为紫膜，紫膜是由3个bR分子构成的三聚体，可在细胞膜上形成一个刚性的二维六边形的稳定特征结构。紫膜中含有由菌视蛋白与类胡萝卜素类的色素以1∶1结合组成的菌视紫素或称视紫红质。没有细菌叶绿素或叶绿素参与下通过一个光合作用独特类型产生ATP。盐杆菌实际上有4个视紫红质，每一个有不同功能。嗜盐菌的视紫红质利用光能转运氯离子进入细胞并维持胞内KCl浓度至4～5 mol/L。最后有两个视紫红质作为光吸收者，一个吸收红光，一个吸收蓝光。它们控制鞭毛活动使细菌处于水柱中最适位置。盐杆菌移到高光强地方，但是这个地方紫外光的强度不足以使其致死。嗜盐菌的菌视紫素可强烈吸收570 nm处的绿色光谱区，菌视紫素的视觉色基（发色团）通常以一种全—反式结构存在于膜内侧，它可被激发并随着光吸收暂时转换成顺式状态，随着这种转型作用 H^+ 质子也转移到膜的外面，同时由于菌视紫素分子的松弛和黑暗时吸收细胞质中的质子，顺式状态又转换成更为稳定的全—反式异构体，这又激发了光吸收，转移 H^+，如此循环，形成质膜上的 H^+ 质子梯度差，即 H^+ 泵，产生电化势，菌体利用这种电化势在ATP酶的催化下，进行ATP的合成，为菌体储备生命活动所需要的能量。

4. 排盐作用

虽然嗜盐菌的生长所需要环境中的 Na^+ 浓度较高，但细胞内的 Na^+ 浓度并不高，因为 H^+ 质

子泵具有 Na^+/K^+ 反向转运功能,即吸收和浓缩 K^+ 并向胞外排放 Na^+ 的能力。嗜盐古菌是采用细胞内积累高浓度 K^+ 来对抗胞外的高渗环境。

5. 嗜盐细胞内溶质浓度的调节

由于渗透作用悬浮在高盐溶液中的细胞将失去水分,成为脱水细胞。嗜盐微生物由于产生大量的内溶质或保留从外部取得的溶质而得以在高盐环境中生存。在嗜盐细胞中氨基酸对内溶质浓度调节起着重要作用。其中主要是谷氨酸和脯氨酸及甘氨酸,它们具有渗透保护作用,是溶质浓度调节的重要因子。嗜盐菌的细胞质蛋白含有许多低相对分子质量的亲水性氨基,这一特质使细胞质可在高离子浓度的胞内环境中呈现溶液状态,而疏水性氨基酸过多则会趋向成簇,从而使细胞质失去活性。

6. 嗜盐菌具有特殊产能系统

它们可以通过两条途径获取能量:一条是有氧存在下的氧化磷酸化途径;另一条是有光存在下的某种光合磷酸化途径。

4.3.3 嗜酸古生菌

极端嗜酸菌一般指生活环境 pH 在 1 以下的微生物,往往生长在火山区或含硫量极为丰富的地区、地热区酸性热泉和硫质喷气孔以及海底热液口或发热的废煤堆,如硫化叶菌、嗜酸两面菌和金属球菌、热原体等。细胞生长呈不规则球形,直径为 1 ~ 1.5 μm,并有不被膜包裹的巨大胞质腔。嗜酸菌生长在 47 ~ 65 ℃之间,最适生长温度为 60 ℃,属于好氧生物。这些嗜酸古生菌体内 pH 保持在 7 左右,能将硫氧化,代谢产物为硫酸。它们大多也是耐高温的,所以往往也是嗜高温菌。

嗜酸菌必须生长在酸性环境,在中性条件下它的细胞质膜会溶解,细胞也即溶解,所以它是专性嗜酸菌,这表明只有低 pH 条件下才能使细胞质膜维持稳定。然而细胞内 pH 近于中性,细胞的酶和代谢过程通常与中性细菌一样。部分细菌没有普通细菌都有的细胞壁,只裹了一层细胞膜。下面是研究人员对菌体内保持中性并忍耐体外高酸浓度机理的猜测。

(1)细胞壁和膜上含有一些特殊的化学成分使得这些微生物具有抗酸能力。

(2)在其细胞壁和细胞膜上有阻止 H^+ 进入细胞内的成分。

(3)可能与硫或硫化物的存在和氧化有关。

(4)有的菌具有编码高的氧还电势铁硫蛋白基因和铁质兰素基因。

(5)泵的功能很强。

(6)近年来还发现在 Thiobacillus thiooxidans 细胞中存在着质粒,推测可能与其抗金属离子有关。

4.3.4 嗜碱古生菌

经测试,嗜碱古生菌生活环境几乎达到了氨水的碱度,溶液的 pH 竟然达到 11.5 以上,它们却能正常地生长和繁殖。其最适生长 pH 在 8.0 以上,通常在 9 ~ 10 之间。为了保证生物大分子的活性和代谢活动的正常进行,细菌细胞质 pH 不能很高。细胞呼吸时排出 H^+ 使细胞质变碱性,为了 pH 平衡,反向运输系统排出阳离子将 H^+ 交换到胞内,使 H^+ 重新进入细胞。嗜碱菌可以在 pH 为 10 ~ 11 条件下生长,但胞内也要维持 pH 为 7 ~ 9,嗜碱菌细胞质酸化的基本原因是 Na^+-质子反向运输,因此胞内要有足够的 Na^+。

4.3.5　近期分类方法

依据 rRNA 数据,《伯杰氏手册》第二版将古生菌分为广古生菌门和泉古生菌门。广古生菌门的命名是由于它们有各种不同的代谢类型,并生活在许多不同的生态位中。广古生菌门有7个纲、9个目及15个科。产甲烷菌、极端嗜盐菌、硫酸盐还原菌和依赖硫代谢的极端嗜热菌放在广古生菌界。产甲烷菌是这个门中的优势生理类群。

泉古生菌门(图4.10)与古生菌的祖先相似,已被人们了解的种是嗜热菌或超嗜热菌。泉古生菌门仅有1个纲——热变形菌纲及3个目。

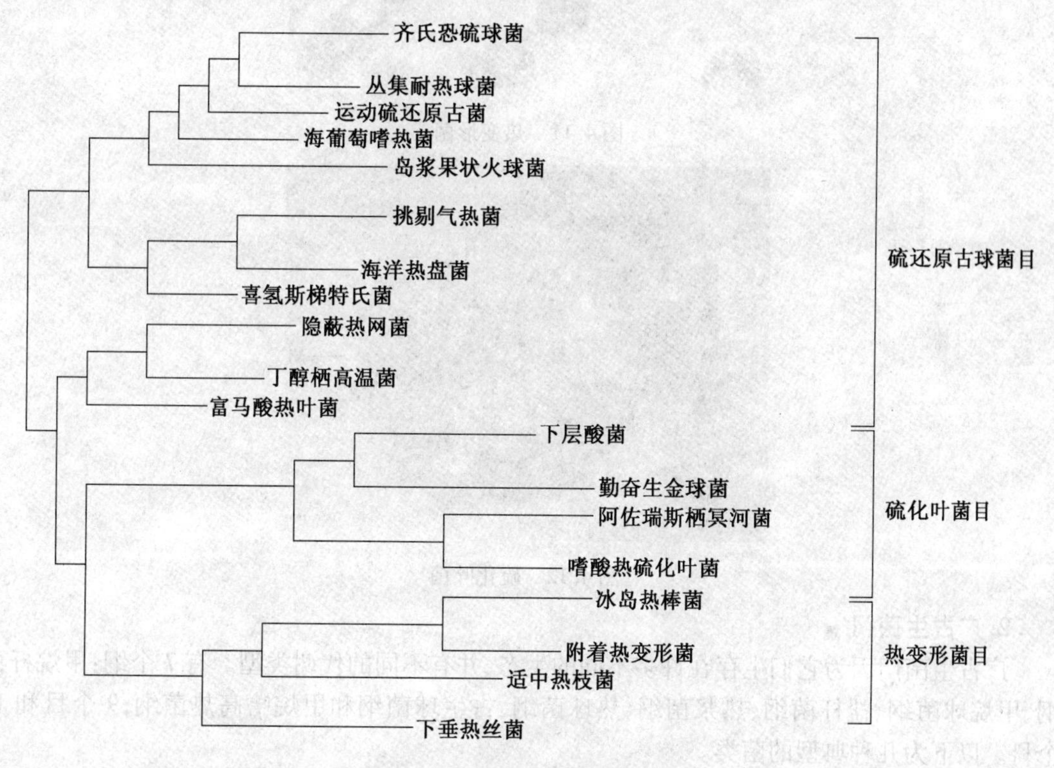

图4.10　泉古生菌门

(依据16S rDNA 数据建立的泉古生菌典型种的系统发育树(标出了3个目))

1. 泉古生菌门

大多数泉古生菌是极端嗜热的,许多属于嗜酸性菌并依赖硫生长。硫可以作为厌氧呼吸作用中的一个电子接受者或作为无机营养的一个电子来源。几乎所有菌都是严格厌氧的,它们生长在含硫元素的地热水或土壤中,这些环境广泛分布于全世界。其中的极端嗜热菌最低生长温度为82 ℃,最适温度为105 ℃,最高生长温度为110 ℃。

热变形菌为长瘦杆状,能够弯曲或分支。它的细胞壁由糖蛋白组成。热变形菌严格厌氧,生长温度为70~97 ℃。pH为2.5~4.5,通常生长在富硫的温泉及其他热的水环境中。它能有机营养生长并氧化葡萄糖、氨基酸、酒精和有机酸,以元素硫作电子受体。即热变形菌能进行厌氧呼吸,它用 H_2 和 S^0 也可营无机化能营养生长,一氧化碳或二氧化碳能作为唯一碳源。热变形菌如图4.11所示。

硫化叶菌属为革兰氏阴性菌,好气性,呈不规则半圆形,细胞壁有脂蛋白和碳水化合物,肽聚无糖,最适生长温度为70~80 ℃,最适pH为2~3;该菌属湿热酸菌,在酸性pH和高温环境下生长最好。硫化叶菌如图 4.12 所示。

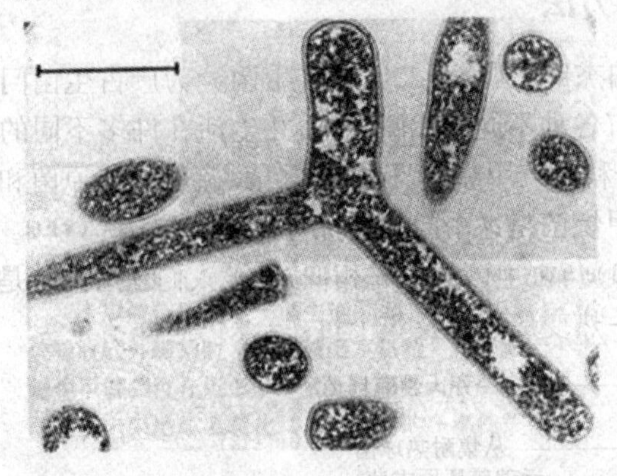

图 4.11　热变形菌

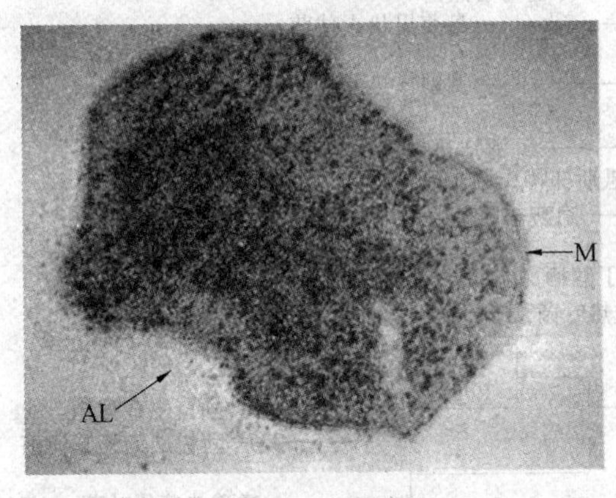

图 4.12　硫化叶菌

2. 广古生菌门

广古生菌门因为它们生存在许多不同的生态，并有不同的代谢类型。有 7 个纲：甲烷杆菌纲、甲烷球菌纲、盐杆菌纲、热浆菌纲、热球菌纲、古生球菌纲和甲烷嗜高热菌纲；9 个目和 16 个科。以下为几种典型的菌类。

(1)产甲烷菌。

产甲烷菌是这个门中最大的优势生理类群，属于绝对厌氧型，通过把 CO_2、H_2、甲酸、甲醇、乙酸和其他的化合物转变成甲烷或甲烷和 CO_2来获得能量。有 5 个目：甲烷杆菌目、甲烷球菌目、甲烷微菌目、甲烷八叠球菌目及甲烷嗜高热菌目和 27 个属。在整个形态、16S rRNA 序列、细胞壁化学和结构、膜脂及其他特性上有大的差别，例如，产甲烷菌有 3 种不同类型的细胞壁。其中几个属有含假胞壁质的细胞壁(图 4.13)，其他菌的壁含有蛋白质或异多糖。产甲烷菌代表属的选择特征见表 4.2。一些产甲烷菌如图 4.14 所示。

最不寻常的产甲烷菌类群之一是甲烷嗜高热菌纲，它有一个目——甲烷嗜高热菌目，一个科和一个属——甲烷嗜高热菌属。人们从海底的热火山口分离得到这些极端嗜热的棍状甲烷菌。坎氏甲烷嗜高热菌生长最低温度是 84 ℃，最适温度是 98 ℃，即使在 110 ℃下也能生长。甲烷嗜高热菌属是广古生菌门中最深刻和最古老的分支。产甲烷菌是最早的生物体之一，在类似于地球早期环境的条件下，也可生存。

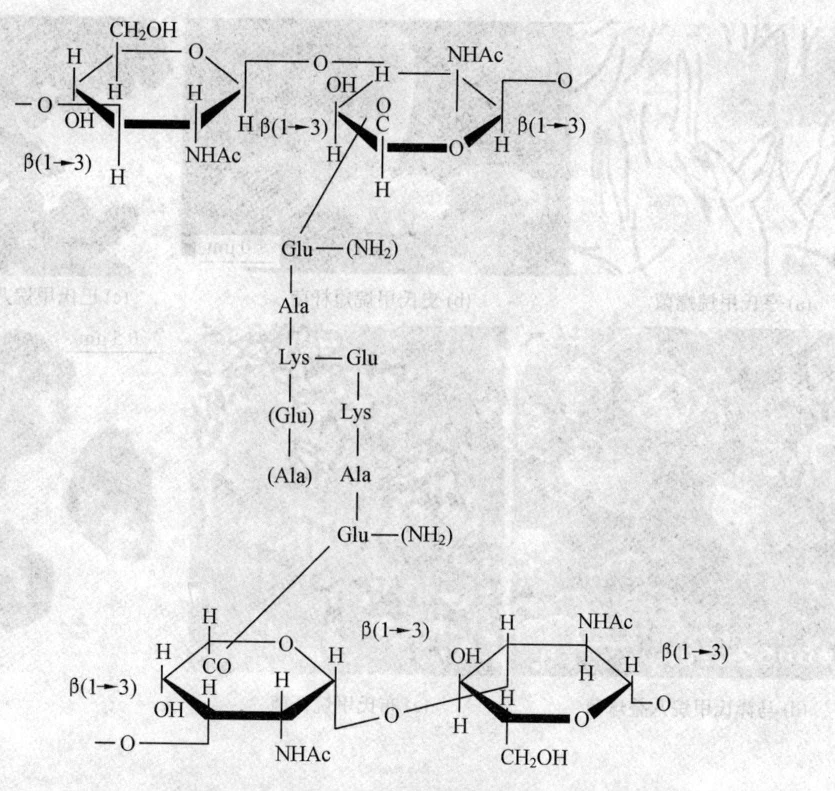

图4.13　假肽聚糖的结构(括号内的成分不是总存在)

表4.2　产甲烷菌代表属的选择特征

属	形态学	(G+C)含量/%	细胞壁组成	革兰氏反应	运动性	用于产甲烷的底物
甲烷杆菌目						
甲烷杆菌属	长杆状或丝状	32~61	假细胞质	+或可变	–	H_2+CO_2,甲酸
甲烷嗜热菌属	直或轻微弯曲杆状	33	有一外蛋白S层的假胞壁质		+	H_2+CO_2
甲烷球菌目						
甲烷球菌属	不规则球形	29~34	蛋白质	–	–	H_2+CO_2,甲酸
甲烷微菌目						H_2+CO_2,甲酸
甲烷微菌属	短的弯曲杆状	45~49	蛋白质	–	+	H_2+CO_2,甲酸
产甲烷菌属	不规则球形	52~61	蛋白质或糖蛋白	–	–	H_2+CO_2,甲酸
甲烷螺菌属	弯曲杆或螺旋体	45~50	蛋白质	–	+	H_2+CO_2,甲醇
甲烷八叠球菌属	不规则球形,片状	36~43	异聚多糖或蛋白质	+或可变	–	胺,乙酸

值得一提的是产甲烷菌厌氧产甲烷的能力,它们的代谢与众不同。这些细菌有几个独特辅因子:四氢甲烷蝶呤(H_4MPT)、甲烷呋喃(MFR)、辅酶M(2-巯基乙烷磺酸)、辅酶F_{420}和辅酶F_{430}(图4.15)。

产甲烷菌大量生长在木本沼泽和草本沼泽,温泉,厌氧污泥消化罐,动物的瘤胃和肠道系统,淡水和海水沉积物,甚至在厌氧原生动物体内,这些环境都具有共同的特点——有机物丰

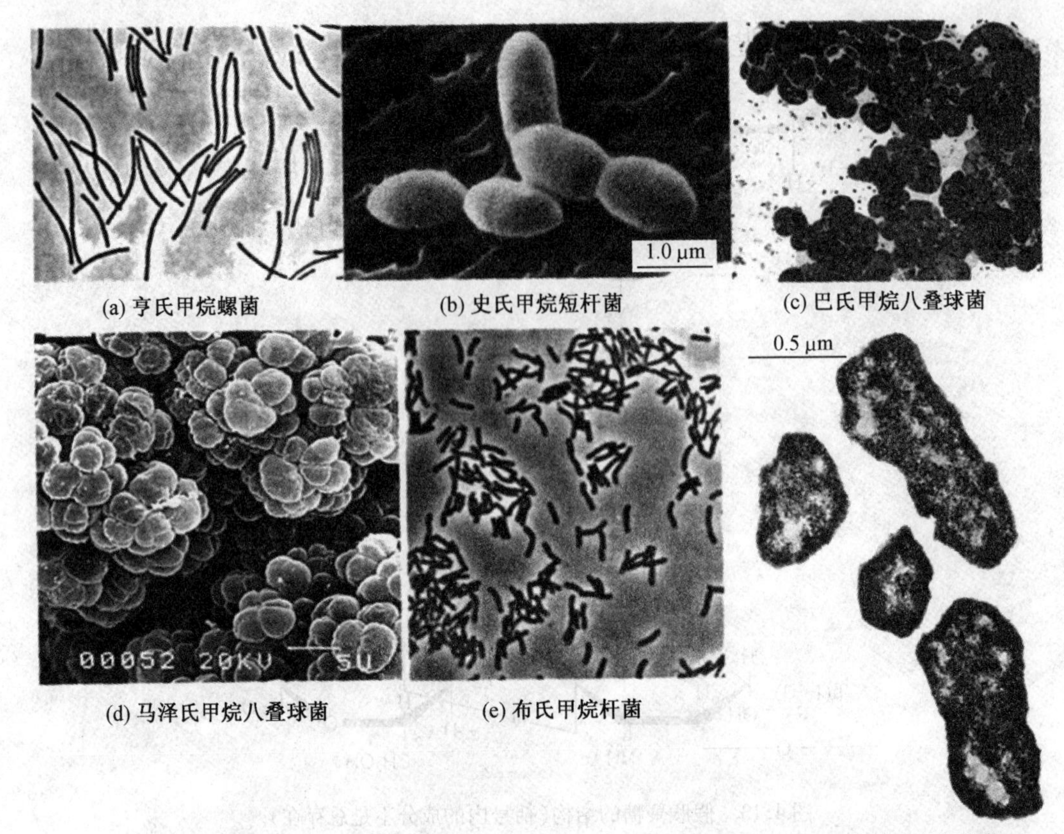

(a) 亨氏甲烷螺菌　(b) 史氏甲烷短杆菌　(c) 巴氏甲烷八叠球菌

(d) 马泽氏甲烷八叠球菌　(e) 布氏甲烷杆菌　(f) 黑海甲烷袋状菌

图 4.14　一些产甲烷菌

(a) 甲烷呋喃 (MFR)

(b) 四氢甲烷喋呤 (H_4MPT)

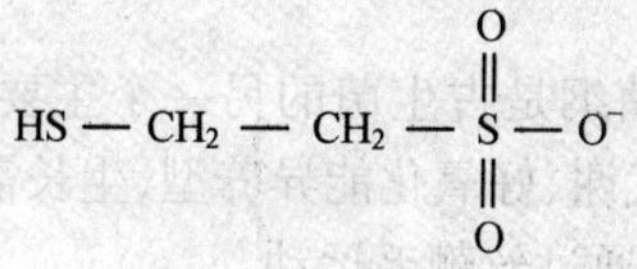

(c) 辅酶 M

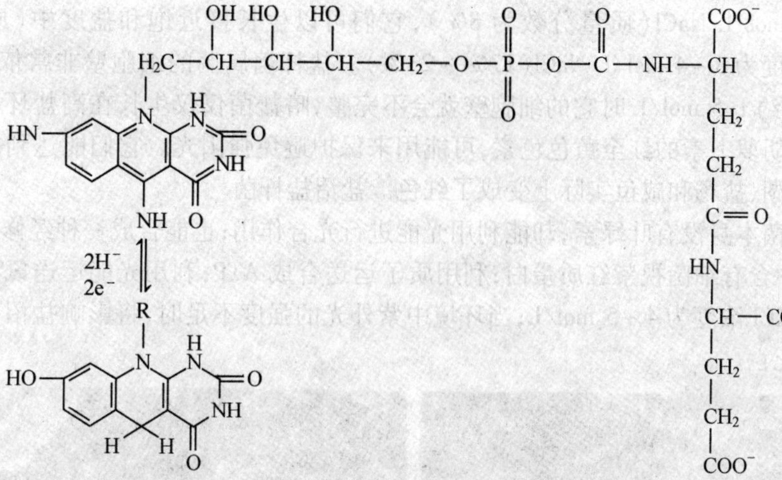

(d) 辅酶 F_{420}

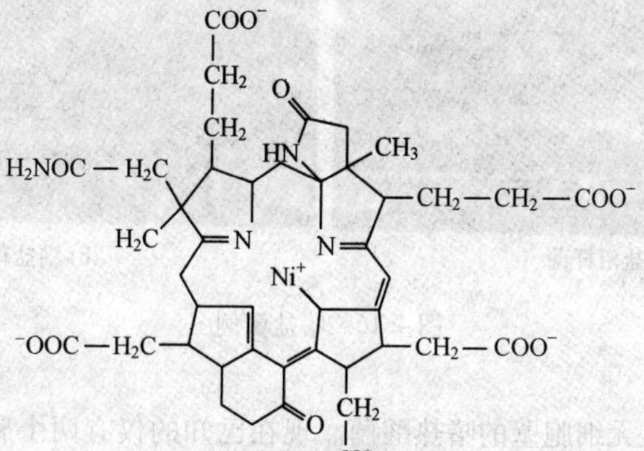

(e) 辅酶 F_{430}

图 4.15　产甲烷菌的独特辅助因子

富并且厌氧。

由于甲烷是清洁燃料和极好能源，所以产甲烷古生菌在实际应用上有巨大的潜力。人们利用它的这一特性，污水处理工厂将产生的甲烷作为热和电的能源利用厌氧消化微生物将有机废物如污水淤泥降解成 H_2，CO_2 和乙酸。还原 CO_2 的产甲烷菌用 CO_2 和 H_2 形成 CH_4，而解乙酸的产甲烷菌把乙酸分解成 CO_2 和 CH_4（约 2/3 的甲烷是由乙酸厌氧消化而产生的）。

众所周知，甲烷是温室气体之一，这是因为它吸收红外线辐射，因此产甲烷成为了一个严重的生态问题。根据大量报道，甲烷显著提高了地球温度，并在最近 200 年呈上升趋势。

最近发现产甲烷菌能氧化 Fe^0 并用它来产生甲烷和能量。这意味着产甲烷菌生长在埋着的或沉没着的铁管子周围，并和其他物体可能在铁腐蚀中起重要作用。

(2)盐杆菌。

极端嗜盐菌或嗜盐菌,嗜盐菌纲是古生菌的另一个主要类群,现在一个科中有15个属。盐杆菌科(图4.16)细菌是呼吸代谢、好氧化能异养型,生长需要复杂营养物,一般是蛋白质和氨基酸。它们的种或不能运动或通过丝鞭毛运动。

前面介绍过嗜盐菌显著区别于其他古生菌的特征是它绝对依赖高浓度NaCl。这些细菌需要至少1.5 mol/L NaCl(质量分数为8%),它们可以生长接近饱和盐度中(质量分数为36%),最适浓度为3~4 mol/L NaCl(17%~23%)。盐杆菌属菌的细胞壁非常依赖NaCl,当NaCl浓度降至约1.5 mol/L时它的细胞壁就会不完整,嗜盐菌仅仅生长在高盐环境中。嗜盐菌常有来自类胡萝卜素的红至黄色色素,可能用来保护避免强阳光。它们能达到如此高的数量水平以致盐湖、盐场和咸鱼实际上变成了红色。盐沼盐杆菌

盐沼盐杆菌本身没有叶绿素,却能利用光能进行光合作用;也能合成一种经修饰的细胞膜称为紫膜,膜中含有细菌视紫红质蛋白;利用质子运送合成ATP;利用光能运送氯离子进入细胞,维持体内KCl浓度为4~5 mol/L;当环境中紫外光的强度不足时,将影响盐沼盐杆菌的生存,甚至造成死亡。

(a) 盐沼杆菌

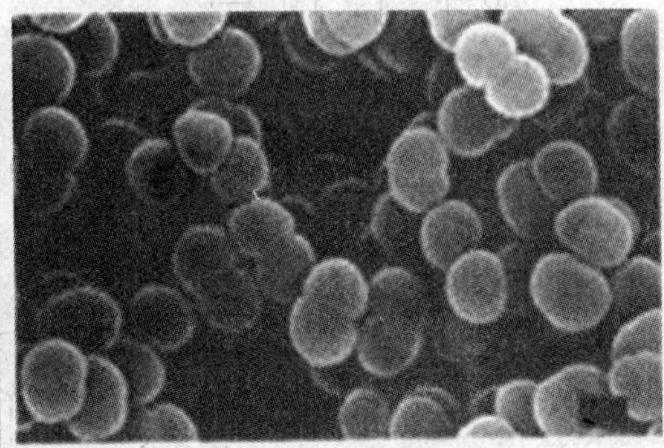

(b) 鳕盐球菌

图4.16 嗜盐菌例图

(3)热原体。

热原体目的细菌是无细胞壁的嗜热酸菌。现在已知的仅有两个属,即热原体属和嗜酸菌属。它们彼此之间有充分区别,放在不同科中——热原体科和嗜酸菌科。

热原体生长在煤矿的废物堆中,能将废物堆中的大量硫化铁(FeS)氧化成硫酸,因此使这个废物堆的温度升高并显酸性,该菌生长最适温度为55~59 ℃,pH为1~2。虽然热原体缺少细胞壁,但是用大量二甘油四乙醚、脂多糖和糖蛋白,增强了它的质膜。DNA与一个特殊似组蛋白的蛋白质相连而稳定,该蛋白质压缩DNA呈颗粒状类似于真核生物核小体。在59 ℃下,热原体呈不规则菌丝状,然而在较低温度下它是球状的(图4.17)。细胞可能有鞭毛并且是运动的。

(4)极端嗜热S^0代谢菌。

这一生理类群包括热球菌纲,仅有一个目——热球菌目。热球菌目是严格厌氧的,能还原硫成硫化物。它们通过鞭毛运动,最适生长温度为88~100 ℃。这个目包括1个科和2个属——热球菌属和热球菌属。

(5)硫酸盐还原古生菌。

还原硫古生菌被放于古生球菌纲和古生球菌目。古生球菌目仅有1个科和1个属。古生

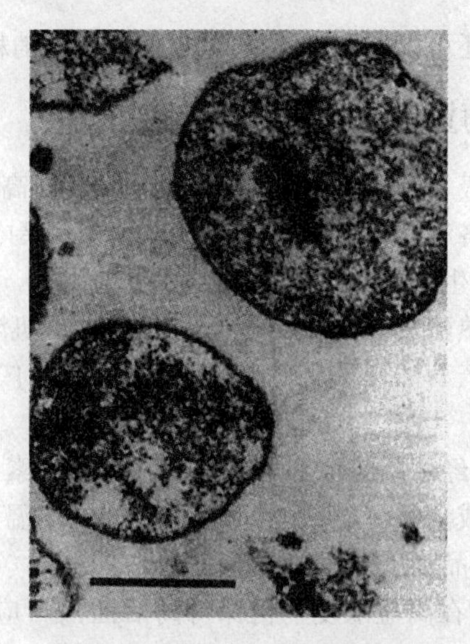

图4.17　热原体,透射电镜照片

球菌是革兰氏阴性菌,不规则类球形,细胞壁由糖蛋白亚单位组成。它能从各种电子供者(如H_2,乳酸,葡萄糖)抽提电子,并把硫酸盐、亚硫酸盐或硫代硫酸盐还原成硫化物。元素硫不作为电子接受者。古生球菌是极端嗜热的(最适温度约为83 ℃),能从海底热水流火山口分离到。这个菌不仅仅是不像其他古生菌,有独特的还原硫酸盐的能力,而且它也有产甲烷辅酶F_{420}和甲烷蝶呤。

4.4　古生菌目前的研究与应用

4.4.1　古生菌适应机理的研究

根据生存环境不同,古生菌产生了不同的适应机理,主要分为以下几类。

(1)耐热问题。

研究人员从嗜热生物的DNA不易被降解的途径进行研究,从中得到一种具有保护作用的类组蛋白。在离体培养的DNA中加入这种类组蛋白,DNA就能经受住比平常高30 ℃的温度。这个问题的研究对于生物抗高温或者是在高温条件下增加繁殖系数,达到增产、增益都有极为现实的意义。

(2)耐压问题。

膜系统在生命科学中占有很重要的地位,它关系着生物与环境条件之间物质和能量的交换,以及生命如何形成、延续和发展等重大课题。一般说来,在压力增加的条件下,膜的通道也会相应地增加。但是,他们找到了一组能够调整压力影响的基因,这组基因在283 710 MPa下表达,并通过它减少某些蛋白质的产出率,从而在压力增加的条件下,可以减少膜的通道,达到阻止体内的糖和其他营养成分,扩散到体外去的效果。

(3)耐酸问题。

嗜酸生物在极度酸性环境中生活,其体内却能保持中性,pH大约是7。前面已经详细介绍了它是如何形成高度韧性的膜和这种膜的泵功能强度。目前,在生产上已经利用它们作为商业性开采矿物,收益很大。特别是利用它们从低品位的矿物中溶提贵重金属非常成功。另外,利用它们进行生物制酸,还可以达到节省投资、少消耗或不消耗能量的目的。

4.4.2　古生菌极端酶资源的研究与开发利用

古生菌大多生长在比较极端的环境条件中,如高温、低温、高盐、高压、高或低的 pH 等极端环境中。它们体内产生的各种酶一般也能在极端的条件下保持活性,这些酶在实践应用中具有很多优良的形状,在现代生物技术中将发挥巨大的作用。

由嗜热微生物产生的嗜热酶具有高温反应活性,以及对有机溶剂、去污剂和变性剂的较强抗性,使它在食品、医药、制革、石油开采及废物处理等方面都有广泛的应用潜力。

1. 食品加工中的应用

食品加工过程中,通常要经过脂肪水解、蛋白质消化、纤维素水解等过程处理。由于常温条件下进行这些反应容易造成食品污染,所以很难用普通的中温酶来催化完成。嗜热性蛋白酶、淀粉酶及糖化酶已经在食品加工过程中发挥了重要作用。

嗜盐酶因其特殊的活性(在高盐浓度下仍保持高活性),可应用于处理海产品、酱制品及化工等工业部门排放的含高浓度无机盐废水以及海水淡化等方面。海藻嗜盐氧化酶在催化结合卤素进入海藻体内代谢中起作用,这对化学工业的卤化过程有潜在的价值。

嗜冷酶在食品工业中的应用潜力相当大。牛奶加工业中,嗜冷 β 半乳糖苷酶可在兼备高乳糖水解水平的同时缩短水解时间,还可减少细菌污染的风险。肉类加工业中,理想的肉类柔嫩酶可在低温条件下作用于结缔组织胶原和弹性硬蛋白,并可在 50 ℃左右失活,在肉类 pH (pH=4 ~5)状态下也具有良好的活性。烘焙面包工艺中,嗜冷性淀粉酶、蛋白酶和木糖酶能减少生面团发酵时间,提高生面团和面包心的质量及香味和湿度的保留水平。脂酶可用于乳制品和黄油的增香、生产类可可脂、提高鱼油中多聚不饱和脂肪酸含量等。还有一些嗜冷酶在酿造和白酒工业、动物饲料等应用中比相应的中温酶更好。

2. 工业生产中的应用

嗜冷酶的特殊性质使其在工业生产应用中具有一些优势:低温下催化反应可防止污染,经过温和的热处理即可使嗜冷酶的活力丧失,而低温或适温处理不会影响产品的品质等。下面介绍一些具体的工业应用:嗜冷性纤维素酶可以用于生物抛光和石洗工艺过程,能降低温度上的工艺难度和所需酶的浓度,而且嗜冷酶的快速自发失活可提高产品的机械抗性。生物降解及低水活条件下的生物催化:混合培养的专一嗜冷微生物在污染环境中扩增和接种产生的酶能提高不耐火化学药品的降解能力,但我们对这些微生物知之甚少。目前,处理人类活动所带来的废水污染可能是在生物降解方面的一个可行性用途。近年来有关嗜冷酶的研究日益增多,相信随着研究的持续深入以及生物工程技术的充分利用,嗜冷酶工业应用前景将会更广阔。

嗜碱酶的主要工业用途是作为去污剂添加成分,洗涤试验表明,去污剂中加入嗜碱枯草菌的耐碱蛋白酶,能显著提高洗涤效率,另外碱性淀粉酶还用于环保方面的纺织品退浆及淀粉酶,利用嗜碱酶的催化作用可对洗涤剂工业、印染工业、造纸工业所产生的碱性废水进行生物处理。个别嗜碱酶还可运用于生物工程方面。

3. 环境保护中的应用

嗜热酶在污水及废物处理方面有着其他方法无法比拟的优越性。科学家们不仅利用嗜热酶的耐热性,更重要的是利用它对有机溶剂的抗性。在许多污染地区,其污染源的主要成分是烷类化合物,由于它们在水中的溶解度随链的增长而降低,随温度的提高而提高,所以用生物法在高温下去除烷类化合物的污染有很大优势。在生物转化及抗生素的生产方面随着对嗜热酶研究的深入,其在生物转化方面的作用日益引起人们的重视。

4.4.3　古生菌资源的研究与药物的开发

一种从嗜盐古生菌中分离出来的84 ku的蛋白质,已被用于测定癌症患者血清中原癌基因Myc的产物所产生的抗体。值得一提的是,它比用大肠杆菌基因工程菌中产生的Myc蛋白有更高的阳性率。这种现象也说明,嗜盐古生菌和真核生物细胞之间,在分子水平上存在着显著的相似性。

嗜盐古生菌具有敏感模式,可用于细胞抑制靶位;包括嗜盐古生菌在内的古生菌所产生的复杂脂类,特别适于制备脂质体,因而可用于药物释放和化妆品的包装。古生菌的脂类因高度的化学稳定性和对脂酶的耐受性具有一定的优势;用嗜盐古生菌的极性脂制备的脂质体可维持稳定性达1月之久,比普通的脂质体有更广泛的应用潜力。

热球菌形成的与蘑菇香精相关的有机硫化合物,有一些有药学活性。古生菌的结晶的S层网格是优良的分子筛,其脂类有用于水的超路的潜力。

已有报道,嗜热菌对维生素及类固醇等生物物质的修饰有重要作用。在抗生素的生产中,利用嗜热酶催化获得的抗生素也有报道。在利用嗜热菌获得的9种抗生素中,两种热红菌素及热绿链菌素已进行工业化生产并在医药领域得到应用。虽然自然界赋予嗜热酶耐高温和极强分子稳定性的特性,但由于嗜热酶的来源有限,培养条件苛刻,虽然利用基因工程技术已在中温宿主中得到表达,但酶的表达量低,限制了嗜热酶的广泛应用。随着对新型嗜热菌的分离及对高温酶反应条件的探索,嗜热酶必将展现更加广阔的应用前景。

第5章　细　　菌

正如前面提到的,原核生物包括两种类群:古生菌和细菌。上一章已经介绍过古生菌,本章将继续介绍原核生物的另一成员——细菌。细菌是一种具有细胞壁的单细胞原核生物,裂殖繁殖,个体微小,多数在1 μm左右,通常用放大1 000倍以上的光学显微镜或电子显微镜才能观察到。各种细菌在一定的环境条件下,有恒定的形态和结构。

5.1　细菌的形态、大小和细胞结构

5.1.1　细菌的形态和大小

细菌有4种形态:球状、杆状、螺旋状和丝状,分别叫作球菌、杆菌、螺旋菌和丝状菌,如图5.1所示。在自然界所存在的细菌中,杆菌最为常见,螺旋菌最少。此外,近年来还陆续发现了其他形态:三角形、长形和圆盘形的细菌。由于分裂后的排列方式不同,使它们的形态多样化。

(1)球菌。

细胞呈球形或椭球形,其大小以细胞直径来表示,一般为0.5~1.0 μm。球菌包括单球菌、双球菌、排列不规则的球菌、四联球菌(四个球菌垒叠在一起)、八叠球菌、链状球菌等。

(2)杆菌。

细胞呈杆形或圆柱形,其大小以宽度或长度表示。杆菌的宽度一般为0.5~2.0 μm,长度为宽度的一倍或几倍。杆菌包括单杆菌、双杆菌和链杆菌。单杆菌又包括长杆菌、短杆菌(或近似球形)、梭状杆菌等。

(3)螺旋菌。

细胞呈弯曲的杆状。根据弯曲程度不同分为弧菌和螺旋菌。大小也以长度和宽度来表

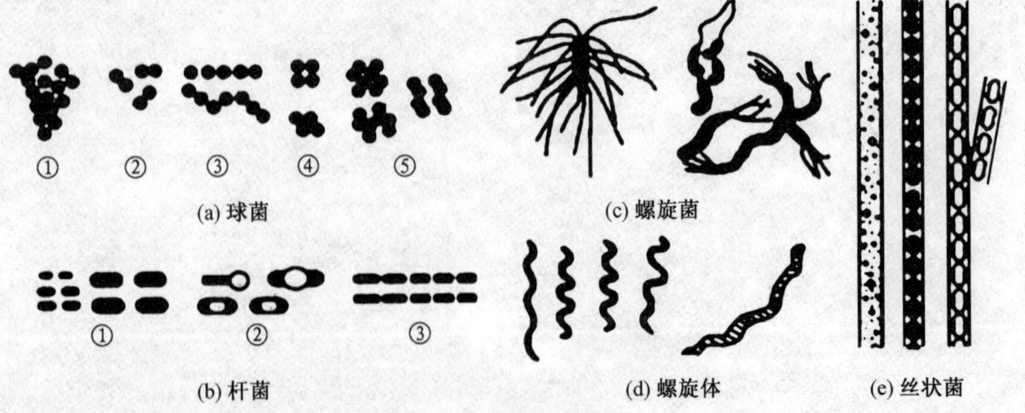

图5.1　细菌的各种形态

示，螺旋的长度是菌体空间长度而不是它的真实长度，宽度常在0.5～5.0 μm之间，长度差异很大，为5～15 μm。

(4)丝状菌。

丝状菌分布在水生环境、潮湿土壤和活性污泥中。丝状体是丝状菌分类的特征。

在适宜的生长条件下，细菌的形态和排列是相对稳定的，对于细菌的鉴定具有一定意义。但培养基的化学组成、浓度、培养温度、pH、培养时间等的变化，常会引起细菌的形态改变。而有些细菌在正常生活条件下，生长的形状很不规则，彼此之间差异很大，这种现象称为细菌的多形性。

5.1.2　细菌的细胞结构

细菌是单细胞的。细菌的细胞结构(图5.2)可分为两部分，所有的细菌均有如下结构：细胞壁、细胞膜、细胞质及其内含物、细胞核物质。这些结构为细菌的不变部分或基本结构。部分细菌还具有以下可变部分也称特殊结构：芽孢、鞭毛、荚膜、黏液层、菌胶团、衣鞘及光合作用层片等。

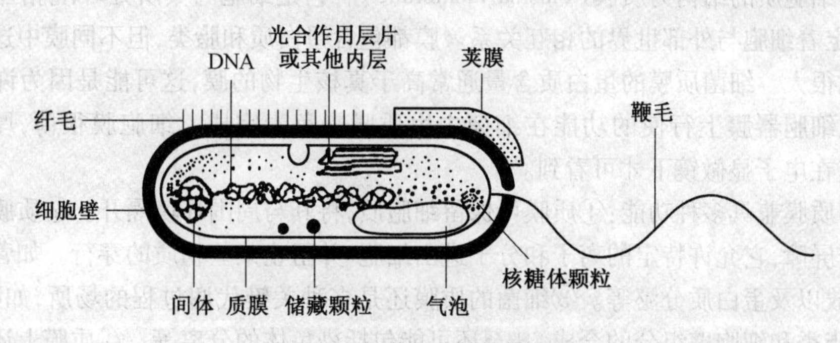

图5.2　细菌细胞结构模式图

1. 细胞壁

细胞壁是包围在细菌体表最外层的、具有坚韧而带有弹性的薄膜，厚为10～80 nm，网状结构，约占菌体质量的10%～25%。

构成细胞壁的主要成分是肽聚糖、脂类和蛋白质。细菌分为革兰氏阳性菌和革兰氏阴性菌两大类，二者细胞壁的化学组成和结构各不相同。革兰氏阳性菌的细胞壁较厚，由厚为20～80 nm的肽聚糖层构成，但结构较简单。革兰氏阴性菌的细胞壁较薄，约为10 nm，但其结构较复杂，分为内壁层和外壁层。内壁层含肽聚糖，不含磷壁酸。外壁层又可分为3层：最外层是脂多糖，中间是磷脂层，内层为脂蛋白。革兰氏阳性菌和革兰氏阴性菌细胞壁化学组成的比较见表5.1。细菌细胞壁的结构图如图5.3所示。

表5.1　革兰氏阳性菌和革兰氏阴性菌细胞壁化学组成的比较

细菌	壁厚度/nm	肽聚糖/%	磷壁酸/%	脂多糖/%	蛋白质/%	脂肪/%
革兰氏阳性菌	20～80	40～90	+	–	约20	1～4
革兰氏阴性菌	10	10	–	+	约60	11～22

细菌细胞壁的生理功能有：①保护细胞免受外界损坏，维持细胞形态；②有一定韧性和弹性，保护细胞免受渗透压危害；③细胞壁是多孔结构的分子筛，阻挡某些分子进入和保留蛋白质，是有效的分子筛；④为鞭毛提供支点；⑤许多病原菌细胞壁还与其致病性有关，例如细胞壁可保护细胞免受有毒物质的损害，但同时也是多种抗生素作用的靶点。

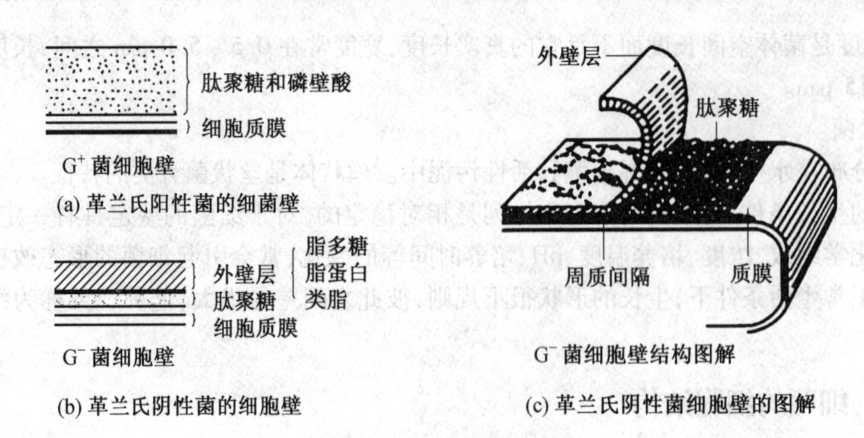

图 5.3　细菌细胞壁的结构图

2. 细胞膜

(1)质膜。

包裹着细胞质的结构为质膜(Plasma membrane)。它是细胞与其所处环境相互接触的主要部位,决定着细胞与外部世界的相互关系。膜都包含蛋白质和脂类,但不同膜中这两者的实际含量变化很大。细菌质膜的蛋白质含量通常高于真核生物的膜,这可能是因为许多在真核生物中其他细胞器膜上行使的功能在细菌中由质膜来负责完成。细胞膜很薄,厚度为 5 ~ 10 nm,只有在电子显微镜下才可看到。

细菌的质膜兼具多种功能:①质膜可保留细胞质,将其与周围环境隔开。②质膜是一个选择性的渗透屏障,它允许特定的离子和分子进出细胞,并阻止某些物质的穿行。如营养物质吸收、废物排放以及蛋白质分泌等。③细菌的质膜还是多种关键代谢过程的场所,如呼吸代谢、光合作用、脂类和细胞壁组分的合成,甚至还可能包括染色体的分离等。④质膜上还包含有特定的受体分子,有助于细菌对周围环境中的化学物质进行探测并做出回应。由此可见,质膜对微生物的生存起着至关重要的作用。

图 5.4 为细菌质膜结构的流动镶嵌模型示意图。图中漂浮于脂双层中的为整合蛋白,而

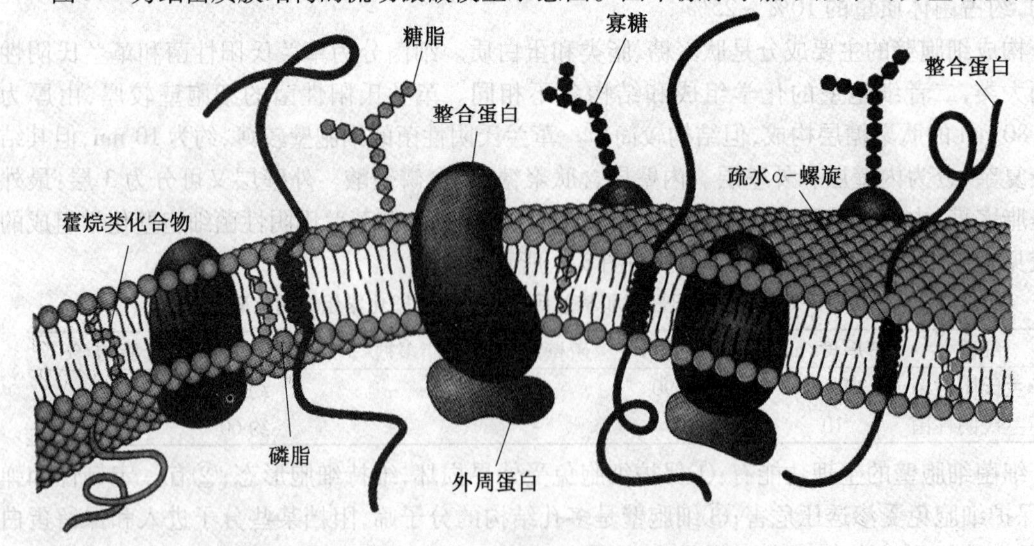

图 5.4　细菌质膜结构的流动镶嵌模型示意图

外周蛋白则与内膜表面松散结合。小球体代表膜磷脂的亲水端,摆动的尾巴代表疏水的脂肪酸链。在膜中还可能存在其他一些脂类,例如藿烷类化合物(粉红色)。为清楚起见,图中磷脂的比例尺寸要比其在实际膜中的大得多。

(2)内膜系统。

细菌细胞质中最常见的一种膜状结构是间体亦称中体,是细菌细胞质中主要的膜状结构,它是由于质膜内陷而形成的管状、薄层状或泡囊状结构,间体结构如图5.5所示。它们可为较强的代谢活性提供较大的膜表面,可能参与分裂时细胞壁的形成或在染色体复制和子细胞的分配中发挥作用。现在人们认为间体有多种功能,但尚不完全了解。目前也有许多细菌学家认为,间体是由于化学固定过程所产生的人工假象。

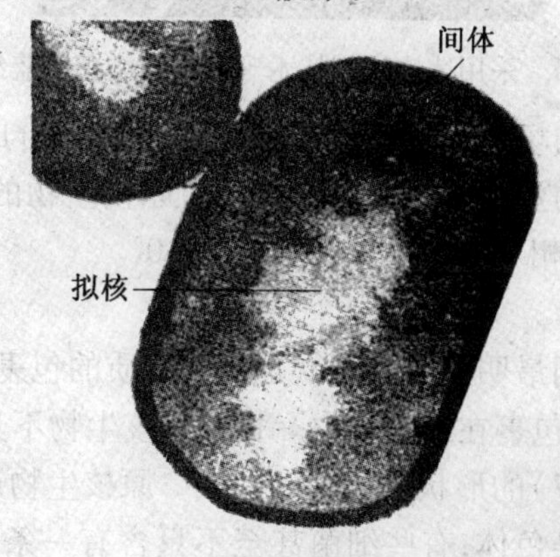

图5.5　间体结构

3. 细胞质基质

与真核生物不同,原核生物细胞质中不具有由膜包裹的细胞器。细胞质基质(Cytoplesmic matrix)是存在于质膜与拟核之间的主要物质,其主要成分是水,并存在有由蛋白质组成的类似细胞骨架的系统。

(1)内含体。

存在于细胞质基质中的各种有机或无机物质的颗粒,被称为内含体(Inclusion bodies)。这些内含体通常用于储存碳化合物、无机物和能量等,也可用于降低渗透压。有些内含体无膜包裹,一些内含体则由一厚为2.0~4.0 nm的单层膜所包裹,而不是典型的双层膜。下面对几种重要的内含体进行简要介绍。

首先介绍几种有机物内含体:①藻青素颗粒(Cyanophycin granules)由大的多肽组成,可为细菌储存多余的氮。②羧酶体(Carboxysomes)是1,5-二磷酸核酮糖羧化酶的储存场所,还可能是一个固定二氧化碳的场所。③气泡可见于许多蓝细菌、紫色光合细菌以及绿色光合细菌等一些水生细菌中,如图5.6所示。这些具有气泡的细菌可对其浮力进行调节,从而漂浮在适当的深度以获取最优的光强、氧含量和营养。

无机物内含体主要有以下两种类型:①多聚磷酸盐颗粒(Polyphosphate granules)又称迂回体(Volutin granules),许多细菌利用其进行磷的储存,由于多聚磷酸盐在反应中可作为能量来源,迂回体还可作为能量仓库。②硫粒是有些细菌硫素的储藏物质和能源。

(2)核糖体。

核糖体是一种核糖核蛋白的颗粒状结构,既可充满于细胞质基质中,也可松散地结合在质膜上。它由质量分数为65%的核糖核酸(RNA)和质量分数为35%的蛋白质组成,结构非常

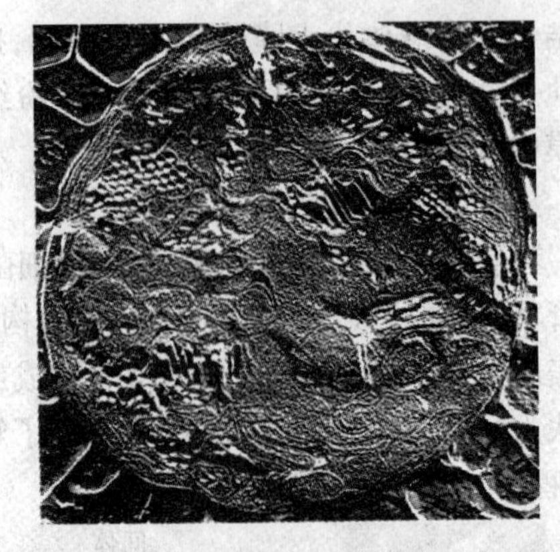

图5.6 采用冰冻蚀刻技术观察的水华鱼腥蓝细菌

复杂。核糖体是蛋白质合成的场所,存在于基质中的核糖体所合成的蛋白质会留在细胞内,而与质膜结合的核糖体所合成的蛋白质则运输到胞外。原核生物的核糖体比真核生物的小,其大小为20 nm×(14~15) nm,相对分子质量约为2.7×10^6。

4.拟核

原核生物与真核生物之间最明显的差别就是遗传物质的包裹方式不同。真核细胞具有两条或两条以上的染色体,由膜包裹在细胞核中。相反原核生物不具有细胞核,其染色体位于一个称为拟核(Nucleoid)(图5.7)的形状不规则的区域。原核生物通常包含一个双链DNA的单环,有些也具有线状的DNA染色体,有些细菌甚至不只含有一条染色体。拟核与间体或质膜是相互接触的,这说明细菌DNA是与细胞膜相结合的。将与拟核相连的膜去除干净,进行化学分析表明,拟核中DNA约占60%、RNA占30%、蛋白质占10%。

许多细菌除染色体外还含有质粒(Plasmids)。质粒通常为共价闭合环状的双螺旋DNA分子,存在于细胞质中,可独立于染色体存在并自我复制遗传,也可整合到染色体上。一般来说,按照功能可将质粒分为抗药性质粒,即R因子、致育因子即F因子、降解质粒以及对某些重金属离子具有抗性的质粒。

5.细胞特殊结构

(1)荚膜及菌胶团。

有些细菌的细胞壁外裹有一层物质,如果这层物质排列有序且不易被洗脱,则称其为荚膜(Capsule)(图5.8);若它的结构松散、排列无序且易被清除,则称为黏液层(Slime layer)。荚膜和黏液层常由多糖组成,少数由氨基酸构成。荚膜还含有大量的水分,可避免细胞干燥脱水;此外,荚膜可帮助细菌抵抗宿主吞噬细胞;荚膜还可隔绝细菌病毒和去污剂等疏水性强的有毒物质;许多细菌通过荚膜或黏液层相互接连,形成体积和密度较大的菌胶团;荚膜还可堆积某些代谢产物。黏液层有助于细菌的滑移运动。

许多革兰氏阳性菌和革兰氏阴性菌在细胞壁表面具有一个由蛋白质或糖蛋白有序排列组成的层状结构,称为S层(S-layer)(图5.9)。S层可保护细胞免受离子、pH、渗透压和酶的影响;S层也有助于维持细胞的形状和外壳的硬度;S层还可保护某些病原菌免于遭受攻击和细胞吞噬,因此有助于其毒力。

菌胶团是由细菌遗传性决定的。很多细菌细胞的荚膜物质相互融合,连为一体,组成共同的荚膜,内含许多细菌。菌胶团是活性污泥的重要组成部分,它除具有荚膜的功能,还具有较强的吸附和氧化有机物的能力;有较好的沉降性能;还可防止被吞噬,自我保护。

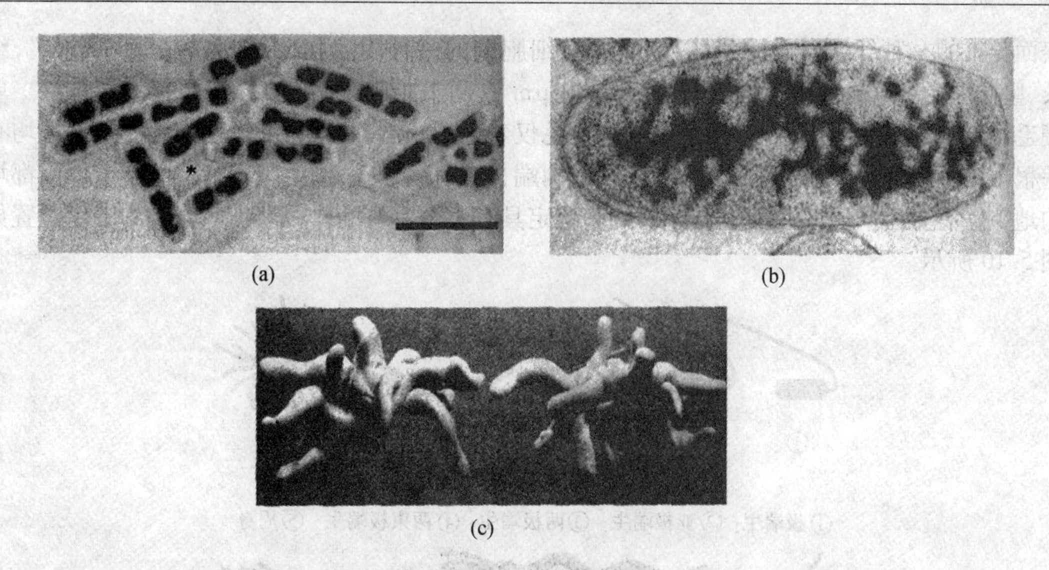

图5.7　细菌拟核

(a)在光学显微镜下,用HCl-姬姆萨染液染色的正在生长的芽孢杆菌细胞的拟核(标尺为5 μm);
(b)在透射电子显微镜下,经DNA特异性免疫染色的正在进行旺盛生长的大肠埃希氏菌的细胞切面,在伸向细胞质的部分拟核中发生着相互耦联的转录和翻译;
(c)正在进行旺盛生长的大肠埃希氏菌细菌中两个拟核的模型,注意代谢旺盛的拟核并不呈致密的球形,而是有突出物伸入细胞质基质中

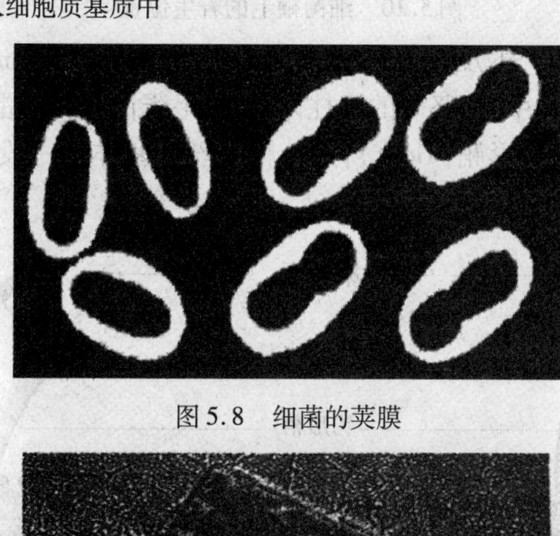

图5.8　细菌的荚膜

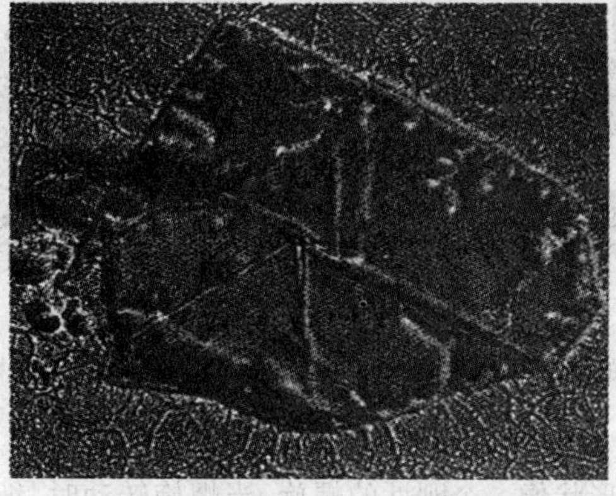

图5.9　S层

(2)鞭毛。

大多数运动细菌都是利用鞭毛(Flagella,单数为Flagellum)进行运动的。鞭毛是某些细菌

表面长出的一种纤细而成波状的丝状物，是细胞壁的一种附属物，为细菌的运动"器官"，细长、坚硬，宽约 20 nm，长度可达 15 μm 或 20 μm。不同种细菌鞭毛的分布具有不同特点。单鞭毛细菌只有一根鞭毛；极生鞭毛细菌的鞭毛仅着生于一端；两端鞭毛是指细胞的每一端均有一根鞭毛；端生丛鞭毛则是在细胞的一端或两端长有一簇鞭毛；周生鞭毛细菌的整个表面都均匀地覆盖有鞭毛。鞭毛的着生方式对细菌鉴定具有十分重要的作用。细菌鞭毛的着生位置如图 5.10 所示。

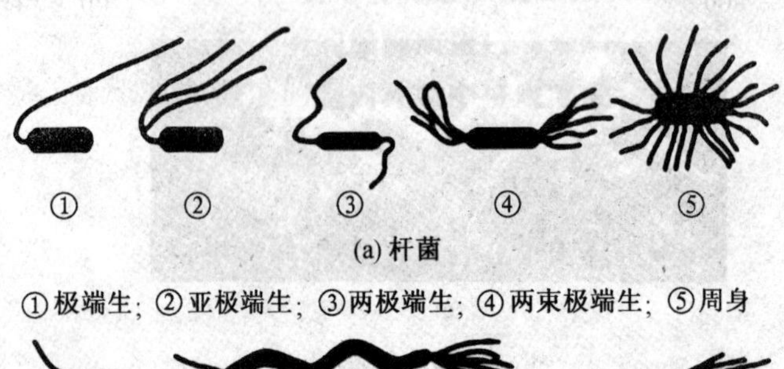

(a) 杆菌

①极端生；②亚极端生；③两极端生；④两束极端生；⑤周身

(b) 杆菌

①单根极端生；②两束极端生；③束极端生

图 5.10　细菌鞭毛的着生位置

细菌鞭毛（图 5.11）由 3 部分组成：①最长的部分是鞭毛丝（Filament），它从细胞表面一直延伸至鞭毛顶端。鞭毛丝为中空、坚硬的圆柱体，由鞭毛蛋白和封盖蛋白构成。②包埋于细胞中的基体（Basal body）。③钩形鞘（Hook），连接鞭毛丝和基体的一段短小、弯曲的部分，相当于一个弹性关节。

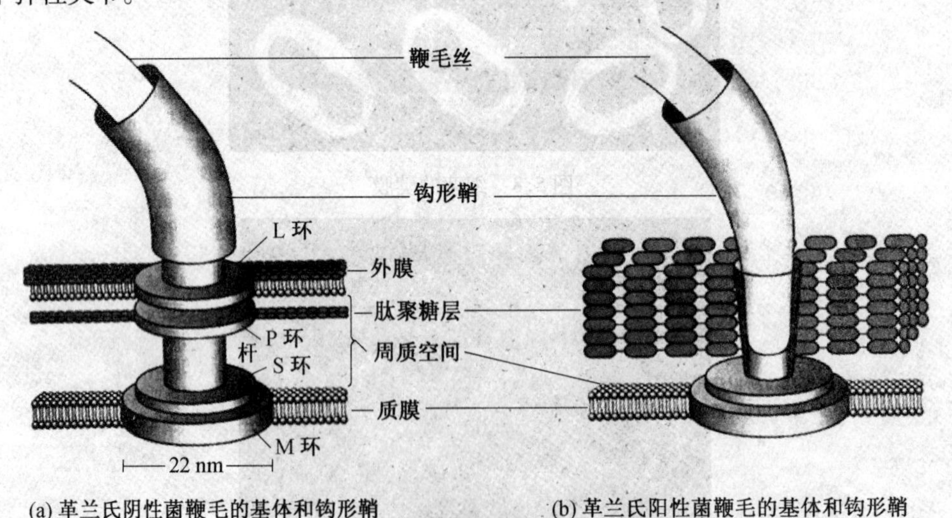

(a) 革兰氏阴性菌鞭毛的基体和钩形鞘　　(b) 革兰氏阳性菌鞭毛的基体和钩形鞘

图 5.11　细菌鞭毛的超微结构

原核微生物鞭毛丝的形状像一个刚性的螺旋，当螺旋转动时，细菌运动。除鞭毛旋转外，细菌还可通过周质鞭毛构成的特殊轴丝所引起的弯曲和自旋而运动，某些细菌还可滑移运动。

(3) 性毛和菌毛。

许多革兰氏阴性菌具有一种类似毛发的附属物，它们比鞭毛细、短（图 5.12），不参与运动,通常称为菌毛(Fimbriae,单数为Fimbria)。菌毛呈细管状,有些菌毛可使细菌黏附于固体表面。

性毛(Sex pih,单数为Pilus)是与菌毛类似的附属物,每个细胞有1~10根。性毛通常比菌毛粗大,是细菌间进行结合所必需的,有些细菌病毒在开始其复制循环时,可特异性地与性毛上的受体结合。

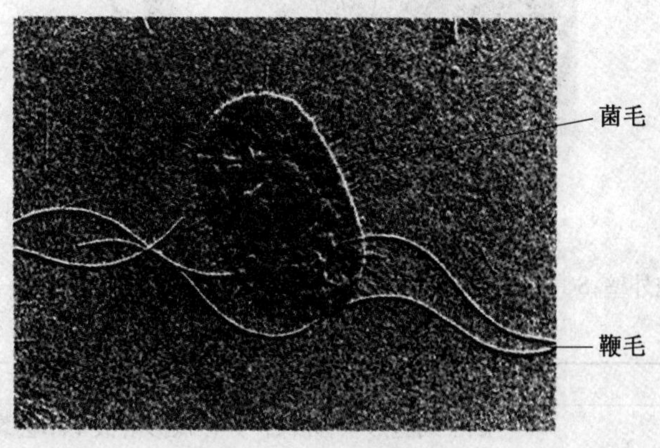

图5.12　鞭毛和菌毛

6.芽孢

某些细菌细胞发育到某一生长阶段,在营养细胞内部形成一个圆形或椭圆形的,对不良环境具有较强抗性的休眠体,叫芽孢(内生孢子)。很多的革兰氏阳性菌、芽孢杆菌属和梭菌属(杆菌)、芽孢八叠球菌属(球菌)等细菌均可形成芽孢,

芽孢不是繁殖体,一个细胞只能形成一个芽孢,而一个芽孢只能形成一个营养细胞。

芽孢对热、干燥、γ辐射、紫外辐射和化学消毒剂等有超强的抗性。总之,芽孢具有抵抗外界恶劣环境条件的能力,是保护菌种生存的一种适应性结构。实际上,目前已知有些芽孢已存活了约10万年。正是由于芽孢的超强抗性,而某些形成芽孢的细菌又是危险的致病菌,因此芽孢对于食品、工业、医学及微生物学都具有重要意义。内生孢子的着生位置及大小举例如图5.13所示。内生孢子的结构如图5.14所示。

原核细胞的结构和功能见表5.2。

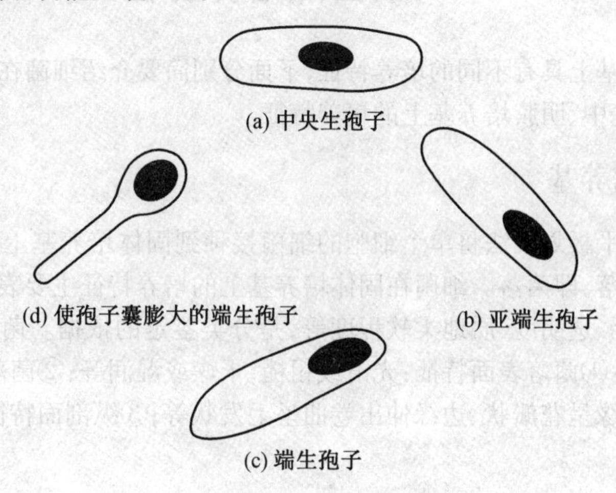

图5.13　内生孢子的着生位置及大小举例

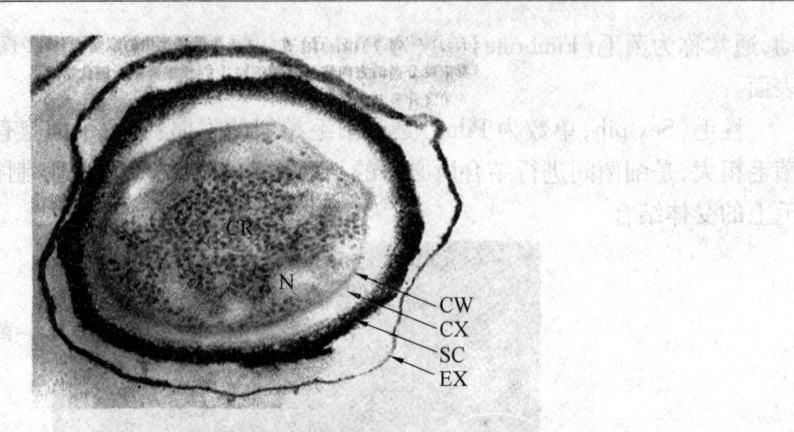

图 5.14　内生孢子的结构

EX—孢外壁;SC—芽孢衣;CX—皮层;CW—芽孢壁;N—拟核;CR—核糖体

表 5.2　原核细胞的结构和功能

结构	功能
细胞壁	赋予细胞形状,并保护其在低渗溶液中不会裂解
质膜	选择性透过的屏障;细胞的机械界面;营养物质和废物的运输;许多代谢过程的场所(呼吸代谢、光合作用);对环境中的趋化因子进行探测
周质空间	包含用于营养物质加工和摄取的水解酶和结合蛋白
核糖体	蛋白质合成
内含体	在水环境中漂浮的浮力
气泡	碳、磷及其他物质的储藏
拟核	遗传物质(DNA)的定位
荚膜和黏液层	抵抗噬菌体的裂解;使细胞吸附于某些表面
菌毛和性毛	表面黏附作用;细菌间交配
鞭毛	运动
芽孢	在不良环境条件下存活

5.2　细菌的培养特征

细菌在不同培养基上具有不同的培养特征,下面分别简要介绍细菌在固体培养基上、半固体培养上、液体培养基中、明胶培养基上的培养特征。

5.2.1　固体培养基

用稀释平板法和平板划线法将单个细胞的细菌接种到固体培养基上,细菌将繁殖成一个由无数细菌组成的群落,即菌落。细菌在固体培养基上的培养特征主要表现为菌落特征,包括形态、大小、颜色、光泽、透明度、质地柔软程度等,是分类鉴定的依据。菌落的特征(图 5.15)主要有以下 3 个方面:①菌落表面特征:光滑或粗糙,干燥或湿润等;②菌落边缘特征:圆形、边缘整齐、呈锯齿状、边缘呈花瓣状、边缘伸出卷曲呈毛发状等;③纵剖面特征:平坦、凸起、脐状、草帽状、乳头状等。

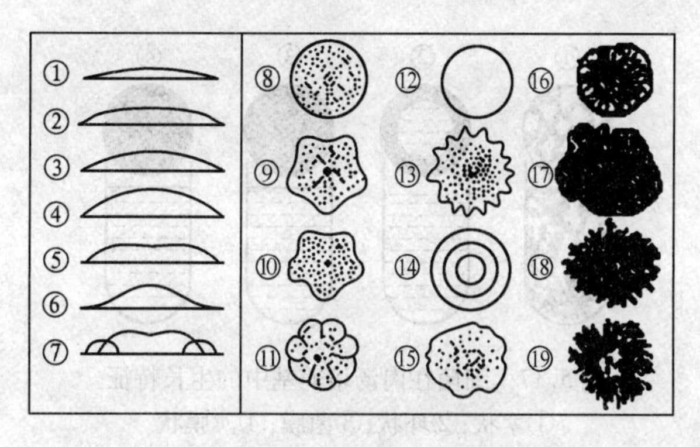

图5.15　几种细菌菌落的特征

纵剖面:①扁平;②隆起;③低凸起;④高凸起;⑤脐状;⑥草帽状;⑦乳头状表面结构、形状及边缘;⑧圆形,边缘整齐;⑨不规则,边缘波浪;⑩不规则,颗粒状,边缘叶状;⑪规则,放射状,边缘花瓣形;⑫规则,边缘整齐,表面光滑;⑬规则,边缘齿状;⑭规则,有同心环,边缘完整;⑮不规则似毛毯状;⑯规则似菌丝状;⑰不规则,卷发状,边缘波状;⑱不规则,丝状;⑲不规则,根状

5.2.2　半固体培养基

用穿刺接种法将细菌接种在含琼脂的半固体培养基中培养,细菌将呈现出不同的生长状态(图5.16)。根据这些生长状态的不同,可判断细菌的呼吸类型和有无鞭毛,能否运动。若细菌在培养基的表面及穿刺线的上部生长,则为好氧菌;若沿着穿刺线自上而下生长,为兼性厌氧菌或兼性好氧菌;若只在穿刺线的下部生长,为厌氧菌。如果细菌只沿着穿刺线生长,则没有鞭毛,不能运动;如果细菌不但沿着穿刺线生长而且穿透培养基扩散生长,则有鞭毛,能运动。

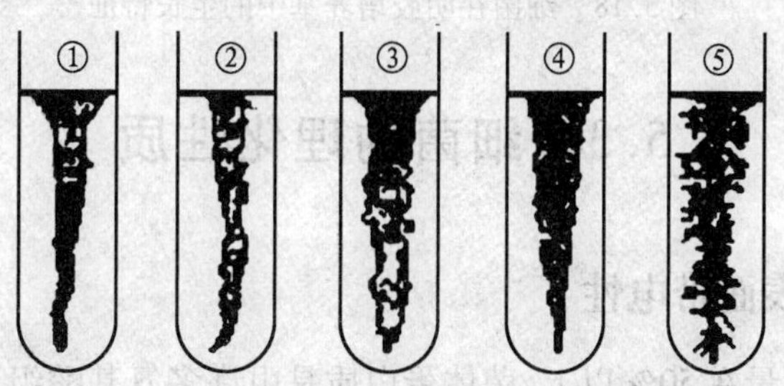

图5.16　细菌在半固体培养基中的生长特征

①丝状;②念珠状;③乳头状;④绒毛状;⑤树状

5.2.3　液体培养基

在液体培养基中,细菌个体与培养基充分接触,自由扩散生长。各种细菌的生长状态随属、种的特征而异。有些细菌在培养液表面形成黏稠的膜,培养液很少浑浊或不浑浊;有的细菌互相聚成大颗粒而沉在培养基底部,上层培养液澄清;有的细菌均匀分布于培养液中。细菌在液体培养基中的分布状态是分类的重要依据之一。细菌在肉汤培养基中的生长特征如图5.17所示。

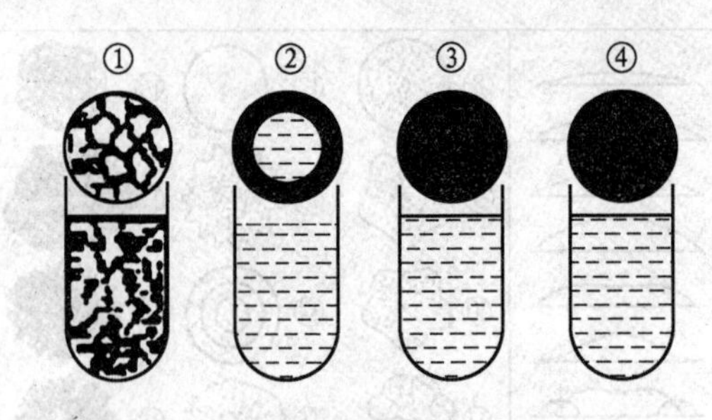

图 5.17　细菌在肉汤培养基中的生长特征
①絮状;②环状;③菌膜;④薄膜状

5.2.4　明胶培养基

用穿刺接种法将某种细菌接种到明胶培养基中培养后,细菌将产生明胶水解酶水解明胶,不同细菌可将明胶水解成不同形态的溶菌区,根据这些溶菌区的不同或溶菌与否可对细菌进行分类。细菌在明胶培养基中的生长特征如图 5.18 所示。

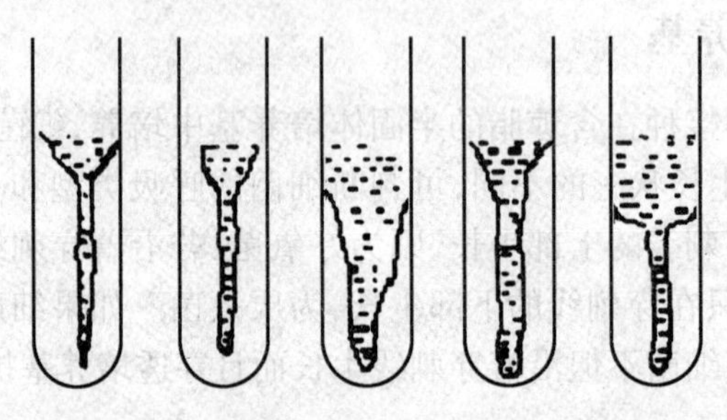

图 5.18　细菌在明胶培养基中的生长特征

5.3　细菌的理化性质

5.3.1　细菌的表面带电性

细菌体内蛋白质含量在 50% 以上,菌体蛋白质是由许多氨基酸组成的。氨基酸是两性电解质,在碱性溶液中带负电荷,在酸性溶液中带正电荷。在某一个 pH 溶液中,氨基酸所带的正电荷和负电荷相等,此时的 pH 称为该氨基酸的等电点(以 pI 表示)。

因此,由氨基酸构成的蛋白质也是两性电解质,细菌细胞壁表面含有表面蛋白,也是两性电解质,它们也有各自的等电点。根据细菌在不同 pH 中对一定染料的着染性,细菌对阴、阳离子的亲和性,细菌在不同 pH 的电场中的泳动方向,都可测得细菌的等电点。已知细菌的等电点 pH=2 ~5,革兰氏阳性菌的等电点较低,pI=2 ~3。革兰氏阴性菌的等电点稍高,pI=4 ~5。细菌表面总是带负电荷。

5.3.2　细菌的染色

细菌菌体无色透明,在显微镜下不易看清其形态和结构。如用染色液将菌体染色,便可增加菌体与背景的反差,则可清楚地看见菌体的形态。碱性染料有:结晶紫、龙胆紫(甲紫)、碱性品红(复红)、蕃红、美蓝(亚甲蓝)、甲基紫、中性红、孔雀绿等;酸性染料有:酸性品红、刚果红、曙红等。由于细菌通常带负电荷，故常用带正电的碱性染料使细菌染色。

染色方法主要分为两大类：简单染色法和复合染色法。简单染色法是指只用一种染料染色，目的是增大菌体与背景的反差，便于观察。复合染色法是用两种染料染色，以区别不同细菌的革兰氏染色反应或抗酸性染色反应，或将菌体和某一结构染成不同颜色，以便观察。1884年丹麦细菌学家 Christain Gram 创造了革兰氏染色法，它可以将一类细菌染上色，而另一类细菌不上色，由此可将两类细菌分开。作为分类鉴定时重要的一步，因为又称之为鉴别染色法。

革兰氏染色法的主要步骤：先用碱性染料结晶紫染色，再加碘液媒染，然后用酒精脱色，最后以复染液（沙黄或蕃红）复染。通过镜检将细菌分为两类：凡是能够固定结晶紫与碘的复合物而不被酒精脱色的细菌，仍呈紫色，称为革兰氏阳性菌；凡是能被酒精脱色，经复染着色，菌体呈红色的细菌，称为革兰氏阴性菌。

5.3.3　细菌悬液的稳定性

细菌在液体培养基中的存在状态可分为稳定和不稳定两种。菌悬液稳定的称 S 型，即光滑型，它均匀分布于培养基中，只在电解质浓度高时才发生凝聚；另一种是不稳定的 R 型，即粗糙型，容易发生凝聚而沉淀在瓶底。细菌悬液的稳定与否在水处理工艺中具有极为重要的意义，若细菌悬液不稳定则其沉淀效果良好。因此，要改善活性污泥的沉淀效果，应增加活性污泥中粗糙型（R 型）细菌的数量或者投加强电解质。

5.3.4　细菌的趋化性

细菌并非总是漫无目的地运动，它们可被糖、氨基酸等营养物质吸引，也可躲避许多有害物质和细菌代谢废物。趋化性是指细菌通过运动靠近化学引诱剂或离开化学驱避剂的行为，这种趋化行为对细菌显然是有好处的。趋化现象的机理非常复杂，与蛋白质结构的改变、蛋白质的甲基化及蛋白质的磷酸化等有关。细菌也可以对其他的环境因素做出反应，如氧气、温度、光线、重力和渗透压等。

5.3.5　细菌悬液的浑浊度

细菌体呈半透明，光线照射时，一部分光线透过菌体，一部分光线发生折射，使得细菌悬液呈现浑浊状态。浑浊度可由目力比浊、光电比色计、比浊计等测定。

5.3.6　细菌的比表面积

细菌体积微小，具有巨大的比表面积，这有利于吸附和吸收营养物质、排泄代谢产物，从而使细菌生长繁殖加快。

5.4　几种较重要的细菌类群

本节按照新的《伯杰氏手册》的第一卷和第五卷的分类及描述，挑选了 10 个较重要的细菌类群加以介绍。

5.4.1　产液菌门

产液菌门是最古老的细菌分支之一，包括 1 个纲，1 个目和 5 个属。人们了解最多的两个属是产液菌属和氢杆菌属,它们均是嗜热的无机化能自养型菌,这说明细菌的祖先也可能是嗜热的无机化能自养菌。产液菌属通过氧化供体如氢气、硫代硫酸等并以氧气作为受体而产生能量。嗜火产液菌是一种极端嗜热菌,最适温度为 85 ℃,最高生存温度高达 95 ℃。

5.4.2 栖热袍菌门

栖热袍菌门也是最古老的细菌分支之一,它也有 1 个纲,1 个目和 5 个属。栖热袍菌属(*Thermotoga*)是栖热袍菌门的重要菌属,它的成员是化能异养型细菌,有糖酵解途径,并可通过碳氢化合物和蛋白降解物进行厌氧生长。像产液菌属一样,栖热袍菌属也是极端嗜热菌,它的最适生长温度为80 ℃,最高生存温度为90 ℃。可在活跃的温热地区提取到海栖热袍菌(图 5.19),如海洋热水流区急流地带和大陆硫黄温泉等。

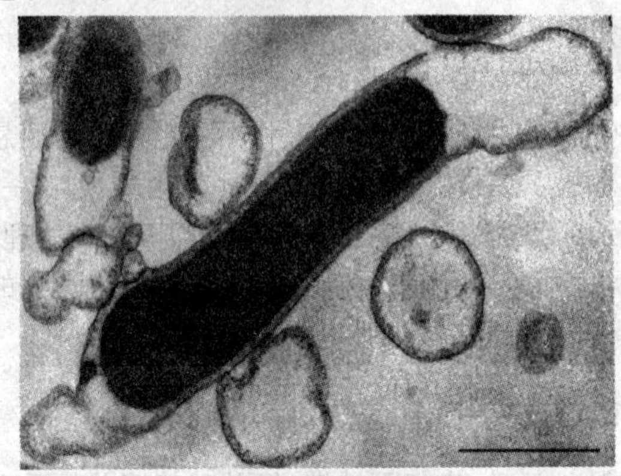

图 5.19　海栖热孢菌

5.4.3 蓝细菌门

蓝细菌(图 5.20)是光合细菌中最大的、最多种多样的类群。《伯杰氏手册》第二版将蓝细菌分为5 个亚组,56 个属。由于缺乏纯培养,蓝细菌纲中的种的分类至今仍无定论。蓝细菌亦称蓝藻或蓝绿藻。它们的细胞核结构中无核膜、核仁,属原核生物,加之不进行有丝分裂,细胞壁也与细菌相似,由肽聚糖组成,革兰式阴性菌,故现在将它们归于原核生物中。

蓝细菌是单细胞生物(图 5.21),形态具有较大的多样性。其直径范围在 1 ~15 μm 之间;可以以单细胞聚集的菌落而存在,或者以大面积紧密排列形成的称为丝状体的丝状结构物而存在,这时肉眼可见;大多数蓝细菌因含有藻蓝素而呈蓝绿色,一小部分因含有藻红素而呈红色或棕色;它们具有典型的原核细胞结构和正常的革兰氏阴性细胞壁;蓝细菌不具有鞭毛,通常利用气泡进行垂直运动,许多丝状种还可以进行滑移运动。

蓝细菌具有很强的代谢能力及灵活性。尽管蓝细菌属于原核生物,但是它们含有叶绿素 a 和光合系统Ⅱ,并进行产氧型光合作用,因此与真核生物非常相似。蓝细菌利用藻胆素作为辅助色素。它们通过卡尔文循环吸收二氧化碳,并将产生的碳氢化合物储存在糖原中。许多丝状蓝细菌可通过一种特殊形式的细胞——异形孢(图 5.22)来固定空气中的氮气;当缺少较适氮源(硝酸盐和氨)时,为5% ~10% 的细胞发展成异形孢进行固氮;某些蓝细菌在黑暗、无氧条件下在微生物培养基固氮。虽然许多蓝细菌是专性光能无机自养型,但是在黑暗环境中,一些蓝细菌可以通过氧化葡萄糖等糖类的化能异养方式缓慢生长;在厌氧条件下,某些蓝细菌不再氧化水而是氧化硫化氢进行不产氧的光合作用。

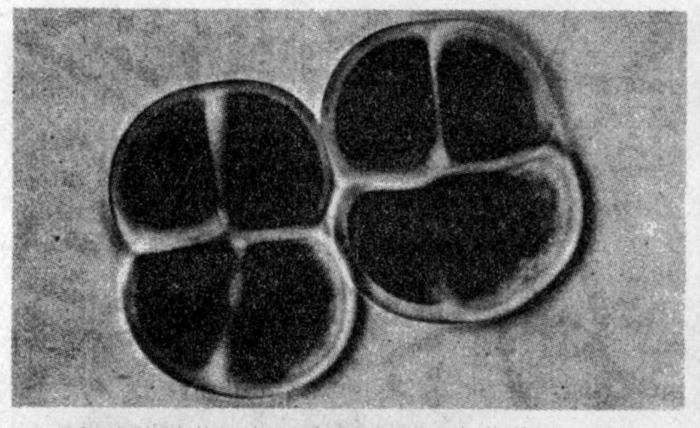

(a) 色球蓝细菌，每4个细胞的两个菌落（×600）

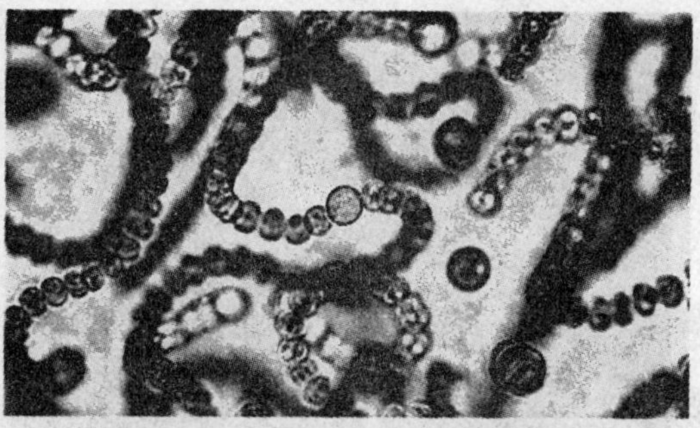

(b) 有异型胞的念珠蓝细菌（×550）

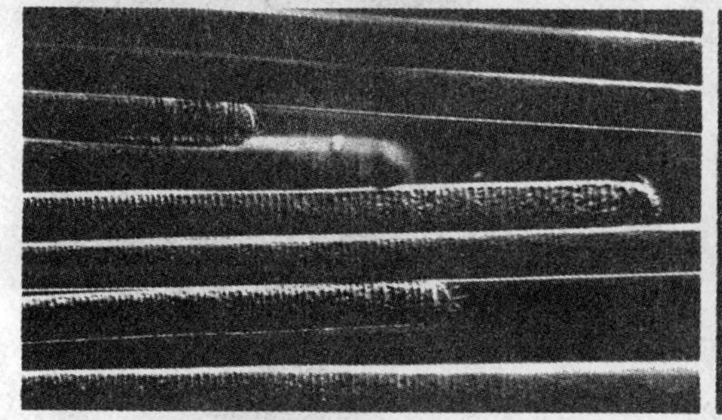

(c) 颤蓝细菌丝状体（×250）

(d) 螺旋鱼腥蓝细菌和铜绿微囊蓝细菌（×1 000）

图5.20　代表性蓝细菌

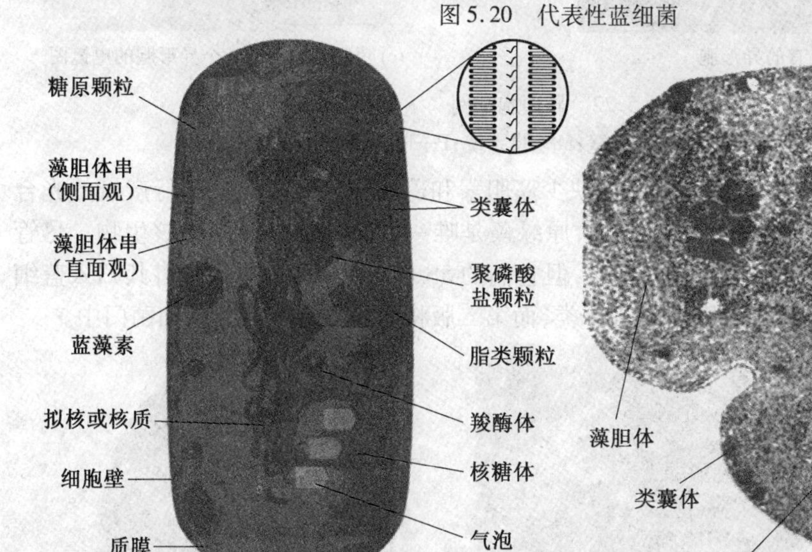

(a) 营养细胞示意图（本图版权属于 Hartwell T.Crim，1998）　(b) 处于分裂过程中的集胞蓝细菌的薄切片

图5.21　蓝细菌的细胞结构

蓝细菌在繁殖方面也表现出巨大的多样性,具有多种繁殖方式:断裂、二分裂、复分裂和出芽。

当水体中排入大量含氮和磷的物质,导致水体富营养化,则蓝细菌会过度繁殖,将水面覆盖并使水体形成各种不同色彩的现象,在淡水域称为“水华”,在海水域称为赤潮。能形成“水华”的蓝细菌属包括微囊藻属、鱼腥藻属、颤藻属等属中的一些种。由蓝细菌形成的“水华”通常有剧毒。此外,由于大量蓝细菌将水面覆盖,从而阻止了水体复氧,同时大量蓝细菌因死亡而腐败,致使水体因缺氧而发臭。

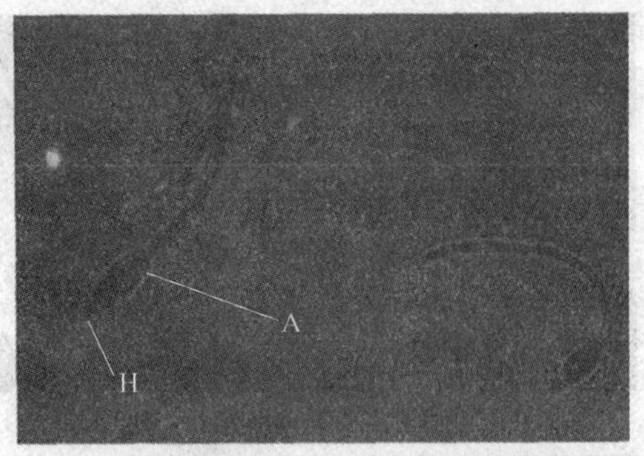

(a) 具有端生异形胞的筒孢蓝细菌属菌（×500）

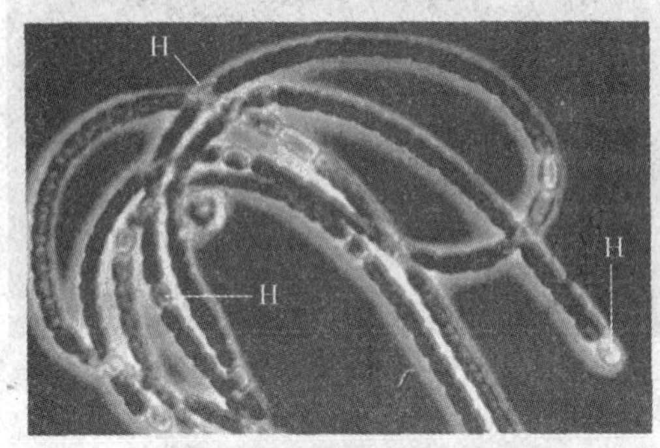

(b) 鱼腥蓝细菌属具有的异形胞

(c) 鱼腥蓝细菌的一个异形胞的电镜图

图 5.22　异型胞举例

W—细胞壁；E—额外的外壁；M—膜系统；P—临近细胞的孔道

原绿藻(图 5.23)含有叶绿素 a 和 b,但缺少藻胆素和藻胆体,呈草绿色,进行产氧的光合作用。其他蓝细菌只含有叶绿素 a 和藻胆素,原绿藻是唯一含有叶绿素 b 的原核生物。尽管它们在色素和类囊体结构方面与叶绿体相似,但它们的 5S 和 16S rRNA 的测序将其归入蓝细菌。《伯杰氏手册》第一版将原绿藻目分开分类,而第二版将原绿藻属归入到蓝细菌门中。

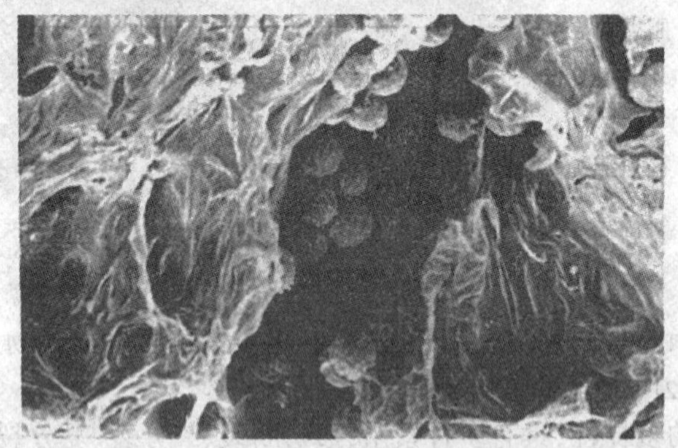

(a) Didemnum candidum 群落表面的原绿藻细胞的扫描电镜图

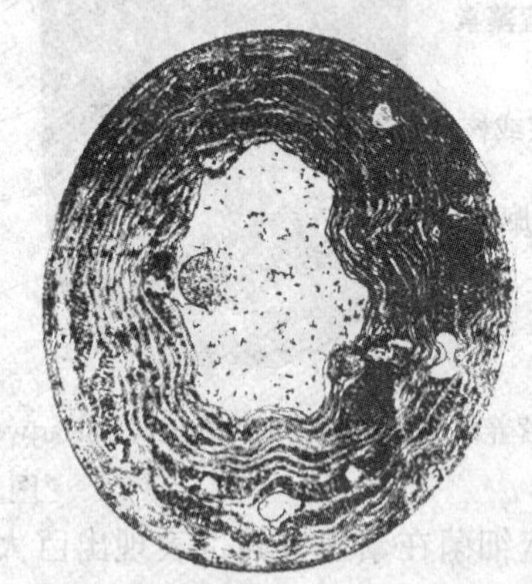

(b) 原绿藻 Prochloron didemni 的切面

图 5.23　原绿藻

蓝细菌对极端环境具有很强的抗性,可存在于几乎所有的水和土壤中。例如嗜热菌种可在温度高于 75 ℃、中性或碱性的热泉中生存,一些单细胞的蓝细菌生活在沙漠岩石的狭缝。蓝细菌常常与其他生物体建立共生关系,可与原生动物、真菌共生,其固氮菌种可与多种植物形成群丛(苔类、藓类、裸子植物和被子植物)。

5.4.4　绿硫杆菌门

绿硫杆菌门仅有1个纲,1个目和1个科。绿硫细菌形态多样,包括杆状、球状或弧形;呈草绿色或是巧克力棕色;一些单个生长,另一些则成链状和簇状。虽然绿硫杆菌缺少鞭毛,不能运动,但是某些种具有气泡,可以调整到适当的深度从而获得最优的光和硫化物。这些细菌生活在湖泊的厌氧、硫化物丰富的区域。在湖泊和池塘底部的硫化物丰富的泥巴中也曾发现一些不具有气泡的绿硫杆菌。

绿硫细菌(图5.24)是一类专性厌氧的光能无机自养型菌,它利用单质硫、硫化氢和氢气作为电子受体。它们的光合色素位于所谓的叶绿体或叶绿泡的椭圆形泡中,这些叶绿体或叶绿泡在质膜附近但不与之相连。氧化硫化物后生成的单质硫排出到细胞外。

(a) 格形暗网菌

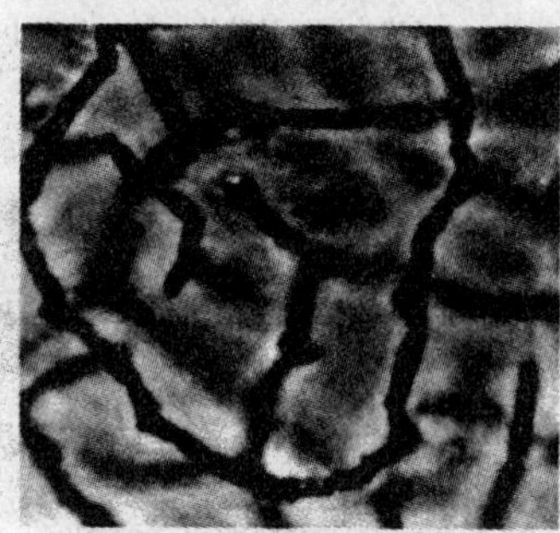
(b) 格形暗网菌

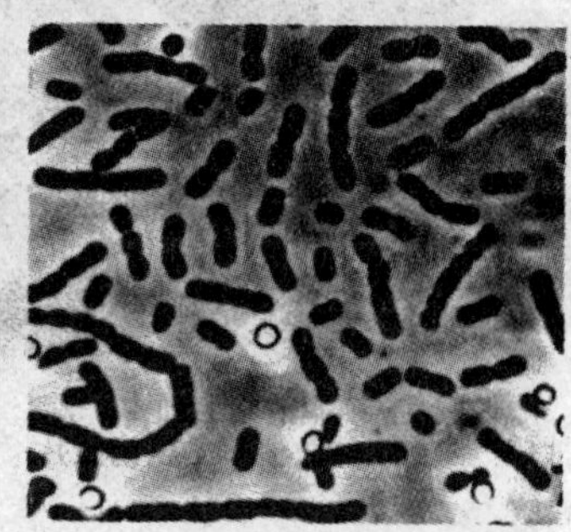
(c) 有胞外硫颗粒的泥生绿菌

图5.24　典型的绿硫细菌

5.4.5　衣原体门

《伯杰氏手册》第一版将衣原体和立克次氏体归在一起,因为这两个革兰氏阴性类群只有寄生在宿主细胞内才能生长和繁殖。根据16S rRNA的分析数据,《伯杰氏手册》第二版把衣原体归入衣原体门,把立克次氏体归入α-变形杆菌。衣原体门具有1个纲,1个目,4个科和5个属。衣原体是球形、不运动的革兰氏阴性细菌,大小为0.2~1.5 μm。它们的被膜与其他的革兰氏阴性细菌的很相似,但是细胞壁缺少胞壁酸和肽聚糖层。衣原体仅能在宿主细胞的细胞质囊中进行繁殖,但是由于它们同时含有DNA和RNA、质膜、功能性核糖体,代谢途径、二分裂繁殖以及其他显著特征,所以并不等同于病毒。

衣原体繁殖开始于具有侵染性的原生小体(EB),宿主细胞吞噬了原生小体,然后溶酶体和吞噬体融合将宿主细胞分解,并重新合成自身组织,形成一个网状体(RB)或始体,网状体专用于繁殖而不具有感染性。在感染8~10 h后,网状体开始分裂并繁殖直到宿主细胞死亡。感染20~25 h后,非感染性的网状体开始向感染性的原生小体转变,并持续这一循环直到宿主细胞溶解。感染48~72 h后释放衣原体。

衣原体菌代谢能力有限,只能少量分解碳氢化合物,合成部分ATP,为哺乳动物和鸟类的专性胞内寄生菌,这也与其他革兰氏阴性细菌有很大不同。衣原体的原生小体具有微量代谢活性,不能吸收ATP或合成蛋白质。当宿主提供前体时,网状体能够合成DNA、RNA、糖原、蛋白质和脂类。

衣原体是人类和其他热血动物的重要病原菌。砂眼衣原体可引起人类沙眼、非淋球菌尿道炎等疾病;肺炎衣原体是导致人类肺炎的普遍病因;鹦鹉热衣原体可引起人类和动物的鹦鹉热,并可能侵入肠道、呼吸系统、眼睛和关节的润滑液、产道、胎盘和胚胎等;某些衣原体感染还会引起严重的心脏发炎和损伤。

衣原体的生活周期如图 5.25 所示。

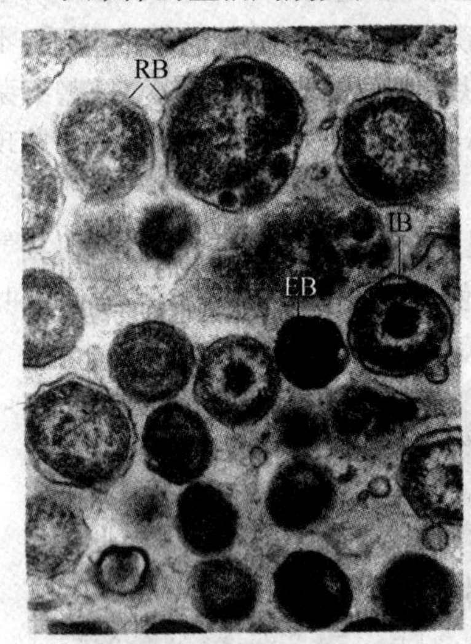

(a) 在宿主细胞的细胞质中,沙眼衣原体微菌落的电镜照片

原生小体
大小约为 0.3 μm
坚硬细胞壁
对超声处理有相对抗性
抗胰蛋白酶
细胞鞘中有亚单位
RNA:DNA 含量 =1:1
对老鼠有毒
分离出的有机体有感染性
适合细胞外生存

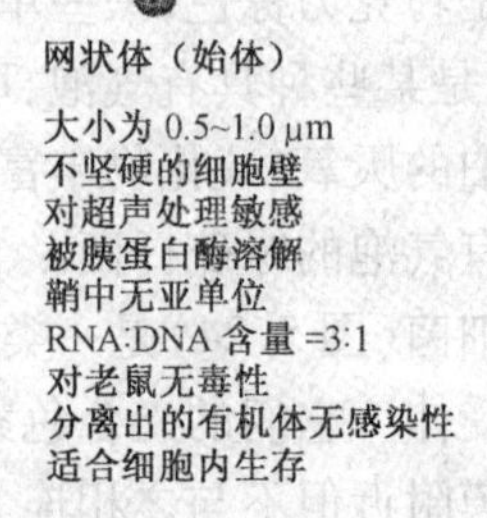

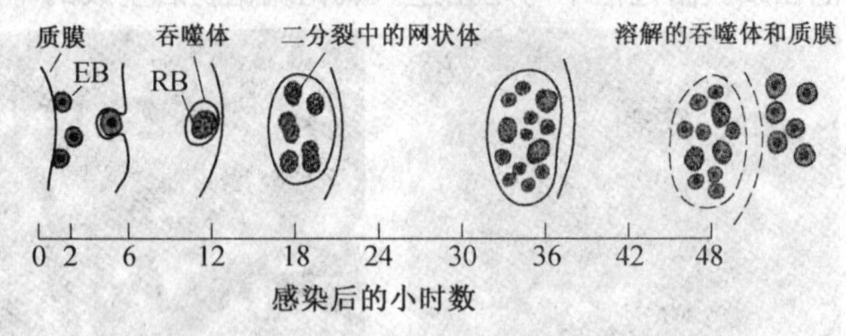

(b) 衣原体感染周期的图解说明

图 5.25 衣原体的生活周期

(a)中可看见 3 个生长时期:EB—原生小体;RB—网状体;IB—中间体。衣原体细胞形态上位于前两种形式之间

5.4.6 绿屈挠菌门

绿屈挠菌门包括光合作用和非光合作用成员。本门中光合绿色非硫细菌的主要代表是绿屈挠菌属。它的特征是嗜热、丝状、滑移运动,橘红色呈垫子形状,通常生活在中性或碱性的热泉中。尽管在超微结构和光合色素方面与绿色细菌相似,但是它的代谢机制与紫色非硫细菌更为相似。绿屈挠菌属可以有机化合物作为碳源进行不产氧的光合作用或化能异养进行好氧生长。非光合菌的代表是滑柱菌(*Herpetosiphon*),它的特征菌体呈杆状或丝状,滑移运动。生活在淡水或土壤生境中。滑柱菌是一种好氧的化能有机营养型菌,具有呼吸代谢且以氧气作为电子受体。

5.4.7 螺旋体门

螺旋体门(Spirochaetes)的成员都是革兰氏阴性、化能异养型细菌,碳氢化合物、氨基酸、长链脂肪酸和长链脂肪醇均可作为碳源和能源,可以是厌氧、兼性厌氧或好氧。螺旋体门包含 1 个纲,1 个目(螺旋体目)和 3 个科(螺旋体科、小蛇菌科和钩端螺旋体科),13 个属(图 5.26)。

螺旋体门细菌的形态为细长的、易弯曲的螺旋形,大小为(5 ~ 250) μm×(0.1 ~ 3.0) μm,许多菌种很微小。通过电子显微镜可以清楚地观察到螺旋体的独特形态,它有 2 ~ 100 多根原核生物鞭毛,称作内鞭毛、轴原纤维或周质鞭毛,它们是负责运动的(图 5.27)。螺旋体门细菌缺少外部鞭毛,但是据推测,周质鞭毛象外鞭毛那样转动。由于其独特的运动方式,使得当它们与液体表面接触时,表现为爬行或蠕动。螺旋体门细菌的鞘很重要,虽然其确切功能尚不清楚,但如果鞘被损坏或被移走,则螺旋体将会死亡。

(a) 蛤的晶杆中的某种脊螺旋体

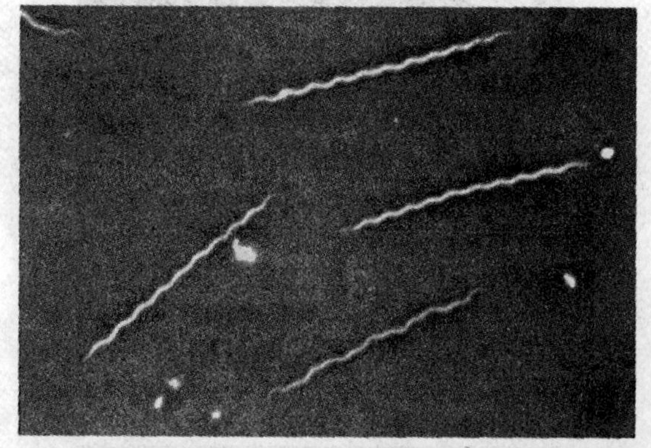

(b) 苍白密螺旋体

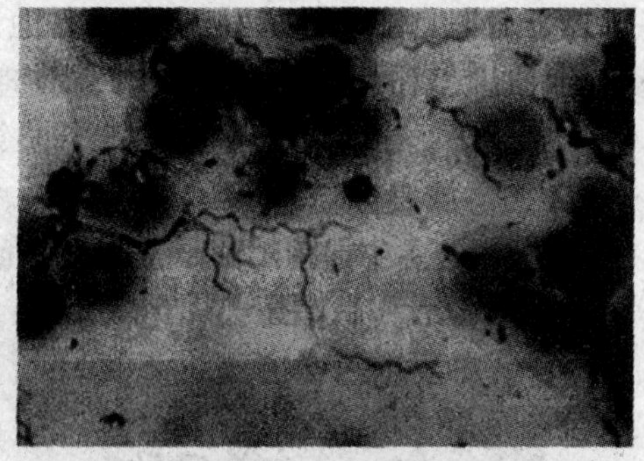

(c) 人血中的达氏疏螺旋体

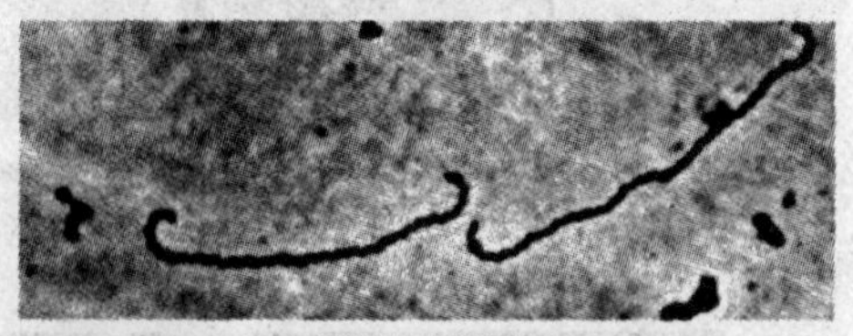

(d) 问号钩端螺旋体

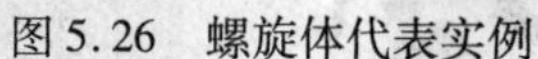

图 5.26　螺旋体代表实例

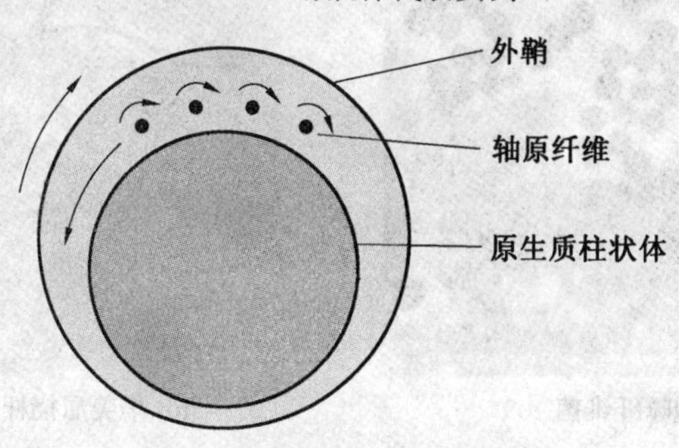

图 5.27　螺旋体的运动性

螺旋体门的成员在生态学上的表现具有多样性，在泥土、淡水和海洋、人类口腔等均有分布。脊螺旋体属、密螺旋体属和沟端螺旋体属的一些成员会导致疾病，例如苍白密螺旋体可引起梅毒，布氏疏螺旋体与 Lyme 氏疏螺旋体病有关。

5.4.8　拟杆菌门

拟杆菌门是《伯杰氏手册》第二版中新加的，有 3 个纲（拟杆菌纲、黄杆菌纲和鞘氨醇杆菌纲），12 个科和 50 个属。它所包含的成员非常多样化，与绿硫杆菌门关系最近。

各种形状的厌氧、革兰氏阴性、不产孢子，运动或不运动的杆菌都属于拟杆菌纲，它们为化能异养型。拟杆菌纲分布很广而且很重要。它们生活在动物和人类的口腔和消化道，以及反刍类的瘤胃中。从人类粪便中分离出的细菌大约有 30% 是拟杆菌属。拟杆菌纲的成员通常对宿主有益，某些菌种通过降解果胶、纤维素和复杂的碳氢化合物，为宿主提供特殊的营养。某些菌种会对人体产生危害，例如，拟杆菌属与人类主要器官系统的疾病有关，脆弱拟杆菌与腹部、腰部、肺部和血液感染有关。

鞘氨醇杆菌纲是拟杆菌中另一个重要类群，它们的最大特点是细胞壁中常含有鞘脂。这个纲的一些属有泉发菌属、鞘氨醇杆菌属、腐败螺旋菌属、生孢噬纤维杆菌属、噬纤维杆菌属和屈挠杆菌属等。噬纤维菌属细菌为细长杆菌，常有尖头末端。噬纤维菌属的成员（图 5.28）均是好氧菌,可降解复杂多糖如纤维素,侵蚀几丁质、果胶和角蛋白,降解琼脂等。它们也是污水处理厂中细菌群落的主要成分,在废水处理过程中起着重要作用。少数噬纤维菌寄生在宿主体内,如柱状噬纤维菌等,可引起柱状病、冷水性疾病,并可导致鱼类腐烂。

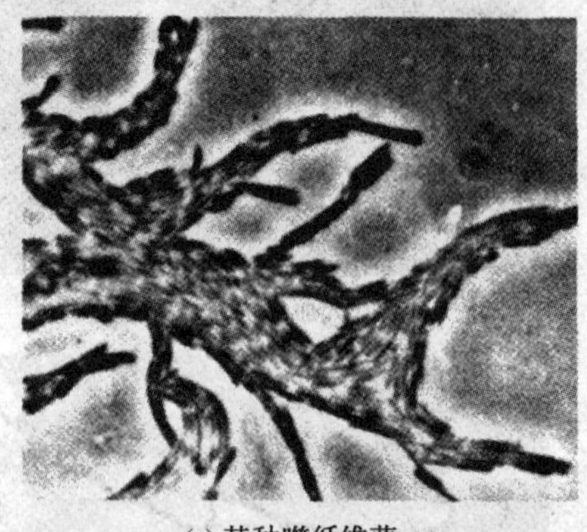

(a) 某种噬纤维菌

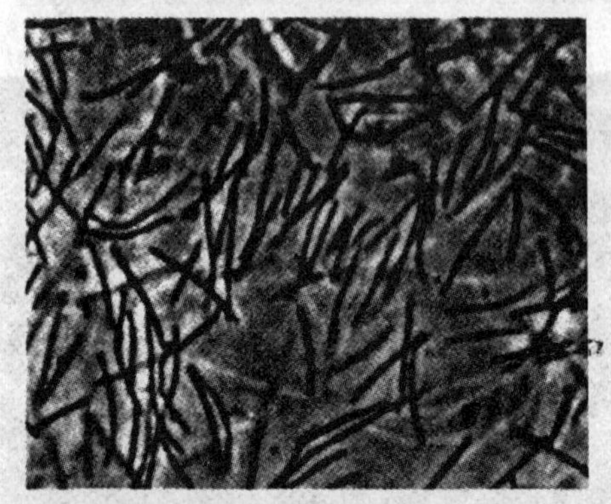

(b) 黏球生孢噬纤维菌在琼脂上的营养细胞

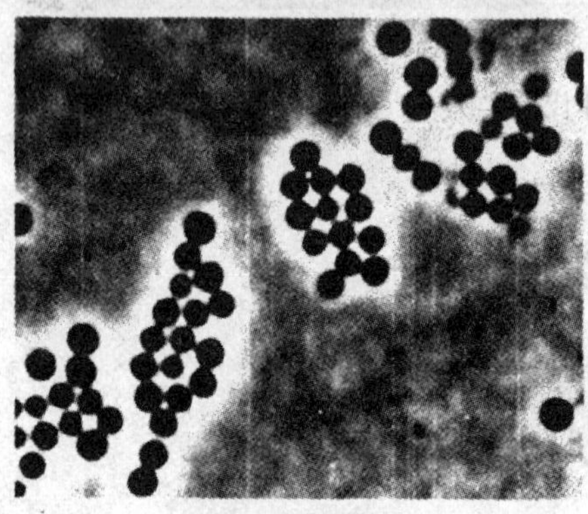

(c) 黏球生孢噬纤维菌

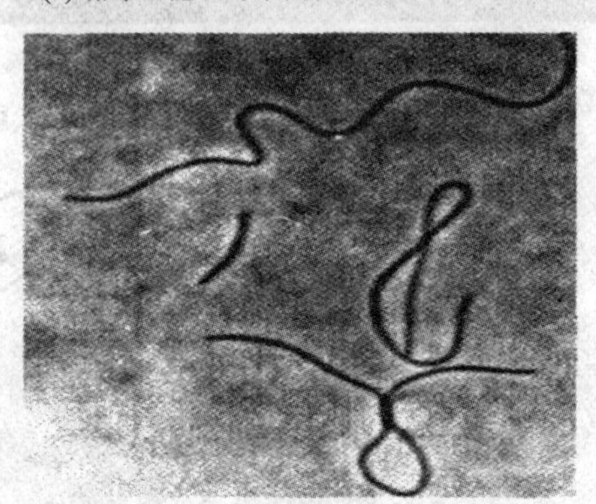

(d) 华美屈挠杆菌的长丝状细胞

图 5.28　噬纤维菌目的代表成员

5.4.9　异常球菌–栖热菌

异常球菌–栖热菌包含异常球菌纲、异常球菌目和栖热菌目,3 个属。异常球菌(图 5.29)呈球形或杆状,好氧,嗜温,过氧化氢酶阳性,通常能利用小部分糖产酸。尽管染色时它们表现为革兰氏阳性,但它们的细胞壁分层,并有与革兰氏阴性菌相似的外膜,缺少磷壁质,有大量的棕榈酸而非磷脂酰甘油磷脂。异常球菌存在于空气、淡水、肉类、粪便等来源中,至于它们的天然生境还不清楚。

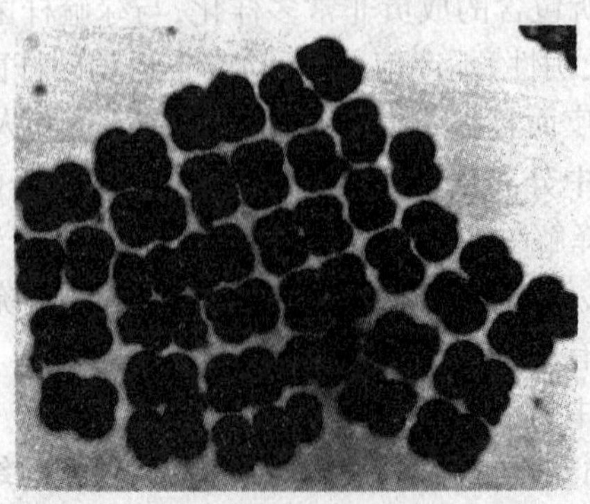

图 5.29　异常球菌

异常球菌中几乎所有的菌种对干燥和辐射均有惊人的抵抗力,甚至能在300万~500万rad(1 rad=10^{-2} Gy)的辐射下存活(100 rad的辐射即可致人死亡)。它们之所以具有如此高的抗性,主要是由于它们具有极其高效的RecA蛋白,能够修复被严重损伤的染色体。强辐射会将染色体分解成许多片段,而异常球菌在12~24 h内可将碎片拼接起来重新形成完好的染色体。

5.4.10　浮霉状菌门

浮霉状菌门包含1个纲,1个目和4个属。浮霉状菌门的特征是菌体形态呈球形或卵圆形,出芽细菌,缺少肽聚糖,并且在它们的壁中有显著的杯形结构或小窝。在浮霉状菌纲的隐球出芽菌中核体被膜包裹,在其他细菌中则不存在。浮霉状菌属通过柄和附着器黏附在表面,但这个目中的其他属的菌不具有柄。

5.5　细菌的致病性

已知的细菌中,仅有很少一部分能够导致人类疾病,但这不意味着就可以忽略细菌的致病性,反而应该足够重视细菌疾病的预防。细菌疾病的传播方式为以下几种。

(1)经空气传染。多发病于呼吸系统,如白喉、肺炎、百日咳、结核病等。皮肤病如蜂窝组织炎、丹毒和猩红热等。全身性疾病如脑膜炎、肾小球肾炎和风湿热等。

(2)经节肢动物传播。它们在历史上引起过人类的重大瘟疫(鼠疾),近年来又发现其可引起人类的新疾病,如发生于美国的伤寒类和斑疹热类疾病等。

(3)经接触传播。大多数发生于皮肤、黏膜和隐伏组织,如炭疽、细菌性阴道炎、麻风病、消化道溃疡、胃炎等,少数能扩散到全身的特定部位,如淋病、梅毒、破伤风等。另外还有肺炎,结膜炎、沙眼、鹦鹉热等。

(4)经食物和水传播。这些疾病本质上有两种类型:感染和中毒。感染如胃肠炎、痢疾腹泻、大肠杆菌感染和伤寒等。中毒如肉毒中毒、霍乱、葡萄球菌中毒等。

(5)还有一些微生物疾病不能按照某一特殊的传播方式进行分类,如脓毒和脓毒性休克。

1973年以来的一些人类细菌性病例见表5.3。

表5.3　1973年以来的一些人类细菌性病例

年份	细　菌	疾　病
1977年	嗜肺军团菌	军团杆菌病
1977年	空肠弯曲杆菌	肠道疾病(胃肠炎)
1981年	金黄色葡萄球菌	中毒性休克综合征
1982年	大肠杆菌O157:H7	出血性结肠炎,溶血性尿毒性综合征
1982年	幽门螺杆菌	消化道溃疡
1982年	布氏疏螺旋体	Lyme氏疏螺旋体病
1986年	恰菲埃里希氏体	人类埃里希氏体病
1992年	霍乱弧菌O139	新菌株引起的流行性亚洲霍乱
1992年	汉式巴尔通氏体	猫搔症,杆菌性血管瘤病
1993年	屎肠球菌	结肠炎,胃炎
1994年	埃里希氏体属某些种	粒细胞埃里希氏体病
1995年	脑膜炎奈瑟球菌	脑膜炎球菌性声门炎
1997年	金氏金氏菌	儿科感染

第6章 真　　菌

真菌是指那些真核、单细胞(包括无隔多核细胞)和多细胞、产孢子、无叶绿体、吸收营养物质并可以有性和无性方式繁殖、靠寄生或腐生两种方式生活的一类有机体,菌体通常由丝状、分支的体细胞构成,并典型地被细胞壁所包裹。真菌的结构如图6.1所示。

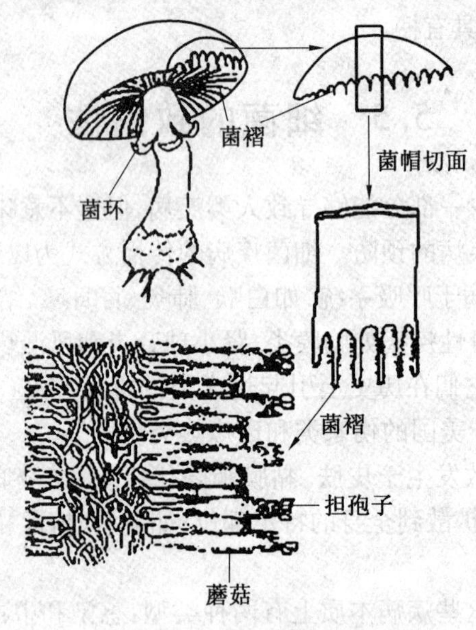

图6.1　真菌的结构

真菌是一类种群繁多、分布广泛的真核生物。不同类型的真菌在形态上具有很大差异。有些是单细胞的,如酿酒和焙制面包用的酵母菌;有些肉眼看来是丝状、絮状或粉状物,如长在各种变质食物上的霉菌;有些则是具有组织分化且个体很大的多细胞生物,如各种蘑菇。

传统上,将真菌归入植物界,但真菌与植物在营养方式上具有本质的区别。真菌体内缺乏叶绿素,不进行光合作用,而是靠吸收现成的来自植物或动物的有机物质来维持生命活动,属于异养生活方式。靠消化吸收无生命的有机物来获取营养的真菌叫腐生菌,而生活在活的动植物或其他真菌组织上的真菌称为寄生菌。大部分寄生真菌,也可以营腐生生活;而许多腐生真菌,在一定条件下也可以生长在活的动植物体上。

真菌(图6.2)在自然界构成了一个非常庞大的有机体类群,几乎在各种生境里都存在。但是,迄今所描述的真菌不足7万种,只占全球真菌总数(保守估计约150万种)的极小部分。随着人们对生物多样性的保护及研究越来越重视以及新的分子生物学技术的引入,传统的真菌分类学已被注入新的活力。

图6.2　各种真菌

6.1　真　菌　简　介

6.1.1　重要性

真菌基本上属于陆生生物，只有一少部分生活在淡水或海水里。目前发现了大约90 000种真菌，但是据估计，自然界中存在的真菌总数应在1 500 000左右。

真菌对于人类具有重要意义，既给人类带来了巨大利益，又因可以引起各种疾病而直接或间接地给人类带来害处。

(1)益处。

真菌在物质循环中扮演着分解者的角色，将环境中复杂的有机物降解为简单的复合物和无机小分子，使得构成生命机体的重要元素碳、氮、磷等从死去的生物体中释放出来，以便有生命的机体得以利用。真菌还是进行生物学研究的重要工具，微生物学家、遗传学家、生物化学家和生物物理学家在各自的研究中经常使用真菌。此外，真菌在以下领域也发挥着重要的作用：面包、葡萄酒和啤酒的制作和酿造；干酪、酱油和腐乳的制备；多种药品（冬虫夏草为麦角菌科真菌寄生在幼虫的复合体，如图6.3所示），抗生素（如青霉素、灰黄霉素）和免疫抑制药（如环孢素），有机酸（如柠檬酸、没食子酸）的商业生产等。

(2)害处。

与此同时，真菌也会给人类的生活和健康带来很多危害。真菌是植物致病的主要原因，约有5 000多种真菌攻击许多有经济价值的农作物、花卉和野生植物，严重时会引起特定植物种群的毁灭。农作物的真菌病害更是给农业生产造成了严重的经济损失，并给人类带来巨大的灾难。真菌同样会引起许多动物和人类疾病。由真菌感染引起的真菌病，有时相当严重，甚至危及生命。真菌病（图6.4）的类型多种多样，从表皮感染如癣菌病，到涉及皮肤、肌肉、骨头和内部器官等的深部感染。除了直接感染而引起人类和动物疾病外，有些种类的真菌也可以通过侵染食物或牲畜饲料而在其中产生非常有毒的物质，称为真菌毒素。真菌作为自然界主要的分解者，也给人类的生活带来了诸多不便，即引起腐败。

图 6.3　冬虫夏草

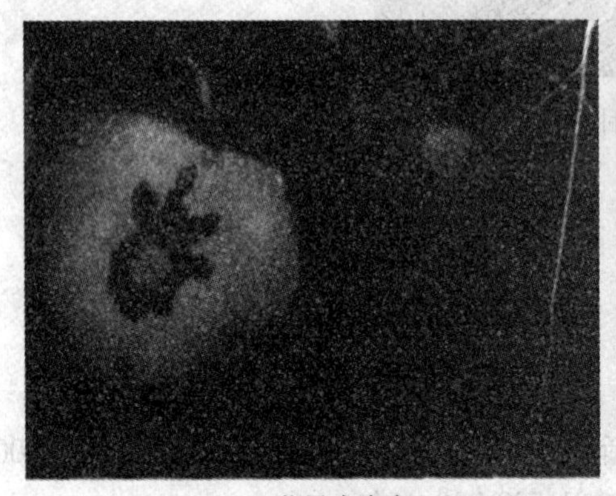

(a) 苹果疮痂病

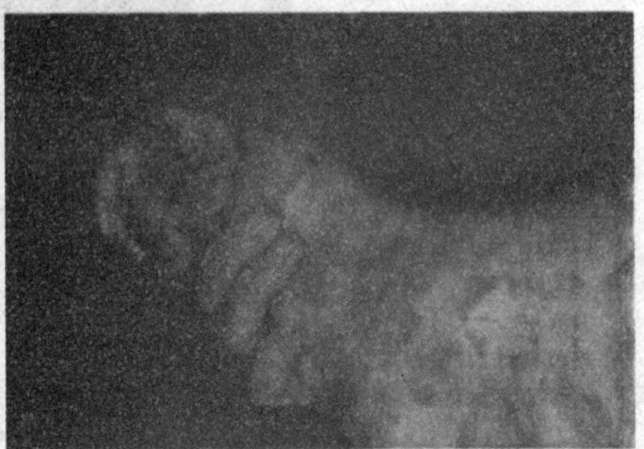

(b) 皮肤真菌病

图 6.4　真菌病

6.1.2　营养和代谢

尽管在几乎任何有机物上都能发现真菌的存在,但它在阴暗潮湿之处生长得最好。真菌为化能有机异养,利用有机复合物作为碳源、能源和电子源。大多数真菌是腐生菌(Saprophytes),即从死去的有机体中摄取营养——真菌释放胞外水解酶以消化胞外有机物质,然后吸收可溶的营养物质。真菌主要以糖原作为多糖的储藏。大多数真菌利用碳水化合物(主要为葡萄糖或麦芽糖)和含氮化合物来合成氨基酸和蛋白质。真菌大多为好氧菌,某些酵母菌是兼性厌氧的,严格厌氧真菌仅在牛的瘤胃中发现过。

6.1.3　繁殖

真菌通过产生孢子进行繁殖。真菌的繁殖方式同其他高等生物一样,能以无性和有性方式进行繁殖。无性繁殖又称为体细胞繁殖,不涉及细胞核的融合和减数分裂。有性生殖则以两个细胞核的融合以及随后的减数分裂为特征。而有性生殖可提供较高的遗传物质的重组概率,因此可以产生更多的具有新基因型的后代,使真菌更好地适应各种各样的自然环境。

真菌典型地以无性和有性两种方式进行繁殖,但两种方式不同时进行。一般情况下,无性繁殖可以产生很大量的个体,并且在一个生长季节可重复进行多次,因此,无性繁殖对一种真菌生长区域的扩张和定植更重要;而大多数真菌的有性生殖一年只进行一次。

1. 无性繁殖

(1)最为普遍的无性繁殖方式是形成无性孢子,无性孢子进一步发育成完整个体。无性孢子的形成有以下几种方式。

① 通过细胞壁的横隔断裂,菌丝被分裂成数个小的片段,这些小片断进一步发育成单个细胞,这类细胞能起到孢子的作用,称为节分生孢子(Arthroconidia)或节孢子(Arthrospores)。

② 母体细胞以出芽方式形成的孢子称为芽生孢子(Blastospores)。

③ 如果孢子形成于菌丝顶端的囊内(Sporangium,复数为 Sporangia),则这类孢子称为孢囊孢子(Sporangiospores)。

④ 如果孢子并非产生于囊内,而是在菌丝的顶端或侧边产生,则这类孢子称为分生孢子(Conidiospores)。

⑤ 如果在细胞分离前,这些细胞被一层厚厚的壁所包裹缠绕,则这些细胞称为厚垣孢子(Chlamydospores)。

(2)芽殖,亲代细胞通过出芽的方式产生新的有机体,这种繁殖方式在酵母中极为普遍。

(3)裂殖,亲代细胞通过中央缢缩及新细胞壁的形成分裂为两个子细胞。

真菌的无性繁殖和一些代表性的孢子如图 6.5 所示。

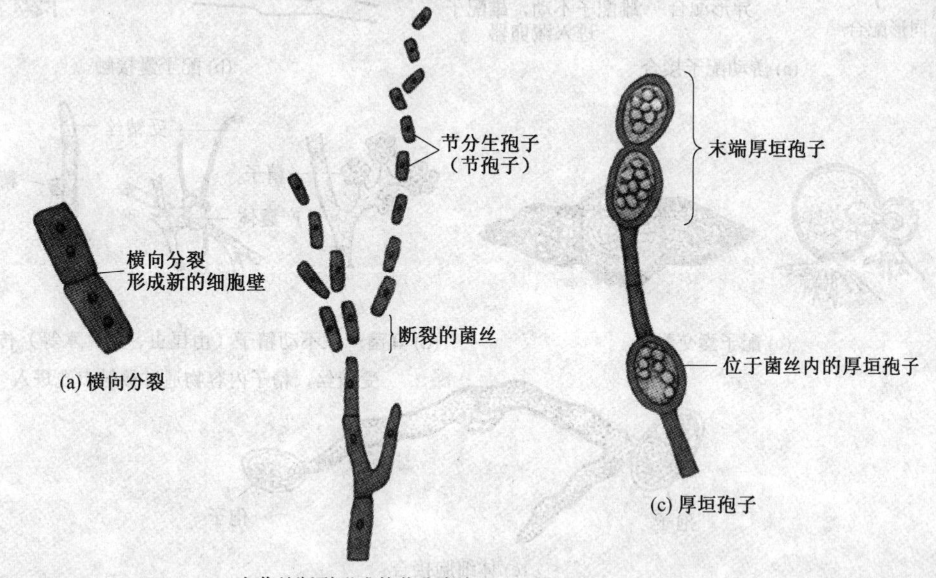

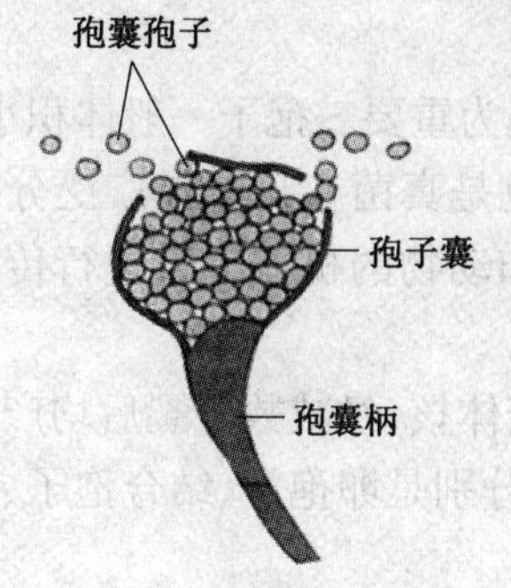

(d) 由孢子囊产生的孢囊孢子

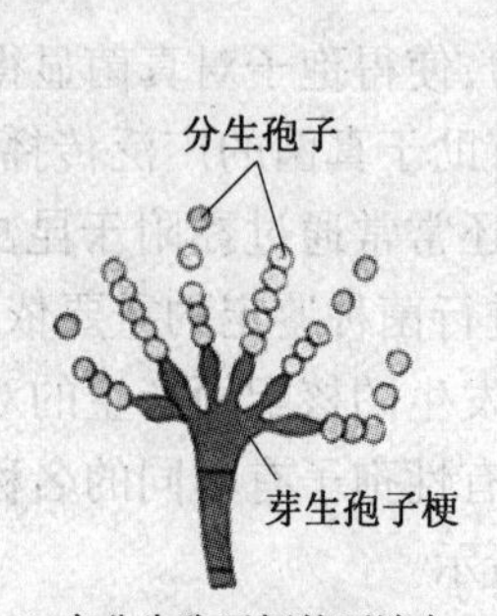

(e) 在分生孢子梗的顶端产生的呈链状排布的分生孢子

(f) 亲代细胞以出芽方式形成的芽生孢子

图 6.5　真菌的无性繁殖和一些代表性的孢子

2. 有性繁殖

真菌的有性繁殖(图 6.6)是指可亲合性核的融合。真菌的有性生殖包括 3 个主要阶段:①质配,两个单倍体细胞结合,通过细胞质的融合使两个细胞核处于同一个细胞中;②核配,两个细胞核融合在一起,形成一个双倍体核;③减数分裂,产生遗传物质经过重组的单倍体细胞核。

某些真菌为自身可育,能在同源营养菌丝上产生可亲合性的配子。还有些真菌则需在可亲合性的异源营养菌丝上进行异型杂交。某些真菌有性繁殖时的核融合发生在单倍体配子或配子囊(Gametangia)中。核融合是发生于菌丝间还是发生于单倍体配子或配子囊中,视菌种的不同而定。有时胞质和两个单倍体核能迅速融合产生双倍体的合子。但就一般情况而言,核融合较胞质融合慢一些,二者有一定的时间间隔,这样就会形成双核期(Dikaryotic stage),即一个细胞容纳有两个来自不同亲本的单倍体核,最后再融合成一个双倍体核。

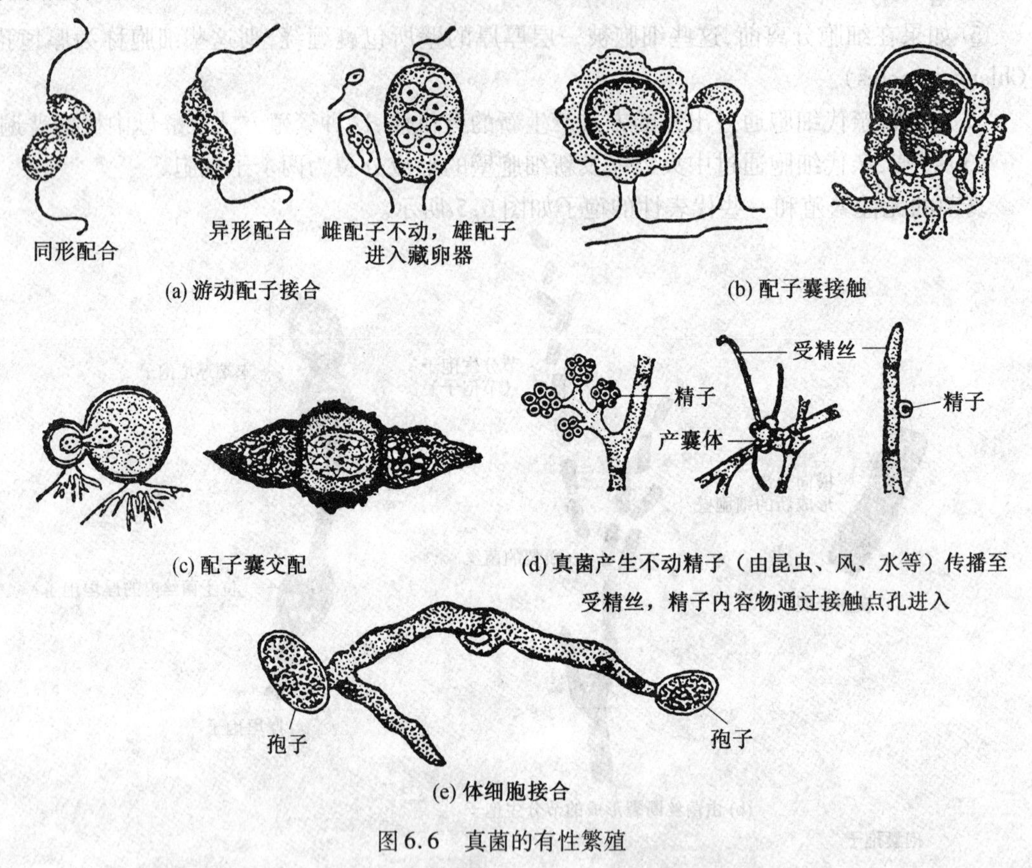

图 6.6　真菌的有性繁殖

由于孢子顽强的繁殖及生存能力,使得孢子对真菌显得极为重要。孢子一般体积小、质量轻,因而可长时间飘浮在空气中,这有助于真菌的广泛传播,也是真菌在自然界广泛分布的一个十分重要的原因。此外,真菌孢子还常常通过黏附于昆虫和动物的机体上来进行传播。孢子的大小、形状、颜色和孢子数量是进行菌种鉴定的重要依据。

在绝大多数真菌中,由或早或晚发生的核配而产生的双倍体核,经减数分裂后均产生单倍体的有性孢子。在不同的真菌类中,有性孢子有不同的名称,分别是卵孢子、结合孢子、子囊孢子和担孢子。真菌的繁殖如图 6.7 所示。

在进行有性生殖时,有的真菌是雌雄同体的,即在同一菌体上产生不同的雄性和雌性器官。因此,雌雄同体菌若是自体亲和的,单个菌株就可完成有性生殖。少数真菌是雌雄异体

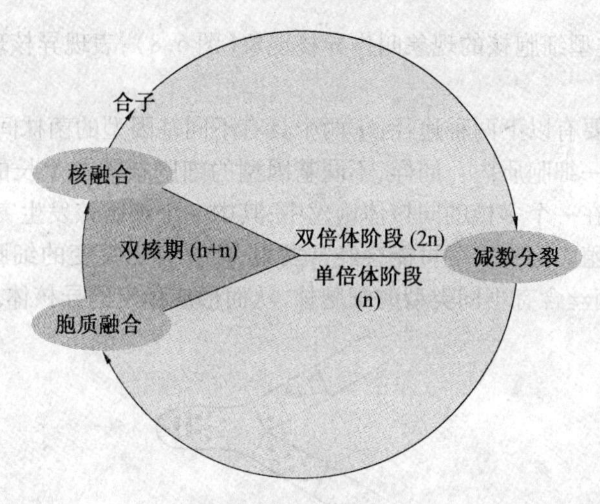

图6.7　真菌的繁殖

的,在同一个种内,有雌雄两类菌体,分别只产生雌性和雄性生殖器官,有性生殖的进行,需要雌雄菌体的共同参与。然而,大部分真菌没有性的分化,在形态上没有雌雄菌株的区分,执行性功能的结构也难以分辨雌雄,有时则简单地以菌丝和细胞核执行配子囊和配子的功能。

根据有性生殖时的性亲和性,将真菌分为以下3种类型:①同宗配合真菌,每个菌体均是自体可育的,不需要其他菌体的参与就可以进行并完成有性生殖,这类真菌没有交配型之分,也不可能进行异型杂交;②异宗配合真菌,每个菌体均是自体不育的,必须要求有两个具有亲和性和不同交配型的菌体进行结合才能进行有性生殖,为专性异型杂交类真菌;③次级同宗配合真菌,一种表面上的同宗配合,一些异宗配合真菌在产生孢子时,将具有相对交配型的两个核并入一个孢子内,这种孢子萌发产生的菌体是自体可育的,表现为同宗配合。

6.1.4　二型性

许多真菌,尤其是那些能导致人和动物疾病的真菌是二型的,即有两种不同的存在形式。二型菌寄生在动物体内时以酵母(Y)的形式存在,在外界环境中以霉菌(M)或菌丝体的形式存在,这种转变称为YM转变。在能引起植物疾病的真菌中,这种二型性以相反的方式存在,即寄生在植物体内时以菌丝体的形式存在,而在外界环境中以酵母的形式存在。这种存在形式的转变是由于真菌对各种环境因子(如温度、营养物质、二氧化碳浓度、氧化还原电位等)的变化做出不同反应的结果。

表6.1　一些医学上重要的具有二型性的真菌

真菌	疾病
皮肤炎芽酵母菌(*Blasyomyces dermatitidis*)	芽生菌病(酵母病)
白假丝酵母(*Candida albicans*)	白假丝酵母病(念珠菌病)
荚膜似球囊酵母(*Coccidioides capsulatum*)	球孢子菌病
荚膜组织孢浆菌(*Histoplasma capsulatum*)	组织孢浆菌病(网状内皮细胞真菌病)
申克侧孢霉(*Sporothrix schenckii*)	孢子丝菌病
巴西副似球囊酵母(*Paracoccidioides brasiliensis*)	副似球囊酵母病(*Paracoccidioidomycosis*)

6.1.5　异核现象

在同一菌丝体和同一菌丝细胞中只含有同一基因型的细胞核的个体叫作同核体。对应的，同一体含有不同类型细胞核的现象叫作异核现象(图 6.8)，表现异核现象的个体叫作异核体。

异核体的产生主要有以下两种途径：①两个具有不同基因型的菌株间发生菌丝接触融合，使各自细胞核进入同一细胞质内。同样，不同基因型的细胞核需在生长的菌丝顶端增殖以产生稳定的异核体。②在一个多核的同核体菌丝中，其中一个细胞核发生突变，突变核生存下来并与野生型核一起增殖。这种突变可能会经常发生，但只有当突变的细胞核在菌丝顶端增殖时，才会使新形成的菌丝含有不同类型的细胞核，从而形成稳定的异核体。

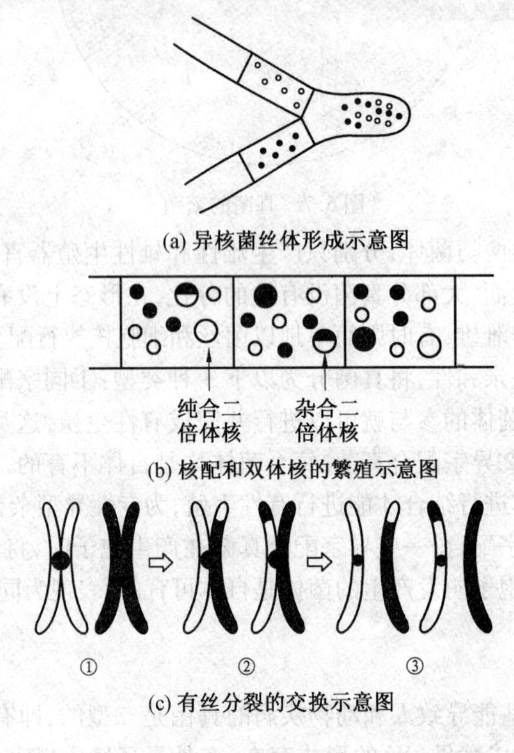

图 6.8　异核现象

6.1.6　准性生殖

准性生殖是一种类似于有性生殖，但比它更为原始的一种生殖方式，它可使同种生物不同菌株的体细胞发生融合，不经过减数分裂的方式导致低频的基因重组并产生重组子(图 6.9)。

自从 Pontecorvo(1956)描述了丝状子囊菌在不进行有性生殖的情况下发生基因重组的过程，即准性生殖循环后，关于无性型和有性型子囊菌以及其他生物在培养状态下的准性生殖研究已积累了许多资料。准性生殖先形成异核体，再通过以下 3 个主要步骤完成基因重组。

(1)形成双倍体。异核体中两个不同的细胞核偶尔发生融合，产生一个双倍体核。

(2)形成有丝分裂交联。染色体交联在减数分裂中很常见，结果导致重组染色体形成。

(3)单倍体化。在双倍体核的分裂过程中，偶尔发生染色体的非二等份分离，结果产生非整倍体子核。这种非整倍体不稳定，最终会回复到整倍体。

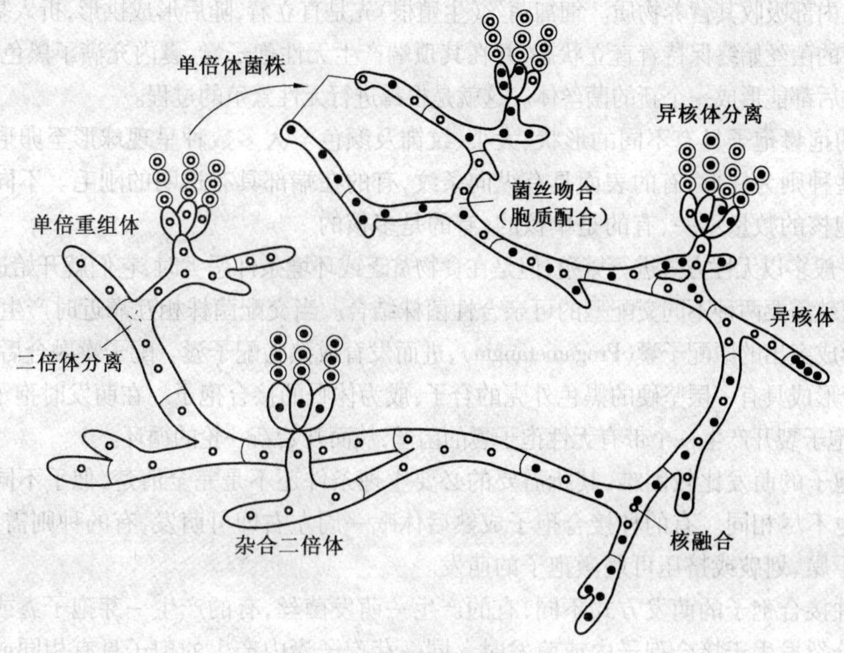

图6.9 准性生殖现象

6.2 真 菌 门

真菌学家按照传统的分类方法,即依据真菌有性生殖上的不同的划分标准,将真菌分为四大门类——接合菌门、子囊菌门、担子菌门和半知菌门。分子微生物学家依据18S rRNA-序列分析,将半知菌分别归入与之关系最为密切的接合菌门、子囊菌门或担子菌门,并增加了一个新门——壶菌门。

表6.2 真菌的门类[a]

门	俗名	估计的物种数/种
接合菌门	接合菌(Zygomycetes)	600
子囊菌门	囊状真菌(Sac fungi)	35 000
担子菌门	棒状真菌(Club fungi)	30 000
半知菌门	半知菌(Fungi Imperfecti)	30 000

注 [a]按真菌学家常用的传统分类系统

6.2.1 接合菌门(Zygomycota)

接合菌门(图6.10)所包含的真菌称为接合菌(Zygomycetes)。接合菌的菌丝是多核的,即一个菌丝含有多个单倍体核。一部分接合菌进行无性繁殖,无性孢子在气生菌丝顶端的孢子囊内形成,一般靠风传播。接合菌经有性繁殖产生带有坚硬厚实细胞壁的合子,称为接合孢子,是一种休眠孢子,接合孢子在由两个配子囊融合后形成的接合孢子囊内发育而成。当环境条件恶劣,不利于真菌生长时,接合菌就以接合孢子的形式进入休眠状态。大多数接合菌生活在腐败的植物和土壤动物的机体上,其中一部分寄生在植物、昆虫、动物和人类机体上。

面包霉(葡枝根霉)是接合菌门的主要代表之一。它一般生长在潮湿、富含碳水化合物的食物的表面,如面包、水果、蔬菜的表面。根霉的菌丝能迅速覆盖在面包表面,被称为假根的特殊菌丝能扩展到面包内部吸收其营养物质。匍匐菌丝(生殖根)先是直立着,随后形成拱形,折入基质形成新的假根。有的菌丝始终保持着直立状态,并在其顶端产生无性孢子囊,囊内充满了黑色的孢子,每个孢子释放后都能形成一个新的菌丝体。这就是根霉进行无性繁殖的过程。

根霉的孢囊孢子具有不同的形状、大小、纹饰及颜色。大多数种呈现球形至卵形,壁光滑、透明。有些种则为柱形,有的表面具有纵向条纹,有的在端部具有透明的刚毛。不同种的孢囊孢子内细胞核的数量不一,有的是单核的,有的是多核的。

根霉一般多以无性方式进行繁殖,但是在食物贫乏或环境条件恶劣时,它们就开始进行有性繁殖。有性繁殖需要两种不同交配型的可亲合性菌株结合。当交配菌株相互靠近时产生激素,并且在菌丝间形成突出的原配子囊(Progametangia),进而发育成熟为配子囊。配子囊融合后,配子核发生相互融合形成具有一层坚硬的黑色外壳的合子,成为休眠的接合孢子。在萌发时孢子发生减数分裂,接合孢子裂开产生一个带有无性孢子囊的菌丝,从而开始新一轮的循环。

接合孢子的萌发比较困难,其所需要的必要生理条件还不是完全清楚,似乎不同的种所需要的条件也不尽相同。有的种接合孢子成熟后休眠一周左右即可萌发,有的种则需要6~7个月。有时干燥、划破或挤压可刺激孢子的萌发。

不同种接合孢子的萌发方式不同,有的产生一萌发菌丝,有的产生一芽孢子囊或小型孢子囊。减数分裂发生于接合孢子内或萌发时。同一芽孢子囊内产生的孢子具有相同或不同的交配型,同宗配合的种产生的孢子萌发为同宗配合菌丝体;异宗配合的种在芽孢子囊内只产生一种交配型的孢子。

某些接合菌对人类是有益的,它们在许多方面得到应用:工业酒精、节育试剂、商业制备麻醉药、食品制造、肉类嫩化剂和人造黄油及奶油制品中的染黄剂等。我们所熟悉的腐乳就是利用一些接合菌(某些毛霉菌种)和大豆制成的。

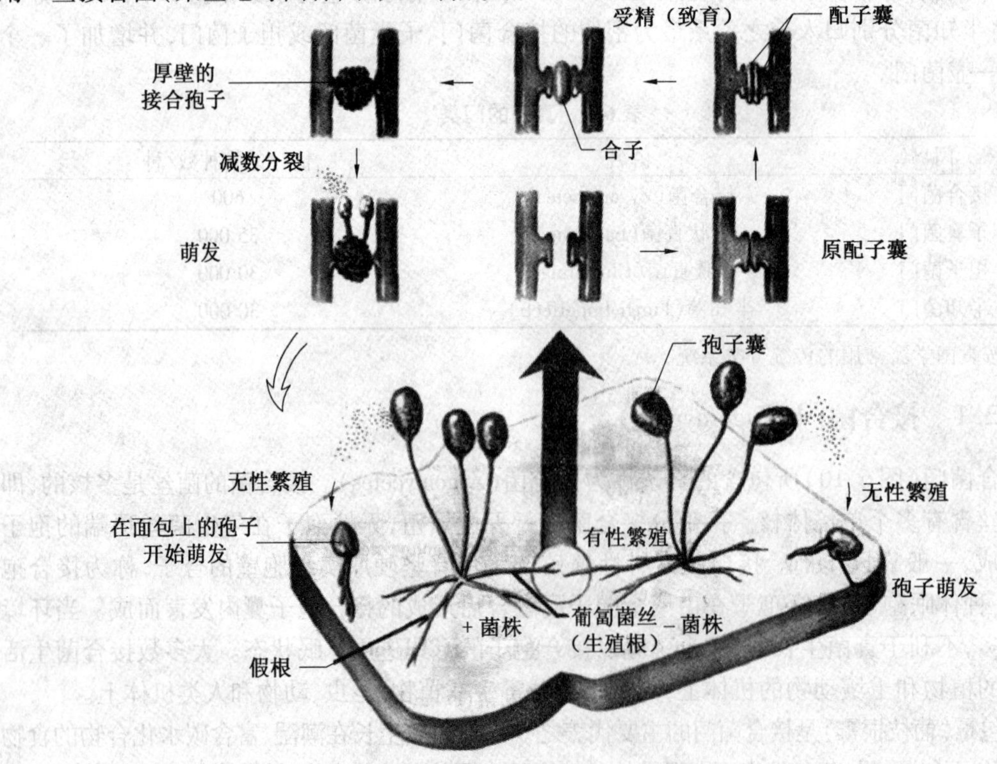

图6.10 接合菌门

6.2.2　子囊菌门(Ascomycota)

子囊菌门(图6.11)是真菌中最大的一个类群,包括单细胞的酵母菌到各种丝状的霉菌、白粉菌、盘菌以及羊肚菌和块菌等。子囊菌门所包含的真菌称为子囊菌(Ascomycetes),俗名囊状真菌,子囊菌因其独特的繁殖结构——类囊状的子囊(Ascus,复数为Asci)而得名,子囊菌在有性生殖时产生子囊,是与其他中真菌最基本的区别。许多子囊菌寄生在高等植物体上。一般来说,酵母是指那些以出芽或二分裂等无性方式进行繁殖的单细胞真菌,但由于它的有性生殖方式与子囊菌类似,因而很多酵母属都被专门划归为子囊菌。

子囊菌大部分为陆生,但也有相当数量的种类生长于淡水或海水中。子囊菌在地球上具有非常广泛的分布,在一年中的大部分时间里和各种各样的环境中,都可以发现子囊菌。许多子囊菌为腐生菌,多生长于植物残体或碎片上,或动物粪便上。生长于树皮、木材和叶片上的子囊菌分别称为树皮生、木生和叶生子囊菌。有些菌常见于粪便上,称为粪生子囊菌,有些菌甚至只局限于一定类型的草食动物粪便上。

子囊菌对人类的影响作用于方方面面。例如,子囊菌包括许多酵母菌、可食用的羊肚菌和块菌等,曾经作为遗传学和生物化学领域重要研究工具的粗糙脉孢菌(Neurospora crassa)也属于子囊菌门。另外,子囊菌也存在很多危害。例如,子囊菌中的红色、褐色、蓝绿色霉菌可导致食物酸败;粉状白色霉菌能攻击植物叶片,某些子囊菌可导致栗树枯萎病和荷兰榆木病;麦角菌(Clayicepu purpurea)寄生在黑麦等草本植物上,若食用了这些感染了麦角菌的谷物,常常会出现幻觉、神经痉挛、流产、惊厥(抽搐)和坏疽等中毒症状。但是如果将麦角碱控制在一定剂量内,又能起到缓解疲劳、降血压、治疗偏头痛的疗效;可降解纤维素的子囊菌,如毛壳菌和木霉等,会导致纤维物质的损坏;一些子囊菌可直接引起人类疾病,如皮肤癣病和脚气病等。

(a) 普通羊肚菌，羊肚菌
(*Morchella esculenta*)

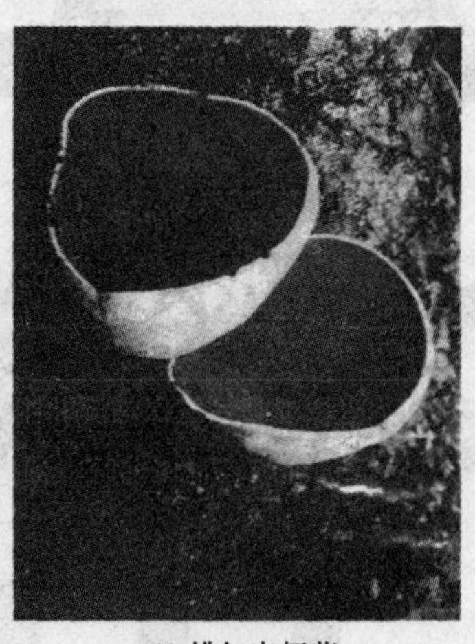

(b) 绯红肉杯菌
(*Sarcoscypha coccinea*)

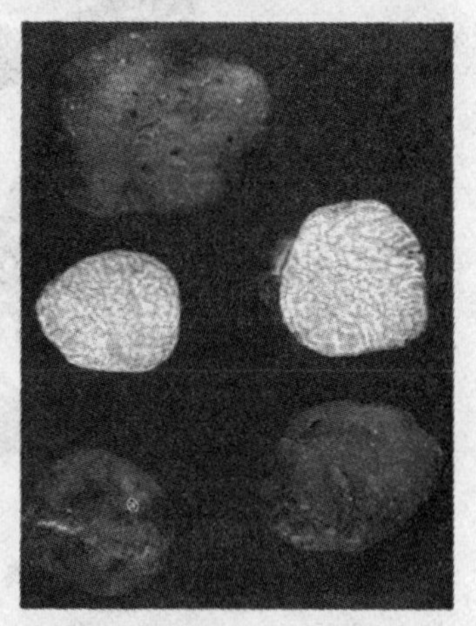

(c) 黑色块菌，冬块菌
(*Tuber brumale*)

图6.11　子囊菌门

子囊菌的菌丝体由隔膜菌丝组成,形成分生孢子进行无性繁殖,是子囊菌较普遍的繁殖形式,子囊菌在自然界的增殖和传播非常重要。在一个生长季节,一种子囊菌可通过产生并散播分生孢子而繁殖数代。大部分子囊菌只进行无性繁殖,一些真菌已经完全丧失了有性生殖的能力,而另外一些只在特殊条件下进行有性生殖。只具有无性阶段或难以发现有性生殖阶段的子囊菌被称作半知菌或不完全菌。子囊菌的生活史如图6.12所示。

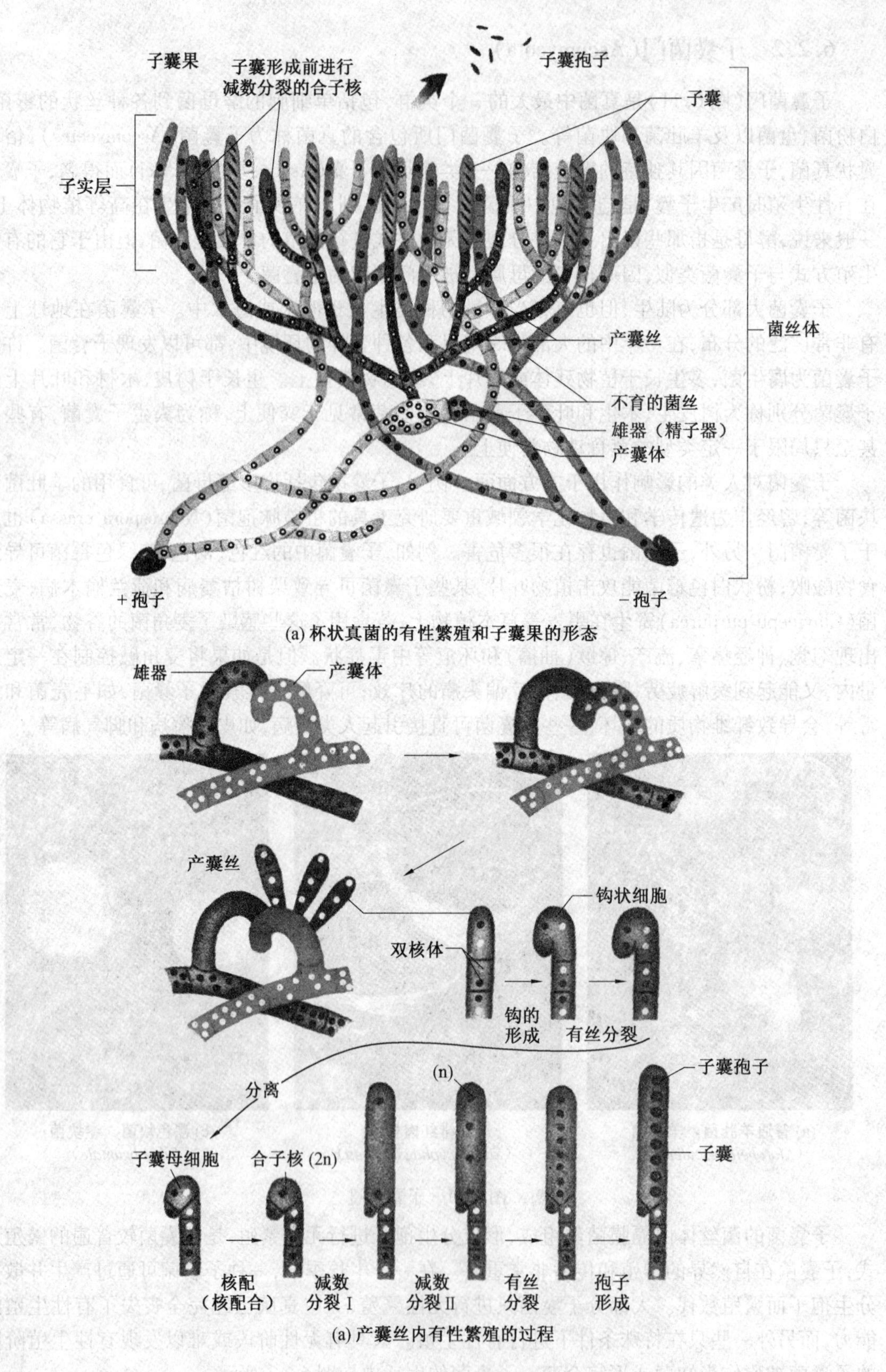

(a) 杯状真菌的有性繁殖和子囊果的形态

(a) 产囊丝内有性繁殖的过程

图 6.12　子囊菌的生活史

分生孢子是无性孢子,不能游动,形成于产孢细胞的顶端或侧面。分生孢子常具有很强的传播能力,但存活时间比有性孢子短。有些子囊菌还产生称为"厚垣孢子"的厚壁细胞,形成于菌丝末端或中间,可单个、成串或成簇出现。子囊菌形成厚垣孢子不是为了繁殖或传播,而是作为一种抗性结构,可帮助真菌在不良环境下保存活力。

子囊菌的有性生殖过程中最重要的一步就是子囊的形成。子囊孢子产生于一袋状子囊中。一些较为复杂的子囊菌,在子囊形成过程中,先产生一种具有特殊结构的产囊丝(Ascogenous hyphae),产囊丝内有一对相互融合的核,其中一个核来源于雄性菌丝体或细胞,称为雄器(Antheridium),另一个核来自于雌性器,称为产囊体(Ascogonium)。这些产囊丝最终发育成子囊孢子,一个子囊通常内含有两个或多个子囊孢子。当子囊孢子成熟时,由于内部产生的巨大压力,子囊破裂,有一股"烟"从子囊内放出,其中含有成千上万的子囊孢子。当接触到合适的环境后,子囊孢子便开始萌发,并进入新一轮的循环。

有性繁殖涉及子囊和子囊孢子的形成。在子囊内,核融合后紧跟着进行减数分裂产生子囊孢子。子囊孢子在子囊中的形成过程称为自由细胞形成过程,这一过程主要包括两个步骤:①包含单个细胞核的一份细胞质被两层紧贴在一起的膜结构分割包装;②子囊孢子壁在两层膜之间沉积,随着子囊孢子的成熟,两层膜被分开。

子囊菌代表属有裂殖酵母属、酿酒酵母属、曲霉属、青霉属和脉孢菌属等。

6.2.3　担子菌门(Basidiomycota)

担子菌门(图6.13)所包含的真菌称为担子菌(Basidiomycetes),俗名为棒状真菌。它是因其独特的结构——担子(Basidium)而被命名的。担子是在有性繁殖过程中形成的结构,它产生于菌丝的顶端,一般呈棒状。大多数担子菌属于腐生菌,它们分解植物残渣获取营养,尤其是纤维素和木质素。蘑菇(Agaricus campestris)、胶质菌(木耳)、黑粉菌、锈菌、鬼笔菌、马勃菌、层孔菌、毒蕈和鸟巢菌都是担子菌。还有一些担子菌以酵母菌形式存在。

担子菌细胞壁的主要成分为几丁质和葡聚糖,担子菌酵母中为几丁质和甘露聚糖。担子菌的首要特征为在称为担子的专化产孢结构上产生外生的称为担孢子的有性孢子。其他特征包括规则分隔的菌丝体常具有桶孔隔膜,有时还具有锁状联合,营养菌丝体的主要阶段为双核体。

担子菌在很多方面影响着人类的生活。例如,许多蘑菇都可以食用,每年蘑菇的栽培可以产生数百万美元的商业利润。有些担子菌与树木的根系共生形成菌根菌,在天然和人工林生态系统中起着重要作用。但许多蘑菇能产生独特的生物碱,起着毒品或致幻剂的作用,有些蘑菇甚至能导致死亡。黑粉菌和锈菌可引起严重的植物病害,例如黑穗病和小麦黑秆锈病,每年都会给农林业生产带来巨大损失。新型隐球酵母(Cryptococcus neoformans)是一种重要的人类致病菌,主要作用于人体的肺及中枢神经系统。一种担子菌酵母,Filobasidiella neoformans(新型隐球酵母 Cryptococcus neoformans 的有性型)则是人类的重要病原菌,尤其是艾滋病患者最易被感染。

有些担子菌以单细胞的酵母状态生活,但大多数担子菌具有由分隔菌丝组成的发育完善的菌丝体。这些菌丝在基物内生长并吸收养分。在林内潮湿处腐朽木材上或树皮下,在潮湿枯叶上或其他有机质上,单个的菌丝常形成肉眼可见的菌丝集合体,即菌丝体。

典型的土壤担子菌的生活史始于担孢子,担孢子萌发产生一个单核菌丝体,菌丝体迅速生长并扩展至整个土壤。当这一初级菌丝体与另一个不同交配型的单核菌丝体相遇时,即发生

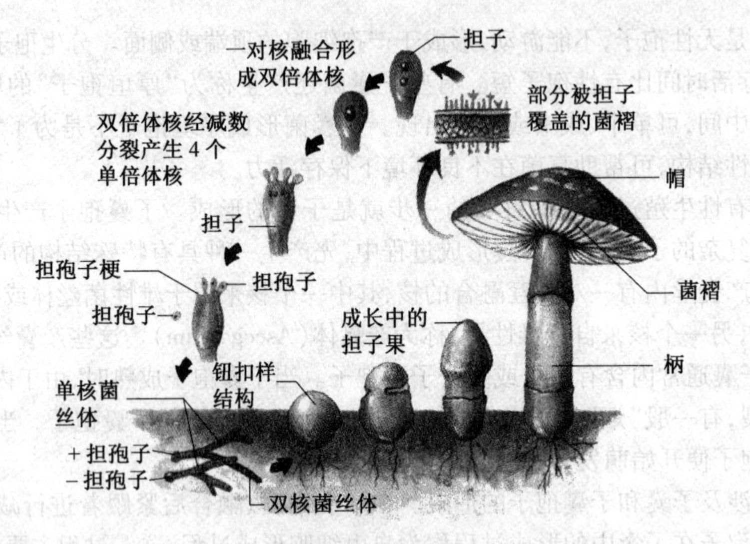

图6.13　担子菌门

核融合,产生一个新的双核次生菌丝体。次生菌丝体通过横隔分裂成两个细胞,每个细胞都含有两个细胞核,并分别具有不同的交配型。双核菌丝体受到刺激,进一步生长最终产生担子果。固体团块状菌丝形成纽扣样结构,并穿透土壤逐渐长成长方形进而形成帽状结构。帽状结构有许多片层状被担子所包裹的菌褶。位于顶端的两个担子核融合后形成双倍体合子,双倍体合子又迅速进行减数分裂形成4个单倍体核。这些单倍体核最终形成担孢子,成熟后释放出来。

担子菌类的无性繁殖方式包括芽殖、菌丝断裂、产生分生孢子、节孢子或粉孢子。同许多子囊菌一样,有些担子菌的有性生殖尚未观察到,这些无性型担子菌包括许多酵母菌和一些丝状菌。

担子菌的主要类群有蘑菇类、腹菌类、多孔菌及相关类群、锈菌和黑粉菌等。

6.2.4　半知菌门(Deuteromycota)

真菌的经典分类方法在很大程度上是依据生殖模式来划分的。当一种真菌不具有有性阶段(Perfect stage)或者至今仍未观测到这一阶段,就将它归入半知菌门,半知菌门所包含的真菌称为半知菌(Fungi Imperfecti 或 deuteromycetes(secondary fungi))(图6.14)。若随后观测到其具有有性阶段,就将它划入相应的门中。分子系统分类法将半知菌门中的真菌分别归入和它们关系最密切的其他真菌门中。大多数半知菌为陆生,仅有少数几种半知菌生活在淡水和海洋中。绝大多数半知菌营腐生或寄生在植物体上,只有少数半知菌寄生在别的真菌表面。

许多半知菌直接影响人类的健康。其中一些能够引起人类疾病,如导致癣、脚气和组织胞浆菌病;单端孢菌毒素是真核细胞蛋白质合成的强烈抑制剂;黄曲霉和寄生曲霉(A. parasiticus)产生的次级代谢产物——黄曲霉毒素对人和动物有极高的毒性和致癌性。半知菌在很多方面对人类也是有益的,许多半知菌所产生的化学活性物质在工业生产中具有重要作用。例如,青霉菌属中的某些种能合成众所周知的抗生素——青霉素和灰黄霉素,曲霉菌属中的某些种能用来发酵制备酱油、葡糖酸、柠檬酸和没食子酸。

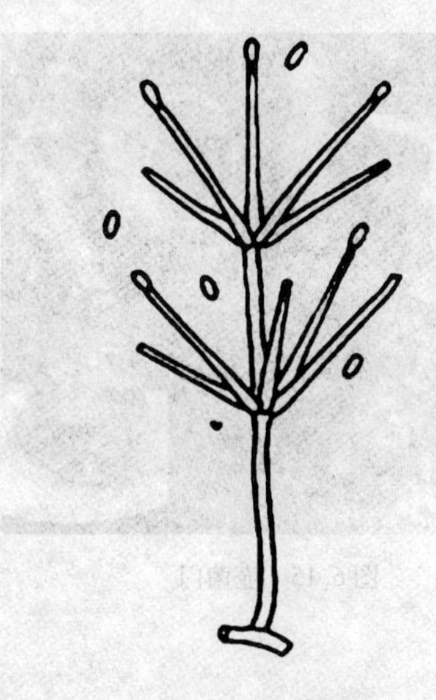

图6.14　半知菌

6.2.5　壶菌门(Chytridiomycota)

最简单的真正的真菌属于壶菌门,壶菌门仅包含一个壶菌纲,成员就是我们所熟悉的壶菌(Chytrids)(图6.15)。壶菌门是一类在生活史的某些阶段产生能动细胞的真菌,每个能动细胞后端均有一根尾边式的鞭毛。壶菌是一类很简单的真菌,体积微小,可由单个细胞、细小多核体或真正的菌丝体构成,它的细胞壁一般由几丁质作为主要成分构成。壶菌门的共同特征是:①合子转变成休眠孢子或休眠孢子囊,仅在一个目里生长形成双倍体菌体。②菌体为多核体,无论是球形或卵形,还是伸长的单菌丝或具有发达的菌丝体,菌体均为无隔多核结构。

壶菌既有陆生又有水生,某些壶菌营腐生,生长在死去的有机体上;还有一些壶菌寄生在真菌、藻类、水生及陆生植物体上。

壶菌对人类的作用既有利又有害。壶菌中的植物病原菌种类包括内生集壶菌、芸苔油壶菌、玉米节壶菌和苜蓿尾囊壶菌。这些菌类可引起严重的植物病害。另一方面,壶菌中雕饰菌属中的一些种寄生蚊子幼虫,被认为可作为有价值的生防制剂。在牛、羊瘤胃和马以及其他草食动物盲肠内发现的厌氧壶菌似乎对降解进入动物肠道内的纤维发挥重要的作用。

壶菌通过形成具有单一后尾鞭型鞭毛的游动孢子进行无性繁殖,但其生活史有时会发生变化而进行有性繁殖,其产生的合子逐渐形成休眠的孢子或孢子囊。休眠孢子的特征是具有油滴状内含物和增厚的光滑或具有各种纹饰的细胞壁,可以是无色的或呈浅至深的黄色或褐色。萌发时,休眠孢子裂开或形成一个孔口露出内含物。在大多数壶菌中,一个薄壁的游动孢子囊通过休眠孢子壁上的开口突出来,然后休眠孢子中的原生质全部转移到新形成的游动孢子囊内,并在其中形成游动孢子。而少数壶菌中,游动孢子在休眠孢子中直接形成并释放出来。每个游动孢子可长出一个新的菌体。

现在微生物学家们普遍认为壶菌是由带有类似鞭毛的原生动物门始祖细胞进化而来的,它很可能是其余4个类型真菌的祖先。

壶菌门中,主要的属有罗兹壶菌属、集壶菌属、壶丝菌属以及异水霉属等。

图 6.15　壶菌门

6.2.6　卵菌门

卵菌门(图 6.16)曾被作为真菌门中的一类而进行研究,但后来发现,这类生物与其他真菌类群有明显的差别,如营养体为二倍体、细胞壁含纤维素以及不同的赖氨酸合成途径等。从结构、生理生化方面,越来越多的研究结果表明卵菌不属于真正的真菌,而可能与金藻、褐藻以及硅藻在内的一些类群有亲缘关系。但是,由于卵菌在菌体形态、吸收性营养方式和生态上类似于真菌,以及由于其作为植物致病菌的经济重要性,真菌学家将继续对卵菌进行研究。

卵菌门的主要特征如下:①营养菌丝体为二倍体,细胞壁主要由 β-葡萄糖和纤维素组成;②通过在孢子囊内产生双鞭毛的二倍体游动孢子进行无性繁殖;③有性生殖通过雄性器官和雌性器官之间的配合进行,并产生不动的厚壁有性孢子,即卵孢子。④卵菌还具有一些特殊的与真正的真菌界生物不同的细胞学和生物化学特性。

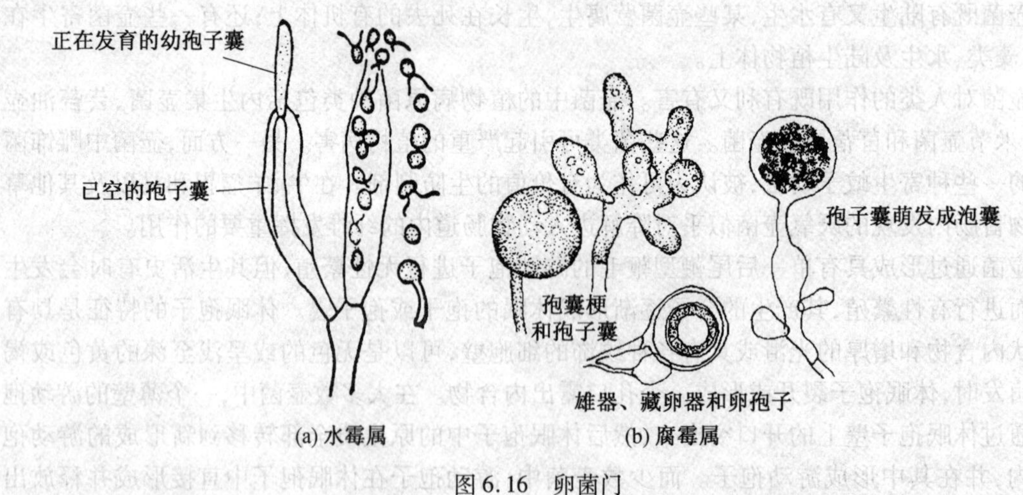

图 6.16　卵菌门

卵菌生活在淡水、海水和陆地上。其中,水霉主要生长在通气良好的溪流、江河、池塘和湖泊等淡水中,最常见于近岸边或河边浅水处。多数卵菌腐生在动植物残体上,少数种为寄生菌。卵菌在有机物的降解和养分的再循环上扮演着重要角色,但一些陆生卵菌会引起重要农作物的严重病害。还有些种会引起哺乳动物的腐霉病,该病常见于热带和亚热带地区。

卵菌门包括单细胞种类和丝状种类,后者由多核菌丝体构成。菌体一般无隔膜,但在繁殖器官的基部、有些种偶尔可能会在老化的高度液泡化的菌丝段上产生隔膜。专性寄生卵菌的菌丝生长在寄主细胞间，产生特化的菌丝分支即吸器，从寄主细胞内吸收营养；而侵染高等植物的卵菌菌丝则生长在植物细胞间或细胞内，植物兼性寄生菌的菌丝会穿入或穿透已死亡和将要死亡的寄主细胞。

大多数卵菌的无性生殖借助于双鞭毛的游动孢子，这些游动孢子多在孢子囊内发育形成，少数种类则在从孢子囊生出的易消解的泡囊内发育形成。许多卵菌能产生两种形态截然不同的双鞭毛游动孢子。一种为第一型游动孢子，呈梨形，在孢子前端着生鞭毛，其游动能力较差；另一种类型为第二型游动孢子，呈肾形，鞭毛着生于孢子侧面凹陷部。卵菌的有性生殖主要靠异形配子囊配合。在大多数卵菌中，配子囊分化为较小的菌丝状雄性结构，即雄器和较大的球状雌性结构，叫作藏卵器。减数分裂后，完成受精，产生于藏卵器内的卵球则发育成卵孢子，并于藏卵器内成熟。经过萌发，卵孢子产生二倍体的菌体。

卵菌门内的生物可分为两个基本类群：水霉目和霜眉目。水霉目中的生物大多生活在水中，大都腐生，包括水霉属、绵霉属和丝囊霉属等（图6.17）。霜霉目中的生物有些是水生或两栖的腐生或弱寄生菌，更多的是陆生的高度专化的专性植物寄生菌，主要包括腐霉属、疫霉属、霜霉属以及白锈属等。

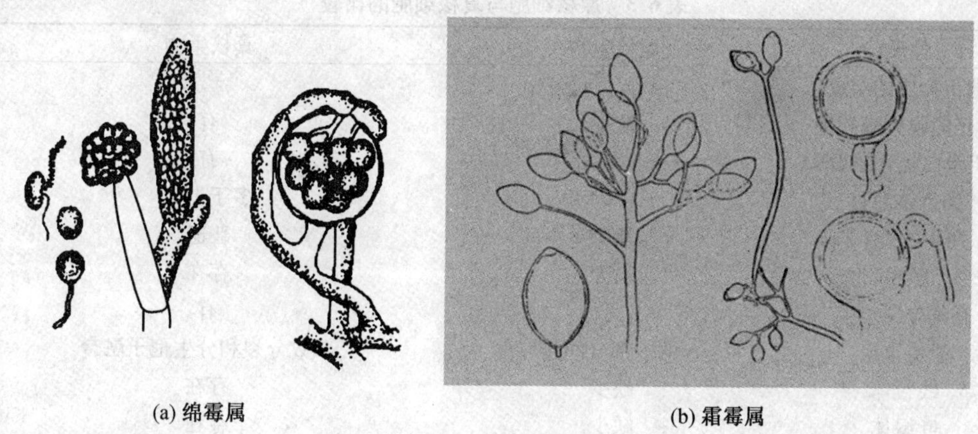

(a) 绵霉属　　(b) 霜霉属

图6.17　水霉目

6.3　真菌的细胞结构

6.3.1　真核细胞与原核细胞的比较

原核生物包括细菌和古生菌，真核生物包括所有其他有机体——真菌、藻类、原生动物、高等植物和动物。细胞核的存在与否是这两种细胞类型之间最显著的差别，真核细胞有膜包围的核，原核细胞缺少真正的有膜界定的核；真核生物常常比原核生物大，细胞结构更复杂，较原核细胞多出一些有膜界定的细胞器；真核细胞在功能上更复杂，它们具有有丝分裂和减数分裂，遗传物质的组织形式也更复杂；真核生物具备许多复杂的原核生物所不具有的生理过程，如胞饮作用和胞吞作用、细胞内消化、定向细胞质流、类似变形虫的运动等。

原核细胞和真核细胞结构比较如图6.18所示。原核细胞与真核细胞的比较见表6.3。

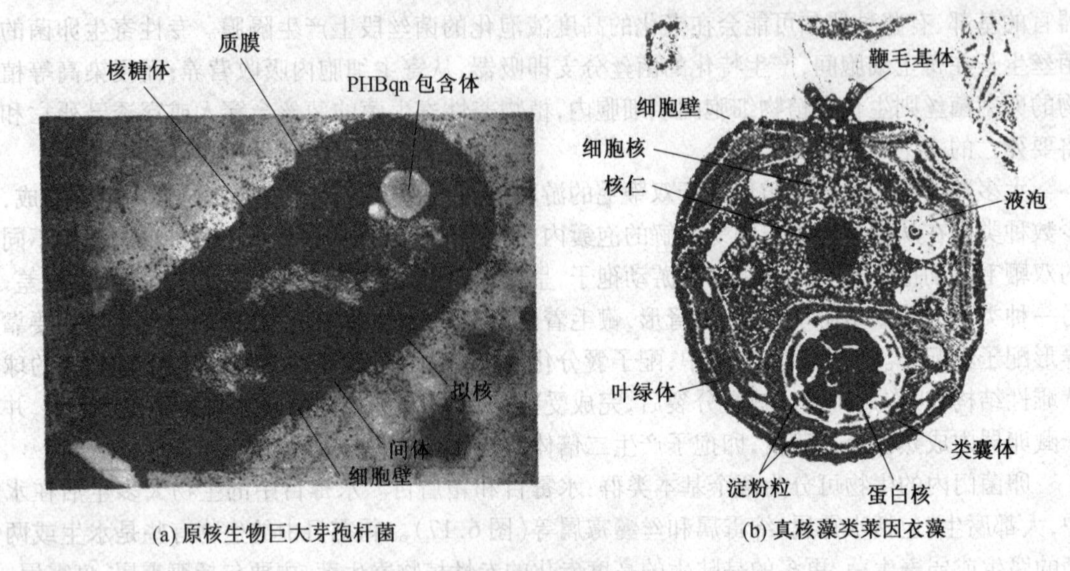

(a) 原核生物巨大芽孢杆菌　　(b) 真核藻类莱因衣藻

图 6.18　原核细胞与真核细胞结构比较

表 6.3　原核细胞与真核细胞的比较

性质	原核生物	真核生物
遗传物质的组成		
真正的膜包裹的核	缺少	有
与组蛋白复合的 DNA	无	有
染色体数目	1 个[a]	多于 1 个
基因中内含子	稀少	普遍
核仁	缺少	存在
有丝分裂发生	无	有
遗传重组	DNA 的一部分间接转移	减数分裂和分生孢子融合
线粒体	缺少	存在
叶绿体	缺少	存在
含有固醇的质膜	通常无[b]	有
鞭毛	大小为亚显微;有一根纤维组成	大小为显微;有膜包裹;常为 20 根微管的 9+2 型
内质网	缺少	存在
高尔基体	缺少	存在
细胞壁	通常具有化学结构复杂的肽聚糖	化学结构相对简单,缺少肽聚糖
简单细胞器的区别		
核糖体	70S	80S(线粒体和叶绿体除外)
溶酶体和过氧化物酶体	缺少	存在
微管	缺少或稀少	存在
细胞骨架	可能稀少	存在
分化	原始	组织和器官

注　a. 质粒可提供格外的遗传信息

b. 仅支原体和甲烷营养菌(利用甲烷的菌)具有固醇。支原体不能合成固醇,只能利用已合成好的

6.3.2　真核细胞结构

由于真菌属于真核,所以本部分先从真核细胞的结构入手。真核细胞的超微结构如图

6.19所示。

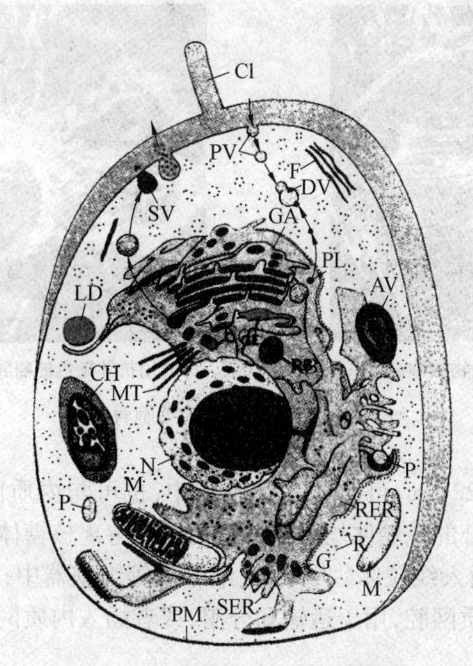

图6.19　真核细胞的超微结构

AV—自体吞噬泡；C—中心粒；CH—叶绿体；CI—纤毛；CR—染色质；DV—消化泡；F—微丝；G—糖原；GA—高尔基体；GE—高尔基氏体-内质网-溶酶体 GERL(Glogi-endoplasmic reticulum-lysosome)；LD—脂肪粒；M—线粒体；MT—微管；N—细胞核；NU—核仁；P—过氧化物酶体；PL—初级溶酶体；PM—质膜；PV—胞饮泡；R—核糖体及其聚合体；RB—残余小体；RER—糙面内质网；SER—光面内质网；SV—分泌泡

1. 细胞壁

真核微生物拥有的、位于细胞质膜外的支撑和保护性结构与原核生物有明显差异。许多真核生物都不具有细胞壁，但是由于真核细胞膜在它们的脂双层中含有胆固醇等甾醇类物质，使得其机械强度增强，从而降低了对细胞壁的需求。当然，也有许多真核生物具有细胞壁。真菌细胞壁通常比较坚硬，其具体组成随生物种类的不同而有所变化，但一般都含有纤维素、几丁质或葡聚糖。

2. 细胞质基质、微丝、中间丝和微管

细胞基质是细胞中最重要且最复杂的组分之一，它是细胞器的“外环境”和许多重要生化过程的发生场所，细胞质基质的成分大部分为水。

微丝是一种微小蛋白丝，它的直径为4～7 nm，它们散布在细胞质基质内或排列成网状、平行状，存在于几乎所有的真核细胞中。微丝参与细胞运动和形状变化，另外，色素颗粒的运动、阿米巴样的细胞运动和黏菌中的原生质流也与微丝有关。真核细胞中另外一种小型丝状细胞器是微管，它呈管状结构，直径在25 nm左右。微管结构较复杂，由两种在结构上略有不同的、被称为微管蛋白的球形蛋白亚基组成，这些亚基以螺旋状排列形成柱状结构。微管至少具有3种功能：①帮助维持细胞形状；②参与胞内运输过程；③与微丝一起参与细胞运动。基质中还存在一些其他种类的丝状组分，其中最重要的当属中间丝，它的直径为8～10 nm。微丝、微管和中间丝构成一个相互关联的、复杂、巨大的丝状体网络，这种丝状体网络被称为细胞骨架，它在维持细胞形态和运动两方面具有重要作用。真核细胞的细胞骨架如图6.20所示。但原核生物不存在真正意义上的、有组织的细胞骨架。

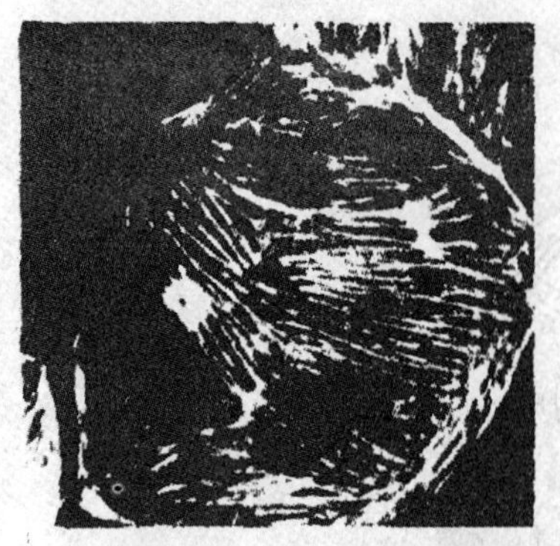

(a) 用抗体染色的原核生物细胞微丝系统

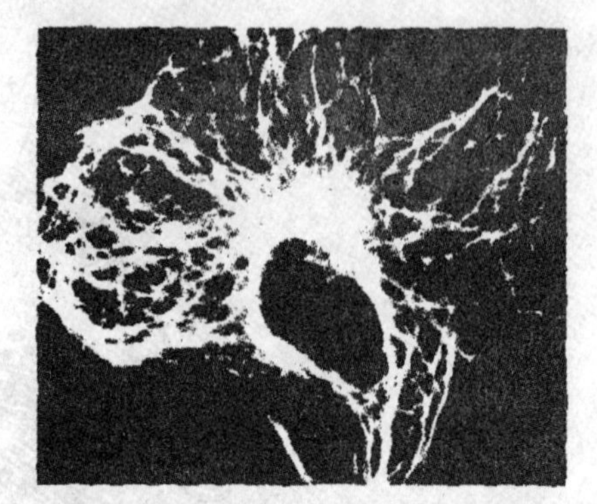

(b) 用抗体染色的哺乳动物细胞微丝系统

图 6.20　真核细胞的细胞骨架

3. 核糖体

真核核糖体直径约为 22 nm，可游离在细胞质中，也可与内质网相连，形成糙面内质网。游离的和与糙面内质网结合的核糖体均可合成蛋白质。游离核糖体负责合成非分泌蛋白和非膜蛋白质，这些蛋白质可插入线粒体、叶绿体、细胞核等细胞器中；而糙面内质网上的核糖体产生的蛋白质或者进入内质网腔，用于运输和分泌，或者插入内质网膜成为整合膜蛋白。

4. 线粒体

在大多数真核细胞中都存在有线粒体（Mitochondia，单数为 Mitochondrion），是三羧酸循环、产生 ATP 及氧化磷酸化的发生场所，因此它常被称作细胞的"动力站"。线粒体通常为圆柱形结构（图 6.21），大小为（0.3 ~ 1.0）μm×（5 ~ 10）μm。一般细胞含线粒体数量多达

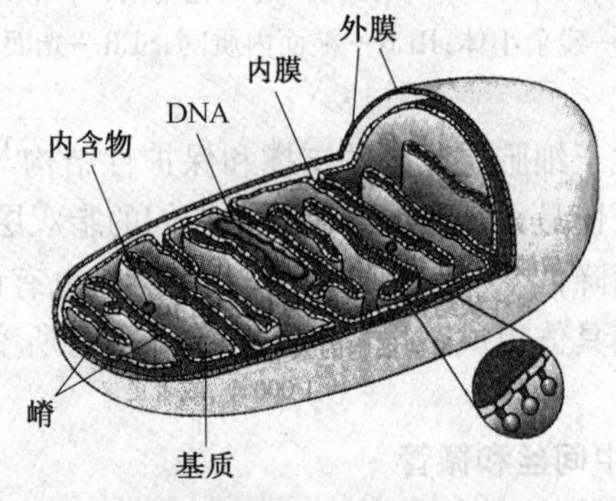

(a) 线粒体结构示意图

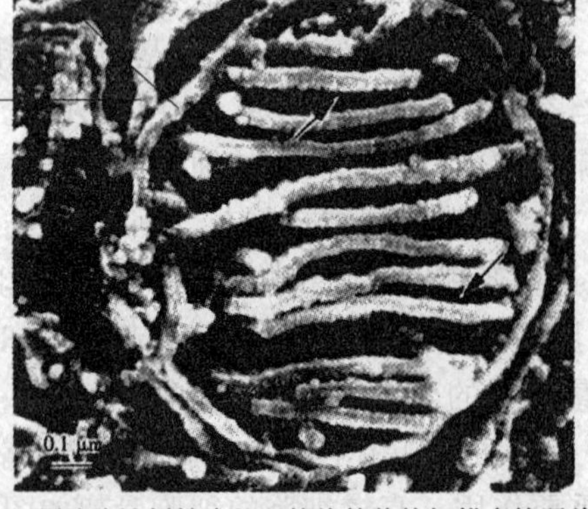

(b) 用冰冻蚀刻技术处理的线粒体的扫描电镜照片

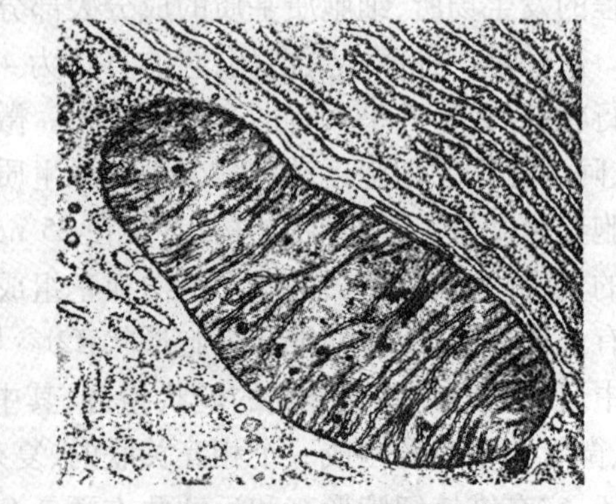

(c) 鼠胰细胞中线粒体的透射电镜照片

图 6.21　线粒体结构

1 000个或者更多,但也有少数细胞仅拥有一个巨大的管状线粒体,它扭卷成连续的网状分布于细胞质中。线粒体表面具有双层膜,内膜折叠形成的褶皱叫作嵴(Cristae,单数为Crista),可大大增加膜的表面积。线粒体的稠密基质内含有核糖体、DNA、和磷酸钙颗粒,其中的核糖体比细胞质中的核糖体要小一些。

5. 叶绿体

叶绿体中含有叶绿素,可利用光能将CO_2和H_2O转变成碳氢化合物和O_2,是光合作用的发生场所。大多数叶绿体为卵圆形(图6.22),大小为(5~10)μm×(2~4)μm,但某些藻类具有单个的巨大的叶绿体,占据细胞的大部分空间。叶绿体也由两层膜所包裹。基质位于内膜内,它含有DNA、核糖体、淀粉颗粒、脂滴和复杂的内部膜系统,内膜系统中最突出的组分是扁平的、有膜界定类囊体。

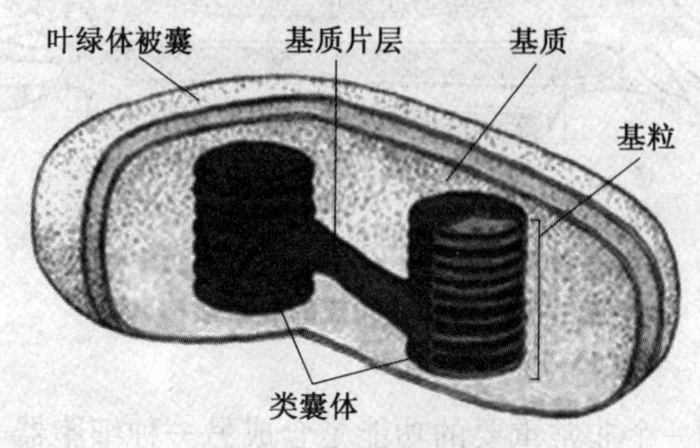

图6.22　叶绿体结构

6. 内质网

内质网(ER)是指细胞质基质中有分支并相互沟通的膜管以及许多被称为潴泡的扁平囊腔组成的不规则网络(图6.23)。内质网的性质随细胞的功能和生理学状态不同而变化:正在大量合成某种目的蛋白的细胞中,大部分内质网的外表面上附着有核糖体,此时称作糙面内质网或颗粒状内质网(rER或gER)。而在其他细胞中,内质网上没有核糖体,此时称作光面内质网或无颗粒内质网(sER或aER)。内质网是一种重要的细胞器,具有许多功能,它能运输蛋白质、脂类,可以使一些物质穿过细胞,还是细胞膜合成的主要场所。

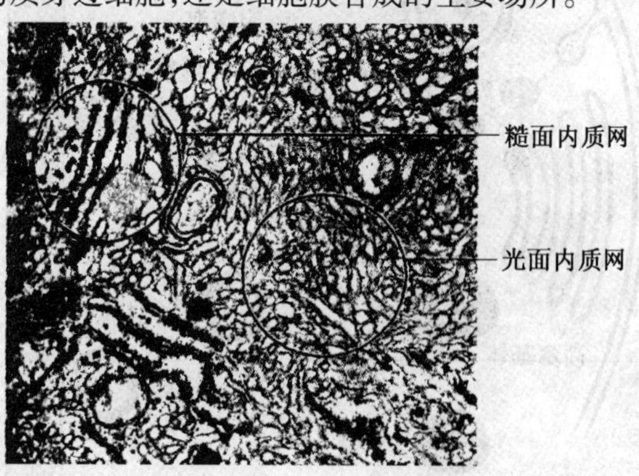

图6.23　内质网结构

7. 高尔基体

高尔基体是一种由扁平膜囊相互堆叠形成的膜状细胞器,其表面没有核糖体附着。它存在于大多数真核细胞中,但许多真菌和纤毛虫原生动物并不具有一个完好的高尔基体结构

(图 6.24)。高尔基体的主要功能是对物质进行包装并为该物质的分泌做准备,但其确切的作用方式随生物体不同而有所变化。高尔基体可组建一些鞭毛藻和放射状原生动物的表面鳞状结构,还常参与细胞膜的形成和细胞产物的包装等。

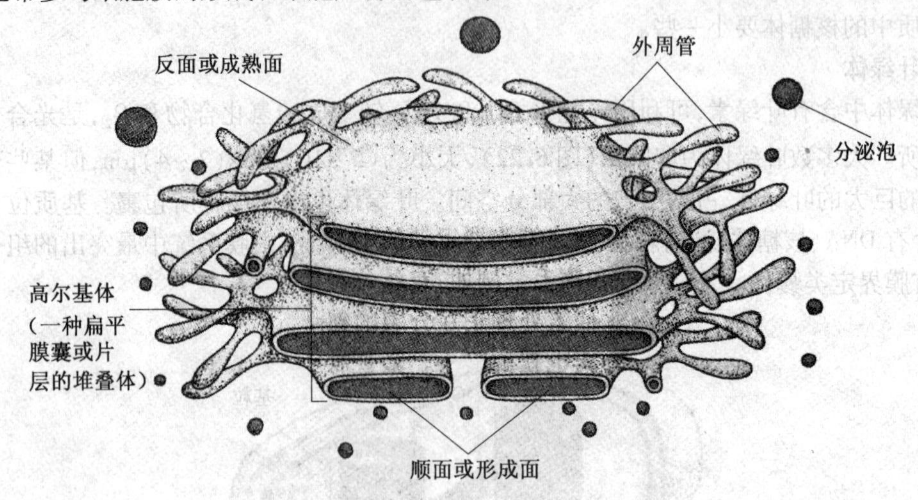

图 6.24　高尔基体结构

8. 溶酶体

高尔基体和内质网的一个非常重要的功能是合成另一种细胞器——溶酶体(Lysosome),存在于植物和动物细胞、原生动物、某些藻类、真菌等许多微生物细胞中。溶酶体一般为球形,由单层膜包裹,直径平均约为 500 nm。溶酶体含有降解各类型大分子物质所必需的酶,可参与胞内消化。消化酶由糙面内质网合成,并被高尔基体包装形成溶酶体。靠近高尔基体的部分光面内质网也可生出芽形成溶酶体。在通过胞吞作用获得营养的过程中,溶酶体起到重要作用。溶酶体的形成与功能如图 6.25 所示。

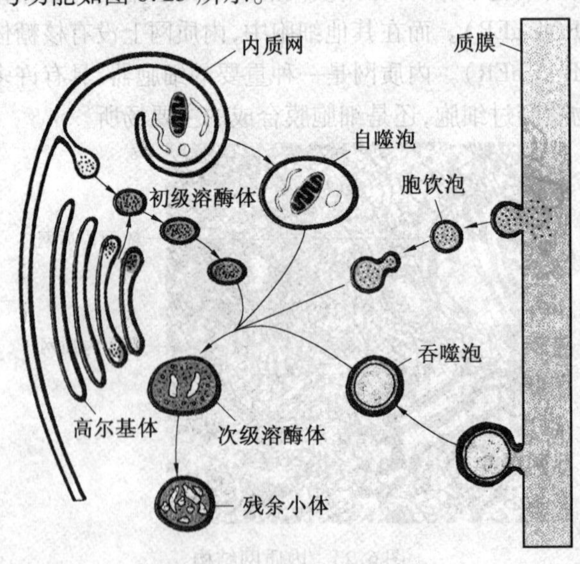

图 6.25　溶酶体形成和功能

9. 细胞核

细胞核是遗传信息的储存部位,也是细胞的控制中心。细胞核的直径为 5 ~7 μm。核由核被膜(Nuclear envelope)所包裹,它是一个由内外膜构成的复杂结构(图 6.26)。核被膜上有许多穿透性的核孔(Nuclear pores),是核与其周围细胞质之间的运输通道。每个孔均是由内、外膜融合而成的,孔直径约为70 nm,集中起来占核表面的10% ~25%。核仁(Nucleolus)通常是核中最明显的结构,它没有膜的包裹,一个核中可能含有一个到多个核仁。它在核糖体合成中发挥重要作用。

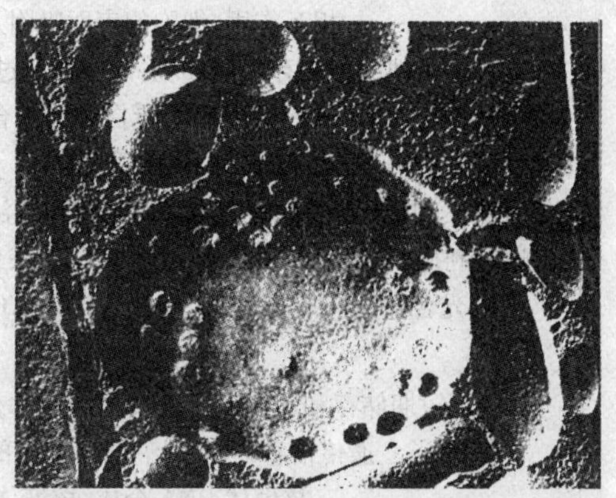

图6.26　细胞核结构

10. 纤毛和鞭毛

纤毛(Cillia,单数为Cillum)和鞭毛(Flagella,单数为Flagellum)都是与运动有关的细胞器。纤毛与鞭毛在以下两个方面存在不同:首先长度不同,纤毛的典型长度为5 ~20 μm,而鞭毛则可达100 ~200 μm。其次运动方式不同,纤毛像桨一样划过周围液体,从而推动机体在水中运动;鞭毛以波动方式运动,并从基部或顶部产生平面的或螺旋形的波。

鞭毛的运动(图6.27(a))常采用波动的方式,即从鞭毛的基部到顶部的方向或者以相反的方向进行波浪运动。这种波动能推动机体前进。纤毛的运动(图6.27(b))可分为两个时期。在有效运动中,纤毛在水中运动时保持相当刚性。在随后进行的回复运动中,纤毛弯曲并恢复到原始状态。图6.27中黑色箭头表示水的运动方向。

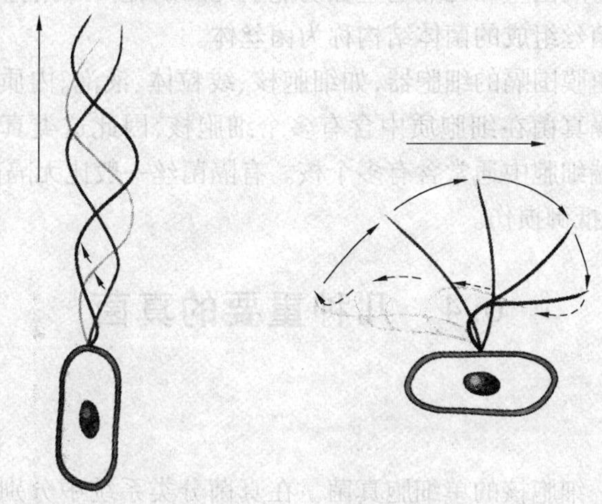

(a) 鞭毛的运动模式　(b) 纤毛的运动模式

图6.27　鞭毛和纤毛的运动模式图

真核细胞器的功能见表6.4。

表 6.4　真核细胞器的功能

细胞器	功能
细胞壁和表膜	加固并保持细胞形状
质膜	细胞的机械边界;运输系统的选择性渗透屏障;调控细胞与细胞之间的相互作用、细胞的表面吸附及分泌。
细胞质基质	其他细胞其存在的环境;许多代谢过程发生的场所。
内质网	物质运输,蛋白和脂类合成
核糖体	蛋白质合成
高尔基体	用于不同目的的物质的包装和分泌,溶酶体形成
线粒体	通过利用三羧酸循环,电子运输,氧化磷酸化和其他途径产生能量
叶绿体	光合作用—捕捉光能,并由 CO_2 和 H_2O 合成碳氢化合物
溶酶体	胞内消化
液泡	短期储存和运输,消化(食物泡),水分平衡(收缩泡)
细胞核	遗传信息的储存场所,为细胞的调控中心
核仁	核糖体 RNA 合成,核糖体组装
微丝,中间丝和微管	细胞结构和运动,形成细胞骨架
纤毛和鞭毛	细胞运动

6.3.3　真菌菌体的基本结构——菌丝

菌丝是由长形细胞组成的管状结构,在刚性的外壁内充满流动的原生质。真菌菌丝只在顶端生长,在顶部有一个锥形的延长区。顶端往下菌丝逐渐老化至裂解。当顶端生长时,原生质不断地从老菌丝流向顶部,为生长提供营养物质。

菌丝中的原生质由横隔分为规则或不规则的间隔,每一间隔或为一个细胞,内含一个、两个或多个细胞核,细胞间的分隔称为隔膜。子囊菌和担子菌的菌丝是有隔菌丝,壶菌和接合菌的菌丝为无隔菌丝。有隔菌丝和无隔菌丝在功能上无区别,前者的隔膜通常有孔,允许细胞质甚至细胞核通过。由菌丝组成的菌体结构称为菌丝体。

菌丝中含有各种由膜围隔的细胞器,如细胞核、线粒体、液泡、内质网、高尔基体或类似结构以及脂肪体等。无隔真菌在细胞质中含有多个细胞核,因此这类真菌又叫作多核体真菌。有隔真菌在菌丝的顶端细胞中通常含有多个核。有隔菌丝一般比无隔菌丝对湿度有很大的耐受力;隔膜还可以用来抵御损伤。

6.4　几种重要的真菌

6.4.1　酵母菌

酵母是一类有单一细胞核的单细胞真菌。在真菌分类系统中分别属于担子菌纲、子囊菌纲和半知菌纲。酵母菌有发酵型和氧化型两种。发酵型酵母菌是发酵糖为乙醇(或甘油、甘露醇、有机酸、维生素及核苷酸)和二氧化碳的一类酵母菌,用于发面做面包、馒头和酿酒。氧化型的酵母菌则是无发酵能力或发酵能力弱而氧化能力强的酵母菌。酵母菌可用于处理淀粉废水、柠檬酸残糖废水和油脂废水以及味精废水等,在处理废水的同时又可得到酵母菌体蛋白用作饲料。某些酵母菌在石油加工中起积极作用,如石油脱蜡,降低石油凝固点等。此外,酵母菌还可用作监测重金属。

1. 酵母菌的形态和大小

酵母菌的形态(图6.28)有圆形、卵圆形、圆柱形或假丝状,直径为1~5 μm,长为5~30 μm或更长。

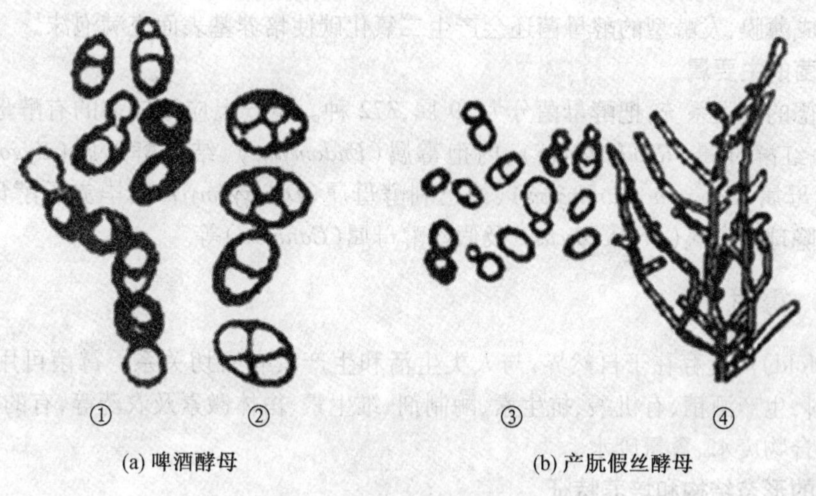

图6.28　酵母菌的各种形态

①营养细胞;②子囊孢子;③营养细胞;④假菌丝

酵母菌的细胞结构有细胞壁、细胞质膜、细胞质及其内含物、细胞核。酵母菌的细胞壁含有葡聚糖、蛋白质、脂类及甘露聚糖,某些酵母菌细胞壁还含有几丁质。酵母菌的细胞质含大量RNA、核糖体、线粒体、内质网、中心体、液泡、中心染色质等,老龄菌细胞质还会出现一些储存颗粒,如肝糖、多糖、脂肪粒、蛋白质、异染颗粒等。酵母菌的细胞核具有核膜、核仁和染色体。

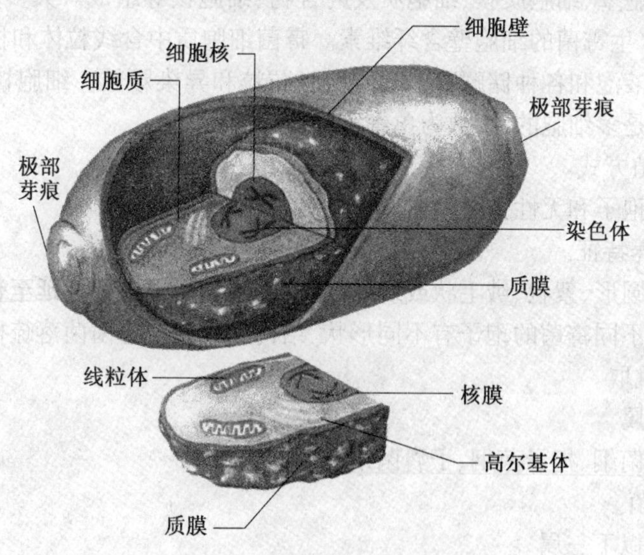

图6.29　酵母菌的细胞结构

2. 酵母菌的繁殖

酵母菌的繁殖方式分为无性生殖和有性生殖,无性生殖又分为出芽生殖和横断分裂生殖。有性生殖如形成孢子等。

3. 酵母菌的培养特征

酵母菌在固体培养基表面上培养一段时间后，长出表面光滑湿润的酵母菌落，有黏性，菌落大小和细菌差不多，颜色通常呈白色和红色。培养较长时间后菌落表面变得干燥并呈皱褶状。不同种酵母菌在液体培养基中的表现不同。有的酵母菌产生沉淀沉在瓶底，有的在培养基液面上形成薄膜，发酵型的酵母菌还会产生二氧化碳使培养基表面充满泡沫。

4. 酵母菌的主要属

根据罗德的分类系统，把酵母菌分为 39 属，372 种。生产上应用较多的有酵母菌属（*Saccharomyces*）、红酵母属（*Rhodo tonda*）、内孢霉属（*Endomyces*）、结合酵母属（*Zygosaccharomyces*）、裂殖酵母属（*Schizosaccharomyces*）、德巴利酵母属（*Debaryomyces*）、毕赤氏酵母属（*Pichia hansenula*）、隐球酵母属（*Cryptococcus*）及假丝酵母属（*Canaida*）等。

6.4.2 霉菌

霉菌（Mold）广泛存在于自然界，与人类生活和生产具有密切关系。霉菌可用于制酱、制曲、发酵饲料，生产酒精、有机酸、抗生素、酶制剂、维生素、甾体激素及农药等，有的霉菌还可处理含硝基化合物废水、含氰废水。

1. 霉菌的形态结构和培养特征

（1）霉菌的形态、大小。

霉菌是由分支的和不分支的丝状的菌丝交织而成的菌丝体。整个菌丝体可分为两部分：营养菌丝（摄取营养和排除废物）和气生菌丝（长出分生孢子梗和分生孢子）。霉菌的菌丝直径为 3 ~ 10 μm。

（2）霉菌的细胞结构。

霉菌细胞由细胞壁、细胞质膜、细胞质及内含物、细胞核等组成。大多数霉菌的细胞壁由几丁质组成，少数水生霉菌的细胞壁含纤维素。霉菌细胞质中含线粒体和核糖体，老龄霉菌的细胞质内会出现大液泡和各种储藏物，如肝糖、脂肪粒和异染颗粒。细胞核有核膜、核仁和染色体。霉菌大多数是多细胞的，少数为单细胞的。

（3）霉菌的繁殖方式。

霉菌借助有性孢子和无性孢子繁殖，也可借助菌丝的片段繁殖。

（4）霉菌的培养特征。

霉菌的菌落呈圆形、絮状、绒毛状或蜘蛛网状，并且长得很快可蔓延至整个平板，比其他微生物的菌落都大。不同霉菌的孢子有不同形状、结构和颜色。霉菌菌落疏松，与培养基结合不紧，用接种环很易挑取。

2. 霉菌的常见属

霉菌分属于藻菌纲、担子菌纲、子囊菌纲和未知菌纲。

（1）单细胞霉菌。

单细胞霉菌有以下三属。

① 毛霉属（*Mucor*）：毛霉属（图 6.30）隶属于藻菌纲毛霉目。霉菌分解蛋白质能力很强，常用于制作腐乳和豆豉，有的种用于生产柠檬酸和转化甾体物质。

② 根霉属（*Rhizopus*）：根霉属（图 6.31）也隶属于毛霉目。根霉既可以进行无性孢子繁殖，又可以进行有性繁殖。根霉分解淀粉能力很强，能用于生产淀粉酶、脂肪酶和果胶酶，还可以用于生产乳酸、延胡索酸、丁烯二酸和转化甾体物质。

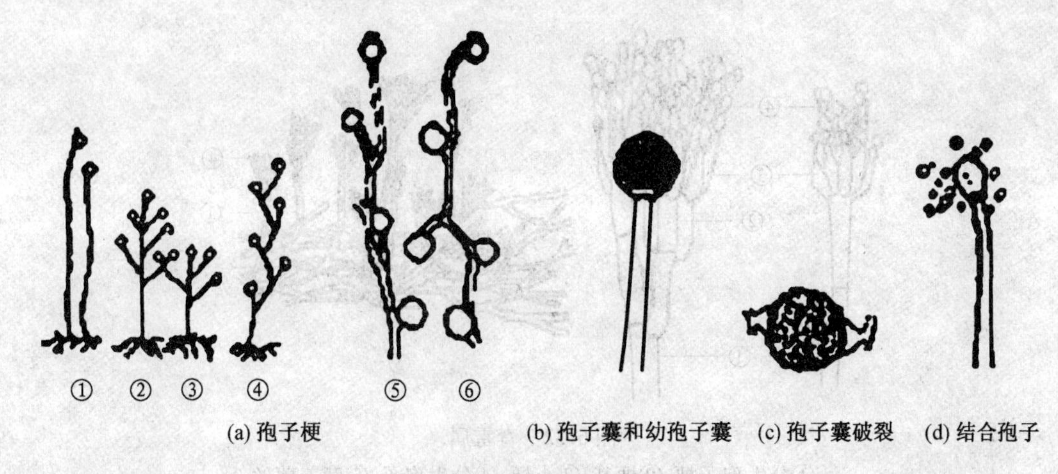

(a) 孢子梗　(b) 孢子囊和幼孢子囊　(c) 孢子囊破裂　(d) 结合孢子

图 6.30　毛霉属

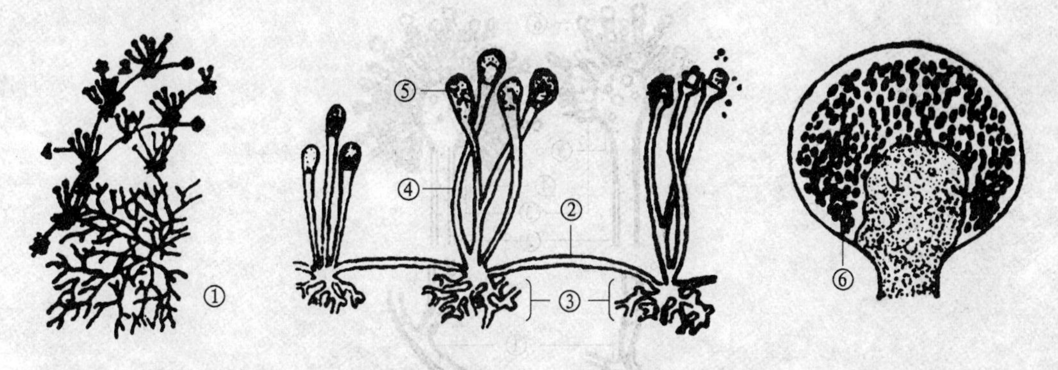

图 6.31　根霉属

①营养菌丝;②匍匐菌丝;③假根;④孢子梗;⑤孢子囊;⑥孢囊孢子

③ 绵霉属(*Achlya*)。

(2)多细胞霉菌

多细胞霉菌共有以下六属。

① 青霉属(*Penicillum*):青霉隶(图 6.32)属于未知菌纲,进行无性繁殖。青霉的菌落呈密毡状,大多为灰绿色。青霉以生产青霉素而著称,除此之外还可以用于生产有机酸和酶制剂等。另外,青霉是霉腐剂,能引起皮革、布匹、谷物及水果等腐烂。

② 曲霉属(*Aspergillus*):曲霉属(图 6.33)隶属于半知菌纲。曲霉以无性孢子繁殖,它与其他真菌不同的是,首先分化出厚壁的足细胞,再由足细胞长出成串的分生孢子梗(柄)。曲霉可用于生产淀粉酶、蛋白酶、果胶酶等酶制剂,有机酸等。应该注意的是,曲霉中有些种可产生致癌因子黄曲霉素。

③ 镰刀霉属(*Fusarium*):镰刀霉属(图 6.34)隶属于半知菌纲,它产生的分生孢子呈长柱状或稍弯曲像镰刀。镰刀霉多数是无性繁殖,少数是有性繁殖。镰刀霉对氰化物的分解能力很强,可用于处理含氰废水,少数镰刀霉可利用石油生产蛋白酶,镰刀霉还可用作害虫的生物防治。

④ 白地霉(*Geotrichum candidum*):白地霉隶属于丛梗孢子科的地霉属(图 6.35),其繁殖方式为裂殖。白地霉的菌体蛋白营养价值很高,可用于提取核酸,合成脂肪、制糖、酿酒、食品、饮料、饲料、豆制品及制药等行业,还可用于处理废水。

⑤ 木霉属(*Trichoderma*):木霉属(图 6.36)隶属于未知菌纲,它通过分生孢子进行无性繁

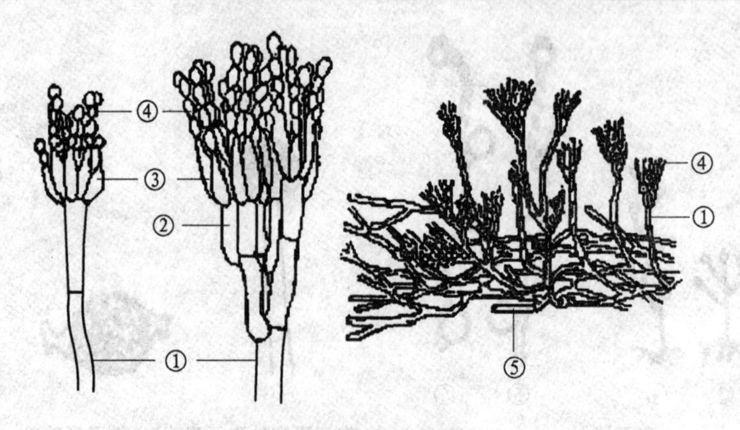

图 6.32　青霉属
①分生孢子梗;②梗基;③小梗;④分生孢子;⑤营养菌丝

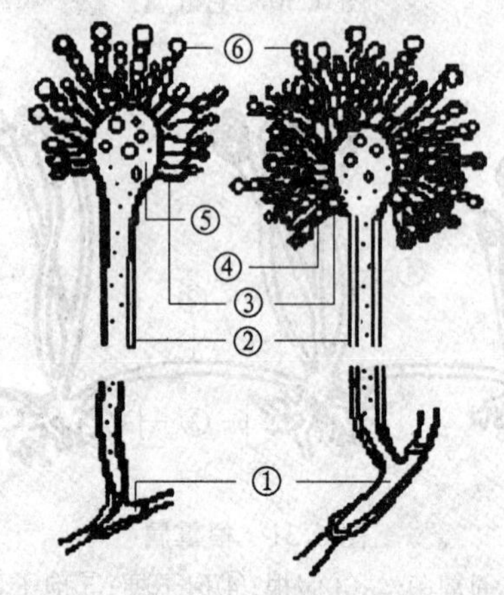

图 6.33　曲霉属
①足细胞;②分生孢子梗;③顶囊;④初生小梗;⑤次生小梗;⑥分生孢子

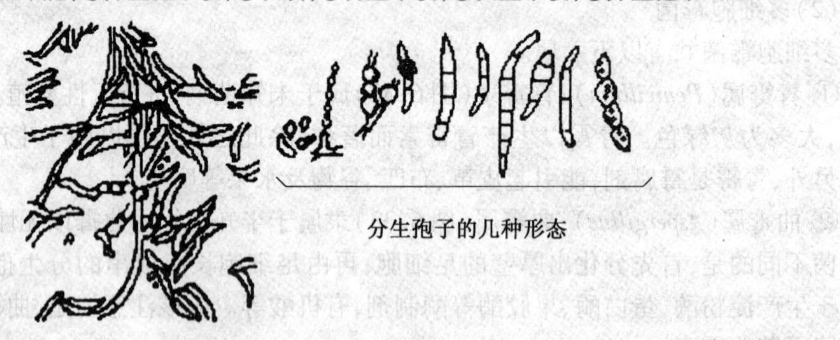

图 6.34　镰刀霉属

殖,其分解纤维素和木质素的能力较强。

⑥ 交链孢霉属(*Altemaria*):交链孢霉属(图 6.37)进行无性繁殖。

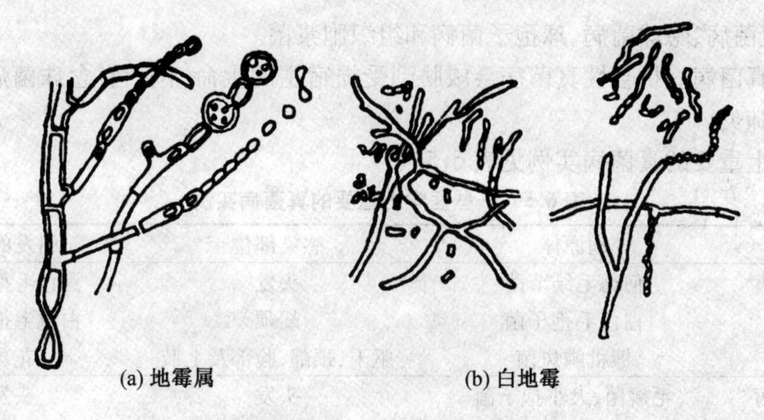

(a) 地霉属　　(b) 白地霉

图6.35　地霉属和白地霉

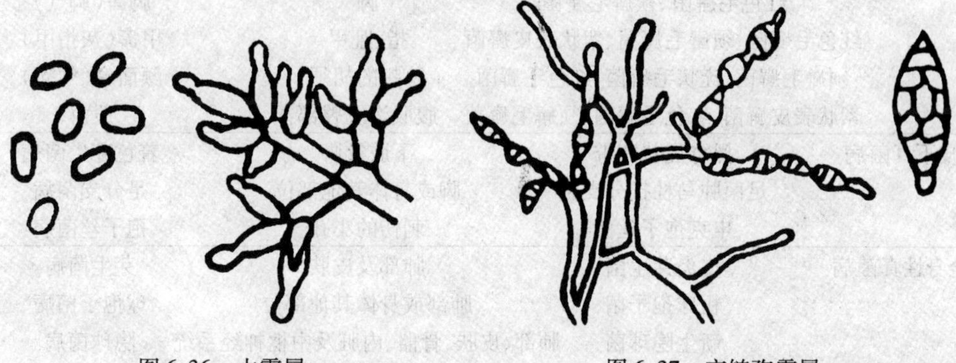

图6.36　木霉属　　图6.37　交链孢霉属

6.4.3　伞菌

伞菌目(Agaicales)可分为食用菌、药用菌和毒菌。食用菌和药用菌肉质鲜美、营养价值高,有些伞菌甚至含有抗癌物质。食用菌和药用菌有草菇、香菇、平菇等。毒菌有鹅膏菌属、盔孢伞属、鬼伞属。

多数伞菌通过菌丝结合方式产生囊状担子且最终外生4个担孢子,但孢子最终发育成伞菌,为有性生殖。少数种进行无性繁殖,由它产生的粉孢子和厚垣孢子萌发形成菌丝体。

6.5　真菌的致病性

在庞大的真菌家族中,能够引起人类疾病的却是为数不多,只有大约50种。这些由真菌引起的人和动物的疾病称为真菌病(Mycoses,单数为Mycosis),根据宿主体内被感染部位及程度可分为表层真菌病、皮肤真菌病、皮下真菌病、全身性真菌病和机会性真菌病。

①表层真菌病。如花斑癣、黑色毛孢子菌病和白色毛孢子菌病等,主要发生在热带。

②皮肤真菌病。发生在皮肤外层,通常被称作癣、癣菌病等,这类疾病在世界范围内广泛发生。

③皮下真菌病。引起这类疾病的真菌都是存在于土壤中的正常腐生菌,它们必须被导入皮下层才能发生作用,包括着色芽生菌病、足分支菌病和孢子丝菌病等。

④全身性真菌病。全身性真菌病是最严重的真菌感染,因为引发这类病的真菌能够扩散

到全身,如芽生菌病、隐球菌病、球孢子菌病和组织胞浆菌。

⑤机会性真菌病。机会性真菌病会威胁到受损宿主的生命,包括有念珠菌病、曲霉菌病、和卡氏肺囊虫肺炎。

一些医学上重要的真菌病实例见表6.5。

表6.5　一些医学上重要的真菌病实例

类别	病原体	感染部位	引发的疾病
表层真菌病	何德毛结节菌	头发	黑色毛孢子菌病
	白色毛孢子菌	胡须	白色毛孢子菌病
	糠秕鳞斑菌	躯干、颈部、脸部及上肢	花斑癣
皮肤真菌病	毛癣菌、犬小孢子菌	头发	头发癣
	红色毛癣菌	皮肤光滑或无毛的部位	钱癣(风癣)
	红色毛癣菌、须癣毛癣菌	脚	脚癣(脚气)
	红色毛癣菌、须癣毛癣菌、絮状表皮癣菌	指、趾甲	甲癣(灰指甲)
	须癣毛癣菌、疣状毛癣菌、红色毛癣菌	脸颊的胡须	颜面癣(须癣)
	絮状表皮癣菌、红色毛癣菌、须癣毛癣菌	腹股沟及臀部	股癣
皮下真菌病	黑霉疣状瓶霉	下肢及脚	着色芽生菌病
	足菌肿马杜拉分支菌	脚或身体其他部位	足分支菌病
	申克孢子丝菌	刺伤的小孔	孢子丝菌病
全身性真菌病	皮炎芽生菌	肺部及皮肤	芽生菌病
	粗球孢子菌	肺部或身体其他部位	球孢子菌病
	新生隐球菌	肺部、皮肤、骨骼、内脏及中枢神经系统	隐球菌病
	荚膜组织胞浆菌	吞噬细胞内	组织胞浆菌病
机会性真菌病	烟曲霉、黄曲霉	呼吸系统	曲霉菌病
	白色念珠菌	皮肤或黏膜	念珠菌病
	卡氏肺囊虫	肺部,有时是大脑	卡氏肺囊虫肺炎

第7章　藻　类

7.1　概　述

藻类一般都具有能进行光合作用的色素,利用光能将无机物合成有机物,供自身需要。藻类的种类很多,有的是单细胞生物。多细胞的藻类形态极其复杂,而且功能上有分化。藻类的大小差异很显著,小的只能用显微镜观察到,大小以 μm 表示,大的藻类有海藻中的褐藻和红藻。

7.1.1　藻类特征

藻类并不是一个自然分类群,它们具有以下特点。

(1)藻类不是一个单一的紧密相关的分类群,而是一个多种多样、多元的单细胞集聚、集群和多细胞真核有机体。

(2)虽然藻类能以自养或异养方式生活,但绝大多数的藻类是进行无机光能营养,它们以淀粉、油类和各种糖类等多种形式储存碳。

(3)藻类生殖构造不受特化组织的保护,除极少数种类外,它们的生殖器官都是由单细胞构成的。

(4)藻类的合子在母体内并无胚的形成,而是脱离母体后,才进行细胞分裂,并成长为新个体。如果用动物学的术语来说,高等植物是胎生,而藻类则是卵生。

(5)藻类以无性和有性两种方式繁殖。

根据魏塔克 Whittaker 五界分类系统,藻类被划分为7个门并分属两个不同的界(表7.1)。这一经典的分类是依据藻类的细胞学性质,有以下几种:①细胞壁如果存在化学和形态学;②食物和光合作用的同化产物的储存形式;③引起光合作用的叶绿素分子和辅助色素分子;④鞭毛的数量及其在可运动细胞上的插入位置;⑤细胞形态或原植体即一个藻体形态;⑥生境;⑦繁殖结构;⑧生活史模式。表7.2为一些藻的特征的比较性总结。

表7.1　藻类的传统分类

门(俗名)	界
金藻门(黄绿藻和金褐藻;硅藻)	原生生物界(单细胞或集落样、真核)
眼虫藻门(光合作用的类眼虫鞭毛藻)	原生生物界
甲藻门(沟鞭藻)	原生生物界
轮藻(轮藻)	原生生物界
绿藻门(绿藻)	原生生物界
褐藻门(褐藻)	植物界(多细胞、真核)
红藻门(红藻)	植物界

表 7.2　一些藻的特征的比较性总结

门	估计的物种数/种	俗名和典型种	叶绿素	藻胆素（藻胆蛋白）	色素	叶绿体中的类囊体数/个	储存物质	鞭毛/条	细胞壁	栖息地
绿藻门	7 500	绿藻（衣藻）	a,b	—	β－胡萝卜素，±α－胡萝卜素，叶黄素	3～6	糖，淀粉，果聚糖	1,2～8；等长，顶或顶生近端生	纤维素，甘露糖，聚蛋白质，碳酸钙	淡水，半咸水，咸水，陆地
轮藻门	250	轮藻或脆草（轮藻）	a,b	—	α－，β－，τ－胡萝卜素，叶黄素	许多	淀粉	2；近顶端生	纤维素，碳酸钙	淡水，半咸水
眼虫藻门	700	类眼虫鞭毛藻（裸藻）	a,b	—	β－胡萝卜素，叶黄素，±τ－胡萝卜素	3	副淀粉，油滴，糖	1～3；少数顶生	缺乏	淡水，半咸水，咸水，陆地
金藻门	6 000	金褐藻，黄绿藻；硅藻（环藻）	a，c_1/c_2，极少的 d	—	α－，β－，ε－胡萝卜素，墨角褐黄素，叶黄素	3	金藻昆布多糖，油滴	1～2；等长不或等长，顶生；或无鞭毛	纤维素，二氧化硅，碳酸钙，几丁质，或缺乏	淡水，半咸水，咸水，陆地
褐藻门	1 500	褐藻（马尾藻）	a,c	—	β－胡萝卜素，墨角褐黄素，叶黄素	3	昆布多糖，甘露醇，油滴	2；不等长，侧生	纤维素，褐藻酸；岩藻多糖	半咸水，咸水

续表 7.2

门	估计的物种数/种	俗名和典型种	叶绿素	藻胆素（藻胆蛋白）	色素	叶绿体中类囊体数/个	储存物质	鞭毛/条	细胞壁	栖息地
红藻门	3 900	红藻（珊瑚藻）	a，极少的d	C-藻蓝素，异藻蓝蛋白，藻红素	叶黄素，β-胡萝卜素，玉米黄素，±α-胡萝卜素）	1	类糖原淀粉（佛里罗达糖苷）	无鞭毛	纤维素，木聚糖，半乳聚糖，碳酸钙	淡水，半咸水，咸水
甲藻门	1 100	沟鞭藻（裸甲藻）	a，c_1，c_2	—	β-胡萝卜素，墨角褐黄素，多角藻黄素，甲藻黄素	3	淀粉，葡萄糖，油滴	2；一根伸，一根环绕	纤维素，或缺乏	淡水，半咸水，咸水

分子系统分类将一些经典的藻类（如绿藻）划归为植物；一些作为一个单独的谱系（如红藻）；一些经典性藻类（如类眼虫鞭毛藻）仍划入原生动物门。依据藻类 rRNA 成分分析和超微结构的研究，最近新设了 Strameopiles 和囊泡藻类（Alveolates）两大类群。如金褐藻、黄绿藻、褐藻和硅藻被置于 Strameopiles 类群；沟鞭藻等被划入囊泡藻类（Alveolates）类群。Stramenopiles 有管状线粒体嵴和中空的体毛。它能产生少量纤细的体毛（三联的微管状体毛），这些体毛一般着生在鞭毛上。光合作用色素一般为叶绿素 a 和叶绿素 c。虽然少数类群没有体毛如硅藻，但依据 rRNA 序列分析、线粒体特征和一些别的特征，仍认为它属于 Stramenopiles。囊泡藻类有管状线粒体嵴，并且在毗邻表面之处有深层的蜂窝状小泡或小囊。甲藻、纤毛虫和顶端复杂原生动物（Apicomplexan protozoa）都归属这一类群。

7.1.2 分布

藻类的分布极为广泛，同细菌一样，在地球上所有的地方均有藻类分布。

大多数藻类都是水生的，有产于海洋的海藻；也有生于陆水中的淡水藻。它们或漂浮于水表（水表漂浮生物，Neustonic），或悬浮于水中（浮游生物，Planktonic），或黏附、生活在水底（底栖生物，Benthic）。如有躯体表面积较大（如单细胞、群体、扁平、具角或刺等），体内储藏比例较小的物质，或生有鞭毛以适应浮游生活的浮游藻类；有体外被有胶质，基部生有固着器或假根，生长在水底基质上的底栖藻类；也有生长在冰川雪地上的冰雪藻类；还有在水温高达 80 ℃

以上温泉里生活的温泉藻类。

也有很多藻类的藻体不完全浸没在水中,其中有些是藻体的一部分或全部直接暴露在大气中的气生藻类;也有些是生长在土壤表面或土表以下的土壤藻类。

就藻类与其他生物生长的关系来说,有附着在动、植物体表生活的附生藻类;也有生长在动物或植物体内的内生藻类;还有的和其他生物营共生生活的共生藻类。总之,藻类对环境的适应性也很强,几乎到处都有藻类的存在。

7.1.3 藻细胞的超微结构

真核藻细胞(图7.1)被一层薄薄的、坚硬的细胞壁所围绕,某些藻类在细胞壁外有一层富有弹性的、与细菌荚膜类似的凝胶样外在基质。鞭毛(如果存在)是藻类的运动器官。细胞核有典型的带有核孔的核被膜,核物质由核仁、染色质和核液组成。类囊体是叶绿体上有膜束缚的囊状结构,在其上进行光合作用的光反应。类囊体镶嵌在基质内,光合作用进行二氧化碳固定的暗反应就发生在基质中。淀粉核(Pyrenoid)这一高密度蛋白质区域可能存在于叶绿体内,它与淀粉的合成和储存密切相关。藻类中的线粒体结构变化很大,一些藻类如类眼虫鞭毛藻有盘状嵴,绿藻和红藻等有片状嵴,金褐藻、黄绿藻、褐藻和硅藻等残留着管状嵴。

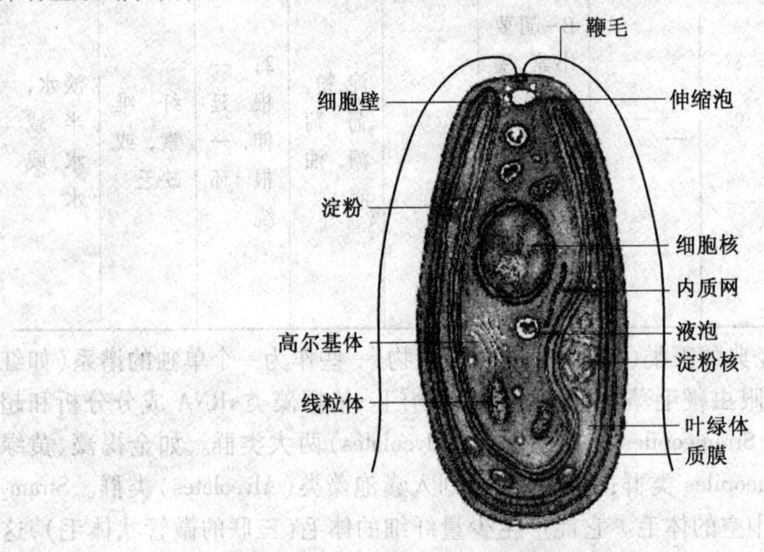

图7.1 真核藻细胞的形态

7.1.4 藻的原植体(营养型)的结构

藻的营养体称为原植体(Thallus,复数为Thalli)。原植体为丝状或片状,大小不一,小的仅数个细胞,大的形态复杂如树状,其无根、茎、叶的分化,无输导组织。大部分的原植体现在被归属为复杂的原生生物。藻的原植体从相对简单的单细胞到较显著复杂的多细胞,如巨型海藻,有很大的变化。单细胞藻类仅与细菌一般大小,而大型海藻(如海带)则可长达75 m以上。藻类具有单细胞、群落样、细丝状、膜状、叶片状或管状等多种形态。

7.1.5 藻的营养

一般藻类的细胞内除含有和绿色高等植物相同的光合色素外,有些类群还具有共特殊的色素而且也多不呈绿色，所以它们的质体特称为色素体或载色体。藻是自养或异养型生物。大多为光能自养，和高等植物一样，都能在光照条件下，利用二氧化碳和水合成有机物质；有些低等的单细胞藻类需要外在的有机复合物作为碳源和能源，在一定的条件下进行有机光能营养、无机化能营养或有机化能营养。少数藻类是腐生型的，极少数营共生生活。

7.1.6　藻的繁殖、生活史和生活条件

1. 繁殖

一些单细胞藻以无性方式繁殖。以这种方式繁殖时，合子在母体内并不发育为胚，而是脱离母体后，才进行细胞分裂，并成长为新个体。有3种基本的无性繁殖类型：断裂、产生孢子和二分裂。在断裂生殖（Fragmentation）中，原植体断裂，每个片段长成一个新的原植体。孢子或是在普通的营养细胞内形成，或是在称为孢子囊（Sporangium；希腊文为Spora，种子；Angeion，容器）的特殊结构内形成。带有鞭毛的可游动孢子称为动孢子（Zoospore）。由孢子囊产生的不运动孢子称为静孢子（Aplanospore）。某些单细胞藻以核分裂后紧跟着进行胞质分裂的二分裂方式繁殖。

另一些藻以有性生殖方式繁殖。卵子在藏卵器（Oogonia）内形成，藏卵器是相对而言没有变化的营养细胞，其功能相当于雌性生殖结构；精子在称为雄器（Antheridia）的特殊雄性生殖结构内产生。当进行有性繁殖时，两种配子融合产生双倍体合子。

2. 生活史

藻类的生活史有4种类型：①营养繁殖型；②生活史中仅有一个单倍体的植物体，进行无性或有性生殖，或只行一种生殖方式；③生活史中仅有一个双倍体的植物体，只进行有性生殖，减数分裂在配子囊中配子产生之前；④生活史中有世代交替的现象，即无性与有性两个世代相互交替出现的现象。

3. 藻类的生活条件

藻类生活的适宜条件有以下几种。

（1）温度。

每种藻类都生活在一定的温度范围内，都有其生长的最高温度、最低温度和最适温度。根据温度范围的不同，藻类可分为广温性种类和狭温性种类。广温性种类温幅可达到41 ℃（−11～30 ℃；而狭温性种温幅仅10 ℃左右。

随着温度改变，水域中藻类种群的优势种有演替上的变化，在具有正常混合藻类种群的河流中，可以观察到在20 ℃时，硅藻占优势；在30 ℃时，绿藻占优势；在35～40 ℃时，蓝藻占优势。

（2）光照。

在水表面，光线不是限制因素。如果水体污染造成悬浮物质过多或水体富氧化时，影响光线透入水层，则影响藻类的生长，使其大量死亡。

（3）pH。

藻类生长的最适pH为6～8，生长的pH为4～10。有些种类在强酸、强碱下也能生长。

除上述影响因子外，水的运动、溶解盐类和有机物质、溶解气体、共同生活的其他生物也对藻类的生长产生影响。

7.2 藻门的特征

7.2.1 绿藻门(绿藻)

绿藻门或绿藻是一个变化极大的门。它们在淡水、海水和阴冷潮湿的陆生环境中含量极为丰富,还可以生长在土壤中的有机体上或有机体内。按分子系统分类表,绿藻与陆生植物关系密切,并且它们具有片层状嵴的线粒体。绿藻有叶绿素 a 和叶绿素 b,还有特定的类胡萝卜素。它们以淀粉的形式储存碳水化合物。许多绿藻的细胞壁成分是纤维素。形态呈现广泛的多样性,从单细胞到集落样,细丝状,膜片状和细管状等多种类型。某些种具有固着器结构使它们能黏附到基质上。绿藻繁殖方式有无性繁殖和有性繁殖两种。绿藻门(绿藻)的光学显微照片如图 7.2 所示。

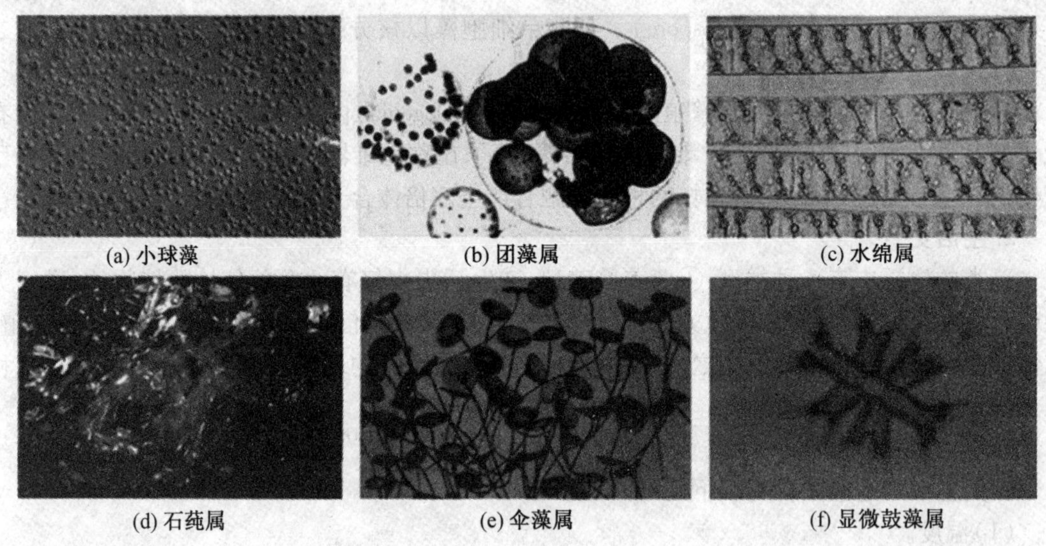
(a) 小球藻　(b) 团藻属　(c) 水绵属
(d) 石莼属　(e) 伞藻属　(f) 显微鼓藻属

图 7.2　绿藻门(绿藻)的光学显微照片

1. 衣藻属

衣藻属是单细胞绿藻的典型代表。单细胞个体,细胞形状有球形、近球形、椭圆形、长圆形、近圆柱形、梨形等,因种类不同而异。个体前端有两根等长的鞭毛,通过它可以在水中快速移动。每个衣藻细胞仅含 1 个单倍体核,1 个大的叶绿体,1 个明显的淀粉核和 1 个眼点。眼点帮助细胞进行光趋化应答。在鞭毛的基部有两个小伸缩泡,能不断排出水分,从而起到渗透调节的功能。无性生殖为细胞的纵分裂,产生 2,4 或 8 团各具 1 核的原生质后从母细胞内逸出,产生新壁,长成新个体。在某些特殊条件下,这些细胞被包在 1 个共同的胶被之内,或为胶体群时期,待环境转变,再长出鞭毛,自母细胞中逸出,成为许多新个体。有时,子细胞在环境不利时,形成厚壁孢子。衣藻也进行有性繁殖,这时由细胞分裂形成的某些细胞具有类似配子的功能,融合后形成带有 4 个鞭毛的双倍体合子。合子最终丢失鞭毛,进入休眠期。在休眠末期进行减数分裂,产生 4 个单倍体细胞,最终单倍体生长为成熟的个体。

2. 小球藻

在绿藻中,从类似衣藻的简单有机体起,还存在几个独特的进化(特化)谱系。第一个进化谱系含有不能运动的单细胞绿藻,如小球藻。小球藻分布于全世界,多生活于较小的浅水,各种容器、潮湿土壤、岩石和树皮上。它细胞核非常微小,圆形或略椭圆形,细胞壁薄,没有鞭毛、眼点和伸缩泡,细胞内有1个杯形或曲带形载色体,细胞老熟时载色体分裂成数块。无蛋白核,只有蛋白核小球藻有蛋白核。无性生殖时,原生质分裂形成2,4,8,16个似亲孢子,母细胞壁破裂时放出孢子。

3. 团藻

第二个进化谱系的代表是能运动的群落样绿藻如团藻。一个团藻集落呈中空的球形,由500~60 000个单细胞形成一个单层。成熟的群体,细胞分化成营养细胞(体细胞)和生殖细胞(生殖胞)两类。营养细胞具光合作用能力,能制造有机物,数目很多。每个细胞具有1个杯状的叶绿体,叶绿体基部有1个蛋白核,细胞前端朝外,生有2条等长的鞭毛。因每个细胞外面的胶质膜被挤压,从表面看细胞呈多边形。每个细胞有2根鞭毛由500多个至50 000多个类似衣藻的细胞组成。当团藻在水中移动时,鞭毛协调地摆动,使集落按顺时针方向旋转。仅有少数细胞有繁殖功能。它们位于集落后端。其中一些细胞进行无性分裂,而产生新的集落;其余的细胞则产生配子,受精后,合子分裂形成子代集落。以这两种方式形成的子代集落都驻留在亲代集落上,直至其破裂。能运动绿藻(衣藻)的生活史和结构如图7.3所示。

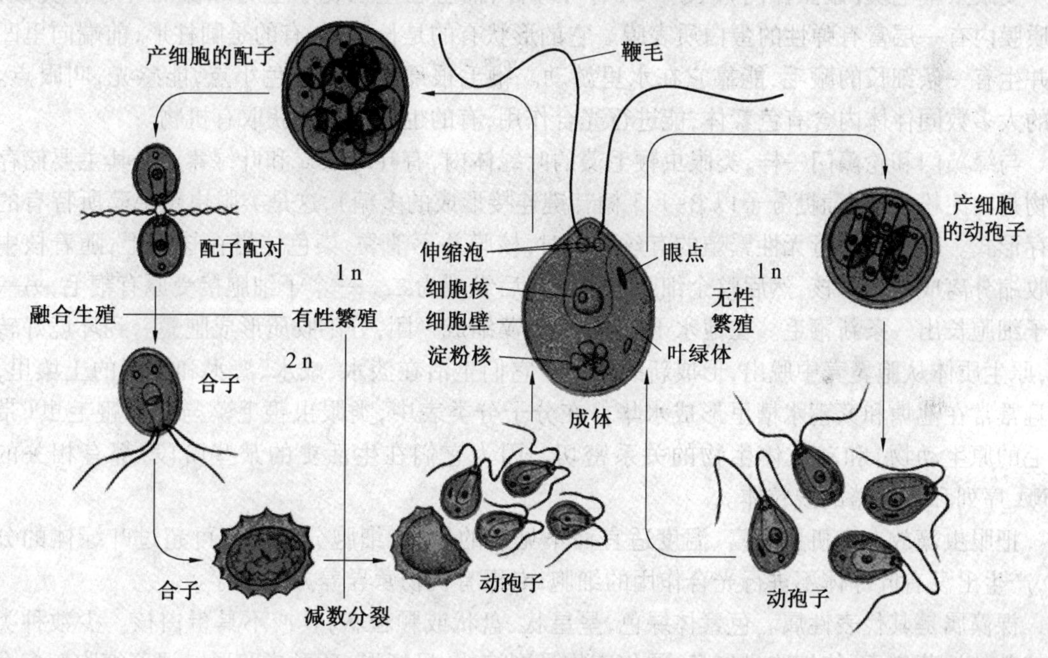

图7.3　能运动绿藻(衣藻)的生活史和结构

7.2.2　轮藻门(轮藻/脆草)

轮藻/脆草相对于绿藻有更为复杂的结构(图7.4)。植物体具有类似“根、茎、叶”的分化。“茎”有节和节间之分,在节处有规则地产生短小、分支的螺环,其配子囊为多细胞复杂结构。根据螺旋细胞的旋转方向,轮藻分为3个目:直立轮藻目、右旋轮藻目和左旋轮藻目。细胞里含叶绿素a,叶绿素b,类胡萝卜素和叶黄素等光合色素。同化产物为淀粉。轮藻很丰富,从淡水到海水,而且在化石中能普遍发现。它们常常生活在阴暗的池塘底部,看上去像一层致密的覆盖物。某些种能从水中沉积碳酸钙和碳酸镁,从而形成一层厚厚的石灰石覆盖物。

图 7.4　轮藻门

7.2.3　眼虫藻门(类眼虫鞭毛藻)

类眼虫鞭毛藻(眼虫藻门)(图 7.5)有叶绿体,而且在生物化学上与绿藻的叶绿体类似,在质膜内有一层富有弹性的蛋白质表膜。它的形状有的是长菱形,有的是圆柱形,前端向里凹陷并生有一条细长的鞭毛,能靠它在水里游动。鞭毛根部附近有红色小点,能感光,叫眼点。它的大多数同伴体内含有色素体,能进行光合作用,有的也能从水中获取有机物。

与绿藻门和轮藻门一样,类眼虫鞭毛藻的叶绿体内,有叶绿素 a 和叶绿素 b。其主要储存产物是副淀粉(由葡萄糖分子以 β-1,3 糖苷键连接形成的多糖),这是类眼虫鞭毛藻所特有的储存形式。眼虫藻进行无性繁殖的有丝分裂时,核膜并不消失,染色体搭在核膜上,随着核中部收缩分离成两个子核,然后整个细胞也由前向后纵裂为二。一个子细胞接受原有鞭毛,另一个子细胞长出一条新鞭毛。在池水干涸时,眼虫藻缩成一团,分泌胶质形成胞囊。到环境好转时,原生质体从胞囊壳中脱出,形成新的个体。它们生活在淡水、咸水、海水和潮湿的土壤里,而且常常在池塘和家畜水槽里形成水华。在分子分类表中,类眼虫鞭毛藻与变形鞭毛虫(带鞭毛的原生动物)和动质体生物的关系密切。因为它们在生活史的某些阶段,都有相关的 rRNA 序列和盘状嵴的线粒体。

把眼虫藻放在有机质丰富、温度适宜而不见光的地方,细胞分裂速度可超过叶绿体的分裂,产生出没有叶绿体不进行光合作用的细胞,专靠有机物营异养方式生存。

裸藻属是其代表性属。色素体绿色,呈星状、盘状或颗粒状,具或不具蛋白核。少数种类具特殊的裸藻红素,使细胞呈红色;同化产物是副淀粉,呈杆形、环形或卵形。裸藻细胞有多个叶绿体,其内有叶绿素 a、叶绿素 b 和类胡萝卜素。典型的裸藻细胞被细胞质膜所延伸、束缚。称为表膜的结构位于质膜下,表膜由可灵活运动的蛋白质带紧密排列而成。表膜有足够的弹性,使细胞能转折、弯曲;同时又有足够的刚性,以阻止其外形发生太大的变化。巨大的细胞核内有一个显著的核仁。眼点定位于前储蓄泡附近。在储蓄泡附近的大型伸缩泡不断收集细胞内的水分,并将其排进储蓄泡。正是以这样的方式,调节了机体的渗透压。两根鞭毛起源于储蓄泡的基部,但仅有一根鞭毛穿过导管,伸出胞外,并通过它有力的摆动使细胞移动。类眼虫鞭毛藻是通过细胞纵向有丝分裂来完成其繁殖。

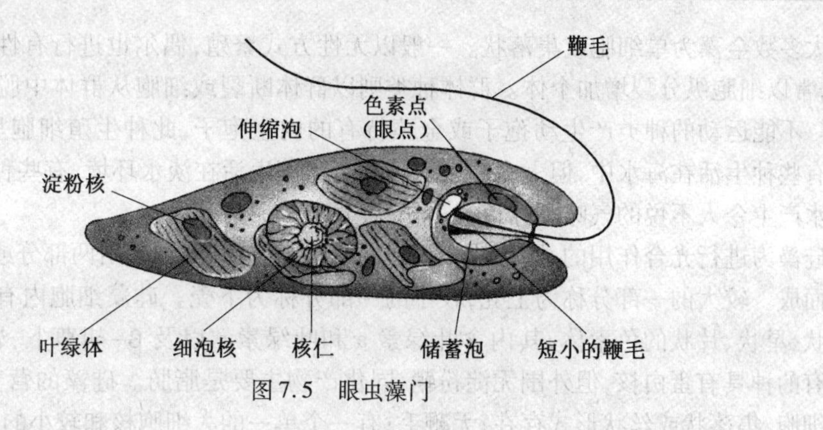

图7.5　眼虫藻门

7.2.4　金藻门(金褐藻和黄绿藻、硅藻)

多数金藻为裸露的运动个体,具有两条鞭毛,个别具有1条或3条鞭毛。有些种类在表质上具有硅质化鳞片,小刺或囊壳。有些种类含有许多硅质、钙质,有的硅质可特化成类似骨骼的构造。

金藻门(图7.6)因其色素组成、细胞壁成分和带鞭毛细胞的类型不同,表现得极为多样。在分子分类系统中,金藻门与Stramenopiles关系密切,并且有管状嵴的线粒体。该门分为3个主要的纲:金褐藻、黄绿藻和硅藻。主要光合作用色素一般为叶绿素a,c_1/c_2,类胡萝卜素的墨角藻黄素(褐藻素)。当墨角藻黄素占优势,细胞就会呈现金褐色。当水域中有机物特别丰富时,这些副色素将减少,使藻体呈现绿色。色素体为1~2个,片状、侧生。其碳水化合物储存形式主要是金藻昆布多糖(主要由葡萄糖残基以β-1,3糖苷键连接构成的一种多糖储存物)。金藻门有些种没有细胞壁;其他种类质膜外有一层成分错综复杂的覆盖物,如介壳、壁和板。硅藻有独特的两部分二氧化硅壁,被称为硅藻细胞。

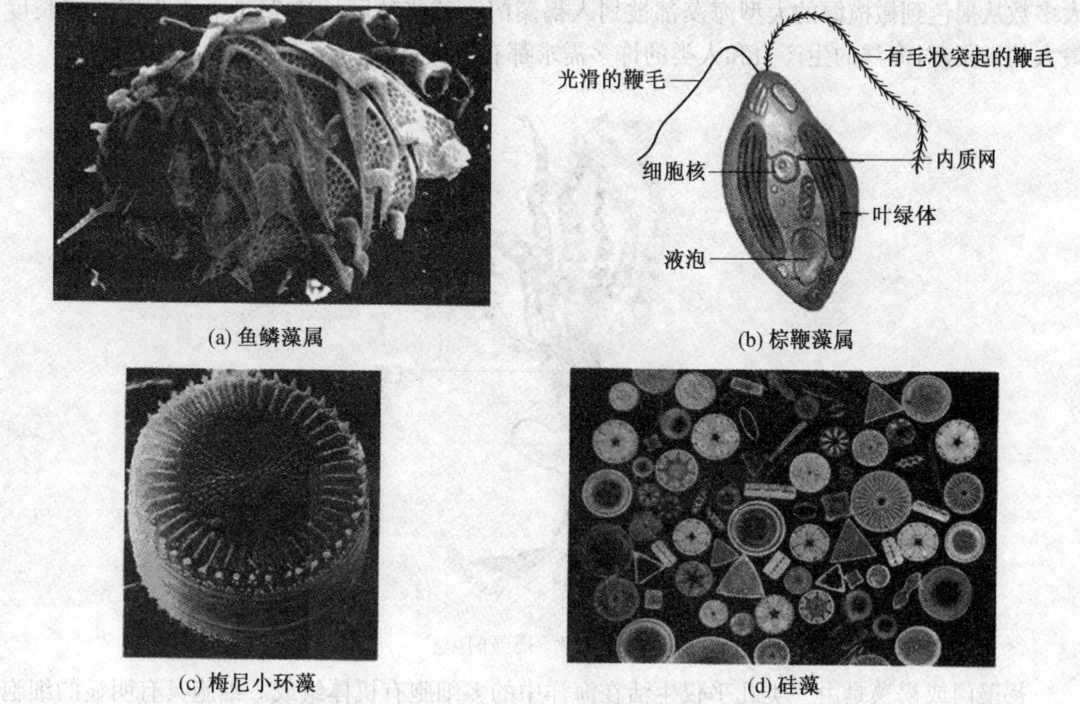

(a) 鱼鳞藻属　(b) 棕鞭藻属

(c) 梅尼小环藻　(d) 硅藻

图7.6　金藻门

大多数金藻为单细胞或集落状。一般以无性方式繁殖,偶尔也进行有性繁殖。运动的单细胞,常以细胞纵分裂增加个体。群体种类则以群体断裂或细胞从群体中脱离而发育成一新群体。不能运动的种类产生动孢子或金藻特有的内生孢子,此种生殖细胞呈球形或椭圆形。虽然有些种生活在海水中,但大多数黄绿藻和金褐藻生活在淡水环境,有些种形成的水华能使饮用水产生令人不悦的气味和味道。

硅藻为进行光合作用的、圆形或长方形的金藻细胞,硅藻细胞由两部分或壳像培养皿那样重叠而成。较大的一部分称为上壳,较小的一部分称为下壳。硅藻细胞内有一至多个呈粒状或盘状、星状、片状的色素体,其内含叶绿素 a 和叶绿素 c 以及 β-胡萝卜、岩藻黄素、硅甲黄素。有的种具有蛋白核,但外围无淀粉鞘,同化产物主要是脂肪。硅藻的营养细胞为双倍体;以单细胞、集落状或丝状形式存在;无鞭毛;有一个单一的大细胞核和较小的质体。

硅藻的主要繁殖方式包括细胞分裂。分裂形成的两个子原生质体分别居于母细胞的上壳与壳内,并各自分泌出另一半细胞壁成为子细胞的下壳。产生的两个子细胞,一个与母细胞同大,另一个较小。当体形减小至原始体积的30%左右,常会出现有性繁殖。双倍体营养细胞经减数分裂形成配子,配子融合产生合子。合子进而发展成复大孢子,其体形又开始增大,并形成新的细胞壁。成熟的复大孢子最终经有丝分裂产生带正常两部分二氧化硅外壁的营养细胞。

硅藻的硅藻细胞由具有非常精细斑纹的结晶的二氧化硅($Si(OH)_4$)构成。它们有独特的图案,所以硅藻细胞的形态在硅藻分类上极为有用。当硅藻在水体中大量繁殖时,可在水面形成称为“水华”的浮沫,对鱼类等的生长有害。

7.2.5 褐藻门(褐藻)

褐藻(褐藻门)(图7.7)为多细胞海藻。有些种是真核世界目前已知的长度最大的种。大多数从褐色到橄榄绿的大型海藻都被划入褐藻门。某些种可长达75 m。大型海藻是长度最大的褐藻,对海洋的生产力和人类的许多需求都有很大贡献。

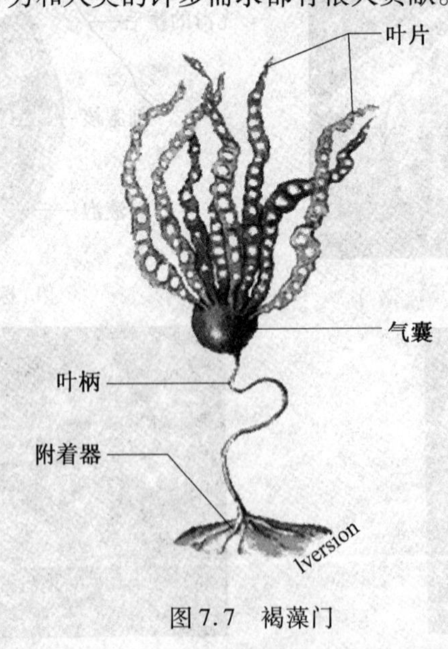

图7.7 褐藻门

褐藻门或褐藻是由一类几乎仅生活在海洋中的多细胞有机体组成。细胞具有明显的细胞壁,壁由2层组成,内层为纤维素,外层为褐藻特有的褐藻胶。细胞中央通常具有1个中央大液泡和1个细胞核。色素体1至多个,盘状或不规则形,无蛋白核。除有叶绿素a,叶绿素c及β-胡萝卜素外,含有大量的叶黄素,其中黄黄质等为褐藻所特有。同化产物为昆布多糖(褐藻淀粉)和甘露醇。藻体通常大型,但大小悬殊。最简单的褐藻由细小的分支的藻丝体构成;体型较大、进化较为高级的褐藻有较为复杂的组织结构。一些大型海藻明显地分化出扁平的叶片、叶柄和用于黏附于岩石上的附着器官;有些种如马尾藻形成巨大的漂浮块,统治着整个Sargsso海。

7.2.6　红藻门(红藻)

红藻门(图7.8)包括大多数海藻。少数红藻为单细胞,大多数为丝状或多细胞。细胞壁分两层,内层为纤维素,外层是藻胶组成(果胶质)的。多数红藻的细胞只有一个核,少数红藻幼时单核,老年时多核。有些红藻,长度可达一米以上。储存物是称为弗多里达淀粉的碳水化合物,是葡萄糖残基以α-1,4和α-1,6糖苷键连接构成。

图7.8　红藻门

大多数红藻的细胞壁有坚硬的内在成分,由微原纤维和胶状基质构成。胶状基质由称为琼脂、海萝聚糖、紫菜聚糖和角叉藻聚糖的聚半乳糖硫酸酯构成。这4种多聚物赋予红藻以弹性和光滑的质感。许多红藻还在细胞壁外沉积碳酸钙,从而在珊瑚礁的构建中扮演着重要的角色。

载色体中含有叶绿素a和叶绿素d,β-胡萝卜素和叶黄素类,此外,还有不溶于脂肪而溶于水的藻红素(藻红蛋白)和藻蓝素(藻蓝蛋白)。这些色素的存在解释了红藻为何能在100 m以下的深海中生活。因为光线在透过水的时候,长波光线如红、橙、黄光很容易被海水吸收,在几米深处就可被吸收掉。只有短波光线如绿、蓝光才能透入海水深处。藻红素能吸收绿、蓝和黄光,因而红藻可在深水中生活。在强光下,藻红素因光破坏而使其他的色素占优势,藻体就呈现蓝色、褐色或暗绿色。

7.2.7　甲藻门(沟鞭藻)

甲藻门或沟鞭藻是单细胞、可进行光合作用的蜂窝状藻类。藻体呈圆形、三角形、针状等,前端和后端常有突出的角。甲藻的细胞壁又称壳。少数种类的壁仅由左右两片组成。大多数种类壳壁具一条横沟(又称腰带)和一条纵沟,横沟位于细胞中央,将壳分成上下两半,纵沟位于下壳腹面,将下壳分为左右两半。大多数甲藻为海生,也有一些生活在淡水中。甲藻与金藻和硅藻一起是淡水和海水浮游生物的主要构成者,并且处于许多食物链的底层。

甲藻(图7.9)的鞭毛、防护性外被(板)和生化特性是独特的。大多数甲藻具有两条鞭毛,顶生或从横沟和纵沟相交处伸出。色素体多个,呈圆盘状、棒状或片状,除含叶绿素a,叶绿素c,β-胡萝卜素,甲藻素外,还含有特殊的多甲藻素。藻体金黄色、黄绿色或褐色。同化产物为淀粉和油。

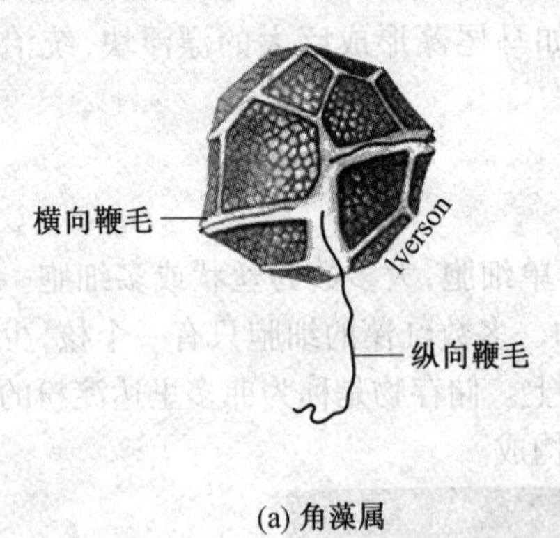

(a) 角藻属

(b) 裸甲藻属

图7.9 甲藻

一些甲藻能消化其他细胞;还有些无色、异养;少数甲藻甚至与水母、海蜇、海葵和珊瑚等许多软体动物形成共生体。当甲藻与它们形成共生关系,就会失去纤维素板和鞭毛,在宿主体内变成球形、黄褐色的小球体,称之为虫黄藻。许多甲藻被一层坚硬的纤维素板或鞘所包裹,以起到防护作用;有时还可能有二氧化硅沉积其上形成硬壳。甲藻有管状嵴的线粒体。

夜光藻属、Pyrodinium和膝沟藻属中的某些种能发光。夜晚,海水中发出的冷光(或磷光)主要就是它们产生的。有时甲藻繁殖数量达到很高的水平,就会引起有毒的赤潮。赤潮发生后,因水体中溶解氧急剧降低和有害物质的积累,造成鱼虾、贝类等的大量死亡,对渔业生产不利。甲藻死亡后沉积于海底,是古代生油地层的主要化石,故常以甲藻化石为石油勘探时地层对比的主要依据。

第8章　原生动物

8.1　原生动物的概念

原生动物是一门最原始、最微小、最低等且结构最简单的一类单细胞动物，它分布很广，从江、河、湖泊、海、沟渠到湿土苔藓、树叶上的水珠，只要有水的地方就有原生动物，如其他动物的黏液、血液中都有原生动物。在空气中即使没有水滴，也有原生动物的孢囊。其主要特征是身体由单个细胞构成的或由许多细胞形成群体，在群体中各细胞无差别，且脱离后能独立生活，所以原生动物也称为单细胞动物。

从形态上看原生动物是单一的细胞，但是从生理上看它又是很复杂的，它具有维持生命和持续后代所必需的功能，这些功能是由细胞内特化的各种细胞器所承担的。因此，它是一个复杂的、高度集中的生命单位，是一个完整的有机体。

原生动物是异养的，有多种运动类型。它们占据广阔的栖息地和生态位，具有与其他真核细胞相似的细胞器，还具有专有的细胞器。

原生动物通常以二分裂方式进行无性繁殖。一些种具有有性循环，包括减数分裂和配子或配子核的融合，并最终形成双倍体合子。合子常为厚壁、有抗性的称为包囊的休眠细胞，某些原生动物可进行接合作用，在这一过程中，核在细胞间进行交换。所有的原生动物均有一个或多个核；一些种具有一个大核和一个小核。各种原生动物分别以植物式营养方式、动物式营养方式或食腐式营养方式来摄食；某些种进行捕食或寄生。

目前，原生动物分类学将原生动物分为7个门：肉足鞭毛虫门、盘根黏虫门、顶复门、微孢子虫门、Ascetospora、胶孢子虫门和纤毛虫门。这些门代表4个主要类群：鞭毛虫、变形虫、纤毛虫和孢子虫。在分子分类系统中，原生动物为多源的真核生物。

原生动物学（Protozoology）这一学科研究了称为原生动物的微生物。原生动物通常指可运动的真核单细胞原生生物。原生动物间仅在这一点上具有共性，即它们都不是多细胞。然而，所有的原生动物均能代表单个原生生物真核细胞的基本结构。

在生物学科中与原生动物学关系最为密切的是藻类，其次是真菌，生物学界已经广泛的接受了生物起源和烟花的五界系统学说。同时原生动物与人类的关系十分密切，如寄生的种类疟原虫、利什曼原虫、痢疾内变形虫等直接对人有害；焦虫危害家畜，一些黏孢子虫、小瓜虫、车轮虫危害鱼类。自由生活的种类有些能污染水源，海水中的一些腰鞭毛虫可造成赤潮，危害渔业。另一方面，有的种类如眼虫可作为有机污染的指示种；大多数杆鞭毛虫、纤毛虫是浮游生物的组成部分，是鱼类的饵料。有孔虫、放射虫为探测石油矿的标志。

原生动物在环境保护的方面也发挥了重要的作用，在对河流、湖泊、水库、沿海的水质进行监测时，可以用载玻片法或PFU（Polyurethane foam unit，聚氨酯泡沫塑料块的缩写）法采集周丛生物和微型生物，原生动物群落的结构和功能参数能和化学检测一样反映水质的好坏，从而保证了水质的监测。

8.2 原生动物的分布及形态

图 8.1 为原生动物电镜照片,其中 3 个来自无菌培养的 N. fowleri 依靠阿米巴口(起吞噬作用的似吸盘结构)正攻击并开始吞噬或吞没第 4 个可能已死亡的变形虫。这类变形虫导致人类患原发性阿米巴脑膜炎。

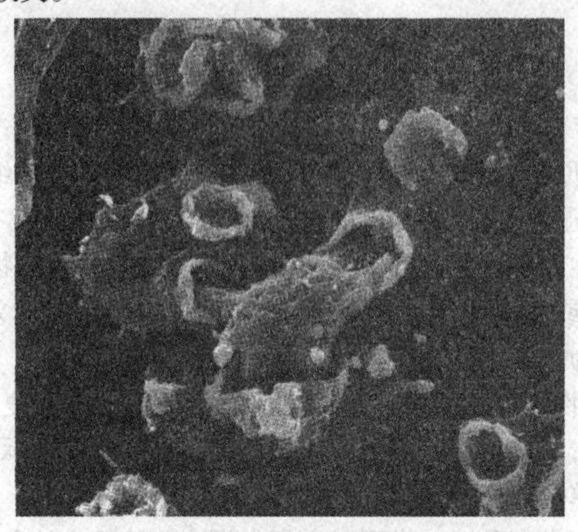

图 8.1 原生动物电镜照片

8.2.1 原生动物的分布

原生动物的分布是十分广泛的,淡水、海水、潮湿的土壤、污水沟、甚至雨后积水中都会有大量的原生动物分布,以致从两极的寒冷地区到 60 ℃温泉中都可以发现它们。另外往往相同的种可以在差别很大的温度、盐度等条件下发现,说明原生动物可以逐渐适应改变了的环境,具有很强的应变能力。许多原生动物在不利的条件下可以形成包囊(Cyst),即体内积累了营养物质、失去部分水分、身体变圆、外表分泌厚壁、不再活动。包囊具有抵抗干旱、极端温度、盐度等各种不良环境的能力,并且可借助于水流、风力、动、植物等进行传播,在恶劣环境下甚至可存活数年不死,而一旦条件适合时,虫体还可破囊而出,甚至在包囊内还可以进行分裂、出芽及形成配子等生殖活动。所以许多种原生动物在分布上是世界性的。

但是原生动物的分布也受各种物理、化学及生物等因素的限制,在不同的环境中各有它的优势种,也就是说不同的原生动物对环境条件的要求也是不同的。水及潮湿的环境对所有原生动物的生存及繁殖都是必要的,原生动物最适宜的温度范围是 20 ~ 25 ℃,过高或过低温度的骤然变化会引起虫体的大量死亡,但如果缓慢地升高或降低,很多原生动物会逐渐适应正常情况下致死的温度。淡水及海水中的原生动物都有它自己最适宜的盐度范围。一些纤毛虫可以在很高盐度的环境中生存,甚至在盐度高达 20% ~ 27% 的盐水湖中也曾发现原生动物。中性或偏碱性的环境常具有更多的原生动物。此外,食物、含氧量等都可构成限制性因素,但这些环境因素往往只决定了原生动物在不同环境中的数量及优势种,而并不决定它们的存活与否。

原生动物与其他动物存在着各种相互关系。共栖现象(Commensalism),即一方受益、一方无益也无害,例如纤毛虫纲的车轮虫(Trichodina)与腔肠动物门的水螅(Hydra)就是共栖关系;

共生现象(Symbiosis),即双方受益,例如多鞭毛虫与白蚁的共生;寄生现象(Parasitism),即一方受益,一方受害,例如寄生于人体的痢疾变形虫等;原生动物的各纲中都有寄生种类,而孢子虫纲全部是寄生生活的。

8.2.2　原生动物的形态学

原生动物的形态、大小各异,一般认为它是微小的种类,但是有的用肉眼也是可以看见的(如纤毛虫中的多态喇叭虫)。在自然界中大多数的原生生物是无色、半透明的,但也有一部分是有颜色的。所以说原生物在形态上变化很大,从形态学观点来看,很难对原生生物形态进行定义。

因为原生动物是真核细胞,所以在许多方面它们的形态和生理学与多细胞动物相同。然而,因为所有生命的多种功能必须在单个的原生动物个体内完成,所以原生动物细胞具有某些独特的形态和生理特征。在某些种类中,质膜下紧邻的细胞质为半固体或胶质状态,使得细胞体具有一定的硬度,它被称为外质(Ectoplasm)。鞭毛或纤毛的基部和相关的纤维状结构均包埋在外质中。质膜和紧邻质膜下的结构统称为表膜(Pellicle)。在外质的内部是称为内质(Endoplasm)的区域,内质有较强的流动性和较多的泡状结构,含有大部分的细胞器。某些原生动物仅有一个核,还有一些有两个或更多个同样大小的核,另外一些有两种类型明显不同的核——一个大核和一个或多个小核。大核(Macronucleus)特别大,与营养活性和再生过程有关。小核(Micronucleus)为二倍体,参与繁殖过程中的遗传重组和大核的再生。

原生动物的细胞质中通常有一个或多个液泡。这些液泡分化为伸缩泡、分泌泡和食物泡。伸缩泡(Contractile vacuoles)对于生活在低渗环境如淡水湖中的原生动物而言,起着渗透调节的作用,通过不断地排出水而维持渗透压的平衡。原生动物结构简单,繁殖快,易培养是研究生命科学活动的好材料。因此学习原生动物十分重要,接下来几节我们就对原生动物的主要类群进行介绍。

8.3　原生动物的生殖

8.3.1　细胞核分裂

原生动物的细胞核分裂通常是发生在细胞分裂之前,其中有丝分裂是原生动物中常见的,但是像纤毛虫这种含有两型核的,则是小核进行有丝分裂,大核进行无丝分裂。另外还有的原生动物也经常发生与有性生殖密切联系的特殊核分裂——减数分裂。

1. 有丝分裂

有丝分裂是一种较为复杂的间接分裂。细胞经过核的有丝分裂后产生的子细胞获得与母细胞同样的一套染色体组。基因是在有丝分裂前开始得到复制的,在有丝分裂中随染色体分裂成两条单体时分为两组,各自分配到子核中。

不同类群的原生动物有丝分裂的特征是不一样的,根据在有丝分裂过程中核膜的变化,纺锤体形成的特征,一般将有丝分裂分成4种基本形态:①封闭型(形成核外纺锤体),在有丝分裂过程中核膜一直存在,纺锤体在核外形成,但是在核膜内出现着丝粒;②封闭性(形成核内纺锤体),在有丝分裂的过程中核膜也保持完整、不分解极小体及纺锤体在核内形成;③半开放型,在有丝分裂过程中纺锤体在核内产生,但是后来经由核膜两极小孔到核内,核膜在分裂后期瓦解；④开放型。在有丝分裂过程中核膜完全分解，纺锤体在核两端形成，原生动物有丝分裂的4种基本形式如图8.2所示。

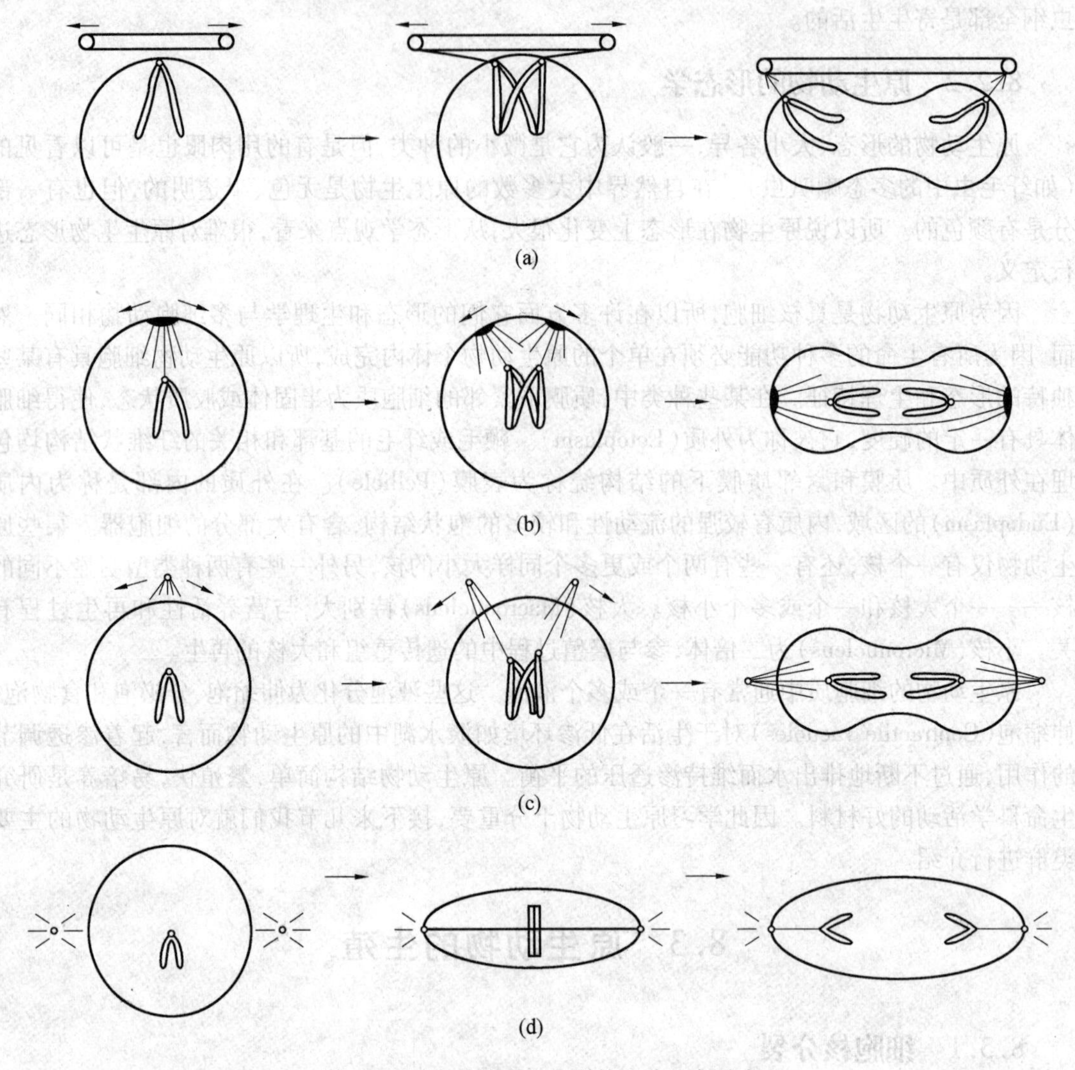

图8.2　原生动物有丝分裂的4种基本形式

2. 无丝分裂

只有极少数的原生生物能进行无丝分裂。纤毛虫多倍体大核以特殊的无丝分裂方式分裂，在分裂期间核膜始终存在，看不到染色体凝缩和典型的有丝分裂纺锤体形成的图像，其中只出现了分散的微管纺锤体。在分裂之前，大核的DNA混合并复制，而后DNA近似均等地随机分配到两个子核中。大核的分裂涉及DNA的合成及其向子细胞的分配。在寡毛目和腹毛目纤毛虫中，DNA合成时大核形成复制带。复制带在一个或各个大核的一端同时发生，向另一端移动。DNA合成结束后，全部大核融合成圆形或椭圆形球。此后，大核又逐渐拉长，在中部范围收缢，分裂成两个新的大核。应用显微光度术测定证明，G1期大核仅是核的长大，DNA的数量没有增加，但是大核的复制带出现后，DNA的数量明显连续增加，一直到原来大核的2倍。

另外又发现一些自由生活小阿米巴的细胞核也以无丝分裂进行生殖，但是分裂时细胞核被其他胞质内含物遮蔽,很难看清楚。

3. 减数分裂

减数分裂是一种被改变了的有丝分裂,原生生物的减数分裂有3种情况:合子减数分裂,这种分裂时在配子受精的时候,形成合子,合子第一次核分裂时发生;配子减数分裂,在配子形成时发生;中间减数分裂,在无性生殖后发生的,这种核分裂涉及二倍体世代和单倍体世代的交替。

原生动物中最常见具有两次核分裂的减数分裂,一般将它分为前期、中期、后期和末期,在其前期又分为细线期、偶线期、粗线期、双线期和终变期。前期的同源染色体紧密配对,在第一次分裂时染色体复制但是着丝粒不分裂,在第二次分裂时染色体不再分裂,但是着丝点进行分裂,经过这样两次的核分裂后形成的4个子核中的染色体数减少一半;少数的原生动物中也有一次核分裂的减数分裂,在减数分裂的前期同源染色体没有紧密地在一起配对,染色体也不分裂,这样在细胞核分裂后形成的两个子核中染色体数也减半。

8.3.2　细胞质分裂

原生动物发育到一定的时期,随着细胞核的分裂要发生细胞质的分裂,来完成整个细胞的分裂。原生细胞的分裂一般有二分裂、复分裂和出芽3种方式。

1. 二分裂

二分裂即通过细胞质和细胞核的分裂产生两个基本相似的细胞或产生两个大小不等的子细胞的过程。不同种类的原生物的二分裂有不同的形式和不同的速度。

如大变形虫分裂的时候,以分裂轴的两端为两极,在两极形成大伪足,各自行使拉力,将细胞拉成两个子细胞。鞭毛虫分裂中,现在老结构位置产生鞭毛及联系的细胞器,自前向后沿中轴进行纵向分割,产生两个新细胞。纤毛虫的分裂模式与细胞的分化程度及细胞皮层的重组特征有密切的关系。

2. 复分裂

复分裂是一个细胞连续分割产生大量子细胞的过程,大部分的情况下,显示在母细胞内发生核增殖形成许多细胞核,然后带有核的细胞质迅速切开呈多个子细胞。在鞭毛虫、肉足虫、孢子虫和纤毛虫等中都有复分裂生殖存在。

3. 出芽

出芽是指母体细胞经过不均等细胞分裂产生一个或多个芽体,分化发育成新个体。如无口目纤毛虫以简单的出芽生殖:细胞分裂产生的一大、一下两个子细胞不分离,继续生长和分裂产生的子细胞仍然不分离,最后形成链状芽体。

8.3.3　无性生殖

原生动物的无性生殖是细胞经过一个特殊的发育生长和分化阶段后之间分裂产生新细胞的过程。在这期间,细胞核物质经历复制,细胞质节后也发生连续的变化。研究无性生殖主要是要探讨细胞结构物质的形成及其向子细胞的分配。此外,原生动物无性生殖中的包囊纤细也是值得关注的。

在无性生殖中形态发生是指生物体在一定阶段进行特殊形式的再建或再造,使结构得到精确的"复制"的过程。而原生生物细胞的分裂与形态发生过程是紧密联系在一起的。在无形生殖中原生动物形成包囊是普遍的现象,大部分形成包囊的细胞处于休眠的生理状态,没有生长和生殖,胞囊内生活物质仅在消耗少部分呼吸能的情况下维持下去。

8.3.4 有性生殖

有性生殖是原生动物生殖形式的一个重要方面。许多的寄生原生动物的有性生殖过程是个体正常生活史中的一个阶段,它往往与无性生殖交替进行,但是大多数的自由生活的原生动物主要进行无性生殖,但是在食物中断的情况下会发生有性生殖。原生动物的有性生殖可分为配子配合、配母细胞配合,配母细胞经过特殊的生殖产生配子。

1. 配子配合

配子配合是由营养细胞分化产生两性配子,由两性配子融合在一起形成合子发生的受精过程。配子分化中或是一定条件下营养细胞变化成配子,或是营养细胞先形成配母细胞,配母细胞经过特殊的生殖产生配子。

2. 配母配合

配母细胞配合时来自营养细胞的两配母细胞直接充当了"配子"结合在一起起始交配的过程。在配合过程中,配母细胞或是经过分裂形成配子,或是配母细胞仅仅产生配子核,发生有性生殖的过程。

3. 自体受精

自体受精是由同一配母细胞形成的配子或配子核融合进行的有性生殖过程。太阳虫、有孔虫、动鞭虫、纤毛虫等有自体受精现象。太阳虫中的自体受精是常见的,在食物缺乏的时候形成包囊,细胞在包囊中进行一次有丝分裂后产生两个配母细胞,每个配母细胞经历两次分裂的减数分裂,核分裂产物一个退化,结果形成各含一个细胞核的两个单倍体配子。配子核融合成合子后处于厚壁胞囊内。在环境有利的情况下二倍体合子便脱落包囊成营养细胞。

8.4 鞭　毛　纲

8.4.1 代表动物——绿眼虫

鞭毛纲(Mastigophora)的代表动物——绿眼虫(Euglena uiridis)过去曾划分到植物中,称裸藻。绿眼虫生活在有机质丰富的水沟、池沼、积水中,当大量繁殖(温暖季节易繁殖)时可使水呈绿色(因为体内存大量的叶绿体)。

1. 体形和结构

体形:眼虫呈长梭形,长约 60 μm,前端钝圆、后端尖、在虫体中部稍后有一个大而圆的胞核,体表由弹性的带斜纹的表膜所覆盖,使眼虫既能保持一定的形状,又能使部分依次收缩和伸展,这叫眼虫式运动,眼虫因胞质内含有叶绿体(其中含叶绿素)而呈绿色,胞质内还有透明颗粒状的副淀粉粒,副淀粉粒跟淀粉不同,它不能跟碘形成蓝色物质,不同的眼虫它的副淀粉粒形态不同,因此可用它来区别不同种眼虫。表膜在电镜下观察可知,表膜就是质膜,由许多螺旋状的条纹联结而成,每一表膜条纹的一边有向内的沟,另一边有向外的嵴,一个条纹的沟与其相邻条纹的嵴相关联。表膜下的黏液体外包以膜,与体表膜连接,有黏液管通到沟和嵴,可能对沟嵴联结处滑润作用。表膜条纹是眼虫科的特征,其数目多少是种的分类特征之一。

绿眼虫的结构如图 8.3 所示,眼虫前端有一胞口,向后连一膨大的储蓄泡(不是取食器官,是水的储存处及鞭毛着生部位),储蓄泡附近有一含有红色色素的眼点,其中主要为类胡萝卜素,靠

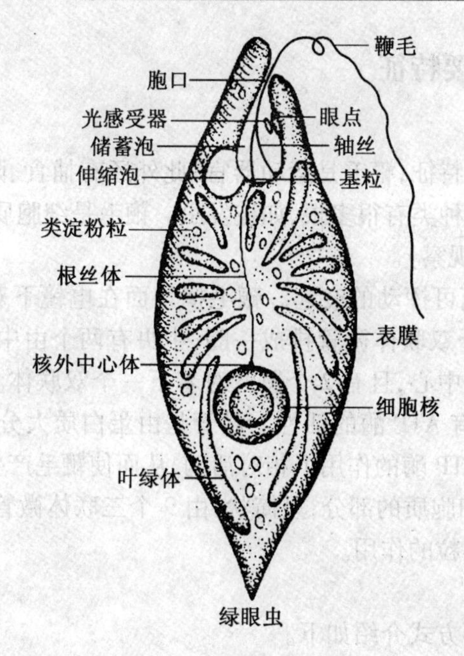

图 8.3　绿眼虫的结构

近眼点近鞭毛基部有一膨大部分，能接受光线，称光感受器，可寻找适合它生活的光度。

从胞口伸出一条细长而又有弹性的鞭毛，眼虫借鞭毛的波动而前进，鞭毛下连有两条细的轴丝，每一轴丝与基体相连，基体通过根丝体同细胞核相连，这说明鞭毛的活动受核的控制，基体对虫体分裂起中心粒的作用。电镜下观察鞭毛的结构为，最外为细胞膜，其内由纵行排列的微管组成，周围有 9 对联合的微管（双联体）、中央有 2 个微管，每个双联体上有 2 个短臂，各双联体有放射辐伸向中心，在双联体间有弹性的连丝。微管由微管蛋白组成，臂是由动力蛋白组成，具有 ATP 酶的活性。现已有实验证明，鞭毛的弯曲是由于双联体微管彼此相对滑动的结果。

在眼虫的细胞质内有叶绿体，其形状、大小、数量及其结构为眼虫属、种的分类特征。叶绿体内含有叶绿素，眼虫主要通过叶绿素在有光的条件下利用光能进行光合作用，把二氧化碳和水合成糖类，这种营养方式称光合营养，制造的过多食物形成一些半透明的副淀粉粒。在无光的条件下，眼虫也可通过体表吸收溶解于水中的有机物，这种营养方式称为渗透营养。

在储蓄泡附近有一伸缩泡，主要功能是调节水分平衡，收集多余的水分及代谢物质并排入储蓄泡，经胞口排出体外。

眼虫为混合式营养，在有光时可进行光合作用，行植物性营养，在黑暗而富有有机质的环境中，绿眼虫通过体表来渗透溶解在水里的氧气和营养，进行异养呼吸，这种营养方式称渗透营养。

2. 繁殖方式

一般为纵二分裂、细胞核先进行有丝分裂，在分裂时核膜不消失，基体复制为二，接着虫体开始前端分裂，鞭毛脱去，同时由基体再长出新的鞭毛，或一个保存原有鞭毛、另一个产生新的鞭毛。胞口也纵裂为二，然后继续由前向后分裂，断开成为二个个体。

当环境不适于眼虫生活时，虫体变圆，分泌胶质而形成包囊，包囊可被风散布到各处。当环境适宜时，在包囊内可行多次纵分裂然后破囊而出，恢复正常生活。

8.4.2　鞭毛纲的主要特征

1. 具有鞭毛

有鞭毛是鞭毛纲的主要特征，鞭毛是运动器官，此外还有捕食、附着和感觉的功能。通常有1～4根或6～8根。少数种类有很多根，如披发虫。鞭毛是细胞质衍生出来的丝状构造，可分为以下两个部分（电镜下观察）。

（1）鞭状体：是细胞表面可挥动的突起。鞭毛横切面在电镜下观察，最外层为细胞膜，膜内有两组微管。周围是9个双联体微管排成一圈，中央有两个由中央鞘包围的单独的微管。每个双联体又有辐射辐伸向中心，且有2个短臂对着下一个双联体。一般认为双联体中的两条短臂由动力蛋白组成，具有ATP酶的活性。微管是由蛋白质大分子组成，与横纹肌的肌动蛋白相似。双联体微管在ATP酶的作用下相对活动，从而使鞭毛产生运动。

（2）基体：是鞭毛深入细胞质的部分，呈筒状，由9个三联体微管组成。结构类似中心粒，在虫体分裂时基体起着中心粒的作用。

2. 营养方式

原生动物中的3种营养方式介绍如下。

①光合营养，也称自养，如眼虫。

②渗透营养（腐生性营养）：寄生种类，绿眼虫在无光条件下也能通过体表渗透吸收周围呈溶解状态的物质。

③吞噬营养（动物性营养）：吞食固体的食物颗粒或微小生物。

渗透营养和吞噬营养也称异养。

3. 繁殖

有无性繁殖和有性繁殖，无性繁殖主要为纵二分裂，如眼虫；出芽生殖，如夜光虫。有性生殖如衣滴虫；异配：盘藻虫、团藻。

8.4.3　鞭毛纲的重要类群

鞭毛纲有2 000多种，主要根据营养方式的不同可分为两个亚纲。

1. 植鞭亚纲

植鞭毛虫的形态与结构均比较简单，大多数为单细胞，少数为群体，罕为丝状体，在一定的环境下能形成胶群体。通常具有色素体，能进行光合作用，如无色素体，它们的其他结构也与其相近的有色素体种类无大差别。这是因为他们在进化过程中失去色素体。本亚纲种类很多，形状各异，单体或群体自由生活在淡水或海水中。

多数植鞭毛虫具有眼点，有的位于叶绿体内，有的独立地存在于细胞内。它们大多数由一层膜包围着许多脂性的红色颗粒所组成。极少数的眼点结构较为复杂，由透镜块、色素环等部分组成。眼点与细胞的感光作用有密切的关系。在许多的鞭毛虫中还有特殊的弹射体，当虫受到刺激的时候，这些弹跳体能突发弹射而使细胞迅速地逃逸或刺向入侵者，有的则与捕食有关。

（1）腰鞭目：两条鞭毛，一条在腰部，环绕着腰；另一条游离，如夜光虫（由于海水波动，夜间能发光）、角薄虫，腰鞭目细胞分裂比较特殊，腰鞭虫核分裂示意图如图8.4所示，核膜在分裂过程中不消失，核仁也不消失，染色体附着于核膜上或核膜上特殊的着丝点，细胞分裂是由鞭毛基体的复制分离而逐步实现的。此目中大多数海洋种类在海洋中繁殖过剩（20百万～

40 百万/m^3 水)密集在一起时,可以使海水变为暗红色,并发出臭味,称赤潮。如加里佛尼亚州,每2~3年发生一次赤潮。1971年在佛罗里达州出现大规模赤潮,产生神经毒,能储存在甲壳动物体内,对甲壳动物无害,而人和其他动物吃了这些受感染的动物后引起中毒。

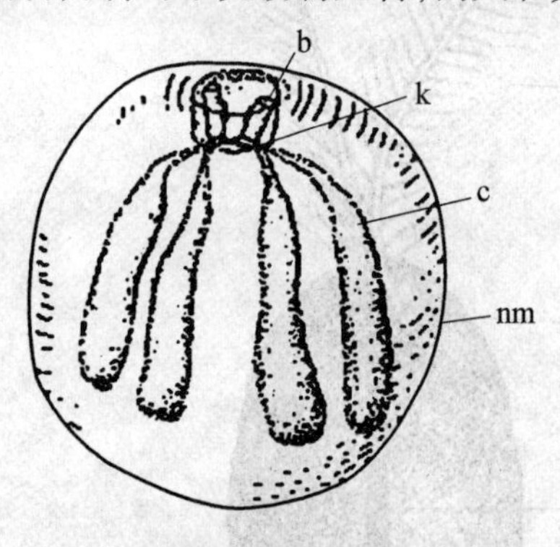

(a) 分裂间期

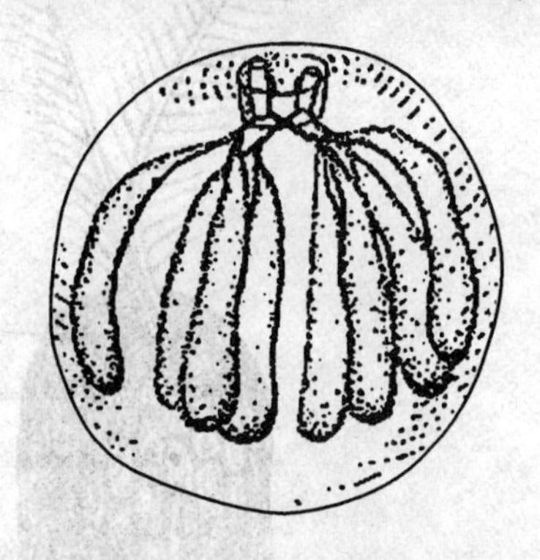

(b) 分裂早期，染色体和着丝点已复制

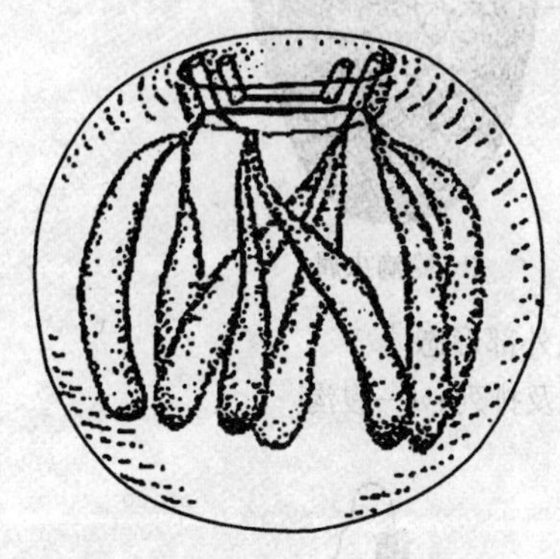

(c) 染色体分离的早期阶段，在分离的鞭毛基体之间有一个中心纺锤体

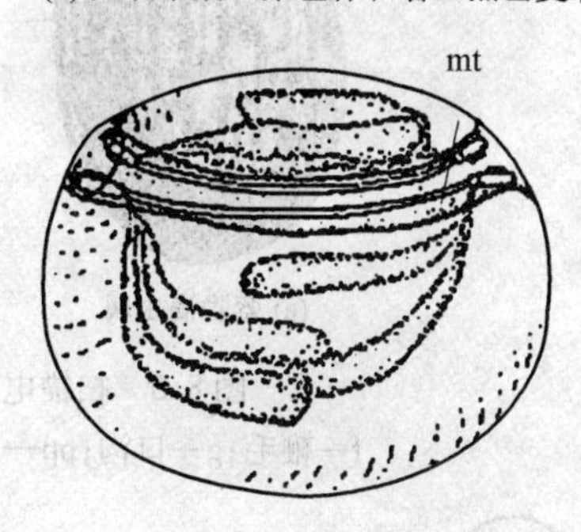

(d) 染色体分离的后期，核内形成一个贯穿全核并与细胞质相通的胞质管道，中心纺锤体在胞质管道内

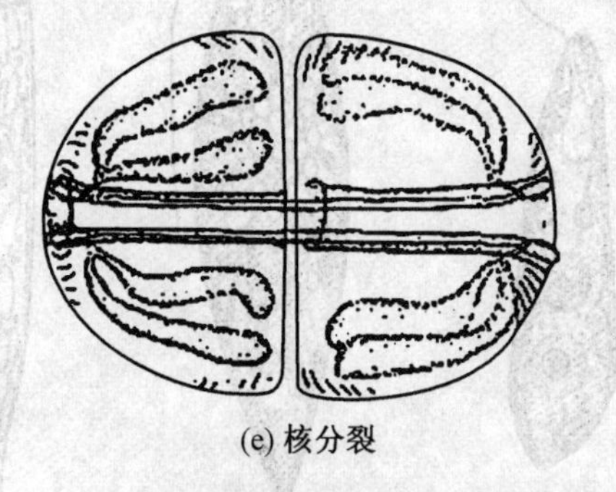

(e) 核分裂

图8.4　腰鞭虫核分裂示意图

b—鞭毛基体;c—染色体;k—着丝点;mt—微管;nm—核膜

(2)隐滴虫目:大多数为淡水产,如隐滴虫(图8.5)。

(3)眼虫目:眼虫目(图8.6)大部分是单细胞的浮游种类。鞭毛基本上是2条。

(4)植滴虫目:具绿色的色素体。鞭毛有2~4根,多数成群体。如衣滴虫(单细胞)、盘藻(4~16个细胞)、团藻(数百至数千个细胞)。

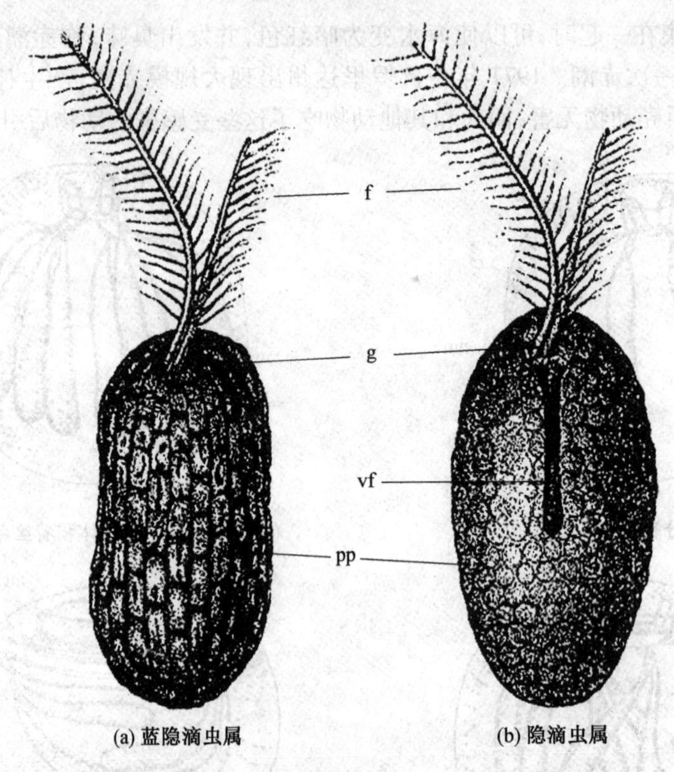

图 8.5　扫描电镜下的隐滴虫外部形态

f—鞭毛;g—口沟;pp—周质板的形态及排列;vf—腹沟

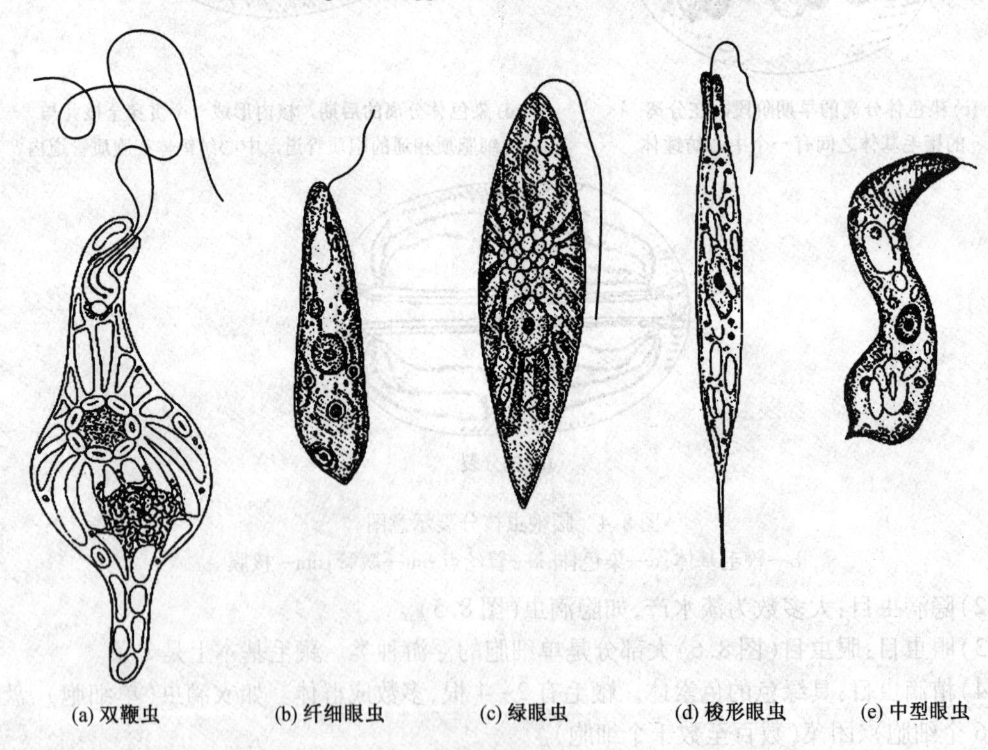

图 8.6　眼虫目

a—双鞭虫;b—纤细眼虫;c—绿眼虫;d—梭形眼虫;e—中型眼虫

(5)金滴虫目:具有棕黄色的色素体,鞭毛有 1 ~2 根,一般是裸露无壁(图 8.7),如合尾滴虫、钟罩虫。这类动物死亡后也会污染水源。

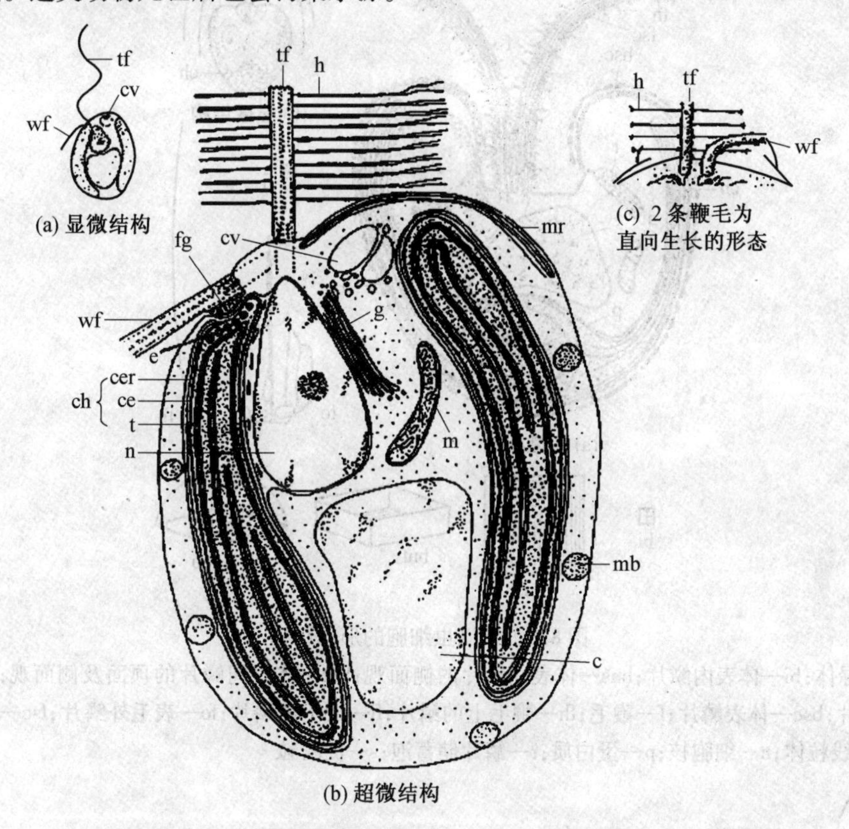

c—金藻昆布糖粒;ce—二层叶绿体包膜;cer—二层叶绿体内质网状膜,其外层与核外膜相连续;ch—叶绿体;cv—伸缩泡;e—眼点;fg—鞭毛隆起;g—高尔基体;h—茸毛;m—线粒体;mb—胶质体;mr—鞭毛微管的根;n—细胞核;tf—茸鞭毛;wf—尾鞭毛

图 8.7　金滴虫细胞的形态结构

(6)溪滴虫目:绝大多数为单细胞的游动种类(图 8.8),具有 1,2,4 或 8 根鞭毛,大部分具有亮红色的眼点,如塔滴虫、扁滴虫。

(7)硅鞭虫目:唯一的具有硅质外骨骼的植鞭虫,鞭毛单条,为光合自养型,硅鞭虫细胞的形态结构如图 8.9 所示。

2. 动鞭亚纲

动鞭亚纲为无色素体,单个或群体,具有一至多根鞭毛。虫体除鞭毛外,有的还有壳、领、鞘、柄、棘和伪足,如图 8.10 至图 8.13 所示。有 1 个泡状的胞核,多数具有 1 个伸缩泡。无性生殖系纵二分裂。动物式营养和腐生性营养。自由生活和寄生,有不少寄生种类对人和家畜都有害。

(1)领鞭毛目:虫具有 1 根鞭毛,在鞭毛基部有一领口。领鞭毛虫(图 8.10)与海绵动物的领细胞相似,所以一般认为海绵动物是由领鞭毛虫群体进化而来。如原钟虫。

(2)根鞭目:虫具有 1 ~2 条鞭毛,既有鞭毛又有伪足,是联系变形虫和鞭毛虫的一类。如变形鞭毛虫。

(3)动体目:如锥虫(浸入脑脊髓,是由一种吸血得采采蝇进行传播,感染后引起患者嗜

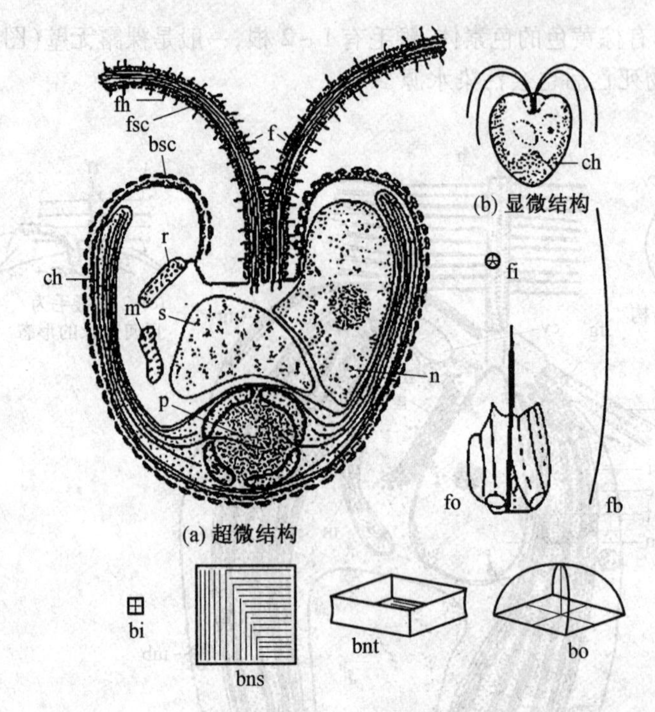

图 8.8　溪滴虫细胞的形态结构

ch—叶绿体;bi—体表内鳞片;bns—体表间鳞片的侧面观;bnt—体表间鳞片的顶面及侧面观;bo—体表外鳞片;bsc—体表鳞片;f—鞭毛;fh—鞭毛上的鳞片;fi—鞭毛内鳞片;fo—表毛外鳞片;fsc—鞭毛鳞片;m—线粒体;n—细胞核;p—蛋白质;r—鳞片储蓄泡;s—淀粉粒

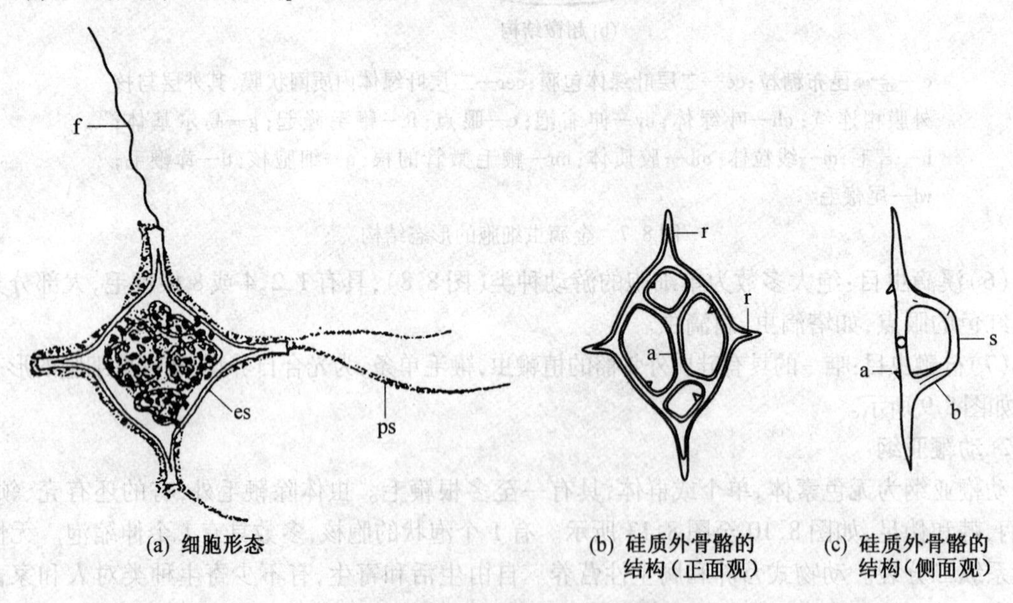

图 8.9　硅鞭虫细胞的形态结构

a—顶棒;b—侧棒;es—硅质外骨骼;ps—伪足;r—辐射刺;s—支持刺

睡,昏迷直至死亡,这种病称睡眠病)、利什曼原虫(黑热病原虫,寄生于人体肝、脾等内皮系统得细胞之内,虫体极小,在寄主得一个细胞之内可多达上百个利什曼原虫。主要以肝、脾中的巨噬细胞为营养,并在内行二分裂,大量繁殖后,破巨噬细胞,使肝脾肿大。寄主被它们大量寄生时，出现发烧、肝脾肿大、毛发脱落等症状，严重时造成寄主死亡），如人类黑热病（我国五大寄生虫病之一），本病由一种昆虫——白蛉子为传播体。

（4）曲滴虫目：寄生，具有2～4根鞭毛，其中有1根向体后，并且与腹面胞口区相联系。虫体纵分裂繁殖，核分裂时发生核内有丝分裂的纺锤体。1个属内有半开放型的有丝分裂形式。有包囊，营寄生生活，如唇鞭虫（图8.10）。

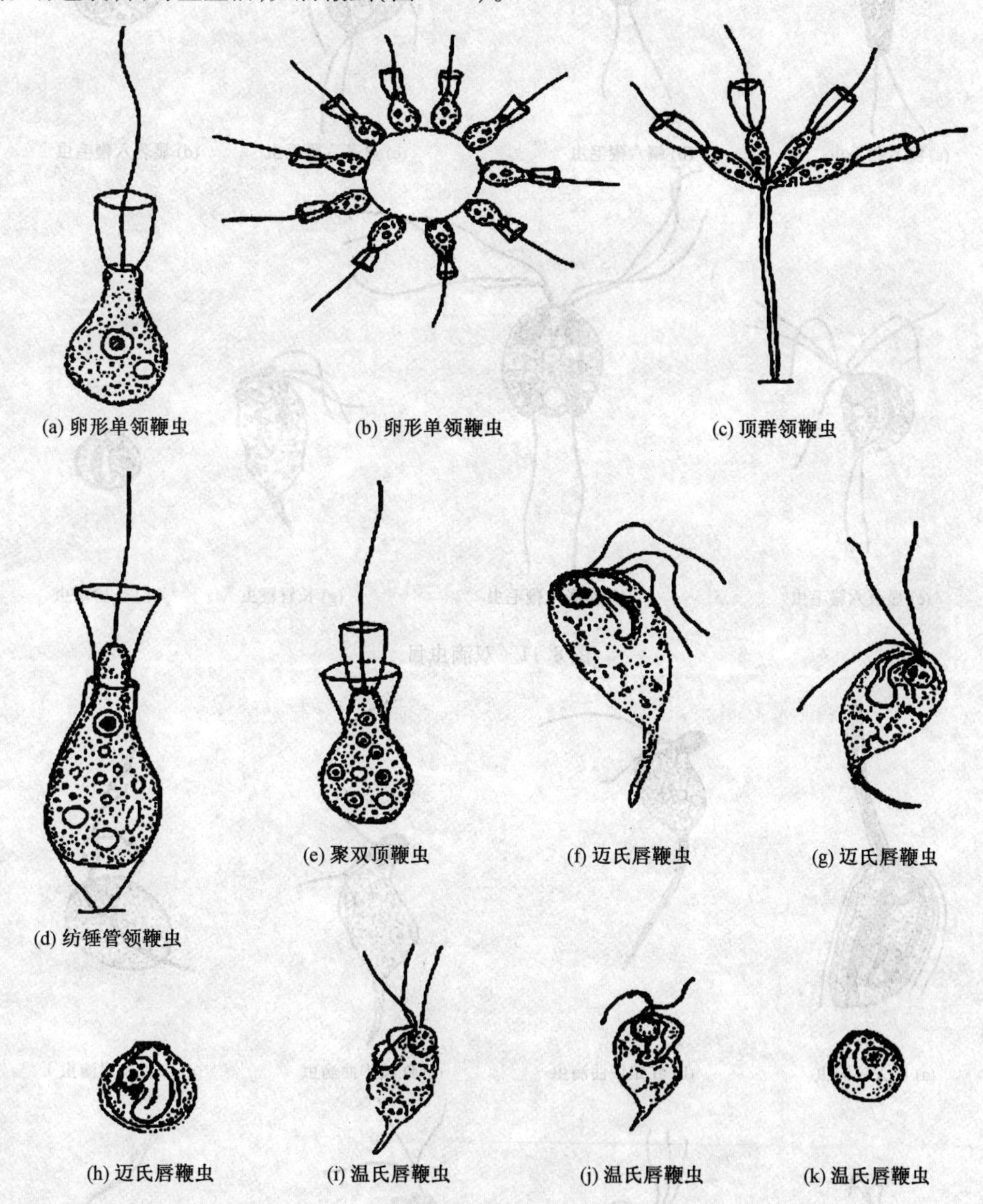

图8.10　领鞭虫和唇鞭虫

（5）双滴虫目（图8.11）：具有1～2个核、二组鞭毛（8根），每个鞭毛复合体上有1条以上鞭毛。寄生在昆虫及脊椎动物的肠道内，也可在人体肠道内寄生，如贾第虫，某些种类能形成包囊，有些种存在有性生殖。

（6）毛滴虫目（图8.12）：有4～6条鞭毛，如毛滴虫、阴道滴虫（寄生在女性阴道或尿道里，可引起阴道炎或尿道炎）（图8.12）。

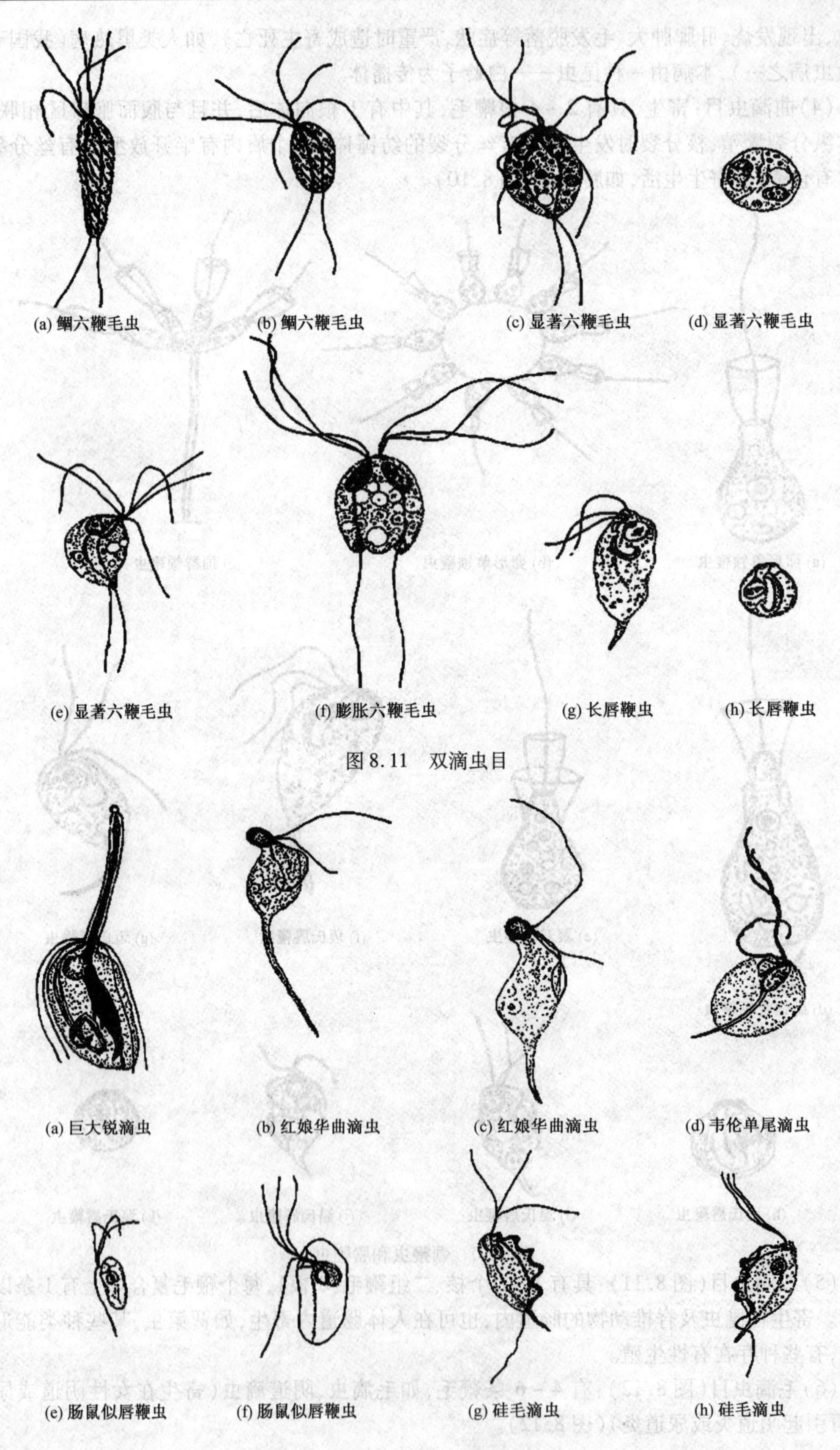
(a) 鲴六鞭毛虫
(b) 鲴六鞭毛虫
(c) 显著六鞭毛虫
(d) 显著六鞭毛虫
(e) 显著六鞭毛虫
(f) 膨胀六鞭毛虫
(g) 长唇鞭虫
(h) 长唇鞭虫

图 8.11　双滴虫目

(a) 巨大锐滴虫
(b) 红娘华曲滴虫
(c) 红娘华曲滴虫
(d) 韦伦单尾滴虫
(e) 肠鼠似唇鞭虫
(f) 肠鼠似唇鞭虫
(g) 硅毛滴虫
(h) 硅毛滴虫

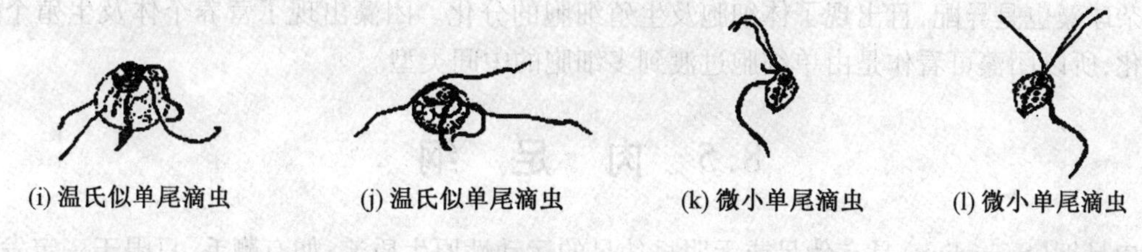

图8.12 毛滴虫目

(7)超鞭目(图8.13):具有许多鞭毛和多个复基体,而核只有一个,是白蚁、蜚蠊及一些以木质为食的昆虫消化道内共生鞭毛虫。如披发虫与白蚁共生,白蚁若丧失它,则将因不能消化纤维素而饿死。此目是动鞭亚纲中唯一被证明具有有性生殖的种类。

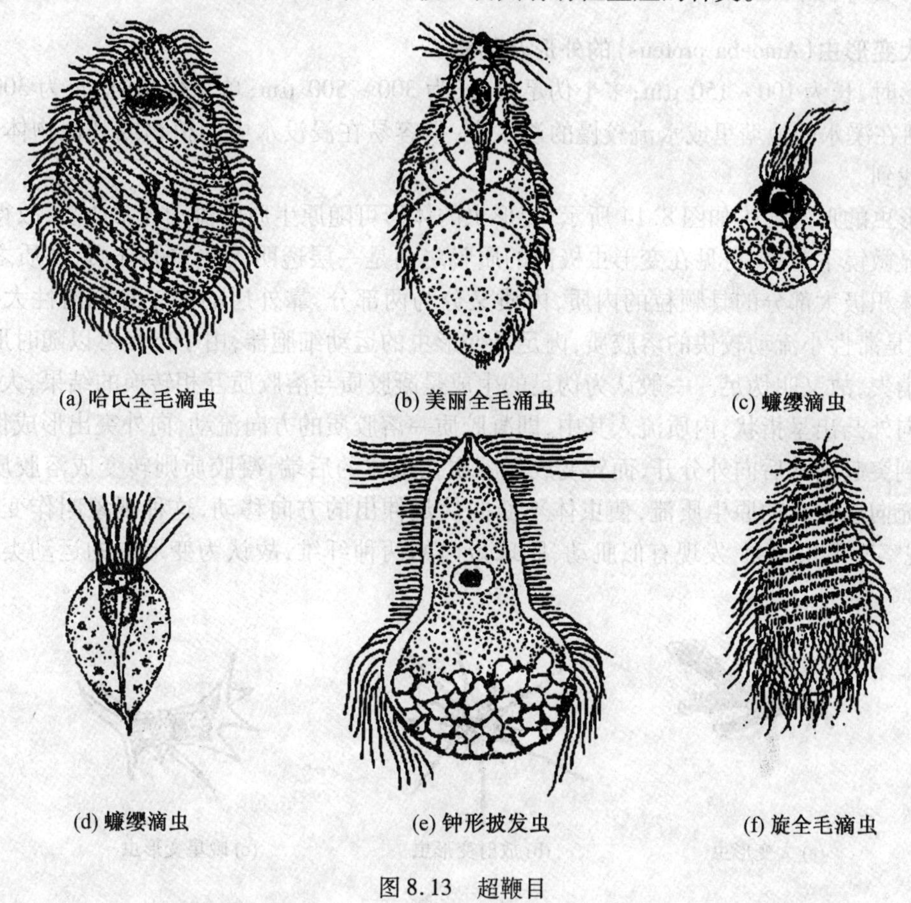

图8.13 超鞭目

8.4.4 群体鞭毛虫的生殖和进化

群体鞭毛虫既可以进行无性生殖,又可以进行有性生殖。它的细胞有了一定的分化,生殖方式也有一定的进化,说明单细胞群体向着多细胞群体发展。其中植鞭亚纲中的植滴虫目就是最好的例子。如衣滴虫是单细胞动物,盘藻由4~16个细胞组成的群体,实球藻为16个细胞,空球藻为32个细胞,杂球藻为128个细胞,团藻有数百至数千个细胞;盘藻、实球藻、空球藻的细胞有了分化,单个细胞不能独立生活。

从衣滴虫、团藻的生殖方式可以看出它们的进化,衣滴虫只能进行无性生殖,盘藻为同配生殖,实球藻既有同配有异配,且主要为异配,空球藻进行异配生殖,且有雌群体及雄群体出现。杂球藻也是异配,且出现了体细胞及生殖细胞的分化。团藻出现了营养个体及生殖个体的分化,所以团藻可看作是由单细胞过渡到多细胞的中间类型。

8.5 肉 足 纲

肉足纲(Sarcodina)是有伪足或无明显伪足的运动性原生质流;如有鞭毛,只限于一定发育阶段;体裸露或有外壳或内骨骼;以分裂作为无性生殖,则形成有鞭毛的或偶尔呈阿米巴样的配子;多数营自由生活。肉足纲包括变形虫、太阳虫等可以改变体形的一类原生动物。

8.5.1 代表动物——大变形虫

1. 大变形虫(Amoeba proteus)的外形及结构

圆形时,长为 100 ~ 150 μm;多个伪足时,长为 300 ~ 500 μm;单个伪足时,长为 300 ~ 600 μm,生活在溪水的池塘里或水流较慢的浅水中,很容易在浸没水中的植物或其他物体的黏性沉渣中找到。

变形虫的形态结构如图 8.14 所示,变形虫的体形可随原生质的流动经常改变,故得此名,在高倍显微镜下观察,可见在变形虫极薄的质膜之内是一层透明无颗粒的外质,外质之内,为占虫体体积极大部分的具颗粒的内质,内质又分为两部分,靠外层的是较黏稠滞性大的凝胶质,内层是滞性小流动较快的溶胶质,肉足是变形虫的运动细胞器,由于肉足可以随时形成,也可随时消失,故又叫伪足。一般认为伪足的生成是凝胶质与溶胶质互相转换的结果,大致过程是外质向外凸出呈指状,内质流入其中,即凝胶质→溶胶质的方向流动,向外突出形成伪足,当内质达到突起前端后向外分开,而转变成凝胶质在虫体的后端,凝胶质则转变成溶胶质,用以不断补充向前流动的原生质流,使虫体不断向伪足伸出的方向移动,这种现象叫作变形运动(电镜观察变形虫切面,发现有似肌动、肌球蛋白的两种纤维,故认为变形虫的运动类似肌肉的收缩)。

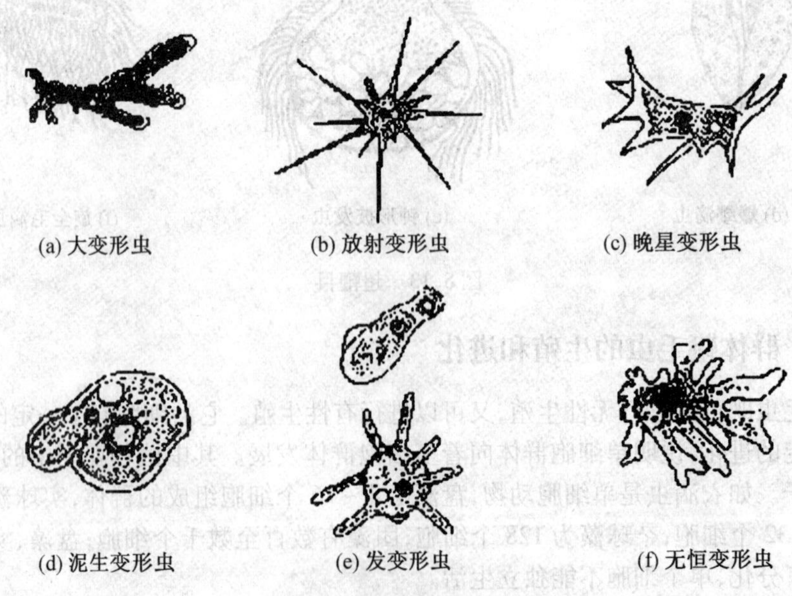

图 8.14 变形虫的形态结构

变形虫体内有一略呈椭圆形的细胞核和一个无固定位置的伸缩泡,伸缩泡的主要功能是排除体内过多的水分,也有部分排泄作用(海水中的变形虫无伸缩泡)。

2. 营养方式

变形虫主要以单细胞藻类、小型原生动物为食,它没有固定的胞口,伪足伸出的方向代表临时的前端,当接触到食物时,伸出伪足把食物和少量水一起裹进细胞内部形成食物泡,这叫吞噬作用,食物泡形成后,与质膜脱离,进入内质中,与溶酶体结合,整个消化过程在食物泡中进行,已消化的食物进入周围的胞质中,不能消化的残渣比原生质重,通过体后端的质膜排出体外,这种现象叫排遗,这种在细胞内进行的消化称细胞内消化。

变形虫除吞噬固体食物外,还能摄取一些液体物质,摄取液体物质的现象,称胞饮作用。在液体环境中的一些分子或离子吸附到质膜表面,使膜发生反应,凹陷下去形成管道,然后在管道内端断下来形成一液泡,移到细胞质中,与溶酶体结合形成多泡小体,经消化后营养物质进入细胞质中。胞饮作用必须有某些物质诱导才能发生(在纯水、糖类溶液中不发生胞饮,另蛋白质、氨基酸或某些盐类就发生胞饮)。

3. 繁殖方式

变形虫进行无性繁殖(图8.15),一般为二分裂,且是典型的有丝分裂,当虫体生长到一定大小时,细胞核进行有丝分裂,然后二核移开虫体也随着在两核之间溢缩,最后虫体断裂而成两个相等的新个体,此外,在不良环境下,虫体可以分泌胶质形成包囊,并在囊内进行多次分裂,待环境适宜时破囊而出,成为多个活动的变形虫。

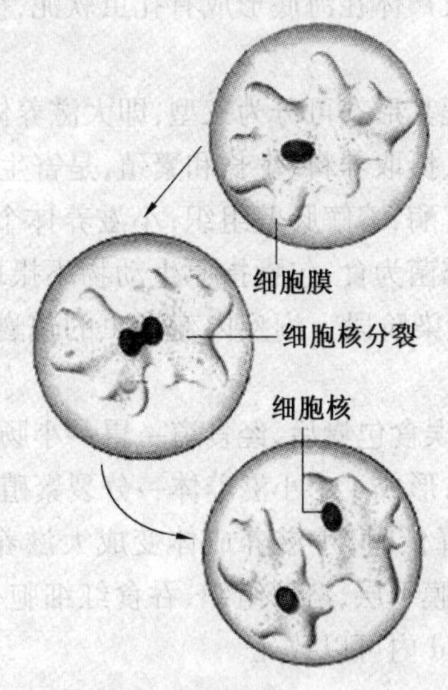

图8.15　繁殖方式

变形虫的呼吸和排泄作用主要靠体表的渗透作用进行。

8.5.2　肉足纲的主要特点

(1)体表无坚韧的表膜,仅有极薄的细胞质膜,无任何固定的细胞器。

(2)细胞质可分为外质(透明而致密,无颗粒)和内质(多颗粒,易流动)两部分,内质包括凝胶质和溶胶质。

(3)具有运动胞器—伪足(原生质的突起),它具有运动、摄食、排泄作用。根据伪足形状可分为叶状伪足、丝状伪足、轴伪足和根状伪足。

(4)有的种类具有外壳,外壳为几丁质(表壳虫)、胶质+沙粒(沙壳虫)、石灰质(有孔虫)。

(5)无性生殖通常为二分裂,有的可形成胞囊,少数种类如有孔虫、放射虫可行有性生殖。

(6)有的具有胞饮作用,如变形虫。

(7)分布在淡水,海水和潮湿的土壤中,少数营寄生生活。

8.5.3 肉足纲的重要类群

根据伪足的形状及结构不同可分为两个亚纲。

1. 根足亚纲

伪足为丝状、网状、叶状、指状,没有轴丝,可分为以下几个目。

(1)变形目:裸露,肠胃单核,有线粒体,无鞭毛期,核分裂为核内有丝分裂,常为无性生殖。变形虫、痢疾内变形虫(Entamoeba histolytica),或称溶组织阿米巴寄生于人的肠道中,为人体阿米巴痢疾的病原体,可引起痢疾。若进入血管和淋巴管,被运送到肝、脑等处繁殖,引起脓肿,急性患者若不医治,10 d 内可以致死。

(2)有壳目:表壳虫、鳞壳虫、沙壳虫生活在淡水里,具外壳。在壳和本体之间空隙很多,其中充满气体,从而使它们成为浮游生物的组成部分。

(3)有孔目:有孔虫,具有 $CaCO_3$或拟壳质构成的单室壳或多室壳,生活在海洋中,数量非常大,据统计每克泥沙中约有 5 万个有孔虫的壳。生活史中有世代交替。有性生殖过程形成具鞭毛的同型配子。它们的壳及尸体在海底形成有孔虫软泥,覆盖了世界的 1/3 海底,深度约在 400 m 之内。

痢疾内变形虫按其生活过程其形态可分为三型,即大滋养体、小滋养体和包囊。滋养体指原生动物摄取营养阶段,能活动、摄取养料、生长和繁殖,是寄生原虫的寄生阶段。大滋养体个大,运动较活泼,能分泌蛋白分解酶,溶解肠壁组织;小滋养体个小,伪足短,运动较迟缓,寄生于肠腔,不侵蚀肠壁,以细菌和霉菌为食;包囊指原生动物不摄取食物,周围有囊壁包围,能抵抗不良环境的能力,是原虫的感染阶段。痢疾内变形虫的包囊新形成时为一个核,经 2 次分裂,变成 4 核时并为感染阶段。

痢疾内变形虫的生活史:人误食包囊后,经食道→胃→小肠的下段,囊壁受肠液的消化,变得很薄,囊内的变形虫破壳而出,形成 4 个小滋养体→分裂繁殖→包囊→随粪便排出体外→感染新寄主。当寄主身体抵抗力降低时,小滋养成体变成大滋养体,分泌溶组织酶(蛋白水解酶)→溶解肠黏膜上皮→侵入黏膜下层,溶解组织、吞食红细胞→不断增殖→破坏肠壁→具出血现象。急性患者若不医治,10 d 内可以致死。

2. 辐足亚纲

以具有放射状硬的轴足和长而精细的丝足为其特征。一般呈球形,过浮游生活。

(1)太阳目:太阳虫,多生活在淡水中。细胞质呈泡沫状态,伪足由身体周围伸出,较长,内有轴丝,有利于增加虫体浮力,是浮游生物的组成部分。

(2)放射目:放射虫,全部海产,具矽质骨骼,身体呈放射状,内外质间有一几丁质囊称中央囊,外质中有很多泡,增加浮力。

放射虫和有孔虫都具骨骼或外壳。它们不仅化石多,而且在地层中演变快,不同时期有不同的虫体,根据它们的化石,不仅能确定地层的地质年代和沉积相,而且还能揭示出地下结构情况,在确定地层年代和找矿上有重要价值。

8.6　孢子纲

孢子纲(Sporovoa)全部是寄生种类,是原生动物与人类关系最密切的一纲。它们广泛寄生于人和各种经济动物的体内,损害人、畜的健康并带来重大的经济损失。球虫病每年导致全球禽畜业发展的重要病害之一,而焦虫病在许多国家和地区仍是家畜的一大疾病。本纲的种类具有顶复门的典型特征。类椎体存在时形成完整的椎体,生活史具有有性生殖和无性生殖。孢子纲的代表动物主要有间日疟原虫、碘泡虫(图 8.16)和单极虫(图 8.17)等。

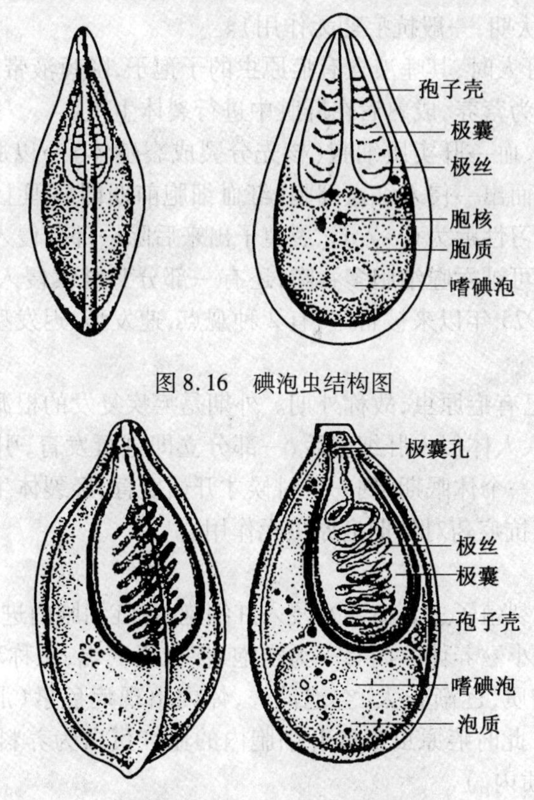

图 8.16　碘泡虫结构图

图 8.17　单极虫结构图

8.6.1　代表动物——间日疟原虫(Plasmodium vivax)

疟原虫是疟疾的病原虫,寄生在人类的红细胞及肝脏的实质细胞中。已描述的疟原虫有 50 多种,寄生在人体的主要有 4 种:间日疟原虫、三日疟原虫、恶性疟原虫(严重时会引起人体昏迷直至死亡)和卵形疟原虫(在我国不流行)。疟原虫的分布极广,遍及全世界。我国以间日疟原虫和恶性疟原虫最为常见,东北、华北、西北等地区主要为间日疟原虫,西南、贵州、四川、海南岛主要为恶性疟原虫。过去所说的瘴气其实就是恶性疟。疟疾对人的危害很大,被感染者除临床的疟疾发作外,还大量破坏红细胞造成贫血,肝脾肿大,恶性疟对人的危害更重,以昏睡为主的脑型最危险,此时脑毛细血管和小静脉里充满了含有疟原虫繁殖体的 RBC,若不及时处理,多半在 1 ~3 d 内便死亡。

疟疾一度曾在世界范围内蔓延,特别时在热带和亚热带地区,我国贵州、云南及长江以南新中国成立前广为流行,每年发病人数约 3 000 万人以上,该病被列为我国五大寄生虫病之一,由于特效药奎宁的问世,人们才能控制它的蔓延。

这4种疟原虫的生活史基本相同,现以间日疟为例加以说明。间日疟原虫寄生在人体内,使人体发病时进行裂体生殖,将大量的裂殖子撒入人体。疟原虫的寄主有两类:人及按蚊(雌),其生活史有世代交替现象,即需经裂体生殖、配子生殖和孢子生殖。其中裂体生殖在人体内进行,配子生殖在人体里开始,在蚊的胃内完成,而孢子生殖是在按蚊体内完成。

1. 裂体生殖(在人体内)

疟原虫分别在人体肝细胞和红细胞内发育增殖;在肝细胞内的发育称红血细胞外期和或红血细胞前期,在红细胞内的发育称红细胞内期。

(1)红细胞前期(潜伏期,一般抗疟药无作用)。

当被感染的雌按蚊叮人时,其唾液含有疟原虫的子孢子,随唾液带入人体,随血流到肝脏,侵入肝细胞,以肝细胞质为营养,成熟后在肝脏中进行裂体生殖。

子孢子随蚊唾液→人血→肝实质细胞(核先分裂成裂殖体)→以肝细胞质为营养→裂殖子→成熟后,破坏肝细胞而出→侵入红血细胞(红血细胞前期即病理上的潜伏期)。这一时期间日疟一般为8~9 d,恶习性疟为6~7 d。裂殖子出来后除一部分侵入红血细胞,开始红血细胞内期的发育外,一部分可被吞噬细胞多吞噬,还有一部分又继续侵入其他肝细胞,进行红血细胞外期发育(此观点1975年以来被否定,有2种观点,速发型、迟发型)。

(2)红细胞外期。

此时在红血细胞内已有疟原虫,故称外期。外期是疟疾复发的根源。最近研究证实,疟疾的复发是由于子孢子进入人体侵入肝细胞后,一部分立即进行发育,引起初期发病;其余的子孢子处于休眠状态,经过一个休眠期,到一定时候才开始发育,经裂体生殖形成裂殖子,侵入红血细胞引起疟原复发。(抗疟药对外期疟原虫无作用)。

(3)红细胞内期。

随着肝细胞的破裂,裂殖子进入血液并侵入红细胞,在红细胞内进行裂体生殖。开始虫体像一个镶宝石的戒指,称小滋养体。内有一大空泡,核位于一端,又称环状体。环状体能伸出伪足,吞食红细胞的细胞质,逐渐长大,空泡消失,体内出现疟色素(肝细胞中的疟原虫无色素),此时称大滋养体。(此时疟原虫摄取肝细胞内的血红蛋白为养料,不能利用的分解产物成为色素颗粒积于细胞质内。)

裂殖子→入红细胞→环状体(食红细胞质)→大滋养体(核连续分裂形成12~24个核)→裂殖体(细胞质围绕核分裂)→12~24个裂殖子(分裂体)→红血细胞破裂,裂殖子散到血浆中→部分侵入其他的红细胞,重复进行裂体生殖。这个周期所需的时间也是疟疾发作所需间隔的时间(裂殖子进入血红细胞在其中发育的时间里不发作)。另一部分形成大小配子母细胞→配子生殖。

由于裂殖子破坏了大量的红细胞,同时裂殖子及疟色素等代谢产物进入血液,刺激病人血管收缩,从而使患者先恶寒1~2 h;由于体温中枢受刺激和发冷时肌肉战栗所产生的热量不易散出,使病人继而高烧3~4 h后,盗汗2~3 h,后来症状消失,间隔一定时间又发作。

2. 配子生殖(在人体内开始,在蚊胃内完成)

这些裂殖子经过几次裂体生殖周期后或机体内环境对疟原虫不利时,有一些裂殖子进入RBC后,不再发育成裂殖体,而发育成大、小配子母细胞,如图8.18所示。

红血细胞内的大、小配子母细胞达到相当密度后,如不被按蚊吸去,则1~2月内被白细胞吞噬或变性;若被按蚊吸去,在蚊的胃腔中进行有性生殖,大、小配子母细胞形成配子。小配子

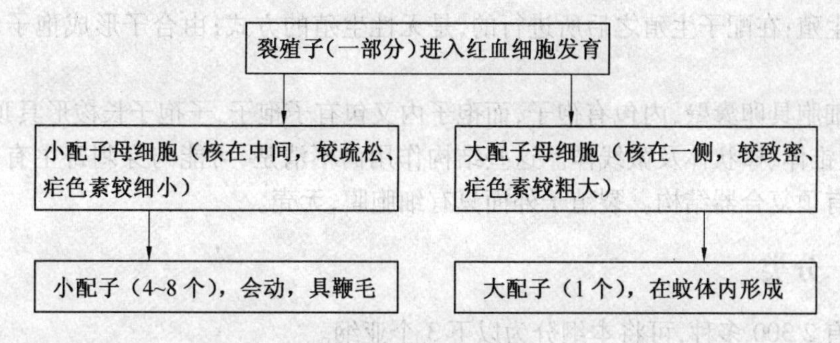

图8.18　配子生殖

是在蚊的胃里面进行游动，同大配子融合为合子，从而配子生殖阶段即告完成。

3. 孢子生殖（在蚊体内进行）

合子变长能蠕动称动合子（Ookinate）→穿入蚊胃壁（定居在胃壁基膜与上皮细胞之间，体形变圆，外层分泌囊壁）→卵囊（在上皮细胞和基膜之间，卵囊外有囊壁）卵囊细胞核及胞质经多次分裂→数百至上万的子孢子（成簇地集中在卵囊里）→子孢子成熟后卵囊破裂，子孢子逸出（可活70 d）→入蚊体腔（血腔）→大多到蚊的唾液腺中（最多可达20余万个），当蚊叮人时子孢子进入人体→吸入人血→红细胞前期裂体生殖。

子孢子在蚊体内生存可超过70 d，但生存30～40 d后其感染力大为降低。

一般认为幼体所寄生的宿主称中间宿主，成体的寄主称终宿主。中间宿主较低等，终宿主较高等，所以人是疟原虫的终宿主，蚊是疟原虫的中间宿主。

疟原虫对人的危害极大，能大量地破坏红血细胞，造成贫血，使肝脏肿大，近年来发现间日疟能损害脑组织。疟原虫病是我国五大寄生虫病之一。原产于南美热带高海拔地区的金鸡纳树，在云南已有大量种植，此树能提取疟疾特效药奎宁。近年来开展了免疫研究，取得了一定的进展。

通过亚显微镜结构研究，了解了其细微结构，改变了一些不正确的看法。如过去认为疟原虫寄生于肝细胞和红血细胞内通过体表吸取营养，现已证明它们以胞口摄取营养，并不是穿过寄主的红细胞膜进入细胞内，而是在红细胞凹陷，虫体被包进细胞内，虫体外包一层红细胞膜。

8.6.2　孢子纲的主要特征

孢子纲的主要特征有以下3种。

(1)营寄生生活，没有取食的细胞器，也无伸缩泡，靠体表渗透性来取食，营养方式为异养。

(2)身体构造较简单，缺乏任何运动细胞器，仅在生活史的某一阶段出现鞭毛或伪足。这只说明了孢子虫与鞭毛虫和肉足虫的亲缘关系。

(3)生活史复杂，在生活的过程中有两个阶段，即无性生殖和有性生殖。这两个阶段是交替进行的称为世代交替。它的典型的生活史可包括以下3个时期。

①裂体生殖：是一种无性生殖，且是复分裂，它的核先不断分裂成许多核，然后这些核移到细胞表面，细胞带有一致原生质，围绕核分裂形成原来相同的许多新个体。滋养体→裂殖体→裂殖子。

②配子生殖：是有性生殖。在裂体生殖之后的生活方式，由裂殖子发展成大、小配子，大、小配子结合成合子。

③孢子生殖:在配子生殖之后所进行的,是无性生殖的方式;由合子形成孢子母细胞→孢子→子孢子。

孢子母细胞具卵囊壁,内包有孢子,而孢子内又包有子孢子,子孢子长梭形具顶复合器,它包括顶环、类锥体、棒状体及微线体。这些结构作用尚不清楚,可能与穿刺寄主有关。孢子纲的动物都具有顶复合器结构。裂殖子外面只有细胞膜,无壳。

8.6.3 分类

孢子纲有2 300多种,可将本纲分为以下3个亚纲。

(1)簇虫亚纲:广泛寄生于众多的无脊椎动物,绝大多数簇虫的生活史都是双相的,因其营养体位于细胞外,而使其成为有别于顶复门其他种类的重要特征。细胞外形呈的营养体通常很大,有些长达10 mm。相反细胞内形成的营养体一般较小,通常只有几微米。疟原虫、球虫(寄生在脊椎动物消化道的上皮细胞,常导致死亡)、簇虫(寄生在蚯蚓储囊中),兔球虫对兔的危害极大。

(2)球虫亚纲:通常存在配子体,成熟配子体小,典型的细胞内寄生,无附着器。生活史很复杂,由裂体生殖、配子生殖和孢子生殖组成。大多数种类寄生脊椎动物,如中华血簇虫(寄生在中华鳖)、毒害艾美虫(寄生在鸡的小肠或盲肠上)、拉氏等孢虫(树麻雀等的肠上)。

(3)焦虫亚纲:梨形、圆形、棒形或变形体,类锥体缺乏。缺卵囊,无孢子和假包囊;无鞭毛;无性生殖和有性生殖;肉孢子虫(寄生在哺乳类、鸟类和爬行类)。

8.7 纤 毛 纲

其生命周期中至少某阶段生有纤毛,如果不具有纤毛则仍存在表膜下纤毛系统;具有大小两种核型;无性生殖通常为横二分裂,少数种类另有可能有出芽生殖和复分裂;有性生殖主要是接合生殖,极少数另有自配或质配;具有多种高度特化的细胞器如伸缩泡,射出体、胞肛、胞口等。生活方式可有自由生、共生、共栖、及寄生等各种类型,全都是异养型。纤毛纲(Ciliata)是原生动物中结构最复杂,分化最高级的类群。

8.7.1 代表动物——大草履虫

大草履虫(Paramecium caudatum)是淡水中常见的自由生活的种类,主要以细菌为食。大多生活在水流缓慢、有机质丰富的环境中。大草履虫长为150~300 μm,肉眼也能看到。

1.体形及结构

草履虫形状很像倒置的草鞋,显微镜下可见大草履虫全身密布纤毛,前端顿圆,后端稍尖。游泳时,全身的纤毛有节奏地摆动,使虫体原地旋转或成螺旋形运动(图8.19)。

草履虫的体表为表膜所覆盖,表膜下有一层与表膜垂直排列的刺丝泡。刺丝泡囊状,有孔和表膜相通,受刺激时刺丝泡就射出物质,射出物和水接触时,就变成细长而黏的线,一般认为刺丝泡是草履虫的防御武器,它们所形成的黏的线能缠住敌人,并且在水中膨胀,这样就能把攻击者推开(不过刺丝泡不能算是有效的武器,因为它很少能保护自已不致被敌人吃掉。主要功能可能是帮助草履虫在固体物上做暂时的固着用)。

草履虫自前端斜向后方,体表内陷形成口沟,有口沟的一侧为草履虫腹面。口沟下面有一更加凹陷的胞咽,胞咽与口沟的相接处为胞口。口沟里有由纤毛组成的波动膜。胞咽内有特

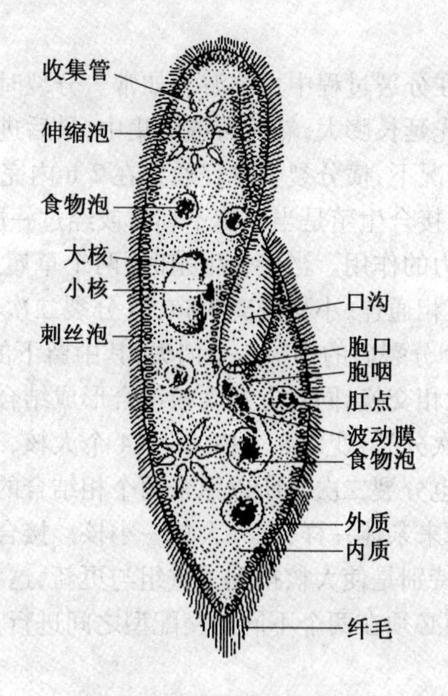

图 8.19　草履虫的结构

殊的纤毛组(棘毛)不断摆动,使带有食物颗粒的水流通过口沟→胞口→胞咽,在胞咽末端形成食物泡。食物泡在体内沿顺时针方向由后向前环流。在流动过程中,食物泡被草履虫所分泌的酶所消化,变成可溶性与可渗透的形式而被原生质所吸收和同化,在食物泡内进行消化。不能消化的残渣由身体后部的胞肛排出。胞肛是位于胞口后下方的固定结构,此处不具纤毛而有一定的伸缩性,只有在排除残渣时才能看到。

在内、外质之间有两个伸缩泡,一个在体前 1/3 处,另一个在体后 1/3 处。每个伸缩泡向周围细胞质伸出 6~11 条放射排列的收集管。在电镜下,这些收集管端部与内质网的网状小管相通连。当这些网状小管收集内质中过多的水分及部分代谢产物时,可与收集管相连,经收集管再送入伸缩泡。当伸缩泡中充满水分时,收集管停止收集,内质中的网状小管与收集管分离,伸缩泡通过体表固定的开孔排出其中的激体,如此循环。收集管一端与伸缩泡相连,收集多余的水分及液体的代谢产物。两个伸缩泡及伸缩泡与收集管间都是交替伸缩的,主要是排出体内过多的水分,以调节水分平衡。

在草履虫的内质中有细胞核、食物泡等。细胞核有两个,一大一小。大核为肾形,小核紧靠在大核的凹陷处,为圆球形。大核的功能与营养代谢有关,小核的功能有生殖遗传有关。

草履虫通过表膜的扩散作用进行呼吸和排除含氮废物,对外界刺激常呈现一定的反映。如趋向于适宜的温度,或逃避不利因素的刺激,如食盐、紫外光等。将含有草履虫的培养液滴在载玻片上,在水滴的中央加入微量弱酸,草履虫很快游向中心进入弱酸区,这是它的正趋性。如果酸度增加,草履虫立刻会逃避,这是它的负趋性。又如草履虫对可见光没有反应,但回避紫外光,在紫外光下很快引起死亡。草履虫喜欢在流水中逆流而上,当游到水面后,纤毛不再反转。弱电流时,虫体一般趋向负极,较强的电流趋向正极。纤毛虫最适宜的生长温度是 20~28 ℃,过高或过低的温度会引起它们生长繁殖的延缓或死亡。纤毛虫类许多种表现出明显的试探行为,前进中遇到障碍物时,它们会前进、后退,再前进,试探多次,直到成功地越过障碍物。

2. 生殖

无性生殖为横二分裂,在分裂过程中虫体游动如常。分裂时小核先行有丝分裂,出现纺锤丝。大核行无丝分裂,大核先延长膨大,然后再浓缩集中,最后进行分裂。接着虫体中部横溢,分成2个新个体。在合适情况下,横分裂全过程通常在2 h内完成,而每24 h可分裂一次。

有性生殖为接合生殖。接合生殖是当环境不利时或经过一段无性生殖之后所进行的生殖方式,它能提高草履虫生活力的作用。当接合生殖时,两个草履虫口沟部分互相黏合,相接触的地方膜被溶解。细胞质互相通连,小核脱离大核,且分裂二次,形成4个小核。大核在小核分裂的过程中逐渐消失,4个分裂后的小核3个消失,其中留下的1个又分裂成为大、小二核。然后两个虫体的小核进行互相交换,同对方的大核结合形成结合核,这种融合相当于受精。然后虫体分开,结合核连续3次分裂,变成8个核,其中4个大核,3个解体及1个小核。此小核再分裂二次,与此同时虫体也分裂二次。所以原来两个相结合的亲本虫体各形成4个草履虫,共为8个。每个个体都与原来亲体一样,有一大核一小核。接合生殖对一个物种是有利的,它融合了两个个体的遗传性,特别是使大核得到了重组与更新,这对虫体进行连续的无性生殖是必要的。草履虫的结合生殖必须在两个不同的交配型之间进行,这样体表纤毛才能相互黏着。

3. 纤毛

每一根纤毛是由位于表膜下的一个基体发出来的,电镜观察:每个基体发出一细纤维(即纤毛小根),向前伸展一段距离与同排的纤毛小根连成一束纵行纤维(即动纤丝)。另外有一套与纤毛结合得很复杂的小纤维系统,并连成网状,其机能有的认为是传导冲动和协调纤毛的活动,有的认为与纤毛的协调摆动无关,膜电位变化与纤毛摆动有关。

8.7.2 纤毛纲的主要特征

(1)具有运动胞器——纤毛。纤毛的构造同鞭毛构造的亚显微结构相似,但较短(3~20 μm),且数量多,运动不对称。多数纤毛愈合成叶状小膜,并在口缘排列成行,称口缘小膜带,如:喇叭虫。有的种类更多的纤毛愈合成大片的波动膜,如:草履虫口沟内的纤毛。有的种类腹部纤毛愈合成坚挺的束,称棘毛,如棘尾虫(鞭毛长15~200 μm,数量少,摆动对称)。

(2)体表具有表膜,表膜下有由毛基体与之相连的小纤维(纤毛基体在其一侧发出的1~2条很细的小纤维)结构组成的表膜下纤维系统,是纤毛虫所特有的。此系统包括基体+动纤丝+表膜下深部小纤维连接成的网状结构,是纤毛运动的能源器官,也可能起着神经传导和协调纤毛运动的作用。

(3)胞质分内、外质,外质中有刺丝泡,刺丝泡中有液体。在受刺激后液体释放出来,形成刺丝。刺丝起防御敌人及附着作用。内质多颗粒,能流动,其内有细胞核、食物泡、伸缩泡等等。

(4)具由原生质分化来的摄食胞器。胞口(口腔前)→胞咽(食道)→食物泡(肠、内质)→胞肛。

(5)具伸缩泡。能排除身体内多余的水分,维持水分平衡,调节渗透压,还可以具有排泄废物的机能,它与内质网相连。伸缩泡的收缩频率与纤毛虫的生理状况相关。运动时停止取食,只有很少的水分进入虫体,伸缩泡收缩的间隔时间较长,如草履虫可达6 min之久。而当静止并取食时,两个伸缩泡交替进行收缩,其中间隔的时间仅数秒钟,靠近口部的伸缩泡较远离口部的伸缩泡收缩快。

(6)一般具有两个核,有大、小核之分。大核起营养作用。小核起生殖作用。

(7)生殖:无性是二分裂(横二分裂)法,有性是接合生殖法,极少数为出芽生殖(吸管虫)。

(8)生活在淡水、海水中,也有寄生的。行为反应明显。

8.7.3　纤毛虫的重要种类

纤毛纲一直有6 000多种,主要根据纤毛多少和分布的位置特点分为4个亚纲。纤毛虫的种类如图8.20所示。

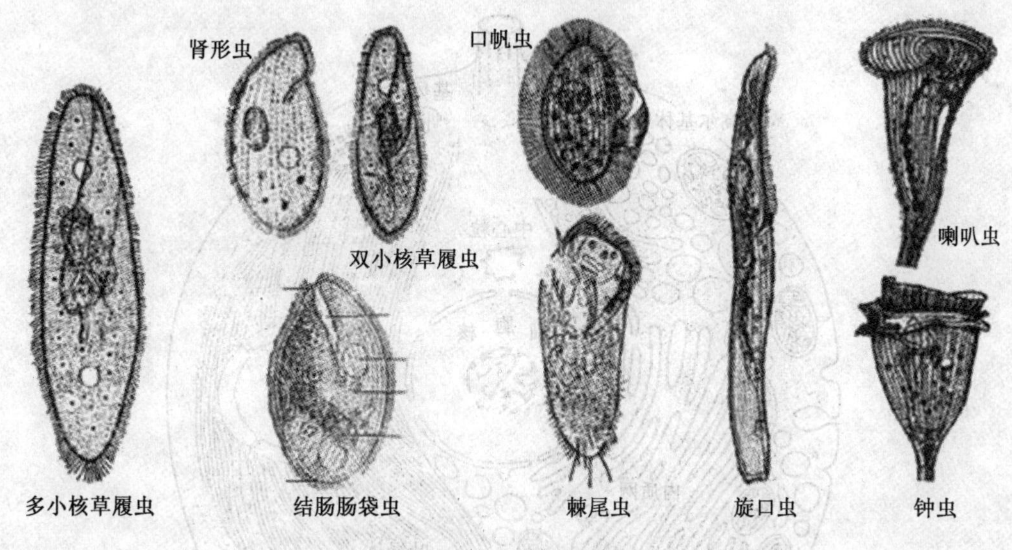

图8.20　纤毛虫的种类

(1)全毛亚纲:如栉毛虫、肾形虫、肠袋虫(寄生在肠中)、草履虫、小瓜虫寄生在鱼的皮肤下层、鳃、鳍等处,形成一些白色的小点虫病,用百万分之一的硝酸亚汞洗澡效果较好。肠袋虫寄生在肠中,侵犯肠组织,引起溃疡。

(2)旋毛亚纲:喇叭虫(形如喇叭,溪水中常见,能临时固着。它的收缩力极强,收缩以后真是面目全非,故初学者只认识舒展时的个体,而不认识收缩后的个体),如棘毛虫、棘尾虫。

(3)缘毛亚纲:体呈倒钟形,酒杯形或锥一圆柱形。自由生活和寄生生活,许多种类有孢囊时期。个体或群体生活。生活史是双态型,有可活动游泳体时期。钟虫、车轮虫(寄生在淡水鱼的鳃或体表,发生严重时可引起幼鱼大量死亡)具左旋口缘带,一般营固着生活,体多呈钟形。

(4)吸管虫亚纲:幼体具纤毛,成体营固着生活,失去纤毛,代之以能收缩的吸管。有不少种是寄生的,如毛管虫(寄生淡水鱼鳃上)。

8.8　原生动物门的主要特征

8.8.1　原生动物是最原始、最低等的单细胞动物

原生动物是单细胞动物。原生动物虽然只有一个细胞,但它具有完整的、独立的结构,具有一般多细胞动物所表现出来的基本生命特征,原生动物是由原生质所分化形成的细胞器完成各种生活机能,并不像多细胞动物分化为组织器官等,因此它与高等动物体内的一个细胞不

同,而与整个动物体相当,是一个能够独立生活的有机体,对原生动物来说,它的细胞可能是最复杂的,而它们都是最原始的动物。

群体的原生动物各个个体具有相对独立性,细胞不分化为组织,或仅仅是体细胞及生殖细胞的分化。

原生动物的体形较小,最小的为 2 μm,最大可达 10 cm 左右,但它也具有一般细胞的主要结构。

原生动物细胞主要由以下组成(图 8.21)。

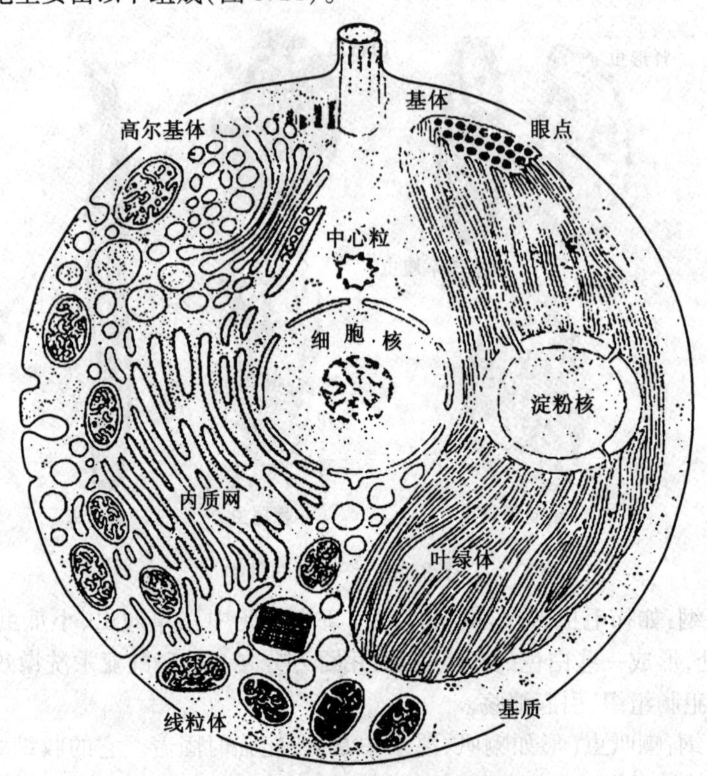

图 8.21 原生动物细胞的精细结构

1. 细胞膜(质膜)

细胞膜很薄,这种膜不能使动物保持固定的形状,又称为质膜,多数原生动物体表有一层坚厚而具弹性的表膜,且有些原生动物在身体体表能形成外壳,如表壳虫的几丁质外壳,砂壳虫的砂质外壳。原生动物细胞单位膜结构图如图 8.22 所示。

2. 细胞质

细胞质多分化为内质和外质两层,分化出各种细胞器(也称细胞类器官:指原生动物的细胞质分化,形成了多种具有一定的形态,执行特定的生理功能的结构,这种结构与多细胞动物的某种器官相当),外质在质膜内,均匀透明,致密而无颗粒,内质在外质里面,内有细胞核,流动性较大,有颗粒。

3. 细胞核

细胞核一般只有一个,但也有两核或多核的,根据核内染色质多少可分:泡状核:染色质少,分布不均匀,或聚集在核的中央或核膜里面或聚集成泡状。致密核:染色较多,且致密,均匀地分散在细胞内。

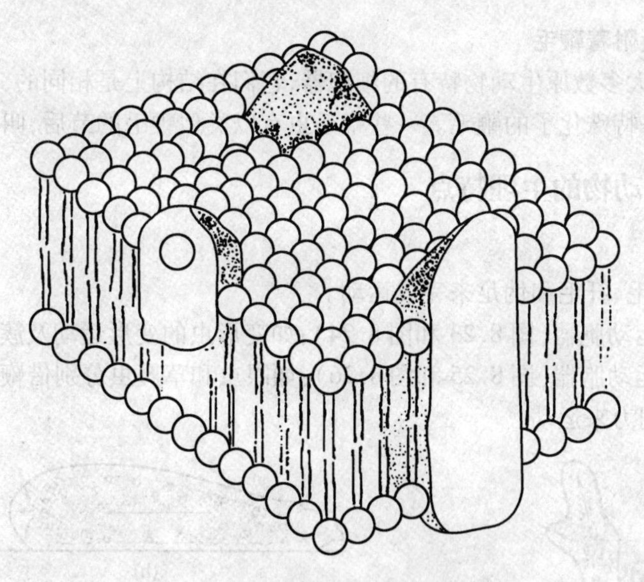

图8.22 原生动物细胞单位膜结构图

4. 纤维结构

原生动物的细胞质内也有纤维状的节后,大体可分为两类:一类有4~10 mm粗细的丝组成;另一类由外周直径20 μm的微管状前卫组成。丝好像是由单排球状蛋白质分子组成的,或由二至树根这种分子间交织而成;微管状原纤维好像是由很多连续的单排球形蛋白分子构成的。

5. 射出体

射出体都是在内膜包被的小泡中形成的,呈线状。现在已经知道的有很多的种类,根据它们的功能和结构可分为刺丝泡、毒丝泡、系丝泡和喷射体。

6. 高尔基体和溶酶体

高尔基体是一种扁平囊排列的,看起来靠近或与内质网相连续的复合体。消化酶包含一些小泡中,称此泡为初级溶酶体,初级溶酶体与食物泡融合形成次级溶酶体或称消化泡。

7. 线粒体

所有的真核生物除了一些厌氧生物都有线粒体。内不含油氧化磷酸化的酶。线粒体的复制问题也不清楚,有关线粒体在通过分裂繁殖自身的证据已从四膜虫标记试验中得到。

8. 内质网

内质网是指胞质内膜的管道及通道组成的网状结构,它为许多生化反应提供了所需的面积。这种扩展的管道网状结构与质膜相连,在质膜与胞质内膜包被的空间之间可通过其传导。

9. 伸缩泡

伸缩泡调节细胞质渗透压和排出生理废物,它是充满的小器官,有时数目较多,在几乎所有的纤毛虫中都有。它通常按一定的频率做脉冲式的张缩。

10. 质体

这种双层膜胞器有3种:有光合作用的绿色的叶绿体、有色体和无色的白色体。内膜卷曲形成片层,形成很多盘状物叫类囊体,后者再组成基粒。光合色素如叶绿体和胡萝卜素就分布于类囊体中,用于光合作用的光反应,膜外是液体基质,内含暗反应的酶,内基质中还有DNA,RNA核糖体等,与复制有关。

11. 纤毛、鞭毛、附着鞭毛

纤毛和鞭毛是大多数原生动物特有的细胞器,它们在结构上是相同的,而在功能方面稍有差别,可以说纤毛是特殊化了的鞭毛。一些鞭毛虫有以类似鞭毛的节后,叫附着鞭毛。

8.8.2 原生动物的生理特点

1. 运动

原生动物以鞭毛、纤毛和伪足来完成运动。

(1)无固定的运动胞器(图 8.23 和图 8.24):如变形虫的变形运动及簇虫的蠕形运动。

(2)具固定的运动胞器(图 8.25 和图 8.26):如眼虫和草履虫分别借鞭毛和纤毛来打动水流,靠水流的反作用力来运动。

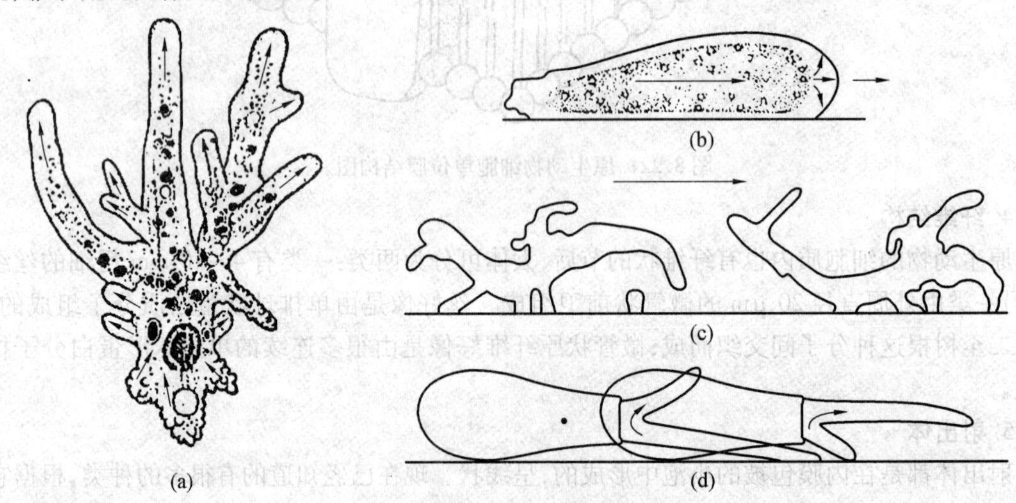

图 8.23　变形虫的伪足运动

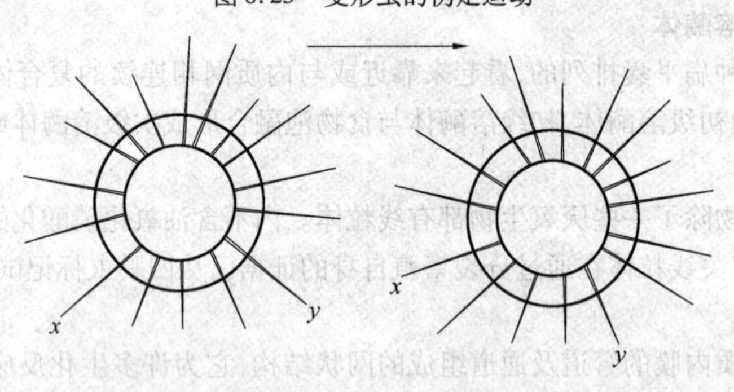

图 8.24　太阳虫的滚动运动

2. 营养

原生动物的影响类型有以下 3 类。

(1)植物性营养(光合营养、自养):如有色素体的鞭毛虫,具叶绿素,进行光合作用。

(2)动物性营养(吞噬营养、异养):靠不同的细胞器吞食其周围的营养物质(草履虫、变形虫)。

(3)腐生性营养(渗透营养、异养):靠体表的渗透作用来吸收周围可溶性有机物质,如一些寄生的种类。

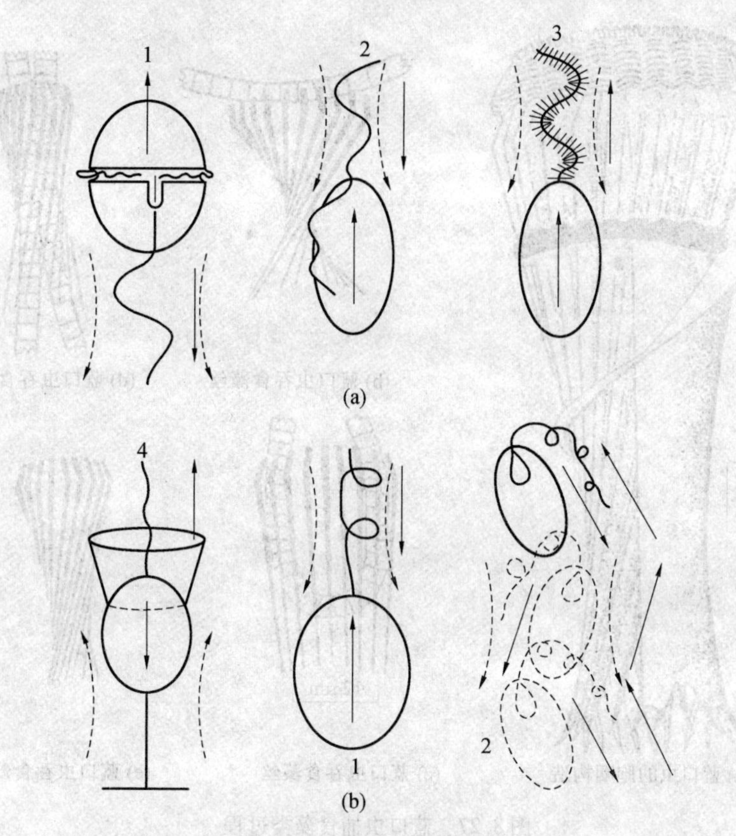

图8.25　形形色色的鞭毛运动

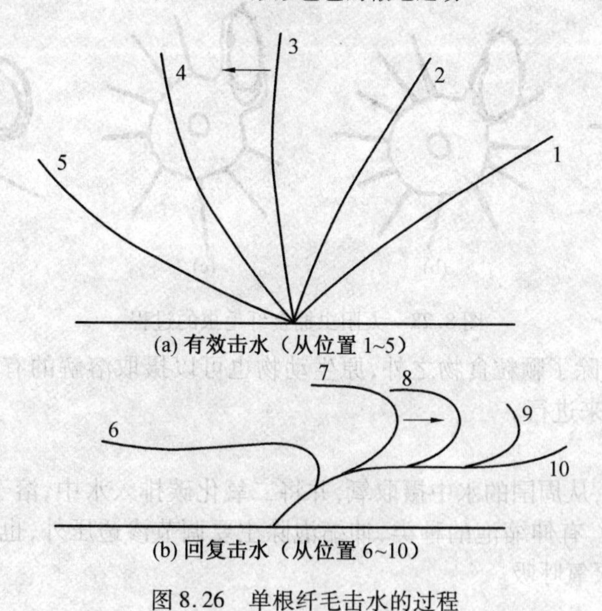

图8.26　单根纤毛击水的过程

3. 摄食类型

按照摄取食物器官的不同,可将原生动物的摄食类型分为以下3种。

(1)用胞口进行摄食(图8.27和图8.28):是纤毛虫和某些鞭毛虫所特有的细胞器。具有胞口的原生动物的摄食方法主要有两种类型:吞咽式和过滤式。

(2)非胞口形式的摄食:肉足虫、动鞭毛虫和吸管虫采用非胞口形式的摄食(图8.29)。

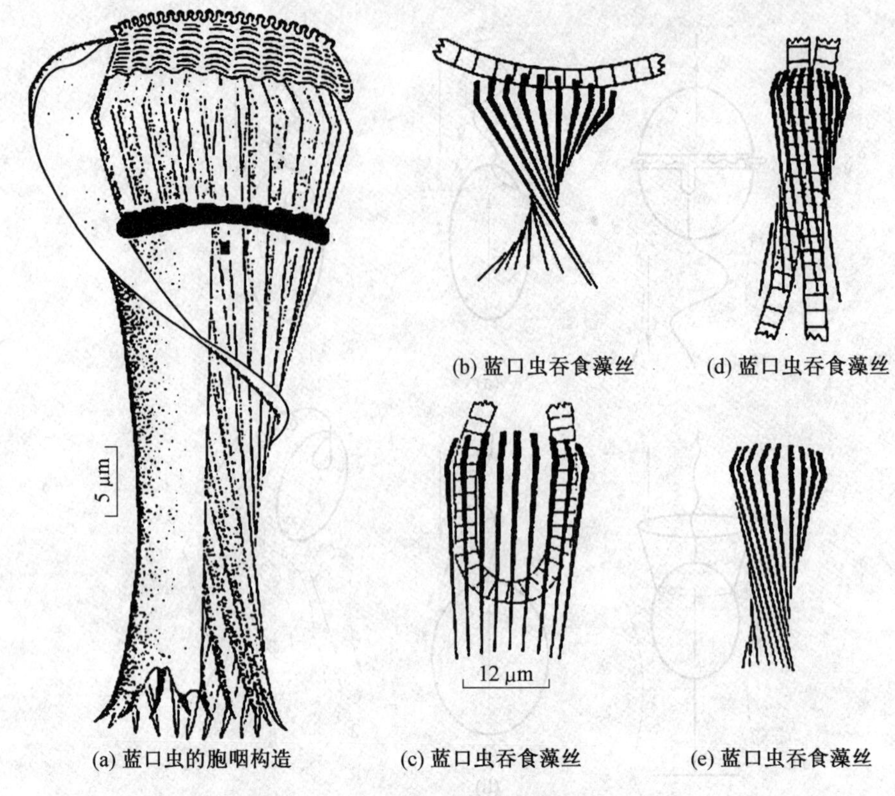

(a) 蓝口虫的胞咽构造　(b) 蓝口虫吞食藻丝　(c) 蓝口虫吞食藻丝　(d) 蓝口虫吞食藻丝　(e) 蓝口虫吞食藻丝

图 8.27　蓝口虫捕食藻类过程

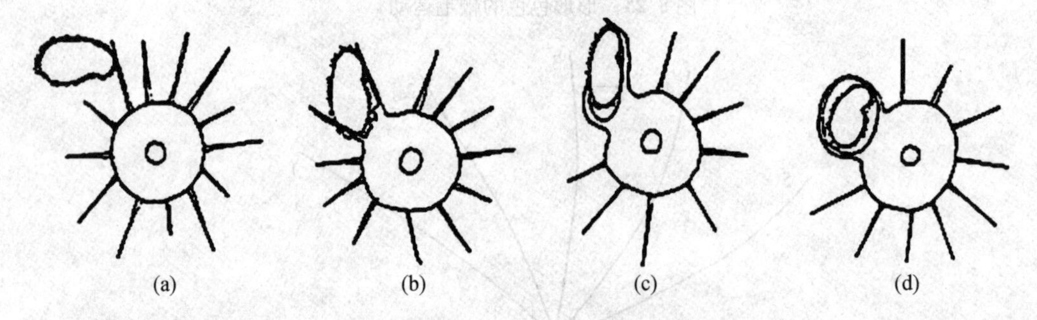

图 8.28　太阳虫捕食纤毛虫的过程

(3)渗透和胞饮:除了颗粒食物之外,原生动物也可以摄取溶解的有机物分子作为营养,这主要靠渗透和胞饮来进行。

4. 呼吸和排泄

通过体表的渗透,从周围的水中摄取氧,并将二氧化碳排入水中,溶于水中的含氮废物亦靠体表渗透作用排除,有伸缩泡的种类,伸缩泡除主要调节渗透压外,也有一定的排泄作用。呼吸包括有氧呼吸、厌氧呼吸。

5. 储藏食物

当食物的供应相当充足的时候,许多原生动物除了能够生长和繁殖之外,还能在细胞质中形成一些储藏的以便以后食物短缺时供给生命活动所用,储备粮食对于大多数原生动物来说是很重要的。它会储备糖类、脂肪类还有其他储藏物质。

6. 感应性

原生动物对外界环境的变化而产生一系列的反应,这种特性称感应性。如感应性的要素

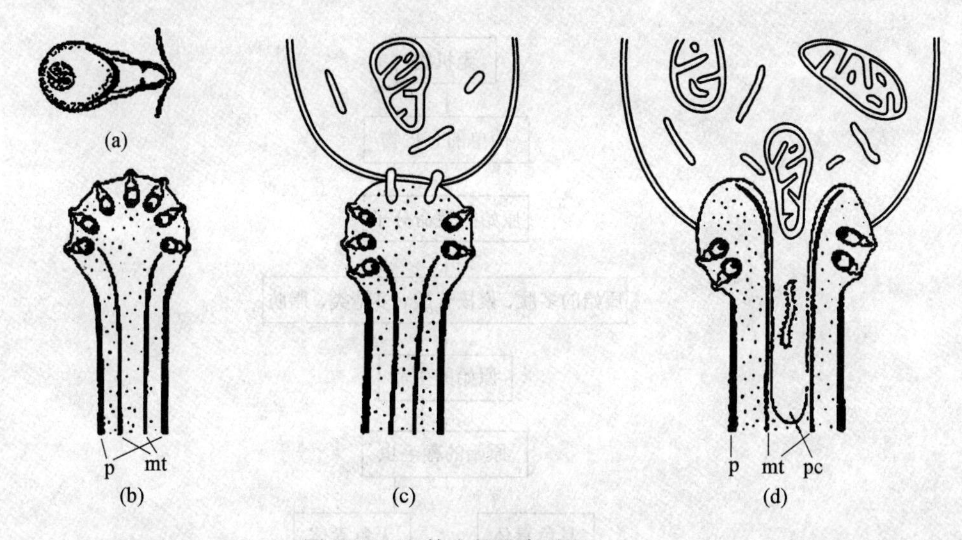

图8.29　吸管虫的进食过程

p—表膜；mt—微管；pc—捕食物的细胞质

有趋食性、趋化性、趋光性、趋避性。

7. 体形结构多样化

有些原生动物身体裸露、有的能够分泌保护性的外壳或体内有骨骼。

8.8.3　包囊和卵囊的构造

大多数原生动物在碰到不良环境时会发生变化，如鞭毛、纤毛、伪足等缩入体内或消失，其原生质分泌出一种胶状物质，凝固后将虫体包起来，既不食也不动，此即所谓包囊，度过高温、冰冻或干燥等恶劣环境，又很容易被风或其他动物带到远处。

有些原生动物在配子结合形成合子时，合子外面形成一个由合子所分泌的囊壁，合子中囊壁里面进行裂殖，有囊壁的合子称卵囊。

8.9　原生动物门的系统发展

原生动物种类繁多，庞杂且可供借鉴的化石资料少，其起源和演化研究难度尤其大。随着科学的发展而有各异的结论，迄今为止仍然未取得令人满意的原生动物起源和演化谱系学说。因而其分类系统也就很难取得共识。人类认识和研究原生生物已有300多年的历史。

8.9.1　单细胞动物的起源

从生命的起源和演化的过程中可以推断，最原始的动物应是那些构造简单，靠渗透作用吸收外界可溶性有机物生活的类群。原生动物的4个纲中，过去有人认为肉足类是最原始的，因为它们身体无定形，构造又极简单。但是它们却营吞噬营养，靠其他原生动物、单胞藻类为食，所以显然不可能是最早出现的，也有人认为绿色鞭毛虫最原始，因为它们具叶绿体，能直接利用无机物制造食物。但叶绿体的结构极复杂，最原始的生物而有极复杂的结构，这是不可想象的。因此最早出现的原生动物似乎应该是和现代无色鞭毛虫相似的，构造简单，营腐生性渗透营养的原始鞭毛虫。由此经过漫长的岁月，逐渐演化产生了现代形形色色的鞭毛虫和其他原生动物，如图8.30所示。

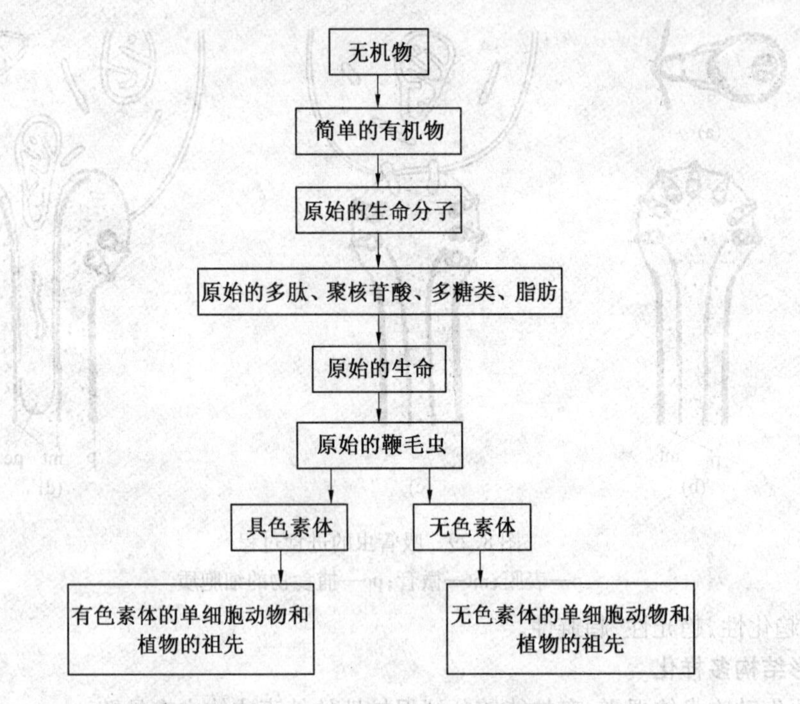

图 8.30　单细胞动物的起源示意图

8.9.2　各纲的亲缘关系

一般认为肉足纲与鞭毛纲关系极为密切,如变形鞭毛虫就同时具有鞭毛和伪足,肉足纲的有孔虫和放射虫的配子都有鞭毛,也反映了肉足纲来源于鞭毛虫。孢子纲全是寄生种类,必然出现较晚,因某些种类的配子有鞭毛,或生活史某一阶段可做变形运动,说明它们可能有双重来源,一部分起源于鞭毛纲,一部分起源于肉足纲。纤毛纲的结构最复杂,由于纤毛和鞭毛的结构基本相同,且都由基体产生,因此可以推测纤毛纲来源于鞭毛纲。各纲之间的亲缘关系如图 8.31 所示。

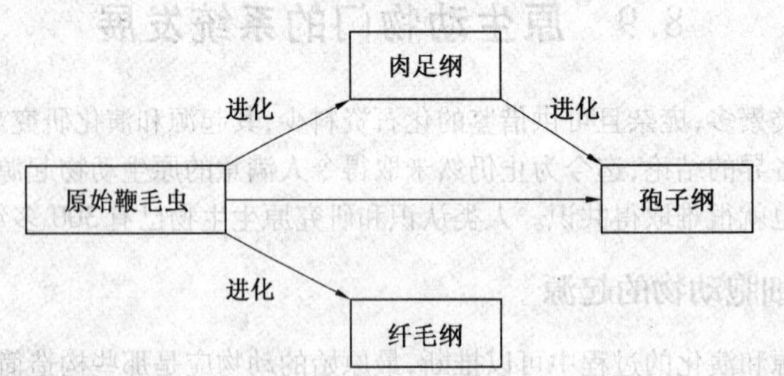

图 8.31　各纲之间的亲缘关系

这 4 个纲中,鞭毛纲最原始,肉足纲最简单,孢子纲最特化,纤毛纲最复杂。

第9章　后生动物

9.1　概　　述

后生动物是指动物界中除了原生动物以外所有的多细胞动物门的总称。其中,个体微小需借助显微镜或放大镜才能看清的后生动物,称微型后生动物。所有后生动物的共同特征如下:后生动物的身体器官由大量形态有分化、机能有分工的细胞组成;其生殖细胞和营养细胞有明显的分化。后生动物与原生动物最大的区别就体现在原生动物是单细胞,无分化;而后生动物是多细胞生物,细胞均有明显的分化。

后生动物包括侧生动物,即不对称动物和真后生动物。侧生动物主要是多孔动物门(海绵动物门);真后生动物包括辐射对称动物、三胚层无体腔动物、具有假体腔的动物以及具有真体腔的动物。辐射对称动物有腔肠动物门、栉水母动物门、棘皮动物门类;后者的对称是次生的,栉水母和某些珊瑚是左右辐射对称和两侧对称动物(其他所有门类)。后生动物(图9.1)在胚胎发育过程中有胚层的分化,其中多孔动物门只有内胚层和外胚层的初步分化,腔肠动物门在内外胚层间又有中胶层。自扁形动物门以后的门类都是三胚层动物。根据体腔的有无和结构可将后生动物分为无体腔动物,包括多孔动物门、腔肠动物门和扁形动物门;假体腔动物,包括线形动物门、腹毛动物门、轮形动物、线形动物、棘头动物等;体腔动物,包括软体动物、环节动物以后的所有动物门类。

图9.1　后生动物(蚯蚓)

根据形态结构,可将后生动物分为4个相应的水平,依次是:①实囊胚级水平,如中生动物有一些只是由一层细胞以及内部的空腔组成,另一些是由比较少数的细胞拥挤在一起形成实心的、管状的体躯或者形成一个由许多细胞以及若干层细胞所组成的板状构造。由于这些动物的细胞排列与高等动物的囊胚期的排列相似,故有人称之为实囊幼虫型动物。②细胞水平,如多孔动物门由二层细胞,即外面的皮层和里面的胃层构成。身体的各种机能由或多或少独立生活的细胞如领细胞完成。③组织级水平,在组织内不仅有细胞,也有非细胞形态的物质

(基质,纤维等)。如腔肠动物开始分化出上皮组织(具有神经一样的传导功能)等。④器官系统级水平,从扁形动物门起,动物有了由不同细胞、不同组织组成的结构和机能不同的器官系统。

9.2 后生动物的起源

9.2.1 多细胞动物起源于单细胞动物的证据

在动物界,除了单细胞动物外,就是多细胞动物。本章所讲的后生动物就是多细胞动物。一般认为,多细胞动物起源于后生动物。在多细胞动物尚未兴起时,单细胞动物已经盛极一时。单细胞动物群体与多细胞动物之间并没有绝对的鸿沟,由许多小的细胞(有时细胞数可达50 000个)组成的空球状的团藻虫就是介于单细胞和多细胞之间的中间类型。综合来讲,有以下证据。

1. 古生物学方面

众所周知,化石是古代动、植物的遗体或遗迹,在经过了千百万年地壳的变迁或造山运动后被埋在地层中形成的。观察各个时代发掘出的化石,可以发现在最古老的地层中,化石种类比较简单,而后逐渐复杂。在太古代的地层中有大量有孔虫壳化石,而在晚近的地层中动物的化石种类也比较复杂,并且可以看出动物是从低层向高层发展的顺序。从化石的发展说明最初出现单细胞动物,后来才逐渐发展成多细胞动物。总之,生物的发展也遵循事物发展的规律,由低等到高等,由简单到复杂。

2. 胚胎学方面

多细胞动物的胚胎发育过程比较复杂。在胚胎发育中,多细胞动物是由受精卵开始,经过卵裂、囊胚、原肠胚、胚层等过程,逐渐发育成成体。多细胞动物的早期胚胎发育基本上是相似的。根据生物发生律,个体发育简短地重演了系统发展的过程,由此可说明多细胞动物起源于单细胞动物。并且说明,多细胞动物发展的早期所经历的过程是相似的。

3. 形态学方面

在现有的动物界中,有单细胞动物和多细胞动物,并形成了由简单到复杂、由低等到高等的序列。如在原生动物鞭毛纲中有些群体鞭毛虫——团藻,其形态就与多细胞动物非常相似,就可以推测这类动物是从单细胞动物过渡到多细胞动物的中间类型,即这类动物是由单细胞动物发展成群体以后,再进一步发展成多细胞动物的。

9.2.2 多细胞动物起源的学说

多细胞动物起源于单细胞动物。如果原始的单细胞动物群体,进一步分化,群体细胞严密地分工协作,形成统一的整体,这就发展成了多细胞动物。根据多细胞动物的胚胎发育的形状来看,只有球形的群体(类似团藻的形状)和多细胞动物配套发育的形状是一致的。

关于单细胞动物通过什么样的方式进化为多细胞动物,各派意见不一。主要学说有以下几种。

(1)原肠虫学说。1874年赫克尔首先提出多细胞动物最早的祖先是类似团藻的球形群体,这些单细胞动物在某一面内陷形成多细胞动物的祖先。因为它们和原肠胚很相似,有两胚层和原口,所以梅克尔称之为原肠虫并把他的学说称之为原肠虫学说。

(2)吞噬虫学说。梅契尼科夫观察很多低等细胞动物的胚胎发育,发现了一些较低等的种类,其原肠主要不是由内陷方法,而是由内移方法形成的。他还发现某些多细胞动物主要呈靠吞噬作用进行细胞内消化,很少为细胞外消化。因此,他推论最初出现的多细胞动物是进行细胞内消化,细胞外消化是后来才发展的。在类似团藻虫这样的单细胞群体中,某些细胞吞噬食物后进入群体之内形成内胚层,结果形成二胚层动物,起初为实心,后来才逐渐地形成消化腔因此,梅契尼柯夫便把这种假想的多细胞动物的祖先叫作吞噬虫。

(3)合胞体学说。哈奇和汉森认为后生动物的祖先应是和多核纤毛虫相似的一种单细胞动物,这些多核纤毛虫的细胞膜分割演变为多细胞动物。这个学说认为扁形动物中无肠类是最原始的后生动物。由原始的我核纤毛虫一直进化为两侧对称的、有纤毛的、但无大小核之分的无肠类,另一支则演变成有大小核之分的高等纤毛虫。

虽然这些学说都有根据,但在最低等的多细胞动物中,多数是由内移方法形成原肠胚。因此,梅契尼科夫的学说容易被学者接受。

9.3　侧生动物——海绵动物门

多孔动物(海绵动物)是最原始、最低等的动物。这类动物在进化上是一个侧支,因此又称为"侧生动物"。

海绵动物既有很大的经济价值,也会对人类造成损失。海绵的骨骼可供沐浴以及医学上吸收药液、血液等。而有些海绵种类长在牡蛎的壳上,把其壳封闭,造成牡蛎死亡。淡水中的海绵大量繁殖可以堵塞管道,对人类有害。

9.3.1　海绵动物的特征

(1)体型不对称。海绵动物主要生活在海水中,极少数(只有一科)生活在淡水中。海绵动物的成体营固着生活,附着在水中的岩石、贝壳、水生植物或者其他物体上。此类动物遍布全世界,从潮间带到深海,甚至到淡水的池塘、溪流、湖泊都可以发现海绵动物的踪迹。海绵动物的体型各种各样,有不规则的块状、树枝状、球状、瓶状、管状等。虽然海绵动物有一定的形状和辐射对称,但是多数海绵则像植物一样不规则地生长,从而形成扁形的、树枝形的、圆形的个体,呈不对称,甚至有的种连个体都分不清。如果把海绵动物切成一些小块,会发现每一小块的形状都呈现出海绵的样子。海绵的种类如图9.2所示。

(2)具有水沟系。水沟系是海绵动物所特有的结构特征,它有益于海绵的固着生活。海绵动物的水沟系可分为以下3种类型。

①单沟型,是最简单的水沟系。水流从入水孔流入,直接流到中央腔(也称海绵腔),然后经出水孔流出。其中,中央腔的壁是领细胞。白枝海绵的水沟系就属于单沟型(图9.3(a))。

②双沟型,形似单沟型的体壁凹凸折叠而成。水流从流入孔流入,经过流入孔、前幽门孔、鞭毛室、后幽门孔及中央腔,再由出水孔流出。海绵动物中毛壶属于系类水沟系(图9.3(b))。

③复沟型,是最复杂的水沟系。其管道分支多,在中胶层中有许多具有领细胞的鞭毛室,中央腔壁是由变细胞构成的。水流自流入孔流入,依次经过流入管、前幽门孔、鞭毛室、后幽门孔、流出管以及中央腔,再由出水孔流出。例如浴海绵、淡水海绵等都属于此类水沟系(图9.3(c))。

从3种类型水沟系的结构以及水流顺序,可以看出海绵动物的进化过程是由简单到复杂

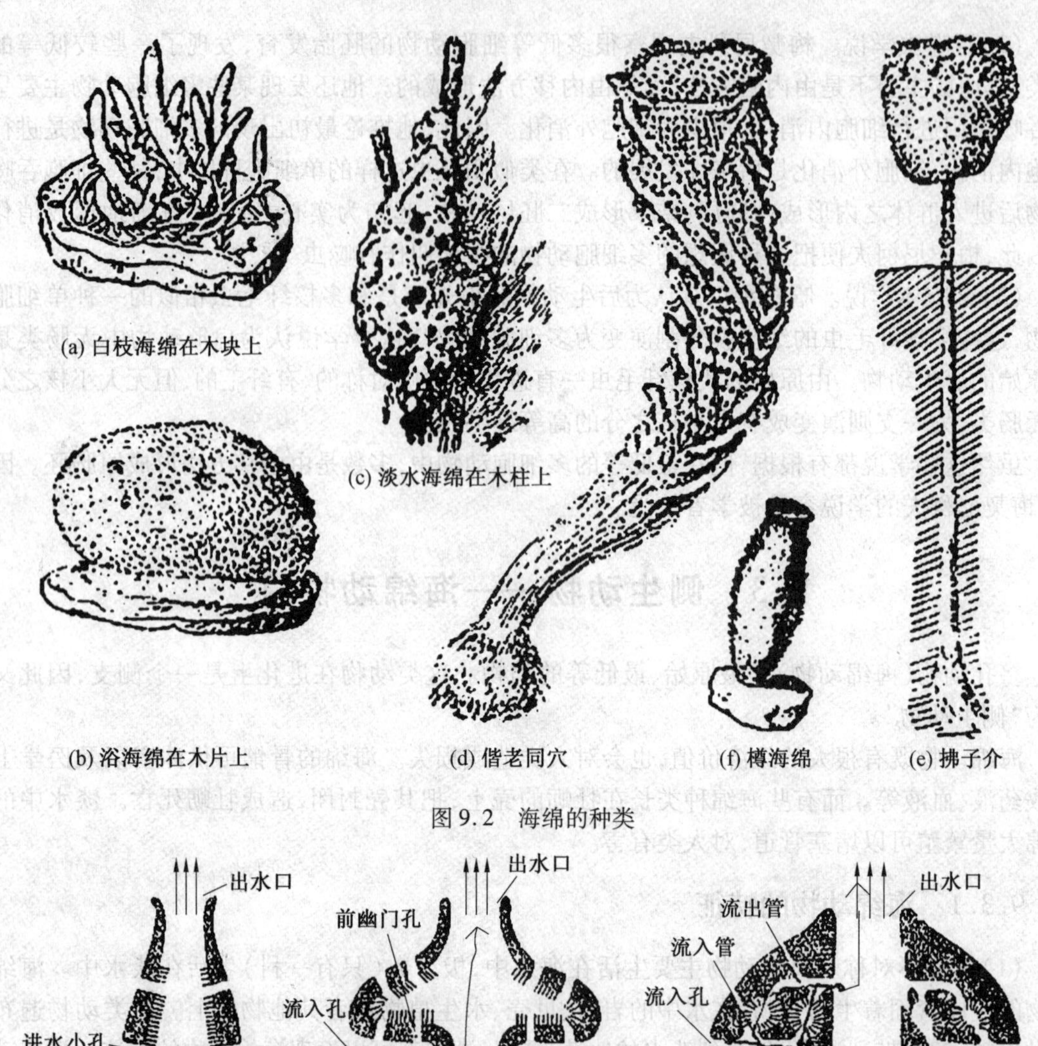

图 9.2　海绵的种类

图 9.3　水沟系

的,由单沟型的简单直管到双沟型的辐射管,再到复沟型的鞭毛室,其领细胞的数目越来越多,这种进化使水流经过海绵动物体时的速度和流量都大大增加,同时,也增大了海绵体的摄食面积。每天都会有比海绵动物身体大上万倍体积的水流过海绵体内,为海绵带来了大量的食物和氧气,同时也能不断地排除代谢废物。水沟系的逐渐复杂,对海绵动物的生命活动以及对环境的适应意义十分重大。

(3)没有组织分化和器官系统。在显微镜下,海绵动物的体壁由两层细胞构成,他们一般是疏松地结合,在两层细胞之间存在中胶层。海绵体表的一层细胞是扁细胞,扁细胞内有能够收缩的肌丝,具有一定调节功能;有些扁细胞会变为肌细胞,围绕着入水孔或出水孔形成能够收缩的小环,从而控制水流。据此,可以说扁细胞有保护作用。扁细胞之间穿插有无数的孔细胞,形成单沟型系海绵动物的入水孔。

海绵动物身体内的一层细胞在单沟系中称为领细胞层。每个领细胞都有一透明的领围绕一条鞭毛,在光学显微镜下,领像一薄膜,但在电子显微镜下,领看起来是由一圈细胞质突起并且由各突起间的很多微丝相连,与塑料羽毛球的羽领十分相似。水流通过海绵体时,会携带食物颗粒和氧气,附着在领上,之后便落入细胞质中形成食物泡,并在领细胞内消化或将食物传给变形细胞消化。不能被消化的残渣则由变形细胞排到流出的水中。在某些淡水中的海绵细胞中还会有伸缩泡。淡水海绵领细胞如图9.4所示。

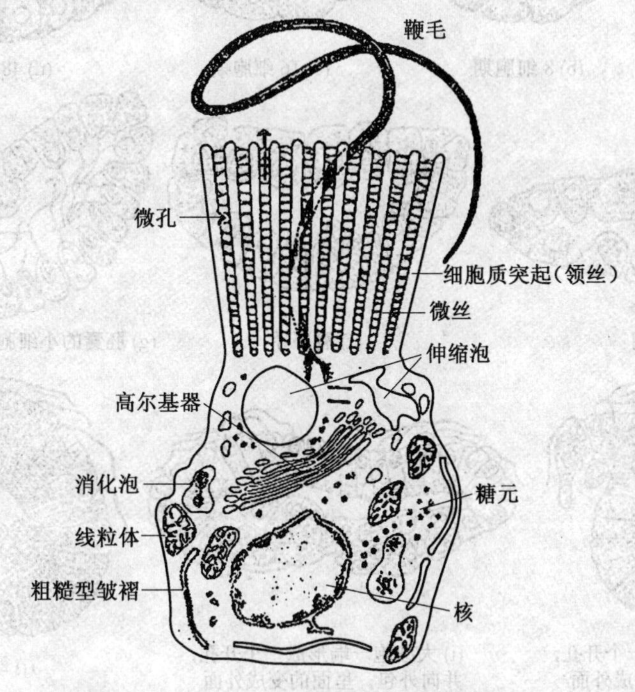

图9.4　淡水海绵领细胞

一般认为,海绵动物是处在细胞水平的多细胞动物,因为其身体的各种机能大都是由独立的细胞完成的。海绵体内、外表层细胞接近于组织,或者可以说是原始组织的萌芽,但它不同于真正的组织,所以说海绵萌芽形成明确的组织。

(4)胚胎发育中有“逆转”现象。

(5)通常具有钙质、硅质或角质的骨骼。

(6)萌芽消化腔等。

9.3.2　海绵动物的生殖发育

海绵动物可进行无性生殖和有性生殖。

无性生殖有出芽和形成芽球两种方式。由海绵体壁的一部分向外突出形成芽体,与母体脱离后长成新个体或者不与母体脱离而形成群体,这种方式成为出芽。而芽球的形成是在中胶层中,由一些储存了丰富营养的原细胞聚集成堆,外包以几丁质膜和一层双盘头或短柱状的小骨针,形成球形芽球。成体死亡后,此前形成的无数芽球就会生存下来,渡过严冬或干旱,在适合的条件下,芽球内的细胞从芽球上的一个开口出来,发育成新个体。

有性生殖,由受精卵完成。精子和卵子由原细胞或领细胞发育而来。卵在中胶层内,精子不直接进入卵,而是由领细胞吞食精子后,失去鞭毛和领成为变形虫状,将精子带入卵内,进行受精。然后受精卵开始进行卵裂,形成胚囊,动物极的小细胞向胚囊腔内生出鞭毛,另一端的大细胞中间形成一个开口,后来胚囊的小细胞由开口倒翻出来,里面小细胞具有鞭毛的一侧翻到胚囊的表面。这样,即形成了幼虫,幼虫游动后不久就可固着,发育成成体(图9.5)。

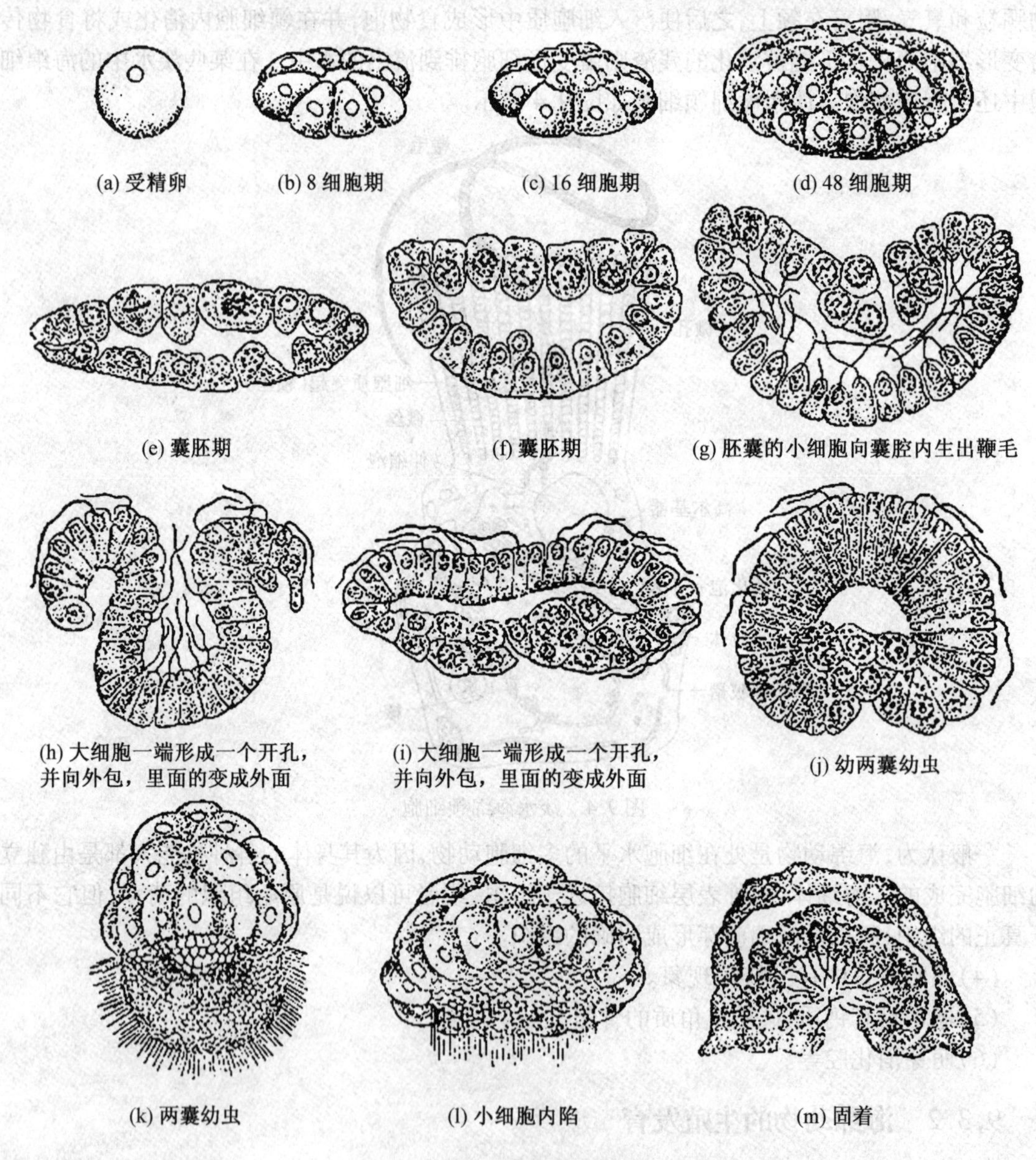

图9.5　海绵动物的胚胎发育

有趣的是,如果把海绵切成小块,每块都能够独立生活,而且能继续长大。

9.4　辐射对称动物

9.4.1　腔肠动物门

腔肠动物是真正后生动物的开始,其他后生动物都是经过这个阶段发展来的。

1.腔肠动物门的特征

(1)辐射对称。多孔动物大多不对称,而从腔肠动物开始,后生动物体型就有了固定的对称形式,腔肠动物为辐射对称。辐射对称即腔肠动物体内的中央轴有许多个切面可以把身体分为两个相等的部分。这种对称只能有上下区分,而没有前后、左右之分,只适应在水中营固着的或漂浮的生活。

(2)两胚层、原始消化腔。腔肠动物具有真正的二胚层(内、外胚层),在二胚层之间有内、外胚层细胞分泌的中胶层。胚胎发育中的原肠腔就是由内外胚层细胞所围成的体内的腔。原肠腔具有消化的功能,可以在细胞内及细胞外消化,因此可以说腔肠动物具有了消化腔。这类动物有口,没有肛门,消化后的残渣仍由口排出,所以腔肠动物的消化腔属于原始消化腔。

(3)组织分化。腔肠动物不仅有细胞分化,而且开始分化出简单的组织。腔肠动物的上皮组织形成其体内、外表面,并分化为感觉细胞、消化细胞等。上皮细胞有上皮和肌肉的功能,称为上皮肌肉细胞。

(4)肌肉的结构。上皮肌肉细胞属于上皮,也属于肌肉的范围。一般上皮细胞的基部会延伸出一个或几个细长的突起,其中有肌原纤维(9.6(b)),有些上皮肌肉细胞的上皮成分不发达,成为肌细胞(9.6(a)),有些上皮成分发达,细胞呈扁平状,肌原纤维呈单向排列或两排肌原纤维呈垂直排列(图9.6(d)),还有些上皮成分发达呈圆柱状,周围有一系列的平滑肌环(图9.6(c))。肌原纤维也分平滑肌、横纹肌和斜纹肌。

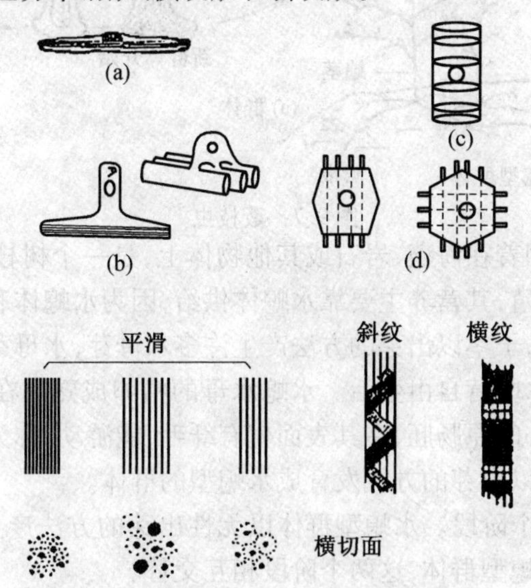

图9.6　腔肠动物上皮肌肉细胞的类型(上)和肌原纤维类型(下)

(5)原始的神经系统——神经网。神经网基本上是由二极和多极的神经细胞组成,是动物界里最简单、最原始的神经系统。这些神经细胞具有形态上相似的突起,相互连接形成一个疏松的网,因此称为神经网。有些种类只有一个位于外胚层基部的神经网;有些种类具有两个分别位于内、外胚层基部的神经网;还有些种类除了内外胚层的神经网外,还在中胶层有神经网。腔肠动物没有神经中枢,神经的传导一般无定向,传导速度也较慢,比人的神经传导速度慢1 000倍以上。这些都说明了腔肠动物神经系统的原始性。

2. 腔肠动物门的分纲

腔肠动物有9 000多种。分为3纲:水螅纲、钵水母纲、珊瑚纲。

(1)水螅纲。

水螅纲动物大都生活在海水中,只有少数种类生活在淡水中。生活史中有水螅型和水母型世代交替现象,如薮枝虫(图9.7)。

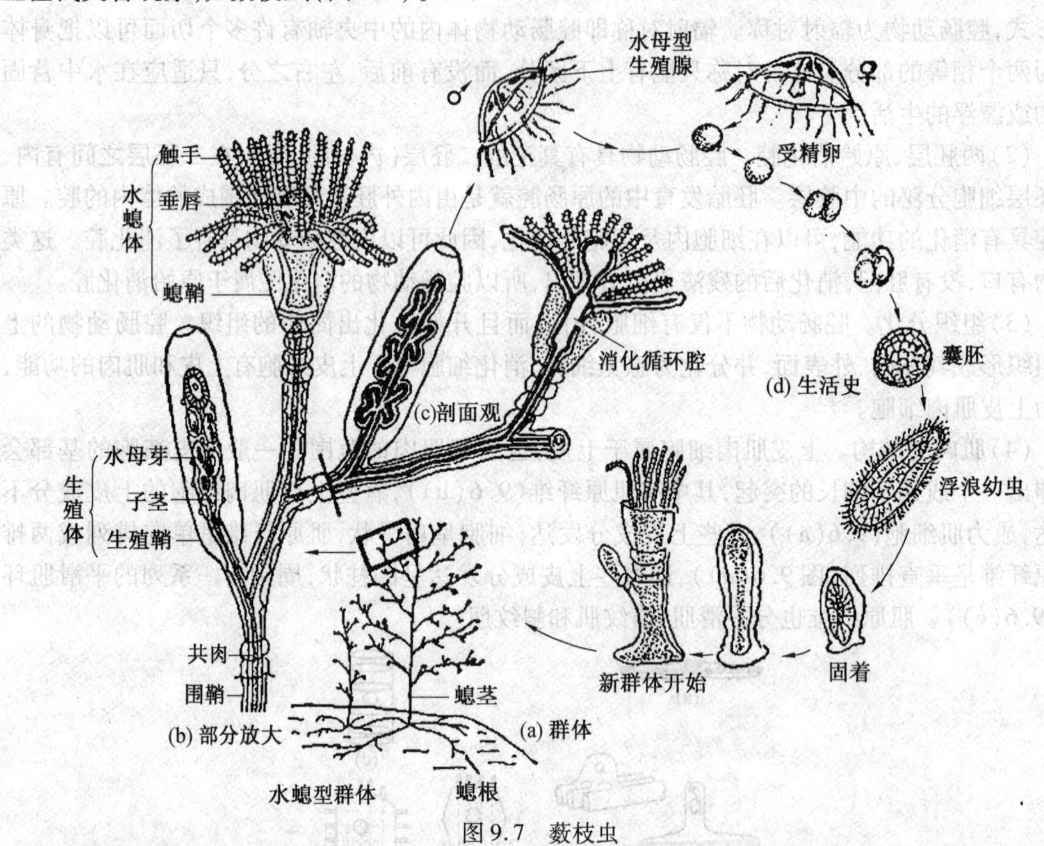

图9.7　薮枝虫

薮枝虫生活在浅海,固着在海藻、岩石或其他物体上,是一个树枝状的水螅型群体。薮枝虫的生殖体能进行无性生殖,其营养主要靠水螅体供给,因为水螅体和生殖体彼此由螅茎中的共肉连接。生殖体成熟后,子茎以出芽的方法产生许多水母芽,水母芽成熟,脱离子茎,由生殖鞘顶端的开口出来,在海水中营自由生活。水螅水母的精卵成熟后在海水中受精。受精卵发育,以内移的方式形成实心的原肠胚,在其表面生有纤毛,能游动,称为浮浪幼虫。浮浪幼虫游动一段时间后,固着下来,以出芽的方式发育成水螅型的群体。

薮枝虫生活史经过两个阶段。水螅型群体以无性出芽的方法产生单体的水母型,水母型又以有性生殖方法产生水螅型群体,这两个阶段相互交替。

总之,水螅纲动物的主要特征如下。

①一般是小型的水螅型或水母型动物。

②水螅型结构较简单,只有简单的消化循环腔。

③水母型有缘膜,触手基部有平衡囊。

④生活史大部分有水螅型与水母型,即有世代交替现象,不同的种类两种阶段发达程度各有不同。

(2)钵水母纲。

钵水母纲动物全部生活在海水中,大多为大型的水母型,水母型很发达,水螅型非常退化,常以幼虫的形式出现,而结构比水螅水母复杂,如海蜇、海月水母(图9.8)。

海月水母属钵水母纲,营漂浮生活。海月水母体为白色透明的盘状,在伞的边缘生有触手,并有8个缺刻,每个缺刻中有一个感觉器,也称触手囊,囊内有钙质的平衡石,囊上面有眼点,囊下面有缘瓣,缘瓣上有感觉细胞或纤毛,另外有两个嗅窝。海月水母消化循环系统比较复杂,有口、胃腔,胃囊及辐管与环管相连。水流从口进入至胃腔,经过一定的辐管至环管,然后再由一定的辐管流至胃囊,经口流出。

海月水母的生殖腺会产生精子或卵,精子成熟后随水流至雌性体内受精,也有的种在海水中受精。受精卵经完全均等卵裂形成囊胚,再由内陷方式形成原肠腔,此时,胚胎表面长出纤毛,成为浮浪幼虫。浮浪幼虫附着于海藻或其他动物体上,发育成小的螅状幼体,可营独立生活。之后,螅状幼体进行横裂,分裂形成横裂体。横裂体成熟后一个个脱落,为碟状幼体,由它发育成水母成体。

钵水母与水螅水母的主要区别如下。

①钵水母一般为大形水母,而水螅水母则是小形的。

②钵水母无缘膜,感觉器官为触手囊,而水螅水母有缘膜。

③钵水母的结构较复杂,在胃囊内有胃丝,而水螅水母较简单,胃囊内无胃丝。

④钵水母的生殖腺来自内胚层,水螅水母的生殖腺来源于外胚层。

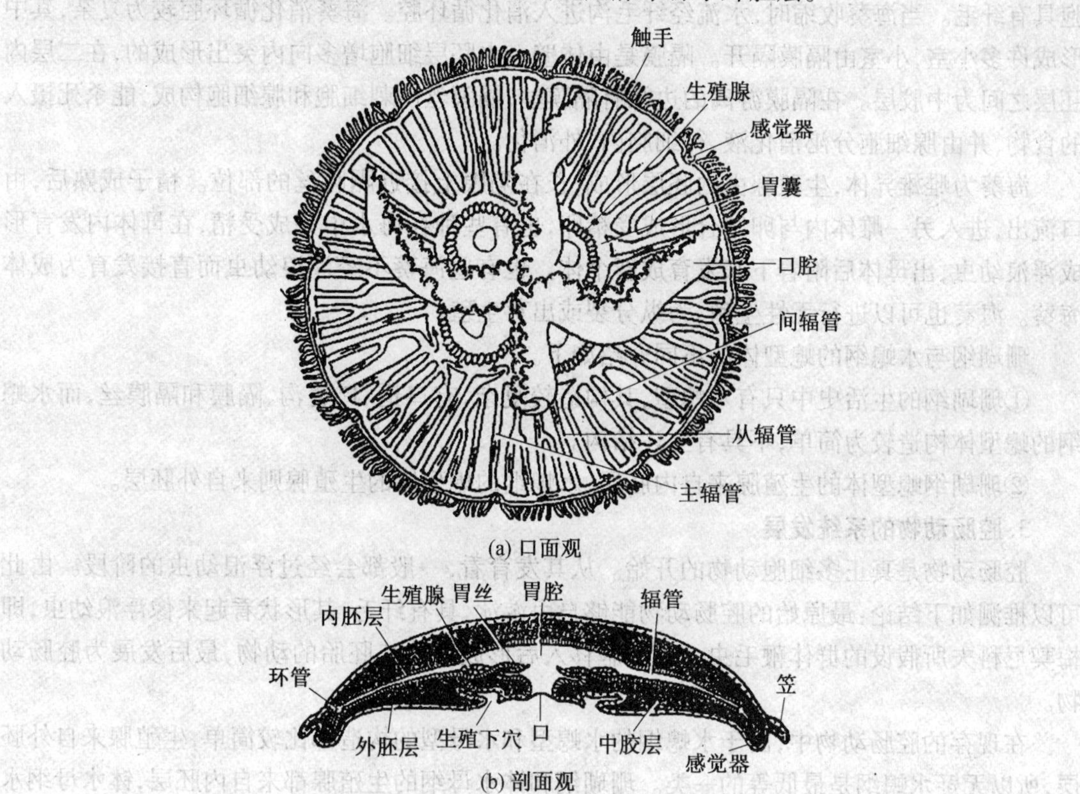

(a) 口面观

(b) 剖面观

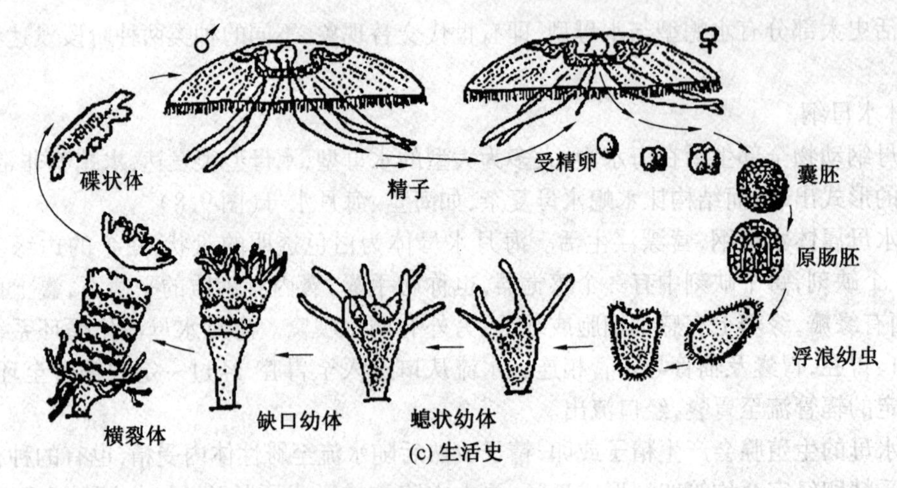

(c) 生活史

图 9.8　海月水母

(3) 珊瑚纲。

珊瑚纲动物与前两纲动物不同，只有水螅型，没有水母型，而且水螅型的构造较水螅纲的螅体复杂。该纲动物全部生活在海水中，多数在暖海、浅海的海底。海底的主要生物为珊瑚虫，通常所见到的珊瑚为其骨骼，沿海常见的为海葵。

海葵的结构如图 9.9 所示。海葵无骨骼，身体呈圆柱状，称为基盘的一端附着于海中岩石或其他物体上，另一端有口，呈裂缝形，口周围部分称为口盘，周围有触手，触手上有刺细胞，可捕食鱼虾及活的小动物。海葵捕食后，食物经口进入口道，口道两端有纤毛沟，纤毛沟内壁细胞具有纤毛。当海葵收缩时，水流经纤毛沟进入消化循环腔。海葵消化循环腔较为复杂，其中形成许多小室，小室由隔膜隔开。隔膜是由体壁上内胚层细胞增多向内突出形成的，在二层内胚层之间为中胶层。在隔膜游离的边缘有隔膜丝，隔膜丝由刺细胞和腺细胞构成，能杀死摄入的食物，并由腺细胞分泌消化液，行细胞内、外消化。

海葵为雌雄异体，生殖腺由内胚层形成，长在隔膜上接近隔膜丝的部位。精子成熟后，由口流出，进入另一雌体内与卵结合形成受精卵，也有些种在海水中完成受精，在母体内发育形成浮浪幼虫，出母体后附着下来发育成新个体。也有些海葵不经浮浪幼虫而直接发育为成体海葵。海葵也可以进行无性生殖，为纵分裂或出芽生殖。

珊瑚纲与水螅纲的螅型体的不同介绍如下。

①珊瑚纲的生活史中只有水螅型，其构造较复杂，有口道、口道沟、隔膜和隔膜丝，而水螅纲的螅型体构造较为简单，不具有上述结构。

②珊瑚纲螅型体的生殖腺来自内胚层，水螅纲的螅型体的生殖腺则来自外胚层。

3. 腔肠动物的系统发展

腔肠动物是真正多细胞动物的开始。从其发育看，一般都会经过浮浪幼虫的阶段。由此可以推测如下结论：最原始的腔肠动物能够自由游泳、具有纤毛，其形状看起来像浮浪幼虫，即梅契尼科夫所假设的群体鞭毛虫。其细胞移入后形成原始二胚胎的动物，最后发展为腔肠动物。

在现存的腔肠动物中，由于水螅纲的水螅型和水母型的构造都比较简单，生殖腺来自外胚层，所以无疑水螅纲是最低等的一类。珊瑚纲和钵水母纲的生殖腺都来自内胚层，钵水母纲水螅型退化，水母型发达，结构较为复杂；珊瑚纲无水母型，只有结构复杂的水螅型。水螅型适于

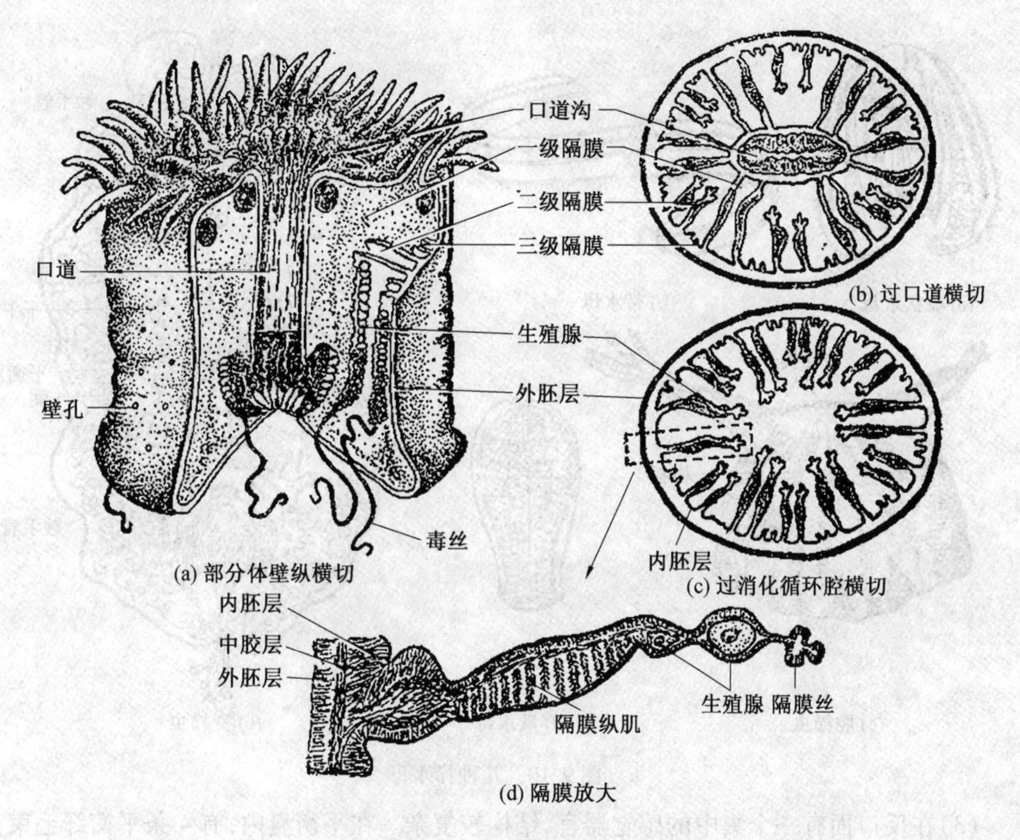

图9.9　海葵的结构

A—部分体壁纵横切;B—过口道横切;C—过消化循环腔横切;D—隔膜放大

固着生活,水母型适于漂浮生活,二者的结构基本相同,把水螅型倒置,其形态与水母型相当。在腔肠动物的生活史中,有的种有水螅型和水母型世代交替的现象;有的种水母型发达,水螅型退化;还有的种水螅型发达,水母型不发达或不存在。

9.4.2　栉水母动物门

1. 简介

栉水母动物也为辐射对称动物。这一类动物种类不多,只有不到100种,数量也比较少。全部生活在海水中,能发光,营浮游生活,也有些种能爬行。栉水母体形有球形、瓜形、卵圆形以及扁平带状等(图9.10)。

栉水母动物以浮游生物为食,同时它本身又是鱼类的饵料,栉水母类还可以吃牡蛎幼虫、鱼卵和鱼苗,因此,栉水母类对牡蛎的繁殖以及食物链都有一定的影响。

2. 栉水母动物的特征

栉水母类有些形态结构与腔肠动物相似:体型属于辐射对称,但两侧辐射对称很明显;身体也分内、外胚层及中胶层;消化循环腔与钵水母相似,具有分支的辐管,体内也没有其他腔。

栉水母动物也有以下独特的特点:

(1)栉水母体表具有8行纵行的栉板,每一栉板是由一列相连的纤毛组成。栉板为运动器。

(2)有触手的栉水母在体两侧各有一个触手囊或称触手鞘,囊内各有一条触手,触手上没有刺细胞,而有大量的黏细胞。

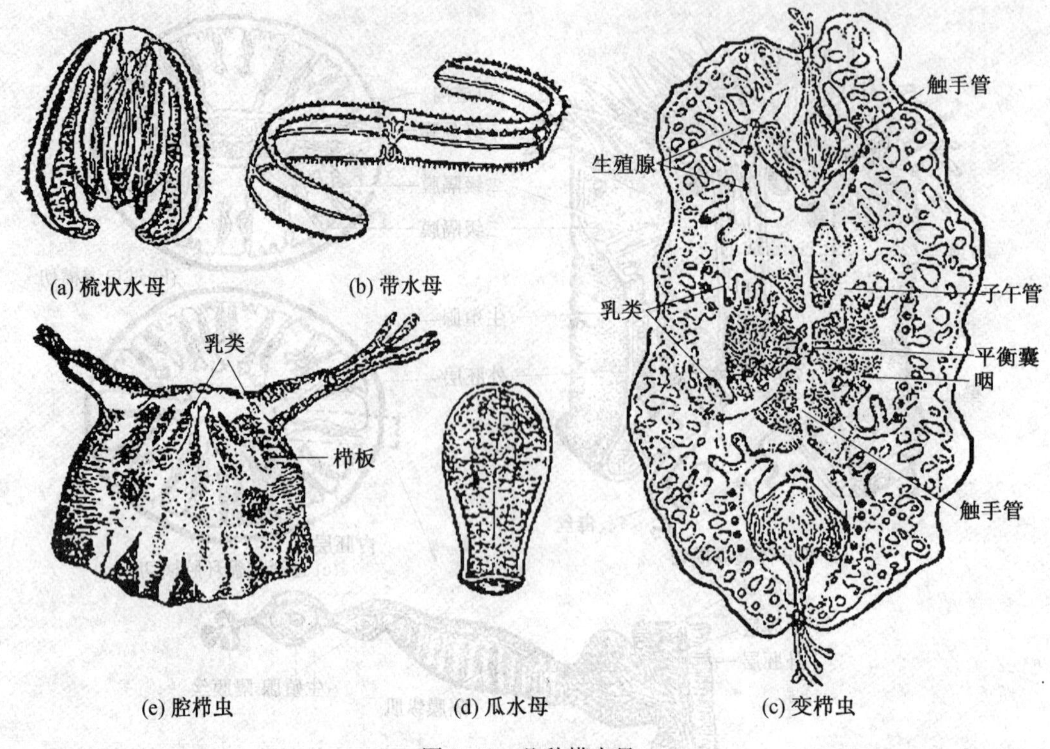

图 9.10　几种栉水母

(3) 在反口面有一个集中的感觉器官,结构较复杂。在平衡囊内,有 4 条平衡纤毛束支持一个钙质的平衡石,纤毛束基部有纤毛沟和 8 行纵行的栉板相连。

(4) 神经系统也较集中,虽有神经网,但已向 8 行栉板集中,形成 8 条辐射神经索。

(5) 胚胎发育中已出现不发达的中胚层细胞,由它发展为肌纤维。

9.5　无体腔动物

9.5.1　扁形动物门

1. 扁形动物门的特征

扁形动物营自由生活或寄生生活。扁形动物是一类不分体节、两侧对称、三胚层、无体腔、背腹扁平的动物。以下介绍扁形动物门的主要特征。

(1) 两侧对称(或左右对称)。两侧对称使动物进入一个新的、更高的分化阶段和获得了更广泛意义的适应,从扁形动物开始,即获得了两侧对称的形式。两侧对称使动物明显地分为前端和后端,背面和腹面,虫体的纵轴可将身体分为左右相等的两部分。两侧对称使动物既适应于游泳又适应于爬行,它是动物由在水中漂浮生活过渡到陆地生活的标志,也可以说,两侧对称是动物由水生进化到陆生的基本条件之一。

(2) 中胚层。扁形动物外胚层和内胚层之间开始出现一发达的中胚层。中胚层引起了一系列组织、器官、系统的分化,为动物体结构的发展和各器官生理的复杂化提供了必要条件,从而使动物达到了器官系统水平。中胚层的形成还可以使动物抗干旱和耐饥饿。由此,可以看出,中胚层的形成也是动物由水生进化到陆生的必要条件之一。

(3)皮肤肌肉囊。中胚层的形成使扁形动物产生了复杂的肌肉结构,如纵肌、环肌、斜肌,这些肌肉与外胚层形成的表皮相互紧贴组成的体壁称为“皮肤肌肉囊”。一系列肌肉系统不仅具有保护功能,还能使动物更快更有效的摄取食物,从而加强新陈代谢,并促使消化系统和排泄系统的形成。

(4)消化系统。扁形动物有口无肛门,为不完全消化系统。营寄生生活的种类,其消化系统趋于退化或完全消失。

(5)排泄系统。大多扁形动物有由焰细胞、毛细管和排泄管组成的原肾管系统。其中不断摆动的纤毛能驱使排泄物由毛细管经排泄管最后由排泄孔排出体外。

(6)神经系统。梯形神经系统,由体前端发达的“脑”及由脑向后分出的若干纵行神经索及各神经索间相互连接的横神经所组成。

(7)生殖系统。大多数扁形动物为雌雄同体,中胚层的出现使其形成产生雌雄生殖细胞的固定的生殖腺和生殖导管以及一系列附属腺。

(8)生活方式。扁形动物营自由生活或寄生生活。营自由生活的种类大多生活在海水、淡水和潮湿的土壤中,属肉食性;营寄生生活的种类寄生在另一动物的体内或体表,摄取其寄主的营养。

2. 扁形动物门的分纲

扁形动物可分为3纲:涡虫纲、吸虫纲和绦虫纲。

(1)涡虫纲。

涡虫纲是扁形动物门中最原始的一纲,多数营自由生活,少数寄生在其他动物体内。涡虫纲起源于海中,因此,大多生活在海水中,少数生活在淡水或陆地上的湿土中。

涡虫纲的特征如下:

①外部形态。

涡虫柔软扁平而细长,背面多黑色或褐色,腹面色浅,前端呈三角形,头部背面有两个黑色眼点,口位于腹面近体后三分之一处,稍后为生殖孔,无肛门,身体腹面密生纤毛(图9.11)。

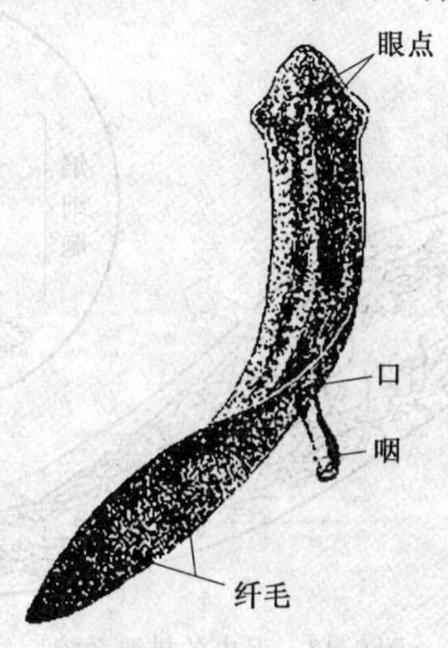

图9.11　涡虫的形态

②内部构造。

a. 皮肤肌肉囊。

扁形动物表皮由外胚层的柱形细胞组成,腹面的表皮有纤毛,表皮底下是非细胞构造有弹性的基膜,再下面是中胚层形成的肌肉层,共3层,从外到内依次为环肌、斜肌、纵肌。在表皮、肌肉与内部器官之间填满了由中胚层来的实质,可储存养分。

b. 消化系统。

口在腹面,口后为咽囊,周围是咽鞘,内有肌肉质的咽,咽可从口中伸出捕捉食物,紧接肠,分三支主干,一支向前,两支向后,每支主干又分出小支,小支末端封闭为盲管,没有肛门(图9.12)。

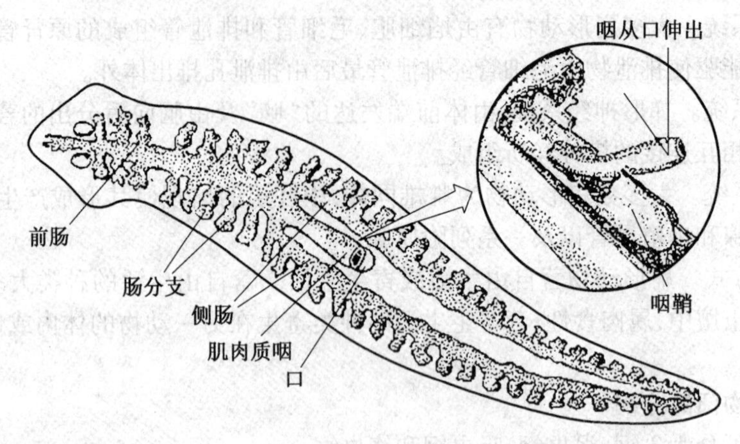

图9.12　涡虫的消化系统

c. 呼吸、循环。

涡虫依靠体表进行气体交换,营养物质靠实质组织中的液体运送而来。

d. 排泄系统。

涡虫的排泄系统属于原肾管型。焰细胞是一个中空的细胞,内有一束均匀不断摆动的纤毛,通过细胞膜的渗透而收集体中多余水分、液体、废物,然后送至收集管,再送到排泄管,由排泄孔排出(图9.13)。

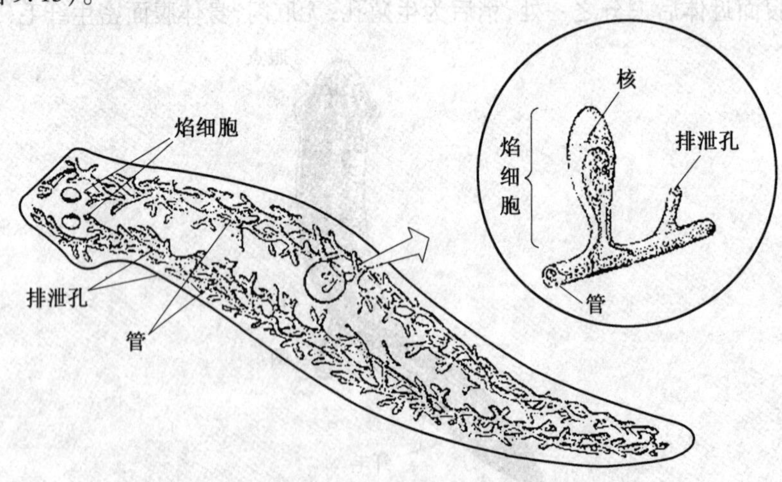

图9.13　涡虫的排泄系统

e. 神经系统和感觉器官　涡虫头部有一对脑神经节,分出一对腹神经索通向体后,在腹神经索之间有横神经相连,从而构成梯形的神经系统。背部的眼点可辨别光线的明暗,耳突在头两侧,有许多感觉细胞司味觉和嗅觉,在表皮内还分布着触觉细胞。

f. 生殖系统。涡虫行无性和有性生殖两种方式。涡虫为雌雄同体,但是交配时却需要进行异体受精。涡虫仅仅在从早春到晚夏的这段生殖季节内才有生殖系统,其他时间进行无性生殖。

g. 再生。将涡虫切成两段或许多段,每一段都会再生成一完整的涡虫。另外,涡虫还有一种特殊的再生方式,即当涡虫饥饿时,内部器官会被吸收消耗,只有神经系统不受影响,而在获得食物后,各器官又会重新恢复。

(2)吸虫纲。

华支睾吸虫(图9.14)是吸虫纲的一类代表动物,华支睾吸虫的成虫寄生在人、猫、狗等的肝脏胆管内,国内寄生在猫、狗体内的居多。在人体内被其寄生所引起的疾病称为华支睾吸虫病。

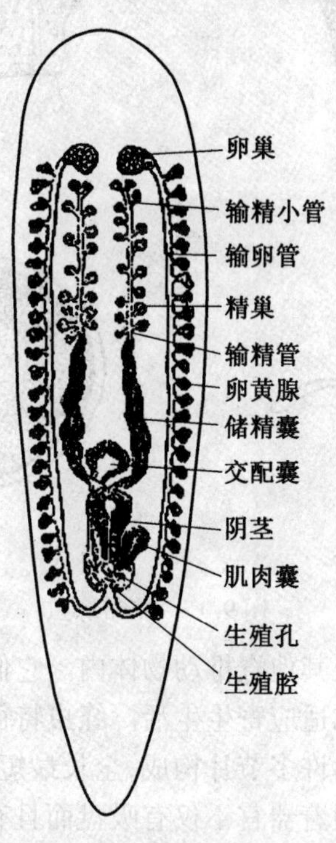

图9.14　华支睾吸虫

吸虫纲动物都是营外寄生和内寄生生活的,它们的有机结构在系统发展上与涡虫最接近。吸虫纲的主要特征介绍如下。

①吸虫成体扁平如叶状,体表无纤毛,无杆状体也无表皮细胞,被一层光滑或具棘的角质层所覆盖。

②消化系统趋于退化,无特殊呼吸器官,排泄器官为原肾管型。

③有肌肉发达的两个吸盘用以固着在寄主组织上。

④生殖系统复杂,雌雄同体,既能同体受精也能异体受精。

⑤外寄生的种类生活史简单,通常只有一个寄主,内寄生的种类生活史复杂,通常有两、三个寄主。我们称性未成熟的幼虫时期所寄生的寄主叫中间寄主。

吸虫纲可分为单殖亚纲和复殖亚纲。单殖亚纲为体外寄生吸虫、代表动物有三代虫、指环虫等。复殖亚纲为体内寄生的吸虫,其中寄生在肠内的叫作肠吸虫,如布氏姜片虫;寄生在肝脏胆管内的叫作肝吸虫,如肝片吸虫;寄生在血液中的为血吸虫。

(3)绦虫纲。

此纲的代表动物是猪带绦虫(图 9.15),其成虫和幼虫都可寄生在人体,成虫寄生在人的小肠内,幼虫寄生在人体各组织中。

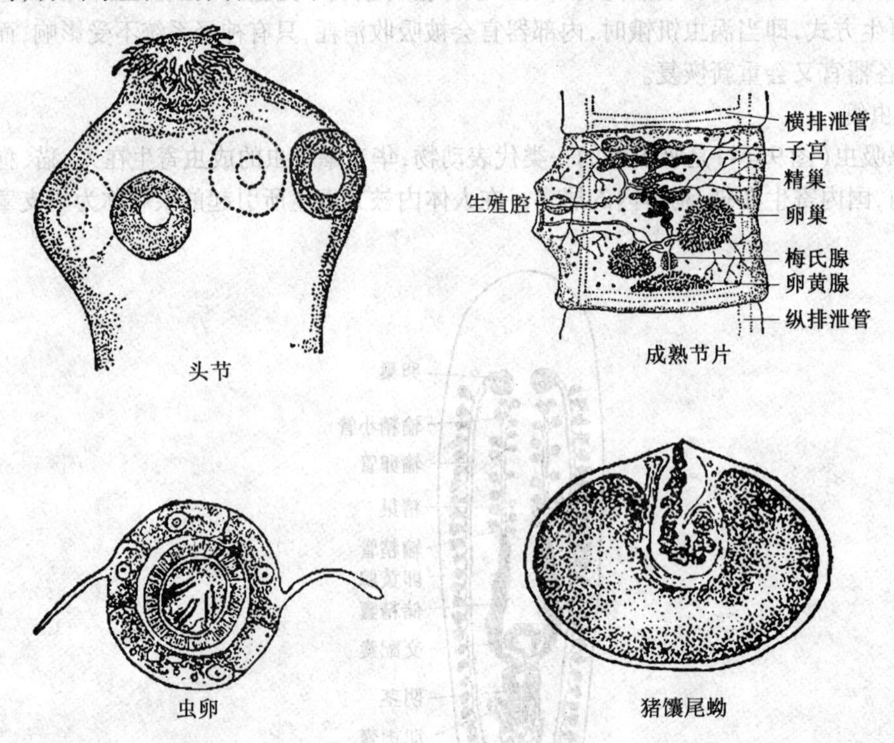

图 9.15　猪带绦虫

绦虫营寄生生活,寄生在人及其他脊椎动物体内。它们的寄生历史可能比吸虫还要长,所以,绦虫的身体构造也表现得更加适应寄生生活。绦虫特征介绍如下。

①身体呈背腹扁平的带状,由许多节片构成,全长最短为不足 1 μm,而最长可达数米。

②身体前端有一特化头节,附着器官不仅有吸盘而且有吸沟和小钩等构造,适应附着。

③体表纤毛消失,消化系统全部消失,感觉器官完全退化。

④生殖器官高度发达,在每一节片内均有雌性和雄性的生殖器官,繁殖力高度发达。

绦虫纲的主要种类有牛带绦虫及细粒棘球绦虫等。

3. 扁形动物门的系统发展

关于扁形动物的起源,有两种说法,一种说法认为,扁形动物是由腔肠动物的爬行栉水母进化来的,因为栉水母身体扁平,口在腹面中央等特征与涡虫纲的动物极其相似。另一种说法认为,扁形动物由浮浪幼虫进化而来,浮浪幼虫先适应爬行生活,体形扁平,神经系统前移,原口留在腹方,而演变为扁形动物。一般人们更倾向于第二种说法。

扁形动物中,涡虫纲最原始。吸虫纲是由涡虫纲适应寄生生活后演变而来,人们普遍认为绦虫纲起源于涡虫纲中的单肠目。

9.5.2　纽形动物门

1. 简介

纽形动物门种类较少,有 500 ~600 种。几乎全部的纽形动物都生活在海水中,大多数纽形动物栖息于温带的海岸，生活在岩石和海藻之间，有的居住于自身分泌的黏液管里，埋于泥沙中；极少数生活在淡水中，也有一些生活在热带和亚热带的潮湿土壤中。纽形动物大多数是线状、带状或圆柱形的，体长由数毫米至30 m不等，如纽虫（图9.16）。大多数呈灰暗色或无色，有些种类却色泽鲜明。

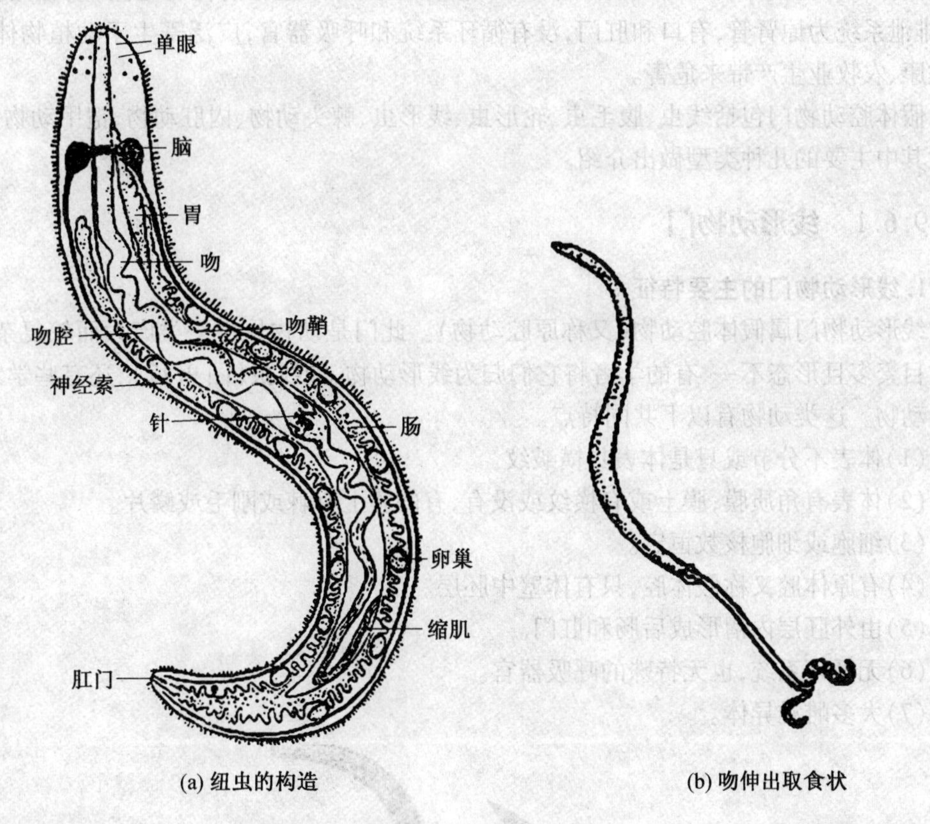

(a) 纽虫的构造　　(b) 吻伸出取食状

图9.16　纽虫

2. 主要特征

纽形动物和扁形动物有许多相似之处，其主要特征如下。

(1)身体两侧对称，有三胚层，无体腔。

(2)有带纤毛的柱状表皮，有些种类有杆状体或腺细胞。肌肉通常为两层或三层。

(3)排泄系统为原肾管系统，具焰细胞的基本结构。

(4)没有特殊的呼吸器官，靠体表进行气体交换。

(5)有完整的消化道，有口和肛门。

(6)开始出现初级的闭管式循环系统，有一背血管和二侧血管，三条纵管前后均相连。

(7)神经系统相当发达，有较大的脑，有两对神经节组成。

(8)感觉器官除单眼外，头部还有纤毛沟，是化学感受器。

(9)大多雌雄异体，生殖腺成对排列，胚胎发育有直接有间接。

(10)再生能力很强，在一定季节能自割成数段，每段均可再生为成虫。

9.6 假体腔动物

假体腔动物门的动物均具有3个胚层，假体腔位于体壁和消化管之间，具有完整的消化管，排泄系统为原肾管，有口和肛门，没有循环系统和呼吸器官，广泛寄生于动植物体内，给人类健康、农牧业生产带来危害。

假体腔动物门包括线虫、腹毛虫、轮形虫、线形虫、棘头动物、内肛动物、铠甲动物等。本节将对其中主要的几种类型做出介绍。

9.6.1 线形动物门

1. 线形动物门的主要特征

线形动物门属假体腔动物（又称原腔动物）。此门是动物界中一类庞大而较复杂的门，由于数目繁多且形态不一，有的学者将它们归为线形动物，如线虫（图9.17），还有些学者称之为袋形动物。这类动物有以下共同特点。

（1）体表不分节或只是体表具横皱纹。

（2）体表有角质膜，膜上或有横纹或没有，有的膜上有棘或刚毛或鳞片。

（3）细胞或细胞核数恒定。

（4）有原体腔又称假体腔，只有体壁中胚层。

（5）由外胚层内褶形成后肠和肛门。

（6）无循环系统，也无特殊的呼吸器官。

（7）大多雌雄异体。

图9.17 线虫

(8)水生或陆生。

2. 线形动物门的分纲

线形动物门主要有线虫纲、腹毛纲和轮虫纲等。

(1)线虫纲。

人蛔虫是线虫纲的代表动物,它们是一种最常见的人体寄生虫,分布地区广泛,感染率比较高,寄生于小肠中,可引起蛔虫病。蛔虫的横切如图9.18所示。蛔虫的内部解剖如图9.19所示。

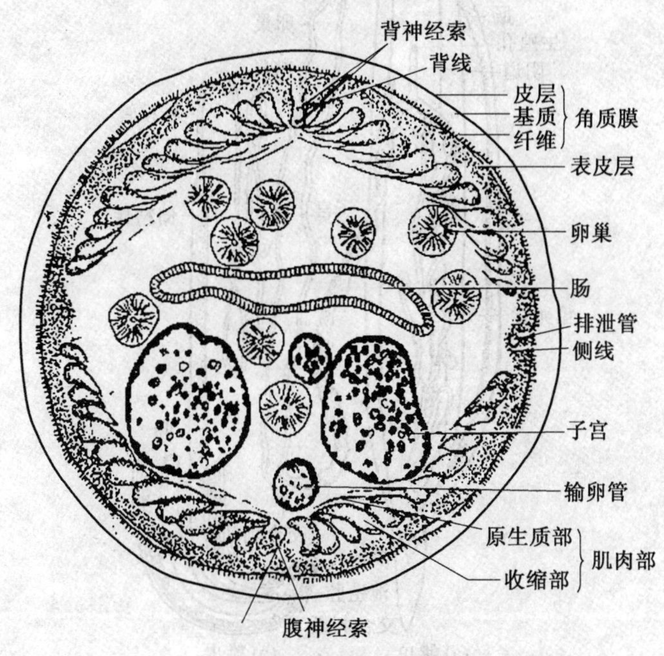

图9.18　蛔虫的横切

线虫纲的主要特征为:①身体细长,口子前端,肛门位于近后端的腹面;②皮肌囊的外层为角质膜,角质膜下为无细胞界限的表皮层;③纵肌层分为四列;④具原体腔;⑤用表皮呼吸或进行厌氧呼吸;⑥排泄孔开口在腹中线前端;⑦神经系统为6条向前、6条向后的神经和一个神经环,感觉器官不发达;⑧雌雄异体;⑨自由生活或寄生生活。

寄生线虫主要有:蛲虫,会引起食欲不佳、腹泻、阑尾炎、失眠都能够症状;十二指肠钩虫,会是人类发热、气急、咳嗽、咳痰、消化功能紊乱等;丝虫,危害主要由成虫引起,使患者出现丝虫热、象皮肿、淋巴管炎或淋巴腺炎等症状;旋毛虫,患者会出现胃肠道症状。不规则高热,肌痛或运动功能障碍等;小麦线虫,侵害所有品种的小麦,病株生长缓慢,茎、叶均短而弯曲。

(2)腹毛纲。

腹毛纲动物身体呈长圆筒形,不分体节,体外有一层角质膜,上有刚毛和鳞片,还有若干行的纤毛,纤毛作为行动工具。表皮层为合胞体,表皮层下的6对纵肌不排列成层状。消化系统为一直管,口在身体前端,肛门在近体后的腹面。体后端分叉,有黏腺开口,起附着作用。神经系统未和外胚层分开。生殖系统多半是雌雄同体。腹毛纲常见种类是鼬虫(图9.20)。

腹毛纲动物有些特征与涡虫纲相似,如有些腹毛类腹面有纤毛,无完整的皮肌囊,排泄器有焰细胞等;还有些特征与线虫很相似,如有的腹毛类纤毛已退化,角质膜上有刚毛和鳞片,有原体腔,消化道分口、咽、肠、直肠和肛门,中肠由内胚层形成等。所以说,腹毛纲在进化上处于涡虫纲和线虫纲之间,并将两者联系起来。

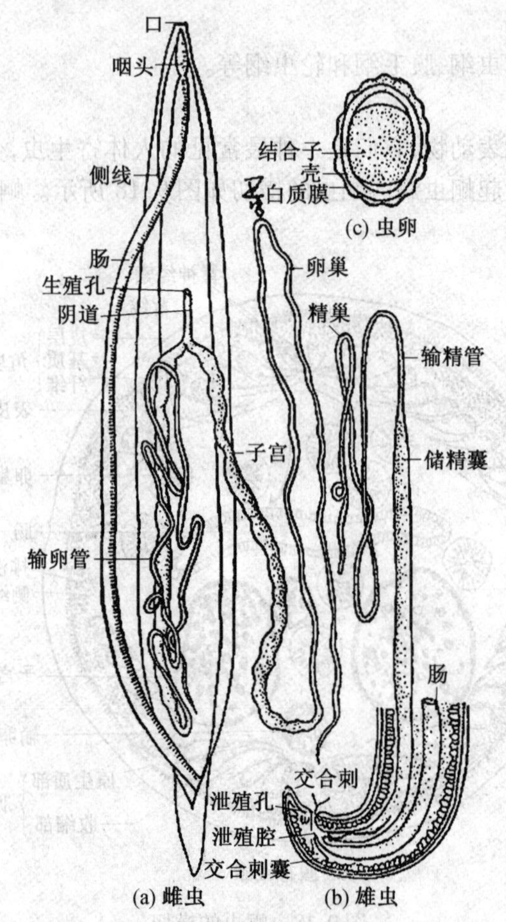

图 9.19　蛔虫的内部解剖

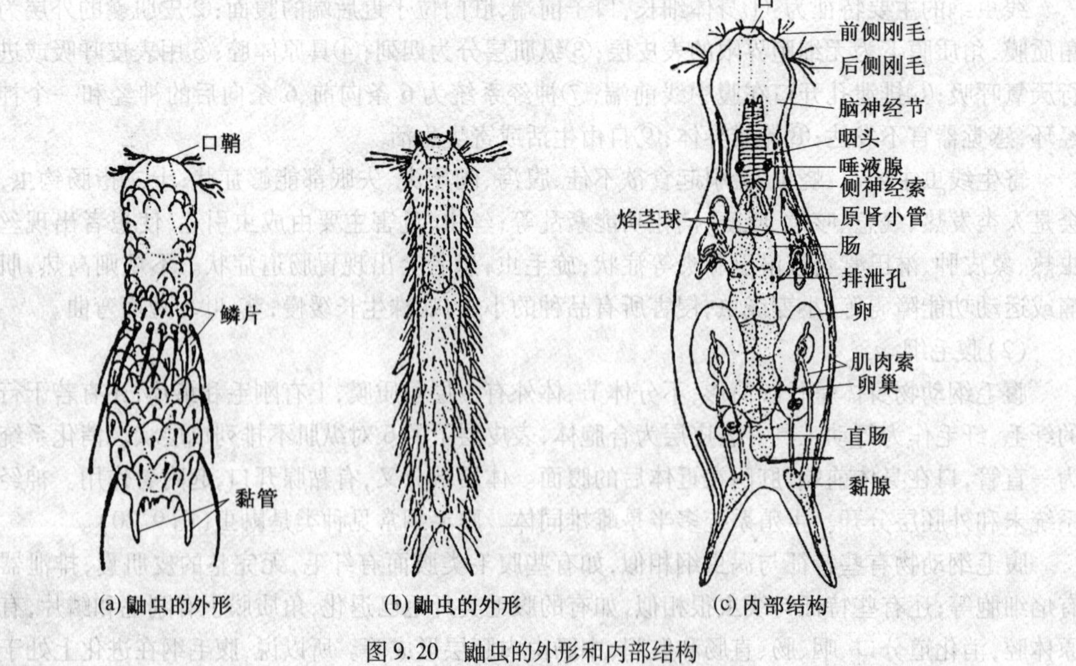

图 9.20　鼬虫的外形和内部结构

(3)轮虫纲。

轮虫纲动物均为水生。轮虫体形微小,需在显微镜下才能观察到。身体为长形,分头、躯干和尾部。头冠上有纤毛,纤毛环摆动时,将细菌和有机颗粒等引入口部,纤毛环还是轮虫的行动工具。正是因为纤毛环摆动时形状如旋转的轮盘,故取名轮虫。躯干呈圆筒形,背腹扁而宽,具刺或棘,外有透明的角质膜,尾部末端有分叉的趾,趾上有腺体分泌黏液,适于附着在其他物体上。轮虫多为雌雄异体,雄体小,有性生殖少,多为孤雌生殖。

轮虫(图9.21)以单细胞动植物(如细菌、霉菌、藻类和有机颗粒等)为食,轮虫可以在水中大量繁殖,对水体起净化作用。在废水生物处理中,轮虫可作为指示生物,当轮虫出现时,表示处理效果良好。

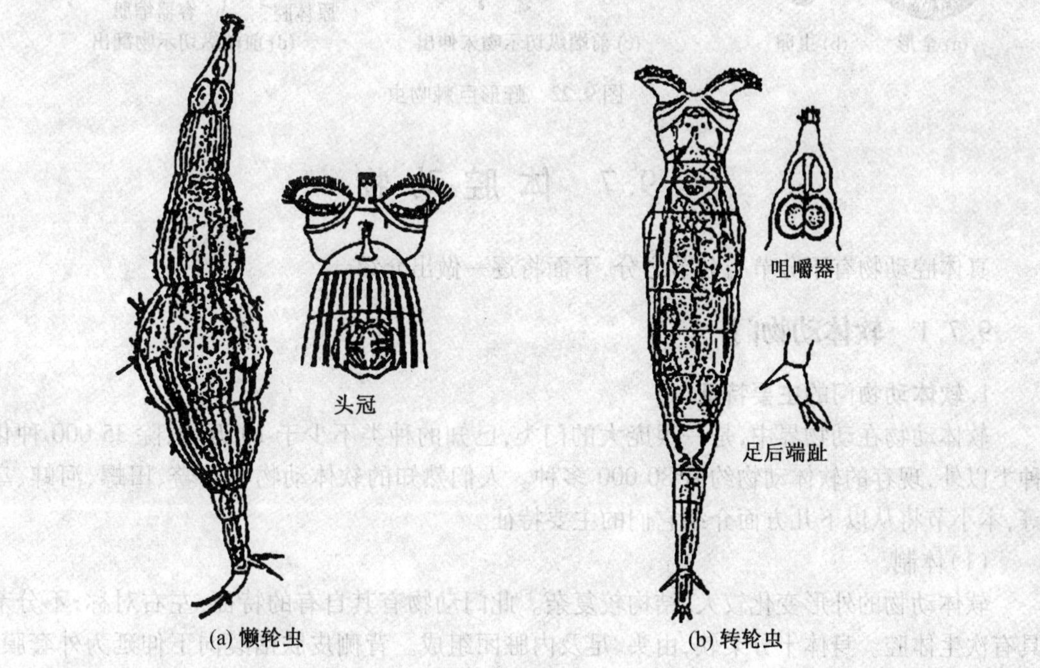

图9.21　轮虫

9.6.2　棘头动物门

棘头动物门动物全部营寄生生活,寄生在各脊椎动物的体内,其中,寄生在猪肠的蛭形巨吻棘虫最为常见。

之所以将棘头动物门的动物称为棘吻虫,是由于其身体前端有一个能自由伸缩的吻,吻上有许多倒钩。吻固着在肠壁上,体内无消化管、循环系统和呼吸器官。营寄生生活,以体表从宿主体内取得营养。为雌雄异体,生殖系统比线形纲复杂。蛭形巨棘吻虫如图9.22所示。

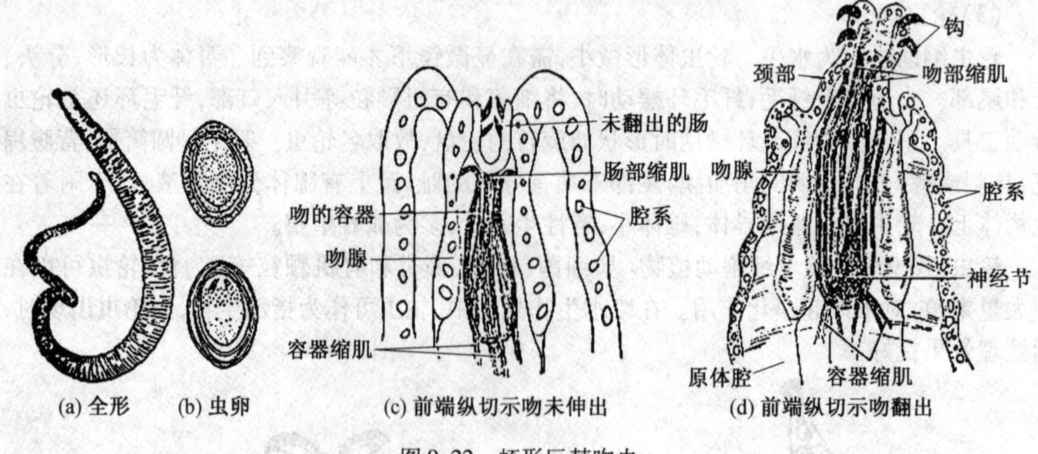

图 9.22　蛭形巨棘吻虫

9.7　体 腔 动 物

真体腔动物有不分节与分节之分,下面将逐一做出介绍。

9.7.1　软体动物门

1. 软体动物门的主要特征

软体动物在动物界中,是一很庞大的门类,已知的种类不少于 10 万种,除 35 000 种化石种类以外,现存的软体动物约有 80 000 多种。人们熟知的软体动物有石鳖、田螺、河蚌、乌贼等,本小节将从以下几方面介绍它们的主要特征。

(1)体制。

软体动物的外形变化较大,结构较复杂。此门动物有其自有的特征:左右对称;不分节而具有次生体腔。身体十分柔软,由头、足及内脏团组成。背侧皮肤褶襞向下伸延为外套膜,外套膜分泌出石灰质贝壳,覆盖于体外。头部具有摄食及感觉器官;足部是软体动物的行动器官,分别有块状、斧状、柱状、腕状,有些动物的足完全退化;内脏团位于足的背面,除了腹足纲外都左右对称;外套膜包围着的空腔为外套腔,腔内有鳃、消化、排泄、生殖等器官的开口。软体动物体制模式如图 9.23 所示。

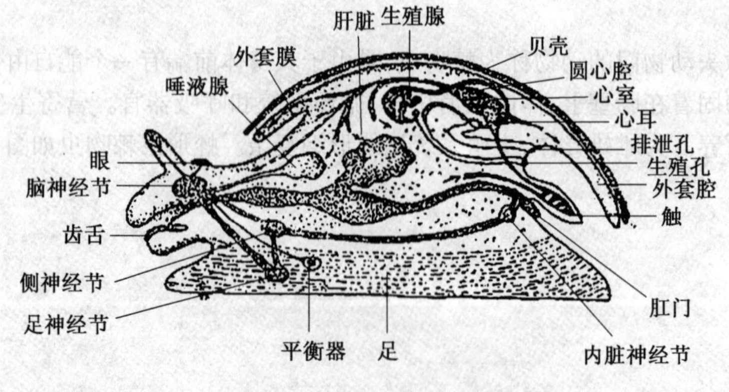

图 9.23　软体动物体制模式

(2)贝壳。

外壳主要由碳酸钙组成,还有少量壳质素。不同软体动物的贝壳形态和结构有很大区别,双神经纲的贝壳或有或无;瓣鳃纲为两片瓣状壳,左右合抱;腹足纲贝壳是单个,螺旋状;头足纲除了原始种类保留外壳外,大多数都退化为内壳,藏于背部外套膜之下。贝壳分3层,最内一层叫珍珠层,由叶片状的霰石组成,表面光滑,具珍珠色彩;中间一层叫棱柱层,较厚,由石灰质的小角柱并列而成;最外一层叫角质层,由壳质素组成。

(3)体腔。

软体动物的次生体腔极度退化,其中充满血液而不是体腔液。

(4)消化系统。

口在身体前端,肛门在身后方,也有些种肛门位于体前。口腔发达的种类,其内常有颚片及齿舌。齿舌是软体动物独有的特殊器官,由多列角质齿板组成,呈锉刀状。软体动物有大型的消化腺体,还有唾液腺和胰腺。多数瓣鳃类和一些腹足类的消化道内,常有一特殊的晶杆,由具有消化酶的角状物质组成。

(5)呼吸系统。

在动物界中,软体动物最早出现专职呼吸器官。在水中生活的软体动物,都具有由外套腔内壁皮肤伸张而成的鳃,称为栉鳃。软体动物的鳃数常与心耳数相对应。陆生种无鳃,而是把密布微血管的外套膜当作肺进行呼吸。也有一些水生软体动物直接用外套膜进行呼吸。软体动物心脏与鳃的关系如图9.24所示。

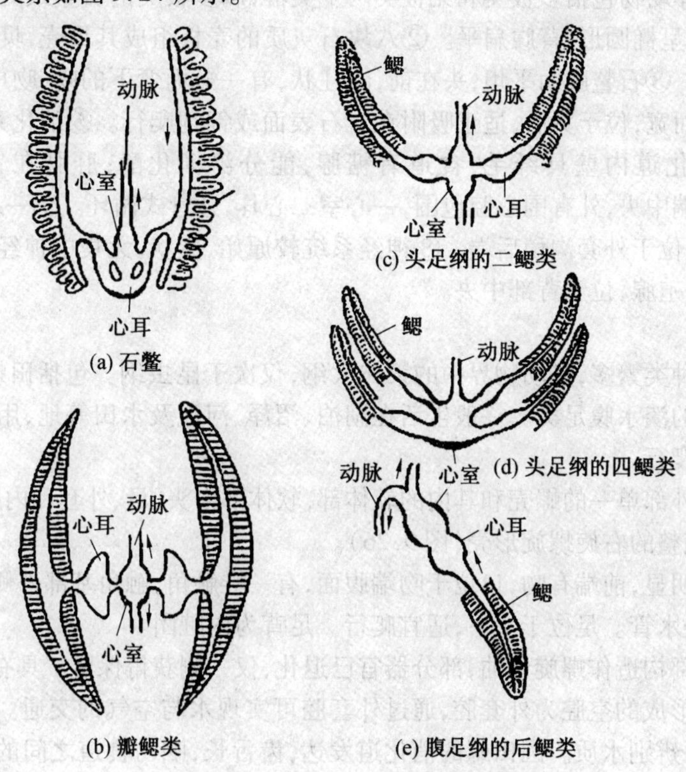

图9.24　软体动物心脏与鳃的关系

(6)排泄系统。

大多软体动物都有一对肾脏,而腹足类因身体蜷曲使身体一侧的肾脏消失,只具有一个肾脏。肾脏一端以具有纤毛的肾口通入围心腔内，另一端以排泄孔开口于外套腔。肾脏科排泄围心腔内的代谢产物，也可以排泄血液中的代谢产物。

(7)循环系统。

大多软体动物为开管式循环。血液自心室送至动脉，再进入血窦，经过肾脏、呼吸器官后收集于静脉，最后流回心耳，进入心室。

(8)神经系统。

双神经纲的种类神经系统比较原始，仍为分散的梯状神经，而其余各纲都相应地集中为数对神经节——脑神经节、足神经节、侧神经节及脏神经节。此外，大多软体动物还有器官，有神经末梢、触角、眼及平衡囊等。

(9)生殖及发育。

多为雌雄异体，少数为雌雄同体。生殖腺由体腔上皮细胞形成。受精卵行螺旋式卵裂(图9.25)，即从第三次卵裂开始，每次卵裂其纺锤体都倾斜，使上端分出的各小细胞位于下面各大细胞之间，而不是在一条直线上。

2. 软体动物门的分纲

软体动物可分为双神经纲、腹足纲、瓣鳃纲及头足纲等。

(1)双神经纲。

双神经纲约有600多个种，全部生活在海水中。

双神经纲软体动物包括多板类和无板类两个类群，属多板类的石鳖最为常见。其主要特征为：①石鳖身体呈椭圆形，背腹扁平。②八块石灰质的壳板组成其贝壳，贝壳周围是一圈称为环带的外套膜。③石鳖腹面平坦，头在前，圆柱状，有一短而弯下的吻，吻中有口，头部无眼和触角。④足扁而宽，位于头后，适于吸附在岩石表面或匍匐爬行。⑤消化系统完整，口内有齿，具口腔腺；消化道内壁具纤毛，食道有糖腺，能分泌糖化酶；肝脏在胃周围；肠盘曲。⑥心脏在身体后端中央，外有围心腔包围，一心室二心耳，开管式循环。⑦一对肾脏，肾口通围心腔前端，排泄孔位于外套沟稍后端。⑧神经系统较原始，索状，无集中神经节。⑨大多雌雄异体，只有一个生殖腺，位于背部中央。

(2)腹足纲。

腹足纲动物种类繁多，是动物界中的第二大纲，仅次于昆虫纲。包括田螺、蜗牛、蛞蝓等。圆田螺是最常见的淡水腹足类。一般生活在湖泊、沼泽、河流及水田等地，用宽大的足部在水底或水生植物上爬行。

圆田螺包括外部单一的螺壳和其内的软体部，软体部由头、足、外套和内脏团4部分组成。螺壳较大，为一完整的右旋螺旋形壳(图9.26)。

圆田螺头部明显，前端有吻，口位于吻端腹面，有一堆触角，触角基部外侧有眼。头右侧有出水管，左侧有进水管。足位于头下，适宜爬行。足背为内脏团。

圆田螺的内部构造作螺旋卷曲，部分器官已退化，仅一侧获得保留。具有外套膜，头部、足部和内脏团之间形成的空腔为外套腔，通过外套腔可实现水与空气的交通。外套腔左侧腔壁上有一栉状鳃，可辨别水质。圆田螺的消化道发达，齿舌长，咽与食道之间的唾液腺没有消化作用。心脏位于胃旁的围心腔内，具一心室一心耳，开管式循环。肾脏只有一个，呈三角形，位于围心腔前。输尿管有孔与肾相通，排泄孔开口在出水口附近。神经系统环绕在食道的周围。圆田螺为雌雄异体(图9.27)。

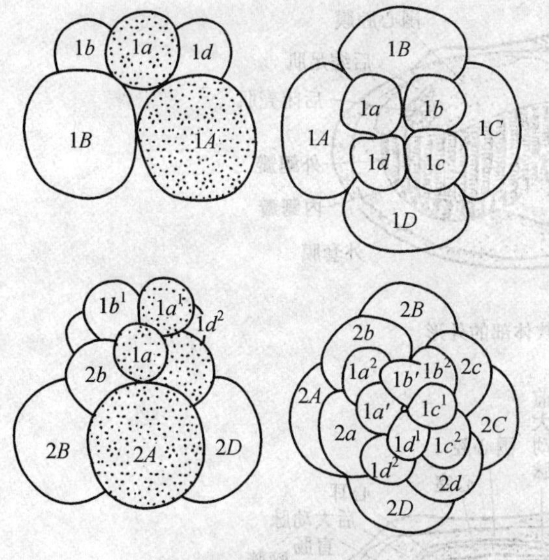

图9.25　螺旋式卵裂

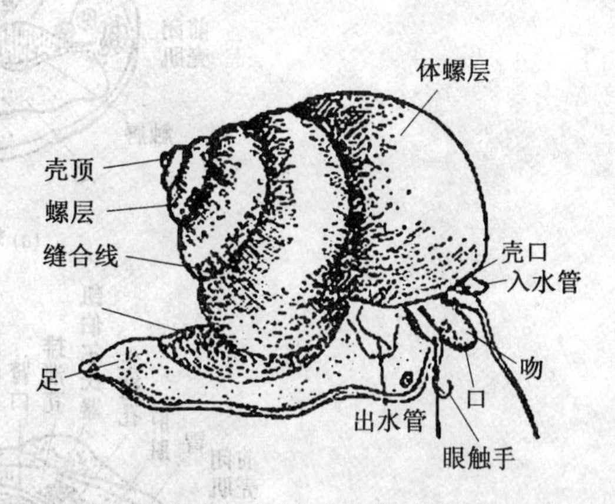

图9.26　圆田螺的外形

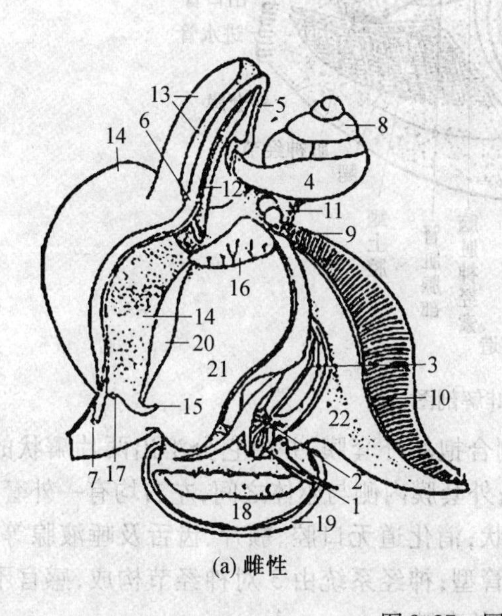

(a) 雌性　(b) 雄性

图9.27　圆田螺的内部结构

(a)1—咽;2—唾液腺;3—食道;4—胃;5—肠;6—直肠;7—肛门;8—肝;9—腮;10—嗅检器;11—心脏;12—卵巢;13—输卵管;14—子宫;15—生殖孔;16—肾;17—肾孔;18—足;19—奋;20—输尿管;21—外套腔;22—外套膜

(b)12—精巢;13—输精管;14—前列腺(其余注释与(a)图相同)

腹足纲可分为3个亚纲,即前鳃亚纲、后鳃亚纲和肺螺亚纲。

(3)瓣鳃纲。

瓣鳃纲动物全是水生,大都为海产。无齿蚌是本纲的代表动物。无齿蚌又称河蚌。河蚌分布极其广泛,多栖息在江河湖泊,池沼水田的底部,其肉足掘入泥沙中,后半部留于泥沙外面。它凭借外套膜形成的进水管引导水流进入外套腔,从而滤取食物,并进行呼吸。河蚌解剖图如图9.28所示。

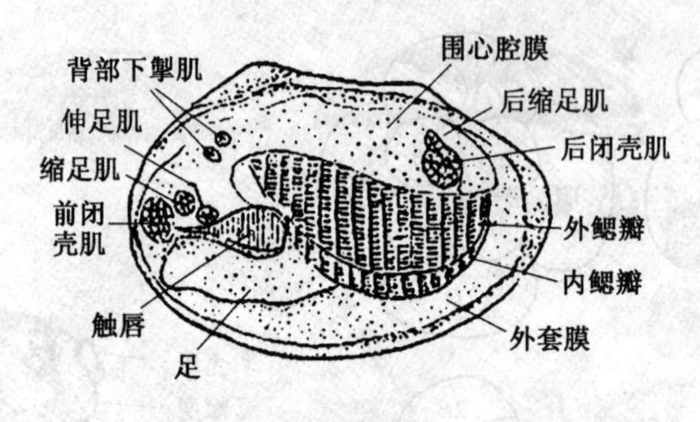

(a) 软体部的外形

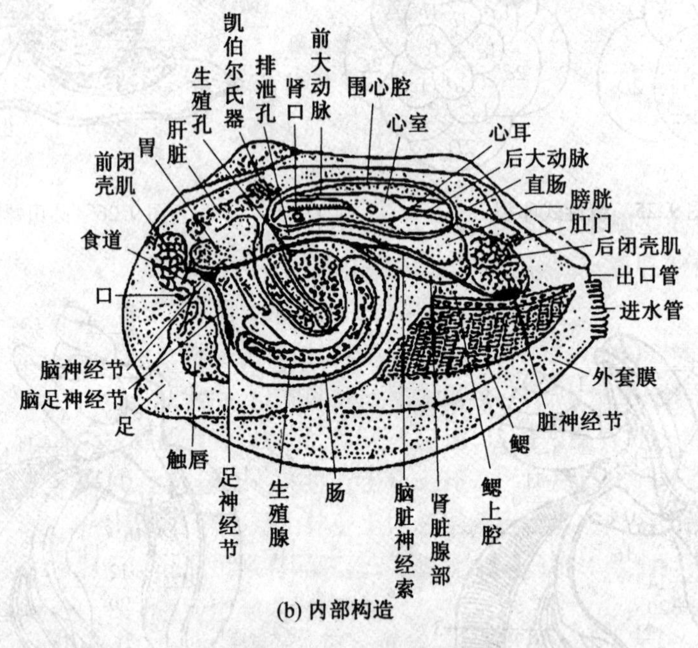

(b) 内部构造

图 9.28　河蚌解剖图

瓣鳃纲动物身体侧扁,左右对称;具有从两侧合抱的外套膜,并由它分泌出两片瓣状的贝壳;头部退化,没有触角及器官,因此又称无头类;外套膜内侧与躯体之间,左右均有一外套腔;内有瓣状鳃,故又称瓣鳃类;足肉质,发达而呈斧状;消化道无口腔、颚片、齿舌及唾液腺等;肝脏发达;心脏为一心室二心耳;肾为一对,是后肾管型;神经系统由 3 对神经节构成,感官不发达;大多雌雄异体,少数同体,有一堆生殖腺,位于外套腔内。

瓣鳃纲主要种类有:三角帆蚌、牡蛎、缢蛏、蚶、江瑶、船蛆、扇贝及珍珠贝等。

(4)头足纲。

头足纲是软体动物中最为特化的类群,在许多方面都是无脊椎动物中最高等的。乌贼是本纲的代表性动物。乌贼(图 9.29),又称墨鱼,生活在远海,游泳速度快,以捕食小形甲壳动物、鱼类及其他软体动物为生。

头足纲动物在结构上远远超过其他软体动物。头部及躯干部发达,头两侧有眼;咽除具有齿舌外,还有鹦嘴颚,有利于其追捕猎物;足特化为腕及漏斗,腕与头部愈合为头足部,因此称为头足纲;外壳退化为内壳,从而可以减轻体重和支撑身体;内脏团向后发展,整个身体被外套膜包围;闭管式循环;排泄系统增强,除肾脏排泄外还可以通过静脉附属腺体排泄;都是雌雄异体,且雌雄异形,体外受精,直接发育。

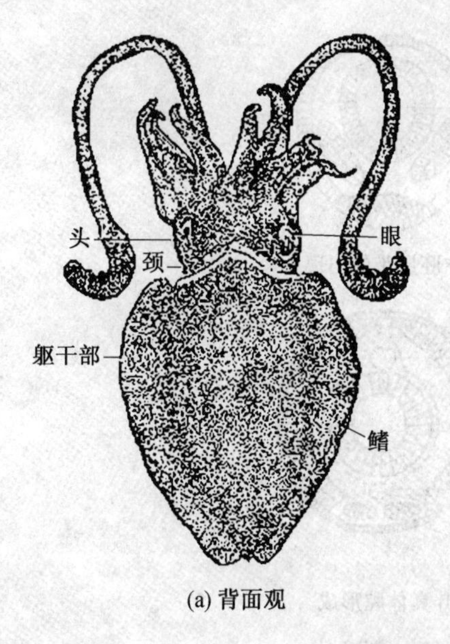

(a) 背面观

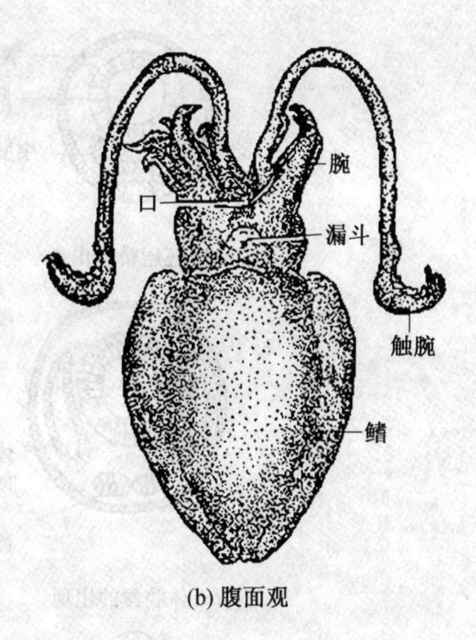

(b) 腹面观

图9.29　乌贼外形

头足纲动物有400余种,分为两个亚纲,3个目。即四鳃亚纲,有一目——鹦鹉螺目;二鳃亚纲,分为二目——八腕目和十腕目。

3. 软体动物的系统发展

人们普遍认为,软体动物和环节动物从共同的祖先进化而来,只是由于各自在长期的进化过程中向着不同的方向发展,最后形成了两种体制不同的动物。因为许多海产软体动物的种类,在胚胎发育过程中,像环节动物一样具有一个担轮幼虫阶段,发育都有螺旋卵裂,成体构造上也有许多共同的地方等。

这个共同的祖先,一部分向着适应于静止不活动的生活方式的道路发展,从而产生了保护用的外壳,且许多适应运动的构造如分节现象和头部等多不出现或较退化;另一部分则向着适于运动生活方式的方向发展,相应地形成了体节、疣足及发达的头部等,即环节动物。在下一小节中,将对环节动物做出介绍。

9.7.2　环节动物

1. 环节动物的主要特征

环节动物具有真体腔,常见种类有沙蚕、蚯蚓、蚂蟥等。现介绍其主要特征。

(1)体节。环节动物胚胎期或幼虫期,后端有分节现象,并形成体节,这是无脊椎动物进化过程中的一个重要标志。环节动物大多数是同律分节,即除前两节和最后一节外,其余各节形态上基本相同;少数为异律分节,即后端的体节与前端相比,在形态和机能上都有不同。

(2)次生体腔(真体腔)。在进化过程中,中胚层的内层到内胚层的外面,外层到外胚层的内面,则在内、外层之间形成腔,这种体腔在肠壁上和体壁上,都有肌肉层和体腔膜,在个体发育或系统发展上看,都比原体腔出现的晚,因此称为次生体腔或真体腔。体腔的形成如图9.30所示。

(3)刚毛及疣足。大多环节动物,每节都有刚毛,它是由表皮细胞内陷形成的刚毛囊中的一个细胞分泌而成的。在海产环节动物体节两侧,常有一对疣足。每个疣足可分背肢和腹肢,还有背须和腹须各一个。

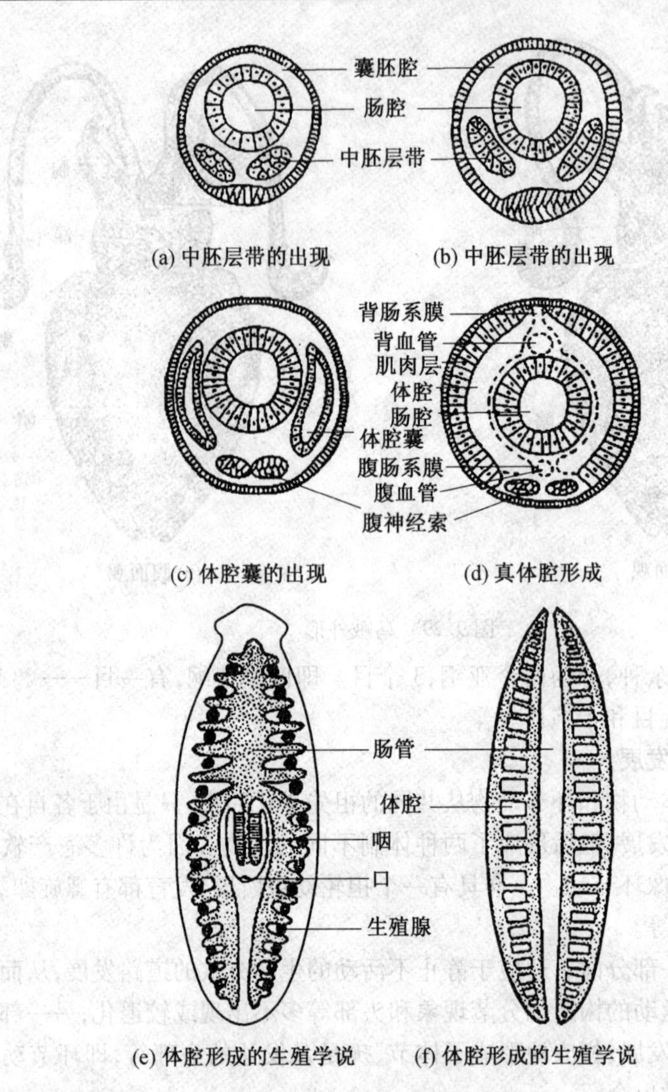

图 9.30 体腔的形成

(4)循环系统。闭管式,血液从一条血管流到另一条血管,中间由微血管网相连接。环节动物通过湿润的体表、富于微血管的疣足或鳃,与外界进行气体交换。

(5)排泄器官。环节动物具后肾管,可由原肾管变成有管细胞代替焰细胞,也可变成大肾管。后肾管有漏斗,接着一条具纤毛且多盘旋的细肾管,最后经排泄管开口于体壁的肾孔。

(6)神经系统。神经系统较高等。明显地分为中枢神经系统、交感神经系统和外周神经系统。

(7)生殖系统。环节动物每一体节都有来自中胚层的体腔上皮发生的生殖腺和体腔管。体腔管有输卵、输精或排泄的功能。

(8)担轮幼虫。担轮幼虫具有很多原始特点:无体节,有原体腔,排泄器官是原肾管,纤毛圈为唯一的行动器官。到后期,后端长出体节,中胚层按节分裂,并形成次生体腔。外胚层形成腹神经索,口前叶和围口节形成头部,每节产生后肾管。

2. 环节动物的分纲

环节动物有 4 纲,即多毛纲、寡毛纲、蛭纲和蠕纲。

(1)多毛纲。

多毛纲动物一般生活在海水中,代表动物为沙蚕(图9.31)。

沙蚕头部显著,背面为口前叶,有眼两对,有触手和触条各一对。每个体节均有疣足,每个疣足分背肢和腹肢,其上的背须和腹须有呼吸和触觉的功能;疣足腹侧有一个很小的排泄孔。身体末节无疣足,而有一对肛须,肛门在两须之间。无环带。

沙蚕消化系统简单,有口腔、咽、食道、直肠,最后开口于肛门。食道两侧的食道腺能分泌蛋白酶,具消化腺的功能。循环系统主要有背血管和腹血管以及连接两者之间的环血管。在疣足背腹叶中的血管丛是呼吸器官。每个体节中的一对肾管是排泄器。咽的背面两叶神经节组成的脑是神经系统。感觉器官发达,头部有眼、触手、触条和项器。

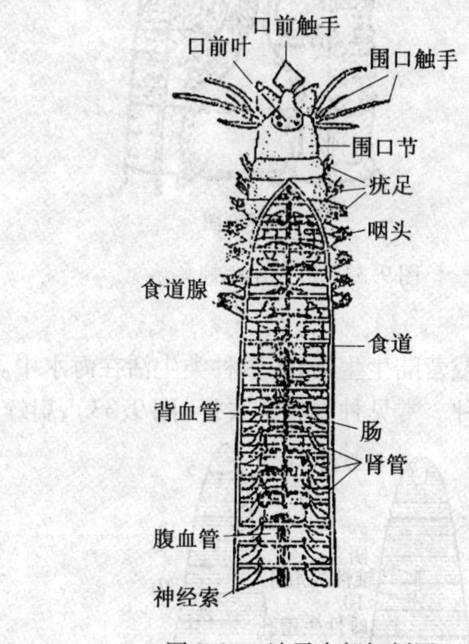

图9.31　沙蚕内部解剖图

沙蚕雌雄异体雄体在第19~25节间有一对精巢,无输精管,精子由肾管排出。雌体几乎每节有一对卵巢,无输卵管,在背部两侧临时开口排出卵。在生殖季节才能看到精巢和卵巢。行体外受精。受精卵经卵裂,最终成为一个担轮幼虫。

(2)寡毛纲。

寡毛纲动物身体柔软,呈圆柱状,全身有许多体节构成。头部不发达,由口前叶和围口节构成。寡毛纲动物体节上具有刚毛,直接生在体壁上,一般背部2束、腹部2束,分别叫作背刚毛和腹刚毛。背刚毛的形状有发状、钩状和针状等,腹刚毛多为钩状,呈S型。从第二节开始具腹刚毛。

寡毛纲动物多为雌雄同体,有生殖导管,直接发育。代表动物为苏氏尾鳃蚓(图9.32)

一般寡毛纲可分为3个目:①近孔寡毛目,水生,有一对雄性生殖孔;②前孔寡毛目,水生或寄生,雄性生殖孔为1~2对;③后孔寡毛目,陆生,雄性生殖孔通常为1对。

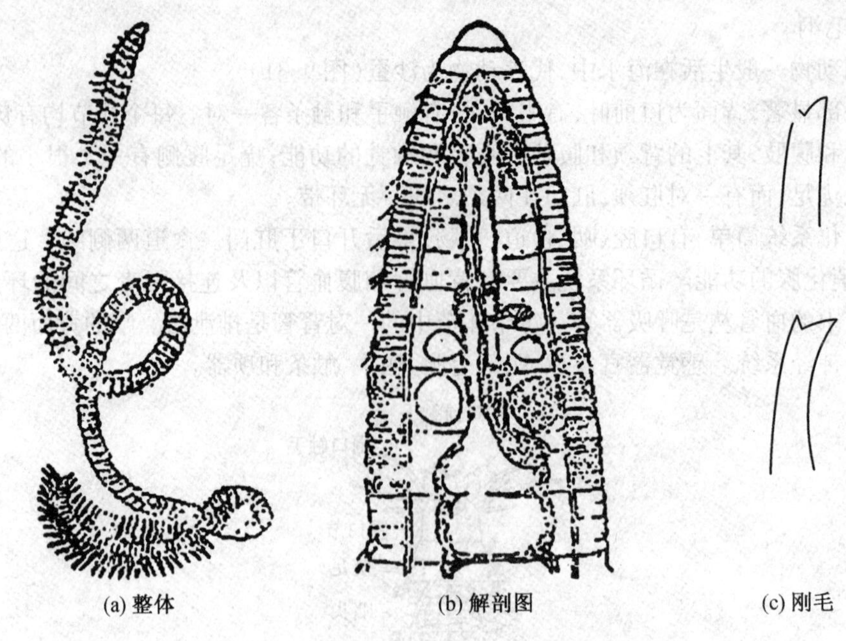

图 9.32　苏氏尾鳃蚓

(3)蛭纲。

蛭纲动物多数生活在淡水中或营陆生生活,少数种类生活在海水中。本纲动物通城蛭,俗称蚂蟥。世界已知的种约有 600 种。常见种类有金线蛭(图 9.33)、扁蛭、鳃蛭等。

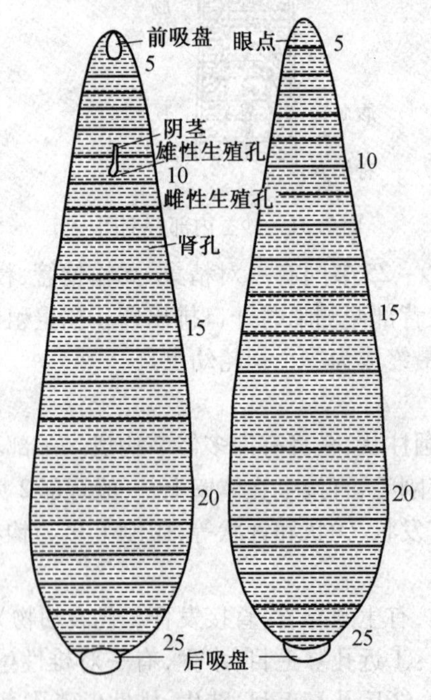

图 9.33　金线蛭的外形

蛭纲动物一般背腹平扁,前端较窄,体呈叶片状或蠕虫状。体上无刚毛。朝向腹面。身体由 34 个体节组成,最后 7 节愈合成后吸盘,实际分 27 节。头部背面有眼,眼的数目、位置和形状是鉴别种类的标志之一。有的从口中伸出 1 根管状吻。后端有 1 肛门。少数种类在体侧有呼吸器,如鱼蛭的呼吸囊或鳃蛭的鳃。消化系统由口、口腔、咽、食道、嗉囊、肠、直肠和肛门等部分组成。肾管按体节排列,10～17对,由肾孔开口于体外。蛭纲为雌雄同体,环带区的腹面中央有雄性和雌性生殖孔各1个。雄孔在前,雌孔在后。雄性先熟,异体受精。雄性有4～11对球形的精巢,从第12或13节开始,按节排列。卵巢通常1对,包在卵巢囊内。发育一年后成熟,在夏季开始繁殖,成体寿命2～5年。

(4)螠纲。

螠纲动物(图9.34)成体不分节,只有幼体分节,变态时由后端分节,最后体节消失,仅留有刚毛圈;体分成囊状的躯干和不能伸缩的吻;个体发育过程中有担轮幼虫;有口前纤毛环和口后纤毛环;雄性个体常寄生在雌体内。

叉螠吻长而分叉,呈椭圆形,雄虫寄生在雌虫肾管内。刺螠体短,体呈圆柱形,前端有一短吻,能伸缩,体前端有一对刚毛,体后端有1～2圈刚毛,体不分节。

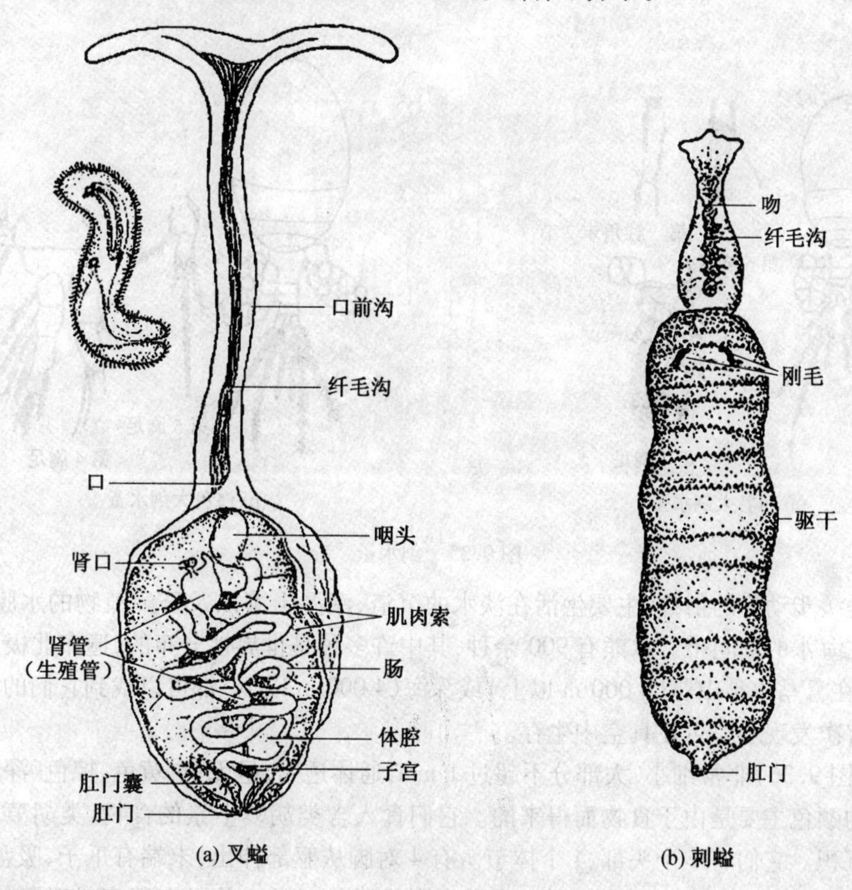

图9.34　螠纲动物

3. 环节动物的系统发展

多毛类是较原始的,个体发育过程中有担轮幼虫,身体构造分化较少;寡毛类在发生过程中无担轮幼虫,起始于原始的寡毛类,可能与多毛类无直接亲缘关系,也可能是多毛类适应穴居或土壤内生活的结果;刺蛭仍具有刚毛、次生体腔和真正的血管,与寡毛类关系密切,因此可能是寡毛类和蛭类的桥梁;螠纲可能由多毛类发展而来。

9.8 其他微型小动物

剑水蚤类属甲壳类动物,其具有坚硬的甲壳。剑水蚤在全球分布极为广泛,在各种不同类型的水域中,像海洋、水库、湖泊、池塘、河流中都有它们的分布;甚至在苔藓植物丛、潮湿的树皮、树洞积水以及热带植物的叶腋等处,也常有它们的踪迹。

剑水蚤(图 9.35)体前端远宽于体后端,活动关节明显,位于第 4 胸足和第 5 胸足之间。身体可分为头胸部和腹部两部分。头胸部较大,背部前方有一个眼点。触角有两对,第一触角长度适中,由 6 ~ 17 节组成,短者仅为头长的 1/3,长者可达头胸部的末端。腹部细长,呈圆柱形,尾叉的背面有纵行隆线,内缘有 1 列刚毛。无鳃和心脏,通过体表进行呼吸。发育过程中有变态。

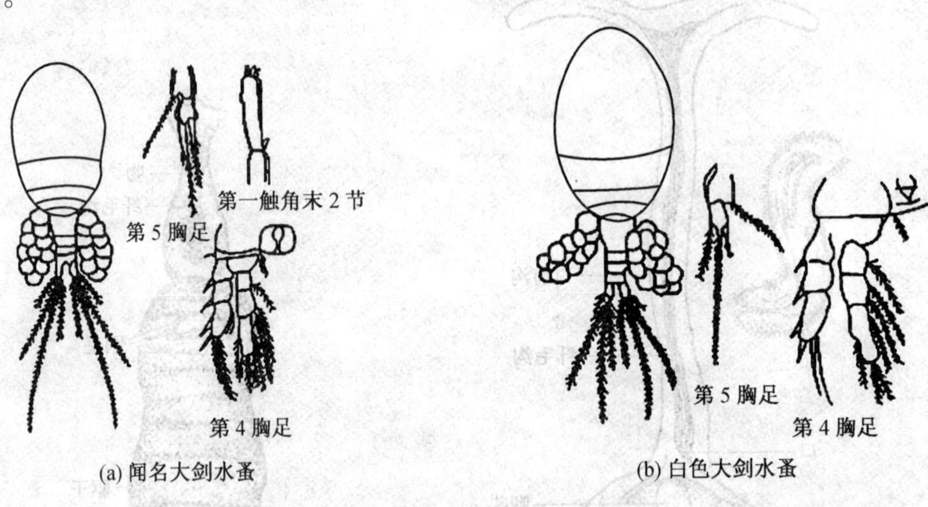

图 9.35 剑水蚤

水熊是缓步动物的俗称,主要生活在淡水的沉渣、潮湿土壤以及苔藓植物的水膜中,少数种类生活在海水的潮间带。水熊有 900 余种,其中许多种是世界性分布的,遍布北极、热带、深海、温泉。在喜马拉雅山脉(6 000 m 以上)或深海(4 000 m 以下)都可以找到它们的踪影。此外人类还首次发现水熊可在真空中生存。

水熊(图 9.36)非常细小,大部分不超过 1 mm,通体透明,呈无色、黄色、棕色、深红色或绿色。它们的颜色主要是由于食物而得来的。它们食入含类胡萝卜素的食物,类胡萝卜素可以在各器官沉积。它们有 1 个头部,4 个体节。有 4 对脚从躯部伸出,末端有爪子、吸盘或脚趾。口前有两向前突出,一个用于刺进食物,另一个则是吸收工具。前肠有很多成对腺体,薄薄的食道连接中肠。在两个目的水熊虫中肠和末肠之间有马氏管,专司体内的渗透压平衡。后肠开口于腹肛门。无呼吸系统和循环系统。神经系统由咽上下神经节构成,其中咽下神经节和腹部 4 个神经节链式相连。头节中有脑,分出两纵条的腹神经索,每条腹神经索有 4 个神经节。

水熊通常是雌雄异体。它们的性腺是次体腔(事实上,所有的节肢动物都是这样)的残留物,是不成对的囊状器官,或者是在肛门前向外开口,或者是向终肠开口。卵巢是不成对的囊,输卵管开口于腹面或通向直肠。属于卵生,卵子并不需要事先受精就可以被排出体外。直接发育。

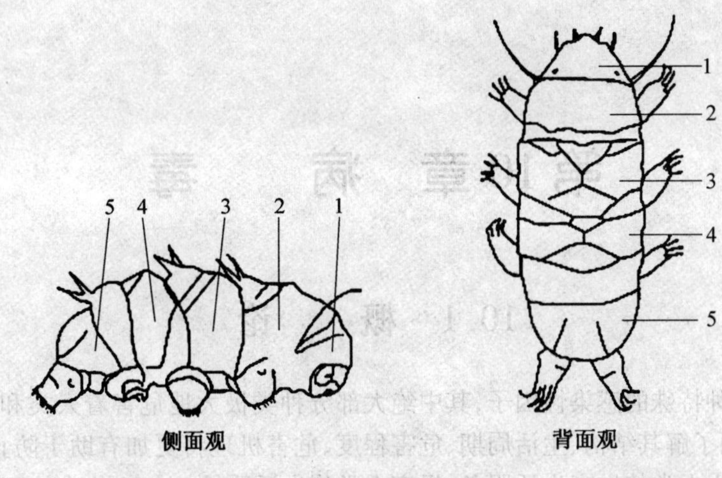

图9.36 水熊

1—头节;2—第一躯节;3—第二躯节;4—第三躯节;5—第四躯节

第10章 病 毒

10.1 概 论

病毒作为一种特殊的感染性因子，其中绝大部分种类极大地危害着人类和其他生物的健康乃至生命，全面了解其结构、生活周期、危害程度、危害机理将更加有助于防止病毒的危害，高效地利用病毒为人类的生产生活服务，提高人类的生活质量。本章将对病毒进行叙述。

10.1.1 概念及分类

1. 概念

病毒是一类极其简单的、非细胞结构的生物实体，原指一种动物来源的毒素。病毒广泛寄生于人、动物、植物、微生物细胞中。病毒能增殖、遗传和演化，病毒只能在活细胞或细菌进行内增殖等活动，专性寄生在活的敏感宿主体内，较之细菌要小得多可通过细菌过滤器，只有通过电子显微镜才能观察到，大小在0.2 μm以下的，由一个或几个DNA分子或RNA分子，病毒的遗传物质要比原真核基因组的种类更多，其基因组或是单链的，或是双链的，外包一个蛋白质外壳（有时也含有脂类和糖）构成超微小微生物。

2. 分类

1971年，国际病毒分类委员会（ICTV）建立起了统一的病毒分类系统，现在已将病毒分为3个目，56个科，9个亚科，233个属，1 550个种。国际病毒分类委员会提出了几个分科的依据，主要是：核酸的类型，核酸是单链还是双链，有无包膜及宿主特异性等。根据专性宿主可将病毒分为有动物病毒、植物病毒、细菌病毒、放线菌病毒、真菌病毒等。按核酸分为DNA病毒（单链DNA外或双链DNA）和RNA病毒（双链RNA外或单链RNA）。

目前仍有新的病毒产生，主要是由于病毒的遗传物质受到外界环境因素的影响发生突变或重组而产生新的毒种。例如目前的非典病毒、禽流感病毒、甲型H1N1病毒等。世界卫生组织宣布，正式确认冠状病毒的一个变种是引起非典型肺炎的病原体。科学家们说，变种冠状病毒与流感病毒有亲缘关系，但它非常独特，以前从未在人类身上发现，科学家将其命名为“SARS病毒”，禽流感病毒（AIV）属于甲型流感病毒。流感病毒属于RNA病毒的正黏病毒科，分甲、乙、丙3个型。其中，甲型流感病毒多发于禽类，一些亚型也可感染猪、马、海豹和鲸等各种哺乳动物及人类；乙型和丙型流感病毒则分别见于海豹和猪的感染；H1N1是*Orthomyxoviridae*系列的一种病毒。它的宿主是鸟类和一些哺乳动物。几乎所有甲型的H1N1病毒已被隔离，野生鸟类出现疾病属罕见。有些H1N1病毒引起严重的疾病大多发生于家禽方面，而人类却很少出现。但经过鸟类和哺乳动物的传播和变异，这可能导致疫情或人类流感大面积传播。

10.1.2　病毒的结构与特征

1.结构

(1)病毒的形态和大小。

在显微镜下观察,各种病毒的形状不一(图10.1)。人、动物病毒的形态有球形、卵圆形、砖形等,植物病毒的形态有杆状、丝状等。细菌病毒即噬菌体大多呈蝌蚪状,少数是丝状。病毒的化学组成有蛋白质和核酸,除此之外,还含类脂质和多糖。

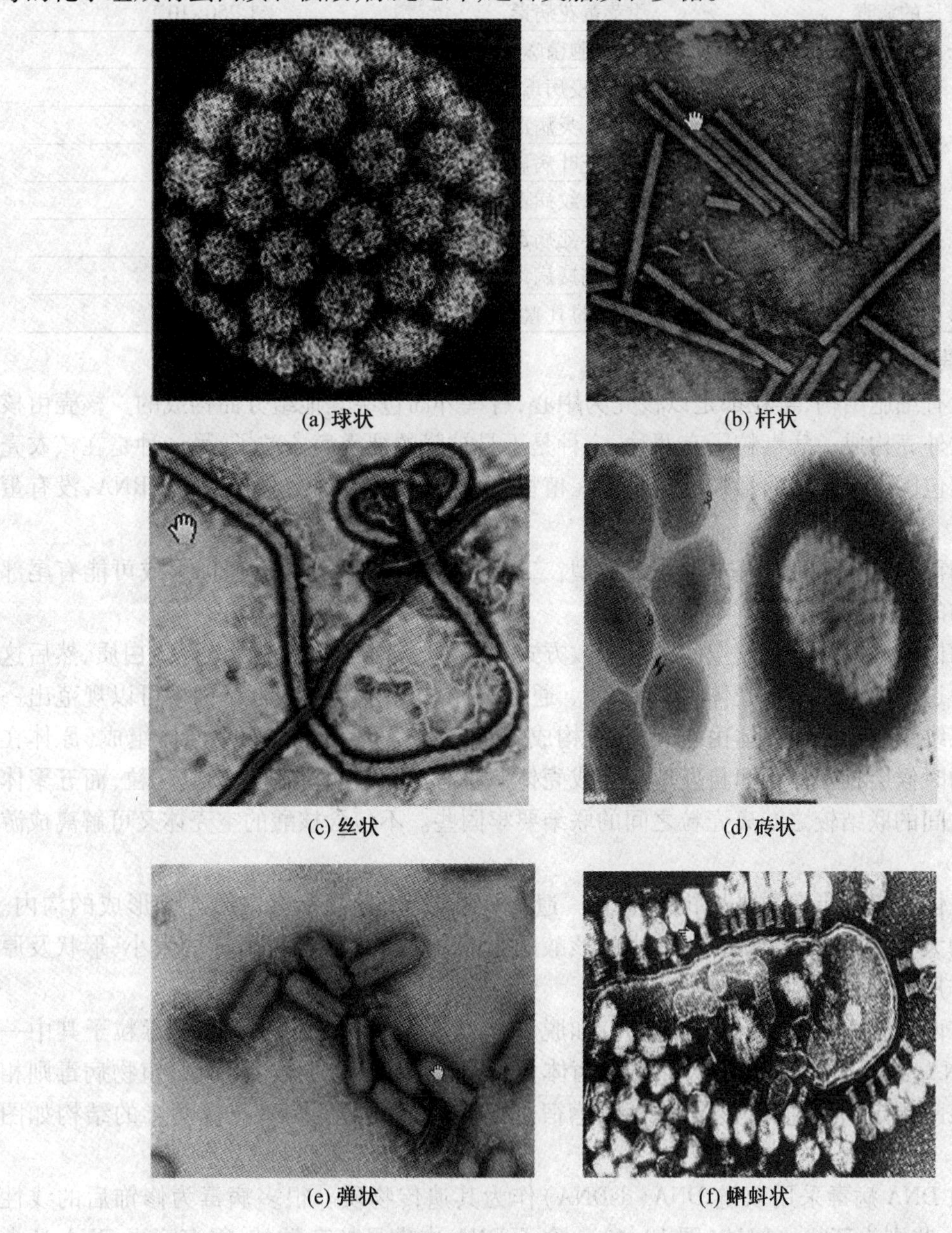

图10.1　各种形状的病毒

病毒的体积微小,大小以nm计,毒粒的直径从10~400 nm不等,最小的病毒如口蹄疫病毒的直径为10~22 nm,而痘苗病毒则与最小的细菌差不多,直径为(250~300)nm×(200~

250)nm,甚至在光学显微镜下可见。

一些病毒的大小见表10.1。

表10.1　一些病毒的大小

	病毒名称	大小或直径/nm
最大的病毒	虫痘病毒	450
	牛痘苗病毒	300×250×100
最长的病毒	柑橘衰退病毒	2 000
	甜菜黄花病毒	1 250×10
	铜绿假单胞菌噬菌体	1 300×10
最小的病毒	口蹄疫病毒	21
	乙型肝炎病毒	18
	苜蓿花叶病毒	16.5
	玉米条纹病毒	12～8
	烟草坏死病毒	16
	菜豆畸矮病毒	9～11
最细的病毒	大肠杆菌的f1噬菌体	5×800

(2)病毒的结构。

病毒没有细胞结构,毒粒都是以核壳为中心,有些外面包绕其他组分而构成的。核壳由核酸及蛋白质外壳构成。病毒粒子有两种:一种是不具被膜的裸露病毒粒子;另一种是在核衣壳外面有被膜包围所构成的病毒粒子。寄生在植物体内的类病毒和拟病毒只具有RNA,没有蛋白质。

壳体和毒粒结构有4种基本形态学类型:二十面体对称、螺旋状、近似球形或可能有尾部和其他结构的复杂的形态。

二十面体形状是形成封闭空间的最有效方式。几个、有时仅一个基因编码蛋白质,然后这些蛋白质通过自动组装形成壳体(图10.2)。通过这种方式,少数的线性基因就可以规范出一个很大的三维结构。二十面体由42个壳粒构成;每个壳粒一般由5或6个原体组成(原体在条件适合的时候会相互作用而自发地组装成壳体),原体通过非共价键连接成壳粒,而五聚体和六聚体之间的联结较之游离壳粒之间的联结要牢固些。不包含核酸的空壳体又可解离成游离的壳粒。

螺旋壳体是具有蛋白质外壁的空心管。遗传物质RNA盘绕在蛋白质亚基形成的沟内。螺旋壳体的大小受原体和包围在壳体中的核酸的影响。壳体的直径是原体的大小、形状及原体间相互作用的函数,长度则取决于核酸。

病毒有两种核酸,即核糖核酸(RNA)和脱氧核糖核酸(DNA)。但一个病毒粒子其中一种,或是RNA,或是DNA。动物病毒与噬菌体大都有的含DNA,少数含RNA;植物病毒则相反。病毒核酸决定病毒遗传、变异和对敏感宿主细胞的感染力。烟草花叶病毒的结构如图10.3所示。

大多数DNA病毒采用双链DNA(dsDNA)作为其遗传物质。很多病毒为修饰后的线性dsDNA;另一些则为环状dsDNA(图10.4)。除了DNA中常见核苷酸外,很多病毒DNA还含有稀有碱基。大多数RNA病毒采用单链RNA(ssRNA)作为其遗传物质。如果RNA的碱基序列与病毒mRNA的序列相同,这种RNA链称为正链,病毒mRNA被规定为正。如果病毒RNA基因组与病毒mRNA互补,这种RNA链称为负链。病毒的正链RNA通常也具有带7-甲基鸟

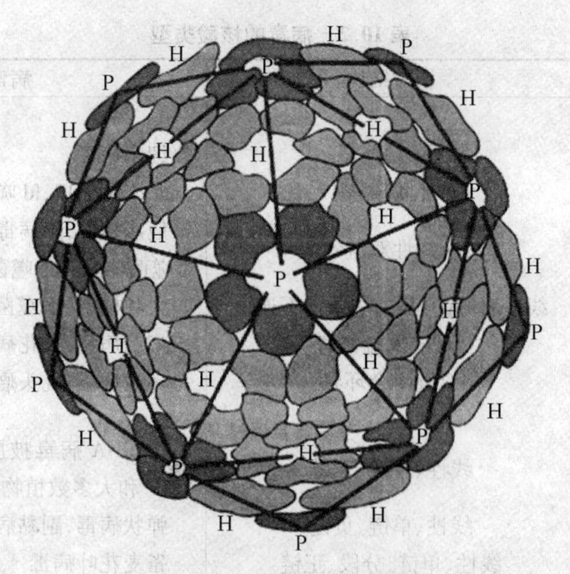

图 10.2　二十面体壳体的结构

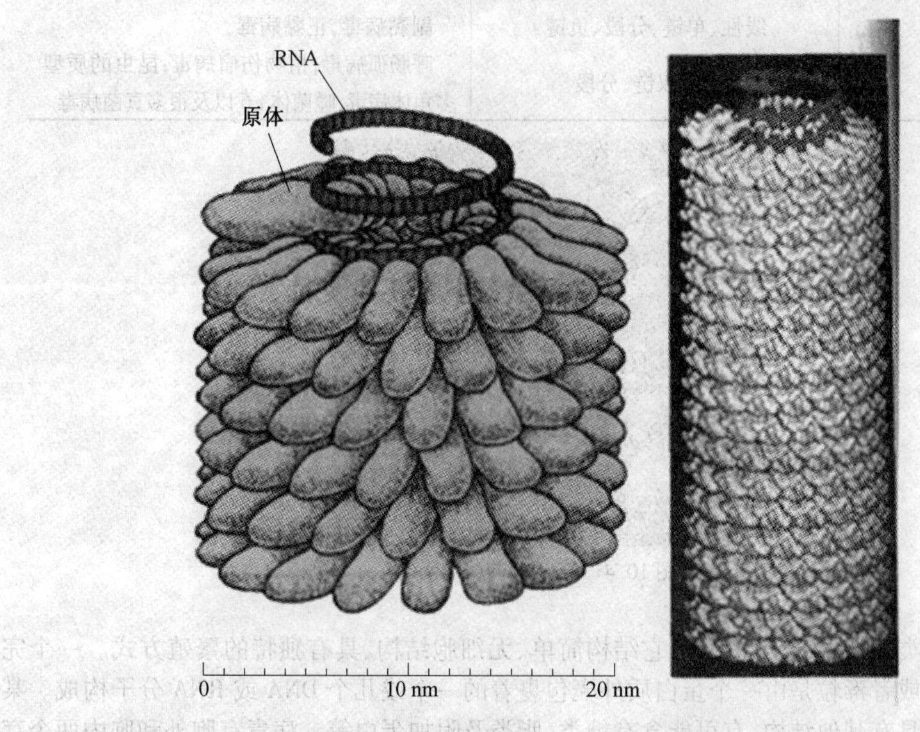

图 10.3　烟草花叶病毒的结构

嘌呤的5′帽子结构，此外，大多数甚至所有的正链 RNA 动物病毒基因组的3′端也具有一个 polyA 延伸序列。

包膜是一层柔软的膜结构，具有有多形性。很多动物病毒，少数植物病毒和很少数细菌病毒外具有包膜。动物病毒包膜的脂类与糖类来源于宿主细胞，而包膜蛋白是由病毒基因编码的。包膜表面的突起称为膜粒，通常是糖蛋白。因为膜粒因病毒不同而异，故可用于鉴定病毒。包膜动物病毒的壳体中常有与病毒核酸的复制有关酶的存在。病毒的核酸类型见表10.2。

表10.2　病毒的核酸类型

核酸类型	核酸结构	病毒举例
DNA		
单链	线性单链	细小病毒
	环状单链	ϕX174,M13,fd 噬菌体
双链	线性双链	疱疹病毒,腺病毒,大肠杆菌 T 噬菌体,λ噬菌体及其他噬菌体
	线性双链,但其中一条链不连续	大肠杆菌 T5 噬菌体
	双链,末端交联	痘苗病毒,天花病毒
	双链闭合环状	多瘤病毒,乳头瘤病毒,PM2 噬菌体
RNA		
单链	线性、单链、正链	小 RNA 病毒披膜病毒,RNA 噬菌体,TMV 和大多数植物病毒
	线性、单链、负链	弹状病毒,副黏病毒
	线性、单链、分段、正链	雀麦花叶病毒
	线性、单链、分段、二倍体、正链	逆转录病毒
	线性、单链、分段、负链	副黏病毒,正黏病毒
双链	线性、双链、分段	呼肠孤病毒,植物伤瘤病毒,昆虫的质型多角体病毒,噬菌体 φ6 以及很多真菌病毒

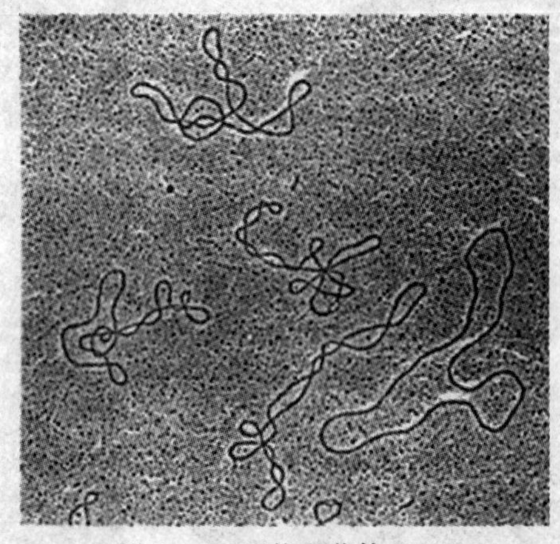

图10.4　环状噬菌体DNA

2. 特征

病毒是一类独特的感染性因子,它结构简单、无细胞结构、具有独特的繁殖方式。一个完整的病毒颗粒或者毒粒是由一个蛋白质外壳包裹着的一个或几个 DNA 或 RNA 分子构成。某些蛋白质外壳具有其他结构,有可能含有糖类、脂类及附加蛋白等。病毒有胞外和胞内两个存在阶段。细胞外形式是以毒粒状态存在的,可以抵抗几乎所有酶的侵袭,但不能独立于活细胞增殖。胞内阶段,病毒主要以正在复制的核酸的形式存在,诱导宿主细胞利用宿主胞内物质合成胞外阶段的毒粒组分;最后完整的病毒颗粒或毒粒被释放出来。总而言之,病毒至少有5个方面与细胞不同:①结构简单,不存在细胞结构;②在几乎所有的毒粒中只有 DNA 或 RNA 一种类型的核酸;③没有自身的酶合成机制,不具备独立代谢的酶系统,营专性寄生生活;④对抗生素不敏感,对干扰素敏感;⑤在细胞外不能增殖,无法像原真核生物一样进行细胞分裂,在活细胞外具有一般化学大分子飞特征,进入宿主细胞后又具有生命特征。虽然有的细菌如衣原体和立克次体也可以像病毒一样是细胞内寄生的,但是它们不符合前两条标准。

10.1.3　病毒的培养

1. 培养

因为病毒在活细胞外不能增殖,故不能像细菌和真核微生物那样进行培养。动物病毒培养时最适宜接种的是宿主动物或胚卵,其中鸡胚孵化6~8 d最合适。一般是采取接种此时期的鸡胚的方法来培养动物病毒。接种前用于病毒培养的鸡胚要先用碘酒对卵壳表面消毒,然后用消毒过的钻孔器钻出小孔;接种病毒后,小孔用明胶封住并将鸡蛋进行孵化。必须将病毒注射到适当的部位,病毒只能在鸡胚的特定部位才能增殖。例如,黏液瘤病毒在绒毛尿囊膜上生长良好,而腮腺炎病毒则在尿囊腔中生长得更好。感染可能造成局部组织病损,即痘疱(Pock),痘疱的外观常因病毒而异。

植物病毒可用植物组织培养、分离细胞培养或原生质体培养等不同的方法培养。植株的各部分均可供病毒生长,被感染部位的细胞快速死亡会形成局部坏死斑或其他病征,比如色素形成和叶子形状等。烟草花叶病毒如图10.7所示。

细菌病毒又称噬菌体,在液体培养基中,因很多的宿主细胞遭到病毒破坏而裂解,从而使混浊的细菌培养物快速变清。也可用双层琼脂法培养:在灭菌的培养皿内倒入适合的琼脂培养基,凝固成平板后烘干水分,取宿主菌于软琼脂培养基中,再加入噬菌体样品,摇动混匀后全部倒入琼脂平板上,凝固后置于一定温度的恒温箱中倒置培养。上层琼脂中的细菌生长繁殖,形成一层不透明的连续的菌苔。无论毒粒由哪里释放出来,它只能感染邻近的细胞并增殖,最后细菌裂解产生噬菌斑。噬斑的外观常因培养的噬菌体而异。

2. 纯化

病毒的纯化利用了病毒的多种性质,毒粒的主要成分为蛋白质,组分稳定。因此,许多用于分离蛋白质和细胞器的技术应用于病毒的分离。常用的技术有差速和密度梯度离心、病毒沉淀法、杂质变性法和酶促降解法等。

(1)差速和密度梯度离心。

差速离心用于处理感染后期包含有成熟毒粒的宿主细胞时,在缓冲液中裂解受染细胞得到悬浮液,首先高速离心匀浆,病毒和其他较大的细胞颗粒沉淀下来,抛弃上清液;然后低速离心,除去沉淀物质;然后再高速离心,使病毒沉淀。重复以上步骤可进一步纯化病毒颗粒。差速离心纯化病毒如图10.5所示。

等密度梯度离心法可将病毒与密度相差很小的杂质颗粒分离。纯化病毒的过程是将蔗糖溶液注入离心管,使其浓度在管顶到管底之间呈渐缓的线性上升。将病毒标本平铺于蔗糖梯度上离心。在离心力的作用下,颗粒物质分别沉降到与它们各自的密度相等位置。这两种类型的梯度离心对病毒的纯化都是非常有效的。梯度离心如图10.6所示。

(2)病毒沉淀法。

和多种蛋白质的纯化一样,可用浓缩的硫酸铵盐沉淀法纯化病毒。首先,加入低于病毒被沉淀析出的水平饱和硫酸铵。去除析出的杂质后,再加入硫酸铵,析出后的病毒需进行沉淀离心收集。如果病毒对硫酸铵敏感则可用聚乙二醇沉淀法纯化。

(3)杂质变性法。

病毒与正常的细胞组分相比不容易变性。故采用热处理或改变pH的方法使细胞杂质组分变性沉淀,从而纯化病毒。某些病毒还能耐受丁醇和氯仿等有机溶剂的处理,所以利用有机溶剂处理不仅可以使杂质蛋白变性沉淀,还能抽提出提纯材料中的脂。

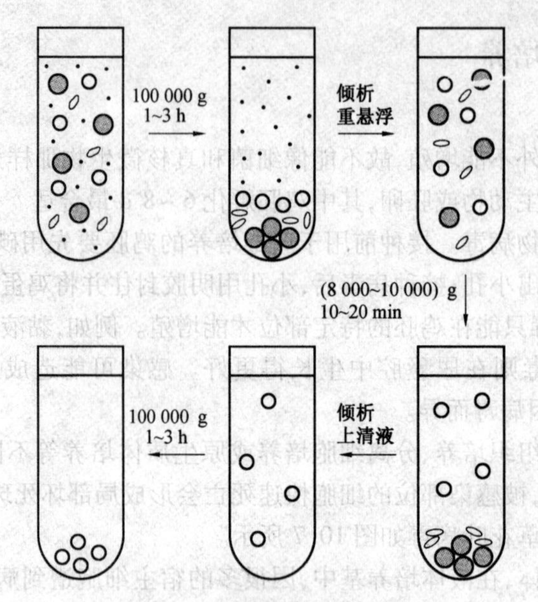

图 10.5 差速离心纯化病毒

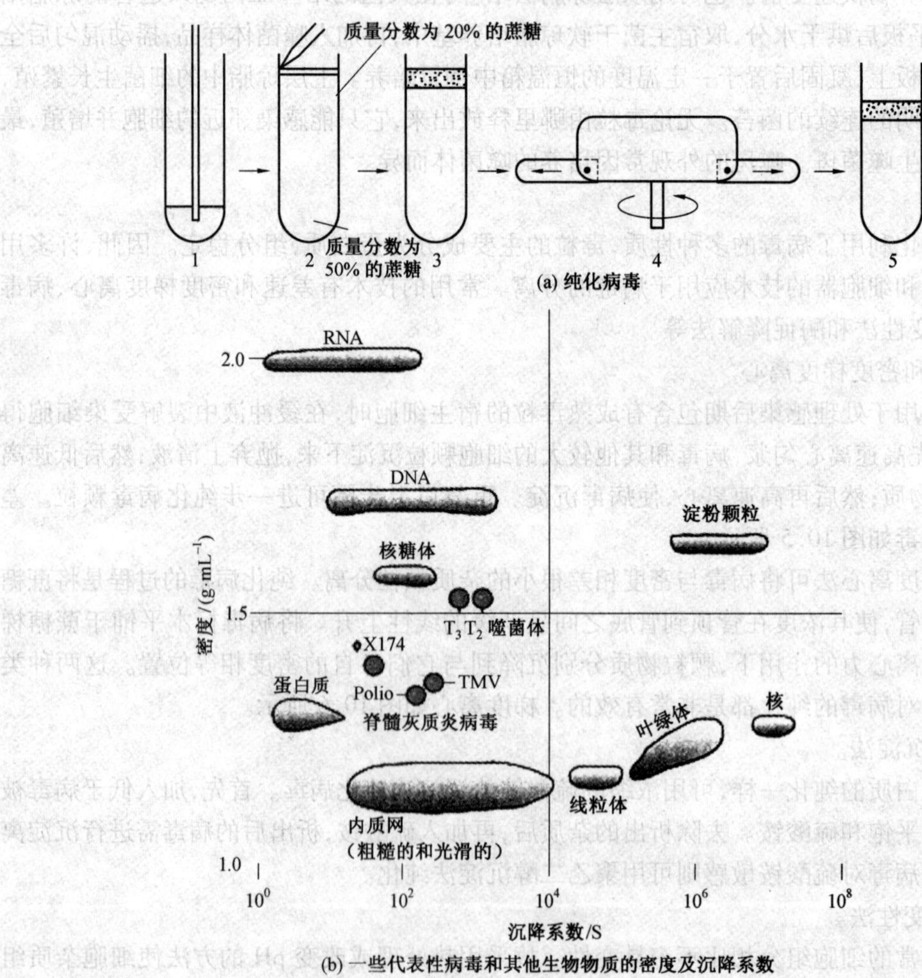

图 10.6 梯度离心

1—制备线性蔗糖梯度;2,3—将颗粒混合物平铺在蔗糖梯度的上面;4—离心;5—根据颗粒的密度和沉降系数进行分离

图10.7　烟草花叶病毒

(4)酶促降解法。

由于病毒更能耐受核酸酶及蛋白酶的降解,所以通过酶促降解法可以将多种病毒材料中的细胞蛋白和核酸除去。例如,核糖核酸酶和胰蛋白酶常可降解细胞的核糖核酸和蛋白质,但不能降解毒粒。

3. 测定

样品中病毒的数量可以用颗粒计数法或感染效价测定法测定。

病毒颗粒可以直接用电镜计数。最常用的病毒计数法是血细胞凝集试验。

很多病毒可结合于红细胞表面,如果病毒与细胞之比足够大,病毒颗粒可与红细胞发生凝集。以能引起血细胞凝集的最高稀释度为病毒的凝集效价可确定样品中含有的病毒颗粒数。

多种测定病毒数目的方法都是以病毒的感染性为依据的,而且其中的很多测定方法与病毒培养用的是同一种技术。由某一特定稀释度所产生的噬斑数可以得出有感染性毒粒的数目或噬斑形成单位,而样品中的感染效价可以很容易地算出。

在同一培养皿上产生不同形态类型噬菌斑的病毒分别计数。虽然噬斑形成单位数与病毒颗粒数不等,但之间具有对应的正比例。

10.2　噬　菌　体

10.2.1　基本概念及其分类

噬菌体是由D. Herelle和Twort各自独立发现的。噬菌体(Bacteriophage)是感染细菌、真菌、放线菌或螺旋体等微生物的病毒的总称,因部分能引起宿主菌的裂解,故称为噬菌体。噬菌体分布极广,凡是有细菌的存在,就可能有相应噬菌体的存在。例如,在人和动物的排泄物或污染的井水、河水中,常含有肠道菌的噬菌体。在土壤中,可以找到土壤细菌的噬菌体。噬菌体有严格的宿主特异性,只寄居在易感宿主菌体内,故可以利用噬菌体进行细菌的流行病学鉴定与分型,以追查传染源。由于噬菌体结构简单、基因数少,是分子生物学与基因工程的良好实验系统。噬菌体也被用于评价水和废水的处理效率。蓝细菌病毒广泛存在于自然水体,已在世界各地的氧化塘、河流或鱼塘中分离出来。由于蓝细菌可引起周期性的水华作用,因而有人提出将蓝细菌的噬菌体用于生物防治。大肠杆菌噬菌体广泛分布在废水和被粪便污染的水体中。由于较易分离和测定,因此建议用噬菌体作为细菌和病毒污染的指示生物,环境病毒学已使用噬菌体作为模式病毒。

噬菌体寄生在细菌体内引起细菌疾病。但噬菌体不能独立地复制自己,因此它们侵入宿主细胞并利用宿主进行复制。

最重要的是噬菌体形态和核酸性质,其遗传物质可以是 DNA 或者 RNA,且大多数已知的噬菌体为 DNA(双链)。因此噬菌体分类可依据一些特性如宿主范围和免疫学的相关性来对噬菌体进行分类。大多数噬菌体可被分以下几个形态组:无尾的二十面体噬菌体、收缩尾噬菌体、无收缩尾噬菌体和丝状噬菌体,甚至有一些有包膜。最复杂的形式是有收缩尾噬菌体,如大肠杆菌 T-偶数噬菌体。噬菌体有毒(烈)性噬菌体和温和噬菌体两种类型。侵入宿主细胞后,随即引起宿主细胞裂解的噬菌体称作毒性噬菌体。毒性噬菌体被看作正常表现的噬菌体。温和噬菌体则是:当它侵入宿主细胞后,其核酸附着并整合在宿主染色体上,和宿主核酸同步复制,宿主细胞不裂解而继续生长。这种不引起宿主细胞裂解的噬菌体称作温和噬菌体。T-4 噬菌体的结构如图 10.8 所示。

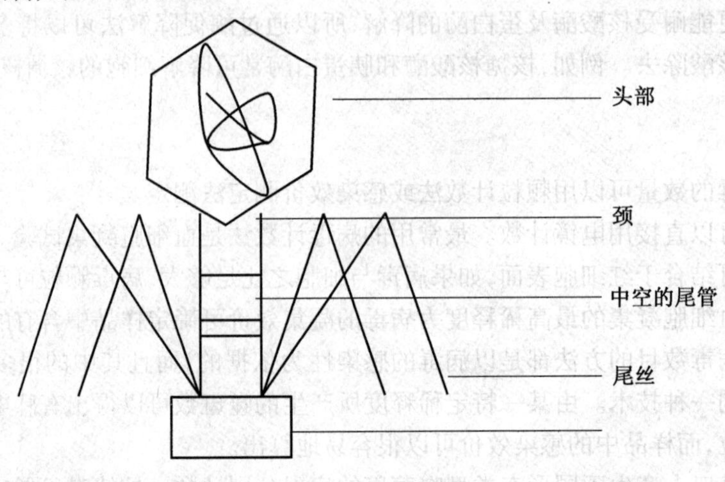

图 10.8　T-4 噬菌体的结构

10.2.2　噬菌体侵染细菌的过程

噬菌体在宿主细胞中复制之后,其中许多在细胞裂解时释放出来,宿主细胞破坏和释放毒粒的噬菌体生命周期称为裂解周期,裂解性噬菌体的生活周期由 5 个阶段组成:吸附、侵入、复制、装配和释放。本节将以大肠杆菌 T-4 噬菌体为例叙述双链 DNA 噬菌体裂解过程。

1. 双链 DNA 噬菌体的复制

双链 DNA 噬菌体的复制主要包括以下过程。

(1)吸附。

噬菌体并非任意地吸附于宿主细胞表面而是附着于被称为受体位点(Reception sites)的特定细胞表面结构上,这些受体的性质随噬菌体而异;细胞壁脂多糖和蛋白质、磷壁质、鞭毛和菌毛均可作噬菌体受体。大肠杆菌 T-偶数噬菌体用细胞壁脂多糖或蛋白质作受体,受体性质的变化至少部分地关系噬菌体宿主选择性。

吸附是噬菌体与细菌表面受体发生特异性结合的过程,其特异性取决于噬菌体蛋白与宿主菌表面受体分子结构的互补性。只要有细菌具有特异性受体,噬菌体都能吸附,但噬菌体不能进入死亡的宿主菌。T-4 噬菌体尾部的一个尾丝接触受体位点时,噬菌体吸附过程开始。在更多的尾丝接触后,基片便固定在细胞表面。吸附过程是受静电、pH 和离子的影响。

(2)注入。

基片稳定地固定于细胞表面后,基片和尾鞘构象发生改变,存在于尾端的溶菌酶水解细菌细胞壁上的肽聚糖,然后尾鞘像肌动蛋白和肌球蛋白的作用一样收缩,露出尾轴,伸入细胞壁内,将头部的 DNA 压入细胞内。噬菌体的核酸注入宿主菌体内,而蛋白质衣壳则留在菌体细胞外。尾管可与质膜作用形成 DNA 通过的通道。其他噬菌体侵入的机制通常与 T-偶数噬菌体不同,但尚未得到详细研究。

(3)复制。

噬菌体 DNA 注入后,宿主 DNA,RNA 和蛋白质等活动合成终止,宿主细胞各组分用于合成噬菌体的各组分。

噬菌体 RNA 聚合酶 2 min 内就开始指导合成噬菌体 mRNA,指导合成宿主细胞和噬菌体核酸复制所需的蛋白酶。噬菌体具有的特异性酶可终止宿主基因表,同时,将宿主的 DNA 降解成核苷酸,为噬菌体 DNA 的合成提供原料。5 min 内噬菌体 DNA 开始合成。合成起始,T-4 基因被宿主的 RNA 多聚酶转录。短时间后,因为噬菌体酶的作用将抑制宿主基因的转录并启动噬菌体基因表达。噬菌体的早期和晚期基因分别定位于不同的 DNA 链,早期基因逆时针方向转录,晚期基因顺序顺时针方向转录,晚期 mRNA 指导合成噬菌体结构蛋白、帮助噬菌体装配,但不成为病毒粒子结构部分的蛋白质和细胞裂解和噬菌体释放有关的蛋白质。T-4DNA 复制是个极其复杂的过程。

(4)装配。

T-4 噬菌体装配是复杂的自我装配过程。虽然是自发地进行装配,但有些过程是需要特定的噬菌体蛋白和宿主细胞因子的协助。噬菌体装配所需的所有蛋白质同时合成,基片由 15 种蛋白质构成,基片装配完成后尾管上建成尾管。噬菌体的头部由超过 10 种蛋白质组成,前壳体在支架蛋白的协助下装配,一种特定的门蛋白是 DNA 转移的头顶结构的一部分,定位于前壳体基底与尾部连接的地方,有助于头部装配和 DNA 进入头部。T-4 头部 DNA 包装在某种酶的作用下,DNA 分子装配进完整的蛋白壳内。在感染后大约 15 min,第一个完整的 T-4 噬菌体颗粒出现。

(5)释放。

在感染约 22 min 之后,噬菌体在末期裂解宿主细胞,释放出约 300 个 T-4 颗粒,同时放出多个噬菌体基因,指导合成内溶菌素和穿孔素等,穿孔素破坏质膜,使呼吸停止,并允许内溶菌素攻击肽聚糖,膜形成孔洞将噬菌体颗粒放出菌体外。

2. 单链 DNA 噬菌体的复制

噬菌体 ΦX174 是以大肠杆菌为宿主的小型单链 DNA(ssDNA)噬菌体,其 DNA 碱基序列是正链的,含重叠基因。当 ΦX174 DNA 进入宿主,复制开始之前,噬菌体单链 DNA 首先被细菌 DNA 聚合酶复制成双链 DNA 形式。然后复制型指导更多双链 DNA、mRNA。这种噬菌体的释放机制与 T-4 噬菌体的不同。噬菌体的复制过程如图 10.9 所示。

丝状单链 ssDNA 噬菌体在许多方面与其他单链 ssDNA 噬菌体有很大区别。其中丝杆噬菌体科的 fd 噬菌体研究最为详尽。丝状的 fd 噬菌体在感染时不杀死宿主细胞,而是与宿主建立一种以分泌方式持续释放新毒粒的共生关系。丝状噬菌体的壳体蛋白首先插入细胞膜,然后当病毒 DNA 通过宿主质膜分泌时开始围绕它进行壳体装配。宿主细菌继续生长,而分裂速率略有下降。正链 DNA 的复制过程如图 10.10 所示。

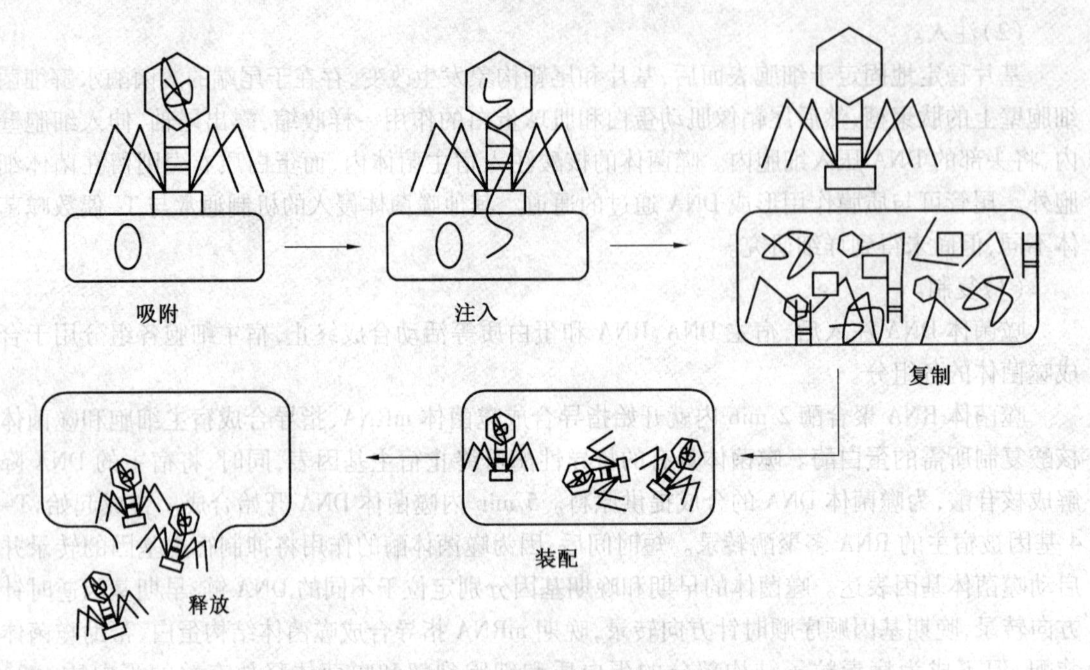

图 10.9　噬菌体的复制过程

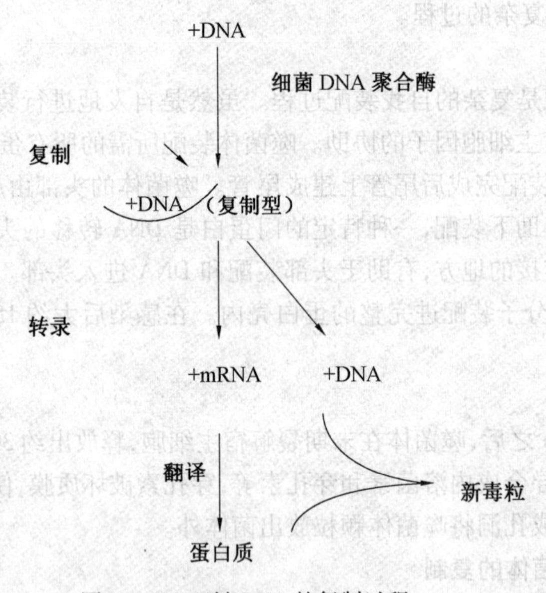

图 10.10　正链 DNA 的复制过程

3. RNA 噬菌体的复制

许多噬菌体用单链 RNA 携带它们的遗传信息，这种 RNA 能起到信使 RNA 的作用，并指导噬菌体蛋白质的合成。病毒最先合成的酶为病毒的 RNA 复制酶，然后 RNA 复制酶复制最初的 RNA（正链）产生称为复制型的双链中间体（+RNA），它与 ssDNA 噬菌体复制中所见的+DNA 类似，接着复制酶用复制型 RNA 合成更多 RNA，用于促进+RNA 合成和指导噬菌体蛋白质合成，最后，+RNA 链被包装入成熟的毒粒中。这些 RNA 噬菌体的基因组既可作为它本身的复制模板，又可作 mRNA。单链 RNA 噬菌体的复制过程如图 10.11 所示。

4. 溶源性

烈性噬菌体，即在复制周期中噬菌体裂解其宿主细胞。许多 DNA 噬菌体也可与宿主建立

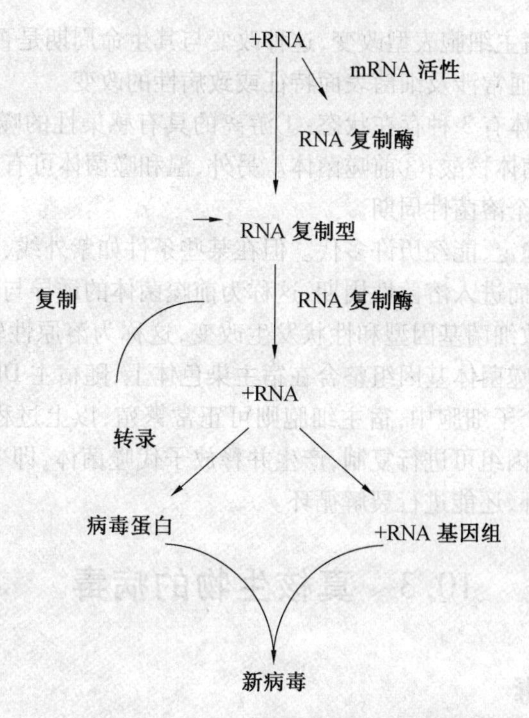

图 10.11　单链 RNA 噬菌体的复制过程

一种与之不同的关系，病毒吸附和侵入后，病毒基因组在产生新的噬菌体时并不控制和破坏宿主细胞，而是保留在宿主细胞内，并随细菌基因组一起复制，产生一个可以长时间生长和分裂，而且表现完全正常的感染细胞的克隆。在适当的环境条件下，每个受感染细菌都可产生噬菌体和裂解。温和噬菌体的基因组能与宿主菌基因组整合，并随细菌分裂传至子代细菌的基因组中，不引起细菌裂解。整合在细菌基因组中的噬菌体基因组称为前噬菌体，带有前噬菌体基因组的细菌称为溶原性细菌。溶原性细菌内存在的整套噬菌体 DNA 基因组称为原噬菌体，溶原性细菌不会产生许多子噬菌体颗粒，也不会裂解；但当条件改变使溶原周期终止时，宿主细胞就会因原噬菌体的增殖而裂解死亡，释放出许多子代噬菌体颗粒。前噬菌体偶尔可自发地或在某些理化和生物因素的诱导下脱离宿主菌基因组而进入溶菌周期，产生成熟噬菌体，导致细菌裂解。原噬菌体可以保留在宿主细胞中，但不损伤宿主的病毒基因组。它们通常整合入细菌基因组，有时也可以独立存在。原噬菌体在溶源化过程中重新启动噬菌体复制，导致感染细胞破坏释放出新的噬菌体。

溶源性是指 λ 噬菌体在大肠杆菌体内可以呈环行分子存在于细胞质中，也可通过整合酶的作用而整合到寄主染色体上成为原噬菌体状态，并与寄主染色体一起复制并能维持许多代，这种现象称为 λ 噬菌体的溶源性。

溶原性细菌的特点有：溶原性细菌具有抵抗同种或有亲缘关系噬菌体重复感染的能力，即使得宿主菌处在一种噬菌体免疫状态；经过若干世代后，溶原性细菌会开始进入溶菌周期，此时，原噬菌体与宿主基因分离，开始增殖。

噬菌体在细菌进入溶源状态以前面临两个问题：它们只能在活细菌中繁殖；mRNA 和蛋白质降解中止噬菌体复制。营养丧失有利于噬菌体与宿主一样溶源化可以避免这种困境。咱俩菌体复制的最后循环将破坏所有宿主细胞，所以就存在噬菌体没有宿主而直接暴露于生物体内环境，危害很大，有些细菌携带病毒基因组存活，当它们繁殖时也合成新的病毒基因组拷贝。

温和噬菌体可诱导宿主细胞表型改变,这种改变与其生命周期是否完成没有直接关系,这种改变称为溶源性转变,通常涉及细菌表面特征或致病性的改变。

由此可知,温和噬菌体有3种存在状态:①游离的具有感染性的噬菌体颗粒;②宿主菌胞质内类似质粒形式的噬菌体核酸;③前噬菌体。另外,温和噬菌体可有溶原性周期和溶菌性周期,而毒性噬菌体只有一个溶菌性周期。

溶原状态通常十分稳定,能经历许多代。但在某些条件如紫外线、X线、致癌剂、突变剂等作用下,可中断溶原状态而进入溶菌性周期,这称为前噬菌体的诱导与切离。

某些前噬菌体可导致细菌基因型和性状发生改变,这称为溶原性转换。温和噬菌体在吸附和侵入宿主细胞后,将噬菌体基因组整合在宿主染色体上,随宿主DNA复制而同步复制,随宿主细胞分裂而传递两个子细胞中,宿主细胞则可正常繁殖,以上过程称为"溶源周期"。但在一定条件下,噬菌体基因组可进行复制,产生并释放子代噬菌体,即"裂解周期"。因此温和噬菌体既能进行溶源循环,还能进行裂解循环。

10.3 真核生物的病毒

10.3.1 动物病毒

1. 基本概念及分类

动物病毒寄生在人体和动物体内引起人和动物疾病,如人的流行性感冒、水痘、麻疹、腮腺炎、乙型脑炎、脊髓灰质炎、甲型肝炎、乙型肝炎等。引起动物疾病的有:家禽、家畜的瘟疫病及昆虫的疾病。

微生物学家最初给动物病毒分类时,很自然地想到一些特性,如病毒的宿主选择性,遗憾的是并不是所有的准则都一样有用。因而在准确区别不同病毒的宿主选择性方面缺乏特异性。现代病毒分类首先建立在病毒的形态学、毒粒组分的理化性质和遗传亲缘关系上。病毒分类中最重要的特征可能是形态学。可用透射电子显微镜观察动物病毒在宿主细胞中或被释放后的过程来进行研究。

2. 动物病毒的增殖

动物病毒的复制与噬菌体复制的过程相似:吸附、注入、复制、装配、释放。只是有些细节不同。

动物病毒繁殖循环的第一步是吸附于宿主细胞表面。病毒与细胞质膜表面受体位点蛋白随机碰撞而结合。病毒感染细胞的能力极大地依赖于与细胞表面特异性结合的能力。病毒结合宿主细胞的特异受体通常都是细胞所必需的表面蛋白。因而这些受体蛋白的分布对于动物病毒的组织和宿主特异性具有关键作用。但病毒通常也会通过结合能够引起内吞作用的细胞表面分子,启动宿主细胞内吞作用而进入细胞。许多宿主受体蛋白都是含有Ig结构域的分子的免疫球蛋白超家族成员,多数Ig超家族成员都是细胞表面相互作用的表面蛋白。

病毒表面的结合位点通常由壳体结构蛋白或蛋白聚合体组成,经常位于凹陷或沟槽的底部。这种特殊结构可结合宿主细胞表面突起而抗体则无法达到。其他病毒通过特异的突起或有包膜病毒的钉状物结合于宿主细胞。

病毒吸附之后很快侵入细胞膜进入宿主细胞。侵入过程中或侵入不久即发生病毒脱壳,除去壳体,释放出核酸病毒在结构和复制上的不同导致侵入的机制的不同。有包膜病毒与裸露病毒以不同的方式进入细胞。有些病毒只向宿主细胞中注入核酸，而有些则要将病毒 RNA 聚合酶或 DNA 聚合酶也注入宿主细胞。

病毒注入有3种方式：裸露病毒在吸附后壳体结构发生改变，结果是只有核酸被注入到宿主细胞中；少数有包膜病毒的包膜直接与宿主细胞的细胞膜融合，融合过程涉及特定的融合糖蛋白；大多数有包膜病毒通过受体介导的内吞作用形成被膜小泡进入宿主细胞。毒粒吸附于胞质侧的特异性被膜凹窝。被膜凹窝内陷形成内含病毒的被膜小泡与溶酶体融合。

早期合成阶段主要任务是抑制宿主细胞 DNA、RNA 和蛋白质的合成并合成病毒 DNA 和 RNA。但不致病的病毒却可以刺激宿主大分子的合成。DNA 复制通常是在宿主细胞核内进行。

RNA 病毒的转录随病毒基因组性质的不同而不同。正链 ssRNA 基因组利用宿主的核糖体，在 mRNA 指导下合成一个很大的肽，然后由酶将肽切割形成有功能的多肽。负链 ssRNA 病毒则必须依赖 RNA 聚合酶或转录酶合成 mRNA。在复制晚期，RNA 被病毒复制酶复制形成新的病毒的双链 DNA。逆转录病毒则是通过 DNA 中间体合成 mRNA 和复制基因组，此过程必须依赖于 RNA 的 DNA 聚合酶或逆转录酶，将+RNA 基因组复制形成-DNA 拷贝，tRNA 作为核酸合成的引物。

一些晚期基因指导壳体蛋白的合成，如同噬菌体形态发生一样，这些壳体蛋白自发地自我装配形成壳体。在正二十面体病毒装配过程中，首先形成空的前壳体，接着核酸进入。病毒的形态发生位点随病毒种类不同而异。在病毒成熟位点经常可见完整毒粒或前壳体累积形成大量类结晶簇。

裸露的和有包膜的病毒毒粒释放的机制不同。裸露病毒通过裂解宿主细胞释放，而有包膜的病毒的形成包膜和释放同时进行，所以宿主细胞在一段时间内可以持续释放病毒。有的病毒科以一种特异的 M 蛋白结合细胞膜辅助出芽。许多病毒可以改变宿主细胞骨架中的肌动蛋白微丝辅助毒粒释放。这种方式可以在不破坏宿主细胞的情况下从细胞中放出并感染邻近细胞。

3. 细胞感染与细胞损伤

细胞感染是导致细胞死亡的感染。病毒可以以多种方式损伤宿主细胞，经常导致细胞死亡。由病毒感染引起宿主细胞和组织中的变化或异常现象称为致细胞病变效应。细胞损伤机制可能有7种：病毒抑制宿主 DNA，RNA 和蛋白合成；细胞溶酶体损伤，导致水解酶释放，细胞崩解；病毒感染后通过向细胞质膜中插入病毒特异性蛋白而迅速改变细胞膜，导致受染细胞受到免疫系统攻击；有些病毒高浓度的蛋白对细胞和机体有直接毒性作用；有些病毒感染过程中形成包含体，或核糖体、染色质，这是中毒粒或亚单位聚集的结果，直接破坏细胞结构；疱疹病毒和其他病毒感染破坏染色体；宿主细胞可能不受直接的损害，但被转化成恶性细胞等。

有些病毒可以产生持续感染，时间长短根据病毒不同而不同。持续感染分慢性病毒感染、潜伏病毒感染等等。慢性病毒感染中，病毒一直可以检出，临床症状轻微或不出现临床症状。潜伏病毒感染时，病毒在重新启动活化前处于潜伏状态，基因组不复制。在潜伏过程中，病毒检测不出，没有症状。

慢病毒疾病感染是由一小类病毒引起的极慢过程的感染。许多慢病毒可能不是常规病毒，引起慢病毒疾病。

由癌症广泛的分布可以想见存在多种致癌因素，其中仅有一些与病毒直接相关。目前，人们了解到有6种病毒与人类癌症发生有关：Epstein-Barr 病毒（EBV）是研究最多的人类致癌病毒。EBV 是一种疱疹病毒，引起中西非洲儿童颌部和腹部的恶性肿瘤，也可导致鼻咽癌；乙型肝炎病毒的基因组可以整合进入人基因组,与引发肝细胞性肝癌相关;丙型肝炎病毒引起肝硬化,进一步导致肝癌;人疱疹病毒8型与卡波西氏肉瘤的发展有关;人乳头瘤病毒的某些毒株与宫颈癌相联系;人T细胞白血病病毒I型和II型分别能导致成人T细胞白血病和毛状细胞白血病。

病毒可以携带癌基因进入细胞,并将它们插入基因组。有些病毒携带的编码酪氨酸激酶的基因。这种酶主要可将几种细胞蛋白的酪氨酸磷酸化,改变了细胞的正常生长过程。由于许多蛋白的活性受磷酸化调节,而其他数种癌基因也编码蛋白激酶,因而许多,至少部分癌症是由于蛋白激酶活性改变而导致细胞调控改变的结果。某些致癌病毒携带一个或多个非常有效的启动子或增强子,如果这些病毒整合于细胞癌基因的邻近位点,启动子或增强子可促进癌基因转录而导致癌症发生。这种基因编码的一种蛋白涉及对DNA或RNA合成的诱导。

10.3.2 植物病毒

1. 基本概念及分类

感染高等植物、藻类等真核生物的病毒,如烟草花叶病、番茄丛矮病、马铃薯退化病、水稻萎缩病和小麦黑穗病等。

虽然很早就认识病毒可以感染植物,导致各种疾病,但植物病毒不像噬菌体和动物病毒一样得到很好研究,这主要是因为它们难以培养和纯化。许多植物病毒并不能在原生质体中培养而必须接种于整个植株或组织制备物中。许多植物病毒传播需要昆虫媒介,有些能在来源于蚜虫、叶蝉或其他昆虫的单层细胞培养物上生长。

植物病毒在结构上与相对应的动物病毒和噬菌体没有显著差别。许多是刚直的或柔软的螺旋壳体还有二十面体等。绝大多数壳体似乎由一种类型的蛋白质组成,几乎所有的植物病毒是RNA病毒,少数有DNA基因组。

许多植物病毒的形状、大小和核酸组成。和其他类型的病毒一样,它们也是根据诸如核酸类型和单双链、壳体对称性和大小,以及有无包膜等特性进行分类的。

2. 植物病毒的传播

绝大部分植物病毒是由核酸为核心与蛋白质外壳组成的,极小部分还含有脂肪和非核酸的碳水化合物。植物病毒核酸类型有(ssRNA)单链RNA、(dsRNA)双链RNA、(ssDNA)单链DNA和(dsDNA)双链DNA。但绝大多数含(ssRNA)单链RNA,无包膜,其外壳蛋白亚基呈二十面体对称或呈螺旋式对称排列,形成棒状或球状颗粒。大多数植物病毒是由单一种外壳蛋白组成形态大小相同的亚基,多个亚基组成外壳。外壳内含有携带其全部基因的病毒核酸。有的植物病毒的核酸分成1~4段,分别装在外壳相同的颗粒中,如烟草脆裂病毒的RNA分成两段,各自装在两种颗粒中,长棒状颗粒中的是相对分子质量大的一段,短棒中的是小的一段,故称二分体基因病毒;又如雀麦花叶病毒的RNA分成4段,RNA1,RNA2,RNA3和RNA4分别装在外形大小相同的3种球形颗粒中,故称三分体基因组病毒。二分或三分总称为多分体基因组病毒。病毒在植物中通过植物的皮部的维管结构移动。植物病毒在非维管组织中的扩散受到细胞壁的阻碍。有些病毒通过胞间连丝从一个细胞运动至另一细胞,所以扩散很慢。病毒在细胞间的运动需要特定的病毒运动蛋白。

被烟草花叶病毒感染的细胞上可发生多种细胞学改变,通常可产生由毒粒聚集而成细胞内含物,有时也会产生毒粒组成的六方晶体,使宿主细胞叶绿体异常或退化,而抑制新叶绿体合成。植物叶片上的坏死斑如图10.12所示。

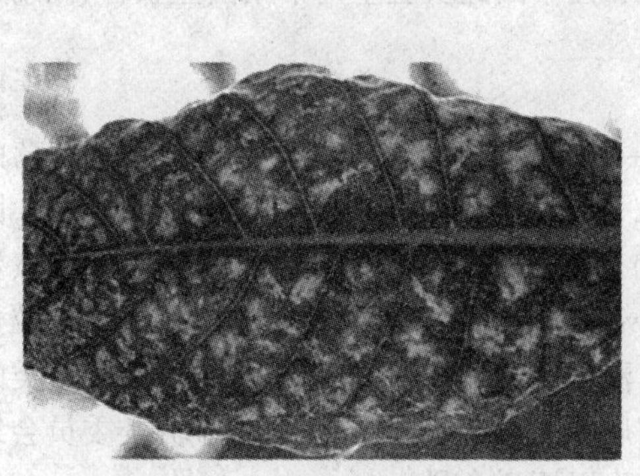

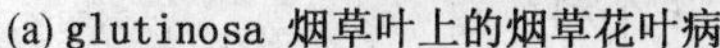

(a) glutinosa 烟草叶上的烟草花叶病

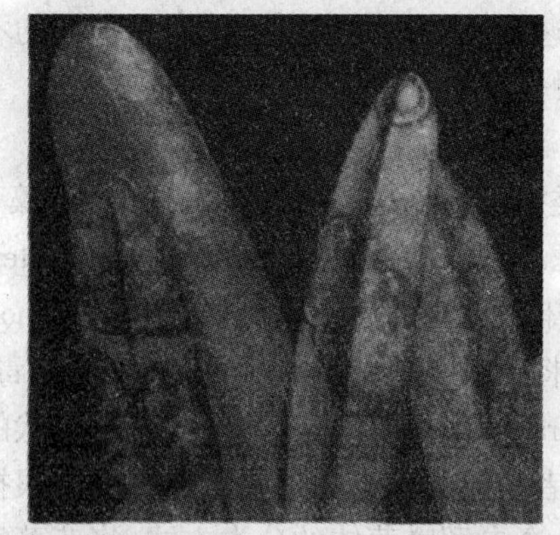

(b) 烟草花叶病毒感染兰花后，其叶片的颜色发生了改变

图 10.12　植物叶片上的坏死斑

植物病毒要在宿主细胞建立感染需要克服植物细胞壁的保护，但当叶片受到机械性损伤时，烟草花叶病毒和一些其他病毒可由风或动物带入。最重要的传播媒介是以植物为食的昆虫，有这样几种途径，通过吃受染植物时简单地将病毒沾在吻部，以此传播其他吃的植物。病毒也可保存在蚜虫的前肠，通过反刍感染其他植株。还有一些植物病毒可通过种子、茎块、花粉或寄生真菌传播。

植物病毒的另一特点是植物体内没有像高等动物那样的体液免疫和细胞免疫，感染后病毒能在植物体内无限期地存活，直到寄主死亡，或通过营养繁殖体和块茎、块根、蔓藤、枝条等继续传播。除个别的可通过花粉传染（如大麦条纹花叶病毒）外，一般植物病毒很难进入植物茎尖的分生组织，也不能通过种子传播。

10.3.3　其他病毒

1. 真菌和藻类病毒

(1) 真菌病毒概述。

真菌病毒以真菌为宿主的病毒。1962 年英国的霍林斯等在电子显微镜下从栽培蘑菇 Agaricus 中发现了 3 种与病害有关病毒：直径分别是 25 nm 和 29 nm 的球形病毒以及 19 nm×50 nm 的短棒状病毒。

带有病毒的真菌一般无症状，也不引起真菌细胞的裂解。多数要根据真菌提取液或超薄切片的电子显微镜观察及其理化性质和血清学的研究等，才能证实真菌病毒的存在。实践上多用血清学反应、免疫电镜、免疫电泳等方法来鉴别真菌病毒。

真菌病毒的毒粒直径为 28 ~ 40 nm 呈球形或六边形，双链核糖核酸病毒者已被鉴定的有 20 多个，个别是单链核糖核酸或单链脱氧核糖核酸病毒，相当多的基因组为多节段的，例如：①产黄青霉病毒：dsRNA 分为 3 节段，分别包在不同的衣壳内，其总量占毒粒的 15%。②匐枝青霉病毒：有两种形态相同而血清型不同的球形毒粒，其直径均为 30 ~ 34 nm，用电泳或离子交换层析法可将两种毒粒分开，并根据其相对迁移率而称之为快病毒和慢病毒。

真菌病毒不能以常规接种方法侵染菌体。病毒致病力不强。在非人为条件下，病毒是以菌体胞质割裂产生有性或无性孢子的方式传到后代——纵向传播并非以细胞广泛裂解的方式释放；或者由于病（带毒）、健康的可亲的菌丝、孢子之间融合发生胞质交换而传播——横向传播。因此异核体的形成是病毒自感病细胞传入健康细胞的重要途径。病毒天然寄主范围狭窄、传播速度慢的原因是由于种内和种间的不可亲和性。因此实验室内常用菌丝联合、偶用原生质体融合法接种。

(2)藻类病毒的概述。

藻类病毒最先是在蓝藻中发现的,蓝藻(Bule-green algae)是一类原核生物,具有细菌的一些特征,因此又常称为蓝细菌(Cyanobacterium),由于噬藻体与噬菌体非常相似的缘故,因此,把感染蓝细菌的病毒称为噬藻体(Cyanophage)。除蓝藻外,所有其他的藻类均是真核生物,通常将感染真核藻类的病毒称作“藻病毒”(Phycovirus),它们的绝大多数是多角体的粒子(Polyhedral particles),只有个别病毒是杆状的。蓝藻病毒或噬藻体则完全不同于真核藻类的病毒,二者是藻类病毒的重要组成部分。根据蓝藻病毒的形态不同,国际病毒学分类委员会细菌病毒分会参照噬菌体的分类方式,将蓝藻病毒分为以下3个科。

①肌病毒科(Myoviridae),特征是含有一条中央管和能伸缩的尾巴。

②Styloviridae,特征是含有长的、不能伸缩的尾巴。

③短尾病毒科(Podoviridae),其尾巴较短。

绝大多数从高等真菌中分离的真菌病毒含双链 RNA 和全对称壳体,直径为 25 ~ 50 nm,大多是潜伏病毒。一些真菌病毒确实在宿主上导致疾病症状。

低等真菌病毒了解较少,其中 dsRNA 和 dsDNA 基因组都有发现,大小变化为 40 ~ 200 nm,与高等真菌中情况不同,病毒繁殖伴随宿主细胞的崩解和裂解。

2. 昆虫病毒

昆虫病毒是指以昆虫为宿主的病毒。既能在脊椎动物体内或高等植物体内增殖,又能在昆虫体内增殖的病毒很多。从生物学角度讲,可以认为这些病毒真正的宿主是昆虫,昆虫仍然被当作这些病毒的媒介看待,理由是虽然这些病毒能在昆虫体内增殖,但是,一般对昆虫不表现病原性,而且与昆虫已建立了平衡关系。因此,狭义地讲,昆虫病毒是指以昆虫为宿主并对昆虫有致病性的病毒。

已知至少有杆状病毒科、虹彩病毒科、痘病毒科、呼肠孤病毒科、细小病毒科、小 RNA 病毒科和弹状病毒科 7 个病毒科的病毒感染昆虫,并用昆虫作原始宿主进行复制。其中最重要的是杆状病毒科、呼肠孤病毒科和虹彩病毒科。

虽然 3 种类型的病毒都产生包含体,但属于两个明显不同的病毒科。质型多角体病毒是呼肠孤病毒,双层二十面体壳体和双链 RNA 基因组。核型多角体和颗粒体病毒是杆状病毒——杆状、螺旋对称的包膜病毒,双链 DNA 基因组。虹彩病毒是壳体中含有脂类和线性双链 DNA 基因组的二十面体病毒,可以导致长腿蝇和某些甲虫的虹彩病毒病。

多角体、包含体在其本质上都是蛋白质,包含一个或多个毒粒。昆虫吃了感染包含体的叶子就会被感染;而病毒可在土壤中存活数年,是由于多角体保护病毒毒粒免受热、低 pH 等许多外界环境物质伤害。然而,包含体在昆虫中肠时,就会溶解释放出毒粒,感染中肠细胞,有一些病毒还会扩散到昆虫全身,或潜伏或引发症状。

昆虫病毒有望成为昆虫害虫的生物防治剂,引起人们的兴趣。许多人希望某些昆虫病毒可以部分地取代有毒化学杀虫剂的使用。杆状病毒有很多优良的性状如只侵染无脊柱动物;病毒还包裹在保护性的包含体中,具有很好的保质期和生存能力;最后,很适合作商业产品,因为病毒在幼虫组织中有很高浓度。

3. 类病毒和朊病毒

最早的类病毒是由 T. O. Diener 等(1969)在马铃薯纤块茎病的病株上首先发现的,在电镜下可见到这RNA分子呈50nm长的杆状分子,共有359个碱基对,并证实是游离的RNA,为此正式命名为类病毒。

很多的植物病都是由一类称为类病毒的感染因子引起。类病毒是目前已知最小的可传染的致病因子,比普通病毒简单,无蛋白质外壳保护的游离的共价闭环状单链RNA,可通过机械途径或通过花粉和胚珠在植株间传播,侵入宿主细胞后自我复制,并使宿主致病或死亡。类病毒基本上发现于受染细胞核内,出现若干个拷贝。有的被感染的植物可处于潜伏状态不表现症状。而相同类病毒在另一物种可能导致严重的疾病。目前关于类病毒的感染和复制机理尚不清楚。类病毒仅为一裸露的RNA分子,无衣壳蛋白。不能像病毒那样感染细胞,只有当植物细胞受到损伤,失去膜屏障,才能在供体植株与受体植株间传染,因此,又称感染性RNA、病原RNA。

人们已经在300年前发现在绵羊和山羊身上患的“羊瘙痒症”。其症状大体为:丧失协调性、站立不稳、烦躁不安、奇痒难熬,直至瘫痪死亡。20世纪60年代,英国生物学家阿尔卑斯发现保留组织用放射处理破坏DNA和RNA后即破坏核酸,其组织仍具感染性,因而认为“羊瘙痒症”的致病因子可能是蛋白质而并非核酸。由于这种推断缺乏有力的实验支持不符合当时的一般认识,因而没有得到认同,甚至被视为异端邪说。1947年发现了与“羊瘙痒症”相似的水貂脑软化病。以后又陆续发现了马鹿和鹿的慢性消瘦病(萎缩病)、猫的海绵状脑病。1996年春天“疯牛病”在英国在全世界引起的一场空前的恐慌,甚至引发了政治与经济的动荡,一时间人们“谈牛色变”。1997年,诺贝尔生理医学奖授予了美国生物化学家斯坦利·普鲁辛纳,因为他发现了朊病毒这一新的生物。“朊病毒”最早是由美国加州大学Prusiner等提出的,多年来的大量实验研究表明,它是一组至今不能查到任何核酸,对各种理化作用具有很强抵抗力,传染性极强,相对分子质量在2.7万~3万的蛋白质颗粒,它是能在人和动物中引起可传染性脑病的一个特殊的病因。

朊病毒是一种不同于病毒和类病毒的感染因子,朊病毒又称蛋白质侵染因子。朊病毒是一类能侵染动物并在宿主细胞内复制的小分子无免疫性疏水蛋白质,能在人类和家畜中致病。朊病毒就是蛋白质病毒,是只有蛋白质而没有核酸的病毒。研究最多的朊病毒是导致绵羊和山羊中枢神经系统一种退化性紊乱,称之为羊瘙痒症。这种致病因子中没有检测到核酸存在,似乎是朊病毒蛋白组成。

有些慢病毒病可归结于朊病毒,可导致某些人类和动物的神经性疾病。牛海绵状脑病、kuru病、致死家族性痴呆、克雅氏病和Gerstmann-Straussler-Scheinker综合征都是朊病毒病。其结果是进行性脑退化,并最终死亡。

10.4　理化因子对病毒的作用

综合考虑,理化因子对病毒有一下作用:①保护作用,有益于病毒的生存;②诱变作用,造成病毒某些生物学特性的改变;③灭活作用,使病毒活性丧失。

10.4.1　物理因子

1.温度

大多数病毒都“喜冷怕热”,病毒在不同温度下的感染半衰期如下:60 ℃以秒计,37 ℃以分计,20 ℃以小时计,4 ℃以天计,-70 ℃以月计,-196 ℃以年计。

热对病毒的灭活作用主要是使病毒蛋白质,特别是病毒的表面蛋白质变性。核酸对热的抵抗力较强,温度达到 80 ~100 ℃,时,病毒 DNA 双链解开,但温度降低时仍可复性。另一方面,病毒核酸位于病毒粒子内部,热的作用已被脂质囊膜和蛋白质衣壳所缓冲,使核酸结构对热更加稳定。

有个别病毒对热的抵抗力较强:如肠道病毒在湿热 75 ℃时 30 min 才能全部杀死;轮状病毒在湿热 100 ℃的情况下 5 min 才能灭活;而乙型肝炎病毒在60 ℃能存活 10 h,85 ℃时60 min 才能杀死,煮沸 1 min 能破坏其传染性,但不能完全破坏其抗原性,高压 121 ℃时 1 min 才能将其抗原性彻底破坏。

温度的剧烈变化,尤其是反复冻融常可使许多病毒很快灭活,因此,保存病毒时必须尽快低温冷藏,尽量避免冻融。

2. 电离辐射

电离辐射中的 X 射线和 γ 射线作用于其他物质后产生次级电子,次级电子再通过直接和间接作用,作用于病毒核酸(DNA 或 RNA)而使病毒失活。

3. 紫外线

紫外线对病毒能产生灭活和诱变作用,常被用于环境消毒或病毒诱变剂。其波长范围为 210 ~328 nm,最大杀病毒作用是 250 nm 。大多数病毒均可被紫外线灭活,但反转录病毒和埃博拉病毒(Ebola Virus)很难被紫外线杀灭。近年来还发现紫外线还能激活人免疫缺陷病毒(HIV)的长末端重复序列,进而促进病毒在感染细胞系中的表达,并且发现这种激活与紫外线的剂量和作用时间有关。

紫外线对病毒的灭活作用主要是引起病毒核酸结构的变化,使其不能复制和转录,导致病毒的灭活,这种核酸结构的变化主要表现为嘧啶碱基之间形成二聚体以及由于核酸吸收紫外线而引起的链断裂,分子内或分子间交联,核酸和蛋白质之间的交联等。一般情况下病毒由于蛋白质未发生变性而仍保持其免疫原性,但若长时间的紫外线照射则可能使病毒蛋白质变性而导致免疫原性丧失。

4. 超声波

超声波主要以强烈震荡作用呈现其对病毒、其他微生物以及细胞的杀灭或破坏作用。

10.4.2 化学因子

1. 灭活剂

(1)酶类。

酶类的灭活作用随病毒的种类不同而存在差异,病毒对酶类的抵抗力一定程度上决定了病毒的病原性和感染方式。通常用的酶类有核酸酶、蛋白酶和磷脂酶 3 种。

①核酸酶:其作用对象为病毒核酸。大多数病毒因其衣壳蛋白,囊膜的保护作用未使其核酸受核酸酶的分解。只当衣壳蛋白发生损伤后,病毒核酸才易受核酸酶的作用而分解。对于某些植物病毒,如黄瓜花叶病毒,因其衣壳的亚单位之间结合比较疏松,其间隙足以使酶通过,故用低浓度核酸酶处理后即丧失感染性。目前,动物病毒中尚未发现这种病毒存在。

②蛋白酶:其作用的发挥主要通过除去病毒囊膜表面的受体,使病毒粒子丧失吸附细胞的能力;与核酸酶协同作用。其破坏衣壳蛋白,暴露病毒核酸使之遭受核酸酶的作用而灭活。

③磷脂酶:破坏囊膜病毒上有关吸附和侵入的结构而使病毒灭活。

(2)pH。

通常大多数病毒的活性在pH=6~8的范围内较稳定,当环境pH低于5.0或高于9.0时则很快灭活。对于不同病毒它们对pH变化的稳定性差异很大,例如肠道病毒可耐受pH=2.2的酸性环境,24 h以内仍保持感染性;相反披膜病毒却可耐受pH=8.0以上的碱性环境。因此,对pH的稳定性是鉴定病毒的一个主要指标。

根据病毒对pH耐受性的差异,酸、碱溶液常被用作消毒剂。例如,应用质量分数为2%~3% NaOH溶液或生石灰溶液消毒口蹄疫病毒污染的环境和用具。

(3)脂溶剂。

脂溶剂指一类可以脱脂的化学物质。如乙醚、氯仿和丙酮、氟碳化合物、正丁醇等。乙醚、氯仿和丙酮能够灭活有囊膜的病毒。乙醚因对囊膜脂质的溶解能力最强而具有最大的破坏作用,氯仿次之,丙酮最弱。其中乙醚灭活试验还是病毒鉴定中的一个重要指标。

氟碳化合物和正丁醇则常用于病毒的提纯,特别是由病毒—抗体复合物中解离病毒粒子或由感染性材料中提取病毒抗原。

(4)蛋白质变性剂。

主要指苯酚和一些去污剂。其中阴离子去污剂主要有十二烷基硫酸钠(SDS)、去氧胆酸钠等;非离子去污剂主要有吐温-20,吐温-80,NP-40等。

苯酚和SDS主要利用其剥离病毒粒子的蛋白质衣壳,而用于病毒核酸的提取。吐温和去氧胆酸钠等因能破坏病毒囊膜,保存病毒粒子原有蛋白结构和抗原性,故常用于病毒疫苗和病毒抗原的生产。

另外,去污剂和脂溶剂结合使用,可有效地灭活有囊膜病毒。近年来将这一原理应用于去除血液和其他生物制品中可能污染的有囊膜的病毒,建立了所谓的S/D法(去污剂/脂溶剂法)。

(5)醛类。

应用较多的醛类有甲醛和戊二醛。甲醛及其质量分数为37%~40%溶液(福尔马林)是病毒学中普遍应用的一种病毒灭活剂。适当浓度的甲醛灭活病毒后,病毒抗原性、血凝性均不改变,故常用其灭活病毒制造疫苗。

戊二醛对病毒的作用与甲醛相似,仅其作用力相对要强一些。

(6)其他。

在病毒学中,醇类、烷化剂和染料也常被用作病毒灭活剂。

①醇类:乙醇和异丙醇是实验室、化验室和临床上常用的皮肤消毒剂,但它们对病毒的作用较其对细菌的作用要弱得多,所以醇类不是可靠的病毒灭活剂。不同的病毒对乙醇和异丙醇的敏感性差别较大,一般乙醇对无囊膜的病毒杀灭作用强于异丙醇,而异丙醇则对有囊膜的病毒作用强一些。

②烷化剂:烷化剂通常带有一个或多个活性烷基,能使蛋白质分子上游离的羧基(—COOH)、氨基($—NH_2$)、巯基(—SH)、羟基(—OH)和核酸分子中的N发生烷基化作用,使病毒的蛋白质和核酸结构改变,功能丧失,从而被灭活。

③染料:其主要作用对象是核酸,而对病毒蛋白质作用较小。主要是因为具有扁平芳香族发色团的染料,插入核酸的相邻碱基间可导致移码突变或抑制RNA的转录,造成病毒突变或失活。

2. 保护剂

(1)甘油。

甘油是一种应用最广泛的病毒保护剂。不同种类的病毒可在质量分数为50%的甘油盐水中存活几十天到几年不等的时间,因此,常用质量分数为50%的甘油生理盐水在低温条件下保存病毒材料。但也有少数病毒,如牛瘟病毒并不能在甘油盐水中长期存活。

(2)二甲基亚砜(DMSO)。

DMSO可减少冷冻过程中冰晶的形成,因而对冻存的病毒有保护作用。

(3)病毒冻干用保护剂。

常用的冻干保护剂有明胶、血清、胨、白蛋白、谷氨酸钠、脱脂奶、乳糖、葡萄糖等,这些物质对病毒的保护作用是多方面的,一般低分子物质使干燥样品中最终水分含量不致过低,可防止蛋白质的变性,高分子物质能促进病毒制品在冻干过程中升华干燥,当冻干的病毒加水复原时,还能够提高溶解性。

第 3 篇　活性污泥功能菌

第 11 章　产甲烷菌

产甲烷细菌作为一个生理和表型特征独特的类群,突出的特征是能够产生甲烷。它们生活在极端的厌氧环境中,如海洋、湖泊、河流沉积物、沼泽地、稻田和动物肠道,与其他细菌群互营发酵复杂有机物产生甲烷。

11.1　产甲烷菌的分类

几十年来,不同的微生物分类学家出各种不同的分类观点,近来对产甲烷菌类地位的看法,也日趋一致。目前比较完善的分类有两种:一是按照最适温度的产甲烷菌的分类;二是以系统发育为主的产甲烷菌的分类。

11.1.1　按照最适温度的产甲烷菌的分类

以温度来划分产甲烷菌,主要是因为温度对产甲烷菌的影响是很大的。当环境适宜时,产甲烷菌得以生长、繁殖;过高、过低的温度都会不同程度抑制产甲烷菌的生长,甚至死亡。

根据最适生长温度(T_{opt})的不同,研究者将产甲烷菌分为嗜冷产甲烷菌(T_{opt}低于 25 ℃)、嗜温产甲烷菌(T_{opt}为 35 ℃左右)、嗜热产甲烷菌(T_{opt}为 55 ℃左右)和极端嗜热产甲烷菌(T_{opt}高于 80 ℃)4 个类群。

1. 嗜冷产甲烷菌

嗜冷产甲烷菌是指能够在寒冷(0 ~ 10 ℃)条件下生长,同时最适生长温度在低温范围(25 ℃以下)的微生物(表 11.1)。嗜冷产甲烷菌可分为两类:专性嗜冷产甲烷菌和兼性嗜冷产甲烷菌。专性嗜冷产甲烷菌的最适生长温度较低,在较高的温度下无法生存;而兼性嗜冷产甲烷菌的最适生长温度较高,可耐受的温度范围较宽,在中温条件下仍可生长。

表 11.1　嗜冷产甲烷菌及其基本特征

菌种	分离时间/年	分离地点	外形特征	T_{opt}/℃	T_{min}/℃	T_{max}/℃	底物	最适 pH
Methanococcoides burton	1992	Ace 湖,南极洲	不规则、不动、球状、具鞭毛、0.8 ~ 1.8 μm	23	−2	29	甲胺,甲醇	7.7
Methanogenium frigidum	1997	Ace 湖,南极洲	不规则、不动、球状、1.2 ~ 2.5 μm	15	0	19	H_2/CO_2,甲醇	7.0

续表 11.1

菌种	分离时间	分离地点	外形特征	T_{opt} /℃	T_{min} /℃	T_{max} /℃	底物	最适pH
Methanosarcina lacustris	2001	Soppen湖,瑞士	不规则、不动、球状、1.5~3.5 μm	25	1	35	H_2/CO_2,甲醇,甲胺	7.0
Methanogenium marinum	2002	Skan海湾,美国	不规则、不动、球状、1.0~1.2 μm	25	5	25	H_2/CO_2,甲酸	6.0
Methanosarcina baltica	2002	Gotland海峡,波罗的海	不规则、有鞭毛、球状、1.5~3 μm	25	4	27	甲醇,甲胺,乙酸	6.5
Methanococcoides alasken	2005	Skan海湾,美国	不规则、不动、球状、1.5~2.0 μm	25	-2	30	甲胺,甲醇	7.2

注　T_{opt}为最适生长温度,T_{min}为最低生长温度,T_{max}为最高生长温度

2. 嗜温和嗜热产甲烷菌

嗜温和嗜热产甲烷菌的T_{opt}分别为35 ℃和55 ℃,其生长的温度范围为25~80 ℃。1972年,Zeikus等从污水处理污泥中分离第一株热自养产甲烷杆菌开始,各国研究人员已从厌氧消化器、淡水沉积物、海底沉积物、热泉、高温油藏等厌氧生境中分离出多株嗜热产甲烷杆菌,Wasserfallen等根据多株嗜热产甲烷杆菌分子系统发育学研究,将其立为新属并命名为嗜热产甲烷杆菌属(*Methanothemobacter*),该属分为6种,其中*M. thermau-totrophicus str. Delta H*已经完成基因组全测序工作。仇天雷等从胶州湾浅海沉积物中分离出1株嗜热自养产甲烷杆菌JZTM,直径为0.3~0.5 μm,长为3~6 μm,具有弯曲和直杆微弯两种形态,单生、成对、少数成串。能够利用H_2/CO_2和甲酸盐生长,不利用甲醇、三甲胺、乙酸和二级醇类。最适生长温度为60 ℃,最适盐浓度为0.5%~1.5%,最适pH为6.5~7.0,酵母膏刺激生长。

3. 极端嗜热产甲烷菌

极端嗜热产甲烷菌的T_{opt}高于80 ℃,能够在高温的条件下生存,低温却对其有抑制作用,甚至不能存活。Fiala和Stetter在1986年发现了*Pyrococcus furiosus*,该菌的最适生长温度达100 ℃的严格厌氧的异养型海洋生物。

11.1.2　以系统发育为主的产甲烷菌的分类

系统发育信息则主要是指16S rDNA的序列分析,16S rRNA是原核生物核糖体降解后出现的亚单位。16S rRNA在细胞结构内的结构组成相对稳定,在受到外界环境影响,甚至受到诱变情况下,也能表现其结构的稳定性。因此,Balch等(1979)利用比较两种产甲烷细菌细胞内16S rRNA经酶解后各寡核苷酸中碱基排列顺序的相似性(即同源性)的大小即S_{ab}值,来确定比较两个菌株或菌种在分类上目科属种菌株日的相近性。

1979年根据S_{ab}值对将产甲烷菌分类(表11.2),主要包括3个目,4个科,7个属,13个种。

表11.2　产甲烷菌的分类(1979年)

目	科	属	种
甲烷杆菌目	甲烷杆菌科	甲烷杆菌属	甲酸甲烷杆菌
			布氏甲烷杆菌
			嗜热自养产甲烷杆菌
		甲烷短杆菌属	嗜树甲烷短杆菌
			瘤胃甲烷短杆菌
			史氏甲烷短杆菌
甲烷球菌目	甲烷球菌科	甲烷球菌属	万氏甲烷球菌
			沃氏甲烷球菌
		甲烷微菌属	运动甲烷微菌
甲烷微球菌目	甲烷微球科	产甲烷菌属	卡里亚萨产甲烷菌
			黑海产甲烷菌
		甲烷螺菌属	亨氏甲烷螺菌
	甲烷八叠球菌科	甲烷八叠球菌属	巴氏甲烷八叠球菌

随着厌氧培养和分离技术的日渐完善,以及细菌鉴定技术的日渐精深,发现和鉴定的甲烷细菌新种也就愈来愈多。表11.3中列有3个目,7个科,17个属,55个种的产甲烷菌。

表11.3　产甲烷菌的分类

目	科	属	种
甲烷杆菌目	甲烷杆菌科	甲烷杆菌属	甲酸甲烷杆菌
			布氏甲烷杆菌
			嗜热自养产甲烷杆菌
			沃氏甲烷杆菌
			沼泽甲烷杆菌
			嗜碱甲烷杆菌
			热甲酸甲烷杆菌
			伊氏甲烷杆菌
			热嗜碱甲烷杆菌
			热聚集甲烷杆菌
			埃氏甲烷杆菌
		甲烷短杆菌属	嗜树甲烷短杆菌
			瘤胃甲烷短杆菌
			史氏甲烷短杆菌
	甲烷热菌科	甲烷球菌属	炽热甲烷热菌
			集结甲烷热菌
	未分科	甲烷球形属	斯太特甲烷球形菌
甲烷球菌目	甲烷球菌科	甲烷球菌属	万氏甲烷球菌
			沃夫特甲烷球菌
			海沼甲烷球菌
			热矿养甲烷球菌
			杰氏甲烷球菌

续表 11.3

目	科	属	种
甲烷微菌目	甲烷微菌科	甲烷微菌属	运动甲烷微菌
			佩氏甲烷微菌
		甲烷螺菌属	亨氏甲烷螺菌
		甲烷产生菌属	卡氏甲烷产生菌
			塔条山甲烷产生菌
			嗜有机甲烷产生菌
		甲烷盘菌属	泥境甲烷盘菌
			内生养甲烷盘菌
		甲烷挑选菌属	布尔吉斯甲烷挑选菌
			黑海甲烷挑选菌
			嗜热甲烷挑选菌
			奥林塔河甲烷挑选菌
	甲烷八叠球菌科	甲烷八叠球菌属	巴氏甲烷八叠球菌
			马氏甲烷八叠球菌
			嗜热甲烷八叠球菌
			嗜乙酸甲烷八叠球菌
			泡囊甲烷八叠球菌
			弗里西甲烷八叠球菌
		甲烷叶菌属	丁达瑞甲烷叶菌
			西西里亚甲烷叶菌
			武氏甲烷叶菌
		甲烷拟球菌属	嗜甲基甲烷拟球菌
		嗜盐甲烷菌属	马氏嗜盐甲烷菌
			智氏嗜盐甲烷菌
			俄勒冈嗜盐甲烷菌
		甲烷盐菌属	依夫氏甲烷盐菌
		甲烷毛发菌属	康氏甲烷毛发菌
			嗜热乙酸甲烷毛发菌
	甲烷微粒菌科	甲烷微粒菌属	小甲烷粒菌
			拉布雷亚砂岩甲烷粒菌
			集聚甲烷粒菌
			巴伐利亚甲烷粒菌
			辛氏甲烷粒菌

在该分类系统中,未包括的科、属、中有:
盐甲烷球菌属,与列出的甲烷嗜盐菌属无明显区别;
道氏盐甲烷球菌,与甲烷嗜盐菌属或甲烷盐菌属无明显区别;
三角洲甲烷球菌,为海沼甲烷球菌的异名;
嗜盐甲烷球菌,该种的描述与甲烷球菌属矛盾;
甲烷盘菌科,与 16S 序列数据相矛盾;
孙氏甲烷丝菌,非纯培养物,该种的典型菌株可作为康氏甲烷发毛菌的参考菌株

《伯杰系统细菌学手册》第 9 版将近年来的研究成果进行了总结和肯定,并建立了以系统发育为主的产甲烷菌最新分类系统:产甲烷菌分可为 5 个大目,分别是:甲烷杆菌目(Methanobacteriales)、甲烷球菌目(Methanococcales)、甲烷微菌目(Methanomicrobiales)、甲烷八叠球菌目(Methanosarcinales)和甲烷火菌目(Methanopyrales),上述5个目的产甲烷菌可继续分为10个科与31个属,产甲烷菌的系统分类的主要类群及其生理特性见表11.4。

表11.4　产甲烷菌系统分类的主要类群及其生理特性

分类单元(目)	典型属	主要代谢产物	典型栖息地
甲烷杆菌目	*Methanobacterium*, *Methanobrevibacter*, *Methanosphaera*, *Methanothermobacter*, *Methanothermus*	氢气和二氧化碳,甲酸盐,甲醇	厌氧消化反应器、瘤胃、水稻土壤、腐败木质、厌氧活性污泥等
甲烷球菌目	*Methanococcus*, *Methanothermococcus*, *Methanocaldococcus*, *Methanotorris*	氢气和二氧化碳,甲酸盐	海底沉积物、温泉等
甲烷微菌目	*Methanomicrobium*, *Methanoculleus*, *Methanolacinia*, *Methanoplanus*, *Methanospirillum*, *Methanocorpusculum*, *Methanocalculus*	氢气和二氧化碳,2-丙醇,2-丁醇,乙酸盐,2-丁酮	厌氧消化器、土壤、海底沉积物、温泉、腐败木质、厌氧活性污泥等
甲烷八叠球菌	*Methanosarcina*, *Methanococcoides*, *Methanohalobium*, *Methanohalophilus*, *Methanolobus*, *Methanomethylovorana*, *Methanimicrococcus*, *Methanosalsum*, *Methanosaeta*	氢气和二氧化碳,甲酸盐,乙酸盐,甲胺	高盐海底沉积物、厌氧消化反应器、动物肠道等
甲烷火菌目	*Methanopyrus*	氢气和二氧化碳	海底沉积物

11.2　产甲烷菌的代表种

由于产甲烷细菌进化上的异源性和分类的不确切性,因此至今在分类系统总体描述上仍不统一,在本节仅对研究比较深入的属和种进行描述。产甲烷菌代表属的选择特征见表11.5。

表11.5　产甲烷菌代表属的选择特征

属	形态学	(G+C)含量/%	细胞壁组成	革兰氏反应	运动性	用于产甲烷的底物
			甲烷杆菌目			
甲烷杆菌属	长杆状或丝状	32~61	假胞壁质	+或可变	-	H_2+CO_2,甲酸

续表 11.5

属	形态学	(G+C)含量/%	细胞壁组成	革兰氏反应	运动性	用于产甲烷的底物
甲烷嗜热菌属	直或轻微弯曲杆状	33	有一外蛋白 S-层的假胞壁质	+	+	H_2+CO_2
			甲烷球菌目			
甲烷球菌属	不规则球形	29~34	蛋白质	-	-	H_2+CO_2，甲酸
			甲烷微菌目			
甲烷微菌属	短的弯曲杆状	45~49	蛋白质	-	+	H_2+CO_2，甲酸
产甲烷菌属	不规则球形	52~61	蛋白质或糖蛋白	-	-	H_2+CO_2，甲酸
甲烷螺菌属	弯曲杆状或螺旋体	45~50	蛋白质	-	+	H_2+CO_2，甲酸
甲烷八叠球菌属	不规则球形、片状	36~43	异聚多糖或蛋白质	+或可变	-	H_2+CO_2，甲醇，甲胺，乙酸

1. 甲酸甲烷杆菌(图 11.1)

甲酸甲烷杆菌一般呈长杆状，宽为 0.4~0.8 μm，长度可变，从几微米到长丝或链状，为革兰氏染色阳性或阴性。在液体培养基中老龄菌丝常互相缠绕成聚集体。在滚管中形成的菌落呈圆形，具有丝状边缘，淡色。用 H_2/CO_2 为基质，37 ℃培养，3~7 d 形成菌落。利用 H_2/CO_2，甲酸盐生长并产生甲烷，可在无机培养基上自养生长。最适生长温度为 37~45 ℃，最适 pH 为 6.6~7.8。(G+C)含量为 40.7%~42%(摩尔分数)。甲酸甲烷杆菌一般分布在污水沉积物、瘤胃液和消化器中。

2. 布氏甲烷杆菌(图 11.2)

该菌是 1967 年 Bryant 等从奥氏甲烷杆菌这个混合菌培养物中分离到的，杆状，单生或形成链。革兰氏染色阳性或可变，不运动，具有纤毛。表面菌落直径可达 1~5 mm，扁平，边缘呈丝状扩散，一般在一周内出现菌落。深层菌落粗糙，丝状，在液体培养基中趋向于形成聚集体。

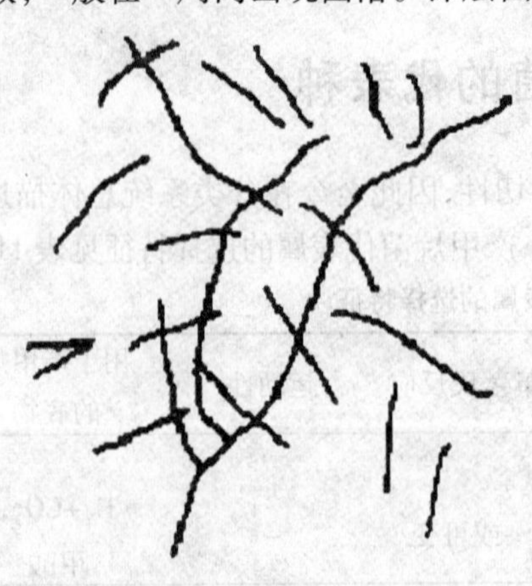

图 11.1 甲酸甲烷杆菌

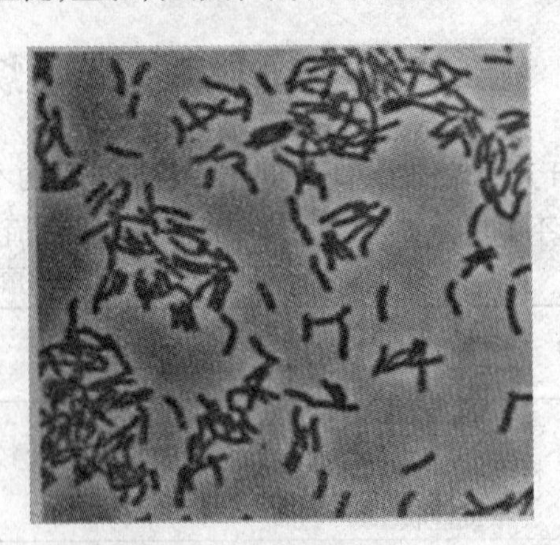

图 11.2 布氏甲烷杆菌

利用H_2/CO_2生长并产生甲烷，不利用甲酸，以氨态氮为氮源，要求维生素 B 和半胱氨酸，乙酸刺激生长。最适温度为 37 ~39 ℃，最适 pH 为 6.9 ~7.2，DNA 的（G+C）含量为 32.7%（摩尔分数）。分布于淡水及海洋的沉积物、污水及曲酒窖泥。

3. 嗜热自养甲烷杆菌（图 11.3）

嗜热自养甲烷杆菌呈长杆或丝状，丝状体可超过数百微米，革兰氏染色呈阳性，不运动，形态受生长条件特别是温度所影响，在 40 ℃以下或 75 ℃以上时，丝状体变为紧密的卷曲状。菌落圆形，灰白、黄褐色，粗糙，边缘呈丝状扩散。只利用H_2/CO_2生成甲烷，需要微量元素 Ni，Co，Mo 和 Fe，不需有机生长素。该菌生长迅速，倍增时间为 2 ~5 h，液体培养物可在 24 h 完成生长，最适生长温度为 65 ~70 ℃，在 40 ℃以下不生长，最适 pH 为 7.2 ~7.6，DNA 的（G+C）含量为 49.7% ~52%（摩尔分数）。可分离自污水、热泉及消化器中。

4. 瘤胃甲烷短杆菌（图 11.4）

瘤胃甲烷短杆菌呈短杆或刺血针状球形，端部稍尖，常成对或链状，似链球菌，革兰氏染色呈阳性，不运动或微弱运动。菌落淡黄、半透明、圆形、突起，边缘整齐。一般在 37 ℃ 3 d 出现菌落，三周后菌落直径可达 3 ~4 mm，利用H_2/CO_2及甲酸生长并产生甲烷；在甲酸上生长较慢。要求乙酸及氨氮为碳源和氮源，还要求氨基酸、甲基丁酸和辅酶 M。最适生长温度为 37 ~39 ℃，最适 pH 为 6.3 ~6.8，（G+C）含量为 3% ~6%（摩尔分数）。分离自动物消化道、污水。

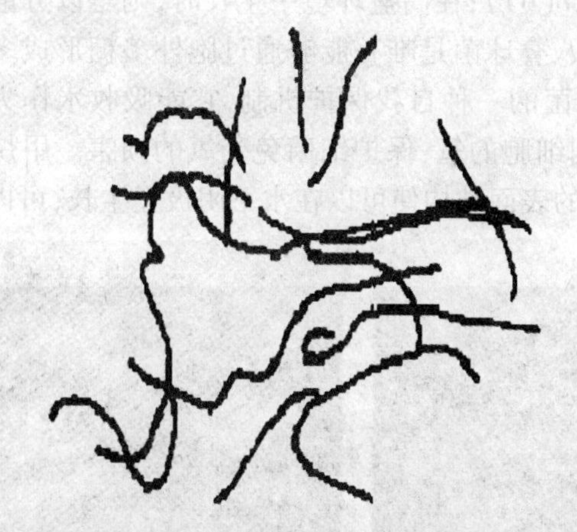

图 11.3　嗜热自养甲烷杆菌

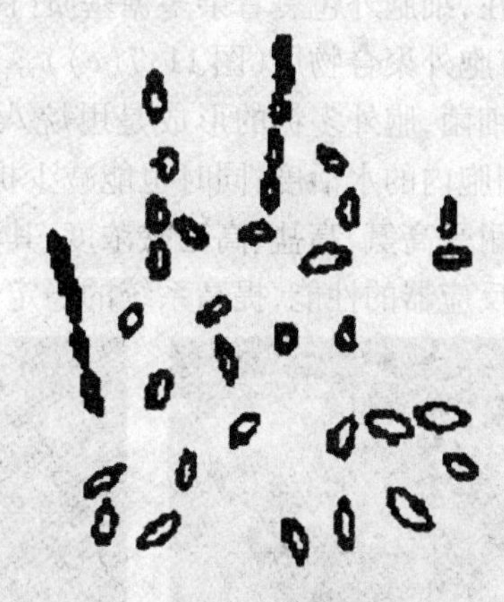

图 11.4　瘤胃甲烷短杆菌

5. 万氏甲烷球菌（图 11.5）

规则到不规则的球菌，直径为 0.5 ~4 μm，单生、成对，革兰氏染色呈阴性，丛生鞭毛，活跃运动，细胞极易破坏。深层菌落淡褐色，凸透镜状，直径为 0.5 ~1 mm。

利用H_2/CO_2和甲酸生长并产生甲烷，以甲酸为底物最适生长 pH 为 8.0 ~8.5；以H_2/CO_2为底物，最适 pH 为 6.5 ~7.5。机械作用易使细胞破坏，但不易被渗透压破坏。最适温度为 36 ~40 ℃，（G+C）含量为 31.1%（摩尔分数）。可分离自海湾污泥。

6. 亨氏甲烷螺菌（图 11.6）

细胞呈弯杆状或长度不等的波形丝状体，菌体长度受营养条件的影响，革兰氏染色呈阴性，具极生鞭毛，缓慢运动。表面菌落淡黄色、圆形、突起，边缘裂叶状，表面菌落具有间隔为 16 μm的特征性羽毛状浅蓝色条纹。利用H_2/CO_2和甲酸生长并产生甲烷，最适生长温度为 30 ~40 ℃，最适 pH 为 6.8 ~7.5，（G+C）含量为 45% ~46.5%（摩尔分数）。分离自污水污泥及厌氧反应器。亨氏甲烷螺菌是迄今为止在产甲烷菌中发现的唯一一种螺旋状细菌。

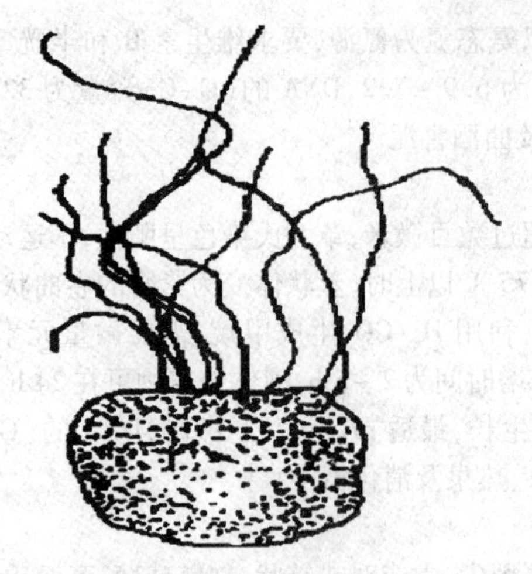

图 11.5　万氏甲烷球菌

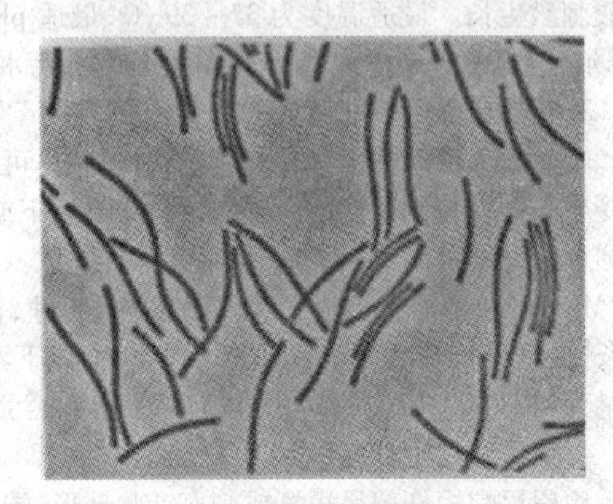

图 11.6　亨氏甲烷螺菌

7. 巴氏甲烷八叠球菌(图 11.7)

1947 年,荷兰学者 Sehnellen 首次分离出了甲烷八叠球菌属并命名,甲烷八叠球菌通常是 8 个单细胞,以图 11.7(a)中的形式进行生长,它存在两种不同的形态:在淡水中生长时,以聚集形式存在,细胞外包裹着杂多糖基质(图 11.7(b));在高盐环境中生长时,则是以分散形式存在,没有胞外聚合物层(图 11.7(c))。甲烷八叠球菌是唯一能够通过胞外多糖形成多细胞结构的古细菌,胞外多糖的形成是甲烷八叠球菌的一种自我保护机制,它能吸收水作为湿润剂,保持细胞内的水活度;同时也能减少扩散到细胞的氧,保护细菌免受氧的损害。甲烷八叠球菌能够耐受高氨、高盐、高乙酸浓度,其独特的表面结构使可以在水下阴极上生长,可以增强厌氧消化反应器的性能,提高系统的稳定性。

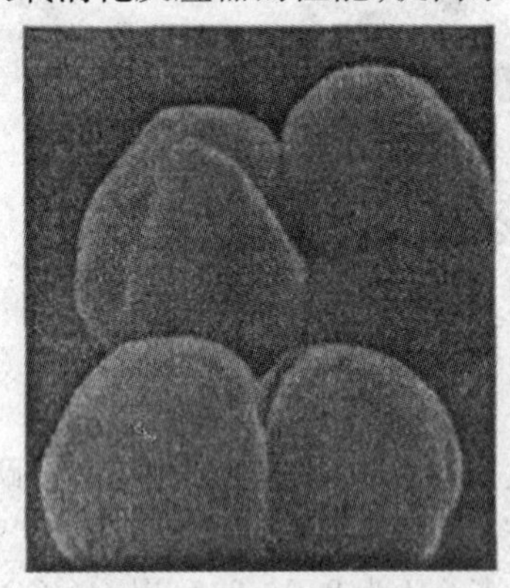

(a)单细胞形态

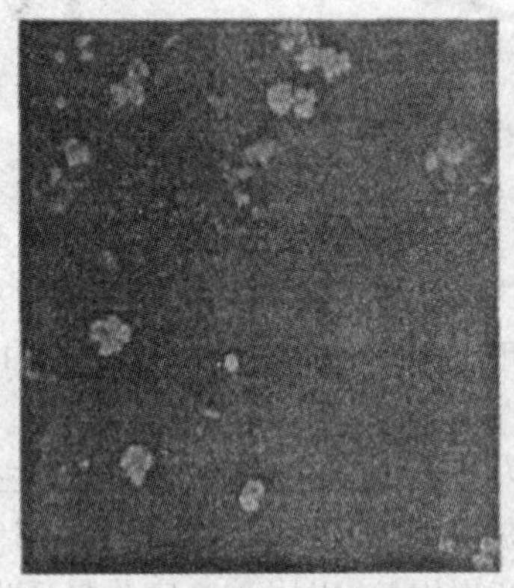

(b)淡水环境

(c)高盐环境

图 11.7　巴氏甲烷八叠球菌细胞的显微照片

细胞形态为不时称的球形,通常形成拟八叠球菌状的细胞聚体。革兰氏染色呈阳性。不运动,细胞内可能有气泡。在以 H_2/CO_2 为底物时,3 ~ 7 d 可形成菌落;以乙酸为底物生长较慢;以甲醇为底物时生长较快。菌落往往形成具有桑葚状表面结构的特征性菌落。最适生长温度为 35 ~ 40 ℃,最适 pH 为 6.7 ~ 7.2,(G+C)含量为 40% ~ 43%(摩尔分数)。

8. 索氏甲烷丝菌(图 11.8)

细胞呈杆状,无芽孢,端部平齐,液体静止。培养物可形成由上百个细胞连成的丝状体,单细胞0.8 μm×(1.8～2) μm,外部有类似鞘的结钩。电镜扫描可以发现,丝状体呈特征性竹节状,强烈震荡时可断裂成杆状单细胞。革兰氏染色阴性,不运动。至今未得到该菌的菌落生长物,报道过的纯培养物都是通过富集和稀释的方法获得的。

索氏甲烷丝菌可以在只有乙酸为有机物的培养基上生长,裂解乙酸生成甲烷和 CO_2,能分解甲酸生成 H_2 和 CO_2,不利用其他底物,如 H_2/CO_2,甲醇,甲胺等底物生长和产生甲烷。生长的温度范围是3～45 ℃,最适温度为37 ℃,最适pH为7.4～7.8,(G+C)含量为51.8%(摩尔分数)。可自污泥和厌氧消化器中分离。

甲烷丝菌是继甲烷八叠球苗属后发现的仅有的另一个裂解乙酸的产甲烷菌属。沼气中的甲烷70%以上来自乙酸的裂解,足以说明这两种细菌在厌氧消化器中的重要性。甲烷丝菌大量存在于厌氧消化器的污泥中,是构成附着膜和颗粒污泥的首要产甲甲烷菌类。甲烷丝菌适宜生长的乙酸浓度要求较低,其 K_m 值为0.7 mmol/L,当消化器稳定运行时,消化器中的乙酸浓度一般很低,因而更适宜甲烷丝菌的生长,经长期运行,甲烷丝菌就会成为消化器内乙酸裂解的优势产甲烷菌。

图11.8　索氏甲烷丝菌

11.3　产甲烷菌的生理特性

产甲烷菌是有机物厌氧降解食物链中的最后一个成员,尽管不同类型产甲烷菌在系统发育上有很大差异,然而作为一个类群,突出的生理学特征是它们处于有机物厌氧降解末端的特性。

11.3.1　产甲烷菌的细胞结构特征

根据近年来的研究,产甲烷菌、嗜盐细菌和耐热嗜酸细菌一起被划为古细菌部分。古细菌与所有已知的统归为真细菌的其他细菌有显著的差别,古细菌都存在于相当极端的生态环境下,这种极端环境条件相当于人们假定的地球发展最早的时期(太古时期),古细菌有许多共同的特征,但是均是与真细菌有所不同;即使在此类群细菌内,细胞形态、结构和生理方面也存在显著差异。

1.细胞壁

产甲烷菌的细胞壁并不含肽聚糖骨架,而仅含蛋白质和多糖,有些产甲烷菌含有"假细胞壁质";而真细菌中革兰氏染色阳性菌的细胞壁内含有质量分数为40%～50%的肽聚糖,在革兰氏染色阴性细菌中,肽聚糖的质量分数为5%～10%。

2. 细胞膜

微生物的细胞膜主要由脂类和蛋白质构成,脂类包括中性脂和极性脂。

在产甲烷细菌的总脂类中,中性脂占70% ~80%。细胞膜中的极性脂主要为植烷基甘油醚,即含有 C_{20} 植烷基甘油二醚与 C_{40} 双植烷基甘油四醚,而不是脂肪酸甘油酯。细胞膜中的中性脂以游离 C_{15} 和 C_{30} 聚类异戊二烯碳氢化合物的形式存在。由表 11.6 可以看出产甲烷菌的脂类性质很稳定,缺乏可以皂化的酯键,一般条件下不易被水解。

真细菌中的脂类与此不同,甘油上结合的是饱和的脂肪酸,且以酯键连接,可以皂化,易被水解。在真核生物的细胞中,甘油上结合的都为不饱和脂肪酸,也以酯键连接。产甲烷菌细胞膜中的脂类分子结构如图 11.9 所示。

表 11.6　古细菌、真细菌和其核生物细胞壁和细胞膜膜成分比较

成分	古细菌	真细菌	真核生物(动物)
细胞壁	+	+	−
细胞壁特征	不含有典型原核生物的细胞壁	有典型原核	
	缺乏肽聚糖	有肽聚糖	
N−乙酰胞壁酸	−	+	−
脂类	疏水基为植烷醇醚键连接	疏水基为磷脂键连接	疏水基为磷脂键连接
	完全饱和并分支的 C_{20} 化合物	饱和脂肪酸和不饱和脂肪酸各一	均为不饱和脂肪酸

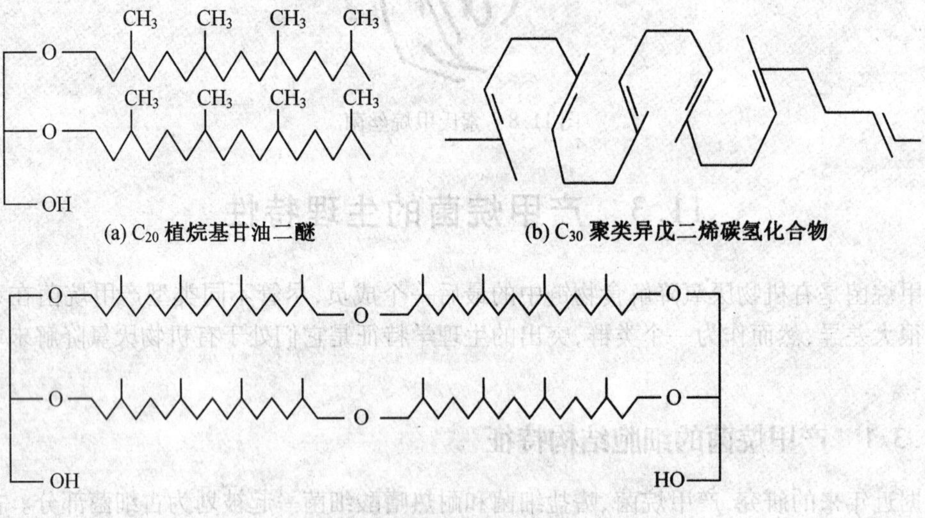

(a) C_{20} 植烷基甘油二醚

(b) C_{30} 聚类异戊二烯碳氢化合物

(c) C_{40} 双植烷基甘油四醚

图 11.9　产甲烷菌细胞膜中的脂类分子结构

3. 气体泡囊

现在发现具有游动性的产甲烷细菌,是甲烷球菌目(*Methanococcales*)以及甲烷微菌目中的甲烷螺菌属(*Methanospirillum*)、产甲烷菌属(*Methanogenium*)、甲烷叶菌属(*Methanolobus*)和甲烷微菌属(*Methanomicrobium*)。关于细菌游动性的生理作用,目前唯一令人信服的看法是,它们对环境刺激的趋向性,或趋向于环境的刺激,或远离(背向)环境的刺激。微生物能够用于

调整它们在生境中位置的另一机制是可漂浮的泡囊。气体泡囊只在一些嗜热甲烷八叠球菌(Mah 等,1977;Zhilina 和 Zavarzin,1987)和三株嗜热甲烷丝菌(Kamagata 和 Mikami,1991;Nozhevnikova 和 Chudina,1985;Zinder 等,1987)中检出。气泡在这些产甲烷细菌中的功能尚不清楚。但研究者们注意到,甲烷丝菌 CALS-1 菌株细胞在其生长的早期阶段气泡较少,而进入稳定期气泡较多(Zinder 等,1987)。同时还发现,在基质耗尽的甲烷丝菌 CALS-1 菌株培养物的上面漂浮着数条细胞带,可见这很可能是细胞撤离乙酸贫乏生境的一种机制。然而应该指出的是,研究者们在并不有利于漂浮作用的连续混合厌氧生物反应器中也分离到具有气泡的甲烷丝菌 CALS-l 菌株和巴氏甲烷八叠球菌 W 菌株(Mah 等,1977)。在连续混合的嗜热生物反应器中,一种类似甲烷丝菌的细胞含有气泡(Zinder 等,1984)。园此研究者们认为,气泡的存在可能一种退化现象,也可能是除漂浮作用外还有其他功能。

4. 储存物质

生物需要内源性能源和营养物质,以便在缺乏外源性能源和营养物质时能够生存,产甲烷细菌也不例外。例如,可运动的氢营养型产甲烷细菌,在培养基中少量 H_2 被耗尽后的较长时间内,仍能从显微镜的湿载玻片上观察到菌体的运动。这些储存物质通常都是一些多聚物,它们是在营养物质过剩时作为能源和营养物储存起采。产甲烷细菌中已检测出储存性的多聚物糖原和聚磷酸盐。

糖原已在以下产甲烷细菌中检测到:甲烷八叠球菌属(Murray 和 Zinder,1987)、甲烷丝菌属(Pellerin 等,1987)、甲烷叶菌属和甲烷球菌属。限制氮源和碳/能量过量的条件下,是典型刺激其他生物储存糖原的途径,同样也使嗜热甲烷八叠球菌和廷达尔角甲烷叶菌累积糖原(Murray 和 Zinder,1987)。关于糖原在能量饥饿条件下降解作用的证据,已在嗜热甲烷八叠球菌和廷达里角甲烷叶菌的研究中获得(Murray 和 Zinder,1987),而甲烷八叠球菌在缺能 24 h 内仍具有完整的游动性。廷达尔角甲烷叶菌降解 1 mol 糖原检测出 1 molCH_4。试验研究证明,含有糖原的嗜热甲烷八叠球菌的饥饿细胞比缺乏糖原的细胞维持着更高的 ATP 水平,因此更容易从乙酸转换到甲醇作为产甲烷基质(Murray 和 Zinder,1987)。这些研究尽管还未完全了解其起因和作用,但是可以认为,糖原是可以作为产甲烷细菌的短期储存能量。令人感到好奇的是,糖原作为内源性碳水化合物可以被产甲烷细菌利用,却从未发现过产甲烷细菌利用外源性碳水化合物。这正如前面所讨论的那样,可能反映出产甲烷细菌缺乏与发酵性细菌竞争外源性碳水化合物的能力。

聚磷酸盐也在甲烷八叠球菌中检测到(Rudnick 等,1990;Scherer 和 Bochem,1983)。试验研究证明,弗里西亚甲烷八叠球菌(Methanosarcina frisia)所含聚磷酸盐的量,取决于生长培养基中磷酸盐的浓度,磷酸盐浓度为 1 mmol/L 培养基中生长的细胞,1 g 细胞蛋白储存 0.26 g 聚磷酸盐(Rudnick 等,1990)。现在还未研究聚磷酸盐在产甲烷细菌中的生理作用。事实上,尽管有试验证明,聚磷酸盐能够使糖和 AMP 磷酸化,并可作为磷酸盐储存物,然而聚磷酸盐在真细菌中的生理作用尚不清楚(Wood 和 Clark,1988)。

如前所述,甲烷杆菌目(*Methanobacteriales*)和甲烷嗜热菌属(*Methanopyrus*)的菌体中含有环 2,3-二磷酸甘油酸盐(cDPG)。(Kurr 等,1991)。弗里西亚甲烷八叠球菌也含有低水平的 cDPG(Rudnick 等,1990)。由于 cDPG 分子中含有高能酯键,由此有理由认为它是作为储存能量的化合物,最初它被称为"甲烷磷酸原"("methanophosphogen")(Kanodia 和 Roberts,1983),尽管现在还没有这方面作用的直接证据。热自养甲烷杆菌只有在培养基中存在着可利用的磷酸盐和 H_2 时,才能储存 cDPG(Seely 和 Fahmey,1984)。试验研究还证明,cDPG 可以作为生物合成的中间产物(Evans 等,1985)。最近发现,热自养甲烷杆菌的提取物含有高水平的 2,3-二磷酸甘油酸盐,它可以通过形成磷酸烯醇丙酮酸盐而转化成 ATP(Van Alebeek 等,1991)。2,3-二磷酸甘油酸盐可能由 cDPG 衍生而来,因为这一反应已在热自养甲烷杆菌的提取物中检测到(Sastry 等,1992)。因此,cDPG 可能有多种多样的作用(磷酸原、磷酸盐储存化合物、生物合成中间产物、蛋白质稳定剂和 osmolyte),在不同的产甲烷细菌中可能完成一种或一种以上功能。

5. 氨基酸

产甲烷菌中含有其他微生物所含有的各种氨基酸,至今尚未发现有特殊的氨基酸存在。在不同种产甲烷菌中氨基酸的含量不同,具体见表 11.7,可以看出谷氨酸含量最高,其次是丙氨酸。

表 11.7　产甲烷细胞内氨基酸的数量

氨基酸	嗜热自养甲烷杆菌		巴氏甲烷八叠球菌	
	μmol/500 mg 细胞	占总氨基酸的质量分数/%	μmol/500 mg 细胞	占总氨基酸的质量分数/%
天门冬氨酸	1.81±0.24	2.5	2.50±0.54	3.1
苏氨酸	0.85±0.12	1.2	1.96±0.42	2.4
丝氨酸	0.65±0.16	0.9	0.49±0.23	0.6
谷氨酸	37.86±4.92	51.5	53.04±12.27	64.8
谷氨酰胺	存在		存在	
脯氨酸	0.89±0.09	1.2	0.81±0.35	1.0
甘氨酸	3.88±0.50	5.3	4.12±0.89	5.0
缬氨酸	0.75±0.24	1.0	1.48±0.28	1.8
亮氨酸	0.85±0.10	0.8	0.70±0.10	0.9
丙氨酸	23.73±2.55	32.3	15.25±1.66	18.6
赖氨酸	1.80±0.28	2.4	0.95±0.20	1.2
精氨酸	0.67±0.13	0.9	0.53±0.12	0.6
总计	73.47		81.83	

11.3.2　产甲烷菌的辅酶

产甲烷菌是迄今所知最严格的厌氧菌,因为它不仅必须在无氧条件下才能生长,而且只有当氧化还原电位低于-330 mV 时才产甲烷。它们从简单的碳化合物转化成为甲烷的过程中获得生长所需的能量。产甲烷菌能够利用的基质范围很窄。绝大多数产甲烷菌从 H_2 还原 CO_2 生成甲烷的过程中获取能量。

产甲烷菌在生长和产甲烷过程中有一整套作为 C 和电子载体的辅酶(表 11.8)。在这些辅酶中,有些是产甲烷菌与非产甲烷菌所共有的。例如 ATP、FAD、铁氧还蛋白、细胞色素和维生素 B12。同时产甲烷菌体内有七种辅酶因子是其他微生物及动植物体内不存在的,它们是辅酶 M,辅酶 F_{420},F_{350},B 因子,CDR 因子和运动甲烷杆菌因子。这些因子,可以分为两类:①作为甲基载体的辅酶;②作为电子载体的辅酶。产甲烷菌的生理特性与其细胞内存在的许多特殊辅酶有密切关系。这些辅酶包括 F_{420},CoM 等。

表11.8　产甲烷菌的辅酶

辅酶	特征性结构成分	功能	类似物
CO_2还原因子	对位取代的酚，呋喃，甲酰胺	甲酰水平上的C_1载体	无
（四氢）甲烷蝶呤	7-甲基蝶呤，对位取代的苯胺	甲酰，甲叉和甲基水平上的C_1载体	四氢叶酸
辅酶M	2-巯基乙烷硫胺	甲基水平上的C_1载体	无
F_{436}因子	Ni-四吡咯卟吩型结合	末端步骤中的辅酶	无
辅酶F_{436}	5-去氮核黄素	电子载体	黄素，NAD
B组分	未知	末端步骤中的辅酶	未知
因子III	5-羟苯并咪唑钴胺	甲基水平上的C_1载体	5,6-二甲苯咪唑钴胺（B_{11}）
细胞色素，铁氧还蛋白，FAD，ATP		辅酶作用不大	

产甲烷代谢途径中包含了两类重要的辅酶：①作为甲基载体的辅酶；②作为电子载体的辅酶。主要的辅酶有以下几种。

1. 氢化酶

在产甲烷菌作用下，二氧化碳被氢还原成甲烷的初始步骤是分子氢的激活。利用H_2/CO_2为基质的产甲烷菌通常包含两种氢化酶：一种是利用辅酶F_{420}为电子受体的氢化酶，另一种是非还原性辅酶F_{420}氢化酶。在产甲烷代谢中，辅酶F_{420}氢化酶催化次甲基四氢甲基蝶呤还原成亚甲基四氢甲基蝶呤，再进一步催化还原成甲基蝶呤；非还原性辅酶F_{420}氢化酶的生理功能有两种：①激活二氧化碳，并将它催化还原成甲酰基甲基呋喃；②在甲基辅酶M的还原过程中提供电子。迄今为止，研究人员已对20多种微生物的氢化酶进行了较为详尽的研究。从已报道的研究结果来看，产甲烷菌的氢化酶结构类似于铁氧还蛋白，并含有对酸不稳定硫，其活性中心为[4Fe-4S]（图11.10）。

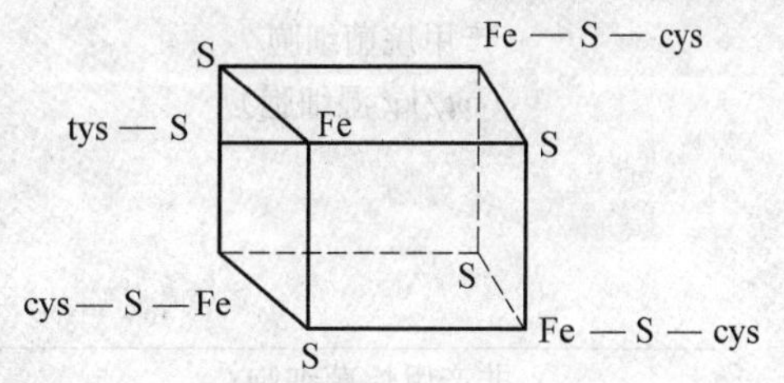

图11.10　氢化酶的[4Fe-4S]结构

2. 辅酶F_{420}

辅酶F_{420}是一种脱氮黄素单核苷酸的类似物，在磷酸酯侧链上附有一条N-（N-L-乳酰基-r-谷酰基）-L-谷氨酸侧链（图11.11）。在不同的生长条件下，产甲烷菌能合成侧链上有3～5个谷酰胺基团的辅酶F_{420}衍生物。氧化态的辅酶F_{420}的激发波长为420 nm，发射波长为480 nm。辅酶F_{420}首先被Fzeng和Cheeseman等所发现，后来被证实在产甲烷细菌中普遍存在。

由表11.9可以看出，大多数产甲烷菌中辅酶F_{420}含量相当高，一般不低于150 mg/kg湿细胞），但在巴氏甲烷八叠球菌和瘤胃甲烷短杆菌中辅酶F_{420}的含量却很低（小于20 mg/kg湿细胞）。目前除产甲烷菌外，还没有发现其他专性厌氧菌存在有辅酶F_{420}和其他在420 nm激发、480 nm发射荧光的物质。因此，利用荧光显微镜检测菌落产生的荧光已成为定产甲烷菌的一种重要技术手段。

辅酶F_{420}的作用是独特的，它不能替代其他电子载体，也不能被其他电子载体所替代。这可能由于辅酶F_{420}与其他电子载体的分子结构不同，还可能因为它们的氧化还原电位不同。辅酶F_{420}是一种低电位（E_o=-340～-350 mV）电子载体。由于大部分产甲烷菌缺少铁氧还蛋白，辅酶 F_{420} 替代它起电子载体的作用：

$$H_2 + F_{420} = H_2F_{420}$$

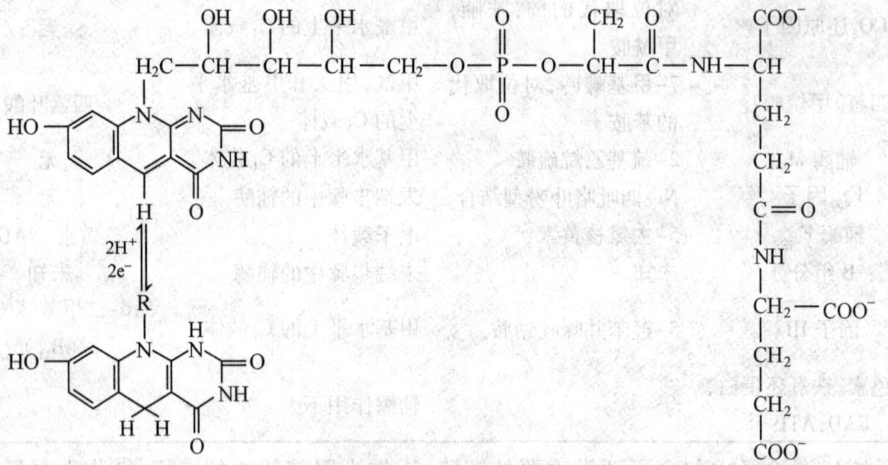

图 11.11　辅酶 F_{420} 的结构

表 11.9　产甲烷菌和非产甲烷菌细胞内辅酶 F_{420} 的含量

	菌种	含量
产甲烷菌细胞/(mg/kg 湿细胞)	布氏甲烷杆菌 M. O. H. 菌株	410
	布氏甲烷杆菌 M. O. H. G. 菌株	226
	嗜热自养甲烷杆菌	324
	甲酸甲烷杆菌	206
	亨氏甲烷杆菌	319
	黑海产甲烷菌	120
	嗜树木甲烷短杆菌 AZ 菌株	306
	瘤胃甲烷短杆菌 MI 菌株	6
	巴氏甲烷八叠球菌	16
非产甲烷菌细胞/(mg/kg 湿细胞)	何德氏产乙酸杆菌	<2
	大肠杆菌 JK-1	<3
产甲烷菌细胞/(pmol/mg 干重)	嗜热自养甲烷杆菌	3 800
	甲酸甲烷杆菌	2 400
非产甲烷菌细胞/(pmol/mg 干重)	嗜盐细菌菌株 GN-1	>210
	嗜热菌质体(Thermoplasma)	>5.0
	硫叶菌(Sulf ol obus solf at icus)	>1.1
	链霉菌(Strep tamy ces spp.)	<20

3. 辅酶 M(CoM)

1970 年，McBride 和 Wolfe 在甲烷杆菌 M. O. H 菌株中发现了一种参与甲基转移反应的辅酶，并将其命名为辅酶 M。Gunsalus 和 Wolfe 发现嗜热自养甲烷杆菌的细胞粗提取液中加入甲基辅酶 M 后，产甲烷速率提高 30 倍，这种现象被称为 RPG 效应。它表明辅酶 M 在产甲烷过程中起着极为重要的作用。辅酶 M 的结构图如图 11.12 所示。

辅酶 M 是迄今已知的所有辅酶中相对分子质量最小的一种，辅酶 M 含硫量高，具有良好的渗透性，无荧光，在 260 nm 处有最大的吸收值。另外辅酶 M 是对酸及热均稳定的辅助因

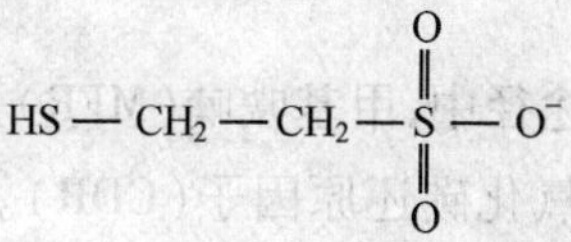

$$HS-CH_2-CH_2-\overset{\overset{O}{\|}}{\underset{\underset{O}{\|}}{S}}-O^-$$

图11.12 辅酶M的结构图

子。辅酶M有3个特点:①是产甲烷菌独有的辅酶,可鉴定产甲烷菌的存在;②在甲烷形成过程中,辅酶M起着转移甲基的功能;③辅酶M中的CH_3—S—CoM具有促进CO_2还原为CH_4的效应,它作为活性甲基的载体,在ATP的激活下,迅速形成甲烷:$CH_3—S—CoM \xrightarrow{H_2,ATP} CH_4+$HS—CoM

辅酶M有3种存在形式,见表11.10。

表11.10 辅酶M的存在形式

简写	化学结构	化学名称	俗称
HS—CoM	$HS—CH_2CH_2SO_3^-$	2-巯基乙烷磺酸	辅酶M
$(S—CoM)_2$	$O_3SCH_2CH_2S—SCH_2CH_2SO_3^-$	2,2′-二硫二乙烷磺酸	甲基辅酶M
CH_3—S—CoM	$CH_3—S—CH_2CH_2SO_3^-$	2-(甲基硫)乙烷磺酸	甲基辅酶M

这3种形式的转化过程可以表述如下:

①HS—CoM为CoM的原型;

②CoM在空气中极易被氧化为2,2′-二硫二乙烷磺酸[$(S—CoM)_2$],在NADPH—$(S—CoM)_2$还原酶的作用下,$(S—CoM)_2$还原成为活性HS—CoM;

③HS—CoM在转甲基酶的作用下经过甲基化作用,形成CH_3—S—CoM。

由表11.11可知,不同种的产甲烷菌或同种但利用的底物不同,所含辅酶M的数量也有差异,一般含量为0.3~1.6 μmol/mg干重。

表11.11 产甲烷菌细胞内辅酶M的含量

产甲烷菌	无细胞提取液中	完整细胞中	
	nmol/mg蛋白	nmol/mg	nmol/mg蛋白
嗜热自养甲烷杆菌	3.0 6.1 9.1 21.1	2.0	6.7
甲酸甲烷杆菌	3.2 31.2	8.4	17.5
亨氏甲烷螺菌	>0.1	1.2	3.0
布氏甲烷杆菌	17.8 19.0	6.0	12.1
巴氏甲烷八叠球菌MS			
H_2/CO_2	15.0 20.0 20.0 22.0	1.5	3.0
CH_3OH	50.0	16.2	44.4
史氏甲烷短杆菌PS	—	5.0	8.3
瘤胃甲烷短杆菌	0.3 0.48	0.5	0.7
嗜树木甲烷短杆菌	—	3.3	—
活动甲烷微菌	—	0.3	0.26
嗜树木甲烷短杆菌AZ	—	—	5.1
卡列阿科产甲烷菌JRI	—	—	0.75
黑海产甲烷菌JRI	—	—	0.32
范尼氏甲烷球菌		0.5	—
沃氏甲烷球菌PS		2.0	—

4. 甲基呋喃

在利用H_2/CO_2产甲烷的代谢途径中，甲基呋喃（MFR）是CO_2激活和还原过程中的第一个载体，所以早期的文献中称它为二氧化碳还原因子（CDR）。甲基呋喃的基本结构如图 11.13 所示，它是一类C_4位取代的氨基呋喃类化合物，存在于所有的产甲烷菌中。在产甲烷菌中目前至少发现了有五种 R 取代基不同的甲基呋喃衍生物。

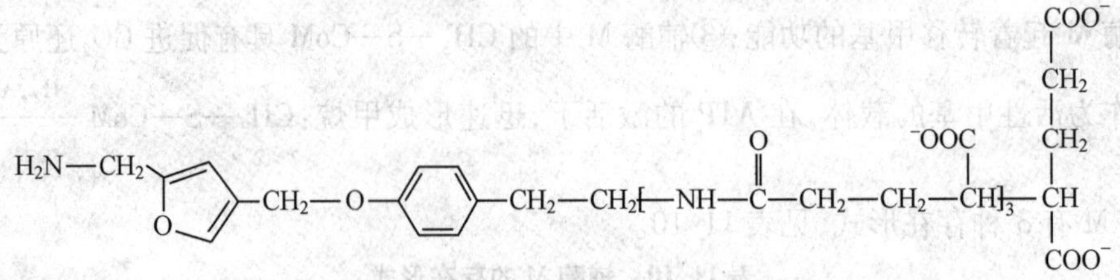

图 11.13　甲基呋喃的基本结构

甲基呋喃的相对分子质量为748，含量为0.5 ~2.5 mg/kg 细胞干重。目前有关甲基呋喃衍生物作为产甲烷过程生化指标的测定方法还未见专门的报道。

5. 四氢甲基蝶呤

四氢甲基蝶呤（H_4MTP）是产甲烷代谢 C1 化合物还原和甲基转移的重要载体。它从甲酰基甲基呋喃获得甲酰基，将其还原为甲基，最后将甲基传递给辅酶 M。四氢甲基蝶呤的化学结构与四氢叶酸有相似之处，四氢甲基蝶呤的基本结构如图 11.14 所示。甲烷八叠球菌 spp 菌株含有四氢甲基蝶呤的另一种异构体—四氢八叠蝶呤，只是 R 取代基中多了一个谷酰胺基。

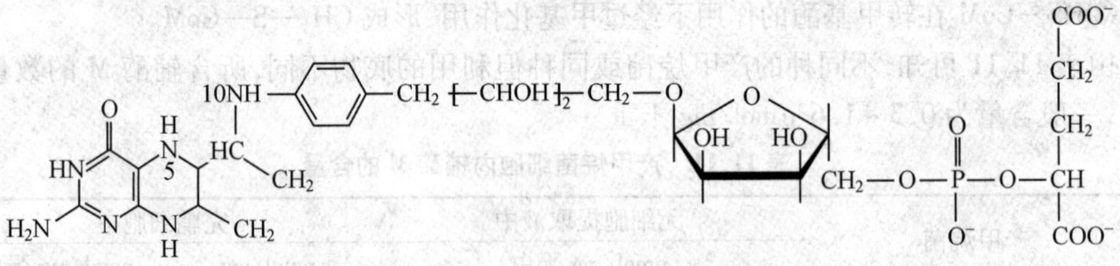

图 11.14　四氢甲基蝶呤的基本结构

四氢甲基蝶呤是一种能发射荧光的化合物（激发波长 E_m = 287 nm，发射波长 E_x = 480 nm），在紫外光照下能够发出蓝色荧光，可用高压液相色谱技术进行分离。根据它的这些性质，可定量测定产甲烷菌中的四氢甲基蝶呤。

6. F_{350}

F_{350}（辅酶 350）是一种含镍的具有吡咯结构的化合物，在紫外光（波长 350 nm）的照射下，会发生蓝白色荧光。研究表明，它很可能在甲基辅酶 M 还原酶的反应中起作用。

7. F_{430}

F_{430}是一种含镍的，低相对分子质量的经羧甲基和羧乙基甲基化修饰的黄色化合物。它具有四吡咯结构。F_{430}是甲基辅酶 M 还原酶组分 C 的弥补基，参与甲烷形成的末端反应。F_{430}在产甲烷菌中的含量丰富，为0.23 ~0.80 μmol/g 细胞干重。F_{430}在细胞中主要是与细胞内的蛋白质部分结合，很少游离于细胞中。

当产甲烷菌生长在有限 Ni 浓度条件下生长时，被吸收的 Ni 中质量分数为 50% ~70% 用于合成细胞中的F_{430}，剩余质量分数为 30% ~50% 的 Ni 结合在细菌的蛋白质部分。生长于 Ni

浓度为5 μmol/L时,产甲烷菌和非产甲烷菌体内的Ni含量及F_{430}的含量见表11.12。

表11.12　Ni浓度为5 μmol/L时,产甲烷菌和非产甲烷菌体内的Ni含量及F_{430}的含量

生物		Ni/($nmol \cdot L^{-1}$)	F_{430}/($nmol \cdot L^{-1}$)
产甲烷菌	嗜热自养产甲烷菌Marburg	1 100	800
	嗜热自养产甲烷菌Δ*H*	—	643
	史氏甲烷短杆菌	680	307
	范尼氏甲烷球菌	290	227
	亨氏甲烷螺菌	581	482
	巴氏甲烷八叠球菌	—	800
非产甲烷菌	嗜热乙酸梭菌	250	<10
	伍德氏乙酸杆菌	400	<10
	大肠杆菌	—	<10

11.4　产甲烷菌的生长繁殖

产甲烷菌主要采用二分裂殖法进行繁殖,即一个细菌细胞壁横向分裂,形成两个子代细胞。具体来说就是当细菌细胞分裂时,DNA分子附着在细胞膜上并复制为二,然后随着细胞膜的延长,复制而成的两个DNA分子彼此分开;同时,细胞中部的细胞膜和细胞壁向内生长,形成隔膜,将细胞质分成两半,形成两个子细胞,这个过程就被称为细菌的二分裂。

一般来说,产甲烷菌的生长繁殖进行的相当缓慢,在适宜的条件下,其倍增时间可以达到几小时到几十小时不等,甚至还可以达到100 h,而好氧菌在适宜的条件下的倍增时间仅为数十分钟。

11.4.1　营养条件

一些与产甲烷菌的营养的具体要求见表11.13,产甲烷菌的营养需求主要分为能源及碳源、氮源以及微量金属元素和维生素。

1.能源及碳源

产甲烷菌只能利用简单的碳素化合物,这与其他微生物用于生长和代谢的能源和碳源明显不同。常见的基质包括H_2/CO_2,甲酸,乙酸,甲醇,甲胺类等。有些种能利用CO为基质但生长差,有的种能生长于异丙醇和CO_2上。绝大多数产甲烷菌可利用H_2,但食乙酸的索氏甲烷丝菌、嗜热甲烷八叠球菌等不能利用H_2,能利用氢的产甲烷菌多数可利用甲酸,有些只能利用氢。甲烷八叠球菌在产甲烷菌中是能代谢底物种类最多的细菌,一般可利用H_2/CO_2,甲醇,乙酸,甲胺,二甲胺,三甲胺,有的还可利用CO生长。后来的研究发现,一些食氢的产甲烷菌还可利用短链醇类作为电子供体,氧化仲醇成酮或者氧化伯醇成羧酸。

根据碳源物质的不同,可以把产甲烷细菌分为无机营养型、有机营养型、混合营养型3类。无机营养型仅利用H_2/CO_2;有机营养型仅利用有机物,混合营养型既能利用H_2/CO_2,又能利用CH_3COOH,CH_3NH_2和CH_3OH等有机物。

表 11.13 几种产甲烷的适宜基质

菌名	生长和产甲烷的基质	菌名	生长和产甲烷的基质
甲酸甲烷杆菌	H_2,HCOOH	亨氏甲烷螺菌	H_2,HCOOH
布氏甲烷杆菌	H_2	索式甲烷丝菌	CH_3COOH
嗜热自养甲烷杆菌	H_2	巴氏甲烷八叠球菌	H_2,CH_3COH,CH_3NH_2,CH_3COOH
瘤胃甲烷短杆菌	H_2,HCOOH	嗜热甲烷八叠球菌	CH_3OH,CH_3NH_2,CH_3COOH
万氏甲烷球菌	H_2,HCOOH	嗜甲基甲烷球菌	CH_3OH,CH_3NH_2

细胞得率是用于对细胞反应过程中碳源等物质生成细胞或其产物的潜力进行定量评价的量。产甲烷菌的细胞得率 Y_{CH_4} 随生长基质的不同而不同,以巴氏甲烷八叠球菌为例(表11.14)

表 11.14 巴氏甲烷八叠球菌的细胞得率 Y_{CH_4}

生长基质	反应	$\Delta G^{0'}$ /(kJ·mol^{-1})	Y_{CH_4} /(mg·mmol^{-1})
CH_3COOH	$CH_3COOH \rightarrow CH_4+CO_2$	-31	2.1
CH_3OH	$4CH_3OH \rightarrow 3CH_4+CO_2+2H_2O$	-105.5	5.1
H_2/CO_2	$4H_2+CO_2 \rightarrow CH_4+2H_2O$	-135.7	8.7±0.8

从表 11.15 中可以看出,在形成甲烷的几种基质中,碳原子流向甲烷的容易程度大致如下:$CH_3OH>CO_2>{}^*CH_3COOH>CH_3{}^*COOH^-$。此外,研究表明,乙酸甲基碳流向甲烷的数量受其他甲基化合物的影响很大。例如当乙酸单独存在时,96%的乙酸甲基碳流向甲烷;而当有甲醇存在时,乙酸甲基碳更多的是流向 CO_2 和合成细胞。

表 11.15 产甲烷菌利用不同基质的自由能

反应	$\Delta G^{0'}$ /(kJ·mol^{-1})
$4H_2+CO_2 \rightarrow CH_4+2H_2O$	-131
$4HCOO^-+4H^+ \rightarrow CH_4+3CO_2+2H_2O$	-119.5
$4CO+2H_2O \rightarrow CH_4+3CO_2$	-185.5
$4CH_3OH \rightarrow 3CH_4+CO_2+2H_2O$	-103
$4CH_3NH_3{}^++2H_2O \rightarrow 3CH_4+CO_2+4NH_4{}^+$	-74
$2(CH_3)_2NH_2{}^++2H_2O \rightarrow 3CH_4+CO_2+2NH_4{}^+$	-74
$4(CH_3)_3NH^++6H_2O \rightarrow 9CH_4+3CO_2+4NH_4{}^+$	-74
$CH_3COO^-+H^+ \rightarrow CH_4+CO_2$	-32.5
$4CH_3CHOHCH_3+HCO_3^-+H^+ \rightarrow 4CH_3COCH_3+CH_4+3H_2O$	-36.5

产甲烷菌将 CO_2 固定为细胞碳的途径至今研究的还不是很明确,目前普遍认为两分子 CO_2 缩合最终形成乙酰 CoA,Holder 等提出 CO_2 固定的推测图示如下。

$$CO_2 \rightarrow CH_3—X \rightarrow CH_3—S—CoM \rightarrow CH_4$$

$$CO_2 \rightarrow [CO]—Y \xrightarrow{CH_3—X} CH_3—CO—Y \xrightarrow{HS—CoA} CH_3—CO—SCoA \rightarrow \text{细胞碳}$$

X 和 Y 分别表示含类咕啉的甲基转移酶和 CO 脱氢酶。在 CO 脱氢酶的作用下 CO_2 还原成为乙酸中的羧基,当这一还原过程被氰化物一致后,CO 就能代替 CO_2 而被转化为乙酰 CoA 中的 C_1。

2. 氮源

产甲烷菌均能利用铵态氮为氮源,但对氨基酸的利用能力差。瘤胃甲烷短杆菌的生长要求氨基酸。酪蛋白胰酶水解物可以刺激某些产甲烷菌和布氏甲烷杆菌的生长。一般来说，培养基中加入氨基酸，可以明显缩短世代时间，且可增加细胞产量。产甲烷菌中氨同化的过程与一般的微生物相同，都是以谷氨酸合成酶(GS)/α-酮戊二酸氨基转移酶(GOGAT)途径为第一氨同化机理。在嗜热自养甲烷杆菌的细胞浸提液中丙氨酸脱氢酶(ADH)的活性达到15.7±4.5 nmol/(min·mg)蛋白起着第二氨同化机理的作用，表11.16的氨转移酶的活性证明了这一点。

表11.16　产甲烷菌中氨转移酶活性的比较

酶	比活性/($nmol \cdot min^{-1} \cdot mg^{-1}$)	
	嗜热自养甲烷杆菌	巴氏甲烷八叠球菌
谷氨酸合成酶	6.1±2.6	93.0±25.8
谷氨酸脱氢酶	<0.05	<0.05
谷氨酰胺合成酶	<0.05	<0.05
谷氨酸/丙酮酸转氨酶	102.0±25.9	6.4±1.19
谷氨酸/草酰乙酸转氨酶	348.8±124.2	9.7±2.69
丙氨酸脱氢酶	15.7±4.5	<0.05

丙氨酸脱氢酶(ADH)的活性依赖于丙酮酸、NADH和氨的浓度，对氨有较高的K_m值，当嗜热自养甲烷杆菌从过量的环境转移至氨浓度在较低水平时，ADH的活性显著降低，而谷氨酸合成酶(GS)/α-酮戊二酸氨基转移酶(GOGAT)的比活性提高；相反当从氨浓度在较低水平转移至氨浓度过量的环境中时，ADH的活性显著提高，而谷氨酸合成酶(GS)/α-酮戊二酸氨基转移酶(GOGAT)的比活性下降，见表11.17。

表11.17　铵浓度对嗜热自养甲烷杆菌的ADH和GS比活性的影响

氮源	NH_4^+浓度/($mmol \cdot L^{-1}$)		比活性/($nmol \cdot min^{-1} \cdot mg^{-1}$)	
	储库	容量	ADH	GS
起始过量	15.4	13.2	2.96±1.26	0.78±0.35
转入限制	1.5	0.02	0.49±0.35	1.54±0.64
起始限制	1.5	0.88	0.56±0.44	1.43±0.71
转入过量	20.0	–	1.98±0.65	0.86±0.31

3. 其他营养条件

Speece对产甲烷菌所需的营养给出一个顺序：N，S，P，Fe，Co，Ni，Mo，Se，维生素B_2，维生素B_{12}。缺乏上述某一种营养，甲烷发酵仍会进行但速率会降低，特别指出的是只有当前面一个营养元素足够时，后面一个才能对甲烷菌的生长起激活作用。

近年来研究表明，Ni是产甲烷菌必需的微量金属元素，是尿素酶的重要成分。产甲烷菌生长除需要Ni以外，尚需Fe，Co，M，Se，W等微量元素，但对产甲烷菌中的F_{430}而言，其他微量金属元素均不能替代Ni的作用。

某些产甲烷菌必需某些维生素类才能生长，或有刺激作用，尤其是B族维生素培养基配制维生素溶液配方见表11.18。

表 11.18　维生素溶液配方(mg/L 蒸馏水)

生物素	2	叶酸	2
盐酸吡哆醇	10	核黄素	5
硫胺素	5	烟酸	5
泛酸	5	维生素 B_{12}	0.1
对-氨基苯甲酸	5	硫辛酸	5

所有产甲烷菌的生长均需要 Ni,Co 和 Fe,有些产甲烷菌需要其他金属元素,如 Mo 能刺激嗜热自养甲烷杆菌和巴氏甲烷八叠球菌的生长并在细胞内积累。有些产甲烷菌的生长需要较高浓度 Mg 的存在。培养基配制常用微量元素溶液配方见表 11.19。

表 11.19　常用微量元素溶液配方

药品	含量/ $(g \cdot L^{-1})$	药品	含量/ $(g \cdot L^{-1})$
氨基三乙酸	1.5	$MgSO_4 \cdot 7H_2O$	3.0
$MnSO_4 . 7H_2O$	0.5	NaCl	1.0
$CoCl_2 . 6H_2O$	0.1	$CaCl_2 \cdot 2H_2O$	0.1
$FeSO_4 . 7H_2O$	0.1	$ZnSO_4 \cdot 7H_2O$	0.1
$CuSO_4 . 5H_2O$	0.01	$AlK(SO_4)_2$	0.01
H_3BO_3	0.01	Na_2MoO_4	0.01
$NiCl_2 \cdot 6H_2O$	0.02		

11.4.2　环境条件

除了生长基质对产甲烷菌的生长繁殖有重要影响外,环境条件的作用也是不容忽视的,比较重要的环境条件主要包括温度、氧化还原电位、pH。

1. 氧化还原电位

产甲烷细菌是世人熟知的严格厌氧细菌,一般认为产甲烷细菌生长介质中的氧化还原电位应低于-0.3 V(Hungate,1967)。据 Hungate(1967)计算,在此氧化还原电位下 O_2 的浓度理论上为 10^{-56} g/L,因此可以这样说,在良好的还原生境中 O_2 是不存在的。

厌氧消化系统中氧化还原电位的高低.对产甲烷细菌的影响极为明显。产甲烷细菌细胞内具有许多低氧化还原电位的酶系。当体系中氧化态物质的标准电位高和浓度大时(亦即体系的氧化还原电位时),这些酶系将被高电位不可逆转地氧化破坏,使产甲烷细菌的生长受到抑制,甚至死亡。例如,产甲烷细菌产能代谢中重要的辅酶因子在受到氧化时,即与蛋白质分离而失去活性。

一般认为,参与中温消化的产甲烷细菌要求环境中应维持的氧化还原电位应低于 -350 mV;参与高温消化的产甲烷细菌则应低于-500 ~ -600 mV。产甲烷细菌在氧浓度低至 2 ~5 μL/L的环境中才生长得好,甲烷生产量也大。

尽管产甲烷细菌在有氧气存在下不能生长或不能产生 CH_4,但是它们暴露于氧时也有着相当的耐受能力。

Zehnder 和 Brock(1980)将淤泥样稀释瓶在 37 ℃好氧条件下剧烈振荡 6 h,使黑色淤泥变为棕色,然后将此淤泥置于空间为空气的密闭血清瓶中培养。结果发现氧很快被耗尽,而且甲烷的氧化与形成几乎以 1 : 1 000 的速率平行发生,氧对于甲烷的氧化没有促进性影响,在氧耗尽后甲烷的形成和氧化都比氧耗尽前更大的速率进行。这种经好氧处理的甲烷氧化和形成均比不经好氧处理下的要小。利用消化器污泥所获得的结果也与此相似。即氧不仅在某种程度上抑制甲烷的形成，也抑制甲烷的氧化。也表明氧并不是影响甲烷厌氧氧化的直接因子。

2. 温度

根据产甲烷菌对温度的适应范围，可将产甲烷细菌分为3类：低温菌、中温菌和高温菌。低温菌的适应范围为20～25 ℃，中温菌为30～45 ℃，高温菌为45～75 ℃。经鉴定的产甲烷菌中，大多数为中温菌，低温菌较少，而高温菌的种类也较多。

与甲烷形成一样，甲烷厌氧氧化液呈现出两个最适的温度范围：中温性和高温性。甲烷形成的第一个最适范围为30～42 ℃，最高活性在37 ℃左右；第二个活性范围为50～60 ℃；最高在55 ℃左右。这些结果表明甲烷形成与氧化活性的适宜温度范围是十分一致的。

应该指出的是：产甲烷菌要求的最适温度范围和厌氧消化系统要求维持的最佳温度范围经常是不一致的。例如，嗜热自养甲烷杆菌的最适温度范围为65～70 ℃，而高温消化系统维持的最佳温度范围则为50～55 ℃。所以存在差异，原因在于厌氧消化系统是一个混合菌种共生的生态系统，必须照顾到各菌种的协调适应性，以保持最佳的生化代谢之间的平衡。如果为了满足嗜热自养甲烷杆菌，把温度升至65～70 ℃，则在此高温下，大部分厌氧的产酸细菌就很难正常生活。

3. pH

从图11.15可以看出，大多数中温产甲烷菌的最适pH范围在6.8～7.2之间，但各种产甲烷菌的最适pH相差很大，从6.0～8.5不等。pH对产甲烷菌的影响主要表现在3个方面：影响菌体及酶系统的生理功能及活性；影响环境的氧化还原电位；影响基质的可利用性。

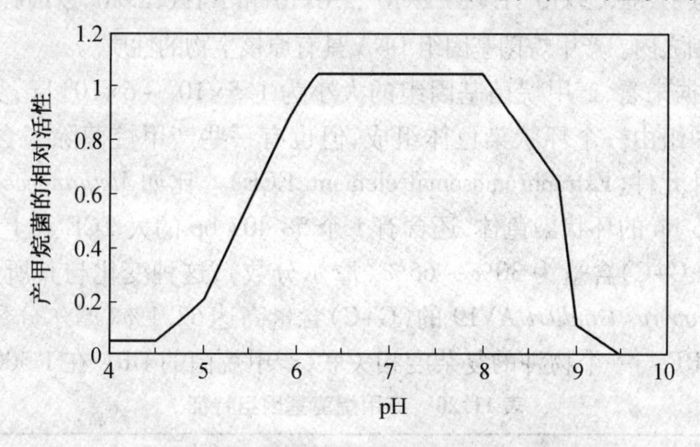

图11.15　pH对反应器中产甲烷菌活性的影响

在培养产甲烷菌的过程中，随着基质的不断吸收，pH也随之变化，一般来说当基质为CH_3COOH或H_2/CO_2时，pH会逐渐升高；基质为CH_3OH时，pH会逐渐降低。pH的变化速度基本上与基质的利用速率成正比。当基质消耗尽时，pH会逐渐的趋向于某一稳定值。因为pH的变化偏离了最适值或者试验规定值，因此不可避免的影响实验的准确性，因此当监测到pH的变化时，要向培养基质中加入一些缓冲物质，如K_2PO_4和KH_2PO_4，或者CO_2和$NAHCO_3$等。

4. 抑制剂

2-溴乙烷磺酸是产甲烷细菌产甲烷的特异性抑制剂，它同样是甲烷厌氧氧化的强抑制剂。无论是在自然的厌氧环境中还是活性消化污泥中都显示出其抑制作用。而且甲烷的厌氧氧化过程比甲烷形成过程对此化合物似乎更为敏感。如在消化污泥和湖沉积物中抑制甲烷厌氧氧化活性 50% 的 2-溴乙烷磺酸浓度为 10^{-5} mol/L。而抑制 50% 甲烷形成活性则需 10^{-3} mol/L。2-溴乙烷磺酸对于以各种基质的甲烷形成和甲烷氧化抑制 50% 时的深度也不相同。另外硫酸盐的存在不仅影响甲烷的形成也影响甲烷的厌氧氧化，而且也呈现出硫酸盐对甲烷厌氧氧化的影响比对甲烷形成更大。随着硫酸盐浓度的增加，甲烷的厌氧氧化量占甲烷形成量的比率随之减小。在不存在或低浓度(1 mmol/L)硫酸盐情况下，甲烷的厌氧氧化量与甲烷形成量的比率随着温育时间的延长而增加，便随着硫酸盐浓度的增加，这种趋势渐趋消失。

11.5 产甲烷菌的基因组研究

11.5.1 产甲烷菌基因组特征

基因组(Genome)是一个物种的单倍体的所有染色体及其所包含的遗传信息的总称。基因组和比较基因组的研究为一个物种基因的组织形式和不同物种间基因的进化关系的分析提供了一种全面的、高通量的分析手段。

1996 年伊利诺伊大学完成了第一个产甲烷菌 *Methanococcus jannaschii* 的基因组测序。迄今为止已有 4 个目的 5 种产甲烷菌(表 11.20)完成基因组测序。热自养甲烷杆菌、嗜树木甲烷短杆菌、伏氏甲烷球菌、热无机营养甲烷球菌、嗜盐甲烷球菌以及巴氏中烷八叠球菌的基因组分别为：$1,0\pm0.2\times10^9$，$1.8\pm0.3\times10^9$，$1.8\pm0.3\times10^9$，$1.1\pm0.2\times10^9$，2.6×10^9 和 $1.1\pm0.2\times10^9$ g/mol，这些数值在典型原核生物基因组的范围之内。产甲烷菌基因组 DNA 具有原核生物的性质。

从已获得的数据来看，产甲烷菌基因组的大小为 1.5×10^6 ~ 6×10^6 bp，见表 11.20。一般来说，产甲烷菌基因组由一个环状染色体组成，但也有一些产甲烷菌除了含一个环状染色体外，还含有染色体外元件(Extrachromosomal element，ECE)。比如 *Methanococcus jannaschii* 不仅含有 1 个 1 664 976 bp 的环状染色体，还含有 1 个 58 407 bp 的大 ECE 和 1 个 16 550 bp 的小 ECE。产甲烷菌的(G+C)含量为 30% ~65%(摩尔分数)，这种变化与其所生存的环境相关。比如嗜热的 *Methanopyrus kandleri* AV19 的(G+C)含量高达 62.1%(摩尔分数)。

编码蛋白的 ORF 与一个物种的复杂度相关联，产甲烷菌的 ORF 在 1 500 ~5 000 之间。

表 11.20 产甲烷菌基因组特征

目	种	基因组/bp	(G+C)含量/%	Gen bank 组号
Methanobacteriales	*methanothermobacter thermautotrophicus*	1757377	49.5	NC-000916
Methanococcalea	*methanococcus jannaschii*	1739933	31.3	NC-000909 NC-001732
Methanopyrales	*methanopyrus kandleri* AV19	1694969	62.1	NC-003551
Methanosarcinales	*methanosarcina acetivorans* C2A	5751492	42.7	NC-003552
	*methanosarcina mazei Goe*1	4096345	41.5	NC-003901

1. DNA 复制子

依据变性和复性动力学知识，有人预言，产甲烷菌核 DNA 具原核生物 DNA 的复杂性，同时包含大量独特序列，而且它比大肠杆菌(*Escherichia coli*)的基因组小。这个预言的准确性因后来沃氏甲烷球菌(*Methanococcus voltae*)基因组物理图谱的发表而得到证实,这个基因组是单个、环状、双链DNA分子,约为1.9 Mbp长,为大肠杆菌基因组大小的45%。Southern杂交实验为沃氏甲烷球菌基因组几乎所有基因定了位。与细菌一样,一些具相关功能的基因是群聚的,而同一生化途径的基因并非连锁。一些含有许多可移动插入序列的嗜盐古细菌的基因已定位,与之相反,沃氏甲烷球菌基因图谱却没有给出时常发生重复序列的证据。除核DNA外,一些产甲烷细菌也具有质粒DNA,然而,迄今为止,还未发现与这些质粒DNA存在相关联的表现型。从嗜热自养甲烷杆菌(*Methanobaterium thermoautotrophicum*)Marburg菌株中分离到一个质粒pME2001,其全长4 439 bp的DNA序列已经获得,从序列中可发现有几个开放可读框(Open reading,ORF)和一个在体内高水平转录的序列。然而,嗜热自养甲烷杆菌Marburg细胞在缺少pME2001时仍能存活。

2. G+C含量

产甲烷菌DNA的(G+C)含量见表11.20。在甲烷杆菌目中,DNA的(G+C)含量一般与生长温度有相关性。热自养甲烷杆菌、沃氏甲烷杆菌(*Methanobacterium wolfei*)和热聚甲烷杆菌(*Methanobacteriun thermoaggregans*)这几种嗜热甲烷杆菌DNA的(G+C)含量均较高。但是,最高生长温度为97 ℃(最适生长温度为83 ℃)的炽热甲烷嗜热菌(*Methanothermus fervidus*),其DNA的(G+C)含量只有33%(摩尔分数),比最适生长温度为37~45 ℃的中温甲烷杆菌还要低。甲烷球菌目中,即使最高生长温度为70 ℃和86 ℃的热自氧甲烷球菌(*Methanococcusthermoth otrophicus*)和詹氏甲烷菌(*Methanococcus jannaschii*),其DNA的(G+C)含量也和有些中温菌差不多,甚至低于三角洲甲烷球菌。而甲烷微菌目成员的(G+C)含量一般均较高,尤其是甲烷微菌科的3个属。(G+C)含量与生长温度之间无规律可循。甲烷丝菌虽为中温菌,其DNA的(G+C)含量却很高,联合甲烷丝菌的(G+C)含量高达61.25%(摩尔分数),居迄今所知产甲烷菌之首。

3. 染色质

所有细胞都面临着如何在有限的有效核空间内压缩其基因组DNA的难题。在真核细胞中,基因组DNA被组蛋白压缩成规则的核小体,进而组装(串联重复排列)成染色质。在细菌中也已经发现了丰富的、保守的DNA联结蛋白,然而在细菌细胞内,还未找到类似于真核生物核小体的保守复合物存在的有力证据,这似乎是真核生物与细菌的主要不同之处。因此,了解古细菌核DNA在体内是如何包装的就显得重要了。随着高温古细菌(其中包括产甲烷菌)的发现就提出了一个相关的问题,这类微生物正常生长的温度很高,如在离体情况下,其基因组DNA就会因经受不起这样的高温而被变性成单链分子。因而在体内必然存在某种机制,使其DNA不但能被压缩在有限的空间内,而且能免受热变性的影响。

从炽热甲烷嗜热菌和嗜热自养甲烷杆菌AH株中分别分离到的DNA联结蛋白HMf和HMt在这两方面可能起到了重要作用,这些蛋白包含两个非常小的(7kd)、类似的多肽亚基(HMfl+HMf2和HMtl+HMt2),其氨基酸序列与真核生物组蛋白十分相似。结合DNA分子的HMf和HMt在体外可形成核小体类似结构(Nucleosome likestructure,NLS),推测这个NLS含有150 bp的DNA,这与只有长度大于120 bp的DNA分子才能与HMf形成电泳稳定复合物的实验相一致。与真核生物核小体中负超螺旋DNA分子相比,古细菌NLS中的DNA分子被缠绕成一个正的环形超螺旋。NLS的形成增加了DNA分子在体外的抗热变性的能力,但NLS在胞内的重要性尚不清楚。

Hensel和Konrig(1988)发现,最适生长温度为83 ℃的炽热甲烷嗜热菌的胞质内含1 mol/

L钾-2′3′(环)—二磷酸甘油(K3cDPG),这种盐在此浓度下能增加炽热甲烷嗜热菌酶活性半衰期,同时也能保护其核DNA免受热变性的影响,事实上,在内部如此高盐浓度下,炽热甲烷嗜热菌DNA在复制和转录时两条链间的分离都相当困难。炽热甲烷嗜热菌基因组的一部分为HMf束缚而形成正的环形超螺旋,这可能会引起基因组余下部分的负同向双螺旋结构的增强,进而促进链的分离。由于胞内有足够的HMf把25%的基因组缠绕成正超螺旋,以及HMf在温度大于80 ℃且存在K3cDPG(与体内浓度一致)条件下确能结合DNA,这也许是HMf的重要功能。

Bouthier dela Tour等(1990)发现炽热甲烷嗜热菌及其他高温菌还具有反向旋转酶(Reversegyrase),在离体反应中,这种酶能把正的同向双股螺旋引入环形DNA分子,并且在DNA分子抗热性方面也可能具有重要功能。炽热甲烷嗜热菌的反向旋转酶也能平衡HMf的结合效果,即是说,由于HMf的结合而引入基因组无HMf区域的同向双股螺旋可以被反向旋转酶的活性所减弱。然而,Musgrave等(1992)指出,这种酶并非必不可少,因为嗜热自养甲烷杆菌细胞(生长温度为65 ℃)虽然含有(在离体反应中形成NLS的)HMt——与炽热甲烷嗜热菌中形成NLS的HMf十分一致,但嗜热自养甲烷杆菌细胞中却没有反向旋转酶。

4. **DNA的修复、复制及其代谢**

产甲烷菌经化学突变剂作用或在辐射下都会引起细胞死亡和存活细胞的突变作用,所以DNA修复系统很可能存在于产甲烷细菌中,同时也发现在嗜热自养甲烷杆菌中存在光复活系统,不过关于DNA修复的分子机理尚未见报道。一种类似于大肠杆菌dnaK热休克基因的马氏甲烷八叠球菌S6基因已被克隆和定序。尽管产甲烷菌是一类专性厌氧菌,必须生活在厌氧条件下,但它们确实含有超氧化物歧化酶(SOD),所以超氧自由基也必然会造成产甲烷菌的氧毒性问题。嗜热自养甲烷杆菌的SOD编码基因已被克隆和定序,根据其一级结构推测它可能是Mn-SOD,事实上,原子吸收光谱已证实这种酶是Fe-SOD。

Aphidicolin和丁苯-dGTP是真核生物A-型DNA聚合酶的抑制剂。Zabel等(1985)研究了aphidicolin对万尼氏甲烷球菌、塔提尼产甲烷菌(*Methanogenium tationis*)、黑海产甲烷菌(*Methanogenium marsnigri*)、甲酸甲烷杆菌(*Methanobacterium formicicum*)、沃氏甲烷杆菌(*Methdnobacterium wolfei*)、巴氏甲烷八叠球菌(*Methanosarcina barkeri*)MS菌株和Ne-ples菌株(球形)、亨氏甲烷螺菌(*Methanospirillum hungatii*)等甲烷菌生长的影响。结果发现,aphidicolin浓度在≤20 μg/mL时,能完全抑制万尼氏甲烷球菌、沃氏甲烷杆菌、塔提尼产甲烷菌、黑海产甲烷菌、巴氏甲烷八叠球菌Neples菌株等菌的生长,而真核生物*Sojamadarin*及甲酸甲烷杆菌、巴氏甲烷八叠球菌MS菌株则对aphidicolin不那么敏感。在无细胞的甲烷菌粗提液和真核生物Physayum Polycephalum粗提液中,aphidicolin的存在使DNA合成系统被抑制,而大肠杆菌抽提液对此不敏感。他们还证明了万尼氏甲烷球菌的生长、其粗提液DNA的合成以及DNA聚合酶均为上述两种抑制剂所抑制,这表明,万尼氏甲烷球菌DNA聚合酶是真核一型的。从而得出了产甲烷细菌存在真核一型DNA聚合酶的证据,这暗示产甲烷细菌和真核生物复制可能有共同之处。

几种限制酶已从产甲烷菌中分离出来,其中一些酶已成为商品。Lunnen等(1989)对沃氏甲烷杆菌中编码MwoI限制性核酸内切酶的基因克隆,通过对甲基化活性的选择鉴定含核酸内切酶基因的克隆,用含质粒pklMwolRM3-1的大肠杆菌培养,并用溶菌产物提纯这种核酸内切酶,MwoI的收率达到1 000单位/g细胞。此酶在大肠杆菌中的高水平表达,促进了这种酶的商品化。从嗜热自养甲烷杆菌和万尼氏甲烷球菌中还分离到了依赖DNA的DNA聚合酶。

11.5.2　产甲烷菌的基因结构

目前产甲烷菌的基因都是从大肠杆菌中制备的基因库中分离出来的。

1. 遗传密码及其利用

产甲烷菌基因在大肠杆菌、鼠伤寒沙门氏菌和枯草杆菌中表达，以及这些基因编码的多肽与预期产物大小一样有力地证明生物遗传密码的通用性。

在大肠杆菌和啤酒酵母中，密码子利用不是随机的，选用同义密码子与同氨基酸受体 tRNA 的可利用性直接有关。表 11.21 是 4 种产甲烷菌、大肠杆菌和啤酒酵母对部分密码子利用的比较。热自养甲烷杆菌基因组（G+C）含量（49.7%）与大肠杆菌（51%）差不多。

史氏甲烷短杆菌、伏氏甲烷球菌和万尼氏甲烷球菌基因组（G+C）含量（31%）与啤酒酵母（36%）相近。产甲烷菌对密码子的选择好象受 A-T 和 G-C 对的可利用性，即受（G+C）含量高低支配的。（G+C）含量低的史氏甲烷短杆菌、伏氏甲烷球菌和万尼氏甲烷球菌喜欢用第 3 位置上为 A 或 U 的密码子，如 AAA（赖氨酸），AAU（天冬酰胺）等。而基因组中（G+C）含量较高的热自养甲烷杆菌则喜欢用第 3 个碱基为 G 或 C 的密码子，如 AAG（赖氨酸），AAC（天冬酚胺）等。产甲烷菌还常常爱用大肠杆菌几乎从不利用的一些密码子，如 AUA（异亮氨酸），AGA 和 AGG（精氨酸）等。产甲烷菌很少用含 CG 二核苷酸的密码子，从这点看，产甲烷菌的密码子利用方式像真核生物啤酒酵母一样。

表 11.21　4 种产甲烷菌、大肠杆菌和啤酒酵母对部分密码子利用的比较

残基	密码子	大肠杆菌		啤酒酵母		史氏甲烷短杆菌		热自养甲烷杆菌		伏氏甲烷球菌	
		数目	同义利用/%	数目	同义利用/%	数目	同义利用/%	数目	同义利用/%	数目	同义利用/%
Arg	AGA	3	<1	113	88	36	68	10	32	10	62
	AGG	3	—	4	3	4	7	15	48	2	13
	CGA	14	3	—	0	2	4	—	0	1	6
	CGC	156	33	1	<1	3	6	1	3	—	0
	CGG	17	4	—	0	—	0	3	10	—	0
	CGU	280	59	10	8	8	15	2	7	3	19
Asn	AAC	210	75	105	85	29	25	16	84	6	13
	AAU	69	25	18	15	89	75	3	16	40	87
Lys	AAA	331	73	62	25	152	94	8	28	47	87
	AAG	123	27	185	75	10	6	21	72	7	13
Thr	ACA	25	6	14	7	40	43	3	20	11	50
	ACC	205	54	76	41	16	17	7	47	3	14
	ACG	44	11	2	—	31	3	2	13	1	4
	ACU	105	28	95	51	33	37	3	20	7	32

2. 操纵子和核糖体结合位点

已克隆的产甲烷菌 DNA 序列分析表明有操纵子结构，而且每个基因前也有一段转录时用来结合核糖体的序列。如编码甲基辅酶 M 还原酶 r 与 α 这两个亚基的基因紧靠在一起，共转录形成多顺反子信使。在 α 基因前还有一个 GAAGTGA 核糖体结合序列。由此推测，产甲烷菌是按与真细菌类似的方式利用 mRNA：16S rRNA 杂交起始转录的。

3. rRNA 基因

产甲烷菌核糖体是 70S 核糖体，它们含 23S，5S 和 16S 三类 rRNA。热自养甲烷杆菌的

rRNA 基因为真细菌型。每个基因组有两个按 16S-23S-5S 顺序排列的操纵子。甲酸甲烷杆菌的基因组中也有两个 rRNA 操纵子。16SrRNA 基因长 1 476 bp。在 16S 与 23S rRNA 基因的间隔区内有一个 tRNA Ala 基因。万尼氏甲烷球菌的 rRNA 基因为镶嵌型,每个基因组中有 4 个1GS-23S-5S 的真细菌型操纵子,还有真核生物中那样单个不连锁的额外 5S rRNA 基因。16S,23S 和 5S rRNA 基因分别长 1 466 bp,2 953 bp 和 120 bp。连锁与不连锁的 5S rRNA 基因有 13 个 bp 取代的差异。

4. tRNA 基因

像真细菌一样,甲酸甲烷杆菌和万尼氏甲烷球菌的 16S 与 23S rRNA 基因间有一个 tRNA Ala 基因。已知多数真细菌的 tRNA 基因编码 3′端 CCA 序列,而真核 tRNA 基因都不编码此序列。上述两种产甲烷菌的 tRNA^{Ala} 基因都不编码 3′端 CCA 序列。但万尼氏甲烷球菌 tRNA^{Pro},tRNA^{Asn} 和 tRNA His 具有 3′端 CCA 序列。甲酸甲烷杆菌和万尼氏甲烷球菌在 16S 与 23S rRNA 基因的间隔区内有一个 tRNA^{Ala}。基因。根据 16S 与 23S rRNA 基因间隔区 DNA 序列推测的 tRNA^{Ala} 结构如图 11.16 所示。

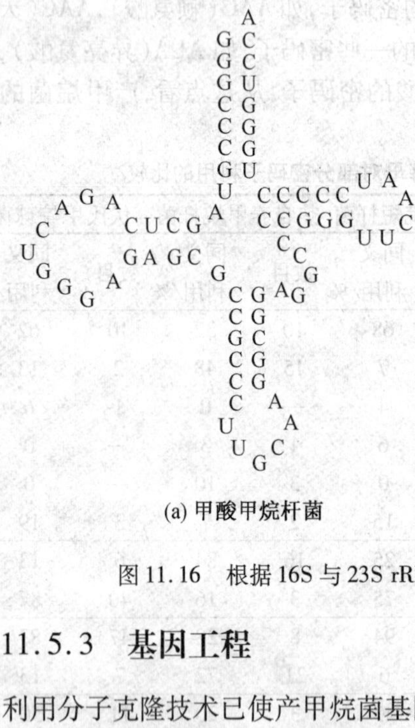

(a) 甲酸甲烷杆菌

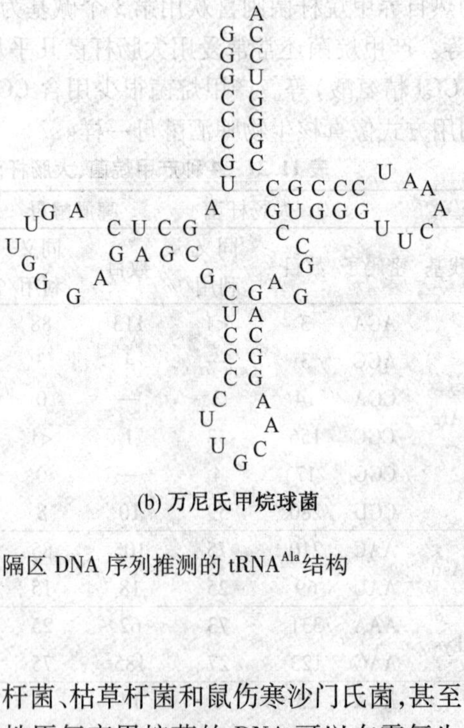

(b) 万尼氏甲烷球菌

图 11.16　根据 16S 与 23S rRNA 基因间隔区 DNA 序列推测的 tRNA^{Ala} 结构

11.5.3　基因工程

利用分子克隆技术已使产甲烷菌基因在大肠杆菌、枯草杆菌和鼠伤寒沙门氏菌,甚至啤酒酵母中克隆,有的基因还得到了表达。这表明,专性厌氧产甲烷菌的 DNA 可以在需氧生长的大肠杆菌等真细菌中指导合成功能产物。看来,将产甲烷能力从基质利用范围很窄和生长缓慢的产甲烷菌转移到基质利用范围广和生长快的发酵真细菌中去是有希望的。

1. DNA 分离

目前用以获取产甲烷菌 DNA 的破壁方法主要有 SDS 法、冷冻冲击和挤压器破壁法。SDS 用于溶破壁较脆的产甲烷菌。对于壁较为坚韧的产甲烷菌需用冷冻冲击或挤压器破壁,一般用 French 挤压器。DNA 分离与真细菌相同。

2. DNA 切割和重组

虽然已在埃奥利斯甲烷球菌中检出限制酶 Mae Ⅰ,Mae Ⅱ 和 Mae Ⅲ,但目前用的还都是真细菌的限制酶,较常用的有 Hind Ⅲ,Pst Ⅰ 和 Eco RⅠ。有些产甲烷菌难以被一些限制酶消化,如亨氏甲烷螺菌和奥伦泰杰产甲烷菌 DNA 难以用 Hind Ⅲ和 Alu I 来消化。目前应用的 DNA 连接酶为 T_4 DNA 连接酶。

3. 基因载体

表 11.22 是一些从产甲烷菌中分离出的质粒。pMP1 与染色体 DNA 一起存在于离心后的黏性沉淀中。pME 2001 和 pUBR 500 都存在于透明溶解产物的上清液中。它们都是功能未知的隐秘小质粒。虽然编码产甲烷菌代谢过程的基因有些可能位于质粒上,但在大多数菌株中检不出质粒,这一现象表明,产甲烷代谢的共同特征不是由质粒所决定的。

pET2411 是由 pME X001 与 pBR322 组建成的可能穿梭载体。它不仅在大肠杆菌中编码多肽,而且在有大肠杆菌 DNA 聚合酶 I 存在的情况下利用 pBR 322 的复制起点复制。从来自瘤胃的甲烷短杆菌 G 菌株中分离出一种烈性噬菌体。这是迄今所知唯一的产甲烷菌噬菌体。虽然已从产甲烷菌中分离出质粒和噬菌体,但目前用的基因载体还是真细菌质粒和噬菌体。质粒有:pBR 322,pEX 31,pEX 150,pNPT 20,pUR 2,pUC 8,pACYC 184,pHE 3 和 pUB 100 等。噬菌体有:λL47.1,λcharon 30,λ467,M13mp8 和 M13 mp 9 等。

表 11.22　产甲烷菌质粒

产甲烷菌	质粒名称	相对分子质量
球状菌 PL-12/M	pMP1	7.0
热自养甲烷杆菌 Marburg	pME2001	4.5
甲烷球菌 CS	pUBR500	8.7

4. 产甲烷菌 DNA 的克隆与表达

用含 his A,arg G,pro C 和 pur E 基因的产甲烷菌 DN A 去转化大肠杆菌等真细菌的含养缺陷菌株,由于产甲烷菌 DNA 中有大肠杆菌样的启动子序列和核糖体结合序列,结果就在大肠杆菌等真细菌中转录和转译,导致合成治愈宿主细胞营养缺陷的新蛋白质,从而产生对营养缺陷的互补作用。

值得一提的是,万尼氏甲烷球菌中也有真核生物中存在的能自主复制的序列(ARS)。含万尼氏甲烷球菌 ARS 的重组质粒不仅对酵母细胞有低的转化率,还能促使酵母转化体缓慢的生长。

5. 问题与展望

遗传操纵为改造微生物提供了最大的机会,产甲烷菌当然也不例外。但产甲烷菌特有的一些性质给遗传研究带来了很大的困难。生理屏障可以通过改进厌氧技术,选用生长最快的菌株和进一步了解产甲烷菌而得到克服,但研究周期总要比真细菌长。丝状和聚集体状态会推迟纯的无性繁殖系的分离,如果产甲烷菌有多基因组的话,情况会更加复杂。连续的选择压力会导致显性和隐性抗性标记基因的分离。但分离营养缺陷型时,诱变后使基因得以表达的时间很关键,此外,还需要有高效率的富集方法。产甲烷菌的古细菌性质迫使我们努力寻找专以产甲烷菌为靶子的抑制剂和降解产甲烷菌细胞壁的酶或试剂。

在产甲烷菌中得到选择性标记使得我们有可能研究自然和人工的基因互换,但目前只能用完整的细胞和同源线性染色体 DNA 寻找人工的基因交换。利用抗性突变型作为标记菌株可以研究起动、稳态运转期间或消化器发生故障后"接种"消化器群体的可行性。利用有效的诱变处理与选择技术可以分离出在消化器中表现优良性状的菌株。

有了基因转移系统,必须鉴定和分离要操纵的"靶"基因,但要用合适的条件致死突变型作为受体。马氏甲烷八叠球菌释放活的单细胞使形成聚集体的乙酸营养产甲烷菌的遗传研究成为可能。它还为一旦获了遗传标记,通过原生质体转化与融合促进遗传交换与重组展现了前景。

总之,产甲烷菌有其特殊的复杂问题,例如专性厌氧菌和古细菌的属性、独特的生化途径以及它在厌氧消化时的生境,所以有关遗传育种的策略必须考虑到这些问题,尤其是产甲烷菌的工业生境,即在原料组分和负荷率时刻变动的条件下的连续混合培养发酵。

第12章　产　氢　菌

12.1　微生物制氢概述

自 Nakamura 于1937年首次发现微生物的产氢现象，到目前为止已报道有20多个属的细菌及真核生物绿藻具有产氢能力。产氢细菌分属兼性厌氧或厌氧发酵细菌、光合细菌、固氮菌和蓝细菌4大类。过去的研究已经揭示了以上各类微生物产氢的基本代谢途径及参与产氢的关键性酶。

依据产氢能力的不同，目前备受关注的微生物产氢代谢途径主要有以下3种。

(1)以厌氧或兼性厌氧微生物为主体的暗发酵产氢，它以各种废弃生物质为原料、工艺条件要求简单、产氢速度最快，因此，暗发酵产氢技术的研究进展最快，离规模化的生产距离最近。

(2)以紫色光合细菌为主体的光发酵产氢，是暗发酵产氢的最佳补充，既能在暗发酵产氢的基础上，进一步提高底物向氢气的转化效率，又能消除暗发酵产氢过程中积累的有机酸对环境危害的隐患，暗、光发酵偶联制氢技术有望成为由废弃物或废水制氢的清洁生产工艺。

(3)蓝细菌和绿藻进行裂解水制氢，目前生物裂解水制氢技术在效率上仍处于劣势，但其以水作为制氢底物，在原料上具有优势。虽然，许多固氮菌也具有产氢能力，但是因为这类微生物产氢时需要的 ATP 来源于氧化有机物，而这些微生物氧化有机物产生 ATP 的效率非常低，所以，相对于以上其他产氢微生物而言，其产氢速率低，应用前景不是很好。对各类产氢微生物的生物学、遗传学及酶学特性的研究，将有助于解析这些微生物的产氢机理，同时也为进一步提高它们的产氢能力提供指导。

依据细菌的产氢代谢途径及产氢机理的不同，将分别介绍光解水产氢的微藻和蓝细菌、光发酵产氢的紫色光合细菌及暗发酵产氢的厌氧或兼性厌氧微生物。

近年，随着对绿藻光水解制氢技术研究的不断深入，发现了许多能够用于生物制氢的绿藻，主要包括淡水微藻和海水微藻。其他具有产氢能力的藻类有莱茵衣藻/斜生栅藻、海洋绿藻、亚心形扁藻和小球藻等。

能够产生氢气的蓝细菌有固氮菌鱼腥藻、海洋蓝细菌颤藻、丝状蓝藻等和非固氮菌，如聚球藻、黏杆蓝细菌等。研究表明，鱼腥藻属的蓝细菌生成氢气的能力远远高于其他蓝细菌属，其中，丝状异形胞蓝细菌和多变鱼腥蓝细菌都具有强大的产氢能力，因而受到人们的广泛关注。

目前研究比较深入的产氢蓝细菌主要有鱼腥藻属，念珠藻属的几种异形胞蓝细菌如丝状异形胞蓝细菌、多变鱼腥蓝细菌和念珠藻，个别胶州湾聚球菌属和集胞藻属的蓝细菌种类，它们的产氢速率为0.17～4.2 mol H_2/(mg·h)。绿藻研究的种类也非常少，最常见的是莱茵衣藻，其最高速度低于2 mL/(L·h)。蓝细菌或绿藻都具有两个光合作用系统，其中，光合作用系统Ⅱ(PSⅡ)能够吸收光能分解水，产生质子和电子，并同时产生氧气。在厌氧条件下，所产生的电子会被传递给铁氧还蛋白，然后分别由固氮酶或氢酶将电子传递给质子进一步形成氢气。蓝细菌或绿藻产氢的过程同时也是产氧的过程，然而氧气的存在会使固氮酶或氢酶的活性下降，所以在一般培养条件下，蓝细菌或绿藻的产氢效率非常低，甚至不能产氢。研究者们希望通过传统育种或基因工程的方法，来提高绿藻或蓝细菌的光裂解水产氢效。Lindberg，Lindblad，Liu，Masukawa 和 Yoshino 等分别对固氮蓝藻、鱼腥藻 PCC7120、念珠藻 PCC7422 等不同菌株进行了吸氢酶基因突变的研究，这些菌株都在氢气产量方面有不同程度的提高。Sveshnikov 利用一株化学诱变得到的多变鱼腥藻吸氢酶突变株 PK84 在连续产氢中获得的氢气产量提高 4.3 倍。德国 Kruse 等建立了莱茵衣藻的突变体库，从中筛选到 1 株 PSII 与 PSI 间循环电子链受阻的突变株，在该突变株中，光解水获得的电子，在光照阶段更多流向淀粉的合成，突变株中积累更多的淀粉，而在厌氧暗反应阶段，更多的电子流向氢酶，因而其产氢速率是出发菌株的 5 ~ 13 倍，突变株的最大产氢速度可达 4 mL/（L · h），能持续产氢 10 ~ 14 d，共产氢 540 mL。

12.2 暗发酵产氢的微生物

暗发酵产氢的微生物一般来说均属于厌氧细菌，根据其具体的氧气需求状况可分为严格厌氧和兼性厌氧两类。

12.2.1 严格厌氧产氢微生物

1. 中温厌氧产氢微生物

厌氧发酵制氢的纯培养物多数为中温菌，梭菌是中温厌氧发酵产氢的优势微生物。某些甲基营养型细菌（*Methylomonas albus*；*M. trichosporium*）、瘤胃球菌（*Ruminococcus albus*；*R. flavefacien*）、克雷伯氏菌（*Klebsiella*）和产甲烷菌（*Methanothrix soehngenii*；*Methanosarcina barker*）也具有一定的产氢能力。Fang 等通过 DGGE 分析利用蔗糖产氢的粒状淤泥渣发现其中69.1%的微生物属于梭菌属。梭菌不仅能够利用葡萄糖、果糖、淀粉产氢，还可以利用纤维素、半纤维素、木糖、木聚糖、几丁质等难降解的底物厌氧发酵产氢（表 12.1），其产氢过程由碳水化合物的中间代谢产物丙酮酸的厌氧代谢所驱动。Taguchi 等报道了目前梭菌中温厌氧发酵己糖的最大氢气产率为2.36 mol/mol 葡萄糖。目前已清楚地阐述了 *C. cellulolyticum* 水解纤维素产生氢气的代谢途径。当 *C. cellulolyticum* 快速水解纤维素时会引起丙酮酸积累，从而抑制其生长，降低其他代谢产物的产量。但当丙酮酸脱羧酶和醇脱氢酶过量表达时可以解除丙酮酸的积累，同时提高 H_2产量。

表 12.1 转化不同底物产氢的梭菌

菌种	底物	转化率
Clostridium sp. *strain no* 2	纤维素、半纤维素、木聚糖和木糖	2.06 mol H_2/mol 木糖，2.36 mol H_2/mol 葡萄糖
C. paraputrificum M-21	几丁质类	1.9 mol H_2/mol 乙酰葡萄糖胺
C. butyricum	蔗糖	2.78 mol H_2/mol 蔗糖
C. Saccharoperbutylacetonicum A	粗乳酪乳清	2.7 mol H_2/mol 乳糖
C. populeti	纤维素	1.6 mol H_2/mol 己糖
C. cellulolyticum	纤维素	1.7 mol H_2/mol 己糖
C. beijerinckii	餐厨垃圾	1.79 mol H_2/mol 己糖

已知的中温发酵产氢细菌包括:梭菌科(Clostridiaceae)、肠杆菌科(Enterobacteriaceae)、芽孢杆菌科(Bacillaceae)及毛螺旋菌科(Lachnosp iraceae)等。梭菌科(Clostridiaceae)中研究较多的是梭菌属(*Clostridium*)。梭菌属为产孢子细菌,其中,乙酸梭状芽孢杆菌(*C. acetobutylicum*)、丁酸梭状芽孢杆菌(*C. butyricum*)、拜氏梭状芽孢杆菌(*C. Pasteurianum*)等是已知的在丙酮丁醇发酵过程中的发酵产氢细菌. 研究等报道,*Clostridium* 属细菌的产氢率为1.1~2.3 mol/mol(以消耗的glucose计,下同)(Yokoi 等,1997;Evvyernie 等,2001)。

肠杆菌科(Enterobacteriaceae)研究较多的有肠道芽孢杆菌属(*Enterobacter*)、柠檬酸细菌属(*Citrobacter*)及克雷伯氏菌属(*Klebsiella*)。其中,肠杆菌属的分离菌是研究利用最多的纯菌,尤其是产气肠杆菌(*Enterobacter aerogens*)和阴沟肠杆菌(*E. cloacae*),产氢率在0.35~3.31 mol H_2/mol葡萄糖之间。埃希氏菌(*Escherichiacoli*)、柠檬酸细菌属(*Citrobacter*)和克雷伯氏菌属(*Klebsiella*)的产氢率分别达到2 mol H_2/mol 葡萄糖,1~2.49 mol H_2/mol 葡萄糖和1.0~1.8 mol H_2/mol 葡萄糖。

芽孢杆菌科(Bacillaceae)的杆状菌属(*Bacillus*)也常用于产氢发酵的研究. 杆状菌属是化学合成性厌氧或兼性厌氧细菌,持孢子形成能,对各种条件具有抗性(Holtetal,1994)。杆状菌属细菌的产氢率为0.58~2.28 mol/mol。

毛螺旋菌科(Lachnospiraceae)的瘤胃球菌(*Ruminococcusalbus*),其产氢率为2.37 mol H_2/mol 葡萄糖。瘤胃球菌属(*Ruminococcus*)属于球状或杆状形态的绝对厌氧、化学合成性细菌,末端产物为有机酸,乙醇,H_2和CO_2(Holt 等,1994)。

2. 嗜热厌氧产氢微生物

与中温微生物相比,嗜热微生物产氢的最大优势是代谢快、产量高,这可能与微生物在高温条件下通常以乙酸作为主要发酵产物,而中温条件下多产生混合产物(如乳酸、乙醇、丁醇等)有关。

(1)兼性及专性嗜热产氢细菌。

嗜热厌氧杆菌属(*Thermoanaerobacterium*)、嗜热产氢菌属(*Thermohydrogenium*)、栖热分支菌属(*Thermobrachium*)和嗜热的梭菌是研究较多的嗜热产氢细菌。

T. thermosaccharolyticum PSU-2 于60 ℃,pH=6.25 时氢气产率为2.53 mol/mol 己糖。*Thermobrachium* sp. 在其最佳产氢条件下(62 ℃,pH=7.2)的氢气产率为1.06 mol/mol 葡萄糖。

C. thermocellum 是最受瞩目的嗜热梭菌,它可以将纤维素迅速分解为葡萄糖,产生乙酸或乙醇、H_2和CO_2等。C. thermocellum 以脱木质素的木纤维发酵产氢,氢气产率为1.6 mol/mol 葡萄糖。*C. thermocellum* 的代谢通量反映碳同化速率,不同碳流量可以改变pH、氧化还原电势和代谢终产物的积累。在低营养条件下,分解代谢与合成代谢紧密联系,可获得较高生物产量。反之,在富营养时可以通过分解代谢产生高碳通量速率、低生物量、低生长效率和“代谢溢流”。所以,低营养条件利于 *C. thermocellum* 代谢途径向产氢方向进行。

另外,*C. thermolacticum* 利用乳糖产氢的代谢途径已基本阐述清楚,氢气产率为2.1 mol/mol 乳糖~3.0 mol/mol 乳糖。

(2)极端嗜热产氢细菌。

Caldicellulosiruptor saccharolyticus 和热胞菌属(*Thermotoga*)在厌氧发酵葡萄糖产氢时,氢气产率可达理论产氢量的90%左右。*C. saccharolyticus* 通过EM途径每水解1 mol 葡萄糖最多可以产生3.6 mol H_2。

热胞菌属的所有成员都具有一定的产氢能力。*T. elfii* 的氢气产率为 3.3 mol/mol 葡萄糖。*T. neapolitana* 发酵以离子液体预处理的纤维素时,氢气产率为 2.2 mol/mol 葡萄糖。

将比较基因组学和功能基因组学引入到热胞菌属代谢功能多样性研究中发现,热胞菌属不仅含有编码淀粉酶及其水解产物转运蛋白的基因,还含有编码纤维素酶、果胶酶、木聚糖酶及其水解产物转运蛋白的基因和基因簇。由此可推断,热胞菌属不仅能够降解由 α-1,4,α-1,6 糖苷键连接的寡糖和多聚糖(如麦芽糖、淀粉、普鲁兰多糖等),还具有利用由 β-1,4,β-1,3 和 β-1,6 糖苷键连接的寡糖和多聚糖(如纤维素、纤维二糖、胶质、海带多糖、木聚糖等复杂的碳水化合物)产生氢气的潜力。Van Ooteghem 等对 *T. neapolitana* 利用纤维素、纤维二糖、可溶性淀粉和蛋白质等不同底物产氢进行了研究。*T. elfii* 和 *C. saccharolyticus* 已经用于转化废纸浆、富含木质纤维的物质产氢气研究,*T. maritima* 和 *T. neapolitana* 已用于优化产氢工艺的分批发酵实验。

另外,*T. neapolitana* 和 *T. maritime* 在微好氧条件下发酵时的氢气产量通常高于其厌氧发酵的产量。据推测,在代谢过程中一部分葡萄糖利用分子氧作为电子受体被氧化,以满足微生物的能量需求,另一部分葡萄糖则通过可以增加 H_2 产量的途径进行代谢。同时,由于这类微生物的氧化还原酶铁硫中心的合成或修复途径以及半胱氨酸合成途径过量表达,解除了氧气的毒害作用。

深入了解微生物的代谢途径可以指导和调控微生物的产氢代谢途径,目前已对 *T. maritima* 中糖代谢途径的很多细节(如 ABC 转运系统)进行了预测,但是其中一些局部和整体调控机制还需要深入研究。

(3)超嗜热产氢古菌。

能够产生氢气的极端嗜热古菌多属于热球菌目(Thermococcales),可以利用糖类或多肽进行产氢代谢。热球菌目包括火球菌属(*Pyrococcus*)和热球菌属(*Thermococcus*)两个主要的属,其中多数成员主要以硫元素(S^0)作为末端电子受体在厌氧条件下产生 H_2S,少数异养的种类可以在不存在硫元素的条件下利用碳水化合物生长,并产生唯一还原性终产物氢气。Tamotsu Kanai 等研究了 *T. kodakaraensis* KOD1 的产氢特性并对其产氢代谢途径进行了探讨,*T. kodakaraensis* KOD1 在稀释速率为 0.8/h 时连续发酵丙酮酸的最大产氢速率为 59.6 mmol/(g · h)。*T. kodakaraensis* KOD1 发酵淀粉产氢时,通过修饰的 EMP 途径将葡萄糖转化为丙酮酸,丙酮酸经氧化途径生乙酸和氢气,同时丙酮酸通过还原途径生成丙氨酸。丙氨酸的生成与氢气的生成具有竞争作用。因此,抑制丙氨酸的生成可以增加氢气产量。

P. furiosus 以麦芽糖作为底物连续发酵产氢,在稀释率为每 0.40 ~ 0.65/h 时,产氢速率为 80 mmol/(g · h)。通过比较基因组学和功能基因组学研究发现,*P. furiosus* 具有可以降解纤维素的 β-葡萄糖苷酶、内切-β-1,3-葡萄糖苷酶和摄取纤维二糖的 ABC 转运子,*T. kodakaraensis* KOD1 可以通过胞外几丁质酶(具有双重催化结构域)、N-乙酰壳二糖脱酰酶和外切-β-D-氨基葡萄糖苷酶组成的一种新的几丁质代谢途径同化几丁质和相关的低聚物。*T. litoralis* 可以利用蛋白质和其他难以降解的底物,目前已成功地应用于动物角蛋白废弃物两步发酵法生物制氢。

与超嗜热古菌产氢密切相关的氢酶还需要深入研究。目前,已鉴定了 *P. furiosus* 中存在两种可溶性 NAD(P)还原性(Hyh1,Hyh2)氢酶和 1 种耗能的多亚基膜结合[NiFe]氢酶。*T. litoralis* 中确定了一种胞质[NiFe]氢酶(Hyh1)的存在,但是已有另一种可溶性氢酶(Hyh2)和膜结合氢酶基因存在于 *T. litoralis* 中的证据。最近报道 *T. litoralis* 中存在一种特殊的操纵子,该操纵子可以编码与 *E. coli* 中甲基氢解酶系统的组分具有高度序列相似性的亚基组成的复合体。该复合体虽然也是由甲基脱氢酶亚基与氢酶联合并结合于膜上,但是与 *E. coli* 中的甲基氢解酶复合体在糖代谢中发挥作用不同,在 *T. litoralis* 中它可能与多肽的代谢相联系。

(4)嗜热一氧化碳营养型产氢菌。

自然界存在着一类可以通过 $CO+H_2O \rightarrow CO_2+H_2$,厌氧氧化一氧化碳产生等量氢气和二氧化碳的微生物。由于氢气是其代谢中唯一还原性产物,故称之为"产氢菌"。目前已发现 11 种"产氢菌"(表 12.2),其中既包括嗜热细菌又包括嗜热古菌。目前唯一一个从海洋中分离到的超嗜热一氧化碳营养型产氢菌 *Caldanaerobacterium subterraneus* subsp. *pacificus* 除了能够利用 CO 生长外,还可以利用几种单糖、二糖、纤维素和淀粉营有机营养生长。

表 12.2　分离到的嗜热一氧化碳营养型产氢菌

微生物	GenBank	分离地点	生境
Carboxydothermus hydrogenoformans	NC-002972	Kunashir, Kuril, Islands Kamchatka	高温沼泽,68 ℃,pH=5.5
Carboxydothermus restrictus	Not avialihle	Raoul Island, Kermadeck Archipelago	海底热液
Carboxydocella thermautotrophica	AY061974	Gezyer Valley, Kamchatka	陆地温泉,60 ℃, pH=8.6
Thermasinus Garboxydivorans	AY519200	Norris Basin, YNP, USA	陆地温泉,50 ℃, pH=7.5
Thermococcus sp. AM4	AJ583507	East Pacific Rise	海底热液喷口
Caldanaerobacter subterraneus subsp. *Pacificus* (*formerly Carboxydibrachium pacificum*)	AF120479	Okinawa Trough	海底热液喷口 110～130 ℃
Caldanaerobacter subterraneus strain 2707	EF554599	Kunashir, Kuril Islands	陆地温泉
Thermincola carboxydiphila strain 2204	AY603000	Baikal Lake region	温泉 55 ℃, pH=8.0
Carboxydocella sporoproducens sp. *nov*	AY673988	Karymskoe Lake	温泉 60 ℃, pH=6.8
Thermolithobacter carboxydivorans Strain JW/KA-2	DQ095862	Calcite Spring, Yellow-stone N. P.	温泉 73 ℃, pH=7.3
Thermincola. ferriacetica strain Z-0001	AY631277	Kunashir Island	富含 Fe^{3+} 的陆地热泉 57～60 ℃, pH=7.0～7.2

一氧化碳脱氢酶和氢酶是一氧化碳代谢的关键酶。通过对分离自深海热泉的极端嗜热古菌 *Thermococcus* sp. AM4 的研究,第一次证实了厌氧一氧化碳的氧化与氢气的产生相耦联。通过对 *C. hydrogenoformans* 基因组序列的分析,推测其一氧化碳脱氢酶是一种含 Ni 的、具有 4 个

[4Fe-4S]簇、由5个蛋白质亚基组成的电子转移蛋白;氢酶为膜结合[NiFe]氢酶,它与一类[NiFe]氢酶(该酶与一种储能的 NADH:醌氧化还原酶具有序列相似性)具有高度的序列相似性。在 *C. hydrogenoformans* 中,CO 可通过乙酰-CoA 途径由一氧化碳脱氢酶催化,氧化为 CO_2,同时在氢酶的作用下将质子还原为 H_2。"产氢菌"的一氧化碳脱氢酶并不属于目前已知的4种厌氧微生物一氧化碳脱氢酶中的任何一种,是一种只负责 CO/CO_2 氧化还原作用的单功能酶。另外,由于"产氢菌"的代谢反应不同于经典的底物水平磷酸化和氧化磷酸化,所以其氢酶应该通过一种目前未知的能量储存机制储存能量。

嗜热一氧化碳营养菌的发现,使水汽转化氢气从化学法向生物法转变时,除了光合细菌及产甲烷菌以外又多了一种可选择的资源。

12.2.2 兼性厌氧产氢微生物

埃希氏菌属(*Escherichia*)和肠杆菌属(*Enterobacter*)是典型的具有产氢能力的兼性厌氧微生物,它们含有细胞色素体系,通过分解甲酸的厌氧代谢途径产氢。

E. coli 是研究的最透彻的产氢微生物,它通常作为基因工程改造的对象在厌氧产氢中深入研究。

E. aerogenes 是肠杆菌属中报道的第一个发酵产氢的种,它在100% H_2气压下可表现出非抑制性生长。分离自产甲烷污泥中的 *E. aerogenes* HU-101 可用于发酵含甘油的生物柴油废弃物生产 H_2和乙醇。*E. cloacae* DM11 是迄今肠杆菌属 H_2产率最大的种(连续发酵产氢率为3.8 mol/mol 葡萄糖)。

发酵产氢微生物可以在发酵过程中分解有机物产生氢气、二氧化碳和各种有机酸。它包括梭菌科中的梭菌属(*Clostridium*),丁酸芽孢杆菌属(*Clotridiumbutyricum*),肠杆菌科的埃希氏菌属(*Escherichia*)、肠杆菌属(*Enterobacter*)和克雷伯氏菌属(*Klebsiella*),瘤胃球菌属(*Ruminococcus*),脱硫弧菌属(*Desulfovibrio*),柠檬酸杆菌属(*Citrobacter*),醋微菌属(*Acetomicrobium*),以及芽孢杆菌属((*Bacillus*)和乳杆菌属(*Lactbacillus*)某些种。最近还发现螺旋体门(*Spirochaetes*)和拟杆菌门(*Bacteriodetes*)的某些种属也能发酵有机物产氢。其中,研究比较多的是专性厌氧的梭菌科和兼性厌氧的肠杆科的微生物。

不同种类的微生物对同一有机底物的产氢能力是不同的,通常严格厌氧菌高于兼性厌氧菌。据文献报道,梭状芽孢杆菌属细菌的产氢能力为190~480 mL H_2/g 己糖,最大产氢速率为4.2~18.2 L H_2/(L·d);肠杆菌属细菌的产氢能力为82~400 mL H_2/g 己糖,在连续发酵工艺中,最大产氢速率为11.8~34.1 L H_2/(L·d)。肠杆菌属的微生物可以通过混合酸或2,3-丁二醇发酵代谢葡萄糖。在两种模式中,除了产生乙醇和2,3-丁二醇外,都可利用甲酸产生二氧化碳和氢气。

随着研究不断的广泛开展,一些新的具有高效产氢能力的菌株被分离,最近一些需氧的产氢微生物气单胞菌(*Aeromonas* spp.)、假单胞菌(*Pseudomonos* spp.)和弧菌(*Yibrio* spp.)被分离,产氢量为1.2 mmol/mol 葡萄糖。在嗜热的酸性环境中,兼性厌氧的产氢菌热袍菌(*Thermotogales* sp.)和芽孢杆菌(*Bacillus* sp.)也被分离到了。还有一些嗜热厌氧菌如高温厌氧芽孢杆菌属(*Thermoanaerobacterium*)、热解糖热厌氧(*T. thermosaccharolyticum*)和地热脱硫肠状菌(*Desulfotomaculum geothermicum*)在嗜热酸性环境中厌氧发酵产氢。Shin 报道 *Thermococcus kodakaraensis* KOD1 在最适温度85 ℃下发酵产氢,热解糖梭菌(*C. thermolacticum*)能在58 ℃时将乳糖转化成氢气和有机酸,产氢量为2.4 mol/mol 葡萄糖。甚至一株在有氧和无氧下都能产氢的产酸克雷伯氏菌(*Klebisella oxytoca*)HP1 从热喷泉中分离获得,在连续发酵时的转化效率为3.6 mol H_2/mol 蔗糖(32.5 %),最佳起始 pH 为7.0。哈尔滨工业大学从连续流反应器中分离到的菌株 *Ethanologenbacterium* sp. *strain* X-1 的最大产气速度为28.3 mmol H_2/(g·h),鉴定表明其属于一新属 *Ethanologenbacterium*。

最近相关研究为大规模筛选产氢细菌提供了更为直观和简便的技术手段,该方法通过一种水溶性的颜色指示剂对产氢过程进行监测,在催化剂存在的条件下,该颜色指示剂可以被氢气还原,发生颜色改变,从而可以用颜色的变化代替发酵后气体成分的检测从而对产氢细菌进行快速筛选,将为高效产氢纯菌的筛选打下了很好的基础。

通过基因工程改造产氢微生物的代谢途径将有助于它们的产氢能力提高。最近的一项研究以大肠杆菌 SRl3 为出发菌株,对厌氧发酵过程中的乳酸和琥珀酸途径进行阻断,构建了大肠杆菌 SRl4,使系统中更多的还原力和电子用于产氢,提高产氢量。另外,该研究通过三步法对甲酸裂解酶进行了有效诱导,缩短了从培养到产氢的过程,而且可以减少大量厌氧培养过程,使得整个发酵过程更为经济有效。Liu 等通过敲除酪丁酸梭菌乙酸激酶和 PHA 合成酶阻断了合成丁酸和 PHB 的代谢通路,使得氢气产量从1.35 mol/mol 葡萄糖提高到2.61 mol/mol 葡萄糖。另一项研究通过克隆类腐败梭菌中的铁氢酶基因,并将其在类腐败梭菌中过量表达,得到了产氢量比野生型菌株提高1.7倍的重组菌株。在重组菌株中,由于氢酶的过量表达,NADH 被过量氧化,从而使得依赖于 NADH 的乳酸途径几乎被阻断,增加了乙酸和氢气的产量。

除了分离纯化出来的纯菌用于生物制氢,近几年来,优化选育后的混合菌群产氢更受关注。因为混合菌群底物适应能力强,能分解复杂的废弃物进行发酵,并且生长条件不苛刻,所以大多数研究者更愿意选择混合菌群作为接种物。目前用于研究的混合菌群主要有活性污泥、各种动物粪便堆肥、土壤等。这些来源于天然或人工组配的混合菌群以群落的形式存在和发挥作用:其组成成员在底物利用方面存在相互补性,或者能通过一些方式促进产氢菌的活性,例如,互相提供生长因子、改善产氢环境、通过利用产氢代谢产物以缓解相互间的反馈抑制等。因此混合菌群在产氢过程中具有多样的生理代谢功能和生态适应性能力,常比一般的纯菌种具有更高的产氢效率。目前混合菌群产氢的最高效率是437 mL H_2/g 已糖,该结果是在发酵条件 pH=5.5,55 ℃,水力停留时间为84 h 的半连续反应器中得到的。从产氢菌群多样性的分析结果获知,在暗发酵产氢的菌群体系中,梭菌属占到了64.6 %,这些微生物能把废弃物中的碳水化合物转变成氢气和低分子有机酸或者醇类。

12.2.3　厌氧发酵生物制氢途径

生物制氢过程可分为厌氧光合制氢和厌氧发酵制氢两大类。其中,前者所利用的微生物为厌氧光合细菌(及某些藻类),后者利用的则为厌氧化能异养菌。与光合制氢相比,发酵制氢过程具有微生物比产氢速率高、不受光照时间限制、可利用的有机物范围广、工艺简单等优点。因此,在生物制氢方法中,厌氧发酵制氢法更具有发展潜力。

厌氧发酵制氢是一种新兴的生物制氢技术,它利用可再生的厌氧发酵微生物作为反应主体,利用包括工农业废弃物在内的多种有机物作为基质来产生氢气,他不仅耗能少,成本低廉,而且有巨大的应用前景和发展潜力。但是,它也存在着基质利用率较低、发酵产氢微生物不易获得和培养等一系列的问题。

厌氧发酵生物制氢过程有3种基本途径:混合酸发酵途径、丁酸型发酵途径、NADH 途径,如图 12.1 所示。

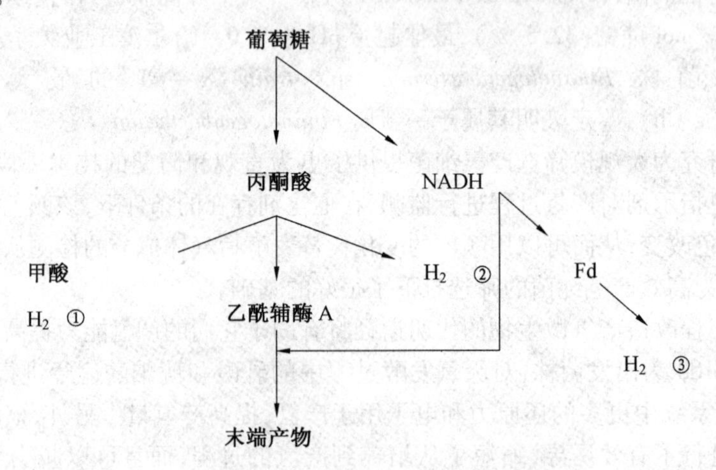

图 12.1　厌氧发酵产氢的 3 种途径

①混合酸发酵途径；②丁酸型发酵途径；③NADH 途径

从图 12.1 中可以看出，葡萄糖在厌氧条件下发酵生成丙酮酸（EMP 过程），同时产生大量的 NADH 和 H^+，当微生物体内的 NADH 和 H^+ 积累过多时，NADH 会通过氢化酶的作用将电子转移给 H^+，并释放分子氢。而丁酸型发酵和混合酸发酵途径均发生于丙酮酸脱羧作用中，它们是微生物为解决这一过程中所产生的"多余"电子而采取的一种调控机制。

1. 丁酸型发酵产氢途径

以丁酸型发酵途径进行产氢的典型微生物主要有：梭状芽孢杆菌属、丁酸弧菌属等；其主要末端产物有：丁酸，乙酸，CO_2 和 H_2 等。

丁酸型发酵产氢的反应方程式可以表示为

$$C_6H_{12}O_6 + 2H_2O \rightarrow 2CH_3COOH + 2CO_2 + 4H_2$$

$$C_6H_{12}O_6 \rightarrow CH_3CH_2CH_2COOH + 2CO_2 + 2H_2$$

从图 12.2 可以看出，在丁酸型发酵产氢过程中，葡萄糖经 EMP 途径生成丙酮酸，丙酮酸脱羧后形成羟乙基与硫胺素焦磷酸酶的复合物，该复合物接着将电子转移给铁氧还蛋白，还原的铁氧还蛋白被铁氧还蛋白氢化酶重新氧化，产生分子氢。

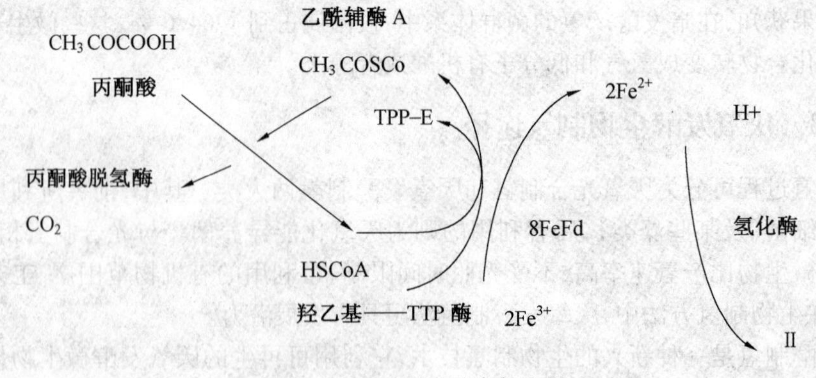

图 12.2　丁酸型发酵产氢途径

2. 混合酸发酵产氢途径

以混合酸发酵途径产氢的典型微生物主要有：埃希氏菌属和志贺氏菌属等，主要末端产物有：乳酸（或乙醇），乙酸，CO_2，H_2 和甲酸等。其总反应方程式可以表示为

$$C_6H_{12}O_6+2H_2O \rightarrow CH_3COOH+C_2H_5OH+2CO_2+2H_2$$

由图12.3可以看出，在混合酸发酵产氢过程中，由EMP途径产生的丙酮酸脱羧后形成甲酸和乙酰基，然后甲酸裂解生成CO_2和H_2。

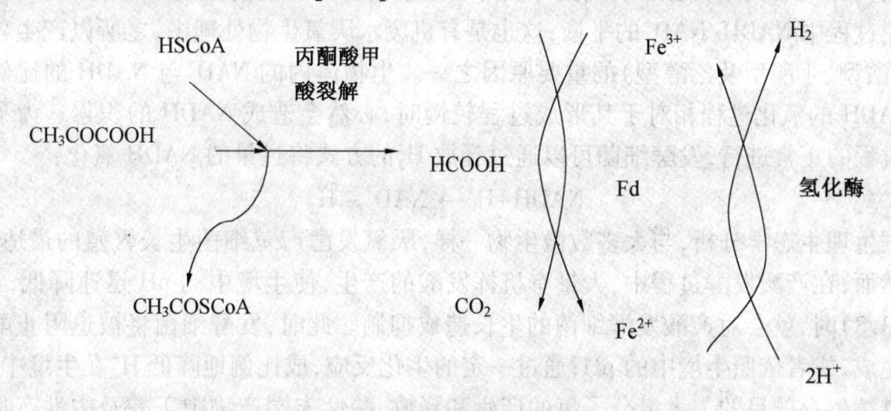

图12.3　混合酸发酵产氢途径

12.2.2　厌氧发酵产氢机理

许多微生物在代谢过程中能够产生分子氢，其中已报道的化能营养性产氢微生物就有40多个属，其中一些产酸发酵细菌具有很强的产氢能力。根据国内外大量资料分析，对于发酵生物制氢反应器中的微生物而言，可能的产氢途径有3种：EMP途径中的丙酮酸脱羟产氢，辅酶I的氧化与还原平衡调节产氢以及产氢产乙酸菌的产氢作用。

1. EMP途径中的丙酮酸的脱羧产氢

厌氧发酵细菌体内缺乏完整的呼吸链电子传递体系，发酵代谢过程中通过脱氢作用所产生的"过剩"电子，必须适当的途径得到"释放"，使物质的氧化与还原过程保持平衡，以保证代谢过程的顺利进行。通过发酵途径直接产生分子氢，是某些微生物为解决氧化还原过程中产生的"过剩"电子所采取的一种调节机制。

能够产生分子氢的微生物必然还有氢化酶，目前，人们对蓝细菌和藻类的氢化酶研究已取得了较大的进展，但是，国际上对产氢发酵细菌的氢化酶研究较少，Adams报道了巴氏梭状芽孢杆菌(*Clostridium pasteurianum*)中含氢酶的结构、活性位点及代谢机制。细菌的产氢作用需要铁氧还蛋白的共同参与，产轻产酸发酵细菌一般含有8Fe铁氧还蛋白，这种铁硫蛋白首先在巴氏梭状芽孢杆菌中发现，其活性中心为$Fe_4S_4(S-CyS)_4$型。螺旋体属亦为严格发酵碳水化合物的微生物，在代谢上与梭状芽孢均属相似，经糖酵解EMP途径发酵葡萄糖生成CO_2，H_2，乙酸，乙醇等作为主要末端产物，该属也有些种以红氧还蛋白替代铁氧还蛋白，其活性中心为$Fe_4(S-CyS)_4$型。

产氢产酸发酵细菌(包括螺旋体属)的直接产氢过程均发生于丙酮酸脱羧作用中，可分为两种方式：①梭状芽孢杆菌型：丙酮酸首先在丙酮酸脱氢酶作用下脱羧，羟乙基结合到酶的TPP上，形成硫胺素焦磷酸——酶的复合物，然后生成乙酰CoA，脱氢将电子转移给铁氧还蛋白，使铁氧还蛋白得到还原，最后还原的铁氧还蛋白被铁氧还蛋白氢化酶重氢化，产生分子氢。②肠道杆菌型：此型中，丙酮酸脱羧后形成甲酸，然后甲酸的一部分或全部转化为H_2和CO_2。由以上分析可见，通过EMP途径的发酵产氢过程，不论是梭状芽孢杆菌型还是肠道杆菌型，虽然他们的产氢形式有所不同，但其产氢过程均与丙酮酸脱羧过程密切相关。

2. NADH/NAD⁺的平衡调节产氢

生物制氢系统内,碳水化合物经 EMP 途径产生的还原型辅酶 I($NADH^+/H^+$),一般可通过与一定比例的丙酸、丁酸、乙醇或乳酸等发酵相耦联而得以氧化为氧化型辅酶 I(NAD^+),从而保证代谢过程中 $NADH/NAD^+$的平衡,这也是有机废水厌氧生物处理中,之所以产生各种发酵类型(丙酸型、丁酸型及乙醇型)的重要原因之一。生物体内的 NAD^+与 NADH 的比例是一定的,当 NADH 的氧化过程相对于其形成过程较慢时,必然会造成 NADH 的积累。为了保证生理代谢过程的正常进行,发酵细菌可以通过释放 H_2的方式将过量的 NADH 氧化:

$$NADH+H^+ \rightarrow NAD^+ + H_2$$

根据生理生态学分析,与大多数微生物一样,厌氧发酵产氢细菌生长繁殖的最适 pH 在 7 左右。然而,在产酸发酵过程中,大量有机挥发酸的产生,使生境中的 pH 迅速降低,当 pH 过低($pH<3.8$)时,就会对产酸发酵细菌的生长造成抑制。此时,发酵细菌将被迫阻止酸性末端产物的生成,或者依照生境中的 pH,通过一定的生化反应,成比例地降低 H^+在生境中的浓度,以达到继续生存的目的。大量分子氢的产生和释放,酸性末端产物中丁酸及中性产物乙醇的增加,正是这种生理需求的调节机制。

3. 产氢产乙酸菌的产氢作用

产氢产乙酸细菌(H_2-producing acetogens)能将产酸发酵第一阶段产生的丙酸、丁酸、戊酸、乳酸和乙醇等,进一步转化为乙酸,同时释放分子氢。这群细菌可能是严格厌氧菌或是兼性厌氧菌,目前只有少数被分离出来。

12.2.3 厌氧发酵生物制氢研究现状

到目前为止,研究者们对厌氧发酵生物制氢途径进行了多种多样的探索和研究,并取得了一定的成果。大部分研究者主要研究了不同产氢菌株利用不同基质时的比产氢能力。根据研究者们所用产氢菌种的不同,本节简单介绍了厌氧发酵生物制氢的研究现状。

1. 产酸发酵微生物的生物学特性

研究发现,产酸阶段的生物群落组成中,尽管有细菌、原生动物和真菌的存在,但是起决定作用的还是细菌。根据资料统计,这些细菌主要有 18 个属,50 多种。包括气杆菌属、产碱杆菌属、芽孢杆菌、拟杆菌属(*Bacteroides*)、梭状芽孢杆菌属(*Clostridium*)、埃希氏杆菌属、克氏杆菌属(*Klebsiella*)、细螺旋体属(*Leptospira*)、小球菌属、副大肠杆菌属、奈氏球菌属(*Neisseria*)、变形杆菌属、假单孢杆菌属、八叠球菌属、红极毛杆菌属(*Phodopseudomonas*)、链球菌属(*Streptococcus*)等。其中专性厌氧产酸发酵细菌的数目一般为 $10^8 \sim 10^{12}$ 个/mL。Zajic(1977)指出,降解不同基质废物的微生物群系类型差别很大。当降解纤维素时,主要产酸发酵微生物有蜡状芽孢杆菌(*Bacillus cereus*)、巨大芽孢杆菌(*Bacillus megatheriun*)、粪产碱杆菌(*Alcaligenesfaecalis*)、普通变形杆菌(*Proteus vulgaris*)、铜绿色假单孢杆菌(*Pseudomonas asruginosa*)、细螺旋体属、食爬虫假单胞菌(*Ps. reptilovora*)和核黄素假单胞菌(*Ps. riboflavina*)等。当降解淀粉时,主要产酸发酵微生物有亮白微球菌(*Micrococcus candidus*)、易变异小球菌(*Micrococcus varians*)、尿素小球菌(*M. ureae*)、蜡状芽孢杆菌、巨大芽孢杆菌和假单孢菌属的许多种生长较好。当废物中蛋白质含量较高时,主要产酸发酵微生物有蜡状芽孢杆菌、环状芽孢杆菌(*Bacillus circulans*)、球形异芽孢杆菌(*B. coccoideus*)、枯草芽孢杆菌(*B. Subtilis*)、变异小球菌、埃希氏大肠杆菌、副大肠杆菌和假单孢菌属的一些种生长较好。当废物中有植物油(如向日葵油)时,小球菌属、芽孢杆菌属、链球菌属、产碱杆菌属和假单孢菌属的生长较好。

2. 产酸发酵微生物的发酵途径

发酵是微生物在厌氧条件下所发生的、以有机物质作为电子供体和电子受体的生物学过程，这一过程不具有以氧或硝酸盐等作为电子受体的电子传递链。即在无氧条件下，产酸发酵微生物的产能代谢过程仅能依赖底物水平磷酸化等产生能量。微生物的发酵过程主要解决两个关键问题：一是提供产酸发酵微生物生长与繁殖所需要的能量；二是保证氧化还原过程的内平衡。

底物水平磷酸化是指在生物代谢过程中，ATP 的形成直接由代谢中间产物（含高能的化合物）上的磷酸基团转移到 ADP 分子上的作用。由于由 1 mol ADP 生成 1 mol ATP 时需 -31.8 kJ 能量，所以高能化合物的吉布斯自由能应大于-31.8 kJ/mol。在自然界中，常见乙酸与其他酸的发酵相耦联，这主要是由于乙酸的产生可提供较多的能量。有些中间产物的含能不足以通过底物水平磷酸化释放足够的能量直接耦联合成 ATP，但仍能使发酵细菌生长，在此情况下，底物的分解代谢可与离子泵相连，建立起质子泵或 Na^+ 泵的跨膜梯度。

由于微生物种类不同，特别是产酸发酵微生物对能量需求和氧化还原内平衡的要求不同，会产生不同的发酵途径，即形成多种特定的末端产物。从生理学角度来看，末端产物组成是受产能过程、$NADH/NAD^+$ 的氧化还原耦联过程及发酵产物的酸性末端数支配，由此形成了表 12.3 所示的在经典生物化学中不同的发酵类型。

表 12.3　碳水化合物发酵的主要经典类型

发酵类型	主要末端产物	典型微生物
丁酸发酵（Butyric acid fermentation）	丁酸，乙酸，H_2+CO_2	梭菌属（*Clostridium*） 丁酸梭菌（*C. butyricum*）
丙酸发酵（Propionic acid fermentation）	丙酸，乙酸，CO_2	丁酸弧菌属（*Butyriolbrio*） 丙酸菌属（*Propionibacterium*）
混合酸发酵（Mixed acid fermentation）	乳酸，乙酸，乙醇，甲酸，CO_2，H_2	费氏球菌属（*Veillonella*） 埃希氏杆菌属（*Eschetichia*） 变形杆菌属（*Proteus*） 志贺氏菌属（*Shigella*）
乳酸发酵（同型）（Lactic acid fermentation）	乳酸	沙门氏菌属（*Salmonella*） 乳杆菌属（*Lactobacillus*）
乳酸发酵（异型）（Lactic acid fermentation）	乳酸，乙醇，CO_2	链球菌属（*Streptococcus*） 明串珠菌属（*Leuconostoc*） 肠膜状明串珠菌（*Lmesenteroides*）
乙醇发酵（Ethanol fermentation）	乙醇，CO_2	葡聚糖明串珠菌（*L. dextranicum*） 酵母菌属（*Saccharomyces*） 运动发酵单孢菌属（*Zymomonas*）

细菌作用下的复杂碳水化合物发酵途径如图 12.4 所示，从图中可见，复杂碳水化合物首先经水解后生成葡萄糖，在厌氧条件下，通过糖酵解（Glycolysis，又称 EMP）途径生成的丙酮酸，经发酵后再转化为乙酸、丙酸、乙醇或乳酸等。

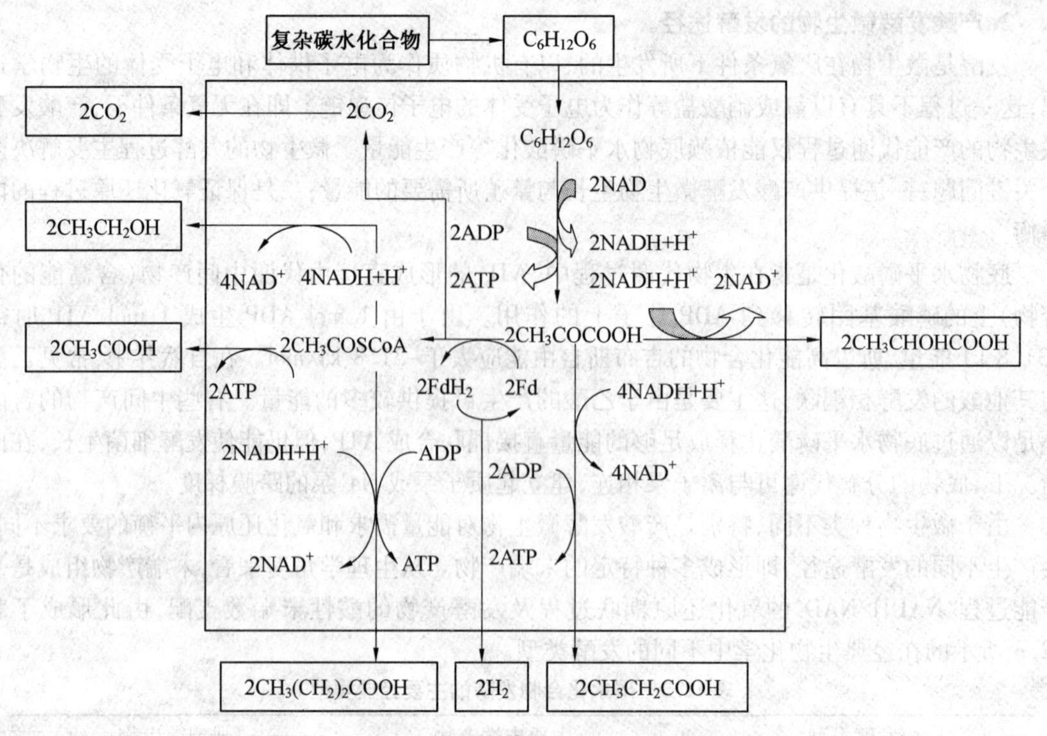

图 12.4 细菌作用下的复杂碳水化合物发酵途径

12.3 光合作用制氢

能源是人类生存与发展的物质基础,人类所用的能源主要是石油、天然气和煤炭等化石燃料。化石燃料是远古时期动植物遗体沉积在地层中经过亿万年的演变而来的,是不可再生能源,其储量有限。

全球已探明的石油储量约为 1.5×10^{12} t,按现消费水平到 2040 年将枯竭;天然气储量约为 1.2×10^{12} t,仅够维持到 2060 年,煤炭储量约为 5.5×10^{12} t,也仅可用 200 年。我国石油资源有限,每年自产原油一亿多吨,但远不能满足国民经济发展的需要。2001 年我国进口石油产品超过 7×10^9 t,2002 年进口超过 8×10^9 t,呈现逐年上升趋势。此外,化石燃料的燃烧产物 CO_2 会造成温室效应,燃烧副产物氮氧化物、硫氧化物等既可导致空气污染,又可能形成酸雨,危害甚大。因此,寻找可再生能源成为各国政府能源战略的主导政策。

地球上的能源均来源于太阳,每年入射到地球表面的太阳能为 5.7×10^{24} t,约为人类所用能源的 10 000 倍,因此可以说太阳能“取之不尽、用之不竭”。但太阳能的利用需要有效的载体,需要将太阳能进一步转化为一种可以储存、运输和连续输出的能源。氢能就是能量载体,具有高效、无污染、适用范围广等显著优点。

目前氢的制备主要包括化石原料制氢和电解水制氢两种途径,但其成本昂贵。前者需要消耗大量的石油、天然气和煤炭等宝贵的不可再生资源;而后者则以消耗大量的电能为代价,每生产 1 m^3 的氢需要消耗 4 ~5 kW · h 的电能。要使氢能成为未来能源结构中的重要支柱,其关键是建立一种能简单、快速、高效的从富含氢元素的水中制取氢的新技术。生物制氢特别是微藻制氢是近年来制氢领域的研究热点。

生物制氢包括发酵制氢和光合作用制氢。前者利用异养型的厌氧菌或固氮菌分解小分子的有机物制氢,而后者则利用光合细菌或微藻直接转化太阳能为氢能,特别是微藻制氢的底物是水,其来源丰富,是目前国际上生物制氢领域的研究热点。我国在光合细菌制氢方面尽管起步较晚,但也取得了一些进展,而在微藻制氢方面除20世纪80年代有少量报道外,近10年来鲜有报道。

12.3.1 光合制氢机理

微藻靠光合作用固定CO_2来维持生长,同时在光合作用过程中会分解水放出O_2。光合作用进时首先利用类囊体膜表面的捕光色素吸收光能,吸收的光能传递到光系统II(PhotosystemII, PSII)的反应中心后将水分解为H^+(质子)和O_2,并释放电子(太阳能被固定)。随后电子在类囊体膜电子传递链上按一定次序进行传递,在经过以细胞色素b_6/f复合体和光系统I(Photosystem I)为主的一系列电子传递体后,传递给铁氧还蛋白(Ferrdoxin, Fd),并进一步还原$NADP^+$产生NADPH(还原力)。在电子传递过程中会把细胞质(蓝藻)或叶绿体基质(绿藻)中的H^+跨膜运输到类囊体腔中,并形成一定的质子梯度。类囊体腔中的质子经过位于类囊体膜上的ATP合成酶转运回细胞质或基质中时偶联ATP。在蓝藻和绿藻中,电子在传给Fd可能不传给$NADP^+$,而传给H^+并将其还原为H_2。

微藻细胞中参与氢代谢的酶主要有3类:固氮酶、吸氢酶和可逆氢酶。这3种酶均存在于蓝藻中,而绿藻中则只发现有可逆氢酶。

固氮酶可能存在于所有的蓝藻中,它在固定氮气产生氨的同时接收从Fd传过来的电子还原H^+产生H_2。Fd的电子来源可能有两条途径:一条是经过光合电子传递链由PSI传来的;另一条可能是经过磷酸戊糖途径和Fd-NADP氧化还原酶(Ferredoxin-NADP reductase, FNR)传来的。蓝藻制氢时一般充氩气,因为当有氩气存在时,不存在固氮酶的底物N_2,因此固氮酶就将所有的电子用来产氢了。固氮酶产氢过程会消耗掉大量的能量,这对藻细胞本身是不利的。为防止能量的浪费,蓝藻进化出了相应的机制。蓝藻细胞中还存在吸氢酶,可以通过重新吸收固氮酶产生的H_2回收部分能量。由于吸氢酶的存在,尽管避免了细胞本身的能量损失,却导致蓝藻的净产氢量不高。

可逆氢酶存在于蓝藻和绿藻中,但在两类藻中的可逆氢酶是不同的,蓝藻的类囊体上同时存在光合电子传递链和呼吸电子传递链,其中复合体I(Complex I)位于两种电子传递链的交接处。复合体I既可以参与围绕PSI的环式电子传递,又可以被从质体醌(Plastoquinone, PQ)来的回传电子流还原,还可以在呼吸作用中接收从NADPH传来的电子然后传给PQ。而蓝藻中的可逆氢酶就与复合体I结合在一起,可能对调节电子流的分配起重要作用。如当光反应比暗反应快得多或PSII的运转速度超过PSI时,过多的电子就可能会传给可逆氢酶通过放氢而将多余的电子消耗掉,从而避免了对细胞本身的损伤。反之,当电子传递链缺乏电子时,可逆氢酶可能会通过氧化氢释放电子起到暂时的救急作用。

绿藻的可逆氢酶存在于叶绿体基质中,既可以接收从光合电子传递链上的Fd传来的电子还原质子产生H_2,又可以氧化H_2释放电子给PQ进入光合电子传递链。另外,在厌氧环境下,绿藻中葡萄糖和乙酸等发酵释放的电子不能完全被呼吸电子传递链消耗掉,而卡尔文循环又不能运转,导致发酵放出的电子可能在NADPH-HP氧化还原酶的作用下经过PQ库进入电子传递链,然后经过PSI和Fd传给可逆氢酶。

12.3.2 光合制氢的方式

利用微藻的光合作用来"生物光解(Biophotolysis)水制氢"大致有3种方式:直接生物光解、固氮酶放氢和间接生物光解,其中间接生物光解具有较大的开发潜力。

直接生物光解即直接利用光系统裂解水释放的电子经过Fd传递给氢酶后制氢的过程。由于氢酶活性很快就被裂解水产生的O_2抑制,因此这种方法基本上没有工业应用价值。固氮酶放氢利用的往往是具有异形胞的丝状蓝藻,因为异形胞创造了一个无氧环境,有利于固氮酶发挥作用。但研究发现这种方法在实验室内的光能转化效率为1%~2%,但在室外大观模培养时低于0.3%,而且异形胞的产生很难控制,因此这种方法也很难产业化。

间接生物光解途径是近年来研究的最多、最有潜力的一种制氢方法。首先在一个反应器中利用藻类的光合作用累积碳水化合物,然后转移到另一个密闭的反应器中黑暗状态下靠藻类的呼吸作用创造一个无氧环境,过一段时间后光照,通过PSI介导的电子传递引起可逆氢酶放氢。这可能是因为蓝藻的呼吸电子传递链和光合电子传递链均位于类囊体膜上有密切联系的缘故。这种方法是近来研究的热点,目前无论是利用基因工程对藻株的改造或者是外部因子对产氢过程的控制,还是反应器的优化多集中在这种方法上。

Melis等发现"硫饥饿"对绿藻制氢有极大的促进作用,这已成为微藻制氢研究的最大热点。他们采用间接生物光解法,首先正常培养绿藻细胞,使之靠光合作用累积自身所需的碳水化合物,然后将收获的绿藻细胞培养在缺硫的培养基中,此后PSII活性很快丧失,而线粒体的呼吸作用几乎不受影响,从而导致培养基中的O_2逐渐被呼吸作用消耗掉,氢酶活性达到最大,从而得到了较高的产氢量。第一段时间后将第二阶段的细胞转移到正常培养基中,重新进入第一阶段,如此周而复始。他们用这种方法得到的产氢速率为2.0~2.5 L/h。尽管利用此方法得到的产氢效率尚不足以产业化,却是一个相当有潜力的发展方向。

微藻光合作用制氢利用的是来源丰富的水,转化的是"取之不尽、用之不竭"的太阳能,而氢燃烧的产物是水,这样就形成了"来源于水-回归于水"的循环。微藻生长的碳源是大气中的CO_2,而微藻呼吸作用释放出的也是CO_2,这样也实现了"碳-碳"循环。同时在制氢过程中收获的藻体也可以进一步开发利用。因此,可以说微藻光合作用制氢是最理想的产能途径。

但是微藻制氢过程还存在厌氧、光能利用率低、产氢量低等缺点,因此,需要进一步深入研究。今后的研究重点大致可以放在进一步选育高效放氢藻株、阐明放氢调控机制、提高氢酶的耐氧性和催化活性、生物反应器高密度培养等几个阶段。随着近年来微藻制氢技术的迅速发展,我们有理由相信,我们就能利用从上述这些肉眼看不见的光合生物中制造的出氢气。在全球石油耗竭的问题上,这可能是全球能源危机的最终出路。

12.3.3 光发酵产氢的微生物

光合细菌是一类厌氧自养微生物,它可以利用多种无机或有机底物作为电子供体,在厌氧、光照条件下生长,也可以在厌氧、暗条件下利用发酵产生的有机酸,通过TCA循环克服正向自由能反应生成氢气。红螺菌属和红假单胞菌属是目前常用的光合产氢细菌。目前,已深入研究了红细菌(*Rhodobacter*)、深红红螺菌(*Rhodospirillum rubrum*)、嗜酸红细菌(*Rhodobacter acidophilla*)、荚膜红细菌(*Rhodobacter capsulatus*)、桃红荚硫菌(*Thiocapsa roseopersicina*)、类球红细菌(*Rhodobacter sphaeroides*)、胶状红长命菌(*Rubrivivax gelatinosus*)、沼泽红假单胞菌(*Rhodopseudomonas palustris*)的产氢代谢机制、酶学特性、产氢动力学及应用等。

在光照条件下，紫色硫细菌（荚硫菌属 *Thiocapsa* 和着色菌属 *Chromatium*）。利用无机物 H_2S，紫色非硫细菌（红螺菌属 *Rhodospirillum* 和红细菌属 *Rhodobacter*）利用有机物（各种有机酸）作为质子和电子供体产氢，由于这类反应在厌氧条件下进行，类似于发酵过程，所以这种产氢方式常被称为光发酵产氢。

自从 Gest 及其同事（1949）观察到光合细菌深红红螺菌（*Rhodospirillumrubrum*）在光照条件下的放氢现象、Bulen 等（1965）证实光合放氢由固氮酶催化、Wall 等（1975）进一步说明固氮酶具有依赖于 ATP 催化质子（H^+）的放氢活性后，各国科学家们在产氢光合细菌的类群、产氢条件及光合放氢的机理等方面进行了有益的探索。

紫色硫细菌和紫色非硫细菌具有 PSⅠ，并由 PSⅡ通过光合磷酸化提供给光发酵产氢的驱动力 ATP，但这些微生物不具有 PSⅡ，不能裂解水，所以不存在同时产生氧气的现象。目前常用来产氢的光合细菌种类主要有：深红红螺菌（*Rhodospirillum rubrum*），沼泽红假单胞菌（*Rhodopseudomonas palustris*），球形红细菌（*Rhodobacter sphaeroides*），荚膜红细菌（*Rhodobacter capsulatus*）等。但这些野生菌株的最大产氢速率一般只有 10～100 mL H_2/（L·h），底物转化效率一般为 10 %～75 %，并且每种菌株能够利用来产氢的碳源非常有限，所以，无论是菌株的产氢能力，还是利用底物的范围，仍然有较大的提升空间。

由于光发酵产氢依赖于固氮酶催化，因此，铵抑制现象也是阻碍光发酵产氢技术应用的重要环节。Gest 及其同事研究了深红红螺菌利用各种化合物进行生长和光合放氢的情况，试验表明在限制铵的培养基中，只有铵耗尽后才开始放氢，菌体生长并不受抑制，而以在低浓度的谷氨酸为氮源时有明显的放氢现象。因此，如何解除铵离子对光合细菌的产氢抑制，也是目前正在研究的重点。在光发酵微生物中还存在吸氢酶，吸氢酶也参与光合细菌的氢代谢，它催化光合细菌的吸氢反应。对生物产氢技术而言，吸氢酶带来的是副作用，它的活性势必会降低生物产氢的速率和产量，Kelly 等在研究荚膜红细菌的光发酵产氢时，发现在底物浓度较低时固氮酶产生的 H_2 可被吸氢酶完全回收。因此获得吸氢酶活性下降或完全丧失的菌株，有望以此来大幅度提高产氢效率。

目前，科学家们更注重采用诱变、分子生物学和基因工程技术手段相结合的办法来选育产氢速率快、底物转化效率高、光能利用效率高、利角底物或者有机废弃物范围广、对铵离子的耐受能力高的优良产氢菌株。Macler 等从浑球红细菌（*R. sphaeroides*）中分离了一株突变株，能够定量地将葡萄糖转化为 H_2 和 CO_2，而不会像野生型那样积累葡萄糖酸，持续产 H_2 长达 60 h，而在 20～30 h 生长期内转化效率最高。Kim 等分离的数株红细菌（*Rhodobacter* sp.）能从葡萄糖酸培养基中产生更多的 H_2。也有一部分研究者通过诱变得到产氢效能较好的菌株，Willison 使用 EMS（甲基磺酸乙酯）和 MNNG（M 甲基-N′-硝基-N-，N 硝基胍）诱变筛选非自养型的荚膜红细菌，得到的几株突变株利用乳酸等底物的效率比野生型提高 20 %～70 %；Kern 利用 Tn5 转座子随机插入获得深红红螺菌的随机突变株，最高产氢量接近野生型的 4 倍，达到 7.3 L/L 发酵液，经鉴定发现突变点在吸氢酶基因上；Kondo 通过紫外诱变类球红细菌 RV 得到的突变株 MTP4 在强光下产氢比野生型增多 50 %；Franchi 构建的类球红细菌 RV 吸氢酶和 PHA 合成酶双突变株在乳酸培养基中产氢速率提高 1/3；Kim 利用另一株类球红细菌 KD131 的吸氢酶和 PHA 合成酶双突变株使产氢速率从 1.32 mL H_2/mg dcw（dcw，dry cell weight，菌体细胞干重）提高到 3.34 mL H_2/mg dcw；Ooshima 得到的荚膜红细菌及氢酶缺陷菌 ST400 在 60 mmol/L苹果酸条件下，将底物转化效率从 25 %提高到 68 %。

同样针对产氢光合细菌对光能的利用率比较低的现象，除了对吸氢酶进行敲除外，对其捕光系统的改造也是一个趋势。Kim 等采用基因工程的手段，分别敲除编码捕光中心蛋白 B800—850 和 B875 的基因，研究其对产氢的影响，发现缺失了类捕光蛋白复合物 B875 的突变体的光合异养生长减慢，氢气产量降低；而缺失了 B800—850 的突变体的氢气产量比在饱和光照下生长的野生型菌增长了 2 倍。Ozturk 敲除荚膜红细菌细胞色素 b。末端氧化酶后产氢速率从 0.014 mL/(mL · h)提高到 0.025 mL/(mL · h)。Dilworth 对光合细菌产氢的主要酶-固氮酶进行了点突变，将 195 位的组氨酸突变为谷氨酰胺，结果活力大大降低，因此发现了该氨基酸与酶活密切相关。基因工程在生物制氢方面的应用已经初见成效，取得了一些进展，但基因工程菌的应用还只占很小的比例，而且基因改造的范围也相对狭窄，近期这方面的研究越来越多，今后将成为生物制氢的新热点。

研究发现能进行光发酵产氢的许多微生物在黑暗厌氧条件下也能进行发酵产氢。Zajic 等发现红螺菌科的许多种在黑暗中能利用葡萄糖、三碳化合物或甲酸厌氧发酵分解转化为氢气和二氧化碳。吴永强也观察到类球红细菌在黑暗中厌氧放氢，并证实暗条件下的厌氧发酵产氢是由氢酶催化的放氢。Oh 等的研究表明沼泽红假单胞菌在黑暗厌氧条件下能快速产氢。Kovacs 鉴定了桃红荚硫菌氢酶基因簇，而这些基因簇是黑暗产氢的主要酶系。Manes 在深红红螺菌种发现了 3 种不同的氢酶，并分别鉴定了酶学性质。后来发现，非硫细菌在暗生长时具有与 *E. coli* 相似的丙酮酸甲酸分解酶(Pyruvate formatelyase)和 FHL(甲酸氢解酶)活性。这两种 HD 的同工酶到底是参与 Hz 的氧化反应，还是像在 *E. coli* 中一样参与产 H_2，目前尚不清楚。由此看来，光合细菌的厌氧发酵产氢的潜力有待于进一步挖掘并开发利用。如果能同时或不同时段(昼与夜)发挥光合细菌的暗发酵产氢和光合放氢的作用，可望提高光合细菌的总产氢量及有机底物的利用效率，促进光合细菌产氢技术的发展。

12.4　高效厌氧产氢微生物选育及应用的研究趋势

尽管现在已发现多种不同代谢类型的产氢微生物，但是由于对其代谢途径尚未彻底了解清楚，生物质转化效率较低等方面的障碍，限制了生物制氢的应用。通过改进传统的菌种筛选方法，结合生物信息学、代谢组学和基因工程手段筛选和构建产氢新菌种，以及根据不同产氢微生物的特点利用混合培养物制氢是目前产氢微生物的主要研究方向。

12.4.1　新菌种的筛选

改进传统产氢微生物筛选方法，同时借助分子生物学与及生物信息学研究方法，尽可能扩大产氢微生物的筛选范围，从而获得高产氢效率、底物利用范围较广的菌株。

随着大量遗传和代谢信息的公开使用，通过采集基因组信息筛选新菌种已广泛用于产氢微生物中。将基因组数据库中的完全或部分基因组序列与产氢代谢相关序列(目前已有 176 个测序的产氢微生物的基因组)进行分析和比对，从而鉴定具有产氢潜力的微生物。通过这种方法发掘的一些产氢微生物不仅产氢效率较高，可利用的基质范围广泛，还具有一些特殊功能，如降解高氯酸盐工业废水；修复被污染的土壤和地下水；作为植物根际益生菌，在碳循环中发挥作用；降解芳香烃(如甲苯、二甲苯、甲酚、萘等)。

12.4.2　产氢工程菌株改造

氢酶、产氢代谢相关功能酶及特殊功能酶基因的过量表达或敲除是提高产氢量、增加底物利用范围的关注点。

E. coli 中与甲基代谢相关的基因及4种氢酶已研究得较为清楚。甲基代谢所需的酶都在甲基操纵子上编码,通过敲除与甲基操纵子的转录负调控子表达相关的基因可以获得高效产氢的突变体。不参与氢气产生的甲基脱氢酶N,O,以及氢酶Ⅰ和Ⅱ在代谢中与参与氢气产生的甲基脱氢酶H和氢酶Ⅲ竞争甲基,因此通过敲除与精氨酸转移蛋白[Twin ar-ginine translocation(Tat)protein,参与位于周质空间的氢酶Ⅰ和Ⅱ的活化]表达相关的基因可获得高效产氢的Tat缺陷型突变体。氢酶在 *E. coli* 中的基因操作技术已经比较成熟,Yoshida等通过将hycA失活与fhlA过量表达相结合构建了甲基氢解酶系统(FHL)过量表达的菌株,氢气产率与野生型相比增加了2.8倍。目前已成功地将蓝细菌的氢酶基因座hoxEFUYH在 *E. coli* 中表达,氢气产率为不含该基因的菌株的3倍。

梭菌在产氢代谢途径中涉及2种酶:铁氧还蛋白-NAD还原酶(FNR)和[Fe]-氢酶(FR)。增加梭菌氢气产量的常用方法是过量表达编码FR的hydA基因。过量表达hydA基因的 *C. paraputrificum* 重组体与野生型产氢量相比提高了1.7倍。Harada等提出一种改善氢气产率的新的策略——破坏编码硫解酶(THL)(C. butyricum 中参与丁酸形成的酶)的thl基因,但是,由于THL突变体不能吸收NADH,所以该方法只能用于通过FNR产氢的微生物中。在梭菌中,通过下调FR中相关基因表达而控制代谢电子流也是提高氢气产量的一种方法。Nakayama等通过克隆 *C. saccharoperbutylacetonicum strain* N1-4的氢酶的hupCBA基因簇并以反义RNA下调其表达,使反义转化子的氢气产量提高了3.1倍。另外,从理论上看,FNR过量表达也可以提高氢气产量,但是现在尚未见到关于FNR过量表达菌株产氢的报道。

随着对古菌全基因组信息研究的深入,也可以利用基因工程手段将特殊功能基因转入古菌,同时保持和发挥其自身的特性。有人提出可以将超嗜热古菌P. furiosus和T. litoralis中编码麦芽糖转运蛋白的基因导入 *T. kodakaraensis* KOD1,从而使其利用麦芽糖快速产氢。

在光合细菌中,氢酶(包括单向和双向氢酶)和固氮酶之间在遗传和功能上存在耦联关系,单向氢酶基因缺失或抑制吸氢作用可以提高氢气转化率。

12.4.3　产氢混合培养物的利用

混合培养物产氢不仅具有与纯培养物相当的底物转化率、氢气产率及运行负荷,同时,与纯培养物相比,混合培养物还具有更广的底物利用范围、对发酵条件要求相对较低、生产成本低等优势。混合培养物不仅来源广泛(如各种厌氧污泥、土壤、湖底沉积物及不同来源的堆肥等),而且可以利用餐厨垃圾、固体废弃物、农作物秸秆和各种废水等发酵产氢,产氢率为1.80 mol/g底物~3.83 mol/g底物。

目前混合培养物产氢的研究多数都是在中温(25~40 ℃)或高温(45~60 ℃)条件下进行,*Clostridium* 和 *Thermoanaero bacterium* 分别为其优势产氢菌种。根据热动力学的特性,嗜热条件利于产氢反应的进行,然而,现在只有4项利用混合培养物在不低于60 ℃的条件下产氢的研究报道,在60 ℃和75 ℃下以牛粪发酵产氢时,优势菌分别为 *C. thermocellum* 和 *Caldanaerobacter subterraneus*。

第13章　硫酸盐还原菌

硫酸盐还原菌(Sulfate-reducing bacteria,SRB) 是一类独特的原核生理群组,是一类严格厌氧的具有各种形态特征,能通过异化作用将硫酸盐作为有机物的电子受体进行硫酸盐还原的严格厌氧菌。SRB 在地球上分布很广泛,通过多种相互作用发挥诸多潜力,尤其在微生物的代谢等活动造成的缺氧的水陆环境之中,如土壤、海水、河水、地下管道以及油气井、淹水稻田土壤、河流和湖泊沉积物、沼泥等富含有机质和硫酸盐的厌氧生境和某些极端环境。

13.1 硫酸盐还原菌的分类

近年来,微生物对硫酸盐异化还原作用的研究,在基础理论和应用领域均有显著的增加。自20世纪60年代起,SRB 以硫酸盐为底物的代谢方式引起人们的关注,20世纪90年代的很多报道总结了 SRB 参与的各种特殊的生命过程,人们已经充分认识到它们具有更强的演变、遗传和代谢的能力,丰富了异化型硫酸盐还原理论,提高了人们对这类特殊生命的认识。

分类学是指通过对生物表型、生理生化和基因序列特征进行比较分类,并进行命名的科学。人们利用分子生物学手段在硫酸盐还原菌的分类方面做了很多工作,特别是在硫酸盐还原菌亲缘关系方面。Hector 等研究了硫酸盐还原菌的系统发育,通过测定16S rRNA,绘制了硫酸盐还原菌的系统发育树。

我们在本章中将 SRB 的分类学做一个详细的讲述。当然,如果想对 SRB 的多样性有一个完全的认识还必须从与演化有关的系统发生学以及生态学入手,这部分内容将在后面的章节中进行详尽的阐述。

SRB 的分类主要是基于 SRB 形态、生理生化及16S rDNA 序列等特征建立起来的。比较认可的 SRB 的分类方式主要有以下3种:

(1)根据《伯杰氏细菌系统分类学》(第二版)传统分类;

(2)根据是否具有完全氧化有机物的能力进行分类;

(3)根据16S rDNA 序列比较分析的系统发育分类。

利用16S rDNA 序列比较分析比较不同微生物菌种的16S rDNA 序列已经成为微生物分类的重要依据。当将16S rDNA 的相似性同 DNA-DNA 杂交率进行比较时发现,通过 DNA-DNA 杂交率确定的微生物菌种(>70%),其16S rDNA 序列的相似性均>97%。16S rDNA 序列相似性与微生物的功能特征往往不尽相同,有的时候即使16S rDNA 序列相似性很高,但由于其表型和生理特征的差别也会占据不同的生态位,于是,往往选择功能基因作为微生物多性样调查和分类的依据。

目前据资料记载,SRB 已有18个属近40多个种。依据 SRB 对底物利用的不同将其分为3类:氧化氢的硫酸盐还原菌(HSRB);氧化高级脂肪酸的硫酸盐还原菌(FASRB);氧化乙酸的硫酸盐还原菌(ASRB)。依据 SRB 生长的温度不同可以将 SRB 分为中温菌和嗜热菌两类。至今所分离到的 SRB 菌属大多是中温性的,其最适温度一般在30 ℃左右,高温 SRB 的最佳生长温度为54 ~70 ℃。

13.1.1　传统分类

从20世纪60年代中期,科学家们就开始了SRB系统分类的早期阶段的研究。由于当时生化和遗传特征进行分类的技术限制,加之人们对微生物的表型特征知之甚少,所以,从螺旋脱硫菌(*Spirillum desulfuricans*)开始直到脱硫弧菌属(*Desulforibrio*)、脱硫肠状菌属(*Desulfotomaculum*)的建立及脱硫弧菌属的再次修正,经此命名过程中,更多依赖于分类学家主观臆断。

根据《伯杰氏细菌系统分类学》的原核微生物分类框架,通过NCBI taxonomy database和2006年5月更新的Bacterial Nomenclature Up-To-Date对SRB的分类,合法有效的SRB已分布于5个门(图13.1),共包含41个属,168个种。

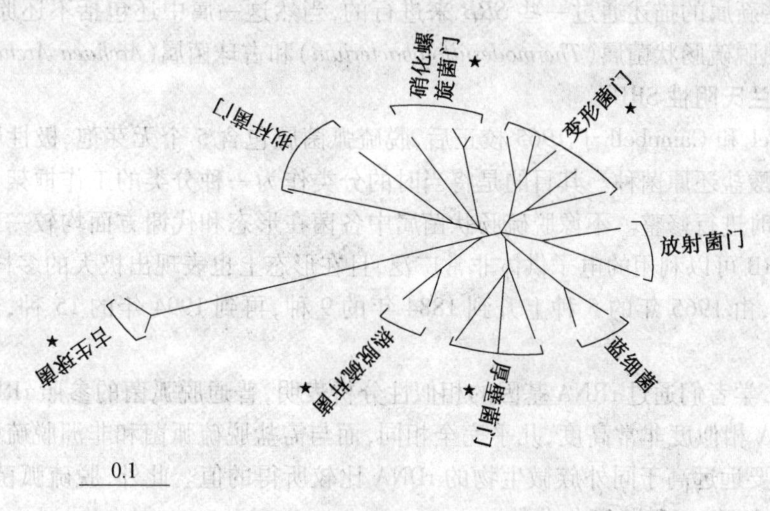

图13.1　SRB在微生物中的分布

(下方比例尺代表10%的碱基替换,★表示该门中有SRB分布)

在硫酸还原菌属的系统学分类研究中,是否所有成员均为革兰氏阴性和这些菌株之间是否存在相互转化现象是当时面临的主要问题。1895年,Beijerinck首先分离到一株严格厌氧的SRB,将其命名为脱硫螺旋菌,后更名为脱硫弧菌;1925年,Elion分离出第一个喜温的SRB,当时鉴定命名为嗜热脱硫弧菌(*Vibrio thermodesulfuricans*)。1930年,Baars又分离出一种微生物,将它与脱硫弧菌*Vibrio desulfuions*进行了比较分析,认为该菌株是脱硫弧菌(*V. desulfuions*)中的一种可以在不同温度下生长的菌株。1933年,Starkey观察到一株单鞭毛的、短而无芽孢的弧菌逐渐转变为嗜热的、周生鞭毛的、有芽孢且巨大的、略弯曲的杆菌的过程,所以他建议将菌株嗜热脱硫弧菌(*V. desulfuions*)命名为脱硫螺旋弧菌(*Sporrovibio desulfuricans*)。1938年,Starkey又将其命名为脱硫螺旋弧菌,直到脱硫弧菌属的建立。1961年,Basu和Ghose也从城市废水中分离出了这种菌。后来研究者们又证实乳酸、苹果酸和乙醇等作为碳源被硫酸盐还原菌利用,但一直到20世纪70年代前期,还认为硫酸盐还原菌所能利用的基质范围比较狭窄,只有乳酸、苹果酸等有限的几种。所确认的硫酸盐还原菌的菌种也只有碚硫弧菌(*Desulfovibrio*)、脱硫肠状菌(*Desulfotomaculum*)和脱硫单胞菌(*Desulfomonas*)3个属。

20世纪70年代后期,大量关于河流和海底沉积物的研究,证实还有能降解其他一些脂肪酸的硫酸盐还原菌的存在。Middleton 和 Lawrence 于 1977 年成功地分离了可以降解乙酸的第一个纯硫酸盐还原菌。最有突出贡献的是 Widde 于 1977 年分离出了能利用乙酸的第一个纯硫酸盐还原菌种(*Desulfotomaculum acetoxidans*)。自此,很多研究者又分离出了可降解脂肪酸的硫酸盐还原菌。

根据能否形成芽孢,致黑梭菌、东方脱硫弧菌(*Dv. orientis*)及一株从绵羊瘤胃中分离到的 SRB,不仅与脱硫弧菌属不同,而且同革兰氏阳性的梭菌也不同。故此,革兰氏阴性、肠状的微生物类群——脱硫肠状菌属建立起来,包括致黑脱硫肠状菌(*Dt. nigrificans*)、东方脱硫肠状菌(*Dt. orientis*)和瘤胃脱硫肠状菌(*Dt. ruminis*)。

硫酸盐的还原作用并不仅限于这两个属的微生物,已发现在其他属微生物中这也是产能的一种方式。在有些情况下,有的属只包含一种硫酸盐还原菌,除此之外没有其他的 *SRB*,如螺旋状菌属(*Spirillum*),假单胞菌属(*Pseudomonas*)和弧杆菌属(*Campylobacter*)。而在另外一些情况下,某些新属的描述通过一些 *SRB* 来进行的,当然这一属中还包括不还原硫酸盐的细菌存在,如嗜热脱硫肠状菌属(*Thermodesulfotobacterium*)和古球菌属(*Archaea Archaeoglobus*)。

1. 嗜温革兰氏阴性 SRB

在 Rostgatel 和 Campbell 于 1965 校正后,脱硫弧菌属包含 5 个无芽孢、极性鞭毛、嗜温的革兰氏阴性硫酸盐还原菌种。其目的是将当时的分类作为一种分类的工作框架,以便日后有可靠的新数据时进行修整。不像脱硫肠状菌属中各菌在形态和代谢方面均较一致,革兰氏阴性的异化型 SRB 可以利用的电子供体非常广泛,且在形态上也表现出极大的多样性。菌种数量也迅速增加,由 1965 年的 5 种上升到 1884 年的 9 种,再到 1994 年的 15 种,到 2006 年的 50 种。

早些时候,学者们通过 rRNA 基因的相似性分析表明,普通脱弧菌的参照 rRNA 同脱硫脱硫弧菌的 rDNA 相似度非常高度,几乎完全相同,而与需盐脱硫弧菌和非洲脱硫弧菌的 rDNA 比较所得的值要远远高于同外族微生物的 rDNA 比较所得的值。此外,脱硫弧菌属中各菌的(G+C)含量为 49% ~65%(摩尔分数)。

在脱硫弧菌属的分类中,测试的各种特性过少是导致分类不够完美的原因。经实验观察中,菌种的表型不稳定,经常发生形态、运动性的丧失、菌丝体或双鞭毛细胞的存在等改变,另外培养行为也多有改变。因此,在脱硫弧菌属的分类中,菌种表型并不能为分类提供依据。脱硫绿啶(Desulfoviridin)测试用于将脱硫弧菌属(阳性)从脱硫肠状菌属(阴性)中区分出来,而现在脱硫弧菌属中的某些成员这一测试也是阴性的,如杆状的脱硫脱硫弧菌菌株 Norway 和巴氏脱硫弧菌(*Dv. Baarsii*)等。

综合一些关键特征分离有别于脱硫弧菌属的微生物,从而导致了不形成芽孢的异化型 SRB 属数量的增长。近几年,学者们陆续发表了脱硫弧菌属及相关属各菌的特征及用于分类的大量关键特征,包括细菌大小、生长温度、生境、硫酸盐还原的电子供体等(表 13.1)。

表 13.1 革兰氏阴性异化硫酸盐还原菌分类的关键特征(Barton,1995)

分类	氧化型	形态	运动性	脱硫绿胶霉素	细胞色素	(G+C)含量/%	主要的甲基萘醌类
				Desulfovibrio			
africanus	I	弧状	偏端丛生	+	c3	65	MK-6(H_2)
alcholovorans	nr	nr	nr	nr	nr	nr	nr
carbionolicus	I	杆状	–	+	nr	65	nr

续表 13.1

分类	氧化型	形态	运动性	脱硫绿胶霉素	细胞色素	(G+C)/%	主要的甲基萘醌类
desulfuricans[T]	I	弧状	单端极生	+	c3	59	MK-6
fructosovorans	nr	弧状	单端极生	+	nr	64	nr
furfuralis	I	弧状	单端极生	+	c3	64	nr
giganteus		弧状/杆状	单端极生	+	nr	56	nr
gigas	I	螺旋状	偏端丛生	+	c3	65	MK-6
halophilus	nr	弧状	单端极生	+	nr	61	nr
longus	nr	变形杆状	单端极生	+	nr	62	nr
salexigens	I	弧状	单端极生	‘	c3	49	MK-6(H_2)
simplex		弧状	单端极生	+	nr	48	nr
sulfodismutans	I	弧状	+	+	nr	64	nr
termitidis	nr	曲杆状	单端极生	+	nr	67	nr
vulgaris	I	弧状	单端极生	+	c3	65	MK-6
			Desufobacter				
curvatus	c	弧状	+	−	nr	46	MK-7
hydrogenophilus	c	杆状	−	−	nr	45	MK-7
latus	c	大卵形杆状	−	−	nr	44	Nr
postgatei[T]	c	椭圆杆状	不定	−	b,c	46	MK-7
			Desulfobaccterium				
anilini	c	卵形	−	−	c	59	Nr
autotrophicm[T]	c	卵形	单端极生	−	nr	48	MK-7
catecholicum	c	柠檬状	−	−	nr	52	nr
indolicum	c	卵形杆状	单端极生	−	nr	47	MK-7(H_2)
macestii	nr	杆状	单端极生	−	nr	58	nr
niacini	c	不规则球状	−	−	nr	46	MK-7
phenolicum	c	卵形/曲杆状	单端极生	−	nr	41	MK-7(H_2)
vacuolatum	c	卵形/球状	−	−	nr	45	MK-7(H_2)

续表 13.1

分类	氧化型	形态	运动性	脱硫绿胶霉素	细胞色素	(G+C)/%	主要的甲基萘醌类
Desulfobulbus							
elongatus	I	杆状	不定	–	nr	59	MK-5(H_2)
marinus	I	卵形	单端极生	–	nr	nr	MK-5(H_2)
propiomcus	I	柠檬/洋葱形	不定	–	b,c	60	MK-5(H_2)
Desulfococcus							
biacutus	c	柠檬形		+	b,c	57	nr
multivorans r	c	球状	不定	+	b,c	57	MK-7
Desulfohalobium							
retbaense^{T}	I	曲杆状	极生鞭毛	脱硫玉红啶	c3	57	nr
Desulfomonas							
pigra^{T}	I	杆状	–	+	nr	66	MK-6
Desulfomonile							
tiedjei^{T}	nr	杆状	–	+	nr	49	nr
Desulfonema							
limicola	c	丝状	滑动	+	b,c	35	MK-7
magnum	c	丝状	滑动/转动	–	b,c	42	MK-9
Desulfosarcina							
variabilisl	c	不规则包状	不定	–	nr	51	MK-7
Desulfoarculus							
baarsii	c	弧状	单端极生	–	nr	66	MK-7(H_2)
Desulfobotulus							
sapovorans	I	弧状	单端极生	–	b,c	53	MK-7
Desulfomicrobium							
asperonum	nr	杆状	单端极生	–	nr	52	nr
baculatus^{T}	nr	短杆状	单端极生	–	b,c	57	nr

2. 嗜热革兰氏阴性 SRB

嗜热脱硫杆菌属(*Thermodesulfobacterium*)包括两个种,即普通嗜热脱硫细菌(*T. commune*)和游动嗜热脱硫细菌(*T. mobilis*)。这种微生物的最高生长温度是85℃,是迄今为止所见的生长温度最高的真细菌之一。

模式种普通嗜热脱硫细菌是一种生活于美国黄石国家公园的热浆和海藻沉淀中的革兰氏阴性细菌,它的大小为0.3 μm×0.9 μm,极嗜热,无芽孢,无运动性。这种微生物还有一个显著特点是,其(G+C)含量只有34%(摩尔分数),并且只能在含有硫酸盐的乳酸盐和丙酮酸盐的培养基上才能生长,细胞内还含有细胞色素 c_3。嗜热脱硫杆菌属含有的是一种异化型的重亚硫酸盐还原酶(desulfofuscidin),而不含有脱硫绿胶霉素,脱硫玉红啶和582型的重亚硫酸盐还原酶。真细菌的界定通常主要是通过与酯相连的脂肪酸,与之相比,普通嗜热脱硫细菌主要依靠的是与醚相连的磷脂。但与古细菌不同的是,普通嗜热脱硫细菌带有的与醚相连的成分是一个具端点甲基分支的脂肪链。

游动嗜热脱硫细菌为缺乏脱硫绿胶霉素,(G+C)含量也要比脱硫弧菌属低的很多,为极度嗜热的杆状细菌。由于游动嗜热脱硫细菌同另外两株脱硫弧菌的 DNA 相似性很低,Rozanova 和 Pivovarova 在 1988 将此株菌分类到嗜热脱硫杆菌属。根据细菌命名法的国际编码,虽然细菌的名称的改变是不合法的,但其作为嗜热脱硫杆菌属的唯一菌种生效了。根据游动嗜热脱硫细菌和普通嗜热脱硫细菌在生长条件、形态,有无芽孢,异成二烯类组成(MK-7)及脂肪酸组成的相似性,这种改变也被认为是合理的,并且,两菌种所含有的重亚硫酸盐还原酶也具有很高的同源性。

3. 革兰氏阳性 SRB

脱硫肠状菌属到目前为止已包含 12 个合法菌种,这些菌种主要是根据代谢特征和对生长因子的需要来分类的(表 13.2)。此菌属在最开始的时候只含有 3 个种,此后,陆续有一些菌种被发现并分类到此菌属中,包括 3 种嗜温菌(乙酸氧化脱硫肠状菌 *Dt. acetoxidans*,南极脱硫肠状菌 *Dt. antarcticum* 和大肠脱硫肠状菌 *Dt. gnttoideum*)。其中后两种菌同最早的 3 种菌相似度较高,都不能完全氧化有机底物,且着生周生鞭毛;而乙酸氧化脱硫肠状菌是能够完全氧化有机底物的,并着生单个极生鞭毛,其 DNA 的(G+C)含量也特别低,只有 38%(摩尔分数)。

表 13.2　脱硫肠状菌(*Desulfotomaculum*)的分类特征(Barton,1995)

分类	形态	鞭毛排列	细胞色素	甲基萘醌类	最适温度/℃
acetoxidans	直杆或曲杆状	单端极生	b	MK-7	34~36
antarcticum	杆状	周生	b	nr	20~30
australicum	杆状	摆动	nr	nr	68
geothermicum	杆状	至少 2 根	c	nr	54
guttoideum	杆状/水滴形	周生	c	nr	31
kuznetsovii	杆状	周生	nr	nr	60~65
nigrificans	杆状	周生	b	MK-7	55
orientis	直杆/曲杆状	周生	b	MK-7	37
rumimis	杆状	周生	b	MK-7	37
sapomandens	杆状	摆动	nr	nr	38
hermobenzoicum	杆状	摆动	nr	nr	62
thermoacetoxidans	直杆/曲杆状	摆动	nr	nr	55~60

通过电子显微镜研究观察,发现一个最意外的结果:脱硫肠状菌属的菌株从超微结构上看有一个革兰氏阳性的细胞壁,但是通过革兰氏染色结果却是阴性的,系统发育分析也进一步证实这一发现。

革兰氏阳性 SRB 中所有种的界定的依据为是否有具有芽孢,并且芽孢的形状(球形到椭圆)和位置(中心,近端,末端)也因菌而异。至于硫酸还原过程中的电子供体,对于脱硫肠状菌属来说是多种多样的(Widdel,1992)。一些是自养型细菌,有一些通过发酵葡萄糖和其他有机质生长的异养型细菌,还有一些类型的细菌是通过同型产乙酸作用,通过将 H_2 和 CO_2 等的基质转化为乙酸,并从此过程中获得能量。这也许表明这些种的细菌更应该归为同型产乙酸的梭菌属而不是脱硫肠状菌属。在脱硫肠状菌属中还从未发现一种亚硫酸盐还原酶——脱硫绿胶霉素,却发现了亚硫酸盐还原酶 p582。同时检测到了细胞色素 b 和细胞色素 c。磷脂类型与脱硫弧菌属及相关种属相差不大,都是饱和的、不分支的、偶数碳原子的(16:0, 18:0)和同型、异型分支的(16:1, 18:1)脂肪酸占优势(Ueki 和 Suto,1979)。然而有两个嗜热的脱硫肠状菌,致黑脱硫肠状菌(*Dm. nigrificans*)和 *Dt. australicum*,却含有大量的不饱和、分支的(i-15:0, i-17:0)脂肪酸,在后者中可占到总脂肪酸的比例可高达 87%。这些化合物的大量出现是细菌适应高热生境的产物,同样在其他嗜热菌中也发现了大量此类的脂肪酸,例如

thermi 和一些梭菌。

4. 硫酸盐还原古细菌

到目前为止,人类发现的古细菌界只有古生球菌属(*Archaeoglobus*)中的 3 种异化型的硫酸盐还原古细菌,分别是从厌氧的地下热水区域中分离出来的闪烁古生球菌 *Archaeoglobus* (*A.*) *fulzidus*、深奥古生球菌(*A. profundus*)和火山古生球菌(*A. veneficus*)。通过系统发育分析,一开始认为这个种是代谢硫的古菌和产甲烷的古菌之间的中间状态的菌种。闪烁古生球菌、深奥古生球菌在 420 nm 处发出相似的蓝绿荧光,以硫酸盐、亚硫酸盐及硫代硫酸盐作为电子受体,而元素硫却能使它们的生长受到抑制。这两个菌种的细胞呈规则至不规则的球状,最高生长温度为 90 ℃,属极度嗜热菌,并且需要至少 1% 的盐类才可正常生长。

闪烁古生球菌(*A. fulzidus*)中含有腺苷酰硫激酶、ATP 硫酸化酶和亚硫酸氢盐还原酶,在这些酶的作用下,乳酸经过一个特殊的途径被氧化,释放能量。另外,闪烁古生球菌 *Archaeoglobus*(*A.*) *fulzidus*、深奥古生球菌这两种古菌的细胞壁缺均缺少肽聚糖,但含有脂肪族 C_{40} 四醚和 C_{20} 二醚脂。闪烁古生球菌 *A. fulgidus* 可产生少量甲烷,并有辅因子甲基呋喃和四羟甲基喹啉,而深奥古生球菌 *A. profundus* 不能产生甲烷。闪烁古生球菌和深奥古生球菌(*A. fulgidus* 和 *A. profundus*)DNA 的碱基组成(G+C)含量分别是 46% 和 41%(摩尔分数),营养结构类型也不同,分别是特定的化学无机自养型和严格的化学无机异养型。

1997 年 11 月的《自然》杂志上,已经发表了闪烁古生球菌的基因组全序列测定工作的相关内容,这是第一株被全序列测定的硫代谢生物体,为探讨硫元素代谢机制奠定了基础。

(1)古生球菌属(*Archaeoglobus*)的发现。

1987 年,Stetter 从意大利火山的厌氧底泥中首次分离到耐热硫酸盐还原菌。通过菌株 16S-RNA 序列和特征比较,鉴定其为古细菌。对硫酸盐的异化现象是能够以硫酸盐为底物并且产生大量的硫化氢。此菌株能够依靠分子氢和硫酸盐作为单一能源,表明硫酸盐还原是伴随着能量的储存。古细菌能够在厌氧呼吸中以硫酸盐作为电子受体,生理学上的特征对细菌分类的界定等结论都证明此菌为古细菌。目前,所有分离到的硫酸盐还原菌都统一归为古生球菌属。

(2)细胞结构的形态与组成。

古生球菌属细胞包括规则和不规则的球菌,呈现为单体或双体,通过鞭毛进行移动,能在琼脂形成墨绿体,并在 420 nm 处呈蓝绿色荧光,这被认为是 Archaea 甲烷菌特性。

Archaea 硫酸盐还原菌的细胞膜由糖蛋白的亚单位构成,与细胞质膜相邻。细胞内没有严格的小囊和突变体。细胞膜的形态为圆拱形。细胞质膜由乙醚和丁醚构成。这种组成只能通过计算单体的数量进行表达。

闪烁古生球菌和深奥古生球菌的不同脂肪酸的组成可通过气相色谱进行监测。在闪烁古生球菌中两种磷酸葡萄糖分为在 Rf 0. 10 和 Rf 0. 25,作为主要的复杂脂类,一种磷脂在 Rf 0. 30,一种糖脂在 Rf 0. 60。深奥古生球菌的主要复杂脂类由两种在 Rf 0. 10 和 Rf 0. 13 磷酸葡萄糖和在 Rf 0. 40,Rf 0. 45,Rf 0. 60,Rf 0. 65 的糖脂构成。目前,所有检测的单体都缺少氨基脂类。

(3)生存环境和生长要求。

古生球菌属的菌株从下列不同的环境中分离得到的,因为它们需要较高的温度和盐度:意大利那不勒斯火山口附近浅海的热水中;墨西哥的热沉积物中;亚速尔群岛地下 10 m 的热水中;玻利尼西亚的火山口的沉积物中;冰岛北部地下 103 m 海底的热水中。

古生球菌属生长的上限温度是92 ℃,下限温度是64 ℃。然而,在对海底热水系统的硫酸盐还原菌进行示踪剂研究,发现能在更高的温度下生长上限温度是110 ℃,理想温度是103～106 ℃。其生长速度不快,在理想条件下,菌种的代时为4 h。

闪烁古生球菌能够在H_2,CO_2,硫酸盐,亚硫酸盐,硫代硫酸盐,甲酸,丙酮酸盐,葡萄糖,甲酰胺,乳酸,淀粉,蛋白胨,胶质,酪蛋白,酵母膏中进行化能自养生长,但不能以硫单质作为电子受体。该较适合选用硫酸盐和乳酸作为单一的能源和碳源作为富集因子。

深奥古生球菌可以H_2,硫酸盐,硫代硫酸盐,亚硫酸盐作为能源乳酸、丙酮酸、醋酸、酵母膏、蛋白胨等有机化合物作为碳源。这些菌种的生长是离不开H_2。比较适合选用醋酸和CO_2在H_2和硫酸盐中作为富集因子。

(4)辅酶、酶和代谢途径。

古生球菌属含有两种酶,这两种酶曾被认为只在产甲烷菌中特有的:*tetrahydromethanopterin* 和 *methanofuran*。其结构与从 *Mrhtanobacterium thermoautotrophicum* 提纯分离的 *methanopterin* 和从 *Methanosarcina barkeri* 分离到的 *methanofuran* 在结构上是一致的。

用名 *Archaeal* 硫酸盐还原菌体内含有大量的辅酶F_{420},这种酶只在产甲烷菌中出现过。在长波紫外光照射下,细胞中这种辅酶在420 nm处呈蓝绿色荧光。目前,古生球菌属至少有三种不同的辅酶F_{420}。其中一种为F_{420}-5,另外为两种F_{420}的异构体。

硫酸盐还原菌都含有萘醌作为脂类的电子传送体。在古生球菌体内发现一种新的带有侧链的维生素K_2。属于 *Crenarchaeota* 的 *Archaeal* 体系的 *Thermoproteus tenax* 和 *Sulfolobus* 的脂醌呼吸代谢中含有这种物质。在菌株 *Archaeoglobus fulgidus* VC-16体内的FAD,FMN,维生素B_2,维生素H,泛酸,烟碱酸,维生素B_6,硫辛酸的含量已被检定出。

古生球菌属检测出的酶的特性与硫酸盐还原菌的酶非常相似。从古细菌和硫酸盐还原菌中的DNA的氨基酸序列具有高度的一致性,表明古细菌和硫酸盐还原菌具有一个发育源。

在闪烁古生球菌的细胞液中下列酶被证明与生物合成有关,谷氨酸水解酶、顺乌头酸酶、异柠檬酸酶、甘油醛磷酸盐水解酶、苹果酸盐水解酶、延胡索酸盐水解酶及甘油磷酸盐水解酶等。

从闪烁古生球菌VC-16中的酶和辅酶可以推断出硫酸盐还原中乳酸被氧化为CO_2的代谢途径,该途径与硫酸盐还原菌中脱硫肠状菌 *acetoxidans* 和脱硫肠状菌 *autotrophicum* 的途径非常相似。然而,不同的是:四氢甲烷蝶呤替代四氢叶酸充当C的传递,甲酸甲烷呋喃替代甲酸成为末端产物。

(5)*Archaea* 硫酸盐还原的同化。

现在对 *Archaea* 利用硫酸盐作为硫源的能力所知非常有限。绝大多数甲烷菌依靠还原的硫化物生长如硫化氢、硫代硫酸盐、亚硫酸盐。只有 *Methanococcus thermolithotrophicus* 被报道对硫酸盐还原具有同化作用。催化亚硫酸盐生成硫化氢的亚硫酸盐还原酶已被从 *Methanosarcina* 分离出来。

13.1.2　根据对有机物的氧化能力分类

根据有机物在还原硫酸盐过程中能否完全氧化,SRB可分为不完全氧化型SRB(Incomplete oxidizing SRB)和完全氧化型SRB(Complete oxidizing SRB)两类。

完全氧化型代谢SRB,它们能利用乙酸为碳源,可通过TCA途径或乙酰辅酶A途径(将乙酸反向氧化至CO_2和H_2O),主要包括脱硫杆菌(*Desulfbacter*)、脱硫线菌属(*Desulfonema*)、脱硫球菌(*Desulfococcus*)、脱硫八叠球菌(*Desulfsarcina*)、脱硫叶状菌属(*Desulfobulus*)、脱硫丝菌属(*Desulfonema*)、*Desulfoarulus*、*Desulforhabdus* 和 *Thermodesulforhabdus*。对于完全氧化型 SRB 表示为

$$CH_3COO^- + SO_4^{2-} \longrightarrow 2HCO_3^- + HS^-$$

不完全氧化型代谢 SRB 在进行硫酸盐还原时,只能将有机物如乳酸、丙酮酸、丙酮等降解至乙酸、CO_2等,不能进行进一步乙酸代谢的相关氧化途径,主要包括脱硫弧菌(*Desulfvibrio*)、脱硫单胞菌(*Desulfomonas*)、脱硫微菌(*Desulfomicrobium*)、脱硫念珠菌(*Desulfomonile*)、脱硫叶菌(*Desulfobulbus*)、*Desulfobolus*、*Desulfobacula*、古生球菌(*Archaeoglobus*)和脱硫肠状菌(*Desulftomaculum*)等,其氧化过程为

$$2CH_3CHOHCOO^- + SO_4^{2-} \longrightarrow 2CH_3COO^- + 2HCO_3^{\ -} + HS^- + H^+$$

根据利用底物的不同,不完全氧化型 SRB 还可分为利用氢的 SRB(HSRB)和利用乳酸的 SRB(I-SRB)、利用丙酸的 SRB(p-SRB)、利用丁酸的 SRB(b-SRB)等,后 3 种可以统称为利用脂肪酸的 SRB(FSRB)。HSRB 是利用 H_2提供电子,以 CO_2为电子受体进行自营养生长,而嗜氢脱硫杆菌则通过逆向 TCA 循环以 H_2和 CO_2合成各种有机物。

13.1.3　未培养的新发现的 SRB

通过放射性跟踪或 16S rRNA 序列的比较对环境中的微生物进行研究，结果表明 SRB 具有较大的多样性。

1. Greigite 磁小体

从含有硫化物的、微咸的生境或海水中收集到的有磁趋向性细菌,通常细胞内含有 Fe3S4 和 FeS2 这两种物质。通过富集培养,然后对培养的细菌进行 16S rRNA 序列测定比较表明,它们与 *Desulfosarcina variabilis* 是近亲。但是,这些微生物还没有得到纯培养,所以还不知道它们是否是以异化性硫酸盐还原作用生长。

2. 超嗜温硫酸还原细菌

有学者在加利福尼亚湾发现了一种 SRB 能够在温度大于 100 ℃的生境中生长,通过放射性示踪研究,确定是 Guaymas Basin tectonic spreading center。这些研究阐明了在温度达 106 ℃时硫酸盐的还原作用,表明了目前描述的超嗜温 SRB 的存在。

13.1.4　硫酸盐还原古菌的分类学关系

古细菌界中增加了一个新的表型,就是新分离出来的 *Archaecglobus fulgidus strain* VC-16。这种细菌与古细菌内已发现的 3 种主要的类型表现出不同的表型,主要的不同为不产甲烷、嗜热、极度嗜盐,但是能够还原硫酸盐的。

A. fulgidus 被称为最古老的介于嗜热 SRB 和产甲烷古菌之间的这么一种连接的过渡菌。我们采用了进化距离法、最大简约法等方法对分支图进行评价,鉴定进化树拓扑结构的稳定性,均能够将该菌的 16SrRNA 置于两个分支之间,这两个分支分别是由 *Thermococcus celer* 和 *Methanococcus* 种界定的。

然而,对一个高度相关的菌株 VC-16 进行 16S rRNA 编目的结果是,将这个分离种放在了产甲烷菌的进化树的早期分支中。直到 1991 年,Woese 等对包括嗜热菌在内的微生物进行分类时,才解决了这个问题。它们的 rRNA 和 rDNA 也许比嗜温菌要有一个更高的(G+C)含量。为了消除由于碱基组成而造成的假象,又采用了碱基置换分析,结果表明 *A. fulgidus strain* VC-16 的分支点发生了改变。从古菌树的 *euryarchaeota* 侧的近底端移走,而放置于包含有 *Metha-*

nomicrobiales 和极度嗜盐微生物的系统发育群中。

现在,人们普遍认为古球菌(*Archaeoglobus*)的成员是从产烷的祖先进化而来的。还原硫的酶系统在这些类群中是不是一种原始属性,基因横向转移是不是必须需要这一系统等等这些问题都需要进一步探索和研究,只有在对定向进化同源基因进行比较之后才能确定。

13.2　SRB 的富集、分离与鉴定

13.2.1　SRB 的富集与分离

脱硫弧菌可在无氧的乳酸盐-硫酸盐并添加了亚铁离子的培养基上相对容易地富集,但是另外还需要添加巯基乙醇或抗坏血酸作为还原剂以获得低氧化还原电位。由硫酸盐还原作用得到的硫化物与亚铁离子结合形成黑色的、不溶性亚铁硫化物,但变黑并不仅仅表明硫酸盐的还原作用,而且也表明铁与硫化物结合并解毒,从而得到较高的细胞产量。运用常规的程序进行液体富集,如果培养基变黑则证明有菌体已经生长,这时在内层含有琼脂的试管或培养皿上划线,并置于无氧培养箱中进行纯化。

虽然 SRB 是厌氧菌,但不像甲烷营养菌那样敏感,当氧气存在时活性下降速度较慢,所以可在空气中进行平板划线分离,然后迅速放到无氧培养箱中培养,但是培养基中应存在还原剂。

纯化方法还可以用振荡琼脂试管法。这种方法是将少量的原始富集液加入装有已溶化的琼脂生长培养基的试管中,充分混匀,再用培养基系列稀释。固体纯化是从平板上长出的菌落中挑取单菌落重复划线分离直到获得纯培养为止;识别 SRB 的菌落是通过亚铁硫化物的黑色沉积物并进一步划线分离纯化来实现的。

13.2.2　SRB 的鉴定

除了 16S rRNA 序列测定的方法来鉴定 SRB,脂类标记、基因探针、核酸杂交技术这些新的工具,具有更广泛的应用。它们不仅仅是单纯用于对实验菌种的鉴定,其对环境样品的直接应用可望成为我们快速认识环境多样性的基础。

1. 脂类标记

很早以前,脂类标记的分析技术就已成为 SRB 鉴定和环境学研究鉴定的生物化学探针。近些年来,人们对脱硫弧菌属细胞脂肪酸组成 的详细比较,结果表明由细胞脂肪酸数值分析确定的关系同 16S rDNA 序列为基础构建的系统发育关系非常吻合。根据脂肪酸特征确定的巨大脱硫弧菌的特定的亲缘菌包括 *D. giganteus*(DSM4123 和 4370),*D. sufodismutans*(DMS3696),*D. fructosovorans*(DSM3604),*Desulfovibrio* sp.(DSM6133),*D. carbinolicus*(DSM3852),*D. alcoholovorans*(DSM5433)等。高含量的异构 17:1 或反式异构 15:0 脂肪酸决定了脱硫弧菌属中的一个主要分支。由反式 15:0 脂肪酸界定的包含巨大脱硫弧菌和相关种的分支同脱硫弧菌属的其他成员是不同的。另外,在不同的自然 SRB 群体中不同脂类指征的鉴定也可直接作为检测环境中群落的基础。

2. 基因探针

(1)以 rRNA 为靶的探针。

1992 年,Devereux 等专家描述了与 SRB 系统发育群的 16S rRNA 的保守区杂交的 6 个寡

核苷酸探针。大量的以 rRNA 为靶的相似探针(20～30 bp)既有放射性标记的又有荧光标记的,均已用于 SRB 的鉴定及环境研究中(放射性标记的探针用于大量的核酸杂交,荧光标记的探针用于单细胞的杂交)。因为测试这些探针同所有已知的 16S rRNA 是不太可能实现的,所以如要验证探针的特异性,就需用测试探针同非靶微生物进行杂交,一般采用附着于一个膜上的(“Phylogrid”膜)的参考群来进行。近些年来,这些探针已被用于研究 SRB 在盐水微生物群落中的丰度和分布。研究表明 SRB 各属在沉淀中是分层存在的,大多数不同的 SRB 群体的分层存在,同直接测量硫酸盐还原相联系,将更有助于这些探针在鉴定和研究中的应用。

(2)全基因组探针。

利用来自两种生物的全基因组进行 DNA 的重新组合是评价两种生物遗传关系的标准方法。重新联合或杂交的程度能给出两种生物间核酸序列相似性的平均值。这种技术最初是基于分子分类学建立的,但人们将这一技术进行了改进,并已用于区别和鉴定土壤中 SRB 的研究中。这些作者们采用适合的参考种基因组探针“标准”库,去筛选未鉴定的 SRB。在标准方法的改进技术中,他们将程序颠倒过来,以参考种“库”为靶,其探针来自于环境样品中(环境样品是富集培养物,来源于油田样品)。

(3)氢化酶。

[Fe][NiFe]和[NiFeSe]是脱硫弧菌属中 3 种不同的氢化酶,其基因均已克隆。脱硫弧菌属中所有已检测的成员的 DNA 均能与来自普通脱硫弧菌 Miyazaki F[NiFe]氢化酶基因探针杂交,没有或很少同 SRB 的其他属杂交。因为不同的种携带此基因具有不同的长度限制性片段,所以在一个样品中的多个种均可检测到。然而仅有一小部分脱硫弧菌能与[Fe]和[NiFeSe]氢化酶基因探针杂交。

3. 核酸杂交技术

核酸杂交技术在鉴定和诊断微生物中得到了很好的应用,并在普通微生物学中应用越来越广。在鉴定研究中有两类核酸探针,一类是以特定基因为靶基因的核酸探针,另一类是整修基因组的杂交。如果认识到 SRB 的重要性如腐蚀、油井变质、地球生物化学循环等,那么它们将比那些非医学的微生物得到更大的关注,并作为核酸探针的靶群体。

rRNA(或 RNA 或 DNA)在研究的特异基因靶中是最受关注的。因为使用这些基因(或其产物)作为靶位点具有更大的灵活性。尤其是,种属特异性探针已经根据具有大量保守区的 rRNA 靶设计好了。这些探针既可用于鉴定微生物又可用于环境方面的研究。但是,到目前为止,还没有异化性的硫酸盐还原代谢途径中的基因用作探针靶位点。

13.2.3 其他研究硫酸盐还原菌的分子生态学方法

传统的微生物检测手段只能研究土壤中微生物种类的不到 1% 的,这大大阻碍了土壤微生物生态学研究。分子生物学技术能够提供丰富的不可培养微生物的数量和活性信息,为了解和认识不同环境中微生物的结构和功能提供了一个有效手段。

这些研究技术主要包括:基于聚合酶链式反应(PCR)的分子标记技术,如末端限制性片段长度多样性(T-RFLP)、基因克隆文库分析法、变性梯度凝胶电泳(DGGE)、实时荧光定量 PCR(real-time PCR)和不依赖于 PCR 的核酸杂交技术如荧光原位杂交(FISH 技术)。这些技术已经广泛应用于 SRB 的分子生态学研究中去,将环境微生物领域的研究带入一个革命性的新时代。

1. 末端标记限制性片段长度多态性和克隆文库技术

末端标记限制性片段长度多态性(T-RFLP)是一种全新、快速、有效的微生物群落结构分析方法。它采用一端荧光标记的引物进行PCR扩增,PCR产物经限制性内切酶消化后,消化产物以DNA测序仪进行分离,通过激光扫描,得到荧光标记端片段的图谱。图谱中波峰的多少表明了群落结构的复杂程度,峰面积的大小代表了相应群落的相对数量。这种技术能够迅速产生大量重复且精确的数据,用于微生物群落结构的时空演替研究,且拥有高精确度和高分辨率。

但是,T-RFLP仅提供微生物的种类和相对数量的信息,还无法确定是微生物的种类。因此,结合克隆文库测序分析,来确定微生物种类。

2. 变性梯度凝胶电泳(DGGE)

DGGE的原理是根据含有不同序列的DNA片段在具有变性剂梯度或温度梯度的凝胶上由于其解链行为的不同而导致迁移率的不同,从而将DNA片段分离开来。这种技术灵敏度非常高,能将仅有1个碱基差异的DNA片段分开。自1993年Muyzer等将DGGE技术应用于微生物生态学研究以来,DGGE迅速成为一种简便而有效的分子生物学研究手段。

DGGE是一种有效的揭示SRB群落结构的分子生物学方法。目前,DGGE技术已经广泛用于研究海底沉积物、含水土层、湖泊等环境的SRB研究中。但DGGE技术也存在一定的局限性,如它并不能对样品中所有的DNA片段进行分离。

3. 实时荧光定量PCR技术(Real-time PCR)

从环境中获得SRB群落的数量信息对于研究SRB的活性强度和生态意义具有重要的意义。过去,普遍采用传统的依赖于可培养的方法对环境样品中的SRB进行定量,然而,这种方法非常耗时,而且由于环境中大部分SRB为不可培养微生物,所以很难估计样品中SRB的数量。

实时荧光定量PCR在PCR反应体系中加入荧光基团,利用荧光信号的积累实时监测整个PCR的进程,最后通过标准曲线对未知模板进行定量分析。目前对SRB的定量大多借助于Real-time PCR技术。Stubner等用该技术定量分析了水稻土壤中3个主要的革兰氏阴性SRB种群Desulfobacteraceae科、Desulfovibrionaceae科和Desulfobulbussp的组成以及革兰氏阳性SRB *Desulfotomaculum*属的丰度。其结果与基于16S rRNA的斑点杂交结果相吻合,再次证明了Real-time PCR是一种灵敏的微生物种群定量技术。

4. 荧光原位杂交技术(FISH)

荧光原位杂交技术(FISH)技术主要以微生物16S rRNA基因作为鉴别微生物的标志物,设计并合成荧光探针,直接与环境样品中微生物16S rRNA基因上的目标特异性片段进行杂交反应,激发荧光信号对目标微生物进行观察和计数。该方法的特点是能直观、准确地得到目标微生物的原位数量和空间分布信息,探测微生物群落结构和生物多样性,监测微生物群落动态变化。

该技术结合了分子生物学的精确性和显微镜的可视性,是各种分子标记技术的有益补充,已经被广泛应用于微生物生态学的研究领域中。

13.3 硫酸盐还原菌的生理学

硫酸盐还原菌(SRB)是一类能够通过硫酸盐呼吸获取能量的原核微生物。目前,对 SRB 的生理学的研究方面主要集中在:

(1)还原力[H]从电子供体向电子受体流动的过程伴随着电子传递水平的磷酸化作用,大量的电子载体参与其中。SRB 的呼吸末端产物是 H_2S,它是能与金属发生反应形成硫化物的主要微生物代表之一,因此,大部分能够和活的生物反应的金属都能在这类细菌中找到。几种从 SRB 分离出的电子传递蛋白被用作模型和工具来置换和取代金属,因为这些电子传递蛋白的含量相对丰富、相对分子质量小、稳定,易于提纯。

(2)SRB 能够利用大量的有机化合物。即使是那些相对分子质量低、结构非常简单的有机物,在缺氧条件下的氧化过程也包含了复杂的生物化学反应。SRB 还能够以 H_2 和 CO_2 为唯一能源和碳源合成细胞有机物,这一特殊代谢行为引起了人们的浓厚兴趣。

(3)硫酸盐还原为硫化物。在微生物界,异养型的硫酸盐还原菌具有独特的利用无机硫作为电子最终受体的能力。硫酸盐还原菌的呼吸过程是在厌氧条件下进行的,该生物化学过程要比需氧生物的有氧呼吸复杂得多,需要各种各样的酶或酶系统才能完成。硫元素共存在 8 种不同的价态形式,除硫酸盐外,其他氧化形式都非常活泼,甚至可以在室温下发生转化或氧化反应,这些化学反应使得酶促反应分析起来更加困难。为维持这种生活方式硫酸盐还原菌需要消耗数量较大的硫酸盐,因此造成大量硫化氢在其附近释放的严重后果。

(4)硫酸盐还原菌中主要的能量储存问题。经过对硫酸还原过程中的生物能量进行全面考虑之后,我们将追随硫酸盐还原菌中一个硫酸盐分子代谢的途径,即从它被硫酸盐还原细菌吸收到以 H_2S 的形式释放出来。SRB 中与能量储存有关的其他途径,如:有机化合物的发酵,无机硫化物的氧化,歧化反应,以及对硝酸盐和分子氧这些电子受体选择性的利用。

13.3.1 硫酸盐还原菌的呼吸代谢作用

硫酸盐还原菌的代谢过程分为 3 个阶段:第一阶段是对短链脂肪酸、乙醇等碳源不完全氧化(分解代谢),生成乙酸;第二阶段是电子转移;第三阶段是 SO_4^{2-} 等还原为 S^{2-},硫酸盐还原菌的代谢过程如图 13.2 所示。

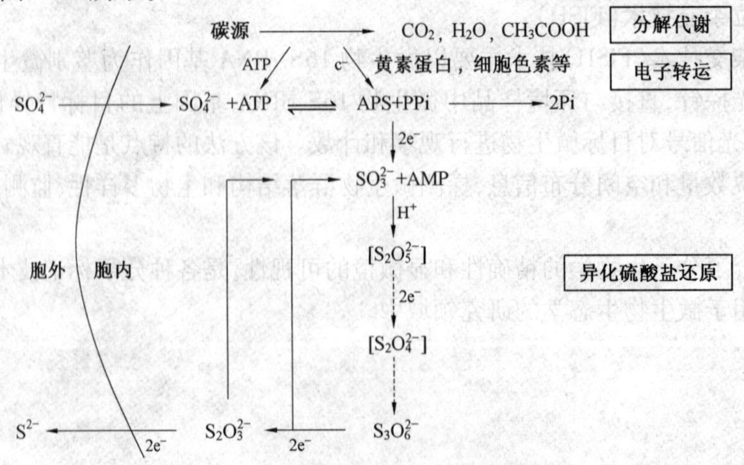

图 13.2 硫酸盐还原菌的代谢过程

多数的硫酸盐还原菌都以硫酸盐为末端电子受体,将硫酸盐还原为 S^{2-}。有些属种还能够利用元素硫、亚硫酸盐、硫代硫酸盐等为电子受体进行硫酸盐还原反应。

如图 13.2 所示,硫酸盐还原过程可分为以下 3 个步骤。

(1)硫酸盐活化。硫酸盐与 ATP 在 ATP-硫激酶的作用下生成腺苷酰硫酸(APS)和焦磷酸(PPi),PPi 很快水解形成磷酸(Pi),促使反应连续进行。

(2)APS 在 APS^- 还原酶作用下形成 ${SO_3}^{2-}$ 和一磷酸腺苷(AMP)。

(3)亚硫酸盐在亚硫酸盐还原酶复合酶系的作用下,最终还原为 S^{2-}。

硫酸盐还原菌的另一条氧化途径是将乙酸、丙酸和乳酸等短链脂肪酸和乙醇完全氧化为二氧化碳和水。所以在含有硫酸盐的废水中硫酸盐还原菌便会大量存在,使厌氧消化过程中有机物的代谢途径呈现多样化,出现菌种对基质的竞争现象。主要表现在 SRB 和产甲烷菌(MPB)对乙酸和氢气的竞争;SRB 与产氢产乙酸菌(HPAB)对乙酸、丁酸等短锭脂肪酸以及乙醇等的竞争;不同类型的 SRB 之间对硫酸盐利用的竞争。硫酸盐还原菌与产甲烷菌发生基质竞争的 COD/SO_3^{2-} 范围见表 13.3。

表 13.3　硫酸盐还原菌与产甲烷菌发生基质竞争的 COD/ SO_3^{2-} 范围

基质	COD/ SO_3^{2-} 范围	基质	COD/ SO_3^{2-} 范围
乙酸	1.7~62.7	丁酸	0.5~1.0
丙酸	1.0~3.0	苯甲酸酯	0.33 左右

硫酸盐还原菌对厌氧消化的影响:SRB 的基质谱广泛且氧化分解能力强,能提高难降解有机物处理效果;SRB 氧化氢气,可使厌氧系统中的氢分压降低,从而使消化过程维持较低的氧化还原电位,为产甲烷创造良好条件;SRB 可将丙酸、丁酸等短链脂肪酸直接氧化为乙酸和二氧化碳,减少它们在系统中的积累,一定程度上促进了甲烷化过程的进行。

1.有机物作为电子供体的代谢途径

在微生物体内,硫酸盐还原有两种方式:一种是同化型硫酸盐还原途径,硫酸盐还原作用的产物直接用于合成细胞物质,这种方式在各种生物体内普遍存在;另一种是异化型硫酸盐还原途径,是 SRB 特有的获取能量的厌氧呼吸方式,是有机物厌氧氧化、电子传递、能量储存与硫酸盐还原相耦联的过程,需要一系列的酶参与,过程如图 13.3 所示。

20 世纪末,SRB 中部分代谢相关的酶也逐渐得以分离并鉴定。一般来说,在固定化的脱硫脱硫弧菌和普通脱硫弧菌细胞内氢化酶的活性远低于溶解性的酶。真细菌 SRB 中分离出的部分酶介绍如下。

氯化酶/脱氢酶包括:乙醛氧化还原酶、一氧化碳脱氢酶、过氧化氢酶、甲酸盐脱氢酶、延胡索酸盐还原酶、D-乳酸盐脱氢酶、L-L 酸盐脱氢酶、苹果酸盐、NADP 氧化还原酶、NAD、红素氧还蛋白氧化还原酶、NAD(P)H_2、甲萘醌氧化还原酶、原卟啉原氧化酶、铁氧化还原蛋白。

氧化还原酶包括:红素氧还蛋白:氧氧化还原酶、超氧化物歧化酶。

氨基酸代谢涉及的酶包括:L-丙胺酸脱氢酶、β-天冬氨酸盐脱羧酶、半胱氨酸合酶、丝氨酸转乙酰酶、L-δ-茜素-5-羧酸盐还原酶。

硫代谢过程涉及的酶包括:腺苷-5′-磷酸硫酸盐 APS 还原酶、三磷酸腺苷硫酸化酶、亚硫酸氢盐还原酶、脱硫绿胶霉素、亚硫酸氢盐还原酶、亚硫酸氢盐还原酶(p582)、硫氰酸酶、亚硫酸盐还原酶、亚硫酸盐还原酶、连三硫酸盐还原酶、硫代硫酸盐形成酶、硫代硫酸盐还原酶。

氮代谢过程涉及的酶包括:亚硝酸盐还原酶、固氮酶。

氢代谢过程涉及的酶包括:氢化酶。

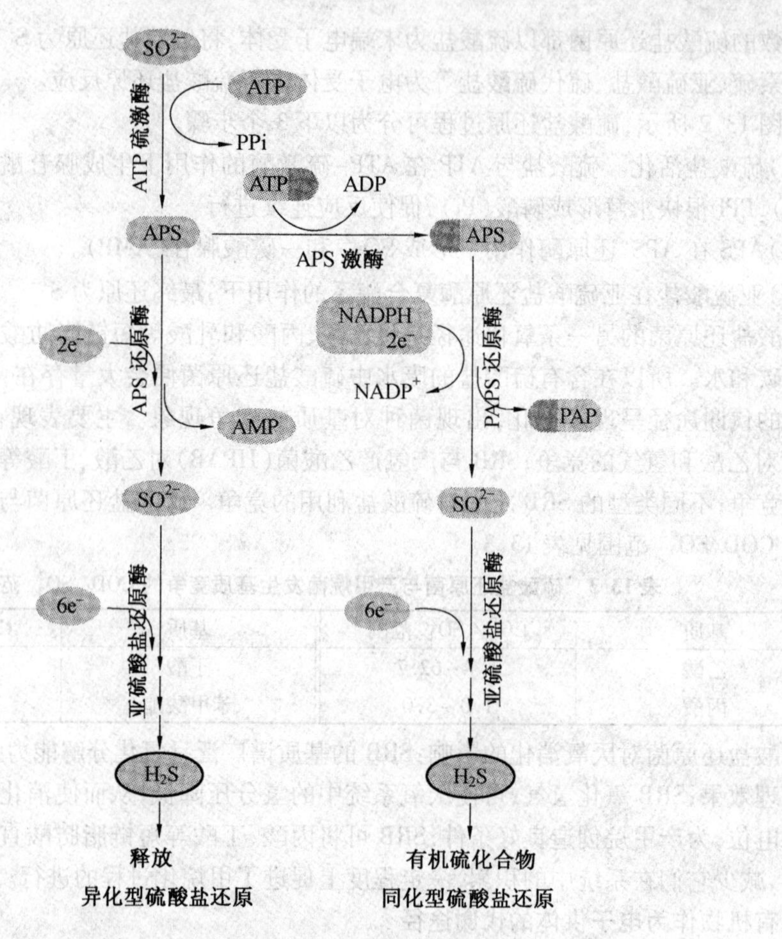

图 13.3　异化型和同化型硫酸盐还原过程

核酸代谢过程涉及的酶包括：核酸代谢、腺嘌呤核苷脱酰胺酶、无嘌呤的核酸限制性内切酶、限制性核酸内切酶。

磷酸盐代谢过程涉及的酶包括：三磷酸腺苷酶、无机焦磷酸酶、焦磷酸酶等。

SRB 在氧化有机物过程中产生的电子，通过一系列的电子传递体系，最终传递给硫酸盐，生成硫化物。硫酸盐还原过程主要包括硫酸盐活化生成 APS，APS 还原生成亚硫酸盐，亚硫酸盐再还原生成硫化物。以普通脱硫弧菌菌株 Hildenborough 氧化乳酸为例来介绍有机物被 SRB 氧化后电子传递及 ATP 产生过程。过程如下：

（1）1 mol 乳酸在乳酸脱氢酸作用下生成 1 mol 丙酮酸和 2 mol H^+ 和 2 mol e^-。$2H^+$ 和 2 mol e^- 在膜结合细胞质内氢化酶作用下产生 H_2，H_2 穿过细胞膜进入周质。

（2）酮酸进一步裂解生成乙酸和 CO_2，并且通过底物水平磷酸化产生 1mol ATP，产生的电子同上一步一样产生 H_2，扩散进周质。

（3）质中的 H_2 在周质氢化酶的作用下氧化，将电子传递给 SRB 特有的电子受体蛋白——细胞色素 c_3。周质中 H^+ 与细胞质形成周质-细胞质 H^+ 离子梯度，推动产生 ATP。

（4）细胞色素 c_3 将电子传递给电子传递复合体，复合体将电子跨膜传递给硫酸盐还原相关的酶，进行硫酸盐还原。

（5）H_2 从细胞质转移至周质，通过周质氢化酶产生 H^+ 和 e^-，H^+ 和 e^- 通过 ATP 合成酶和细胞色素传递体系，又返回到细胞质，这一过程，称为氢循环。

(6)氧化2 mol乳酸释放8 mol e^-,通过底物水平磷酸化,形成2 mol ATP。8 mol e^-传递给1 mol SO_4^{2-},还原生成S^{2-},乳酸氧化及硫酸盐还原机理如图13.4所示。

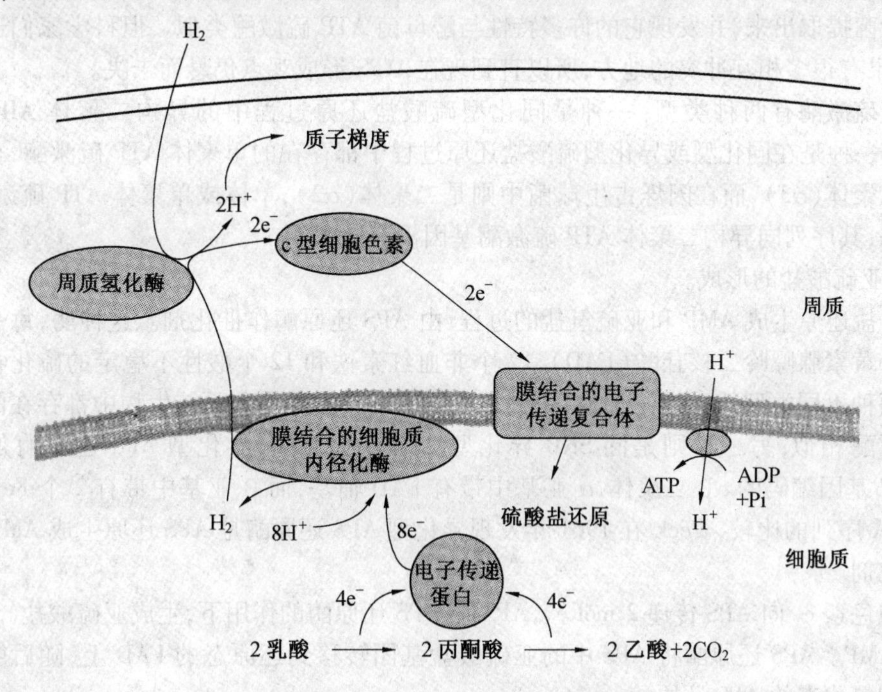

图13.4　乳酸氧化及硫酸盐还原机理

有些SRB能够经过TCA循环或乙酰辅酶A途径完全氧化乙酸。但是大多数SRB都没有TCA循环的酶,所以乙酸的完全氧化大都通过乙酰辅酶A途径来完成。

乙酰辅酶A首先在CO脱氢酶(CODH)作用下裂解,生成CO-CODH复合体CH_3-B_{12}-蛋白复合体。CO-CODH分解产生CO_2和2 mol e^-。CH_3-B_{12}-蛋白复合体经甲基转移酶(MeTr),生成复合体CH3-THF,分解生成甲酸,同时转移4 mol e^-,甲酸在甲酸脱氢酶(FDH)作用下转移2 mol e^-,最终生成CO_2。

2.硫酸盐的活化及亚硫酸盐的形成

硫酸盐还原菌通过氧化各种各样的有机化合物,引导氧化作用产生的电子流向硫酸盐还原系统还原硫酸盐。

(1)硫酸盐的活化。

硫酸盐还原菌可利用的有机化合物非常丰富,从简单的脂肪酸到复杂的芳香族碳氢化合物均可利用。硫酸盐的还原过程首先是硫酸盐从细胞外转移细胞内的过程,一般情况下,$SO_4{}^{2-}$是通过离子浓度梯度的驱动进入到细胞内的。但阴离子对SO_4^{2-}/SO_3^{2-}之间的氧化还原电势很低,并且SO_4^{2-}的热稳定性很强,所以在还原之前,硫酸盐还原的起始反应是激活阶段,在该阶段SO_4^{2-}需要在ATP硫激酶作用下活化,生成腺苷酰硫酸APS和焦磷酸PPi,即

$$SO_4^{2-}+ATP+2H^+\longrightarrow APS+PPi$$

焦磷酸水解生成磷酸,即

$$PPi+H_2O\longrightarrow 2Pi$$

总反应式为

$$SO_4^{2-}+ATP+2H^++H_2O\longrightarrow APS+2Pi$$

活化反应由 ATP 硫激酶催化进行。ATP 硫激酶是由 Robbins 和 Lipmann 于 1958 年在从事于硫酸盐活化作用的主导研究中从酸母细胞中提取的。后来该酶也从普通脱硫弧菌和致黑脱硫肠状菌提取出来,并发现它的许多特性与酵母菌 ATP 硫激酶类似。但科学家们进行很多实验,结果有很多相互冲突的地方,所以直到现在,APS 形成观点仍悬而未决。

ATP 硫激酶有两种类型:一种是同化型硫酸盐还原过程中的异构二聚体 AIP 硫激酶(αβ);另一种是在同化型或异化型硫酸盐还原过程中都存在的单聚体 ATP 硫激酶,在脱硫弧菌中为三聚体(α3),而在闪烁古生球菌中则是二聚体(α2),单体或单聚体 ATP 硫激酶由 *sat* 基因编码,其序列同异构二聚体 ATP 硫激酶基因没有同源性。

(2)亚硫酸盐的形成。

APS 盐还原生成 AMP 和亚硫氢盐的过程,由 APS 还原酶作催化剂。这种酶,每个分子中含有一个黄素腺嘌呤二核苷酸(FAD),12 个非血红素铁和 12 个酸性不稳定的硫化物。目前发现有两种不同类型的 APS 还原酶:一种类型同所有真核生物和原核生物中都存在的同化型 APS 还原酶相似;另一种则是同 SRB 异化型 APS 还原相关,异化型 APS 还原酶是分别由 *apsA*,*apsB*基因编码的 αβ 二聚体,α 亚基中带有 FAD 辅基,而 β 亚基中带有 2 个 Fe_4S_4基团。根据 DNA 序列的比较, Peck 在 1961 年发现异化型 APS 还原酶是 APS 还原生成 AMP 和亚硫盐的催化剂。

细胞色素 c_3 向 APS 传递 2 mol e^-,APS 在 APS 还原酶的作用下,生成亚硫酸盐(SO_3^{2-}),同时释放 AMP。APS 还原酶将 APS 中的亚硫酸盐基团转移到还原态的 FAD 上,随后解离成亚硫酸盐和氧化态的 APS 还原酶。

APS 还原机理被假定发生在一个亚硫盐加成产物到形成异咔嗪环的第五个位置上的 FAD 的过程中。在该反应机制中,APS 把它的亚硫酸盐组转移成 APS 还原酶的一个被还原的 FAD 的一半,随之亚硫酸加成产物解离成亚硫酸盐,并氧化成 APS 还原酸,这个过程表示为

$$\text{E-FAD+电子载体(red)}\Leftrightarrow\text{E-FADH}_2\text{+电子载体(OX)}$$

$$\text{E-FADH}_2\text{+APS}\Leftrightarrow\text{E-FADH}_2\text{(SO}_3\text{)+AMP}$$

$$\text{E-FADH}_2\text{(SO}_3\text{)}\Leftrightarrow\text{E-FAD+SO}_3^{2-}$$

有研究发现,普通脱硫弧菌中的 APS 还原酶也能还原 APS 的类似物鸟苷酰硫酸(GPS)、胞苷酰硫酸(CPS)、尿苷酰硫酸(UPS),生成氧化态的 APS 还原酶和亚硫酸盐。

3. 亚硫酸盐的还原过程

目前对 APS 还原形成的亚硫酸盐随之还原为硫化物过程有两种理论:一种是直接还原理论,即亚硫酸盐直接获得电子还原生成硫化物;另一种是间接还原理论,即反应过程首先生成连三硫酸盐和硫代硫酸盐这两种中间产物,硫代硫酸盐进一步还原生成硫化物和亚硫酸盐。

(1)直接还原过程。

①亚硫酸盐还原酶。

Postgate(1956)从 *D. vulgaris* 提取物中分离出吸收 630 nm,585 nm 和 411 nm 波长的绿色素。他把该色素描述为一种酸性卟啉蛋白,在波长为 365nm 紫外线下暴露时能在碱性条件下分解生成一种红色荧光色团,该发色团被称为脱硫绿啶。

脱硫弧菌属除一种突变体——D. 肪硫弧菌 Norway 4 外的所有种均含有脱硫绿啶,这些种是 Miller 和 Saleh(1964)分离的。Postgate 在 1956 年发现这些绿色素尚无可知作用,尽管其在 *D. vulgaris* 的提取物中大量存在。氧化还原反应并不能改变脱硫绿啶的吸收光谱,且不能与一氧化碳、氰化物或叠氮化钠等发生任何反应。其功能由 Lee 和 Peck 经研究最终确定,他们认

为这种色素催化了在亚硫酸盐还原成连三硫酸盐的反应,并将其命名为亚硫酸盐还原酶。随后有研究指出脱硫绿啶含有一种四氢卟啉辅基,与同化型亚硫酸盐还原酶相同。

1979 年,Seki 和 Ishimoto 分别分离了这两种类型的脱硫绿啶,在 MVH 连接的亚硫酸盐还原中,差异不大,两条带均形成连三硫酸盐、硫代硫酸盐及硫化物,另外吸收光谱、相对分子质量、亚基组成、不稳定性硫元素、铁含量、氨基酸组成以及圆二色性谱等特征均相同。

在普通脱硫弧菌菌株 Hildenborough/Miyazaki、巨大脱硫弧菌和非洲脱硫弧菌中,脱硫绿啶的亚基组成均为 4 聚体($\alpha_2\beta_2$),带 2 个血卟啉辅基和 6 个典型的 Fe_4S_4 基团,其中有 2 个 Fe_4S_4 基团同血卟啉结合。α 亚基的分子质量在 50 ~ 61 000 之间,β 亚基的分子质量在 39 ~ 42 000 之间,由 *dsrA* 和 *dsr* 基因编码。最后从 *D. vulgaris Hildenborough* 的脱硫绿啶中发现第三个亚基 γ,由基因 *dsrC* 编码,11 kDa 多肽,从而该酶成为 6 聚体结构($\alpha_2\beta_2\gamma_2$)。这 3 种亚基的抗体已具备,且被发现是专门针对各自的抗原而形成的,没有发现交叉反应能够表明 γ 亚基不是 α 或 β 亚基的蛋白水解部分。

1970 年,Trudinger 从致黑脱硫肠状菌中成功分离出一种一氧化碳结合色素 P582,该色素能催化亚硫酸盐还原生成硫化物,起着与亚硫酸盐还原酶类似的作用。1973 年 Akagi 和 Adams 发现 P582 还原亚硫酸盐形成的主要产物为连三硫酸盐,同时生成少量硫代硫化物和硫化物。另一种蛋白质是在亚硫酸氢盐还原形成三硫堇化合物和硫化物的过程中发现的,它是一种红色素。该红色素是脱硫玉红啶,它从 D. 脱硫弧菌 Norway 的提取物中被 Lee 等(1973)分离出来。

第四种亚硫酸盐还原酶是从不产芽孢的嗜热 SRB 普通嗜热脱硫细菌中分离出来的,被命名为 desulfofuscidin,能够还原亚硫酸盐生成连三硫酸盐,硫代硫酸盐和硫化物所生成的量相对较少。

②直接还原机理。

同化型或异化型亚硫酸盐还原酶,从细胞色素 c_3 获得 6 mol e^-,将 SO_3^{2-} 还原为 H_2S,反应式为

$$SO_3^{2-}+6e^-+8H^+\longrightarrow H_2S+3H_2O$$

2 mol 乳酸氧化为乙酸的过程中,释放 8 mol e^-,还原 1 mol SO_4^{2-} 形成 1 mol S^{2-}。2 mol 乳酸氧化通过底物水平磷酸化作用产生 2 mol ATP,这 2 mol ATP 用于 1 mol SO_4^{2-} 的活化。

1975 年,Chambers 和 Trudinger 进行了通过对采用 S35 标定的底物的同位素研究,通过脱硫脱硫弧菌中休眠细胞和生长细胞来确知这些标定物在他们新陈代谢过程中的取向,他们发现硫代硫化物的硫酸和磺胺组群均能被还原生成大致相同比率的硫化物。

如果硫酸盐以硫代硫化物为中间体被还原,分布于硫烷基和磺酸盐基团原子之间的放射率应是相同的。因为硫代硫化物引起三硫堇化物的还原,他们得出的结论是三硫堇化物和硫代硫化物并非亚硫酸氢盐还原过程的中间体。这个结论与早期 Jones 和 Skyring(1974 年)的观点相吻合,后者发现脱硫绿啶素谱在聚丙烯酰铵凝胶中还原亚硫酸盐生成硫化物。

有研究发现,亚硫酸盐在氧气中还原的过程中发生快速的质子生成现象。Peck 实验室的另一研究表明,顺电化学上被还原的脱硫绿胶霉素可被亚硫酸盐氧化,每微摩的酶可产生 0. 8 μmol的硫化物,这表明存在着六电子还原。以上研究积累的结果引导研究者提出这样一个假设:亚硫酸盐直接通过电子还原机理被还原,并且还原过程未形成任何可分离的中间产物。

工作者讨论亚硫酸盐还原酶(脱硫绿啶,P582,脱硫红啶,desebfoscidin)活性的真正产物:

是三硫堇化物还是硫化物,到目前为止,没有一个实验能够确定亚硫酸氢盐还原成硫化物的真正途径,使其令所有研究者都满意。有可能亚硫酸盐还原过程中存在另一种 SRB。

1975 年 Chamber 和 Trudinger 研究表明,如果脱硫弧菌属休眠和生长细胞所进行的亚硫酸盐还原过程是由同化亚硫酸还原酶所引起,那么他们文章中所发表的结果就可被解释。这种酶从 D. vulgaris 中分离并提纯,并被证明在无任何其他化合物如三硫堇化物,硫代硫化物形成的情况下,把亚硫酸氢盐还原成硫化物。

(2)间接还原过程。

1990 年,Fitz 和 Cypionka 研究发现以 H_2或甲酸为电子供体时,脱硫脱硫弧菌能使亚硫酸盐还原生成硫代硫酸盐和连三硫酸盐。1992 年,Sass 等的工作表明,当脱硫弧菌属、脱硫叶状菌属、脱硫球菌属、脱硫杆菌属和脱硫细菌属的某些种在亚硫酸盐和适量的 H_2中培养时,能形成硫代硫酸盐或连三硫酸盐。他们同时观察到,在一个有限电子供体 H_2的恒化器内生长时,脱硫脱硫弧菌能生成硫代硫酸盐和连三硫酸盐。但是,Sass 等没有阐明这些副产品是否是硫化物以外的最终产物。

①连三硫化物和硫代硫化物的发现。

1969 年,Kobayashi, Tachibana 和 Ishimoto 从普通脱硫弧菌提取物中分离出两种组分,这两种组成分能够还原亚硫酸盐物硫化物,依次通过连三硫化物、硫代硫化物,而另一部分把这些产物还原成硫化物。他们指出的异养亚硫酸还原过程为

$$3SO_2^{2-} \leftrightarrow S_3O_6^{2-} \leftrightarrow S_2O_3^{2-}+SO_3^{2-} \leftrightarrow S^{2-}+SO_3^{2-}$$

同年,Suh 和 Akagi 报道从普通脱硫弧菌菌株 8303 中分离出两种组分,这两种组分能使亚硫酸盐生成硫代硫酸盐。这个过程被命名为硫代硫酸盐形成体系,该体系中一种组分为脱硫绿啶,另一组分被命名为 FⅡ。Ishimoto 和 Akagi 实验室的这些发现表明在脱硫弧菌属中存在形成连三硫酸盐的途径。同一研究中还得出结论,这些提取物中通过“硫代硫酸盐形成体系”发生上述作用的离子为亚硫酸氢盐而非亚硫酸盐。

②连三硫酸盐途径。

1971 年,Lee 和 Peck 发现脱硫绿啶可催化亚硫酸盐还原生成唯一产物连三硫酸盐。而 Jones 和 Skyring 等随后进行的研究表明,除连三硫酸盐之外,还有硫代硫酸盐和硫化物的生成。许多研究者利用氢化酶.甲基紫精(MV)进行实验,该实验中包括连三硫酸盐、硫代硫酸盐、亚硫酸氢盐和异化型亚硫酸盐还原酶,在氢气中进行,反应式为

$$H_2+MV[\text{氧化态}]+H_2ase \Leftrightarrow MV[\text{还原态}]+2H^+$$

$$MV[\text{还原态}]+nHSO_3^-+Dsr \Leftrightarrow S_3O_6^{2-}+S_2O_3^{2-}+S^{2-}$$

如果氢化酶或甲基紫精浓度相对较高,而亚硫酸氢盐浓度较低,一般将导致较低的连三硫酸盐和较高的硫化物产量水平,而在相反的条件下,所产生物质的量呈相反趋势。

Drake 和 Akagi (1977)利用普通脱硫弧菌的丙酮酸盐和丙酮酸磷酸裂解系统取代氢和氢化酶作为亚硫酸盐还原的电子供体。在此实验条件下,形成了连三硫酸盐、硫代硫酸盐和硫化物。所形成产物的数量与丙酮酸盐和亚硫酸盐的浓度有关,该结论与氢化酶实验得到的结果相似。

亚硫酸盐还原酶包括相邻的 A,B,C 3 个的活性位点。C 位点在 A 位点和 B 位点形成适当的催化外形之前就与亚硫酸盐结合,该亚硫酸盐被两个电子还原生成亚硫酸氢盐。如果电子浓度高,次硫酸氢盐可能还原为硫化物,或者二硫中间体可能还原生成硫代硫酸盐;如果电子浓度相对较低,连三硫酸盐将是终产物。亚硫酸氢盐还原过程途径如图 13.5 所示。

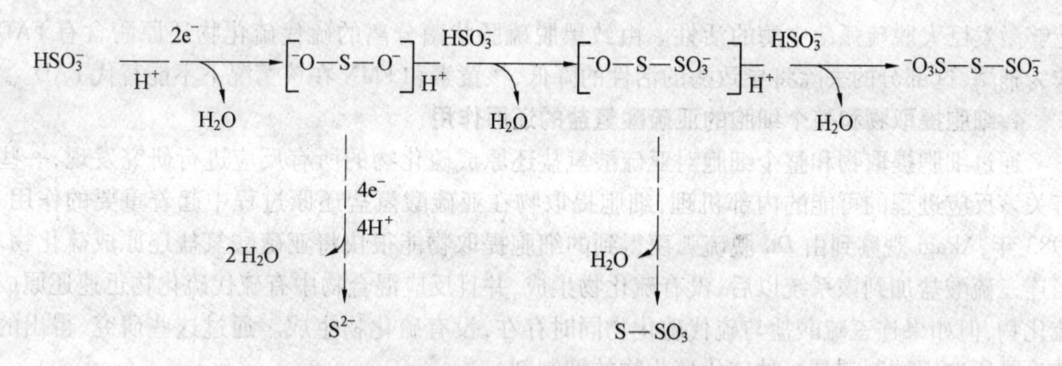

图 13.5　亚硫酸氢盐还原过程途径

1974 年,Kohayshi 等提出一个稍有不同的亚硫酸盐还原生成硫化物的模式,其中包括三硫堇化物和硫代硫化物的形成。假设亚硫酸盐被还原生成一个中间体 X,该中间体与两个亚硫酸盐结合形成三硫堇化物或被还原形成另一中间体 Y。这个中间体接着可与一个亚硫酸盐分子结合形成硫化物或被还原在硫化物。根据该模式,如果连三硫酸盐形成,它将被还原成硫代硫化物,反之它被还原成硫化物。

a. 连三硫酸盐还原酶。

1977 年,连三硫酸盐被一种分离蛋白质还原成硫代硫化物这一反应最先被 Drabe 和 Akagi 提出。通过聚丙烯酰胺凝胶电泳,FII 组分被进一步分离提纯,纯化产物可将亚硫酸氢盐和连三硫酸盐还原生成硫代硫酸盐,该反应需要亚硫酸氢盐和连三硫酸盐的同时存在。

从连三硫酸盐释放亚硫酸氢盐分子,作为序列反应中自由态的亚硫酸氢盐重新循环参与随后的反应。尽管这种酶并非一种特征明显的三硫化物还原酶,但它是最先被分离出来的,能使连三硫酸盐还原形成硫代硫化物的酶。从 *D. vulgaris* 提取物中分离出另一种连三硫酸盐还原体系,该体系包括亚硫酸盐还原酶和另一被命名为 TR-1 的部分组成。该活性也被称作依赖于亚硫酸氨盐还原酶的连三硫酸盐还原酶。TR-1 也曾从致黑脱硫肠状菌中分离出来,并与 P582 作用形成连三硫酸盐还原酶体系。致黑脱硫肠状菌中的 TR-1 能在还原连三硫酸盐的过程中利用脱硫绿啶。这意味着,TR-1 和亚硫酸氢盐还原酶互相间可以进行内部转化,其中亚硫酸氢盐还原酶是由 *D. valgal* 和 *Dt.* 脱硫弧菌中分离出来的。

b. 硫代硫酸盐还原酶。

根据三硫堇化物途径,亚硫酸氢盐还原生成硫化物的最终步骤中涉及酶,硫代硫化物是原酶。硫代硫酸盐还原分为两个步骤:第一步是磺胺硫原子还原成硫化物,第二步是亚硫酸盐缓慢还原成硫化物。从硫代硫酸盐还原反应产物中分离到了亚硫酸盐,硫代硫酸盐的还原的反应为

$$S—SO_3^{2-} \overset{2e^-}{\leftrightarrow} S^{2-} + SO_3^{2-}$$

对致黑脱硫肠状菌和普通脱硫弧菌的硫代硫酸盐还原酶的研究表明亚硫酸盐是硫代硫酸盐还原酶催化反应的最终产物之一。通过内部和外部标定的 35S$^-$ 硫代硫化物还原表明外层标定的磺胺硫被还原成硫化物,而内部磺酸硫原子仍以亚硫酸盐状态存在。如果硫代硫酸盐被细胞提取物还原,那么两个硫原子将以大致相等的速率被还原为硫化物。

这种酶能把硫代硫化物还原成硫化物和亚硫酸盐,并且在任何情况下,都可以利用甲基紫精作为电子供体。该酶能以细胞色素 c_3 作为中间电子载体,从氢化酶获得电子。抑制该酶作用的反应物是硫氢组群的反应物。亚硫酸盐对硫代硫化物的还原酶的活性产生抑制,铁离子

能够激发巨大脱硫弧菌中酶的活性。由致黑脱硫肠状菌分离的硫代硫化物还原酶含有 FAD 作为辅酶,这部分的去除将导致酶的活性的降低,核黄素和 FMN 在该情况下不能替代 FAD。

4.细胞提取物和整个细胞的亚硫酸氢盐的还原作用

通过细胞提取物和整个细胞对亚硫酸氢盐还原成硫化物的所有反应进行研究发现,一些有关该反应进程的可能的内部机理,细胞提取物在亚硫酸氢盐还原过程中起着重要的作用。1983 年,Akagi 观察到由 *Dt.* 脱硫弧菌得到的细胞提取物能很快将亚硫酸氢盐还原成硫化物。当连三硫酸盐加到该系统以后,没有硫化物生成,并且反应混合物中有硫代硫化物迅速还原成硫化物,但如果连三硫酸盐与硫代硫化物同时存在,没有硫化物生成。通过这些研究,得出的结论是所选用的制剂是一种硫代硫化物的抑制剂。

进一步研究发现:①连三硫酸盐能够抑制亚硫酸氢盐还原成硫化物,并导致硫代硫化物的积累;②连三硫酸盐本身可通过细胞提取物还原成硫代硫化物;③连三硫酸盐不抑制 P582 活性;④硫代硫化物还原成硫化物的过程受连三硫酸盐抑制。

连三硫酸盐对亚硫酸盐和硫代硫酸盐还原过程的抑制作用在脱硫脱硫弧菌中同样发生。他们发现这些细胞减少浓度(0.5 ~4 mmol)从而导致硫代硫化物的积累。而且高浓度的连三硫酸盐抑制硫酸盐、亚硫酸盐和硫代硫化物还原成硫化物。

13.3.2 硫酸盐还原菌的电子传递蛋白

从 SRB 分离出的电子传递蛋白含量丰富、相对分子质量小、性质稳定、易于提纯,这种性质在几种修饰作用如金属或黄素置换反应中已体现出来。所以经常用于模型分析和分子工具来置换和取代金属。

1.独立的电子传递蛋白

独立的电子传递蛋白共分为 4 种,包括非血红素铁蛋白、铁氧还蛋白、黄素氧还蛋白和细胞色素。

(1)非血红素铁蛋白。

①铁硫蛋白(Rubredoxin)。

铁硫蛋白是在 SRB 中发现的结构最简单、相对分子质量最小(6 000 Da)的氧化还原蛋白。它们含一个铁原子,分别与 4 个半胱氨酸残基硫原子相连接组成了一个四面体。在几种硫酸盐还原菌的细胞质中发现了铁硫蛋白,这些菌种包括巨大脱硫弧菌属,普通脱硫弧菌菌株 *Hildenborough*,*D. desulfuricans* 和 *D. salexigens*。已测出普通脱硫弧菌和脱硫弧菌菌种中铁硫蛋白的氨基酸顺序。对部分红氧还蛋白三级结构进行了充分研究,并确定至原子水平。红氧还蛋白的大量带电残基存在着差异以及 *D. desulfuricans* 的铁硫蛋白缺少一个 7-氨基环,这些都说明铁硫蛋白与从 *D. gigas* 提取的一种 NADH-铁硫蛋白氧化还原酶之间存在着不同的反应活性。

铁硫蛋白的氧化还原电位在-50 ~0 mV 之间,而在脱硫弧菌属中的异化型硫酸盐还原需要从电位更低的还原剂(-400 ~ -200 mV)上获取电子,因此铁硫蛋白在硫酸盐还原菌中很难参与生理反应。

近来,一种 NADH-铁硫蛋白氧化还原酶特征的确定以及在巨大脱硫弧菌中铁硫氧化还原酶的发现,巨大脱硫弧菌中铁硫蛋白可能参与了有氧呼吸链,这个呼吸链从 NADH 中获得电子,并将 O_2还原成水。

普通脱硫弧菌菌株 Miyazaki 中红氧还蛋白主要是作为电子载体接受细胞质中乳酸脱氢酶

的电子。应用分子模型和核磁共振(NMR)技术,建立了一个四聚体血红素细胞色素 c_3 的结构模式。四聚体血红素细胞色素 c_3 位于外周胞质中,铁硫蛋白在细胞质中被发现,因此这两种蛋白质之间的相互作用看起来是非生理性的。然而,分子模型显示细胞色素 c_3 的一个血红素与铁硫蛋白中的[Fe-S]中心有着相互的联系。

Rubrerythrin 是从普通脱硫弧菌中提取出的非血红素铁蛋白。该蛋白为同型二聚体,含有的四个铁原子位于2个铁硫中心和1个内部亚单位双核束中。从 rubrerythrin 的基因序列来分析,没有证据证明该蛋白质有导肽。

最近,报导另外一种功能尚未确定的非血红素铁蛋白,nigerythrin 与 rubrenythin 有相似之处。Nigerythrin 也是一个同型二聚体,每个单体含有6个铁原子。从相对分子质量大小,PI值,N-末端序列,抗体活力,光吸收,EPR 光谱学以及氧化还原电势几方面分析表明,rubrerythrin 和 nigerythrin 是两种不同的蛋白质。

脱硫铁氧还蛋白(desulfoferredoxin)是另外一种类型的非血红素铁蛋白,是从脱硫脱硫弧菌菌株 ATCC 27774 和普通脱硫弧菌菌株 *Hildenborough* 中分离出来的。Moura 等研究表明,在该蛋白质中有两种类型的铁:一种是铁-硫中心,类似于巨大脱硫弧菌中的脱硫氧还蛋白的铁-硫中心;另一类是高度旋转的铁,可能与含氮-氧配位体以8个方向连接。对普通脱硫弧菌属中的这种蛋白质的末端氨基酸顺序进行分析表明,它是普通脱硫弧菌中的 *rbo* 基因编码的产物,也是一种铁硫蛋白氧化还原酶,NAD(P)H 不能还原这种蛋白。

②脱硫氧还蛋白(Desulforedoxin)。

脱硫氧还蛋白是一种新的非血红素铁蛋白,首先从巨大脱硫弧菌中分离出来并研究了其特性。与铁硫蛋白相似的是,这种蛋白也含有一个可被 Co 和 Ni 替换的 Fe 原子。巨大脱硫弧菌中的脱硫氧还蛋白的基因已被克隆并测序出。已表明普通脱硫弧菌中由 *rob* 基因编码的末端产物(靠近 N-末端有4 kDa 的脱硫氧还蛋白)可通过基因融和形成。2000年,Ascenso 等从普通脱硫弧菌克隆到编码脱硫氧还蛋白的基因,并将 N 末端和 C 末端部分在大肠杆菌中进行了表达。结果表明,蛋白 N 末端和 C 末端均有独立的金属结合域,N 末端特性与全蛋白类似,可能存在铁,硫结合域,C 末端包含一个铁-硫中心。

(2)铁氧还蛋白(Ferredoxin,Fd)。

铁氧还蛋白含铁原子和硫原子,每个铁原子都与四个无机硫原子对称联结在一起。在硫酸盐还原菌的磷酸裂解反应和亚硫酸盐还原的电子传递过程中起着重要的作用。这种蛋白具有低的氧化还原电势,特征性电子光谱和典型的电子顺磁共振特征。含有4种 Fe-S 排列方式的7种铁氧还蛋白已从硫酸盐还原菌中分离出来,即[3Fe-4S][4Fe-3S][3Fe-4S]和[4Fe-4S],2×[4Fe-4S]基团。

①铁氧还蛋白的分类。

巨大脱硫弧菌有两种形式的铁氧还蛋白,被命名为铁氧还蛋白Ⅰ(FdⅠ)和铁氧还蛋白Ⅱ(FdⅡ)。这两种蛋白质都由相同的多肽链组成,FdⅠ是三聚体和二聚体,其每个单体含一个[4Fe-4S]基团,氧化还原电势为-450 mV;FdⅡ是四聚体,每个亚单位含一个[3Fe-4S]基团,氧化还原电势为-130 mV。

Desulfomicrobium (Dm) baculatum 菌株 Norway 4 中也分离出两种铁氧还蛋白,这两种铁氧蛋白是由不同的多肽链组成的。FdⅠ含一个[4Fe-4S]基团,氧化还原电势为-374 mV;FdⅡ含一个2×[4Fe-4S],氧化还原电势为-500 mV。

非洲脱硫弧菌中含有3种铁氧还蛋白,这3种铁氧蛋白是二聚体结构。FdⅠ,FdⅡ目前认为它们每一个单体含有一个[4Fe-4S]基团,FdⅢ含一个氧化还原电势为-140 mV 的[3Fe-4S] 基团和一个氧化还原电势为-410 mV 的[4Fe-4S] 基团。

在普通脱硫弧菌菌株 Miyazaki 中发现两种类型的铁氧还蛋白,都为二聚体结构。FdI 包含两个有着不同作用的氧化还原中心,由一个[3Fe-4S] 基团和一个[Fe-4S] 基团组成,其氨基酸序列与非洲脱硫弧菌的 FdⅢ相似。FdⅡ每个单体仅含一个[4Fe-4S]基团,其氧化还原电位是-405 mV。

在其他的 SRB 中也存在铁氧还蛋白,如普通脱硫弧菌菌株 *Hildenborayh*, *D. salexigens*, *D. desulfuricans* ATCC27774, *Dm. baculatum* 9974 菌株和 *Desulfotowaadum*,但是目前还没有进行详细地研究。

②铁氧还蛋白的结构。

目前铁氧还蛋白的结构研究最清楚的是巨大脱硫弧菌中含[3Fe-4S]的 FdⅡ,利用光谱学方法研究[3Fe-4S]基团的结构,结果显示这是一个单独的铁-硫中心。采用 X 光衍射分析 FdⅡ的结构,结果表明,[3Fe-4S]基团通过 Cys8, Cys14 和 Cys50 这 3 个半胱氨酸基与多肽链相连。Cysll 作为[4Fe-4S]基团第四位点的配基,在远离中心处折回。在含 2×[Fe-S]的铁氧还蛋白中发现 Cys18 和 Cys42 之间的一个二硫桥位于第二个铁-硫基团处。在 FdⅡ还原时,这个二硫桥能被打开,二硫桥在铁硫氧还蛋白的生理行为中的势能作用有待于进一步研究。初步的衍射学数据已从 *Dm. baculatum* 菌株 Noruay 4 中的铁硫蛋白获得。

另外,几种 SRB 的铁氧还蛋白氨基酸序列已经测定,包括巨大脱硫弧菌的 FdⅠ和 FdⅡ, *Dm. baculatum* 菌株 Norway 4 的 FdⅠ和 FdⅡ,普通脱硫弧菌菌株 Miyazaki 的 FdⅠ和 FdⅡ,非洲脱硫弧菌的 FdI 和 FdⅡ。

巨大脱硫弧菌中 FdⅡ上的[3Fe-4S]将成为研究这类 Fe-S 基团的光谱特性的有力工具。许多技术都被用于它的特性研究上,包括 EPR, Mossbauer, Resonance Raman, MCD, EXAFS, Saturation magnetization, NMR 和电化学等。最近的报道也集中在运用不同技术手段对不同菌株的 Fd 特征进行研究上。

③铁氧还蛋白的生理功能。

大多数铁氧还蛋白的生物活性体现在:当以亚硫酸盐为电子受体时,铁氧还蛋白能够加速氢的消耗,或以丙酮酸为底物时,能够加速氢的产生。已经证明四聚血红素细胞色素 c_3 是介于脱氢酶和 Fd 之间的中间体。这个电子传递链在氢化酶与亚硫酸盐还原酶相偶联或在含氢气的自养生长中还具有活性。

巨大脱硫弧菌中的 FdⅠ和 FdⅡ分别在不同的代谢途径中起作用。FdⅠ在磷酸裂解反应中是必需的,氢在丙酮酸的氧化过程中产生,FdⅡ也可单独加速这种磷酸裂解反应,说明 FdⅡ[3Fe-4S]基团向 FdⅠ[4Fe-4S]基团的转变。

从丙酮酸脱下的氢可以在含有氢化酶,细胞色素 c_3, FdI,不完全提纯的丙酮酸脱氢酶及 COA 的反应体系中重建,在反应中 FdⅡ的活性仅为 FdⅠ的 40%。

巨大脱硫弧菌中的 FdⅡ或黄素氧还蛋白在脱氢酶和硫酸盐还原酶之间是不可缺少的。已报道在巨大脱硫弧菌中与氢的氧化相偶联的亚硫酸盐还原反应,可在胞外中含细胞色素 C3, FdⅡ,黄素氧还蛋白的电子传递链上重建,可被 Ca^{2+}-蛋白激活。

正如我们所知道的,在巨大脱硫弧菌粗提液中丙酮酸能够诱导巨大脱硫弧菌中 FdⅡ的[3Fe-4S]基团转变成 FdⅠ的[4Fe-4S]基团。在二硫醚(Dithiothretol)存在下,用过量的 Fe^{2+} 的处理后,提纯的巨大脱硫弧菌 FdⅡ也可以转化成 FdⅠ,这证明巨大脱硫弧菌中 Fd 的多肽链含有[3Fe-4S]基团和[4Fe-4S] 基团。

在 Fe^{2+}存在下,非洲脱硫弧菌中 FdⅢ的[3Fe-4S]基团可以转化为[4Fe-4S]基团中心。Asp14 的羧基端被认为是已转化的[4Fe-4S]基团的第四个配基,它占据了一个典型的 8Fe Fd 的半胱氨酸的位置。起初在巨大脱硫弧菌 Fd 中发现的[3Fe-4S] / [4Fe-4S]基团之间的相互转化,表明除铁外,金属转换可在[3Fe-4S]中心上实现。实际上,这种 Cubanlike 型的 [M,3Fe-4S]中心可由 CO^{2+},Zn^{2+},Ni^{2+}构成。D. gigas FdⅡ还有[Zn,3Fe-4S]中心和[Ni,3Fe-4S]中心。在 *D. africanuis* FdⅢ和 Pyrococcus fuiosus Fd 中得到了同样的结论。

(3)黄素氧还蛋白(Flavodoxin)。

黄素氧还蛋白存在于许多微生物中,在巨大脱硫弧菌、脱硫脱硫弧菌和嗜盐脱硫弧菌中都已发现。其中普通脱硫弧菌的黄素氧还蛋白研究得最多,一级和三级结构已经确定。在 *Desulfovibrio* 的几个种包括巨大脱硫弧菌、普通脱硫弧菌菌株 Hildenborough、嗜盐脱硫弧菌和脱硫脱硫弧菌菌株 Essex 6 中的黄素氧还蛋白基因已经克隆得到,其中嗜盐脱硫弧菌和普通脱硫弧菌的基因在大肠杆菌中得到了表达。

用以 Elcetrostatic potential field calculation 和 MuR 实验为基础的计算机作图法,建立起了 *D. vnlgeris* 中黄素氧还蛋白-四聚血红素细胞色素 C3 的电子传递复合体的假设模型。由于各自独立,这两种蛋白质之间的复合体还不能直接表明生理上的作用,但它对于研究血红素和黄素基团之间的电子传递的机理是一个很好的模型。

在产氢和耗氢的反应中,黄素氧还蛋白可以代替铁氧还蛋白行使电子传递的功能。黄素氢还蛋白和 Fd 之间的生物化学相似性在于黄素氧还蛋白有两种稳定的氧化-还原状态:半醌-氢醌状态,其氧化还原电位为-440 mV;半醌-醌状态,其氧化还原电位为-150 mv。黄素的这两种状态同巨大脱硫弧菌中的铁氧还蛋白 FdⅠ和 FdⅡ的氧化还原电势相一致。这两种电子传递蛋白的氧化还原性质和观察到的生物互换性相符合。

在 *C. tyrobutyriaun* 中可观察到相同的结果,即在 NADH 被 NADH-Fd 氧化还原酶氧化时,黄素氧还蛋白仍可被 Fd 取代。已报道,巨大脱硫弧菌中氢化酶和亚硫酸盐还原酶之间的电子传递,在加入 Fd 或黄素氧还蛋白后可以被重建,尽管在偶联反应中黄素氧还蛋白效率低些。只有在加入 Fd 而不是黄素氧还蛋白时,才能观察到与电子传递链相关的磷酸化作用。

巴斯德梭菌中的黄素氧还蛋白只有在缺铁生长条件下才能被合成,而普通脱硫弧菌菌株 Hildenborough 中的黄素氧还蛋白即使在铁过量的条件下,也会大量存在。

Dm. baculatum Noruay 4 和 DSM1743 不含黄素氧还蛋白,但含有一个具[4Fe-4S]中心结构的铁氧还蛋白,和一个具 2×[4Fe-4S]中心结构的铁氧还蛋白。说明在一些代谢途径中,黄素氧还蛋白和 Fd 不能互相代替。

黄素氧化还原酶(Flavoredoxin)是一个同型二聚体,其每分子含有 2 个 FMN,在 pH=7.5 时,氧化还原电势是-348 mV,是一种从巨大脱硫弧菌分离出来的一种新黄素蛋白。它与黄素氧还蛋白的区别主要在于:在用联二亚硫酸钠还原时,没有半醌形式存在。黄素氧化还原酶在氢的氧化和亚硫酸盐还原偶联过程中是必不可少的。,

对黄素氧还蛋白与黄素氧化还原酶的 N 末端氨基酸顺序进行对比,表明了二者存在较低的同源性。

(4)细胞色素。

硫酸盐还原菌中的细胞色素主要包括两种,分别为细胞色素 c 和细胞色素 b。

①细胞色素 c。

在硫酸盐还原菌中发现了其他几种 c 型细胞色素，下面将介绍这些血红素蛋白的主要特征。

a. 单体血红素细胞色素 c。

1968 年，由 Le Gall 和 Bruschi 首次在普通脱硫弧菌菌株 Hildenborough 提取出来。但目前，这个细胞色素已经在其他的几个菌种中被发现。单体血红素细胞色素 c 含有的唯一血红素在 N 末端，应属于 Ambler I 类，并根据 α 峰的位置命名为细胞色素 C553，被认为是普通脱硫弧菌菌株 Miyazaki 中延胡索酸脱氢酶的固有的电子受体。

b. 二聚体血红素细胞色素 c。

到目前为止，二聚体血红素细胞色素 c 只在脱硫脱硫弧菌菌株 27774 中发现，因为它的特征性光谱也被叫作 Split soret。其结构为每个相对分子质量为 26 kDa 的单体中含两个血红素，氧化还原电势分别是-168 mV 和-330 mV，生理功能目前尚不清楚。

c. 四聚体血红素 c_3。

1954 年，Postgate 和 Ishimoto 首次发现了这种最原始的细胞色素 c_3，但其结构尚未研究清楚，直到 1968 年，Ambler 建立了它的一级结构，才确定它每个分子中含有 4 个血红素。此蛋白质在很多脱硫弧菌中存在。

已经确定普通脱硫弧菌菌株 Miyazaki、巨大脱硫弧菌和 Dm. baculatum 中的四聚体血红素细胞色素 c_3 的 X 衍射结构。其结构为 4 个血红素聚在一起形成一个氧化还原电势为-30 ~ -400 mV的基团。

四聚体血红素 c_3 是氢化酶的辅助因子，传递电子到其他电子载体上；在它不存在时，铁氧还蛋白、铁硫蛋白和黄素氧还蛋白的还原速度减慢。据报道，四聚体血红素 c3 可在与硫代谢相关的电子传递链上充当“加速”电子传递体，也可在硫还原作用中作为末端电子供体。

d. 八聚血红素细胞色素 c_3。

这种蛋白已在 *Desulfovibrio* 不同种中被发现，如巨大脱硫弧菌和 *Dm. baculatum*。这种细胞色素是由相对分子质量为 13.5 kDa 的两个相同亚单位组成，在单体之间由一些血红素形成桥。巨大脱硫弧菌中的这种蛋白在 H_2 到硫代硫酸盐之间充当一种高效的电子传递体。已有学者研究这种细胞色素的一个初步 X 衍射线结构。

e. 十六血红素细胞色素 c。

一种含 16 个血红素的细胞色素是在普通脱硫弧菌菌株 Hildenborough 中首次发现的，并通过克隆相关的基因得到证实。

②细胞色素 b。

细胞色素是脱硫肠状菌属中发现的唯一细胞色素类型。在巨大脱硫弧菌发现的细胞色素 b 可能和延胡索酸还原酶有关，因为当细菌利用延胡索酸而不是硫酸盐作为最终电子受体时，细胞色素 b 的合成加速。细胞色素 b 同在其他这样的蛋白质中一样，也是琥珀酸脱氢的一部分，琥珀酸脱氢酶是长茎脱硫叶状菌中主要蛋白质之一。

脱硫弧菌中都存在醌，却没有细胞色素 b，说明在脱硫弧菌中醌和细胞色素 b 没有任何的关联，对硫酸盐还原菌中基本的氧化还原组分的功能进行彻底的研究是势在必行的。

2. 电子传递链重建

在 SRB 电子传递过程中，仍有许多问题亟待解决：不同种类微生物的差异性；一些种类的蛋白在一种微生物中是独立存在的，而在另外种类微生物中却以一复合体结构存在，如发现在巨大脱硫弧菌中的脱硫氧还蛋白是普通脱硫弧菌中脱硫铁氧还蛋白的一部分；一定的电子载体对电子受体或电子供体缺少专一性，具有多血红素细胞色素 c_3 是很好的例子：在没有氢化酶 Desulformonas acetoxidans 中被发现的细胞色素 c_7，一个与细胞色素 c_3 密切相关的三聚体血红素血红蛋白，很容易地被细胞素 c_3 还原。

光解反应系统中，叶绿素吸收光子，叶绿体内光合系统Ⅱ的 Mn-酶催化 H_2O 光解产生分子 O_2质子和电子（图 13.6）。铁氧还蛋白将电子转移给氢化酶，使质子与电子结合产生分子 H_2。

细菌氢化酶和铁氧还蛋白对 O_2非常敏感，大多数 SRB 的氢化酶对氧的敏感性限制了其在生物光解反应中的应用。最有应用前景的要数脱硫脱硫弧菌菌株 NCIB 27774 中的黄素氧还蛋白和暗淡奴卡菌 Ib 中的氢化酶的运用。

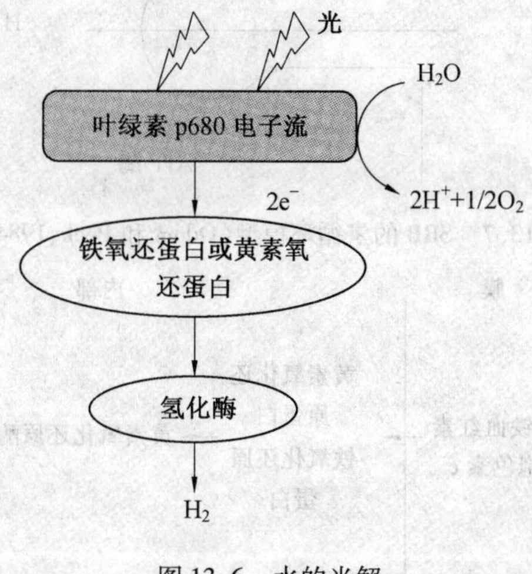

图 13.6　水的光解

(1)用可溶性或增溶性蛋白进行定位和重建.

1993 年，Barata 等建立了巨大脱硫弧菌从底物到最终电子受体之间的完整电子传递链，在该传递链中，从醛到 H_2 的产生需要 1 个独立的氧化还原中心。巨大脱硫弧菌的优势在于它仅有一个氢化酶和 1 个铁氧还蛋白，结构简单；普通脱硫弧菌中有 3 个氢化酶和一个铁氧还蛋白；脱硫脱硫弧菌中有两个铁氧还蛋白。

1984 年，Odom 和 Peck 提出的氢循环假说是唯一能解释硫酸盐还原菌中能量储存的模型，而且与实验数据最吻合。这个模型中存在两种氢化酶，或者同一种氢化酶位于细胞的不同部位（图 13.7）。

巨大脱硫弧菌包含两种氢转换和利用的电子传输链，如图 13.8 所示，某些电子传递链结构与这种模型相符合。

两套完整的电子传递蛋白体系可解释巨大脱硫弧菌中能量储存问题。

所有的蛋白除一种很难确认的膜上的细胞色素 C 外，都是可溶的，而且它们的位置与实验数据相吻合，只有一个特例：含[Ni-Fe]的氢化酶的位置还有待于确认。

这种氢化酶的双重定位与其他的结论相符合，说明同样的蛋白可以在细胞的不同部分找到。如果所有的氢化酶分子在细胞周质中存在是生理上必须的，那么由 Le Gall 和 Fauque 提出被 Mviere 等用于解释他们结论的一个模型是可行的（图 13.9）。在这样一个体系中，电子传递链Ⅰ保持不变；相反，电子传递链Ⅱ需要一个额外的跨膜的电子载体如巨大脱硫弧菌中的甲

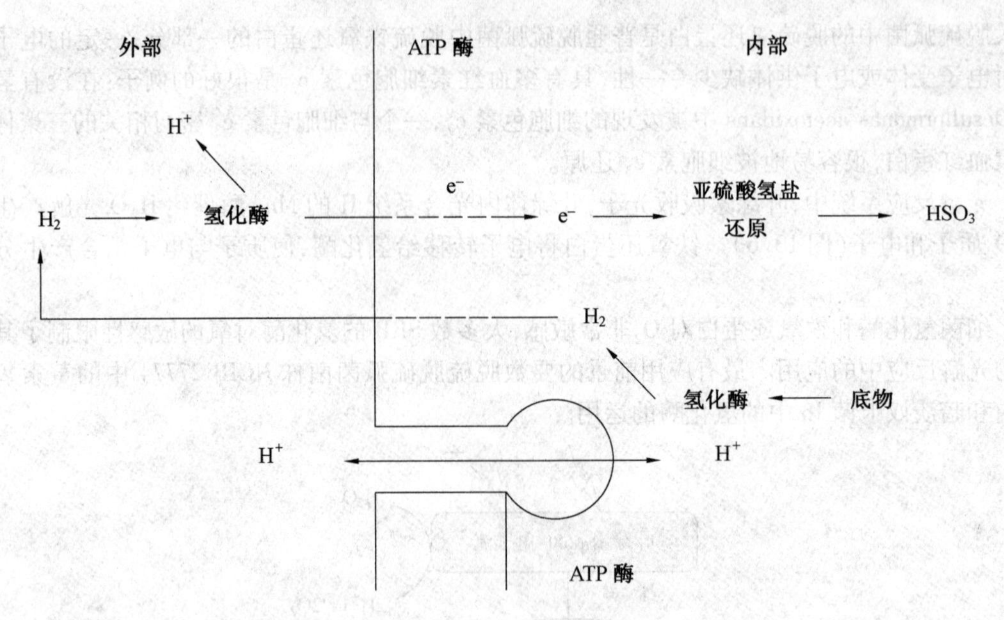

图 13.7　SRB 的氢循环模型(Odom 和 Peck,1984)

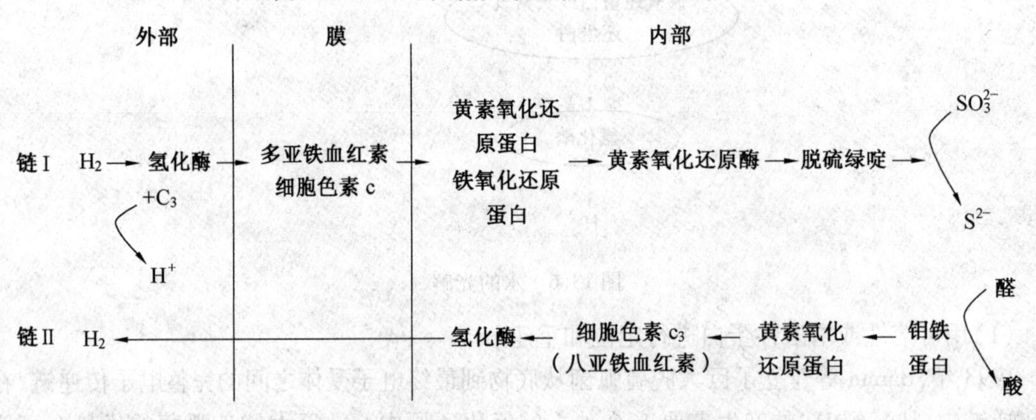

图 13.8　两种氢转换和利用的电子传输链(Barton,1995)

基萘醌。

尽管醌和多血红束细胞色素 C 之间的这种反应还没得到证实,但这有利于详尽阐述氢循环假说。氢化酶在 D. multisphirans 中定位的动力学模型是非常重要的。

ATP 在 H_2 到延胡索酸盐还原过程中的形成可在巨大脱硫弧菌观察到。在这个反应中不需要可溶性蛋白,由细胞色素 b、甲基萘醌类组成了这个电子传递链。然而,还不能很好地解释在这些样品中"可溶性"的氢化酶存在,除非酶陷入倒置的囊状物或未知的附于膜上与活性有关氢化酶中。对巨大脱硫弧菌的"膜"进行系统的研究表明,四聚体血红素细胞色素 C3 中存在与质子和氧化还原相关的构向转换现象。

(2)原生质球、膜的影响。

原生质球(Spheroplasts)的应用对最初详细描述氢循环假说或氢化酶在 D. multispirans 中的定位做出很大的贡献。然而,还没有关于原生质球结构和在脱硫弧菌属菌种中与可溶性蛋白关系的报道。

Peck 用膜的方法证明在巨大脱硫弧菌中氧化磷酸化的存在。这些实验显示出从分子氢到亚硫酸盐的还原作用中可溶性的蛋白与 ATP 的形成相偶联。

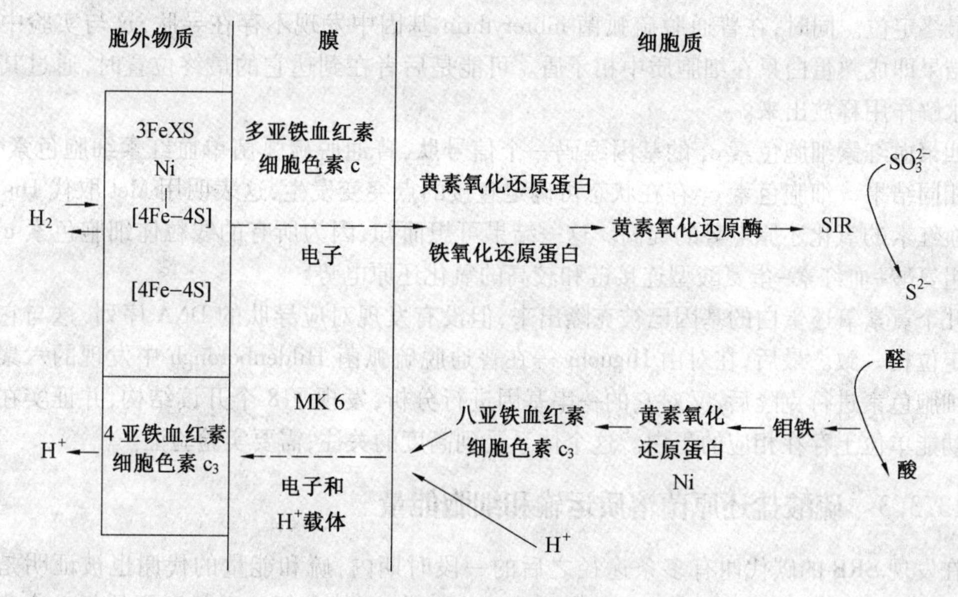

图 13.9 氢循环模型(Le Gall 和 Fauque,1988)

(3)计算机建模。

X-结晶学在建立一些脱硫弧菌属氧化还原蛋白结构方面取得了重要的进展,建立了:①普通脱硫弧菌的黄素氧还蛋白,第一个知道其三维结构的氧还蛋白;②四聚体血红素细胞色素 C3 的结构;③第一个含具有氧化还原活性的二硫桥的铁氧还蛋白的结构;④普通脱硫弧菌、脱硫脱硫弧菌和巨大脱硫弧菌中的铁硫蛋白等结构。

正如已经提到过的,运用 H-NMR 在建立细胞色素 c_3 的三维结构以纠正依据 X-衍射数据建立起的错误结构上,无疑将会有重要的意义。

化学计量关系表明四聚血红素细胞色素 c_3(位于周质)和黄素氧还蛋白或铁氧还蛋白之间不能发生相互作用,而它们真正的伴侣是另外一个位于细胞质中与其类似的细胞色素 c。这种理论有一些实验证据,因为在巨大脱硫弧菌中连接醛氧化和氢生成的氧化还原链,可用黄素氧还蛋白和四聚血红素细胞色素 c_3 或八聚血红素细胞色素 C_3 得到重建。黄素氧还蛋白和八聚血红素细胞色素 c_3 之间的相互作用模型中,其比例是 1∶1 关系。然而,最新的进展发现普通脱硫弧菌中的关于细胞色素 c_3 和 Fd I 之间相互作用的 NMR 数据,更倾向于认为一分子的 Fd 与两个细胞色素 c_3 连接结合系数为 $1\times10^8\ M^{-1}$。近期的另外一个研究也表明了 D. salexigens 的黄素氧还蛋白和 3 个四聚体血红素细胞色素 c_3 之间的相互关系是 1∶2 的化学计量单位。这样一个模型的确证需要有更多结构方面的信息;现在对巨大脱硫弧菌中的八聚血红素细胞色素 c_3 的 X-衍射结晶学研究正在进行当中。

(4)分子生物学。

应用分子生物学工具研究 SRB 电子传递链过程,已取得部分成果。

①操纵子上的基因是具有某些生理功能的单位。

②要想从一个给定的基因推出另外与其相似基因的生理活性,这只有在分离出由此基因编码的蛋白和得到有关两种蛋白之间电子传递的实验数据后才能够实现。相反,还存在其他的一些情况,如氧化还原酶除了在编码它的基因位置出现外,还被发现在这基因组的不同部位出现。因此,还不能得出关于这种酶生理活性伙伴的结论。

③只有通过基因编码的导肽序列,才能给蛋白定位。这种序列的存在并不能确定成熟蛋

白的最终定位。同时,在普通脱硫弧菌 nibrerythrin 基因中发现不存在导肽,这与实验中所发现的结果即成熟蛋白只在细胞质中相矛盾。可能是后者在到达它的最终位置时,通过其他蛋白的水解作用释放出来。

四聚血红素细胞色素 c_3 的基因编码一个信号肽,普通脱硫弧菌单血红素细胞色素 C553 也有相同结果。细胞色素 c_3 存在状态可确定直接的点突变发生,这表明用 Met 取代 His 诱导特定血红素的氧化还原电势的提高。这一结果可想而知,因为所有的线粒体细胞色素 c 都有一个组氨酸-血红素-蛋氨酸型连接链和较高的氧化还原电势。

几个黄素氧还蛋白的基因已被克隆出来,但没有发现对应导肽的 DNA 序列,这与它们细胞质定位相一致。最后,在对由 Higuchi 等在普通脱硫弧菌 Hildenborongh 中发现的六聚体血红素细胞色素进行克隆后,又对它的一串基因进行分析,发现了 8 个开读结构,并证实在一个跨膜功能单位上存在相应的蛋白。这个体系受到高度的关注,需要实验验证。

13.3.3 硫酸盐还原菌溶质运输和细胞能量

在发现 SRB 的碳代谢有多条途径之后的一段时期内,硫和能量的代谢也被证明是多样的。下面详细阐述硫酸盐还原菌对硫酸盐分子代谢的途径,包括硫酸盐还原的每一个步骤能量的产生、硫酸盐的运输过程、储存过程以及其机理等。

1. 异化型硫酸盐还原的热力学

异化型硫酸盐还原菌含有的可利用能量很少。热力学限制了硫酸盐还原过程中能量储存的上限。如果氧化还原电位为 - 420 mV 的有效的电子供体 H_2 被氧化,在中性 pH 标准条件下,总反应的自由能变化是 -155 kJ/mol,而以 O_2 作为电子受体时自由能变化是 -949 kJ/mol。

$$4H_2+SO_4^{2-}+1.5H^+ \rightarrow 0.5HS^-+0.5H_2S+4H_2O \quad \Delta G^{0'} = -155\ kJ/mol$$

$$4H_2+2O_2 \rightarrow 4H_2O \quad \Delta G^{0'} = -949\ kJ/mol$$

细胞在生长过程中每个 ATP 合成大约需要 70 kJ/mol 能量,所以理论上每个硫酸盐分子还原只能储存不超过 2 个 ATP 的能量,但实际上产生的 ATP 会更少。如果其中包括一些关键步骤的话,增加的那部分自由能可能也不用于能量储存。通过对硫酸盐活化所需的 ATP、同化型硫酸盐还原所需的能量以及 SRB 的不完全氧化过程进行研究,结果显示硫酸盐还原和能量储存没有偶联的关系。

产芽孢的硫酸盐还原菌可作为发酵过程中产生的过量电子的电子“储备库”。但是,细胞能在含 H_2 和硫酸盐的无机营养下生长完成硫酸盐还原和净能量的储存。

2. 硫酸盐、亚硫酸盐和硫化物特性简介

硫酸盐还原过程中存在几个有氧呼吸中没有涉及的问题,而在只有可透膜的化合物、气体和水参与的反应中,硫酸盐还原时还存在离子的消耗和产生。有氧呼吸的终产物是水,而硫酸盐还原产物则是 H_2S,且当浓度超过 5 mmol/L 时对 SRB 也产生毒害作用。

从硫酸到 H_2S 形成存在质子消耗,所以硫酸盐的还原会引起 pH 值改变。H_2S 是一种弱酸,在中性 pH 时仅部分解离。

硫酸盐和硫代硫酸盐几乎能完全解离的,亚硫酸(H_2SO_3)的第二解离常数是 6.9。这意味着在中性 pH 时,亚硫酸盐以数量大致相等的 HSO_3^- 和 SO_3^{2-} 形式出现。

硫化物是指 H_2S 和亚硫化物(HS^-)。H_2S 的第一解离常数为 7 左右,所以在 SRB 有活性的范围内 H_2S 和 HS^- 都可以存在。H_2S 的第二解离常数为 17 ~ 19,表示 S^{2-} 的碱性比 OH^- 更强。

3. **标量和矢量的过程**

细胞能量的最小单位是单一的质子、离子或电子，它们通过跨膜运输出入细胞。目前认为每产生一个 ATP 需运输 3 个质子。对其他的离子，其转换因素与运输的机制有关。运输的过程和细胞能量是紧密相关的。

通常，标量过程和矢量过程是有差异的。标量的变化是化合物的净量发生变化的过程，例如硫酸盐还原为硫化物的碱化作用就是一个标量过程。这种变化在无区室的系统和一个细菌培养基中都能以化学角度去分析，因为内部细胞量只占培养量中很小的百分比。公式为

$$4H_2+SO_4^{2-}\rightarrow S^{2-}+4H_2O \qquad \Delta G^{0'}=-118\ \text{kJ/mol}$$

或者

$$4H_2+SO_4^{2-}+H^+\rightarrow HS^-+4H_2O \qquad \Delta G^{0'}=-152\ \text{kJ/mol}$$

但是这个公式不能准确地描述在中性培养基中标量质子的消失。硫化物或亚硫酸盐者说和不同数量的质子组成的混合形式也导致了自由能变化上的差异。

通常认为，标量过程不能储存能量。如果把酸加入细胞的悬浮液中，产生的标量酸化作用不能被细胞用于 ATP 的储存。由于标量的变化只影响膜的一侧，因此只有极少的质子能进入细胞。膜电位的变化能平衡跨膜 pH 的变化。

与矢量过程偶联的化学渗透能是必不可少的，它也与细胞膜两侧的浓度变化相偶联。当一个质子或离子从细胞内侧被跨膜运输时，检测到的 H^+ 总量是不变。因此，由跨膜电子的和化学的浓度差推动质子重新回到细胞中。

质子的运动可与一个化学反应相偶联；这可划分为一级运输系统。另外，质子可与另一种化合物同向或反向转运。这种情况称为二级运输系统，其驱动力取决于两种化合物的浓度差。

4. **硫酸盐运输**

(1)硫酸盐运输机制。

硫酸盐的活化需要 ATP 的参与，而 ATP 只在细胞质中，因此，硫酸盐同化和异化还原的前提是硫酸盐被吸收到细胞里。一级运输系统通常完成同化型硫酸盐的吸收。在肠细菌和蓝细菌中，周质的硫酸盐结合蛋白参与硫酸盐的吸收，并且吸收的动力是 ATP 的水解。该系统是单向的以防止细胞内硫酸盐的损失。异化型 SRB 的硫酸盐吸收所需要的 ATP 约占硫酸盐还原产生自由能的一半。

与磷酸转移酶系统对糖的吸收相比较，这将是一种可行的基团转移运输机制。运输的溶质在吸收过程中被化学修饰转变成另一种形式被代谢，但并不穿透细胞质膜。相反，在 SRB 中发现了二级硫酸盐运输系统。预先存在的质子或钠离子梯度驱动硫酸盐的积累。

(2)通过质子转运实现硫酸盐积累。

详细研究硫酸盐运输的前提是防止硫酸盐还原和 H_2S 的立即释放。因此，细胞悬液需要在 0 ℃下预冷或者完全暴露在空气中，这样碱化作用和硫化物的形成才能分开。通过与等摩尔 HCl 的校准脉冲相比较，可以计算出每加入一个硫酸盐消失两个质子。

放射性标记硫酸盐的实验证明，质子的吸收伴随着硫酸盐的积累，超过 90% 的 1.25 μmol/L的硫酸盐被细胞吸收。胞外剩余的浓度大约为 0.1 μmol/L，而胞内浓度大约是 0.5 mmol/L。

在研究淡水和海生硫酸盐还原菌的硫酸盐吸收过程中的质子踪迹的实验中，氧抑制了硫酸盐的还原。淡水菌种中每个硫酸盐失去两个质子，而海生菌株可发生轻微的碱化作用。

(3)质子电势和硫酸盐积累的相关性。

在确定了 ΔpH 和 $\Delta\Psi$ 之后，就可以对同向运送的质子数进行定量计算。采用 13P-NMR

和透膜弱酸分布这两种不同的方法对 SRB 中跨膜 pH 梯度进行研究,结果表明细胞外为中性 pH 时,细胞维持 pH 变化值为 0.5 单位,即内部是碱性的;外部基质 pH 为 5.9 时,pH 变化值上升到 1.2 个单位;在细胞外的 pH 大于 7.7 时,脱硫脱硫弧菌中不存在 pH 梯度。利用透膜放射性标记探针技术测定出了 10 株淡水菌株的 pH 变化值在 0.25 和 0.8 之间。

假设硫酸盐的积累和质子移动力相平衡,即使观察到最高的积累因子也可以通过每个硫酸盐中的 3 个质子的理想配比来解释。海洋 SRB 中硫酸盐的积累,对影响跨膜钠离子梯度的抑制剂非常敏感。而淡水 SRB 中的硫酸盐实现最大积累的条件是 3 个阳离子和硫酸盐同向转运。

(4)硫酸盐运输的调节。

SRB 在添加微摩尔级硫酸盐时,硫酸盐在 SRB 细胞内并不总是能产生高浓度的积累。而运输是在基因和蛋白质水平双重调节的,目前发现至少有两种不同的硫酸盐运输机理。

1957 年,Littlewood 和 Postage 在实验中观察到:在脱硫弧菌的非代谢性的细胞悬液中加入的高浓度硫酸盐并没有被细胞内的水分稀释,该细胞表现出对硫酸盐的不可透过性。1961 年,Furusaka 发现脱硫弧菌在硫酸盐还原过程中积累了硫酸盐。脱硫弧菌细胞在还原过程中积累了放射性标记的硫酸盐。

除了基因水平的调节,细胞内还存在另一种活性水平的快速调节机制。如果表达有高积累运输系统的细胞暴露在不断增加的硫酸盐浓度下,积累会相应地降低。细胞并不像所表明的那样,在较高浓度范围内的硫酸盐上通过恒定的 ATP 水平和的质子电势,利用硫酸盐的吸收去能。

在硫酸盐长期受限的条件下,在恒化器内生长的细胞表现出最高浓度的硫酸盐积累;而在硫酸盐过量的条件下生长的细胞,硫酸盐的积累很少超过 100 倍。故得出结论:细胞中不只拥有一个硫酸盐运输系统,高积累的运输系统只在硫酸盐受限时表达,而低积累系统是最基本的组成型表达。

(5)硫代硫酸盐和其他硫酸盐类似物的运输。

SRB 可以还原包括硫酸盐在内的各种硫的化合物,其中最重要的是硫代硫酸盐和亚硫酸盐。硫代硫酸盐是硫酸盐的一个结构类似物,它与硫酸盐的区别只是一个附加的硫原子代替了氧原子。到目前为止,仅对硫代硫酸盐的运输进行了详细的研究。淡水和海洋 SRB 中的硫代硫酸盐和硫酸盐的运输特征十分相似。硫酸盐受限能诱导硫代硫酸盐的高度积累能力,而过量的硫代硫酸盐也可以去除积累的硫酸盐。硫代硫酸盐的积累大都是通过高积累硫酸盐运输系统实现的。但目前发现,只有脱硫脱硫弧菌菌株 Essex 在吸收硫酸盐和硫代硫酸盐时,质子的吸收动力不同,硫酸盐和硫代硫酸盐的吸收依赖于生长过程中提供的电子受体。

含有硫酸盐的细胞和含有硫代硫酸盐的细胞从外观上是无法区分的。在几个其他的硫酸盐结构类似物以 25 倍过量进行实验研究,结果可以观测到硫酸盐还原过程的典型抑制剂——钼酸盐和钨酸盐对硫酸盐的积累影响不大;铬酸盐可强烈抑制硫酸盐积累;硒酸盐能抑制一半硫酸盐积累量。

总之,硫酸盐在异化型 SRB 中的吸收是通过与阳离子同向运送的可逆的二级运输系统完成的。淡水与海水中的硫酸盐浓度不同,所以在淡水 SRB 中利用质子进行同向运送,海洋 SRB 利用钠离子进行同向转运。细胞生长在硫酸盐过量条件下不表现高度积累的能力。

与质子同向转运时,硫酸盐运输中所需的能量较易估算出来。3 个质子同向运送的硫酸盐被吸收进细胞消耗一分子 ATP。当硫酸盐分子与两个质子同向运送时将消耗 2/3 个 ATP。

但是,在同化型硫酸盐还原中,硫酸盐吸收所需的能量可由产生的 H_2S 得到部分补偿,因此,对硫酸盐运输中能量的平衡进行估算时,必须要考虑到硫化物释放中的能量问题。

(6)淡水与海生硫酸盐还原菌依赖钠的硫酸盐积累。

淡水种和海生种的硫酸盐还原菌的运输机制存在很大差异。一般情况下,淡水中的硫酸盐和沉降物浓度较低,且淡水种需要适应低浓度的硫酸盐,并具有硫酸盐积累的能力,所以SRB 的主要栖息地在水表面下几毫米处典型的少硫酸盐区。而生存在高浓度硫酸盐环境中的海洋 SRB,在硫酸盐吸收过程中对 pH 影响非常小。硫酸盐积累依赖于钠离子,部分钠离子可由锂离子代替。在淡水和海洋 SRB 中,发现了钠/质子反向运输系统,其中每个 Na^+不只消耗一个 H^+。如果包括这一机制,那么硫酸盐运输将比与质子偶联的系统消耗更多的能量。

海洋 SRB 嗜盐脱硫球菌能量代谢的基础是一级质子泵而不是 Na^+泵;淡水 SRB 中除了 Na^+/质子反向转运,还未见 Na^+对 SRB 的特殊作用。

(7)稳态硫酸盐积累的计算。

硫酸盐吸收过程是可逆的。此可逆性是描述跨膜稳态梯度的化学渗透方程式的基础。通过与一个阳离子的同向运送而获得的阴离子稳态积累可被描述为

$$\lg(c_i/c_o) = -(m+n)\Delta\Psi/z + n\lg(x_o/x_i)$$

式中　c_i, c_o—— 细胞内外的阴离子浓度;

x_i, x_o—— 细胞外同向运送的阳离子浓度;

m—— 阴离子的电荷;

n—— 同向运送的阳离子电荷;

$\Delta\Psi$—— 为膜电位;

z——2.3 RT/F。

硫酸盐与两个质子同向运送的积累和膜电位无关,因为电中性的同向转运没有净电荷的转移。其中唯一的驱动力是 ΔpH。1 000 倍稳态积累所需 pH 梯度为 1.5 ($\lg 1\,000 = 3$),为计算 1 000 倍硫酸盐积累所需的质子梯度,上式可被简化为

$$\lg(c_i/c_o) = 2 \times \Delta pH$$

稳态硫酸盐的积累和质子动力的相关性降低了其理想配比。当外部硫酸盐浓度大于100 μmol/L时计算出的理想配比甚至降低到 2 以下。质子势能达到平衡之前,硫酸盐的不可透过性阻止了硫酸盐的运输。高硫酸盐积累与膜电位有关,硫酸盐的积累对影响膜电位的抑制剂和 pH 梯度敏感。显然,高度的硫酸盐积累依赖于 ΔpH 和 $\Delta\Psi$,且是产电的,而 pH 电极只能检测到电中性质子的运动。

5. 亚硫酸盐还原的能量学

(1)硫酸盐激活及能量变化。

硫酸盐还原菌不能直接还原硫酸盐,硫酸盐必须在消耗 ATP 的情况下先被活化,在 ATP 硫酸化酶的作用下,ATP 和硫酸盐变为 APS 和焦磷酸。硫酸盐活化能量相当于两分子 ATP 水解为 ADP 所释放的能量。ATP 硫激酶的第二个产物 APS 的去除是第一个氧化还原反应,反应式为

$$APS + H_2 \longrightarrow HSO_3^- + AMP + H^+ \quad \Delta G^0 = -69\ kJ/mol$$

APS 被 APS 还原酶还原为亚硫酸盐和 AMP 释放的能量大大多于焦磷酸断裂。以 H_2作为电子供体时,自由能的变化要高 3 倍。

异化型硫酸盐还原菌能否提供如此多的能量消耗以及焦磷酸的水解或 APS 还原是否偶

联着能量储存机制至今尚未得到证实。

(2)焦磷酸或 APS 还原酶的能量偶联。

焦磷酸水解酶储存能量的方式的几种可能性已被讨论,在脱硫弧菌属和东方硫肠状菌中的焦磷酸水解酶的活性可被还原剂。如果没有可用的还原性底物时,这种机制可以通过硫酸盐活化防止能量浪费。

在几种脱硫肠状菌菌株中,没有观测到还原剂激活焦磷酸酶的行为,然而却发现了酶与膜结合位点。因此,不能排除焦磷酸酶能通过质子运输参与能量的储存。焦磷酸盐在脱硫肠状菌中能用于乙酰磷酸的形成,但一部分观察结果暗示依赖焦磷酸的乙酰磷酸的形成是一种假象。有关细菌以焦磷酸盐为外部能源生长的报道也是建立在一种假象基础上的。加入到生长培养基中的焦磷酸盐会引起盐的沉淀,但没有蛋白质的增加的现象。

APS 的还原过程是一个强烈的放能过程,但如果 APS 还原酶能与能量的储存机制相偶联将是十分有利的。然而,到目前为止在大多数研究的菌株中,酶都定位于细胞质中。在 AMP 存在时,反向电子运输最可能驱动亚硫酸盐氧化为 APS,因而也和能量偶联。

目前尚无证据能够确定硫酸盐活化消耗的 ATP 的个数,但从恒化器中 SRB 的生长率进行推断,硫酸盐活化消耗的 ATP 少于 2 个。在普通脱硫弧菌中,不需要活化的亚硫酸盐和硫代硫酸盐最大生长率比硫酸盐高 3 倍。在相似的脱硫肠状菌 orientis 实验中,它们的生长产率差异非常小。

(3)亚硫酸盐还原的能量学。

亚硫酸盐到硫化物的还原弥补了硫酸盐活化所消耗的能量并能产生额外的 ATP 用于生长。以 H_2 作为电子供体的亚硫酸盐还原反应式为

$$0.5HSO_3^- + 0.5SO_3^{2-} + 3H_2 + H^+ \longrightarrow 0.5HS^- + 0.5H_2S + 3H_2O \quad \Delta G^0 = -174\ kJ/mol$$

比较亚硫酸盐还原为硫化物和连三硫酸盐途径的能量学,其中连三硫酸盐途径能产生连三硫酸盐和硫代硫酸盐,它们是亚硫酸盐还原的中间产物。亚硫酸盐还原酶、硫代硫酸盐还原酶和三硫酸盐还原酶参与了该反应。在亚硫酸盐还原酶的作用下,3 个亚硫酸盐分子形成连三硫酸盐,即

$$1.5HSO_3^{2-} + 1.5SO_3^{2-} + H_2 + 2.5H^+ \rightarrow S_3O_6^{2-} + 3H_2O \quad \Delta G^0 = -48\ kJ/mol$$

在连三硫酸盐还原酶的作用下,连三硫酸盐形成亚硫酸盐和硫代硫酸盐,即

$$S_3O_6^{2-} + H_2 \longrightarrow S_2O_3^{2-} + 0.5SO_3^{2-} + 0.5HSO_3^- + 1.5H^+ \quad \Delta G^0 = -122\ kJ/mol$$

在硫代硫酸盐还原酶的作用下,能形成硫化物和亚硫酸盐,即

$$S_2O_3^{2-} + H_2 \longrightarrow 0.5HS^- + 0.5H_2S + 0.5HSO_3^- + 0.5SO_3^{2-} \quad \Delta G^0 = -4\ kJ/mol$$

以上各步骤的氧化还原电势和相应的自由能变化差异很大。在连三硫酸盐还原中自由能的变化最大,而最后一步形成硫化物反应即使在 H_2 饱和的情况下也很难放能。

连三硫酸盐途径要求电子传递到依次排列的 3 个不同的电子受体,每一个电子受体都要消耗电子,尚不了解酶在过程中的作用机制。有研究报道亚硫酸盐还原酶与膜的相连,并已经在脱硫脱硫弧菌中得到了纯化的与膜结合的亚硫酸盐还原酶,但主流思想仍然认为它在细胞质中。

为了阐明亚硫酸盐还原的机制,在没有考虑该过程中所必需的酶研究进行了几次全细胞研究,这项研究结果支持存在一个有中间产物途径理论。从热力学角度来说,电子供体受限是前提条件。然而,Chambers 和 Trudinger 使用了很高浓度的电子供体,在利用标记的硫酸盐和硫代硫酸盐进行研究中没有发现中间产物形成的迹象。

两种化学渗透检测结果也支持连三硫酸盐途径。第一,亚硫酸盐还原为 H_2S 能被解偶联剂抑制并依赖完整的细胞结构,在一步还原的情况下,需要解偶联剂对亚硫酸盐还原的激发作用。第二,当亚硫酸盐还原不完全而且和硫化物的形成不相偶联时,可观测到在微摩尔 H_2 存在下出现最大的 H^+/e^-。在电子供体受限的条件下,细胞能利用电子进行最适宜的反应。亚硫酸盐还原反应在出现某些中间产物时停止,这些中间产物还原为硫化物时消耗电子且不与能量相偶联。

6. 质子移动力的产生

大部分硫酸盐还原菌以分子氢作为电子供体。目前也已经发现了很多种位于细胞内和周质空间中的氢化酶。一个周质氢化酶将电子传递给细胞色素并且在细胞质中消耗电子,这一过程会引起膜电势和跨膜 pH 梯度,从而不需泵质子穿过细胞膜,这一机制称为矢量电子运输。此外,SRB 可能将质子泵过膜来完成矢量质子运输。

(1)氢循环。

通过矢量电子运输产生质子移动力的机制的了解,这使人们考虑这样一种机制也可能参与到细胞内被氧化底物的能量储存上。氢循环的假说是细胞内 H_2 的形成是细胞质氢化酶的作用,然后它扩散到周质空间,并被周质氢化酶氧化。但从热力学角度上来讲,由于跨膜 pH 梯度和在碱性 pH 时 H_2 的氧化还原电势的负值更大,所以 H_2 在细胞内的形成没有细胞外那么简单。因此科学家们大胆地假设这两个氢化酶是通过可逆电子载体连接的。

SRB 能利用有机底物产氢,以及硫酸盐存在下细胞氧化 CO 或丙酮酸都能产生和消耗 H_2。但是一氧化碳和丙酮酸的中点电势比 H_2 更低一些,乳酸盐的中点电势为-190 mV,没有氢循环。而一些 SRB 中并没有氢化酶,显然,氢循环不是必需的。

(2)通过周质氢化酶以及运输的质子释放。

氧化剂脉冲的方法完成了矢量质子运输。少量的 O_2 脉冲加入到无氧培养的细胞中,在电子运输的短期内引起外部基质中发生可逆酸化作用,然后,运输的质子又被吸收并驱动 ATP 的再生。在用硫酸盐还原菌和硫酸盐代替 O_2 进行同样的实验,得出了不同的结论。

采用还原剂脉冲的方法研究利用硫酸盐还原产生质子动力的实验中,在过量的硫酸盐中预培养不含或含有少量内源底物的细胞。当加入少量 H_2 脉冲启动电子运输时,电子受体——硫酸盐的运输是不必要的。因为检测分析是在 N_2 饱和并没有电子供体出现情况下进行的,所以氧化还原电势的较高,电子运输率比氧化剂脉冲低。实验获得驱周质氢化酶作用下 H_2 的形成过程中典型的 pH 踪迹。

以硫酸盐作为电子受体时,脱硫脱硫弧菌菌株 Essex 中每个 H_2 能产生 $1.8H^+$,如图 13.10(a)所示。亚硫酸盐作为电子受体时,H^+/H_2 稍高,而硫代硫酸盐作电子受体时,H^+/H_2 为 0.5。而当实验中不形成 H_2S 时,硫酸盐和亚硫酸盐为电子受体时 H^+/H_2 分别达到 3.1 和 3.4,如图 13.10(b)所示。显然硫酸盐或亚硫酸盐被不完全还原。

几个实验研究结果显示,硫代硫酸盐的加入甚至会引起硫化物的消失,但其机制尚未研究清楚。可以确定的是 H^+/H_2 达到 4.4 时,可以确定是脱硫脱硫弧菌通过典型的质子运输产生了质子动力。

脱硫脱硫弧菌菌株 Marburg 含有活性很强的周质氢化酶,这种氢化酶在以硫酸盐、亚硫酸盐和硫代硫酸盐为电子受体时,释放的 H^+/H_2 小于 2。相应地,由于 $CuCl_2$ 不进入细胞,质子的运输对能专一性地抑制周质氢化酶的 $CuCl_2$ 敏感。但是,在以乳酸和丙酮酸盐作为底物时,运输方式为质子运输,因为质子运输对 $CuCl_2$ 并不敏感。以 O_2 作为电子受体、H^+/H_2 达到 4 时,

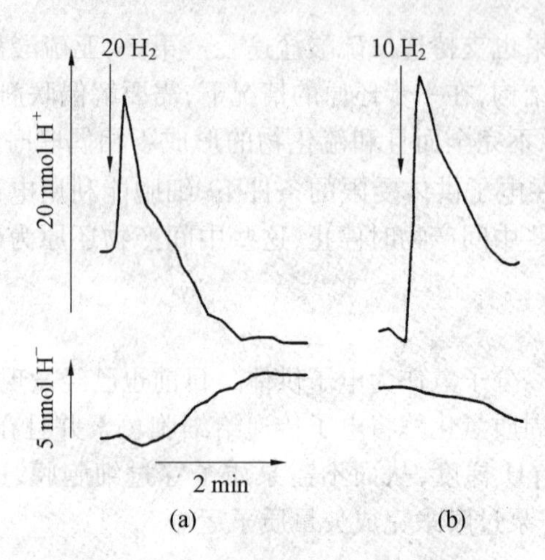

图 13.10　在 H_2脉冲条件下质子的转运

该菌株既可以利用矢量电子运输也可以利用跨膜的质子运输。

7. 硫酸盐还原能量学的综合评价

继 Wood 做出评价之后的 20 余年中，对硫酸盐呼吸中的硫酸盐运输、硫酸盐活化、电子运输、质子运输和跨膜梯度方面的认识取得了相当大的进展。但是有待于进一步研究的方面仍然存在，如焦磷酸水解酶和 APS 还原酶的能量偶联、质子运输的位点、亚硫酸盐还原的途径。

以 H_2为电子供体，每分子硫酸盐还原为亚硫酸盐的净能量储存约是 1 个 ATP。按照化学渗透假说，1 个 ATP 相当于 3 个质子跨膜运输。当硫酸盐充足时，硫酸盐的吸收需要与两个质子同向运送，相当于 2/3 个 ATP。在硫酸盐受限时，每运输 1 个硫酸盐会消耗 1 个 ATP。H_2S形成时质子的标量结合影响与硫酸盐一起吸收的质子的输出，但两者不直接相关。

目前发现两种产生质子动力的机制，通过周质氢化酶将电子运输到细胞内释放质子以及质子运输。在周质氢化酶的单独作用下，每个硫酸盐能释放 2 个 H^+/H_2或 8 个 H^+，然而，并非在所有的 SRB 中都存在周质底物的氧化。

硫酸盐活化消耗的能量在亚硫酸盐还原时得到了补偿，但对连三硫酸盐途径还不清楚。只要不能确切地阐明焦磷酸酶和 APS 还原酶的能量偶联机制，就必须设定硫酸盐的再活化需要 2 个磷酸酯键的水解。

目前，还没有详细地研究过海生硫酸盐还原菌的能量学。如果钠梯度是通过产电的 Na^+/H^+反向运输产生的，那么硫酸盐运输对钠的需求增加了硫酸盐运输的消耗。唯一研究过的海洋菌株的能量代谢主要是以质子动力为基础的。

8. 通过硫酸盐还原以外的其他过程实现的能量储存

在硫酸盐还原菌的能量主要来自于硫酸盐还原作用，此外，在硫酸盐还原菌还存在以下能源存在形式：有机底物的发酵、硫的化合物的歧化反应、硝酸盐还原中的能量储存、有氧呼吸中的能量储存。

(1)有机底物的发酵。

很早以前有学者研究表明很多 SRB 都能在缺乏硫酸盐时能通过对有机底物的发酵获得能量。最简单的发酵方式是丙酮酸发酵生成乙酸盐，CO_2和 H_2。在乙酸激酶的作用下进行的底物水平磷酸化储存发酵过程中的产生的能量。

乳酸能被发酵为 H_2，乙酸和 CO_2，但前提是乳酸首先氧化为丙酮酸，但在此过程中需要依赖能量的反向电子运输，这一反应是由膜结合酶催化的。而底物水平磷酸化形成的 ATP 可用于耗能的反向电子运输。在互生培养中，由于耗氢 SRB 的存在，可保持较低的氢分压，此时乳酸发酵能使 SRB 生长。

其他的硫酸盐还原菌能通过丙酸发酵生长，此过程中一个化学渗透的步骤参与近来。丙酸是在丙酸细菌的代谢途径中形成的，因此该途径也包括与能量偶联的延胡索酸还原酶。另外，东方脱硫肠状菌中可以进行的一个包含化学渗透作用的同型乙酸发酵。同型乙酸发酵也可看作碳酸盐呼吸，电子供体不能利用底物水平磷酸化时，它必须与化学渗透的能量储存相偶联。东方脱硫肠状菌能够利用 H_2，CO_2，甲酸，乙醇或乳酸形成乙酸。

(2)硫的化合物的歧化反应。

很多 SRB 能完成独特的无机硫化物发酵过程。无机硫化物能经过歧化反应生成硫酸盐和硫化物。例如，硫代硫酸盐被转化为等量的硫酸盐和硫化物：

$$S_2O_3^{2-}+H_2O \rightarrow SO_4^{2-}+0.5H_2S+0.5HS^-+0.5H^+ \quad \Delta G^0=-25\ kJ/mol$$

硫酸盐经歧化反应形成 3/4 硫酸盐和 1/4 硫化物：

$$2HSO_3^-+2SO_3^{2-} \rightarrow 3SO_4^{2-}+0.5H_2S+0.5HS^-+0.5H^+ \quad \Delta G^0=-235\ kJ/mol$$

在研究的 19 个 SRB 中，大约一半能进行这些转化中的一种或两种，这种能力在无色硫细菌和光养硫细菌中尚未发现。硫代硫酸盐歧化反应的自由能变化很小，不能用于细胞生长；而亚硫酸盐歧化反应仅存在于很少种类的 SRB 中，但它能用于细胞生长。如果形成的硫化物能够去除，那么单质硫也可能发生歧化反应。

歧化反应的能力是组成型表达的，歧化反应所需要的酶和硫酸盐还原是一致的。但此过程有两个吸能的过程：第一，APS 还原酶在标准氧化还原电势-60 mV 时释放电子，而硫代硫酸盐还原为硫化物和亚硫酸盐需要的氧化还原电势为-402 mV。因此 APS 还原中释放的电子必须通过反向电子传递降低氧化还原电势，因此可能在硫酸盐还原中储存能量。第二，焦磷酸向 ATP 硫酸化酶的供应是有待于研究的。在研究的 SRB 中，没有发现 ADP 硫酸化酶的活性。在任何情况下，ATP 硫激酶作用下生成的 ATP 都要用于吸能反应。

(3)硝酸盐还原中的能量储存。

某些脱硫弧菌和丙酸脱硫叶状菌能利用硝酸盐作为电子受体，形成氨为最终产物，亚硝酸盐作为硝酸盐还原的中间产物，能被许多 SRB 还原，而 SRB 不能直接还原硝酸盐。亚硝酸盐的还原能力是组成型表达的，硝酸盐还原酶为诱导型，只在硝酸盐作为电子受体时才能够表达。

所有 SRB 细胞在亚硫酸盐还原过程中存在质子运输现象，亚硝酸盐呼吸的能量偶联与质子运输有关。在膜制品中已获得与亚硝酸盐还原相偶联产生的 ATP。

目前还没有观测到亚硝酸盐还原过程中的质子运输现象。但是从恒化实验中得到的生长产率来推断，硝酸盐还原为亚硝酸盐和亚硝酸盐还原为氨的过程都和能量的储存相偶联。硝酸盐和亚硝酸盐氨化作用的热力学效率远远低于硫酸盐还原。

(4)有氧呼吸中的能量储存。

近些年来，很多研究发现某些 SRB 能还原分子氧。化学计算表明 O_2 能被完全还原为水。将脱硫弧菌属的呼吸率和好氧微生物进行了比较，发现与质子运输偶联的有氧呼吸中的 $H^+/2e^-$ 比值高于硫的化合物或亚硝酸盐呼吸中的 $H^+/2e^-$ 比值。有氧呼吸能形成 ATP，同时解偶联剂能阻止 ATP 的形成。

硫酸盐还原菌能进行真正的有氧呼吸，但是，细胞在以 O_2 为电子受体时不能够生长。

硫酸盐还原菌含有与好氧有机物不同的末端氧化酶，呼吸作用对氰化物或叠氮化物这些典型的抑制剂不敏感。除了细胞色素 c_3,一种含 FAD 的血红素蛋白已从巨大脱硫弧菌中提纯化出来,它在 O_2存在时铁硫蛋白的氧化起催化作用。

同一底物可用于好氧呼吸或硫酸盐还原,但是一些底物的氧化作用对 O_2非常敏感,在有氧(或硝酸盐)时,SRB 能氧化无机硫的化合物。亚硫酸盐、硫代硫酸盐、多聚硫化物,甚至硫化物都能作为电子供体用于好氧呼吸作用,并根据菌株的不同这些物质会被不完全或完全地氧化为硫酸盐。

这些化合物在 O_2或者亚硝酸盐存在的条件下,硫的化合物的氧化作用必然出现硫的化合物的歧化反应,证明了 SRB 中硫酸盐还原和电子运输存在多条途径。

在 SRB 细胞中硫和能量的代谢也有很多条途径。但是至今为止,大多数研究仍采用脱硫弧菌属的淡水菌种。与无机硫化合物的歧化反应偶联生长,表明其能量利用的高效性。并且,异化型 SRB 十分易于进行硫的转化。

第14章　脱氮除磷微生物

14.1　氨氧化细菌

14.1.1　氨氧化作用

1. 氨氧化作用的过程

有机氮化合物在氨化微生物的脱氨基作用下产生氨，称为氨化作用，也称为脱氨作用。脱氨的方式有：氧化脱氨、还原脱氨、水解脱氨及减饱和脱氨。

(1)氧化脱氨：在好氧微生物作用下进行，如图14.1所示。

CH_3
$CHNH_2$
COOH
丙氨酸
$1/2\ O_2$
CH_3
CO
COOH
NH_3
O_2
三羧酸循环
$CO_2 + H_2O + ATP$

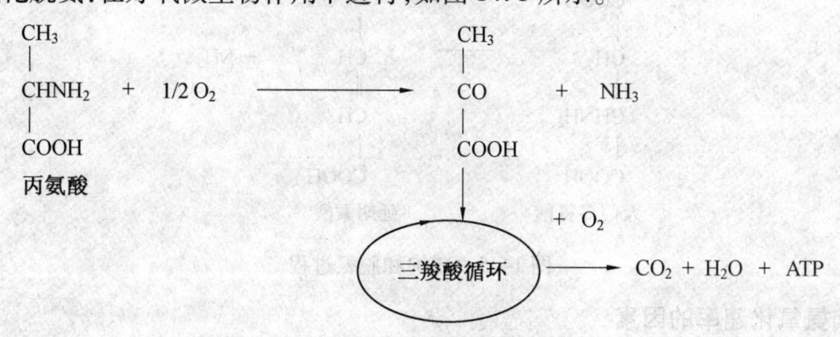

图14.1　氧化脱氨过程

(2)还原脱氨：由专性厌氧菌和兼性厌氧菌在厌氧条件下进行，如图14.2所示。

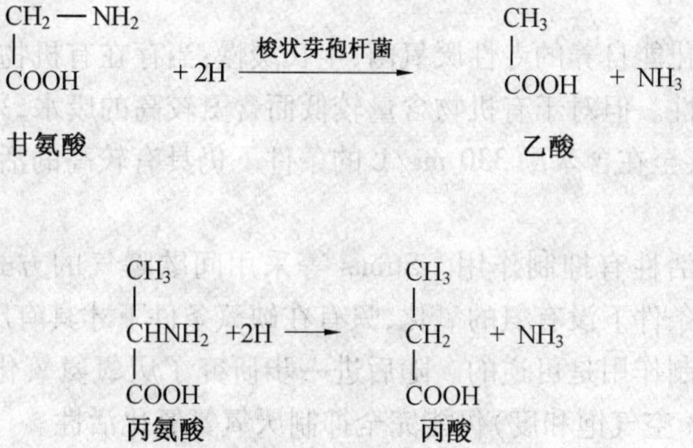

$CH_2—NH_2$
COOH
甘氨酸
+2H
梭状芽孢杆菌
CH_3
COOH
NH_3
乙酸
CH_3
$CHNH_2$
COOH
丙氨酸
+2H
CH_3
CH_2
COOH
NH_3
丙酸

图14.2　还原脱氨过程

生孢芽孢杆菌对糖的代谢能力差，只能以一种氨基酸作为供氢体，以另一种氨基酸为受氢体进行氧化还原反应，从而得到能量，这称为斯提克兰(Stikland)反应。丙氨酸、撷氨酸、亮氨酸常作供氢体。甘氨酸、脯氨酸、经脯氨酸做受氢体。生孢芽孢杆菌的糖代谢过程如图14.3所示。

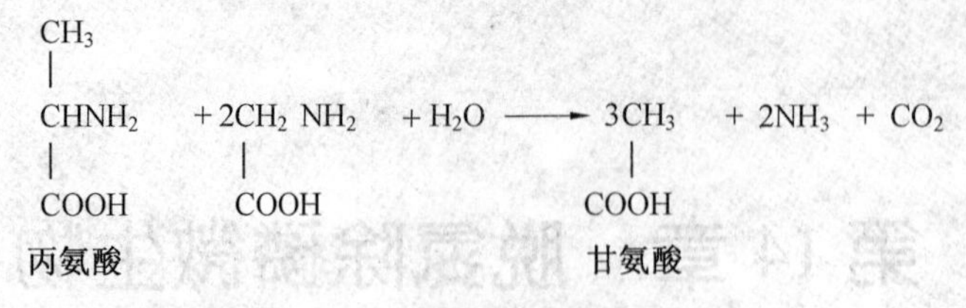

图 14.3 生孢芽孢杆菌的糖代谢过程

(3)水解脱氨:氨基酸水解脱氨后生成羟酸,如图 14.4 所示。

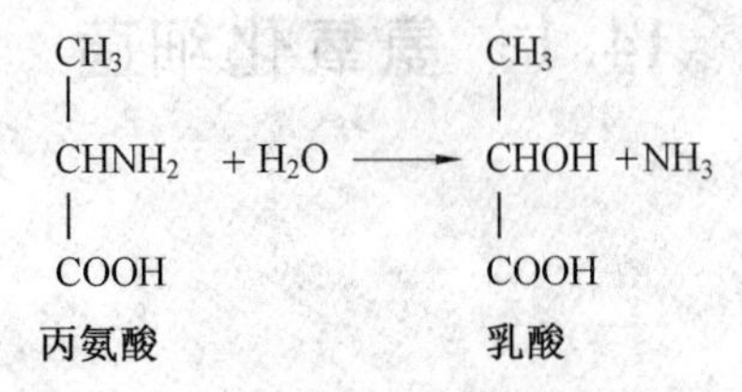

图 14.4 水解脱氨过程

(4)减饱和脱氨:氨基酸在脱氨基时,在 α,β 键减饱和成为不饱和酸,如图 14.5 所示。

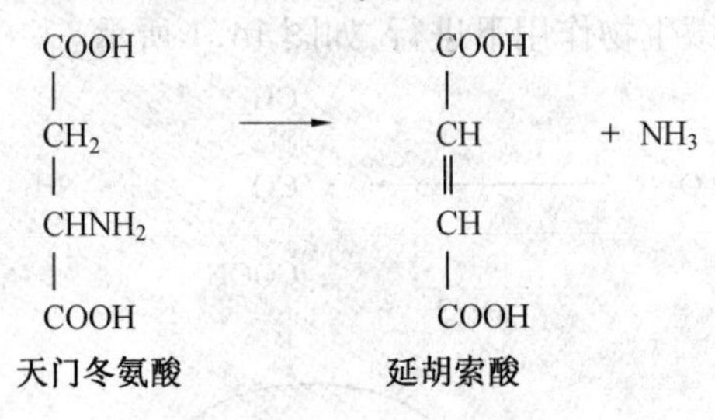

图 14.5 减饱和脱氨过程

2. 影响氨氧化速率的因素

亚硝化细菌在硝化作用过程中负责将铵氧化为亚硝酸盐实现亚硝化作用,是硝化过程中必不可少的步骤,同时也是其限速反应。影响厌氧氨氧化速率的因素主要有以下几种。

(1)有机物。

厌氧氨氧化菌属化能自养的专性厌氧菌,生长缓慢:当存在有机物时,异养菌增殖较快,从而抑制厌氧氨氧化活性。但对于有机物含量较低而含氨较高的废水,采用 Anammox 工艺仍具有很好的处理效果,甚至在含苯酚 330 mg/L 的条件下仍具有较高的活性和氨去除率

(2)氧。

氧对厌氧氨氧化活性有抑制作用。Strous 等采用间歇曝气的方式运行厌氧氨氧化反应器,结果表明,在好氧条件下没有氨的氧化,只有在缺氧条件下才具有厌氧氨氧化活性,但氧对厌氧氨氧化活性的抑制作用是可逆的。随后进一步研究了厌氧氨氧化菌对氧的敏感程度,即使是微氧条件(<0.5%空气饱和度)仍能完全抑制厌氧氨氧化活性。

将厌氧氨氧化技术应用于废水脱氮时,需设置一个前置的短程硝化反应器,这就不可避免地会在进水中引入氧。在稳定运行的厌氧氨氧化反应器中通常都存在一定数量的好氧氨氧化菌,能够为厌氧氨氧化菌解除氧毒,使得该技术的开发应用有了可靠的保障。

(3)氨氮和亚硝酸盐

高浓度的氨氮和亚硝酸盐(NO_2^-)对厌氧氨氧化菌活性有抑制作用。厌氧条件下,pH = 7.0 ~ 7.5,T=32 ~ 35 ℃时,氨氮浓度对厌氧氨氧化反应的影响见表 14.1。厌氧氨氧化速率先

随氨氮浓度的增加而增加,在氨氮浓度为230.8 mg/L时达到最大值0.002 75 mg/(mg·h),随着氨氮浓度再继续增加,氨氧化速率反而下降。

表14.1　氨氮浓度对厌氧氨氧化反应的影响

氨氮浓度 /(mg·L^{-1})	氨氮降解(NH_4^+-N/MLSS)速率 /(mg·mg^{-1}·h^{-1})	方差 /%
4.5	0.000 15	5.5
20.7	0.000 86	1.2
50	0.001 53	1.7
116.8	0.002 18	3.9
184.8	0.002 6	4.2
230.8	0.002 75	3.2
280.3	0.002 71	5.2
568.6	0.002 48	1.5
980	0.002 18	2.6

NO_2^-是一种"三致"物质,在进行废水脱氮处理时,可作为出水水质的主要控制指标,尽量降低其在系统中的浓度,从而可消除其对厌氧氨氧化菌的抑制作用。亚硝态氮浓度对厌氧氨氧化反应的影响见表14.2。厌氧氨氧化(NH_4^+-N/MLSS)速率先随亚硝态氮浓度的增加而增加,在亚硝态氮浓度为25.97 mg/L时达到最大值0.002 749 mg/(mg·h),随着亚硝态氮浓度再继续增加,氨氧化速率反而下降。

表14.2　亚硝态氮浓度对厌氧氨氧化反应的影响

亚硝态氮浓度 /(mg·L^{-1})	氨氮降解(NH_4^+-N/MLSS)速率 /(mg·mg^{-1}·h^{-1})	方差 /%
4	0.000 31	2.1
6.6	0.000 75	3.6
12.5	0.001 69	2
18.5	0.002 154	3.2
25.97	0.002 749	5.2
37.7	0.002 712	3.9
39.97	0.002 709	4.1
49.9	0.002 478	5.1

(4)光。

厌氧氨氧化菌属光敏性微生物,光能抑制其活性,降低30%~50%的氨去除率。试验研究中通常将厌氧氨氧化试验装置置于黑暗中进行,在实际应用中,可将反应器设计成封闭型,以减少光对其处理能力的负面影响。

厌氧氨氧化菌种类丰富,除了人们最早认识的浮霉状菌外,还有硝化细菌和反硝化细菌,这些菌群生态分布广泛,为开辟新的厌氧氨氧化菌种资源创造了条件。硝化细菌和反硝化细菌兼有厌氧氨氧化能力,其代谢多样性为加速厌氧氨氧化反应器的启动提供了依据。

14.1.2　氨氧化细菌

氨氧化细菌属革兰氏阴性专性化能自养细菌,以铵盐的氧化满足其能量需求,喜欢微偏碱性的环境,生长缓慢,最适pH为7.0~8.5,最适温度为24~28 ℃,普遍分布在自然界的土壤、海洋及淡水中，但只占其中细菌总量的极小比例，且不同种属的氨氧化细菌所分布的环境不同。

1. 分类

到目前为止，科学家已经从淡水中找到了 4 种属的厌氧氨氧化菌，从而也证明了厌氧氨氧化细菌广泛存在于自然环境中，将其按盐度可分为淡水氨氧化菌和海水氨氧化菌，将其按生长特性可分为自养氨氧化菌和异氧氨氧化菌，具体见表 14.3。

表 14.3　厌氧氨氧化菌种类

氧需求	盐度	营养类型	厌氧氨氧化菌种类
厌氧	淡水	自养	*Candidatus Brocadia anammoxidans*
			Candidatus Kuenenia stuttgartiensis
		异养	*Candidatus anammoxglobus propionicus*
			Candidatus Brocadia fulgida
			anaerobic ammonium-oxidizing
	海水	自养	*Planctomycete cquenviron-1*
好氧*	—	自养	*Candidatus Scalindua sorokinii*
			Candidatus Scalindua wagneri
	—	异养	*Candidatus Scalindua brodae*
			Nitrosomonas europaea
			Nitrosomonas eutropha

注　*表示在存在 O_2 的情况下，这些菌能将氨氮和亚硝氮转为 N_2，而非存在好养氨氧化细菌

浮霉状菌目（*Planctomycetales*）是细菌域中分化较早的一个分支。该目包括 2 个科，9 个属，分别为 *Planctomyces*，*Pirellula*，*Gemmata*，*Isosphaera*，*Candidatus Brocadia*，*Candidatus Kuenenia*，*Candidatus Scalindua*，*Candidatus Jettenia*，*Candidatus Anammoxoglobus*。其中，前 4 个属归入浮霉状菌科（*Planctomycetaceae*），皆为化能异养型好氧菌，后 5 个属归入厌氧氨氧化菌科（*Anammoxaceae*），皆为化能自养型厌氧菌，并具有厌氧氨氧化功能。

（1）*Candidatus Brocadia anammoxidans*。

该种发现于荷兰 Gist-Brocades 污水处理厂，是第一个被富集鉴定的厌氧氨氧化菌种，也是 *Candidatus Brocadia* 属的代表种。菌体呈球形，具有前述厌氧氨氧化菌的细胞结构特征，如细胞表面有火山口状结构，内含厌氧氨氧化体，无荚膜，无鞭毛和菌毛。细胞膜含阶梯烷膜脂，约占细胞总脂类的 34%。以亚硝酸为能源，以二氧化碳为碳源，不能利用小分子有机酸类，如甲酸、丙酸等。倍增时间 11 d，最佳生长 pH 为 8，最佳生长温度 40 ℃。已从该菌体内分离获得相对分子质量为（183±12） ku 的 HAO，并证明它能同时氧化羟氨和联氨。

（2）*Candidatus Brocadia fulgida*。

该种发现于荷兰鹿特丹污水处理厂，细菌形成的胞外多聚物能够发光，细胞呈球形，直径 0.7～1 μm。该菌为化能自养型厌氧菌，以亚硝酸为能源，以二氧化碳为碳源，同时能以亚硝酸或硝酸为电子受体氧化甲酸、丙酸、单甲胺和二甲胺，但这些有机物并不用于细胞物质的合成。菌体具有前述厌氧氨氧化菌的细胞结构特征。在细胞膜中，阶梯烷膜脂占细胞总脂类 63%。16S rRNA 序列分析表明，该菌与 *Candidatus Brocadia anamoxidans* 的相似性最高，达 94%。它在 GenBank 中的注册号为 DQ459989。

（3）*Candidatus Kuenenia stuttgartiensis*。

该种发现于生物滤池中，该菌呈球状，直径为 1 μm 左右，化能自养型，不能利用甲酸、丙

酸等有机酸。菌体具有前述厌氧氨氧化菌的细胞结构特征。在细胞中,阶梯烷膜脂占细胞总脂类的45%。已从该菌体内分离获得 HAO 和 HZO,前者能同时氧化经氨和联氨,后者只能氧化联氨。该菌在 GenBank 中的注册号为 AF375995。

(4)*Candidatus Scalindua brodae* 和 *Candidatus Scalindua wagneri*。

两菌都发现于英国 Pitsea 垃圾填埋场的污水处理厂,它们名字中的"Scalindua"表示细菌细胞中具有阶梯烷,Brodae 和 Wagneri 是为了纪念厌氧氨氧化反应的第一个预言者——奥地利理论化学家 Engelbert Broda 以及为厌氧氨氧化菌生态学和系统发育学研究做出贡献的德国微生物学家 Michael Wagner 而命名。两菌均为化能自养型的兼性厌氧菌。菌体呈球形,直径大约1 μm。它们能以亚硝酸为电子受体氧化氨,以二氧化碳为唯一碳源;能将羟氨转化成联氨。菌体具有前述厌氧氨氧化菌的细胞结构特征,细胞膜含有阶梯烷膜脂,细胞内拥有厌氧氨氧化体。在 *Scalindua brodae* 菌落中,细胞排列松散;而在 *Scalindua wagneri* 菌落中,细胞排列紧密。两菌之间 16S rRNA 序列的相似度为 93%。它们在 GenBank 中的注册号分别为 AY254883 和 AY254882。

(5)*Candidatus Scalindua sorokinii*。

该种发现于黑海的次氧化层区域,是第一个在自然生态系统中发现的厌氧氨氧化菌种,化能自养型,能利用亚硝酸将氨氧化形成氮气,以二氧化碳为唯一碳源。菌体具有前述厌氧氨氧化菌的细胞结构特征,其厌氧氨氧化体膜含有阶梯烷脂。16S rRNA 序列分析表明,该菌与 *Brocadia anammoxidans*,*Kueneniastuttgartiensis* 相似度分别为 87.6% 和 87.9%。它在 GenBank 中的注册号为 AY257181。

(6)*Candidatus Jettenia asiatica*。

该种发现于实验室生物膜反应器中,该菌体具有前述厌氧氨氧化菌的细胞结构特征。最佳生长 pH 为 8.0~8.5,最佳生长温度为 30~35 ℃,能够耐受的亚硝酸浓度高于 7 mmol/L。基因序列分析表明,该菌含有 HZO。16S rRNA 序列分析表明,该菌与 *Brocadia*,*Kuenenia*,*Scalindua*,*Anammoxoglobus* 的相似性低于 94%。它在 GenBank 中的注册号为 DQ301513。

(7)*Candidatus Anammoxoglobus propionicus*。

该种从实验室 SBR 反应器中富集得到,名字中的 *propionicus* 代表该菌的代谢方式。化能自养型,但能以亚硝酸或硝酸为电子受体氧化甲酸、丙酸,能将羟胺转化成联氨。菌体具有前述厌氧氨氧化菌的细胞结构特征。在细胞中,阶梯烷膜脂占细胞总脂类的 24%。它在 GenBank 中的注册号为 DQ317601。

(8)*Candidatus Anammoxoglobus sulfate*。

该种从实验室生物转盘反应器中富集得到,该菌的代谢方式不同于一般厌氧氨氧化菌,能以氨为电子供体,以硫酸盐为电子受体,将 2 种基质转化为氮气和单质硫。16S rRNA 分析表明,它是浮霉状菌目中的一个种。目前未见对这种细菌细胞形态、化学组分、代谢途径、生理生化等方面的研究报道。

经研究发现 *K stuttgartiensis*,*Anammoxoglobus propionicus*,*B fulgida*,*Scalindua* spp. 这 4 种菌种体内都发现具有一定浓度的电子颗粒,在目前发现的几种细菌中都发现含有 Fe 离子颗粒。集中厌氧氨氧化菌的比较见表 14.4。

表 14.4　集中厌氧氨氧化菌的比较

菌种	细胞平均直径/nm	厌氧氨氮化体占细胞体积
K. stuttgartiensis	800	61% ±5%
B. fulgida	800	61% ±5%
Scalindua sp.	950	56% ±5%
anammoxoglobus propionicus	1 100	66% ±5%

Scalindua spp. 的体积比前 2 种细菌要稍微大点，厌氧氨氧化体的尺寸与 *K. stuttgartiensis* 和 *B. fulgida* 相同，但是在细胞中只占细胞体积的 56% ±8%。*Anammoxoglobus propionicus* 是最大类型的菌种。厌氧氨氧化体积在 4 种细菌中最大。通过 Tem 观察到 4 种细菌线粒体周围有大量直径约为 55 nm 的颗粒，通过检测发现其组成与线粒体没有什么区别。通过基因染色发现 *K. stuttgartiensis* 基因中存在糖原质的基因，约占到基因长度的 40%。

2. 形态特征

厌氧氨氧化菌形态多样，呈球形、卵形等，直径为 0.8 ~ 1.1 μm。厌氧氨氧化菌是革兰氏阴性菌，细胞外无荚膜，细胞壁表面有火山口状结构，少数有菌毛。细胞内分隔成 3 部分：厌氧氨氧化体（Anammoxosome）、核糖细胞质（Riboplasm）及外室细胞质（Paryphoplasm）。核糖细胞质中含有核糖体和拟核，大部分 DNA 存在于此。该菌出芽生殖。

厌氧氨氧化体是厌氧氨氧化菌所特有的结构，占细胞体积的 50% ~80%，厌氧氨氧化反应在其内进行。厌氧氨氧化体由双层膜包围，该膜深深陷入厌氧氨氧化体内部。厌氧氨氧化体不含核糖体，但含六角形的管状结构和电子密集颗粒。透射电镜及能谱仪分析表明，这些电子密集颗粒中含有铁元素。

厌氧氨氧化菌的细胞壁主要由蛋白质组成，不含肽聚糖。

细胞膜中含有特殊的阶梯烷膜脂，由多个环丁烷组合而成，形状类似阶梯。在各种厌氧氨氧化菌中，阶梯烷膜脂的含量基本相似。疏水的阶梯烷膜脂与亲水的胆碱磷酸、乙醇胺磷酸或甘油磷酸结合形成磷脂，构成细胞膜的骨架。细胞膜中的非阶梯烷膜脂由直链脂肪酸、支链脂肪酸、单饱和脂肪酸和三萜系化合物组成。三萜系化合物包括 C_{27} 的藿烷类化合物（Hopanoid），细菌藿四醇（Bacteriohopanetetrol，BHT）和鲨烯（Squalene，$C_{30}H_{50}$）。其中，BHT 首次发现于严格厌氧菌中。在不同厌氧氨氧化菌种中，非阶梯烷膜脂的种类和含量变化较大。曾一度认为阶梯烷膜脂只存在于厌氧氨氧化体的双层膜上，其功能是限制有毒中间产物的扩散。目前认为阶梯烷膜脂存在于厌氧氨氧化菌的所有膜结构上（包括细胞质膜），它们与非阶梯烷膜脂相结合，以确保其他膜结构的穿透性好于厌氧氨氧化体膜。

3. 分布

最初人们认为厌氧氨氧化菌分布范围较窄，但越来越多的文献表明多种环境中存在厌氧氨氧化活性。在氮负荷很高且氧浓度有限的废水处理系统中发现有大量的氨以气态氮化合物的形式消失，推测可能存在硝化菌和厌氧氨氧化菌的共存现象。采用硝化颗粒污泥可成功启动厌氧氨氧化反应器且活性较高。在土壤地下水体的水处理系统中，也存在厌氧氨氧化现象。

Thamdru 等的研究表明，海洋底泥中存在较高的厌氧氨氧化活性，其在海洋氮素循环中起着不容忽视的作用。在哥斯达黎加的 Golfo Dulce 沿海海湾的深水缺氧水体中，也存在明显的厌氧氨氧化活性，由厌氧氨氧化反应产生的 N_2 可占到总 N_2 产量的 19% ~35%。Kuypers 等利用分子生物学技术首次从黑海中分离出与进行厌氧氨氧化反应的浮霉细菌相关的 16S rRNA 基因序列，表明在该海域的缺氧水体中存在着厌氧氨氧化菌。据估计，通过厌氧氨氧化反应产

生的 N_2 能占到整个海洋中 N_2 产量的30% ~50%。所有这些现象表明厌氧氨氧化菌(至少是厌氧氨氧化作用)可能广泛存在于自然界中,其在整个氮素循环中起到不容忽视的作用。

4. 富集培养与分离特征

厌氧氨氧化菌的富集培养选用自然样品作为接种物(如活性污泥、海洋底泥、土壤),按目标菌群所需的最佳生境条件,以含有适量基质和营养元素的培养液(表14.5)在生物反应器中进行。厌氧氨氧化菌生长缓慢,倍增时间10 ~30 d。富集培养物呈红色,性状黏稠,含有较多的胞外多聚物。

厌氧氨氧化菌是一种难培养的微生物,采用系列稀释分离、平板划线分离、显微单细胞分离等传统微生物分离方法,均未分离成功。迄今为止,密度梯度离心法是成功分离厌氧氨氧化菌的唯一方法。其原理是通过离心使不同密度的细菌细胞形成不同的沉降带。具体操作方法如下:首先,用超声波温和破碎厌氧氨氧化菌富集培养物,将菌群分散成单个细胞;接着,离心去除残留的聚集体(生物膜或絮体碎片);最后,将分散的细胞用Percoll密度梯度离心,使厌氧氨氧化菌在离心管内形成一条深红色条带。采用该方法可获得高纯度的细胞悬液,每200 ~800个细胞中可只含有1个污染细胞。

表14.5　富集厌氧氨氧化菌的营养元素组成

营养物	浓度/($mmol \cdot L^{-1}$)	营养物	浓度/($mmol \cdot L^{-1}$)
KH_2PO_4	0.027	$CaCl_2$	0.18
$MgSO_4 \cdot 7H_2O$	0.3	$KHCO_3$	0.5
微量元素溶液Ⅰ EDTA	5	$FeSO_4$	5
微量元素溶液Ⅱ EDTA	15	H_3BO_4	0.014
$MnCl_2 \cdot 4H_2O$	0.99	$CuSO_4 \cdot 5H_2O$	0.25
$ZnSO_4 \cdot 7H_2O$	0.43	$NiCl_2 \cdot 6H_2O$	0.19
$NaMoO_4 \cdot 2H_2O$	0.22	$NaSeO_4 \cdot 10H_2O$	0.21

5. 生理生化特性

厌氧氨氧化菌为化能自养型细菌,以二氧化碳作为唯一碳源,通过将亚硝酸氧化成硝酸来获得能量,并通过乙酰-CoA途径同化二氧化碳。虽然有的厌氧氨氧化菌能够转化丙酸、乙酸等有机物质,但它们不能将其用作碳源。厌氧氨氧化菌对氧敏感,只能在氧分压低于5%氧饱和(以空气中的氧浓度为100%)的条件下生存,一旦氧分压超过18%氧饱和,其活性即受抑制,但该抑制是可逆的。厌氧氨氧化菌的最佳生长pH范围为6.7 ~8.3,最佳生长温度范围为20 ~43 ℃。厌氧氨氧化菌对氨和亚硝酸的亲和力常数都低于 1×10^{-4} gN/L。基质浓度过高会抑制厌氧氨氧化菌活性(表14.6)。

表14.6　基质对厌氧氨氧化菌的抑制浓度

基质	抑制浓度/($mmol \cdot L^{-1}$)	半抑制浓度/($mmol \cdot L^{-1}$)
NH_4^+-N	70	55
NO_2^--N	7	25

注　半抑制浓度代表抑制浓度50%厌氧氨氧化活性的基质浓度

亚硝酸先被含有细胞色素c(Cyt C)和细胞色素d1的亚硝酸还原酶(NiR)还原成一氧化氮($NO_2^- + e^- \rightarrow NO$);再由联氨水解酶(HH)将一氧化氮与氨结合成联氨($NO + NH_4^+ + 3e^- \rightarrow N_2H_4$);最后由联氨氧化酶(HZO)或羟氨氧化还原酶(HAO)将联氨氧化成氮气($N_2H_4 \rightarrow N_2 + 4e^-$)。

在联氨氧化成氮气的过程中,可产生 4 个电子,这 4 个电子通过细胞色素 c、泛醌、细胞色素 bc1 复合体以及其他细胞色素 c 传递给 NiR 和 HH,其中 3 个电子传递给 NiR,1 个电子传递给 HH。伴随电子传递,质子被排放至厌氧氨氧化体膜外侧,在该膜两侧形成质子梯度,驱动 ATP 合成。

HAO 和 HZO 是厌氧氨氧化菌中研究得较为深入的两种酶。HAO 广泛存在于好氧氨氧化细菌、反硝化细菌等微生物中,它不但能够催化羟氨氧化成亚硝酸,也能够将亚硝酸还原为羟氨,还能催化氧化联氨。从厌氧氨氧化菌中分离获得的 HAO 不同于从好氧氨氧化细菌中获得的 HAO,它不能将羟氨转化成亚硝酸,只能将其转化成 NO 或 N_2O。已被纯化的 HAO 有两种,虽然两者的相对分子质量和亚单位不同,但是均含大量 c 型血红素[16 个和(26±4)个]和 P_{468} 细胞色素。该酶也能催化氧化联氨,但对羟氨的亲和力更强(表 14.7)。HZO 也已从厌氧氨氧化菌中分离纯化,它只能催化氧化联氨,不能催化氧化羟氨。但羟氨能与该酶结合,从而对联氨产生竞争性抑制。

表 14.7 厌氧氨氧化菌 HAO 和 HZO 酶的特征

性质	*Brocadia anammoxidans*	KSU-1 菌株	
	HAO	HZO	HAO
分子质量/ku	183±12	130±10	118±10
亚单位/ku	58	62	53
组成形态	a_3	a_2	a_2
血红素含量	26±4	16	16
氧化活性 NH_2OH			
$\mu_{max}/(\mu m \cdot min^{-1} \cdot mg^{-1})$	21^a	ND	9.6^a
$K_m, K_i/\mu_m$	$26^a(K_m)$	$2.4^b(K_i)$	$33^a(K_m)$
周转次数/min^{-1}	2.0×10^2	1.7×10^2	NB

注 [a]以 PBS 和 MTT 为电子受体;[b]以细胞色素 c 为电子受体;ND:未检出;NH:未报道

厌氧氨氧化菌是一类专性厌氧的无机自养细菌,属于革兰氏阴性光损性球状细菌,细胞单生或成对出芽繁殖。在电子显微镜下,一般为不规则的圆形和椭圆形,其直径不到 1 μm。它属于最古老的古生物菌或分支很深的细菌栖热孢菌属和产液菌属。在微生物的分类系统中属于浮霉状菌目。

6. 底物

含有氨(5～30 mmol/L),NO_2^-(5～35 mmol/L),CO_2(10 mmol/L),金属及微量元素的母液可以培养 Anammox 细菌。介质中的 PO_4^{3-} 的浓度低于 0.5mmol/L,氧气浓度低于检测值(<1 μmol/L)以避免可能产生的抑制。在 Jetten 等的实验中,有一部分 NO_2^- 转化为 NO_3^-,且每摩尔 CO_2 转化为生物团时,就有 24 mol 的氨被转化。

厌氧氨氧化菌和甲烷氧化菌能以不同的速率催化氨与甲烷的氧化。加入甲烷不会抑制氨与 NO_2^- 的转化,表明负责厌氧氨转化的酶与好氧 AMO 或甲烷单氧化酶是不同的,但甲烷本身不为 Anammox 生物团所转化。

H_2 加入 Anammox 反应器后,在短时期内表现出了明显的类似 Anammox 的现象。但这些实验中的 H_2 不能代替氨作为电子供体。短期实验中投加的不同有机底物(丙酮酸盐、甲醇、乙醇、丙氨酸、葡萄糖、钙氨酸)会严重抑制 Anammox 的活性。这样底物的范围可严格地定为 N_2H_4 和 NH_2OH。可是供给 1 mmol/L 的 N_2H_4 时不能使 Anammox 活性保持更长的时间。

7. 抑制物

高浓度的氨和亚硝酸盐会对 Anammox 细菌产生抑制。氨的抑制常数为 38.0 ~ 98.5 mmol/L,亚硝酸根的抑制常数为 5.4 ~ 12.0 mmol/L。Jetten 等认为 NO_2^- 大于 20 mmol/L 时,Anammox 会受到抑制,超过 12 h 时,Anammox 活性完全消失。氨厌氧氧化过程中存在 O_2 时,Anammox 活性完全受抑制,O_2 的浓度必须小于 2 μmol/L。O_2 对 Anammox 的抑制是可逆的。

14.2　硝化细菌

硝化细菌(Nitrifying)是一种好氧性细菌,包括亚硝酸菌和硝酸菌。生活在有氧的水中或砂层中,在氮循环水质净化过程中扮演着很重要的角色。

14.2.1　硝化作用

氨基酸脱下的氨,在有氧的条件下,经亚硝酸细菌和硝酸细菌的作用转化为硝酸,这称为硝化作用。由氨转化为硝酸分两步进行:

$$2NH_3+3O_2 \rightarrow 2HNO_2+2H_2O+619\ kJ$$

该反应由亚硝酸单胞菌属(*Nitrosomonas*)、亚硝酸球菌属(*Nitrosococcus*)及亚硝酸螺菌属(*Nitrosospira*)、亚硝酸叶菌属(*Nitrosolobus*)和亚硝酸弧菌(*Nitrosovibrio*)等起作用。

$$2HNO_2+O_2 \longrightarrow 2HNO_3+201\ kJ$$

该反应由硝化杆菌属(*Nitrobacter*)、硝化球菌属(*Nitroroccus*)起作用亚硝酸细菌和硝酸菌都是好氧菌,适宜在中性和偏碱性环境中生长,不需要有机营养,有的报道说,它们能利用乙酸盐缓慢生长亚硝酸细菌为革竺氏阴性菌,在硅胶固体培养基上长成细小、稠密的褐色、黑色或淡褐色的菌落硝酸细菌在琼脂培养基和硅胶固体培养基仁长成小的、山淡褐色变成黑色的菌落,且能在亚硝酸盐、硫酸镁和其他无机盐培养基中生长,其世代时间约 31 h。

1. 概述

硝化是将氨氮(铵盐)转化为亚硝酸盐,并最终将亚硝酸盐转化为硝酸盐的微生物反应过程。

生物硝化是由两组自养型硝化细菌-亚硝酸菌(Nitrosomonas)和硝酸菌(Nitrobacter),将氨氮转化为硝态氮的生化反应过程。此过程分两步进行:

第一步,亚硝酸菌将氨氮转化为亚硝酸盐,过程如下:

$$NH_4^++\frac{3}{2}O_2 \longrightarrow NO_2^-+H_2O+2H^+$$

$$\Delta G^0(W)=-270\ kJ/mol\ HN_4^+-N$$

第二步,硝酸菌将亚硝酸盐氧化成硝酸盐,过程如下:

$$NO_2^-+\frac{1}{2}O_2 \longrightarrow NO_3^-$$

$$\Delta G^0(W)=-80\ kJ/mol\ NO_2^--N$$

亚硝酸菌和硝酸菌统称为硝化菌。硝化菌属于专性好氧菌,它们利用无机化合物如 CO_3^{2-},HCO_3^-和 CO_2作碳源,从 $NH_4{}^+$或 NO_2^-的氧化反应中获得能量。

以 CO_2作为碳源时,CO_2在成为硝化菌细胞的化学组分之前先被还原,这种还原是通过生

物体对氮源的氧化来实现的。对氨的氧化来说,其生长可表示为

$$15CO_2+13NH_4^+ \longrightarrow 10NO_2^-+3C_5H_7NO_2+23H^++4H_2O$$

对亚硝酸盐氧化来说,其生长可表示为

$$5CO_2+NH_4^++10NO_2^-+2H_2O \longrightarrow 10NO_3^-+C_5H_7NO_2+H^+$$

利用碳酸盐平衡合并上两式,可得出亚硝酸菌的产率 $Y_{chs,NH_4}=0.1$ g VSS/g NH_4^+-N = 0.14 g COD/g NH_4^+-N。

以 HCO_3^- 为碳源时,硝化作用可以表示为

$$80.7NH_4^++114.55O_2+160.4HCO_3^- \longrightarrow$$

$$C_5H_7NO_2+79.7NO_2^-+82.7H_2O+155.4H_2CO_3$$

该式表明,113 g 细菌($C_5H_7NO_2$)可通过 80.7×14 = 1 129.8 g NH_4^+-N 转化产生。故产率系数为 113/1 129.8 = 0.10 g VSS/g NH_4^+-N。单位氨氮氧化的产率系数为113/(79.7×14)= 0.10 g VSS/g NH_4^+-N。

2.硝化动力学

自养型硝化菌的增殖与底物去除的动力学,也可用莫诺德方程式表示为

$$\mu=\frac{\mu_{max}S}{K_s+S}$$

式中 μ—— 硝化菌的比增长速率;

μ_{max}—— 硝化菌最大比增长速率;

S—— 底物浓度;

K_S—— 饱和常数。

上式表明,当 K_S 与 S 相比非常小时,可以认为比增长速率 μ 与底物浓度 S 无关,即比增长速率与底物浓度之间的关系呈零级反应。此时,不可能达到很高的硝化程度,但是,当底物浓度比较低时(如负荷较低的完全混合曝气池内)可达到很高的硝化程度。

研究表明,在稳定状态下,硝化过程中由 NO_2^--N 转化为 NO_3^--N 的速度很快,生物处理系统中不会产生亚硝酸盐的积累,亚硝化反应和硝化反应莫诺德方程中的饱和常数 K_N 都小于 1 mg/L(温度<20 ℃时)。所以硝化反应过程中的速度限制步骤是亚硝酸菌转化 NH_4^+-N 为 NO_2^--N 的这一步。因此,上式可改写成为

$$\mu_N=\mu_{N,max}\frac{N}{K_N+N}$$

式中 μ_N——亚硝酸菌的比增长率;

$\mu_{N,max}$——亚硝酸菌的最大比增长速率;

NH_4^+-N——氨氮的浓度;

K_N——饱和常数。

硝化菌增长的典型动力学参数值见表 14.8。

表 14.8　硝化菌增长的典型动力学参数值

参数值	亚硝化菌	硝化菌
μ_{max}/d^{-1}	0.46~2.2	0.28~1.44
$K_N/(mg \cdot L^{-1})$	0.06~5.6	0.06~8.4
$K_0/(mg \cdot L^{-1})$	0.3~1.3	0.25~1.3

3. 影响因素

能够影响硝化细菌的环境因素主要包括环境的pH、溶解氧浓度、温度、基质(NH_4^+-N)浓度和硝化细菌抑制剂的浓度。

(1)pH。

硝化菌对pH的适应范围较宽。亚硝酸菌的最大硝化速率发生在pH为8~9时;硝酸菌的最大硝化速率发生在pH为6.5~7.5时,pH向酸性和碱性方向移动,硝化速率即下降。这点经验证明对未经驯化和已经驯化的菌群都是如此,不过驯化可使pH的影响减弱。

在硝化反应中,如果污水中没有足够的碱度,则随着硝化的进行,pH会急骤降低。硝化菌对pH变化十分敏感,pH对硝化菌的影响如图14.6所示。

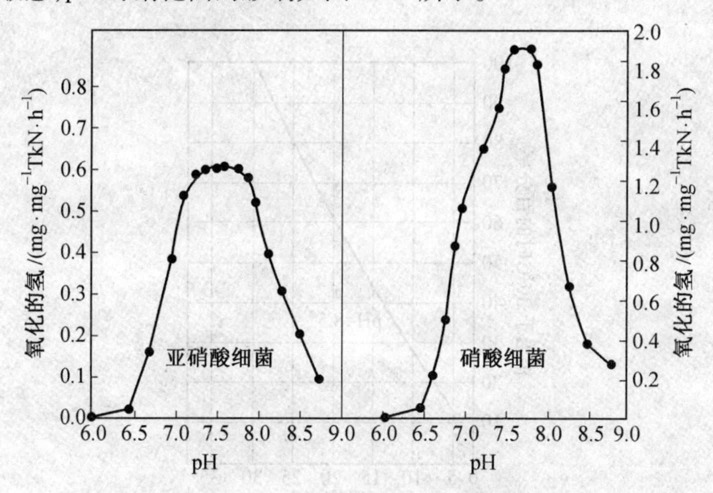

图14.6　pH对硝化菌的影响

Hultman建议用下式表示pH对亚硝酸菌的比增长速率的影响:

$$\mu_N = \mu_{N,max} \frac{1}{1 + 0.04(10^{pH_0 - pH} - 1)}$$

式中　μ_N——某一pH条件下亚硝酸菌的比增长率;

$\mu_{N,max}$——亚硝酸菌的最大比增长速率;

pH_0——亚硝酸菌增殖的最佳pH(8.0 ~ 8.4);

pH——设备运行的pH。

生物脱氮过程的硝化段,通常把运行的pH控制在7.2 ~ 8.0之间。

(2)溶解氧浓度。

与异养菌相比,硝化菌对低溶解氧更为敏感。可用莫诺德表达式描述其动力学。扩散限制是活性污泥系统的基本特征,因此供氧状况取决于絮体的大小、基质负荷和温度等因素。

硝化过程也可在高溶解氧状态下进行,如纯氧曝气法处理系统。在实际的硝化系统中,需要维持的溶解氧浓度应由反应器内形成的絮体大小、生物膜的薄厚以及相应的混合强度来决定。絮体越大或生物膜越厚,混合强度越小,则扩散能力越差,相应地混合液所需维持的溶解氧浓度就必须越高。否则硝化过程将受到抑制。在通常情况下,多数研究者建议,在活性污泥法中,要维持正常的硝化效果,混合液溶解氧浓度应大于2 mg/L;而生物膜法,由于其混合条件较差,溶解氧浓度应大于3 mg/L。

(3)温度。

温度对硝化菌的比增长速率及硝化速率有着重要影响(图 14.7)。温度低于 15 ℃,硝化速率将明显下降;30 ℃时比增长速率最大;通过 30 ℃酶活性变性,速率反而减小。在 15 ~ 30 ℃之间,Stankewich 建议用下式表示活性污泥硝化系统中硝化菌的最大比增长率与温度之间的关系:

$$\mu_{mt} = \mu_{m15} \exp[K(t - 15)]$$

式中　μ_{mt}——某温度条件下硝化菌的最大比增长速率;

μ_{m15}——15 ℃时硝化菌的最大比增长速率;

K——温度系数,对于亚硝酸菌,K 为 0.095 ~ 0.12;对于硝酸菌,K 为 0.056 ~ 0.069。

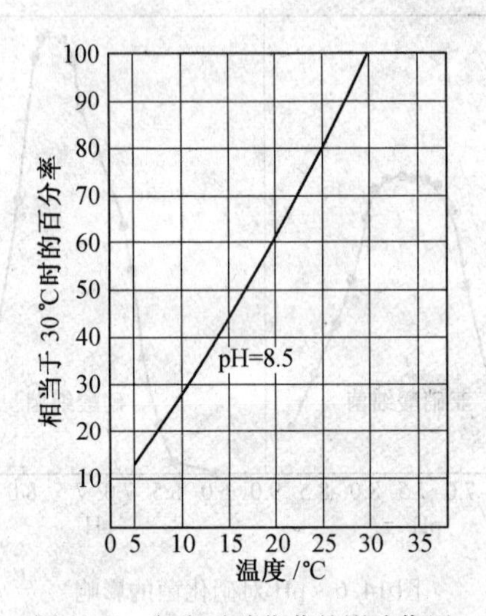

图 14.7　温度对硝化菌的影响作用

(4)基质(NH_4^+-N)浓度。

NH_4^+-N 对硝化菌的比增长速率和硝化速率的影响主要取决于 NH_4^+-N 的浓度。当 NH_4^+-N 浓度小于 2.5 mg/L 时,硝化呈一级反应;当 NH_4^+-N 浓度大于 10 mg/L 时,呈零级反应; NH_4^+-N 浓度在 2.5 ~ 10 mg/L 之间,则符合莫诺特模式。

当 NH_4^+-N 浓度超过 100 mg/L 时,硝化菌呈现出明显的自抑特性。在此情况下,随着 NH_4^+-N 浓度提高,抑制性增大,硝化菌的比增长速率反而减小,其关系符合海尔丹(Haldane)抑制模式,即

$$\mu = \frac{S_N}{K_N + S_N + S_N^2/K_i}$$

式中　K_i——抑制系数,mg^2/L^2。

实验测得亚硝酸菌的 K_i 值较大(9 000 mg^2/L^2),硝酸菌则较小(173 mg^2/L^2)。也就是说在高氨环境下,NH_4^+ 对硝酸菌的抑制要大于亚硝酸菌,如果这种情况发生,则出现 NO_2^- 的积累。

(5)抑制性物质。

活性污泥处理系统的硝化过程受许多物质的抑制。如若硝化处理厂按刚好发生硝化设计,则即使有限的抑制也会导致硝化完全停止。但这不会立即发生,而是发生在硝化菌流失后的几个星期内,这种硝化的停止并不是硝化菌受毒性物质的影响而百分之百抑制的结果,而是

硝化菌流失的结果。

一些重金属对硝化菌有抑制作用,有些研究指出,当pH为7.7~8.0时,由于金属离子的浓度很低,硝化菌可以忍受10~20 mg/L的重金属浓度。对硝化菌有抑制作用的重金属有Zn,Cu,Hg,Cr,Ag,Co,Cd和Pb。据报道,一些重金属达到以下浓度时将完全抑制亚硝酸菌的生长:Ni为0.25 mg/L;Cr为0.25 mg/L;Cu为0.1~0.5 mg/L。需要说明的是,纯培养和活性污泥培养之间重金属对硝化菌的抑制作用差别很大。

另外,有一些无机物也会对硝化菌有抑制作用,如CN^-,ClO_4,HCN,K_2CrO_4,硫氰酸盐,叠氮化钠,三价砷和氟化物等,具体的浓度见表14.9。

表14.9　抑制物质对硝化菌的抑制作用浓度

名称	75%被抑制时的浓度 /($mg \cdot L^{-1}$)	名称	75%被抑制时的浓度 /($mg \cdot L^{-1}$)
酚	5.6	苯胺	7.7
氰	1.3	二硫化碳	35
铜	4.0	丙烯醇	20
甲酚	12.8	氨基硫脲	0.18
硫脲	0.08	3-甲基吲哚	7.0
三氯甲烷	18	硫代乙酰胺	0.53

14.2.2　硝化细菌

参与硝化作用的微生物主要是亚硝化细菌和硝化细菌,亚硝化细菌和硝化细菌的资源丰富,广泛分布在土壤、淡水、海水和污水处理系统。在自然界中,硝化细菌是好氧菌,但其生态位范围较广,如在极低氧压下的污水处理系统和海洋沉淀物中分离出硝化细菌,也能从pH=4的土壤、温度低于-5 ℃的深海、温度60 ℃或更高的温泉及沙漠分离到硝化细菌。

亚硝化细菌和硝化细菌是革兰氏阴性菌。它们的生长速率均受基质浓度(NH_3和HNO_2),温度,pH,氧浓度控制。全部是好氧菌,绝大多数营无机化能营养,有的可在含有酵母浸膏、蛋白陈、丙酮酸或乙酸的混合培养基中生长,不营异养。却有个别的可营化能有机营养。在污水处理系统和自然环境中,硝化细菌有附着在表面和在细胞束内生长的倾向,形成胞囊结构和菌胶团。

(1)氧化氨的细菌:为专性好氧菌,在低氧压下能生长。化能无机营养,氧化NH_3为HNO_2,从中获得能量供合成细胞和固定CO_2。温度范围为5~30 ℃,最适温度为25~30 ℃。pH范围为5.8~8.5,最适pH为7.5~8.0。有的菌株能在混合培养基中生长,不营化能有机营养,其中的亚硝化单胞菌和亚硝化螺菌能利用尿素作基质。高的光强度和高氧浓度都会抑制其生长。在最适条件下,亚硝化球菌属的世代时间为8~12 h。亚硝化螺菌的世代时间为24 h。含淡黄至淡红的细胞色素。

(2)氧化亚硝酸细菌:大多数氧化亚硝酸细菌在pH为7.5~8.0,温度为25~30 ℃,亚硝酸浓度为2~30 mmol/L时化能无机营养生长最好。其世代时间随环境可变,由8 h到几天。硝化杆菌属(*Nitrobacter*)既进行化能无机营养又可进行化能有机营养,以酵母浸膏和蛋白脉为氮源,以丙酮酸或乙酸为碳源。硝化杆菌属在营化能无机营养生长中,氧化NO_2^-产生的能量仅有2%~11%用于细胞生长,氧化85~100 mol NO_2^-用于固定1 mol CO_2。在分批培养中,最大产量是4×10^7(Nitrospira)细胞/mL。在进行化能无机营养时的生长比在进行化能有机营养时的快。硝化螺菌属则相反,在营化能无机营养时的生长比混合营养中的生长慢,前者的世代时间为 90 h,后者的世代时间为 23 h。硝化杆菌属细胞内的储存物有:按酶体或叫梭化体(Carboxysomes)、肝糖、聚β羟基丁酸盐(PHB)、多聚磷酸盐,含淡黄至淡红的细胞色素的菌株。其他硝化细菌也含有类似储存物,亚硝化细菌和硝化细菌的一些特征见表 14.10。

表 14.10　亚硝化细菌和硝化细菌的一些特征

菌种		菌体大小/μm	(G+C)含量/%	营养型	储存物	细胞色素,色素	pH	温度/℃
氧化氨的细菌	亚硝化单胞菌属	(0.7~1.5)×(1.0~2.4)	47.4~51.0	化能无机营养型	多聚磷酸	+,淡黄至淡红	5.8~8.5	5~30
	亚硝化球菌属	(1.5~1.8)×(1.7~2.5)	50.5~51	化能无机营养型	肝糖,多聚磷酸	+,淡黄至淡红	6.0~8.0	2~30
	亚硝化螺菌属	(0.3~0.8)×(1.0~8.0)	54.1	化能无机营养型	-	+,淡黄至淡红	6.5~8.5	15~30(20~35)
	亚硝化叶菌属	(1.0~1.5)×(1.0~2.5)	53.6~55.1	化能无机营养型	肝糖,多聚磷酸	+,淡黄至淡红	6.0~8.2	15~30
	亚硝化弧菌属	(0.3~0.4)×(1.1~3.0)	54	化能无机营养型			7.5~7.8	25~30
氧化亚硝酸的细菌	硝化杆菌属	(0.6~0.8)×(1.0~2.0)	60.1~61.7	化能无机营养型化能有机营养型	肝糖,多聚磷酸和PHB	+,淡黄	6.5~8.5	5~10
	硝化刺菌属	(0.3~0.4)×(2.7~6.5)	57.5	化能无机营养型	肝糖	+,-	7.5~8.0	25~30
	硝化球菌属	1.5~1.8	61.2	化能无机营养型	肝糖和PHB	+,淡黄至淡红	6.8~8.0	15~30
	硝化螺菌属	0.3~0.4	50	化能无机营养型			7.5~8.0	25~30

14.3　反硝化细菌

14.3.1　反硝化作用

自然界中包括土壤、水体、污水及工业废水都含有硝酸盐植物、藻类及其他微生物把硝酸盐作为氮源它们吸收硝酸盐,通过硝酸还原酶将硝酸还原成氨,由氨合成为氨基酸、蛋白质及其他含氮物质、兼性厌氧的硝酸盐还原细菌将硝酸盐还原为氮气,这叫反硝化作用土壤、水体和污水生物处理构筑物中的硝酸盐在缺氧的情况下,总会发生反硝化作用若在土壤发生反硝化作用会使土壤肥力降低;若在污水生物处理系统中的二次沉淀池发生反硝化作用,产生的氮气由池底上升逸到水面时会把池底的沉淀污泥带上浮起,使出水含有多量的泥会影响出水的水质。有些污(废)水经生物处理后出水硝酸盐含量高,在排入水体后,若水体缺氧发生反硝化作用,会产生致癌物质亚硝酸胺,造成二次污染,危害人体健康。因此,硝酸盐必须先在生物处理过程中去除掉。可采用脱氮工艺——A/O 等系统脱氮后,处理水排入水体才安全,可见,反硝化作用在废水生物处理中是起积极作用的。

1. 概述

反硝化作用通常有以下 3 种结果。

(1)多数细菌、放线菌及真菌利用硝酸盐为氮素营养,通过硝酸还原酶的作用将硝酸还原成氨,进而合成氨基酸、蛋白质和其他含氮物质。硝酸同化过程如图 14.8 所示。

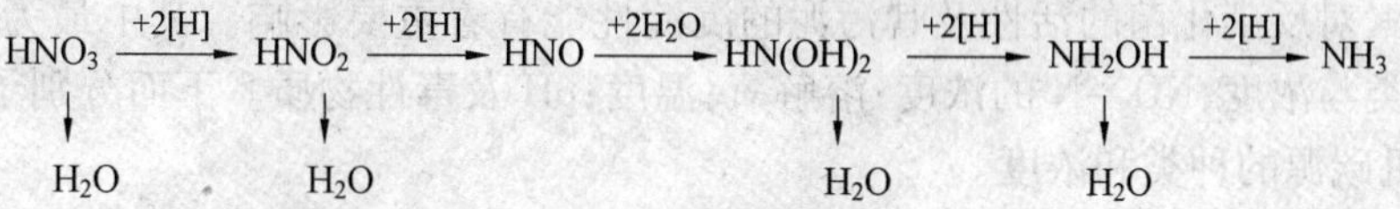

$$HNO_3 \xrightarrow{+2[H]} HNO_2 \xrightarrow{+2[H]} HNO \xrightarrow{+2H_2O} HN(OH)_2 \xrightarrow{+2[H]} NH_2OH \xrightarrow{+2[H]} NH_3$$

（HNO_3、HNO_2、$HN(OH)_2$、NH_2OH 下方各生成 H_2O）

图 14.8　硝酸同化过程

(2)反硝化细菌(兼性厌氧菌)在厌氧条件下,将硝酸还原为氮气。反硝化细菌的作用如图 14.9 所示。

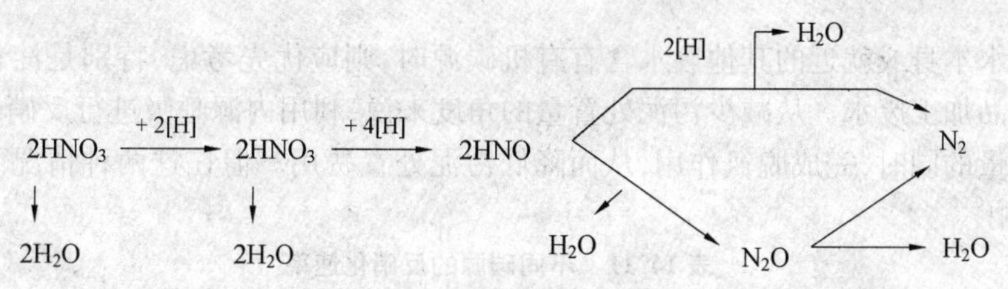

图 14.9　反硝化细菌的作用

反硝化细菌有施氏假单胞菌(*Pseudomonas*)、脱氮假单胞菌(*Ps. denitrificans*)、荧光假单胞菌(*Ps. fluorescens*)、色杆菌属中的紫色杆菌(*Chromobacterium violaceum*)、脱氮色杆菌(*Chrom. denitrificans*)。

(3)硝酸盐还原为亚硝酸。

$$HNO_3 + 2[H] \rightarrow HNO_2 + H_2O$$

在反硝化过程中,NO_3^- 和有机物两者均作为反硝化菌的基质被同时利用。环境工程师们期望,通过反硝化,使出水中的 NO_3^- 和有机物同时达到较低的浓度,因为两者均为环境污染物质。因此,反硝化反应可能为双重基质限制的生物化学反应。

2. 反应速率动力学

埃肯菲尔德建议,在双重基质限制下,反硝化过程的速率可用双重 Monod 模式来描述。即

$$\nu_{DN} = k * \frac{S_1}{k_1 + S_1} \times \frac{S_2}{k_2 + S_2}$$

式中　ν_{DN}——反硝化速率,mg NO_3^- - N/(mg VSS · h);

k—— 最大反硝化速率,mg NO_3^- - N/(mg VSS·h);

k_1—— 有机物的米氏常数,mg/L;

k_2——NO_3^- - N 的米氏常数,mg/L;

S_1—— 有机物(BOD)浓度,mg/L;

S_2——NO_3^- - N 浓度,mg/L。

实验测得 NO_3^- - N 的米氏常数 k_2 约为 0.15 mg/L;而有机物的米氏常数则随被利用的有机物种类的变化而变化。

当 NO_3^- - N 浓度 S_2 > 1 mg/L 时,上式可简化为

$$\nu_{DN} = k\frac{S_1}{k_1 + S_1}$$

即反硝化速率为 NO_3^--N 的零级反应。同时也说明,当 NO_3^--N 浓度大于 1 mg/L 时,反硝化过程的速率主要由电子供体(有机物)的种类与浓度所控制。

3. **影响因素**

环境因素对反硝化菌的活性及其污泥的沉淀性能有着重要影响。其中最为重要的有:有机碳源的种类与浓度;NO_3^--N 的浓度;溶解氧;温度;pH 及毒性物质。下面分别予以讨论。

(1)有机碳源的种类和浓度。

有机碳源的种类对反硝化菌的活性有着重要影响。碳源的种类不同,反硝化速率以及反硝化菌的比增长速率也不相同。实践证明,对内源呼吸、生活污水和甲醇 3 种不同的碳源来说,其反硝化速率依次增高,而反硝化菌的比增长速率则依次降低,不同碳源的反硝化速率见表 14.11。

如果废水本身或就近的其他废水含有有机碳源时,则应优先考虑,特别是淀粉废水、制糖废水以及食品加工废水。从减少污泥处置量的角度来说,利用内源呼吸进行反硝化,则可达到在减少污泥量的同时,完成脱氮作用,从而降低污泥处置费用。但在这两种情况下,反硝化的速率较低。

表 14.11 不同碳源的反硝化速率

碳源	反硝化速率	温度/℃
啤酒污水	0.22 ~ 0.2	20
甲醇	0.21 ~ 0.32	25
甲醇	0.12 ~ 0.90	20
甲醇	0.18	19 ~ 24
挥发酸	0.36	20
糖蜜	0.10	10
糖蜜	0.036	16
生活污水	0.03 ~ 0.11	15 ~ 27
生活污水	0.072 ~ 0.72	~
内源代谢产物	0.017 ~ 0.048	12 ~ 20

如果废水本身或就近废水中无法获得足够的碳源,则必须外加碳源。甲醇、乙醇、乙酸、苯甲酸及葡萄糖等都曾被选择为电子供体。以甲醇作碳源时,反硝化速率最大,而污泥产率又最小。但当甲醇浓度超过 100 mg/L 时,对反硝化菌有较强的抑制作用。乙酸没有毒性,反硝化速率也较高,而且价格较低。

(2)溶解氧。

反硝化菌一般为兼性菌,即在有溶解氧存在的条件下,利用分子氧作为最终电子受体,进

行呼吸。当水中没有溶解氧。同时又存在NO_3^-时，反硝化菌才以NO_3^-作为最终电子受体，进行呼吸。

当O_2和NO_3^-共存时，反硝化菌将首先利用O_2作为最终电子受体，只有当水中溶解氧趋近于零时，才开始利用NO_3^-呼吸，进行反硝化。

要维持处理系统较好的反硝化效果，采用活性污泥法系统时，曝气池内溶解氧浓度需控制在0.5 mg/L以下；对于生物膜法系统，混合液的溶解氧浓度需控制在1.5 mg/L以下。

(3)温度和pH。

温度对反硝化过程的影响比常规的好氧处理要大，反硝化速率与温度之间的关系曲线呈钟罩形。当温度低至零度，反硝化菌的活动即终止；温度超过50 ℃时，酶活性变性，反硝化速率急剧下降；最佳的温度为40 ℃。

pH的变化对反硝化过程存在两方面的影响：一是反硝化菌的活性；二是反应形成的最终产物。pH低于6.0或者高于8.0时都会不同程度的影响反硝化细菌的生物活性，其最佳pH范围为7.0~7.5。溶液的pH同时决定着反硝化过程形成的最终气态产物，当pH超过7以上时，N_2是NO_3^-还原的主要产物；当pH低于7以下时，NO和N_2O将为其还原的主要产物。而NO和$N_2O(N_xO)$一方面是环境污染物质；另一方面N_2对反硝化菌还有一定的抑制性，特别是当反硝化工艺为活性污泥法时，N_xO的积累还可能引起污泥膨胀。因此，对于反硝化系统，建议溶液的pH。

14.3.2　反硝化细菌

反硝化细菌是所有能以NO_3^-为最终电子受体，将HNO_3还原为N_2的细菌总称，种类很多。反硝化菌的种类和若干特征见表14.12。其中的假单胞菌属内能进行反硝化的种最多，如铜绿色假单胞菌(*Pseudomonas aeruginosa*)、荧光假单胞菌(*Pseudomonas fluorescens*)、施氏假单胞菌(*Pseudomonas stutzeri*)，门多萨假单胞菌(*Pseudomonas mendocina*)、绿针假单胞菌(*Pseudomonas chlororaphis*)、致金假单胞菌(*Pseudomonas aurefaciens*)。

表14.12　反硝化菌的种类和若干特性

种类	温度/℃	pH	与O_2关系	备注
假单胞菌属	30	7.0~8.5	好氧	—
脱氮富球菌属	30	—	兼性	—
胶德克斯氏菌	25~35	5.5~9.0	—	固氮
产碱菌属	30	7.0	兼性	兼性营养
色杆菌属	25	7~8	兼性	兼性营养
脱氮硫杆菌	28~30	7	兼性	—

14.4　聚　磷　菌

聚磷菌也叫作摄磷菌、除磷菌，是传统活性污泥工艺中一类特殊的细菌，在好氧状态下能超量地将污水中的磷吸入体内，使体内的含磷量超过一般细菌体内的含磷量的数倍，这类细菌被广泛地用于生物除磷。

根据某些微生物在好氧时不仅能大量吸收磷酸盐合成自身核酸和ATP，而且能逆浓度梯度过量吸磷合成储能的多聚磷酸盐颗粒(即异染颗粒)于体内,供其内源呼吸用,此类细菌称为聚磷菌。聚磷菌在厌氧时又能释放磷酸盐于体外。故可创造厌氧、缺氧和好氧环境,聚磷菌先在含磷污、废水中厌氧放磷,然后在好氧条件下充分地过量吸磷,尔后通过排泥从污水中除去部分磷,可以达到减少污、废水中磷含量的目的。

所谓的聚磷菌只是从工程的角度在污水生物除磷研究中对微生物的一种界定,将厌氧好氧交替运行导致厌氧释磷、好氧超量吸磷的一类异养型细菌称为聚磷菌。在现有的细菌分类系统中没有聚磷菌这类细菌的名称,也没有这类细菌的鉴别方法。

14.4.1 菌种的分离鉴定

具有聚磷能力的微生物就目前所知绝大多数是细菌。聚磷的活性污泥是由许多好氧异养菌、厌氧异养菌和兼性厌氧菌组成。实质是产酸菌(统称)和聚磷菌的混合群体。

从活性污泥中分离出来的聚磷细菌种类多,其中聚磷能力强、数量占优势的聚磷菌是不动杆菌—莫拉氏菌群、假单胞菌属、气单胞菌属和黄杆菌属等60多种。有聚磷能力的还有硝化细菌中的亚硝化杆菌属、亚硝化球菌属、亚硝化叶菌属和硝化杆菌属、硝化球菌属等。从《伯杰氏细菌鉴定手册》查到可积磷和形成PHB的细菌还有很多,能合成多聚磷酸盐和PHB的细菌见表14.13。

表14.13 能合成多聚磷酸盐和PHB的细菌

微生物	多聚磷酸盐	PHB	多糖类	与氧气关系
深红红螺菌	+	+	+	光厌氧,暗好氧
沼泽红假单胞菌	−	+	+	光厌氧,暗好氧
绿色红假单胞菌	−	+	−	光厌氧,暗好氧
嗜酸红假单胞菌	−	+	−	光厌氧,暗好氧
荚膜红假单胞菌	−	+	+	光厌氧,暗好氧
着色菌属		+	+	厌氧
囊硫菌属	+	+	+	厌氧
乙基绿假单胞菌	+	−	+	厌氧
格形暗网菌	+	−	−	厌氧
贝日阿托氏菌属	+	+	−	好氧,微氧
浮游球衣菌	−	+	−	好氧
泡囊假单胞菌	−	+	−	好氧
勒氏假单胞菌	−	+	−	好氧
麝香石竹假单胞菌	−	+	−	好氧,兼性好氧
蜡状芽孢杆菌	+	+	−	好氧,兼性好氧
巨大芽孢杆菌	−	+	−	好氧,兼性好氧

1. 不动杆菌属

1975年,Fuhs和Chen通过对具有高除磷效果的污水处理厂的活性污泥进行了检验,分离出来具有除磷效果的不动杆菌属,因此得出了与磷的积聚和去除有关的微生物属于不动杆细菌属的结论。

1980年,Deinema等以丁酸或戊酸为碳源,对不动杆菌进行纯种培养,结果发现,在其生长的早期阶段,能过量摄取培养基内的磷,并在细胞内形成多磷酸盐,其含量可达细菌干重的10%~20%。此外,不动杆菌还具有积累脂肪酸和聚β-羟基丁酸盐的能力。1983年Buchan

进行的纯种培养试验结果表明，不动杆菌过量积累的多磷酸盐含量达细菌干重的25%。但是，1985年Deinema等却发现，在代谢旺盛期，不动杆菌在厌氧条件下能降解其细胞内的多磷酸盐释放出磷酸，而处于稳定生长期的“老龄”菌却没有这一特性。

生物除磷过程中，不同细菌之间存在着复杂关系，而纯种培养试验却不能反映这些关系，从而使试验结果具有一定的局限性。为此，1988年Clocte和Styen研究了一种利用半透膜-免疫荧光组合的新方法，用直接计数法鉴定废水生物除磷活性污泥中的不动杆菌。使用这种方法测试了南非北区废水生物除磷处理厂活性污泥中的不动杆菌的数量和除磷能力。测试结果表明，在曝气池内的所有细菌中，不动杆菌虽占79.94%～89.94%，但其实际的除磷能力只有3.0%～34.86%，因此两者之间无直接联系。这说明，在废水生物除磷处理的活性污泥中，除了不动杆菌外，还有其他细菌也起作用。

2. 气单胞菌属

Brodisch和Joyner发现，在活性污泥的整个细菌组成中，这类细菌占12%～36%，且在厌氧和缺氧区内所占比例有时比好氧区的还高。Brodisch. Meganck和Malnou等研究了此类菌的生理学性能，主要结果如下。

(1)在废水除磷处理工程中，能够过量摄取废水中的磷形成多磷酸盐内含物。但其主要作用是降解有机物，即在厌氧条件下，利用某些糖和醇为基质，代谢生成短链挥发性脂肪酸。

(2)能进行反硝化。其中，嗜水性气单胞菌(*Aeromonas hydrophila*)可以使硝酸盐还原成亚硝酸盐，而其他的一些菌种则可以使硝酸盐直接还原成氮气。

3. 假单胞菌属

1985年，Suresh等通过纯种培养试验，考察了从运转正常的厌氧/好氧(A/O)废水生物除磷处理系统曝气池内活性污泥中所分离出的假单胞菌属的磷的代谢性能，结果发现：它们能够累积多磷酸盐，其含量达细菌干重的31%；在好氧条件下，这类菌从对数生长期到稳定生长期时，多磷酸盐含量也随培养时间的延长而增加，还发现在稳定生长前期的多磷酸盐激酶的增长速率是对数生长期的10倍。

1992年，周岳溪研究了从除磷效果良好的循序间歇式废水生物除磷处理装置中的活性污泥中所分离出的优势菌假单胞菌的磷的代谢生理特性，试验结果表明：

(1)假单胞菌具有聚磷菌的共性，即在厌氧/好氧培养过程中的厌氧阶段发生磷释放，转入好氧阶段后产生过量摄磷现象。

(2)在过量摄磷过程中，其细胞外膜上诱导产生的磷酸专一性孔道蛋白起着重要作用。

(3)在好氧条件下、以乙酸盐为基质培养时，向培养基内滴加酸，会导致胞内多磷酸盐降解而释放磷。反之，向培养基内滴加碱，则会导致产生过量摄磷现象，而加NaOH所引起的磷摄取量较$NaHCO_3$的大。

4. *Microlunatus phosphovorus*

该菌是从活性污泥中分离到的(A. Aygul和U. A. Esma等，2005)，是研究生物除磷的模式菌株，它有很高的聚磷活性和对磷酸盐的吸收和释放能力。M. phosphovorus能在细胞内累积多磷酸盐和数量可观的PHA(PHB是PHA的主要储存形式)，占细胞干重的20%～30%，它的含量最高能达到1.421 mg/L。

5. 革兰氏阳性聚磷菌

从除磷的活性污泥中，使用加有丙酮酸盐的琼脂平板分离到一株革兰氏阳性聚磷菌(S. Onda和S. Takii，2002)。该菌呈卵形或者球杆状((0.4～0.7) μm×(0.5～1.0) μm)以单细胞、成对或者不规则块状的形式存在。通过甲苯胺蓝染色能够观察到细胞内的多磷酸盐颗粒。用含有机物的培养基厌氧培养，等到有机底物消耗殆尽后进行好氧培养时，该菌的纯培养物能够快速地吸收磷。在厌氧培养时，若以乙酸盐作为唯一的碳源，则该菌的培养物不能除去磷。这些生理特征与 *Microlunatus phosphovorus* 的生理特征是相似的，但是与 *Microlunatus phosphovorus* 的除磷能力相比该菌培养物的除磷能力相对较弱，而且它的除磷能力也不会因为重复进行厌氧/好氧培养而有所提高。

6. 菌株 T-27T

T-27T 是从生物除磷系统中分离到的新菌种（H. Zhang，Y. Sekiguchi，2003）革兰氏阴性、棒状、好氧生长。菌株在 25～35 ℃都能够生长，但最适生长温度为 30 ℃。在 20 d 的培养过程中，发现菌体在低于 20 ℃或者高于 37 ℃的条件下都不能生长。生长的 pH 范围为 6.5～9.5，但最适 pH 为 7.0。该菌能利用酵母提取物、蛋白胨、琥珀酸盐、醋酸盐、明胶和安息香酸盐。奈瑟氏染色呈阳性，DAPI（4，6-diamidino-2-phenylindole）染色后的细胞内含物呈黄色荧光，表明细胞内含有多磷酸盐颗粒。呼吸链中主要的醌类是甲基萘醌 9。基因组 DNA 的（G+C）碱基对百分含量为 66%。rDNA 序列分析表明该菌株属于细菌域的新属新种，即模式菌株为T-27T（T-27T=JCM 11422T=DSM 14586T），这个类群在自然界广泛存在。

7. 成簇细胞

在澳大利亚的一个处理厂，发现有大量成簇聚集的细胞（A. S. Chua 和 K. Eales，等，2004），它们既不是革兰氏阴性，也不是革兰氏阳性，但是细胞内都有多磷酸盐颗粒。在其他一些生物除磷系统中，也发现具有类似特征的细胞。FISH 分析结果表明，这些细胞属于原核的 b-Proteobacteria。这些细胞能够利用乙酸盐、谷氨酸盐和天冬氨酸盐，但是在厌氧和好氧条件下都不能利用葡萄糖。尼罗兰 A 染色同时结合微自动射线照相术表明，在厌氧培养的细胞中有 PHA 颗粒。

8. 菌株 P1（T）

S. Spring（2005）分离到一株细菌，革兰氏阴性、好氧生长、能够运动、菌体呈棒状。该菌不能进行自养生长，能够将硝酸盐还原为亚硝酸盐，需要维生素才能生长，含有 Ubiquinone 8（Q8）和 3-羟基脂肪酸，但不含 2-羟基脂肪酸。

16S rDNA 序列分析表明，在系统发生树上与其关系最近的是 *Pseudomonas spinosa*，*Macromonas bipunctata* 和 *Hydrogenophagasp.*，基因组 DNA 的（G+C）碱基对百分含量为 67%。该菌的表型特征与 *Hydrogenophaga* 和 *Macromonas* 属中的典型种的特征有明显不同，然而 DNA-DNA 杂交实验说明该菌株也不属于 *P. spinosa*。

研究者们发现还有一些既能进行反硝化作用，又具有累积多磷酸盐能力的细菌，如肠杆菌属、放射土壤杆菌、枯草芽孢杆菌、节杆菌属、着色杆菌、棒杆菌属、脱氮微球菌、黏球菌属、链球菌属、迂回螺菌、氧化硫硫杆菌等。此外，大肠杆菌、产气杆菌、氢单胞菌属、硝化杆菌属、亚硝化单胞菌属、诺卡氏菌属以及分枝杆菌属的细菌也能过量摄取废水中的磷，并于细胞内形成多磷酸盐。

综合目前多数的研究，可以认为聚磷菌分为两类，即好氧聚磷菌和反硝化聚磷菌。

（1）好氧聚磷菌：菌体内含有异染颗粒或聚 β-羟基丁酸颗粒，以及硝酸盐还原性为阴性，不能进行反硝化脱氮，但能厌氧释磷和好氧超量吸磷。

（2）反硝化聚磷菌：菌体内也含有异染颗粒或聚 β-羟基丁酸颗粒，硝酸盐还原性为阳性，既能反硝化脱氮又能厌氧释磷、好氧或缺氧状况下超量吸磷。

虽然研究者们的结论有所不同，但有一个共同点就是：所有的这些细菌都属于好氧菌或兼性厌氧菌，在厌氧/好氧或厌氧/缺氧交替的环境下生长良好。事实上，上述许多细菌也存在于传统活性污泥处理系统中，而传统处理工艺之所以不能有效地除磷，可能是具体的环境条件不能诱导这些细菌产生过量摄磷的作用。

14.4.2　生物除磷原理

1. 生物聚磷的发展历程

Srinath 和 Alarcon 首先报道了从污泥处理厂污泥中生物除磷的现象，他们观察到活性污泥的生物超量除磷现象，当时认为磷的去处量可能与曝气强度有关。1965 年，Shapiro 和他的学生 Levin 对磷的吸收和释放现象做了广泛的调查和研究，并首先提出磷的过量吸收与微生物代谢密切相关，还提出了超量除磷作用不是沉淀所致而是生物学过程，之后又提出氧的缺乏或氧化还原电位低能明显的激发磷的释放；1974 年，Barnard 在开发 Bardenpho 生物硝化/反硝化系统期间也发现了生物除磷现象，并提出假说认为：低的 ORP 促进了磷的释放，从而促进了磷的超量吸收，并根据这一假说最早观测到厌氧区内硝酸盐的存在对高效生物除磷有十分不利的影响，认为硝酸盐的存在使氧化还原电位上升，从而刺激磷释放的“压抑状态”的降低；1975 年，Fuhs 和 Chen 对过量除磷的 Baltimore Back River 污水厂的污泥做了试验，推测到活性污泥大量吸收磷的前提条件可能是磷的释放；随后 Barnard 报道了生物除磷的关键性运行条件，指出了磷的厌氧释放是磷的生物超量吸收的前提，而磷的释放只有在较低的氧化还原电位下才能实现。

但在实际的除磷工艺设计中，由于不能预测和确定处理过程到底需要多大“强度”的厌氧状态，所以 Siebritz 提出了厌氧容量的概念，相应的假说为：“如果厌氧容量达到某一足够大的数值，在厌氧池就会出现磷的释放”。将厌氧容量的理论应用到厌氧/缺氧/好氧池组成的 UCT 工艺中的实验结果表明，当好氧池和厌氧池无回流时，厌氧容量为 12 mg NO_3^--N/L，存在磷的释放和去除；但当有回流时，厌氧容量为 34 mg NO_3^--N/L，却没有磷的释放，试验的结果和假说是矛盾的。

针对这种现象，南非 Cape Town 大学的 Dold 研究组（1980）提出，将普通城市污水的可生物降解 COD 划分为溶解性可快速降解 COD 和颗粒性慢速降解 COD 两类，以此为基础进一步研究分析的结果表明，在无回流的系统中厌氧池内两类 COD 都存在，而有回流的系统中，由于硝酸盐回流到第一个反应器消耗了全部快速生物降解 COD，所以厌氧容量全部来源于慢速生物降解 COD 的消耗，因此厌氧容量不同。

人们对生物除磷机理的了解随着对碳水化合物的储存与生物细胞内异染粒的观察结果又大大前进了一步。大多数研究人员认为厌氧状态下细胞内存储的产物是 PHB，1979 年，Timmerman 在生物除磷污泥中发现了 PHB 的存在；同年，Nicholls 在不动细菌中也观测到了 PHB 的存在，同时他们还提出了生物除磷的机理，认为厌氧/好氧交替运行为具有除磷能力的不动细菌的优势增殖提供了选择性优势，并且认为厌氧段硝酸盐进入，会导致常规活性污泥微生物消耗低分子有机酸，从而影响除磷效果。

从 20 世纪 50 年代末至 20 世纪 60 年代初，Srinath 等在污水处理厂的生产性运行中观察到活性污泥的生物超量除磷现象，但却对其原因一无所知；经过 20 世纪 70 年代的研究工作弄清了实现生物除磷所需的运行条件，并有意识地将其工程化；到 20 世纪 80 年代和 20 世纪 90 年代，通过全面的基础研究、生产性试验和工程运行总结，污水生物除磷技术有了重大的进展和突破。污水生物除磷技术大致经历了以下5个发展阶段。

(1)对具有明显除磷能力的污泥和生产性污水处理厂进行了观测和试验研究,证明了除磷作用的生物学本质和生物诱导化学沉淀的辅助作用。

(2)认识到在好氧区之前设置厌氧区,污泥进行厌氧/好氧交替循环的必要性,从而开发了多种生物除磷工艺流程,并开始在工程上应用。

(3)试验研究和工程实践中认识到,避免缺氧或好氧性电子受体(硝态氮或溶解氧)进入厌氧区的必要性,开发了优化生物除磷性能的工艺和运行技术。

(4)认识到简单低相对分子质量(可快速生物降解)基质的作用及存在的必要性,引入了生物化学和生物力能学理论,使污水生物除磷技术进入了定量化模拟和优化阶段。

(5)对除磷系统快速生物降解基质(低分子有机物)供给的人工强化,建立了生物除磷的数学模型,污水生物除磷技术在世界范围内得到广泛的重视和应用。

2. 生物除磷机理

目前主要使用生物法除磷,它利用活性污泥的超量磷吸收现象,即微生物吸收的磷量超过微生物正常生长所需要的磷量,通过污水生物处理系统的设计改进或运行方式的改变使细胞含磷量相当高的细菌群体能在处理系统的基质竞争中取得优势。现有的细菌分类系统中没有聚磷菌这类细菌的名称,也没有这类细菌的鉴别方法。所谓的聚磷菌只是从工程的角度在污水生物除磷研究中对微生物的一种界定。将厌氧/好氧交替运行导致厌氧释磷、好氧超量吸磷的一类异养性细菌称为聚磷菌。聚磷菌对生物除磷起决定性作用,其中含量最丰富的聚磷菌是聚磷假丝酵母菌。而其他一些属,如不动杆菌属具有典型的聚磷菌的代谢途径,但它不是生物除磷污泥中的典型种群;俊片菌属只储存少量多聚物,而且速度很慢;微半月聚磷菌具有典型的磷的吸收和释放。目前尚未见到聚磷菌获得纯培养的报道。

到目前为止,国际上普遍认可和接受的生物除磷理论是“PAO”的放/摄原理,它是建立在欧洲、南非、日本、北美、澳洲等地区和国家的研究基础上的。在生物除磷反应中存在着两类细菌:一类是非聚磷菌;另一类是聚磷菌。所谓的非聚磷菌是指一般的细菌,它们为合成自身的细胞也需要一些磷,但除磷能力有限。聚磷菌(PADS)在好氧条件下能过量地摄磷并以聚磷酸盐的形式储存于细胞内,而在厌氧条件下则能释放出磷。进入好氧区后,聚磷菌即可将储存的PHB好氧分解,释放出的大量能量可供聚磷菌生长繁殖。当环境中有溶氧存在时,一部分能量可供聚磷菌主动吸收磷酸盐,以聚磷的好氧性异养细菌虽也能利用废水中残存的有机物进行氧化分解,释放出能量可供其生长繁殖;但由于废水中的有机物已被聚磷菌吸收、储存利用,所以在竞争上得不到优势。可见厌氧、好氧交替的系统仿佛是聚磷菌的“选择器”,使它能够一枝独秀。

PAO_S以循环方式经历厌氧/好氧环境后,环境中的磷在好氧条件下以聚磷的形式被过量“捆绑”在细胞内,从而可使磷以细胞方式被去除。生物除磷机理示意图如图14.10所示。

(1)好氧吸磷过程。

在好氧条件下,聚磷菌为有氧呼吸,不断地氧化分解其体内储存的有机物,同时也不断地通过主动输送的方式,从外部环境向其体内摄取有机物,由于氧化分解,又不断地放出能量,能量为ADP所获得,结合H_3PO_4而合成ATP(三磷酸腺苷),即ADP+ H_3PO_4+能量→ATP+H_2O,其中H_3PO_4除一小部分是聚磷菌分解其体内聚磷酸盐而获取的外,大部分是聚磷菌利用能量,在透膜酶的催化作用下,通过主动输送的方式从外部将环境中的H_3PO_4摄入体内,摄入的H_3PO_4一部分用于合成ATP,另一部分则用于合成聚磷酸盐,这种现象就是“磷的过剩摄取”。

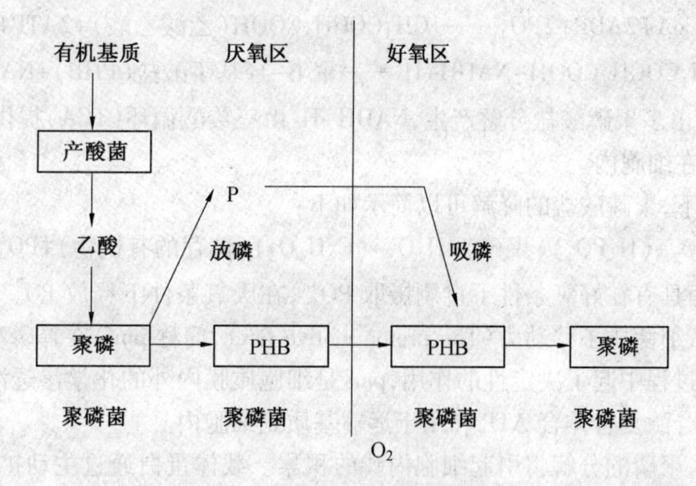

图14.10　生物除磷机理示意图

聚磷菌在好氧条件下，分解机体内的聚 β-羟基丁酸盐和外源基质，产生质子驱动力(pmf)，将体外的输送到体内合成 ATP 和核酸，将过剩的聚合成细胞储存物——多聚磷酸盐。聚磷菌在好氧条件下吸收磷的生物化学反应模式图如图 14.11 所示。

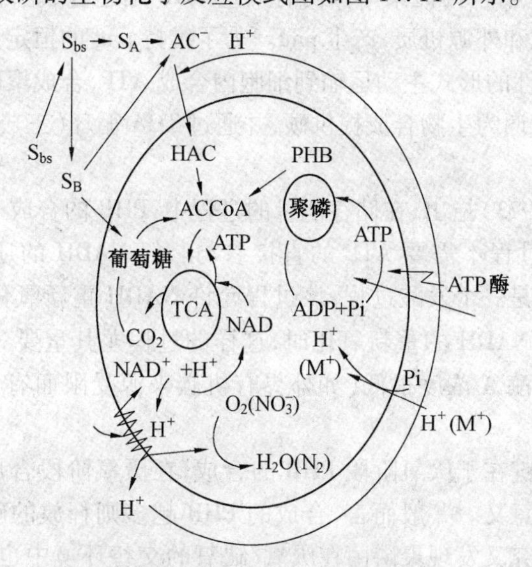

图14.11　聚磷菌在好氧条件下吸收磷的生物化学反应模式图

在好氧条件下聚磷的积累可以按简化的方式描述如下：

$$C_2H_4O_2+0.16NH_4^++1.2O_2+0.2PO_4^{3-}\longrightarrow 0.16C_5H_7NO_2+1.2CO_2+0.2(H_3PO_4)+0.44OH^-+1.44H_2O$$

(2)厌氧释放磷的过程。

聚磷菌则在厌氧条件下，分解体内的多聚磷酸盐产生 ATP，ATP 进行水解，放出 H_3PO_4 和能量，形成 ADP。

$$ATP+H_2O\longrightarrow ADP+H_3PO_4+能量$$

Comeau 提出乙酸吸收理论：质膜外的 CH_3COO^- 和 H^+ 结合成中性分子，进入细胞再水解成离子 CH_3COO^- 和 H^+，产生的 ATP 驱动 H^+ 排到体外，重建质子驱动力，使 CH_3COO^- 不断被输入细胞。体内的乙酸(CH_3COOH)被合成为聚 β-羟基丁酸盐。

$$CH_3COOH+2ATP+HSCoA\longrightarrow CH_3COCoA+2ADP+PO_4^{3-}$$

$$2CH_3COCoA+2ADP+2PO_4^{3-} \longrightarrow CH_3COCH_2COOH(\text{乙酸乙酸})+2ATP+2HSCoA$$

$$CH_3COCH_2COOH+NADH+H^+ \longrightarrow \text{聚}\ \beta\text{-羟基丁酸盐}(PHB)+NAD^+$$

式中的 ATP 由多聚磷酸盐分解产生，NADH+H$^+$由三羧酸循环（TCA）提供，所合成的聚β-羟基丁酸盐储存在细胞内。

在厌氧条件下，聚磷酸盐的降解可以简示如下：

$$2C_2H_4O_2+(H_3PO_4)(\text{聚磷})+H_2O \rightarrow (C_2H_4O_2)(\text{储存的有机物})+PO_4^{3-}+3H^+$$

这样，聚磷菌具有在好氧条件下过剩摄取 PO_4^{3-}，在厌氧条件下释放 PO_4^{3-} 的功能。从细菌生物能学角度看，细菌质子移动力（The proton motive force，简称 pmf）在释磷和吸磷时，即磷在细胞内外的转移过程中起了决定性的作用，pmf 是细胞质膜内外的化学渗透浓度梯度，其主要作用是通过膜结合酶复合体合 ATP 和用于运输基质到细胞内。

厌氧过程中，聚磷的分解将引起细胞内磷的积累。载体蛋白通过主动扩散将过剩的磷排到胞外，同时，金属阳离子也被协同运输到细胞外，其宏观现象就是液相中磷浓度升高。在厌氧状态下，细菌储存的多聚磷酸盐水解，为 ATP 的产生提供所需的能量，并使细胞内的乙酸活化产生乙酰辅酶 A。一部分乙酰辅酶 A 可以转化为 PHB，PHB 是细菌细胞内储存能量的脂质内含物。在厌氧条件下，活性污泥聚磷菌内有大量 PHB 迅速合成。进入好氧区后，聚磷菌消耗大量内含物 PHB 颗粒和外源机质，产生 pmf。为了维持 pmf 的恒定，聚磷菌通过消耗 pmf 细胞外的磷以中性或电阳性的形式主动运输到细胞内合成 ATP，合成聚磷酸盐。在好氧状态下，细胞储存的 PHB 降解代谢为生物合成提供碳，并通过 TCA 循环（三羧酸循环）产生 ATP，为合成细胞物质效去除。

Dawesh 和 Sensor（1973）指出，在储存能量的过程中，PHB 的合成十分独特，因为只要保证乙酰辅酶 A 的来源，该过程不需要 ATP 的直接参与。但 NADH 的还原能力十分重要，而且 PHB 的形成过程被看成是一个发酸过程，该过程允许 NADH 重新氧化成 NAD$^+$。当缺氧条件通过电子传输链阻碍了 NADH 的重新氧化时，这样的过程尤其重要。在细胞体内 NAD$^+$及辅酶 A 浓度很高而乙酰辅酶 A 浓度很低（如外界有机碳来源受限而有氧存在）时，PHB 就会分解。

生物除磷技术的关键在于厌氧阶段 PHB 的合成，在厌氧阶段合成的 PHB 量对于好氧阶段磷的去除具有决定性意义。一般而言，合成的 PHB 越多则释放的磷越多，好氧阶段就能吸收更多的磷。后来的研究又发现聚磷菌在厌氧/缺氧的交替环境中也能出现厌氧时释磷而在缺氧时超量吸磷的现象。不同于厌氧/好氧的是，在缺氧条件下由 NO_3^- 代替 O_2作为最终的受氢体，即反硝化聚磷。

14.5　脱氮除磷微生物之间的相互关系

一般来说微生物的相互关系有 3 种可能：第一，一种微生物的生长和代谢对另一种微生物的生长产生有利影响，或者相互有利，形成有利关系，如生物间的共生和互生；第二，一种微生物的生长与代谢对另一种微生物的生长产生不利影响，或者相互有害，形成有害关系，如微生物间的拮抗、竞争、寄生和捕食；第三，两种微生物生活在一起，两者间发生无关紧要、没有意义的相互影响，表现出彼此对生长和代谢无明显的有利或有害影响，形成中性关系，如种间共处。

14.5.1　有利关系

微生物之间的有利关系可分为互生关系和共生关系。互生关系是微生物间比较松散的联合,在联合中可以是一方得利,即一方为另一方提供或改善生活条件,或者是双方都得利。而共生关系是两种微生物紧密地结合在一起,当这种关系高度发展时,就形成特殊的共同体,在生理上表现出一定的分工,在组织和形态上产生新的结构。

生物脱氮系统中,互生关系主要表现为在化学水平的协作,即微生物间相互提供生长因子、代谢刺激物或降解对方的代谢抑制物,平衡 pH,维持适当的氧化还原电位或消除中间产物的累积。氨化细菌、亚硝酸菌、硝酸菌及反硝化菌之间就表现为互生关系。在氮素转化过程中,氨化细菌分解有机氮化合物产生氨,为亚硝酸菌创造了必需的生活条件,但对氨化细菌则无害也无利。亚硝酸菌氧化氨,生成亚硝酸,又为硝酸菌创造了必要的生活条件。Chai Sung Gee 等研究了亚硝化单胞菌属与硝化杆菌在反应器内的相互作用,运用悬浮生长实验获得的稳态氨和亚硝酸氧化的数据确定了这两种细菌数量的生长参数,得出结论:硝化杆菌的活性依赖于硝化杆菌对亚硝化单胞菌的数量比例,而亚硝化单胞菌的活性则不受两者之间数量比例的影响。可以断定这两个种群之间必然存在着酶促共栖或生物化学的能量转移。反硝化菌则在厌氧条件下将 NO_3^-,NO_2^-还原为 N_2气体,从污水的液相中排出,为亚硝化菌和硝化菌解除抑制因子,同时反硝化过程还提高了反应器内的碱度,部分地补充了硝化过程所消耗的碱度,有利于反应器内 pH 稳定在硝化菌活性较大的范围内。

目前各类脱氮工艺大多是分段的,都设有好氧池与缺氧池,分别为硝化菌及反硝化菌提供适宜的生长环境,因而硝化过程与反硝化过程是在不同反应器内完成的。各反应器内的微生物是联系不够紧密的互生关系,因而运行稳定性相对较差。最近几年国外发表了多篇论文证实和介绍了同时硝化反硝化现象,国内同济大学(1994—1997)在中德合作项目——城市污水生物脱氮除磷技术的研究中采用了几种不同的工艺,均发现了不同程度的同步硝化反硝化现象微生物絮体外表面溶解氧浓度较高,优势微生物为氨化菌及硝化菌,而絮体内部,由于氧传递阻力增大和外部好氧菌的消耗,形成缺氧状态,从而反硝化菌占优。事实上这种微生物絮体的组成使得微生物不仅有前述化学水平的协作,还有物理水平的协作,形成了联系紧密的共生关系,其稳定性更好。Daigger 等研究了美国 Elimwood 污水厂的 Orbal 氧化沟内的同时硝化反硝化现象,也得出了相似的结论。

厌氧区内除磷菌与兼性细菌也存在着互生关系,目前对生物除磷机理的研究表明,除磷菌只能同化以乙酸为代表的低分子挥发性脂肪酸(VFAs)才能有效释放磷,而原污水中这类物质因易降解而在初沉池内甚至在管网内已被降解,故其含量较为有限,除磷菌所需的挥发性脂肪酸主要靠兼性菌在厌氧条件下发酵有机物提供。除磷菌同化挥发性脂肪酸,亦为兼性菌生长代谢解除抑制因子,两者的互生关系基本上建立在化学水平的协作上。

14.5.2　不利关系

微生物间的不利关系包括拮抗、竞争、寄生、捕食等。拮抗是指两种微生物生活在一起时,一种微生物产生某种特殊的代谢产物或改变环境条件 ,从而抑制甚至杀死另一种微生物。竞争关系是生活在一起的两种微生物,为了争夺有限的同一营养或其他共同需要的养料,其中最能适应环境的种类将占优势。在生物除磷反应器中 ,同时存在着除磷菌(PAB)和聚糖菌(GAB)。在厌氧段,细胞内聚磷和糖类的分解作为内存的能量吸收乙酸盐,然后乙酸盐立刻被转移并转化为PHA,在好氧阶段PHA就能被PAB和GAB用于生长和维持生命活动。Satoh发现GAB在厌氧状态下吸收乙酸而不释放磷,代谢反应式为

$$CH_2O+0.208C_6H_{10}O_5(CH)\longrightarrow 2CH_{1.5}O_{0.5}(PHB)+0.25CO_2+0.54H_2O$$

因此,PAB和GAB将为争夺有限的挥发性脂肪酸而进行生存竞争。Liu等研究表明,PAB吸收乙酸盐比GAB更多、更快,但GAB在低P/C生物除磷系统中依然占优势,P/C是PAB与GAB竞争的决定性因素。由于GAB无放磷,故亦无过量吸磷,因此在除磷反应器必须要保持一定的P/C,以保证PAB在竞争中占优。

在生物除磷反应器中,除磷菌和硝化菌则存在着拮抗关系。CHUANG等(1996)研究发现在没有足够的有机物时,反硝化很明显与磷的释放发生竞争。当有硝态氮存在时,反硝化菌将直接利用有机基质,使有机基质不能转化成挥发性脂肪酸,从而夺取了除磷菌的生长因子,故硝态氮是除磷菌生长的抑制因子。

在同时脱氮除磷系统中,硝化菌与聚磷菌之间的矛盾主要有两个方面:一是污泥龄;另一个是二者对基质的竞争。由于硝化菌世代时间较长,聚磷菌世代时间短,为了同时取得较好的脱氮除磷效果,一般将污泥龄控制在折中范围,以兼顾脱氮与除磷的需要。此外,为了能够充分发挥脱氮菌与聚磷菌的各自优势,近几年有很多研究者提出,将活性污泥法与生物膜法相结合以缓解这一矛盾,这时系统中就存在两种菌群——短污泥龄悬浮态活性污泥菌群和长泥龄的生物膜上附着的菌群,这样就很好地解决了硝化菌与聚磷菌间的泥龄矛盾。脱氮除磷工艺过程中的反硝化菌和聚磷菌之间另一个主要矛盾是对基质的竞争,传统生物除磷机理认为:在厌氧环境下,聚磷菌只能利用污水中的易生物降解物质,其他有机物都要经水解/发酵后转化为乙酸等低分子可生物降解的挥发性有机酸(VFA)后才能被聚磷菌利用。而在缺氧环境下,反硝化菌先于聚磷菌利用这类有机物进行脱氮,导致聚磷菌(PAO)释磷程度降低,细胞内PHB减少。同时厌氧条件下,磷释放的充分程度和合成的PHB量影响决定着好氧条件下过量摄取磷的量。因此,系统的除磷效率取决于污水中易生物降解的溶解性有机物(RBCOD)的多少,一般进水溶解性BOD/TP≥15时,才能保证出水磷含量小于1 mg/L。

在二级处理水中,氮则是以氨态氮、亚硝酸氮和硝酸盐氮形式存在的。污水脱氮技术有物理化学脱氮和生物脱氮两种方法。生物脱氮是在有机氮转化为氨氮的基础上,通过硝化反应将氨氮氧化为亚硝态氮和硝态氮,然后再通过反硝化反应将硝态氮转化为氮气从水中逸出进入大气。磷不同于氮,不能形成氧化体或还原体,向大气放逐,但具有以固体形态和溶解形态互相循环转化的性能。在二级处理水中,90%左右的磷以磷酸盐的形式存在。污水除磷技术有:使磷成为不溶性的固体沉淀物,从污水中分离出去的化学除磷法;使磷以溶解态为微生物所摄取,与微生物成为一体,并随同微生物从污水中分离出去的生物除磷法。生物除磷法是通过聚磷菌(PAO)在厌氧/好氧交替环境中进行放磷/摄磷作用,使磷通过排放高磷剩余污泥而得到去除。传统活性污泥法主要是去除污水中呈溶解性的有机物,而污水中去除氮、磷仅仅是由于微生物细胞合成而从污水中所摄取的数量,因此其去除率低,氮为20%~40%,磷仅为5%~20%,一般二级处理水中还含有NH_3-N,为15~25 mg/L,含有P为6~10 mg/L。为了防止缓流水体的富营养化,要对污水进行生物脱氮除磷处理。

第4篇　活性污泥微生物实验技术

第15章　显微镜技术

15.1　显微镜原理

废水的显微镜技术就是利用复合显微镜或立体双目显微镜来确定混合液或其他废水样品中主要生物组成的性质和数量,混合液中的常见生物见表15.1。一般情况下,复合显微镜应用的较多,复合显微镜可以是亮视野或相称的。

应用于实验室中的复合显微镜包含两个透镜,即目镜和物镜(图15.1)。大多数细菌的直径小于2 μm,人的肉眼最多只能看清0.1 mm或100 μm的物体,而复合显微镜可以放大肉眼看不见的微生物中重要结构,见表15.2。

显微镜下的物体以米制μm或nm来度量。1 μm=1/1 000 000 m或1 μm=1/1 000 mm。1 nm=1/1 000 μm。细菌、真菌、原生动物、轮形虫是典型的以μm度量的微生物。大肠杆菌大小接近2 μm×1 μm,病毒的大小以nm计。

显微镜中靠近眼睛的透镜是目镜。一些显微镜只有一个目镜(单目),而另一些有两个目镜(双目)或3个目镜(三目)。大多数复合显微镜都是双目的,能够减少眼的疲劳,但是却不能提供立体的视野。三目显微镜可以让两个人同时观察标本,也可以安装上照相机拍照。大多数目镜可以放大10倍,一些目镜甚至还可以放大15倍。

大多数复合显微镜有3个物镜。物镜安装在被观测物体或标本的正上方。物镜包含10×(低倍)、40×(高倍)、100×(油浸)3种。油浸透镜在聚焦于标本之前,需要浸于油中。一些显微镜还有4×(扫描倍数)的物镜。

表15.1　混合液中的常见生物

生物	生物
放线菌	线虫
藻类	原生动物
细菌	轮形虫
分散生长物	螺旋菌
丝状生物	四联球菌
扁形虫或腹毛类	水熊
絮状颗粒	菌胶团
真菌	

物镜能提供一个被观察标本的“实”像,而目镜则产生一个“虚”像。来自于照明灯或光源的光线通过聚光器将光线直射入标本中,然后光线通过物镜,在镜中形成标本的“实”像,“实”

像通过目镜再一次被放大。目镜的放大作用产生了一个“虚”像,即第二次镜像,它的上下左右与原物相比是颠倒过来的。因此,标本的虚像朝着与载玻片相反的方向移动。

目镜和物镜的总放大倍数为目镜的放大倍数与物镜的放大倍数的乘积。例如,对于40×的物镜,总放大倍数就为10(目镜放大倍数)×40(物镜放大倍数)=400。对于废水的显微镜技术来说,每一种目镜和物镜的结合总放大倍数都有其一般的和特殊的用途(表15.3)。随着显微镜总放大倍数的增大,标本的尺度变大,但可观察的视野却变小了(图15.2)。所谓的视野指的是显微镜观察者在每一种放大倍数下所观察到的空间范围。同时,随着显微镜总放大倍数的增大,所需的光强也增加,相反放大倍数减小则所需的光强也减少。如果光强没有调好,例如在低倍下光强太强,透明的标本可能不会被看见或者标本的某一特殊结构会被忽视。

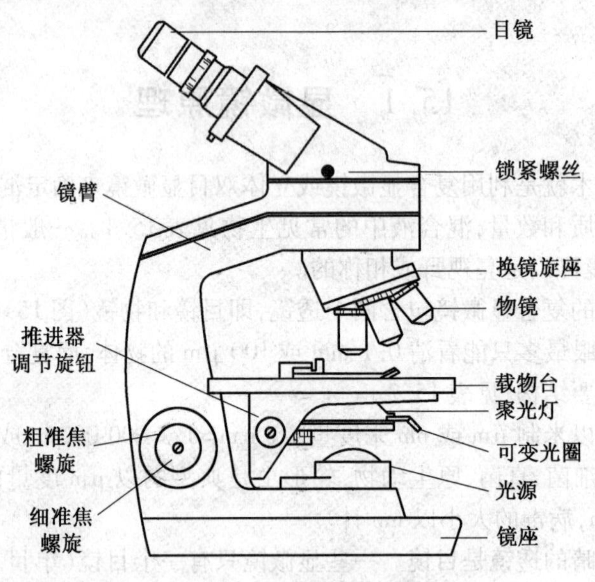

图15.1 复合显微镜

表15.2 亮视野显微镜与相称显微镜的比较

项目	显微镜	
	亮视野	相称
光源	透射光	透射光
透镜	光学透镜	光学透镜和绕射板
图像	亮背景下的光照对象	同相的光波
总放大倍数	1 000×	1 000×
价格	便宜	昂贵
染色	经常需要	很少需要
被观察的样品	活体或尸体	活体或尸体

在废水实验中有两种常见的复合显微镜,即亮视野和相称显微镜。在亮视野显微镜中,来自光源的光直接照射在待观测的标本或生物上。对于这一类照明,由于缺乏与周围溶剂或废水的对比,大多数微生物很难被观察到。因此,通常需要调整光强或经适当的染色(如亚甲基蓝染色)才能更好地观察生物。

表15.3　总放大倍数以及它们在废水显微技术中一般和特殊的用途

总放大倍数	用途
40×	鉴别和观察大的后生动物的整个身体
100×	一般性地观察本体溶液和生物系 鉴别原生动物并进行归类 进行原生动物和后生动物的计数 鉴别小型后生动物 预测丝状生物的分布和相对丰度 鉴别架桥形成的絮体网和开放结构的长絮体
400×	如果有需要,鉴别原生动物并进行归类 如果有需要,鉴别原生动物进行归属或种 仔细观察絮状颗粒
1 000×	丝状生物结构的鉴定 丝状生物对特殊染料反应的鉴定

在相称显微镜中,聚光器中的特殊光圈能够改变通过显微镜的一部分光,使光以不同的速度通过标本,即"异相",这一改变增大了标本的折射率,从而能够分辨出那些随厚度而稍稍变化的结构上的细节或折射特性有所变化的结构上的细节。标本与周围的介质折射率不同,因而能使一些通过它们的光波发生弯曲,相称显微镜即基于这一原理,它相对于亮视野显微镜对比程度增加了,因此产生了一个清晰的图像。相称显微镜通常用于检测和识别在活性污泥系统中与沉降性问题有关的丝状生物,用相称显微镜检测细胞结构的例子包括原生动物和细菌中的液泡、颗粒物以及鞭毛和纤毛。

分别在低倍(15.2(a))、高倍(15.2(b))、油浸(15.2(c))下观察同一视野,随着放大倍数的增加,被观察的图像的尺寸变大,而所能观察到的区域却变小。

(a) 低倍　　(b) 高倍　　(c) 油浸

图15.2　改变放大倍数时视野的变化情况

相称显微镜应用于许多先进的显微镜技术中。显微镜工作者只需简单地转动微型旋钮上的特殊装置,如图15.3所示,便可调换成亮视野显微镜或相称显微镜。若微型旋钮调节挡(10×,40×,100×)与物镜的放大倍数相匹配,则物镜成为相称物镜,微型旋钮还有"BF"或"0"调节挡使每一个物镜成为亮视野物镜。

在进行废水样品的镜检中,标本能够被放大多次是很重要的,而能够将两个标本当作独立的物体看清也同样重要,后一能力被称为显微镜的分辨率或分辨能力。

显微镜的分辨率部分由被观察标本所用的光波长决定。可见光约为500 nm,而紫外光的波长小于或等于400 nm,显微镜的分辨率随光波长的减小而增强,因此,紫外光可以检测可见光不能检测的标本。

物镜的分辨率指的是所能观测到的最小标本的大小。分辨率取决于所用的光波长以及能够进入透镜的最宽光锥或数值孔径(NA)。

微型旋轮(图 15.3)位于相称显微镜载物台的下方,标着“0”;“10”或“ph1”;“40”或“ph2”以及“100”或“ph3”。将微型旋轮设置成“0”,任何物镜都可用作亮视野透镜;设置微型旋钮调节档与物镜匹配,如“10”或“ph1”,同时使用低倍镜或10×物镜,则物镜成为相称物镜。

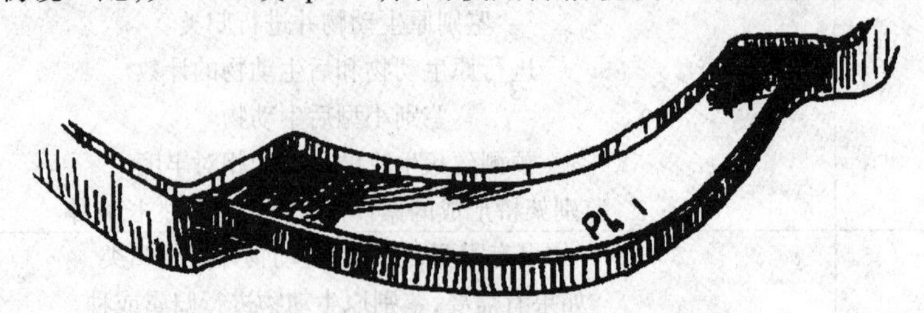

图 15.3 微型旋轮

为了清楚地观察一个标本,必须有足够的光进入物镜中,这对于扫描低倍、高倍透镜来说是不成问题的,但是,由于油镜很窄小,大部分的光并不能进入透镜中。因此,要滴一滴浸油于透镜与载玻片之间。浸油与载玻片的折光率相同,光保持直线通超载玻片、浸油、物镜。

当光穿过两种折射能力不同的介质如玻璃和空气的分接口时,会产生折射作用或光的“失真”,折射使光的传播方向改变,光改变的程度即为折射率。如果不使用浸油,光将会穿超载玻片、空气和物镜,这将导致光的折射增强,也就是说,更多的光将会进入物镜,样本的分辨率会下降。

当浸油的折光率与所用的玻片折光率几乎相同时,分辨率达到最好。因为油长时间暴露在空气中不会蒸发,所以浸油可用于长期的镜检。

15.1.1 滤光片

滤光片是一种可交换的圆形彩色玻璃片,它位于显微镜光源的上方。滤光片用于改善废水样品的镜检技术和增强显微镜照相的效果。滤光片的应用如下。

(1)色彩效果。

(2)扩散能力。

(3)混合光的修正。

(4)偏振现象。

(5)极化作用。

15.1.2 如何选择合适的显微镜

复合显微镜在许多废水实验中被认为是标准的工具,但是从使用舒适、易于操作、提高对比和分辨率以及便于显微照相等方面考虑,有许多配件和修饰都可以纳入显微镜中。因此,在选择一台显微镜时,需要认真地考虑附带的配件和修饰,考虑如下。

(1)使用双目显微镜可以减少眼疲劳。

(2)使用三目镜可以附加显微镜拍照功能。

(3)在检测和鉴定较大的微型后生动物和大型无脊椎动物时,最好使用4×物镜。

(4)在进行原生动物和后生动物的浏览和计数时,应使用推进器调节旋钮平移和精调载玻片。

(5)使用滤光片“冷却”光,在视野中形成对比。

在购买一台显微镜之前,可对显微镜进行一次基础性的试验,许多销售者允许买主先试用几周后再确定是否购买。

15.1.3　显微镜的构造

显微镜的主要部件及其功能如下。

(1)目镜:通常为10×(有时为15×),可以将物像放大10倍。

(2)眼罩:材质为橡皮,位于目镜的上方,在进行镜检时可以阻挡光进入目镜的边缘。

(3)滤光片:圆形彩色玻璃片,位于显微镜光源的上方。用于改善废水样品的镜检技术和增强显微镜照相的效果。

(4)微型旋轮:存在于双目显微镜中,用于调节目镜间的距离,使其适应观察员的瞳孔间距。

(5)锁紧螺丝:能够旋紧或旋松,锁住显微镜的头部。

(6)镜柱:支撑目镜及插目镜的镜筒。

(7)镜臂:支撑镜柱和载物台,握住镜臂托住镜座可提起显微镜。

(8)旋转器(物镜转换器):用于安装物镜的圆盘,通常安装4~5个目镜于盘上,转动转换器,可以转换不同的物镜于标本正上方。

(9)物镜:用于放大标本,有4×,10×(低倍),40×(高倍),100×(油镜)4种放大倍数。

(10)玻片固定夹或弹簧夹:包括固定部分和可动部分,用于固定住载物台上的载玻片。

(11)推进器:包括玻片固定夹,用于校准标本的位置。玻片在推进器上的运动由推进器调节旋钮控制。

(12)推进器调节旋钮:通常包含一大一小两个旋钮,用于调节玻片在推进器上的运动,玻片从左向右运动由其中一个旋钮控制,从前往后运动由另一个旋钮控制,因此有时也称为X和Y镜台推进旋钮。

(13)载物台(镜台):物镜下方的平坦区域,放置标本玻片。

(14)光圈:使光从显微镜镜座到达标本。

(15)聚光器:将光聚集于标本上,并使光射入物镜内。

(16)光圈柄:调节光圈虹膜开孔的大小,从而控制进入光圈的光量。

(17)镜台下的调节旋钮:用于提升或降低聚光器,从而调节进入物镜的光焦点和光量。

(18)粗准焦螺旋:用于控制镜台的升降,在4×和低倍镜下迅速使物像呈现在视野中。

(19)细准焦螺旋:用于控制镜台的升降,在高倍镜和油镜下慢慢地使物像呈现在视野中。

(20)灯或灯管:照亮标本。

(21)镜座:用以支撑整个镜体,用手托起镜座可以提起显微镜。

15.1.4　聚焦

显微镜在未使用时应加上防尘盖后储存,电线缠绕在镜座上,镜台和聚光器降到最低位置。

从实验台上取放显微镜时,不能用单手,必须是右手握住镜臂,左手托住镜座。

显微镜的调焦需要遵从物主的指导,但是如果物主的指导不可取,可以参照以下所建议的聚焦和检测废水样品的步骤。

(1)先移去防灰盖,接通显微镜的电源,并打开开关。

(2)用镜头纸擦净目镜和物镜,其他纸可能会划破透镜或残留纤维。

(3)在镜台上,将盖玻片盖在湿涂片上,并用固定夹固定住湿涂片。

(4)确保10×物镜已对准镜台的通光孔,如果10×物镜不在指定位置,则转动物镜转换器直到物镜"扣碰"到指定位置,不能用手去拖动物镜。

(5)如果显微镜的镜台下方有一个聚光器,将聚光器调至最高位置。

(6)使用推进器调节旋钮移动湿涂片,直至盖玻片的边缘或某一角正好处在穿过镜台的光束的中心,使整个盖玻片都在视野之中。

(7)当用目镜观察时,调节微型旋轮以适应瞳孔间的距离。

(8)调节焦距时,先用右眼接于右边的目镜,调节焦点于盖玻片的边缘或角上,又或者最好是标本延伸到盖玻片边缘,显微镜工作不需要玻璃片。

(9)然后用左眼接于左边的目镜,旋转视度调节圈至右眼成像清晰。

(10)将聚光器提升至载玻片的底部,然后微微地降低聚光器获取最多的光。

(11)如果有需要,转动物镜转换器直到高倍(40×)镜头"扣碰"到湿涂片上方的位置。

(12)用光圈柄调节光圈膜直到有足够的光通过湿涂片,如果显微镜有一个可变电阻器,将电阻设置成最小,放大倍数的增加能够调节电阻值。

(13)接下来可以浏览湿涂片了,首先,调节推进器调节旋钮使标本玻片作左右、前后方向的移动,每一个浏览过的视野都应进行一次调焦,缓慢地逆时针转动细准焦螺旋可以调焦,稍稍地升降物镜可以让观察者检查每一个视野的各个深度。需要注意的是,物像看起来是倒置的,这是显微镜的光学成像导致的。

(14)为了观察地更详细,需要使用高倍镜,但在这之前先用低倍镜调节焦距,使标本处在视野的中央。大多数的显微镜都有齐焦物镜,即如果标本在低倍镜下处于视野的中央,那么转换至高倍镜后,标本也基本处于视野的中央,只需微调细准焦螺旋即能调好焦距。放大倍数越大,光强越强,反之,则越弱。

(15)在完成镜检之后,移去湿涂片。

(16)用镜头纸擦干净目镜和物镜,清除油迹。

(17)将低倍物镜转至镜筒下方。

(18)降低载物台。

(19)关掉电源。

(20)拔掉插头,并将电线缠绕在镜座上。

(21)在显微镜上方加防尘盖,放置在储存区或柜中。

15.1.5 油浸

使用100×物镜或油镜需要用到浸油,物镜的每一点都必须完全浸在油中,以减少光线由标本进入物镜时的折射散光,光线通过浸油比通过空气的折射散光少。通过细准焦螺旋可以调节焦距,油镜的使用方法如下。

(1)将高倍镜移开,滴一滴浸油于载玻片上接物镜正下方的位置,转动油镜使油镜头于镜筒下方。

(2)为了在总放大倍数为1 000时更好地观察标本,有必要再一次增加光强。

(3)标本观察完毕后,移开油镜。

(4)用镜头纸擦干净浸油,将4×或10×物镜转至镜筒下方。

15.2　显微镜测量

显微镜测量是用标刻度的目镜测微尺来准确衡量显微镜下待测物的大小。在废水样品的显微镜镜检中，常用的待测物包括：藻类、细菌、分散生长物、自由游动的线虫、真菌、丝状生物、絮状颗粒和轮虫。

目镜测微尺是嵌在目镜下方隔板上的刻度尺，如图15.4所示。刻度间的长度是统一规定的，但通过显微镜放大后的具体长度是未知的。对于每一个总放大倍数(40×,100×,400×,1 000×)都必须分别做出校正。由图15.4可知，目镜测微尺的校准是通过镜台测微尺来实现的。

镜台测微尺是刻有精确等分线的载玻片。每两个大刻度间的距离代表0.1 mm，小刻度间代表0.01 mm，这些值都刻在载玻片上。镜台测微尺用载玻片固定夹固定于载物台上，然后依次用不同放大倍数(4×,40×,100×)的物镜对准它，来进行刻度的校准。当每一个放大倍数下目镜测微尺每格所代表的长度确定后，即可移去镜台测微尺。

15.2.1　目镜测微尺的校准

校正目镜测微尺的步骤如下。

(1)将4×物镜旋至待观测位置。

(2)检查一下目镜测微尺是否放置在目镜下方。

(3)如果目镜测微尺已在指定位置，旋转刻度使其水平。

(4)如果目镜测微尺不在指定位置，将目镜测微尺安装于目镜下方，并旋转刻度使其水平。

(5)取一镜台测微尺，检查一下它的耐旋旋光性以及小刻度是否清晰可见。将镜台测微尺用载玻片固定夹固定于载物台上，使其刻度位于4×物镜下方光圈的正上方，并用弱光照在刻度上。

(6)用粗准焦旋钮调小镜台测微计与4×物镜间的距离，使镜台测微尺聚焦并位于视野的中心。调节显微镜，以达到最好的光强效果，使目镜测微尺和镜台测微尺看起来都很清晰。

(7)转动目镜，使目镜测微尺与镜台测微尺的刻度平行。

(8)在视野的左边，将两尺重合，使镜台测微尺的第一条刻度线居中位于目镜测微尺正上方，即两尺的“0”刻度必须重合、平行。

(9)从每条尺的第一条刻度线算起，仔细寻找两尺第二条完全重合的刻度线。

(10)记下两尺间完全重合的刻度号，即两尺匹配的刻度间分别有多少格数？

镜台测微尺间格数：________。

目镜测微尺间的格数：________。

(11)根据目镜测微尺间的格数来划分镜台测微尺间格数。

(12)由于镜台测微尺每格长0.01 mm，目镜测微尺每格长就等于0.01 mm×(11)中得到的值，这就是40×总放大倍数下目镜测微尺每格所代表的长度，用mm来表示。由于1 mm等于1 000 um，用mm表示的长度乘以1 000即为用um表示的每格长度。

(13)重复以上步骤，按照低倍、高倍、油浸物镜的顺序来校正目镜测微尺。为了减少误差，每一组物镜测3组不同的数，取平均值即可，微观校准见表15.4。

当目镜测微尺在每一个物镜下都得到校准后，目镜测微尺每格代表的长度会在一张索引卡上记录下来，卡片会贴在镜臂上。当测量一个样品时，索引卡能为显微镜操作者提供参考。已获得的校准值只有在使用同一台显微镜、同一个目镜、同一个物镜时才是准确的。

进行微观测量需要两种测微尺，目镜测微尺嵌在目镜镜筒内，为了校准目镜测微尺 mm 等分线间的距离，需要借助镜台测微尺。镜台测微尺放置于镜台上的载玻片上使用，先用低倍镜，再依次用高倍、油镜，目镜测微尺 mm 等分线间的距离即可得到校准，但是，两测微尺最左边的“0”刻度必须对齐，且测微尺的移动由推进器调节旋钮控制。如图 15.4 所示，目镜测微尺的 55 刻度线与镜台测微尺的 0.45 刻度线为两尺自“0”刻度线后第一条完全重合的刻度线。

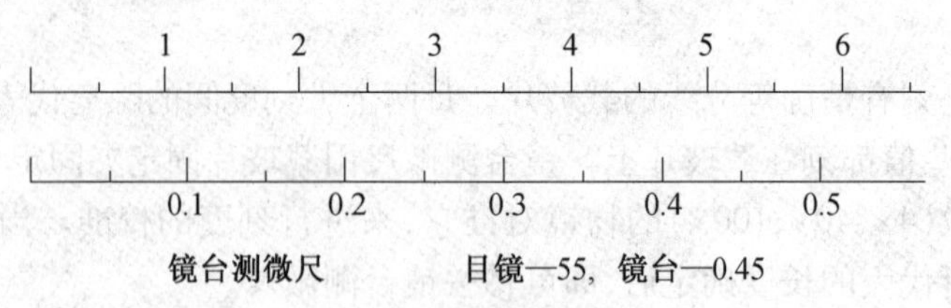

图 15.4 目镜测微尺

表 15.4 微观校准

物镜	镜台测微尺间格数			目镜测微尺间格数			目镜测微尺一格所代表的 mm 或 μm 值			目镜测微尺每格的平均值
	1	2	3	1	2	3	1	2	3	
4×										
10×										
40×										
100×										

15.2.2 奥林巴斯废水分划板

奥林斯巴废水分划板是专门为测量絮状颗粒而设计在目镜测微尺中的“靶心”模型。奥林斯巴废水分划板不需要校准，操作者可以通过使用 10×相衬目镜快速判断出絮状颗粒的大小。

15.3 湿涂片和涂片

15.3.1 涂片的制作过程

常用于废水样品的显微镜镜检的两种玻片制备为湿涂片和涂片，但湿涂片比涂片用得更多，如图 15.5 所示。

以下步骤为湿涂片的制作过程。

(1)在实验台的工作区铺上一张干净的纸巾。

(2)将 25 mm×75 mm 载玻片的表面清洗干净，并置于纸巾上。

(3)先摇一摇装有混合液或废水的密封容器，然后将部分液体转移至一个干净的烧杯中，搅拌烧杯中的混合液。如果要进行原生动物的实验，在将混合液从容器转移到烧杯之前以及由烧杯转移到载玻片上之前,需用吸管或吸液管使空气进入到混合液中。

(4)用一滴耳管、移液管,滴一滴混合液于载玻片的正中央。

(5)将22×22 mm盖玻片的表面清洗干净。

(6)按照如下方式将盖玻片盖在液滴上:

①在不接触液滴的条件下,用右手的拇指和食指夹住盖玻片使其与载玻片呈45°夹角,并且45°角朝向液滴。

②慢慢地朝着液滴的方向滑动盖玻片,使液滴与盖玻片接触并沿其边缘散开。

③放下盖玻片,使其落于混合液上。盖玻片下不允许残留气泡。

④取一干净的纸巾置于盖玻片上,用一块较硬的物体轻轻地压实盖玻片,移去过量的混合液。

⑤移送纸巾并妥善处理。至此,在盖玻片下只留下约0.05 mL的混合液。

⑥用一支蜡笔在载玻片的左边标记上日期和样品名。

制作混合液的湿涂片,首先在实验台上铺一张干净的纸巾,将一干净的载玻片放在纸上(15.5(a)),再滴一滴混合液于载玻片的正中央(15.5(b)),持一盖玻片使其与载玻片呈45°夹角(15.5(c)),然后将盖玻片压向混合液(15.5(d)),当盖玻片接触到混合液时,就逐渐压落在了混合液上(15.5(e))。

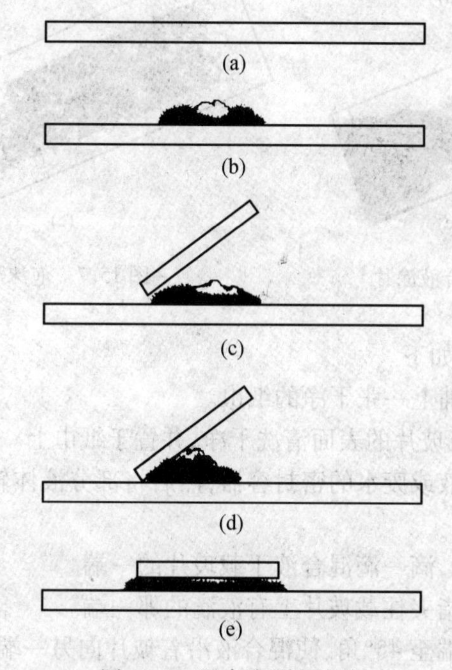

图15.5　混合液的湿涂片

混合液或泡沫的涂片需要进行染色,如革兰氏染色和奈瑟染色。通过染色可以看出涂片的生物成分、结构特征以及对于特殊染料的反应。混合液涂片和泡沫涂片的制作有所不同,如图15.6和图15.7所示。

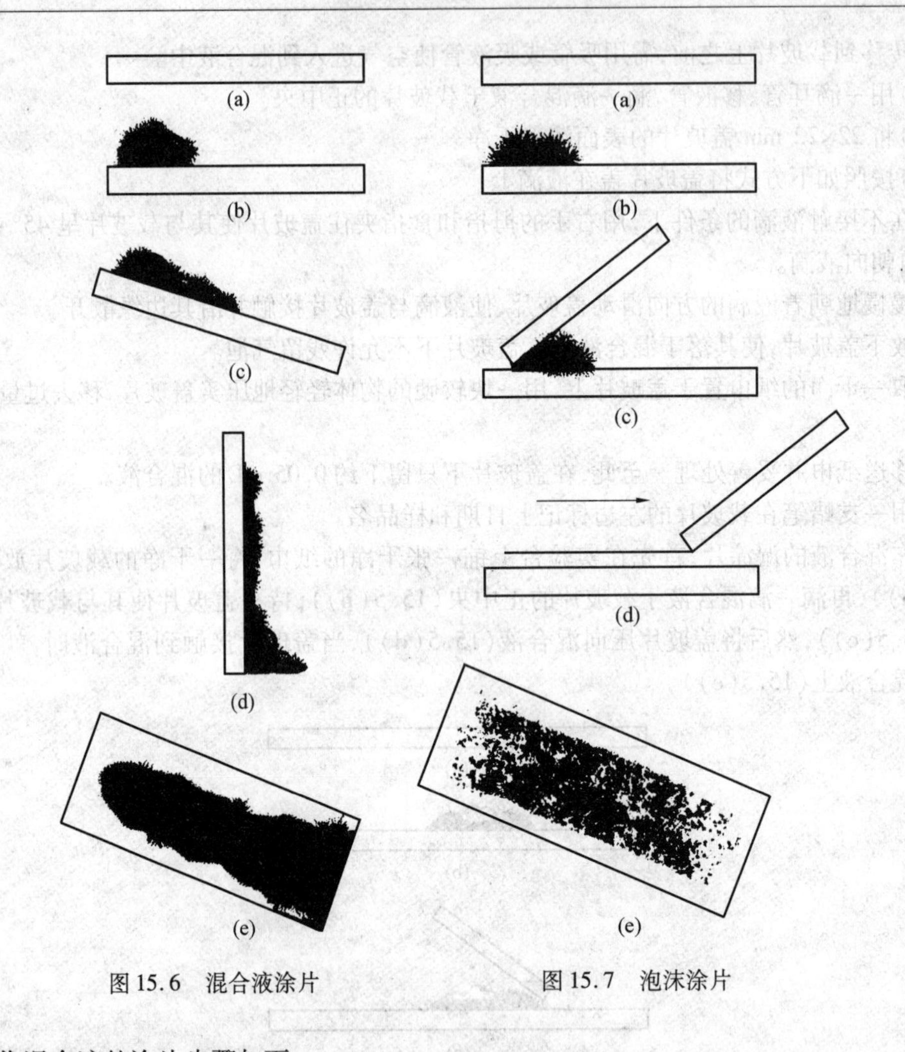

图 15.6　混合液涂片　　　　图 15.7　泡沫涂片

制作混合液的涂片步骤如下。

(1)在实验台的工作区铺上一张干净的纸巾。

(2)将 25 mm×75 mm 载玻片的表面清洗干净,并置于纸巾上。

(3)先摇一摇装有混合液或废水的密封容器,然后将部分液体转移至一个干净的烧杯中,搅拌烧杯中的混合液。

(4)用一滴耳管、移液管,滴一滴混合液于载玻片的一端。

(5)用右手的拇指和食指夹住载玻片上有液滴的那一端。

(6)慢慢地抬高玻片一端至 45°角,使混合液沿着玻片向另一端移动。

(7)继续慢慢地抬高玻片一端至 90°角,使过量的混合液流到纸巾上。至此,一个圆锥形的涂片就制成了。

(8)最后,让玻片在室温下干燥,当玻片完全干燥后,就可以用于染色了。

制作泡沫涂片的步骤如下(图 15.3)。

(1)在实验台的工作区铺上一张干净的纸巾。

(2)将 25 mm×75 mm 载玻片的表面清洗干净,并置于纸巾上。

(3)用一小木棒或吸管的尖端转移少量的泡沫至载玻片的一端。

(4)用左手的拇指和食指固住载玻片上有泡沫的那一端。

(5)取另一干净的推片(载玻片),用右手的拇指和食指夹住它,并使其与载玻片呈 45°夹角靠在载玻片上有泡沫的那一端。

(6)在夹紧两玻片的同时,使推片保持 45°角朝载玻片的另一端移动。至此,一个薄而宽的泡沫涂片就制成了。

(7)最后,让玻片在室温下干燥,当玻片完全干燥后,就可以用于染色了。

制作混合液的涂片,首先在实验台上铺一张干净的纸巾,将一干净的载玻片放在纸上(15.6(a)),再滴一滴混合液于载玻片的一端(15.6(b)),慢慢地抬高玻片一端至 45°角,使混合液沿着玻片向另一端移动(15.6(c)),当混合液到达另一端时,玻片提升至 90°角,过量的混合液顺着玻片流进纸巾里(15.6(d)),最后让图片风干,至此,一个圆锥形的混合液涂片就制成了(15.6(e))。

制作一个泡沫涂片,首先在实验台上铺一张干净的纸巾,将一干净的载玻片放在纸上(15.7(a)),再将泡沫样品置于载玻片的一端(15.7(b)),取另一干净的推片使其与载玻片呈 45°夹角靠在载玻片上有泡沫的那一端(15.7(c)),移动推片使泡沫随其散开(15.7(d)),最后风干涂片,至此,一个铺满载玻片的薄片就制成了(15.7(e))。

15.3　湿涂片的观察

以下是湿涂片的观察步骤。

(1)将湿涂片置于显微镜的载物台上,并确保湿涂片被固定夹或压簧固定在恰当的位置。

(2)通过推进器调节旋钮调节湿涂片的位置,使观察者通过使用 10×物镜就能看清盖玻片的一角。

(3)调节光强,使焦点位于盖玻片的一角。

(4)仔细观察盖玻片一角的第一个视野,确认可以通过这个视野聚焦到所有视野。缓慢的顺时针或逆时针调节细准焦螺旋可以聚焦,这种物镜的微小升降可以使位于湿涂片底部、中间和底部的物质得到全面的检查。

(5)在检查第一个视野后,通过调节推进器调节旋钮使玻片移动直到出现第二个亮视野,并确保第二个视野与第一个视野部分重合。

(6)继续移动玻片直到观察完一排视野。然后,调节推进器调节旋钮,使玻片上下移动,视野转换到另一排并观察之。确保每一排视野的顶端和低端都部分重叠。

(7)继续观察直到整个湿涂片都被检查完。

一个视野即为通过显微镜观察到的一个圆形区域。放大倍数越大,视野所呈现的区域越小,所需的光强也越多。

15.4　显微镜的正确使用方法

显微镜的使用步骤如下。

(1)小心谨慎拿放显微镜。将显微镜放在实验台面上远离边缘的位置。

(2)使用镜头纸或镜头清洁剂来清洁所有的镜头。切记不可使用面巾纸,它会刮花镜头。不要将目镜或显微镜的其他部件取出。

(3)找个打印版的字母 e,并把它剪下,制作一张湿涂片,将载玻片放在显微镜的在载物台上,用标本夹固定载玻片,将载玻片小心地放入载物台。移动载玻片直到字母 e 位于载物台和开口之上。

(4)调试低倍物镜到合适的位置,降低镜筒的高度直到物镜的顶端距载玻片 5 mm 范围内。在降低镜筒位置的过程内,在旁边仔细观察显微镜。

(5)一遍观察,一边缓慢的提高镜筒的高度,逆时针的转动粗跳旋钮,一直到看到目标物,之后再旋转细调钮对焦,可以得到合适的影像。

(6)开闭光圈,升降聚光器,观察这些操作对观察目标的影响。在一般情况下,显微镜的镜台下部的聚光器位于最高的位置。打开光圈,后渐渐关上,直到可以观察到一点反差。

(7)使用油镜观察所提供的染色细菌。

(8)实验结束后,将低倍物镜对准目镜,然后将镜筒降到最低的位置,用镜头纸和清洁器除去镜上的油,然后将显微镜放回存放处。

15.5 明视野光学显微镜

明视野光学显微镜是使用两种透镜系统放大图像的一种设备,刚开始的放大由物镜来实现。大部分显微镜的旋转基座上至少有 3 个物镜,每一个物镜都可旋转与目镜相配合,实现最终的放大。因此,观察者看到的总的放大倍数是物镜的放大倍数乘以目镜的放大的倍数。例如,当使用 10×目镜和 47×物镜时,总的放大倍数是 10×47=470 倍。复式明视野光学显微镜的使用能力和学生在实验室的操作方法正确与否有直接的关系。

明视野光学显微镜可以应用到医学。在临床实验室,微生物的细胞大小、排列方式、运动能力是致病菌发现和鉴定的重要指标。

15.5.1 观察明视野光学显微镜所需实验材料

观察明视野光学显微镜所需的实验材料如下:复式显微镜、镜头纸和镜头清洗剂、载玻片、盖玻片、滴管、镊子、字母 e 打印版、浸镜油、目镜测微尺、载物台测微尺、制备好的包含几种类型的细菌(杆菌、球菌、螺菌)、真菌、藻类和原虫的染色装片。

15.5.2 使用问题及解决方法

使用显微镜过程中常见的问题及解决方法如下。

(1)在没有光线透过目镜的时候,可以检查显微镜电线插入的插座是否有电,或是检查电源开关是否打开,或是确保观察物是否固定在指定位置,或是确保可变光圈是否已经打开

(2)当出现透过目镜的光线不足的情况的时候。可以将聚光镜升到最高,或将光圈完全打开,或是确保观察物是否固定在指定位置。

(3)在视野范围内出现杂物的时候,需要用镜头纸和清洁剂擦拭目镜。

(4)在视野中可见颗粒游动且视野模糊的时候,这时候可能是油镜油中有气泡,多加一些油或是确保相应的物镜完全浸没在油中;或是使用的是非油浸的高倍物镜,确保没有使用油;或是确保盖玻片上没有油,油会使盖玻片与其粘连而从载玻片上脱离,从而导致视野模糊或看不见。

15.5.3 安全注意事项

在使用显微镜的过程中,要注意以下几方面。

(1)载玻片和盖玻片是玻璃制品,易碎,因此使用时要小心,不要割伤自己。在显微镜带有自动体制装置的情况下不要使用载玻片和盖玻片,以免其破碎。

(2)粗调和细调螺旋调整不要超过其限度,否则会损坏显微镜。

(3)放大倍数越低,所需的亮度越小

(4)使用油镜的时候,如果载玻片的反面朝上放在镜台上,则无法正常聚焦。但是低倍镜和高倍镜都能轻松聚焦。

(5)使用显微镜前应将细调旋钮调至中间位置,以便双向调整。

(6)不能在高倍镜下安装或撤除载玻片,只能在低倍镜下进行,以免划坏镜头。

(7)不宜让清洁剂在物镜上保留过长的时间,不宜用量过多,因为镜头清洁剂会损坏物镜。

(8)戴眼镜的观察者的注意事项:显微镜能够对焦,因此它能够校正近视或远视,所以近视或远视观察时可不戴眼镜。但是显微镜不能校正散光,所以有散光的观察者需要戴眼镜,如果戴眼镜,正确的观察应不与目镜接触,否则,可能划伤其中之一。

15.6　暗视野光学显微镜

复式显微镜可能适合配置暗视野聚光器,它具有比物镜大的数值光圈,聚光器也具有一个暗视野光栅,由此,复式显微镜就成为暗视野显微镜,散射光可以通过样品进入接物镜,从而在暗背景下形成明亮图像,而非散射光则不能进入。由于明亮物体与黑色的背景可以形成鲜明的对照,这样成像的效果更加清晰。暗视野光学显微镜可以观察未染色的活微生物、难染色的微生物或者是亮视野显微镜不能确定的螺旋体等的理想工具。在暗视野显微照片中可以显示出各种放射虫的外壳,在成像中它们具有多种独特而美丽的外形(图15.8)。由于在明视野显微镜中成像的对比度非常低,则不能清晰辨认。

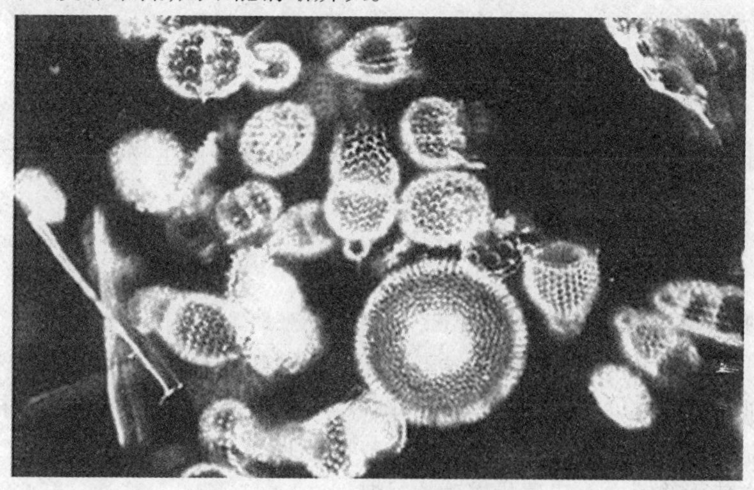

图15.8　暗视野显微镜图片

暗视野显微镜可以观察齿垢密螺旋体,这种微生物通常是口腔黏膜正常微生物群落的一部分,因此容易得到并且不需要培养,如果仅仅用革兰氏染色或吉姆萨染色,大部分微生物的染色不充分,所以学习使用暗视野显微镜的时候,齿垢密螺旋体是最好的样品,通过这次观察学生还可以继续练习制备湿封片。齿垢密螺旋体是细长的、螺旋状细胞(图15.9)。

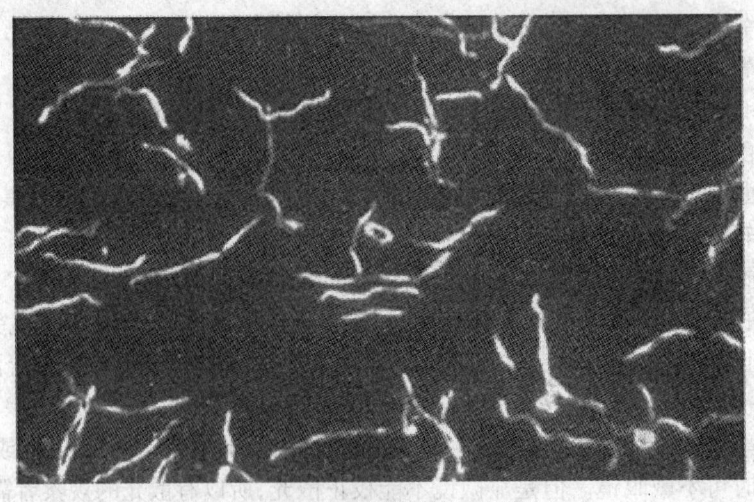

图 15.9　齿垢密螺旋体的显微照片

15.6.1　观察暗视野光学显微镜所需材料

暗视野光学显微镜、平头牙签、镜头纸和擦镜器、浸镜油、载玻片和盖玻片、镊子、制备的螺旋体载玻片、放射虫、原生动物。

15.6.2　观察暗视野光学显微镜正确步骤

观察暗视野时正确的操作步骤如下。

(1)在暗视野聚光镜上滴一滴浸镜油。

(2)将制备好的载玻片放到载物台上,以确保样本可以恰好的位于孔的正上方。

(3)调节控制高度的旋钮,升高暗视野聚光器,一直到油刚刚好与载玻片接触。

(4)锁定 10×物镜,调节粗调旋钮和细调旋钮,一直到获得螺旋体的清晰的图像。接着转到 40×物镜,调节粗调旋钮和细调旋钮,直至成像。

(5)用油镜观察螺旋体,在纸上画几个螺旋体的图像。

(6)制备非致病螺旋体湿封片,用暗视野显微镜检查这些微生物,并在纸上画出几个螺旋体。

15.6.3　安全注意事项

观察暗视野时应该要注意的步骤如下。

(1)用牙签提取齿垢密螺旋体的时候不要弄伤牙龈组织或沾上食物残渣。

(2)使用油镜的时候,如果看不到清晰的图像,不要慌张,应该找指导老师求助。

(3)确保制备好的载玻片正面朝上放置在载物台上。

(4)养成在使用油镜之前清理凸透镜的习惯。

(5)确保样品亮度充足,应将载物台下的聚光器一直完全的打开。

15.7　相差光学显微镜

相差光学显微镜可以观察到其他方法无法检测到的不可见的、活的、未染色微生物。由于某些透明无色的活细菌不能吸收、反射或衍射足够的光线，导致了普通的亮视野显微镜或暗视野显微镜不能看到某些透明无色的活细菌及其内部细胞结构，这样就不能与周围环境或微生物的其他部分区别。因为只有在微生物及其细胞器比环境多吸收、反射、折射或衍射一些光时才可见（图15.10）

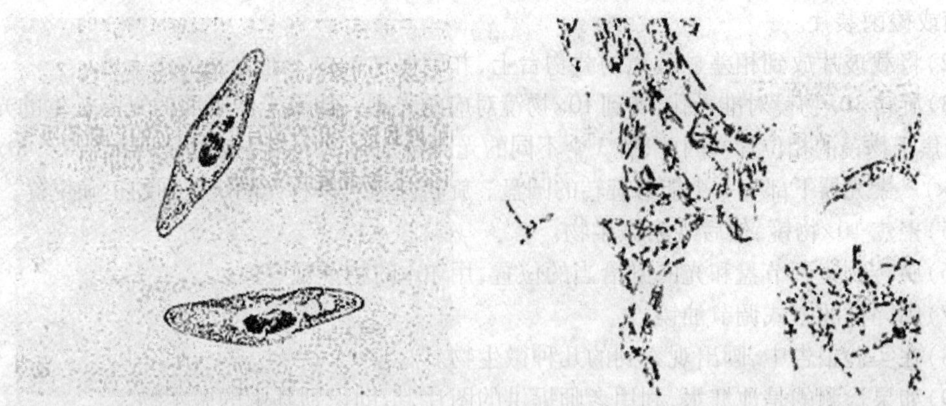

(a) 原生动物，尾草履虫，染色后内部结构（×500）　(b) 杆菌，蜡状芽孢杆菌，染色后观察其孢子（×1 000）

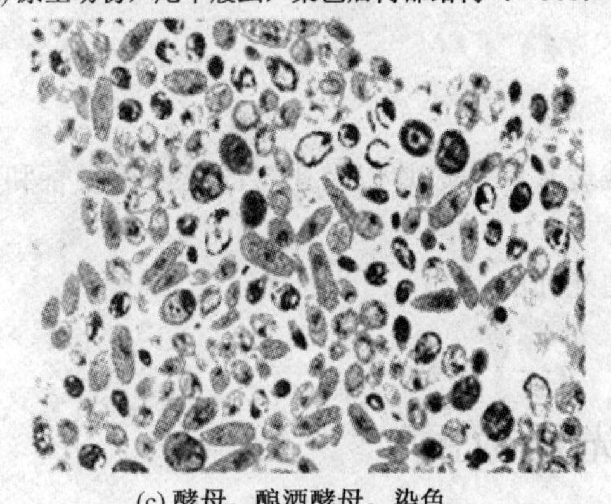

(c) 酵母，酿酒酵母，染色并观察其芽殖（×1 000）

(d) 丝状绿藻，水绵属的绿藻类，染色并观察亲螺旋状叶绿体（×200）

图15.10　相差显微镜观察到的几种微生物

相差光学显微镜有一个可以产生圆形光锥的环形光栅，这个光栅位于相差光学显微镜的聚光器上；而物镜上有一个涂有透明薄膜的玻璃圆盘（相位片），这能增强样本产生的相变。样本的这种相变可以从光强度（Light intensity）差异来观察。相位片可以使得衍射光相对非衍射光滞后（阳性相位片），形成暗相差影像（Dark-phase-contrast microscopy），同时也可以使衍射光与直射光相对（阴性相位片），形成明相差影像（Bright-phase-contrast microscopy）。

相差光学显微镜可以观察杆菌、梭菌、内生孢子这些特殊结构的细菌。杆菌呈棒状，通常成对或链状排列，具有圆形或方形的末端；梭菌通常成对或短链状排列，末端圆或偶尔尖；内生孢子是椭圆形或圆柱形的，往往使得细胞膨胀。相差光学显微镜也观察加入甲基纤维素（Protoslo）的池塘水中的细菌和原生动物（甲基纤维素可以减缓很多微生物的活动）。

15.7.1　观察相差学显微镜所需材料

池塘水、相差学显微镜、镜头纸和擦镜头器、具有吸管控制器的巴斯德吸管、甲基纤维素、镊子、显示内生孢子的芽孢杆菌属或梭菌属的装片、普通池塘水的微生物。

15.7.2 观察相差学显微镜的步骤

观察相差学显微镜的步骤如下。

(1)制备一张池塘水的湿涂片。为减缓微生物的泳动加一滴甲基纤维素,同时也可以观察杆菌或梭菌装片。

(2)将载玻片放到相差显微镜的载物台上,并确保样本位于通光孔的正上方。

(3)旋转10×物镜对准光孔,转到10×物镜对应的光圈。让聚光器下面的光圈长生的光锥面准确聚焦于物镜的相位片。因此,有3个不同的光圈分别与3个相差接物镜匹配(10×,40×,90×或100×)。聚光器下部有一个能够旋转的圆盘。旋转圆盘可以将光圈定位到的正确位置。

(5)聚焦10×物镜,然后观察微生物。

(6)旋转物镜调节盘和光圈到恰当的位置,用40×的物镜观察。

(7)用同样的方式调节油镜。

(8)在实验报告中,画出观察到的几种微生物。

(9)如果检测的是池塘水,利用老师提供的图片,帮助识别其中的微生物。

15.7.3 安全注意事项

观察相差学显微镜时应该注意以下方面。

(1)用移液控制装置或洗耳球妥善的处理载玻片和盖玻片以及用过的巴斯德吸管和池塘水。

(2)确保显微镜载物台上的样本正好位于通光孔的上方。

(3)相位组件必须正确地校准。

15.8 荧光显微镜

荧光显微镜(Fluorescence microscopy,也称入射光或反射光荧光显微镜)基于的原理是通过样本的规则吸收消除了入射光,透过的是被样本吸收后再改变波长发射的光。光源必须产生适当波长的光束,由此激发滤光片消除了不能激发荧光基团的光。由样本发出的荧光能够通过滤光片到达物镜,然而入射光的波长则不能通过该滤片。因此,只有样本荧光基团产生的光才可以增强观察到的图像的强度(图15.11)。

荧光显微镜可以观察结核分枝杆菌,这种杆菌是导致结核病的病原体,它的生长非常缓慢,而且这种细菌不能用革兰氏染色法进行染色,细胞直线状或者轻微弯曲,单个,偶尔成线状。这种细菌用荧光染料或用荧光染料特异性标记的抗体标记后事非常容易鉴别的,但是免疫荧光标记既费时又价格非常高,所以一般这种细菌用荧光显微镜观察。

荧光显微镜通常用于临床快速检测和鉴定组织涂片、切片和液体中的细菌性抗体,以及快速鉴定许多致病细菌。例如,可以通过特异性结合结核分枝杆菌的荧光染料,能够快速筛选痰样本中的结核分枝杆菌。荧光显微镜下观察到的标本只能是染好色的目标细菌。

15.8.1 观察荧光显微镜所需的材料

观察荧光显微镜所需的材料有:荧光显微镜、镜头纸和擦镜器、低荧旋旋光性的浸镜油、荧光染料已染色的已知菌(结核分枝杆菌)的装片。

图 15.11　荧光显微镜染色后导致活细胞发绿色荧光,死细胞发红色荧光(×1 000)

15.8.2　观察荧光显微镜的步骤

观察荧光显微镜的主要步骤如下。

(1)在使用荧光显微镜之前,至少让紫外灯照射 30 min。绝对不能在没有戴能够过滤紫外线的眼镜的情况下直视紫外线光源,否则可能导致视网膜灼伤或失明。

(2)保证激发滤光片和吸收滤光片与期望的荧光显微镜类型相匹配,并且准确的安放到正确的位置。

(3)在聚光器上滴一滴低荧旋旋光性浸镜油。

(4)将装片放到载物台上并旋转到正确的位置,以确保样本位于通光孔的正上方。调节控制升降的装置使聚光镜到油滴刚好与载玻片的底部接触。

(5)预热水银灯后,打开钨灯的电源,并且聚焦样本。

(6)刚开始物镜为 10×,找到并聚焦样本。找到样本后,将物镜分别转到 90×,再到 100×,转换水银灯,然后观察样本

(7)比较明视野显微镜和荧光显微镜中所观察到的微生物,并在描绘出其不同。

15.8.3　安全注意事项

观察荧光显微镜的主要注意事项如下。

(1)高压水蒸气作为光源的灯泡有爆炸的可能。当它温度高的时候不要用手去碰它,

(2)不要让汞灯光直接照射你的眼镜,观察显微镜时,缺乏阻拦层或滤光片也会损伤视网膜。

(3)水银灯需要预热 30 min,在正常实验过程中,不要开关显微镜。

(4)暗视野聚光镜没有光栅控制。

(5)如果无法确保滤光片是否放到正确位置可以咨询老师。

(6)荧光显微镜必须用弱荧光浸镜油。

第16章　细菌的形态和染色

16.1　细菌的形态

细菌是原核生物的一种。细菌有4种形态:球状、杆状、螺旋状和丝状,分别叫作球菌、杆菌、螺旋菌和丝状菌。其中球菌包括单球菌、双球菌、排列不规则的球菌、四球联菌等;杆菌包括单杆菌、双杆菌和链杆菌;螺旋菌呈螺旋卷曲状。螺纹不满一圈的叫作弧菌;丝状体是丝状菌分类的特征。

细菌的大小以μm计。多数球菌的直径为0.5～2.0 μm;杆菌的长度×宽度平均为(0.5～1.0)μm×(1～5)μm;螺旋菌的宽度×长度平均为(0.25～1.7)μm×(2～60)μm。细菌的大小在个体发育过程中不断变化,刚分裂的新细菌小,随发育逐渐变大,老龄时又变小。

细菌是单细胞生物,所有的细菌均有如下结构:细胞壁、细胞质膜、细胞质及其内含物包括气泡、储藏颗粒、间体等细胞核物质。部分细菌还具有鞭毛、荚膜等特殊结构。细菌细胞结构模式图如图16.1所示。

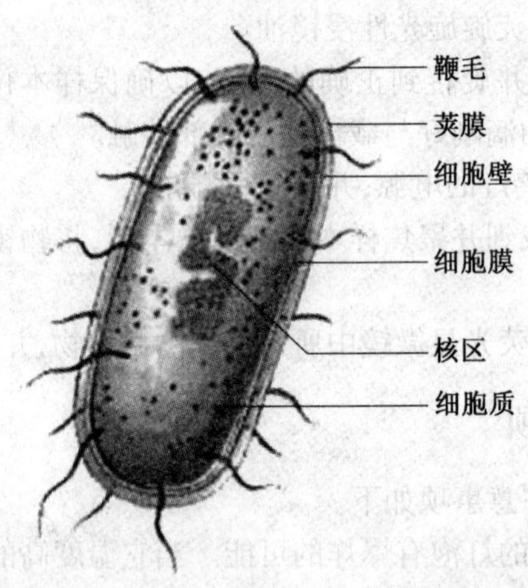

图16.1　细菌细胞结构模式图

16.2　细菌的染色原理及方法

细菌菌体无色透明,在显微镜下不易看清其形态和结构。如用染色液将菌体染色,便可增加菌体与背景的反差,则可清楚地看见菌体的形态。碱性染料有结晶紫、龙胆紫、碱性品红(复红)、蕃红、亚甲蓝、甲基紫、中性红、孔雀绿等;酸性染料有酸性品红、刚果红、曙红等。由于细菌通常带负电荷,故常用带正电的碱性染料使细菌染色。

染色方法主要分为两大类:简单染色和复合染色法。简单染色法是只用一种染料染色,增大菌体与背景的反差,便于观察。复合染色法是用两种不同染料染色,以区别不同的细菌的革兰氏染色反应或抗酸性染色反应,或将菌体和某一结构染成不同的颜色,以便观察。革兰氏染色是将一类细菌染色,而另一类细菌不上色,由此可将两类细菌分开。作为分类鉴定时重要的一步,因此又称之为鉴别染色法。

混合液镜检的几种染色技术的比较见表16.1。这些技术包括:

(1)革兰氏染色法。

(2)油墨反染色法。

(3)亚甲基蓝染色法。

(4)奈瑟染色法。

(5)聚羟基丁酸酯(PHB)染色法。

(6)蕃红染色法。

(7)鞘染色法。

表16.1　混合液镜检的几种染色技术的比较

染色法	被检测的物质	玻片制备	显微镜类型	总放大倍数
革兰氏染色法	丝状生物	涂片	亮视野	1 000×
油墨反染色法	絮状颗粒	湿涂片	相称	100×或1 000×
亚甲基蓝染色法	所有成分	湿涂片	亮视野或相称	100×
奈瑟染色法	丝状生物	涂片	亮视野	1 000×
PHB染色法	丝状生物	涂片	亮视野	1 000×
蕃红染色法	絮状颗粒	涂片	亮视野	100×
鞘染色法	丝状生物	湿涂片	相称	1 000×

16.2.1　革兰氏染色法

革兰氏染色法是一种有区别性的染色法,基于细菌对一系列化学试剂的不同反应可以将细菌分为两类,即:革兰氏阴性菌(红色)、革兰氏阳性菌(蓝色)。革兰氏染色用于鉴定丝状生物的种类或型号。该方法的第一步先用碱性染料结晶紫染色,这是初染。然后是媒染,也就是用碘液进行处理,这种处理时加强细菌细胞和染料之间的相互作用,是染料结合得更紧密或是细胞染色更充分。再将涂片用质量分数为95%乙酸或异丙醇—丙酮溶液冲洗脱色。脱色后革兰氏阳性菌仍然含有结晶紫-碘复合物,但是革兰氏阴性菌却洗掉变成了无色。最后,涂片用颜色不用于结晶紫的碱性染料复染。常用的复染染料剂是蕃红,蕃红会将无色的革兰氏阴性菌染成粉红色,但是不会改变革兰氏阳性菌的深紫色。

并不是所有的革兰氏染色都能够得到明确的结果的。革兰氏阳性菌也可能呈革兰氏阴性菌的特征,因此需要选用培养时间较短、代谢旺盛的培养物进行革兰氏染色。而且一些细菌呈现革兰氏染色异质性,即同一培养物种的一些细胞室格兰仕阳性的,而另一些是阴性的,应在严格的控制的条件下对若干个培养物进行革兰氏染色。

革兰氏染色也是临床微生物实验中最有兼职的单一检测的方法。由于革兰氏染色范围广泛,所以它是直接检验样本和细菌菌落最普遍的鉴别染色法。革兰氏染色是第一种引入实验室对细菌进行特异鉴别和鉴定的方法。革兰氏染色的应用范围包括几乎所有的细菌、许多真菌、寄生虫(毛滴虫、类圆线虫)以及各种原生动物的包囊。

革兰氏染色主要是区分混合细菌培养物中的革兰氏阴性和阳性菌,这种区分的经典标准菌是金黄色葡萄球菌和大肠杆菌(图 16.2)。金黄色葡萄球菌是革兰氏阳性,不能运动,不产生芽孢,球形,单个、成对或不规则簇状排列,主要分布在温血脊椎动物的皮肤和黏膜中,但是经常可以从食品、粉尘和水中分离到。大肠杆菌是革兰氏阴性菌,呈直杆状,单个或成对排列,存在于温血动物肠道下半部分。

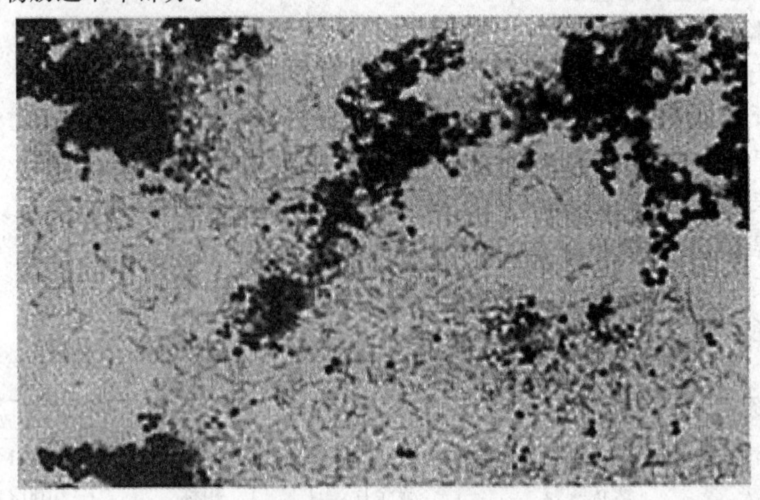

图 16.2　革兰氏染色

1. 实验方案:革兰氏染色,改进后的赫克法

溶液:准备好革兰氏染色的试剂及器具,配制如下 4 种溶液(表 16.2 至表 16.5)。

表 16.2　溶液 1

物质		用量
A	晶状紫罗兰	2 g
	质量分数为 95% 的乙醇	20 mL
B	草酸铵	0.8 g
	蒸馏水	80 mL

表 16.3　溶液 2

物质	用量
碘	1 g
碘化钾	2 g
蒸馏水	300 mL

表 16.4　溶液 3

质量分数为 95% 的乙醇

表 16.5　溶液 4

物质	用量
蕃红 O(质量分数为 2.5% 的蕃红溶于质量分数为 95% 的乙醇中)	10 mL
蒸馏水	100 mL

染色步骤如下。

(1)准备一个薄的混合液涂片,确保涂片已完全风干。

(2)用溶液 1 将涂片染色 1 min,然后用蒸馏水冲洗干净玻片。

(3)用溶液2将涂片染色1 min,然后用蒸馏水冲洗干净玻片。

(4)将玻片倾斜至45°角,用溶液3(质量分数为95%的乙醇)脱色30 s,乙醇要一滴一滴地添加到涂片上,谨防过度脱色,吸干玻片。

(5)用溶液4将涂片染色1 min,然后用蒸馏水冲洗干净玻片并吸干它。

(6)在亮视野显微镜的油镜下(1 000×总放大倍数),检查已染色的涂片,蓝色的丝状生物是革兰氏阳性菌,而红色的丝状生物是革兰氏阴性菌。

2. 注意事项

革兰氏染色的注意事项如下。

(1)革兰氏结晶紫、蕃红和碘都对眼睛、呼吸系统和皮肤有刺激作用。应避免它们与皮肤和眼睛接触。

(2)本实验用到了易挥发的易燃液体,不要让这些药品靠近明火。

(3)涂片不应太厚。

(4)染色过程中接种环不应过热,热固定涂片的温度也不应过高,乙醇脱色的时间也不能过长。

16.2.2　油墨反染色法

油墨反染色法用于判断活性污泥系统中营养物质的缺乏与否。在相衬显微镜下,通过染色可以显示出絮状颗粒中储存食物的相对含量或不溶于水的多糖量。当前存在的多糖量越多,营养不足的可能性越大。它是无须苛刻地染色或采用可能扭曲细胞形状的热固定技术就可以确定细菌的总体形态的方便方法。它也是观察荚膜的理想技术。

油墨或苯胺黑是一种能悬浮在水中的炭黑粒子。当一两滴油墨和一小滴混合液在载玻片上混合时,炭黑粒子能迅速渗入到絮状颗粒中,使整个溶液变黑。当炭黑粒子从絮状颗粒的边缘渗入到其中心时,细菌的细胞变成黑色或金黄色,而储存的食物或多糖阻挡了炭黑粒子渗入,在相衬显微镜下,这些食物呈现白色。絮状颗粒中白色区域越大,溶液或活性污泥中营养物质缺乏的可能性越大。

油墨反染色法也是临床监测的理想方法,它可以监测传播疾病的梅毒密螺旋体,这些细菌的细胞是非常脆弱的,热固定很容易变形。

油墨反染色法能反映营养物质的缺乏,大多数絮状颗粒是白色的,即被称为“阳性的”;也能反映营养物质的充足,大多数絮状颗粒呈黑色或金黄,即被称为“阴性的”。但是,许多“阴性的”絮状颗粒可能包含一小部分白色区域以及形成一个“白斑”。

在两种情况下可能会产生“假”阳性,这些情况是由于毒物或菌胶团的大量生长导致细菌被包裹而引起的。

当用油墨染色时,一些操作员可能发现很难找到絮状颗粒。为了更容易找到絮状颗粒,操作员应先聚焦在盖玻片某一个角或边上,然后慢慢地浏览湿涂片,一旦白色区域出现在视野中,立刻调焦于这一视野的周围,使絮状颗粒进入或退出焦点中,这确保了操作员能观察到絮状颗粒的边缘和其中白色区域的相对面积。

1. 实验方案:油墨反染色法

溶液:油墨(炭黑粒子的水溶液)或苯胺黑。

染色步骤如下。

(1)取一或两滴油墨和一滴混合液在载玻片上混合。

(2)在上述混合液上盖一盖玻片,用相称显微镜1 000×油镜观察样品。

(3)要确保正在检查的絮状颗粒被黑色的视野包围着。

(4)在营养充足的混合液中,炭黑粒子几乎完全渗入到絮状颗粒里,最多只留下几个白“点”。这是油墨反染色法中的一种阴性反应。

(5)在营养不足的混合液中,存在大量的多糖(由于营养不足而产生的),多糖阻止了炭黑粒子的渗入,从而导致絮状颗粒中出现大面积的白色区域。这是油墨反染色法中的一种阳性反应。

2. 注意事项

使用油墨反染色法的注意事项如下。

(1)为了制备薄层涂片,载玻片必须干净且没有油脂和其他污渍,包括指纹。

(2)小心不要让实验中的染料滴溅到衣服上,它很难洗掉。

(3)染料不可太多。

(4)制备的薄层涂片不可以有结块。

16.2.3 亚甲基蓝染色法

亚甲基蓝可以使微生物与其周围的环境形成对比,从而鉴定出微生物的特殊结构成分,如原生动物的鞭毛和具有收缩性的纤毛。亚甲基蓝使操作员更容易观察到丝状生物、絮状颗粒、后生动物、原生动物和菌胶团,从而评估絮状颗粒的强度。

1. 实验方案:亚甲基蓝染色法

准备好的溶液见表16.6。

表16.6 准备好的溶液

物质	用量
亚甲基蓝	0.01 g
纯乙醇	100 mL

2. 染色步骤

亚甲基蓝染色法的染色步骤如下。

(1)在混合液的湿涂片的盖玻片上,加一滴稀释过的染色剂,保证能让它在盖玻片下渗出来,或者在载玻片上加一滴亚甲基蓝于混合液中,用棉签混匀,再加盖玻片。不要过度染色。

(2)用亮视野或相称显微镜观察湿涂片。

16.2.4 奈瑟染色法

类似于革兰氏染色,奈瑟染色法也是一种有区别性的染色法,基于细菌对两种染色剂的不同反应可以将细菌分为两类,即奈瑟阴性菌(淡棕到黄色)和奈瑟阳性菌(灰蓝色)。奈瑟染色法用于鉴定丝状生物的种类或型号。

1. 实验方案:奈瑟染色法

溶液:准备以下两种溶液,见表16.7和表16.8。

表 16.7　溶液 1

分别准备一份 A 和 B，然后将 A 和 B 以 2∶1 混合

	物质	用量
A	亚甲基蓝	0.1 g
	醋酸	5 mL
	乙醇（质量分数为 95%）	5 mL
B	水晶紫 10%（溶于质量分数为 95% 的乙醇中）	3.3 g
	乙醇（质量分数为 95%）	6.7 g
	蒸馏水	100 mL

表 16.8　溶液 2

物质	用量
质量分数为 1% 的卑斯麦棕 2,4 盐酸二氨基偶氮苯水溶液	33.3 mL
蒸馏水	66.7 mL

2. 染色步骤

（1）在载玻片上准备一个薄的混合液的涂片，使涂片完全风干。

（2）用含 A 和 B 的新鲜（冷冻且少于 6 个月）溶液 1 将涂片染色 15 s，随后，让过量的溶液流出玻片就行了。

（3）用溶液 2 将涂片染色 45 s。

（4）用蒸馏水清洗载玻片，并让水流到玻片的背面。风干载玻片。

（5）在亮视野显微镜的 1 000×油镜下观察染色后的涂片。淡棕到黄色的丝状生物是奈瑟阴性菌，而灰蓝色的即为奈瑟阳性菌。

16.2.5　PHB 染色法

有些丝状生物储存一些食物如胞内"淀粉"粒，这些颗粒被称为聚羟基丁酸酯（PHB）。由于这些颗粒的存在与否能被 PHB 染色技术探测到，因此 PHB 染色可以用来鉴定丝状生物的名称或型号。

1. 实验方案：PHB 染色法

表 16.9　准备的两种溶液

	溶液	配制方法
溶液 1	苏丹黑 B（Ⅳ）	质量分数 0.3% 的乙醇溶液
溶液 2	蕃红 O	质量分数为 0.5% 的水溶液

含有 PHB 颗粒的丝状生物介绍如下：

（1）贝氏硫细菌的某些种属。

（2）微丝菌。

（3）诺卡氏菌。

（4）浮游球衣菌。

（5）1701 型菌。

（6）021N 型菌。

（7）Nostocoida limicola：丝状菌中的一种。细胞呈杆状，成串，革兰氏阴性菌；菌落乳白色，较小，光滑，边缘规整，凸起。

2. **染色步骤**

(1)准备一个薄的混合液涂片于载玻片上,确保涂片已完全风干。

(2)用溶液1将涂片染色10 min,若涂片开始变干,则添加更多的溶液,最后用蒸馏水清洗干净。

(3)用溶液2将涂片染色10 s,然后用蒸馏水彻底清洗干净,并让玻片自然风干。

(4)在亮视野显微镜的1 000×油镜下观察染色后的涂片。PHB颗粒呈现蓝黑色,而细胞质呈现粉红色或透明的。

16.2.6 蕃红染色法

蕃红染色法(图16.3)可以用于判断絮状颗粒中细菌细胞聚集的松紧情况。例如,老化的细胞在增长过程中分泌相对少量的多糖,因此,细胞聚集地紧密,经过蕃红染色后,呈红黑色,且细胞间的间隔很小。幼龄细胞在增长过程中分泌大量的多糖,因此,细胞松散地聚集着,经过蕃红染色后,呈淡红或粉红色,且细胞间的间隔大。在蕃红染色的条件下,通过絮状颗粒中可溶性cBOD的释放可以看出细菌细胞的快速增长。絮状颗粒的中心是红色的,细胞紧密地聚集于此;而边缘是亮红色或粉红色的,细胞松散地聚集着。

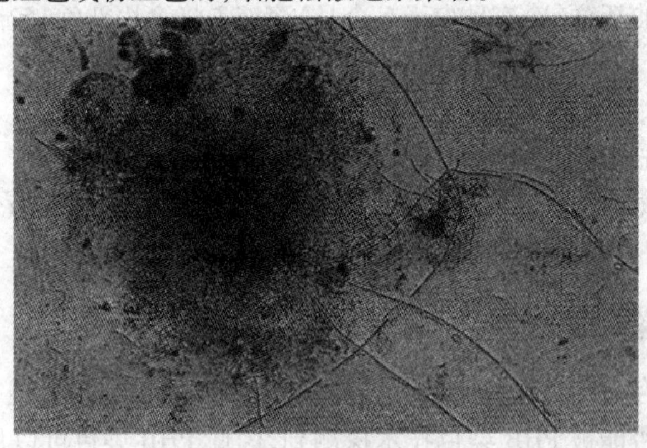

图16.3 蕃红染色法

蕃红染色法用于检测由于可溶性cBOD的缓慢释放而导致在絮状颗粒周边迅速增长的细菌细胞。在蕃红染色下,混合液涂片中的幼龄细菌细胞松散地凝聚在一起(淡红色),而老细菌细胞紧密地凝聚在中心(深红)。

1. **实验方案:蕃红染色**

溶液:使用革兰氏染色中的溶液4或配备以下溶液(表16.10)。

表16.10 配备溶液

物质	用量
蕃红O(质量分数为2.5%的蕃红O溶于质量分数为95%的乙醇中)	10 mL
蒸馏水	100 mL

2. **染色步骤**

(1)准备一个薄的混合液涂片于载玻片上,确保涂片已完全风干。

(2)用蕃红O将涂片染色1 min,然后用蒸馏水洗净玻片并吸干。

(3)在亮视野显微镜的1 000×油镜下观察染色后的涂片。老化的细菌呈现红色,并紧密地聚集在一起,而幼龄细菌呈浅红或粉红色,且松散地聚集着。

16.2.7　鞘染色法

有些丝状生物具有一个缠绕整个身体的鞘或透明的保护层。由于鞘的存在与否能被鞘染色技术检测到。因此鞘染色法可以用于鉴定丝状生物的名称或型号,带鞘的丝状生物包括以下类型。

(1)软发菌。

(2)发硫菌属某些种。

(3)0041 型菌。

(4)0675 型菌。

(5)1701 型菌。

(6)1851 型菌。

1. 实验方案:鞘染色法

溶液:质量分数为 0.1% 的晶状紫罗兰水溶液。

2. 染色步骤

(1)滴一滴混合液和一滴晶状紫罗兰于载玻片上,用一根牙签将其混匀。

(2)在上述载玻片上盖上盖玻片,并在相称显微镜的油镜(1 000×)下观察样品。丝状细胞被染成深蓝,而鞘被染成粉红色或仍为透明的。

16.2.8　硫氧化试验

测试丝状生物能不能(或有没有特殊酶)利用基质(cBOD)或氧化无机化合物可用于鉴定丝状生物的名称和型号。一种常用于混合液中丝状生物鉴定的生化反应或测试为硫氧化试验("S"试验)。

在混合液中进行的硫氧化试验可以确定丝状生物氧化硫的能力以及存储硫作为细胞内颗粒物的能力。有些丝状生物,如贝氏硫细菌,在不应用硫测试的正常环境下,它们体内的细胞质中通常含有硫颗粒。但是另一些丝状生物只在应用硫测试后,才在其体内检测到了硫颗粒。0092 型和 021N 型菌是在"S"测试下产生硫颗粒的典例。

为了确定混合液中的丝状生物有没有氧化硫的能力,必须在应用硫测试后,才在其体内或体外检测硫颗粒的存在。

1. 实验方案:硫氧化试验

溶液:Na_2S 溶液(每 100 mL 蒸馏水溶解 200 mg Na_2S)

2. 染色步骤

(1)取 15 mL 混合液与 15 mLNa_2S 溶液混合于烧杯,然后让处理过的混合液静置 15 min,定时搅拌使固体处于悬浮状态。

(2)静置 15 min 后,用总放大倍数为 400×的相称显微镜检测丝状生物,从而判断出硫颗粒是否存在于丝状生物的细胞质中。硫颗粒折射率大,在相称显微镜下很容易被观察到。

16.3 其他染色方法

16.3.1 抗酸染色(Ziehl-Neelsen 和 Kinyoun)

一些微生物菌体不易用简单的染色方法染色(分枝杆菌属、诺卡氏菌属以及寄生虫如隐孢子虫),但是用石炭酸品红加热这些微生物就可以染色,加热使染液进入细胞。一旦微生物菌体吸收了石炭酸品红,就易被酸醇混合液脱色,因此这成为抗酸性(Acid-fast)染色。抗酸性是由于这些微生物细胞中含有大量的苯酚-品红脂质。Ziehl-Neelsen 抗酸染色程序是非常有用的微生物鉴别技术,它基于微生物对苯酚-品红保留时间长短的差异。抗酸菌能够滞留这些染料而呈红色(图16.4),非抗酸菌则呈现蓝色或黄色。由于非抗酸菌经过酸醇混合物脱色后为无色,所以它所呈现的是碱性亚甲基蓝复染的染料的颜色。这种方法将原来的加热改进为湿试剂来确保染料渗进细胞,这种方法称为 Kinyoun 染色程序。

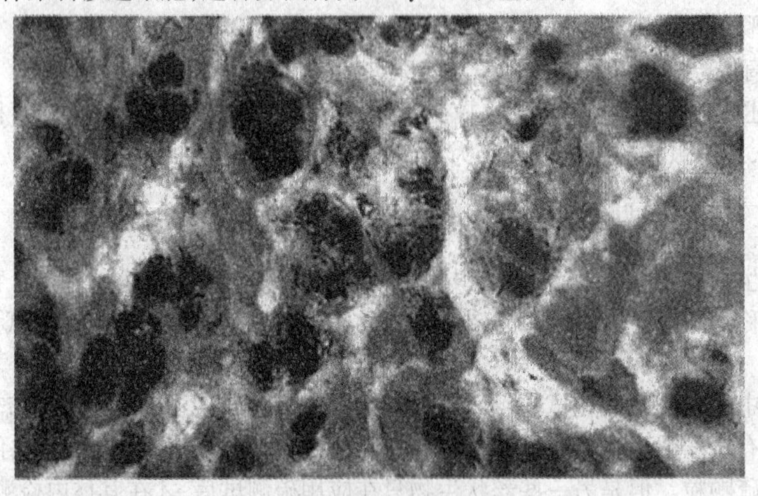

图16.4 分枝杆菌属抗酸杆菌 Ziehl-Neelsen 染色

耻垢分枝杆菌和草分枝杆菌是分枝杆菌属的非致病菌,它们的抗酸性表现在菌株生长的某些阶段,不容易进行革兰氏染色,这些抗酸菌不能运动,不产生孢子,无荚膜,生长缓慢,甚至是非常缓慢,所以这种菌非常实用于抗酸染色。

抗酸染色可以确定麻风分枝杆菌和结核分枝杆菌。这种方法还可以鉴定需氧属的诺卡氏菌属,尤其是导致肺部诺卡氏菌病的条件致病菌——巴西诺卡氏菌和星形诺卡氏菌,还能用抗酸染色鉴定能够引起人类腹泻的水生单细胞寄生菌隐孢子虫。

1. 实验方案

(1)Ziehl-Neelsen(热染法)程序。

溶液:石炭酸品红、碱性亚甲基蓝、酸醇混合物。

染色步骤如下。

①准备大肠杆菌和耻垢分枝杆菌混合物的涂片。涂片在空气中干燥后加热。

②打开排气扇将载玻片将载玻片放在加热器上,用于载玻片同样大小的纸片盖住涂片。用石炭酸品红溶液浸泡这些纸片(图16.5(a))。加热3~5 min,不要让载玻片干燥,也不可以加入过多的染液,调整加热器的温度,避免其沸腾。染色环放在距水面1~2 in(1 in=

25.4 mm)的位置进行沸水浴加热也可。

③从加热器上移开载玻片后进行冷却,然后再用水漂洗 30 s(图 14.5(b))。

④一滴一滴地加入酸醇混合液进行脱色,一直到载玻片略呈粉红色,这大约需要 10 ~ 30 s,一定要小心的操作(图 16.5(c))。

⑤用水漂洗 5 s(图 16.5(d)),然后用碱性亚甲基蓝复染 2 min(图 16.5(e)),后再用水漂洗 30 s(图 16.5(f)),结束后用水纸吸干(图 16.5(g))。

⑥染色涂片不需要加盖玻片。在油镜下观察并记录。抗酸菌呈红色,背景和其他菌染成蓝色或者棕色。

(a) 滴加石炭酸品红直至泡透纸条在通风橱中加热 5 min

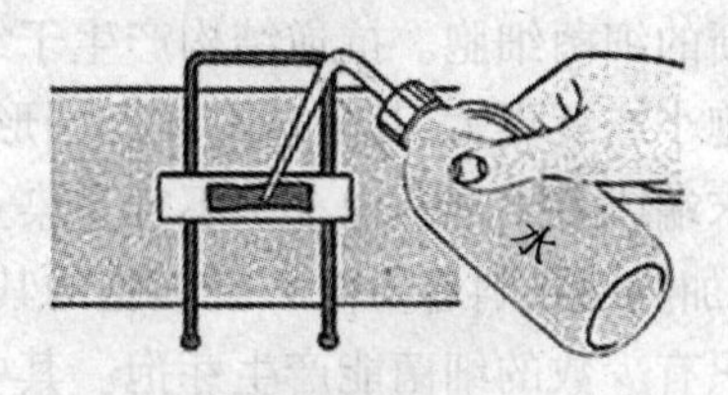

(b) 冷却并用水漂热 30 s

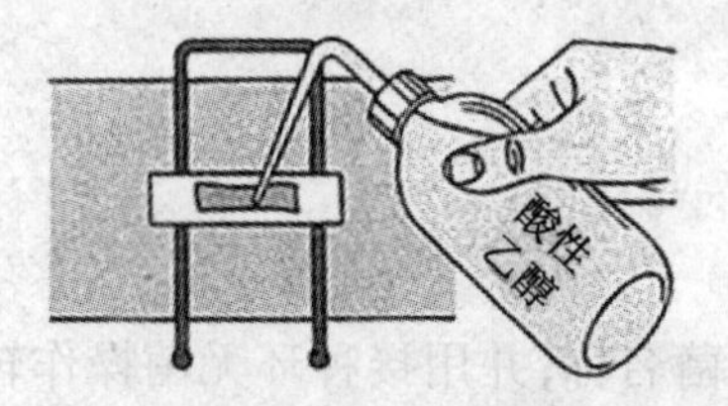

(c) 用酸性乙醇脱色 10~30 s，直至呈粉红色

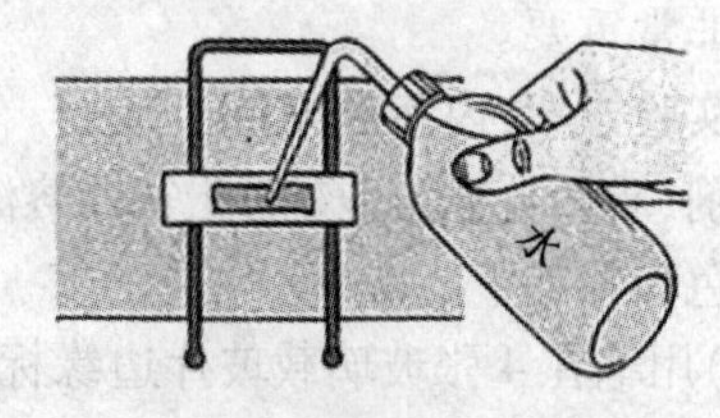

(d) 用水漂洗 5 s

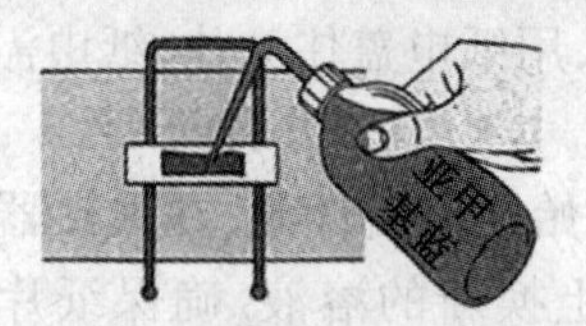

(e) 用亚甲基蓝复染 2 min 左右

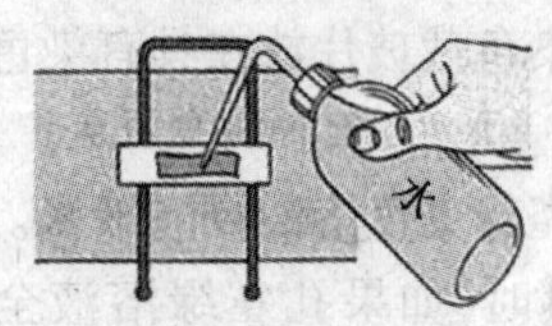

(f) 用水漂洗 30 s

(g) 用吸水纸吸干

图 16.5　抗酸染色操作步骤

(2)Kinyoun(冷染法)程序。

染色步骤如下。

①如前面所叙述的热固定载玻片。

②用添加了表面活性剂的石炭酸品红冲洗载玻片 5 min,不需要加热。

③先用酸醇混合液脱色,然后用自来水冲洗,反复该步骤直到从载玻片上冲洗下来的液体不再有颜色。

④用碱性亚甲基蓝复染 2 min,冲洗并吸干。

⑤在油镜下观察。抗酸菌呈红色,背景和其他菌是蓝色。

2. 注意事项

(1)调整光圈和聚光器是区分痰或者其他黏性背景中的抗酸微生物的关键。

(2)石炭酸品红加热时会释放苯酚,苯酚有毒,因此该过程必须在通风橱中进行。

(3)新鲜培养的微生物的抗酸性不如培养较久的,前者积累的脂质亮较少。

(4)制备时将细菌和卵清蛋白混合,这样有助于细菌黏附到载玻片上。

16.3.2 内芽孢染色

杆菌和梭状芽孢杆菌等细菌能在逆境中长期存活,产生抗性结构,一旦条件合适,再复苏形成新的细菌细胞。抗逆结构产生于细菌细胞内部,所以称为内芽孢。内芽孢可能比亲代细菌细胞小或者更大,其呈球形或椭圆形,它在细胞内的位置因细菌而异,可能在中间,也可能位于近末端或者末端。内芽孢不容易染上色,但是一旦染上色后也不容易脱色内芽孢用孔雀绿染色,加热使染料容易渗入。细胞的其他部分脱色后被蕃红复染成浅红色。

只有少数的细菌能产生芽孢。其中具主要医学意义的菌株包括炭疽芽孢杆菌、破伤风梭菌、肉毒梭菌和产气荚膜梭菌。内芽孢的位置和大小因菌株而异。因此,其大小和位置在菌株鉴定中非常重要。

1. 实验方案:内芽孢染色

试剂:质量分数为5%的孔雀绿溶液、蕃红

染色步骤如下。

(1)用笔在4张玻璃载玻片边缘标记上相应的细菌名称,并用接种环无菌操作转移相应菌到载玻片上,自然干燥。

(2)将带染色载玻片放在具有染色环的加热器上,用纸巾盖住涂片,纸巾需要和载玻片同样的大小。

(3)用孔雀绿染色溶液浸泡纸张。孔雀绿溶液开始冒泡后计时,在加热器上温和地加热5~6 min,加热时,如果孔雀绿溶液全部蒸发,应马上换新的溶液,确保纸片饱和(图16.6(a))。

(4)用镊子移走纸片,冷却后用水冲洗载玻片30 s(图16.6(b)),用蕃红复染60~90 s(图16.6(c)),再用水冲洗载玻片30 s(图16.6(d))。

(5)用吸水纸吸干(图16.6(e)),在油镜下观察,不需要盖玻片。芽孢(内芽孢和自由芽孢)都被染成绿色,营养细胞染成红色。

2. 注意事项

(1)应该慢慢地蒸菌株而不能煮。

(2)载玻片在冷水冲洗之前应该先自然冷却,如果未先冷却,漂洗时载玻片容易破碎。

(3)废弃的载玻片应当放到装有消毒剂的专用容器中。

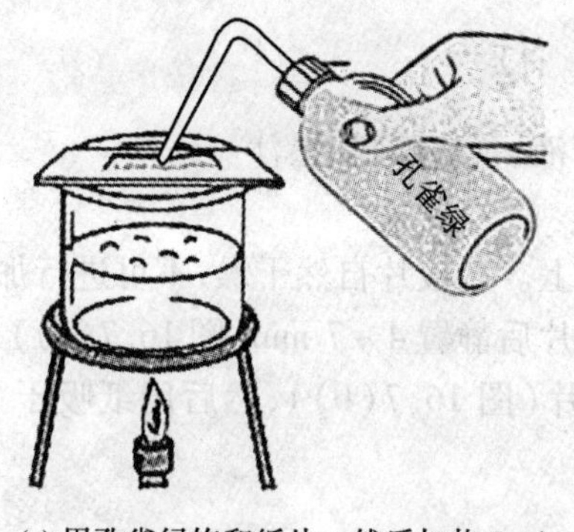

(a) 用孔雀绿饱和纸片，然后加热 5 min

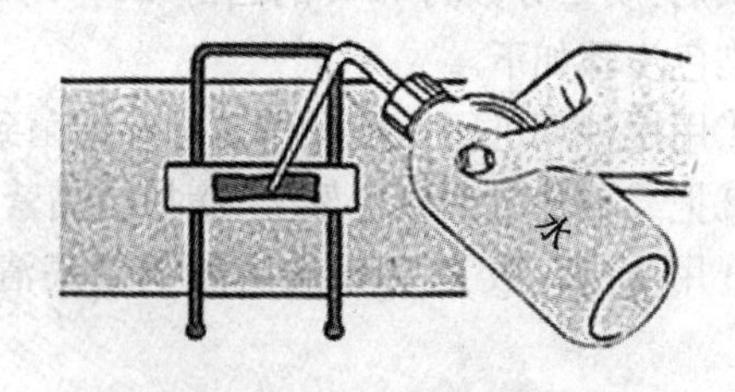

(b) 移去纸片，冷却，用自来水冲洗 30 s

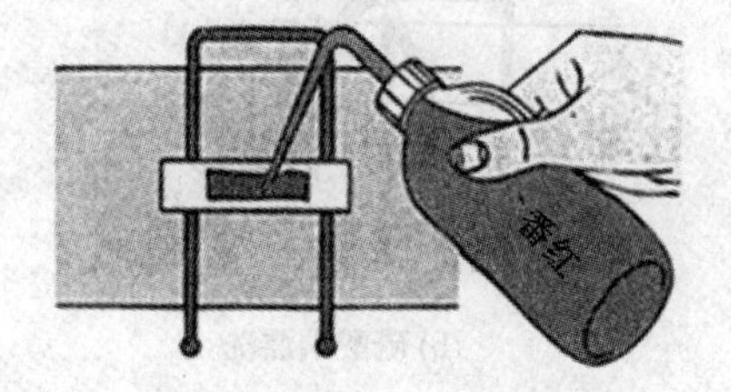

(c) 用番红复染 60~90 s

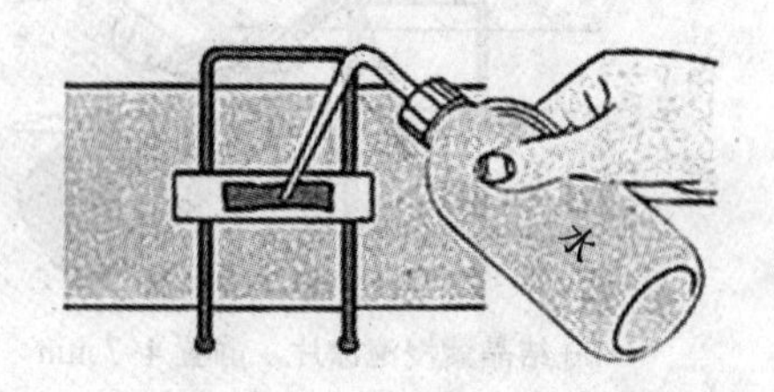

(d) 用水冲洗 30 s

(e) 用吸水纸吸干

图 16.6　内芽孢染色操作步骤

16.3.3　荚膜染色法

荚膜是一些细菌周围有的那一层黏滑的膜。细菌的种类不同导致组成和厚度也不同。荚膜中一般含有多糖、多肽和糖蛋白。荚膜厚的致病菌一般比荚膜薄或无荚膜的细菌的毒性更大,因为荚膜能够抵抗宿主吞噬细胞的吞噬作用。仅凭负染或墨汁染色等简单染色实验没有办法判断细菌有无荚膜。细菌周围没有染色的区域有可能是干燥后,细胞与周围染料分开了。而荚膜染色法则可方便地鉴定是否存在荚膜。Anthony's 染色法采用了两种试剂。用结晶紫进行初染,它能将细菌细胞和荚膜成分染成深紫色。与细胞本身不同,由于荚膜不是离子,初染染料不能黏附。硫酸铜作为脱色剂,它去掉多余的初染染料并且使荚膜脱色。同时,硫酸铜也作为复染剂,被吸入荚膜并使其变为浅蓝色或是粉红色。在这种方法中,涂片不能进行加热,因为在加热后可能引起皱缩并且在细菌的周围形成一圈明亮的区域,这有可能被误认为是荚膜。

荚膜的存在与否在临床中还是判断病菌及其毒力高低的指标之一。毒力是致病菌导致疾病严重程度的参数。很多细菌(肺炎链球菌、变形链球菌以及真菌)都含有成为荚膜的凝胶状覆盖物。

1. 实验方案

(1) Anthony's 染色法（荚膜染色法）。

试剂:质量分数为 70% 的乙醇、20% 的硫酸铜溶液、蕃红染料、墨汁

染色步骤如下。

①用接种环进行无菌操作取一环细菌到载玻片上。载玻片自然干燥,不可进行加热固定。

②把载玻片放到染色架上,滴加结晶紫,覆盖涂片后静置 4 ~ 7 min(图 16.7(a))

③用质量分数为 20% 的硫酸铜彻底清洗载玻片(图 16.7(b)),然后用纸吸干(图 16.7(c))。

④在油镜下观察,得出结论。

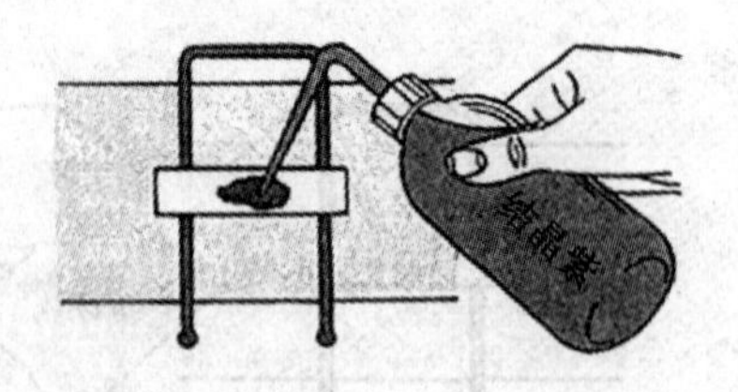

(a) 结晶紫浸泡涂片，静置 4~7 min

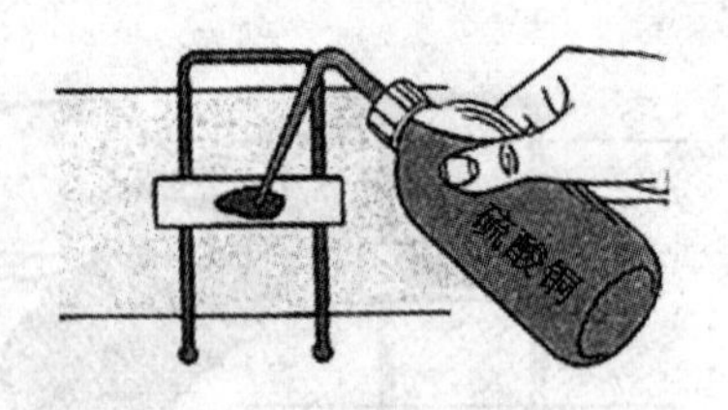

(b) 硫酸铜漂洗

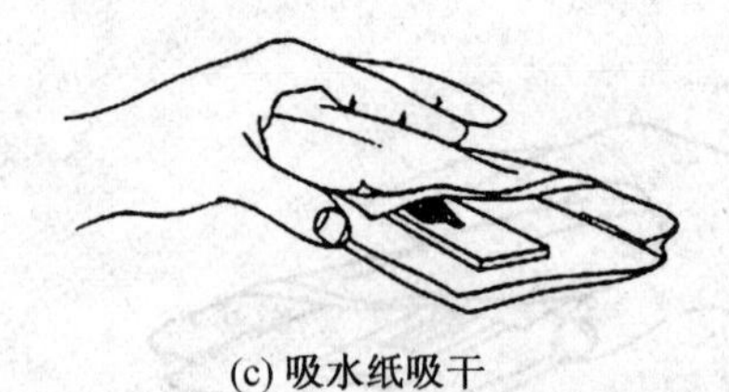

(c) 吸水纸吸干

图 16.7　荚膜染色操作步骤

(2) Graham, Evans 染色法。

实验步骤如下。

①用酒精彻底地清洗载玻片。

②用接种环挑取两种不同的细菌到载玻片的一端,滴加少量的墨汁(1 ~ 2 滴),并混匀。

③用另外的一载玻片展开混合液滴,制作较薄的涂片。干燥涂片。

④为了避免细菌从载玻片上洗掉应慢慢地用蒸馏水清洗。

⑤用革兰氏结晶紫染色 1 min 后用水冲洗。

⑥用蕃红染色 30 s 后用水冲洗,吸干。

⑦如果有荚膜存在,粉红至红色的细菌周围有一亮区,其背景为黑色。

2. 注意事项

(1) 墨滴务必要少滴。

(2) 显微镜的亮度的调节是观察最佳荚膜图像的关键之一。

(3) 质量分数为 70% 的乙醇应远离明火。

16.3.4　鞭毛染色

细菌的鞭毛是负责运动的细丝状细胞器,它很纤细,直径为 10 ~ 30 nm,需要电子显微镜才可以观察到。鞭毛只有用媒染剂如鞣酸、钾明矾包被并用碱性品红、硝酸银或结晶紫染色,

增加厚度,光学显微镜才能观察得到。尽管鞭毛的染色很困难,但是这可以了解到鞭毛存在与否及其位置,在细菌的鉴定中鞭毛的鉴定是有很大的价值的。

Difco's 斑点测试鞭毛染色利用结晶紫的醇酸溶液最为初染液,鞣酸和钾明矾为媒染剂。在染色的过程中,乙醇蒸发,沉淀在鞭毛周围的结晶紫增加了大小。

在临床中,靠鞭毛运动的重要的病原体有百日咳杆菌、普通变形杆菌、铜绿假单胞菌和霍乱等,这些细菌是通过有无鞭毛及其数量和排布方式来鉴定的。

1. West

试剂:无菌蒸馏水、硝酸银、鞣酸、结晶紫、钾明矾。

实验步骤如下。

(1)进行无菌操作,用接种环将细菌从斜面的底部的浑浊液体中转移到用镜头纸擦干净的载玻片中央的3小滴蒸馏水中,用接种针轻轻地将稀释的菌悬液涂布在3 cm的区域(图16.8(a))内。

(2)载玻片风干15 min(图16.8(b)),用作为媒染剂的鞣酸和钾明矾覆盖干涂片4 min(图16.8(c))。

(3)用蒸馏水冲分的漂洗(如图16.8(d))。

(4)将一张纸巾置于湿涂片上,并用硝酸银浸透,在风扇打开的通风橱内沸水浴加热载玻片5 min,然后再加入更多的硝酸银染液防止载玻片变干(图14.8(e))。

(5)移开纸巾,并用蒸馏水冲掉多余的硝酸银,用蒸馏水淹没载玻片并使其静置1 min,直至残余的硝酸银浮在表面(图16.8(f))。

(6)然后再用水轻轻冲洗,并小心摇掉载玻片上残余的水分(图16.8(g))。室温下风干载玻片(图16.8(h))

(7)用油镜观察涂片的边缘。记录结果。

2. Difco's **斑点测试法**

实验步骤如下。

(1)在载玻片距离磨砂边缘大约1 cm的地方滴一滴蒸馏水。

(2)用接种环轻轻地接触用于检验的菌落培养物,然后轻轻地接触水滴,但是不要接触到载玻片,不能进行混合。

(3)略微地倾斜载玻片,使标本流到载玻片的另一端。

(4)室温下进行风干载玻片,不要用热固定。

(5)用 Difco's 斑点测试检验鞭毛染液的小玻璃管里的物质浸没载玻片。

(6)让结晶紫的酸醇溶液在载玻片上作用大约4 min。

(7)用自来水或洗瓶的水小心地冲洗载玻片上的染液,同时将载玻片仍放在染色架子上。

(8)冲洗后略微的倾斜载玻片,使多余的水流走,室温风干或置于载玻片加热器上。

(9)用油镜观察标本,细菌及其鞭毛应呈紫色。

注意事项如下。

(1)制作图片时要温和,不要猛烈振荡培养物,以避免鞭毛脱落。

(2)用新鲜的胰蛋白胨大豆琼脂斜面培养基培养细菌,保证斜面底部仍有液体。

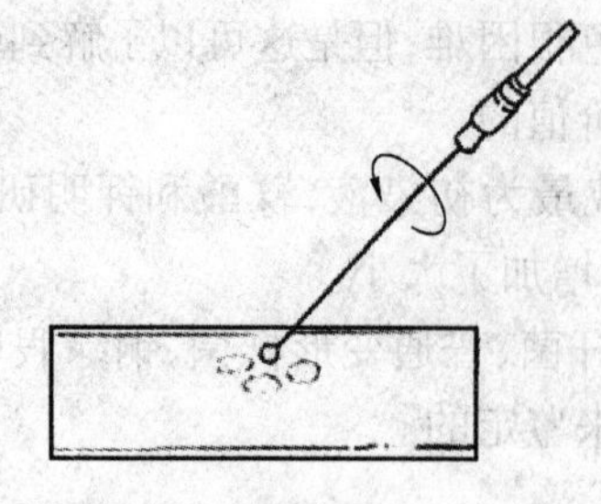

(a) 将细菌置于 3 滴蒸馏水中并涂开

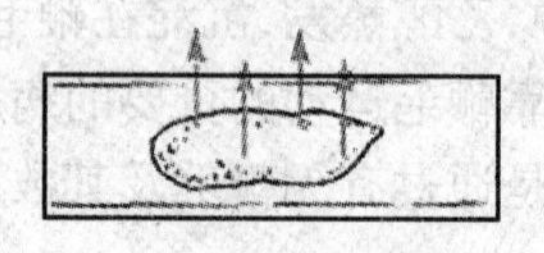

(b) 风干 15 min

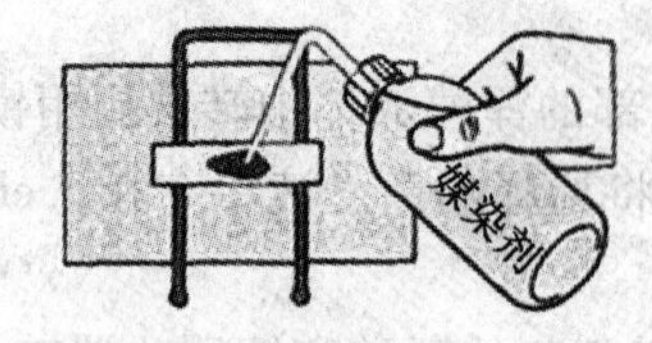

(c) 用媒染液覆盖涂片 4 min

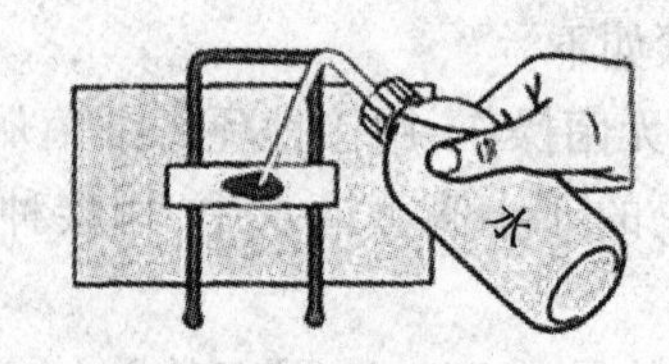

(d) 用蒸馏水充分冲洗

(e) 将纸巾置于涂片上方并用染液浸透，加热 5 min

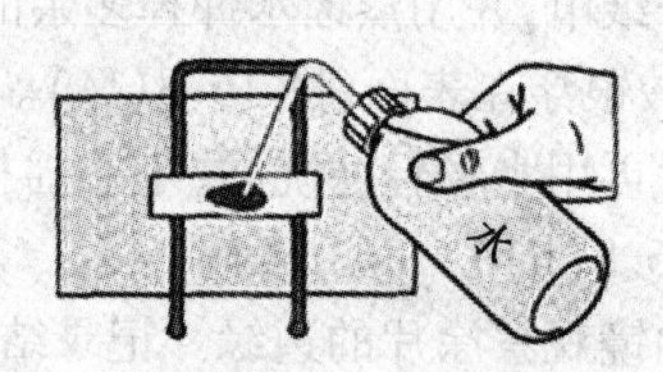

(f) 用蒸馏水浸没载玻片静置 1 min

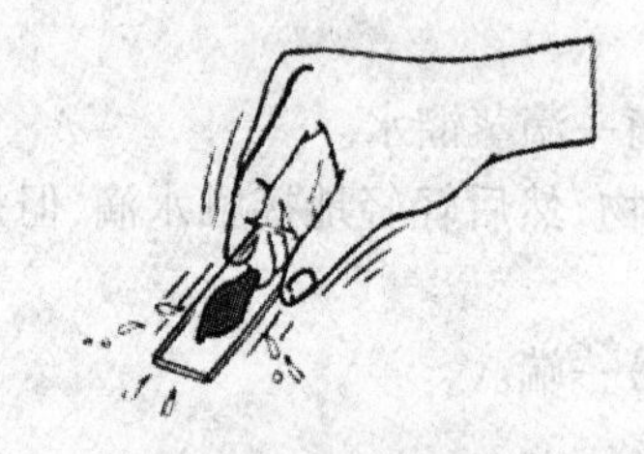

(g) 将多余的水流出载玻片

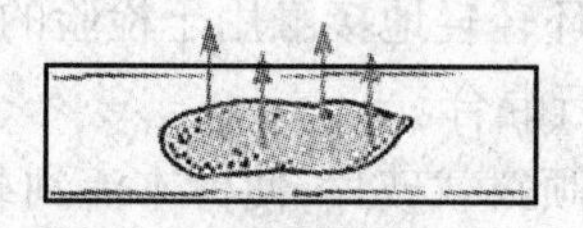

(h) 室温下风干

图 16.8　鞭毛染色操作步骤

第17章　活性污泥中微生物的初步观察

17.1　引　　言

在活性污泥法中，显微技术运用于过程控制和故障诊断，为污水处理厂经营者提供了一个特别的工具。显微镜通常被当作惯例的或必需的工具，用于判断不同操作条件对生物量和废水处理效果的影响。取样和显微镜镜检的频率通常由人力、问题的严重性、工厂排放水的水质和水量决定，频率可以是一天、一周、一月一次或每一次平均细胞停留时间(Mean cell residence time，MCRT)。然而，在不希望的操作条件下，为了能够获取与引起操作条件改变的因素相关的有用数据，以便于改进弥补措施，显微镜可能会使用地更频繁。

尽管显微镜的使用最初会让人感到困惑，显微镜镜检所需的时间也比较长，但是随着显微技术和鉴别生物的能力逐渐提高，用于显微镜镜检的时间会大大降低。因此，显微镜的使用可能会成为活性污泥法中过程控制和故障诊断的一个标准分析工具。

显微镜让操作员看到了污水处理系统中的“臭虫”或生物，在稳定操作条件下，每一种处理方法都针对特定的生物，通过观察这些微生物，操作员能够将生物与现存的操作条件联系起来，这些条件可以是可行的或不可行的。因此，操作员能够“读”懂生物，从而判断出操作条件的可行性，即利用生物作为指示或“生物指示”。

活性污泥法涉及各种各样的生物，数量较多且起重要作用的主要有细菌和原生动物(图17.1)，数量较少的有复细胞或多细胞生物、显微镜下可见的小动物和肉眼可见的无脊椎动物(图17.2)。在活性污泥法中常见的复细胞生物包括轮虫、自生生活的线虫、水熊和刚毛虫。此外，还有藻类、真菌、幼虫、水蚤和污泥蠕虫。

细菌以固态和水生物形式通过排泄物、流入物和渗入物(Inflow and infiltration，I/I)进入活性污泥系统中，并常以分散、运动的细胞或絮状的细胞或丝状体存在于活性污泥系统中。分散的细胞包括许多幼小的细菌及硝化细菌和亚硝化细菌，随着细菌的生长，它们逐渐退去运动器官——鞭毛，并产生一个黏多糖的外套，促进了絮凝体和絮状颗粒的形成。大肠杆菌和菌胶团就是絮凝形成的细菌体，它们能迅速凝聚，促使絮凝物的形成和絮状颗粒的长大。那些不发生凝聚的细胞则有3种去向：①由于兼容电荷的存在被絮状颗粒吸收；②带鞭毛的原生动物和复细胞动物分泌产生外套，引起兼容电荷改变，使细胞被絮状颗粒吸收；③直接被原生动物和后生动物吞噬掉。

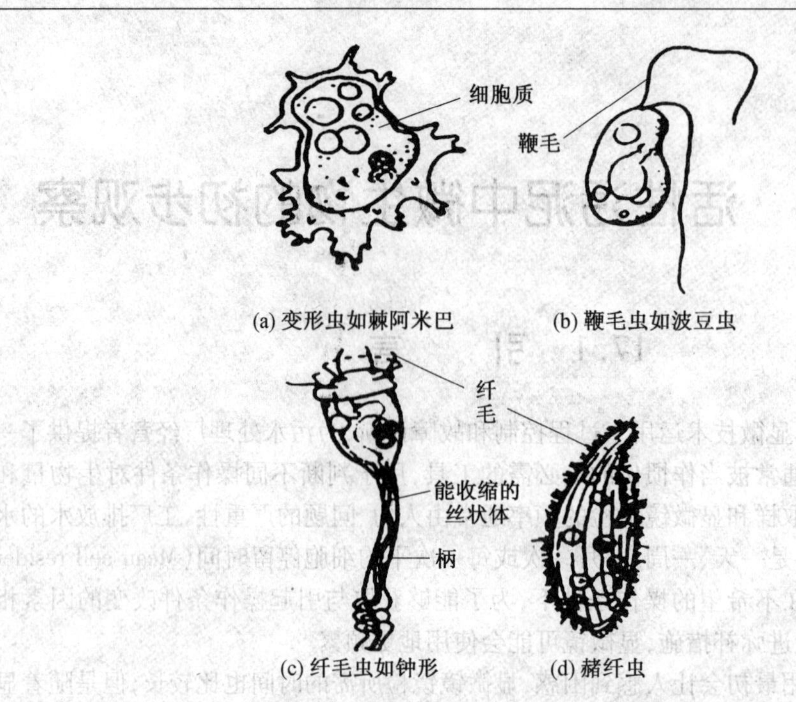

(a) 变形虫如棘阿米巴　(b) 鞭毛虫如波豆虫

(c) 纤毛虫如钟形　(d) 赭纤虫

图 17.1　活性污泥法中 3 种常见类型的原生动物

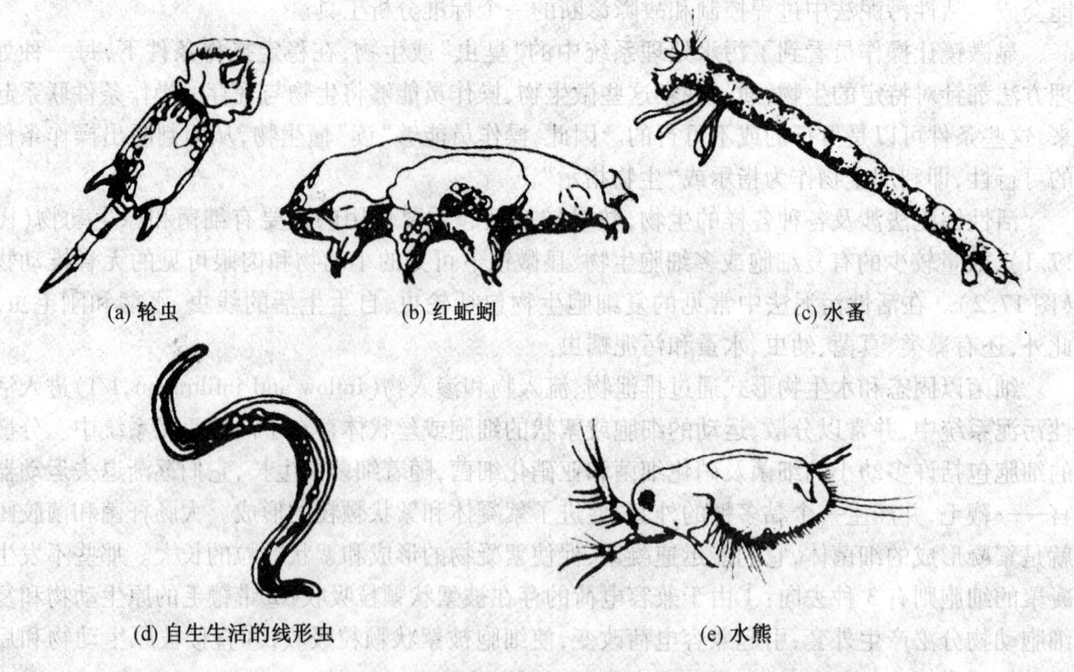

(a) 轮虫　(b) 红蚯蚓　(c) 水蚤

(d) 自生生活的线形虫　(e) 水熊

图 17.2　活性污泥法中的多细胞生物

虽然细菌是单细胞生物体,但一些细菌常常呈链状生长,形成毛状体或丝状体。许多丝状生物通过 3 种途径进入活性污泥系统中:①以固态和水生物形式通过 I/I 进入;②这些丝状生物先附着在出水系统的生物膜上生长,随着流水的冲刷作用,丝状生物随生物膜的脱落进入活性污泥系统中;③通过预生物处理的工业废水带入。在活性污泥法中形成的常见丝状生物包括:诺卡氏菌(*Nocardioforms*)(图 17.3),微丝菌(*Microthrix parvicella*)(图 17.4)和浮游球衣菌(*Sphaerotilus natans*)(图 17.5)。

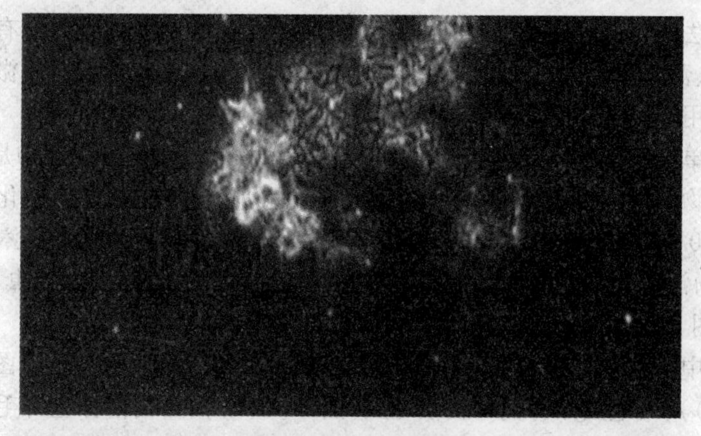

图17.3　诺卡氏菌

图17.4　微丝菌

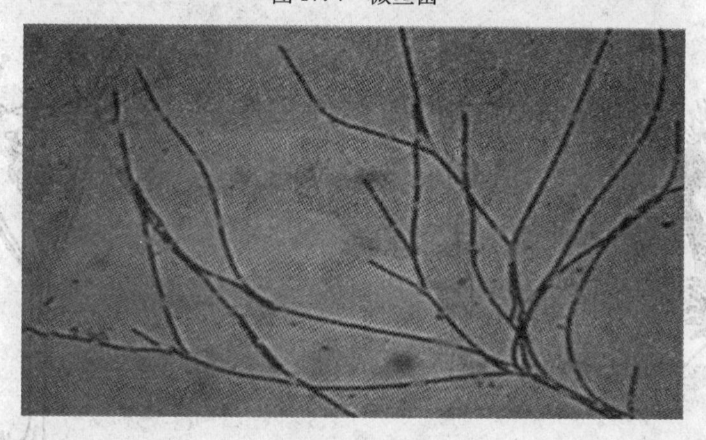

图17.5　球衣菌

诺卡氏菌是一种体型小(<20 μm)、具有分支结构且能产泡沫的革兰氏阳性(蓝)丝状菌。分支是真实存在于诺卡氏菌中的,在分支结构间是连续性生长的单细胞物质,即在分支间没有“间隙”,同时,分支结构没有被透明的鞘包围。

微丝菌是一种长为100~400 μm、无分支结构、能产泡沫的革兰氏阳性(蓝)丝状菌。这种丝状菌经革兰氏阳性显色后看起来像“一串蓝宝珠”。

球衣菌是一种较长的(>500 μm)、具有分支结构的革兰氏阴性(红)丝状菌,它的分支是假的,分支被一个透明的树鞘包围,分支间有“间隙”或者说无细胞物质。

在活性污泥法中，每毫升废水中约含有 100 万个细菌，每克固体中约含有 10 亿个。细菌对有机物的降解、营养物（氮和磷）的去除、絮凝物形成和胶体、分散生长物、微粒物、重金属的去除起着重要作用。

原生动物是单细胞生物体，其结构类似于动物或植物。大多数原生动物是自生生活的，它们以固态或水生物形式通过 I/I 进入活性污泥系统中。随着操作条件的变化，原生动物的数量在小于 100 ~ 10 000 个/mL 间变动。废水中的原生动物曾被分为四、五、六类，但在活性污泥法中，原生动物常被分成 5 类，它们是：变形虫、鞭毛虫、自由游泳型纤毛虫、匍匐型纤毛虫、固着型纤毛虫（图 17.6）。

活性污泥法中原生动物 5 大基本种类的代表包括：变形虫如大变形虫（图 17.6(a)）和表壳虫（图 17.6(b)）；鞭毛虫如有壳叶状根足虫（图 17.6(c)）；自由游泳型纤毛虫如肾形虫（图 17.6(d)）；匍匐型纤毛虫如棘尾虫（图 17.6(e)）；固着型纤毛虫如钟形虫（图 17.6(f)）；偶尔，有触角的固着型纤毛虫如壳吸管虫（图 17.6(g)）也能被观察到。

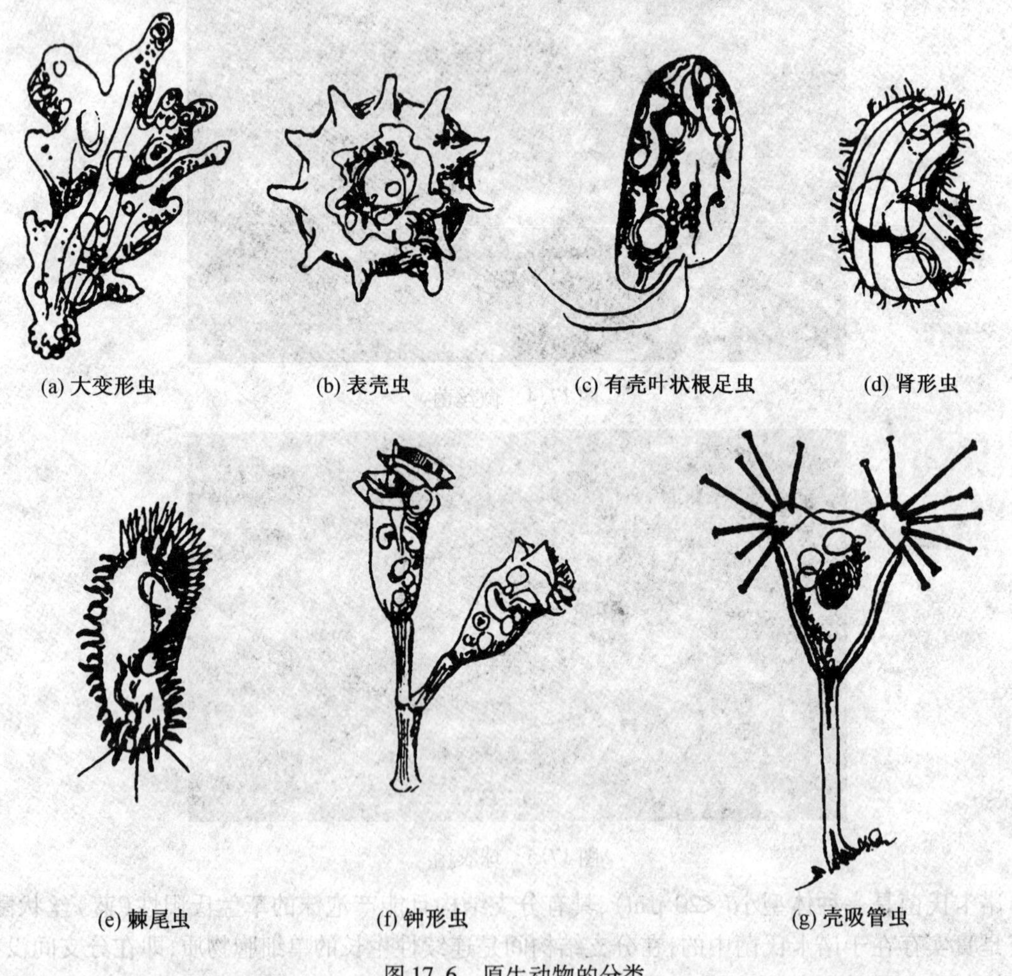

图 17.6　原生动物的分类

变形虫（Amoebae）的细胞质与果冻相似，细胞膜纤薄，细胞质在细胞膜内的流动为变形虫提供了动力，这种伸缩运动被称为“伪足”运动，它使变形虫能够捕捉到微小的物质和细菌作为其营养物质。

通常存在两种类型的变形虫，裸露变形虫和有壳变形虫。裸露变形虫如大变形虫（Amoeba proteus)(图17.7)没有保护层,有壳变形虫如砂壳虫(Difflugia)(图17.8)则有保护层。保护层含有一种钙化的物质,起保护作用,使微生物在水流中缓慢地移动。变形虫在废水中缓慢地移动,因而在混合液的显微镜镜检中常被忽略掉。通常,有壳变形虫会被误认为是囊、花粉粒或其他东西。

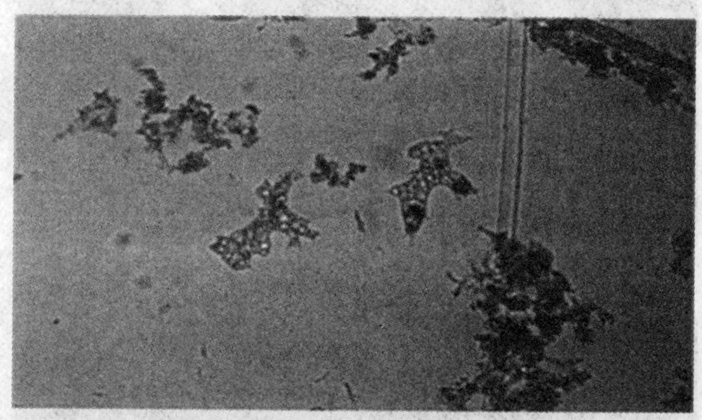

图17.7　大变形虫

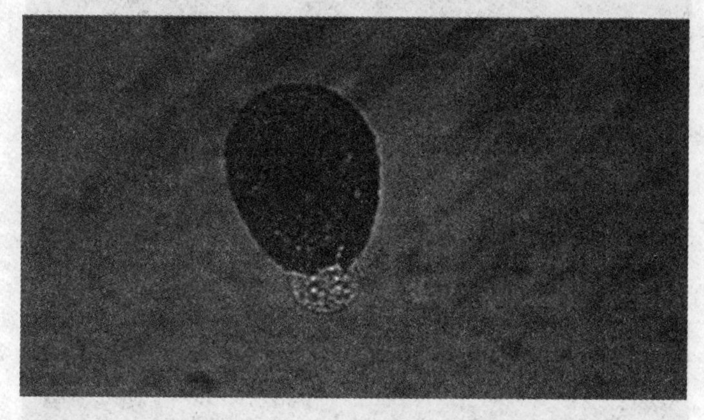

图17.8　砂壳虫

裸露的变形虫如大变形虫通常很难被观察到,是由于它们移动缓慢且与周围环境几乎无对比。

有壳的变形虫如砂壳虫依靠壳内细胞质的流动而移动或在水流中漂移。

鞭毛虫(Flagellates)呈椭圆形,拥有一个或多个鞭状的结构——鞭毛,鞭毛位于其身体的后半部位,它的摆动为生物体提供了动力,使生物体的前半部分朝着与摆动相反的方向运动。因此,鞭毛虫能快速地呈螺旋形运动。

鞭毛虫分为两类:植物型和动物型。植物型鞭毛虫如眼虫藻(Euglena)(图17.9),内含叶绿体,能进行光合作用,这种鞭毛虫也被称为运动型藻类。在强光下,含叶绿素的鞭毛虫能快速繁殖,导致种群数量大于100 000个/mL。由于含叶绿素的鞭毛虫具有趋光性,当二次澄清池内鞭毛虫数量较多时,这种趋光运动可能导致聚团(图17.10)。而动物型的鞭毛虫如波豆虫(Bodo)(图17.11)则不含叶绿体。

植物型、运动型藻类或含叶绿素的鞭毛虫如眼虫呈绿色,是因为内含光合的色素或叶绿体。它们能进行光合作用,即会朝向光运动。除了能进行光合作用,植物型鞭毛虫还依靠鞭毛的摆动作用而移动。

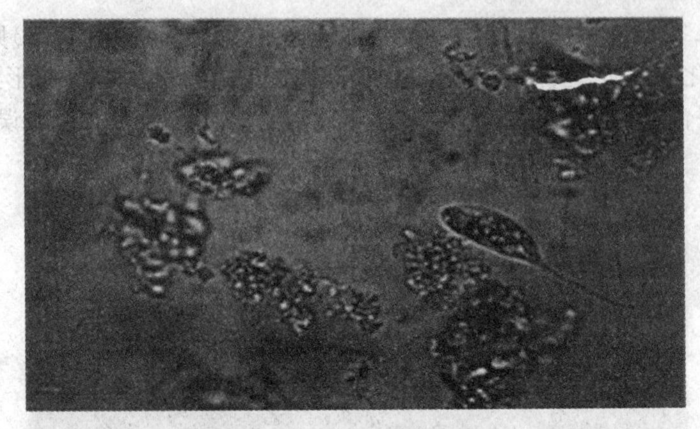

图 17.9　眼虫藻(Euglena)

图 17.10　含叶绿素的鞭毛虫聚集在一起

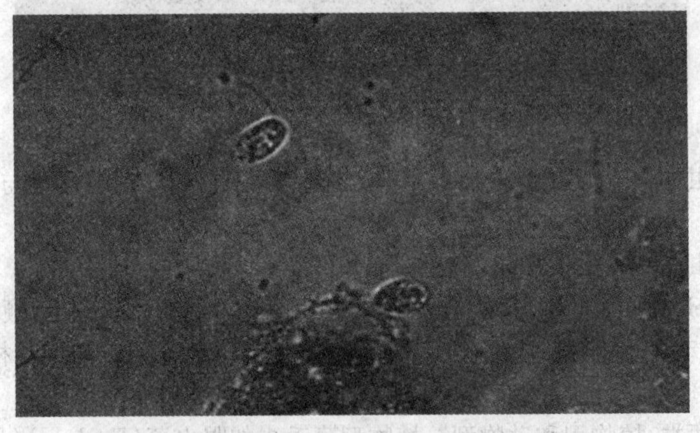

图 17.11　波豆虫(Bodo)

在野外稳定性实验的澄清池内,相当大数量(>100 000 个/mL)的含叶绿素鞭毛虫或运动鞭毛能将残留的固体物质“推”向有光的地方。

动物型鞭毛虫如波豆虫不含叶绿体,没有趋光性,无叶绿素的鞭毛虫依靠鞭毛的摆动来实现其运动。

自由游泳型纤毛虫(Free-swimming ciliates)在本体溶液中自由地运动,即它们并不黏附于絮状颗粒上。例如草履虫(Paramecium)(图 17.12)和喇叭虫(Stentor)(图 17.13),它们拥有大量类似短发的结构或纤毛,这些纤毛分布于整个体表,有节奏地摆动着,从而引起水的流动,水流又将悬浮或分散的细菌推至纤毛虫底部或腹部的胞口内。

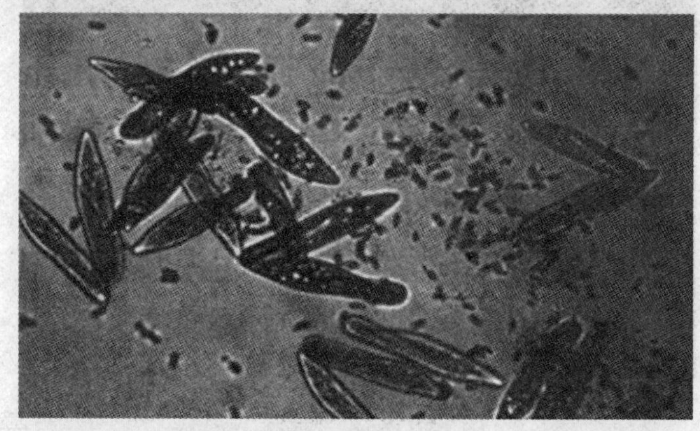

图17.12　草履虫

图17.13　喇叭虫

自由游泳的纤毛虫如草履虫有成排的类似短发的结构或纤毛分布在机体的整个表面,纤毛的摆动提供了动力,使细菌进入纤毛虫的胞口内。

喇叭虫是一种喇叭状的、能自由游泳的纤毛虫。

匍匐型纤毛虫(Crawling ciliates)也有成排的纤毛,但纤毛只分布于其腹表面上。由于纤毛数量的减少,匍匐型纤毛虫如楯虫(Aspidisca)(图17.14)和游仆虫(Euplotes)(图17.15)不善于运动,而选择待在絮状颗粒的表面上。一些在生物体前半部分或后半部分成排的纤毛逐渐退化成“刺”,这些“刺”使纤毛虫固定在絮状颗粒上,一旦被固定上,纤毛的摆动引起的水流就使分散的细菌进入纤毛虫腹表面的胞口内。

固着型纤毛虫或有柄纤毛虫(Stalked ciliates)沿胞口周围有一圆排纤毛,它起两个作用:第一,产生水流将分散的细菌推引到胞口处;第二,作为一个“助推器”使生物从溶解氧浓度低的地方(<0.5 mg/L)游向溶解氧浓度高的地方(图17.16)。

匍匐型纤毛虫如楯虫只在其身体的腹表面有成排的纤毛,纤毛的摆动就如原生动物有无数双小“腿”在絮状颗粒表面爬行。

在超显微镜下,能够看到游扑虫与絮状颗粒的表面相接触,一些纤毛已经蜕变成“刺”,使原生动物固定在絮状颗粒的表面上。

在低溶氧浓度下(<0.5 mg/L),固着型纤毛虫如钟形虫从絮状颗粒上分离下来,游向溶解氧浓度更高的地方。固着型纤毛虫利用它们的柄(或“尾巴”)作为方向舵,利用胞口周围的纤

图 17.14　楯虫

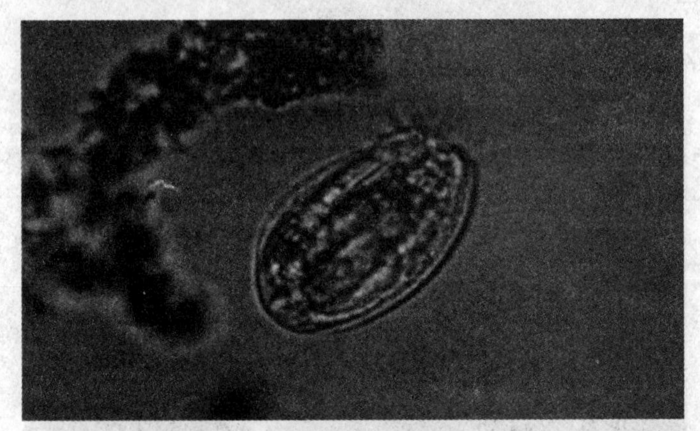

图 17.15　游仆虫

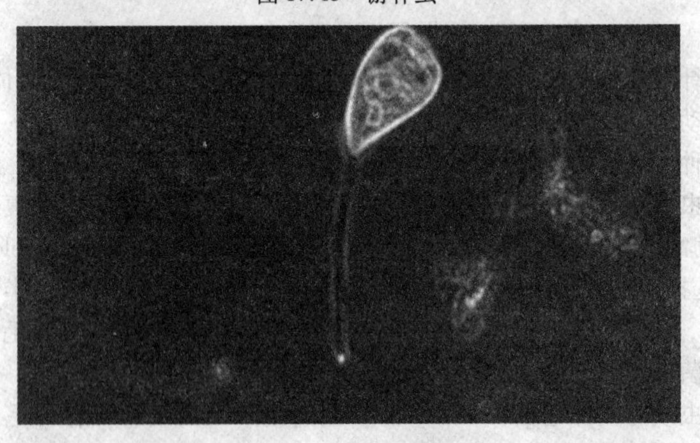

图 17.16　自由游泳的固着型纤毛虫

毛作为“助推器”。

钟形虫是一种独居的原生动物,而独缩虫是一种聚居的原生动物。

典型的固着型纤毛虫是固着或黏附于絮状颗粒上的,但在低溶氧浓度下能自由游泳。固着型纤毛虫可以是独居的,如钟形虫(Vorticella)(图 17.17),也可以是聚居的,如独缩虫(Carchesium)(图 17.18)。一些固着型纤毛虫如钟形虫,由于具有收缩性的丝状体——肌丝,而能够“弹跳”(图 17.19),这种“弹跳”运动引起水涡旋,吸引了更多的细菌进入胞口。一些固着型纤毛虫如盖虫(Opercularia)(图17.20),因不具有收缩性的肌丝而不能“弹跳”。

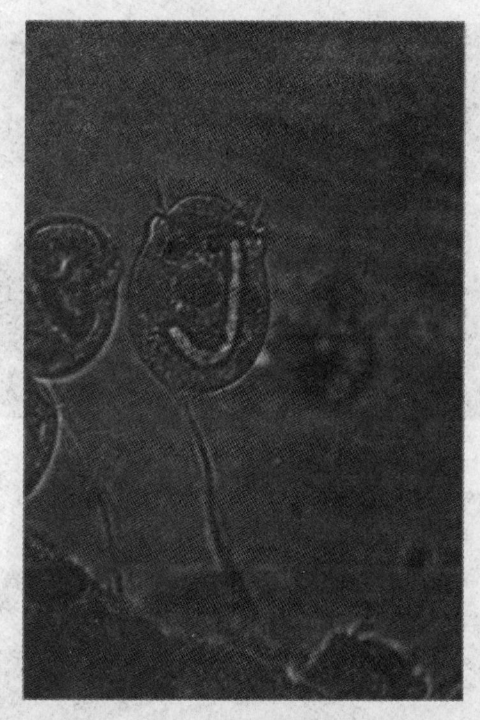

图 17.17　钟形虫

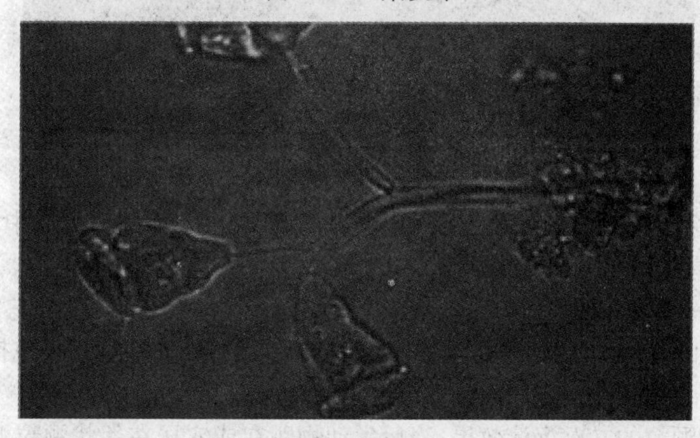

图 17.18　独缩虫

原生动物特别是有纤毛的原生动物，在活性污泥系统中扮演着重要的角色，这些角色包括：

(1)通过吞噬作用和盖覆作用去除分散的细菌。吞噬作用就是细菌的消耗过程，而盖覆作用是指细菌表面被分泌物所覆盖，使得细菌细胞的表面电荷与絮状颗粒兼容而易被吸附上去。

(2)提高絮状颗粒的二次沉淀效果。当原生动物趴在或附在絮状颗粒上时，使絮状颗粒的质量增加从而沉降下来。

(3)通过原生动物的分泌物或废弃产物，回收矿质营养物质，尤其是氮和磷。

一些固着型纤毛虫如钟形虫，在柄鞘中分布着能收缩的丝状体——肌丝，从而产生“弹跳”反应。这种弹跳作用引起的水涡旋吸引细菌进入胞口内。

一些固着型纤毛虫如盖虫，没有收缩性的丝状体，不能弹跳 。

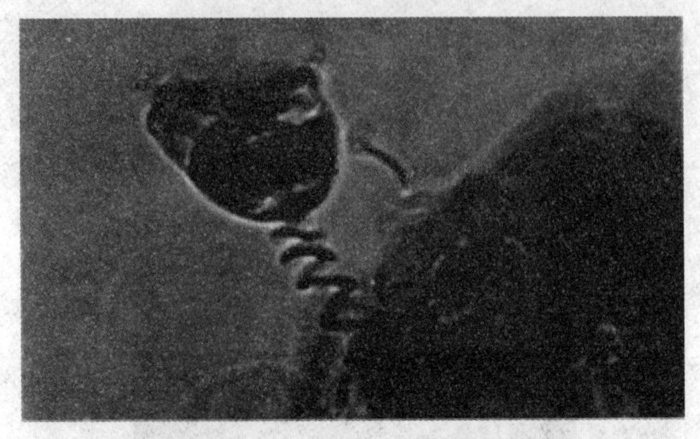

图 17.19　能收缩的丝状体

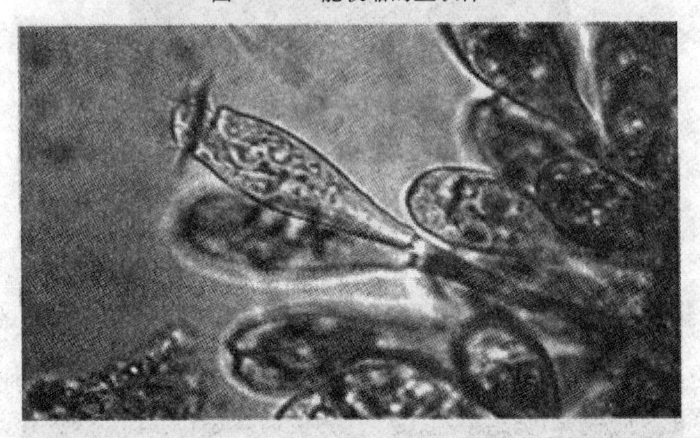

图 17.20　盖虫

后生动物是多细胞生物体,以固态或水生生物的形式进入活性污泥法中。后生动物是严格好氧的生物,不能忍受不利的操作环境,如低溶解氧浓度、高污染、强毒性。最常见的后生动物是轮虫(Rotifer)(图 17.21)和自生生活的线虫(Nematode)(图 17.22),它们的现存数量较少,每毫升约为几百只,但是在活性污泥法中扮演着重要的角色,这些角色包括:

(1)通过吞噬作用和盖覆作用去除分散的细菌。

(2)提高絮状颗粒的二次沉淀效果:当后生动物趴在或穴居在絮状颗粒上时,使絮状颗粒的质量增加从而沉降下来。

(3)通过后生动物的分泌物或废弃产物,回收矿质营养物质,尤其是氮和磷。

(4)分泌成团的废物作为细菌黏聚的场所,从而引发絮凝物的形成。

(5)在絮状颗粒内剪切其内部结构或穴居在絮状颗粒内,从而促进细菌活动。这种剪切行为和掘穴行为促使自由氧分子(O_2),NO_3^-,生化需氧量(BOD)和营养物质渗入到絮状颗粒的中心。

轮虫如旋轮虫(Philodina)是活性污泥法中最常见的后生动物。

自生生活的线虫是活性污泥法中较常见的后生动物,通过其口器能掘进入絮状颗粒内。

当活性污泥趋于成熟并能在稳定状态下顺利运行,它的混合液就产生了自己独特的生物群体,这个群体反映了一个稳定状态的环境或操作条件,这一条件包括许多参数:①适宜的污泥容积指数(The sludge volume index,SVI);②适宜的营养物与微生物的比值(The food-to-microorganism ratio,F/M);③适宜的细胞平均停留时间。在稳态条件下,混合液所包含的生命体

图 17.21　轮虫

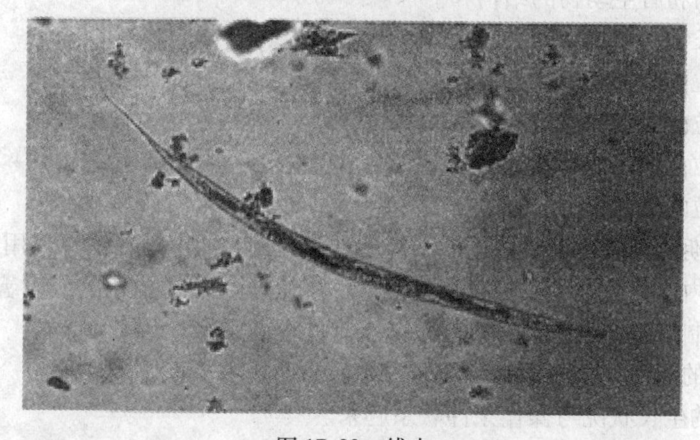

图 17.22　线虫

能指示出混合液的可行性。对于活性污泥法来说,在稳态条件下(图 17.23),一个成熟、发育良好的混合液生物群体可能包含以下方面。

(1)本体溶液中分散生长物极少。

(2)本体溶液中颗粒物极少。

(3)絮状颗粒大部分为中等尺寸(150 ~ 500 μm)或更大(>500 μm)。

(4)大部分絮状颗粒都是不规则的,且呈金黄色。

(5)通过亚甲基蓝染色后,可以看到大部分絮状颗粒既结实又紧密。

(6)存在极少由架桥形成的絮体网和开放结构的长絮体。

(7)含纤毛的原生动物数量大且种类繁多。

在一个良好的稳态条件下,一个成熟的絮状颗粒呈金黄色、不规则形状、中等大小(150 ~ 500 μm)或更大(>500 μm)。絮状颗粒中含有有限的丝状微生物群体,本体溶液中含有极少的分散生长物和颗粒物,匍匐型纤毛虫和固着型纤毛虫可能存在于絮状颗粒中。

在活性污泥法中,运行模式的一个偶然变动或工业排放废水的变动都能使混合液的生物

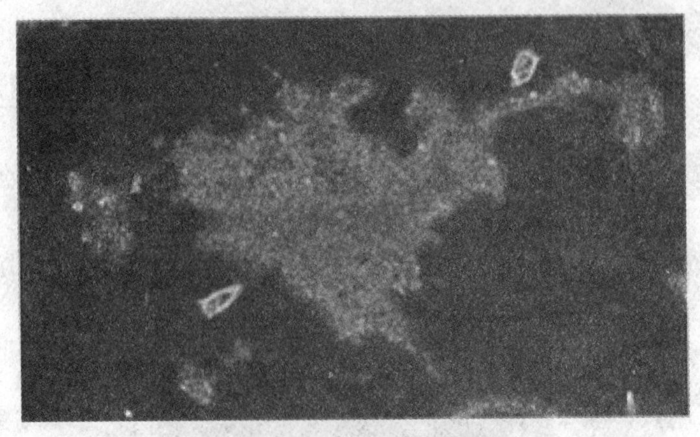

图 17.23　成熟的絮状颗粒

群体发生巨大的变化，这些变化可以通过镜检检测到，后者的变化通常能在前者变化之后的 24 ~ 36 h 内被观察到。这些变化包括以下方面。

(1)生物的数量。

(2)原生动物的优势种和衰退种。

(3)原生动物和后生动物的结构和活性。

(4)分散生长物和微粒物的数量。

(5)絮状颗粒内储存的食物的量。

(6)絮状颗粒的强度和密度。

(7)絮状颗粒占优势的形状和大小。

(8)絮状颗粒的尺寸范围。

混合液的周期性显微镜镜检可以用于许多过程控制和故障诊断。这些用途包括厂内排放监测和管理。厂内监测就是用目标生物或指示生物快速判断出恶化的或改善的状况，从而找到合适的过程控制措施。排放监测仅仅只限于难处理的废水。

有关混合液的周期性显微镜镜检的原因如下。

(1)将生物的生长状况与操作条件联系起来。

(2)将生物的生长状况与工业排放物联系起来。

(3)评估在运行模式下各种变动产生的影响。

(4)评估工业排放物产生的影响。

(5)确定出失去稳定性的原因。

(6)确定出固体物质流失的影响因素。

(7)确定出引起泡沫产生的因素。

(8)制定出合适的过程控制措施。

(9)监测和调节过程控制措施。

(10)为工业生产和监管机构提供有利的数据。

17.2　混合液中的生物食物链

在活性污泥系统的混合液中，生物种类繁多，代表性的混合液中的生物种类见表 17.1，这些生物通过排泄物和 I/I 进入活性污泥系统中。大多数的生物是自生生活、肉眼不可见的，需要借助显微镜才能看清它们，只有小部分是肉眼可见的，但是许多肉眼可见的生物在立体双目显微镜下可以看得更清楚。

表17.1　混合液中的生物种类

种类	种类
丝状藻类	单细胞真菌
单细胞藻类	腹毛虫
分散细菌	自生生活的线虫
丝状细菌	原生动物
絮凝形成的细菌	轮虫类
红蚯蚓	螺旋菌
刚毛虫	四联球菌
桡足类	污泥蠕虫
剑水蚤	水熊
丝状真菌	水蚤

随着污泥龄的增长、溶解氧的增多以及污染物的减少，混合液中的生物群体逐渐发展和成熟。这种发展和成熟可以用一系列的步骤描述出来，其中的每一步都可以观察到生物的类型、数量的变化及当时的优势种和本体溶液的性质。这些基本的步骤随着污泥龄的增长和细胞平均停留时间的增加而向前发生着，且无操作性的破坏。

(1)肉眼可见和不可见的生物随着基质或BOD和营养物进入活性污泥系统中。BOD可以认为是污染物，而生物、基质和营养物通过排泄物和I/I不断地进入到活性污泥系统中。

(2)在活性污泥系统启动阶段，活性污泥污染较严重，且操作在相对低的溶解氧浓度下进行，低等的生命形式如细菌、变形虫和鞭毛虫存活下来并生长繁殖。

(3)随着污泥龄的增长和细菌数量的增多，废水处理效率逐渐提高，从而使溶解氧浓度增加，BOD下降，低等的生命形式继续在混合液的生物群体中占统治地位。

(4)随着污泥龄的继续增长，絮凝形成的细菌承受着生理上的压力，产生黏结所必需的细胞成分，絮凝物于是开始形成。絮凝物的形成导致上亿有机营养的硝化细菌被包裹起来，缩小成球形的絮状颗粒。絮状颗粒呈白色，这是由于缺乏一种细菌分泌的重要油状物质累积的结果。絮状颗粒的增长使废水处理效率不断地提高(溶解氧浓度增加和BOD降低)。混合液中的细菌大部分呈分散状态或絮凝状态，当时的操作条件促使了中等生命形式(如自由游泳的纤毛原生动物)的快速繁殖，纤毛原生动物又协助本体溶液清除“致浊的”固态物质——胶体、分散的细菌、颗粒物。

(5)丝状微生物开始扩增它的长度，从絮状颗粒的边缘延伸进本体溶液中。长度的增加是由“压力”或污泥老化引起的。

(6)丝状微生物协助降解废水中的cBOD，并为絮状颗粒抵抗震荡和剪切作用提供力量。丝状微生物连成网状，细菌就沿着它的伸长方向生长繁殖，使絮状颗粒体积增大，这不仅意味着细菌数量的增加，同时也意味着混合液中细菌多样性的增加。在高溶氧浓度下，大量生长缓慢的硝化细菌将NH_4^+，NO_2^-氧化成NO_3^-，从而提高了废水中的BOD降解率。

(7)由于丝状生物的生长，絮状颗粒增大为中等尺寸(150～500 μm)或更大(>500 μm)。同时，由于絮凝细菌沿着丝状微生物伸长的方向生长，絮状颗粒的形状变得不规则。随着絮状颗粒数量和体积的增加，越来越多的细菌呈絮凝状态而非分散状态。

(8)随着大部分细菌转化呈絮凝状态，混合液中呈分散状态的细菌数目减少，那些能高效捕捉到分散细菌的原生动物寿命大大延长。这些原生动物包括匍匐型纤毛虫、固着型纤毛虫，它们吸附在絮状颗粒上，通过盖覆作用和吞噬作用继续清除溶液中的固态物质。

(9)絮状颗粒由白色变成金棕色，颜色的变化是老细菌分泌的油状物累积的效果。

(10)混合液成熟和稳定后，溶解氧含量高，BOD 低，高等的生命形式如后生动物(轮虫、自生生活的线虫)生存下来，在显微镜下很容易就能观察到。然而，在活性污泥系统中，后生动物的数量严格受到限制：①活性污泥系统的污泥龄和 MCRT 相对较短，而大多数后生动物当代的存活时间较长；②废水中的能量和成分的改变引起溶解氧含量的波动；③混合液提供的不稳定环境，造成后生动物的雌雄间交配困难。

17.2.1 碳和能量的转移——食物链

所有生物的生长和细胞的代谢都需要依靠碳和能量。进水基质中的碳和能源物质可以被混合液中的生物所利用，基质迅速被有机营养的细菌和硝化细菌所吸收或吸附。

有机营养的细菌可以去除 cBOD(含碳的 BOD)或有机物，包括酸、醇、氨基酸、糖类、淀粉、脂肪、蛋白质。通过降解和氧化 cBOD，有机营养细菌获得碳和能量。硝化细菌从碱(主要是 HCO_3^-)中获取碳，通过降解或氧化 NH_4^+ 和 nBOD(含氮的 BOD)获取能量。在氧化这些物质和去除碱度后，有机营养细菌和硝化细菌仍具有活性，其数量继续增加，这种细菌数量的增加被称为污泥增长。

混合液中的细菌也是 cBOD，即有生命的 cBOD，这是因为它们可以作为其他生物如原生动物和后生动物的碳和能源物质。反过来，原生动物和后生动物也作为其他一些以它们为食的生物的 cBOD。通过这种方式，无生命的 cBOD 中的碳和能量就转化成有生命的 cBOD 形式，并且通过食物链发生传递(图 17.24)。

在稳态运行条件的活性污泥系统中，混合液中的生物系可以描述为：①絮状颗粒中占优势的形状和大小；②相对丰富的丝状微生物类型；③本体溶液的特性；④占优势的原生动物类群；⑤后生动物的出现。这一生物系的变化可连续地被显微镜观察到。但是，运行模式的变动和工业排放的变化都能导致混合液生物系和食物链的变化，后者的变化通常能在前者变化之后的 24 ~ 36 h 内被观察到。

17.2.2 细菌——最重要的生物类群

细菌是混合液生物系或食物链中最重要的生物类群，不仅是因为它们数量最多、多样性最丰富，更重要的是它们在活性污泥系统中起着最重要的作用，这些作用如下。

(1)降解 cBOD 和 nBOD。

(2)形成絮凝物。

(3)去除重金属。

(4)去除氮和磷。

(5)去除颗粒物。

(6)去除胶体。

细菌是单细胞生物，大多数细菌的直径<2 μm。目前已发现的大多数细菌有 3 种基本的形态：球形、杆状、螺旋状(图 17.25)，其他的形态还有矩状、片状、桶状、方形。细菌可以以单个细胞、成对细胞(二联体和四联体)以及链状细胞(丝状)(图 17.26)的形式分散存在。许多细菌都是非常活跃的，尤其是新生的细菌，依靠鞭毛的摆动作用而运动(图 17.27)。

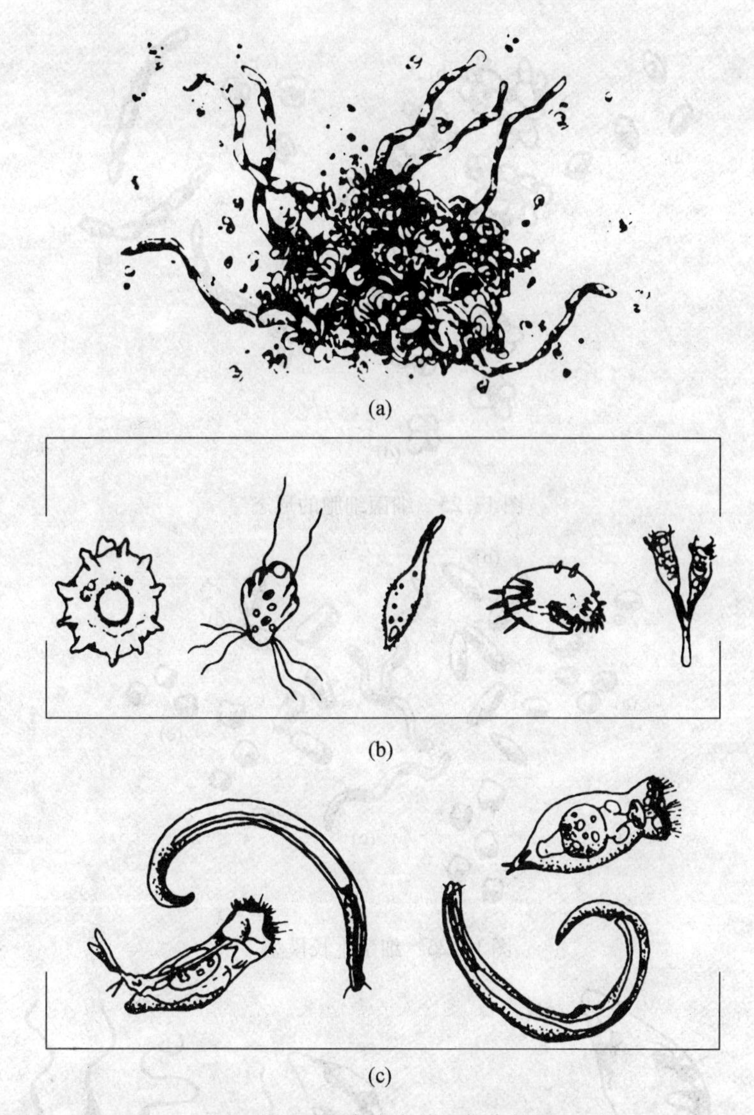

(a)

(b)

(c)

图 17.24　混合液中的生物食物链

在活性污泥系统中,细菌降解流入物和无生命的 BOD 以供细胞的生长和增殖(图 17.24(a))。细菌可以呈分散或悬浮状态,也可以作为絮状颗粒的一部分呈絮凝状态。通过降解 BOD,细菌增殖产生新的细菌,即有生命的 BOD,细菌又反过来作为原生动物(图 17.24(b))的基质,而原生动物又作为后生动物、轮虫和自由生活的线性虫(图 17.24(c))的基质。通过这种方式,基质在食物链(从细菌到原生动物再到后生动物)中得到传递。

大多数细菌细胞有 3 种基本的形态:球形(图 17.25(a))、杆状(图 17.25(b))、螺旋状(图 17.25(c)),其他形态包括矩形(图 17.25(d))和片状(图 17.25(e))。

细菌可以以单细胞形式(图 17.26(a))、不规则团状(图 17.26(b))、成对(图 17.26(c))、四联体(图 17.26(d))以及链状形式(图 17.26(e))存在。

细菌可以有一根、两根或更多的鞭毛。鞭毛着生在细胞的一端(图 17.27(a))或细胞的周身(图 17.27(b)),用于提供动力。

在活性污泥系统中,已发现的细菌通常呈分散状态,或以单个的、成对的形式或以絮凝的胶状形式存在,在某些条件下,又以二倍体、聚磷菌(Poly-p bacteria)群、丝状生物的形式存在。

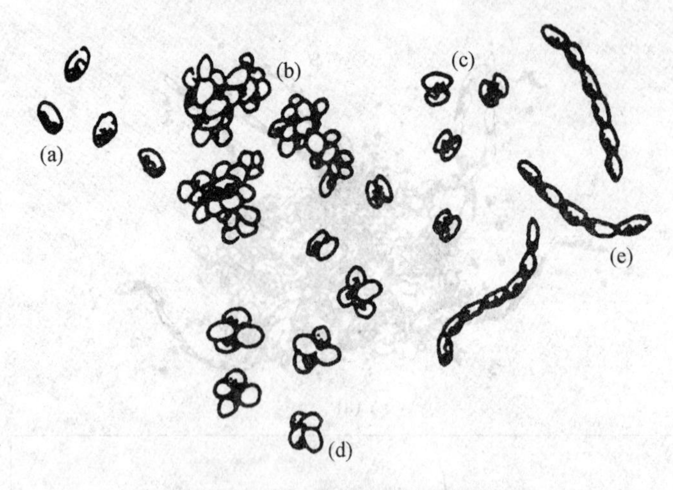

图 17.25　细菌细胞的形态

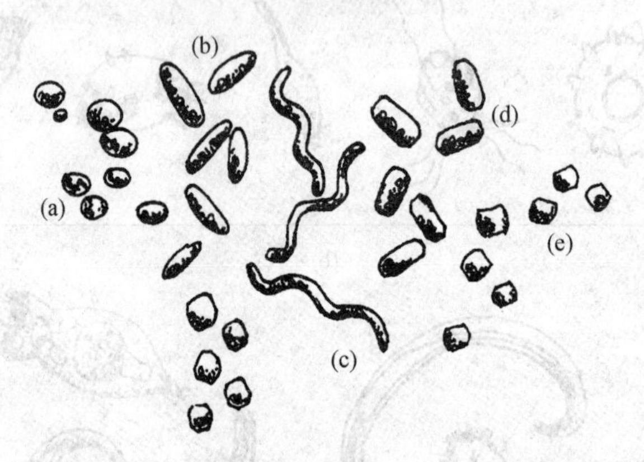

图 17.26　细菌生长模型

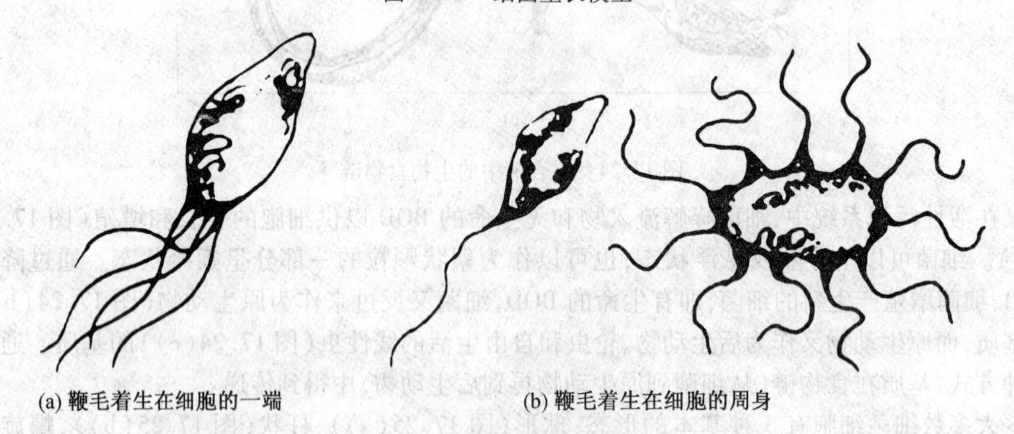

(a) 鞭毛着生在细胞的一端　　(b) 鞭毛着生在细胞的周身

图 17.27　细菌细胞鞭毛的着生位置

活性污泥系统中细菌的相对丰度可以达到 100 万个/mL 溶液和 10 亿个/g 絮状颗粒。

在废水处理过程中,有无数不同种类的细菌起着积极或消极的作用(表 17.2)。在这些种类中,最重要的是除 cBOD 细菌、丝状细菌、絮凝成团的细菌、硝化细菌和聚磷细菌。

根据对氧气的不同反应,将细菌分为 3 类:好氧菌、兼性厌氧菌、厌氧菌。好氧菌只在氧气存在时具有活性,硝化细菌是严格的好氧菌,当它在活性污泥中数量较多时,在放大 1 000 倍的显微镜下,可以看到在絮状颗粒的边缘存在密集、圆形的群落。

兼性厌氧菌在有氧和无氧的条件下都具有活性,它们能够利用 NO_3^-,但更偏爱于 O_2。反硝化细菌是兼性厌氧菌,其中易于鉴别的是生丝细菌属,这一类细菌在柄上有一个特殊的豆状结构。厌氧菌在有氧条件下失去活性,例如产甲烷菌在有氧存在时会死亡,此外还有其他厌氧菌如硫酸盐还原菌,它能利用 SO_4^-降解 cBOD,并产生 H_2S。

表 17.2　废水中细菌的重要种类

种类	种类
产丙酮菌	水解细菌
除 cBOD 细菌	产甲烷菌
大肠杆菌	硝化细菌
反硝化细菌	卡诺氏菌
大肠杆菌	病原菌
发酵(产酸)菌	聚磷菌
丝状细菌	腐生菌
絮凝形成的细菌	鞘细菌
滑行菌	螺旋菌
革兰氏阴性好氧球菌和杆菌	硫氧化细菌
革兰氏阴性兼性厌氧杆菌	硫还原细菌

17.3　样　　品

废水样品的显微镜镜检不仅仅限于混合液,还有其他形式的水样可用于检测某些特殊成分,它们对于活性污泥法的过程控制和故障诊断具有重要意义(表 17.3)。每一种形式的水样都可用于检测某些相应的要素,如:①丝状生物的循环利用;②引起泡沫产生的因素(包括丝状生物和缺乏营养的絮状颗粒);③絮状颗粒的特征;④出水中微细固态物质的特征。非混合液的废水样品用于微观故障诊断的一个例子是:出水中半透明或透明的塑性树脂和纤维通过亚甲基蓝染色后在湿涂片上显现出来了(图 17.28),而纤维用于评价总悬浮固体量(Total suspended solids,TSS)。另一个例子是:在总出水毒性检测(Whole effluent toxicity,WET)中,可以观察到丝状生物蔓延并堵塞了黑头呆鱼的腮,在这里丝状生物不是污染物,却是导致黑头呆鱼死亡及不能通过 WET 检验的原因。

废水样品在采集后可以立即检测,也可以冷藏(4 ℃,±1 ℃)在带有螺旋盖的塑料瓶中供以后检测,容器中气体所占的空间须比样品所占的体积大。大多数原生动物的活动都在小于 4 ℃下进行。

显微镜镜检所用的样品一般取 50 mL,冷藏的样品在镜检之前必须加热到室温。在镜检之前,样品可能会被冷藏好几天,但必须在采样之后的 48 h 内进行镜检。采样瓶需贴上标签并注明以下信息。

(1)污水处理厂的名称。

(2)处理池的名称或编号。

(3)样品的类型(进水、出水、循环物、碎屑、溢出物、泡沫、浮渣、混合液等)。

出水中半透明或透明的微观塑性纤维经过亚甲基蓝染色后在显微镜下很容易被观察到。

表 17.3　用于显微镜镜检的废水样品

好氧消化器中的上层清夜
污泥脱水操作得到的滤液
最终出水
泡沫
从预生物处理系统流出的工业污水
浮渣
混合液
二次沉淀池出水
沉降试验,30 min(泡沫、浮选固体、上层清夜、沉积固体)
浓缩的溢流液

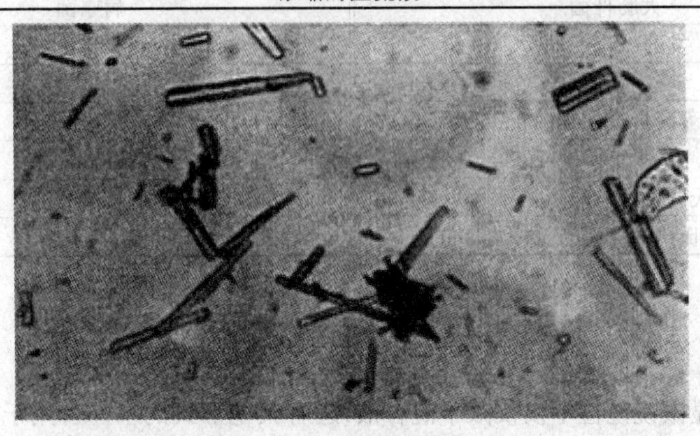

图 17.28　塑性纤维

(4)采样的日期和时间。

(5)采样者的姓名和电话号码。

在样品被带入实验室检测之前,采样瓶的外部必须在采样处彻底清洗干净。

混合液样品需取自曝气池出水,如果活性污泥系统是并联操作系统,必须在并联系统中分别取样进行镜检,以确定出系统是否超负荷或不平衡。如果曝气池中有泡沫出现,要确保收集的混合液不被泡沫污染,如果要检测泡沫,确保泡沫没有被混合液污染。

任何用于显微镜镜检的废水样品都不能被稀释。如果有沉淀发生,应先将废水样品搅拌至悬浮状态,再作为代表性试样用于检测。如果要进行原生动物的解析,应用移液管和吸移管使空气沿样品瓶的两侧和底部进入,使变形虫呈悬浮状态,这时的样品才能作为代表试样用于检测。

如果样品要运到某一实验室进行检测,确保用带有冰冻包装袋的冷柜将采样瓶包装好,然后在翌日邮递中运走冷柜。在取样和运送样品之前,先联系好实验室,确保样品已收集、贴好标签,并且能照实验室所要求的运送过去。这样,实验室才能在收到样品后尽快检测样品。

待检测的废水样品禁止添加化学防腐剂,也慎防呈凝固态。防腐剂和凝结对混合液的特征以及混合液中生物的结构和活动会产生不利影响。

混合液样品需要定期的采集和检测(如一周一次),从而准确地判断出良好稳态操作下混合液的重要组分。根据人力的可利用条件、工业排放的强度和组成、工业排放的变动、运行模式的变化,采样和检测的频率可以相应地发生变化,但是在不利或混乱的状况下,采样的频率和样品的数量以及每份样品被检测的组分数目都需要增加,才能判断出混乱状况的导致因素,从而采取合适的补救措施(图 17.29)。

图 17.29　寄生在黑头呆鱼上的 021N 型丝状生物

17.4　安 全 问 题

由于废水样品中含有大量种类繁多的病原体,在与这些样品接触的工作中,为了阻止或减少受感染的风险,应当遵循以下几条实验室安全规定和指导方针。

(1)勿在实验室喝水、吃东西、吸烟或嚼口香糖。

(2)勿移动实验室内任何样品、湿涂片和涂片。

(3)在进行废水样品实验时,包括使用涂片和湿涂片,务必用合适且具有保护性的乳胶或塑胶手套。

(4)进行染色操作时,使用(衣)夹子固定住涂片(图 17.30),操作须在水槽内进行。

(5)在完成显微镜镜检后,用肥皂、热水和消毒液彻底地将手清洗干净。

(6)在完成显微镜镜检后,用消毒液清理实验台。

(7)将用过的玻璃仪器放在指定位置清洗。

(8)将所有接触过废水样品的纸巾、手套扔进生物危害品袋中用于进一步处理,切勿扔进废纸篓。

(9)在工作区,只需一个用于记录显微镜观测结果的记录本,参考书应在远离工作区的地方放置或使用。

(10)禁止用嘴吸取废水样品和试剂。

(11)要立即擦干溢出液并进行消毒。

(12)将使用过的载玻片和盖玻片放入盛有季胺类消毒液的烧杯中,让载玻片和盖玻片浸在消毒液中自动清洗干净。消毒后,将载玻片和盖玻片放入垃圾袋内,并在垃圾填埋池进行处理。不要循环利用载玻片和盖玻片。

(13)如果盖玻片不慎跌落至试验台或地板上,两块索引卡(图 17.31)就可以拾起盖玻片,若用大拇指和食指夹起盖玻片可能会使碎片嵌入并卡在皮肤里。

一个衣夹子可以安全稳定地固定住用于染色的载玻片,避免手和手指沾上染色剂。

掉落的盖玻片通常很难拾起,但是两张索引卡可以安全稳定地把它们从试验台或地上捡起来。

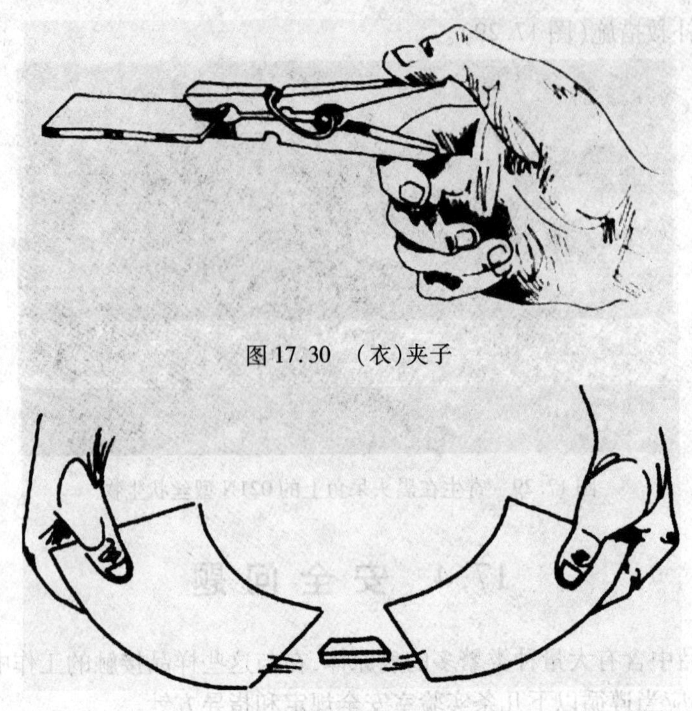

图 17.30　(衣)夹子

图 17.31　索引卡

第18章　絮状颗粒和泡沫

18.1　絮 状 颗 粒

活性污泥法能够有效地处理废水,归因于成熟的絮状颗粒(图18.1)的生长和维持。絮状颗粒中含有细菌、细菌分泌物、油脂类物质、胶体以及降解性的和非降解性的微粒物。其中,细菌是它的主要组成部分,含数十亿个/g,细菌不仅数量大,而且种类繁多,这使得活性污泥法能处理各种各样的废水。

絮凝物的形成随着"压力"和絮凝形成的细菌的老化过程而逐渐完成。这些细菌通过排泄物和I/I进入活性污泥系统中。随着污泥龄或MCRT的增长,絮凝形成的细菌能产生用于胶合的细胞成分(图18.2),这些成分包括纤维、淀粉颗粒、黏多糖。

18.1.1　絮状物的结构

在活性污泥系统中,绝大多数的絮状颗粒的结构特性和特征影响处理效率和固体的稳定性、压实和脱水能力,这些特性和特征也反映了混合液的优劣状况。絮状颗粒的镜检能鉴定出不希望或希望的结构特性和特征。通常,这种检查能反映出絮凝物形成的操作条件。

絮状颗粒的几个重要结构特性和特征能通过镜检鉴定出,这些特性和特征包括:形状、大小、尺寸范围、颜色、强度、丝状生物体、储存食物的相对数量、菌胶团。

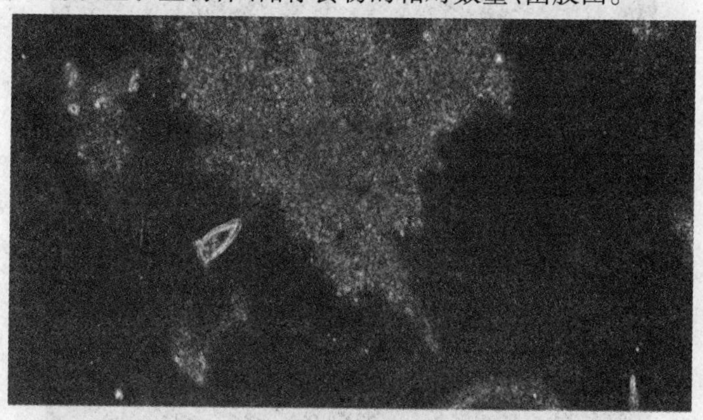

图18.1　成熟的絮状颗粒

在良好的稳态条件下,成熟的絮状颗粒呈金棕色、不规则形状、中等大小(150~500 μm)或更大(>500 μm)。絮状颗粒中含有有限的丝状生物,本体溶液包含少量的分散生长物和微粒物。在絮状颗粒中还存在匍匐型纤毛虫和固着型纤毛虫。

18.1.2　絮状物的形状

活性污泥系统中的絮状颗粒一般为球形(图18.3)和不规则形状(图18.4),一种罕见的

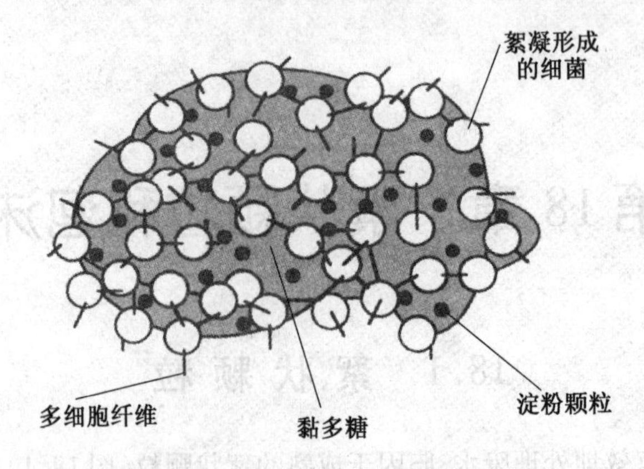

图 18.2 絮凝物形成所必需的细胞成分

形状为椭球形，有时也称为凝结状(图 18.5)。

球形絮状颗粒中或者缺少丝状生物的生长，或者只有少量的丝状生物生长。在絮状颗粒的曝气、混合、转移过程中，由于缺少丝状生物而产生了剪切力。当有足够的丝状生物存在下，絮状细菌沿着丝状生物的伸长方向生长，从而导致体积增大，从球形变成不规则形状。

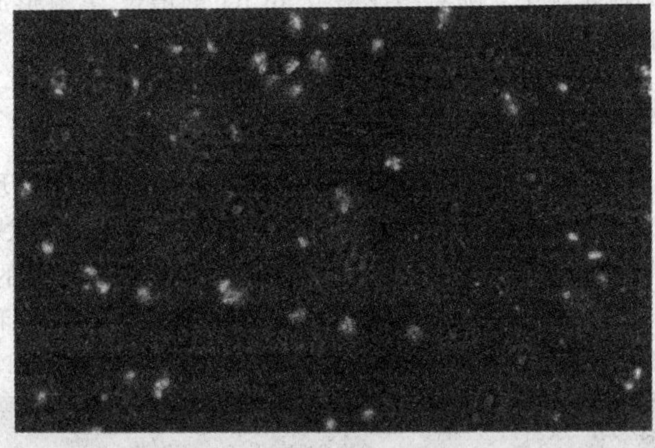

图 18.3 球形絮状颗粒

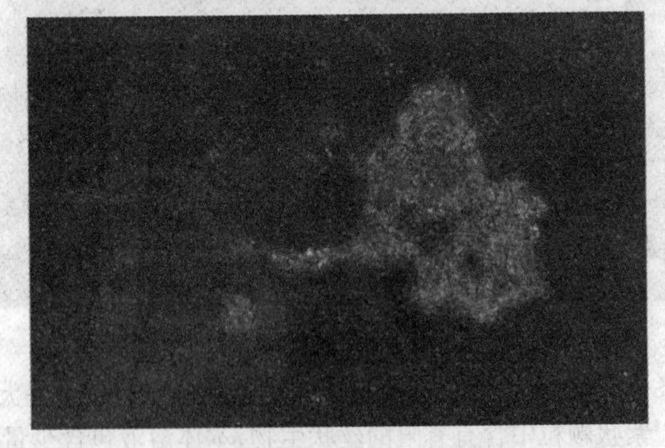

图 18.4 不规则形状的絮状颗粒

椭球形的絮状颗粒在以下两种条件下可以通过湿涂片观察到：①使用脏的或涂上油的载玻片；②存在过量的重金属和混凝剂(金属盐)或聚合物。

图 18.5　凝结状或椭球形的絮状颗粒

18.1.3　絮状物的大小和颜色

絮状颗粒根据其大小(或尺寸、粒度)通常被分成3类。这3类包括:较小(<150 μm)、中等尺寸(150 ~ 500 μm)、较大(>500 μm)。小型的絮状颗粒具有很少或没有丝状生物生长,通常是球形的。由于没有足够的丝状生物生长,这些粒子不能克服活性污泥系统中的涡流或剪切作用。中等和较大的絮状颗粒通常有足够的丝状生物生长,呈现不规则的形状。

活性混合液常含有絮状颗粒中的所有种类,絮状颗粒的尺寸可以在几微米到几百或几千微米间变动,在这一范围内絮状颗粒尺寸的变动可能预示着废水强度和组成的重大变化。

絮状颗粒的自然色是由絮状颗粒的年龄或污泥龄决定的。幼龄细菌只能产生少量的油使颗粒变暗。因此,幼龄细菌形成淡颜色或白色的絮状颗粒。随着污泥龄的增长,絮状颗粒中的细菌变老,产生丰富的油积聚在絮状颗粒中,油的积累形成了金棕色,因此,正在生长的活性絮状颗粒中心是金棕色的,大多数的老细菌聚集于此,而它的边缘是白色的,大多数的幼龄细菌聚集于此,正在生长的活性絮状颗粒如图18.6所示。

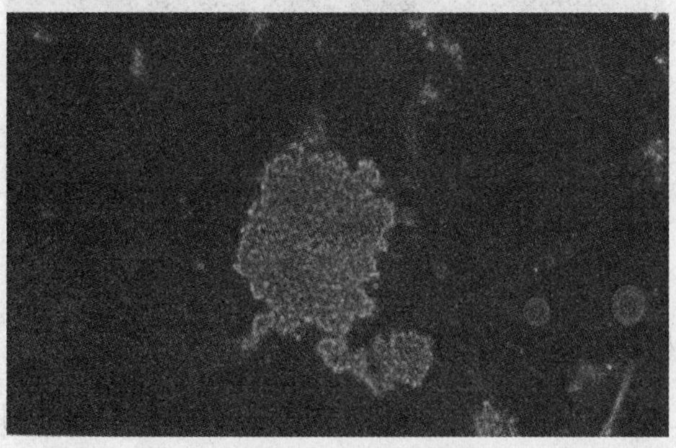

图 18.6　正在生长的活性絮状颗粒

18.1.4　絮状物的强度

强度或缺乏强度是絮状颗粒一个重要的性质。紧实、密集的絮状颗粒拥有紧紧连接的絮状细菌,这些粒子能够承受剪切作用,在二次沉淀池中很好地沉积或压实。

疏松、上浮的絮状颗粒拥有松散地连接在一起的絮状细菌,这些粒子很容易被剪切掉,在二次沉淀池中沉淀效果差。通常,絮状细菌被多细胞聚合物分散得较远或松散地连接在一起,是由于不利的操作条件如 pH 不稳定或表面活化剂的存在引起的。

与脆弱、上浮的絮状颗粒形成相关的操作条件如下。

(1)细胞破裂剂。

(2)高温。

(3)MLVSS 百分比的增大。

(4)溶解氧浓度低。

(5)pH 过高或 pH 过低。

(6)盐度。

(7)腐败性。

(8)剪切作用。

(9)可溶性 cBOD 的缓慢释放。

(10)表面活化剂。

(11)总溶解固体量。

(12)黏性絮状物和菌胶团。

(13)短的污泥龄。

准备一个蘸有亚甲基蓝的混合液的湿涂片,在显微镜下就可以观察到絮状颗粒的强度了。在亚甲基蓝作用下,絮状细菌被染成深蓝色(图 18.7),而多细胞聚合物被染成淡蓝色,絮状颗粒中的空隙和絮状颗粒周围的本体溶液都被染成相同程度的蓝色(图 18.8)。

图 18.7　在甲基蓝作用下,观察到的紧实絮状颗粒

18.1.5　丝状生物和絮状颗粒的结构

丝状生物和絮状颗粒有两种不利的增长方式。这两种方式是絮体间的架桥和形成开放结构的长絮体。絮体间的架桥是指在本体溶液中,丝状生物从絮状颗粒上延伸出来,将两个或多个絮状颗粒联结起来,形成絮体网(图 18.9)。开放结构的长絮体是由许多小群的絮状细菌沿着丝状生物伸长的方向分散开来而形成的(图 18.10)。重要的絮体间的架桥和开放结构的长絮体的形成会对二次沉池中固体的沉降性能产生不利影响。

图18.8　在亚甲基蓝作用下,观察到的疏松絮状颗粒

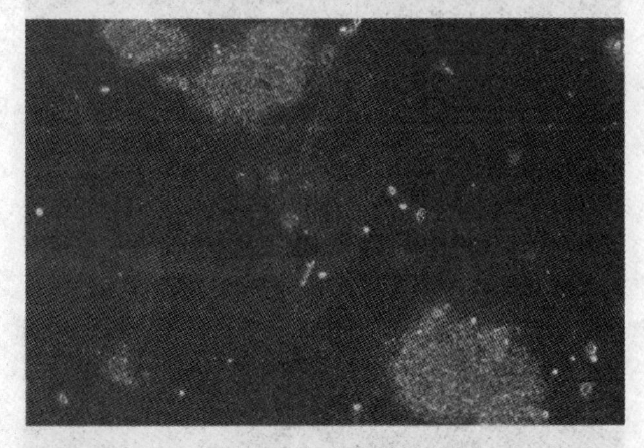

图18.9　絮体间的架桥

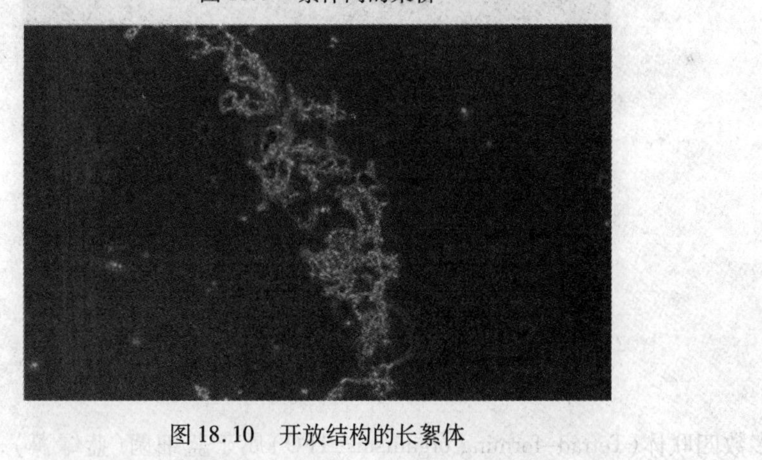

图18.10　开放结构的长絮体

18.1.6　储存食物的相对含量

在营养缺乏(通常指的是氮和磷)的情况下,絮状细菌不能正常降解可溶性 cBOD,那些未被细菌吸收的可溶性 cBOD 转化成不溶性的淀粉,并储存在细菌间的絮状颗粒内。当营养物质能被细菌利用时,淀粉被溶解,被细菌吸收,再降解掉。当混合液出水经过过滤后,其中铵态氮(NH_4^+-N)<1 mg/L,或者硝态氮(NO_3^--N)<3 mg/L,且不含铵态氮时,意味着缺氮;当其中 HPO_4^{2-} 与 $H_2PO_4^-$的比值或活性磷的含量<0.5 mg 时,意味着缺磷。

絮状颗粒缺氮能引起沉降和脱水问题,絮状颗粒还能产生浪花状的白沫(污泥龄短)和含油的灰末(污泥龄长)。

絮状颗粒中储存食物的相对含量可以通过油墨反染色观察到。经过油墨反染色后,储存食物的区域看起来是白色的,而细菌细胞呈黑色或金棕色。第一种情况,大多数絮状颗粒都含有食物(图 18.11),但这些颗粒对染色起阴性反应,絮状颗粒的大部分区域都是黑色或金棕色;第二种情况,絮状颗粒储存的食物相对含量较大,对染色起阳性反应(图 18.12),絮状颗粒的大部分区域都是白色的。

图 18.11　絮状颗粒对墨汁反染色起阴性反应

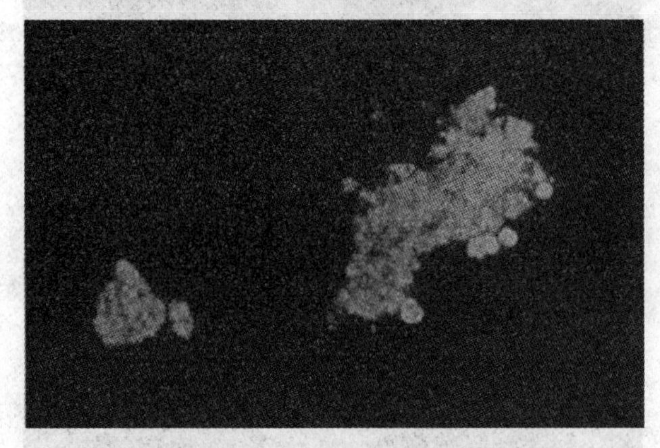

图 18.12　絮状颗粒对墨汁反染色起阳性反应

18.2　四　联　体

大多数四联体(Tetrad-forming organisms,TFO)属于蓝细菌(蓝绿藻),呈球形、体积较大、4 个一组成群生长,如图 18.13 所示。只要供应足够的磷,四联体可以在大多数环境下生长。四联体大量存在于活性污泥工艺中,实现生物除磷。

四联体包含 4 个球形的蓝细菌,在絮状颗粒的表面常常可以见到它,革兰氏阴性菌。

四联体除了能降解简单的有机化合物外,还能利用 CO_2 作为碳源,当废水中氮不足时,又能固定氮分子作为氮源。由于四联体能够固定氮分子,当废水处理系统缺氮时,它们能够大量繁殖。

四联体形状和外观变化很大。除了四联体外,蓝细菌还有单细胞的、群居的以及丝状生

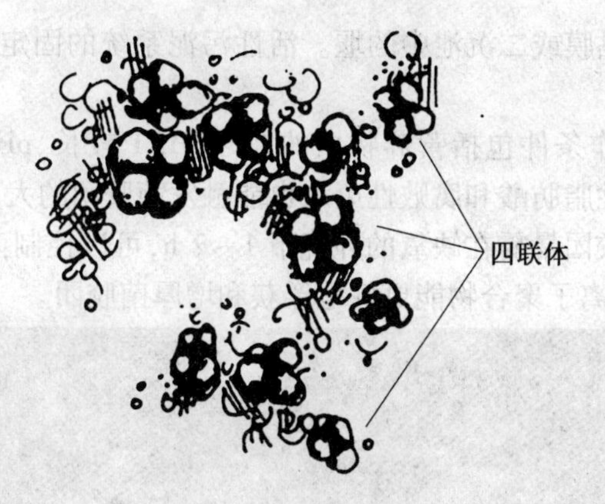

图 18.13　四联体

物。丝状蓝细菌可以滑移运动,看起来像酵母和藻类,呈革兰氏阴性和奈瑟阳性。

四联体通过二分裂、芽生、多重分裂进行繁殖。生物快速增殖的典型原因是缺氮,非典型原因是 BOD 负荷过高。四联体很难沉降,因此,四联体的增殖导致固体沉降性能差,最终出水中总悬浮固体(TSS)含量高。

造纸厂的污水池中四联体的数量要比市政活性污泥工艺中多,这是由于这些污水池经常缺氮,且水温较高,嗜热蓝细菌属最高可以生长在 75 ℃的环境下。在进水中增加可溶性的氮含量和降低 BOD 负荷可以控制四联体的数量。

18.3　菌　胶　团

菌胶团或黏性絮状物是絮凝形成的细菌快速大量增殖的产物。"菌胶团"是以第一种絮凝形成的细菌胶团杆菌(*Zoogloea ramigera*)命名的,胶团杆菌生活在不稳定的活性污泥系统中,呈杆状(0.5~1.0) μm×(1.0~3.0) μm,革兰氏阴性菌,有机营养,能够产生大量胶状胞外多糖。多糖比废水密度小,阻碍了絮状细菌的压实,使空气和气泡进入细菌内。

絮凝形成的细菌在活性污泥系统中有两个重要的作用—促进絮凝物形成和降解 cBOD,但它们的快速增殖会导致疏松、上浮的絮状颗粒的产生以及沉降问题,二次沉淀池中固体物质的流失,白沫的产生。

絮凝形成的细菌的重要种类如下。

(1)无色杆菌。
(2)气杆菌。
(3)产碱杆菌。
(4)分节菌。
(5)芽孢杆菌。
(6)柠檬酸杆菌。
(7)埃希氏菌。
(8)黄杆菌。
(9)假单胞菌。
(10)菌胶团。

菌胶团有两种形态,不定形或球状(图 18.14)和树枝状或指状(图 18.15),菌胶团看起来又像墙上白色或灰白的黏膜或二沉池中的堰。活性污泥系统的固定工序中存在生物膜,菌胶团可以在生物膜上存活。

与菌胶团相关的操作条件包括营养物质的缺乏、HRT 较长、pH 低、MCRT 较长、*F/M* 较高。选择系统中的挥发性脂肪酸和腐败性废水也能触发菌胶团的大量繁殖生长。投加适当的聚合物或周期性地将菌胶团暴露在缺氧的环境下 1 ~2 h,可以控制菌胶团的增长。由于大量胶状胞外多糖的产生,阴离子聚合物能更好地俘获和增厚菌胶团。

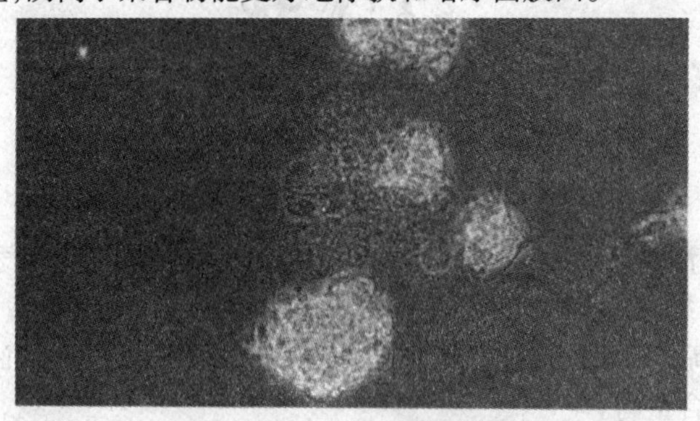

图 18.14　不定形或球状菌胶团

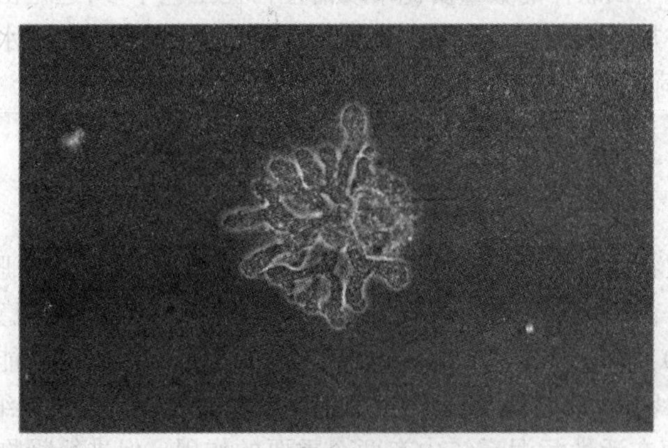

图 18.15　树枝状或指状的菌胶团

18.4　泡　　沫

泡沫(图 18.18)就是陷在固体层间的空气或气泡。生物泡沫产生于曝气池中,常常流到二沉池中或其他废水处理池中。当泡沫从一个池中移到另一池中或跨越出水堰掉落时,陷在固体层间的空气或气泡会逃逸掉,泡沫从而崩塌,崩塌后的泡沫常被称为浮渣(图 18.19)。

在活性污泥工艺中有 6 种生物条件能产生泡沫,见表 18.1。泡沫可以用明确的质感和颜色来描述,如丝状生物产生的泡沫是黏性的,且呈巧克力棕褐色。产泡沫的生物条件如下:①起泡沫的丝状生物大量生长;②污泥老化时缺乏营养;③污泥龄较短时缺乏营养;④菌胶团的大量生长;⑤可溶性 cBOD 的缓慢释放;⑥二级固体的不稳定浪费率。根据对曝气池和其他废水处理池的密切观察,可以判断出与产泡沫有关的某一操作条件是否出现,混合液或染色的泡沫的涂片以及湿涂片能够鉴定出这些操作条件,与生物起泡有关的微观观察见表 18.2。

18.4.1 起泡沫的丝状菌

已知有3种起泡沫的丝状菌,它们是:微丝菌、诺卡氏菌、1863型菌。微丝菌和诺卡氏菌对起泡贡献最大,并且很容易通过混合液涂片和泡沫涂片的镜检鉴别出来。这些典型的丝状菌在泡沫中的丰度比混合液中大。尽管无数的丝状菌存在于任意的泡沫中,这并不意味着泡沫就是起泡沫的丝状菌大量生长产生的,应当确认出泡沫中是否有起泡沫的菌体存在。

泡沫如诺卡氏菌泡沫是陷在固体层间的空气或气泡,诺卡氏菌泡沫的固体层间包含由絮状颗粒中的诺卡氏菌释放的油脂。

当被困的空气和气泡自固体层间逃逸出后,固体物崩塌,崩塌后的泡沫称为浮渣。

图18.16　泡沫

图18.17　崩塌后的泡沫或浮渣

表 18.1 不同操作条件形成的泡沫

操作条件	泡沫
产泡沫的丝状生物	黏性、巧克力棕黑色
营养短缺、较长的污泥龄	油腻、灰色
营养短缺、较短的污泥龄	浪花状、白色
菌胶团	狼花状、白色
可溶性 cBOD 的缓慢释放	浪花状、白色
二级固体不稳定浪费率	浅棕色和深棕色的同心圆

表 18.2 与生物起泡有关的微观观察

泡沫	涂片类型	染色剂	依据
起泡的丝状菌	混合液涂片	革兰氏	微丝菌、诺卡氏菌、1863 型菌的大量生长
	泡沫涂片	革兰氏	微丝菌、诺卡氏菌、1863 型菌的大量生长
营养缺乏	混合液的湿涂片	墨汁	对墨汁反染色起阳性反应
菌胶团	混合液的湿涂片	亚甲基蓝	有不定形或树枝状的菌胶团存在
可溶性 cBOD 的缓慢释放	混合液涂片	鞘	核心坚硬、周边脆弱的絮状颗粒大量存在

微丝菌是革兰氏阳性丝状菌，在显微照片中是黑色的，由这种生物引起的泡沫是黏性的、呈巧克力棕黑色。在亮视野显微镜下，革兰氏阳性菌看起来像一串蓝色的“宝珠”，如图 18.18 所示。

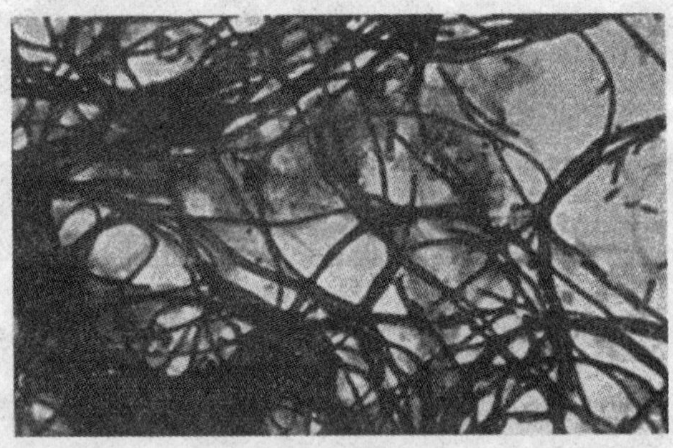

图 18.18 微丝菌

诺卡氏菌是革兰氏阳性菌，产生油腻的巧克力棕黑泡沫，如图 18.19 所示。

1863 型菌是革兰氏阴性的起泡丝状菌，如图 18.20 所示。在丝状生物中的细菌细胞呈一节一节的杆状，就像“香肠串”。

图18.19　诺卡氏菌

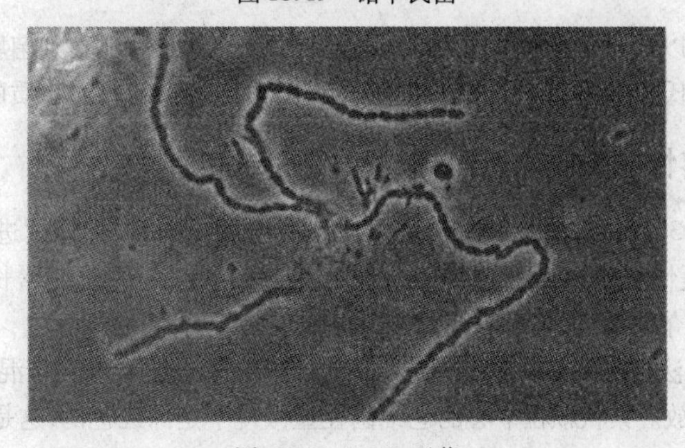

图18.20　1863型菌

18.4.2　菌胶团

将混合液的湿涂片进行墨汁反染色，检测絮状颗粒的反应，如果呈阳性，则意味着缺乏营养。这种染色法能够显示出絮状颗粒中储存食物的相对含量，如果储存的食物量少，测试结果为阴性，营养缺乏的可能性小；如果储存的食物量多，测试结果为阳性，则营养缺乏的可能性大。

当营养供应不足时，絮状细菌将大量的基质作为不溶性多糖（胞外聚合物）储存于体内，多糖夺取空气和气泡，产生了更多的泡沫，也阻挡了墨汁中炭黑粒子向絮状颗粒中的移动，絮状颗粒中多糖越多，未染上色或白色区域面积越大。

营养不足的泡沫在较短的污泥龄下呈浪花状、白色，或在含油的絮状颗粒中，这些油使絮状颗粒呈金棕色，并最终转化成泡沫，也加深了泡沫的颜色，泡沫呈油腻的灰色。污泥龄较短时，很少有油产生积累在絮状颗粒中，因此絮状颗粒为白色，由于油很少转化成泡沫，泡沫呈浪花状、白色。

幼小絮凝形成的细菌如胶团杆菌导致大量胶状物质的产生，这种物质使细胞间分隔开一段距离，在革兰氏染色下，胶状物质就是细胞间的白色区域。菌胶团（图18.21）导致脆弱上浮的絮状颗粒的产生，当空气或气泡被胶状物质夺取时，浪花状的白沫就形成了。

菌胶团或黏性絮状物是絮凝形成的细菌突然快速增殖的结果，这种增殖导致一种胞外胶状物质的大量产生和积累，夺取空气和气泡位置。

只有检测到有大量不定形和树枝状的菌胶团在增殖，才能确定浪花状的白沫是否由菌胶

图 18.21　菌胶团

团所产生,这一点可以通过混合液的湿涂片观察到。为了更容易观察到菌胶团,可加一滴亚甲基蓝于涂片上,革兰氏染色的混合液涂片能够显示出细菌细胞间胶状物质的相对含量。

18.4.3　可溶性 cBOD 的缓慢释放

当为正常量 2 ~3 倍的可溶性 cBOD 进入活性污泥系统中时,在连续进入超过 3 ~4 h 后,可溶性 cBOD 就会缓慢释放出来。这种缓慢释放引起絮状细菌的快速增长,新生的细菌又产生大量的多糖,多糖夺取空气和气泡,使曝气池中产生浪花状的白沫。

如果用蕃红染色法检测到有许多中心坚硬、周边脆弱的絮状颗粒存在于混合液中时,意味着可溶性 cBOD 已缓慢释放。絮状颗粒中心的老细菌在显微镜下是深红色的,这是由于它们紧压在一起,且在它们之间有少量的多糖存在。但是,在絮状颗粒周边快速增长的新生细菌是淡红色的,这是由于它们排列疏松,且在它们之间有大量多糖存在,多糖将它们分隔开一段距离。

二级固体的不稳定浪费率促使幼小和老细菌的生长“口袋”的形成(图 18.22),小细菌的口袋产生淡棕色的泡沫,而老细菌的口袋产生深棕色的泡沫。当停止曝气和混合,曝气池中出现不同颜色的泡沫圈。

图 18.22　幼小和老细菌的生长所形成的“口袋”

第19章　活性污泥丝状生物体观察图解

丝状生物体(图19.1)或毛状体（成排的细菌细胞紧紧连在一起)通过以下3种途径进入活性污泥系统中:①以固态或水生生物形式通过流入物和渗入物进入;②随着排水系统中生物膜脱落进入;③通过预生物处理过的工业废水带入。尽管丝状藻类和丝状真菌存在于活性污泥系统中,但大多数的丝状生物体都是细菌。在活性污泥系统中已发现约30种丝状生物体,但只有10种与丝状体膨胀有关。

丝状生物体在活性污泥处理过程中起着积极和消极两方面的作用。积极作用包括降解cBOD和形成稳定的絮凝物。丝状生物体的链状结构使絮状颗粒能更好地承受搅动和剪切作用,从而凝聚变大。然而,当丝状生物体的数量过多时,会降低二次沉淀池中污泥的沉降性能以及导致固体物质的流失。此外,一些丝状生物体还会引起泡沫的产生。两种主要的起泡丝状菌为微丝菌和诺卡氏菌。

MCRT较长、*F/M*较低和pH过高或过低都能促使丝状生物体快速繁殖增长(表19.1),因此,如果鉴定出浮游球衣菌或0041型菌大量存在,就可以推断出相应的不利操作条件,活性污泥处理过程得以监控,从而纠正这些不利的操作条件,控制丝状生物体的大量生长。

丝状生物体的命名或编号基于以下3点:①形态或结构特征;②对特殊染色剂的反应;③对硫氧化试验或“S”试验的反应。

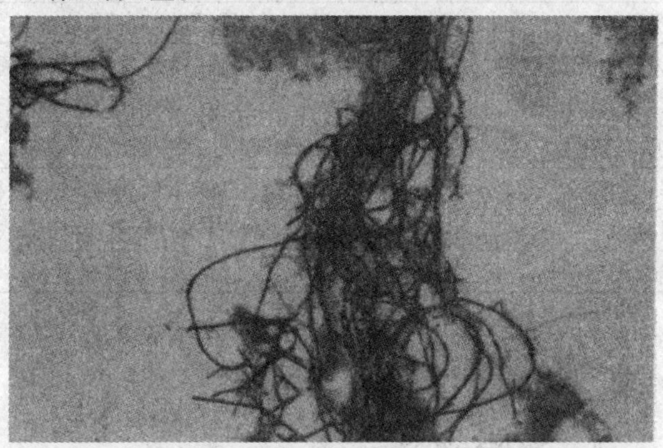

图19.1　相对丰度等级为“5”的丝状生物体

19.1　丝状生物体的形态特征

用于鉴定丝状生物体的特殊结构特征包括以下几个方面。

(1)菌丝(图19.2)。

(2)假或真的分支结构(图19.3和19.4)。

(3)细胞的形态(图19.5和19.8)。

(4)细胞的大小。

(5)颜色,透明的或深色的。

(6)压缩物(图 19.6)。

(7)横隔。

(8)丝状生物体的分布。

(9)丝状生物体的形态(图 19.7)。

(10)丝状生物体的大小。

(11)能动性。

(12)鞘。

(13)硫颗粒,球形或方形(图 19.9)。

表 19.1 与丝状生物体大量生长有关的操作条件

操作条件	丝状生物
MCRT 过长(>10 d)	0041,0092,0581,0675,0803,0961 型菌,微丝菌,诺卡氏菌
油脂类	0092 型菌,微丝菌
pH 过高(>7.4)	微丝菌
溶解氧浓度低和 MCRT 过长	微丝菌
低溶解氧浓度低和 MCRT 过短或适中	1701 型菌,软发菌,浮游球衣菌
F/M 较低(<0.05)	021N 型菌,0041 型菌,0092 型菌,0581 型菌,0675 型菌,0803 型菌,0961 型菌,软发菌,微丝菌,诺卡氏菌
氮或磷含量少	021N 型菌,0041 型菌,0675 型菌,1701 型菌,软发菌,真菌,诺氏卡菌,浮游球衣菌,发硫菌属某些种
pH 较低(<6.8)	真菌,诺卡氏菌
有机酸	021N 型菌,贝氏硫细菌属某些种,发硫菌属某些种
易降解基质(酒精、含硫氨基酸、葡萄糖、易挥发的油脂酸)	021N 型菌,1851 型菌,软发菌,诺卡氏菌,浮游球衣菌, 发硫菌属某些种
腐败性物质/硫化物	021N,0041,贝氏硫细菌属某些种,发硫菌属某些种
难降解物质菌	021N 型菌,0041 型菌,0675 型菌,微丝菌,诺卡氏菌
高温废水	1701 型菌,浮游球衣菌
冬季增殖	微丝菌

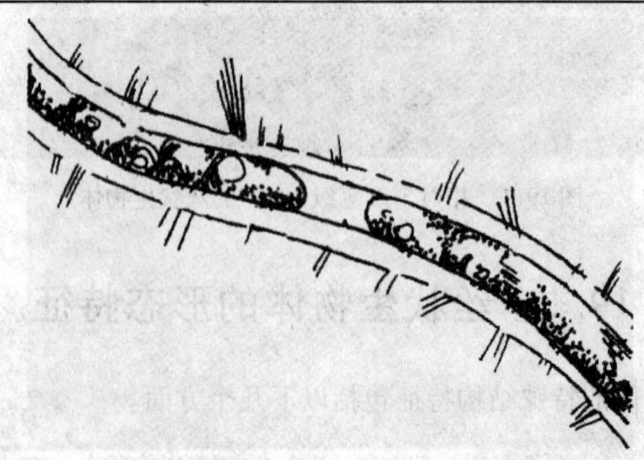

图 19.2 在 0041 型菌表面的菌丝

浮游球衣的分支间有“间隙”或者说无细胞物质,且分支结构被一个透明的鞘包围。

丝状真菌的分支间存在连续的细胞物质,没有间隔,且不被鞘包围。

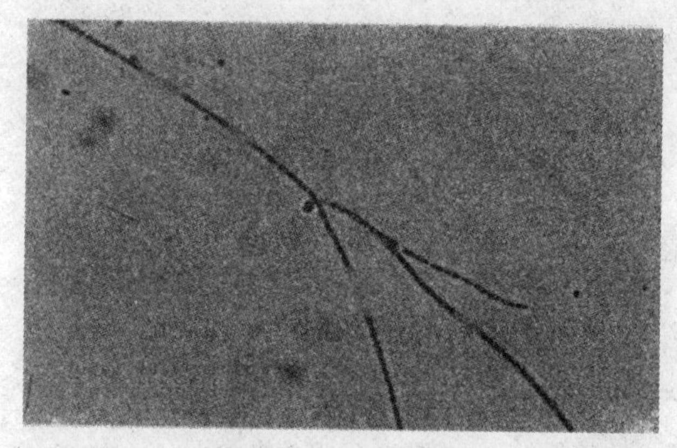

图19.3　假的分支结构

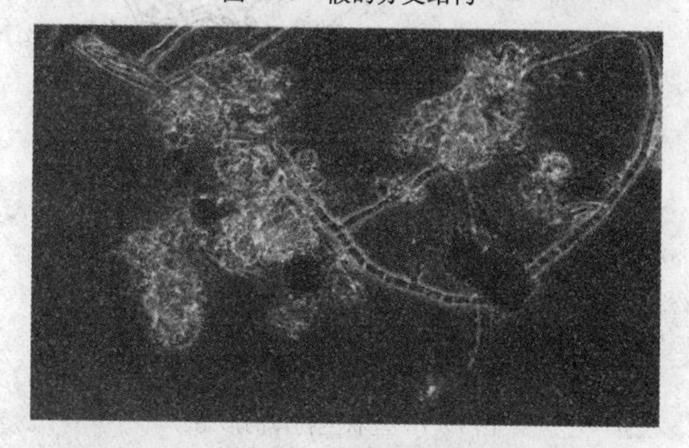

图19.4　真的分支结构

图19.5　细胞形态

丝状生物形态多样，常见的有杆状、矩形、方形、桶形、圆盘状。Nostocoida limicola 的细胞呈圆盘状，它的横隔清晰可见。横隔为两个细胞连接处的深黑线。

1701 型菌的杆状细胞的末端像香肠串一样压缩在一起。

丝状生物体最常见的形态为卷曲状、盘绕成的团状或直线形。如软发菌像针一样呈直线形。

一些丝状生物体，如021N 型菌的形态有多种，包括桶形和矩形。

在卷曲的贝氏硫细菌上可以看到高折射率的硫颗粒(白点)。

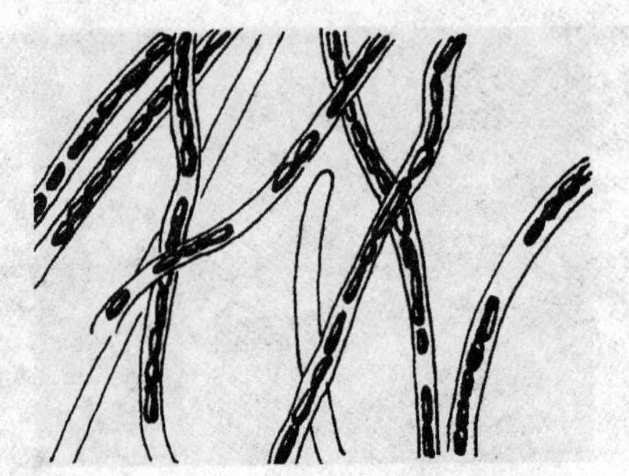

图 19.6　压缩物

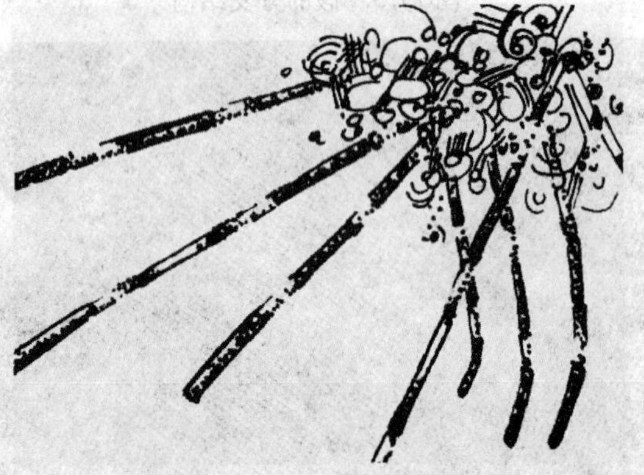

图 19.7　丝状生物体的形态

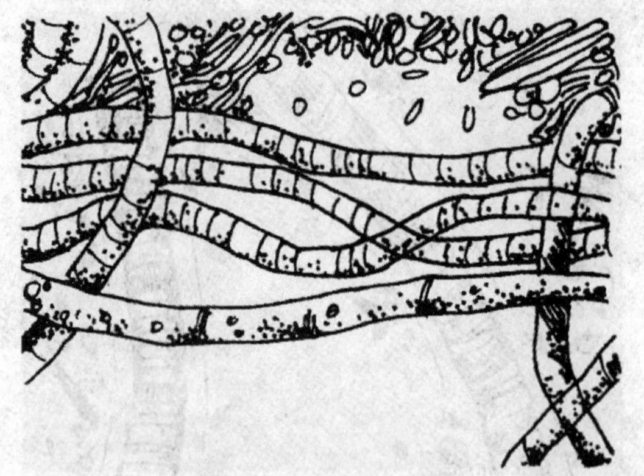

图 19.8　细胞形态

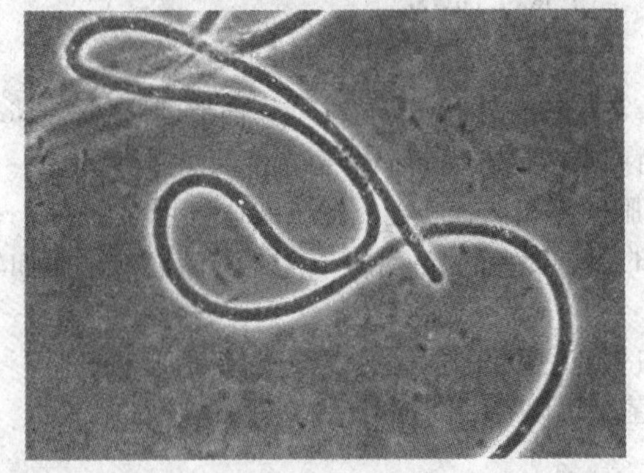

图 19.9　硫颗粒

19.2　对特殊染色剂的反应

根据丝状生物体对特殊微生物染色剂或染色技术呈阴性或阳性反应,可以鉴定出丝状生物体,主要的染色法如下。

(1)革兰氏染色法。

(2)奈瑟染色法。

(3)PHB 染色法。

(4)鞘染色法。

19.3　对"S"测试的反应

硫氧化试验在混合液样品中进行,用于判断丝状生物体是否有氧化硫的能力,且能将硫颗粒储存到体内细胞质中。

通常,会有两个或更多的丝状生物大量增殖,引起沉降性问题和固体物质的流失。若一种丝状生物的相对丰度达到(在0~6的范围内)"4""5"或"6",就意味着数量过多("0"表示"没有","6"表示"过量")(表19.2)。

表19.2　丝状生物的相对丰富度

相对丰度	术语	描述
0	"无"	不存在丝状生物
1	"少量"	存在丝状生物,但仅在极少数的视野中能看到其偶尔分布在絮状颗粒上。
2	"一些"	丝状生物仅在一些絮状颗粒上有分布
3	"普遍"	丝状生物在大多数絮状颗粒中浓度较低 (每个颗粒中1~5个丝状生物体)
4	"很普遍"	丝状生物在大多数絮状颗粒中浓度中等 (每个颗粒中6~20个丝状生物体)
5	"大量"	丝状生物在大多数絮状颗粒中浓度很高 (每个颗粒中>20个丝状生物体)
6	"过量"	丝状生物存在于大多数絮状颗粒中;数量多于絮状颗粒, 或者在本体溶液中丝状生物大量繁殖

19.4　检　索　表

根据工作表19.3中所列出的形态特征、染色反应和"S"测试反应等项目,制作出了一个能快速鉴别丝状生物的鉴定表(表19.4)。

表 19.3　丝状生物体的索引表

（贝氏硫细菌属某些种、软发菌、微丝菌、诺卡氏菌、Nostocoida limicola、浮游球衣菌、发硫菌、0041 型菌、0092 型菌、0581 型菌、0675 型菌、0803 型菌、0961 型菌、1701 型菌、1851 型菌、021N 型菌）

(1)丝状生物体能运动……2

丝状生物体不能运动……3

(2)丝状生物体是卷曲的……贝氏硫氏菌属某些种

丝状生物体呈直线形……屈挠杆菌属

(3)丝状生物体有分支结构……4

丝状生物体无分支结构……5

(4)丝状生物体有真的分支结构且呈革兰氏阳性……浮游球衣细菌

丝状生物体有真的分支结构且呈革兰氏阴性……诺卡氏菌

(5)丝状生物体呈奈瑟阳性……6

丝状生物体是奈瑟染色阴性……7

(6)丝状生物体呈革兰氏阴性……0092 型菌

丝状生物体呈革兰氏阳性，且无鞘结构……No“S”tocoida limicola

丝状生物体革呈兰氏阳性，且有鞘结构或菌丝……1851 型菌

(7)丝状生物体对“S”测试呈阳性反应……8

丝状生物体对“S”测试呈阴性反应……9

(8)丝状生物体的底部比其他部分厚……021N 型菌

丝状生物体的整个身体厚度均一……发硫菌属某些种

(9)丝状生物体有鞘结构……10

丝状生物体无鞘结构……11

(10)丝状生物体内含 PHB 颗粒且呈革兰氏阴性……1701 型菌

丝状生物体内不含 PHB 颗粒且呈革兰氏阳性……软发菌

丝状生物体的厚度>1.2 μm……0041 型菌

丝状生物体的厚度<1.2 μm……0675 型菌

(11)丝状生物体呈奈瑟阴性，内含阳性颗粒……微丝菌

丝状生物体呈奈瑟阴性，内不含阳性颗粒 ……12

(12)丝状生物体内含 PHB 颗粒 ……0914 型菌

丝状生物体体内无 PHB 颗粒 ……13

(13)丝状生物体是透明的……0961 型菌

丝状生物体是不透明的……14

(14)丝状生物体主要存在于絮状颗粒中……0581 型菌

丝状生物体伸展开来或自由漂浮……15

(15)丝状生物体呈直线型……0803 型菌

丝状生物体为弯曲或不规则形态……0411 型菌

表 19.4　丝状生物的鉴定表

特征/反应	待鉴定的丝状生物		
	未知#1	未知#2	未知#3
形态			
菌丝			
分支(是/否，假/真)			

续表 19.4

特征/反应	待鉴定的丝状生物		
	未知#1	未知#2	未知#3
细胞形态			
细胞大小/μm			
颜色(透明或深黑)			
收缩结构			
横隔			
丝状生物的分布			
丝状生物的形态			
丝状生物的宽度/μm			
丝状生物的体长/μm			
能动性			
鞘			
硫颗粒("S"测试前)			
染色反应			
革兰氏染色(+/-)			
奈瑟(+/-)			
PHB(+/-)			
鞘染色(+/-)			
"S"测试反应			
"S"测试(+/-)			

常见丝状生物体包括细菌种类有贝氏硫细菌、软发菌、微丝菌、诺卡氏菌等，丝状生物体的特征、增长因素和控制措施见表19.5。

表 19.5　丝状生物体的特征、增长因素和控制措施

贝氏硫细菌			
菌丝	无	革兰氏染色	阴性
分支	无	奈瑟染色	阴性
分布	自由漂浮	PHB 染色	阳性
能动性	积极	"S"测试	阳性
形态	螺旋形	长度,μm	100～500
鞘	无	宽度,μm	1～3
增长因素	有机酸,硫化物,腐败性物质		
控制措施	投加氧化剂(氯,过氧化氢)		
软发菌			
菌丝	无/有	革兰氏染色	阴性
分支	无	奈瑟染色	阴性
分布	伸展、自由漂浮	PHB 染色	阴性
能动性	消极	"S"测试	阴性
形态	直线型	长度,μm	20～100
鞘	有	宽度,μm	0.5
增长的因素	溶解氧浓度低,*F/M* 低,氮和磷含量少,易降解基质多		
控制措施	投加氧化剂(氯、过氧化氢),增加 SRT,需氧、缺氧、厌氧间歇进行		

续表 19.5

微丝菌			
菌丝	无	革兰氏染色	阳性
分支	无	奈瑟染色	阴性
分布	絮状颗粒内部	PHB 染色	阳性
能动性	消极	“S”测试	阳性
形态	螺旋形	长度,μm	100~400
鞘	无	宽度,μm	0.8
增长的因素	MCRT 较长,存在油脂类,pH 过高,溶解氧浓度低,*F/M* 低,易降解基质多,冬季增殖		
控制措施	投加氧化剂(氯、过氧化氢),曝气池中曝气均匀		
诺卡氏菌			
菌丝	无	革兰氏染色	阳性
分支	有	奈瑟染色	阴性
分布	絮状颗粒内部	PHB 染色	阳性
能动性	消极	“S”测试	阴性
形态	不规则	长度,μm	10~20
鞘	无	宽度,μm	1
增长的因素	存在油脂类,*F/M* 低,pH 低,易降解物质和缓慢降解物质多		
控制措施	投加氧化剂(氯、过氧化氢),厌氧的选择器		
Nostocoida limicola			
菌丝	无	革兰氏染色	阳性
分支	无	奈瑟染色	阳性
分布	絮状颗粒内部或伸展出来	PHB 染色	阳性/阴性
能动性	消极	“S”测试	阴性
形态	卷曲	长度,μm	100~300
鞘	无	宽度,μm	1.2~1.4
增长的因素	易降解物质多,存在酸性物质和硫化物		
控制措施	投加氧化剂(氯,过氧化氢),需氧、缺氧、厌氧间歇进行		
浮游球衣菌			
菌丝	无	革兰氏染色	阴性
分支	有	奈瑟染色	阴性
分布	从絮状颗粒表面伸展开来	PHB 染色	阳性
能动性	消极	“S”测试	阴性
形态	弯曲或直线型	长度,μm	>500
鞘	有	宽度,μm	1.0~1.4
增长的因素	溶解氧浓度低,氮和磷含量少,废水温度高		
控制措施	投加氧化剂(氯、过氧化氢),增加 SRT,需氧、缺氧、厌氧间歇进行		
发硫菌			
菌丝	无	革兰氏染色	阴性
分支	有	奈瑟染色	阴性
分布	从絮状颗粒表面伸展开来	PHB 染色	阳性
能动性	消极	“S”测试	阳性

续表 19.5

形态	弯曲或直线型	长度,μm	50~200
鞘	有	宽度,μm	0.8~1.4
增长的因素	氮和磷含量少,易降解物质多,存在酸性物质、硫化物		
控制措施	投加氧化剂(氯、过氧化氢),需氧、缺氧、厌氧间歇进行		
0041 型菌			
菌丝	有	革兰氏染色	阳性
分支	无	奈瑟染色	阴性
分布	絮状颗粒内部或伸展出来	PHB 染色	阴性
能动性	消极	"S"测试	阴性
形态	直线型	长度,μm	100~500
鞘	有	宽度,μm	1.4~1.6
增长的因素	MCRT 较长,*F/M* 较低,氮和磷含量少,缓慢降解物质多,存在酸性物质、硫化物		
控制措施	投加氧化剂(氯、过氧化氢),确保曝气池中曝气均匀		
0092 菌			
菌丝	无	革兰氏染色	阴性
分支	无	奈瑟染色	阳性
分布	絮状颗粒内部	PHB 染色	阴性
能动性	消极	"S"测试	阴性
形态	弯曲或直线型	长度,μm	20~60
鞘	无	宽度,μm	0.8~1
增长的因素	MCRT 较长,油脂类多,*F/M* 低,氮和磷含量少,缓慢降解基质多		
控制措施	投加氧化剂(氯、过氧化氢),确保曝气池中曝气均匀		
0581 型菌			
菌丝	无	革兰氏染色	阴性
分支	无	奈瑟染色	阴性
分布	絮状颗粒内部	PHB 染色	阴性
能动性	消极	"S"测试	阴性
形态	螺旋形	长度,μm	100~200
鞘	无	宽度,μm	0.5~0.8
增长的因素	MCRT 较长,*F/M* 低		
控制措施	投加氧化剂(氯、过氧化氢)		
0675 型菌			
菌丝	有	革兰氏染色	阳性
分支	无	奈瑟染色	阴性
分布	絮状颗粒内部	PHB 染色	阴性
能动性	消极	"S"测试	阴性
形态	直线型	长度,μm	50~150
鞘	有	宽度,μm	0.8~1
增长的因素	MCRT 较长,*F/M* 低,氮和磷含量少,缓慢降解基质多		
控制措施	投加氧化剂(氯、过氧化氢),确保曝气池中曝气均匀		
0803 型菌			
菌丝	无	革兰氏染色	阴性

续表 19.5

分支	无	奈瑟染色	阴性
分布	从絮状颗粒表面伸展出来	PHB 染色	阴性
能动性	消极	"S"测试	阴性
形态	直线型	长度,μm	50~150
鞘	无	宽度,μm	0.8
增长的因素	MCRT 过长,*F/M* 低		
控制措施	投加氧化剂(氯、过氧化氢)		
0961 型菌			
菌丝	无	革兰氏染色	阴性
分支	无	奈瑟染色	阴性
分布	从絮状颗粒表面伸展出来	PHB 染色	阴性
能动性	消极	"S"测试	阴性
形态	直线型	长度,μm	40~80
鞘	无	宽度,μm	0.8~1.2
增长的因素	MCRT 过长		
控制措施	投加氧化剂(氯、过氧化氢)		
1701 型菌			
菌丝	无	革兰氏染色	阴性
分支	无	奈瑟染色	阴性
分布	絮状颗粒内部或伸展出来	PHB 染色	阳性
能动性	消极	"S"测试	阴性
形态	弯曲或直线型	长度,μm	20~80
鞘	有	宽度,μm	0.6~0.8
增长的因素	溶解氧浓度低,氮和磷含量少,废水温度高		
控制措施	投加氧化剂(氯、过氧化氢),增加 SRT, 需氧、缺氧、厌氧间歇进行		
1851 型菌			
菌丝	有、无	革兰氏染色	阳性
分支	无	奈瑟染色	阴性
分布	从絮状颗粒表面伸展出来	PHB 染色	阴性
能动性	消极	"S"测试	阴性
形态	弯曲或直线型直线形	长度,μm	100~300
鞘	有	宽度,μm	0.8
增长的因素	易降解基质多		
控制措施	投加氧化剂(氯、过氧化氢)		
021N 型菌			
菌丝	无	革兰氏染色	阴性
分支	无	奈瑟染色	阴性
分布	从絮状颗粒表面伸展出来	PHB 染色	阳性
能动性	消极	"S"测试	阳性
形态	弯曲或直线型	长度,μm	50~500
鞘	无	宽度,μm	1~2
增长的因素	*F/M* 低,有机酸、易降解基质多,存在腐蚀性物质、硫化物		
控制措施	投加氧化剂(氯、过氧化氢),需氧、缺氧、厌氧间歇进行		

第 20 章　活性污泥动物观察图解

20.1　原 生 动 物

原生动物为单细胞生物体(图 20.1),但有一些原生动物为聚居群体(图 20.2)。大多数原生动物体长 5 ~ 250 μm,为腐生营养,也有一些为植物性营养。

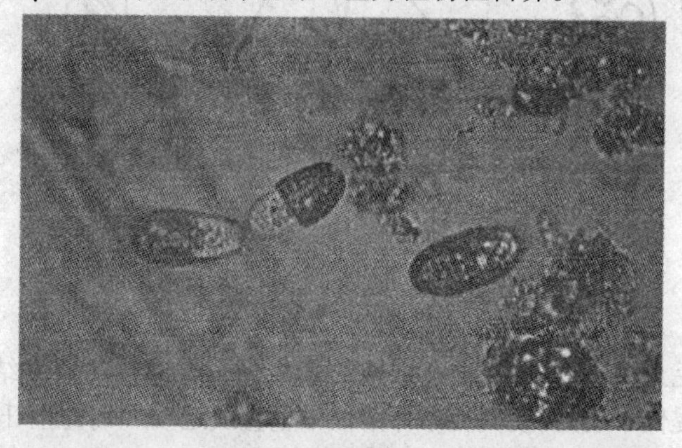

图 20.1　独居的原生动物

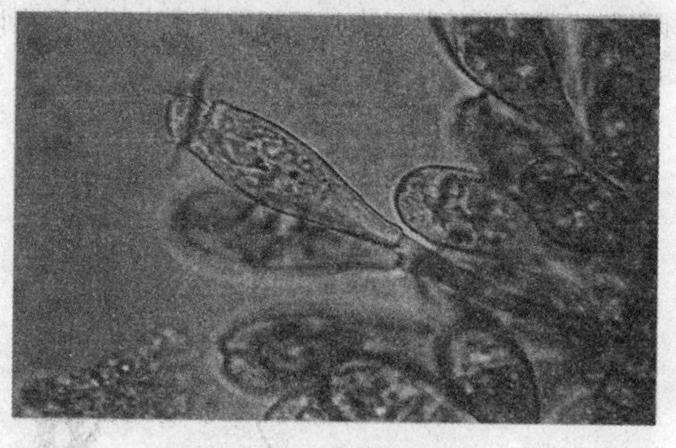

图 20.2　聚居的原生动物

榴弹虫是一种有壳的自由游泳型纤毛虫。

盖虫是一种聚居的原生动物。

20.1.1　原生动物类群

在活性污泥系统中常见的原生动物有 6 类,从低等生命形式到高等生命形式。变形虫(图 20.3)是一类最简单的生物,细胞质在纤薄的细胞膜内流动为生物体提供了动力。变形虫分为两类:裸露变形虫和有壳变形虫。有壳变形虫体表被保护性的壳包裹。变形虫在本体溶液中缓慢运动或在水流中“漂移”。鞭毛虫(图 20.4)体型小、呈椭圆形,依靠鞭毛的鞭打作用呈螺旋形运动。

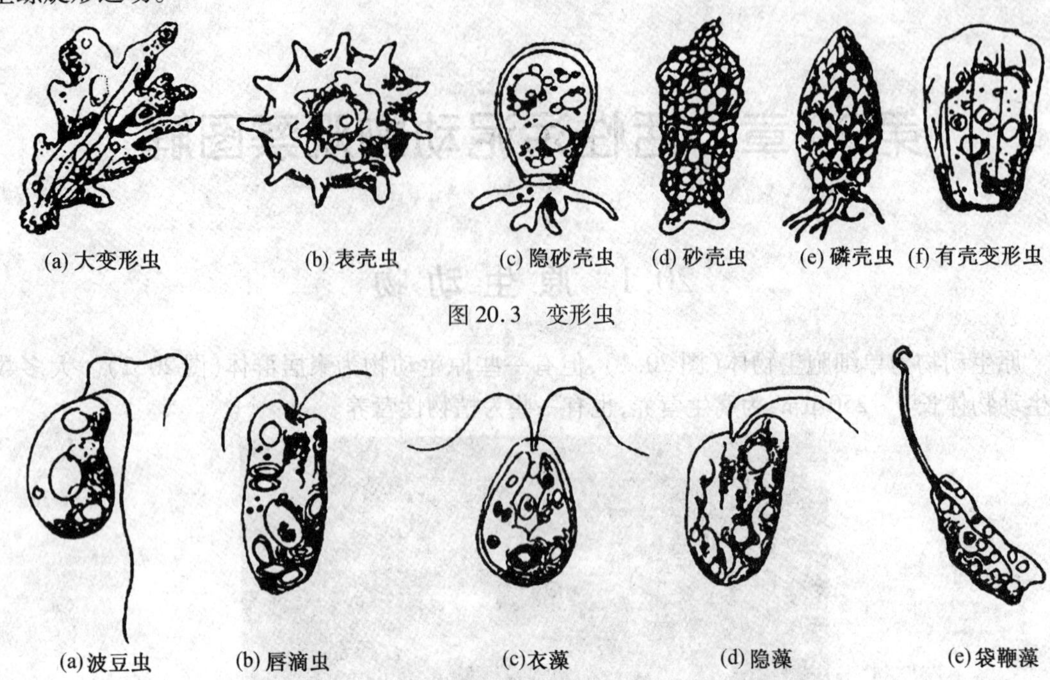

(a) 大变形虫　(b) 表壳虫　(c) 隐砂壳虫　(d) 砂壳虫　(e) 磷壳虫　(f) 有壳变形虫

图 20.3　变形虫

(a) 波豆虫　(b) 唇滴虫　(c) 衣藻　(d) 隐藻　(e) 袋鞭藻

图 20.4　鞭毛虫

自由游泳型纤毛虫(图 20.5)在整个细胞的表面分布有成排的短发结构或纤毛。纤毛一致地摆动为生物体提供了动力,使其在本体溶液中呈直线运动。匍匐型纤毛虫(图 20.6)只在生物体的腹表面有成排的纤毛分布,偏好于黏附在絮状颗粒上。纤毛的摆动作用使生物体运动并产生水流,推引细菌进入腹表面的胞口内。匍匐型纤毛虫的纤毛可以退化成“刺”,使虫体固定在絮状颗粒表面。

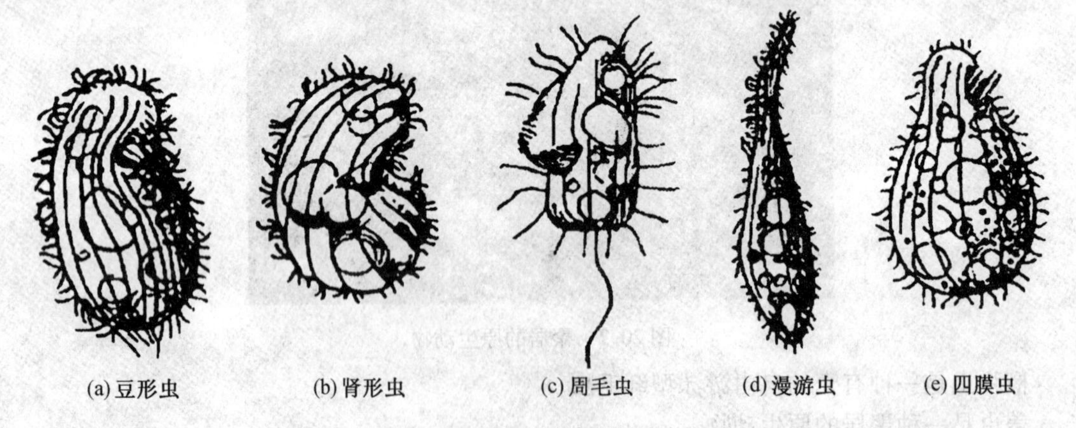

(a) 豆形虫　(b) 肾形虫　(c) 周毛虫　(d) 漫游虫　(e) 四膜虫

图 20.5　自由游泳型纤毛虫

固着型纤毛虫(有柄纤毛虫)(图 20.7)为高等生命体,仅在胞口周围有纤毛分布,偏好于黏附在絮状颗粒上,纤毛的摆动产生水流推引细菌进入胞口。一些固着型纤毛虫如聚缩虫(图 20.8(a)),在柄鞘中有可收缩的丝状体——肌丝,使生物体能够“弹跳”,这种“弹跳”运动引起水涡旋,吸引细菌进入胞口。另一些纤毛虫如盖虫(图 20.7(b))则没有收缩性的肌丝。

一类有趣而奇特的原生动物类群为吸管虫(Suctoria)(图20.9),它们拥有触手而不是纤毛。

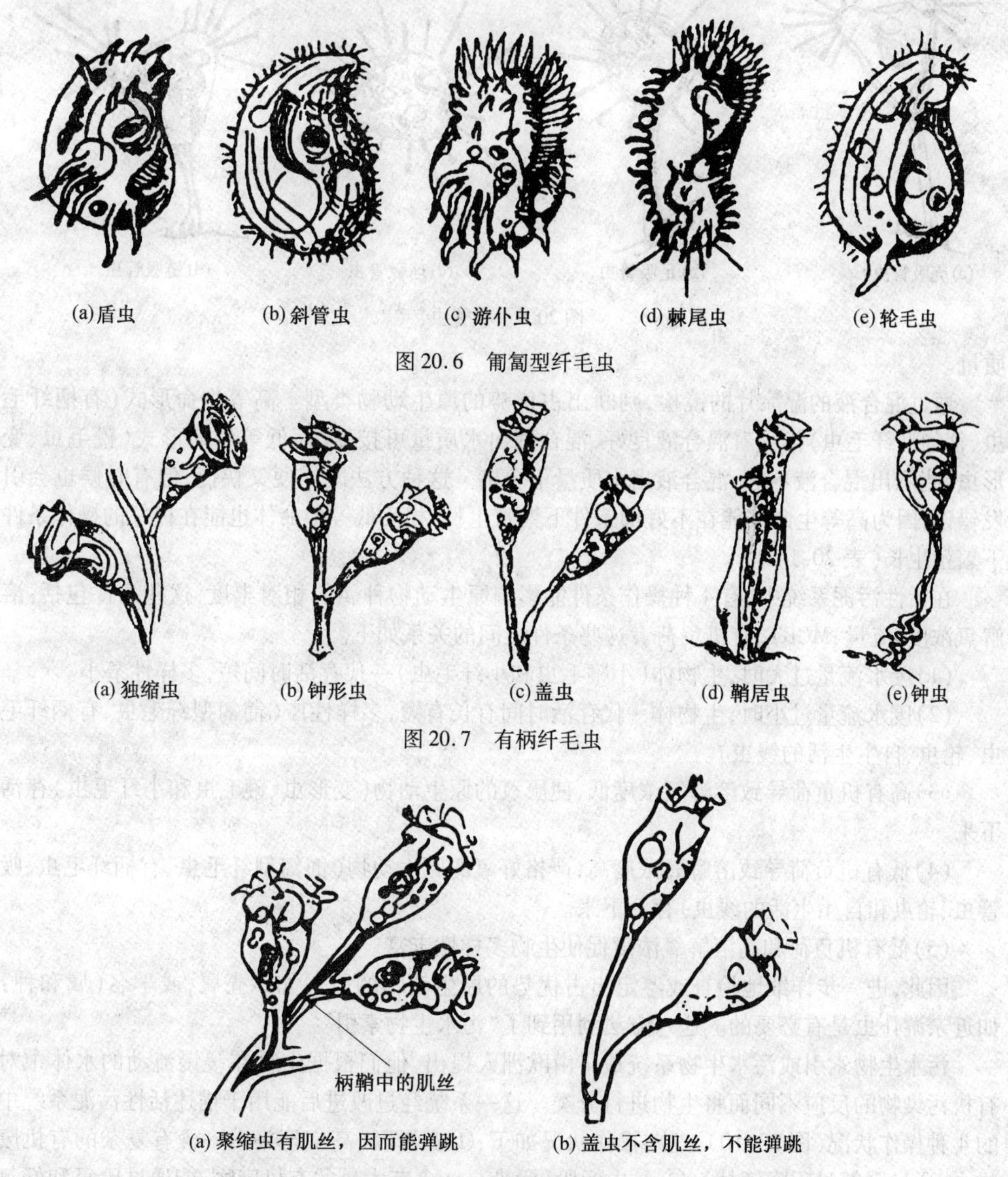

图20.6　匍匐型纤毛虫

图20.7　有柄纤毛虫

图20.8　能收缩的肌丝

20.1.2　原生动物——指示性生物

在活性污泥系统中,原生动物特别是纤毛类原生动物,对废水处理起着重要的作用,这些作用包括:从本体溶液中去除细小的固体物质——胶体、分散生长物、颗粒物;循环利用矿质营养物;促进絮凝物的形成。此外,许多污水处理厂的经营者利用原生动物作为活性污泥系统运行状况以及混合液出水质量的生物指示。原生动物能指示出混合液出水的质量,但不能指示出固体物质的膨胀和固体物质的流失问题。可以通过以下方法判断活性污泥的优劣及出水

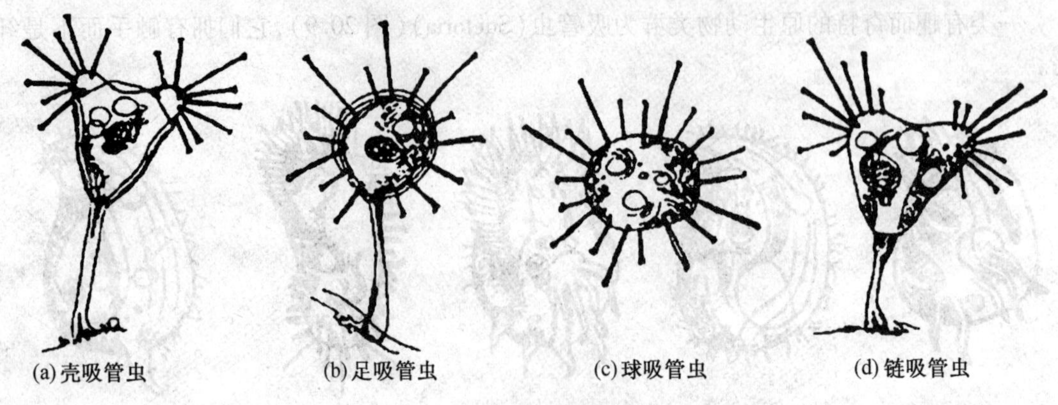

图 20.9 吸管虫

质量。

通过混合液的湿涂片的镜检,判断出占优势的原生动物类型。高等生命形式(有柄纤毛虫、匍匐型纤毛虫)指示着混合液良好,混合液出水质量可接受,而低等生命形式(鞭毛虫、变形虫)指示出混合液不好,混合液出水质量不合格。这种方法既简便又快捷,但有时候也会引发错误,因为高等生命体能在不好的条件下繁殖生长,相反低等生命体也能在极好的操作条件下繁殖生长(表 20.1)。

在活性污泥系统中,有 4 种操作条件能影响原生动物种属的相对丰度,这些条件包括:溶解氧浓度,流量,MCRT,有机负荷。这些条件之间的关系如下。

(1)废水流量过大时,生物体(小鞭毛虫和小纤毛虫)一代存活时间短,多样性窄小。

(2)废水流量过小时,生物体一代存活时间有长有短,多样性广(匍匐型纤毛虫、有柄纤毛虫、轮虫、自生生活的线虫)。

(3)高有机负荷导致溶解氧浓度低,使厌氧的原生动物(变形虫、鞭毛虫和小纤毛虫)存活下来。

(4)低有机负荷导致溶解氧浓度高,严格好氧的原生动物(匍匐型纤毛虫、有柄纤毛虫、吸管虫、轮虫和自生生活的线虫)存活下来。

(5)低有机负荷和高溶解氧浓度促使生物多样性丰富。

因此,进一步详细地检查或鉴定出占优势的原生动物的属名如砂壳属,或学名(属和种)如近亲游仆虫是有必要的。这一方法利用到了“污水生物索引”。

污水生物索引或污水生物系统最早由欧洲人提出,他们根据生物在缓慢流动的水体中对有机污染物的反应不同而将生物进行分类。这一系统经过改进后能用于描述活性污泥系统中的 4 种操作状况(图 20.10),这些操作状况如下:①多污段(高度污染——含有复杂的有机废物,能通过厌氧过程降解掉);②α-中污段(污染——含有大量的有机废物,能通过厌氧和好氧过程降解掉);③β-中污段(中度污染——含有有机废物,通过好氧过程降解掉);④寡污段(轻度污染——原水中无有机废物,在净化过程中产生)。如图 20.10 所示,每一种状况的相对流量、有机负荷、溶解氧量、代表性生物、混合液出水上层液质量都一一描述出来了。

表20.1　混合液出水质量的生物指示，以纤毛类原生动物为例

纤毛虫种类	水质状况	指示生物
固着型纤毛虫	劣质出水（如BOD>200 mg）	褶皱累枝虫 集盖虫 白钟虫
	优质出水（如BOD<20 mg）	瓶累枝虫 长钟虫 霉聚缩虫
匍匐型纤毛虫和有触手的固着型纤毛虫	劣质出水（如BOD>200 mg）	固着吸管虫 麦格纳球吸管虫
	优质出水（如BOD<20 mg）	近亲游仆虫 胶衣足吸管虫
自由游泳的纤毛虫	劣质出水（如BOD>200 mg）	草履虫 Trachelphyllum pusillum
	优质出水（如BOD<20 mg）	双小核草履虫 安圭拉漫游虫

污水生物系统应用于活性污泥系统中可分为以下4个阶段。

（1）多污段的特征为：水流量大、有机负荷极高、缺氧或溶解氧量少、生物量情况极差、浑浊、混合液出水上层液水质差、氨和硫含量高。

（2）α-中污段的特征为：水流量大、有机负荷高、溶解氧量少、生物量情况差、混合液出水上层液水质差、氨和硫含量高。

（3）β-中污段的特征为：水流量小、有机负荷高、溶解氧量适中、生物量情况适度、混合液出水上层液水质较好、存在氮和硫氧化物。

（4）寡污段的特征为：水流量小、有机负荷适中、溶解氧量适中、生物量情况极好、混合液出水上层液水质极好、存在大量的氮和硫。

20.1.3　污水处理各阶段的原生动物

与多污段（有机负荷过高）有关的原生动物有：裸露的大变形虫和吮噬虫，有壳变形虫如磷壳虫，鞭毛虫如尾状波陀虫，粗袋鞭虫、活泼锥滴虫，自由游泳的纤毛虫如四膜虫。导致有机负荷过高的因素有：有毒物质、污泥龄过短、固体物质的过度流失和水力冲击。

与α-中污段（有机负荷高）有关的原生动物有：有壳变形虫如砂壳虫，鞭毛虫如分裂六鞭藻，自由游泳的纤毛虫如钩刺斜管虫和片形漫游虫，有柄纤毛虫如铃兰钟虫，吸管虫如跳侧滴虫、固着足吸管虫。

与β-中污段（有机负荷高）有关的原生动物有：有壳变形虫如表壳虫，自由游泳的纤毛虫如卑怯管叶虫，匍匐型纤毛虫如有肋楯纤虫、亲近游仆虫，有柄纤毛虫如微盘盖虫、白钟虫，吸管虫如四分吸管虫。

与寡污段（有机负荷适中）有关的原生动物有：匍匐型纤毛虫如Stylonchia pustulata，有柄纤毛虫如瓶累枝虫、星云钟虫以及条纹钟虫，自生生活的线虫、轮虫以及钟虫、水熊。

20.1.4　原生动物的优势类群

为了鉴定活性污泥系统中原生动物的优势类群，需要浏览混合液的湿涂片，记录100种原

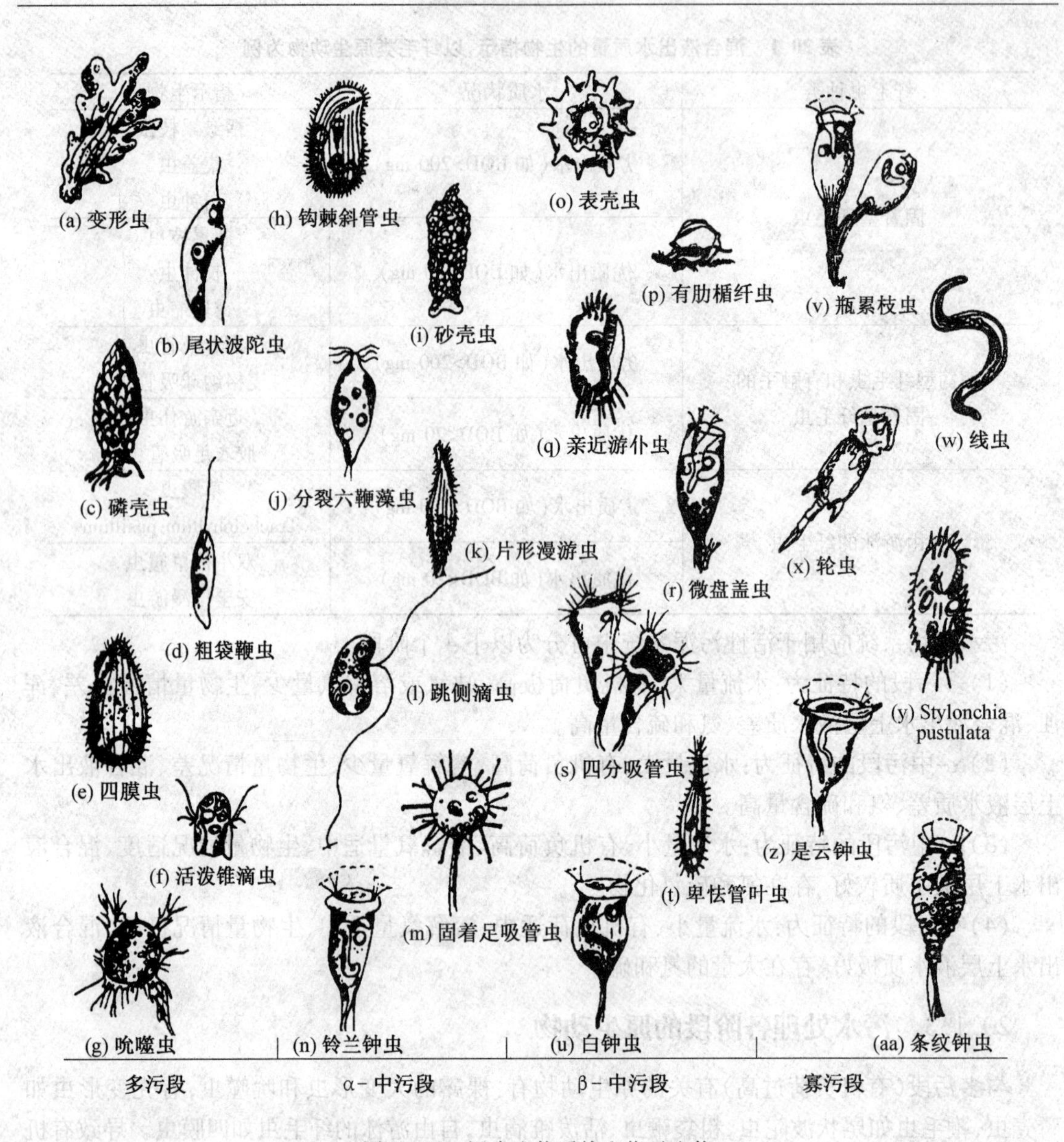

图 20.10　污水生物系统和指示生物

生动物的数量，如果时间允许，可以观察 3 个完整的湿涂片，在这 100 种原生动物中，数量最多的 3 个类群即为原生动物的优势类群(表 20.2)。

在制备混合液的湿涂片之前，要用移液管和洗耳球对混合液样品进行搅拌和充气。搅拌和充气的目的是保证显微镜观察到的原生动物能反映出混合液的真实情况。如果样品不经过搅拌和充气，湿涂片很可能不包含混合液中代表性的原生动物：①变形虫，变形虫常黏附在玻璃或塑料取样瓶的瓶壁上；②鞭毛虫和自由游泳型纤毛虫，当取样瓶中的混合液静置时，它们集聚在上清液中；③匍匐型和固着型纤毛虫，当取样瓶中的混合液静置时，它们积聚于瓶底。

表 20.2　原生动物的优势类群

类群	数量	所占的比例/%
变形虫		
鞭毛虫		
自由游泳型纤毛虫		
匍匐型纤毛虫		
固着型纤毛虫		
总数		
有柄纤毛类原生动物的结构和活动		
自由游泳型	起泡	修剪

用放大100倍的亮视野或相称显微镜就能观察到原生动物，而鉴定出一些原生动物所属类群需要放大400倍。如果原生动物运动太快，可以滴加一些固定剂于湿涂片上，以抑制其运动，可用的固定剂有质量分数为1%的氯化汞或质量分数为1%的硫酸镍。但是，添加固定剂会使盖玻片下混合液的体积过大，无法进行原生动物的计数。因此，为了在计数过程中鉴定出所观察到的原生动物所属类群，固定剂应在计数之前添加好。

20.1.5　原生动物的活性和结构

在有毒物质或抑制剂存在时，原生动物行动缓慢甚至失去活性，这是因为有毒物质或抑制剂会攻击原生动物的酶系统或重要结构组成，使其活性降低甚至终止。因此，通过显微镜检查原生动物的活动，可以判断是否有有毒物质或抑制剂攻击活性污泥系统。

在进行有毒样品的湿涂片镜检时，需要评估原生动物所有类群的活动模式，并与正常的无毒样品进行对比，即需要比较两种样品中的变形虫、鞭毛虫以及纤毛虫的活动。

在原生动物群体中，通常以匍匐型纤毛虫楯虫（图20.11）和固着型纤毛虫钟形虫（图20.12）作为指示生物来监控其活动。楯虫对有毒物质和抑制剂极其敏感，很容易被鉴定出来，此外，纤毛的摆动（图20.13）和钟形虫肌丝（20.14）的弹跳运动也会变慢或失去活性。自由游泳型有柄纤毛虫能作为溶解氧不足的指示生物（图20.15）；能起泡的固着型纤毛虫大量存在时，意味着极其不利的操作状况，包括有毒物质；另外，被修剪的有柄纤毛虫（图20.16）大量存在时，意味着处理系统湍流过强。

纤毛分布于身体的前半部分，纤毛退化成刺后，使生物体固定于絮状颗粒表面（图20.17）。

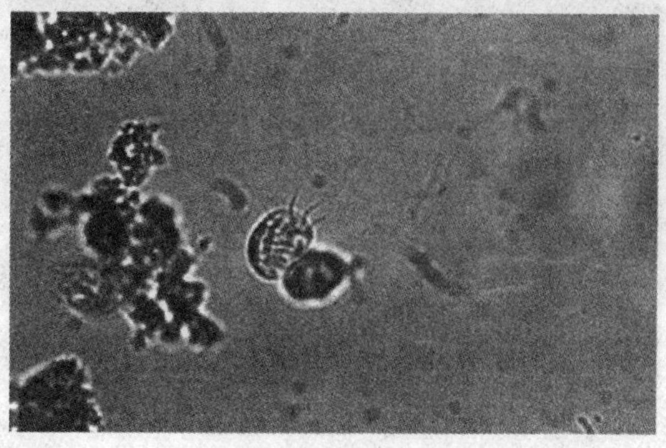

图20.11　楯虫

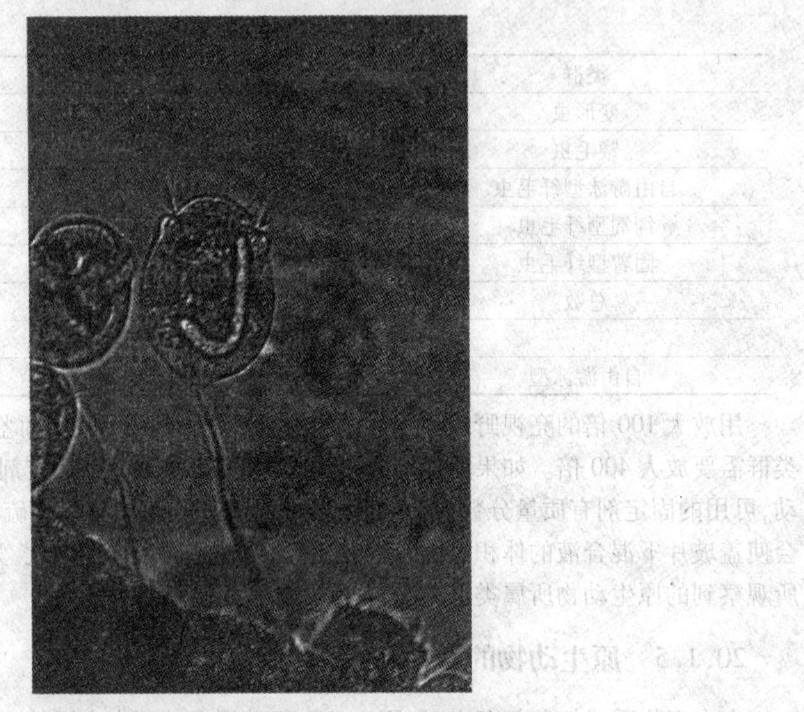

图 20.12　钟形虫

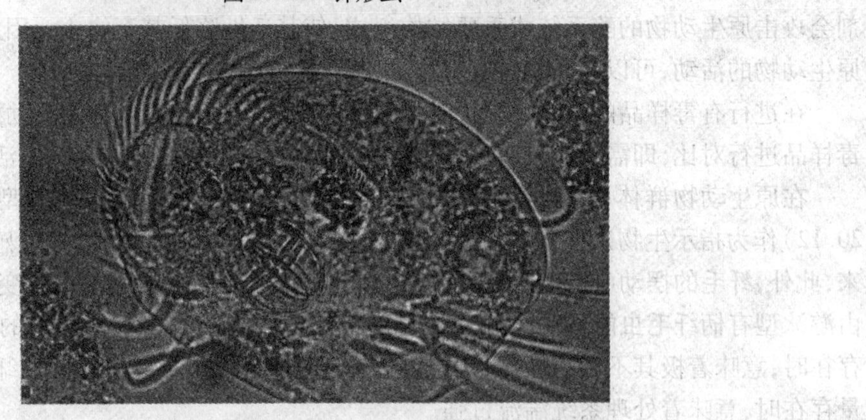

图 20.13　游仆虫纤毛的摆动

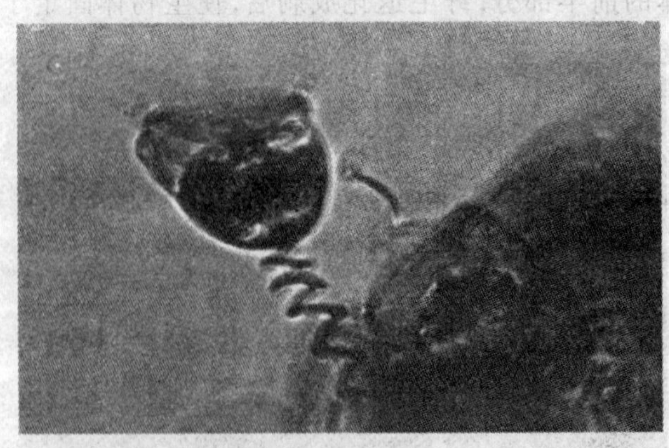

图 20.14　能收缩的肌丝

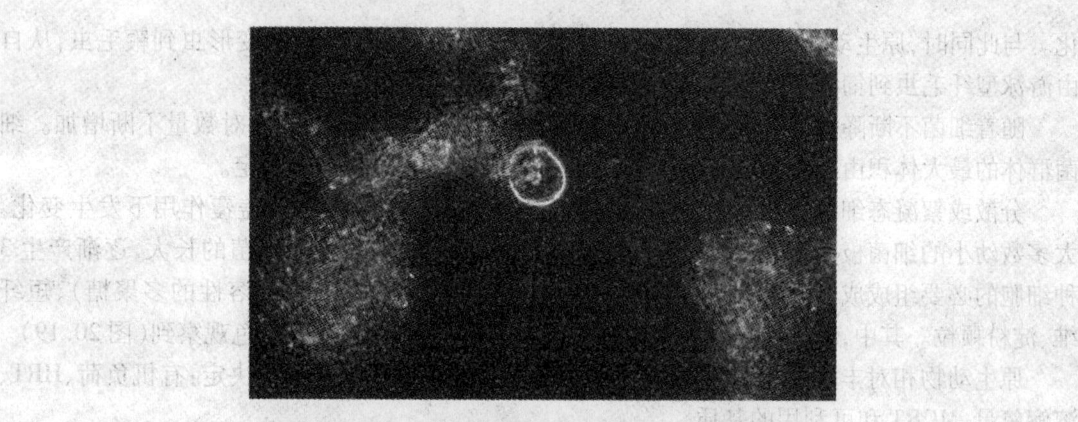

图 20.15　自由游泳型有柄纤毛虫——钟形虫

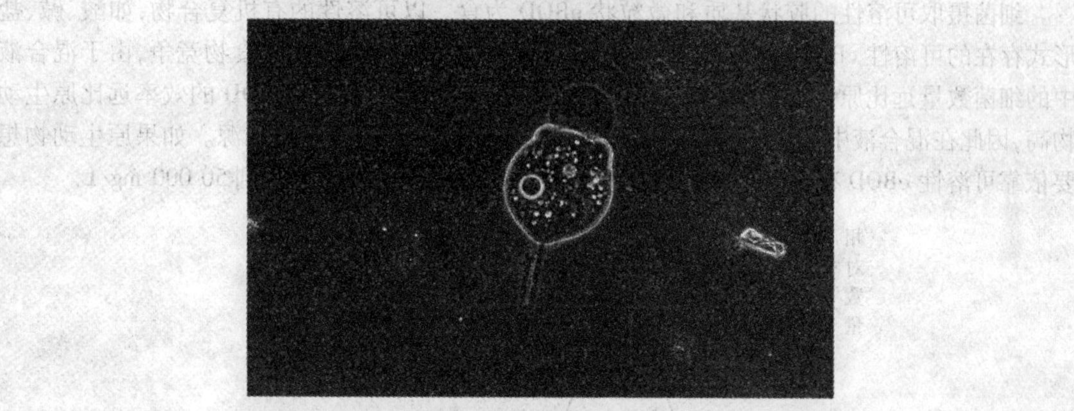

图 20.16　有柄纤毛虫

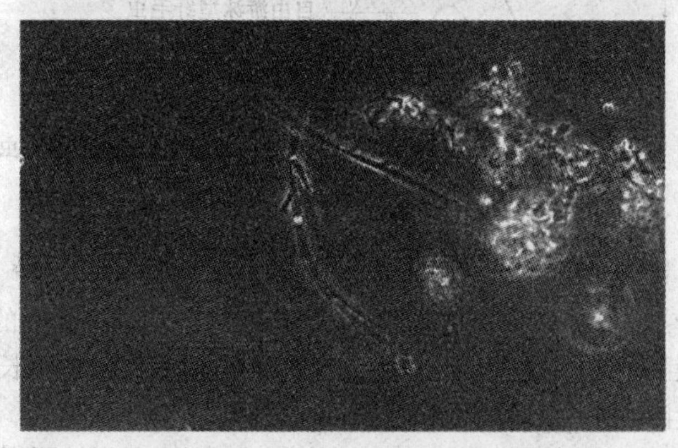

图 20.17　纤毛虫的后半部位或柄

胞口处附有气泡的有柄纤毛虫,纤毛虫的细胞质中也含有许多小气泡。

20.2　细菌和原生动物的相对优势

在活性污泥系统整个运行过程中,即从启动到形成成熟的絮状污泥颗粒,混合液中发生了两个重要的生物事件,一是细菌和原生动物群体的生长,二是它们对于混合液污染程度变化的生物指示过程(图 20.18)。

随着活性污泥系统的运行,混合液中分散和絮凝态的细菌群体的大小和数量不断发生变化。与此同时,原生动物的相对丰度和占优势的类群也不断改变着,从变形虫到鞭毛虫,从自由游泳型纤毛虫到匍匐型纤毛虫,再到固着型纤毛虫。

随着细菌不断降解混合液中的 cBOD,细菌快速或呈指数增长,其相对数量不断增加。细菌群体的最大体积由可利用的 cBOD 量以及捕食者,主要是原生动物决定。

分散或絮凝态细菌的相对数量,在污泥老化过程和高等生命体的盖覆作用下发生变化。大多数幼小的细菌极其活跃,由于鞭毛的摆动作用而呈游离态,随着细菌的长大,逐渐产生 3 种细胞的必要组成成分,使它们黏聚在一起,这 3 种物质是黏多糖(可溶性的多聚糖)、短纤维、淀粉颗粒。其中,许多淀粉颗粒可以通过混合液的湿涂片的 PHB 染色观察到(图 20.19)。

原生动物相对丰度的变化、占优势类群的更替主要由以下操作条件决定:有机负荷、HRT、溶解氧量、MCRT 和可利用的基质。

细菌摄取可溶性的胶状基质和微粒状 cBOD 为食。以可溶性的有机复合物,如酸、碱、盐形式存在的可溶性 cBOD 可以被利用。然而,原生动物和细菌间存在着食物竞争,由于混合液中的细菌数量远比原生动物多,且细菌比表面积大,细菌摄食可溶性 cBOD 的效率远比原生动物高,因此在混合液中,原生动物并不以可溶性 cBOD 作为其主要基质来源。如果原生动物想要依靠可溶性 cBOD 存活下来,混合液中可溶性 cBOD 质量浓度必须达到 50 000 mg/L。

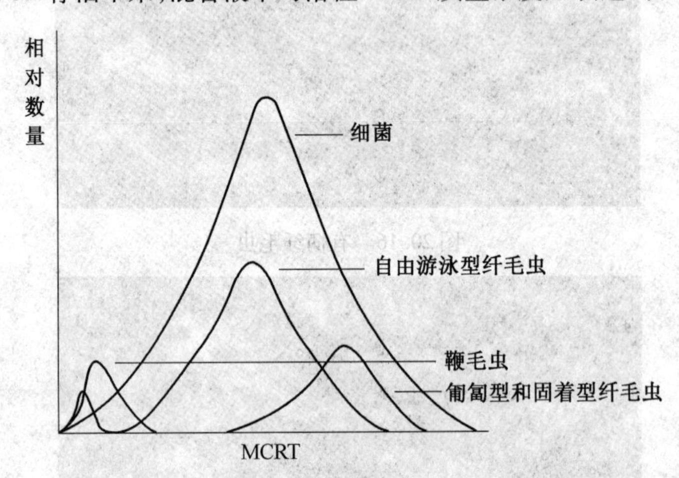

图 20.18 细菌的相对丰度和占优势的原生动物类群的更替

随着细胞平均停留时间(MCRT)的增加,细菌的相对丰度和占优势的原生动物类群不断发生变化,这些变化由以下因素引起:污染物浓度的降低、曝气时间的延长、分散和絮凝态细菌数量的变化、不同原生动物类群的捕食机制不同。

丝状生物或絮状颗粒内的淀粉颗粒经 PHB 染色后可以在显微镜下观察到。

原生动物主要利用以分散态细菌形式存在的可溶性 cBOD。原生动物只能摄食分散的细菌,而不能移去絮状颗粒或絮状团粒上的细菌,也就是说,原生动物不能掘洞进入絮状颗粒内摄食细菌。因此,原生动物的运动方式、摄食分散细菌的机制以及分散细菌的相对丰度决定了混合液中原生动物的优势类群。原生动物的运动机制如图 20.20 所示。

1. 变形虫

变形虫通常借助水流而漂移,或者利用伪足在本体溶液中缓慢运动。变形虫以极其活跃的分散细菌为食,它们通过伸长的伪足摄取细菌,并消化细菌或颗粒状 cBOD。伪足运动不仅速度慢,而且捕食效率低,但不需要消耗太多的能量。另外,变形虫比其他原生动物类群更能

图20.19　淀粉颗粒

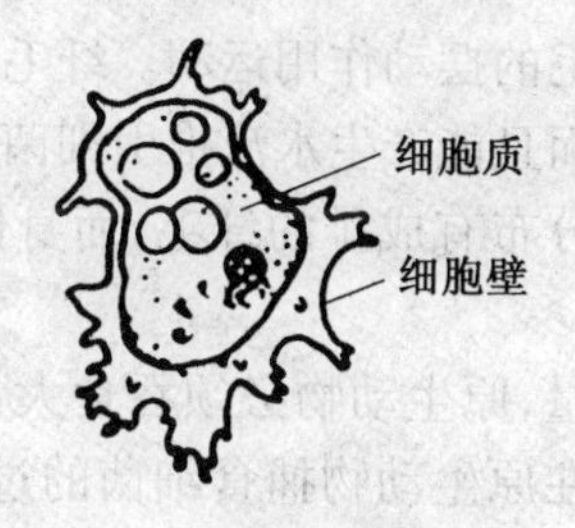

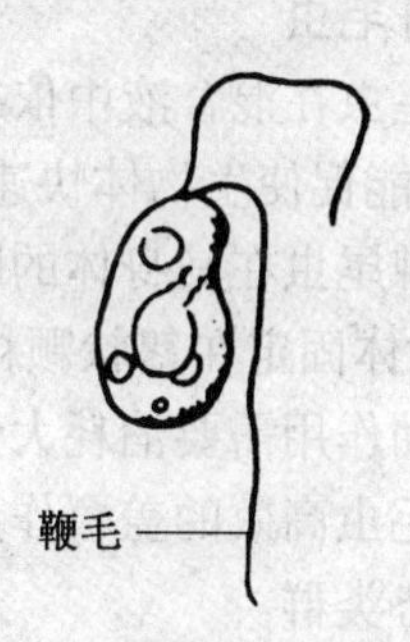

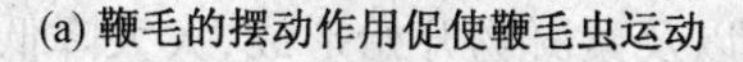

(a) 鞭毛的摆动作用促使鞭毛虫运动　　(b) 自由游泳型纤毛虫

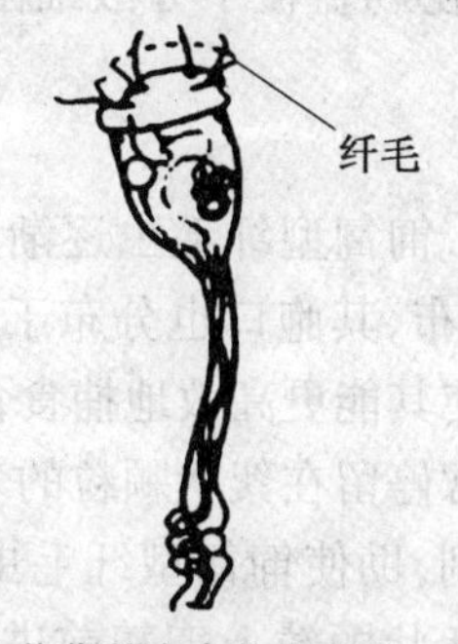

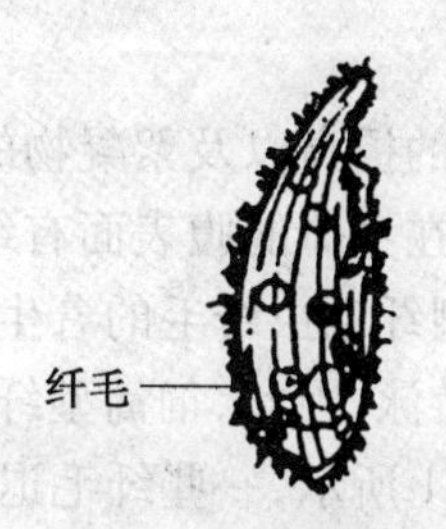

(c) 依靠整个身体表面成排的纤毛的摆动而运动　　(d) 固着型纤毛虫依靠胞口周围成排的纤毛的摆动而运动

图20.20　原生动物的运动机制

忍受极其严酷的操作环境(溶解氧浓度低和污染程度高),只有极少数其他原生动物会与变形虫竞争。

因此,由于变形虫运动消耗的能量少,食物竞争也小,当混合液污染很严重、细菌数量相对少时,变形虫就成了原生动物中的优势类群。这一情况表明污泥龄较短,而污泥龄短或MCRT较短时,分散态细菌大量生长。另外,还有其他操作环境也会引起污泥龄短,分散细菌数量较多。

引起污泥龄过短的操作环境如下。

(1)由入流和入渗引起的水力冲击。

(2)低溶解氧浓度。

(3)有机负荷和可溶性 cBOD 的缓慢释放。

(4)混合液悬浮固体物质的过度流失。

(5)水力停留时间短。

(6)有毒物质以及从有毒环境中恢复的状态。

2. 鞭毛虫

鞭毛虫在混合液中依靠鞭毛的摆动作用快速运动,使其能追捕到运动的分散细菌。在细菌数量相对较多时,这种捕食方式效率较高,而在细菌数量相对较少时,效率则较低。

当混合液中细菌群体快速增长时,鞭毛虫通常会成群地出现。细菌数量增加,使溶解氧量增加,污染物减少,废水处理效率提高,这一系列的变化促使鞭毛虫大量繁殖生长,成为第二类原生动物的优势类群。

3. 自由游泳型纤毛虫

自由游泳型纤毛虫在混合液中依靠短纤毛的摆动作用运动。纤毛成排地分布于生物体的整个表面上,它不仅能促使生物体快速运动,而且能产生水流推引细菌进入胞口内。

匍匐型纤毛虫棘尾虫在其身体的腹表面分布有成排的纤毛,而身体后半部位的纤毛会退变成"刺",助使生物体固定在絮状颗粒上。

由于纤毛的摆动作用需要消耗大量的能量,原生动物必须吞食大量的细菌或基质获取能量。自由游泳型纤毛虫高效的盖覆作用使其在原生动物捕食细菌的过程中占有竞争优势,成为原生动物中的优势类群。

强悍且饥饿的自由游泳型纤毛虫的存在以及絮凝物开始形成,大大降低了分散细菌的数量。细菌数量的减少主要是由于纤毛虫释放的分泌物盖覆了分散细菌,使细菌移聚到正在发育的絮状颗粒上。

4. 匍匐型纤毛虫

随着废水处理效率的提高以及絮凝物的形成,匍匐型纤毛虫逐渐成为原生动物中的优势类群。匍匐型纤毛虫只在身体的腹表面有纤毛分布,其胞口也分布于腹表面。相对于自由游泳型纤毛虫来说,匍匐型纤毛虫纤毛的着生位置使其能更高效地捕食食物,但由于纤毛数量的减少,它们并不能自由游泳,因此,匍匐型纤毛虫常停留在絮状颗粒的表面。

棘棘尾虫如图 20.21 所示,一些纤毛退化成刺,助使匍匐型纤毛虫固定于絮状颗粒上,在这里纤毛的摆动就如原生动物有无数双小腿,在絮状颗粒上匍匐前进。纤毛的摆动也能产生水流,推引游离在絮状颗粒和纤毛虫腹表面间的细菌进入其胞口内。

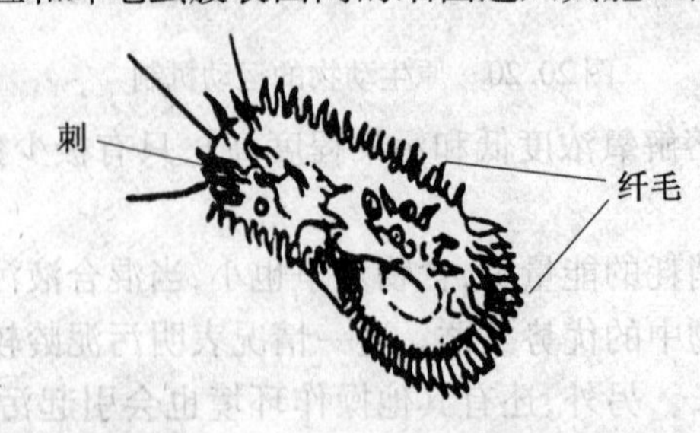

图 20.21 棘尾虫(Stylonychia)

像所有固着型纤毛虫一样,盖虫沿胞口周围分布着一圆排纤毛,纤毛的摆动作用能产生水流,推引细菌进入胞口内。

由于自由游泳型纤毛虫和匍匐型纤毛虫都以细菌为食,混合液中分散细菌的数量逐渐减少，而絮凝物的形成也加速了细菌的消耗。细菌数量的减少、废水处理效率的提高，又为固着型纤毛虫大量繁殖创造了条件，固着型纤毛虫摄食细菌的效率是最高的。

5. 固着型纤毛虫

固着型纤毛虫如盖虫在胞口周围有一圆排纤毛（图20.22），纤毛的摆动作用产生水流，推引细菌直接进入胞口内。一些固着型纤毛虫如钟形虫，在其身体的后半部位具有能收缩的丝状体，使生物体能够弹跳，这种弹跳运动能产生水涡旋，俘获细菌并将其推引至胞口内。

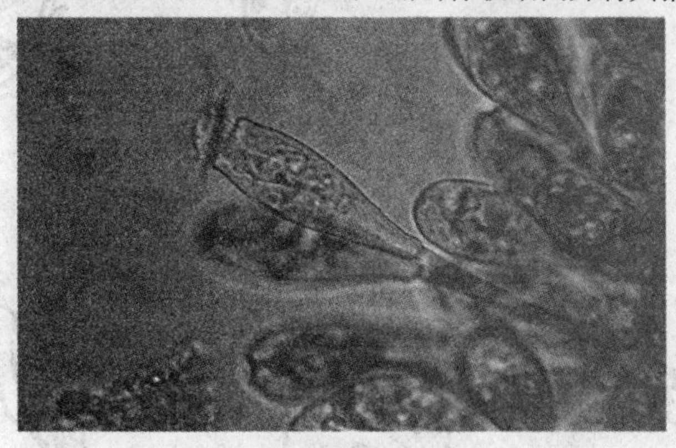

图20.22　盖虫

固着型纤毛虫偏爱于黏附在絮状颗粒上，但当混合液中溶解氧质量浓度降到小于0.5 mg/L时，它们也能在本体溶液中自由游泳。在溶解氧浓度较低时，固着型纤毛虫从絮状颗粒上脱离下来，利用纤毛作为“助推器”，柄作为“方向舵”，在本体溶液中自由游泳，直到进入下一个溶解氧浓度高的区域，再一次黏附到絮状颗粒上。

20.3　轮　虫　类

轮虫类（Rotifers）或轮微动物是一类需氧的水生生物，分布极广，包括潮湿的土壤、沙滩、苔藓丛中。它们通过I/I进入活性污泥系统中。

轮虫类属于轮形动物门，头冠处纤毛的摆动作用看起来像旋转的车轮，故取名为轮虫。轮虫（Rotiferia）意思是承载车轮者，来自于拉丁文“rota”和“ferre”，“rota”意思为“轮子”，而“ferre”是“承受、承载”的意思。头冠包含两个轮盘，纤毛伸缩的频率超过1 000次/min。

轮虫是最小、最简单的大型无脊椎动物或后生动物。大多数轮虫为淡水生物，善运动，独居生活。运动方式为自由游泳式或匍匐式。通过纤毛的摆动作用可以实现自由游泳，但速度慢，且只能靠足控制向前游动。

匍匐运动需要经过一系列步骤。在活性污泥系统中，最初匍匐型轮虫通过黏性腺体或脚趾固定在絮状颗粒上，然后轮虫伸展开身体，将头部黏附到同一絮状颗粒或其他絮状颗粒上，头部一旦固定住，脚趾从絮状颗粒上释放下来，身体收缩，脚趾又从新靠近头部，至此，黏性胶腺又将轮虫脚趾固定在絮状颗粒上，然后头部再次释放，身体伸展。这一系列过程不断重复进行，直到轮虫爬过整个絮状颗粒。

大多数轮虫形体微小，身长为200～800 μm，头部有两丛纤毛。一般所说的轮虫是指雌性轮虫，雄虫不存在于某些种类中，存在时数量也极少，而且它们比雌虫体型更小、结构更简单。

活性污泥系统中常见的轮虫（图20.23）有：水轮虫、须足轮虫、旋轮虫、翼轮虫、龟甲轮虫、平甲轮虫和腔轮虫。

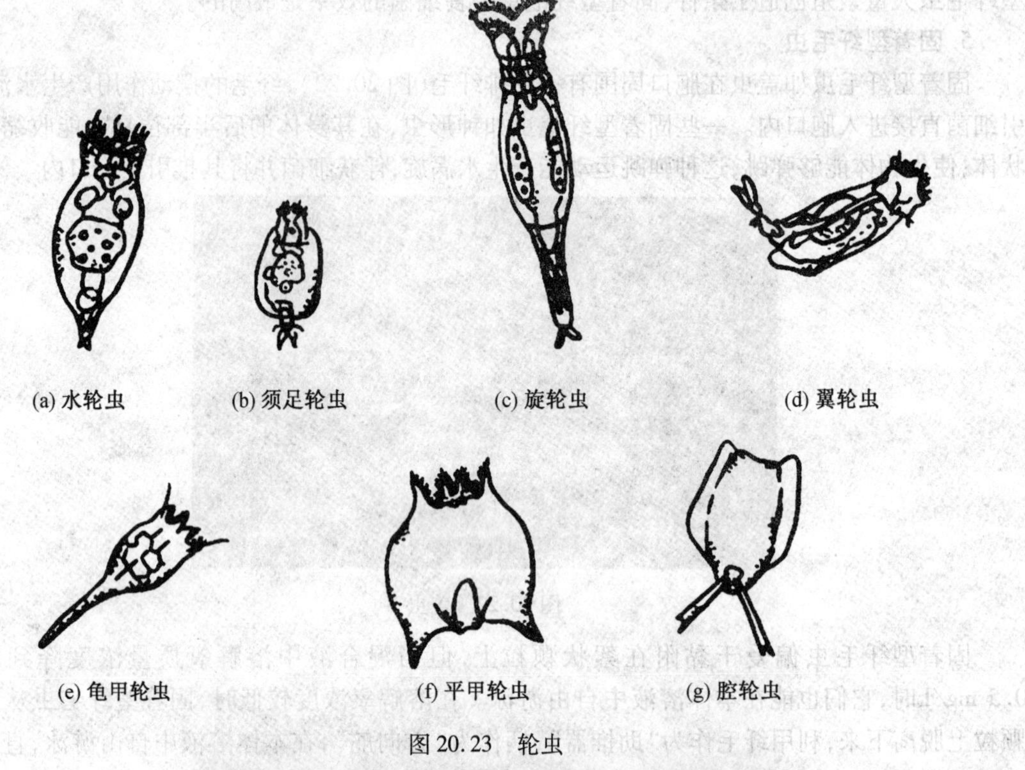

(a) 水轮虫　(b) 须足轮虫　(c) 旋轮虫　(d) 翼轮虫

(e) 龟甲轮虫　(f) 平甲轮虫　(g) 腔轮虫

图 20.23　轮虫

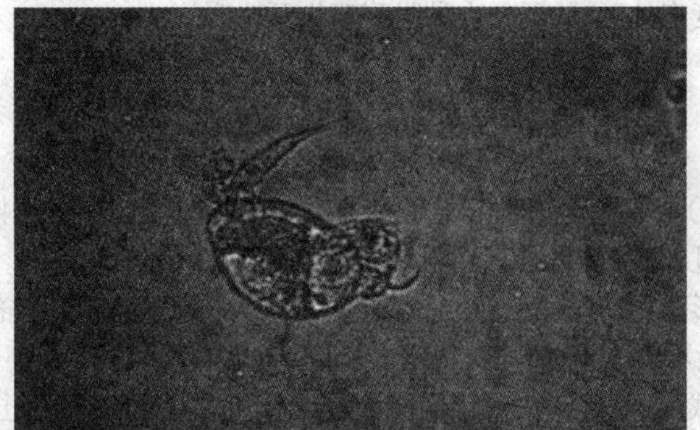

图 20.24　狭甲轮虫

狭甲轮虫(图 20.24)是一种自由游泳型的轮虫。

旋轮虫(图 20.25)是一种匍匐型轮虫。

轮虫的头部(图 20.26)有两丛纤毛。

大多数轮虫有 3 种基本形态(图 20.27):囊状(Noteus),球形(轮球虫),虫形(摇轮虫)。

轮虫的身体包括 3 个结构带——头部、躯干和尾部(图 20.28)。头部包含头冠、口、咽,头冠形成一个漏斗,咽内包括咀嚼囊或砂囊。躯干包含了大部分的器官,如胃、肠、泄殖腔、排泄系统和生殖腺。并非所有的轮虫都有尾部,尾部通常为锥形,包含 1 ~4 个脚趾。

根据生殖腺或卵巢的数目,可以将轮虫分为两类:单巢目(一个生殖腺)和蛭态目(两个生殖腺)。虽然单巢目只有一个生殖腺,但其结构比蛭态目复杂得多。

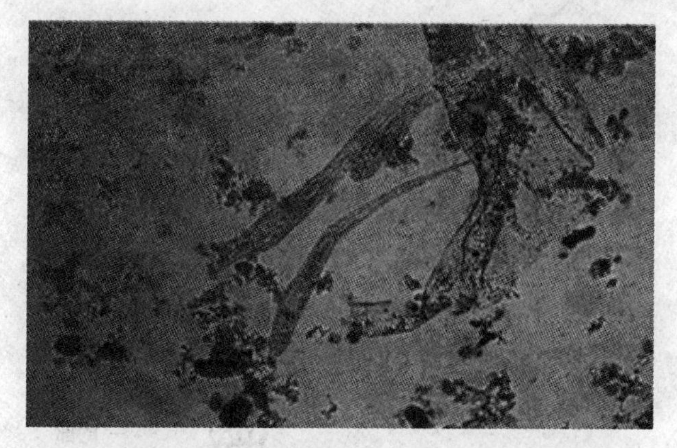

图20.25　旋轮虫

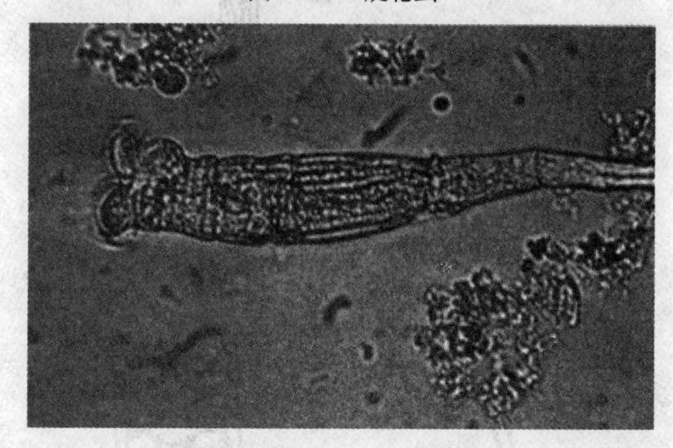

图20.26　轮虫头部构造图

(a) 囊状　(b) 球形　(c) 虫形

图20.27　轮虫的基本形态

轮虫的整个身体被一层表皮覆盖。表皮分泌的硬质蛋白形成一层角质层，覆盖在表皮上方。当角质层达到一定厚度时，就形成了保护性的覆盖层——兜甲（图20.29）。兜甲由许多板块组成，在细胞破裂剂如十二烷基硫酸盐存在时，兜甲下方的"软"细胞破裂或分散，从兜甲下游走，只留下兜甲，在显微镜下，由于兜甲的边缘能反射光，兜甲看起来就如会发光的"马蹄"（图20.30）。但一些轮虫并不含兜甲，被称为无兜甲轮虫。

轮虫是雌雄异体的，偶尔也有雌雄同体出现。但是，轮虫的某些种类中不存在雌体或很少存在。当雌体不存在时，不需要受精的雌体会通过孤雌生殖而繁殖后代。

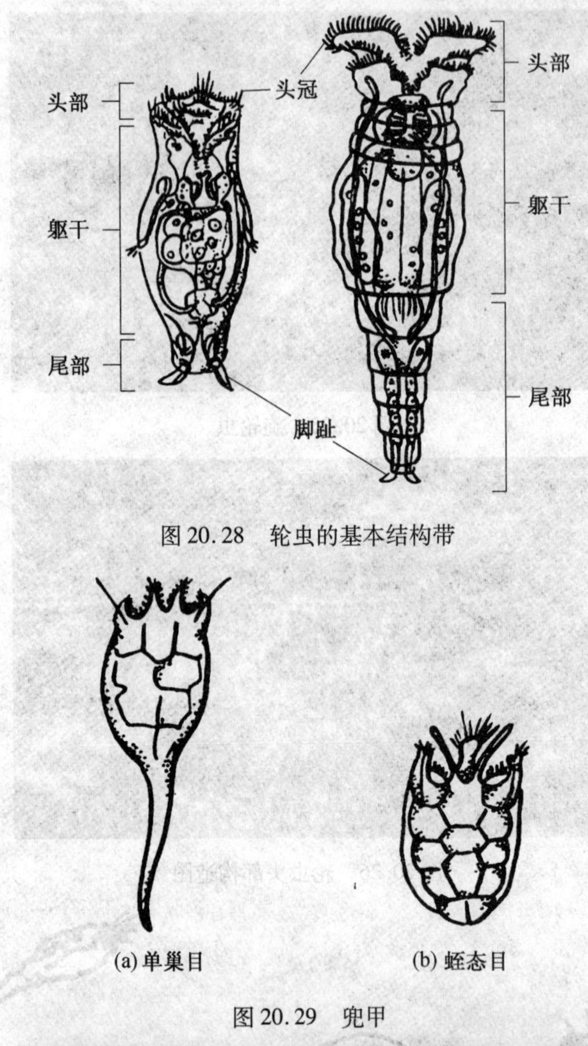

图 20.28　轮虫的基本结构带

图 20.29　兜甲

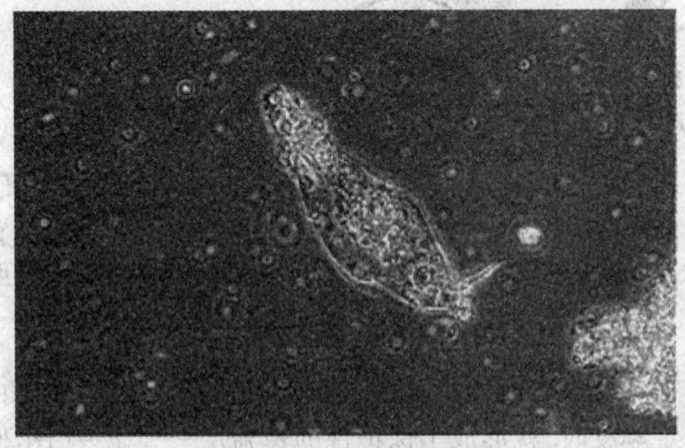

图 20.30　显微镜下的兜甲

图 20.31 所示为臂尾轮虫的卵。幼虫从卵中孵化出来，发育成有成熟生殖腺的成虫。轮虫的成熟一般需要几周，而大多数活性污泥系统的 MCRT 并不允许轮虫的成熟，此外，轮虫是严格需氧的，只有当溶解氧浓度至少达到几 mg/L 时，它们才能存活和有活性。轮虫对不利的操作环境，如溶解氧浓度低、存在抑制剂和有毒物质极其敏感。因此，对于常规的活性污泥系

统来说，MCRT过短和不利的操作环境会限制轮虫的数量，它们只存在于稳定的操作环境中，无论MCRT如何。

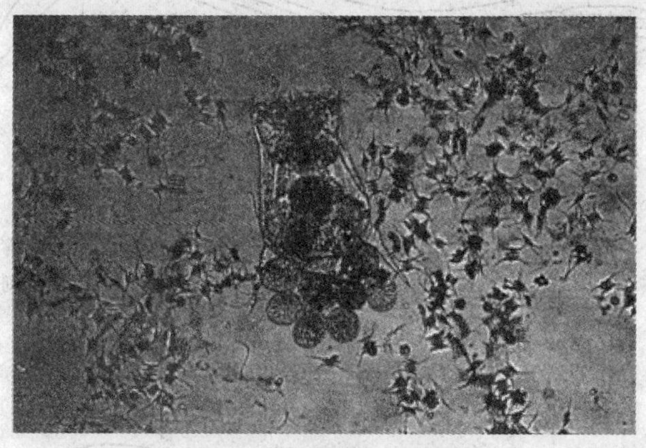

图20.31　臂尾轮虫的卵

在活性污泥系统中，轮虫的数量相对较少，但是它们起着非常重要的作用：通过吞噬和盖覆作用去除胶体、分散细菌、微粒物；利用分泌物循环利用营养物质，尤其是氮和磷；作为运行良好的活性污泥系统的指示生物。轮虫以藻类、细菌、碎屑、原生动物和浮游植物为食。

20.4　蠕虫和类蠕虫的生物

20.4.1　自生生活的线虫

自生生活的线虫（图20.32）是与土壤中水膜有关的陆生无脊椎动物，无致病作用。由于它们存在于土壤中，所以可通过I/I进入活性污泥系统中。线虫也包括小线虫、蛔虫和蛲虫。

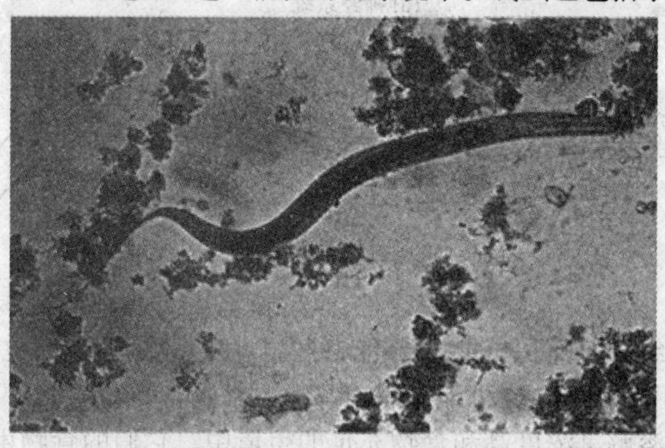

图20.32　自生生活的线虫

大多数线虫外表相似，长<3 mm，宽<0.05 mm，身体由3个连续的管道组成，最里面的管道是消化系统，中间的管道是纵向的肌肉系统，最外面的管道是表皮或者“皮肤”（图20.33）。一般情况下，表皮在细胞破裂剂或缓慢降解的表面活性剂作用下会破裂（图20.34）。

线虫较常见于絮状颗粒的表面或内部，它们的肌肉系统几乎不控制水中身体的活动，线虫在水中通过鞭打作用而运动。

线虫是雌雄异体的。妊娠的雌性个体产生受精卵，发生沉淀而繁殖。这种无脊椎动物是

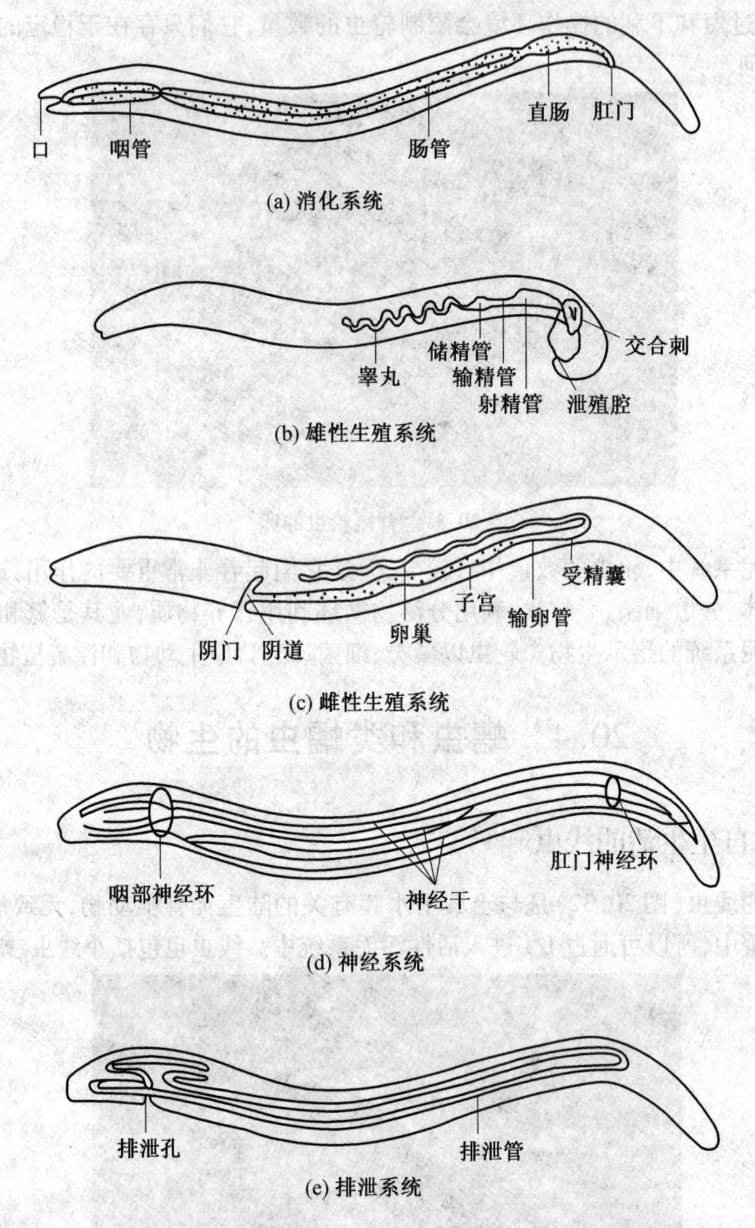

图 20.33　线虫的内部结构

混合液中唯一重要的组分，它们中的大多数能够掘洞进入絮状颗粒中，也就是说，它们有一个专门的口器用来咬、咀嚼、压碎或者撕碎食物和絮状颗粒物。

线虫适宜生长在溶解氧浓度高和食物充足的生境中。它们的食物由藻类、细菌、原生动物、轮虫类、其他的线虫以及碎屑物组成。混合液中线虫的数量很少且高度不稳定。线虫是严格好氧的，不能忍受低溶解氧浓度和高污染的环境。在活性污泥法中它们很容易被观察到，尤其是在稳定的阶段，无论该阶段的污泥龄和平均细胞停留时间如何。因为典型的有高 MCRT 的活性污泥系统比 MCRT 值较低时更稳定，在 MCRT 较高的系统中线虫经常以大的群体出现，但这并不表明污泥老化。

自生生活的线虫一旦适应活性污泥系统的环境，它们将扮演许多有利的角色：通过剪切作用促进细菌和原生动物的活动；通过挖掘行为来改善溶解氧、氮、营养物质和底物渗入絮状颗粒的情况;通过排泄物循环利用营养物,它们的废物堆为絮状物的形成提供了场所。

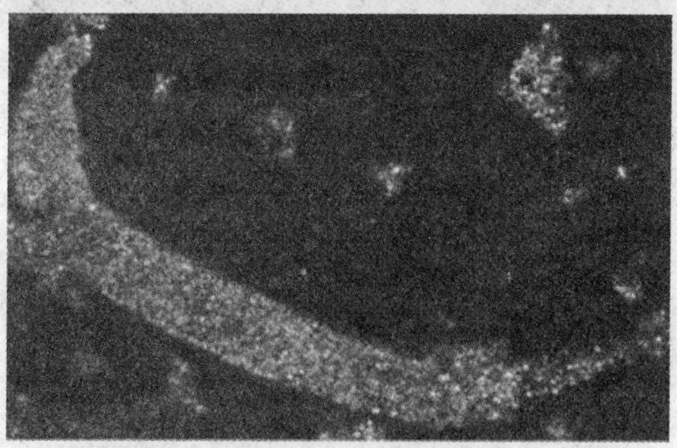

图20.34　起皮的线虫

20.4.2　腹毛虫

腹毛虫(图20.35)是一类左右对称的无色微型动物,体长50～3 000 μm,体内有一个完整的消化道,与轮虫、变形虫密切相关,常见于淡水生境中并通过I/I进入活性污泥系统中。

腹毛虫有两条末端反射神经或带有胶腺的黏性管,使其能黏附于植物上或没入水中。它们还有两个黏附腺:一个黏附腺能分泌"黏液",另一个则分泌出某种"溶剂",分别用于"黏附"和"解脱"黏性管。腹毛虫通过头部四丛纤毛的摆动作用获取细菌、真菌、原生动物和死的有机物为食。它们是严格需氧的,不能承受低的溶解氧浓度或有机物过量和有毒环境。腹毛虫仅能存活3～21 d。

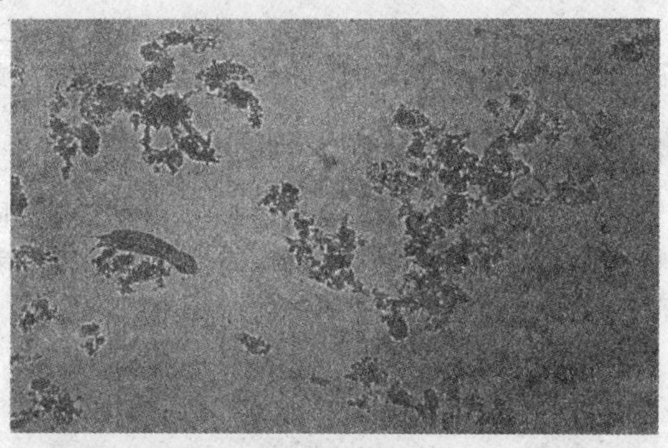

图20.35　腹毛虫

20.4.3　缓步动物

水熊(图20.36)或缓步动物是一类微型后生动物,体长50～1 200 μm,常见于淡水和潮湿的陆生生境中,并通过I/I进入活性污泥处理系统中。

水熊以植物和动物,包括变形虫、线虫和其他缓步类的细胞为食。它们有一个不锋利的圆脑袋,上面分布着口和眼点,身体较圆胖,由甲壳质的表皮覆盖。水熊有4对附属肢体或腿,每个上面都有4～8个爪(图20.37)。它们的身体颜色不断变化,这是由表皮中的色素、体液中的溶解物以及消化道内的物质引起的。

从水熊的侧视图可以看到,这种生物有一个不锋利的脑袋,脑袋上分布有口和眼点,身体

图 20.36　水熊

图 20.37　水熊的构造

短而圆胖，呈柱状，由甲壳质的表皮覆盖。水熊有 4 对腿，每对腿上都有爪子。

尽管水熊是适应能力很强的生物（大量实验表明，水熊能在冷冻、水煮、风干的状态下存活，甚至还能在真空中或者放射性射线下存活），它们是严格需氧的，并通过 O_2 扩散运动进出表皮来获得分子态的氧。因此，溶解氧的缺失将导致水熊的瘫痪甚至死亡。同样地，过多的表面活性剂存在以及阻碍溶解氧穿过表皮活动的状况都会导致水熊的瘫痪或死亡。

20.4.4　刚毛蠕虫

刚毛蠕虫（图 20.38）或水生的寡毛环节动物与常见的陆生蚯蚓有相同的基本结构。大多数的水生寡毛环节动物常见于不流动的水洼、池塘、溪流和湖泊中的淤泥和底物碎屑中。它们身长<30 mm，体壁很薄，活的生物体能直接看清体内的器官。

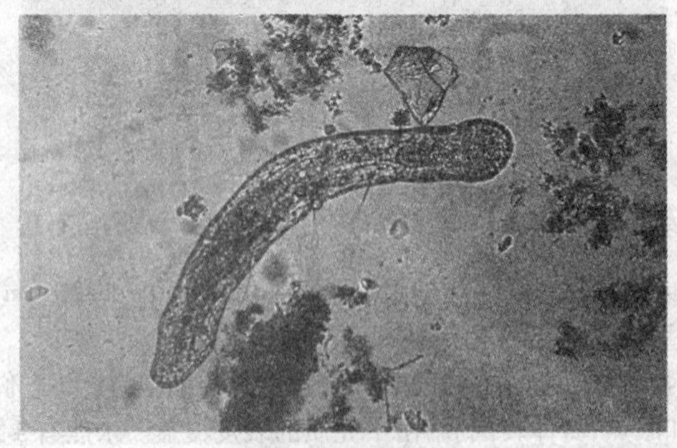

图 20.38　刚毛蠕虫

刚毛蠕虫是分节的，几乎所有的节都包括甲壳质的鬃毛或刚毛。刚毛可能是长的、短的、直的、弯曲的、S 形的或者钩状的。刚毛蠕虫运动缓慢，类似于蚯蚓的爬行，它包含能收缩的强健体壁，把刚毛当作锚一样使用。

大多数的水生寡毛环节动物像蚯蚓一样通过吸收底物来获得营养物质。食物通常由丝状的藻类、硅藻、动物和植物碎屑组成。

20.4.5　红蚯蚓

红蚯蚓(图20.39)是蠓飞虫或摇蚊科(昆虫类，双翅目)的幼虫。蠓飞虫是脆弱的蚊子状的昆虫，但不咬人。摇蚊一生发育要经过完全变态——从受精卵、幼虫、蛹到有翅膀的成虫蠓飞虫。成虫或飞虫是纤细的，体长<5 mm，翅膀和腿又长又细，它们经常被误认为是蚊子。

幼虫从卵中孵化出来。含有血红蛋白(血红细胞)的幼虫被称作红蚯蚓，不含血红蛋白的幼虫则呈黑色、棕色、绿色或者是透明的，透明的幼虫被称作箭虫。

当雌性蠓飞虫从水面掠过时，就产下奇特的团状卵群(50～700个)。卵漂浮在静止的水面上，幼虫从卵中孵化出来大约需要2 d，孵化的幼虫长度几乎均<1 mm，一些个体自由地生长，而其他个体则迅速为它们的定居准备幼虫管道，这个管道是通过旋转一个由微粒物和丝构成的宽松的网而建成的。幼虫期间，幼虫换毛四次并逐步长到10～25 mm。在幼虫阶段的末期，它们形成蛹并游过水表，最终变成会飞的成虫。

蠓虫幼虫或者红蚯蚓经常在废水处理池、隧道以及池塘中被发现，它们能在溶解氧浓度低，PH低和污染程度高的环境下生存。夜间，当溶解氧浓度很低时，红蚯蚓离开它们的管道，达到最活跃的状态。它们主要以藻类和有机的碎屑为食。

蠓飞虫是一个严重的公害。这些飞虫在午后和夜间在处理池附近大量聚集。它们经常被室外的光线吸引，成群的飞虫会产生一阵阵高声调的嗡嗡声。

控制蠓飞虫和蠓飞虫幼虫的数量可以减少藻类的生长量，或者减少处在水表面上下的污水处理池池壁和溢流堰上的生物膜量。清洗池壁或用氯气抑制藻类生长和生物膜可以达到以上目的。向澄清池内的废水表面洒水可以产生波纹，阻碍卵的发育和幼虫的生长。如果得到相关的管理机构的允许，也可以直接使用杀幼虫剂。

20.4.6　污泥蠕虫

污泥蠕虫或水丝蚓(图20.40)能耐污染，通常在重污染水域中繁殖。这种水生蠕虫也被称为角虫。它们可以在溶解氧浓度极低的条件下生存，并且可以在无氧状态下存活一小段时间。在溶解氧浓度极低或无氧状态时，污泥蠕虫还能大量存在，而其他更高等的生命形式，如轮虫和自生生活的线虫数量却极少甚至不存在。

水丝蚓是一种生活在污泥中或半陆生的淡水食腐虫。它们通过I/I进入活性污泥系统中。

大多数水丝蚓头朝下扎进立于碎屑、土壤、污泥上的管状结构中(图20.41)，它们以死的植物为食，通过表皮或“皮肤”呼吸。污泥蠕虫在管中的掘穴行为使厌氧污泥与空气接触。

污泥蠕虫能摆动管状结构上部的尾巴。这种摆动作用可以促进水体流动和气体交换，即，摄取氧气和释放二氧化碳。

分节、细丝状的蠕虫呈红色，身长通常大于25 mm。污泥蠕虫的颜色是由溶解在血液中的血红蛋白决定的。污泥蠕虫的身体由一个包含内管的管道组成，外管是一层由薄的角质层覆盖的柔软肌肉体壁，而内管是包含一个末端的口和肛门的消化道。

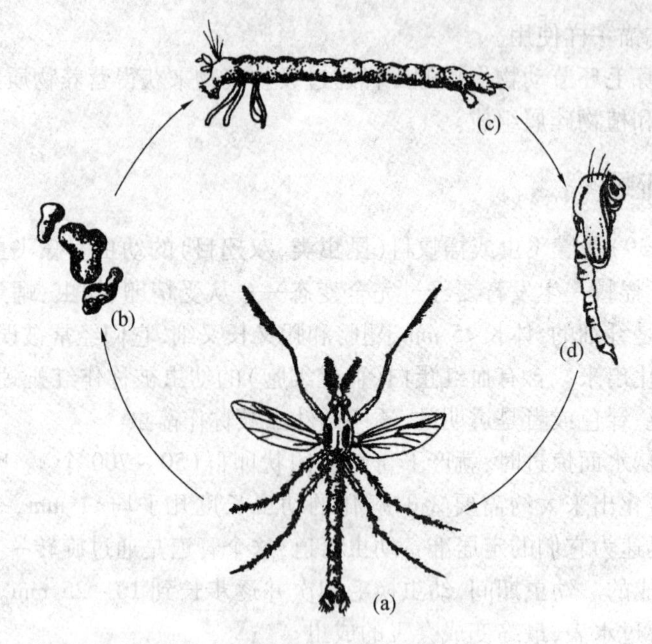

图 20.39　红蚯蚓

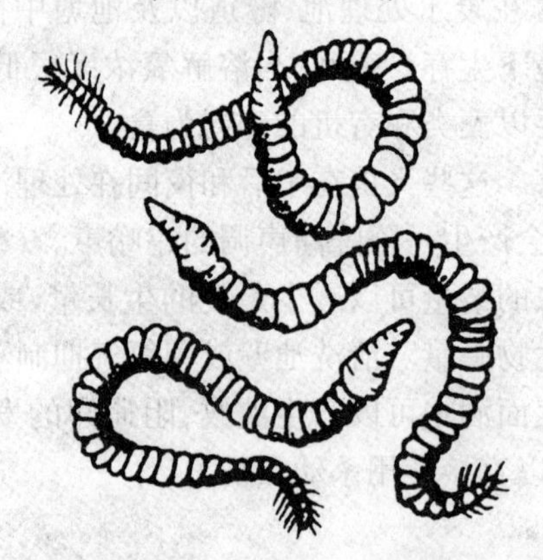

图 20.40　污泥蠕虫或水丝蚓

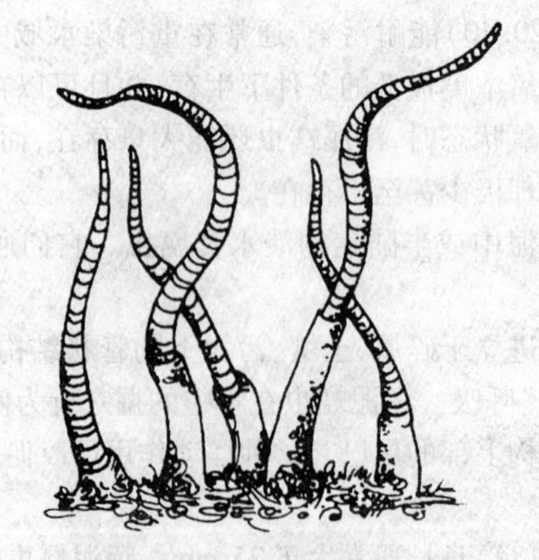

图 20.41　水丝蚓头朝下插入管中

20.5 甲壳动物

20.5.1 桡足类和剑水蚤属

桡足类(Copepods)和剑水蚤属(*Cyclops*)是体型极小的甲壳纲动物,用肉眼很难观察到它们,但它们游动产生的水流却很容易被观察到,因为它们游动时有一个快速跳跃的动作。桡足类和剑水蚤属生活在海洋和淡水水域中,包括湿润的陆生生境、落叶下面、洼地、积水的凹槽、排水口、河床。它们通过 I/I 进入活性污泥系统中。桡足类和剑水蚤属有时也存在于公共供水设备中。

桡足类、剑水蚤属和水蚤是存在于活性污泥系统中的常见甲壳纲动物。水蚤属于枝角目,桡足类和剑水蚤属属于桡足目。桡足类是桡足目中有触角且自生生活的一类,它们的触角几乎与甲壳动物的体长一样长(图 20.42)。而剑水蚤属是桡足目中有触角的一属,它们的触角几乎是体长的一半。

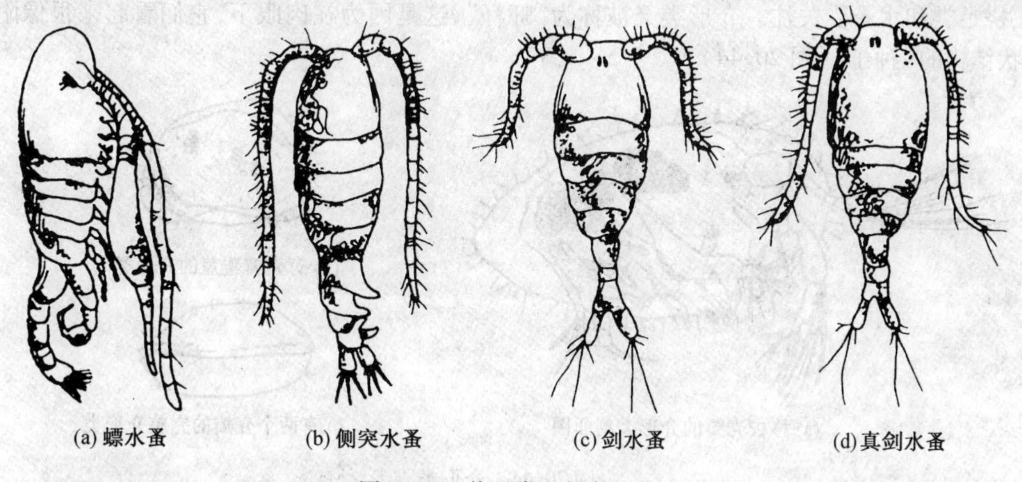

图 20.42 桡足类和剑水蚤属

桡足类的触角从头部延伸到几乎整个身体的长度。桡足类包括螺水蚤(Diaptomus)和侧突水蚤(Epischura),剑水蚤属的触角从头部延伸到体长一半的长度,剑水蚤属包括剑水蚤(Cyclops)和真剑水蚤(Eucyclops)。

典型的桡足类和剑水蚤属体长 1 ~ 2 mm,身体呈泪滴状,有两对触须,外壳坚硬,但外壳和整个身体都是透明的。像所有甲壳纲动物一样,桡足类和剑水蚤属在成长过程中需要换皮。它们以细菌和硅藻为食,当以活跃的大群体出现时,意味着当时的环境相对无污染。

20.5.2 水蚤

水蚤(图 20.43)是体型较小的甲壳纲动物(200 ~ 500 μm),以其跳跃的游泳方式而得名。生活在各种水环境中,以微小的甲壳纲动物和轮虫类为食,通过 I/I 进入活性污泥系统中。水蚤通常作为生物量情况的指示,也就是说,它们对于废水中化学物的变化是极其敏感的,其活性能反映出操作条件的可行性。

水蚤的身体可以分为 3 部分:头、胸部和腹部,但每两部分的分界都是不可见的。胸部包括成对的腿，腿的搏动引起水流，把食物带入消化道。水蚤以藻类、细菌、原生动物和腐烂的有机物为食。

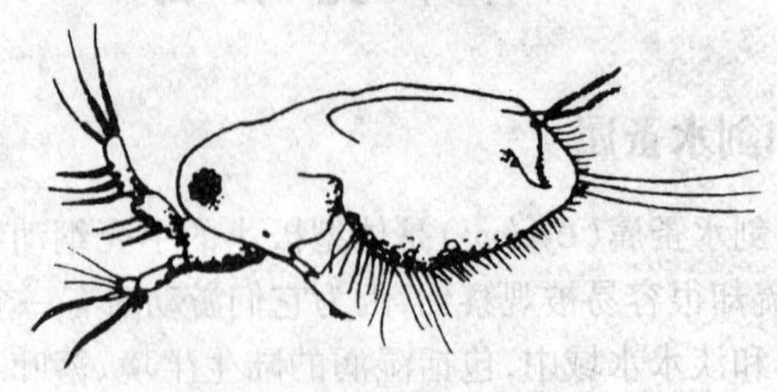

图 20.43 水蚤

水蚤是半透明的或呈琥珀色的单眼动物，身体呈钳状，并覆盖一层保护性的甲质层外壳。水蚤的生命时限决定于环境温度，平均年龄为 40 ~ 50 d。

20.5.3 介形类

介形类（或介形亚纲）广泛分布于自然界中，偶尔也出现在活性污泥系统中，但不如枝角类、桡足类和水蚤受关注。介形类又被称为“虾籽”，这是因为在肉眼下，它们看起来很像附有虾状结构的“种子”（图 20.44）。

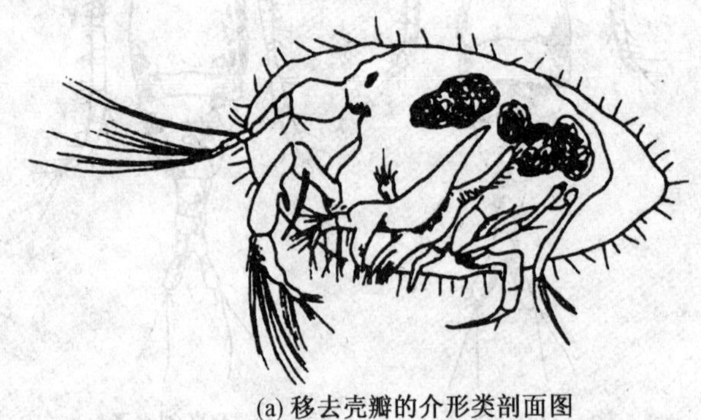

(a) 移去壳瓣的介形类剖面图

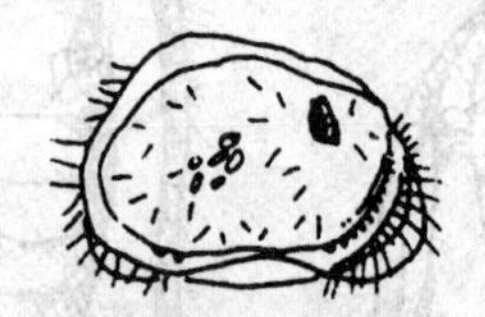

(b) 有壳瓣覆盖的介形类

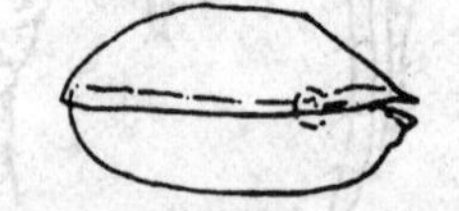

(c) 有两个壳瓣的完整介形类

图 20.44 介形类

大多数的淡水介形类体长小于 1 mm，颜色有白色、黑色、棕色、灰色、绿色、红色和黄色。介形类有两个起保护作用的柠檬色覆盖物或壳瓣，在显微镜下就像一颗“种子”，两个壳瓣由弹性带和肌肉纤维联结在一起。当介形类运动时，在壳瓣下面的虾状结构就会伸出来。

介形类的身体不分节，但是对应的头部有 4 对附属物——两对触须、上颚、下颚。触须是用于挖掘和攀爬的短而硬的爪形鬃毛，或用于游泳的长刚毛。上颚和下颚用来进食。胸部有 3 双腿，腹部有两条带爪的长枝。触须的摆动和长枝的反踢为生物体提供了动力，使它们爬行、快速地弹跳或疾跑。

介形类一般不存在于高污染的水体中，但它们所适应的环境范围广，可以栖息于藻类和腐烂的蔬菜中、水生植物的根中，以及沙砾、池塘、泥潭、溪流中。它们以藻类、细菌、霉菌、小碎屑为食。

第21章　活性污泥藻类、真菌和指示性生物观察图解

21.1　活性污泥中的藻类

蓝绿藻和蓝藻在混合液中很少被发现,这是由缺少阳光的透入以及曝气和混合模式产生的混乱环境造成的。然而,藻类能生长在二次沉淀池池壁上、曝气池前污水流经的塔(滴滤池)中和固定膜结构(生物转盘)的工业预处理设备中。因此,活性污泥回流(The return of activated sludge,RAS)和固定膜结构的出水孕育了混合液中的藻类。须叶藤属藻类和平板藻属如图21.1和图21.2所示。

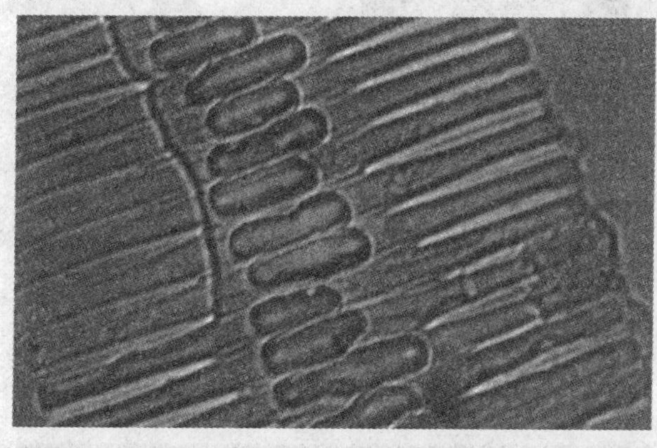

图21.1　须叶藤属藻类

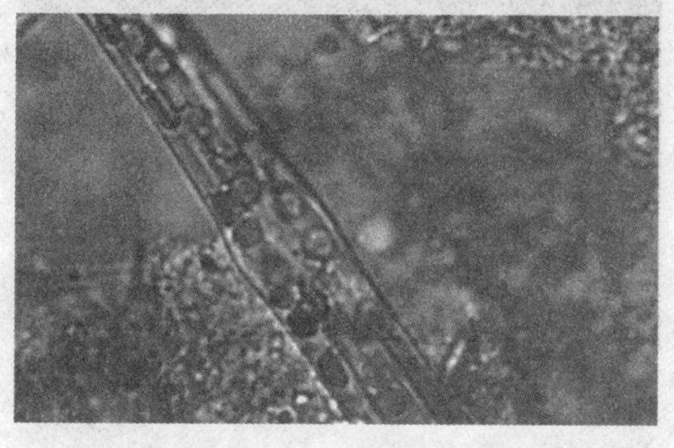

图21.2　平板藻属

常见的藻类为单细胞(如小球藻)、丝状结构(如鱼腥藻、颤藻、水绵)。其中,小球藻(图21.3)和水绵(图21.4)是绿藻,鱼腥藻(图21.5)和颤藻(图20.6)是蓝绿藻。

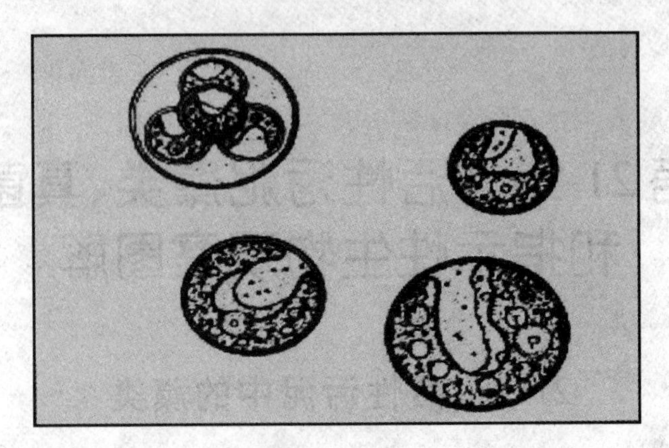

图 21.3　小球藻

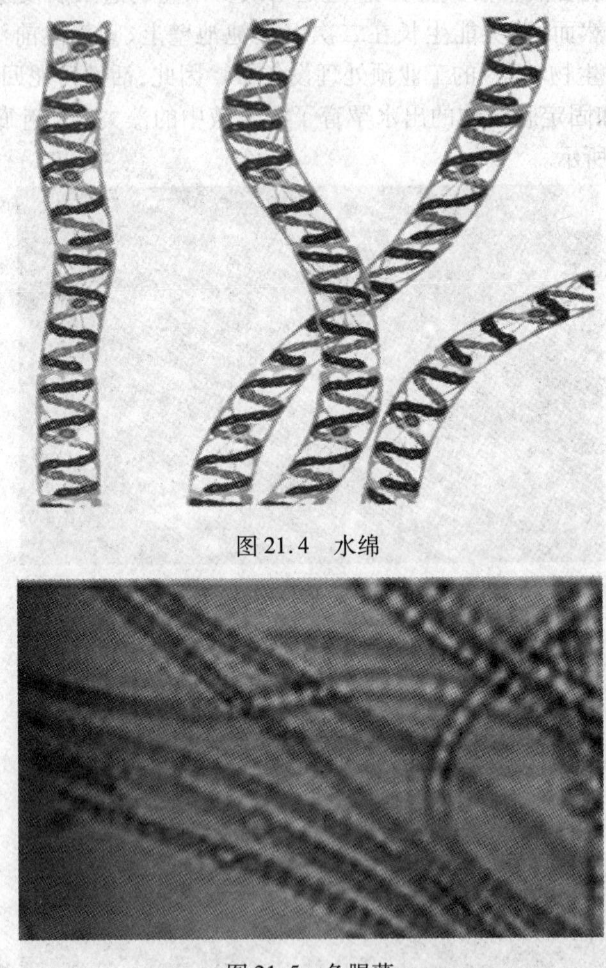

图 21.4　水绵

图 21.5　鱼腥藻

21.2　真　　菌

在活性污泥处理系统中,将真菌分为3类,即致病真菌、单细胞真菌和丝状真菌。

致病真菌大约有50种,但在污水处理过程中,会对工作人员产生感染风险的致病菌只有

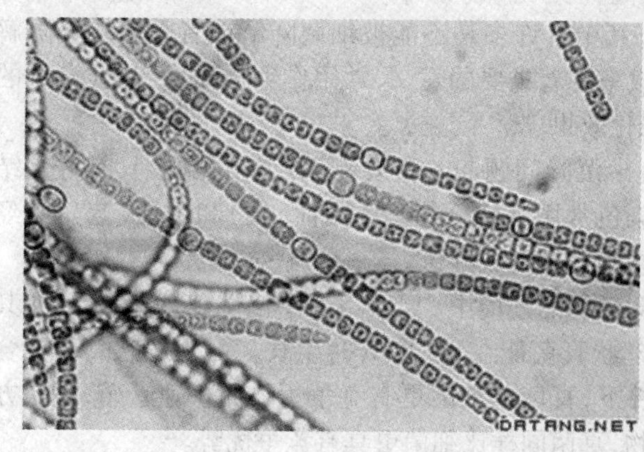

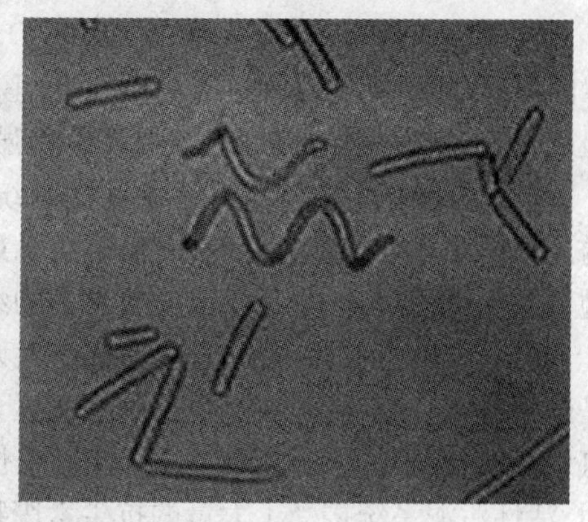

图 21.6　颤藻

两种,即假丝酵母(Candida)和烟曲霉菌(Aspergillus fumigatis)。假丝酵母(图 21.7)能引起口腔和阴道感染,使人患上念珠菌病,这种病对所有工作人员都是一种潜在威胁。而烟曲霉菌(图 21.8) 会引起呼吸系统感染,使人患上曲霉菌病,威胁着那些使用高温处理设备的工作人员。

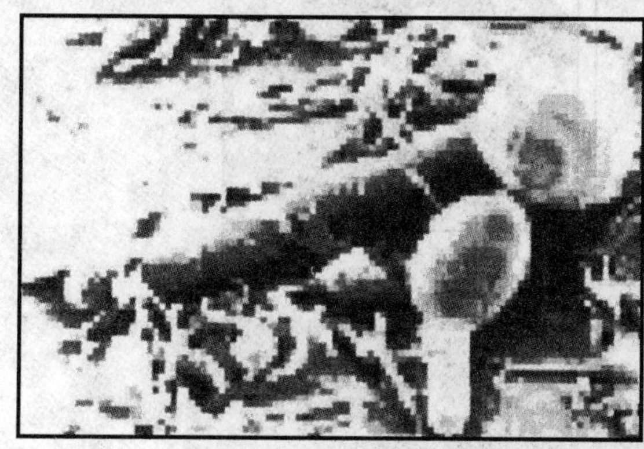

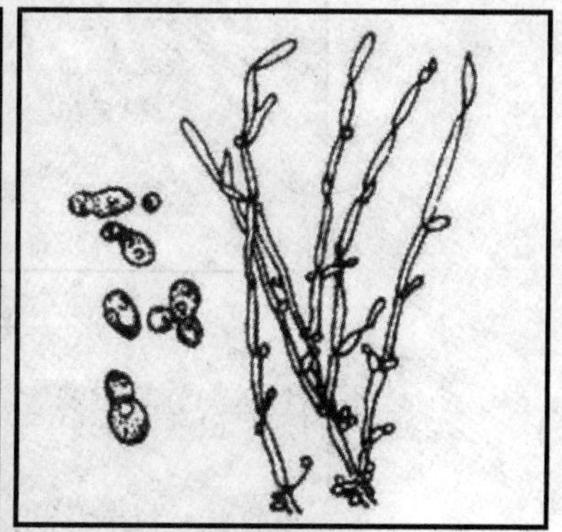

图 21.7　假丝酵母

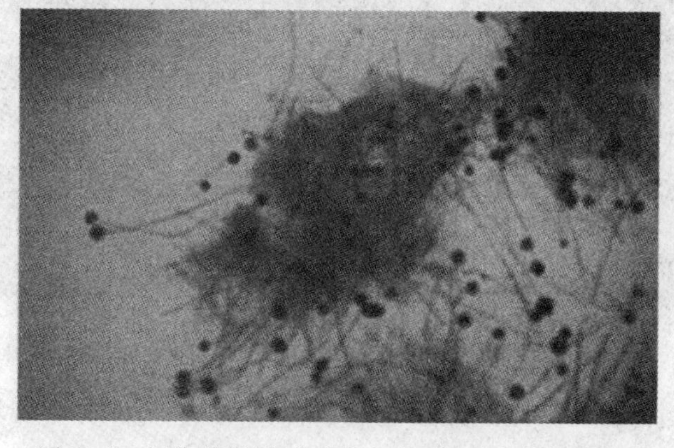

图 21.8　烟曲霉菌(烟曲霉菌包含丝状和点状的结构)

单细胞真菌是单细胞生物,代表生物有酵母菌(图 20.9)。单细胞真菌广泛分布于自然界中,它们作为土壤生境、植被、水生生境的一部分与其他微生物紧密联系着。单细胞真菌通过 I/I 进入活性污泥系统中,酒精饮料、营养添加剂的生产以及烧烤、生物修复、乙醇生产、酵母提取和食物腐败等过程都能产生单细胞真菌,污水系统处于某种发酵状态时也能产生它。

单细胞真菌能降解各种基质或 cBOD,其中有许多是不能被细菌降解或者只能缓慢降解掉的。因此,单细胞真菌对提高废水处理效率有着重要的意义.常用作生物强化产品(商用的湿或干细菌培养)的添加剂,以提高生物强化效果。

丝状真菌(图 21.10)对活性污泥系统中沉降问题起着重要作用。丝状真菌具有分支结构。根据菌体细胞壁成分的差别,革兰氏染色常用来区分革兰氏阴性(红)和阳性(蓝)菌,经过革兰氏染色后,丝状真菌或丝状真菌的细胞壁被染成红色。

丝状真菌生长在含糖、有机酸和易代谢碳源的环境中。当环境 pH 偏低和营养缺乏,尤其是磷缺乏时,丝状真菌快速生长和繁殖。丝状真菌能在 pH <6 时生长。由于丝状真菌在含氮量少时比细菌生长快,因此,在低氮条件下,真菌比细菌更有竞争优势而快速繁殖,另一方面,活性污泥系统接受了大量的抗生素废物,真菌同样比细菌更具有竞争优势。

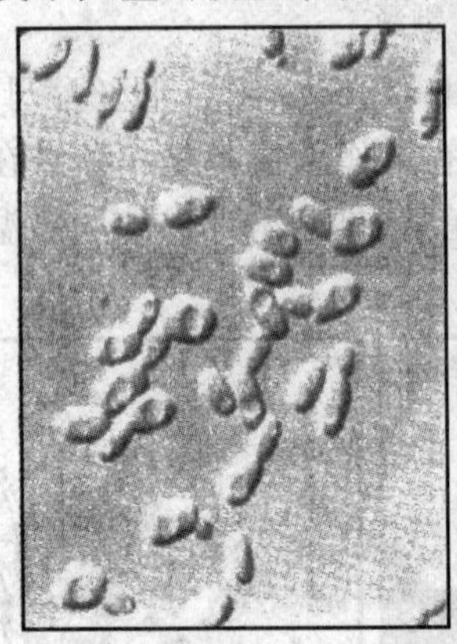
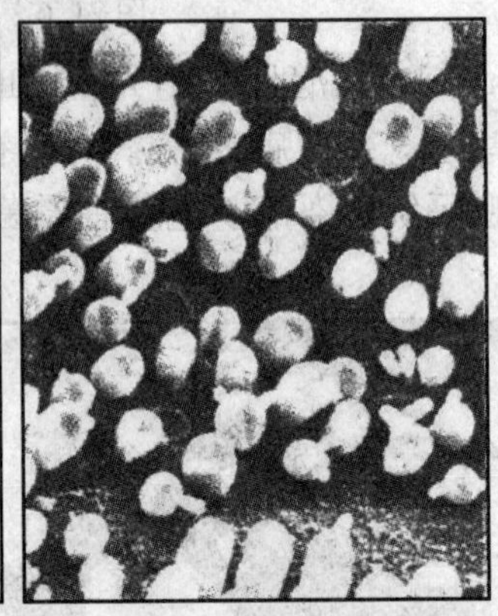

图 21.9　酵母菌

图 21.10　丝状真菌

21.3　活性污泥中指示性生物的观察

21.3.1　活性污泥良好状态下的指示生物

活性污泥的良好状态主要表现在以下方面。

1. 良好的絮体

活性污泥在良好状态时的絮体粒径为500～800 μm,有压密性,呈深褐色。絮体与絮体之间的空隙中观察不到针尖状的小絮体,如图21.11所示。

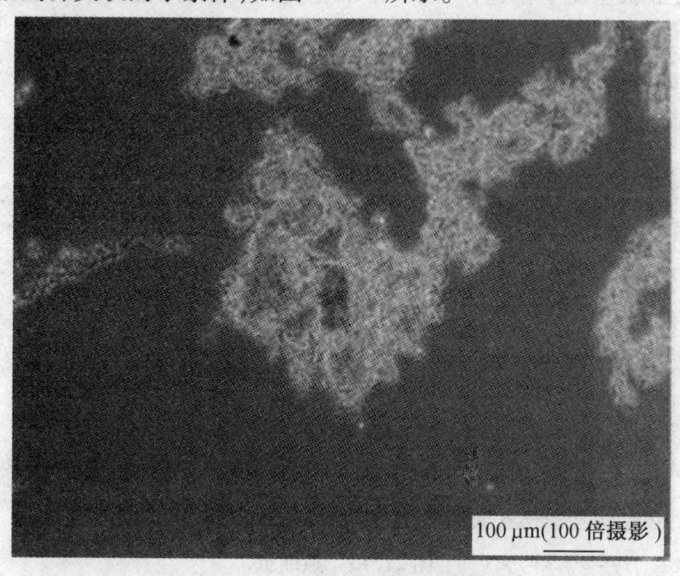

图21.11　活性污泥中的良好絮体

2. 楯纤虫属(*Aspidisca*)

楯纤虫(图21.12)呈卵圆形,体长为30～60 μm,腹面扁平,背面有隆起。隆起数随种类不同而发生变化,也有隆起不明显背面看似平的种类。在虫体腹面分布着刚毛(纤毛集结状

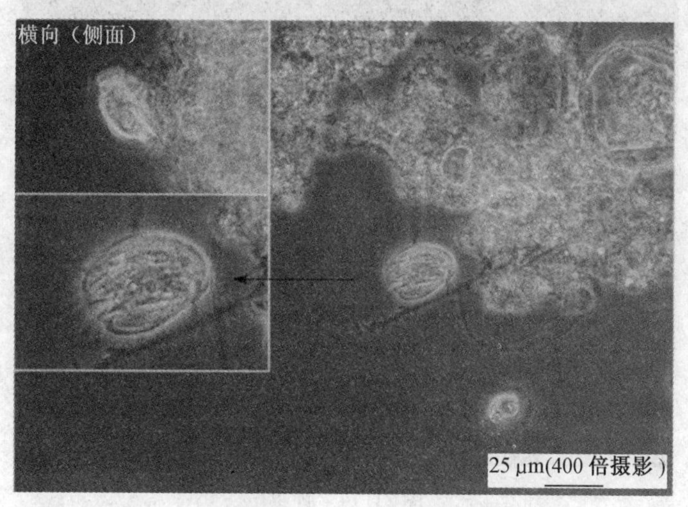

图21.12　楯纤虫

的毛)。表膜坚硬而无屈伸性。楯纤虫围绕絮体旋转着,用腹面的刚毛扒取絮体周边的细菌捕食。

楯纤虫常出现在从趋向良好期前后到污泥解体期,在氧气充足的条件下可观察到。但必须注意,在间歇式活性污泥法中,即使反应器底部存在溶解氧不足的区域,只要上部有溶解氧充足的区域存在它也会出现。楯纤虫对环境变化比较敏感,有时溶解氧减少,楯纤虫瞬间就会消失。

3. **独缩虫属**(*Carchesium*)

独缩虫(图 21.13)体长为 100 ~ 200 μm,形成分支尾柄相连的群体,尾柄中存在互不相连的肌丝。由于独缩虫肌丝互不相连,所以一个细胞受到刺激,其他的细胞不发生收缩。

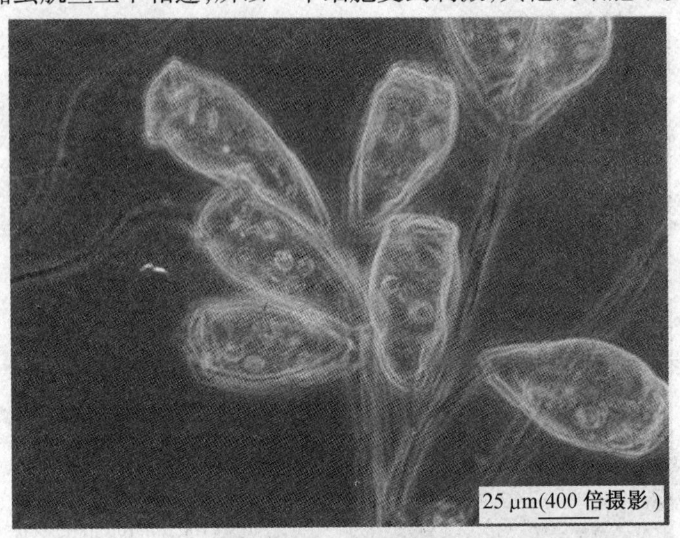

图 21.13 独缩虫

独缩虫口围部与细胞宽度相比较大,被固着的絮体既有压密性,粒径又大。处理良好状态时出现,群体的个体数越多越好。类似的有缘毛目中的聚缩虫,由相连的肌丝尾柄形成分支的群体,与独缩虫一样,在处理良好状态时出现。

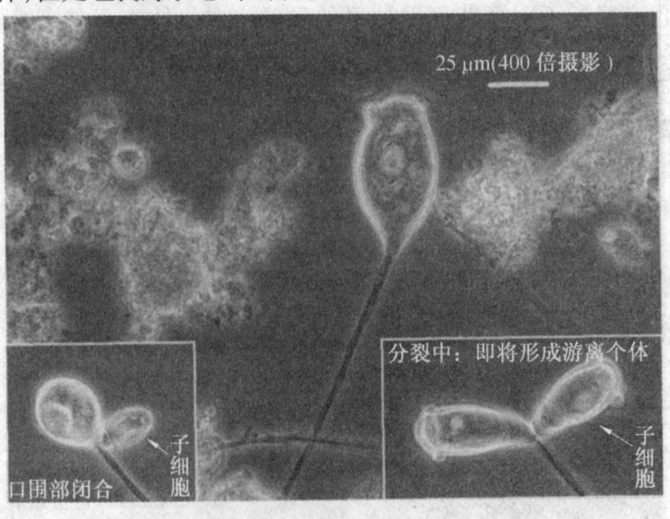

图 21.14 钟虫

4. 钟虫属(*Vorticella*)

钟虫(图21.14)又称为挂钟虫,靠尾柄部分收缩虫体。体长为35～85 μm,其主要的特征是尾柄内有肌丝,无分支,单独固定在絮体上。尾柄大多伸长成直线状,但有时也卷曲成螺旋状。

处理良好絮体结实后,最初出现的缘毛目生物就是钟虫。钟虫的出现环境因种类不同而不同,可根据口围部大小与细胞宽度之比来判断处理状况。口围部与细胞宽度之比小的虫体,在即将变成良好期或从良好期趋向解体期出现。在最良好期出现口围部与细胞宽度之比大的虫体。

钟虫等缘毛目生物收缩时,受到刺激或者状态发生改变时,口围部常常会闭合。有时口围部闭合后立即张开再开始活动,有时一直闭合着停止活动,死亡或形成游离个体等多种情况。

缘毛目生物一旦不适应环境条件,尾柄断裂成游离个体游走。钟虫类甚至在增殖时,增殖的子细胞就形成游离个体游走。如果观察不熟练,难以区别游离个体与纤毛虫类,不过观察到尾柄上有两个头连着的虫体及无头尾柄时,很可能是游离个体。游离个体找到环境条件适宜的场所,尾柄重新伸长着床,再开始活动。

如图21.14所示,可以看到口围部张开着的单独虫体、有子细胞口围部张开着的虫体以及有子细胞而口围部闭合着的虫体。子细胞在靠近尾柄基部长出纤毛,头项部呈圆形即游走。

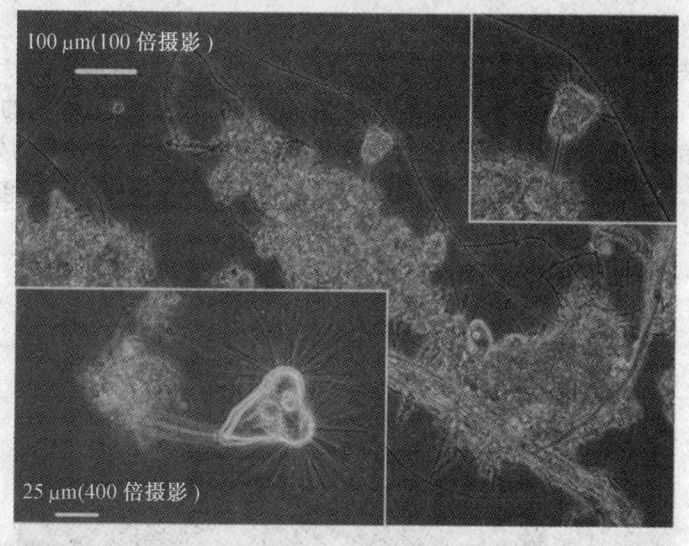

图21.15　锤吸虫

5. 锤吸虫属(*Tokophrya*)

锤吸虫头顶部有吸管。体长为50～130 μm,通常吸管成一束,用吸管捕捉游泳的小虫体,吮吸原生质。尾柄细长,虫体上无表壳。

从污泥趋向解体前后开始出现,一直到解体,处理水中的悬浮物(SS)浓度升高都能观察到此类指示动物。

6. 等枝虫属(*Epistylis*)

活性污泥在良好状态下,等枝虫可形成半圆状的群体,尾柄中无肌丝体,体长为50～100 μm。等枝虫(图21.16)具有非常大而平坦的口围部,无胞口的突出部分,尾柄粗。大多尾柄变得非常长,特别在生物膜法中,常常能观察到游离个体已脱离的长尾柄。仅观察伸长的尾柄,容易与霉菌和丝状细菌混淆。

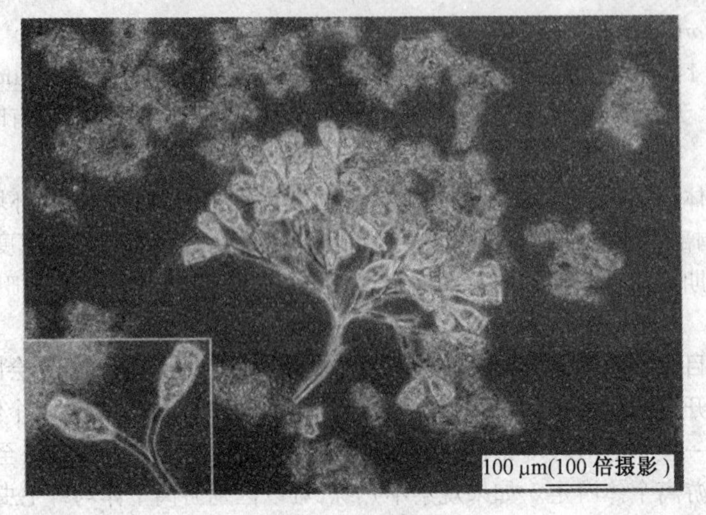

图 21.16　等枝虫

良好期稍过,污泥趋向解体前后等枝虫开始出现,一直到解体状态。由于虫体大,有大的絮体存在才能发生固着现象。有时也固着在生物膜法的填料表面及处理水的排水管道等上面,形成个体数多的群体。

7. **盖纤虫属**(*Opercuiaria*)

盖纤虫在活性污泥良好状态下较易出现。盖纤虫(图 21.17)可形成由分支尾柄相连的群体,尾柄中无肌丝,体长为 30 ~250 μm。尾柄中无肌丝与等枝虫相同,不同的是胞口的小口部圆盘从口围部开始斜向突出,尾柄细。盖纤虫多出现在粪便污水浓度较高的处理厂,处理趋向良好时大量出现。虫体多时形成圆形的群体。有时形成尾柄变得极短,不能分辨有无肌丝的群体。

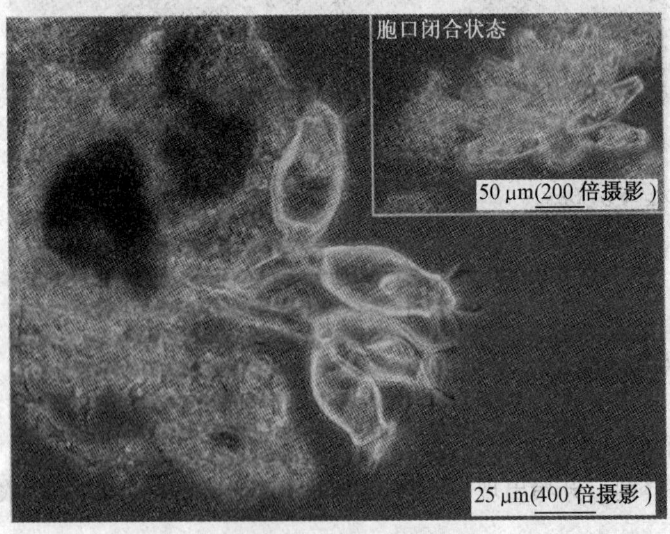

图 21.17　盖纤虫

8. **摩门虫属**(*Thuricola*)

与钟虫不同,摩门虫(图 21.18)没有远比虫体长的尾柄,但也是缘毛目的一种,体长为 200 ~450 μm,长的虫体下面有短的尾柄,其外侧有透明的表壳。用表壳和尾柄附着在絮体上。收缩时虫体缩进表壳中。

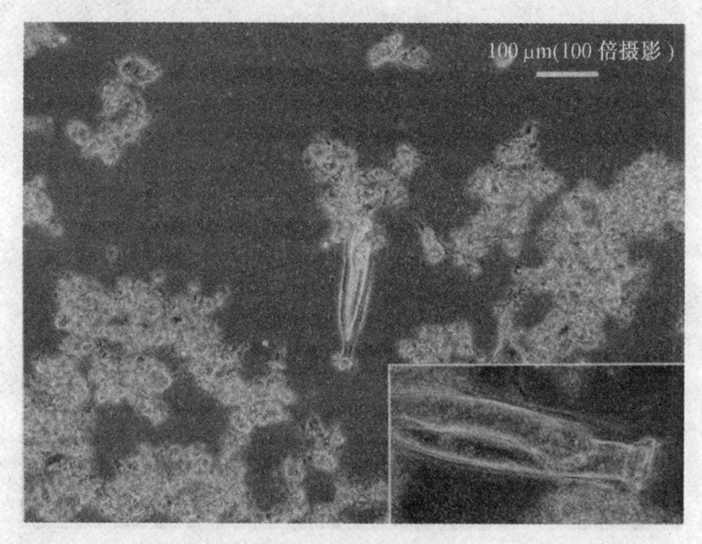

图 21.18　摩门虫

摩门虫通常出现在最良好期以后，趋向解体及低负荷状态，处理水的悬浮物浓度(SS)稍增加时期。出现环境和形状与摩门虫相似的缘毛目中还有鞘居虫。鞘居虫的虫体下无尾柄，直接固着在透明的表壳上。

21.3.2　曝气池高负荷状态下的指示生物

在高负荷状态下，曝气池中的指示生物主要有以下几种。

1. 膜袋虫属(*Cyclidium*)

膜袋虫(图 21.19)虫体呈卵圆形，平整的头顶部无纤毛，而虫体周围有稍长的纤毛，体长为 25 ~ 30 μm，如图 21.19 所示。与尾丝虫不同，口围部有达到体长一半的明显的波动膜，捕食时长纤毛扩展。活动方式也与尾丝虫有所不同，膜袋虫的显著特征是静止与跳跃反复进行。

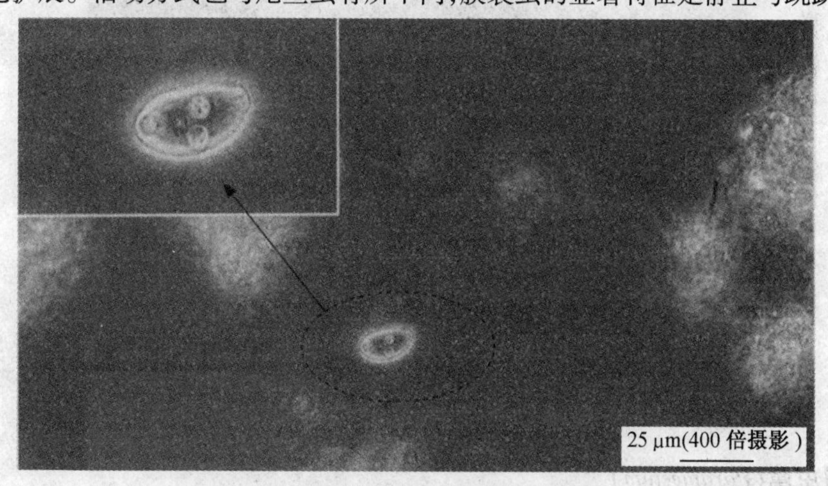

图 21.19　膜袋虫

在负荷高时活性污泥中容易观察到膜袋虫。虽然出现的环境与尾丝虫相似，但出现频率比尾丝虫高得多。

2. 肾形虫属(*Colpoda*)

肾形虫(图 21.20)呈蚕豆形或肾形，体长为 40 ~ 110 μm，在侧面中央稍靠近头顶部有胞

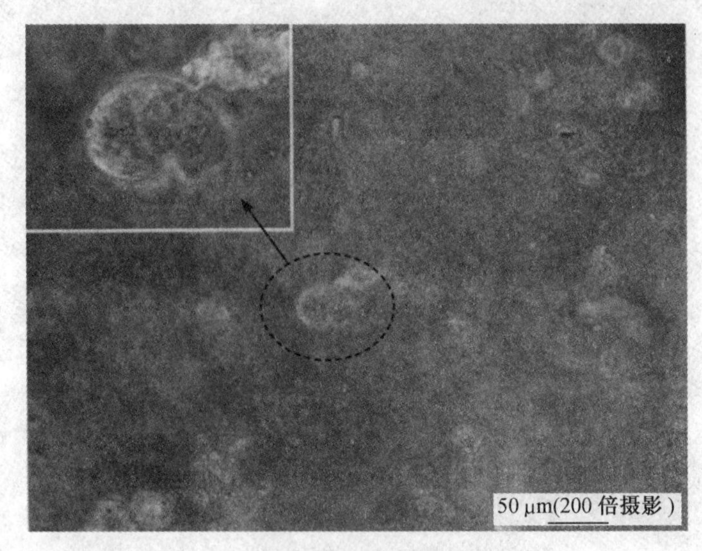

图 21.20　肾形虫

口。胞口的特征向体内深度张开,像一个锯齿状三角形空洞,有时则一边旋转一边游泳。

在 pH 较高、氨氮含量较多时,活性污泥中经常出现肾形虫。在粪便处理设施及接纳粪便的污水处理厂中在负荷较高时,很容易观察到这种指示生物。

3. 尾丝虫属(*Uronema*)

尾丝虫(图 21.21)虫体呈卵圆形,头顶部无纤毛,尾毛长与膜袋虫相似,体长为 25 ~ 50 μm。与膜袋虫相比,尾丝虫头顶部更圆,相对虫体长度口围部的膜稍小,除尾毛外虫体周围的纤毛长度一般较短。游泳方式与膜袋虫不同,不发生跳跃,快速连续地旋转游泳。在负荷高时可观察到尾丝虫的存在。

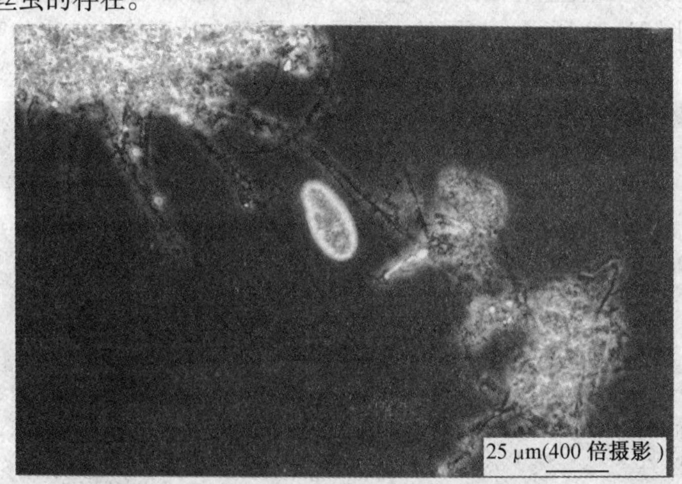

图 21.21　尾丝虫

4. 草履虫属(*Paramecium*)

高负荷条件下,活性污泥中可常见草履虫(图 21.22),其特征是所有的种类有两个收缩泡,一个在前端,另一个在虫体的中央部位。收缩泡有时张开成花的形状,但通常张开成圆形,体长为 100 ~ 300 μm。虫体呈卷叶状或足形,大多呈扭曲的体形。虫体表面纤毛一样长,但后端纤毛较长。

当活性污泥中溶解氧不充足时可观察到大量的草履虫。溶解氧不足时,通常与硫黄细菌

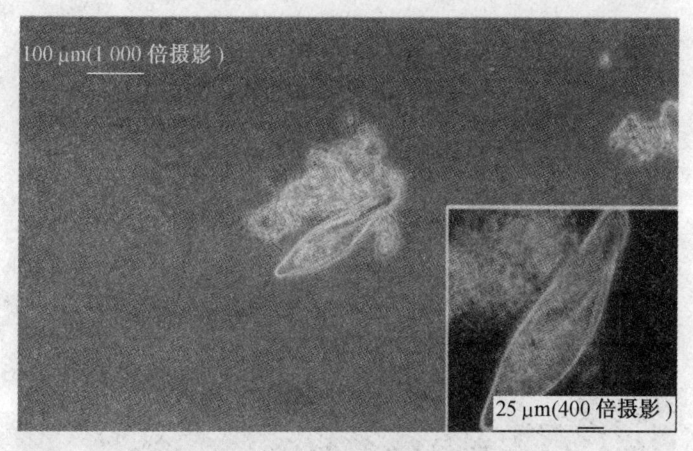

图 21.22　草履虫

的长杆菌、螺旋菌和丝状细菌的贝氏硫细菌等出现的生物同时出现。生物膜法中出现的频率较高,大多在溶解氧略不足的生物膜周围能观察到。

5. 絮体和小型鞭毛虫类

当有机负荷较高时,活性污泥中会出现许多动物性小型鞭毛虫类。即使将显微镜放大到400 倍,也难以观察动物性小型鞭毛虫类。如果熟练后能在絮体内部、絮体与絮体之间的水中发现似乎在运动的虫体。小型鞭毛虫类最大只有25 μm 左右,当放大100 倍进行观察时,假定显微镜视野的直径是2 000 μm,那么虫体大小约是显微镜视野的 1/80,大致能确认是否有虫体存在。为了掌握生物的大小和絮体粒径,通常使用微米级的显微镜视野大小。

根据鞭毛数、鞭毛和虫体基部的胞口可识别小型鞭毛虫类。胞口在鞭毛基部,根据游泳方式可确定鞭毛基部的位置。正确识别小型鞭毛虫类,必须用400 倍以上的高倍显微镜观察,但由于虫体的轮廓不清晰,所以即使在高倍镜下也很难观察。

絮体与小型鞭毛虫类如图 21.23 所示,是在 400 倍下观察到的显微镜图像。附着在絮体周围的小型鞭毛虫类是跳侧滴虫。400 倍下拍摄的个体数较多,要想确认其存在,小型鞭毛虫类的准确识别必须在更高的倍率下观察。即使在低倍率下,只要能够确定是否存在小型鞭毛虫类,就可为诊断曝气池状态提供参考。

6. 新生态污泥的菌胶团

如果能观察到新生态污泥的菌胶团,那么证明有大量有机物存在,细菌类处于快速增殖状态。图 21.24 是在水中单独观察到的新生态污泥菌胶团及附着在其他絮体上的新生态污泥上的菌胶团。形成附着在絮体周围的新生态污泥菌胶团时,表示某些有机物能被絮体大量吸附,在吸附点细菌反复不断显著增殖;有单独的新生态污泥菌胶团形成时,表示水中有大量有机物存在。污水中的有机物首先被絮体吸附,一部分来不及吸附,则在水中形成新生态污泥菌胶团。

形成新生态污泥菌胶团的细菌类中最主要的是动胶杆菌(Zoogloea)。动胶杆菌一般认为不会成为优势菌,具有凝聚性细菌的特性。由于构成活性污泥的细菌种类很多,所以新生态污泥菌胶团是否是动胶杆菌的判别方法必须采用法定方法进行鉴定。

7. 滴虫属(*Monas*)

滴虫(图 21.25)呈球形,虫体前端有两根鞭毛,但大多情况下观察不到短鞭毛,体长为10 ~15 μm,偶尔从与鞭毛相反一侧的虫体后部伸出附着器附着在其他物体上。

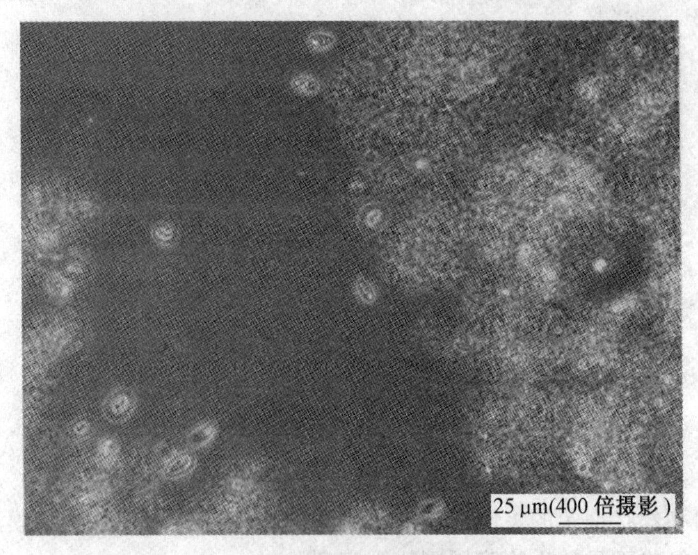

图 21.23　絮体与小型鞭毛虫类

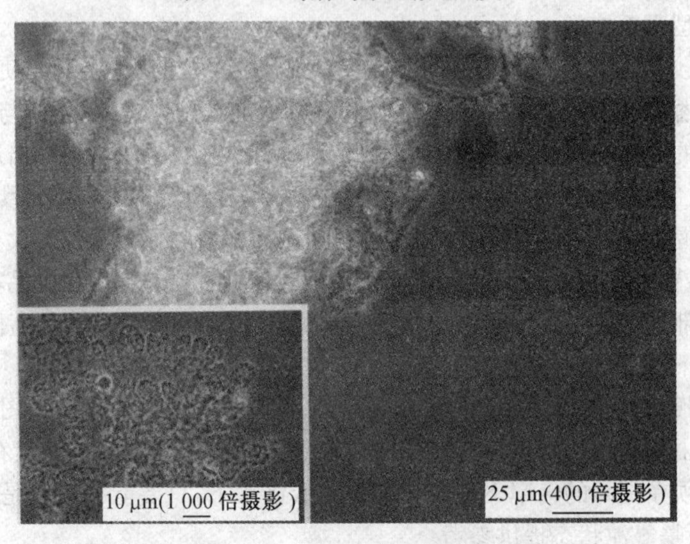

图 21.24　新生态污泥的菌胶团

在有机物浓度较低,污泥发生解体时通常能观察到滴虫。由于活性污泥一部分常常会发生自氧化,因此,即使处理水质良好的情况下,有时也有滴虫出现。

8. 侧滴虫属(*Pleuromonas*)

侧滴虫(图 21.26)的虫体呈蚕豆形,体长为 6 ~ 10 μm,从凹陷处长出两根鞭毛,鞭毛长度是虫体的 2 ~ 3 倍,其中一根向前伸,另一根向后伸。其特征是后端的一根鞭毛固着在絮体上作为支点,用虫体和另一根鞭毛做跳动。在污泥解体、溶解氧不足等原因引起絮体周围自氧化分解产生的游离细菌增多的状态下经常出现侧滴虫。通常活性污泥一部分会发生自氧化,因此与滴虫相似,即使处理水水质良好的状态下,有时也能观察到侧滴虫。

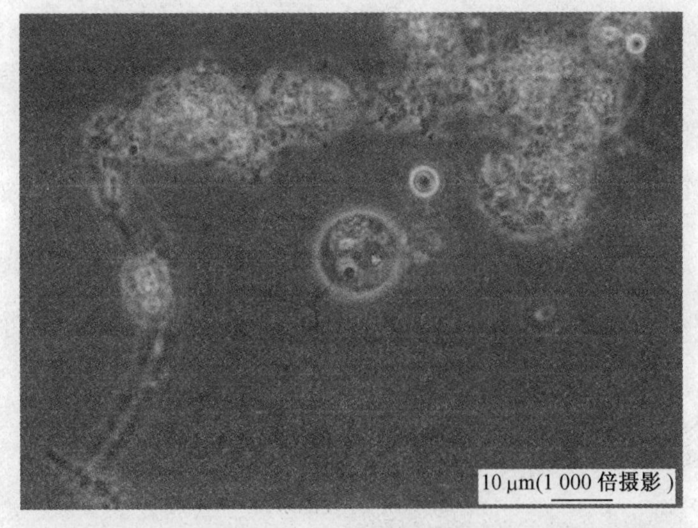

图 21.25　滴虫

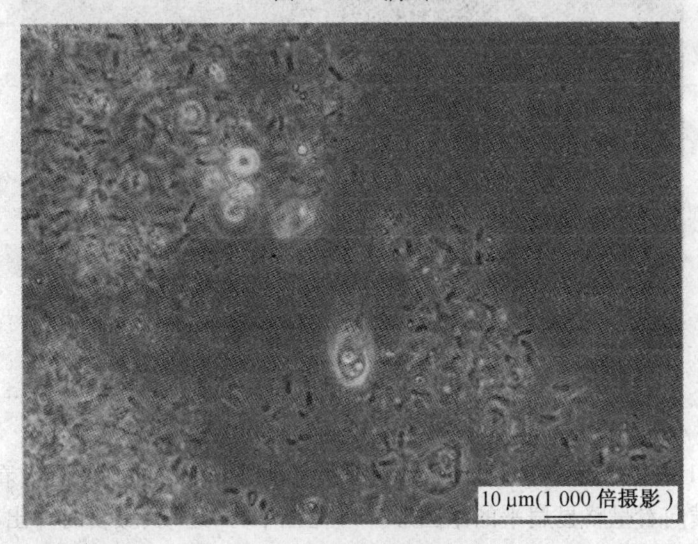

图 21.26　侧滴虫

21.3.3　曝气池低负荷状态下的指示生物

当污水浓度或有机负荷较低时,活性污泥中占优势的生物主要有游仆虫属、旋口虫属、轮虫属、表壳虫属、鳞壳虫属等,这种生物量多时,标志着硝化正在进行,出现这种生物相时应及时提高曝气池的有机负荷。

1. 分散絮体或糊状絮体

图 21.27 显示的是解体后压密性恶化的絮体,图 21.28 是茶褐色糊状成团块絮体以及在其周围能看到的解体后压密性恶化的絮体。解体后压密性恶化的絮体与新生态污泥菌胶团,用相位差显微镜观察都呈暗绿色。如果用 400 ~ 1 000 倍(物镜 40 ~ 100 倍)的显微镜观察,新生态污泥菌胶团各类细菌的形状都很清晰,然而解体后压密性恶化的絮体,细菌类的形状发生破裂。

在有机负荷低、污泥停留时间长的状态下,絮体具有各种各样的形态,既存在糊状的絮体,也存在压密性恶化的絮体。

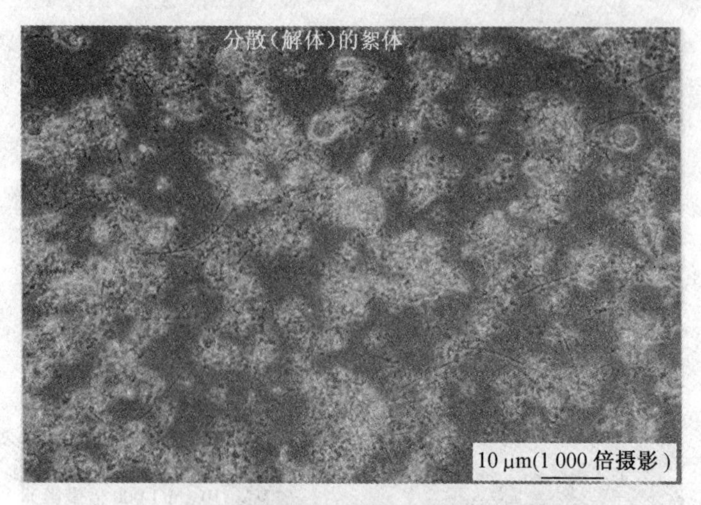

图 21.27　分散絮体

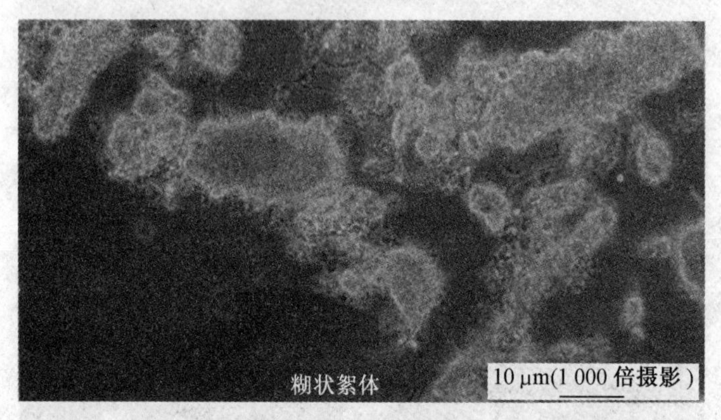

图 21.28　糊状絮体

2. 表壳虫属(*Arcella*)

表壳虫(图 21.29)是有壳变形虫,虫体周围有坚硬外壳的。虫体从上方看呈圆形,体长为 30～250 μm,而横向看呈略显扁平的半圆形。口孔在中央,运动、摄食时伸出棒状的足。表壳虫分裂后新生期的虫体透明,老化后虫体变成深褐色。如果有污泥堆积和死水区存在时,外壳容易着色变成深褐色,可作为有无污泥堆积区的指标。

在处理水良好的情况下,很容易观察到表壳虫。在污泥停留时间长、pH 降低或发生硝化时也能够观察到此类虫属。如果溶解氧浓度突然下降,有机负荷升高,环境条件发生变化时,壳上将产生龟裂而改变原来的形状。

3. 鳞壳虫属

磷壳虫(图 21.30)呈卵圆形,体长为 30～200 μm。具有透明有规则的硅酸质鳞片或小板块构成的壳,有的壳上有尖突。运动、捕食时伸出丝状的伪足。在工业废水含量高,污泥解体时可大量繁殖,甚至成为优势种群。

4. 游仆虫属

游仆虫(图 21.31)呈扁平的长椭圆形或卵圆形,腹面平坦而背面隆起,体长为 80～155 μm。生长从前端开始达到体长 1/3 宽的口围部。虫体的前面和后面纵生刚毛。捕食楯楣纤虫一样,用后部的刚毛摁住絮体,用前部的刚毛掐碎絮体捕食。有的也以纤毛虫类和小型鞭毛虫类为食。在水中游泳速度较快,但捕食时一般停留在絮体表面或水中。游仆虫停留时,

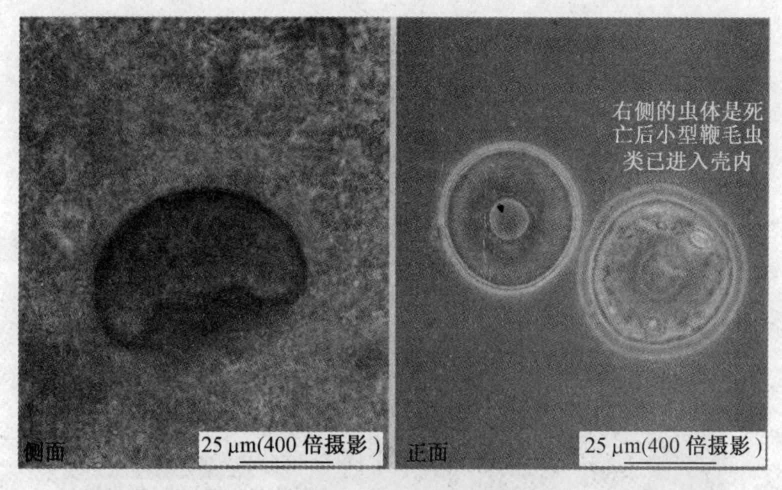

图 21.29　表壳虫

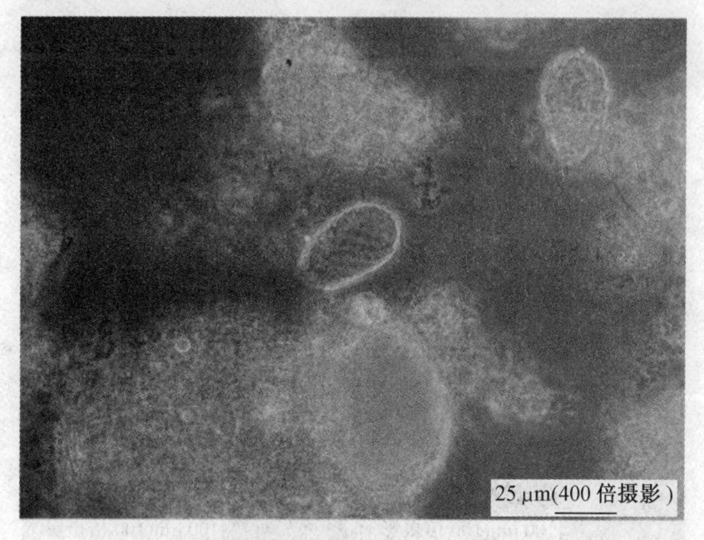

图 21.30　鳞壳虫

会在虫体周围泛起大的水流，可根据此现象来判断游仆虫的存在。此外，在污泥停留时间长或发生解体现象时，很容易观察到游仆虫。游仆虫抗缺氧能力较强。

5. 旋口虫

旋口虫(图 21.32)呈扁平的短尺形，有时达到 1 000 μm(1 mm)以上，认为是污水处理中出现的最大的原生动物。虫体后部具有特征收缩泡，由于具有透明感而容易进行识别。在有机负荷降低、溶解氧浓度升高，污泥开始出现解体的过程中都能观察到旋口虫。在处理水透明度良好的状态下也可出现大量的旋口虫。

6. 轮虫属

与单细胞原生动物不同，轮虫(图 21.33)属于多细胞的小昆虫类，体长为 300 ~ 800 μm，可根据趾的数量 3 根和吻状突起上的眼点来识别轮虫。轮虫将趾部的吸附器附着在絮体上，用头部的纤毛环搅动水流，把游动着的细菌类和微小原生动物吸引过来运送到咽头进行捕食。

从有机负荷低，污泥解体开始之后到还残留大的絮体为止都可观察到轮虫。与原生动物不同，小昆虫类以卵繁殖。因此，当环境状态发生变化后，小昆虫类有时会从卵中孵化出虫体，诊断时需加以注意。

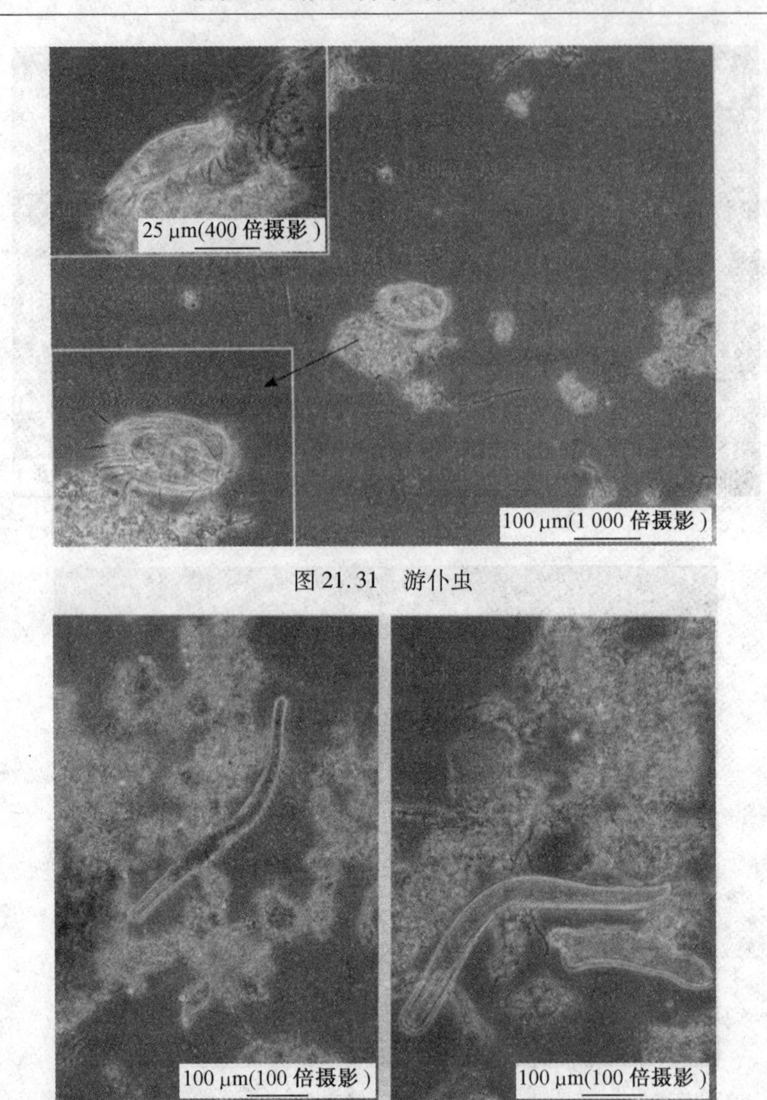

图 21.31　游仆虫

图 21.32　旋口虫

21.3.4　引起污泥膨胀的指示生物

正常的活性污泥沉降性能良好,其污泥体积指数 SVI 在 50～150 之间,当活性污泥出现异常时,污泥就不容易发生沉淀,反映出 SVI 值升高。混合液在 1 000 mL 量筒中沉淀 30 min 后,污泥体积膨胀,上层澄清液减少,这种现象称为活性污泥膨胀。活性污泥膨胀虽然与 SVI 值有关,但有时工业污水的 SVI 值常年在 200～300 范围内也不产生污泥膨胀,所以污泥膨胀定义为:由于某种原因使活性污泥沉降性能降低,SVI 不断升高,沉淀池污泥面不断上升,造成污泥流失,曝气池的 MLSS 浓度降低,从而破坏正常的处理工艺操作的现象。

污泥膨胀的原因大部分是由污泥中丝状菌大量繁殖造成的。丝状菌性膨胀常见的一种膨胀现象,如图 21.34 所示。

活性污泥在不正常的情况下,其中的菌胶团受到破坏,出现大量的丝状菌。膨胀污泥中的丝状菌主要有球衣菌、贝氏硫细菌和 021N 型细菌。

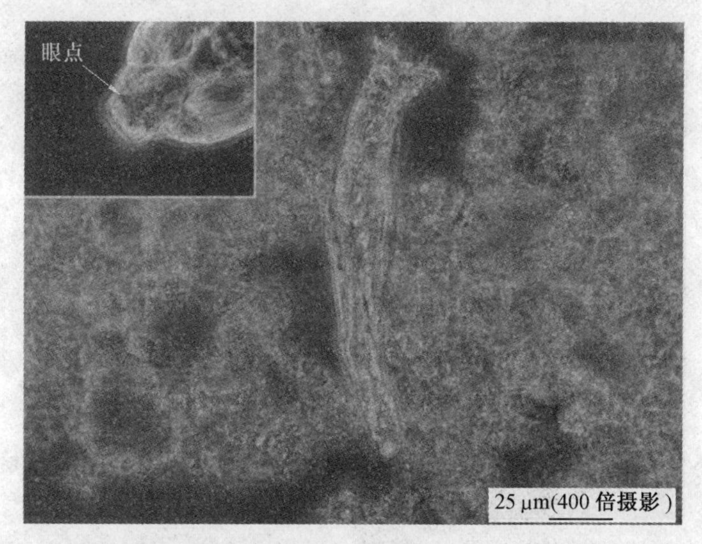

图21.33　轮虫

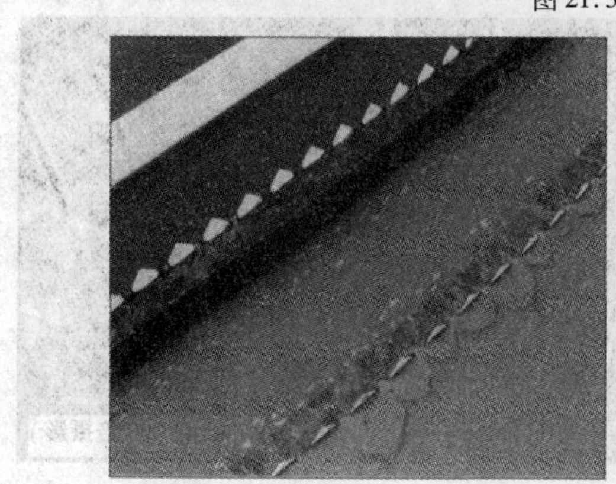
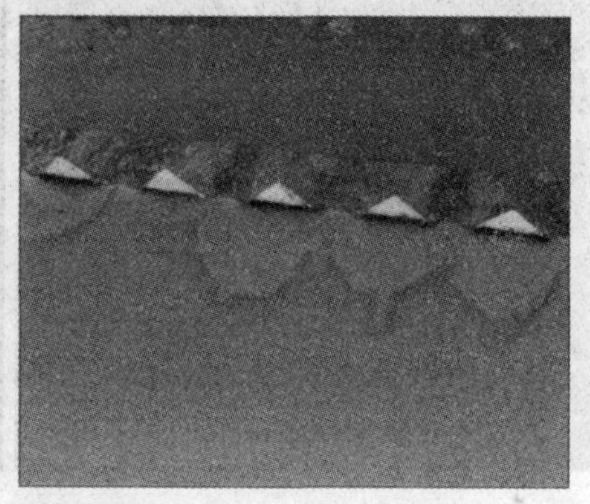

图21.34　污泥膨胀现象

(1)球衣菌属。

球衣菌(图21.35)的长丝状体略微弯曲或挺直。丝状体带衣鞘,衣鞘中眉毛状的杆菌并行排列。球衣菌丝状体粗为1.0～1.4 μm,长在500 μm以上。球衣菌繁殖时眉毛状细胞先进行增殖,随后形成周围的衣鞘。球衣菌的特征之一是有假分支形成。假分支只有在增殖期才能观察到。

在溶解氧浓度较低时,容易观察到球衣菌从絮体表面伸出来。在条件适宜的情况下,球衣菌可快速增值。但脱离环境条件,数天内丝状体就会减少,丝状菌污泥膨胀得以解除。

(2)贝氏硫细菌。

贝氏硫细菌是一种硫黄细菌,通过代谢硫化氢获取能量。在曝气池中贝氏硫细菌不发生增殖,但在反应池内存在无溶解氧过程的厌氧—好氧活性污泥法及间歇式活性污泥法运行过程中容易观察到贝氏硫细菌。贝氏硫细菌(图21.36)是不带分支的丝状体,长为100～500 μm,粗为1.0～3.0 μm。细胞内含有大量硫黄粒子时做滑行运动,容易识别。若溶解氧增加,硫黄粒子消失,贝氏硫细菌就停止滑行,进入休眠状态,此时能观察到其隔膜。

贝氏硫细菌大多与螺旋体能同时观察到。休眠状态的丝状体无法识别时,打开样品容器的盖子,放置1～2 d后再进行观察。如果是贝氏硫细菌,样品的污泥界面上会出现白色的斑点,使用显微镜观察能发现含有硫黄粒子而正在活动的丝状体。

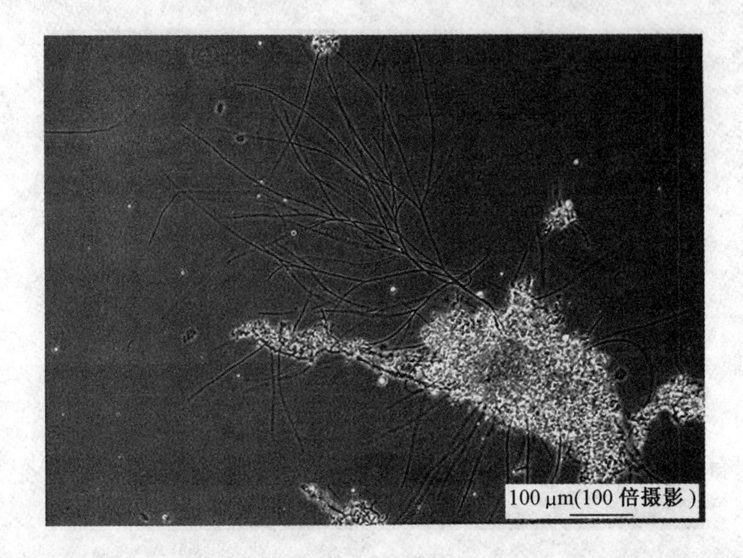

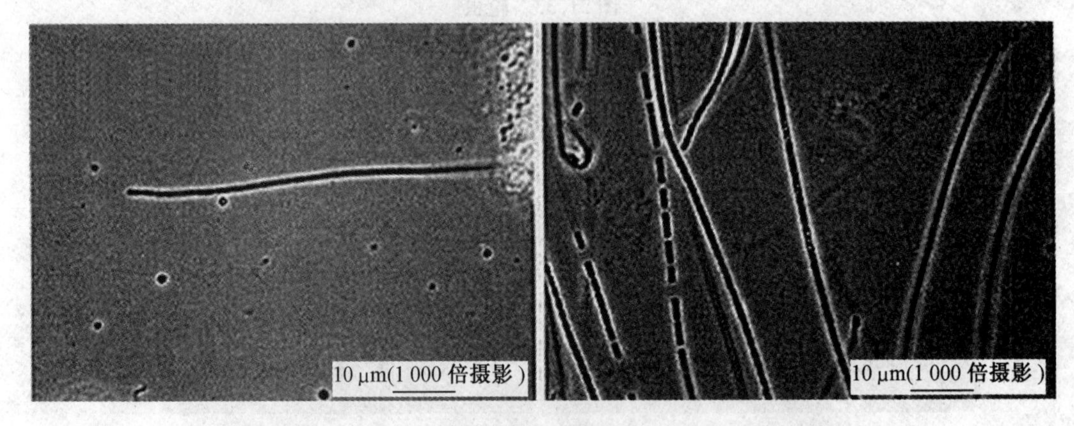

图 21.35　球衣菌

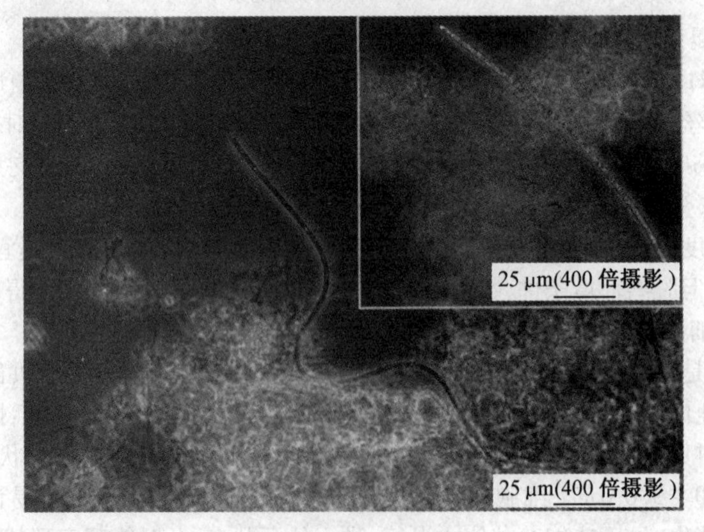

图 21.36　贝氏硫细菌

(3)021N 型细菌。

丝状体粗为 1.0 ~ 2.0 μm,长在 500 μm 以上。

021N型细菌(图21.37)是引起丝状菌污泥膨胀的代表性丝状菌之一。在低溶解氧浓度下较容易出现,出现后如果氧气量增加,其仍可继续增殖,实现生物量的减少具有一定的难度。021N型细菌通过鼓状的细胞连接构成丝状体。021N型细菌容易形成长的丝状体,没有衣鞘容易发生弯曲,有时形成绳结状。如果不连续的细胞形成丝状体,菌体表面凹凸不平,容易识别,但有的形成光滑的丝状体就不容易识别。若溶解氧不足,隔膜也将变得不清晰。

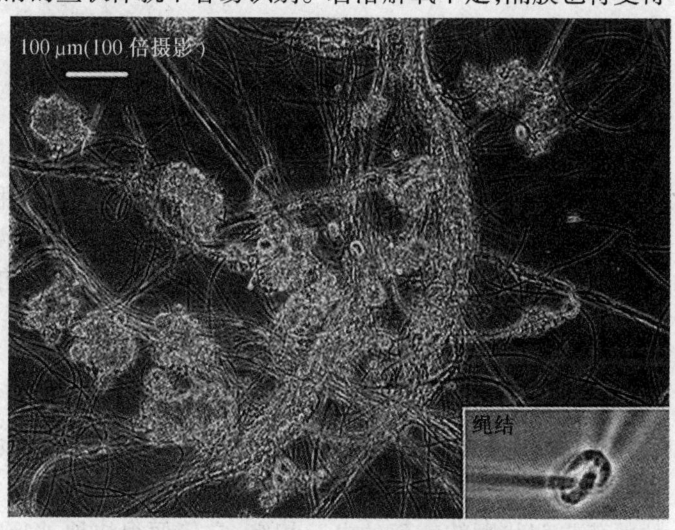

图21.37　021N型细菌

第22章 活性污泥收集、评估及观察报告

22.1 显微镜设置和等级表

大多数的废水样品(表22.1)都能用于评估处理工艺的优劣性,但最常用的是混合液。用于显微镜镜检的主要或重要成分随处理厂不同而不同,但常常包含本体溶液、絮状颗粒、丝状生物、原生动物和后生动物(表22.2)。如果混合液中泡沫数量不正常,也可以进行泡沫的显微镜镜检(表22.3)。

22.1.1 本体溶液

本体溶液是围绕在絮状颗粒间的水溶液。在良好的混合液中,本体溶液含有少量的分散生长物或微粒物。分散生长物和微粒物通过3种机制从本体溶液中去除。第一,如果分散生长物或者微粒物上的电荷与絮状颗粒表面的电荷相容,它们便很快地被吸附到絮状颗粒上。第二,如果电荷是不相容的,纤毛状原生动物和后生动物可以释放分泌物,产生盖覆作用,使电荷变得相容。第三,分散生长物可以被纤毛状原生动物和后生动物吞噬掉。

当不利的操作条件中断絮状物的形成时,絮状颗粒会吸附或释放出分散生长物和微粒物,使它们不能从本体溶液中除去。絮状物形成中断常引起分散生长物和微粒物在本体溶液中大大增加。导致絮状物形成中断的操作条件有很多,见表22.4。

表22.1 用于显微镜镜检的废水样品

用于显微镜镜检的废水样品
污泥脱水操作得到的浓缩液或滤液
厌氧或好氧消化液
厌氧或好氧消化固体
最终出水
泡沫
从预生物处理系统流出的工业污水
渗滤液
混合液
回流活性污泥
浮渣
二次沉淀池出水
泡沫(沉降性试验)
漂浮的固体物质(沉降性试验)
沉降的固体物质(沉降性试验)
上层清液(沉降性试验)
浓缩的溢流液

表22.2　混合液主要成分的显微镜镜检

成分	特征
本体溶液	分散生长物，相对丰度
	微粒物，相对丰度
絮状颗粒	占优势的形态
	占优势的尺寸
	占优势的尺寸范围
	强度，松散或紧实
	强度，周边松散，中心紧实
	墨汁反染色，阴性或阳性
菌胶团	相对丰度
絮状颗粒/丝状生物体	架桥联结成的絮体网，少或多
	开放结构的长絮体，少或多
丝状生物体	大多数丝状体的长度或长度范围
	大多数丝状体的着生位置
	所有丝状体的相对丰度
	占优势的丝状体
	衰退的丝状体
原生动物	活动
	结构
	总数或相对丰度
	原生动物各类群的数量或及其所占的百分比
	占优势的原生动物
后生动物（轮虫和线虫类）	活动
	结构
	总数或相对丰度

表22.3　泡沫主要成分的显微镜镜检

起泡的丝状生物
营养不足的絮状颗粒
菌胶团

表22.4　中断絮凝物形成的操作条件

操作条件	描述或例子
阴离子清洁剂或细胞破裂剂	十二烷基硫酸盐
胶质絮状物	过量的蛋白类废物
过高的温度	>32 ℃
起泡	能起泡的丝状生物
高 pH/低 pH	>8.5/<6.5
MLVSS 增加	油脂类的积累
缺乏带纤毛的原生动物	<100 个/mL
溶氧量不足	连续 10 h<1 mg/L
营养不足	氮或磷
盐度	过量锰、钠或钾
产生浮渣	细菌大量死亡

续表 22.4

操作条件	描述或例子
腐败性	<-100 mV(ORP)
剪切作用	RAS 泵,表面曝气
可溶性 cBOD 缓慢释放	正常可溶性 cBOD 负荷的 3 倍
硫酸盐类	>500 mg/L
总溶解固体量(TSD)	>5 000 mg/L
毒性	过量 RAS 氯气处理
丝状生物体大量生长	相对丰度等级>“3”
黏性絮状物或菌胶团	絮凝形成的细菌迅速生长
污泥龄短	<3 d MCRT

22.1.2 本体溶液,分散生长物

在放大倍数为 100 的显微镜下,可以看到分散生长物包括许多极小的“点状”絮状颗粒(<10 μm)。分散生长物的数量划分为“少量”“大量”或“过量”3 个等级(分别为图 22.1,图 22.2 和图 22.3)(表 22.5)。用相称显微镜或亮视野显微镜可以观察混合液湿涂片中的分散生长物(表 22.6)。使用亮视野显微镜时,在湿涂片上加一滴亚甲基蓝能更容易观察到分散生长物。浏览湿涂片时,没必要计数出每个视野内的“点”数,但要能主观地评估出分散生长物的相对丰度。

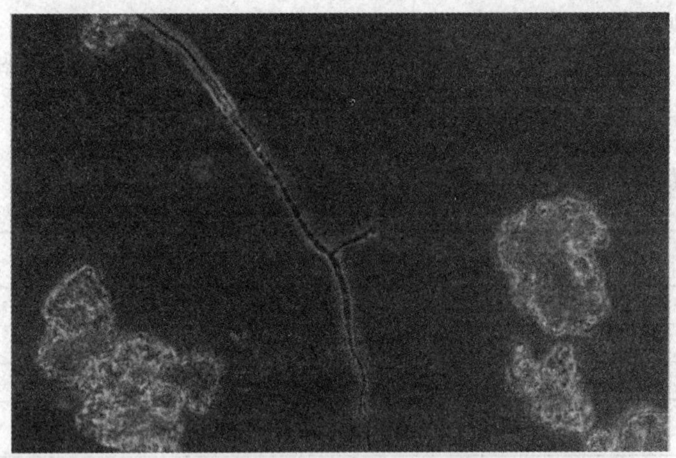

图 22.1 少量的分散生长物

良好的混合液分散生长物的相对丰度等级应为“少量”。“大量”“过量”说明操作条件不利,需要鉴定和改进。

表 22.5 分散生长物的相对丰度等级

等级	描述
少量	每个视野中< 20 个 “点”
大量	每个视野中 “点”数为 10 的倍数,如 20,30,40…
过量	每个视野中出现成百的 “点”,如 100,200,300…

表 22.6 评估分散生长物的显微镜设置

玻片制备	显微镜	总放大倍数
湿涂片	亮视野或相称显微镜	100×

图 22.2　大量的分散生长物

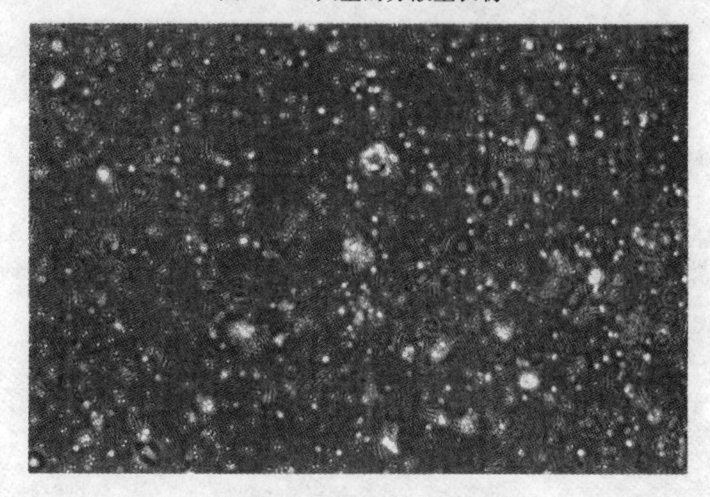

图 22.3　过量的分散生长物

22.1.3　本体溶液,微粒物

微粒物包括无机或惰性粒子。有的微粒物较小,如塑料树脂(<20 μm)(图 22.4),有的较大,如纤维物质(>1 000 μm)(图 22.5)。微粒物的颜色、质地或形状多种多样,它们能吸附到絮状颗粒的表面或进入絮状颗粒内部(图 22.6)。尺寸大于 10 μm 的微粒物被认为是惰性粒子。

微粒物的数量可分为"少量"或"大量"两个等级(表 22.7)。用亮视野或相称显微镜可以观察到混合液湿涂片中的微粒物(表 22.8)。使用亮视野显微镜时,在湿涂片上滴一滴亚甲基蓝可以更容易观察到微粒物。浏览湿涂片时,不必计数每个视野内微粒物的数量,但要能主观地评估出在本体溶液中自由浮动的以及吸附或在絮状颗粒内部的微粒物相对数量。

良好的混合液微粒物的相对丰度等级应为"少量"。"大量"说明操作条件不利,需要鉴定和改进。

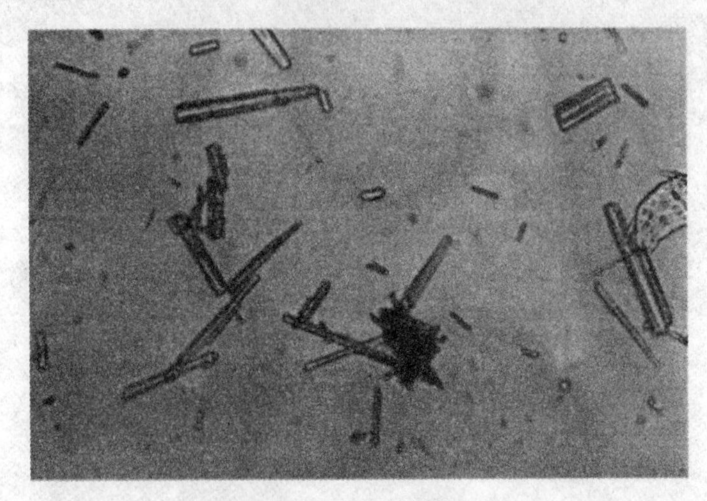

图 22.4　塑料树脂

图 22.5　纤维物质

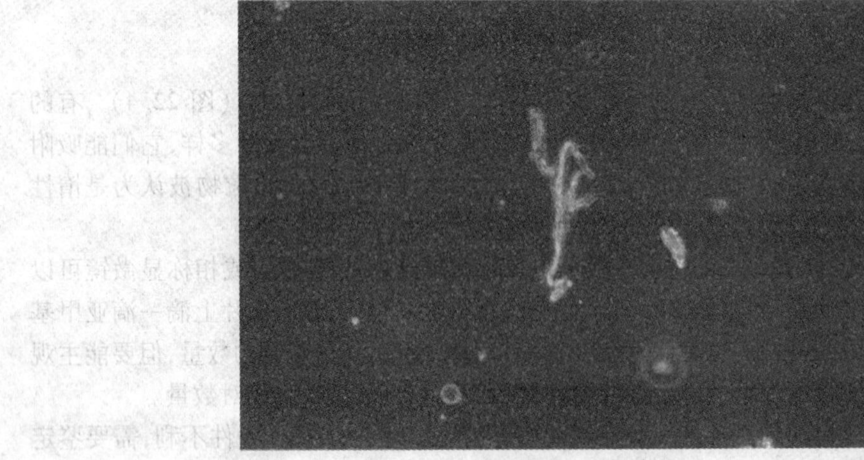

图 22.6　微粒物

表 22.7　微粒物的相对丰度等级

等级	描述
少量	大多数微粒物吸附或融合在絮状颗粒中
大量	大多数微粒物在本体溶液中自由浮动

表 22.8　评估微粒物的显微镜设置

玻片制备	显微镜	总放大倍数
湿涂片	亮视野或相称显微镜	100×

22.1.4　絮状颗粒中占优势的形状

在混合液中,絮状颗粒有两种常见形状,即球形(图 22.7)和不规则形状(图 22.8),此外,还有极少见的椭球形(图 22.9)。

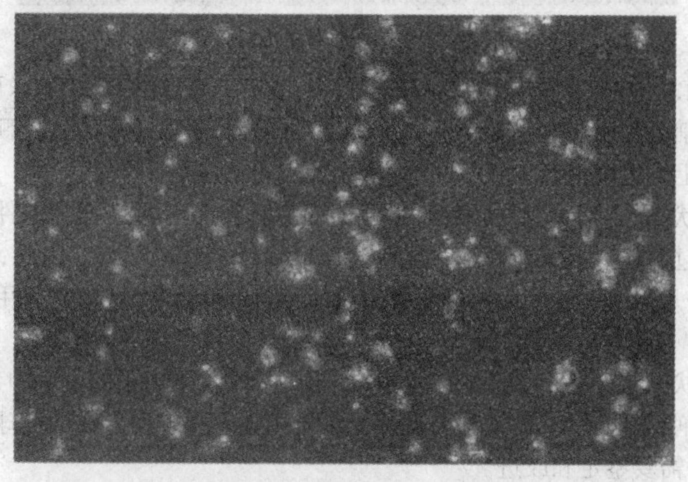

图 22.7　球形的絮状颗粒

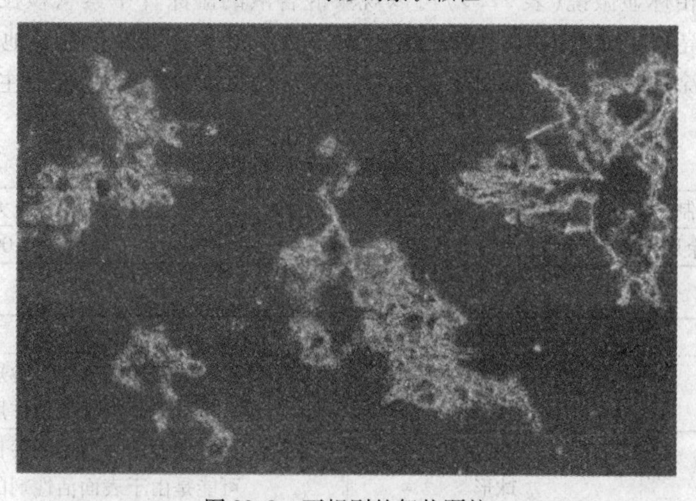

图 22.8　不规则的絮状颗粒

通常,在几乎所有的活性污泥处理系统中,都同时存在球状和不规则的絮状颗粒。在有大量丝状生物体的成熟活性污泥系统中,不规则的絮状颗粒占优势。丝状生物构成了一个强大的网状结构,能抵抗处理过程中的剪切或扰动作用,因此,随着絮状颗粒的长大,絮状细菌沿着丝状生物体伸长方向生长或凝聚。而在污泥龄较短的系统中,丝状生物体极少,抵抗剪切作用

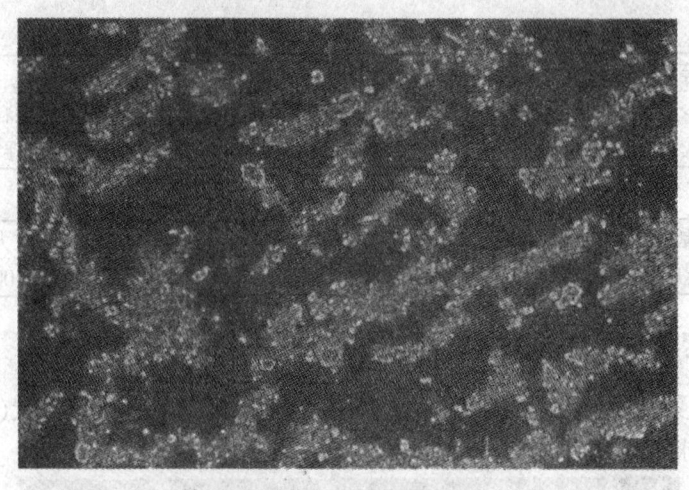

图 22.9　椭球形絮状颗粒

的能力很差，因此，在丝状生物体大量繁殖之前，絮状细菌只能凝聚成小的球形粒子。

由于幼小的细菌吸附在絮状颗粒上，只产生少量的油，所以幼小的絮状颗粒是白色的。而吸附在絮状颗粒上的老细菌产生较多的油，使成熟的絮状颗粒呈金棕色。

椭球形的絮状颗粒很少被观察到，除非显微镜玻片被弄脏，或者操作条件不利。玻片弄脏以及新的或清洗过的玻片上有油膜都会促使椭球形絮状颗粒的形成。因此，在使用显微镜玻片之前，清洗干净是很重要的。镜片可用爵士白或相似的复合物清洗，然后用去离子水彻底冲洗干净。

椭球形的絮状颗粒存在于多油的废水中，或含过量多价阳离子的废水中，包括工业生产排放的金属和凝结剂，如明矾、三价铁和石灰。受多价阳离子影响而形成的椭球状絮状颗粒指示了操作条件不利，需要鉴定和改进。

用亮视野或相称显微镜（表 22.9）可以观察混合液的湿涂片中絮状颗粒（表 22.10）的优势形状。当使用亮视野显微镜时，在湿涂片上加一滴亚甲基蓝可以更容易地观察到絮状颗粒的形状。浏览湿涂片时，不用记录每个视野中所有絮状颗粒的形状，但要能主观地评估出每种形状的相对丰度。

表 22.9　评估絮状颗粒形状的显微镜设置

玻片制备	显微镜	总放大倍数
湿涂片	亮视野或相称显微镜	100×

表 22.10　絮状颗粒的尺寸和形状

尺寸	形状	注释
较小	球形	典型原因为污泥龄短
	不规则形状	可能是由于剪切作用
中等	不规则形状	典型原因为污泥龄长
	球形	可能是由于表面活性剂的排放
	椭球形	可能是由于金属的排放
较大	不规则形状	典型原因为污泥龄长
	球形	可能是由于表面活性剂的排放
	椭球形	可能是由于金属的排放

22.1.5　絮状颗粒，占优势的尺寸

絮状颗粒的尺寸常被分为 3 类（表 22.11），一般用目镜测微尺测量它的尺寸，单位是微米（μm）。这 3 种尺寸分别为较小（<150 μm），中等（150 ~ 500 μm）和较大（>500 μm）。在一个良好活性污泥系统中，大多数絮状颗粒是中等或是较大的。用亮视野或相称显微镜可以观察到混合液的湿涂片中絮状微颗粒占优势的尺寸（表 22.12）。当使用亮视野显微镜时，在湿涂片上加一滴亚甲基蓝能更容易观察出絮状颗粒的形状。

表 22.11　常见絮状颗粒的尺寸范围

较小	中等	较大
<150 μm	150 ~ 500 μm	>500 μm

表 22.12　评估絮状物颗粒尺寸的显微镜设置

玻片制备	显微镜	总放大倍数
湿涂片	亮视野或相称显微镜	100×

通常，一种或两种尺寸的絮状颗粒统治着活性污泥系统。优势尺寸的改变，意味着操作条件有重大改变，如污泥龄过长或固体物质的过度流失。虽然在活性污泥系统中，一种或两种尺寸的絮状颗粒占优势，如从 80 ~ 1 900 μm 到 20 ~ 1 800 μm，意味着操作条件的重大改变，如可溶性 cBOD 的缓慢释放导致的新生物的快速生长。

用亮视野或相称显微镜进行混合液湿涂片的镜检（表 22.13），能观察到絮状颗粒占优势的尺寸。使用亮视野时，在湿涂片上加一滴亚甲基蓝可以更容易地观察到絮状颗粒的形状。

表 22.13　评估絮状颗粒尺寸范围的显微镜设置

玻片制备	显微镜	总放大倍数
湿涂片	亮视野或相称显微镜	100×

22.1.6　絮状颗粒，强度

絮状颗粒的强度是一个极重要的特性。紧实的絮状颗粒能抵抗剪切作用，而疏松的絮状颗粒在活性污泥系统运行过程中易被剪切掉。

絮状颗粒的强度能用来主观评估絮状细菌的压实程度（表 22.14）。“紧实”表示细菌紧紧地连接在一起，“疏松”则表示絮状细菌松散地连接在一起。絮状颗粒的相对强度可以通过亚甲基蓝染色观察到。

表 22.14　经过亚甲基蓝染色后，紧实和松散的絮状颗粒的形态特征

絮状颗粒的强度	形态特征
紧实	带有极少的空隙或空白的深蓝色颗粒
松散	带有一些空隙或空白的浅蓝色颗粒

经过亚甲基蓝染色后，紧实的絮状颗粒大部分区域呈现深蓝色（图 22.10），也有极少的空隙或空白区域。疏松的絮状颗粒大部分区域呈现淡蓝色（图 22.11），也有一些空隙或空白区域。

絮状颗粒大部分区域呈淡蓝色，也有一些空隙和缺口。

图 22.10 在亚甲基蓝下紧实的絮状颗粒,絮状颗粒的大部分区域被染成深蓝色

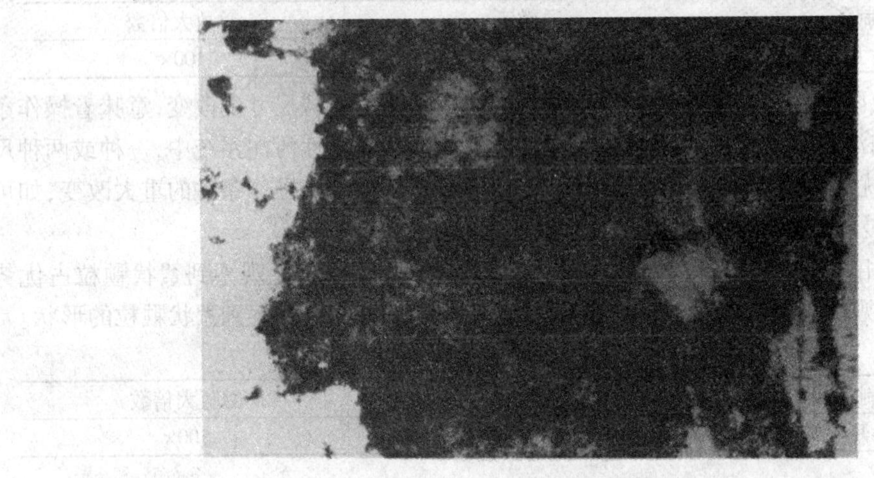

图 22.11 亚甲基蓝下疏松的絮状颗粒

为了观察絮状颗粒的相对强度,可以用亮视野显微镜对混合液湿涂片进行镜检(表 22.15)。务必滴加一滴亚甲基蓝于湿涂片上,再观察细菌细胞的压实状况。

表 22.15 评估絮状颗粒的相对强度的显微镜设置

玻片制备	显微镜	放大倍数
湿涂片	亮视野	100×

经历过可溶性 cBOD 缓慢释放过程的絮状颗粒增长的很快。这种快速的增长主要发生在絮状颗粒的周边,使得絮状颗粒的周边产生松散的絮状细菌团(图 22.12)。但是,絮状颗粒的核心依旧为密实的絮状老细菌团。用番红染色可以区别絮状细菌的压实程度和年龄。为了观察由可溶性 cBOD 的缓慢释放引起的细菌快速生长,可用亮视野显微镜对番红染色的混合液涂片进行镜检。

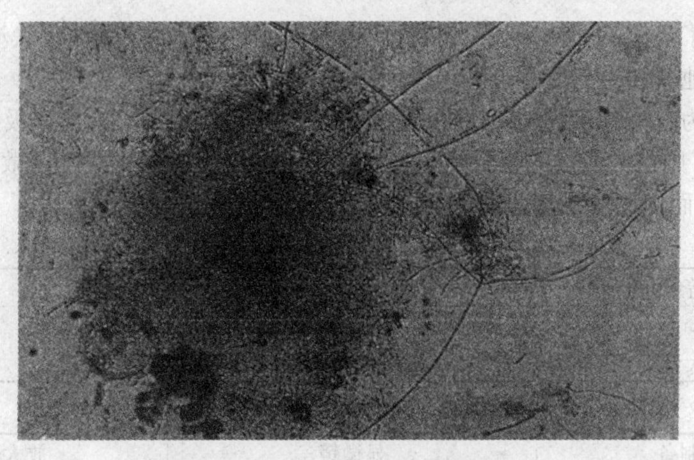

图22.12　经过番红染色的絮状颗粒

22.1.7　菌胶团或黏性絮体

菌胶团或黏性絮体是絮凝形成的细菌如胶团杆菌迅速大量增殖的产物，这种絮体有不定形（球形）（图22.13）和树枝状（指状）（图22.14）。通常只有一种形态存在或者占优势地位。

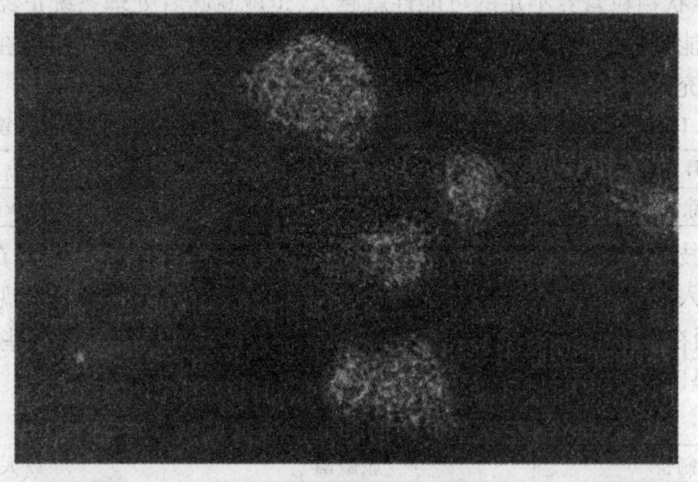

图22.13　不定形的菌胶团

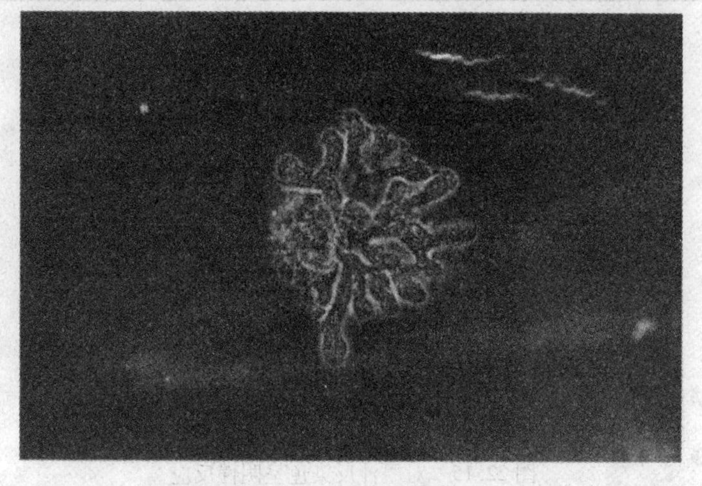

图22.14　树枝状菌胶团

菌胶团导致了疏松、上浮的絮状颗粒的产生。这种絮体与白色的波浪状泡沫有关,且能生长在二次澄清池池壁和溢流堰上。

菌胶团划分为“少量”和“大量”两个等级(表 22.16)。“少量”指只有极少数的视野中存在菌胶团,“大量”则指大多数的视野中都存在菌胶团。用相称或亮视野显微镜可以观察到菌胶团(表 22.17),而使用亚甲基蓝染色剂能改善菌胶团的外观。

表 22.16 菌胶团等级表

等级	描述
少量	极少数的视野内存在菌胶团
大量	大多数视野内存在菌胶团

表 22.17 评价菌胶团显微镜设置

玻片制备	显微镜	放大倍数
湿涂片	亮视野显微镜或相称显微镜	100×

22.1.8 营养不足(油墨反染色)

油墨反染色法是根据絮状颗粒中储存食物的相对含量,判断出营养缺乏可能性。储存的食物总量越多,絮状颗粒营养不足的可能性就越大,也就意味着处理系统正经历一个营养不足的阶段,这时,不能降解的可溶性 cBOD 会转化成不溶性的多聚糖,并储存在絮状颗粒内(表 22.18)。当营养充足的时候,多聚糖再转化为可溶性和可降解的糖。

表 22.18 为观测由可溶性 cBOD 的缓慢释放引起的细菌缓慢生长的显微镜设置

玻片制备	显微镜	放大倍数
涂片	亮视野	400×或 1 000×

油墨反染色技术需要用到墨汁或苯胺黑以及相称显微镜(表 22.19)。在染色时,油墨中的炭黑粒子可渗入到絮状颗粒内,在相称显微镜下,炭黑粒子出现的部分呈现出黑色或者金棕色(图 22.15),而在没有炭黑粒子的部位则呈现出白色(图 22.16)。而有些部位之所以没有出现炭黑粒子,是因为这些部位储存的食物阻碍了炭黑粒子的运动。

表 22.19 墨汁反染色法的显微镜设置

玻片制备	显微镜	放大倍数
湿涂片	相称显微镜	100 倍或 1 000 倍

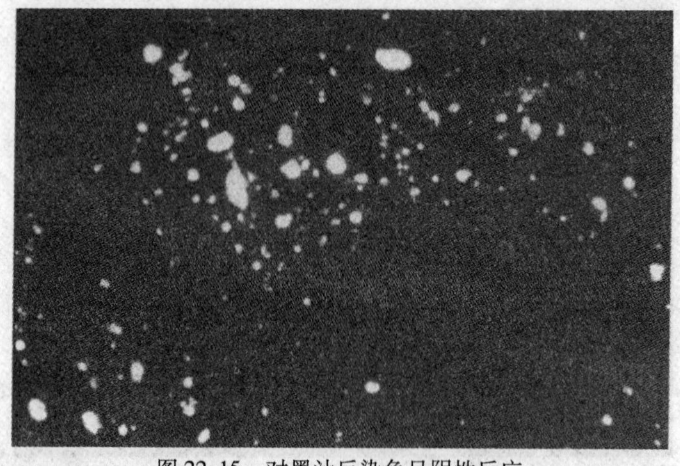

图 22.15 对墨汁反染色呈阴性反应

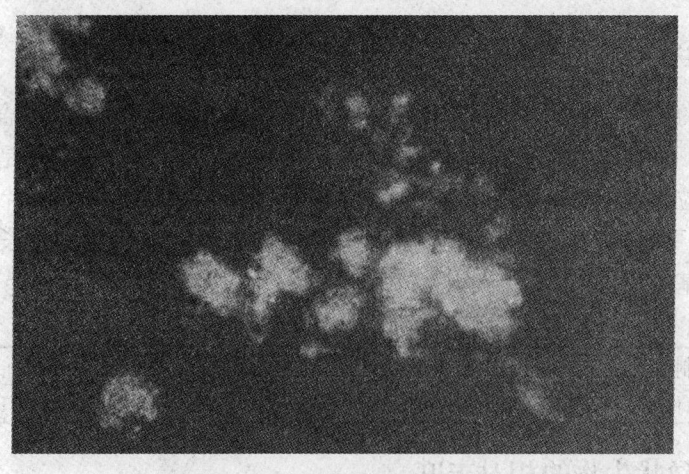

图22.16　对墨汁反染色呈阳性反应

通过客观地评估、比较絮状颗粒中黑色、金棕色区域的相对面积和白色区域的相对面积，可以判断出絮状颗粒营养不足的可能性(表22.20)。如果絮状颗粒大部分区域呈现黑色和金棕色，营养不足的可能性就相对较低，反之则较高。

表22.20　墨汁反染色的类型

类型	描述
阴性	絮状颗粒大部分区域呈现黑色和金棕色，只有一小部分呈现白色或是有白色的斑点
阳性	絮状颗粒大部分区域呈现白色

如果有大量的胶状的物质存在，墨汁反染色可能会出现假阳性，因为这些物质会像储存的食物一样，阻碍炭黑粒子的运动，在中毒或是菌胶团生长时会产生这种胶状物质。通过检测到不定形或树枝状絮体可以确定菌胶团的存在。当比耗氧速率(Specific oxygen uptake rates, SOUR)大大降低，且原生动物和后生动物运动迟缓或者失去活性时，可以认为已发生中毒情况。

混合液的湿涂片制备不当也会导致假阳性的出现(图22.17)。使用存放时间过长的墨汁或蓝墨汁，或者墨汁用量不足都是玻片制备不当的表现。

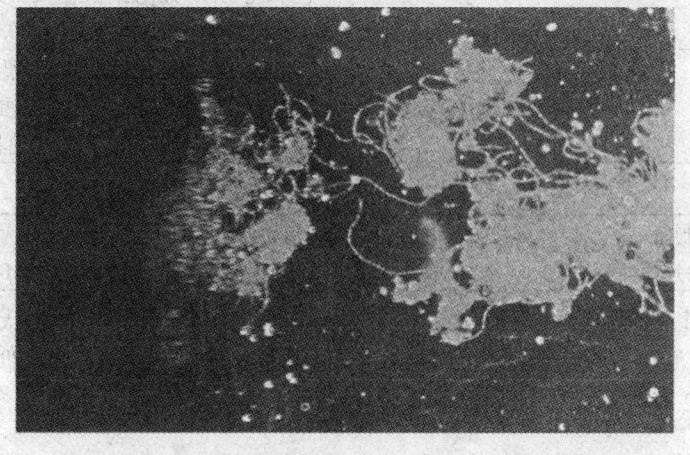

图22.17　墨汁反染色玻片制备不当(滴加的墨汁量不足)引起的假阳性

22.1.9 丝状生物的存在与否

在稳定运行的活性污泥系统中，应当存在丝状生物，而且通过常规的混合液镜检很容易观察到（表22.21）。如果丝状生物不容易被观察到，可能原因有：①丝状生物是透明的、较短，或是主要在絮状颗粒内部生长。②在当时的运行状况下无法生存。在湿涂片上加一滴亚甲基蓝，会使丝状生物更容易被观察到。有3种运行状况会阻碍丝状生物的生长，即污泥龄较短、复杂化合物作为基质、有毒物质存在。

表22.21 检测丝状生物存在与否的显微镜设置

玻片制备	显微镜	放大倍数
湿涂片	相称显微镜	100×或1 000×

22.1.10 丝状生物的相对丰度

在活性污泥运行过程中，根据丝状生物的相对丰度、对沉降性和次级固体流失的影响程度，常将丝状生物划分为“0”到“6”7个等级。其中，“0”代表无，“6”代表过量（表22.22）。“0”“1”“2”级的丝状生物对次级固体的沉降性能没有不利影响。“4”“5”“6”级则会产生不利影响。用亮视野显微镜和相称显微镜可以观察丝状生物的相对丰度（表22.23）。在用亮视野显微镜时，加入一滴亚甲基蓝于湿涂片上可以使丝状生物更容易被观察到。

表22.22 丝状生物的相对丰度等级

相对丰度等级	术语	描述
0	无	丝状生物未被观察到
1	少量	丝状生物存在，但只在极少数视野中的絮状颗粒中偶然被观察到
2	一些	丝状生物存在，但只在一些絮状颗粒中存在
3	普遍	丝状生物以低密度存在于大多数絮状颗粒中（每个絮状颗粒中存在1~5个丝状生物）
4	很普遍	丝状生物以中等密度存在于大多数絮状颗粒中（每个絮状颗粒中存在6~20个丝状生物）
5	大量	丝状生物以高密度存在于大多数絮状颗粒中（每个絮状颗粒中存在大于20个丝状生物）
6	过量	丝状生物存在于大部分的絮状颗粒中，丝状生物比絮状颗粒更多，或者本体溶液中有大量的丝状生物生长

表22.23 评价丝状生物的相对丰度的显微镜设置

玻片制备	显微镜	放大倍数
湿涂片	亮视野或者相称显微镜	100×

每一种丝状生物在混合液中都有典型的特定分布位置（表22.24）。贝氏硫细菌在本体溶液中自由浮动，浮游球衣菌通常从絮状颗粒的边缘延伸进本体溶液中，并且偶尔在本体溶液中自由浮动，而0092型丝状菌大部分存在于絮状颗粒中。

表 22.24　丝状生物的分布位置

在本体溶液中自由浮动
从絮状颗粒的边缘延伸进本体溶液中
大部分存在于絮状颗粒中

表 22.25　确定丝状生物的分布位置的显微镜设置

玻片制备	显微镜	放大倍数
湿涂片	亮视野或相称显微镜	100×

丝状生物的分布位置是一个重要的性质,可以用于确定生物的名称或型号,还可以作为不稳定系统的生物指示。例如,丝状生物主要生长在絮状颗粒中或者向本体溶液中伸展,意味着剪切作用、细胞破裂剂的存在;如果它们大多在本体溶液中自由浮动,则意味着表面活性剂的存在。在混合液的湿涂片上滴加亚甲基蓝能更清楚地观察到丝状生物的分布位置。

22.1.11　丝状生物的鉴定

通过鉴定丝状生物特殊的形态或结构特征、对于特定染色剂的反应,以及运用其他适当的分类学方法,可以确定丝状生物的名称或型号以及对应的操作条件。亮视野和相称显微镜可以识别大多数的丝状生物(表 22.26)。

丝状生物的等级为“4”“5”“6”时,表示它们的相对丰度是占优势地位的。而等级为“1”“2”“3”的丝状生物则处于衰退地位。占优势的丝状生物应当鉴定出其名称或型号,以及促进其生长的相关操作条件。

表 22.26　需要用亮视野或相称显微镜检测的形态特征、染色反应、“S”试验

特征	显微镜
菌丝	亮视野显微镜或相称显微镜
分支	亮视野显微镜或相称显微镜
细胞形态	亮视野显微镜或相称显微镜
细胞大小(微米)	亮视野显微镜或相称显微镜
压缩物	亮视野显微镜或相称显微镜
横隔	亮视野显微镜或相称显微镜
丝状体的位置	亮视野显微镜或相称显微镜
丝状体的形态	亮视野显微镜或相称显微镜
丝状体的大小(微米)	亮视野显微镜或相称显微镜
能动性	亮视野显微镜或相称显微镜
鞘	相称显微镜
硫颗粒	相称显微镜
革兰氏染色	亮视野显微镜
奈瑟染色	亮视野显微镜
PHB 染色	亮视野显微镜
“S”试验	相称显微镜
鞘染色	相称显微镜

22.1.12　絮状颗粒絮体间的架桥和开放结构的长絮体

根据是否有丝状生物生长,絮状颗粒有5种结构:针絮体、理想絮体、丝状膨胀体、絮体间

的架桥、开放结构的长絮体(扩散絮体)。丝状生物的大量繁殖、絮体间的架桥和开放结构的絮体的形成都能引发二次澄清池内的沉降性问题(表22.27),用亮视野显微镜和相称显微镜下可观察到絮体间的架桥和开放结构的絮体(表22.28)。

表22.27　絮体间的架桥和开放结构的絮体的等级

等级	描述
少量	絮体间的架桥或开放结构的絮体只在极少数的视野中可以观测察到
大量	絮体间的架桥或开放结构的絮体在大部分视野中可观察到

表22.28　用于评价絮体间的架桥和开放结构的絮体的显微镜设置

玻片制备	显微镜	放大倍数
湿涂片	亮视野或相称显微镜	100×

针絮体是当污泥龄较短、缺乏丝状生物时形成的絮状颗粒(图22.18),体积较小、球形,典型的或大多数的针絮体呈白色。

理想絮体是当絮状细菌与丝状生物生长达平衡时形成的絮状颗粒(图22.19),絮状颗粒中的细菌聚集成一大团,1~5个丝状生物从絮状颗粒的周边延伸进本体溶液中。理想絮体为中等或较大尺寸,不规则形状。典型的理想絮体为金棕色。

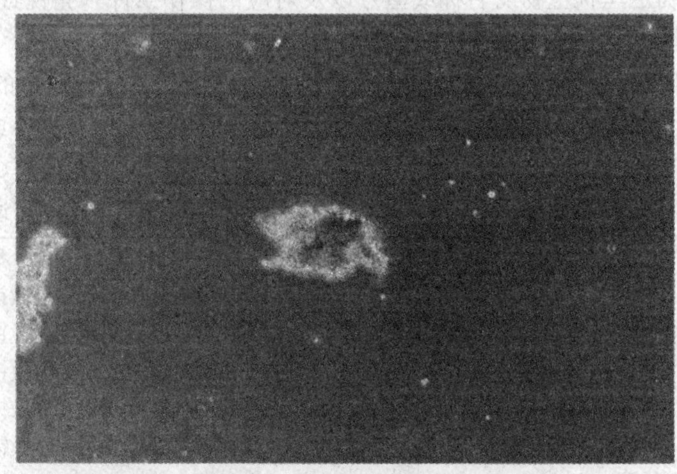

图22.18　针絮体

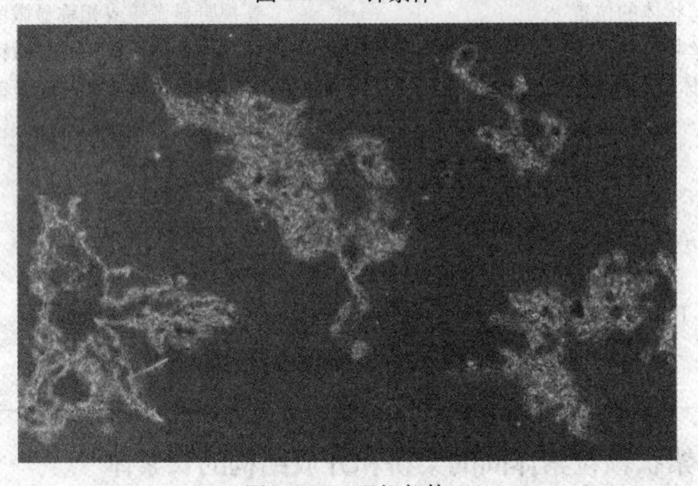

图22.19　理想絮体

丝状膨胀体(图22.20)是丝状生物大量增殖引起的,这种物质可以分为“4”“5”“6”3个等级,絮状颗粒为中等或较大尺寸,不规则形状。典型的絮状颗粒为金棕色。

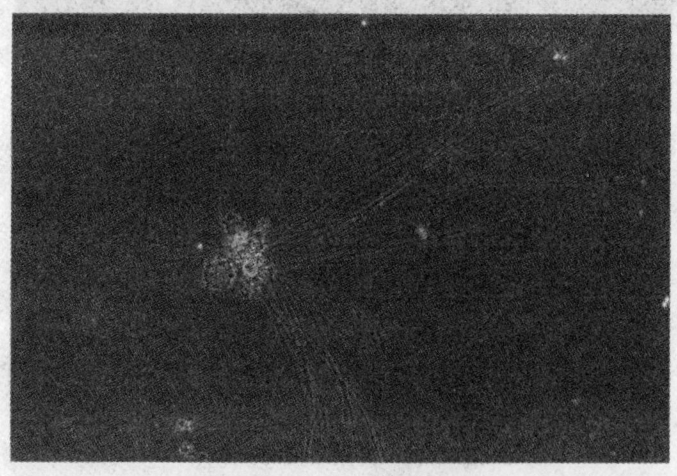

图22.20　丝状膨胀体

絮体间的架桥是指在本体溶液中,从絮状颗粒上延伸出的丝状生物,将两个或多个絮状颗粒联结起来,形成絮体网(图22.21)。絮状颗粒为中等或较大尺寸,不规则形状。典型的絮状颗粒为金棕色。

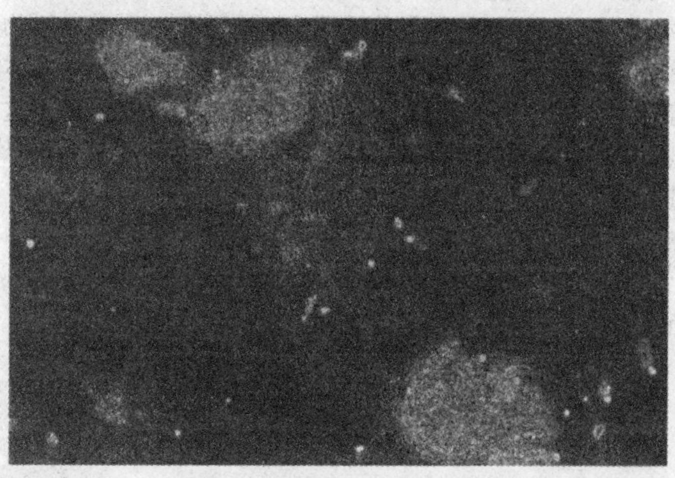

图22.21　絮体间的架桥

开放结构的絮体则指,在絮状颗粒内的许多小群絮状细菌沿着丝状生物伸长的方向分散开来,形成长絮体(图22.22)。絮状颗粒为中等或较大尺寸,不规则形状。典型的絮状颗粒为金棕色。

针絮体呈白色或大部分呈白色,球形、较小(<150 μm),不存在或者只有极少的丝状生物生长。

理性絮体大部分呈金棕色,中等大小(150~500 μm)或者较大(>500 μm),形状不规则,絮状细菌与丝状菌生长达平衡。

絮状颗粒内的丝状生物大量增殖即形成丝状膨胀体。

在本体溶液中,从絮状颗粒上延伸出的丝状生物将两个或多个絮状颗粒联结起来。

在絮状颗粒内的许多小群絮状细菌沿着丝状生物伸长的方向分散开来,即形成开放结构的长絮体。

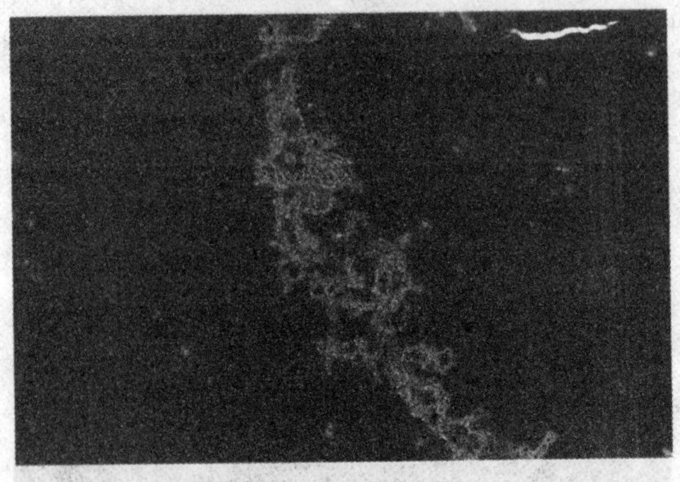

图 22.22　开放结构的长絮体

22.2　工　作　表

通常,4 个工作表就可以描述或表征出混合液生物量情况。这些工作表包括下列数据:①样品采集信息;②本体溶液的特性描述;③絮状颗粒的特性描述;④丝状生物的数量及其鉴定;⑤原生动物数量及其组成;⑥后生动物数量及其组成。表 22.29 回顾了本体溶液、絮状颗粒和丝状生物的有关情况,表 22.30 回顾了原生及后生动物的有关情况。除了这些工作表外,还需要一张用于判断显微观察结果可接受性的工作表,表 22.31 提供了这些信息,表 22.32 还提供了所有生物的数量情况。

22.2.1　样品采集信息

应该提供给所有工作表的样品采集信息包括以下内容。

(1)取样地点。

(2)取样的日期和时间。

(3)在取样点使用的化学物质。

(4)采集样品人员的姓名。

(5)显微镜镜检的日期和时间。

(6)显微镜操作者的姓名。

22.2.2　本体溶液、絮状颗粒和丝状生物的特征描述

本体溶液、絮状颗粒和丝状生物的显微镜镜检见表 22.29。

表 22.29　本体溶液、絮状颗粒和丝状生物的显微镜镜检

废水处理厂的名称	
取样地点	
取样日期	
在取样点使用的化学物质	

续表 22.29

采集样品人员的姓名	
显微镜镜检的日期和时间	
显微镜操作者	
本体溶液	观察结果或等级
微粒物（少量、大量）	
分散生长物（少量、大量、过量）	
絮状颗粒	观察结果或等级
形状（不规则、椭球形、球形）	
尺寸（较小、中等、较大）	
尺寸范围/μm	
颜色（金棕色、浅色或白色）	
强度（紧实、疏松）	
絮体间架桥（少量、大量）	
开放结构的长絮体（少量、大量）	
对墨汁反染色的反应（阴性、阳性）	
菌胶团（少量、大量）	
菌胶团（不定形、指状）	
丝状生物	观察结果或等级
相对丰度（0,1,2,3,4,5,6）	
分布位置（从絮状颗粒周边向本体溶液中伸展、自由浮动、在絮状颗粒内部）	
体长范围/μm	
占优势地位的丝状生物	
丝状生物#1	
丝状生物#2	
丝状生物#3	
衰退的丝状生物	

1. 本体溶液的特性描述

需要在工作表中列举的本体溶液的特性及其相关的等级如下。

(1)微粒物。

(2)少量。

(3)大量。

(4)分散生长物。

(5)少量。

(6)大量。

(7)过量。

2. 絮状颗粒的特性描述

需要在工作表中列举的絮状颗粒的特性及其相关的等级如下。

(1)絮状颗粒占优势地位的形状。

①不规则。

②椭圆形。

③球形。

(2)絮状颗粒占优势的尺寸。

①较小(<150 μm)。

②中等(150~500 μm)。

③较大(>500 μm)。

(3)絮状颗粒占优势的颜色。

①金棕色。

②浅色或白色。

(4)絮状颗粒占优势的强度。

①紧实。

②疏松。

(5)丝状生物和絮状颗粒的结构。

①絮体间的架桥。

②少量。

③大量。

④开放结构的长絮体。

⑤少量。

⑥大量。

(6)对墨汁反染色的反应(营养物质的缺乏)。

①阴性(不缺乏营养物质)。

②阳性(可能缺乏营养物质)。

(7)菌胶团。

①无定形或球形。

a. 少量。

b. 大量。

②树枝状或指状。

a. 少量。

b. 大量。

3. 丝状生物的数量及其鉴定

混合液中的丝状生物特性描述是根据丝状生物的相对丰度、分布位置、长度范围和丝状生物学名(如软发菌)或型号(1701 型)的鉴别进行的。需要在工作表中列举的丝状生物的特性及其相关的等级如下。

(1)所有丝状生物和每一个种丝状生物的相对丰度等级。

①0。

②1。

③2。

④3。

⑤4。

⑥5。

⑦6。

(2)大多数丝状生物的长度范围。

①<50 μm,100～200 μm,>400 μm。

②<100 μm,>500 μm。

(2)丝状生物的分布位置。

①从絮状颗粒的周边延伸进入本体溶液中。

②在本体溶液中自由浮动。

③在絮状颗粒内。

(4)鉴定细丝状生物的名称或型号,以便于排名或确定优势性。

①丝状生物 #1:____________________________。

②丝状生物 #2:____________________________。

③丝状生物 #3:____________________________。

22.2.3　原生动物和后生动物的数量及其组成(表22.30)

1.原生动物数量及其组成

原生动物群体的特性描述是根据其相对丰度或数量(个/mL)、占优势的原生动物类群、占优势原生动物类群中常见的种属、原生动物活动和结构。需要在工作表中列举的原生动物群体及其相关的等级如下。

(1)每毫升溶液中原生动物的数量。

(2)各类群的组成。

①变形虫。

②鞭毛虫。

③自由泳纤毛虫。

④匍匐型纤毛虫。

⑤有柄的纤毛虫。

(3)优势种群中常见的种属。

(4)活性。

①可接受的。

②不可接受的。

(5)结构。

①以自由游泳方式运动的固着型纤毛虫。

②起气泡的固着型纤毛虫。

③被修剪的固着型纤毛虫。

表22.30　原生动物和后生动物群体的显微镜镜检

废水处理厂的名称	
取样地点	
取样日期	
在取样点使用的化学物质	
采集样品人员的姓名	
显微镜镜检的日期和时间	
显微镜操作者	

续表 22.30

原生动物群体		观察结果或等级
每毫升溶液中原生动物的数量		
组成	变形虫	
	鞭毛虫	
	自由游泳型纤毛虫	
	匍匐型纤毛虫	
	固着型纤毛虫	
优势种中常见的种属		
活性(可接受、不可接受)		
以自由游泳方式运动的固着型纤毛虫		
能起气泡的固着型纤毛虫		
被修剪的固着型纤毛虫		
后生动物群体		观察结果或等级
数量(每毫升溶液中轮虫和自生生活的线虫的数量)		
活性(可接受、不可接受)		
游离的轮虫和自生生活的线虫所占的百分数		
螺旋菌和四联体		观察结果或等级
螺旋菌(少量、大量)		
四联体(少量、大量)		
四联体(吸附在絮状颗粒上、自由游动)		
其他生物		观察结果或等级
藻类		
红蚯蚓和刚毛虫		
桡足类和剑水蚤属		
腹毛虫		
污泥蠕虫		
水熊		
水蚤		

2. 后生(多细胞)动物的数量及其组成

后生动物群体的特征描述是根据其数量、活动、轮虫和自生生活的线虫的结构进行的。需要在工作表中列举的后生动物群体及其相关的等级如下。

①每毫升溶液中轮虫和自生生活线虫的数量。

②活性（可接受的/不可接受的)。

③游离的轮虫和自生生活的线虫所占的百分数。

在活性污泥系统中,混合液生物量中其他对于故障诊断起重要作用的组成包括大量的螺旋菌和四联体。螺旋菌通常在本体溶液中自由游动,而本体溶液中的大多数四联体则吸附在絮状颗粒上。藻类、红蚯蚓、刚毛虫、桡足类、剑水蚤属、腹毛虫、污泥蠕虫、水熊、水蚤以及其他生物的存在、结构和活性都包含在工作表。

在几乎所有的运行条件(包括稳态运行条件)下,都需要进行常规的本体溶液、絮状颗粒、丝状生物的显微镜镜检。在稳态运行条件下,偶尔需要进行原生动物群体和后生动物群体的显微镜镜检。在不利的运行条件下,为了获取更多故障诊断的信息,也需要进行原生动物群体和后生动物群体的显微镜镜检。

表22.29和表22.30记录的显微镜观察结果应当与那些在良好、稳态运行条件下的典型观察结果作对比，如表22.31观察结果记为“可接受”或“不可接受”，“不可接受”时，需要进行故障诊断，改进活性污泥系统运行条件，以达到“可接受”的稳态运行条件。

表22.31　显微镜镜检，观察项目、等级

废水处理厂的名称			
取样地点			
取样日期			
在取样点使用的化学物质			
采集样品人员的姓名			
显微镜镜检的日期和时间			
显微镜操作者			
观察项目	稳态时的典型等级	现在的等级	
		可接受	不可接受
本体溶液			
微粒物			
分散生长物			
絮状颗粒			
形状			
尺寸			
尺寸范围			
颜色			
强度			
絮体间的架桥			
开放结构的长絮体			
墨汁反染色			
菌胶团			
丝状体			
丰度			
分布位置			
长度范围			
占优势的丝状体			
衰退的丝状体			
原生动物			
数量			
占优势的类群			
占优势的种属			
活性			
结构			
后生动物			
数量			
活性			
结构			

22.2.4 生物总量

混合液中的生物总量为1 mL样品中原生动物、轮虫、自生生活的线虫的总数量,它将运行条件、过程变化与生物数量联系在一起。由于轮虫和自生生活的线虫一代存活时间较长,只有当MCRT≥28 d的活性污泥系统才能进行生物总量的计数。

在进行生物的计数操作时,先准备一个有0.05 mL的样品的湿涂片,然后在放大倍数为100的亮视野或相称显微镜下观察涂片,相称显微镜应当优先使用,在准备涂片的过程中,必须使用一个22 mm×22 mm的盖玻片。

通过浏览整个湿涂片,可以计数出原生动物、轮虫和自生生活线虫的数量。4个独立涂片的浏览结果需要取平均值,这一平均值再乘以20即为每毫升混合液中的生物总量,见表22.32。

表22.32 生物总量

生物	浏览的湿涂片号	数量	4次的平均数量
原生动物	#1		
	#2		
	#3		
	#4		
轮虫	#1		
	#2		
	#3		
	#4		
自生生活的线虫	#1		
	#2		
	#3		
	#4		
生物总量			

当混合液中的生物数量较多时,只需任意挑选10个视野(放大倍数为100)进行计数,这10个视野的平均数再乘以300(在22 mm×22 mm盖玻片下)即为盖玻片下生物的总数。

22.3 显微镜镜检报告

絮状颗粒的尺寸范围为50~1 500 μm,但大多数絮状颗粒是中等大小(150~500 μm)或更大(>500 μm)。由于丝状生物的大量生长,大多数絮状颗粒呈不规则的金棕色,这种粒度范围和颜色表明混合液变得成熟、有活性,而不规律絮状颗粒表明有丝状生物的大量存在。但是,丝状生物的大量存在通常是不希望的。

通过亚甲基蓝染色后,在相称显微镜下,可以看到大多数絮状颗粒结构坚固。这些颗粒中的絮状细菌将颗粒内部紧紧联结着,絮状颗粒物结构坚固是很重要的。

通过显微镜可以观察到重要的絮体间的架桥和开放结构的长絮体。絮体间的架桥是指在本体溶液中,丝状生物从絮状颗粒上延伸出来,将两个或多个絮状颗粒联结起来,形成絮体网;开放结构的长絮体是由许多小群的絮状细菌沿着丝状生物伸长的方向分散开来而形成的。絮体间的架桥和开放结构絮体的形成会对固体的沉降和压实产生不利影响。

许多丝状生物从絮状颗粒的内部和周边延伸进本体溶液中，在絮状颗粒内部的丝状生物只有经过革兰氏染色后才能被观察到。根据合适的分类方式，丝状生物可以在预期的位置观察到，偶尔，也可以观察到自由浮动的丝状生物，大多数丝状生物的长度<150 μm 或>400 μm。

丝状生物的相对丰富度从0~6划分为5个等级。“0”表示没有，“6”表示过多。“5”表示“丰富”，即丝状生物在大部分的絮状颗粒中密度很大，例如，在这个级别中的丝状生物会对固体的沉降和压实产生不利影响。

重要的丝状生物有3种。这些丝状生物的等级为“4”或更大。1号曝气池混合液中重要的丝状生物见表22.33。

表22.33　1号曝气池混合液中重要的丝状生物

丝状生物	等级	相对丰度
发硫菌	1	“5”
微丝菌	2	“4”
浮游球衣菌	3	“4”

微丝菌是一种起泡沫的丝状菌，它产生泡沫为黏性的巧克力棕黑色。微丝菌在泡沫中的密度比在混合溶液中大。

关于观察重要丝状生物中分散生物体的操作条件见表22.34。

本体溶液中包含许多分散生长物和微粒物。分散生长物的相对丰富度等级为“过量”，微粒物的相对丰富度等级则为“大量”。过量的分散生长物和大量的微粒物存在表明絮凝物形成中断，干扰絮凝物形成的相关操作因素见表22.35。

通过显微镜可以观察到树枝状或“指状”的菌胶团。菌胶团是絮凝形成的细菌快速增殖的结果，它会渐渐引起脆弱、漂浮的絮状颗粒的产生，菌胶团也与浪花状白色泡沫的产生有关。与不希望的菌胶团出现相关的操作条件有：高 MCRT、HRT 较长、营养物质缺乏、高 F/M、曝气池中的毒性物质或逆流发酵。

表22.34　关于观察重要丝状生物中分散生物体的操作条件

操作条件	丝状生物		
	发硫菌	微丝菌	浮游球衣菌
高 MCRT(>10 d)		×	
油脂类		×	
pH>7.5		×	
低 DO 和高 MCRT		×	
低 DO 和低 MCRT			×
低 F/M		×	
低氮和磷	×		×
有机酸	×		
易降解的 cBOD	×		×
盐度/硫化物	×		
缓慢降解的 cBOD		×	
废水温度低		×	
废水温度高			×

表 22.35　干扰絮凝物形成的相关操作因素

操作因素	描述或举例
细胞破裂剂/表面活化剂	十二烷基硫酸盐
起泡	起泡的丝状生物
低溶解氧浓度	连续 10 h<1 mg/L
pH 过低或过高	< 6.5 或 > 8.0
营养缺乏	通常为氮和磷
可溶性 cBOD 的缓慢释放	正常可溶性 cBOD 的 3 倍
毒性	RAS 氯
不希望的丝状生物	相对丰度 >“3”
较短的污泥龄	MCRT< 3 d
菌胶团	絮凝形成的细菌的快速增殖

大多数絮状颗粒在墨汁反染色下呈阳性。阳性测试结果意味着取样时很可能缺乏营养物质,而在活性污泥法中缺乏的典型营养物为氮和磷。

22.3.1　原生动物的数量和形态

原生动物群体的数量或相对丰富度为 1 400 个/mL,这一数值要比之前检测到的稳态条件下原生动物群体的数量少。尽管这一群体占优势地位的为高等生命形式、匍匐型纤毛虫和固着型纤毛虫,当纤毛虫中的优势种为有肋楯纤虫(Aspidisca costata)和白钟虫(Vorticella alba),意味着活性污泥达到半成熟状态,混合液的出水已基本达到要求但不是特别干净,1 号曝气池混合液中原生动物的种类及各类所占比例见表 22.36。

1 号曝气池和 2 号曝气池混合液的显微镜观察结果见表 22.37。通过显微镜可以观察到大约有 30% 的固着型纤毛虫在本体溶液中自由游动。此外,一些固着型纤毛虫依靠纤毛的摆动和能收缩的鞭毛的“弹跳”作用而运动,大多数的固着型纤毛虫运动缓慢。原生动物中的优势生命体、自由游动固着型纤毛虫和运动缓慢的原生动物群体可以作为如下方面的指示:低溶解氧浓度和有毒物质(包括表面活性剂)或抑制剂的存在。

表 22.36　1 号曝气池混合液中原生动物的种类及各类所占比例

原生动物的种类	各类所占比例
变形虫	4%
鞭毛虫	19%
自由游泳型纤毛虫	1%
匍匐型纤毛虫	21%
固着型纤毛虫	55%

表 22.37　1 号曝气池和 2 号曝气池混合液的显微镜观察结果

显微镜观察的对象	曝气池中的混合液	
	#1	#2
絮状颗粒的尺寸范围/μm	50 ~ 100	40 ~ 200
絮状颗粒的优势尺寸	中等和大尺寸	中等和大粒尺寸
絮状颗粒的优势形状	不规则	不规则
絮状颗粒的强度	坚固	坚固
絮体间的架桥	大量	大量

续表 22.37

显微镜观察的对象	曝气池中的混合液	
	#1	#2
开放结构的长絮体	大量	大量
丝状生物的分布	在絮状物内或伸展出来	在絮状物内或伸展出来
丝状生物的长度/μm	< 150 和 > 500	< 150 和 > 500
丝状生物的丰度	“5”	“5”
丝状生物,#1	发硫菌	发硫菌
丝状生物,#2	微丝菌	微丝菌
丝状生物,#3	浮游球衣菌	浮游球衣菌
分散生长物	过量的	大量的
微粒物	大量的	大量的
菌胶团	大量的	大量的
墨汁反染色	阳性	阳性
原生动物的数量	1 400 个/mL	1 200 个/mL
变形虫/%	4	5
鞭毛虫/%	19	18
匍匐型纤毛虫/%	1	3
固着型纤毛虫/%	21	24
自由游泳型纤毛虫/%	55	50
占优势的匍匐型纤毛虫	有肋楯纤虫	有肋楯纤虫
占优势的固着型纤毛虫	白钟虫	白钟虫
自由游泳型固着型纤毛虫/%	30	18
原生动物的活动	运动缓慢	运动缓慢
后生动物的活动	运动缓慢	运动缓慢
分散的后生动物	大量的	大量的

22.3.2　后生动物的数量和形态

除了原生动物群体外,还有一种相对较小、行动缓慢的后生动物(轮虫和自由生活的线虫)群体也是可以在显微镜下观察到。这种后生动物群体的数量或相对丰富度为每毫升小于 100 个。几乎所有观察到的轮虫和自生生活的线虫都是行动缓慢或不活跃的,而且许多后生动物都是分散存在的。后生动物也可以作为低溶解氧浓度和有毒物质(包括表面活性剂)或抑制剂存在的环境的指示。

在显微镜下观察湿涂片、经过革兰氏染色和奈瑟染色的泡沫涂片,可以看到微丝菌的大量存在。这种丝状菌发现于絮状颗粒内,它能从一个絮状颗粒的表面延伸到另一个絮状颗粒表面。这种丝状菌在泡沫中的密度比在混合液中大得多。微丝菌在泡沫中的相对丰度以及泡沫的质感和颜色(黏性的巧克力棕黑色)能指示出微丝菌是否对起泡有贡献。

第5篇　活性污泥微生物学产业化应用

第23章　产　沼　气

23.1　产甲烷菌的甲烷形成途径

产甲烷菌能利用的基质范围很窄,所能利用的基质基本是简单的一碳或二碳化合物,如 CO_2,甲醇,甲酸,乙酸,甲胺类化合物等,极少数种可利用三碳的异丙醇,有些种仅能利用一种基质。这些基质形成甲烷的反应如下:

$$4H_2+HCO_3^-+H^+ \longrightarrow CH_4+3H_2O$$

$$4HCOO^-+4H^+ \longrightarrow CH_4+3CO_2+2H_2O$$

$$4CH_3OH+4H^+ \longrightarrow 3CH_4+CO_2+2H_2O$$

$$CH_3COO^-+H^+ \longrightarrow CH_4+CO_2$$

$$4CH_3NH_3^+ \longrightarrow 3CH_4+HCOOH+4NH_4^+$$

$$4CO+2H_2O \longrightarrow CH_4+3CO_2$$

$$4CH_3CHOHCH_3+HCO_3^-+H^+ \longrightarrow 4CH_3COCH_3+CH_4+3H_2O$$

关于由 CO_2 还原为 CH_4 的途径,Vart Niel 早在 1930 年就提出了 CO_2 通过供氢体还原转化为 CH_4 的假说。即

$$4H_2A+CO_2 \longrightarrow 4A+CH_4+2H_2O$$

其中,H_2A 为供氢体,这就是甲烷形成的经典理论。1967 年,Bryant 等研究证实原奥氏甲烷杆菌是由氧化乙酸产氢菌“S”菌和产甲烷杆菌 M. O. H 菌株组成的产氢和产甲烷偶联的共生培养物,从而使 Vart Niel 的这一理论获得了实验性支持。

Barker 在 1956 年指出,一种产甲烷细菌如甲烷八叠球菌,不管是以 H_2 和 CO_2 作为底物还是以甲醇或乙酸作为底物,从不同基质产生 CH_4 的途径应该是统一的,也就是说一种细菌不可能通过多种完全不同的途径来产生专一的产物 CH_4。因而提出了由不同底物产生甲烷途径的 Barker 图式(图 23.1)。后来 Wolfe 等绘出了以循环形式表示的 Barker 图式。

1978 年,Romesser 根据所获得的有关知识提出了 CO_2 还原为 CH_4 的机制图式(图 23.2),在这个图式中把 CO_2 还原和氢酶、电子载体、甲基载体以及甲烷形成的最后步骤联系在一起了。

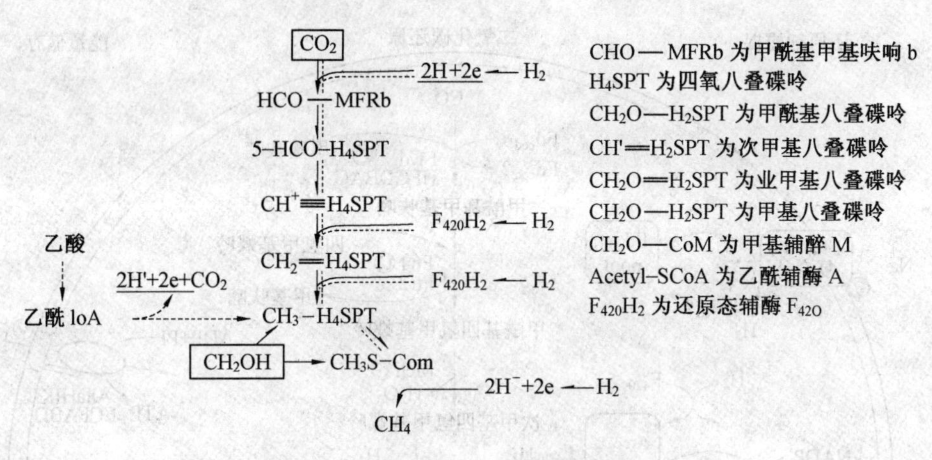

图 23.1 几种基质的产甲烷代谢模型

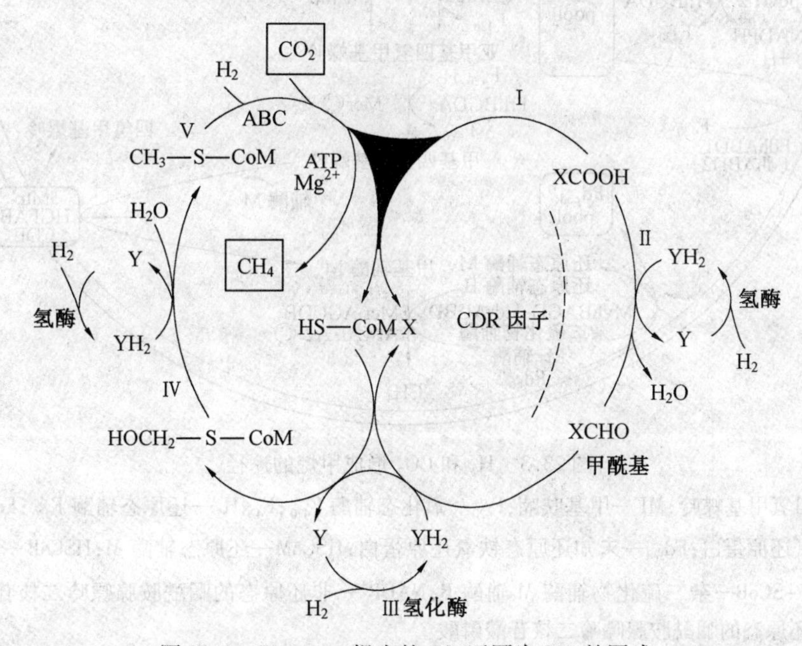

图 23.2 Romesser 提出的 CO_2 还原为 CH_4 的图式

23.1.1 氢气和二氧化碳形成甲烷

H_2 和 CO_2 是大多数产甲烷细菌能利用的底物，产甲烷菌以此为底物，在氧化 H_2 的同时把 CO_2 还原为 CH_4，这是产甲烷细菌所独有的反应。

$$4H_2+HCO_3^-+H^+ \longrightarrow CH_4+3H_2O \quad \Delta G^{0'}=-131\ kJ/mol$$

在以 H_2 和 CO_2 为底物时，产甲烷细菌的生长效率并不高，CO_2 基本上都转变为 CH_4 了。在产甲烷生态体系中，氢分压通常在 1～10 Pa 之间。在此低浓度氢状态下，利用 H_2 和 CO_2 产甲烷过程中自由能的变量为-20～-40 kJ/mol。在细胞内，从 ADP 和无机磷酸盐合成 ATP 最少需要 50 kJ/mol 自由能。因此，在生理生长条件下，产甲烷菌产生每摩尔甲烷可以合成不到 1 mol ATP。它可作为产能的甲烷形成与吸能的 ADP 磷酸化通过化学渗透机制偶联的证据。

H_2 和 CO_2 形成产甲烷的途径如图 23.3 所示。具体可以分为以下几个阶段。

第一阶段：CO_2 还原为甲酰基甲基呋喃（HCO—MF）。

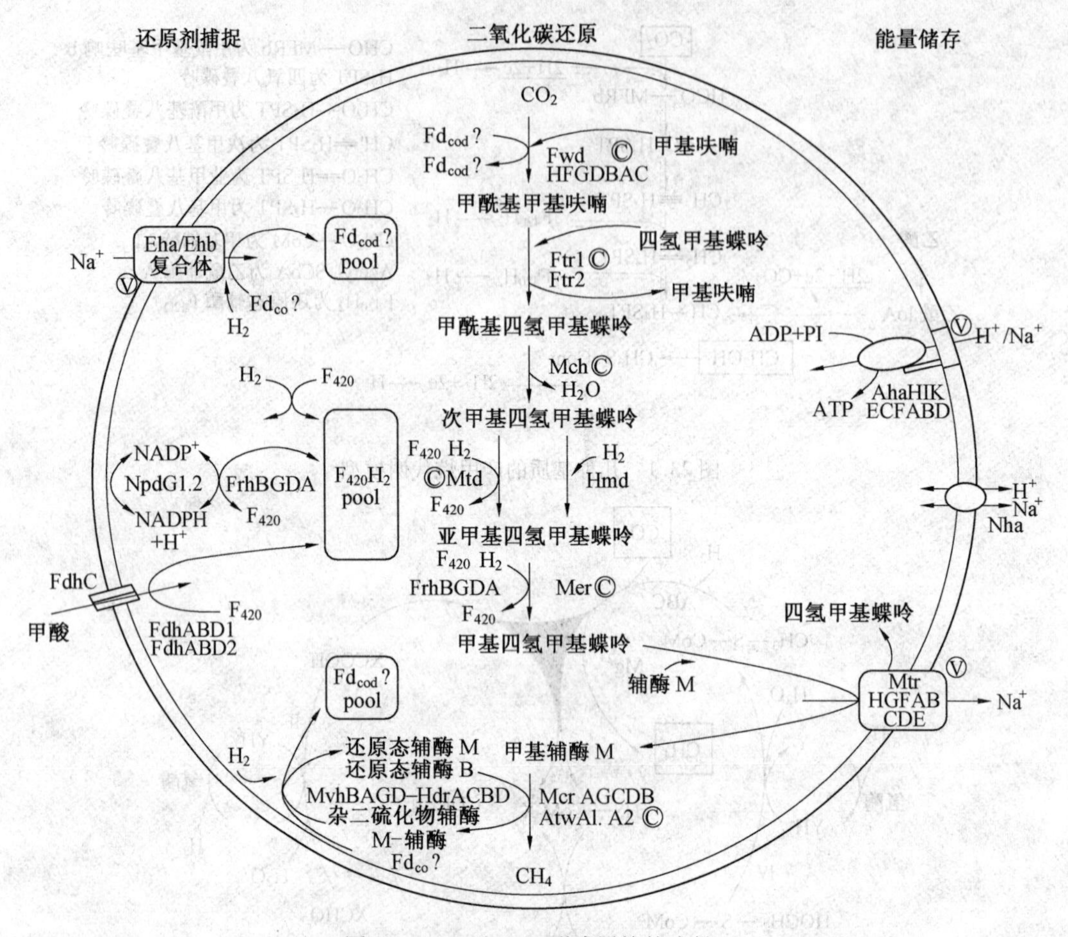

图 23.3　H_2 和 CO_2 形成甲烷的途径

H_4MPT—四氢甲基蝶呤；MF—甲基呋喃；F_{420}—氧化态辅酶 F_{420}；$F_{420}H_2$—还原态辅酶 F_{420}；Fd_{ox}—未知氧化态铁氧还原蛋白；Fd_{red}—未知还原态铁氧还原蛋白；HSCoM—还原态辅酶 M；HSCoB—还原态辅酶 B；CoMS-SCoB—杂二硫化物辅酶 M 辅酶 B；$NADP^+$—非还原态的烟酰胺腺嘌呤二核苷酸磷酸；NADPH—还原态的烟酰胺腺嘌呤二核苷酸磷酸

$$CO_2+H_2+MF \longrightarrow HCO—MF+H_2O \quad \Delta G^{0'}=16\ kJ/mol$$

H_2 和 CO_2 形成甲烷的第一步为 CO_2 与甲基呋喃（MF，图 23.4）键合，并被 H_2 还原生成中间体甲酰基甲基呋喃（HCO—MF，图 23.5）。

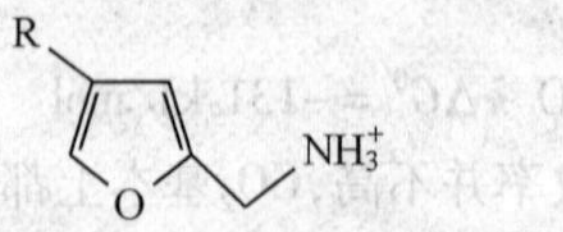

图 23.4　甲基呋喃（MF） 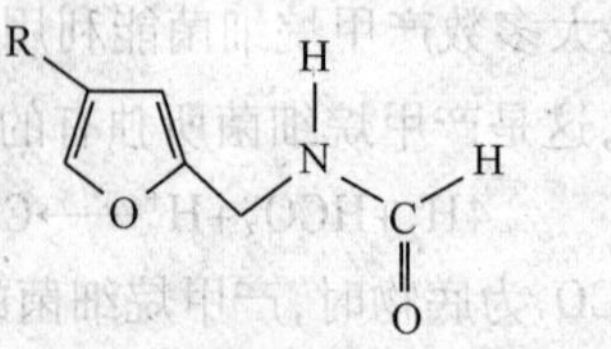　　图 23.5　甲酰基甲基呋喃（HCO—MF）

甲基呋喃存在于产甲烷菌和闪烁古生球菌（*Archaeoglobus fulgidus*）中，是一类 C_4 位取代的呋喃基胺，至少存在 5 种 R 基取代基不同的甲基呋喃衍生物。

甲酰基甲基呋喃由甲酰基甲基呋喃脱氢酶催化形成。该酶含有一个亚钼嘌呤二核苷酸作为辅基。从 *Methanobacterium thermoautotrophicum* 中分离到的这种酶是由表观分子质量为

60 kg/mol和45 kg/mol的亚基以 $\alpha_1\beta_1$ 形式构建的二聚体，每摩尔该二聚体中含有1 mol钼，1 mol亚钼嘌呤二核苷酸，4 mol非亚铁血红素铁和酸不稳定硫。而从 *Methanobacterium wolfei* 中分离到两种甲酰基甲基呋喃脱氢酶，一种由表观分子质量为63 kg/mol，51 kg/mol和31 kg/mol 3个亚基以 $\alpha_1\beta_1\gamma_1$ 形成构建的钼酶，含有0.3 mol钼，0.3 mol亚钼嘌呤二核苷酸和4～6 mol非亚铁血红素铁和酸不稳定硫；第二种为由表观分子质量为64 kg/mol、51 kg/mol和35 kg/mol 3个亚基以 $\alpha_1\beta_1\gamma_1$ 三聚物形成的钨蛋白，每摩尔三聚物含有0.4 mol钨，0.4 mol亚钼嘌呤鸟嘌呤二核苷酸和4～6 mol非亚铁血红素铁和酸性不稳定硫。

第二阶段：甲酰基甲基呋喃甲酰基侧基转移到 H_4MPT 形成次甲基-H_4MPT。

$$HCO—MF+H_4MPT \longrightarrow HCO—H_4MPT+MF \quad \Delta G^{0'}=-5\ kJ/mol$$

$$HCO—H_4MPT+H^+ \rightarrow CH \equiv H_4MPT+H_2O \quad \Delta G^{0'}=-2\ kJ/mol$$

甲酰基甲基呋喃中的甲酰基转移给 H_4MPT（四氢甲基蝶呤，结构如图23.6所示）。这个反应由甲酰基转移酶（Ftr）催化，该酶已从多个产甲烷菌和硫酸盐还原菌中分离中纯化到，该酶在空气中稳定，是一种多肽的单聚体或四聚体，表观分子质量为32～41 kg/mol，无发色辅基。在溶液中，Ftr是单体、二聚体和四聚体的平衡态，单体不具有活性和热稳定性，而四聚体具有活性和热稳定性。

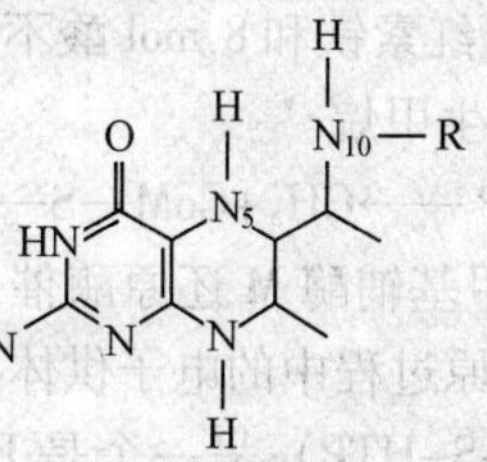

图23.6　四氢甲基蝶呤（H_4MPT）

第三阶段：次甲基-H_4MPT 还原为甲基-H_4MPT。

$$CH \equiv H_4MPT^+ + F_{420}H_2 \rightarrow CH_2 = H_4MPT + F_{420} + H^+ \quad \Delta G^{0'}=6.5\ kJ/mol$$

$$CH_2 = H_4MPT + F_{420}H_2 \rightarrow CH_3—H_4MPT+F_{420} \quad \Delta G^{0'}=-5\ kJ/mol$$

甲烷形成的第三阶段是次甲基-H_4MPT 被还原剂 F_{420} 还原为亚甲基-H_4MPT，进一步还原生成甲基-H_4MPT。次甲基-H_4MPT，亚甲基-H_4MPT，甲基-H_4MPT 的结构如图23.7所示。

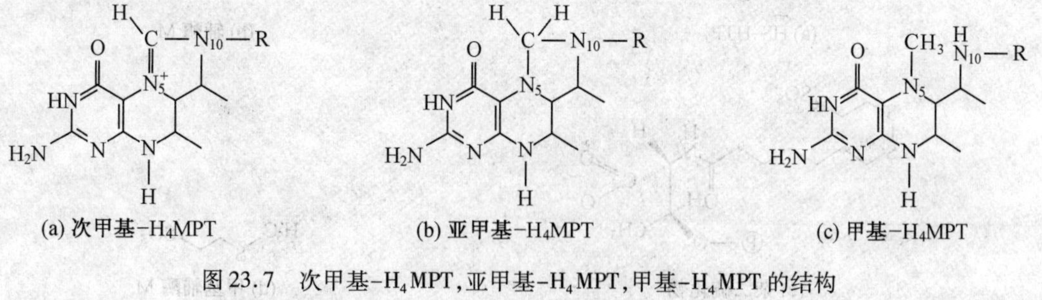

(a) 次甲基-H_4MPT　(b) 亚甲基-H_4MPT　(c) 甲基-H_4MPT

图23.7　次甲基-H_4MPT，亚甲基-H_4MPT，甲基-H_4MPT 的结构

在这一阶段中，依赖 F_{420} 的次甲基-H_4MPT 还原反应是可逆的，由亚甲基-H_4MPT 脱氢酶催化，该酶在空气中稳定，是一种多肽均聚物，表观分子质量为32 kg/mol，无辅基。

在可逆的依赖 F_{420} 的亚甲基-H_4MPT 还原为甲基-H_4MPT 的过程是由亚甲基-H_4MPT 还原酶（Mer）催化发生的。Mer为可溶性酶，表观分子质量为35～45 kg/mol，无发色辅基，在空气中稳定。该酶的一级结构与依赖 F_{420} 的乙醇脱氢酶有极大的相似性。

第四阶段：甲基-H_4MPT上的甲基转移给辅酶M。

$$CH_3\text{-}H_4MPT+HS\text{-}CoM \longrightarrow CH_3\text{-}S\text{-}CoM+H_4MPT \quad \Delta G^{0'}=-29\ kJ/mol$$

甲烷形成的第四阶段是甲基辅酶M的生成过程。研究发现分离出的转甲基酶可被Na^+激活，并且在H_2+CO_2产甲烷过程中作为钠离子泵，这就意味着在甲基基团转移过程中产生的自由能(-29 kJ/mol)以跨膜电化学钠离子梯度($\Delta\mu Na^+$)形式储存，这个梯度可能通过$\Delta\mu Na^+$驱动ATP合酶将$\Delta\mu Na^+$作为驱动力用于ATP合成。

在有关转甲基反应的研究中观察到，在缺少辅酶M时，一种甲基化类可啉物质出现积累，当加入辅酶M时，甲基化类可啉物质会进行脱甲基反应。现已鉴定出这种甲基化类可啉物质是5-羟基苯并咪唑基谷氨酰胺。从这些研究可以假设甲基-H_4MPT上的甲基转移给辅酶M的过程分为两个步骤：首先甲基-H_4MPT上的甲基侧基转移给甲基化类可啉蛋白，接下来甲基再从甲基化类可啉转移给辅酶M。甲基-H_4MPT上的甲基转移给辅酶M的过程是非常重要的，是CO_2还原途径中的唯一一个能量转换位点。

催化整个反应的酶复合物已从嗜热自养甲烷杆菌中分离到，该酶复合物由表观分子质量分别为12.5 kDa，13.5 kDa，21 kDa，23 kDa，24 kDa，28 kDa和34 kDa的亚基组成，其中表观分子质量为23 kDa的亚基可能是结合类可啉的多肽。每摩尔表观分子质量有1.6 mol的5-羟基苯并咪唑基谷氨酰胺，8 mol非血红素铁和8 mol酸不稳定硫。

第五阶段：甲基辅酶M还原产生甲烷。

$$CH_3\text{—}S\text{—}CoM+HS\text{—}HTP \longrightarrow CH_4+CoM\text{—}S\text{—}S\text{—}HTP \quad \Delta G^{0'}=-43\ kJ/mol$$

甲基辅酶M的还原过程是由甲基辅酶M还原酶催化，这个反应包括两个独特的辅酶，一个是HS-HTP，主要作为辅酶M还原过程中的电子供体，用于生成甲烷和杂二硫化物(由HS-CoM和HS-HTP反应生成CoM-S-S-HTP)；另一个是F_{430}，作为发色团辅基。甲基辅酶M还原酶(Mcr)已从许多产甲烷菌分离纯化，该酶的表观分子质量大约是300 kg/mol，由3个分子质量为65 kg/mol，46 kg/mol和35 kg/mol的亚基以$\alpha_2\beta_2\gamma_2$形成排列。HS-HTP，辅酶M，杂二硫化物，甲基辅酶M结构图如图23.8所示。

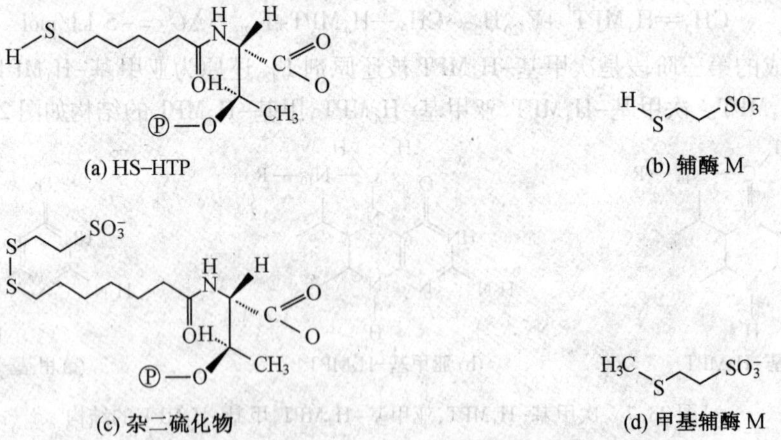

(a) HS-HTP

(b) 辅酶M

(c) 杂二硫化物

(d) 甲基辅酶M

图23.8 HS-HTP，辅酶M，杂二硫化物，甲基辅酶M结构图

23.1.2 甲酸生成甲烷的途径

除氢气和二氧化碳外，产甲烷菌最常用的基质是甲酸。产甲烷菌利用甲酸生成甲烷的过

程首先是甲酸氧化生成 CO_2，然后再经 CO_2 还原途径生成甲烷。甲酸代谢过程中的关键酶是甲酸脱氧酶。该酶已从 *M. formicicum* 菌和 *M. vannielii* 菌分离纯化，研究发现来源于 *M. formicicum* 菌的甲酸脱氧酶由两个不确定的亚基组成，由表观分子质量为 85 kg/mol 和 53 kg/mol 的亚基以 $\alpha_1\beta_1$ 形式构建，每摩尔酶含有钼、锌、铁、酸不稳定硫和 1 molFAD，钼是钼嘌呤辅因子的一部分，光谱特征分析显示在黄嘌呤氧化酶中存在一个钼辅因子的结构相似体。编码甲酸脱氢酶的基因已被克隆和测序，DNA 序列分析显示来源于 *M. formicicum* 的甲酸脱氢酶并不含有硒代半胱氨酸，与之相反，*M. vannielii* 菌中含有两个甲酸脱氢酶，其中一种含有硒代半胱氨酸。

23.1.3　甲醇和甲胺的产甲烷途径

可以利用甲醇或甲胺为唯一能源的菌类仅限于甲烷八叠球菌科。甲烷八叠球菌科中的甲烷球形菌属只有在 H_2 存在时才可以利用含甲基的化合物。大部分的甲烷八叠球菌属的产甲烷菌既可以利用甲基化合物，也可以利用 H_2+CO_2，但甲烷叶菌属、拟甲烷球菌属和甲烷嗜盐菌属的产甲烷菌只在甲基化合物上生长。*Methanolobus siciliae* 和一些甲烷嗜盐菌属的产甲烷菌还可以利用二甲基硫化物为产甲烷基质。甲醇转化中的反应所涉及的酶及自由能变化见表 23.1。

表 23.1　甲醇转化过程中的反应所涉及的酶及自由能变化

过程	反应	自由能 /(kJ·mol⁻¹)	酶(基因)
甲烷形成	$CH_3—OH+H—S—CoM \longrightarrow CH_3—S—CoM+H_2O$	-27.5	甲醇-辅酶 M 甲基转移酶(mtaA+mtaBC)
	$CH_3—S—CoM+H—S—CoB \longrightarrow CoM—S—S—CoB+CH_4$	-45	甲基辅酶 M 还原酶(mcrBDCGA)
	$CoM—S—S—CoB+2[H] \longrightarrow H—S—CoM+H—S—CoB$	-40	杂二硫化物还原酶(hdrDE)
CO_2 形成	$CH_3—OH+H—S—CoM \longrightarrow CH_3—S—CoM+H_2O$	-27.5	甲醇-辅酶 M 甲基转移酶(mtaA+mtaBC)
	$CH_3—S—CoM+H_4SPT \longrightarrow H—S—CoM+CH_3—H_4SPT$	30	甲基-H_4SPT-辅酶 M 甲基转移酶(mtrEDCBAFGH)
	$CH_3—OH+H_4SPT \longrightarrow CH_3—H_4SPT+H_2O$	2.5	
	$CH_3—H_4SPT+F_{420} \longrightarrow CH_2{=}H_4SPT+F_{420}H_2$	6.2	依赖 F_{420} 亚甲基-H_4SPT 还原酶(mer)
	$CH_2{=}H_4SPT+F_{420}+H^+ \longrightarrow CH{\equiv}H_4SPT+F_{420}H_2$	-5.5	依赖 F_{420} 亚甲基-H4SPT 脱氢酶(mtd)
	$CH{\equiv}H_4SPT+H_2O \longrightarrow HCO—H_4SPT+H^+$	4.6	次甲基-H_4SPT 环化水解酶(mch)
	$HCO—H_4SPT-MFR \longrightarrow HCO—MFR+H_4SPT$	4.4	甲酰基甲基呋喃-H_4SPT 甲基转移酶(ftr)
	$HCO—MFR \longrightarrow CO_2+MFR+2[H]$	-16	甲酰基甲基呋喃脱氢酶(fmdEFACDB)

甲醇的产甲烷途径可以分为以下几个阶段。

(1)甲基的转移。

甲醇的利用首先是甲基侧基转移给辅酶 M，在两种特有酶的催化下，甲基经过两个连续的反应转移给辅酶 M。首先，在 MT1(甲醇-5-羟基苯并咪唑基钴氨酰胺转甲基酶)的催化下，甲醇中的甲基基团转移到 MT1 上的类咕啉辅基基团上。然后在 MT2(钴胺素-HS-CoM 转甲基酶)作用下转移 MT1 上甲基化类咕啉的甲基基团到辅酶 M。MT1 对氧敏感,表观分子质量为 122 kg/mol,由两个表观分子质量分别为 34 kg/mol 和 53 kg/mol 的亚基以 $\alpha_2\beta$ 形式构建,每摩尔该酶含有 3.4 mol 的 5-羟基苯并咪唑钴氨酰胺,编码 MT1 的基因通常含有一个操纵子。MT2 含有一个表观分子质量为 40 kg/mol 的亚基,编码 MT2 的基因是单基因转录。

(2)甲基侧基的氧化。

在甲醇的转化过程中,甲基 CoM 还原为甲烷的过程与 CO_2的还原方法相同。在氧化时,甲基 CoM 中的甲基基团首先转移给 H_4MPT。标准状态下这个反应是吸能的,并且有显示这个反应需要钠离子的跨膜电化学梯度以便驱动甲基 CoM 的吸能转甲基到 H_4MPT。甲基-H_4MPT 氧化为 CO_2的过程经由亚甲基-H_4MPT,次甲基-H_4MPTMPT,甲酰基-H_4MPT 和甲酰基 MF 等中间体。分别在亚甲基-H_4MPT 还原酶和亚甲基-H4MPT 脱氢酶的催化下,甲基-H_4MPT 和亚甲基-H_4MPT 氧化生成还原态的 F_{420}因子。

(3)甲基侧基的还原。

由甲基-H_4MPT 氧化产生的还原当量接着转移到杂二硫化物。来自甲酰基 MF 的电子通道目前还不清楚。

甲基-H_4MPT 和亚甲基-H_4MPT 氧化过程中产生的 $F_{420}H_2$ 则由膜键合电子转运系统再氧化。Methanosarcina G61 反向小泡的实验证实依赖 $F_{420}H_2$ 的 CoM—S—S—HTP 还原产生了一个跨膜电化学质子电位,这个电位驱动 ADP 和 Pi 通过膜链合 ATP 合酶生成 ATP。依赖$F_{420}H_2$ 的 CoM—S—S—HTP 还原酶系统可分为两个反应:首先 $F_{420}H_2$被 $F_{420}H_2$脱氢酶氧化,然后电子转移到杂二硫化物还原酶,杂二硫化物还原酶在依赖 $F_{420}H_2$的杂二硫化物还原酶系统中起着非常重要的作用。该酶的表观分子质量为 120 kg/mol,由 5 个多肽组成,其表观分子质量分别为45 kg/mol,40 kg/mol,22 kg/mol,18 kg/mol 和 17 kg/mol,含有 16 molFe 和 16 mol 酸不稳定硫。

利用甲基化合物的产甲烷菌通过转甲基作用形成甲基 CoM,然后该中间体被不均匀分配,1 个甲基 CoM 氧化产生 3 对可用于还原 3 个甲基 CoM 产甲烷的还原当量,该过程包括 CoM—S—S—HTP 的形成,CoM—S—S—HTP 是实际的电子受体,并且 CoM—S—S—HTP 还原与能量转换有关。

23.1.4 乙酸的产甲烷途径

在多数淡水厌氧生境中,利用有机质降解产甲烷最少需要 3 类相互作用的代谢群体组成的微生物共生体。第一个群体(发酵性细菌)将大分子有机物质降解为氢、二氧化碳、甲酸、乙酸和碳链较长的挥发性脂肪酸。第二个群体(产乙酸细菌)将长碳链脂肪酸氧化成氢、乙酸和甲酸。第三个群体(产甲烷菌)通过两种不同的途径利用氢、甲酸或乙酸为基质生长:一条途径利用从氢或甲酸氧化获得的电子将二氧化碳还原成甲烷;另一条途径通过还原乙酸的甲基为甲烷和氧化它的羰基为二氧化碳来发酵乙酸。

1. 乙酸的产甲烷途径的作用

自然界产生的甲烷多数源于乙酸,从乙酸脱甲基和还原二氧化碳产生甲烷的相对数量随除产甲烷菌以外的其他厌氧微生物代谢群体的参与和环境条件而变化。同型产乙酸微生物氧化氢和甲酸,并还原二氧化碳成乙酸的过程称之为乙酸氧化(AOR),该过程主要是将乙酸氧化为氢和二氧化碳。像乙酸氧化这样的微生物在厌氧环境中的存在范围还是未知的,不过它们的存在将削弱乙酸营养型产甲烷菌的相对重要性。在海洋环境中,乙酸营养型硫酸盐还原菌居支配地位,由于产甲烷菌与硫酸盐还原菌存在基质竞争,因此在海洋中在有硫酸盐存在时产甲烷的主要途径是二氧化碳还原和甲基化。

2. 乙酸产甲烷过程中的碳传递

早期的研究者认为乙酸产甲烷过程是乙酸首先被氧化为二氧化碳,随后被还原成甲烷。以后采用^{14}C-标记乙酸的研究发现:多数甲烷来自于乙酸中的甲基,只有少数产生于乙酸的羰基。这就排除了二氧化碳还原理论。这些研究结果还证明甲基上的氢(氘)原子原封不动地转移到了甲烷上。进一步的研究获得的结论是:利用所有基质产甲烷(还原二氧化碳或转化其他基质的甲基)的最终步骤是一种共同的前体($X—CH_3$)的还原脱甲基。多数"细菌"可利用乙酸的厌氧微生物裂解乙酰辅酶,将甲基和羰基氧化二氧化碳,并还原别的电子受体。嗜乙酸产甲烷"古细菌"(Archaea)也裂解乙酸,此时甲基被从羰基氧化获得的电子还原成甲烷,因此乙酸转化成甲烷和二氧化碳是一个发酵过程。

尽管乙酸是产甲烷的重要前体物质,但仅有少数产甲烷菌种可以利用乙酸作为产甲烷基质。能够利用乙酸的产甲烷菌种主要是甲烷八叠球菌属和甲烷丝菌属,都属于甲烷八叠球菌科。对于这两类菌的主要区别是甲烷八叠球菌可以利用除乙酸之外的H_2+CO_2、甲醇和甲胺等作为基质;而甲烷丝菌只能利用乙酸为基质。由于甲烷丝菌属对乙酸有较高的亲和力,因此在乙酸浓度小于1 mmol/L时的环境中,甲烷丝菌为优势乙酸菌;但在乙酸浓度较高的环境中,甲烷八叠球菌属则生长迅速。

由乙酸形成甲烷有以下两种途径。

途径一:由甲基直接生成甲烷。

$$^{14}CH_3COOH \longrightarrow {}^{14}CH_4 + CO_2$$

由甲基直接生成甲烷是乙酸形成甲烷的一般途径,也是主要的途径。

途径二:乙酸先氧化成为CO_2,然后CO_2还原成为甲烷,分为以下几个阶段。

a. 乙酸活化和甲基四氢八叠蝶呤的合成。

产甲烷菌利用乙酸首先是乙酰辅酶A的活化。两种菌活化乙酸的酶不同,甲烷八叠球菌利用乙酸激酶和磷酸转乙酰酶,而甲烷丝菌利用乙酰基辅酶A合成酶。乙酸激酶是由两个分子质量均为53 g/mol的相同甲基组成;磷酸转乙酰酶含有1个分子质量为42 g/mol的多肽,并且K^+和铵离子可以刺激该酶的活性,催化机理是碱基催化生成-S-CoA,然后通过硫醇阴离子对乙酰磷酸中羧基C的亲核反应生成乙酰辅酶A和无机磷酸盐;乙酰基辅酶A合成酶含有分子质量为73 Da的亚基,对辅酶A的K_m为48 μm。

b. 乙酰辅酶A的断裂。

乙酰辅酶A的C—C和C—O断裂由一氧化碳脱氢酶-乙酰辅酶A的催化,CO脱氢酶复合体催化乙酰辅酶A的断裂,生成甲基基团、羧基基团和辅酶A,这些物质暂时与酶结合,接下来羧基基团氧化形成CO_2,产生的电子转移给2×[4Fe-4S]铁氧还蛋白,甲基转移给H_4SPT生成甲烷。

Blaut提出了乙酰辅酶A断裂的机理(1993),如图23.9所示。根据Jablonski等提出的机理,在Ni—Fe—S组分的作用下乙酰辅酶A断裂,且甲基和羧基键合到金属中心的活性位点上,而CoA则结合到Ni—Fe—S组分的其他位点上然后被释放出来。结合到金属位点上的羧基侧基被氧化为CO_2后释放。甲基被转移到Co—Fe—S组分上,生成甲基化的Co(Ⅲ)类咕啉蛋白。然后甲基化的类咕啉蛋白上的甲基再转移给H_4MPT生成甲基-H_4MPT。

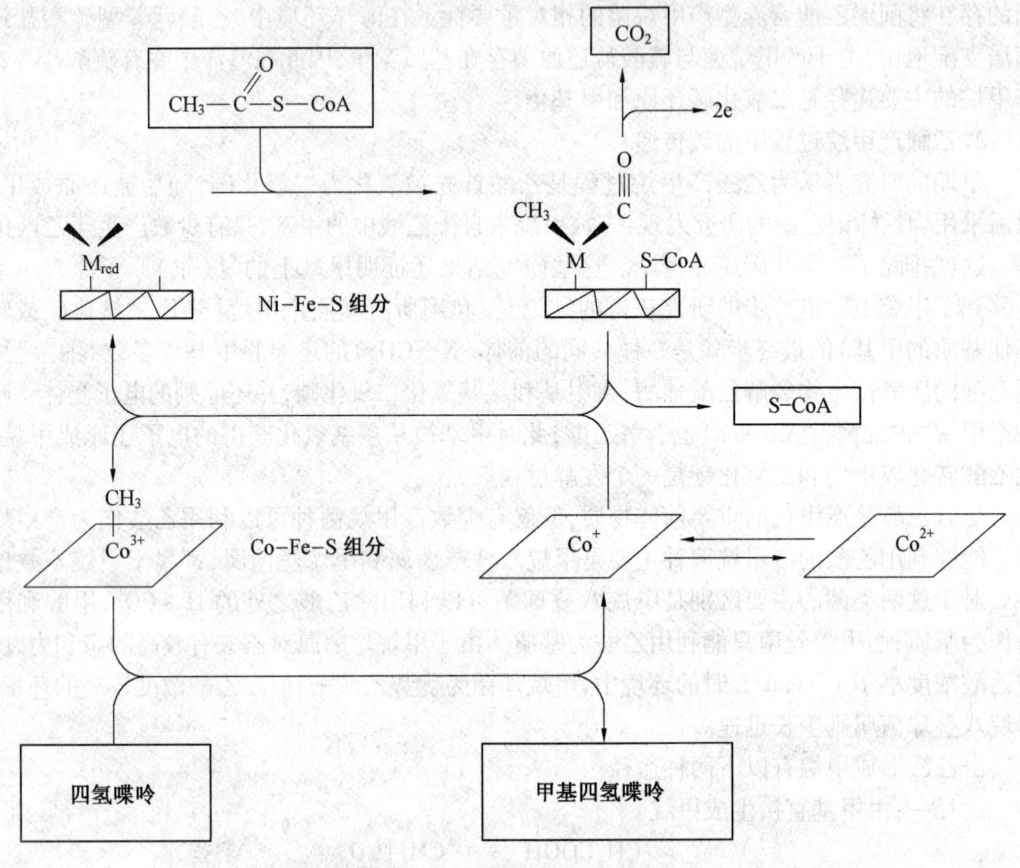

图 23.9　乙酰辅酶 A 断裂的机理

Zeikus 等(1976 年)发现,在天然沉积物中加入标记甲基的乙酸盐可以产生一些$^{14}CO_2$,这表明乙酸盐的甲基可以氧化成为CO_2. 在某些沉积物中可能通过一条选择性的种间氢转移途径由乙酸盐产生甲烷。在这种途径中,甲基首先被氧化成为H_2和CO_2,然后CO_2被H_2还原为甲烷。羧基直接脱羧释放CO_2,如添加氢则进一步还原生成甲烷,反应为

$$CH_3COOH+2H_2O \longrightarrow CO_2+4H_2$$

$$4H_2+CO_2 \longrightarrow CH_4+2H_2O$$

Methanosarcinales 中利用乙酸产甲烷过程中所涉及的反应及酶见表 23.2。乙酸的产甲烷和CO_2途径如图 23.10 所示。

表 23.2　Methanosarcinales 中利用乙酸产甲烷过程中所涉及的反应及酶

反应	自由能 /(kJ·mol^{-1})	酶(基因)
乙酸+CoA ⟶乙酰-CoA+H_2O	35.7	甲烷八叠球菌属利用乙酸激酶(ack)和磷酸转乙酰酶(pta);鬃毛甲烷菌中为乙酸硫激酶(acs)
乙酰-CoA+H_4SPT ⟶CH_3—H_4SPT+CO_2+CoA+2[H]	41.3	CO 脱氢酶-乙酰辅酶 A 合酶(cdh ABCXDE)
CH_3—H_4SPT+HS—CoM ⟶CH_3—S—CoM+H_4SPT	−30	甲基-H_4SPT-辅酶 M 甲基转移酶(能量储存)(mtrEDCBAFGH)

续表 23.2

反应	自由能/(kJ·mol⁻¹)	酶(基因)
CH_3—S—CoM+H—S—CoB ⟶ CoM—S—S—CoB+CH_4	-45	甲基辅酶 M 还原酶(mcrBDCGA)
CoM—S—S—CoB+2[H] ⟶ H—S—CoM+H—S—CoB	-40	杂二硫化物还原酶(hdrDE)

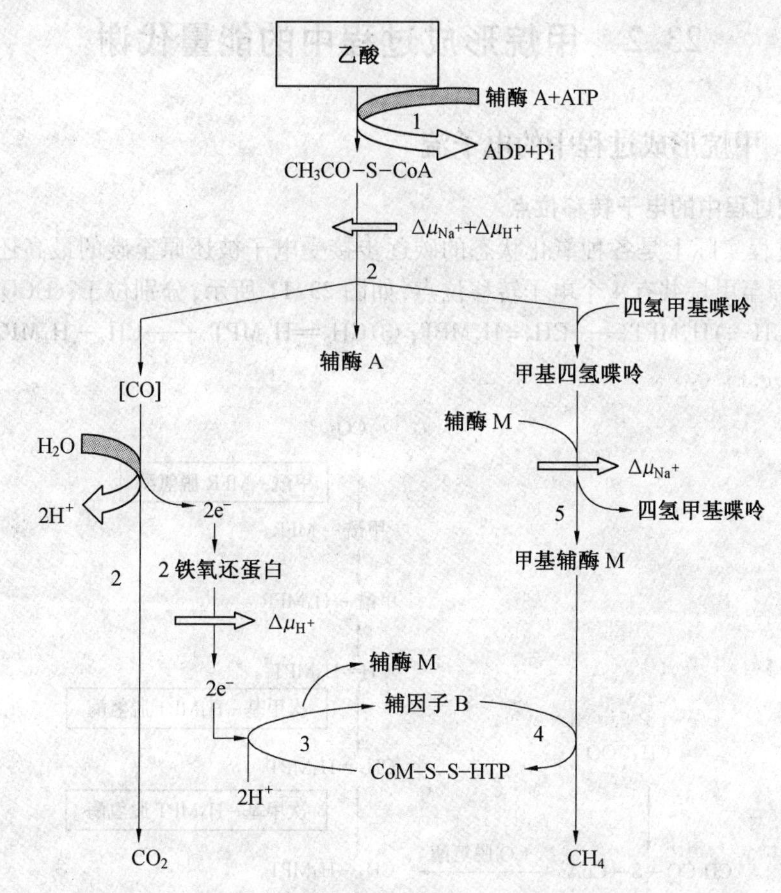

图 23.10　乙酸的产甲烷和 CO_2 途径

实际上,产甲烷菌在以乙酸为基质时的生长速率较以 H_2+CO_2,甲醇或甲胺为基质时的生长速率慢,并且乙酸中两个位置不同的碳原子在甲烷形成过程中的甲烷的转移率和 CO_2 的转移率也不一样。碳标记的乙酸利用实验表明,由 ^{14}C 标记的甲基向甲烷的转移率为65%,是 ^{14}C 标记的羧基向甲烷的转移率(16%)的4倍多,CO_2 中标记的 ^{14}C 向甲烷的转移率为21%。因此甲烷从各种基质中获得的碳源按以下的顺序减少:$CH_3OH>CH_2>C-2$ 乙酸>C-1 乙酸,但当环境中有辅基质如甲醇存在时乙酸的代谢顺序会发生巨大变化,甲基碳的流向也会发生改变。

c. 乙酸产甲烷过程中电子转移和能源转化。

产甲烷菌以乙酸和 H_2+CO_2 为基质时,从甲基-H_4MPT 到甲烷的途径中碳的流向相同,不同之处在于电子的流向。在以 H_2+CO_2 为基质时,H_2 由膜键合的氢化酶活化,电子则是通过异化二硫还原酶传递;在以乙酸为基质时,产甲烷菌中的电子载体目前还不清楚。研究发现在 *M. thermophila* 中铁氧还蛋白利用纯化出来的 CO 脱氢酶传递电子给予膜有关的氢化酶,可以推测,还原态的铁氧还蛋白在膜上被氧化,这个过程主要是通过利用异化二硫化物为终端电子受体的能量转化电子传递链进行,但是该传递链目前还未曾在实验中检测到。但是可以假设细胞色素参与到产甲烷过程的电子传递链中,因为甲烷八叠球菌属和甲烷丝菌属都含有这种膜键合的电子载体。

产甲烷菌对于不同基质利用的区别主要在于用于 H_2, $F_{420}H_2$ 和乙酰辅酶 A 的羧基基团反应的电子受体的不同。

23.2 甲烷形成过程中的能量代谢

23.2.1 甲烷形成过程中的电子流

1. 产甲烷过程中的电子转移位点

产甲烷过程实际上是各种氧化状态的碳逐步接受电子被还原至碳的最高还原状态的过程,从 CO_2 还原至甲烷共有 4 个电子转移位点,如图 23.11 所示,分别位于:① $CO_2 \longrightarrow HCO—MFR$;②($=CH—$) $H_4MPT \longrightarrow CH_2 = H_4MPT$;③ $CH_2 = H_4MPT \longrightarrow CH_3—H_4MPT$;④ $CH_3S—CoM \longrightarrow CH_4$。

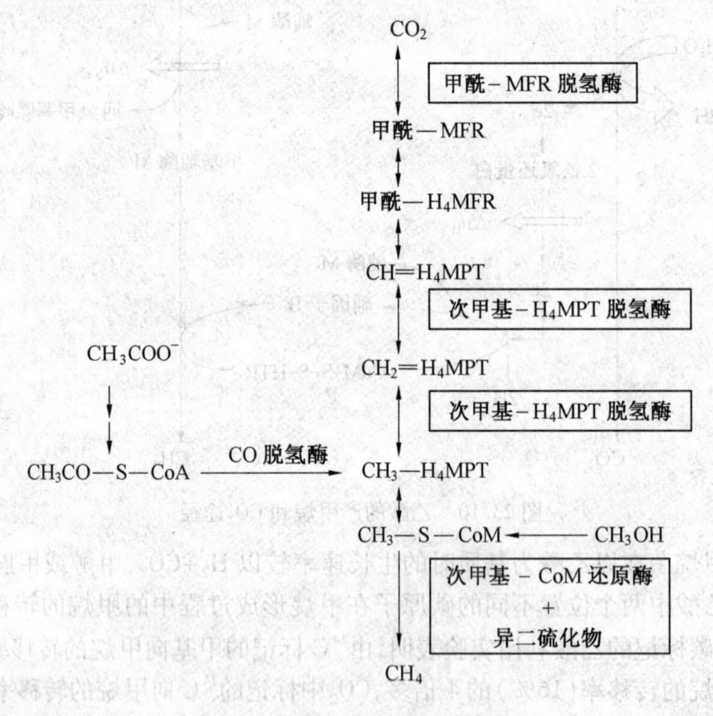

图 23.11 产甲烷菌的能量代谢模式

2. 参与电子转移的一些酶及辅酶

在甲烷形成过程中参与的酶及辅酶主要有以下几种。

(1)氢酶。

在利用 H_2/CO_2 生长的产甲烷菌中存在两类氢酶,一类是依赖 F_{420} 的氢酶;第二类是以甲基紫精为电子受体的氢酶,两者均是 Fe-S 蛋白。巴克氏甲烷八叠球菌中的依赖 F_{420} 的氢酶和甲酸甲烷杆菌中的依赖甲基紫精氢酶都含有[Fe_4-S_4]簇,范尼氏甲烷球菌含有键合在表观相对分子质量为42 g/mol 亚基上的Se-半胱氨酸,其他氢酶上的Fe-S簇的特性尚不清楚。产甲烷菌的氢酶是一种含Ni蛋白,这与硫酸盐还原酶、氢细菌和固氮微生物的氢酶相同。

依赖F_{420}的氢酶相对分子质量差异大,亚基组成也很不一样,内含一种黄素为辅酶(FAD或FMN),这种辅酶作为1-电子载体和2-电子载体,在1-电子载体Fe-S部分和2-电子受体F_{420}之间起着媒介作用。

(2)其他氧化还原酶。

在嗜热自养甲烷杆菌、史密斯氏甲烷短杆菌、巴克氏甲烷八叠球菌和范尼氏甲烷球菌中已证实有NADP-F_{420}氧化还原酶。范尼氏甲烷球菌中的NADP-F_{420}氧化还原酶的表观相对分子质量为85 g/mol,由两个相同的亚基组成,至少含有一个催化作用所必需的巯基,NAD、FMN和FAD不能替代NADP。嗜热自养甲烷杆菌中的NADP-F_{420}氧化还原酶的表观分子质量为95 g/mol。

布赖恩特氏甲烷杆菌中含有超氧化物歧化酶,该酶含有4个相同的亚基组成,主要作用是保护产甲烷菌免受氧中毒。

(3)铁氧还蛋白。

铁还原蛋白共分为3种,第一种是在巴克氏甲烷八叠球菌和甲酸甲烷杆菌中存在铁氧还蛋白,该功能尚不清楚,含有[Fe_3-S_3]簇,由59个氨基酸残基组成,其中包括8个半胱氨酸,不存在芳香族氨基酸;第二种是从巴克氏甲烷八叠球菌中分离出来的,可以作为丙酮酸脱氢酶的电子载体,由两个相同的亚单位组成,含有7个Fe,7~8个S和8个半胱氨酸残基;第三种铁氧还蛋白含有[Fe_4-S_4]簇,可以参与甲醇:5-羟苯咪唑钴胺酰胺甲基转移酶的还原性活化。

(4)细胞色素。

Kuhn等发现细胞色素仅仅存在于能利用甲醇、甲胺或乙酸的产甲烷菌中,甲烷八叠球菌含有两种类型的细胞色素b,其含量为0.3~0.5 μmol/g膜蛋白,中点电位分别为-320 mV和-180 mV,当生长于乙酸基质上时可以检测到中点电位为-250 mV的第三种细胞色素b。产甲烷菌中细胞色素c的含量只是细胞色素b的5%~20%,但在海洋性产甲烷菌中细胞色素c占优势。产甲烷菌中的细胞色素b和细胞色素c的含量见表23.3。

表23.3　产甲烷菌中的细胞色素b和细胞色素c的含量

产甲烷菌	基质	细胞色素含量/(μmol·g^{-1}膜蛋白)	
		细胞色素b	细胞色素c
巴氏甲烷八叠球菌	甲醇	0.30	0.024
Fusaro菌株	一甲胺	0.38	0.075
	二甲胺	0.27	0.019
	三甲胺	0.38	0.016
	乙酸	0.50	未观测到
	H_2/CO_2	0.42	未观测到
液泡甲烷八叠球菌	甲醇	+++	+
嗜热甲烷八叠球菌	甲醇	+++	+
马氏甲烷八叠球菌	甲醇	0.27	未观测到
索琴氏甲烷丝菌	乙酸	0.14	0.12
嗜甲基甲烷拟球菌	三甲胺	0.007	0.306
蒂旦里甲烷叶菌	甲醇	0.016	0.189

23.2.2 甲烷形成过程中的能量释放

产甲烷菌以 H_2/CO_2,甲醇,甲酸,乙酸,异丙醇为基质形成甲烷时释放的自由能见表23.4。从表中可以看出,以 H_2/CO_2为基质和以甲酸为基质生成 1 mol 甲烷所释放的能量几乎相等,而以乙酸为基质时释放的能量则相当低。由 ADP 和无机磷酸合成 ATP 所需的能量为 31.8 ~ 43.9 kJ/mol,以 H_2/CO_2,甲酸 CO 为基质形成 1 mol 甲烷所释放的能量足够合成 3 mol ATP。

表 23.4 甲烷形成中的能量释放

反应	$\Delta G^{0'}/(kJ\cdot mol^{-1})$
$4H_2+CO_2 \longrightarrow CH_4+2H_2O$	-131
$4HCOO^-+4H^+ \longrightarrow CH_4+3CO_2+2H_2O$	-119.5
$4CO+2H_2O \longrightarrow CH_4+3CO_2$	-185.5
$4CH_3OH \longrightarrow 3CH_4+CO_2+2H_2O$	-103
$4CH_3NH_3^+ +2H_2O \longrightarrow 3CH_4+CO_2+4NH_4^+$	-74
$2(CH_3)_2NH_2^+ +2H_2O \longrightarrow 3CH_4+CO_2+2NH_4^+$	-74
$4(CH_3)_3NH^+ +6H_2O \longrightarrow 9CH_4+3CO_2+4NH_4^+$	-74
$CH_3COO^-+H^+ \longrightarrow CH_4+CO_2$	-32.5
$4CH_3CHOHCH_3+HCO_3^-+H^+ \longrightarrow 4CH_3COCH_3+CH_4+3H_2O$	-36.5

23.2.3 甲烷形成过程中的能量要求

Gunsalus 等(1978)当在嗜热自养甲烷杆菌的提取液中不加入外源性 ATP 时仅有 191 nmol 甲烷;当加入 50 nmol 外源性 ATP 时,甲烷的生成量为 924 nmol,除去内源性 ATP 所形成的甲烷背景值后可以发现甲烷净增加了 773 nmol。另外当用理化方法除去内源性 ATP 经培养后发现没有甲烷形成;当加入 1 μmol ATP 后,每毫克酶蛋白质每小时生成 465 nmol 甲烷。

Kell 等(1981)提出在甲烷形成过程中 ATP 起到的作用主要有以下几种:①阻拦质子泄漏;②通过水解,随后缓慢地重新合成以创造一个高能量的膜状态,这种高能的膜状态是动力学的需要;③ATP 起着嘌呤化、磷酸化酶或辅因子的作用。现在实验已经证实,ATP 在产甲烷过程中起到的只是催化的作用,即需要一定量的 ATP 启动和催化,在启动和催化之后,更高浓度的 ATP 对于甲烷的形成没有更大的促进作用。ATP 的催化作用必须有 Mg^{2+}的存在,结合成 ATP-Mg^{2+}复合物后参与产甲烷过程,Mg^{2+}的适宜浓度为 30 ~ 40 mmol/L,当除去反应体系中的 Mg^{2+}形成的甲烷量大大减少。其他二价阳离子如 Mn^{2+},Fe^{2+},Ni^{2+},Co^{2+}或 Zn^{2+}替代同浓度的 Mg^{2+}后,其效率分别为同浓度 Mg^{2+}的 86%,28%,20.5%,25.4%和 17.3%。

其他磷酸核苷在某种程度上也可以替代 ATP 的催化作用,如 GTP,UTP,CTP,ITP,ADP,dATP 的催化效率分别为 ATP 的 42%,58%,61%,11%,49%和 38%。

23.3 沼 气 技 术

23.3.1 沼气技术概论

1. 我国沼气技术发展历程

沼气技术在我国的应用有一个多世纪的历史,其发展历程可以分为以下 4 个阶段。

(1)20世纪30年代。

沼气早期被称为瓦斯,沼气池被称为瓦斯库。在19世纪80年代末,广东潮梅一带的民间就已经开始了制取瓦斯的试验,到19世纪末出现了简陋的瓦斯库,并初步总结了制取瓦斯的经验。由于当时的沼气池过于简陋,产气率低,因此没有得到推广应用。我国真正意义上的沼气研究和推广始于20世纪30年代,代表人物主要有中国台湾新竹县的罗国瑞和汉口的田立方。罗国瑞在20世纪初期就开始了天然瓦斯库的研究和试验工作,在20世纪20年代研制出了我国第一个较完备且具有实用价值的瓦斯库,于1929年在广东汕头市开办了我国第一个推广沼气的机构——汕头市国瑞瓦斯汽灯公司。1933年开始了沼气技术人员的培训工作,并编写了培训教材《中华国瑞天然瓦斯库实习讲义》。田立方在1930年左右成功设计了带搅拌装置的圆柱形水压式和分离式两种天然瓦斯库,由于瓦斯库的应用效果较好,因此于1933年左右开办了汉口天然瓦斯总行,在总行内设立了研究机构——汉口天然瓦斯灯技术研究所和人员培训机构——天然瓦斯传习所,并于1937年主持编写了《天然瓦斯灯制造法全书》,全书共有《材料要论》《造库技术》、《工程设计》和《装置使用》4个分册。

(2)20世纪50年代。

20世纪50年代首先进行了沼气工程的研究并取得成功,武昌办沼气的经验经新闻报道后在全国产生了巨大的影响,因此1958年上半年农业部举办了全国沼气技术培训班。1958年4月11日,毛主席视察武汉地方工业展览馆参观沼气应用的展览时,发出了“这要好好推广”的指示。此后全国大多数省(市)、县基本上都建造了沼气池。但是由于操之过急,忽视了建池的质量,并且缺乏正确的管理,当时所建的数十万沼气池大多都废弃了。

(3)20世纪70年代。

20世纪70年代末期由于农村生活燃料的缺乏,在河南、四川等的农村掀起了发展沼气的热潮,并传遍了全国。几年时间内累计修建户用沼气池700万个,但修建的沼气池的平均使用寿命只有3~5年,到20世纪70年代后期就有大量的沼气池报废。

(4)20世纪80年代以后。

在以上3次沼气推广中,人们对沼气技术的认识只停留在利用其解决燃料短缺的的层面上,建沼气池的出发点大多是为了获取燃料用于点灯做饭,也就是说只是认识到沼气技术作为能源的价值。对沼气技术更深层次的认识和更大范围的应用始于20世纪80年代。20世纪80年代以后沼气技术的发展主要有以下几个特点。

①有了可靠的技术保障。农业部组织了专门的研究机构——农业部沼气科学研究所,1980年又组织成立了中国沼气学会,一些高校如首都师范大学、哈尔滨工业大学等陆续开展了沼气技术的研究和人员培养工作,经过广大科技工作者的努力在沼气发酵微生物学原理和沼气发酵工艺方面取得了重大的研究进展。

②沼气池池型和沼气发酵原料有了很大的发展和变化。在池型方面,在传统的圆筒形沼气池的基础上,研究出了许多高效实用的池型,如曲流布料沼气池、强回流沼气池、预制板沼气池等。沼气发酵原料方面,原料实现了秸秆向畜禽粪便的转变,解决了利用秸秆作为原料存在出料难、易结壳等难题。

2. 沼气技术的重要性

我国大力推广沼气工程、发展沼气技术是因为沼气在以下方面有着至关重要的作用。

(1)缓解化石能源供应的压力。

随着我国国民经济持续快速的发展,一些能源消耗行业呈现快速增长的势头,使得能源需求明显扩大、价格不断上升,局部地区出现了能源供应紧张的情况。因此在这种情况下,加大沼气等生物能源的开发利用成为缓解我国能源供应压力的一个重要途径。

沼气作为可再生的清洁能源,既可以替代秸秆、薪柴等传统生物质能源,也可以替代煤炭等商品能源,而且能源效率明显高于秸秆、薪柴、煤炭等。根据2006年国家发展委员会制定的《可再生能源中长期发展规划》,2010年我国沼气年利用量要达到190亿 m^3,到2020年达到443亿 m^3。

(2)改善农民生活环境及卫生条件。

发展户用沼气,可以做到猪进圈、粪进池、沼渣沼液进地,从而显著改善农民的居住环境和卫生状况。发展农村沼气,对人畜粪便进行无害化、封闭处理,消灭、阻断传染源,切断疫病传播途径,把卫生问题解决在家居、庭院和街区之内。

(3)控制局部地区环境污染。

地区环境污染主要是指养殖场粪污废水,在我国许多地区养殖业排放的高浓度有机废水对环境造成的污染已成为影响当地环境质量的重要因素。随着养殖业的快速发展,我国畜禽粪便的产生量很大,畜禽粪便的化学需氧量(COD)的含量已达7 118万t,远远超过工业废水与生活废水COD排放量之和。另外畜禽养殖场的污水中含有大量的污染物质,如猪粪尿和牛粪尿混合排出物的COD值分别高达81 000 mg/L和36 000 mg/L,蛋鸡场冲洗废水的COD为43 000~77 000 mg/L,NH_3-N的浓度为2 500~4 000 mg/L。由于养殖场所排放的污水是一种高浓度有机废水,所以适合采用厌氧生物技术进行处理。通过养殖场沼气工程的建设,在产出清洁燃料的同时,还可以使养殖场粪污废水达标排放,从而可以显著的改善当地的环境质量。

(4)促进农业生态环境的改善。

在促进农业生态环境改善方面,沼气技术可以发挥以下几个方面的功能。

①保护森林资源,减少水土流失。目前我国广大农村地区,尤其是中西部地区,农村生活用能仍以林木、柴草和秸秆等生物质能源为主,因此有大量的植被被消耗和破坏。例如,贵州省每年烧柴450万 m^3,占林木砍伐总量的50%以上。通过推广沼气技术,以沼气代替薪柴,能够有效缓解森林植被被大量砍伐的现状。

②生产有机肥和杀虫剂,降低农药和化肥污染。农村朝气的开发利用,可以有效的解决燃料和肥料问题,减少农药化肥的污染。

③无害化处理畜禽粪便和生活污水,防治农村面源污染。目前,由于农田径流水、生活污水和养殖污水等造成的面源污染相当严重,通过沼气发酵处理可以显著地降低废水中有机质的含量,改善排放废水的水质。

23.3.2 农村户用沼气池

目前亚洲各国农村户用沼气池推广应用情况差别很大,大体可以分为3类:一是发展情况好的国家,包括中国、印度和尼泊尔,这些国家有成熟的技术、完整的技术推广体系,产业市场也基本形成;二是越南,已经制订周密的推广计划,正在实施,通过政府宣传,多数农民已经了解沼气技术的作用和好处;三是柬埔寨、老挝等国家,沼气技术推广应用才刚刚起步。

中国是世界上推广应用农村户用沼气技术最早的国家,20世纪90年代以来,在发酵原料充足、用能分散的中国农村地区,户用沼气建设发展迅速,为中国农村能源、环境和经济的可持续发展做出了贡献。

1. 农村户用沼气池设计原则

合理的设计可以节约材料、省工省时,是确保修建沼气池成功的关键。设计沼气池的主要原则如下。

(1)技术先进,经济耐用,结构合理,便于推广。

(2)在满足发酵工艺要求,有利于产气的情况下,兼顾肥料、卫生和管理等方面的要求,充分发挥沼气池的综合效益。

(3)因地制宜,就地取材,力求沼气池池形标准化、用材规范化、施工规范化。

(4)考虑农村修建沼气池面广量大,各地气候、水文地质情况不一,既要考虑通用性,又要照顾区域性。

总之,户用沼气池的设计关键就是要使设计出来的沼气池有利于进出料,有利于沼气池的管理,有利于提高产气率和提高池温为原则。根据实践经验证明:沼气池的结构要"圆"(圆形池)、"小"(容积小)、"浅"(池子深度浅);沼气池的布局,南方多采用"三结合"(厕所、猪圈、沼气池),北方多采用"四位一体"(厕所、猪圈、沼气池、太阳储温棚)。

2. 农村户用沼气池设计参数的确定

农村户用沼气池主要的设计项目主要有气压、容积和投料率等,出于安全和资源节约等方面的考虑,建议农村户用沼气池的设计参数如下。

(1)气压。

农村户用沼气池,主要用于农户生产沼气,一般用于炊事和照明,沼气产量较多的农户,除炊事和照明外,还可以用作淋浴、冬季取暖、水果和蔬菜保鲜等诸多用途,其沼气气压和气流量的设计,应根据产气源到用气点的距离、用气速度等来确定输气管的大小。但是,作为大众用的农村户用沼气池,这样就会比较复杂,很难达到定型和通用的目的。根据目前全国各地农村沼气池的选址调查,大多数沼气池都建于畜禽圈栏旁边和靠近圈栏,甚至有的地区建在畜禽圈栏内(上为畜禽圈栏,下为沼气池),用气点都比较近,一般在 20 m 以内。因此,农村户用沼气池的设计气压一般为 2 000 ~6 000 Pa 比较适合。

(2)产气率。

产气率是指每立方米沼气池 24 h 产沼气的体积,常用 $m^3/(m^3 \cdot d)$ 表示。农村户用沼气池产气率的高低,一般与沼气池的池形没有明显直接关系,而是与发酵温度、原料的浓度、搅拌、接种物多少、技术管理水平等有关。当这些条件不同时,产气率也不同。根据经验农村户用沼气池,在常温条件下,以人畜粪便为原料,其设计产气率为 0.20 ~0.40 $m^3/(m^3 \cdot d)$。

(3)容积。

沼气池设计的一个重要问题就是容积确定。沼气池池容设计过小,如果农户的人畜禽粪便比较充裕,则不能充分利用原料和满足用户的要求。如果设计过大,若没有足够的发酵原料,使发酵原料浓度过低,将降低产气率。因此,沼气池容积的确定主要是根据用户发酵原料的丰富程度和用户用气量的多少而定。我国农村户用沼气池,每人每天用气量为 0.3 ~0.4 m^3,那么 3 ~6 口人之家,沼气池建造容积为 6 ~10 m^3。

(4)储气量。

户用水压式沼气池是通过沼气产生的压力把大部分发酵料液压到出料间,少量的发酵料液压到进料管而储存沼气的。浮罩池由浮罩的升降来储存沼气。储气容积的确定和用户用气的情况有关。养殖专业户沼气池的设计储气量应按照 12 h 产沼气量设计。

(5)投料量。

沼气池设计投料量,主要考虑料液上方有留有储气间,是储存沼气的地方。投料量的多少,以不使沼气从进出料间排除为原则。一般来说,沼气池设计按料量,一般为沼气池池容的90%。

3. 户用沼气池的启动

沼气池的启动是指新建成的沼气池或者已经大出料的沼气池、从向沼气池内投入原料和接种物起,到沼气池能够正常稳定产生沼气为止的这个过程。

我国农村户用沼气池,普遍采用半连续沼气发酵工艺,它的启动可以按照下面的步骤逐步展开。

(1)发酵原料的处理与配料。

各种粪便用作沼气发酵原料时,一般不需要进行任何处理就可以下沼气池。但玉米秆、麦秸、稻草等植物性原料表皮上郡有一层蜡质,如果不堆闷处理就下沼气池,水分不易通过蜡质层进入秸秆内部,纤维素很难腐烂分解,不能被产甲烷菌利用,而且会造成浮料或结壳现象。为了加快原料的发酵分解,提高沼气的产气量,要对各种作物秸秆等植物性原料做好预处理。

我国农村沼气发酵的一个明显特点就是采用混合原料(一般为农作物秸秆和人畜粪便)入池发酵。因此,根据农村沼气原料的来源、数量和种类,采用科学适用的配料方法是很重要的。配料、原料在入池前,应按下列要求配料。

①发酵料液浓度。

发酵料液浓度是指原料的总固体(或干物质)质量占发酵料液质量的百分比。南方各省夏天发酵原料的浓度以6%为宜,冬天以10%为宜;北方地区,沼气最发酵时间一般在5~10月,浓度为6%~11%。不同季节投料量不同,初始浓度低些有利于启动,早产气、早用气、早用肥。按6%的浓度,每立方米池容需投入鲜人粪、鲜畜粪300~350 kg,水(包括接种物)650~700 kg;按8%的浓度,每立方米池容需投入鲜人粪、鲜畜粪430~470 kg,水530~570 kg,其中接种物占20%~30%。

②碳氮比值。

正常沼气发酵要求一定的原料碳氮比,比较适宜的碳氮比值是(20~30):1。

(2)投料。

新料或大换料的沼气池经过一段时间的养护,试压后确定不漏气不漏水,即可投料。将准备好的粪类原料、接种物和水按比例投入池内,并且入池后原料药搅拌均匀。

(3)调节酸碱度。

产甲烷菌的适宜环境是中性或者微碱性的,适宜的pH为6.8~7.4。当发酵液的pH降到6.5以下时,需要重新接入大量接种物或老发酵池中的发酵液,也可以加入草木灰或者石灰水调节。

(4)封池。

将蓄水圈、活动盖底及周围清扫干净后,将石灰胶泥铺在活动盖口表面,将活动盖放在胶泥上,使得活动盖与蓄水圈之间的缝隙均匀,然后插上插销,加水密封。

(5)放火试气。

当沼气压力表上的压力读数达到4 kPa时,应该放火试气。当放气2~3次以后,沼气即可以点燃使用。

23.3.3　沼气工程

1. 定义及分类

(1)沼气化工程的定义。

沼气化工程(Biogas engineering)以规模化厌氧消化为主要技术,集污水处理、沼气生产、资源化利用为一体的系统工程。

沼气工程最初是指以粪便、秸秆等废弃物为原料以沼气生产为目标的系统工程。我国的沼气工程建设始于20世纪60年代,经过半个多世纪的发展,沼气工程从最初的单纯追求能源生产,拓展为以废弃物厌氧发酵为手段、以能源生产为目标,最终实现沼气、沼液、沼渣的综合利用。

(2)沼气化工程的分类。

根据沼气工程的单体装置容积、总体装置容积、日产沼气量和配套系统的配置4个指标将沼气工程分为大型、中型和小型3类,沼气工程规模分类指标见表23.5。

表23.5　沼气工程规模分类指标

工程规模	单体装置/m^3	总体装置容积/m^3	日产沼气量/m^3	配套系统的配置/m^3
大型	≥300	≥1 000	≥300	完整的发酵原料的预处理系统;沼渣、沼液综合利用或进一步处理系统;沼气净化、储存、输配和利用系统
中型	300>V≥50	1 000>V≥100	≥50	发酵原料的预处理系统;沼渣、沼液综合利用或进一步处理系统;沼气储存、输配和利用系统
小型	50>V≥20	100>V≥50	≥20	发酵原料的计量、进出料系统;沼渣、沼液综合利用或进一步处理系统;沼气储存、输配和利用系统

沼气工程规模分类指标中的单体装置容积指标和配套系统的配置系统的配置为必要指标,总体装置容积指标与日产沼气量指标为择用指标。沼气工程规模分类时,应同时采用两项必要指标和两项择用指标中的任意指标加以界定。

根据沼气工程的运行温度、进料方式、发酵料液状态和装置类型,沼气工程又可分为不同类型,见表23.6。

表23.6　沼气工程的分类

分类依据	工艺类型	主要特征
发酵温度	常温发酵型	发酵温度随气温的变化而变化,产气量不稳定
	中温发酵型	28~38 ℃,沼气产量高,转化效率高
	高温发酵型	48~60 ℃,有机质分解速度快,适用于有机废物和高浓度有机废水的处理
进料方式	批料发酵	一批料经一段时间的发酵后,重新换入新料。可以观察发酵产气的全过程,但不能均衡产气
	半连续发酵	正常的沼气发酵,当产气量下降时,开始小进料,之后定期的补料和出料,能均衡产气,实用性强
	连续发酵	沼气发酵正常运转后按一定的负荷量连续进料或进料间隔很短,能均衡产气,运转效率高

续表 23.6

分类依据	工艺类型	主要特征
发酵料液状态	液体发酵	干物质含量在10%以下,存在流动态的液体
	固体发酵	干物质含量在20%左右,不存在流动态的液体
	高浓度发酵	发酵浓度在液体发酵和固体发酵之间,适宜浓度为15%～17%
装置类型	常规发酵	发酵装置内没有固定或截留活性污泥的措施,效率受到一定的限制
	高效发酵	发酵装置内有固定和截留活性污泥的措施,产气率、转化效果等均较好

大中型沼气工程与农村户用沼气池从设计、运行管理、沼液出路等方面都有诸多不同,其主要区别见表23.7(黎良新,2007)。

表23.7　大中型沼气工程与农村户用沼气池的比较

	农村户用沼气池	大中型沼气工程
用途	能源、卫生	能源、环保
动力	无	需要
配套设施	简单	沼气净化、储存、输配、电气、仪表控制
建筑形式	地下	大多半地下或地上
设计、施工	简单	需要工艺、结构、电气与自控仪表配合
运行管理	不需专人管理	需专人管理

2. 沼气工程的设计原则

由于沼气工程的规模较大,结构和运行较复杂,因此沼气工程在设计时应遵守以下原则。

(1)沼气工程的工艺设计应根据沼气工程规划年限、工程规模和建设目标,选择投资省、占地少,工期短、运行稳定、操作简便的工艺路线。做到技术先进、经济合理、安全实用。沼气工程工艺设计中的工艺流程、构(建)筑物、主要设备、设施等应能最大限度地满足生产和使用需要,以保证沼气工程功能的实现。

(2)工艺设计应在不断总结生产实践经验和吸收科研成果的基础上,积极采用经过实践证明行之有效的新技术、新工艺、新材料和新设备。

(3)在经济合理的原则下,对经常操作且稳定性要求较高的设备、管道及监控系统,应尽可能采用机械化、自动化控制,以方便运行管理,降低劳动强度。

(4)工艺设计要充分考虑邻近区域内的污泥处置及污水综合利用系统,充分利用附近的农田,同时要与邻近区域的给水、排水和雨水的收集、排放系统及供电、供气系统相协调,工艺设计还要考虑因某些突发事故而造成沼气工程停运时所需要的措施。

3. 沼气工程的工艺流程

工艺流程是沼气工程项目的核心,要结合建设单位的资金投入情况、管理人员的技术水平、所处理物料的水质水量情况确定,还要采用切实可行的先进技术,最终要实现工程的处理目标。要对工艺流程进行反复比较,确定最佳的和适用的工艺流程。

一个完整的沼气发酵工程,无论其规模大小,都应包括以下的工艺流程:原料(废水等)的收集,原料的预处理,厌氧消化,厌氧消化液的后处理,沼气的净化、储存和输配以及利用等环节。沼气工程的基本流程如图23.12所示。

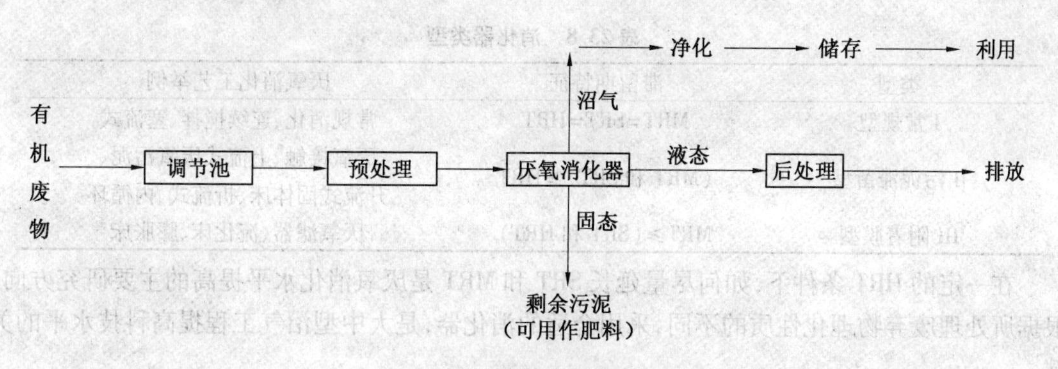

图23.12　沼气工程的基本流程

(1)原料(废水等)的收集。

原料的供应是沼气发酵的基础,在畜禽场设计时应根据当地的条件合理地安排废物的收集方式及集中地点,以便进行沼气发酵处理。因为原料收集的时间一般比较集中,而消化器的进料通常在一天内均匀分配,因此收集起来的原料一般要进入调节池储存,在温暖的季节,调节池兼有酸化作用,可以显著改善原料性能,加速厌氧消化。

(2)调节池。

由于厌氧反应对水质、水量和冲击负荷较为敏感,所以对工业有机废水处理的设计,应考虑适当尺寸的调节池以调节水质、水量,为厌氧反应稳定运行提供保障。调节池的主要作用是均质和均量,还可以考虑兼有沉淀、混合、加药、中和和预酸化等功能。如果在调节池中考虑沉淀作用时,其容积设计应扣除沉淀区的体积;根据颗粒化和 pH 调节的要求,当废水碱度和营养盐不够而需要补充碱度和营养盐(N,P)等时,可采用计量泵自动投加酸、碱和药剂,并通过调节池中的水力或机械搅拌以达中和作用。

(3)原料的预处理。

原料中常混有畜禽场的各种杂物,如牛粪中的杂草、鸡粪中的鸡毛、沙粒等,为了便于泵输送、防止发酵过程中发生故障、减少原料中的悬浮固体含量,在进入消化器前要对原料进行升温或降温处理等预处理。有条件的可以采用固液分离装置将固体残渣分出用作饲料。

一般预处理系统包括粗格栅、细格栅或水力筛、沉砂池、调节(酸化)池、营养盐和 pH 调控系统。格栅和沉砂池的目的是去除粗大固体物和无机的可沉降固体。为了使各种类型厌氧消化器的布水管免于堵塞,格栅和沉砂池是必需的,当污水中含有沙砾等不可生物降解的固体时,必须考虑并设计性能良好的沉砂池,因为不可生物降解的同体在厌氧消化器内的积累会占据大量的池容。反应器池容的不断减少将使厌氧消化系统的效率不断降低,直至完全失效。

(4)消化器。

厌氧消化是整个系统的核心步骤,微生物的生长繁殖、有机物的分解转化、沼气的生产均是在该环节进行,选择合适的消化器及关键参数是整个沼气工程设计的重点。

①厌氧消化器类型。

根据原料在消化器内的水力滞留期(HRT)、固体污泥滞留期(SRT)和微生物滞留期(MRT)的不同,可将消化器分为3大类,见表23.8。

表 23.8 消化器类型

类型	滞留期特征	厌氧消化工艺举例
I 常规型	MRT＝SRT＝HRT	常规消化、连续搅拌、塞流式
II 污泥滞留型	(MRT 和 SRT)≥HRT	厌氧接触、上流式厌氧污泥、升流式固体床、折流式、内循环
III 附着膜型	MRT≥(SRT 和 HRT)	厌氧滤器、流化床、膨胀床

在一定的 HRT 条件下,如何尽量延长 SRT 和 MRT 是厌氧消化水平提高的主要研究方向,根据所处理废弃物理化性质的不同,采用合适的消化器,是大中型沼气工程提高科技水平的关键。

②厌氧消化器设计关键参数。

厌氧消化器设计的关键参数主要有水力滞留时间、有机负荷、容积负荷、污泥负荷、消化器容积等。

a. 水力停留时间(HRT)。

水力停留时间对于厌氧工艺的影响是通过流速来表现的。一方面,高流速将增加系统内的扰动,从而增加了生物污泥与物料之间的接触,有利于提高消化器的降解率和产气率;另一方面,为了保持系统中有足够多的污泥,流速不能超过一定的限值。在传统的 UASB 系统中,上升流速的平均值一般不超过 0.25 m/s,而且反应器的高度也受到限制。

b. 有机负荷。

有机负荷是指每日投入消化器内的挥发性固体与消化器内已有挥发性固体的质量之比,单位为 kg/(kg · d)。有机负荷反映了微生物之间的供需关系,是影响污泥增长、污泥活性和有机物降解的重要因素,提高有机负荷可加快污泥增长和有机物降解,但会使反应器的容积缩小。对于厌氧消化过程来讲,有机负荷对于有机物去除和工艺的影响尤为明显。当有机负荷过高时,可能发生甲烷化反应和酸化反应不平衡的问题。有机负荷不仅是厌氧消化器的重要设计参数,也是重要的控制参数。对于颗粒污泥和絮状污泥反应器,它们的设计负荷是不相同的。

c. 容积负荷。

容积负荷为 1 m^3 消化器容积每日投入的有机物(挥发性固体 VS)质量,单位为 kg/(m^3 · d)。在不同消化温度下,消化器的容机负荷见表 23.9。

表 23.9 消化器的容机负荷

消化温度		8	10	15	20	27	30	33	37
容积负荷	最小	0.25	0.33	0.50	0.65	1.00	1.30	1.60	2.50
/(kg · m^{-3} · d^{-1})	最大	0.35	0.47	0.70	0.95	1.40	1.80	2.30	3.50

d. 污泥负荷。

污泥负荷可由容积负荷和反应器污泥量来计算得到。采用污泥负荷比容积负荷更能从本质上反映微生物代谢同有机物的关系。特别是厌氧反应过程,由于存在甲烷化反应和酸化反应的平衡关系,采用适当的污泥负荷可以消除超负荷引起的酸化问题。

在典型的工业废水处理工艺中,厌氧过程采用的污泥负荷率是 0.5 ~ 1.0 g BOD/(g 微生物 · d),它是一般好氧工艺速率的两倍,好氧工艺通常运行在 0.1 ~ 0.5 g BOD/(g 微生物 · d)。另外,因为厌氧工艺中可以保持比好氧系统高 5 ~ 10 倍的 MLVSS 浓度(混合液挥发性悬浮固体浓度),所以厌氧容积负荷率通常比好氧工艺大 10 倍或以上,即厌氧工艺为 5 ~

10 kg/(m^3·d),好氧工艺为0.5～1.0 kg/(m^3·d)。

e.消化器容积。

容积负荷与有机负荷是消化器容积设计的主要参数。

消化器容积可按消化器投配率来确定。首先确定每日投入消化器的污水或污泥投配量,然后按下式计算消化器污泥区的容积,即

$$V=\frac{10\times V_n}{P}$$

式中　V—— 消化器污泥容积,m^3;

V_n—— 每日需处理的污泥或废液体积,m^3/d;

P—— 设计投配率,%/d,通常采用5～12%/d。

③厌氧消化器的排泥。

厌氧消化器排泥管道设计要点如下。

a.剩余污混排泥点以设在污泥区中上部为宜。

b.矩形池排泥应沿池纵向多点排泥。

c.对一管多孔式布水管,可以考虑进水管作排泥或放空管。

d.原则上有两种污泥排放方法:在所希望的高度处直接排放或采用泵将污泥从反应器的三相分离器的开口处泵出,可与污泥取样孔的开口一致。

一般来讲随着反应器内污泥浓度的增加,出水水质会得到改善。但是很明显,污泥超过一定高度时将随出水一起冲出反应器。因此,当反应器内的污泥达到某一预定最大高度之前建议排泥。一般污泥排放应该按照事先建立的规程,在一定的时间间隔(如每月)排放一定体积的污泥,其排放量应等于这一期间所积累的量。排泥频率也可以根据污泥处理装置的处理量来确定,更加可靠的方法是根据污泥浓度分布曲线排泥。

污泥排泥的高度是重要的,合理高度应是能排出低活性污泥并将最好的高活性污泥保留在反应器中。一般在污泥床的底层会形成浓污泥,而在上层是稀的絮状污泥。剩余污泥一般从污泥床的上部排出,但在反应器底部的浓污泥可能由于积累颗粒和小沙砾导致污泥活性变低,因此建议偶尔也可从反应器的底部排泥,这样可以避免或减少反应器内积累的沙砾。

(5)厌氧消化液的后处理。

厌氧消化液的后处理是大型沼气工程不可缺少的环节,如果直接排放,不仅会造成二次污染,而且浪费了可作为生态农业建设生产的有机液体肥料资源。厌氧消化液的后处理的方法有很多,最简便的方法是直接将消化液施入土壤或排放入鱼塘,但土壤施肥有季节性且土壤的单位施肥面积有限,不能保证连续的后处理,可以将消化液进行沉淀后,进行固液分离,沼渣可用作肥料,沼液可用做农作物基肥和追肥,浸种,叶面喷肥,保花保果剂,无土栽培的母液,饲喂畜禽及花卉培养。

(6)沼气的净化储存和输配以及利用。

沼气中一般含有60%左右的甲烷,其余为CO_2及少量H_2S等气体。在作为能源使用前,必须经过净化,使沼气的质量达到标准要求。沼气的净化一般包括脱水、脱硫及除二氧化碳(图23.13)。

①脱水。

从发酵装置出来的沼气含有饱和水蒸气,可以用两种方法将沼气中的水分去除。

a.对高、中温厌氧反应生成的沼气温度应进行适当降温,通过重力法,即常用沼气气水分

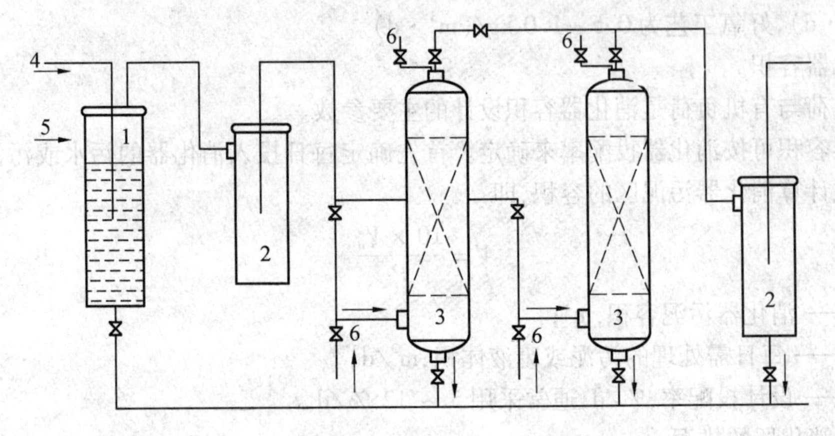

图 23.13　沼气净化工艺流程

1—水封;2—气水分离器;3—脱硫塔;4—沼气入口;5—自来水入口;6—再生通气放散阀

离器的方法,将沼气中的部分水蒸气脱除。

b. 在输送沼气管路的最低点设置凝水器脱水装置。为了使沼气的气液两相达到工艺指标的分离要求,常在塔内安装水平及竖直滤网,当沼气以一定的压力从装置上部以切线方式进入后,沼气在离心力作用下进行旋转,然后依次经过水平滤网及竖直滤网,促使沼气中的水蒸气与沼气分离,水滴沿内壁向下流动,积存于装置底部并定期排除。这种凝水器分为人工手动和自动排水两种。

沼气中水分宜采用重力法脱除,采用重力法时,沼气气水分离器空塔流速宜为 0.21 ~ 0.23 m/s。对日产气量大于10 000 m^3的沼气工程,可采用冷分离法、固体吸附法、溶剂吸收法等脱水工艺处理。

②脱硫。

沼气中含有少量硫化氢气体,脱除沼气中硫化氢可采用干法与湿法。与城市燃气工程相比,沼气工程的脱硫具有以下几个特点。

a. 沼气中硫化氢的浓度受发酵原料或发酵工艺的影响很大,原料不同则沼气中硫化氢含量变化也很大,一般在0.5 ~14 g/m^3,其中以糖蜜、酒精废水发酵后,沼气中的硫化氢含量最高。

b. 沼气中的二氧化碳含量一般为 35% ~40%,而人工煤气中的二氧化碳只占总量的 2%,由于二氧化碳为酸性气体,它的存在对脱硫不利。

c. 一般沼气工程的规模较小,产气压力较低,因此在选择脱硫方法时,应尽量便于日常运行管理(几种常用原料生产的沼气中硫化氢的含量见表 23.10)。所以在现有的沼气工程中,多采用以氧化铁为脱硫剂的干法脱硫,很少采用湿法脱硫,近年来某些工程也开始试用生物法脱硫。

表 23.10　几种常用原料生产的沼气中硫化氢的含量

生产废水的行业	屠宰废水 猪场废水 牛场废水	鸡粪肥水	酒精厂废水 城粪污水 柠檬酸厂废水
沼气中硫化氢的含量/(g·m^{-3})	0.5 ~2	2 ~5	5 ~18

干法脱硫中最为常见的方法为氧化铁脱硫法。它是在常温下沼气通过脱硫剂床层,沼气中的 H_2S 与活性氧化铁接触,生成硫化铁和硫化亚铁,然后含有硫化物的脱硫剂与空气中的氧接触,当有水存在时,铁的硫化物又转化为氧化铁和单体硫。这种脱硫再生过程可循环进行

多次,直至氧化铁脱硫剂表面的大部分孔隙被琉或其他杂质覆盖而失去活性为止。一旦脱硫剂失去活性,则需将脱硫剂从塔内卸出,摊晒在空地上,然后均匀地在脱硫剂上喷洒少量稀氨水,利用空气中的氧,进行自然再生。

干法脱硫装置宜设置两套,一备一用。脱硫罐(塔)体床层应根据脱硫量设计为单床层、双床层或多床层。沼气干法脱硫装置宜在地上架空布置,在寒冷地区脱硫装置应设在室内,在南方地区可设置在室外。脱硫剂的反应温度应控制在生产厂家提供的最佳温度范围内,一般当沼气温度低于10 ℃时,脱硫塔应有保温防冻和增温措施;当沼气温度大于35 ℃时,应对沼气进行降温。脱硫装置进出气管可采用上进下出或下进上出方式。脱硫装置底部应设置排污阀门和沼气安全泄压等设备。大型沼气干法脱硫装置,应设置机械设备以便装卸脱硫剂,氧化铁脱硫剂的更换时间应根据脱硫剂的活性和装填量、沼气中硫化氢含量和沼气处理量来确定。脱硫剂能够在空气中再生,再生温度宜控制在70℃以下,利用碱液或氨水将pH调整为8~9,氧化铁法脱硫剂的用量不应小于下式的计算值:

$$V=\frac{1\,673\sqrt{C_s}}{f\rho}$$

式中　V——1 000 m^3/h沼气所需脱硫剂的容积,m^3;

C_s——气体中硫化氢的含量,%;

f——脱硫剂中活性氧化铁的含量,%;

ρ——脱硫剂的密度,t/m^3。

沼气通过粉状脱硫剂的线速度宜控制在7~11 mm/s,沼气通过颗粒状脱硫剂的线速度宜控制在20~25 mm/s。

(7)沼气的储存和输配。

沼气的储存通常用浮罩式储气柜和高压钢性储气柜。储气柜的作用是调节产气和用气的时间差,储气柜的大小一般为日产沼气量的1/3~1/2。

沼气的输配系统是指在沼气用于集中供气时,将其输送至各用户的整个系统,近年来普遍采用高压聚乙烯塑料管作为输气管道,不仅可以避免金属管道的锈蚀而且造价较低。

4. 厌氧消化器的启动及运行的注意事项

(1)厌氧消化器的启动的注意事项。

厌氧消化器的启动与农村户用沼气池的启动方法相同,但应注意以下事项。

①固态厌氧接种污泥在进入厌氧消化器之前,应该加水稀释,经滤网滤去大块杂质后用泵抽入厌氧消化器。

②宜一次投加足够量的接种污泥,污泥接种量为厌氧消化器容积的30%。

③厌氧消化器的启动方式可采用分批培养法,也可以采用连续培养法。

④应逐步升温(以每日升温2 ℃为宜)使厌氧消化器达到设计的运行温度。

⑤启动开始时,负荷不宜太高,以0.5~1.5 kg COD/(m^3·d)为宜。对于高浓度(COD>5 000 mg/L)或有毒废水应进行适当稀释。

⑥当料液中可降解的化学需氧量(COD)去除率达到80%时,可逐步提高负荷。

⑦对于上流式厌氧污泥床,为了促进污泥颗粒化,上升流速宜控制为0.25~1.0 m/h。

⑧厌氧消化器启动时,应采取措施将厌氧消化器、输气管路及储气柜中的空气置换出去。

(2)厌氧消化器的主要维护保养。

沼气池建成后,发酵启动和日常管理对产气率的高低影响极大。沼气池装入原料和菌种,启动使用后加强日常管理并控制好发酵过程的条件,是提高产气率的重要技术措施,应按照沼气微生物的生长繁殖规律,加强沼气池的科学管理。

①安全发酵。

要做到安全发酵,必须防止有毒、有害、抑制微生物生命活动的物质进入沼气池。第一,各种剧毒农药特别是有机杀菌剂、杀虫剂以及抗生素等,能做土农药的各种植物(如大蒜、桃树叶等),重金属化合物、盐类等化合物都不能进入沼气池。第二,禁止将含磷物质加入沼气池,以防产生剧毒的磷化三氢气体,给入池检查和维修带来危险。第三,加入秸秆和青杂草过多时,应同时加入适量的草木灰或石灰水和接种物,抑制酸化现象。第四,避免加入过多的碱性物质,避免碱中毒。同时要避免氨中毒,即避免加入过多含氮量高的人畜粪便。

②经常搅动沼气池内的发酵原料。

搅拌能够使原料与沼气细菌充分的接触,能够促进沼气细菌的新陈代谢,提高产气率;搅拌还能够打破上层结壳,加快沼气的逸出;搅拌还可以使沼气细菌的生活环境不断更新,有利于获得新的养料。

③保持沼气池内发酵原料适宜的浓度。

沼气池内的发酵原料必须含有适量的水分,才有利于沼气细菌的正常生活和沼气的产生。

④随时监测沼气发酵液的 pH

沼气池内的适宜 pH 为 6.5 ~7.5,过高或过低都会影响沼气池内微生物的活性。如果出现发酵物料过酸的现象,可以用以下方法调节。

a. 取出部分发酵原料,补充相等数量或稍多一些的含氮多的发酵原料和水。

b. 将人、畜粪尿拌入草木灰,一同加入到沼气池内,不仅可以调节 pH,还能够提高产气率。

c. 加入适量的石灰澄清液,并与发酵液混合均匀,避免强碱对沼气细菌活性的破坏。

⑤强化沼气池的越冬管理。

沼气池的越冬管理主要是搞好增温保温,防止池体冻坏,并使发酵维持在较好的水平,达到较高的产气率。主要的保温方法有:①沼气池表面覆盖盖料保温;②在沼气池周围挖环形沟,在沟内堆沤粪草,利用发酵产热保温;③加大料液浓度,维持产气;④检查管道内是否有水,尽可能将管道埋入地下或包裹起来,防止冻裂。

23.3.4 发酵产物的利用

1. 沼液

沼液是沼气发酵残余的液体部分,是一种溶肥性质的液体。沼液不仅含有较为丰富的可溶性无机盐类,同时还含有多种沼气发酵的生化产物,在利用过程中表现出多方面的功效。沼液与沼渣相比较而言,虽然养分含量不高,但其养分主要是速效养分。这是因为发酵物长期浸泡在水中一些可溶性养分自固相转入液相。其中主要的农化性质物质、氨基酸含量及矿物质含量见表 23.11 至表 23.13。

表 23.11 沼液的主要农化性质物质

水分/%	全氮/%	全磷/%	全钾/%
95.500	0.042	0.027	0.115
碱解氮/$\times10^{-6}$	速效氮/$\times10^{-6}$	有效钾/$\times10^{-6}$	有效锌/$\times10^{-6}$
335.60	98 200	895.70	0.400

表23.12　沼液的氨基酸含量(mg/L)

天冬氨酸	苏氨酸	谷氨酸	甘氨酸	丙氨酸	半胱氨酸	缬氨酸
12.30	5.42	14.01	8.07	6.56	26.79	12.70
异亮氨酸	亮氨酸	苯丙氨酸	赖氨酸	天冬氨酸+谷氨酰胺		色氨酸
7.16	1.24	12.03	7.65	356.03		7.10

表23.13　沼液的矿物质含量(mg/L)

矿物质	磷	镁	硫	硅	钾	钠	铁	锰
含量	43.00	97.00	14.30	317.4	30.90	26.20	1.41	1.07
矿物质	铜	铬	钡	锶	锌	氟	碘	硒
含量	36.80	14.10	50.20	107.0	28.30	0.16	0.15	0.50
矿物质	钼	钴	镍	钒	汞	铅	砷	镉
含量	4.20	2.80	8.50	2.80	0.03	2.83	3.06	8.90

(1)沼液的利用。

一般来说,沼液的利用方式主要有以下几个方面。

①沼液用作肥料。

沼气发酵过程中,作物生长所需的氮、磷、钾等营养元素基本上都保持下来,因此沼液是很好的有机肥料。同时,沼液中存留了丰富的氨基酸、B族维生素、各种水解酶、某些植物生长素、对病虫害有抑制作用的物质或因子,因此还可用来养鱼、喂猪、防治作物的某些病虫害,具有广泛的综合利用前景。

②沼液浸种。

沼液中除含有肥料三要素(氮、磷、钾)外,还含有种子萌发和发育所需的多种养分和微量元素,且大多数呈速效状态。同时,微生物在分解发酵原料时分泌出的多种活性物质,具有催芽和刺激生长的作用。因此,在浸种期间,钾离子、铵离子、磷酸根离子等都能因渗透作用或生理特性,不同程度地被种子吸收,而这些离子在幼苗生长过程中,可增强酶的活性,加速养分运转和新陈代谢过程。因此,幼苗"胎里壮",抗病、抗虫、抗逆能力强,为高产奠定了基础。

沼液常用于水稻的浸种和育秧及小麦、玉米、棉花和甘薯浸种等,增产效果明显。例如,据试验,沼液浸麦种比清水浸麦种多收77.9 kg/a,增产19.74%,比干种直播多收54.9 kg/a,增产12.88%。用沼液浸甘薯种,浸种与不浸种相比,黑斑病下降50%,产芽量提高40%,壮苗率提高50%。

③沼液防治植物病虫害。

沼气发酵原料经过沼气池的厌氧发酵,不仅含有极其丰富的植物所需的多种营养元素和大量的微生物代谢产物,而且含有抑菌和提高植物抗逆性的激素、抗生素等有益物质,可用于防治植物病虫害和提高植物抗逆性。

a. 沼液防治植物虫害。

用沼液喷施小麦、豆类、蔬菜棉花、果树等,可以防治蚜虫侵害;用沼液原液或添加少量农药喷施,可以防治苹果、柑橘等果树蚜虫、红蜘蛛、黄蜘蛛和螨等虫害。沼液原液喷施果树,匿蜘蛛成虫杀灭率为91.5%,虫卵杀灭率为86%,;沼液加1/3水稀释,红蜘蛛成虫杀灭率为82%,虫卵杀灭率为84%,黄蜘蛛杀灭率为25.3%。

b. 沼液防治植物病害。

科学实验和大田生产证明,用沼液制备的生化剂可以防治作物的土传病、根腐病等。沼液防治植物病害的种类见表23.14。

表23.14　沼液防治植物病害的种类

农作物	病害
水稻	穗颈病、纹拓病、白叶枯病、叶斑病、小球菌核病
小麦	赤霉病、全蚀病、根腐病
大麦	叶锈病、黄花叶病
玉米	大斑病、小斑病
蚕豆	枯萎病
花生	病株
棉花	枯萎病
甘薯	软腐病、黑斑病
烟草	花叶病、黑胫病、赤星病、炭疽病、气候斑点
黄瓜/辣椒/茄子甜瓜/草莓	白粉病、霜霉病、灰霉病
西瓜	枯萎病

沼液浸泡大麦种子，可以明显减轻大麦黄花叶病，发病率随沼液浓度的增加而减少。沼液对大麦叶锈病也有较好的防治。试验证明，沼液的叶面喷施可以有效地防治西瓜枯萎病、融麦赤霉病。此外，沼液对棉花的枯萎病和炭疽病、小麦根腐病、水稻小球菌核病和纹枯病、玉米的拳斑病以及果树根腐病也有较好的防治作用。

c. 沼液提高植物抗逆性。

沼液中富含多种水溶性养分，用于农作物、果树等植物浸种、叶面喷施和灌根等，见效快，一昼夜内叶片中可吸收施用量的80%以上，能够及时补充植物生长期的养分需要，强健植物机体，提高植物抵御病虫害和严寒、干旱的能力。

试验证实，用沼液原液或质量分数为50%液进行水稻浸种，能够减轻胁迫对原生质的伤害，保持细胞完整性，提高根系活力，从而增强秧苗抗御低温的能力。用沼液对果树灌根，能及时抢救受冻害或其他灾害引起的树势衰弱，并有明显效果。用沼液长期喷施果树叶片，可防治小叶病和黄叶病，使叶片肥大，色泽浓绿，增强叶片的光合作用，有利于花芽的形成和分化。花期喷施沼液能提高坐果率；果实生长期喷施，可使果实肥大，提高果实产量和质量。

在干旱时期，对作物和果树喷施沼液，可引起植物叶片气孔关闭，从而起到抗旱的作用。

d. 沼液做叶面肥。

沼液中营养成分相对富集，是一种速效的水肥，用于果树和蔬菜叶面喷施，收效快，利用率高。一般施后24 h内，叶片可吸收喷施量的80%左右，从而能及时补充果树和蔬菜生长对养分的需要。

果树和蔬菜地上部分每一个生长期前后，都可以喷施沼液，叶片长期喷施沼液，可增强光合作用，有利于花芽的形成与分化；花期喷施沼液，可保证所需营养，提高坐果率；果实生长期喷施沼液，可促进果实膨大，提高产量。

果树和蔬菜叶面喷施的沼液应取自正常产气的沼气池出料间，经过滤或澄清后再用。一般施用时取纯液为好，但根据气候、树势等的不同，可以采用稀释或配合农药、化肥喷施。

e. 沼液养鱼。

沼液作为淡水养殖的饲料，营养丰富，加快鱼池浮游生物繁殖，使耗氧量减少，水质改善，而且常用沼液，水面能保持茶褐色，易吸收光热，提高水温，加之沼液的pH为中性偏碱性，能使鱼池保持中性环境，这些有利因素能促进鱼类更好生长。所以，沼肥是一种很好的养鱼营养饵料。

从表 23.15 可以看出，鱼池使用沼肥后，改善了鱼池的营养条件，促进了浮游生物的繁殖和生长，提高了鲜鱼产量。南京市水产研究所用鲜猪粪与沼肥作淡水鱼类饵料进行对比试验，发现施加沼液能增产 19% ~38%。同时，施用沼肥的鱼池，水中溶解氧增加 10% ~15%，显著改善鱼池的生态环境，因此，不但使各类鱼体的蛋白质含量明显增加，而且影响蛋白质质量的氨基酸组成也有明显的改善，并使农药残留量呈明显的下降趋势，鱼类常见病和多发病得到了有效的控制，所产鲜鱼营养价值高，食用更加安全可靠。

表 23.15　沼液养鱼与常规养鱼方法产量的比较

分类	鱼苗质量		每公顷产量		增肉倍数		增产情况	
	沼液	常规	沼液	常规	沼液	常规	沼液	常规
肥水鱼	62.0	61.25	3088.5	2951.25	3.71	3.62	111.75	4.7
吃食鱼	48.15	46.5	4023	368	5.55	5.32	339	9.2
合计	110.1	107.8	7111.5	6635.25	4.52	4.35	475.5	7.1

(2)沼液产品的加工。

目前沼液产品的加工还不多见，主要是农民自己利用厌氧发酵进行直接浇灌或过滤后进行叶面喷施。现有的沼液加工工艺主要有以下两个方面。

①沼液用作液肥的加工工艺(图 23.14)。

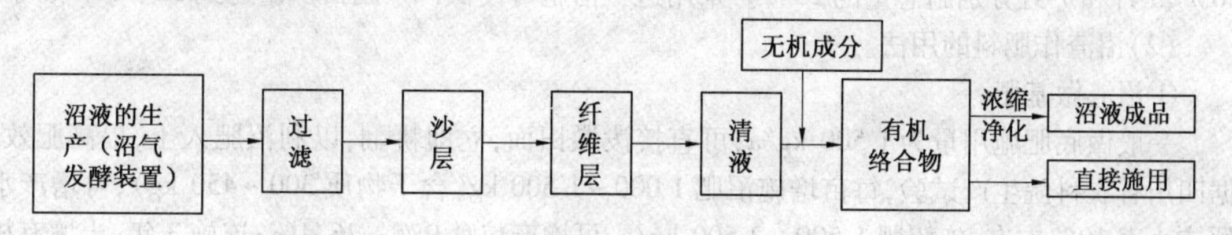

图 23.14　沼液用作液肥的加工工艺

②沼液用作杀虫剂的加工工艺(图 23.15)。

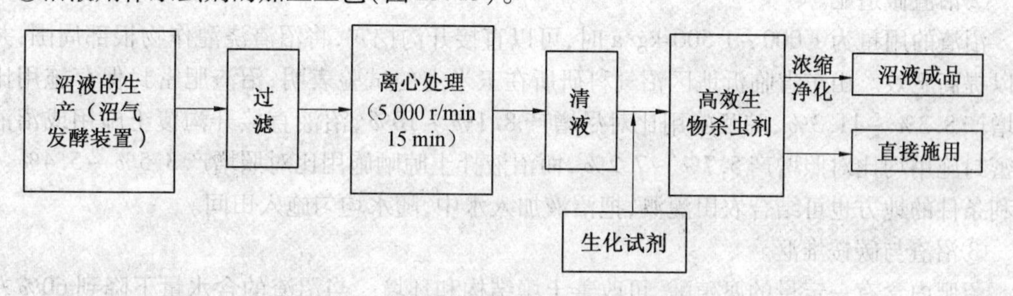

图 23.15　沼液用作杀虫剂的加工工艺

2. 沼渣

(1)沼渣的营养成分。

有机物质在厌氧发酵过程中，除了碳、氢等元素逐步分解转化，最后生成甲烷、二氧化碳等气体外，其余各种养分元素基本都保留在发酵后的剩余物中，其中一部分水溶性物质保留在沼液中，另一部分不溶解或难分解的有机、无机固形物则保留在沼渣中，在沼渣表面还吸附了大量的可溶性有效养分。所以沼渣含有较全面的养分元素和丰富的有机物质，具有速缓兼备的肥效特点。

沼渣中的主要养分有：质量分数为30%～50%的有机质、质量分数为10%～20%的腐殖酸、质量分数为0.8%～2.0%的全氮(N)、质量分数为0.4%～1.2%的全磷、质量分数为0.6%～2.0%的全钾。

由于发酵原料种类和配比的不同，沼渣养分含量有一定差异。根据对一些地区的沼渣的分析结果，若每亩地施用1 000 kg(湿重)沼渣，可给土壤补充氮素3～4 kg，磷25～2.5 kg，钾2～4 kg。

沼肥中的纤维素、木质素可以松土，腐殖酸有利于土壤微生物的活动和土壤团粒结构的形成，所以沼渣具有良好的改土作用。

沼渣能够有效地增加土壤的有机质和氮素含量。纯施化肥时会降低土壤有机质和含氮量，因此化肥与有机肥要配合使用。

沼渣作为一种优质有机肥，在实际应用中能够起到增产的作用。一项试验证明，在每亩施用沼渣1 000～1 500 kg的条件下，配合其他措施，水稻约能增产9.1%，玉米增产8.3%，薯增产13%，棉花增产7.9%。

沼渣对不同的土壤都有增产作用，由于基础土质的区别，增产效果有一定的差异。沼渣对红壤地区的茶园改造和增产效果显著。将沼渣作为底肥施用，对茶园行间土壤进行深耕(20～30 cm)的基础上，第一年每亩施沼渣(液)2 000～4 000 kg，第二年再施2 000～3 000 kg，分别在每年的3月中旬、5月下旬和7月下旬进行。各次施沼渣的数量不同，3月施总量的50%，5月和7月分别施总量的25%。采用这一措施可使低产茶园亩产量达到50～60 kg。

(2)沼渣作肥料的用法。

①沼渣做基肥。

一般做底肥施用量为1 500 kg/a，可直接泼撒田面，立即耕翻，以利沼肥入土，提高肥效。据四川省农科院生产试验，每亩增施沼肥1 000～1 500 kg(含干物质300～450 kg)，可增产水稻或小麦10%左右；施沼肥1 500～2 500 kg/a，可增产粮食9%～26.4%；连施3年，土壤有机质增加0.2%～0.83%，活土层从34 cm增加到42 cm。

②沼渣做追肥。

沼渣的用量为1 000～1 500 kg/a时，可以直接开沟挖穴，将沼渣浇灌作物根部周围，并覆土以提高肥效。山东省临沂地区沼气科研所在玉米上的试验表明，沼渣肥密封保存施用比对照增产8.3%～11.3%，晾晒施用比对尽增产8.1%～10%，沼液直接开沟覆土施用或沼液拌土密封施用均比对照增产5.7%～7.2%，而沼液拌土晾晒施用比对照增产3.5%～5.4%。有水利条件的地方也可结合农田灌溉，把沼液加入水中，随水均匀施入田间。

③沼渣与碳铵堆沤。

沼肥内含有一定量的腐殖酸，可改善土壤结构和环境。当沼渣的含水量下降到60%左右时，可堆成1 m^3左右的堆，用木棍在堆上扎无数个小孔，然后按每100 kg沼渣加碳铵4～5 kg的比率，将其拌和均匀，收堆后用稀泥封糊，再用塑料薄膜盖严，充分堆沤5～7 d，做底肥时用量250～500 kg/a。

④沼渣与过磷酸钙堆沤。

每100 kg含水量50%～70%的湿沼渣，与5 kg过磷酸钙拌和均匀，堆沤腐熟7 d，能提高磷素活性，起到明显的增产效果。一般做基肥用量500～1 000 kg/a，可增产粮食13%以上，增产蔬菜15%

(3)沼渣配制营养土。

营养土和营养钵主要用于蔬菜、花卉和特种作物的育苗,因此对营养条件要求高,自然土壤往往难以满足,而沼渣营养全面,可以广泛生产,完全满足营养条件要求。用沼渣配制营养土和营养钵,应采用腐熟度好、质地细腻的沼渣,其用量占混合物总量的20%～30%,再掺入50%～60%的泥土、质量分数为5%～10%的锯末、质量分数为0.1%～0.2%的氮、磷、钾化肥及微量元素、农药等拌匀即可。如果要压制成营养钵等,则配料时要调节黏土、沙土、锯末的比例,使其具有适当的黏结性,以便于压制成形。

(4)沼渣栽培食用菌。

沼渣含有机质30%～50%、腐殖酸10%～20%、粗蛋白质5%～9%、氮1%～2%、磷0.4 014%～0.6%、钾0.6%～1.2%和多种矿物元素,与食用菌栽培料养分含量相近,且沼渣中杂菌少,十分适合食用菌的生长。利用沼渣栽培食用菌具有取材广泛、方便、技术简单、省工省时省料、成本低、品质好、产量高等优点。

目前较常见的综合利用有沼渣菇床栽培蘑菇、平菇以及灵芝。灵芝的生长以碳水化合物和含碳化合物如葡萄糖、蔗糖、淀粉、纤维素、半纤维素、木质素等为营养基础,同时也需要钾、镁、钙、磷等矿质元素,能够满足灵芝生长的需要。利用沼渣瓶栽灵芝能够获得较好的经济收益。

(5)沼渣养殖蚯蚓。

蚯蚓是一种富含高蛋白质和高营养物质的低等环节动物,以摄取土壤中的有机残渣和微生物为生,繁殖力强。据资料介绍,蚯蚓含蛋白质60%以上,富含18种氨基酸,有效氨基酸占58%～62%,是一种良好的畜禽优质蛋白饲料,对人类亦具有食用和药用价值。蚯蚓粪含有较高的腐殖酸,能活化土壤,促进作物增产。用沼渣养蚯蚓,方法简单易行,投资少,效益大。尤其是把用沼渣养蚯蚓与饲养家禽家畜结合起来,能最大限度地利用有机物质,并净化环境。

沼渣养殖蚯蚓用于喂鸡、鸭、猪、牛,不仅节约饲料,而且增重快,产蛋量、产奶量提高。据测定,采用蚯蚓作饲料添加剂,肉鸡生长速度加快30%,一般可提早7～10 d上市,小鸡成活率提高10%以上,鸭子的生长速度提高27.2%,鸡鸭的产蛋率均提高15%～30%,生猪生长加快19.2%～43%。奶牛每天每头喂蚯蚓250 g,产奶量提高30%。近年来,为发展动物性高蛋白食品和饲料,国内外采用人工饲养蚯蚓,已取得很大进展。蚯蚓不仅可做畜禽饲料,还可以加工生产蚯蚓制品,用于食品、医药等各个领域。

3.沼气的利用

(1)沼气的燃烧特点。

由于沼气中有气体燃料CH_4、惰性气体CO_2,还含有H_2S,H_2和悬浮的颗粒状杂质,沼气成分测定见表23.16。甲烷的着火温度较高,这样沼气的着火温度相对更高。沼气中大量存在的二氧化碳对燃烧具有强烈的抑制作用,所以沼气的燃烧速度很慢。通过对甲烷-空气混合气的燃烧试验和研究表明,甲烷-空气的混合气在发动机的燃烧中具有优异的排放和抗爆性,在诸多代用燃料中,沼气备受青睐。

当沼气和空气按一定比例混合后,一遇明火马上燃烧,散发出光和热。沼气燃烧时的化学反应式为

$$CH_4+2O_2 \longrightarrow CO_2+2H_2O+35.91\ \text{MJ}$$

$$H_2+0.5O_2 \longrightarrow H_2O+10.8\ \text{MJ}$$

$$H_2S+1.5O_2 \longrightarrow SO_2+H_2O+23.38\ \text{MJ}$$

$$CO+0.5O_2 \longrightarrow CO_2$$

沼气中的主要成分 CH_4 易燃、易爆，空气中 CH_4 的最低至最高爆炸极限为空气体积的 2.5% ~15.4%（在 20 ℃时，含量为 16.7 ~102.6 g/m^3）；而 CO_2 的存在，又使沼气的燃烧速度降低，使燃烧平稳。沼气的燃烧速度很低，其最大燃烧速度为 0.2 m^3/s，不足液化石油燃烧速度的 1/4，仅为炼焦气燃速的 1/8。因为燃烧速度低，当从火孔出来的未燃气流速度大于燃烧速度时，容易将没来得及燃烧的沼气吹走，从而形成脱火。因此，沼气燃烧的稳定性差。当沼气完全燃烧时，火焰呈蓝白色，火苗短而急，稳定有力，同时伴有微弱的嗞嗞声，燃烧温度较高。

表 23.16　沼气成分测定

测定单位	沼气成分体积分数/%							
	CH_4	CO_2	CO	H_2	N_2	C_mH_n	O_2	H_2S
鞍山市污水厂	58.2	31.4	1.6	6.5	0.7	—	1.6	—
西安市污水厂	53.6	30.18	1.32	1.79	9.5	0.42	3.19	—
四川化学研究所	61.9	38.77	—	—	1.88	0.186	0.23	0.034
四川德阳园艺场	59.28	38.14	—	—	2.12	0.039	0.40	0.021
农展馆警卫连	64.44	30.19	—	—	1.97	—	0.4	—
沼气用具批发部	63.1	32.8	0.03	—	2.53	1.145	0.34	0.055
北京通县苏庄	57.2	35.8	—	—	3.5	1.626	1.8	0.074

(2)沼气的应用。

①沼气发电。

沼气发电始于 20 世纪 70 年代初期。当时国外为了合理、高效地利用在治理有机废弃物中产生的沼气，普遍使用往复式沼气发电机组进行沼气发电。通常每 100 万 t 的家庭或工业废物产生的甲烷就能够作为燃料供一台 1 MW 的发电机运转 10 ~40 年。沼气燃烧发电是随着沼气综合利用的不断发展而出现的一项沼气利用技术，它将沼气用于发动机上，并装有综合发电装置，以产生电能和热能。欧洲主要国家沼气发电量和热能产量见表 23.17。

表 23.17　欧洲主要国家沼气发电量和热能产量

国家	发电量/(10^4 kW · h)			热能产量/(10^3 kW · h)		
	发电厂	热点联产厂	合计	热厂	热点联产厂	合计
德国	—	73 380	73 380	1 000.18	2 000.36	3 000.54
英国	45 891	4 079	49 970	753.62	—	753.62
意大利	9 961	2 378	12 339	441.94	—	441.94
西班牙	5 906	844	6 749	170.96	—	170.96
希腊	5 786	—	5 786	124.44	—	124.44
丹麦	20	2 826	2 846	40.70	291.9	332.62
法国	5 010	—	5 010	626.86	12.79	639.62
奥地利	3 726	372	4 098	—	48.85	48.85
荷兰	—	2 860	2 860	233.76	—	233.76

我国沼气发电始于 20 世纪 70 年代初期，并且受到国家的重视，成为一个重要的课题被提出来。到 20 世纪 80 年代中期，我国已有上海内燃机研究所、广州能源所、四川省农机所、武进柴油机厂、泰安电机厂等十几家科研院所、厂家对此进行了研究和实验。我国沼气产业现已建成近 3 万个大中型沼气工程，预计到 2020 年我国工业沼气的潜力将为 215 亿 m^3，农业沼气潜力为 200 亿 m^3，如果将这些沼气全部用于发电，按沼气发点 1.6 (kW · h)/m^3 计算，则发电量可以达到 660 亿 kW · h 之多。

②沼气燃料电池。

由于燃料电池的能量利用率高，对环境基本上不造成污染，因此目前国际上对燃料电池进行了大量的研究。

沼气燃料电池是将经严格净化后的沼气，在一定条件下进行烃裂解反应，产生出以氢气为主的混合气体（氢气质量分数达77%），然后将此混合气体以电化学的方式进行能量转换，实现沼气发电。

③沼气储粮。

将沼气通入粮囤或储粮容器内，上部覆盖塑料膜，可全部杀死玉米象、长角谷盗等害虫，有效抑制微生物繁殖，保持粮食品质。首先选用合适的瓦缸、坛子、木桶或水泥池作为储粮装置。用木板做一瓶盖或缸盖，盖上钻两个小孔，孔径大小以恰能插入输气管为宜。将进气管连接在一个放入缸底的自制竹制进气扩散器（即把竹节打通，最下部竹节不打通，四周钻有数个小孔的竹管）上，缸内装满粮食，盖上盖子，用石蜡密封，输入沼气。第一次充沼气时打开排气管上开关，使缸内空气尽量排出，直到能点燃沼气灯为止，然后关闭开关，使缸内充满沼气5 d左右。

④沼气保鲜水果。

沼气适用于苹果、柑橘、橙子等水果保鲜，储藏期可达120 d，而且好果率高，成本低廉，操作简单、方便，无污染。储藏地点要求通风、清洁、温度较稳定、昼夜温差小。储存方式有箱式、薄膜罩式、柜式、土窑式、储藏室5大类。对水果要求八成熟，采收时应仔细，不能有破损。在阴凉、干燥处预储2～3 d，其中CO_2控制在30%～35%，甲烷控制在60%～65%，温度为4～15 ℃，相对湿度为94%～97%，储藏两个月后，每10 d换气并翻动一次，定期对储藏环境进行消毒，注意防火。

⑤沼气供热孵鸡。

沼气孵鸡是以燃烧沼气作为热源的一种孵化方法，沼气孵化箱结构如图23.16所示。它具有投资少、节约能源、减轻劳动、管理方便、出雏率高和健康雏率高等优点。

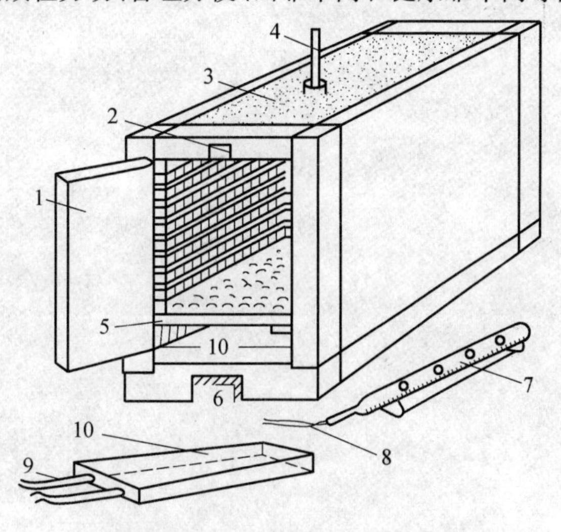

图23.16　沼气孵化箱结构

1—门；2—排湿孔；3—保温锯末；4—温度计；5—蛋排；6—燃烧室；7—燃烧室；8—输气管；9—进、排水管；10—水箱

利用沼气孵鸡，是一项投资少、见效快，充分利用生物质再生能源，增加农民的经济收入，开创致富门路的好途径。

⑥沼气加温养蚕。

在春蚕和秋蚕饲养过程中，因气温偏低，需要提高蚕室温度，以满足家蚕生长发育。传统的方法是以木炭、煤作为加温燃料，一张蚕种一般需用煤 40 ~ 50 kg，其缺点是成本高，使用不便，温度不易控制，环境易污染。在同等条件下，利用沼气增温养蚕比传统饲养方法可提高产茧量和蚕茧等级，增加经济收入。和煤球加温养蚕相比，产茧量增加 10%，蚕茧售价高 0.54 元/kg，全茧量高 0.039%，茧层量高 0.059%，茧层率高 0.9%。

第24章　产　　氢

24.1　生物制氢概述

能源对于人类的生存、社会的繁荣与发展是至关重要的。目前人类主要利用煤和石油等化石燃料作为初级能源，这些能源一方面面临资源枯竭问题，另外，在利用过程中还会引起全球气候改变、环境污染生态变异和健康问题，氢气作为清洁可再生的能源而逐渐被人们所接受。

在诸多的新型替代能源中，氢能被认为是最有吸引力的替代能源。氢气作为一种新型的能源具有许多优越性：氢是宇宙间最简单同时也是储量最丰富的元素；氢能是一种十分清洁的能源，氢气在燃烧和使用过程中只生成水，不产生任何污染物，甚至也不产生 CO_2，可达到污染的"零排放"。正是由于氢气的这种清洁特性，它又被人们称为"清洁能源"和"绿色能源"；氢气的利用效率高，氢气在动力转换的过程中产生的热效率比常规的化石燃料高 30% ~60%；氢气的能量密度高，是汽油的 2.68 倍；氢气能够储存在一些特殊的金属间化合物或纳米材料中，储存方便；氢气的输送性能良好，在输送各种能源时，以相同的热量计算，氢气的输送成本最低，损失最小，优于输电；氢气与燃料电池相结合可提供一种高效、清洁、无转动部件、无噪声的新型发电技术。总之，氢气由于其清洁、高效、可再生、资源丰富、便于储存和运输等突出优点而在能源界备受青睐，被认为是 21 世纪之后构成世界能源体系的重要支柱。在未来的世界能源系统之中，氢能将发挥举足轻重的作用。

目前氢气主要是通过水的电裂解来生产，不可避免地要消耗不可再生能源和造成环境污染。生物法生产氢气主要通过微生物的代谢过程而进行，由于生物制氢工艺可以利用诸如高浓度有机废水、含碳水化合物物质等一系列可再生资源来生产氢气，因此该技术已成为极具吸引力的研究热点。以光分解和光合成为代表的生物制氢工艺，氢的转化率和太阳能转化率较低及工业化生产设备和光源问题，制约了生物制氢技术的发展，长久以来该技术一直难以达到工业化生产和商业利用。哈尔滨工业大学任南琪从 20 世纪 90 年代就开始了发酵法生物制氢技术的研究，并在混合培养发酵法生物制氢方面取得了巨大成功，引起国际上广泛的关注。2005 年，混合培养发酵法生物制氢完成生产示范工程。

纯培养生物制氢工艺具有工艺操作简单、底物利用率高等优点而一直受到人们的关注。利用生物质进行乙醇的发酵转化已经实现了产业化应用，其主要的技术进步就是发现大量的生产乙醇的菌株，最终筛选出能够稳定生产乙醇的酵母菌，实现了乙醇的大规模生产。目前，国外学者已经分离出约 50 余株产氢细菌，但是大部分都属于 *Clostridium*，*Enterobacte* 等少数几个菌属，发酵产氢微生物的遗传基础十分狭窄，另外由于所发现的产氢微生物的产氢能力低及菌种的耐逆性差等原因，到目前仍难以进入工业化生产中。因此，在开展混合培养生物制氢的同时，从混合培养发酵法生物制氢系统中分离培养出环境适应能力强、产氢效能高的新型产氢细菌，进行纯培养生物制氢研究，对拓宽产氢微生物种子资源、提高生物制氢效能具有重要的意义。

24.2 生物制氢技术的主要研究方向

氢气作为一种清洁、可再生能源,已成为国内外关注的焦点。早在18世纪,人们就已经认识到某些藻类和微生物在代谢过程中可以产生氢气的现象,但是直到20世纪70年代世界性的能源危机爆发,生物法制氢的实用性及可行性才得到高速的重视。1966年Lewis就提出,许多藻类和细菌在厌氧条件下能产生氢气。氢气被当时的能源界誉为清洁的“未来燃料”。随着人类文明的发展和进步,人们对以化石燃料为基础的能源生产所带来的环境问题有了更为深入的了解,清醒地认识到化石燃料造成的大气污染甚至会对全球气候的变化产生显著的影响。一些工业化国家为了减少环境污染共同签订可《京都议定书》,它要求在2008—2050年,工业化国家的温室气体排放量要比1990年的水平降低5.2%。因此世界把目标“聚焦”在生物制氢技术上,氢能源成为世界关注的热点。研究资料显示,根据微生物的生理代谢特征,能够产生分子氢的微生物可以分为以下两大主要类群:①包括藻类和光合细菌在内的光合生物;②如兼性厌氧的和专性厌氧的发酵产氢细菌。由于产氢的微生物划分为光合细菌和发酵细菌两大类群,目前生物制氢技术也发展为两个主要的研究方向,即光合法生物制氢技术和发酵法生物制氢技术。纵观生物制氢技术研究的各阶段,比较而言,对光和法生物制氢的研究要远远多于对发酵法生物制氢的研究。

24.2.1 光合法生物制氢技术

自Gaffron和Rubin(1942)发现一种栅列藻属绿藻(*Scenedesmas* sp.)可以通过光合作用产生氢气以来,不断深入的研究表明,很多的藻类和光合细菌都具有产氢特性,目前研究较多的主要有颤藻属(*Oscillatoria*)、深红红螺菌(*Rhdospirllum rubrum*)、球形红假单胞菌(*Rhodopseudomonoas spheroides*)、深红红假单胞菌(*Rhodopseudomonoas rubrum*)、球形红微菌(*Rhodomicrobium spheroides*)、液泡外流红螺菌(*Ectothiorhodospira vacuotata*)等。一些产氢的藻类和光合细菌种属及其产氢能力见表24.1。

表24.1 一些产氢的蓝细菌、绿藻和光合细菌种属及其产氢能力

种类	微生物种属	产氢能力/(mmol H_2 · g^{-1} · h^{-1})
蓝细菌	*Anabaena cylindrica* B-629	0.103
	Anabaena variabilis SA1	2.1
	Nostoc flageliforme	1.7
	Oseillatoria sp. MIAMIBG7	5
	Spirulina platensis	0.4
	Calotrix membtanacea B-379	0.108
绿藻	*Chlamydomonas reinhardii* 137C	2.0
	Scenedesmus obliquus D_3	0.3

续表 24.1

种类	微生物种属	产氢能力 /(mmol H_2 · g^{-1} · h^{-1})
光合细菌	*Rhodobacter sphaeroides* RV	3.3
	Rhodopseudomonas capsulata B10	2.4
	Rhodospirillum molischianum	6.2
	Rhodopseudomonas palustris	1.9
	Rhodospirillum ruburm	0.89
	Ectothiorhodospira	0.2
	Shaposhnikovii	—
	Rhodobacter marinus	3.75
	Rhodobacter sphaeroides 8703	6.7

从目前光合法生物制氢技术的主要研究成果分析,该技术未来的研究动向主要有以下几个方面:光合产氢机理研究、参与产氢过程的酶的结构和功能研究、产氢抑制因素的研究、产氢电子供体的研究、高效产氢基因工程菌研究和实用系统的开发研究等。在这些发展方向之中,高效产氢工程菌的构建以及光反应器等实用系统的开发具有较大的研究价值。

60多年来,人们对光合法生物制氢技术开展了大量的研究工作,各国科学工作者一直进行着不懈的努力,但是利用光合法制氢的效果并不理想。光合细菌的产氢能力及其对光能的转化效率都偏低,产氢代谢过程的稳定性差而且光合法制取氢气需要充足的光能源,这些问题都限制了光合法生物制氢技术的发展。因此,要使光合法生物制氢技术达到大规模的工业化生产水平,很多问题仍有待进一步研究解决。

24.2.2　发酵法生物制氢技术

科学工作者们研究分离出了很多产氢发酵细菌,以期望获得高产氢能力的产氢发酵细菌,具体见表24.2。在分离菌株中,肠杆菌属和梭菌属的细菌较多,它们的产氢能力也普遍较强,例如,Kumar等(2002)分离到的一株阴沟肠杆菌 Enterbacter cloacae 的产氢能力较强,最大产氢能力可达29.63 mmol H_2/(g · h)。与光合法生物制氢相比,发酵法进行生物制氢技术具有一定的优越性:①发酵法生物制氢技术的产氢稳定性好。由于发酵法生物制氢技术利用有机底物的分解制取氢气,它不需要光能源,因此发酵法制氢技术不必依赖于光照,能够不分昼夜地持续产氢,从而保证产生的氢气的持续稳定性。②发酵产氢细菌的产氢能力较强。光合细菌和发酵细菌产氢能力的综合比较表明,迄今为止,发酵产氢菌中的产氢能力还是高于光合细菌。从表24.2可见,大多数光合细菌的产氢能力都在5 mmol H_2/(g · h)以下,而发酵细菌大都具有较高的产氢能力,如产气肠杆菌 *Enterobacter aerogenes* E. 82005 产氢能力为17 mmol H_2/(g · h)。③发酵细菌的生长速率快。研究表明,发酵细菌的生长速率快于光合细菌,它可以工业化大规模的生物制氢技术设备快速地提供大量的产氢发酵微生物。④制氢成本低。发酵细菌利用的产氢底物是植物光合作用的产物,实际上是对太阳能的间接利用技术,而且它可以利用工农业生产的废弃物作为原料,实现废物的资源化处理,从而降低发酵法制取氢气的生产成本。发酵法生物制氢技术的优越性已逐渐被人们所认识,近年来,发酵法生物制氢技术研究受到普遍的关注,正在成为生物制氢研究的热点。

表 24.2　发酵法产氢的微生物

细菌名称	细菌种属	细菌编号
产气肠杆菌	*Enterobacter aerogenes*	E. 82005
产气肠杆菌	*Enterobacter aerogenes*	HO-39
产气肠杆菌	*Enterobacter aerogenes*	HU-101
产气肠杆菌	*Enterobacter aerogenes*	NCIMB 10102
拜氏梭菌	*Clostridium beijerinckii*	AM21B
丁酸梭菌	*Clostridium butyricum*	IFO3847
丁酸梭菌	*Clostridium butyricum*	IFO3858
丁酸梭菌	*Clostridium butyricum*	IFO3315t1
丁酸梭菌	*Clostridium butyricum*	NCTC 7423
丁酸梭菌	*Clostridium butyricum*	IAM19001
巴氏梭菌	*Clostridium pasteurianum*	—
艰难梭菌	*Clostridium difficle*	13
生孢梭菌	*Clostridium sporogenes*	2
梭菌属	*Clostridium* sp.	NO. 2
丙酮丁醇梭菌	*Clostridium acetobutylicum*	ATCC824
热纤维梭菌	*Clostridium thermocellum*	651
阴沟肠杆菌	*Enterobacter cloacae*	IIT-BT 08
大肠杆菌	*Escherichia coli*	—
柠檬酸杆菌属	*Citrobacter* sp.	Y19
中间柠檬酸杆菌	*Citrobacter intermedius*	—
地衣芽孢杆菌	*Bacillus licheniformis*	11

24.3　厌氧发酵生物制氢的产氢机理

许多微生物在代谢过程中能够产生分子氢,其中已报道的化能营养性产氢微生物就有40多个属,其中一些产酸发酵细菌具有很强的产氢能力。根据国内外大量资料分析,对于发酵生物制氢反应器中的微生物而言,可能的产氢途径有3种:EMP途径中的丙酮酸脱羟产氢、辅酶Ⅰ的氧化与还原平衡调节产氢以及产氢产乙酸菌的产氢作用。

24.3.1　EMP途径中的丙酮酸的脱羧产氢

厌氧发酵细菌体内缺乏完整的呼吸链电子传递体系,发酵代谢过程中通过脱氢作用所产生的“过剩”电子,必须适当的途径得到“释放”,使物质的氧化与还原过程保持平衡,以保证代谢过程的顺利进行。通过发酵途径直接产生分子氢,是某些微生物为解决氧化还原过程中产生的“过剩”电子所采取的一种调节机制。

能够产生分子氢的微生物必然还有氢化酶,目前,人们对蓝细菌和藻类的氢化酶研究已取得了较大的进展,但是,国际上对产氢发酵细菌的氢化酶研究较少,Adams报道了巴氏梭状芽孢杆菌(*Clostridium pasteurianum*)中含氢酶的结构、活性位点及代谢机制。细菌的产氢作用需要铁氧还蛋白的共同参与,产轻产酸发酵细菌一般含有8Fe铁氧还蛋白,这种铁硫蛋白首先在巴氏梭状芽孢杆菌中发现,其活性中心为$Fe_4S_4(S-CyS)_4$型。螺旋体属亦为严格发酵碳水化合物的微生物,在代谢上与梭状芽孢均属相似,经糖酵解EMP途径发酵葡萄糖生成CO_2,H_2,

乙酸,乙醇等作为主要末端产物,该属也有些种以红氧还蛋白替代铁氧还蛋白,其活性中心为$Fe_4(S-CyS)_4$型。

产氢产酸发酵细菌(包括螺旋体属)的直接产氢过程均发生于丙酮酸脱羧作用中,可分为两种方式。①梭状芽孢杆菌型:丙酮酸首先在丙酮酸脱氢酶作用下脱羧,羟乙基结合到酶的TPP上,形成硫胺素焦磷酸——酶的复合物,然后生成乙酰CoA,脱氢将电子转移给铁氧还蛋白,使铁氧还蛋白得到还原,最后还原的铁氧还蛋白被铁氧还蛋白氢化酶重氢化,产生分子氢。②肠道杆菌型:此型中,丙酮酸脱羧后形成甲酸,然后甲酸的一部分或全部转化为H_2和CO_2。由以上分析可见,通过EMP途径的发酵产氢过程,不论是梭状芽孢杆菌型还是肠道杆菌型,虽然它们的产氢形式有所不同,但其产氢过程均与丙酮酸脱羧过程密切相关。

24.3.2　$NADH/NAD^+$的平衡调节产氢

生物制氢系统内,碳水化合物经EMP途径产生的还原型辅酶I($NADH^+/H^+$),一般可通过与一定比例的丙酸、丁酸、乙醇或乳酸等发酵相耦联而得以氧化为氧化型辅酶I(NAD^+),从而保证代谢过程中$NADH/NAD^+$的平衡,这也是有机废水厌氧生物处理中,之所以产生各种发酵类型(丙酸型、丁酸型及乙醇型)的重要原因之一。生物体内的NAD^+与NADH的比例是一定的,当NADH的氧化过程相对于其形成过程较慢时,必然会造成NADH的积累。为了保证生理代谢过程的正常进行,发酵细菌可以通过释放H_2的方式将过量的NADH氧化,即

$$NADH+H^+ \longrightarrow NAD^+ +H_2$$

根据生理生态学分析,与大多数微生物一样,厌氧发酵产氢细菌生长繁殖的最适pH在7左右。然而,在产酸发酵过程中,大量有机挥发酸的产生,使生境中的pH迅速降低,当pH过低($pH<3.8$)时,就会对产酸发酵细菌的生长造成抑制。此时,发酵细菌将被迫阻止酸性末端产物的生成,或者依照生境中的pH,通过一定的生化反应,成比例地降低H^+在生境中的浓度,以达到继续生存的目的。大量分子氢的产生和释放,酸性末端产物中丁酸及中性产物乙醇的增加,正是这种生理需求的调节机制。

24.3.3　产氢产乙酸菌的产氢作用

产氢产乙酸菌(H_2-producing acetogens)能将产酸发酵第一阶段产生的丙酸、丁酸、戊酸、乳酸和乙醇等,进一步转化为乙酸,同时释放分子氢。这群细菌可能是严格厌氧菌或是兼性厌氧菌,目前只有少数被分离出来。

24.4　厌氧发酵法生物制氢工艺概述

24.4.1　厌氧发酵生物制氢工艺

厌氧细菌发酵富含碳水化合物的底物也可以产生氢气。光合成和光降解生产获得的氢气为纯氢,发酵法生产的氢气为混合气体,含有H_2和CO_2及少量的CO,H_2S和CH_4。厌氧制氢细菌主要为Enterobacter, Bacillus和Clostridium的许多种类。任南琪等发现了发酵产氢细菌B49。这些发现极大地丰富了生物制氢的微生物种质资源,发酵类型称之为乙醇型发酵。这些细菌易于用诸如葡萄糖、六碳糖的同聚物及淀粉、半纤维素和纤维素的多聚物等碳水化合物作为产氢发酵的底物。发酵产氢途径决定了H_2的产量,当乙酸作为末端产物时,理论上每摩

尔葡萄糖可以产生4 mol的H_2,其反应方程式为

$$C_6H_{12}O_6+2H_2O \longrightarrow 2CH_3COOH + 4H_2 + 2CO_2$$

当丁酸作为末端产物时,理论上每摩尔葡萄糖可以产生2 mol的H_2,其反应方程式为

$$C_6H_{12}O_6+4H_2O \longrightarrow 2CH_3COO^-+6H^++2HCO_3^-+2H_2$$

一般认为,当末端产物以乙酸为主时,氢气产量较高;在混合培养条件下,当末端产物以乙酸和丁酸为主时氢气产量较高;而当末端产物以丙酸和还原形式的乙醇和乳酸为主时,氢气产量较低。任南琪等研究表明当末端产物为乙醇时,氢气产量却较高。

上述不同生物制氢系统之间的比较主要观察产氢能力的大小,即产氢量和产氢速率的值的变化。生物制氢系统间产氢速率的大小变化很大,光照依赖型的生物制氢系统(光合成生物制氢,光降解生物制氢两种类型)H_2分子合成速率低于1 mmol/(L·h),发酵生物制氢系统的产氢速率差异很大,个别案例产氢速率极高(表24.3)。在光和发酵生物制氢工艺中,Tsygankov等利用Rhodobacter spheroids GL1细胞固定化在球形玻璃体上,氢气产率达到3.6~3.8 mL H_2/(mL·h),氢气产率有所提高。

总而言之,以光照为基础的生物制氢工艺不能够以足够的速率生产氢气来满足一定规模的能源需求。但这并不意味着这些系统没有开发的价值和潜力。在适度的能源需求上仍需要开发这些系统。以绿藻为代表的光和生物制氢工艺可以从水中制造氢气,太阳能转化率比树木和作物高10倍,缺点是需要光能,另外氧气也危害制氢系统;以蓝细菌为代表的光降解有机物生物制氢工艺可以从水中制造氢气,主要利用固氮酶生产氢气,并从大气中固定N_2,该过程的缺点是固氮酶可以被移走,需要太阳光照,另外在H_2中混有体积分数为30%左右的O_2和一定量的CO_2,O_2阻碍固氮酶的活性。

以红细菌光异养型微生物为代表的水-气交换反应固定CO的生物制氢工艺也可以从水中制造氢气,不需要光照,产氢率较高,氢化酶不受O_2的阻碍,生物气中含有CO_2等气体;光合发酵杂交生物制氢系统可以利用来源广泛的底物,也可利用宽泛光谱,缺点是需要光照进行氢气生产。离体氢酶生物制氢系统是酶工程的一种,还需要进一步开发研究。

表24.3　不同生物制氢系统产氢速率的比较

生物制氢系统	氢合成速率	氢合成速率(换算)/($mmol\ H_2 \cdot L^{-1} \cdot h^{-1}$)
光合成生物制氢系统	4.67 mmol H_2/(L·80 h)	0.07
光分解生物制氢系统	12.6 nmol H_2/(μg蛋白质·h)	0.355
光合-发酵生物制氢系统	4.0 ml H_2/(mL·h)	0.16
水气交换反应生物制氢系统	0.8 mmol H_2/(g CDW·min)	96
离体氢酶生物制氢系统	11.6 mol H_2/mol 葡萄糖	—
Mesophilic	21.0 mmol H_2/(L·h)	21
Extreme thermophilic	8.4 mmol H_2/(L·h)	8.4
活性污泥法	36 ml H_2/(g·h)	
活性污泥法	5.4 mol/kg COD	—

发酵法生物制氢工艺可以利用不同的碳源(淀粉、纤维素、半纤维素、木质素、蔗糖等),因此可以利用不同的碳源原材料,并可以产生有价值的丁酸,乳酸,乙酸作为副产品,缺点是发酵液的排放可能污染环境,CO_2存在于气体中,但是可以通过对排放的发酵液进一步甲烷化处理或光合法生物制氢,进一步利用液相有机酸末端产物生产氢气。因此,从以上分析和表3.3可

以看出，发酵法生物制氢工艺具有不可替代的优势。

24.4.2　混合培养发酵法生物制氢工艺

混合培养发酵法生物制氢工艺的基本操作是接种活性污泥，利用生物厌氧产氢-产酸发酵过程制取氢气，产氢单元就是作为污水的二相厌氧生物处理工艺的产酸相。污泥接种后进行驯化培养，采用高浓度有机废水，辅助加入 N/P 配置而成的作用底物，使反应器进入乙醇型发酵状态，进行连续流的氢气生产。反应器采用任南琪发明的完全混拌式生物制氢反应器。

1. 工程控制参数

产酸相乙醇型发酵的出现是生物发酵产氢的最佳运行状态及最佳控制的标志，而该发酵类型又受多种运行参数的调控。其中温度、pH、碱度、氧化还原电位和反应器搅拌速度都对产氢过程有着重要的影响。

温度对产氢产酸发酵有显著影响，当温度调节在 35～38 ℃范围时，反应器中的厌氧活性污泥和微生物菌群具有最高的发酵与繁殖速度，其有机物酸化率及产气率达到最大。但温度对发酵末端产物的组成影响不大。

产酸发酵细菌，包括稳定性较强的乙醇型发酵菌群，对 pH 的变化均十分敏感。反应器内 pH 的变化会造成其微生物生长繁殖速率及代谢途径的改变。另外，pH 的变化也会引起代谢产物的变化，pH 在 4.0～5.0 范围内时，发酵末端产物以乙醇、乙酸含量最高，呈现典型的乙醇型发酵；在 $4.4<pH<5.0$ 范围内，末端产物中亦含有一定含量的丙酸和乳酸，它们的存在可能导致后续处理单元丙酸的积累，影响产甲烷相的正常运行；当 $4.0<pH<4.5$ 时，发酵产物以乙醇、乙酸、丁酸为主，均属理想的产氢代谢目标副产物。若 $pH<4.0$，由于有机酸的大量积累造成过度酸化，细菌的产氢生理生化代谢过程受到严重抑制，产气率急骤下降。综上所述，乙醇型发酵的最佳 pH 应为 4.0～4.5。

厌氧微生物的一些脱氢酶系包括辅酶 I、铁氧还蛋白和黄素蛋白等要求低的 Eh 值环境才能保持活性，因此厌氧微生物的生存和代谢活动必须要求较低的氧化还原电位（Eh 值）环境。生境中的氧化还原电位受多方面因素的影响。首先氧化还原电位受氧分压的影响，氧分压高则氧化还原电位高；氧分压低，氧化还原电位低；其次微生物对有机物的代谢过程中所产生的氢、硫化氢等还原性物质会降低环境中的 Eh 值；第三，环境中的 pH 也能影响氧化还原电位。pH 较低时，氧化还原电位高，pH 高时，氧化还原电位低；可以采取加入还原剂如抗坏血酸、H_2S 或含巯基（—SH）的化合物（如半胱氨酸、谷胱甘肽等），以降低反应体系中的氧化还原电位值；如果要得到高的氧化还原电位值，最好的办法是通空气，提高氧的分压，也就提高了 Eh 值。

有机物在反应器中的水力停留时间直接制约着微生物的代谢过程，停留时间过短，产酸发酵过程进行得不充分；停留时间过长，会影响反应器效能的发挥。试验运行中可观察到出水中有大量细菌絮体流出，这会导致反应器产氢量的下降。根据产氢能力和悬浮物截留能力，生物制氢反应器的水力停留时间（HRT）维持在 4～6 h 较为适宜。

搅拌速率对反应速率影响较大，它不但影响混合液的流动状况，决定微生物与底物的接触机会，而且对代谢速率、气体释放速率及生物发酵途径都有较大影响。李建政认为搅拌器在转速为 60 r/min 时，反应器内的污泥絮体能够完全悬浮，且在 HRT 不小于 5 h 的条件下，其污泥持有量能够保持较高水平（20 MLVSS/L）。在高有机负荷运行条件下，进水碱度（以 $CaCO_3$ 计）应大于 300 mg/L，以保证乙醇型发酵的最适 pH=4～4.5；当进水碱度小于 300 mg/L 时，出水

pH 有可能降至 4.0 以下,造成微生物代谢活力迅速下降,发酵产氢作用将受到极大限制。调节进水碱度可采用投加 $NaHCO_3$,NaOH,Na_2CO_3和石灰等方法,其中以投加石灰乳为佳。首先,石灰价格低廉,可减少生物制氢的生产成本;另外,一定量的Ca^{2+}对微生物的代谢有刺激作用,可使产氢率提高 15%以上。尚未见到关于一个连续流的、工业化生产的生物制氢工艺的报道。任南琪等已经比较详尽地报道了发酵法生物制氢工艺,并进行了小试和中试试验。目前正在进行生物制氢生产示范化工程的基地建设,使这一研究方向继续保持领先。发酵法生物制氢工艺至少包括以下几个步骤:从厌氧污泥和耗氧污泥作为种泥,可进行或不进行预热处理。工程控制温度在 35 ~38 ℃之间,pH 在 4.0 ~6.0 之间,水力停留时间为 4 ~6 h。工艺采用富含碳水化合物的底物,并投加充足的 P、复杂的 N 源,并吹脱溶解氢,通过监测气流,气体成分和液相氧化还原电位来防止乙酸-丁酸-氢气代谢途径的偏离,并去除制氢工艺中产芽孢菌的干扰。可以认为,在任南琪等乙醇型发酵生物制氢理论指导下的发酵法生物制氢技术,是各种生物制氢系统中最有前途的工艺之一,而且乙醇型发酵生物制氢工艺理应普及到纯培养上来。

2. 存在问题与解决途径

为了达到连续制氢的目的,应该选择适当的反应底物(物料)。碳水化合物是可持续利用的资源,具有充分的浓度来有利于发酵转化和能量转换,最低限度的预处理和低成本。在理论上 1 mol 葡萄糖(主要指六碳同聚物或淀粉和纤维素的多聚物)通过以乙酸为末端代谢产物的途径可以产生理论值 4 mol H_2;而以丁酸为末端产物时,可以产生 2 mol H_2,任南琪等以糖厂废蜜废水为底物进行生物制氢,小试和中试连续制氢实验获得了成功。Lay 和 Yokoi 等利用淀粉废水生产氢气分别获得了 2.14 mol H_2/mol 六碳糖和 2.7 mol H_2/mol 葡萄糖。到目前为止,除任南琪等之外,大多数研究者们利用成本较高的纯底物,而很少利用成本较低的固体废弃物和废水,因此难以真正达到可持续的工艺要求。可持续利用的底物应当包括含糖作物,例如甜菜、甘蔗、甜高粱;以淀粉为基础的作物,例如玉米和小麦,以木质素和纤维素为基础的植物,例如饲料草和 Miscanthus。发酵生物质进行氢气生产,因其具有强竞争力的底物而比酵母发酵范围较窄的底物进行乙醇生产具有更大的优势,该优势主要表现为成本较低,能量回收率高。生物制氢的反应物料特性,给生物制氢工艺提出新的课题,那就是如何利用数量规模有限和在一定时段上能够提供的反应底物,这样,连续的生物制氢生产工艺就显得不能够胜任这样的短时间内生产氢气的任务,就需要利用分批培养和补料-分批培养这样可以在一段时间内运行的工艺所补充。这样,通过把这些有限数量和特定时间能够提供的底物转化为氢气,高效率的利用生物质资源。另一方面,当反应底物的组成不是十分复杂。也可以采用纯培养技术,这样可以减少因混合培养菌种繁多对对底物的消耗;研究者一般采用接种厌氧污泥和好氧污泥进行驯化来得到产氢优势菌群,采用或不采用预先对污泥进行热处理的方法,有人认为加热处理污泥可以加速启动,*Clostridium* 菌种的氢产量比好氧菌要高出很多,但任南琪等从生物制氢反应器中分离到的一些特殊新菌种具有更高的产氢能力。混合培养生物制氢系统的启动需要 40 ~50 d 的运行,才能成为稳定产氢的系统。在适合纯培养的生物制氢中,反应器的启动时间上比较快。氮气吹脱有利于产氢。

燃料电池是一种利用带电离子创造电流的电化学装置。很多类型的燃料电池已经发展起来,其主要差别在于电极的类型、操作条件和电势高低。例如,用在机动车上的燃料电池在 50 ~100 ℃范围内运行,需要纯 H_2,对 CO 极为敏感。一般而言,对氢气消耗的速率,当产生 1 kW的电时,需要提供 23.9 mol/h 的氢气流。这就需要生物制氢系统提供足够量的氢气产量和速率,这是对生物制氢系统的技术挑战之一。解决这一问题的途径之一是,在连续流氢气生产工艺之外,附之分批培养和补料分批培养这样短时间运行的制氢工艺,补充连续流工艺的氢气生产,强化和稳定燃料电池所需要的氢气流和氢气量。

24.4.3 纯培养发酵法生物制氢工艺

纯培养生物制氢工程开展的要比混合培养生物制氢要早许多年,但是自从任南琪开展活性污泥发酵法生物制氢以来,混合培养生物制氢取得了巨大的成功。在任南琪的发酵生物制氢系统,分离出一批新型产氢细菌。在此基础上,进一步开展纯培养生物制氢工程研究,就十分必要。首先,以一些特定的生物质为原料的生物制氢,应该进行分批培养和补料分批培养的纯菌制氢;第二,在以混合培养为主的大型生物制氢工厂,附之纯培养生物制氢工艺,以补充氢气生产的速率和流量;第三,以特定生物质制氢工程,需要开展纯培养研究,观察底物制氢的有效性和效能;第四,尽管其他作者研究纯培养制氢取得的成绩,还不能与混合培养制氢的结果相比,有必要进行新型菌种的纯培养生物制氢工程研究,扩大不同类型菌种制氢的应用。

1. 纯培养发酵法生物制氢技术研究历史

尽管早在20世纪80年代,Suzuki 等利用细胞固定化连续培养技术在1980年研究了 *Clostridium butyicum* 的氢气生产;Tashino 等在1983年就开始了利用 *Enterobacter aerogenes* 纯间歇培养,在接种5.5~6.5 h后,产生0.20~0.21 L H_2/L,他们获得的氢气产率相近。研究一直持续到现在,但是多年的纯培养制氢研究还没有实现工业化生产。主要的原因就是所采用的菌种来源太少,缺乏工程上所需要的产氢菌种和制氢技术。纯培养研究一直持续到20世纪90年代中叶,纯培养制氢研究逐步成为生物制氢研究的热点。代表性的菌种有 *Enterobacter aerogenes* B.82005 等。任南琪1994年从活性污泥入手,开始了混合培养生物制氢的研究,经过15年的探索,已经把混合培养发酵法生物制氢工艺深入到生产示范工程,实现规模化工业化生产。相比较而言,纯培养生物制氢被甩到了后面,国际上也于2000年开始把注意力集中在混合培养,陆续报道了一些研究成果。但是,纯培养研究也随着菌种的不断发现,纯培养研究再次成为与混合培养并列一起人们关注的两个热点。代表性的菌种有 *Enterobacter clocae* IIT-BT08, *Clostridium butyricum* CGS5 和 B49。发酵法生物制氢所利用的底物不断扩大,除了废弃物和废水外,生物质作为底物的研究越来越受到人们的重视,这样,成分不是很复杂的生物质、废水和废弃物,可以成为纯培养生物制氢的作用底物,使得纯培养生物制氢的研究持续不断。纯培养生物制氢的研究和产业化,随着新菌种的发现,前景十分看好。

2. 分批培养工艺

分批培养是一种最简单的发酵方式,在培养基中接种后通常只要维持一定的温度,厌氧过程还需要驱逐溶解氧。在培养过程中,培养液的菌体浓度、营养物质浓度和产物浓度不断变化,表现出相应的变化规律。

(1)细菌的生长。

分批培养的细菌生长一般经过延迟期、指数生长期、减数期、静止期和衰亡期等5个阶段。延迟期是菌体细胞进入新的培养环境中表现出来的一个适应阶段,这时菌体浓度虽然没有明显的增加,但在细胞内部却发生着很大的变化。产生延迟期的原因有和培养环境中营养的改变(碳源的改变等),物理环境的改变(温度,pH 和厌氧状况),存在抑制剂和种子的状况有关。延迟期结束后,因为培养液中的营养因素十分丰富,菌体生长不受任何限制,菌体浓度随时间指数增大,故称之为指数生长期。随着细菌的生长,发酵液中的营养不断消耗减少,有害代谢产物不断积累,菌体生长的速率逐渐下降,进入减速期,而细菌生长和死亡速率相等时,菌体浓度不变化,进入静止期。当培养液中的营养物质耗尽和有害物质浓度过渡积累,细胞生长环境恶化,造成细胞不断死亡,进入衰亡期。一般的培养过程在衰亡期之前结束,但是也发现有些生物过程在衰亡期尚有明显的产物形成。期。当培养液中的营养物质耗尽和有害物质浓度过渡积累,细胞生长环境恶化,造成细胞不断死亡,进入衰亡期。一般的培养过程在衰亡期之前结束,但是也发现有些生物过程在衰亡期尚有明显的产物形成。

(2)底物的消耗。

培养过程中消耗的底物用于菌体生长和产物的形成,有的底物还与能量的产生有关。一般而言,底物的消耗与菌体生长浓度和增值率成正比,与得率成反比。

(3)产物的生成。

一般认为,分批培养中产物的生成与生长的关系归纳为3种关系,即产物的生成与生长相关、部分相关和不相关。产物的生成与生长相关多见于初级代谢产物的生产;产物的生成与生长部分相关,产物的生成速率即与细胞的比生长速率有关,也与细胞的浓度有关;产物的生成与生长不相关,则见于次生代谢产物的生产。

(4)工程控制参数。

Minnan 等发现的 *Klebsiella oxytoca* HP1 的分批培养试验结果表明,氢气生产的最佳条件是,葡萄糖浓度、起始 pH、培养温度和气相氧分别是 50 mmol/L 葡萄糖、起始 pH=7.0,35 ℃和体积分数为 0 的氧,最大的氢气生产活性、产率和产量分别为 9.6 mmol/(g CDW·h), 87.5 mL/(L·h)和 1.0 mol/mol 葡萄糖。*Klebsiella oxytoca* HP1 发酵氢气生产强烈地依赖于起始 pH。Chen 等报道了 *Clostridium butyricum* CGS5 在起始蔗糖浓度 20 g COD/L(17.8 g)和 pH=5.5 情况下的分批培养研究结果,其产量为 5.3 L 和 2.78 mol H_2/mol 蔗糖,在 pH=6.0 条件下,最高的氢气产率为 209 mL/(L·h)。Jung 研究的 *Citrobacter* sp. 19 在分批培养中,最佳的细胞生长和氢气生产在 pH=5~8,温度在 30~40 ℃,氧分压为 0.2~0.4 atm(1atm= 1.01×10^5 Pa),其最大产氢量为 27.1 mmol/(g·h)。

3. 连续培养工艺

在连续培养中,不断向反应器中加入培养基,同时从反应器中不断释放出培养液,培养过程可以长期进行,可以达到稳定状态,过程的控制和分析也比较容易进行。生物反应器的培养基接种后,通常先进行一段时间的培养,待菌体浓度达到一定数量后,以恒定流量将新鲜培养基送入反应器,同时将培养液以同样的流量抽出,因此反应器中的培养液体积保持不变。在理想状态下,培养液中的各处的细胞浓度和产物浓度分别相同。和分批培养相比,连续培养省去了反复放料、清洗发酵罐、避免了延迟期,因而设备的利用率高。Minnan 等发现的 *Klebsiella oxytoca* HP1 的连续培养试验结果表明 pH 控制在 6.5,培养温度控制在 38 ℃,驱除气相中的氧成分和回添氩气。培养起始阶段,由于较少的菌体含量,氢气生产率较低。培养 12 h 后,产氢活性和产率都得到提高,在上述条件下,氢气产率和产量分别达到 15.2 mmol/(g CDW·h),350 mL/h和 3.6 mol/mol 蔗糖。Jung 研究的 *Citrobacter* sp. 19 在连续培养中,最佳的细胞生长和氢气生产分别在 pH=5~7.5,温度在 30~40 ℃,氧分压为 0.2~0.4 atm,其最大产氢量为 20 mmol/(g·h)。

4. 补料分批培养工艺

补料分批培养是一种介于分批培养和连续培养之间的一种操作方式,在进行分批培养时,随着营养的消耗,向反应器补充一种或多种营养物质,以达到延长生产期和控制发酵的目的。

随着补料操作的持续进行,发酵液的体积逐渐增大,到了一定时候需要结束培养,或者取出部分发酵液,剩下的发酵液继续进行补料分批培养。补料分批培养可以有效地对发酵过程进行控制,提高发酵过程的生产水平,在生产中得到广泛应用。目前还没有关于补料分批培养用于氢气生产的报道。

5. 纯培养生物制氢进展

尽管利用纯培养生物制氢技术提出的很早,但是人们只是停留在少 *Enterobacter*, *Clostridium* 等几个菌种上,技术进步和研究成果与混合培养比较,研究相对落后。直到最近人们又开始重新开始对纯培养发生兴趣,不断扩大菌种来源 *Citrobacter*, *Klebsiella*,并且研究产氢微生物对底物的来源范围不断扩大。一些 *Enterobacter* 的株系可以利用可溶性淀粉、食品废弃物、造纸废液,小麦淀粉、糖类生物质、食品废水、大米造酒废水等来源广泛的氢气生产底物。Angenent 等对工业和农业废水的氢气生产有了一个综述,Logan 采用了一个新型分批培养技术用于生物制氢。在纯培养生物制氢的研究中,*Clostrodiu* 产氢菌的研究十分详尽,是模式菌种。Collet 报道了 *Clostridium thermolacticum* 纯培养生物制氢的研究结果。在含有乳糖的培养液中,大量氢气生成。在乳品工业中,有大量牛奶渗透到废流中,其中乳糖含量多达6%,是一个有价值的生物制氢底物来源。在连续培养工艺中,*C. thermolacticum* 氢气产量达到5 mmol H_2/(g·h)。围绕着 *Clostridium* 菌属的其他菌种的研究表明,同一属内的菌种的培养特性和产氢能力有所不同,培养条件对 *C. thermolacticum* 乳糖的氢气生产有着十分重要的影响。在气相产品中 H_2的含量十分高,而 CO_2的含量却十分少。细胞代谢释放的 CO_2进入培养液形成碳酸盐或重碳酸根离子的形式存在。Frick 等进行的中试表明培养液的缓冲液强烈的改变培养液中气相 CO_2和不容解的 CO_2之间的平衡。Lee 等报道了提高碱度,有利于氢气生产行的增加。在碱性 pH 条件下乳糖的氢气生物转化,氢分压由 53 kPa 增加到 78 kPa,氢气产量从 2.06 增加到 3.00 mmol/(L·h),一些作者则有相反的结论。乙醇的形成减少了氢气的产量,这一结论受到人们的置疑。利用 Clostrodium 消化其他有机物生产氢气也有许多报道,菊粉、蔗糖、已酰氨基糖和角素等含木质素的废液和污水污泥以及其他方面等都有进行纯培养生产氢气的报道。

如前所述,产氢菌 *Clostridium butyricum* CGS5 是一个比较成功的报道。尽管 *Clostridium* 产氢菌比 *Enterobacter* 对氧气敏感,人们对还是热衷于研究它的产氢特性,这些菌种在价格便宜的培养液中可以进行有效的氢气生产。*Clostridium butyricum* 氢气生产的 pH 最佳范围是 5.5~6.7,而在 pH=5.0 时,氢气生产受到抑制。同样,有机负荷起着十分重要的作用。乙醇产量相对较少,属于丁酸型发酵。纯培养生物制氢的研究中,*Clostridium* 产氢菌的一些研究结果为发酵生物制氢工艺提供了许多具有指导意义的基础资料。

24.5　厌氧发酵生物制氢技术的发展现状

迄今为止,根据是否需要光源,可将已报道的产氢生物类群分为光合生物(厌氧光合细菌、蓝细菌和绿藻),非光合生物(严格厌氧细菌、兼性厌氧细菌和好氧细菌)。根据营养类型又可分为发酵细菌和非发酵细菌,其中发酵细菌也包括光发酵细菌和暗发酵细菌(通常称发酵产氢细菌)。与光合法生物制氢相比,发酵法生物制氢技术具有一定的优越性:①发酵法生物制氢技术的产氢稳定性好。由于发酵法生物制氢技术利用有机底物的分解制取氢气,它不需要光能源,因此发酵法制氢技术不必依赖于光照,能够不分昼夜地持续产氢,从而保证产生氢气的持续稳定性。②发酵产氢细菌的产氢能力较强。光合细菌和发酵细菌产氢能力的综合比较表明,迄今为止,发酵产氢菌种的产氢能力还是要高于光合细菌。

24.5.1 高效产氢菌种的分离和筛选

目前,国际上对生物制氢技术的研究仍处于实验室研究阶段,产氢细菌的产氢能力不高成为限制生物制氢技术发展的重要因素。为了解决这一问题国内外的研究者纷纷进行产氢细菌的分离和筛选工作,以期获得高效的产氢菌中。Jung(2002)从厌氧消化污泥中分离出一株化能异养菌 *Citrobavter* sp. Y19,最大产氢能力为 27.1 mmol H_2/(g·h);Yokoi 等(1995)从土壤中分离到的产气肠杆 HO-39 菌株,其最大产氢能力为 850 mL H_2/(L·h);Rachman 等(1997)分离到气肠杆菌 HU101 突变株 A-1 的产氢能力为 78 mmol H_2/L 培养基;林明(2002)从生物制氢反应器的厌氧活性污泥中分离到了一株高效产氢细菌,其产氢能力为 25 ~ 28 mmol H_2/(g·h)。

24.5.2 厌氧发酵生物制氢的发酵类型

发酵是微生物在厌氧条件下所发生的,以有机物质作为电子受体的生物学过程。在无氧条件下,发酵细菌的产能代谢过程仅依赖于底物水平磷酸化,在有机底物氧化过程中,电子载体 NAD^+ 或 $NADP^+$ 接受电子形成的 NADH 或 NADPH 无法通过电子传递链得以氧化。然而,微生物体内的 NAD^+ 及 $NADP^+$ 的量都是有限的,若使代谢过程不断地进行下去,NADH 或 NADPH 必须得以再生。辅酶的这一再生作用,必须借助于包括丙酮酸及由丙酮酸转化产生的其他有机化合物的氧化还原机制来完成。由于细菌种类不同及不同生化反应体系的生态位存在着相当幅度的变化,就导致形成多种特征性的末端产物,从分子水平分析,末端产物组成是受产能过程和 $NADH/NAD^+$ 的氧化还原耦联过程支配,由此形成了经典生物化学中不同的发酵类型。

在废水发酵法生物制氢中,根据末端发酵产物组成,常将发酵类型分为两类:丁酸型发酵和丙酸型发酵。任南琪在研究中又发现了称作乙醇型发酵的有机废水产酸发酵类型。以上 3 种发酵类型与生物化学中经典的丁酸发酵、丙酸发酵及混合酸发酵较相似,但由于生态环境及生物种群有一定差别,所以发酵末端产物并不完全相同。下面就三种发酵类型的代谢途径加以分析。

1. **丁酸型发酵**(Butyric acid-type fermentation)

发酵中主要末端产物为丁酸,乙酸,H_2,CO_2 和少量的丙酸。丁酸型发酵。主要是在梭状芽孢杆菌属(*Clostridium*)的作用下进行的,如丁酸梭状芽孢杆菌(*C. butyricum*)和酪丁酸梭状芽孢杆菌(*C. tyrobutyricum*)。从氧化还原反应平衡来看,以乙酸作为唯一终产物是不理想的,因为产乙酸过程中将产生大量 $NADH+H^+$,同时,由于乙酸所形成的酸性末端产物过多,所以常因 pH 很低而产生负反馈作用。由以上两方面原因,出现产乙酸过程与丁酸循环机制耦联(即呈现丁酸型发酵)就不难理解了。在这一循环机制中,尽管葡萄糖的产丁酸途径中并不能氧化产乙酸过程中过剩的 $NADH+H^+$,但是,因为产丁酸过程可减少 $NADH+H^+$ 的产生量,同时可减少发酵产物中的酸性末端,所以对加快葡萄糖的代谢进程有促进作用。从丁酸型发酵的末端产物平衡分析,丁酸与乙酸 mol 数之比(M_{Bu}/M_{Ac})约为 2∶1,其反应式为

$$C_6H_{12}O_6+12H_2O+2NAD^++16ADP+16P_i \longrightarrow 4CH_3CH_2CH_2COO^-+2CH_3COO^-+10HCO_3^-+2NADH+18H^++10H_2+16ATP$$

$$\Delta G^0 = -252.3\ \text{kJ/mol 葡萄糖} \quad (pH=7, T=298.15\ K)$$

2. 丙酸型发酵(Propionic acid-type fermentation)

含氮有机化合物(如酵母膏、明胶、肉膏等)的酸性发酵,难降解碳水化合物,如纤维素,在厌氧发酵过程常呈现丙酸型发酵。与产丁酸途径相比,产丙酸途径有利于 $NADH+H^+$的氧化,且还原力较强。丙酸型发酵(Propionic acid-type fermentation)的特点是气体产量很少,甚至无气体产生,主要发酵末端产物为丙酸和乙酸。丙酸杆菌属(*Propionibacterium*)等的丙酸的产生不经乙酰 CoA 旁路,而是由丙酮酸发酵形成,其中包括部分 TCA 循环机制。此外,由于丙酸杆菌属无氢化酶,因而无 H_2产生。在丙酸型发酵中,产乙酸过程中所释放的过量 $NADH+H^+$通过产丙酸途径而得以再生,丙酸和乙酸摩尔产率比值(M_{Pr}/M_{Ac})理论上为 1,其反应式为

$$C_6H_{12}O_6+H_2O+3ADP \rightarrow CH_3COO^- + CH_3CH_2COO^- + HCO_3^- +3H^+ +H_2+3ATP$$

$$\Delta G^0 = -286.6\ \text{KJ/mol 葡萄糖} \ (pH=7, T=298.15\ K)$$

3. 乙醇型发酵(Ethanol type fermentation)

在经典的生化代谢途径中,所谓乙醇发酵是由酵母菌属等将碳水化合物经糖酵解(EMP)或 ED 途径生成丙酮酸,丙酮酸经乙醛生成乙醇。在这一发酵中,发酵产物仅有乙醇和 CO_2,无 H_2产生。任南琪等对产酸反应器内生物相观察,并未发现酵母菌存在,也未发现运动发酵单孢菌属(G^-细菌,不产芽孢的杆菌,杆径粗大,(1~2) μm×(2~5) μm)。试验中发现,发酵气体中存在大量 H_2,因而这一发酵类型并非经典的乙醇发酵。他将这一发酵类型称作乙醇型发酵(Ethanol-type fermentation),主要末端发酵产物为乙醇,乙酸,H_2,CO_2及少量丁酸。这一发酵类型中,通过如下发酵途径产生乙醇。从发酵稳定性及总产氢量等方面综合考察,乙醇型发酵仍不失为一种较佳的厌氧发酵及产氢途径。然而,由于常规的生物制氢反应器内微生物均为混合菌种,即使对同一种废水,很难预料将形成何种发酵。研究表明,厌氧发酵生物制氢呈现何种发酵类型,除由菌种本身所决定外,更主要的是由运行参数(如有机负荷,pH,反应器流态等)的控制所决定,从生态学观点来看,厌氧发酵生物制氢的发酵类型与反应器内生态位(即所控制的生态因子)有直接关系。

24.5.3　生物载体强化技术在生物制氢领域的应用

为了实现生物反应器的实际运行,有较高细胞持有量是基本要求。因此人们用一些微生物载体或包埋剂,对一系列反应器系统进行了细胞固定化的研究。载体强化系统与悬浮细胞系统相比,具有以下特点:污泥龄长,更适合时代周期长的微生物生长;水力停留时间短,容积负荷高;一般能保持较高的生物浓度,因其较高的吸附速率和较快的生物降解速率;生物载体微生物集团内生物多样化,食物链较长,污泥产生量少;分层结构使生物环境多样化,内层微生物受到外层载体和微生物的保护,抗毒性能力增强。

目前,在生物制氢领域,无论是利用光合细菌还是厌氧发酵制取氢气,都有人进行微生物固定化的实验研究,有的采用纯菌种固定化,多见于光合细菌;有的使用混合菌群进行固定化产氢实验,所采用有机载体和无机载体,甚至一些新型高分子材料载体。实验方式有间歇试验和连续流运行。在这些采用生物固定化技术的实验中,研究成果显示出一致性:细胞固定化技术的使用,提高了反应器的生物量,使单位反应器的比产氢率和运行稳定性有了很大提高,固定化系统均取得了较好的产氢效果。固定化细胞与非固定化细胞相比有着耐低 pH 值,持续产氢时间长,抑制氧气扩散速率,防止细胞流失等优点。

1. 固定化纯菌种制氢

固定化微生物制氢的早期研究主要以纯菌种固定化发酵制氢为主。其中有严格厌氧的梭状芽孢杆菌属(*Clostridium*)、兼性厌氧的大肠杆菌(*Escherichia coli*)和肠细菌(*Enterobacter aerogenes*)。发酵制氢的底物主要为糖类等碳水化合物,主要有葡萄糖、蔗糖、果糖、阿拉伯糖、纤维二糖、乳糖和糖蜜等,也有采用淀粉废水和有机固体废弃物作为底物的研究。但以包埋和吸附两种固定化方法为主。固定化纯菌种制氢研究见表 24.4。

表 24.4　固定化纯菌种制氢研究

菌类	固定化材料	制氢率	文献
Anabaena variabilis ASI	角叉藻胶	46 mL/(g·h)	9
红假单胞菌菌种	琼脂凝胶	28.5 mL/(g·h)	10
产气肠杆菌 HO-39	琼脂凝胶	240 mol H_2/(L·h)	11
产气肠杆菌	聚氨基甲酸乙酯泡沫	21.5 mol H_2/mol 糖	12
(*Enterobacter cloacae*) II T-BT08	椰壳纤维	75.6 mmol/(L·h)	13
Enterobacter aerogenes	多孔玻璃	5.46 m^3 H_2/(m^3反应器·d)	14
Ethanologenbacterium Harbin YUAN-3	陶瓷粒	6.44 $m^3 H_2$/(m^3反应器·d)	15
	—	120 mol H_2/(L·h)	
Clostridium butyricum	多孔玻璃	850 ml H_2/(L·h)	16
	—	1.5 mol H_2/mol 糖	
(*Enterobacter aerogenes*) E. 8200	聚氨基甲酸乙酯泡沫	2.2 mol H_2/mol 糖	17
	—	996 mL H_2/L	
Rhodbacter sphaeroides	海藻酸钙	3 094 mL H_2/L	18

注　—为非固定化

2. 固定化混合菌种制氢

固定化混合菌种技术在其他工业废水处理应用中得到了广泛的运用,并取得了很好的效果,但直到 20 世纪 90 年代中期混合菌发酵制氢才成为微生物制氢研究的热点。李白昆等的研究表明,由于菌种间的协同作用,混合菌的制氢能力较纯菌种高。这对有机废水制氢是有利的,因为废水中有机物的复杂性,要求发酵制氢菌具有多样性。当光合细菌和制氢发酵细菌同时存在时,光合细菌却可能对制氢发酵细菌的制氢代谢起促进作用。许淳钧等首先利用 *Clostridium butyricum* 与 *Rhodobacter spha—eroides*(RSP)进行了纯菌种单独制氢试验,最后再把两种纯菌种混合后固定化进行制氢,可得到 13.46 mmol/(L·h),显示出混合菌种制氢的优势。Kayano 认为,这是由于 PSB-Chlorella vulgaris 在光照条件下可以大量还原 NADP,而丁酸梭菌能迅速使 NADPH 传递到细胞色素上,协同促进制氢。并且由于不同制氢菌及其互生菌的混合培养、发酵制取氢气的优势,从而可达到利用活性污泥或混合培养之间的协同作用,以达到最佳的制氢效果。固定化混合菌种制氢见表 24.5。

表 24.5　固定化混合菌种制氢

菌类	固定化材料	制氢率
活性污泥	多孔材料	0.37 L/(g·d)
活性污泥	聚乙烯醇	324.2 mL/(L·h)
硝化污泥	两性聚合剂	300 mL/(L·h)
生活污水污泥	膨胀黏土(EC)	0.415 L/(L·h)
生活污水污泥	活性炭(AC)	1.32L/(L·h)
活性污泥	Acrylic latex plus silicone	2.92 L/(g VSS·h)
污泥	海藻酸钙、氧化铝	20.3 mmol/(L·h)
混合菌	藻酸盐凝胶	0.196 ml/(s·L)
污泥	海藻酸钙	5.85 L/(L·h)
厌氧污泥	聚乙烯-辛烯公弹性体	7.67 mmol/(L·h)

24.5.4　利用不同基质进行生物产氢的探索

资料表明,现有生物制氢技术研究所利用的基质大部分为成分单一的基质。Yokoi 等(1995)根据产气肠杆菌 HO-39 菌株对葡萄糖、半乳糖、果糖、甘露糖、蔗糖、麦芽糖、乳糖、淀粉、纤维素和糊精等基质的利用情况研究发现,葡萄糖和麦芽糖为适宜的产氢基质,淀粉和纤维素则难以利用。Taguchi 等(1993)对巴氏梭菌 AM21B 在多种基质上的产氢能力进行了研究,基质包括阿拉伯糖、纤维二糖、果糖、半乳糖、葡萄糖、淀粉、蔗糖、木糖等,其中蔗糖的产氢效率最高,淀粉最低。在另外的几次研究中,他还研究了梭菌 No.2 在阿拉伯糖、木糖、纤维素和淀粉等基质上的产氢情况。Roychowdhury 等(1998)对甘蔗汁、玉米浆和糖化纤维素的降解研究表明,混合培养污泥比两株 Coli 型细菌 *E. coli* 和 *Citrobacter spp.* 更易于利用底物,从而获得更大的氢气产量。

从生物制氢的成本角度考虑,利用这些单一基质制取氢气的费用较高,而利用工农业生产的废物等廉价的复杂基质来制取氢气,能使肺气物质得到资源化处理,降低它的生产成本。最近几年来利用以有机废水、固体废物为主的复杂物进行生物制氢研究得到了一定的开展。(表24.6)。

表 24.6　利用废水和废物制取氢气的实例

废水种类	细菌种类	培养方式	细菌
豆制品废水	*Rhodobacter sphaeroide* RV	间歇培养	固定化处理
制糖废水	*Rhodobacter sphaeroide* O.U.001	间歇培养	未固定化处理
酒厂废水	*Rhodobacter sphaeroide* O.U.001	间歇培养	固定化处理
甘蔗废水	*Rhodopseudomonas* sp.	间歇培养	固定化处理
乳清废水	*Rhodopseudomonas* sp.	间歇培养	固定化处理
淀粉废水	*Rhodopseudomonas* sp.	间歇培养	未固定化处理
制糖废水	*Rhodospirillum ruburm*	间歇培养	未固定化处理
糖蜜废水	*Enterobacter aerogenes* E.82005	连续培养	未固定化处理
食品废水	*Clostridium butyricum* NCIB9576	间歇培养	固定化处理
	Rhodopseudomonas sphaeriodes E15-1	连续培养	—
牛奶废水	*Rhodobacter sphaeroide* O.U.001	间歇培养	—
米酒废水	厌氧污泥(混合菌群)	连续培养	未固定化处理

续表 24.6

废水种类	细菌种类	培养方式	细菌
淀粉制造废物	*Clostridium butyricum* 及 *Enterobacter aerogenes* HO-39	间歇培养	未固定化处理
有机废物	厌氧污泥(混合菌群)	间歇培养	未固定化处理
城市垃圾	厌氧污泥和 *Clostridium* 属	间歇培养	未固定化处理
城市固定垃圾	*Rhodobacter sphaeroide* RV	间歇培养	未固定化处理

分析表 24.6 可见,虽然一些科学家已经考虑到了利用有机废水和固体废弃物为制取氢气的复杂底物,但是他们的研究大多数仍然以纯菌种为主,对细菌进行固定化处理,而且大多采用了间歇培养的方式制氢。传统的观点认为,微生物体内产氢系统(主要是氢酶)很不稳定,只有进行细胞固定化,才可能试验持续产氢。因此,迄今为止,生物制氢研究中大多采用了纯菌种的固定化技术,采取分批培养法居多,利用连续流培养产氢的报道较少。但是实际上,由于纯菌种的固定化处理需要消耗的工作量大,技术复杂,它增加了生物制氢的成本。另外,间歇培养的方式仅限于实验室小型容器的小试研究,它并不能实现持续的氢气生产。目前仅有 Yu 等(2002)在研究中利用了非固定化混合菌种的连续流培养,但是他获得的产氢能力偏低,目前还难以实现大规模的工业化生产。

24.6 厌氧生物发酵制氢的研究进展及应用

大量的研究资料显示,根据微生物的生理代谢特性,能够产生分子氢的微生物可以分为以下两大主要类群:第一,包括藻类和光合细菌在内的光合生物;第二,诸如兼性厌氧的和专性厌氧的发酵产氢细菌。由于产氢的微生物划分为光合细菌和发酵细菌两大类群,目前生物制氢技术也发展为两个主要的研究方向,即光合法生物制氢技术和发酵法生物制氢技术。纵观生物制氢研究的几个阶段,比较而言,对光合法生物制氢的研究要远远多于对发酵法生物制氢的研究。

(1)光合法生物制氢技术。

自 Gaffron 和 Rubin 发现一种栅列藻属绿藻可以通过光合作用产生氢气以来,不断深入的研究表明,很多的藻类和光合细菌都具有产氢特性,目前研究较多的主要有颤藻属、深红红螺菌、球形红假单胞菌、深红红假单胞菌、球形红微菌等。

从目前光合法生物制氢技术的主要研究成果分析,该技术未来的研究动向主要有以下几方面:光合产氢机理的研究、参与产氢过程的酶结构和功能研究、产氢抑制因素的研究、产氢电子供体的研究、高效产氢基因工程菌研究和实用系统的开发研究等。在这些发展方向之中,高效产氢工程菌的构建以及光反应器等实用系统的开发具有较大的研究价值。

多年来,人们对光合法生物制氢技术开展了大量的研究工作,但是利用光合法制氢的效果并不理想。要使光合法生物制氢技术达到大规模的工业化生产水平,很多问题仍有待于进一步研究解决。

(2)发酵法生物制氢技术。

产氢发酵细菌能够利用底物碳水化合物、蛋白质和脂肪等,利用自身的生理代谢特点,通过发酵作用,在逐步分解有机底物的过程中产生分子氢。以糖类为例,其产氢过程大致如下:首先是葡萄途径生成丙酮酸,ATP 和 NADH;然后,丙酮酸通过丙酮酸铁氧化还原蛋白酶被氧化成乙酰辅酶A，二氧化碳和还原性氧化还原蛋白，或者通过丙酮酸甲酸裂解酶二分解成乙酰辅酶A和甲酸，所产生的甲酸再次被氧化为二氧化碳；并使铁氧化还原蛋白还原；最后，还原性铁氧化还原蛋白在氢化酶和质子的作用下生成氢气。

同光合法生物制氢技术相比，发酵法生物制氢技术具有一定的优越性：第一，发酵细菌的产氢速度通常很快，其产氢速度是光合细菌的几倍，甚至是十几倍。第二，酵细菌大多数属于异养型的兼性厌氧细菌群，在其产氢过程对pH、温度、氧气等环境条件的适应性比较强，并且不需要光照，可以在白天和夜晚连续进行。第三，酵细菌能够利用的底物比较多，除通常糖类化台物外，甚至固体有机废弃物和高浓度的有机废水都可以作为产氢的底物，并且对营养物质的要求比较简单。第四，利用的产氢反应器类型比较多，并且反应器的结构同藻类和光合细菌相比也比较简单。

在100多年前，有人发现在微生物作用下，通过蚁酸钙的发酵可以从水中产生氢气。1962年，Rohrback 首先证明 *Clostrium butyricum* 能够利用葡萄糖产生氢气。Karube 等利用 *Clostrium butyricum*采用固定化技术连续20 d产生氢气。Zeikus 等证明细菌利用碳水化合物、脂肪、蛋白质等生产氢气的同时，得到蚁酸，乙酸和二氧化碳，而乙酸、蚁酸又能被甲烷生成细菌所利用生产甲烷。1983年日本生等系统地研究了 *Enterobacter aerogenes strain* E. 82005的产氢情况，氢气速率可以达到1.0～1.5 mol H_2/mol葡萄糖。1992年，F. Taguchi 等从白蚂蚁体内得到的153株细菌中分离得到51株产氢细菌，其中 *Clostrum beijerinckii strain* AM21B是产氢能力最强的单菌，氢气产率为245.0 mL H_2/mol葡萄糖。

当前，利用厌氧发酵制氢的研究大体上可分为3种类型：一是采用纯菌种和固定技术进行生物制氢，因其发酵条件要求严格，偏向机理，还处于实验室研究阶段；二是利用厌氧活性污泥进行有机废水发酵生物制氢；三是采用连续混合高效产氢细菌使含有碳水化合物、蛋白质等的有机物质分解产氢。

在废水厌氧处理过程中很早就有利用从厌氧活性污泥中得到的产氢产酸菌产生氢气的报道，其发酵过程大体可被分为3个阶段：水解阶段、产酸产氢阶段和产甲烷阶段，产氢处于第二阶段。而如何控制第二阶段的积累和抑制第三阶段产甲烷细菌对氢的消耗成为利用废水连续制氢的一个研究思路。目前，采用活性污泥方法生物制氢的研究很多，Steven Van Ginkel 等的研究表明，热处理可以抑制甲烷细菌和硫化氢还原细菌的存活，可以有效抑制第三阶段的发生。氮气吹扫可以减少氢气分压和提供完全厌氧环境从而提高氢气产率。

而利用高效厌氧产氢细菌进行连续发酵制氢方法目前主要工作是高效产氢菌种的开发以及采用基因技术等手段筛选优秀菌种。设计高效、低成本反应器和选择最佳反应工艺是此制氢方法在技术上的研究方向。

近10年来，国内对厌氧发酵产氢的研究已处于国际先进水平，哈尔滨工业大学的任南琪采用活性污泥方法利用糖蜜废水完成了连续发酵产氢的中试研究，而中国科学院化学研究所的沈建权采用高效厌氧产氢细菌进行了连续发酵制氢中试试验，对柠檬酸厂实际废水进行处理，由于柠檬酸水质的影响，产氢率不高，但厌氧处理废水阶段达到60%的COD去除率，96%以上的总糖分解率。

生物制氢技术由于具有常温、常压、能耗低、环保等优势，在化石资源日渐紧张的今天，逐渐成为国内外研究的热点。利用生物质资源，进一步降低制氢成本是生物制氢走工业化的必由之路。但无论哪种生物制氢方法都存在自身的缺陷。近年来，混合培养技术和分阶段处理工艺越来越受到人们的重视，例如，将厌氧发酵细菌与厌氧光合细菌耦合的两步生物制氢技术。二步方法制氢的概念是通过建立一步厌氧发酵反应器酸化有机废弃物并部分产生氢气，再利用光合细菌在二步反应器中将厌氧发酵的产物进一步转化为氢气的技术。它既弥补了厌氧发酵法产氢效率低和光合细菌法无法直接利用有机废弃物连续产氢的缺点，是高效利用有机废弃物，处理废水的一条可行性很高的研究途径。二步法制氢有可能成为高效利用可再生物质的关键技术环节。此外，采用多步厌氧光合制氢技术、厌氧光合/厌氧发酵同体系协同制氢技术也引起人们越来越多的关注，但如何保持制氢连续性、稳定性和抑制产酸积累仍是很难克服的技术难题。解决这些问题，必须考虑在传统工艺技术基础上渗入新的技术元素，如基因技术和酶/细胞固定化技术。固定化技术在生物制氢中的应用日渐增多，如使用乙烯一醋酸乙烯共聚物（EVA）作为细菌的载体可以得到 1.74 mol H_2/mol 底物的产率。此外，玻璃钢珠、活性炭和木纤维素等材料也可作为固定化载体。固定化制氢具有产氢纯度高，产氢速率快等但细胞固定化后细菌容易失活、材料不耐用且成本高等问题有待开发新的载体材料和新工艺来解决。

目前，已经设计出各种光合和厌氧发酵反应器，但成本高、放大难和氢气产率不高等仍是影响生物制氢发展的一个制约因素。文献认为，对于厌氧发酵制氢反应器，CSTR 型要优于 UASB 型反应器。而其他研究表明，针对不同产氢细菌利用不同的反应器类型都能得到较好的产氢效果。许多研究立足构建生物制氢数学机理模型，来模拟各种操作条件，为生物制氢的放大、评估工程投资和反应器设计等提供理论依据。

这些技术和模型的应用很可能会使生物制氢技术具有更大开发潜力。但生物制氢机理的研究整体不足，特别是厌氧发酵制氢，它的遗传机制、能量代谢和物质代谢途径以及抑制机理都不十分清楚，这制约了生物制氢的发展。随着氢能的日渐受重视，生物制氢机理的研究也将越来越深入。

生物制氢技术是一种经济、有效、环保的新型能源技术。它与有机废水处理过程相结合，既可以产生清洁能源一氢气，又能实现废弃物的资源化，保护环境，对我国的可持续发展能源战略有重大意义。通过基因技术、固定化技术等内外部促进手段，进一步提高氢气的产率和有机质的利用效率，必然加速生物制氢工业化的进程。相信不久的将来必将迎来一次以利用生物质资源采用微生物方法制取氢气的新能源技术革命。

第25章 脱氮除磷工艺

各种生物膜法反应器,诸如普通生物滤池、接触氧化池以及生物转盘等,由于其支持介质上可以栖息世代时间较长的微生物,这就为硝化菌的增长繁殖提供了良好的环境。大量研究表明,只要条件控制得当,生物硝化过程就可在各种生物膜法反应器内顺利进行。

与活性污泥法生物硝化系统类似,生物膜法硝化系统也分为单级硝化(BOD 氧化和NH_4^+-N 硝化合并处理)和分级硝化(以 BOD 氧化和 NH_4^+-N 硝化分别在两个反应器中进行)两种工艺。下面分别就各种反应器的性能、影响因素以及设计考虑等几方面加以论述。

25.1 活性污泥法生物脱氮工艺

生物脱氮包括以下3个过程:①同化过程,污水中一部分氨氮被同化为新细胞物质,以剩余污泥形式去除;②硝化过程,即硝化菌将氨氮氧化为硝态氮;③反硝化过程,即反硝化菌将硝态氮转化为氮气。利用这3个过程进行生物脱氮的工艺流程有3种基本类型(图25.1)。

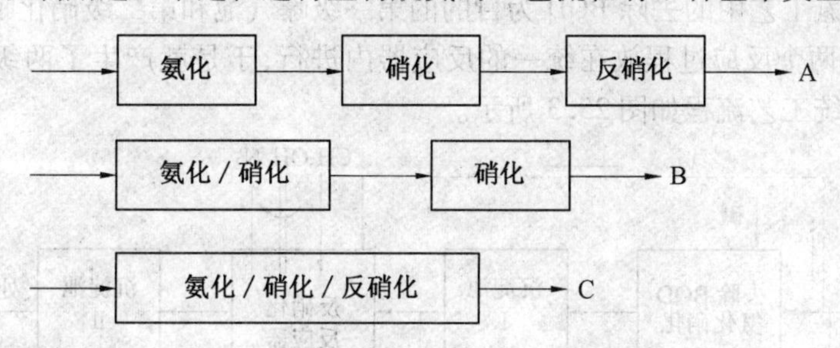

图25.1 生物脱氮工艺的3种基本流程

A—三段式污泥脱氮系统;B—两段式污泥脱氮系统;C—单污泥脱氮系统

25.1.1 三级活性污泥法脱氮工艺

由巴茨(Barth)开创的传统活性污泥法脱氮工艺为三级活性污泥法流程,它是以氨化、硝化和反硝化3个生化反应为基础建立的。三级活性污泥法工艺流程如图25.2所示。

该工艺流程将去除BOD_5与氨化、硝化和反硝化分别在几个反应池中进行,并各自有其独立的污泥回流系统。第一级曝气池为一般的二级处理曝气池,其主要功能是去除BOD,将有机氮转化为NH_3-N,即完成有机碳的氧化和有机氮的氨化功能。第一级曝气池的混合液经过沉淀后,出水进入第一级曝气池,称为硝化曝气池,进入该池的污水,其BOD_5值已降至15～20 mg/L的较低水平,在硝化曝气池内进行硝化反应,使NH_3-N 氧化为NO_3^--N,同时有机物得到进一步降解。硝化反应要消耗碱度,所以需要投加碱,以防pH下降。硝化曝气池的混合液进入沉淀池,沉淀后出水进入第一级活性污泥系统,成为反硝化反应池,在缺氧条件下,NO_3^--N还原为气态氮气,排入大气。因为进入该级的污水中的BOD_5值很低,为了使反硝化反应正常进行,所以需要投加甲醇作为外加碳源,但是为了节省运行成本,也可以引入污水补充作碳

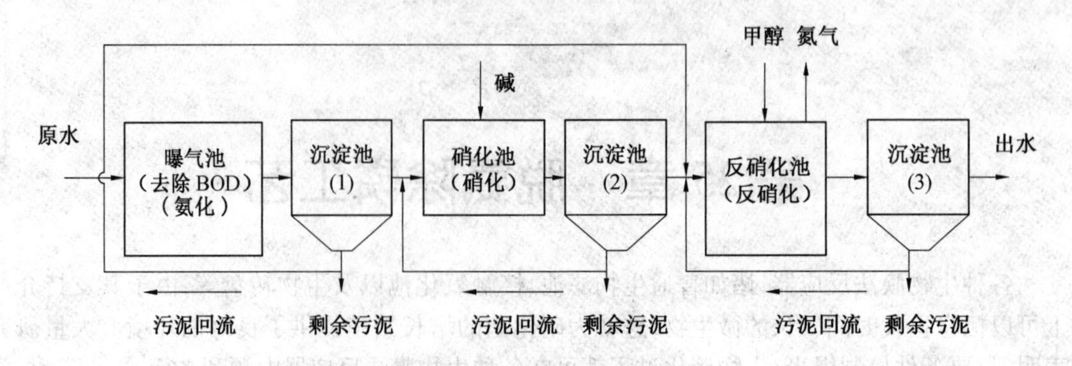

图 25.2　三级活性污泥法工艺流程

源。

在三级活性污泥法中，其中的有机底物降解菌、硝化细菌、反硝化细菌在不同反应器中生长增殖，环境条件适宜，而且各自回流沉淀池分离的污泥，反应速度快且反应比较彻底。主要的缺点是：①处理流程长，设备多、造价高、管理不方便；②反硝化反应需外加碳源，从而增加了运行成本；③为保证出水水质和溶解氧，有的需再设曝气反应器，从而增加了动力费用。

25.1.2　两级活性污泥法脱氮工艺

为了减少处理设备，根据去除 BOD 和硝化反应都需在曝气好氧条件下进行，故可以将三级活性污泥法脱氮工艺中的去除 BOD 为目的的第一级曝气池和第二级硝化曝气池相合并，将 BOD 去除和硝化两个反应过程放在统一的反应器内进行，于是就产生了两级生物脱氮系统，两级生物脱氮系统工艺流程如图 25.3 所示。

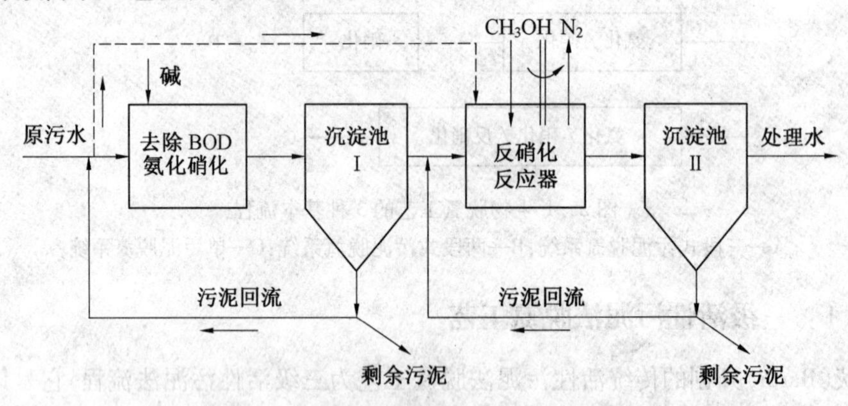

图 25.3　两级生物脱氮系统工艺流程

虽然两级生物脱氮工艺较三级生物脱氮工艺的工艺流程简单、运行操作简便，但该工艺仍存在处理设备较多、管理不太方便、处理造价较高和处理成本高等缺点。

25.1.3　缺氧/好氧(A_1/O)脱氮工艺

A_1/O(Anoxic/Oxic)法脱氮工艺，是在 20 世纪 80 年代初开创的工艺流程，其主要特点是将反硝化反应器放置在系统前，故又称为前置反硝化生物脱氮系统，这是目前采用比较广泛的一种脱氮工艺。A_1/O 工艺流程如图 25.4 所示。

A_1/O(Anoxic/Oxic)法脱氮工艺的优点主要体现在以下几方面。

(1)反硝化反应以污水中的有机物为碳源，节省了外加碳源的费用并可获得较高的 C/N

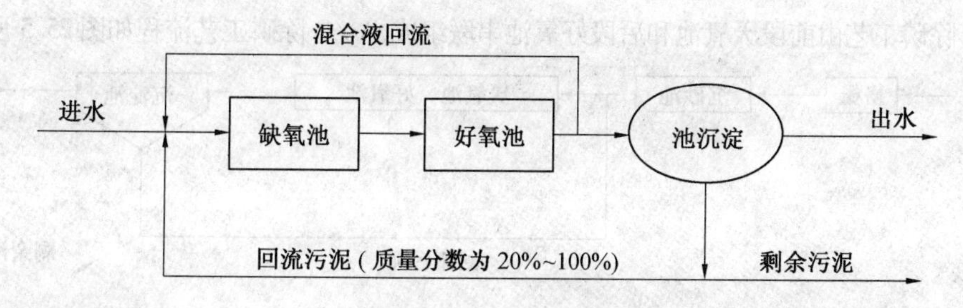

图25.4　A_1/O工艺流程

比,以确保反硝化作用的充分进行。

(2)好氧池在缺氧池之后,可进一步去除反硝化残留的有机污染物,确保出水水质达到排放标准。

(3)曝气池中含有大量的硝酸盐的回流混合液,在缺氧池中进行反硝化脱氮。在反硝化反应中产生的碱度可补偿硝化反应中所消耗的碱度的50%左右。

(4)该工艺流程简单,无须外加碳源,因而基建费用及运行费用较低,脱氮效率一般在70%左右。

但是由于出水中含有一定浓度的硝酸盐,在二次沉淀池中,有可能进行反硝化反应,造成污泥上浮,影响出水水质。

A_1/O工艺比传统的以去除有机物为目标的活性污泥工艺要复杂得多,许多因素影响脱氮效果。①废水水质水量方面:进水生物易降解有机物浓度、NH_4^+-N浓度、C/N、好氧和缺氧反应器的水力负荷、水力停留时间等。②工艺运行方面:好氧反应器泥龄、混合液回流比、溶解氧浓度、pH、温度等。A_1/O工艺设计参数主要介绍如下。

(1)水力停留时间:硝化时水力停留时间不小于5~6 h;反硝化时水力停留时间不大于2 h;A段∶O段的水力停留时间的比例一般为3。

(2)污泥回流比为50%~100%,硝酸盐混合液回流比R/N为300%~500%。

(3)混合液回流比为300%~400%。

(4)BOD_5/TN>4(反硝化段),理论BOD消耗量为1.72 g BOD/g NO_x-N。

(5)硝化段污泥负荷率为<0.05 kg BOD_5/(kg MLSS·d)。

(6)硝化段的KN/MLSS负荷率<0.18 kg KN/(kg MLSS·d)。

(7)溶解氧。A段缺氧池的溶解氧<0.5 mg/L。O段好氧池的溶解氧≥2 mg/L。

(8)pH。A段反硝化池的pH为6.5~7.5;O段硝化池的pH为7.0~8.0。

(9)污泥龄(θ_c)不少于30 d。

(10)水温。硝化时水温为20~30 ℃,反硝化时水温为20~30 ℃。

(11)A1/O工艺的需氧量

25.2　除 磷 工 艺

25.2.1　厌氧/好氧(A_2/O)生物除磷工艺

聚磷菌在厌氧-好氧交替运行的系统中有释磷和摄磷的作用,使得它在与其他微生物的竞争中取得优势,从而使磷得到有效去除。

A_2/O 除磷工艺由前段厌氧池和后段好氧池串联组成，A_2/O 除磷工艺流程如图 25.5 所示。

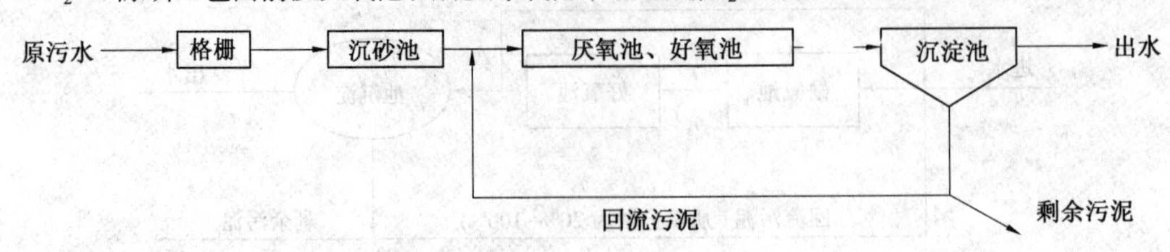

图 25.5　A_2/O 除磷工艺流程

A_2/O 工艺的前段为厌氧池，城市污水和回流污泥进入该池，聚磷酸在厌氧池可吸收去除一部分有机物，同时释放出大量磷。然后混合液流入后段好氧池，污水中的有机物在其中得到氧化分解，污泥中的聚磷菌在好氧状态下将超量地摄取污水中的磷，然后通过排放剩余污泥而使污水中的磷得到去除。A_2/O 工艺的 BOD_5 去除率大致与一般活性污泥法相同，而磷的去除率为 70% ~80%，处理后出水的磷质量浓度一般都小于 1.0 mg/L。

A_2/O 工艺的主要特点是：①工艺流程简单。②厌氧池在前、好氧池在后，有利于抑制丝状菌的生长。混合液的 SVI 小于 100，污泥易沉淀，不易发生污泥膨胀，并能减轻好氧池的有机负荷。③在反应池内，水力停留时间较短，一般厌氧池的水力停留时间为 1 ~2 h，好氧池的水力停留时间为 2 ~4 h，总共为 3 ~6 h。厌氧池/好氧池的水力停留时间之比一般为 1∶(2 ~3)。④剩余活性污泥含磷率高，一般为 2.5% 以上，故污泥肥效好。⑤除磷率难于进一步提高。当污水 BOD 浓度不高或含磷量高时，则 P/BOD_5 比值高，剩余污泥产量低，使除磷率难于提高。⑥当污泥在沉淀池内停留时间较长时，则聚磷菌会在厌氧状态下产生磷的释放，从而降低该工艺的除磷率，所以应注意及时排泥和使污泥回流。

能够影响 A_2/O 工艺处理效果的因素主要有溶解氧、进水中 BOD /总磷之比值、氧化态氮(NO_x^--N) 含量、污泥龄 θ_c 等，A_2/O 工艺设计参数介绍如下。

(1)溶解氧：在厌氧池中必须严格控制其厌氧条件，使其既无分子态氧，也没有 NO_3^- 等化合态氧，以保证聚磷菌吸收有机物并释放磷。而在好氧池中，要保证 DO 不低于 2 mg/L，以供给充足的氧，保持好氧状态，维持微生物菌体对有机物的好氧生化降解，并有效地吸收污水中的磷。

(2)进水中 BOD/总磷之比值：由于聚磷菌对磷的释放和摄取在很大程度上取决于起诱导作用的有机物，所以污水中的 BOD/T-P 比值应大于 20 ~30，否则其除磷效果将下降。

(3)NO_x^--N：氧化态氮(NO_x^--N)包括硝酸盐氮(NO_3^--N)和亚硝酸盐氮(NO_2^--N)，由于它的存在会消耗有机物而抑制聚磷菌对磷的释放，继而影响聚磷菌在好氧条件下对磷的吸收。根据报道，NO_3^--N 质量浓度应小于 2 mg/L，才不会影响除磷效果。但污水中只要 COD/KN 不低于 10 时，NO^--N 对生物除磷的影响就较小。

(4)污泥龄 θ_c：A_2/O 工艺主要是通过排除富磷剩余污泥而去除磷的，所以其除磷效果与排放的剩余污泥量多少直接相关。通常，污泥龄短时，产生的剩余污泥量较多，可取得较高的除磷效果，反之亦然。有人报道，θ_c 为 30 d 时，除磷率为 40%；θ_c 为 17 d 时，除磷率为 50%，θ_c 为 5 d 时，除磷率上升到 87%，所以 A/O 除磷工艺的污泥龄 θ_c 以 5 ~10 d 为宜。

(5)污泥负荷 N_s：较高的 N_s 可取得较好的除磷效果，一般 N_s 大于 0.1 kg BOD_5/(kg MLSS · d)，可取得较好的除磷效果。厌氧池 $N_s \geq 0.1$ kg BOD_5/(kg MLSS · d)；好氧池 $N_s \leq 0.18$ kg BOD_5/(kg MLSS · d)。

(6)温度:在5~30 ℃的范围内,除磷效果较好。但在13 ℃以上时,聚磷菌的释放和摄取与温度没有关系。

(7)pH:pH在6~8范围内时,聚磷菌对磷的释放和摄取都比较稳定。

(8)水力停留时间:厌氧段/好氧段等于1:(2~3),一般厌氧段的水力停留时间为1~2 h,好氧段的水力停留时间为2~4 h,总的生化反应池水力停留时间为3~6 h。

25.2.2　Phostrip除磷工艺

Phostrip工艺是由Levin在1965年首先提出的。该工艺是在回流污泥的分流管线上增设一个脱磷池和化学沉淀池而构成的。

Phostrip工艺流程如图25.6所示,该工艺将A_2/O工艺的厌氧段改造成类似于普通重力浓缩池的磷解吸池,部分回流污泥在磷解吸池内厌氧放磷,污泥停留时间一般为5~12 h,水力表面负荷应小于20 $m^3/(m^2 \cdot d)$。经浓缩后污泥进入缺氧池,解磷池上层清液含有高浓度的磷(可高达100 mg/L以上),将此上层清液排入石灰混凝沉淀池进行化学处理生成磷酸钙沉淀,该含磷污泥可作为农业肥料,而混凝沉淀池出水应流入初沉池再进行处理。Phostrip工艺不仅通过高磷剩余污泥除磷,而且还通过化学沉淀除磷。该工艺具有生物除磷和化学除磷双重作用,所以Phostrip工艺具有高效脱氮除磷功能。

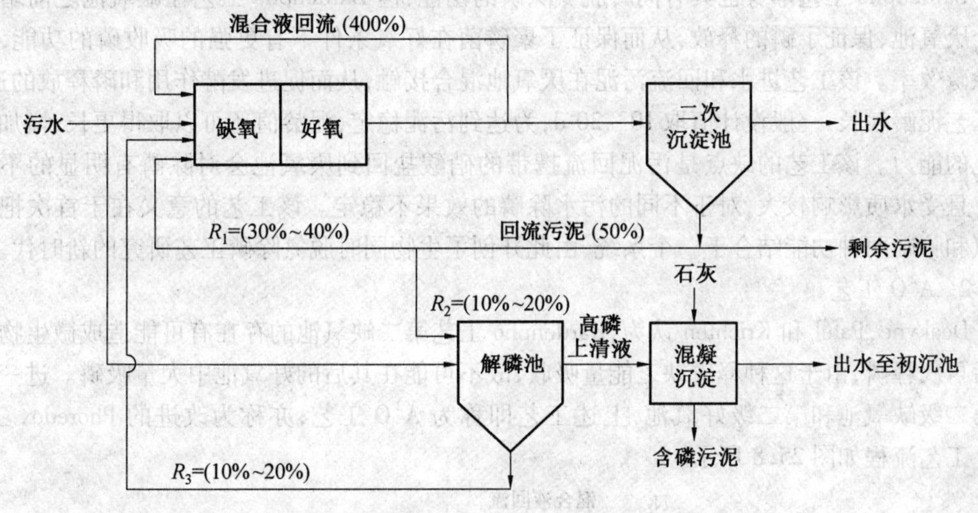

图25.6　Phostrip工艺流程

废水经曝气好氧池去除BOD_5和COD,并在好氧状态下过量地摄取磷。在二次沉淀池中,含磷污泥与水分离,回流污泥一部分回流至缺氧池,另一部分回流至厌氧除磷池。而高磷剩余污泥被排出系统。在厌氧除磷池中,回流污泥在好氧状态下过量摄取的磷在此释放,释放磷的回流污泥回流到缺氧池。而除磷池流出的富磷上层清液进入混凝沉淀池,投入石灰形成$Ca_3(PO_4)_2$沉淀,通过排放含磷污泥去除磷。

25.3 同步脱氮除磷工艺

25.3.1 A^2O 系列

1. Bardenpho 工艺

在脱氮工艺的研究中，Barnard 发现在第一缺氧池存在厌氧区时，系统具有明显地除磷效果。为了强化这种效果，在工艺的最前端加入一个厌氧段，形成所谓的 Bardenpho 工艺（在美国称 5 阶段 Phoredox 工艺），并于 1978 年正式提出。Bardenpho 工艺流程如图 25.7 所示。

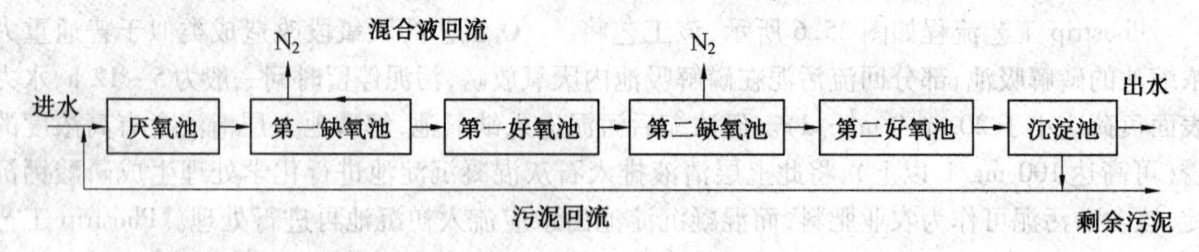

图 25.7 Bardenpho 工艺流程

Bardenpho 工艺本身也具有同时脱氮除磷的功能，但 Bardenpho 工艺在缺氧池之前增设了一个厌氧池，保证了磷的释放，从而保证了聚磷菌在好氧条件下有更强的吸收磷的功能，提高了除磷效率。该工艺进水和回流污泥在厌氧池混合接触，从而促进发酵作用和磷释放的进行。该工艺泥龄较长，一般设计值取 10 ~20 d，为达到污泥稳定，泥龄值还可以取得更长，增加了氮氧化的能力。该工艺的缺点是污泥回流携带的硝酸盐回到厌氧池会对除磷有明显的不利影响。且受水质影响较大，对于不同的污水除磷的效果不稳定。该工艺的意义在于首次把生物脱氮和除磷两种功能结合于一个系统，由此开创了生物同时脱氮除磷工艺研究的新时代。

2. A^2O 工艺

Deakyne，Patel 和 Krichten 认为，Bardenpho 工艺第二缺氧池的存在有可能造成微生物在吸磷后再次释磷，由于这种释磷缺乏能量吸收，故不可能在其后的好氧池中大量吸磷。进一步取消第二级缺氧池和第二级好氧池，上述工艺即称为 A^2O 工艺，亦称为改进的 Phoredox 工艺，A^2O 工艺流程如图 25.8 所示。

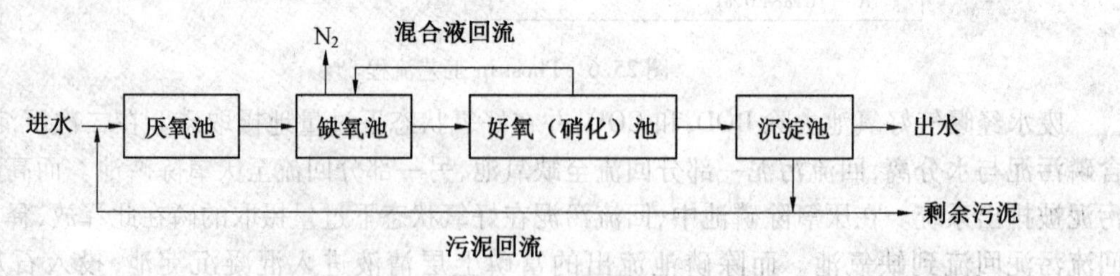

图 25.8 A^2O 工艺流程

A^2O 工艺的优点是工艺流程简单，厌氧、缺氧、好氧交替运行，可以达到同时去除有机物、脱氮、除磷的目的，同时能够抑制丝状菌生长，基本不存在污泥膨胀问题。A^2O 工艺的总水力停留时间少于其他同类工艺，并且不需外加碳源，缺氧、厌氧段只进行缓速搅拌，运行费用低。缺点是除磷效果受到污泥龄、回流污泥中的溶解氧和 NO_3^--N 的限制，不可能十分理想；同时由于脱氮效果取决于混合液回流比，A^2O 工艺的混合液回流比不宜太高（≤200%），脱氮效果不能满足较高要求。

A^2O 工艺的影响因素主要有废水中有机物的组成成分、污泥龄 θ_c、溶解氧(DO)、污泥负荷率 N_s、KN/MLSS 负荷率、污泥回流比和混合液回流比等。主要的设计参数主要介绍如下。

(1)污水中对脱氮除磷的影响:生物反应池混合液中能快速生物降解的溶解性有机物对脱氮除磷的影响最大。厌氧段中吸收该类有机物而使有机物浓度下降,同时使聚磷菌释放出磷,以使在好氧段更变本加厉地吸收磷,从而达到去除磷的目的。如果污水中能快速生物降解的有机物很少,聚磷菌则无法正常进行磷的释放,导致好氧段也不能更多地吸收磷。经实验研究,厌氧段进水溶解性磷与溶解性 BOD_5 之比应小于0.06才会有较好的除磷效果。缺氧段,当污水中的 BOD_5 浓度较高,又有充分的快速生物降解的溶解性有机物时,即污水中 C/N 比较高,此时 NO_3^--N 的反硝化速率最大,缺氧段的水力停留时间 HRT 为0.5~1.0 h即可;如果 C/N 比低,则缺氧段 HRT 需2~3 h。由此可见,污水中的 C/N 比对脱氮除磷的效果影响很大,对于低 BOD_5 浓度的城市污水,当 C/N 较低时,脱氮率不高。一般来说,污水中 COD/KN 大于8时,氮的总去除率可达80%。

(2)污泥龄 θ_c:A^2/O 工艺系统的污泥龄受两方面影响,一方面是受硝化菌世代时间的影响,即 θ_c 比普通活性污泥法的污泥龄长一些;另一方面,由于除磷主要是通过剩余污泥排除系统,要求 A^2/O 工艺中 θ_c 又不宜过长。权衡这两个方面,A^2/O 工艺中的 θ_c 一般为15~20 d。

(3)溶解氧(DO):在好氧段,DO 升高,NH_4^+-N 的硝化速度会随之加快,但 DO 大于2 mg/L 后其增长趋势减缓,如图25.9所示。因此,DO 并非越高越好。因为好氧段 DO 过高,则溶解氧会随污泥回流和混合液回流带至厌氧段与缺氧段,造成厌氧段厌氧不完全,而影响聚磷菌的释放和缺氧段的 NO_3^--N 的反硝化。高浓度溶解氧也会抑制硝化菌。所以好氧段的 DO 应为2 g/L左右,太高或太低都不利。

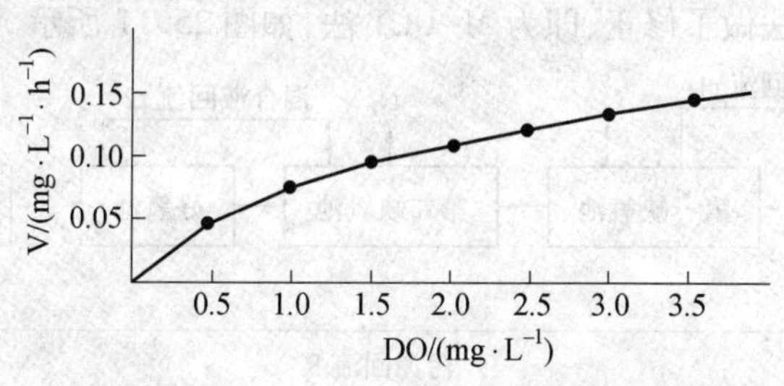

图25.9　DO 浓度对 NH_4^+-N 氧化速率的影响

对于厌氧段和缺氧段,则 DO 越低越好,但由于回流和进水的影响,应保证厌氧段 DO 小于0.2 mg/L,缺氧段 DO 小于0.5 mg/L。

(4)污泥负荷率 N_s:在好氧池,N_s 应在0.18 kg BOD_5/(kg MLSS·d)之下,否则异养菌数量会大大超过硝化菌,使硝化反应受到抑制。而在厌氧池,N_s 应大于0.10 kg BOD_5/(kg MLSS·d),否则除磷效果将急剧下降。所以,在 A^2/O 工艺中其污泥负荷率 N_s 的范围狭小。

(5)KN/MLSS 负荷率:过高浓度的 NH_4^+-N 对硝化菌会产生抑制作用,所以 KN/MLSS 负荷率应小于0.05 kg KN/(kg MLSS·d),否则会影响 NH_4^+-N 的硝化。

(6)污泥回流比和混合液回流比:脱氮效果与混合液回流比有很大关系,回流比高,则效果好,但动力费用增大,反之亦然。A^2/O 工艺适宜的混合液回流比一般为200%。

(7)pH:好氧池中的 pH 范围为7.0~8.0;缺氧池的 pH 范围为6.5~7.5;厌氧池的 pH 范围为6~8。

(8)温度:根据硝化菌、反硝化菌和聚磷菌的主要性质,A^2O 工艺在 13~18 ℃时其污染物质的去除率较稳定。

3. UCT 工艺

将回流污泥首先回流至缺氧段,回流污泥带回的 NO_3^--N 在缺氧段被反硝化脱氮,然后将缺氧段出流混合液一部分再回流至厌氧段,这样就避免了 NO_3^--N 对厌氧段聚磷菌释磷的干扰,提高了磷的去除率,也对脱氮没有影响,该工艺对氮和磷的去除率都大于 70%。如果入流污水的 BOD_5/TN 或 BOD_5/TP 较低时,为了防止 NO_3^--N 回流至厌氧段产生反硝化脱氮,发生反硝化细菌与聚磷菌争夺溶解性 BOD5 而降低除磷效果,此时就应采用 UCT 工艺。

为了使厌氧反应池不受回流污泥中硝酸盐浓度的影响,Marais 研究小组推出了开普敦大学工艺(UCT),如图 25.10 所示。在该工艺中,污泥回流(R)和混合液回流(r2)进入缺氧反应池,而混合液回流(r1)进入厌氧反应池,因此,只要控制混合液回流(r2)量,使 r2 中的 NO_3^--N 在缺氧反应池中被完全或接近于完全还原,就能达到不论进水中 TKN(总凯氏氮)/COD 如何变化,厌氧反应池中磷的释放不受 NO_3^--N 的影响的目的。

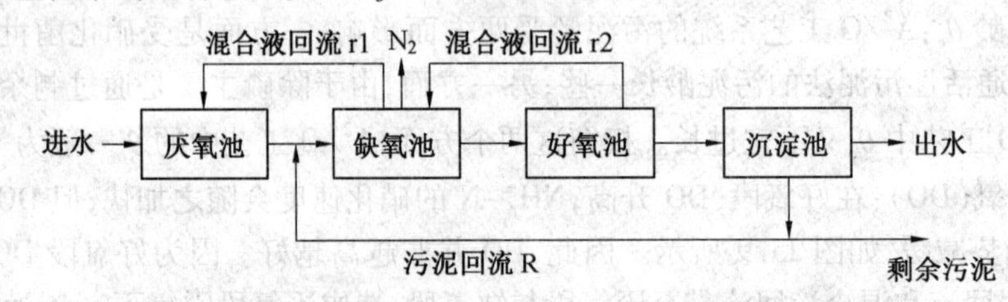

图 25.10 UCT 工艺流程

然而,进水中 TKN/COD 比值是个变化值,在实际运行时,难以掌握进水 TKN/COD 来调整回流(r2)量,于是 UCT 法做了修正,即为 M-UCT 法,如图 25.11 所示。

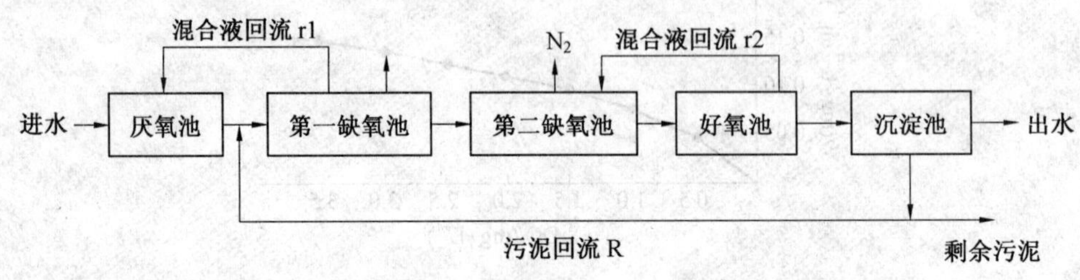

图 25.11 M-UCT 工艺流程

为了克服 UCT 工艺图因两套混合液内回流交叉,导致缺氧段的水力停留时间不易控制的缺点,同时避免好氧段出流的一部分混合液中的 DO 经缺氧段进入厌氧段而干扰磷的释放,MUCT 工艺将 UCT 工艺的缺氧段一分为二,使之形成二套独立的混合液内回流系统,从而有效地克服了 UCT 工艺的缺点。

在 M-UCT 工艺中,污泥回流(R)进入第一缺氧池,混合液回流(r2)进入第二缺氧池,混合液回流(r1)从第一缺氧反应池进入厌氧池。这样就不必严格控制混合液回流 r2 量。因为即使进入第二缺氧反应池的 NO_3^--N 不能完全被还原,也不会影响厌氧池中磷的释放。但由于增加了缺氧段向厌氧段的回流,其运行费用较高,而且,进入第一缺氧池的回流污泥实际上只有一小部分由混合液回流(r1)运至厌氧池,其余大部分未经释磷直接进入后续工艺,即在所排出的剩余污泥中只有一小部分经历了完整的释磷、吸磷全过程,其实际除磷效果可能因此而大受影响。

4. JHB 工艺

JHB(Johannesburg 约翰内斯堡)工艺在回流污泥进入厌氧段之前,附设了一个缺氧池,回流污泥携带的硝酸盐利用污泥本身的碳源得到还原,故避免了硝酸盐对厌氧释磷的不利影响,同时使所有的污泥都经历完整厌氧释磷和好氧吸磷过程,因而能够保证较好的除磷效果。JHB 工艺流程如图 25.12 所示。

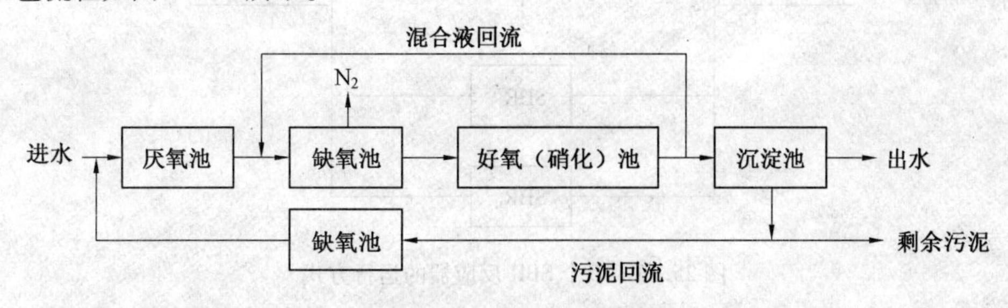

图 25.12　JHB 工艺流程

25.3.2　SBR 系列

SBR 是一个间歇式的活性污泥系统,活性污泥的曝气、沉淀、出水排放和污泥回流均在同一池子中完成,可通过双池或多池组合运行实现连续进出水。SBR 的运行一般按进水、曝气、沉淀、排水、闲置 5 个工序,依次在同一个 SBR 反应池中周期性进行。通过调整运行周期以及控制各工序的时间的长短,可实现对氮、磷等营养物的去除。SBR 最早由美国 Irvine 在 20 世纪 70 年代初开发的,20 世纪 80 年代初出现了连续进水的间歇式循环延时曝气活性污泥工艺(ICEAS),随之 Goranzy 教授开发了循环式活性污泥工艺(CASS)和周期循环式活性污泥工艺(CAST),20 世纪 90 年代比利时的 SEGHERS 公司又开发了一体化活性污泥工艺(UNITANK)系统,把经典 SBR 的时间推流与连续系统的空间推流结合了起来。

SBR 具有以下优点。

(1)工艺流程简单,节省基建与运行费用。

原则上,SBR 污水处理的主体设备只有一个序批式间歇反应器(Sequencing batch reactor, SBR)。与普通的活性污泥法比,它不需要另设二次沉淀池、污泥回流及污泥回流设备,一般情况下不必设调节池,多数情况下可以省去初次沉淀池,多个 SBR 反应器的运行方式如图 25.13 所示。对于污水人工生物处理的各种方法,像 SBR 法这样简易的工艺绝无仅有。Ketchum 等的统计结果表明,采用 SBR 法处理小城镇污水时,要比普通活性污泥法节省投资 30% 以上。此外,采用如此简洁的 SBR 法工艺的污水处理系统,还具有布置紧凑、占地面积省等优点。

(2)理想的推流过程使生化反应推力大、效率高。

SBR 反应器中的底物浓度和微生物浓度是随反应的时间变化的,而且反应过程是不连续的,因此其运行是典型的非稳态过程。在其连续曝气的反应阶段,也属非稳定状态,但其底物浓度和微生物浓度的变化是连续的。在反应的这段时间,虽然反应器的混合液处于完全混合的状态,但其浓度的变化是随时间逐步降解的,与连续流活性污泥法中的污染物变化规律不同,在整个运行期间,反应过程又是非连续的。反应器中的活性污泥处于一种交替的吸附、吸收及生物降解和活化过程的不断变化过程。

1. CASS 工艺

CASS(Cyclic Activated Sludge System)工艺是 1975 年由美国川森维柔废水处理公司研究

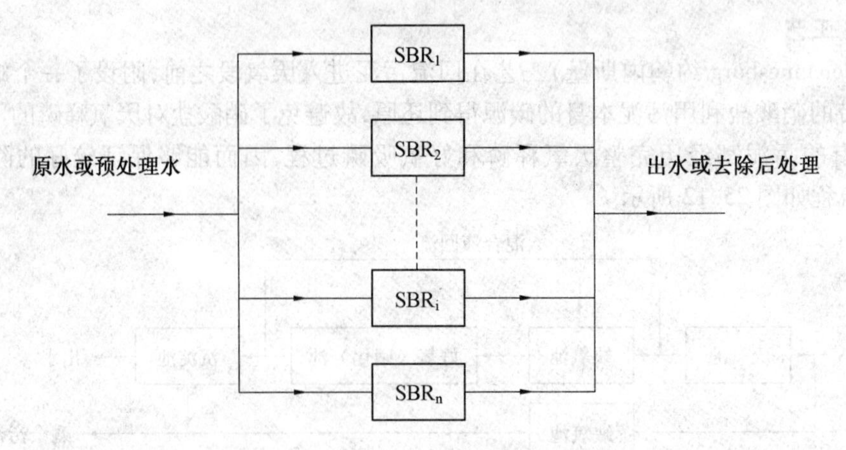

图 25.13　多个 SBR 反应器的运行方式

成功并推广应用的 SBR 改进工艺。

CASS 工艺与常规 SBR 工艺的不同是在 SBR 池前部设置了预反应区作为生物选择区，其后是主反应区，曝气、沉淀、排水均在同一池子内周期性循环进行，CASS 工艺流程如图 25.14 所示。生物选择区与主反应区之间由隔墙隔开，污水由生物选择区通过隔墙进入主反应区，托动水层缓慢上升。预反应区有效容积约占 CASS 反应池总有效容积的 15% ~20%。

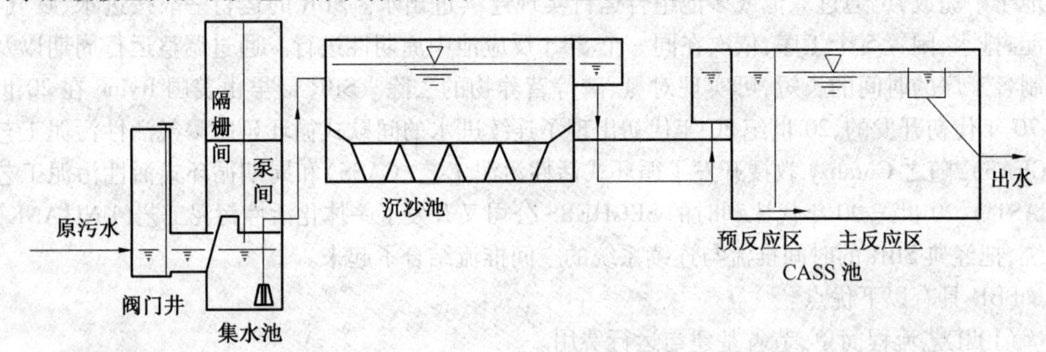

图 25.14　CASS 工艺流程图

2. CAST 工艺

CAST(Cyclic activated sludge technology)工艺实际上是一种循环 SBR 活性污泥法，反应器中活性污泥不断重复曝气和非曝气过程，生物反应和泥水分离在同一个池内完成，CAST 脱氮除磷工艺流程如图 25.15 所示。CAST 系统组成包括：选择器、厌氧区、曝气区、污泥回流/剩余污泥排放系统和灌水装置。CAST 工艺通过设置选择器、预反应区和污泥回流等措施可以起到控制污泥膨胀、增大有机物的去除率和除磷脱氮的作用，同时通过多个反应器的组合创造了静止沉淀的条件。

该工艺与常规 SBR 法相比，其最大特点是将 SBR 池分为 3 个区，生物选择区具有防止污泥膨胀并具有有效去除有机物和脱氮除磷功能，同时改善了污水的可生化性。兼氧区具有反硝化脱氮和除磷以及形成从厌氧区到好氧区的过渡。所以在 CAST 反应池内在空间上有厌氧—缺氧—好氧 3 种环境，池内混合液为间歇的混合-推流式，但进水仍为间歇式。这些特点都很有利于有机物的去除和脱氮除磷。

3. UNITANK 系统

UNITANK 系统集合了 SBR 和传统活性污泥法的优点，一体化设计，不仅具有 SBR 系统的主要特点,还可以像传统活性污泥法那样在恒定水位下连续运行。UNITANK 系统的主体是3个被间隔成3个单元的矩形反应池,UNITANK 脱氮除磷工艺流程如图25.16所示。

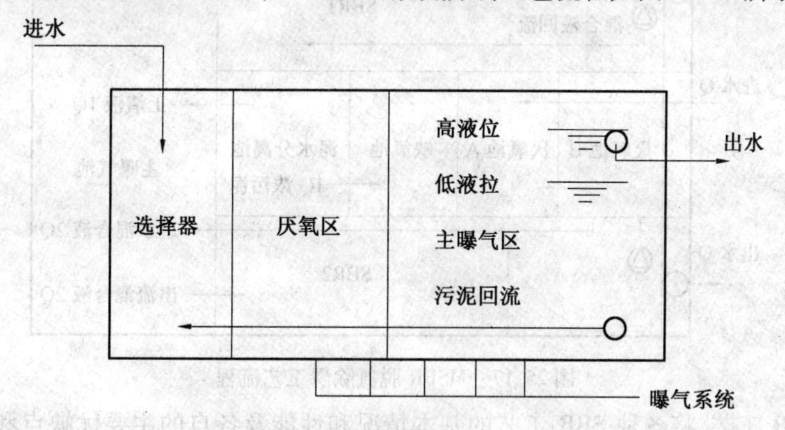

图25.15　CAST 脱氮除磷工艺流程

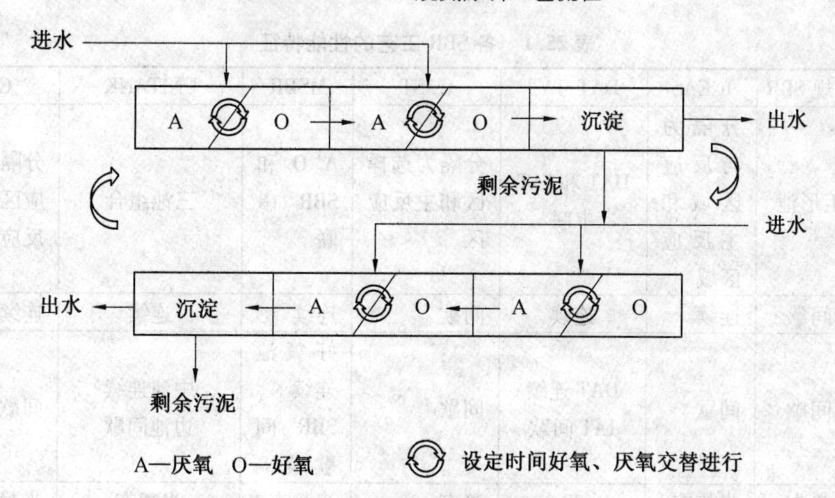

图25.16　UNITANK 脱氮除磷工艺流程

如图25.16所示,3个池之间水力连通。每池都设有曝气系统,外侧的2个池设有出水堰和剩余污泥排放口,它们交替作为曝气池和沉淀池。污水可以进入3个池中的任何一个,采用连续进水,周期交替运行。通过调整系统的运行,可以实现处理过程的时间及空间控制,形成好氧、厌氧或缺氧条件,适当地增大水力停留时间,可以实现污水的除磷脱氮。

UNITANK 的脱氮除磷不够稳定,在切换至曝气池时,将缺乏厌氧过程,此时只可能依靠曝气池内的同时硝化和反硝化脱氮,除磷也只能依靠微环境的厌氧和好氧。此外,系统的反硝化能力取决于厌氧搅拌的反应池内的硝态氮含量,聚磷菌不能在连续的厌氧-好氧条件生长。系统的脱氮除磷与切换周期有很大的关系。

4. MSBR 工艺

MSBR 脱氮除磷工艺流程如图25.17所示,是20世纪80年代初期发展起来的,它综合了 Bardenpho, A^2O 工艺,氧化沟及 CAST 等脱氮除磷工艺的特点,系统在实际运行中显出了良好的处理能力和运行稳定性。其缺点是工艺较复杂,反应池多,需要两个 SBR 池才能运行,另外回流系统多,能耗大。

由于各种不同的 SBR 工艺有不同的特点,因而就具有不同的适应性,为了选用适合于各

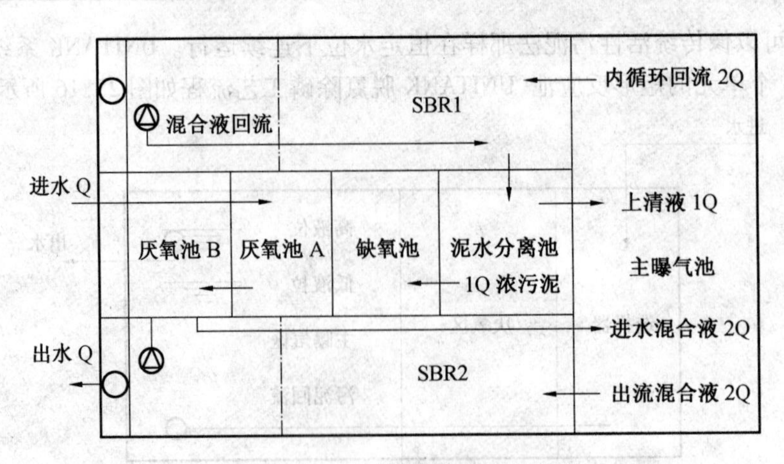

图 25.17　MSBR 脱氮除磷工艺流程

种情况的 SBR 工艺，将各种 SBR 工艺的基本情况和性能及各自的主要优缺点和适用场合列于表 25.1。

表 25.1　各 SBR 工艺的性能特征

项目	常规 SBR	ICEAS	DAT-IAT	CAST	MSBR	UNITANK	CASS
池型	矩形池	分隔为与反应区域和主反应区域	DAT 和 IAT 串联	分隔为选择区和主反应区	A^2O 和 SBR 串联	三池组合	分隔为与反应区域和主反应区域
进水	间歇	连续	连续	间歇	连续	连续	连续
曝气	间歇	间歇	DAT 连续 IAT 间歇	间歇	好氧池连续 SBR 间歇	中池连续 边池间歇	间歇
沉淀	静态	半静态	半静态	静态	半静态	半静态	半静态
排水	间歇	间歇	间歇	间歇	连续	连续	间歇
周期/h	4~8	4~6	3	4	4	8	4
容积利用率/%	50~67	50~58	66.7	50	60~65	50	60~65
污泥回流	无	无	200%~400%	20%~30%	50%	无	50%
脱氮功能	尚可	尚可	一般	好	好	一般	一般
除磷功能	一般	一般	较差	好	好	较差	较差

续表 25.1

项目	常规 SBR	ICEAS	DAT-IAT	CAST	MSBR	UNITANK	CASS
优点	设施最简单;操作最简单;静止沉淀出水水质更好;脱氮除磷效果尚可	连续进水;水位差较小;基建费较省;脱氮除磷效果尚可	容积利用率最高;连续进水;水位差最小;基建投资较小	脱氮除磷最好;防止污泥膨胀性能最好;同步消化反硝化,电耗省,池容小;静沉水质好	生化反应速度高,池容小,出水水质好;BOD 脱氮除磷率高;连续进水	固定水位,提升水泵扬程较低;固定出水堰设备费用低;占地最少;基建费更省	连续进水;防止污泥膨胀效果最好;生化反应速度高,池容小;有机物去除效率高,出水水质好
缺点	周期较长,池容和排水设备较大;要脱氮除磷需延长周期,加大排水设备,增加搅拌;水位变化大,泵扬程较高;至少需要两池	容积利用率较低,池容相对较大;要脱氮除磷需延长周期,加大排水设备,增加搅拌;水位变化较大,水泵扬程较高	要脱氮需延长周期,加大排水设备;回流污泥量很大,能耗高;水位变化增加了提升水泵扬程;除磷效率不高	容积利用率低,池容相对较大;水位变化大,提升水泵扬程增大;少量污泥回流,增加电耗;至少需两池才能运行	工艺较复杂,反应池多;回流系统多,能耗大;需要两个 SBR 池才能运行	要脱氮除磷需延长,容积利用率低,池容较大;周期长,加大排水设备,增加搅拌;三池污泥浓度相差大,影响池容利用;除磷效率不高	脱氮除磷效率不高;污泥回流,增加电耗;水位变化大,提升水泵扬程大
适用性	小型污水厂最适合	可用于较大型污水厂	可用于较大型污水厂	脱氮除磷要求高时最适合	土地紧张且较大型的污水厂	土地特别紧张时最适合	可用于较大型污水厂

25.3.3　氧化沟

丹麦 KRUGER 公司开发了 T 型(3 沟式)氧化沟,D 型(双沟式)和 DE 型氧化沟系统,实现了氧化沟技术对城市生活污水的生物脱氮除磷。1993 年,荷兰 DHV 公司和美国 EMICO 公司联合开发带预反硝化的 Carrousel 2000 型氧化沟(Carrousel DenitlR A^2C)工艺,是将 A^2O 工艺与氧化沟结合在一起的脱氮除磷新工艺(图 25.18)。这种 Carrousel 工艺的最大优点是利用氧化沟原有的渠道流速,可实现硝化液的高回流比,以达到较高程度的脱氮效率,同时无须任何回流提升动力。前置厌氧池,又达到了同时除磷脱氮的目的。

按氧化沟的运行方式氧化沟可分为连续工作式、交替工作式和半交替工作式等 3 大类型。

(1)连续式氧化沟进、出水流向不变,氧化沟只作曝气池使用,系统设有二次沉淀池,常见

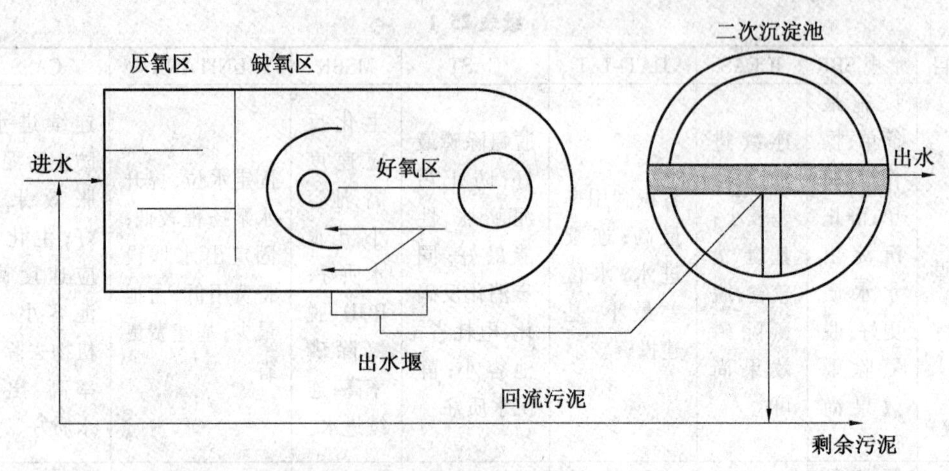

图 25.18 卡鲁塞尔 DenitlR A^2C 工艺流程

的有卡鲁塞尔氧化沟、奥巴勒氧化沟和帕斯韦尔氧化沟。

(2)交替工作氧化沟是在不同时段,氧化沟系统的一部分交替轮流作为沉淀池,不需要单独设立二次沉淀,常见的有三沟式氧化沟(T 型氧化沟)。

(3)半交替工作氧化沟系统设有二次沉淀池,使曝气池和沉淀完全分开,故能连续式工作,同时可根据要求,氧化沟又可分段处于不同的工作状态,具有交替工作运行的特点,特别利于脱氮,常见的有 DE 型氧化沟。

根据当前氧化沟的应用和发展趋势,三沟式氧化沟,T 型氧化沟和 DE 型氧化沟具有很大优势。

1. 三沟式氧化沟

三沟式氧化沟(图 25.19)属于交替工作式氧化沟,是由丹麦 Kruger 公司创建的,该种形式的氧化沟由 3 条同容积的沟槽相互连通,串联组成,两侧的 A,C 池交替作为曝气池和沉淀池,中间的 B 池一直为曝气池。原污水交替地进入 A 池或 B 池或 C 池,处理出水则相应地从作为沉淀的 C 池或 A 池流出,曝气沉淀在两侧池内交替进行,既无二次沉淀池,也无须污泥回流系统。剩余污泥一般从中间的 B 池排出。三沟式氧化沟的主要特点见表 25.2。

表 25.2 三沟式氧化沟的主要特点

项目	三沟式氧化沟
池型	三沟组合
进水	连续
曝气	中沟连续 边沟间歇
沉淀	半静态
排水	连续
周期/h	8
容积利用率/%	50
污泥回流	无
脱氮功能	一般
除磷功能	较差
优点	构思巧妙;固定水位;提升水泵扬程较低;可简易石砌梯形池降低造价
缺点	容积利用率低池容相对较大;三沟污泥浓度相差大,影响池容利用; 除磷效率不高;池深较浅占地较大
适用性	要求简易结构时最适合

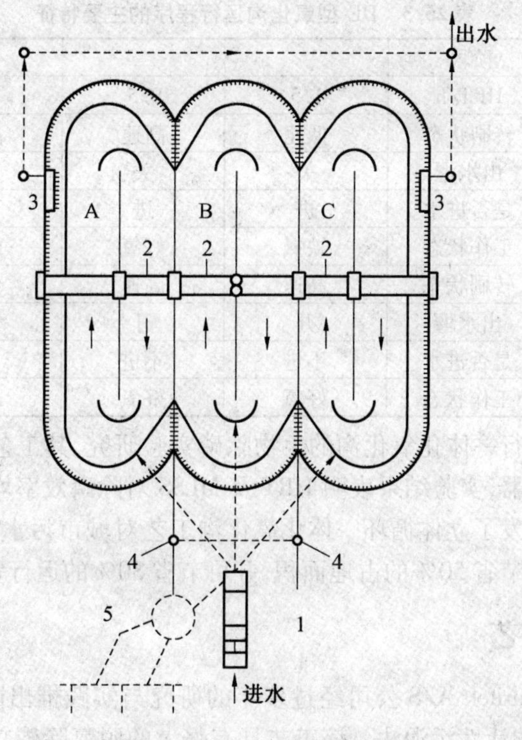

图25.19　三沟式氧化沟

1—沉沙池;2—曝气转刷;3—出水堰;4—排泥井;5—污泥井

2. DE型氧化沟

DE氧化沟生物脱氮流程为丹麦专利工艺,为半交替式双沟氧化沟,它具有独立的二次沉淀池和回流污泥系统(图25.20)。两个氧化沟相互连通,串联运行,可交替进、出水,沟内曝气高速运行时充氧,低速运行时只推动水流,不充氧。通过两沟内转刷交替处于高速和低速运行,则两沟交替处于缺氧和好氧状态,从而达到脱氮的目的。如在氧化沟前增设厌氧池,则可以达到脱氮除磷的功能。

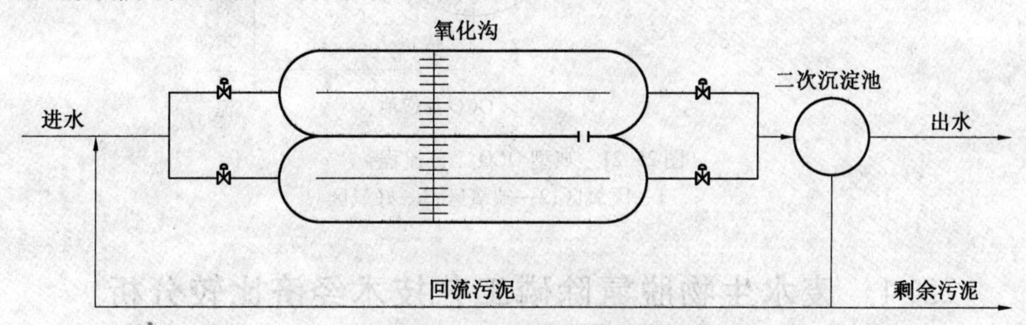

图25.20　DE氧化沟流程示意图

DE型氧化沟生物脱氮运行程序一般分为4个阶段,每4个阶段组成一个运行周期,每个周期4 h,DE型氧化沟运行程序的主要特征见表25.3。

表 25.3　DE 型氧化沟运行程序的主要特征

沟号	阶段	一	二	三	四
	HRT/h	1.5	0.5	1.5	0.5
沟 I	转刷状态	低速	高速	高速	高速
	出水堰	关	关	开	开
	是否进水	进	进	不进	不进
	工作状态	缺氧	好氧	好氧	好氧
沟 II	转刷状态	高速	高速	低速	高速
	出水堰	开	开	关	关
	是否进水	不进	不进	进	进
	工作状态	好氧	好氧	缺氧	好氧

邓荣森等报道了进行一体化氧化沟的生物除磷实验研究，其工艺是在一体化氧化沟之前增加一个厌氧生物选择器，实验结果表明 HRT 及 MLSS 对除磷效率均有影响。

刘俊新和夏世斌开发了立体循环一体化氧化沟工艺对城市污水具有很好的脱氮效果，与常规氧化沟工艺相比能节省 50% 的占地面积，并可节省 30% 的运行费用。

25.3.4　OCO 工艺

OCO 工艺是丹麦 Puritek A/S 公司经过多年的研究与实践推出的，OCO 工艺实际上是集 BOD，N，P 去除于一池的活性污泥法。该工艺具有强大的脱氮除磷功能、自动化水平高、投资省等优点。

OCO 工艺实际上是将 A^2/O 工艺的厌氧、缺氧、好养池合并成具有 3 个反应区的圆形生化反应池，大大地减少了工艺构筑物，典型 OCO 工艺流程如图 25.21 所示。

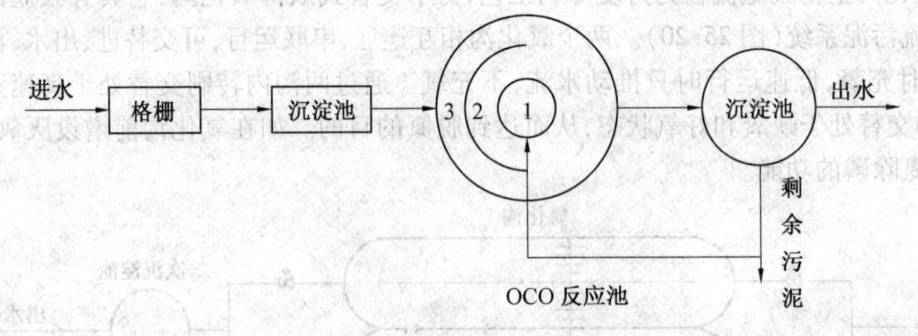

图 25.21　典型 OCO 工艺流程
1—厌氧区；2—缺氧区；3—好氧区

25.4　废水生物脱氮除磷工艺技术经济比较分析

于淼、黄勇等选用连续流式生物脱氮除磷工艺（A^2/O，OCO）、序批式生物脱氮除磷工艺（CASS，UNITANK，BICT 工艺）为例比较了工艺性能和工艺经济分析。其中 BICT 工艺（Bi-cyclic two-phase biological process）即双循环两相生物脱氮除磷工艺，由黄勇、李勇等在分析了现有活性污泥系统脱氮除磷的限制因素，并在试验基础上提出。它将自养硝化菌和亚硝化菌与异养菌群分相培养，在不影响脱氮效率的前提下通过缩短主反应器的泥龄来提高生物除磷效率，并增强了脱氮除磷的稳定性，使得运行控制更为简便可靠。经过 4 年多的中试试验，目前该工艺技术已趋于成熟,并已投入实际运行。

25.4.1　工艺性能比较

由表25.4可知,连续流工艺流程简单,对自控要求低,运转可靠性较好,操作管理较繁;而序批式对自控要求高,易于进行模块化设计,能完全实现全程自动控制,对操作管理要求低,运转可靠性一般。

表25.4　各工艺技术性能分析

	连续流		序批式		
	A^2/O	OCO	CASS	UNITANK	BICT
池型	3个功能相对专一的独立反应器和一个沉淀池	两个同心圆反应池间设一半圆导流板	生物选择区、兼氧区和主反应	三池或多池组合	分选择器、主反应区和硝化区、主反应区
曝气方式	好氧池连续	好氧区连续	间歇	间歇	主反应区间歇、硝化区连续
曝气设备	鼓风曝气	鼓风曝气	鼓风曝气	鼓风曝气	鼓风曝气
出水方式	连续	连续	间歇	连续	间歇
充水比/%	–	–	30~50	50	50
污泥(混合液)回流比/%	50~100(100~400)	50~100	130~150(100~150)	无	30~50(150~200)
HRT	10~14	7.5~12.5	12~14	8~25	15~18
运行周期/h	–	–	4	8	4~6
泥龄/d	15~20	6~14	7~20	15~20	5~15
排水设备	固定堰	固定堰	滗水器	固定堰	固定堰或滗水器
自控要求	一般	一般	高	较高	高
操作管理	高	一般	一般	低	低
运转可靠性	较好	较好	一般	一般	一般

25.4.2　工艺经济分析

在技术指标都达到要求的前提下,经济性是决定其能否被广泛使用的最根本也是最关键的因素之一。将投资和运行费用按工艺和处理量换算计算比较,可以客观地得出初步结论。这些单位经济指标有:吨水投资(设备费、土建费、占地面积),吨水运行费(药剂量(费)、能耗(电)、人工量),吨水污泥处理投资(设备,土建、占地面积),吨水污泥处理运行费(药剂、能耗、人工、运输费),经济指标(投资回收期FIRR)和特殊要求投资。

由于水质和处理要求相同,根据《室外排水设计规范》(GB 50101—2005)中的生物脱氮除磷计算方法并结合关于各工艺的设计方面,根据相关的文献进行拟算。

工艺的初期投资主要包括土建费和设备费。土建费以工艺总容积做比较;设备费以鼓风气量、搅拌功率,回流量计。由于A^2/O的设备费和UNITANK土建费较高,使其总体投资较其他3类高，OCO土建费最低，BICT设备费最少。

运行费用主要是提升泵房、鼓风机房和设备搅拌装置等的电耗。其中提升泵房的电耗主要取决于受纳水体的水面高程、进水管底标高以及工艺水力损失，这部分各工艺相差不大。比较包括鼓风机房的曝气功率、设备搅拌功率和泵回流功率，按一天耗电量kW·h计算。序批式工艺由于部分设备在一天内间歇运行，而且不设沉淀池，总体上比连续流工艺能耗少、运行费用省。

污泥处理费用包括处置污泥设备投资和污泥处理运行费用，可通过工艺的排泥量确定。

占地面积是制约工艺适用范围的关键因素之一，尤其相对于城市用地紧张的特点，占地面积对于城市污水处理工艺的选择至关重要。比较时占地面积按有效容积除以有效池深可大体表示出各工艺的占地面积。一般来说，序批式工艺总体上比连续流工艺占地面积少。

经过拟算，各工艺成本比较见表25.5。

表25.5　各工艺成本比较

			连续流		序批式		
			A^2/O	OCO	CASS	UNITANK	BICT
初期投资/万元	土建费用		6 400	5 700	8 250	11 200	7 500
	设备费用	鼓风	11 400	6 720	10 500	11 200	6 000
		搅拌	8.75	13.75	7.25	62.5	32.5
		回流	23	2.5	1	0	0
运行费用/($kW\cdot h\cdot d^{-1}$，按耗电量计算)		搅拌	1 632	2 715	1 128	2 400	1 320
		曝气	5 170	2 530	3 300	2 640	2 640
		回流	2 652	960	480	0	1 200
		总计	9 454	6 205	4 908	5 040	5 160
土地面积		有效容积/m^3	6 400	5 700	8 250	11 200	7 500
		有效池深/m	4	3.6	6	8	5
		占地面积/m^2	1 600	1 580	1 375	1 400	1 500

第26章　颗粒污泥

26.1　厌氧颗粒污泥的基本性质

UASB反应器中水流的升流式运行方式是其污泥颗粒化的最直接和基本的原因和前提，是必要条件，但并非是决定颗粒污泥的形成及其特性的充分条件，亦即颗粒污泥的形成除受水力条件的影响和制约外，还与废水水质、运行控制条件等许多因素有关；同时污泥颗粒化的过程需要较长的时间，其对运行条件的要求亦是非常严格的。而在不同的运行条件下，污泥颗粒化的实现途径（机理）也不尽相同，因而颗粒污泥的特性将有所不同。表26.1给出了几种UASB颗粒污泥的基本参数。通过对污泥颗粒化的条件、颗粒化机理、颗粒污泥的形成过程等的研究，有利于加深对颗粒污泥特性的了解，促进运行条件的优化，获得性能优良的颗粒污泥，促进反应器的稳定高效运行。

表26.1　几种UASB颗粒污泥的基本参数

基本运行参数	形成颗粒污泥的废水种类		
	人工配水	屠宰废水	丙酮丁醇废水
颗粒污泥直径/mm	0.7～2.0	0.5～1.0	0.5～1.0
沉降性能/($mL \cdot g^{-1}$)	17	81	22
湿比重/($g \cdot cm^{-3}$)	1.06	1.05	1.06
水力滞留时间(HRT)	5～7	6～8	48
试验温度/℃	35	常温	35
进水浓度/($mg\ COD \cdot L^{-1}$)	3 000	3 000	9 000～10 000
COD去除率/%	90	80	90

26.1.1　厌氧颗粒污泥的形成机理

有关厌氧颗粒污泥形成机理的各种假设是根据对颗粒污泥培养过程中观察到的现象的分析提出的。至今尚未有一种较为完善的理论来阐明厌氧颗粒污泥形成的机理。以下将分别介绍各种假说。

1. 甲晶核假说

Lettinga等提出了“晶核假说”，认为颗粒污泥的形成类似于结晶过程，在晶核的基础上，颗粒不断发育到最后形成成熟的颗粒污泥。形成颗粒污泥的晶核来源于接种污泥或反应器运行过程中产生的非溶解性无机盐（如$CaCO_3$等）结晶体颗粒。这一假说获得了试验结果的支持，如在培养过程中投加Ca^{2+}等，将有助于实现污泥颗粒化，在镜镜检时可观察到颗粒污泥中有$CaCO_3$晶体的存在。但是也有不少试验结果发现在成熟的颗粒污泥中并未发现有晶核的存在。有些研究者提出，颗粒污泥完全可以通过细菌自身的生长而形成。

2. 电荷中和假说

细菌细胞表面带负电荷，互相排斥使菌体趋于分散状态。金属离子如Ca^{2+}，Mg^{2+}等带有正电荷，两者互相吸引可减弱细菌间的静电斥力，并通过盐桥作用而促进细胞的互相凝聚，形成团粒。

3. 胞外多聚物假说

不少研究者认为，胞外多聚物(ECP)是形成颗粒污泥的关键因素。ECP 主要由蛋白质和多聚糖组成，ECP 的组成可影响细菌絮体的表面性质和颗粒污泥的物理性质。分散的细菌是带负电荷的，细胞之间有静电排斥，ECP 产生可改变细菌表面电荷，从而产生凝聚作用。

4. Spaghetti 理论

该理论认为颗粒污泥的形成过程也就是选择压等物理作用对微生物进行选择的过程。在启动初期，由于上升流速很小，在 UASB 反应器的接种污泥中的一些菌体会自然生长成为小聚集体或附着于其他物体上，这样有利于菌体的聚团化生长，一旦新生体形成，颗粒即慢慢长大。初生颗粒会由于自身菌体生长或黏附一些零碎的细菌而成长起来。在上升水流和沼气的剪切力作用下，颗粒会长成球形。

J. E. Schmidt 和 B. K. Ahring(1995)总结了国外最近的研究成果，提出了颗粒污泥形成的过程(表 26.2)。他们认为颗粒污泥的初始形成可分为 4 个步骤：①单个细胞通过不同的途径，如扩散(布朗运动)、对流或鞭毛活动等转移到一个非菌落的惰性物质或其他细胞的表面；②在物理化学力的作用下在细菌细胞之间或对惰性物质之间发生的可逆吸附；③通过微生物的附肢或胞外多聚物使细菌细胞之间或对惰性物质之间产生不可逆吸附；④附着细胞的不断增殖和颗粒的发育。

表 26.2 颗粒污泥的形成过程

形成阶段	污泥形态及微生物组成
絮状污泥	污泥为分散相，产甲烷菌数量少且多呈流动性。
絮团状污泥	基本形态仍为絮状，出现部分缠黏状、粒径小的絮聚体，产甲烷杆菌、短杆菌和球菌等相互交错排列，缠绕在一起
小颗粒污泥	0.5 mm 小颗粒大量出现，表面有黏状分泌物，甲烷索氏丝状菌开始出现，插入其他细菌间
颗粒状污泥	索氏丝状菌大量繁殖，小颗粒污泥不断增大，粒径多为 1 ~ 3 mm，表面颜色由灰转黑
成熟颗粒污泥	形态更趋拟圆形，粒径基本稳定且大小较一致，形成稳定菌群

26.1.2 颗粒污泥的类型及形成过程

经许多学者的研究，发现 UASB 反应器内的颗粒污泥有 3 种类型(A 型，B 型，C 型)。其中 A 型和 B 型两种颗粒污泥主要由菌体构成，而 C 型颗粒污泥则是由菌体附着于惰性固体颗粒表面而形成的生物粒子。

A 型颗粒污泥是以巴氏甲烷八叠球菌为主体的球状颗粒污泥，外层常有丝状产甲烷杆菌缠绕。它比较密实，但粒径很小，为 0.1 ~ 0.5 mm。

B 型颗粒污泥是以丝状的产甲烷杆菌为主体的颗粒污泥，故也称杆菌颗粒，它在 UASB 反应器内出现频率极高，其表面比较规则，外层缠绕着各种形态的产甲烷杆菌的丝状体。B 型颗粒污泥也可细分为两种：一种是细丝状颗粒，内含很长的产甲烷杆菌的丝状体，通常出现在实验室 UASB 反应器内；另一种是杆状颗粒，它只含较短的产甲烷杆菌丝状体，常见于各种规模的 UASB 反应器内。丝状颗粒的密度为 1.033 g/cm^3，杆状颗粒的密度为 1.054 g/cm^3。

C 型颗粒污泥是由疏松的纤丝状细菌缠绕粘连在惰性微粒上所形成的球状团粒，故也称丝菌颗粒。它类似于厌氧流化床反应器中的生物粒子(即在人工无机载体上覆盖着生物膜的微粒)。C 型颗粒污泥大而重,粒径为1~5 mm。颗粒污泥的比重为1.01~1.05。颗粒污泥的沉降速度依比重和粒径的不同而差异甚大,从0.2~30 mm/s 不等,一般为5~10 mm/s。

不同类型的颗粒污泥的形成与废水中化学物质(营养基质和无机物)的不同和反应器的工艺运行条件(特别是水力表面负荷和产气强度)有关。当 UASB 反应器中的乙酸浓度很高时,以乙酸为主要基质的少数菌种,如巴氏甲烷八登球菌(或许还有马氏甲烷八叠球菌),将迅速生长繁殖,并依靠其杰出的成团能力而形成肉眼可见的 A 型颗粒污泥。由于 A 型颗粒污泥基本上是由厌氧微生物组成,比重轻,因此它的出现保持稳定存在,必要条件是 UASB 反应器中的表面水力负荷及表面产气率要低,即由其产生的水力及气力分级作用要弱。但是,在实际的生产性装置中,难于维持高水平的乙酸浓度,故很少见到 A 型颗粒。此外,由于甲烷八叠球菌形成的 A 型颗粒污泥内部有孔洞,常作为其他细菌栖息的场所而变形,不能稳定存在。有研究表明,B 型颗粒就是由丝状甲烷杆菌栖息于上述空洞中而逐渐形成的。B 型颗粒的形成,破坏了 A 型颗粒的稳定而使其解体。超薄切片观察幼龄 B 型颗粒的结果表明,在接近边缘的地方尚存有甲烷八叠球菌簇,而其中心则未见甲烷八叠球菌,表明 B 型颗粒是由 A 型颗粒转型而成的。随着幼龄 B 型颗粒的逐渐发展,位于外层的甲烷八叠球菌逐渐脱落,表明 A 型颗粒已完全解体,不复存在,而典型的 B 型颗粒已成熟定型,其中已不含甲烷八叠球菌了。当 UASB 反应器中存在适量的悬浮固体时,具有较好附着能力的丝状甲烷菌可附着于固体颗粒(初级核)表面,进而发展成 C 型颗粒,即在初级核表面形成生物膜。初级核可以是无机颗粒,也可以是其他生物碎片。C 型颗粒发育到一定的程度,生物膜会脱落而导致 C 型颗粒破碎,这些碎片即成为次级核,形成新的 C 型颗粒污泥。

26.1.3　反应区内颗粒污泥的分布

反应区内颗粒污泥的形成与分布,受到一些外界条件的制约,其中最主要的是基质的种类和浓度,以及表面水力负荷和表面产气率的分级作用。

1. 基质的种类和浓度

基质的种类和浓度对形成颗粒污泥的种类和质量有着重要的影响。乙酸是厌氧消化系统中最主要的供甲烷细菌吸收利用的基质,而能利用这种基质的甲烷细菌有巴氏甲烷八叠球菌和马氏甲烷八叠球菌,以及常呈丝状的孙氏甲烷丝菌。巴氏甲烷八叠球菌在乙酸浓度较高的消化液中有较快的比增殖速度(比后者快4.5倍),因而有利于 A 型颗粒污泥的形成。丝状的孙氏甲烷丝菌对乙酸有较强的亲和力,在乙酸浓度低时,它捕获乙酸进行增殖的能力比前者为强,因而有利于 B 型和 C 型颗粒污泥的形成。

环境中 H_2 的浓度对微生物的成团起着重要作用。氢分压较高时,以 H_2 为能源的产甲烷菌(氢营养型的产甲烷菌)在有足够的半胱氨酸存在下,能产生过量的各种氨基酸,形成胞外多肽,再与厌氧细菌结合成团粒而形成颗粒污泥。

一般来说,应在反应区的底部废水入口处附近培养较高浓度的 A 型颗粒污泥,以发挥其在乙酸浓度高时比增殖速度快的生理特性,尽量多地降解有机营养物,而在反应区的中段应培养浓度较高的 B 型和 C 型颗粒污泥,以发挥其在乙酸浓度低时有较强亲和力的生理特性,充分捕获和转化消化液中残存的有机营养物,最大限度地改善出水水质。

但是,在实际工程中很难实现颗粒污泥的这种理想分布,产生这一现象的主要原因是 UASB 反应器在起动阶段,为避免酸化,常采用较低的负荷值,且在 COD 去除率达80%~90%后才允许增大负荷值。其结果是从一开始即维持体系中较低水平的乙酸浓度,一般只形成

B 型和 C 型颗粒污泥,而 A 型颗粒污泥却无法培养起来。这也是 UASB 反应器在提高处理能力方面的一个内部障碍。

2. 表面水力负荷和表面产气率所产生的分级作用

在 UASB 反应器中,由表面水力负荷决定的上升液流和由表面产气率促成的上窜气泡对反应区内的污泥粒子产生的浮载作用,使大而重的污泥粒子堆积于底层,小而轻的污泥粒子浮于上层。这种使污泥粒子沿高度形成的分级悬浮现象称为污泥粒子的水力和气力分级作用。

分级作用特低时,反应区内会保持大量的分散态细菌,由于其传质阻力小,能优先捕获营养物质而大量繁殖,并抑制了传质阻力大的颗粒污泥的形成,使反应器内保持了低水平的处理能力。分级作用中等时,分散态细菌被迫仅存留一于反应区顶层,而让附着型和结团型的厌氧微生物在反应区底部富营养带内大量滋生,从而在此区域内形成颗粒污泥,大大提高了反应器的处理能力。当分级作用很大时,不仅分散态细菌大量流失,而且一些能改善出水水质的较小颗粒污泥也频频流失,造成反应器处理效能的反退。分级作用很高时,只有附着生长或结团至足够大的厌氧细菌才能选择性地滞留,其中大多是缠绕能力很强的丝状甲烷细菌。甲烷八叠球菌只有在迅速结团并达到足够大后,才能被滞留,否则难以幸存。实际的 UASB 反应器在起动期由于采用低负荷而使乙酸浓度很低,在这样的低乙酸浓度水平的环境中,产甲烷八叠球菌很难发挥其比增殖速度快的优势,因而难以迅速结成生物团粒,被选择滞留的机会较少,而且甲烷八叠球菌形成的 A 型颗粒要比 B 型和 C 型颗粒小。

26.1.4 厌氧颗粒污泥结构模型

竺建荣等对厌氧颗粒污泥中的产甲烷菌及厌氧颗粒结构模型进行了研究,得到了以下结论。

1. 颗粒表层的产甲烷细菌

存在于表层的产甲烷细菌主要是氢营养型类群,有产甲烷短杆菌、产甲烷杆菌、产甲烷球菌、产甲烷螺菌等。表层细菌的分布的一个特点是细菌的分布有一定的“区位化”,即一种产甲烷菌以成簇或成团的方式存在于一定的区域,而在另外的区域则分布着另一种产甲烷菌或发酵细菌,这种分布模式类似“徽菌落”结构。另一个特点是在表层很少见到乙酸营养型类群,包括产甲烷八叠球菌或产甲烷丝菌等。

2. 颗粒内层的产甲烷细菌

颗粒内部存在大量乙酸营养型产甲烷菌,既有产甲烷丝菌,也有产甲烷八叠球菌,而它们在顺粒表层很少见到。产甲烷丝菌是厌氧颗粒污泥中的优势种群,它们通常以成束或成捆的丝状体存在,并有活细胞和空细胞两种类型。活细胞之间的排列非常紧密。一般小于几十纳米。细胞间的黏附主要借助细胞壁的直接作用,如表面电荷的互相吸引。空细胞的出现,是由于缺乏营养自溶还是嗜菌体感染导致细胞裂解,尚待进一步研究。产甲烷八叠球菌也是厌氧颗粒污泥中的优势菌种,但是数量比产甲烷丝菌要少。

除了乙酸营养型产甲烷菌外,也观察到存在氢营养型产甲烷细菌,如产甲烷短杆菌和产甲烷螺菌等。

厌氧颗粒污泥是由产甲烷细菌和其他细菌(如发酵细菌、产氢产乙酸细菌等)组成的,具有一定排列分布的团粒状结构。厌氧颗粒表层主要是氢营养型产甲烷细菌和发酵细菌,细菌的分布有一定的“区位化”,即一种细菌以成簇的方式集中存在于一定的区域,而另一种细菌存在于另一区域,相互之间可能发生种间氢转移。厌氧颗粒内层主要是乙酸营养型产甲烷细菌、产氢产乙酸细菌等,其中产甲烷丝菌是优势产甲烷菌种群,它与产氢产乙酸细菌之间存在互营共生关系,通常以成束的方式存在。这种束状产甲烷丝菌构成厌氧颗的核心。

按照这一模型,作者认为产甲烷丝菌构成的核心是厌氧颗粒污泥形成和生长的关键。核心的形成直接与颗粒污泥的培养有关。产甲烷丝菌的细胞之间距离很近,一般小于几十纳米,因此,相互间的连接成束可能主要依赖于细胞表面的直接作用,如表面电荷的吸引,并构成厌氧颗粒的核心骨架。一旦培养条件适宜,这一骨架类似结晶过程的晶核一样,迅速网络其他类群细菌并发生互营关系,创造更加有利于自身生长繁殖的环境条件,短时间内使核心很快扩增并转化成为肉眼明显可见、粒径比较均一的厌氧颗粒污泥,大小一般在0.5mm以上,在厌氧颗粒污泥的培养过程中观察到,颗粒化转变发生在很短的时间内(1~2周)。随着负荷的提高,厌氧颗粒逐渐长大,最后发育为成熟的颗粒污泥。

通常乙酸营养型产甲烷菌比氢营养型计数值要低,但测定活性时厌氧颗粒污泥却表现出很高的乙酸盐或葡萄糖降解能力。这种代谢活性与计数值的反差,其原因一方面是由于乙酸营养型产甲烷丝菌生长速率较慢且细胞交联成束,另一方面是由于存在互营共生关系,可以维持较高的代谢降解速率。这也说明细菌的计数值并不能完全反映细菌的生理代谢活性。如果提供产甲烷丝菌的适宜生长工艺条件,则会有利于颗粒污泥的培养,这在生产上已有实际应用。

26.1.5　培养颗粒污泥的综合条件

在UASB反应器中培养出高浓度高活性的颗粒污泥并维持合理的纵向分布,一般需要1~3个月时间。其中可大致分为3个时段,即起动期、颗粒污泥形成期和颗粒污泥成熟期。培养和形成颗粒污泥的综合技术条件可以大致归纳为以下几方面。

(1)接种污泥:稠型消化污泥(>60 kg DS/m^3)要比稀型消化污泥(<40 kg DS/m^3)为好。前者的接种量为12~15 kg VSS/m^3,后者为6 kg VSS/m^3。

(2)维持稳定的环境条件,如温度等。

(3)初始污泥负荷为0.05~0.1 kg COD/(kg VSS·d),待正常运行后,再增加负荷,以增大分级作用,但负荷不宜大于0.6 kg COD/(kg VSS·d)。

(4)废水中原有的和产生的挥发性脂肪酸经充分分解(达80%)后,即保持低浓度的乙酸条件下(与培养孙氏甲烷丝菌有关),才能够逐渐提高有机负荷。

(5)表面水力负荷应大于0.3 m^3/(m^2·h),以保持较大的水力分级作用,冲走轻质污泥絮体。

(6)进水COD质量浓度不大于4 000 mg/L,以便于保持较大的表面水力负荷。如果COD浓度过高,可采用回流或稀释等措施降低COD浓度。

(7)进水中可提供适量的无机微粒,特别要补充Ca^{2+},Fe^{2+}同时补充微量元素(如Ni,Co和Mo等)。

总之,由以上介绍可知,颗粒污泥的形成保证了反应区内能够保持高浓度污泥;而颗粒污泥的形成,又保证了反应区内稳定而又高效能的有机物转化速率。可见,UASB反应器的关键问题是培养和保持高浓度、高活性的足够数量的颗粒污泥。

26.2 厌氧颗粒污泥的微生物学

26.2.1 颗粒污泥的生物活性

研究表明,在颗粒污泥表面生物膜的外层中占优势的细菌是水解发酵细菌,内部是甲烷细菌。细菌的这种分布规律是由环境中的营养条件决定的。

颗粒污泥表面的厌氧微生物接触的是废水中的原生营养物质,其中大多数为不溶态的有机物,因而那些具有水解能力及发酵能力的厌氧微生物便在污泥粒子表面滋生和繁殖,其代谢产物的一部分进入溶液,经稀释后降低了浓度,供分散在液流中的游离细菌吸收利用;另一部分则向颗粒内部扩散,使颗粒内部成为下一营养级的产氢产乙酸细菌和产甲烷细菌滋生和繁殖的区域。由于产甲烷细菌在颗粒内部的密度大于颗粒外部的溶液本体,亦即颗粒内部的生物降解作用(包括酸化和气化)大于颗粒外部的溶液本体,故发酵细菌的代谢产物在颗粒内部的浓度或分压小于外部溶液,为水解及发酵细菌的代谢产物向颗粒内部扩散提供了有利的动力学条件。可见,颗粒污泥实际上是一种生物与环境条件相互依托和优化组合的生态粒子,由此构成了颗粒污泥的高活性。

26.2.2 颗粒污泥的微生物相

近年来,国内外一些学者加强了对厌氧颗粒污泥代谢特性的研究工作。颗粒污泥这种特殊的厌氧消化种泥,其微生物相由产甲烷菌、产氢产乙酸菌和其他生理类群厌氧菌组成。刘双江等对啤酒厂废水、豆制品废水等含蛋白质废水中颗粒污泥的研究发现,颗粒污泥中降解乙酸盐的生物量占总生物量的19.6%,其代谢活性较絮状污泥高一个数量级。颗粒污泥中的乙酸分解菌主要是 *Methanothrix* sp. 和 *Methanosarcina* sp. 。前一种菌主要分布于颗粒污泥的中层,后者分布在表面。研究者认为它们在反应器中的功能有所不同,*Methanothrix* sp. 主要降解颗粒污泥产生的乙酸,而 *Methanosarcim* sp. 主要降解反应器内由悬浮细菌产生的乙酸。

赵一章等对颗粒污泥的菌相作了祥细的显微观察和生理研究。借助于荧光显微镜能直观地对产甲烷菌进行特异性观察,再配合电子显微镜观察其超微结构,可以对颗粒污泥中的产甲烷细菌在属一级水平上做出初步的鉴定。对3种废水中形成的颗粒污泥观察的结果简介如下。

人工配水的颗粒污泥:用工业糖、尿素和磷酸盐配制的污水中,形成的颗粒污泥的外表较为规则,比表面积大,表面可见较多孔穴。颗粒内菌群分布不均一,存在阻产甲烷丝状菌和产甲烷球菌分别占优势的区域,但多数区域为各种菌群混栖分布。可发现甲烷八叠球菌相互叠加,形成拟八叠体。在颗粒形成的后期,表面以丝状菌占绝对优势。

屠宰废水颗粒污泥:颗粒较小,直径为0.5~1.0 mm,为黑色不规则拟球形,表面较粗糙且松散,但活力强,产气迅猛。荧光和相差显微镜下可观察到丝状、杆状、八叠球状、短杆状及球状的产甲烷细菌。各种产甲烷菌在颗粒中呈随机分布,唯表面丝状菌分布较多,故结构虽不紧密,但较为稳定。

丙酮丁醇废水颗粒污泥:颗粒为黑灰色拟圆形,表面粗糙,沉降性能较好,但未形成颗粒的絮状物质较多。显微镜下可见到丝状、杆状和球状的产甲烷细菌,产甲烷八叠球菌偶尔可见。扫描电镜下可观察到颗粒表面以丝状菌为主和以短杆菌为主的区域,有些区域则由丝状菌、短杆菌和球菌混栖。形成的颗粒中,直径 1.0 ~ 1.2 mm 的较为紧密,2.0 mm 以上的颗粒结构较松散,呈絮粒状。

通过上述观察以及进一步的生理实验可以认识到,颗粒污泥内的菌群是颗粒形成过程中自然选择的结果。它们在生理上存在着互营共生关系。厌氧水解菌、产氢产乙酸菌和产甲烷细菌在颗粒内部生长、繁殖,形成相互交错的复杂菌丛。据刘双江等的报道,厌氧污泥颗粒化提高了厌氧污泥耐乙酸的能力,UASB 反应器中颗粒污泥的乙酸抑制浓度为 4 000 mg/L,较不形成颗粒污泥的普通厌氧消化器的 2 000 mg/L 提高了一倍。厌氧颗粒污泥的代谢活性也较絮状污泥提高一个数量级。

26.2.3　颗粒污泥形成过程中的微生物学

乙酸营养甲烷细菌是颗粒污泥中的优势种群。在有机废水厌氧颗粒污泥中,很容易观察到甲烷索氏丝状菌和甲烷八叠球菌,在显微视野中常常形成主要的分布区域。氢营养甲烷杆菌在形成颗粒污泥过程中也有重要作用,这种细菌在生长时菌体可伸长,相互缠绕,并在生长后期形成明显菌团。颗粒污泥中,各种形态的菌处于有序的网状排列,其间有气体和基质分流的通道,使各种微生物群处于最佳的种间氢转移状态。

在颗粒污泥形成的过程中,除产甲烷细菌以外,发酵性细菌,产氢产乙酸菌也起着重要的作用。刘双江等报道了颗粒污泥形成过程中,乙酸营养甲烷菌、氢营养甲烷菌、发酵性细菌、丙酸分解菌和丁酸分解菌 5 种类型细菌的数量都有较大幅度的增加。其中氢营养型的甲烷菌增长最多,几乎达 4 个数量级,其余 4 个类群细菌数量也大致增加了 2 ~ 3 个数量级。而在颗粒污泥的稳定运行期间,污泥中仅乙酸营养甲烷菌数量增加较多,其余类群细菌的数量变化都不大。他们认为只有当污泥中各类群细菌达到一定数量并具有合适的比例后,才有可能形成颗粒污泥。而细菌类群数量上的差异可能意味着它们在颗粒污泥形成和作用的过程中功能上的不同。

赵一章等则追踪观察了厌氧颗粒污泥形成的全过程。在酒精废水中接入活性污泥种泥,最初出现了絮状团聚物,其沉降性能差,跑泥严重。大约几天后,小颗粒大量形成,可观察到几乎全部由细菌构成的颗粒。有机负荷约 2.0 kg/(m^3 · d)时,颜色逐渐由黑变为黑灰色。随后的 20 d,颗粒逐渐变大,丝状菌增加较多。有机负荷为 6 kg/(m^3 · d)时,氢化酶的活力高达 647 μmol/(mg VSS · 10 min),较接种污泥高出 15 倍以上,跑泥现象此时已基本停止。50 d 以后,有机负荷进一步增大到 10 kg/(m^3 · d),形成较为均匀的黑灰色颗粒(1.2 ~ 2.0 mm),内部的微生物群已基本稳定。在实验中发现,有机负荷是形成颗粒污泥的重要因素,一般有机负荷大于 4 kg/(m^3 · d)才出现颗粒污泥。原因可能是营养丰富的环境中,厌氧微生物才能大量增殖,分泌出胞外多聚糖等大分子物质,形成微粒可黏结凝聚的物质基础。在颗粒污泥形成的过程中,产甲烷丝状菌起主导作用。污水中的絮状聚合体能否形成沉降性良好的颗粒,关键是甲烷丝状菌能否大量繁殖。尽管丝状菌对乙酸盐有较高的亲和力,但丝状菌倍增期很长。因此,甲烷丝状菌在颗粒污泥形成的中期才开始出现,并在随后的阶段发挥了重要的作用。

UASB 反应器中厌氧颗粒污泥的外形多种多样,大多呈卵形,也有球形、棒形、丝状形及板状形的。它们的平均直径为 1 mm,一般为 0.1 ~ 2 mm,最大的可达 3 ~ 5 mm。在反应区内的分布大体为下部大,上部小。反应区底部的多以无机粒子作为核心,外包生物膜而成。无机粒子及生物膜的内层一般为黑色(可能与生化过程中形成的 FeS 沉淀有关),生物膜的表层则呈现灰白色、淡黄色以及暗绿色等。反应区上部的颗粒污泥的挥发物含量相对较高。颗粒污泥质软,有韧性及黏性。颗粒污泥的组成主要包括各类厌氧微生物、矿物质及胞外多聚物,其VSS/SS一般为70%~80%。

颗粒污泥的主体是各类厌氧微生物,包括水解发酵细菌、共生的产氢产乙酸细菌和产甲烷细菌,有时还存在硫酸盐还原菌等。据测定,细菌数为$1\times10^{12}\sim4\times10^{12}$个/g VSS。其中,常见的优势产甲烷细菌有孙氏甲烷丝菌、马氏甲烷八叠球菌、巴氏甲烷八叠球菌等;非产甲烷细菌有丙酸盐降解菌、伴生杆菌和伴生单胞菌等。颗粒污泥中产甲烷菌与伴生菌的比例见表26.3。从表中可知,伴生单胞菌多于产甲烷细菌,而产甲烷菌又多于伴生菌。

表26.3　颗粒污泥中产甲烷菌与伴生菌的比例

颗粒污泥来源	产甲烷菌/伴生杆菌	产甲烷菌/伴生单胞菌
实验室UASB装置	2.46	0.71
生产性UASB装置	2.36	0.48

有关颗粒污泥中主要构造元素组成的资料不多,难以进行综合性分析比较。荷兰6 m^3的UASB反应器用污水处理厂的污泥启动,运行一年后的颗粒污泥中挥发性C,H,N比例分别为:C为40%~50%,H约为7%,N约为10%。我国某处理酒精废水的UASB反应器中,颗粒污泥的C,H,N含量见表26.4。

表26.4　颗粒污泥的C,H,N含量

距池底高度/m	C含量/%	H含量/%	N含量/%	注
0.5	33.57	4.9	7.47	占总固体的百分含量
0.0	31.78	4.64	7.00	
0.5	52.0	7.5	11.4	占挥发性固体的百分含量
0.0	48.0	6.6	10.0	

从表26.4中可以看出,0.5 m高处的颗粒污泥中N含量略高于底层。假定颗粒污泥中的N主要以微生物细胞质组分的形式而存在的话,则0.5 m高处的颗粒污泥中厌氧微生物的百分含量比底层污泥中稍高一些。同样,从N/C来看,0.5 m高处N/C比为11.4/52.0=0.219(以VSS计)和7/33.57=0.223(以SS计);底层则为10.0/48.0=0.208(以VSS计)和7/31.78=0.220(以SS计)。即0.5 m处的N/C比均高于相应的底层处,也表明0.5 m处颗粒污泥中活性微生物含量较高,或者说0.5 m处颗粒污泥灰分要比底层污泥中稍低。此外,一般细菌的N/C比平均约为1/6=0.17,而颗粒污泥中的N/C比均高于此平均值,表明颗粒污泥中很可能还吸附有一部分含氮高的有机悬浮固体。

颗粒污泥中的灰分,特别是FeS,Ca^{2+}等对保持颗粒污泥的稳定性仍起着重要作用。颗粒污泥中的金属元素含量见表26.5。据研究约有30%的灰分量是由FeS组成的,并在一级稀释管中观察到FeS牢固地黏附在丝状甲烷杆菌的鞘上。矿物质在颗粒污泥内的沉积并没有独特的方式,其在颗粒中的空间分布与细菌活动的局部环境有关,如在硫酸盐还原菌活动的区域,由其产生的CO_2,在碱性环境中即与废水的Ca^{2+}结合,形成较多的$CaCO_3$沉积物。此外,颗粒中的产甲烷菌和其他发酵细菌能有效地吸收培养基中的特异离子(如Ni^{2+},Co^{2+}等)。颗粒中的无机沉积物不仅起到增加颗粒密度和在一定程度上起到稳定颗粒强度的作用,而且可能提供了细菌赖以黏附的核心或天然支持物,促进颗粒污泥的形成。

表26.5　颗粒污泥中的金属元素含量(mg/kg)

距池底高度/m	Na	Ca	Mg	Fe	K	Zn	Mn	Ni
1.0	9 200	2 896	12 984	35 200	29 110	306.9	<1.5	未检出
0.5	1 700	2 140	2 926	29 600	8 000	212.8	<1.5	未检出
0.1	2 080	1 985	3 566	35 600	9 265	200.6	<1.5	未检出

对颗粒污泥中的金属元素的测定(表26.5)表明,金属离子的含量有以下两个突出特点。

(1)Fe的含量比例大。在上中下3层中,约占8种金属元素总含量的比例分别为39%,66%和68%,远远超出一般微生物的含铁比例。可见,颗粒污泥中存在着大量的非细胞物质的含铁无机沉淀物,而且越向底层,含铁量的比例越大,表明铁的化合物(硫化铁)在形成颗粒污泥时作为核心的重要性。

(2)镁含量比钙含量高,说明溶度积小的$Mg(OH)_2$比溶度积较大的$Ca(OH)_2$更易沉淀出来,充当颗粒污泥的核心。

颗粒污泥中的另一重要化学组分为胞外多聚物(即分泌在细菌细胞外的聚合物)。颗粒污泥的表面和内部,一般均可见透明发亮的黏液性物质,主要组成为聚多糖、蛋白质和糖醛酸等。胞外多聚物的含量差异很大,以胞外聚多糖为例,少的占颗粒污泥干重的1%～2%,多的则占20%～30%。

26.2.4　产甲烷活性

颗粒污泥的比产甲烷活性与操作条件和底物组成有关。废水越复杂,颗粒中的酸化菌占的比例越高,其结果是颗粒污泥的比产甲烷活性较低。在30℃时,在未酸化的底物中培养的颗粒污泥的产甲烷活性可达到1.0 kg COD/(kg VSS·d),而对于已酸化的底物中颗粒污泥的产甲烷活性可达到2.5 kg COD/(kg VSS·d)。也有人报道过更高的产甲烷活性,例如Guiot等以蔗糖为底物,在27～29 ℃时,活性为1.3～2.6 kg COD/(kg VSS·d),活性的大小与微量元素的含量有关。Wiegant等发现在65 ℃下在乙酸和丁酸混合液中培养的颗粒污泥产甲烷活性高达7.3 kg COD/(kg VSS·d)。

假定产甲烷丝菌是颗粒污泥中占优势的菌并考虑到它的生长率为0.05 kg COD/(kg VSS·d)去除COD,因此能够估计产甲烷丝菌中不同的菌株的产甲烷活性(表26.6)。

表26.6　某些产甲烷丝菌分离菌株的时代时间与比产甲烷活性

菌株	最适生长温度/℃	时代时间/h	比产甲烷活性/(kg COD·kg^{-1} VSS·d^{-1})
M. soehngenij Opfikon	37	82	4.1
M. soehngenij VNBF	40	23～29	11.5～14.5
M. concilii GPG	35～40	24～29	11.5～13.5
Methanothrix sp.	60	31.5	10.6
Methanothrix sp.	60	72	6.6

以废水培养的颗粒污泥的活性将总是小于表中所列的产甲烷丝菌分离株的活性,因为颗粒污泥中含有相当数量的其他非产甲烷菌、多余的胞外多聚物、不可降解的VSS和死细胞等物质,表26.7列出了各类废水中培养的颗粒污泥的比产甲烷活性。

表 26.7　各类废水中培养的颗粒污泥的比产甲烷活性

废水类型	温度/℃	比产甲烷活性/($kg\ COD \cdot kg^{-1}\ VSS \cdot d^{-1}$)
稀麦芽汁	25	0.85
葡萄糖溶液	35	1.2
啤酒废水	35	1.9
生活污水	30	0.02～0.04
小麦淀粉废水	35	0.55
酒精废水	32	0.60
造纸废水	27～30	0.45
土豆废水	30	1.2
造纸废水	30	0.19～0.62
动物腐肉废渣	30	0.75

污泥活性一般都通过测定辅酶 F_{420} 来表示。F_{420} 在由利用氢的产甲烷菌还原二氧化碳的过程中起到电子载体的作用，因此很清楚，利用氢的产甲烷菌比利用乙酸的产甲烷菌有高得多的 F_{420} 含量。因此以 F_{420} 来估计颗粒污泥活性应只限于颗粒污泥中微生物种群没有大的变化时。

在未酸化的废水中形成的颗粒污泥含有相当多的产酸菌。由于产酸菌生长率远大于产甲烷菌，在未酸化废水中颗粒污泥生长要快得多。但另一方面，由于产酸菌的大量存在，污泥的比产甲烷活性降低。但是由于产酸菌在不同的底物中产率不同，因此在不同性质的废水中颗粒生长的速度也不同（表 26.8）。

表 26.8　中等负荷下使用不同底物时颗粒污泥的强度与活性

底物	100%蔗糖	90%蔗糖+10%葡萄糖	50%蔗糖+50%葡萄糖	10%蔗糖+90%葡萄糖	100%葡萄糖
比产甲烷活性/($g\ COD \cdot g^{-1} VSS \cdot d^{-1}$)	0.7	0.6	0.7	–	1.4
相对强度/%	<5	37	85	65	100

目前研究颗粒污泥中产甲烷菌的数量一般都是采用 MPN 法（国内用 MPN 法得到的不同颗粒污泥微生物的组成见表 26.9），但是 MPN 法有其局限性，因为在试验时必须把颗粒粉碎，从而破坏了颗粒内种群的相对组成结构，因此破坏或削弱了种群之间的互相反应。

表 26.9　国内用 MPN 法得到的不同颗粒污泥微生物的组成

种群	细菌数(个)/mL 颗粒污泥				
	1	2	3	4	5
发酵菌	2×10^{11}	$(2.5\sim9.5)\times10^9$	3.0×10^9	4.5×10^8	3.5×10^8
产氢产乙酸菌	4.8×10^8	—	—	2.0×10^7	6.0×10^7
丙酸分解菌	—	$9.5\times10^6\sim7.5\times10^7$	2.5×10^8	—	—
丁酸分解菌	—	$(4.5\sim15)\times10^7$	9.5×10^7	—	—
产甲烷菌	2×10^8	$(7.5\sim40)\times10^7$	—	7.5×10^7	2.5×10^8
乙酸裂解产甲烷	—	—	4.5×10^8	—	—
甲酸，H_2/CO_2产甲烷菌	—	—	7.5×10^7	—	—

注　1 为葡萄糖人工废水培养的颗粒，中温；2 为葡萄糖人工废水培养的颗粒，中温；3 为豆制品废水培养的颗粒，中温；4 为生活污水培养的颗粒，17～25 ℃；5 为啤酒废水培养的颗粒，20～25 ℃

目前国外已开始采用免疫学方法确定颗粒污泥中微生物的组成，国内尚未见到这方面的研究报道。用免疫方法可鉴别不同条件下培养的颗粒污泥中占优势的产甲烷菌。

已被鉴定出的颗粒污泥中的微生物有:典型的产甲烷菌是甲烷杆菌属、产甲烷螺菌属、甲烷毛状菌属和甲烷八叠球菌属;互营菌是互营杆菌属、互营单胞菌属;硫酸盐还原菌主要是脱硫弧菌属和脱硫洋葱状菌属等。

26.3　好氧颗粒污泥

26.3.1　好氧颗粒污泥的基本性质

根据污泥中微生物代谢过程中电子受体的不同,污泥的颗粒化可分为好氧颗粒化和厌氧颗粒化两类。污泥颗粒化现象最早在上向流厌氧污泥床反应器中发现, Mishima(1991)首先在上向流好氧反应器中发现了具有良好沉淀性能、粒径在 2 ~ 8 mm 之间的好氧颗粒污泥(Aerobic granular sludge, AGS)。随后许多研究者借鉴传统的厌氧颗粒污泥培养的成功经验,利用 SBR 反应器中独特的厌氧—好氧交替出现和气液两相均成升流运动的特征,培养出了好氧颗粒污泥,并将好氧颗粒污泥化技术用于处理高浓度有机废水、有毒废水和城市污水脱氮除磷处理。

1. 好氧颗粒污泥的形态及结构

好氧颗粒污泥外观一般为橙黄色或浅黄色,成熟的好氧颗粒污泥为表面光滑致密、轮廓清晰的圆形或椭圆形。粒径一般为 0.5 ~ 5.0 mm。颗粒污泥的大小最终取决于反应器各种运行条件的综合平衡作用结果。这些条件包括有机负荷和反应器中水力摩擦等。特别是水的动力摩擦对悬浮态的生物颗粒大小起着关键性影响作用。颗粒表面含有大量孔隙,可深达表面下 900 μm 处,而距表面 300 ~ 500 μm 处的孔隙率最高,这些孔隙有利于氧、基质、代谢产物在颗粒内部的传递。

Etterer 和 Wilderer(2001)报道好氧颗粒污泥比重介于 1.004 ~ 1.006 5 之间。竺建荣和刘纯新(1999)报道好氧颗粒污泥比重介于 1.006 8 ~ 1.007 2 之间,高于絮状活性污泥的比重(1.002 ~ 1.006)。竺建荣、刘纯新(1999)报道好氧颗粒污泥的含水率为 97% ~ 98%,而絮状活性污泥含水率为>99%。

好氧颗粒污泥为层状结构。颗粒外部为好氧区,内部为缺氧或厌氧区。研究表明,好氧颗粒污泥中所含的多聚糖集中形成在距颗粒污泥表面约 400 μm 处。好氧颗粒污泥含有众多的孔隙,这些孔隙深达颗粒表面以下 900 μm 处,而大部分孔隙集中于距表面深度 300 ~ 500 μm 之间。这些孔隙有利于氧和底物向颗粒内部传递并输出代谢产物。硝化菌主要分布在好氧颗粒污泥表面以下 70 ~ 100 μm 处。在好氧颗粒污泥表面以下 800 ~ 900 μm 深处探测到厌氧菌。Toh 等(2002)研究发现,在好氧颗粒污泥表面以下 800 ~ 1 000 μm 处有死亡的细菌。Tay 和 Ivanov 等(2002)认为如要使好氧颗粒污泥中含有较多的好氧微生物,其粒径不应大于 1 600 μm,这相当于两倍于颗粒污泥表面到其内部厌氧层的距离。较小的粒径能保证高含量的好氧菌,有利于高效率的处理废水。

好氧颗粒污泥外观一般为橙黄色或浅黄色,周洵平等总结了不同反应器在各自条件下培养的好氧颗粒污泥的物理特性,见表 26.10。

表 26.10 好氧颗粒污泥的物理特性

SVI /$(mL \cdot g^{-1})$	沉降速度 /$m \cdot h^{-1}$	直径 /mm	SOUR /$(mg \cdot g^{-1} \cdot L^{-1})$	反应器类型
40.8~143	—	2.0~8.0	—	AUSB
80~100	86.4	0.4~2.5	—	AUSB
20~45	30~40	2.35	96.3	SBR
—	—	0.3~0.5	—	SBR
—	—	1.9~4.6	—	SBR
50~85	30~35	1.1~2.4	55.9~69.4	SBR
—	72	3.0	—	SBR

2. 颗粒污泥的粒径和沉降性能

好氧颗粒污泥无论粒径多大,其最大生物密度均在表层(600±50) μm 以内。研究表明随着粒径的增加,沉降速度、颗粒密度、比表面疏水性及 SVI 值分别增大。但当粒径超过了 4 mm 时,颗粒污泥的外层发生裂解,而内层逐渐疏松,颗粒的 SVI、含水率等性质随之发生显著变化,污泥颗粒逐渐恶化。可能是由于随着粒径的增加,核内传质和扩散阻力增大,核内的营养物逐渐的匮乏,核内微生物不得不消耗胞外聚合物基质来维持生长,产生了有毒、有害物质等代谢产物,进而严重毒害着胞外聚合物和微生物的生长。因此,在 SBR 反应器内,若要取得颗粒污泥的最佳经济效率和最佳运行状态,必须考虑颗粒污泥的粒径和生物活性的关系。S. K. Toh 等实验证明颗粒污泥运行的最佳粒径为 1.0~3.0 mm。

好氧颗粒污泥的密度为 1.006 8~1.0480 g/cm^3,颗粒污泥的污泥沉降比(SV)为 14%~30%,污泥膨胀指数(SVI)为 20~45 mL/g(一般在 30 左右),而普通活性污泥的 SVI 为 60~205 mL/g。颗粒污泥的含水率一般为 97%~98%。因而好氧颗粒污泥具有较高的沉降速度,可达 30~70 m/h,与厌氧颗粒污泥的沉降速度相似,是絮状污泥的 3 倍多。因此能够承受较高的水利负荷,具有较高的运行稳定性和效率。

Liu 等(2005)建立了计算好氧颗粒污泥沉淀速度的模型,模型显示好氧颗粒污泥沉淀速度(V)是污泥容积指数(SVI)、好氧颗粒污泥粒径(d_p)和好氧颗粒污泥浓度(SS 或 VSS)的函数,其表达式为

$$V = \frac{\alpha d_p^2 e^{-\beta X}}{SVI}$$

式中 X—— 污泥的 SS 或 VSS。

3. 好氧颗粒污泥的代谢活性

好氧颗粒污泥的活性可以用氧的利用速率(OUR)来表示,在较高的氧利用速率下,好氧颗粒污泥的新陈代谢会加快,废水中的有机物更多地被氧化为二氧化碳而不是合成生物质。颗粒污泥的耗氧速率随反应器表面剪切力的增加而增高,反应器表面的气体速率的增强产生的摩擦效应促进了颗粒表面与反应器液相间的氧气传递,进而激发了微生物的新陈代谢活动,并进而提高了好氧颗粒污泥的呼吸作用。

好氧颗粒污泥的 OUR 值高于絮状污泥,不同基质培养的颗粒污泥,其耗氧率测得值相差很大。竺建荣、刘纯新(1999)报道好氧颗粒污泥的 OUR 值为 1.27 mg/(g · min),而絮状污泥为 0.8 mg/(g · min)。

Qin 等(2004)的研究表明,以污泥的耗氧速率表示的微生物活性与以沉降时间表示的水力选择压力成反比关系,即沉降时间越短,测得的微生物耗氧速率越高。这一发现可被解释

为,微生物相对应于水力选择压力变化而进行了其自身能量代谢的调整。

比耗氧速率(Specific oxygen uptake rate,SOUR)是指单位细胞蛋白在单位时间内消耗氧气量,反映了微生物新陈代谢过程的快慢即微生物活性的大小、微生物对有机物的降解能力。好氧颗粒污泥的异养菌比耗氧速率(SOUR)为40~50 mg O_2/(g MLVSS·h),而普通活性污泥的(SOUR)为20 mg O_2/(g MLVSS·h)左右。Yang Shufang 培养的好氧颗粒污泥(SOUR)为60~160 mg O_2/(g SS·h)。通过检测 SOUR 可以了解颗粒污泥生物学上的变化,以及有机承载和颗粒的生长状况等等,因而能够对颗粒污泥的培养及污染物的处理做出相应的调整。

4. 好氧颗粒污泥的微生物相

好氧颗粒污泥本身的生物相极其丰富,构成颗粒的种属有贝氏硫细菌属、硫酸盐还原菌、好氧硫化菌、球衣菌属、纤毛虫、吸管虫属、钟虫属和细菌以及一些厌氧菌。好氧颗粒污泥表面以丝状菌为主体,相互缠绕,发挥着组成颗粒污泥的框架作用,其上还有杆状细菌和数量有限的原生动物。好氧区内层以好氧细菌的集合体为主。硫酸盐还原菌对形成好氧颗粒污泥非常重要,因为它能有效地降低氧化还原电位。

由于接种的污泥种类和运行条件的不同,好氧颗粒污泥含有的微生物菌群就不同。另外,颗粒内部生物的多样性还与结构和外部基质密切相关,如好氧颗粒自身的结构特点以及氧扩散浓度的限制,使得污泥颗粒由外向内逐渐形成了好氧区—缺氧区—厌氧区。好氧区内有好氧菌、硝化菌生存;缺氧区内兼性微生物丰富,如反硝化菌、硫酸盐还原菌等;缺氧区内反硝化聚磷菌(DPB)存在。在缺氧的条件下,它以 NO_3^-,NO_2^- 为电子受体,同时完成反硝化和吸磷反应。厌氧菌通过厌氧反应生成有机酸和生物气,这些代谢产物可能会破坏好氧颗粒污泥的结构,降低其稳定性。因而好氧颗粒污泥丰富的微生物相,使得颗粒污泥具有良好的除 COD、脱氮除磷性能,能够广泛地应用于水处理及其他相关方面。

26.3.2　好氧颗粒污泥形成的影响因素

1. 接种污泥种类

目前好氧颗粒污泥的种泥有以下形式:①普通活性污泥为接种污泥;②厌氧颗粒污泥为种泥;③用去除 COD 为主的悬浮、不沉降的特种微生物细胞为接种污泥。

微生物数量多、种类丰富的普通活性污泥接种,形成的颗粒将具有生物多样特性,容易适合各种废水水质;相比普通活性污泥,用厌氧颗粒污泥接种,启动时间短,控制难度小,而且两种成熟的好氧颗粒污泥的异养菌和硝化菌的活性都没有明显的差异;用去除 COD 为主悬浮、不沉降的细胞接种,启动时间相对较长,但是由此培养出的颗粒污泥具有了一定的特性。

2. COD 容积负荷的影响

COD 容积负荷与污泥颗粒化关系十分紧密。当 SBR 中 COD 容积负荷低于1 kg/(m^3·d)时,无法培养出好氧颗粒污泥。形成好氧颗粒污泥的 COD 容积负荷范围较宽,为1.2~15 kg/(m^3·d)。

王荣昌等(2004)在悬浮载体生物膜反应器中发现了好氧颗粒污泥,经过研究分析得出:在反应器内水力剪切以及颗粒摩擦等的共同作用下,载体表面的生物膜会不断脱落,脱落下的生物膜由于接触面积大而有利于微生物快速生长。一般丝状菌的生长速度比球菌、杆菌等其他微生物快,同时在外部水力剪切力和颗粒摩擦等作用下逐渐缠绕而形成颗粒污泥。根据该研究方法培养出的颗粒污泥平均粒径为2~3 mm,最大可达5 mm左右。反应器内的微生物仍以附着生长为主,好氧颗粒污泥约占总生物量的1/10左右。

随着有机负荷的增加,颗粒的生长速率以及颗粒的生物降解速率随之增大。但在较高的COD负荷下,虽能克服传质阻力,却容易引起丝状菌的大量繁殖,从而导致反应器操作状态不稳定。如果在提高COD容积负荷的同时,提高剪切力,丝状菌容易破碎且随水流排出,则形成的颗粒污泥更加致密、轮廓更加清。

3. 剪切力的影响

上流曝气造成的水力搅动是SBR反应器中微生物菌群的主要剪切力,研究表明剪切力的强度与好氧颗粒化关系密切。当表面气体上升流速大于1.2 cm/s时,才能形成结构致密,轮廓清晰的颗粒污泥。剪切力较高时,沉降性能差的菌体从胶团表面脱离,沉降性能好的、密度大的菌体存留下来,同时又由于较大的剪切力下,流体与颗粒,颗粒与颗粒之间的摩擦力较大,而使颗粒更加致密、光滑而又有规则。

剪切力能够影响颗粒污泥的物理性质,如密度和机械强度均随着剪切力的增加而加大。此外剪切力还影响着微生物的代谢途径。随着剪切力的增加,细胞分泌出更多的胞外聚合物(EPS)。EPS阻止外界对悬浮细胞的破坏而使其黏结在一起,它使微生物细胞间的吸引力增强,污泥颗粒的结构更加致密;另外,随着剪切力的增加,细胞的疏水性也随之增强。细胞疏水性在细胞自固定和黏结过程中,扮演着重要的作用。它可能是颗粒化最初的主要作用力,加强细胞间的连接,诱导产生坚固的微生物群体结构,保护细胞免受外界不利因素的影响。当然剪切力也不能过大,过大会导致颗粒污泥分解。

剪切力的存在对颗粒有两方面的影响:其一,较大的剪切力下形成的颗粒致密,传质阻力大,不利于基质的摄取和传递,颗粒内部得不到充足的营养,细胞活性被抑制;其二,随着剪切力的增大,传质推动力也随之增大,这有利于克服传质阻力,促使基质向颗粒内部传递,从而提高了好氧污泥颗粒的生物活性(即SOUR变大)。剪切力的这种双重作用,必然存在一个平衡点。因此,控制好剪切力就能得到性能良好的污泥颗粒。

4. 选择压的影响

选择压最早是用于种群遗传学的术语,将种群内的选择作用和物理学上的压力相比来表示种群内的选择作用大小。在微生物培养过程中,可利用选择压的原理通过建立高度选择性的培养环境使不适应该培养环境的微生物不能生长或极少生长,从而筛选和富集培养专一类型的微生物。在水处理的过程中,施加于活性污泥的选择压有沉降时间、交换率、排水时间、循环时间。选择压能够影响污泥颗粒化的进程。而在颗粒污泥的培养中,比较常用选择压的控制方面为沉降时间、循环时间。

沉降时间用于强化沉降速率,通过控制沉降速率建立高度选择的培养环境,使不适应此环境的微生物不能生长或极少生长,从而筛选富集颗粒污泥,最终实现活性污泥的颗粒化。

控制较短的沉淀时间有利于将沉淀性能较差的絮状污泥淘洗出去,实现颗粒污泥的选择性培养。Qin等研究表明,当沉淀时间为5 min时,颗粒污泥主导SB中污泥的存在形态。而当沉淀时间选择在10 min或更长时,SBR中污泥的存在形式则为颗粒和絮体的混合物。较短的沉淀时间会刺激细胞分泌更多的胞外多聚糖,同时促进细胞表面的疏水性能发生很大的改善。但是沉淀时间太短,会导致系统的稳定性遭到破坏,污泥大量流失,出水水质变差,系统处理能力下降。Tay等(2001)认为,最优沉淀时间的选择对好氧颗粒污泥形成过程操作是十分重要的,成熟后的好氧颗粒在1 min内会迅速沉淀。

循环时间影响着颗粒污泥的培养周期长短和生物量的大小。当循环时间较短时(即选择压较大),相对容积负荷较高,污泥颗粒化迅速,颗粒的VSS(Volatile suspended solid)大和强度高。而循环时间较长,细菌长期处于饥饿状态,生长缓慢,颗粒组织疏松,颗粒 VSS 小和强度低。同时循环时间还影响颗粒的生物相。用较短的操作周期时,悬浮微生物的生长因其被频繁冲出系统而受到抑制。然而,如果操作周期过短,则因在反应器中微生物的增殖不足以补充被冲出的生物量,最终导致反应器发严重的污泥流失现象,使污泥颗粒化失败。陈洁研究发现:随着沉降速率增加与反应器中 SV 值和 MLSS 逐渐减小;在沉降速率变化过程中,污泥龄、耗氧速率、胞外聚合物和 COD 去除率均相应发生改变,即通过改变沉降速率能够影响微生物群体的组成及数量,进而能影响微生物的生物学性能,及颗粒污泥的稳定性。

Pan 等(2004)认为,好氧污泥颗粒化的水力停时间必须足够短来抑制悬浮微生物的生长,但也必须足够长以使微生物能在反应器中增殖积累。当操作周期为 3 h 的时候,系统水力冲刷过强,从而阻止了硝化颗粒污泥的顺利形成和稳定。当采用操作周期为 6 h 和 12 h,系统中最终形成了稳定的硝化颗粒污泥。研究还发现较短的操作周期有利于激发微生物的活性,促进胞外多聚糖的分泌,改善细胞的疏水性能。这些变化都有利于硝化颗粒污泥的顺利形成。

5. 贫/富营养机制

好氧污泥的颗粒化培养一般均在 SBR 或其改良的反应器中进行的。研究证明 SBR 或其改良的反应器中,污泥存在贫/富营养机制,而在连续反应器中,不存在贫/富营养机制,就无法培养出好氧颗粒污泥。微生物在贫营养(饥饿)状态下,细胞疏水性增强,诱导细胞凝聚或黏结;而在富营养期状态下,细胞代谢快,生长迅速。因此,在形成更加坚固的颗粒化污泥过程中,贫/富营养机制发挥着重要的作用。贫/富营养周期的长短取决于循环时间和进水时间,进水时间越短越好,而循环时间太长或太短都不利于颗粒的形成,太长的循环时间细胞长期处于饥饿状态,生长缓慢,不利于颗粒的形成,而太短的循环时间不利于细胞的凝聚。因此,在污泥颗粒化的培养过程中,应选择恰当的进水时间和循环时间。

6. 其他影响因素

Ca^{2+}的作用机理可能是中和细胞表面上的负电荷,连接细胞外的多聚物分子,产生架桥效应,从而促进了微生物间的聚合。Ca^{2+}的添加能提高好氧颗粒污泥的沉淀性和强度,提高多聚物含量。Jiang 等(2003)研究报道 Ca^{2+}能加速好氧污泥颗粒化的进程,加 100 mg/L 的 Ca^{2+}后,好氧颗粒污泥的形成时间从 32 d 缩短为 16 d。

到目前为止,几乎所有关于好氧颗粒污泥的报道都是在 SBR 反应器中培养成功的。这是因为 SBR 反应器是柱状上流式反应器,具有较大的高度和内径比(H/D)有利于产生一个较长的环流轨迹,这个环流将推动颗粒污泥运动并使其受到水流的摩擦作用,反应器的高径比越大,环流的长度就越长,颗粒污泥受到的水流摩擦作用就越强,这个摩擦作用将使颗粒污泥表面变得光滑并形成球型结构。在实际应用中,采用 SBR 操作模式和较大的反应器高度和内径比被证明有利于选择和截流有较好沉淀性的颗粒污泥。

Tay 等(2002)研究显示,在 SBR 的 DO 质量浓度低至 0.7 ~ 1.0 mg/L 时或高于 2 mg/L 的操作条件下,好氧污泥都能颗粒化。但溶解氧浓度过低,污泥内部将处于厌氧状态,从而抑制污泥颗粒的进一步增大,污泥颗粒粒径小且不稳定,容易被水流带出反应器。

颗粒污泥在形成与成熟期都与温度有着密切的关系。竺建荣等(1999)在厌氧-好氧交替工艺中培养好氧颗粒污泥时发现,随着温度的下降,颗粒污泥向絮状污泥转变。卢然超(2001)研究了不同温度(22 ℃,15 ℃,18 ℃)对形成好氧颗粒的影响,结论是在 22 ℃下对颗粒污泥的形成有利。

苯酚有剧毒,虽可被微生物作为碳源利用,但对微生物活性有抑制性,能导致操作系统运行的不稳定。Liu Y 用醋酸钠配制人工废水，考察苯酚对好氧颗粒污泥去除效率及稳定性的影响发现，当苯酚与起始生物浓度之比逐渐增大时，污泥的生物活性逐渐降低。当苯酚与起始生物浓度之比为 0.19 时，COD 的去除效率降低到 50%，而苯酚的去除率几乎为零。

不同的不同 N/COD 也可以影响反应器中颗粒污泥的性质，Yang Shufang 采用颗粒边界清晰、粒径为 0.09 mm 的污泥，N/COD 比分别为 5/100，10/100，20/100，30/100 进行试验。经过 60 d 的驯化培养后，它们平均粒径达到 1.9 mm，1.5 mm，0.5 mm，0.4 mm。由此可知，随着 N/COD 比值的增加，亚硝化菌和硝化菌活性逐渐增加，而降解 COD 的异养菌活性逐渐减弱，从而导致了异养菌占多数的污泥颗粒的粒径逐渐减小。即对于以去除 COD 为主的废水，在颗粒污泥的培养过程中适当降低氮的含量可以大大提高颗粒污泥中异养菌的活性，提高废水的处理效率。

第27章　污泥减量化

27.1　污泥的分类及性质

污泥是一种由有机残片、细菌体、无机颗粒和胶体等组成的非均质体。它很难通过沉降进行彻底的固液分离。城市污水或一些工业废水处理厂的生物处理工艺中会产生大量的污泥，其数量约占处理水量的0.3%～0.5%(以含水率为97%计)。

27.1.1　污泥的分类

污泥的种类很多，分类也比较复杂，目前一般可按以下方法分类。

1.按来源分类

按照污泥的来源可以将其大致可分为给水污泥、生活污水污泥和工业废水污泥3类。

其中，工业废水污泥可以按其来源分类。

(1)食品加工、印染工业废水等污泥：挥发性物质、蛋白质、病原体、植物和动物废物、动物脂肪、金属氢氧化铝、其他碳氢化合物。

(2)金属加工、无机化工、染料等废水污泥：金属氢氧化物、挥发性物质、动物脂肪和少量其他有机物。

(3)钢铁加工工业废水污泥：氧化铁(大部分)、矿物油油脂。

(4)钢铁工业等废水污泥：疏水性物质(大部分)、亲水性金属氢氧化物、挥发性物质。

(5)造纸工业废水污泥：纤维、亲水性金属氢氧化物、生物处理构筑物中的挥发性物质。

按来源也可以分为以下几种。

(1)原污泥。

未经污泥处理的初沉污泥、二沉剩余污泥或两者的混合污泥。

(2)初沉污泥。

经初步絮凝，再以重力沉降或溶气浮除等初级废水处理程序分离所得的污泥，如来自净水厂胶凝沉淀池的铝盐污泥，都市废水处理厂初沉池的下水污泥，溶解气体浮除槽的浮渣污泥等，成分多为悬浮固体、油脂、溶解性有机物、表面活性剂、色度物质、微生物、无机盐类、絮凝剂等。但其悬浮固体与多数溶解性有机物并未经微生物消化分解，污泥胶羽颗粒的形成主要是由于外加化学药剂的絮凝聚集等化学处理而产生，因此称为“化学污泥”。典型的初沉污泥的性质与图片见表27.1与图27.1。

表27.1　初沉污泥的性质

指标	数值范围
来源	造纸厂初沉池，未加混凝剂
干固体浓度	6 800～7 200 mg/L
pH	6.3～6.7

续表 27.1

指标	数值范围
粒径	20 ~ 30 μm
电位	−18 ~ −15 mV
SVI	40 ~ 60

图 27.1 初沉污泥的图片

(3)二级污泥。

经由生物处理方法所产生的污泥称为“生物污泥”(Biological sludge)或“二级污泥”(Secondary sludge)。初级处理程序仅能除去不溶性的悬浮颗粒,但无法除去其中以碳为主要元素成分的溶解性有机物,因此还须将初级程序处理后的污水导入曝气槽中,使得槽内悬浮状态的嗜氧性微生物群与污水中的溶解性有机物接触,摄取水中生物可以分解的成分进行生长繁殖;在过程中增生的胶羽形成菌(Floc forming bacteria)会与自身分泌的 ECPs、水相中的剩余悬浮固体、丝状菌(Filamentous bacteria),真菌(Fungi)、原生动物(Protozoa)以及二价钙、镁离子,共同聚集联结成大小约百微米的污泥胶羽。除了悬浮式的活性污泥法之外,还可将微生物附着在固体基材上形成生物膜(Biofilm),以分解废水内的有机物,常用的程序包括滴滤池(Trickling filter)与旋转生物盘法(Rotating biological contactor)都会产生少量的生物污泥(但组成的微生物大小相同)。其结构疏松、含水率极高、运行良好的活性污泥池产生的胶羽平均粒径在 100 ~ 500 mm 之间,通常不易脱水。表 27.2 和图 27.2 为典型的二级污泥的性质与图片。

表 27.2 二级污泥的性质

指标	数值范围
来源	造纸厂活性污泥回流口
干固体浓度	12 000 ~ 14 000 mg/L
pH	6.7 ~ 7.0
粒径	150 ~ 200 μm
电位	−30 ~ −25 mV
SVI	60 ~ 70

(4)厌氧消化污泥。

初级化学污泥与二级生物污泥通常会混在一起进入消化槽(Digester)中,进一步减积与安定化,得到厌氧消化污泥。原本存在于污泥中的嗜氧性或厌氧性微生物会利用自身细胞基质

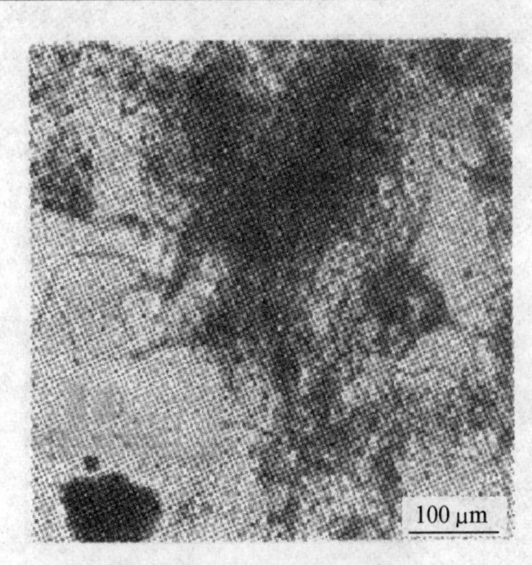

图 27.2　二级污泥的图片

(Biomass)进行自营消化作用(Endogenous respiration)以取得能源,然后分解污泥中先前未分解的有机物。厌氧消化因设置成本较低,因此目前被普遍采用。在厌氧消化中,污泥中的大颗粒先行水解成较小的颗粒,微生物中的酸生成菌(Acidogenic bacteria)会将其分解成有机酸,甲烷生成菌(Methanogenic bacteria)利用这些有机酸产生二氧化碳与甲烷,此过程中叫以大幅分解有机物,减少污泥中原有的 BOD 与臭味,致病菌或寄生虫的数量也随之减少。由于厌氧菌生长较慢,所以污泥的产量较少,而消化后的污泥(Digested sludge)颜色较深、稳定度高,并呈现深色的腐殖土状(Humus)。在消化过程中污泥胶羽的高比表面积结构受到破坏,原本吸附于其上的水分便被剥离成为自由水(Free moisture);因此消化后的污泥沉降性与脱水性都会获得改善。表 27.3 和图 27.3 为典型的厌氧消化污泥的性质与图片。

表 27.3　厌氧消化污泥的性质

指标	数值范围
来源	食品加工厂活性污泥回流口,并于实验室添加厌氧菌种,在 35 ℃进行一个月的厌氧消化
干固体浓度	6 500 ~ 7 000 mg/L
pH	6.4 ~ 6.7
粒径	50 ~ 60 μm
电位	−22 ~ −19 mV
SVI	40 ~ 50

(5)消化污泥。

经过好氧消化或厌氧消化的污泥,所含有机物质浓度有一定程度的降低,并趋于稳定。

(6)回流污泥。

由二次沉淀(或沉淀区)分离出来,回流到曝气池的活性污泥。

(7)剩余污泥。

活性污泥系统中从二次沉淀池(或沉淀区)排出系统外的活性污泥。

2. 按污泥成分及性质分类

以有机物为主要成分的污泥可称为有机污泥,其主要特性是有机物含量高,容易腐化发臭,颗粒较细,密度较小,含水率高且不易脱水,呈胶状结构的亲水性物质,便于用管道输送。

生活污水处理产生的混合污泥和工业废水产生的生物处理污泥是典型的有机污泥,其特性是有机物含量高(60% ~80%),颗粒细(0.02 ~0.2 mm),密度小(1 002 ~1 006 kg/m^3),呈

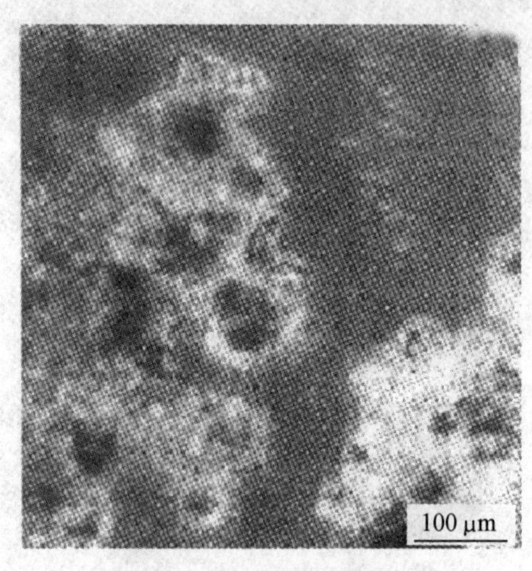

图 27.3　厌氧消化污泥的图片

胶体结构，是一种亲水性污泥，容易管道输送，但脱水性能差。

以无机物为主要成分的污泥常称为无机污泥或沉渣，沉渣的特性是颗粒较粗，密度较大，含水率较低且易于脱水，污泥烘干快但流动性较差，不易用管道输送。给水处理沉砂池以及某些工业废水物理、化学处理过程中的沉淀物均属沉渣，无机污泥一般是疏水性污泥。

3. 按污泥从污水中分离的过程分类

按照在活性污泥处理工艺中产生污泥的不同阶段进行分类是常见的污泥分类方法。

(1)初沉污泥。指污水一级处理过程中产生的沉淀物，污泥干燥机其性质随污水的成分，特别是混入的工业废水性质而发生变化。

(2)活性污泥。指活性污泥处理工艺二次沉淀池产生的沉淀物，扣除回流到曝气池的那部分后，剩余的部分称为剩余活性污泥。

(3)腐殖污泥。指生物膜法(如生物滤池、生物转盘、部分生物接触氧化池等)污水处理工艺中二次沉淀池产生的沉淀物。

(4)化学污泥。指化学强化一级处理(或三级处理)后产生的污泥。

4. 依据污泥的不同产生阶段分类

按照水处理的不同阶段来划分污泥的类型，也是较为常用的分类方法之一。

(1)生污泥：指从沉淀池(包括初沉池和二沉池)排出来的沉淀物或悬浮物的总称。

(2)消化污泥：指生污泥经厌氧分解后得到的污泥。

(3)浓缩污泥：指生污泥经浓缩处理后得到的污泥。

(4)脱水干化污泥：指经脱水干化处理后得到的污泥。

(5)干燥污泥：指经干燥处理后得到的污泥。

27.1.2　污泥的性质指标

常见的污泥性质指标有以下几种。

1. 含水率

污泥中所含水分的质量与污泥总质量之比的百分数。污泥体积、质量及所含固体物浓度的关系表示为

$$\frac{V_1}{V_2} = \frac{W_1}{W_2} = \frac{100 - p_2}{100 - p_1} = \frac{C_2}{C_1} \tag{27.1}$$

式中　V_1, W_1, C_1—— 污泥含水率 P_1 时的污泥体积、质量及固体物浓度；

V_2, W_2, C_2—— 污泥含水率 P_2 时的污泥体积、质量及固体物浓度。

一般来说，当含水率 > 85% 时，污泥呈流状；当含水率为 65% ~ 85% 时，污泥呈塑态；当含水率 < 65% 时，污泥呈固态。

2. 挥发性固体和灰分

挥发性固体（VS）通常用于近似表示污泥中的有机物的量；有机物含量越高，污泥的稳定性就更差。

灰分也称灼烧残渣，表示污泥中无机物含量。

3. 可消化程度

污泥中有机物，是消化处理的对象。一部分是可被消化降解的（或称可被气化，无机化）；另一部分是不易或不能被消化降解的，如脂肪和纤维素等。用可消化程度表示污泥中可被消化降解的有机物数量。可消化程度（R_d）用于表示污泥中可被消化降解的有机物量，即

$$R_d = \left(1 - \frac{p_{v2}p_{s2}}{p_{v1}p_{s2}}\right) \times 100 \tag{27.2}$$

式中　p_{s1}, p_{s2}—— 生污泥和消化污泥的无机物含量，%；

p_{v1}, p_{v2}—— 生污泥和消化污泥的有机物含量，%。

消化污泥量（V_d）可以计算为

$$V_d = \frac{(100 - p_1)V_1}{100 - P_d}\left[\left(1 - \frac{P_{v1}}{100}\right) + \frac{P_{v1}}{100}\left(1 - \frac{R_d}{100}\right)\right] \tag{27.3}$$

式中　V_d—— 消化污泥量，m^3/d；

P_d—— 消化污泥含水量的周平均值，%；

V_1—— 生污泥量的周平均值，m^3/d；

P_1—— 生污泥量含水量的周平均值，%；

R_d—— 可消化程度的周平均值，%。

4. 湿污泥比重和干污泥比重

湿污泥质量为污泥所含水分质量与干固体质量之和。湿污泥比重等于湿污泥质量与同体积的水的质量之比值。

湿污泥比重（γ）可以表示为

$$\gamma = \frac{p + (100 - p)}{p + \frac{100 - p}{\gamma_s}} = \frac{100\gamma_s}{p\gamma_s + (100 - p)} \tag{23.4}$$

式中　p—— 湿污泥含水率；

r_s—— 污泥中干固体的平均比重。

在干固体中，挥发性固体（即有机物）的百分比及其所占的比重分别用 p_v, r_v 表示；无机物的比重用 r_a 表示，则干污泥的平均比重 r_s 可以计算为

$$\gamma_s = \frac{100\gamma_a\gamma_s}{100\gamma_v + p(\gamma_a - \gamma_v)} \tag{23.5}$$

一般来说，有机物的比重为 100%，无机物比重为 2.5% ~ 2.65%，以 2.5 计，则式(23.5)则简化为

$$\gamma_s = \frac{250}{100 + 1.5p_v} \tag{23.6}$$

湿污泥平均比重按式(23.7)计算：

$$\gamma = \frac{25\ 000}{250p + (100 - p)(100 + 1.5p_v)} \tag{23.7}$$

式中 p—— 湿污泥含水率,%；

p_v—— 污泥中有机物的含量,%

5. 污泥产量

沉淀后的污泥量可以根据污水中悬浮物的浓度、污水的流量、污泥的去除率及污泥的含水率来计算,具体的计算方法为

$$V = \frac{100\eta C_0 Q}{1\ 000(100 - P)\rho} \tag{23.8}$$

式中 V—— 沉淀污泥量,m^3/d;

Q—— 污水流量,m^3/d;

η—— 去除率,%；

C_0—— 进水悬浮物浓度,mg/L;

P—— 污泥含水率,%；

ρ—— 沉淀污泥密度,以 1 000 kg/m^3 计。

式(23.8)适用于初次沉淀池,二次沉淀池的污泥量也可以近似地按式(23.8)计算,η 取 80%。

剩余活性污泥量可以用式(23.9)计算：

$$\Delta X_T = \frac{\Delta X}{f} = \frac{YQS_T - K_d VX_V}{f} \tag{23.9}$$

式中 ΔX_T—— 每日增长(排放)的挥发性污泥量(VSS),kg/d;

QS_T—— 每日的有机物降解量,kg/d;

VX_V—— 曝气池混合液中挥发性悬浮固体总量,kg;X_V 为 MLVSS。

6. 污泥肥分。

污泥中含有大量植物生长所必需的肥分(如氮磷钾等)、微量元素及土壤改良剂(如腐殖质)。污泥中的具体成分见表27.4,我国部分城市污泥中的营养成分见表27.5。

表27.4 污泥中的具体成分

污泥类别		总氮/%	磷(以 P_2O_5 计)/%	钾(以 K_2O 计)/%	有机物/%
初沉污泥		2~3	1~3	0.1~0.5	50~60
活性污泥		3.3~3.7	0.78~4.3	0.22~0.44	60~70
消化污泥	初沉池	1.6~3.4	0.55~0.77	0.24	25~30
	腐殖质	2.8~3.14	1.03~1.98	0.11~0.79	–

表27.5 我国部分城市污泥中的营养成分

城市	pH	有机质 /$(g \cdot kg^{-1})$	N /$(g \cdot kg^{-1})$	P /$(g \cdot kg^{-1})$	K /$(g \cdot kg^{-1})$
北京	6.90	602	37.4	14.0	7.1
天津	6.91	470	42.3	17.5	3.3
杭州	—	317	11.0	11.0	7.4
苏州	6.63	667	48.2	13.0	4.4

续表 27.5

城市	pH	有机质 /(g·kg⁻¹)	N /(g·kg⁻¹)	P /(g·kg⁻¹)	K /(g·kg⁻¹)
太原	—	484	27.6	10.4	4.9
广州	—	314	29.0	—	14.9
武汉	6.30	343	31.3	9.0	5.0

7. 重金属离子含量

污泥中重金属离子的含量决定于城市污水中工业废水所占的比例及工业性质。污水经二级处理后,污水中重金属离子约有 50% 以上转移至污泥中。因此污泥中的重金属离子含量一般都较高。污泥中的重金属种类很多,如 Pb,Cd,Hg,Cr,Ni,Cu,Zn,As 等,能对土壤、水体及食物链带来污染,而人们较为关注的重金属主要是 Pb,Cd,Cr,Ni,Cu,Zn,但不同国家及不同城市的污泥重金属含量范围变化都很大(表 27.6)。

表 27.6　部分国家及城市污泥中重金属的含量

	Cu	Zn	Pb	Cd	Ni	Cr
澳大利亚	856	2070	562	41	88	110
德国	322	—	113	22.5	34	62
新西兰	311	724	103	2.5	25	50
中国	55 ~ 460	300 ~ 1119	85 ~ 2400	3.6 ~ 24.1	30 ~ 47.5	9.2 ~ 540
武汉	48	230	25	0.8	29	32

中国广州市污泥中 Cu,Zn 的含量分别为 1 000,5 219 mg/kg,均大大超过控制标准,而 Pb,Ni 的含量在控制标准以内;西安市污泥中的 Zn 和 Ni 也显著超标;武汉市城市污泥的重金属形态及含量(表 27.7)都在控制标准以内,但这并不意味着武汉市城市污泥的重金属含量就是完全在控制标准以内,因污泥在不同季节有很大的变化。

表 27.7　武汉市城市污泥的重金属形态及含量

重金属	交换态	碳酸盐结合态	铁锰结合态	有机物结合态	残余态	总量
Zn	1.9	33.1	142.3	41.1	12.0	230.3
Cu	1.4	0.5	2.4	38.4	5.0	47.6
Pb	0.0	0.2	2.9	13.4	7.9	24.4
Cr	0.3	0.0	40.3	14.4	13.3	32.3
Cd	0.0	0.1	0.6	0.1	0.0	0.8
Ni	3.1	3.3	8.3	5.8	8.6	29.1

Tessier 等采用分级提取的办法,将重金属分为交换态、碳酸盐结合态、铁锰氧化物结合态、有机结合态和残余态 5 个组分。武汉市城市污泥中虽然含有一定的重金属,但大部分是以非交换态存在(除镍以外),即以有机物结合态及残余态存在(锌则主要是以铁锰氧化物结合态存在),而较易被当季作物吸收的交换态及碳酸盐结合态的含量则较低;另外城市污泥中重金属的总含量比工业污泥低,但重金属有效性却比磷肥化工厂污泥高。虽然城市污泥中存在的重金属形态,在短时间内不易被淋湿及被作物吸收,但污泥的长时间施用能增加土壤中总的重金属含量,特别是增加作物对重金属的吸收及积累。所以需要对污泥施用对土壤重金属形态及含量的影响进行深入研究。

8. 有机有害成分

污泥中的有机有害成分主要包括聚氯二苯基(PCBs)和二噁英/多氯代二苯并呋喃(PCDD/PCDF)、多环芳烃和有机氯杀虫剂等。据美国环境工作署1988年的调查结果表明在其污泥中含有稻瘟酞、甲苯、氯苯,并在每个样品中都发现了至少有42种杀虫剂中的两种。由于许多这类有机化合物对人体及动物有毒,它们的存在会影响污泥的农田利用。但现有的试验表明,能通过根部吸收和在植物中转移的二噁英、呋喃及6种重要的PCB衍生物的量非常少,即使将含PCDD/PCDF较高的污泥过量用于冬小麦、夏小麦、土豆和萝卜,与未施污泥的土壤相比也显示不出有害物质含量的增高,因此目前普遍认为应用于农川土壤的污泥中有机化合物尚不会通过植物吸收的途径进入营养链而引起重大的环境问题。

9. 污泥中的病原菌

城市污泥中还含有大量的病原菌,但在堆肥处理过程中能有效地降低。虽然有部分病原菌在一定条件下会再生,但施入土壤后,土著微生物有阻止这些病原菌再生的作用。所以经堆肥化或消化处理的污泥施入土壤中不会引起病原菌的污染。

10. 污泥的热值

由于污泥的含水率因生产与处理状态而有较大差异,故其热值一般均以干基或干燥无灰基形式给出。我国城市污水污泥含有较高的热值(表27.8),在一定含水率以下具有自持燃烧(不需要添加辅助燃料)及干污泥用作能源的可能。

表27.8 我国城市污水处理厂污泥的热值

污泥来源	污泥种类	挥发性固体/%	热值/($MJ \cdot kg^{-1}$)	
			干基	无灰基
天津污水处理厂	初沉污泥	45.2	10.72	23.7
	二沉污泥	55.2	13.30	24.0
	消化污泥	44.6	9.89	22.2
上海金山污水处理厂	混合污泥	84.5	20.43	24.2

27.1.3 污泥的处理、处置现状

据国家环保总局提供的数字,目前我国的污水处理率为25%左右,污水排放量为$401\times10^8\ m^3/a$,现已建成并投入运转的城市污水处理厂有400余座,处理能力为$2534\times10^4\ m^3/d$。按污泥产量占处理水量的0.3%~0.5%(以含水率97%计)计算,我国城市污水厂污泥的产量为$(7.602\sim12.670)\times10^4\ m^3/d$。从我国建成运行的城市污水厂来看,污泥处理工艺大体可归纳为18种工艺流程,见表27.9。

表27.9 我国污水处理厂的污泥处理工艺分类

污泥处理流程	应用比例/%
1. 浓缩池→最终处置	21.63
2. 双层沉淀池污泥→最终处置	1.35
3. 双层沉淀池污泥→干化场→最终处置	2.70
4. 浓缩池→消化池→湿污泥池→最终处置	6.76
5. 浓缩池→消化池→机械脱水→最终处置	9.46
6. 浓缩池→湿污泥池→最终处置	14.87
7. 浓缩池→两相消化池→湿污泥池→最终处置	1.35
8. 浓缩池→两级消化池→最终处置	2.70

续表 27.9

污泥处理流程	应用比例/%
9. 浓缩池→两级消化池→机械脱水→最终处置	9.46
10. 初沉池污泥→消化池→干化场→最终处置	1.35
11. 初沉池污泥→两级消化池→机械脱水→最终处置	1.35
12. 接触氧化池污泥→干化场→最终处置	1.35
13. 浓缩池→消化池→干化场→最终处置	1.35
14. 浓缩池→干化场→最终处置	4.05
15. 初沉池污泥→浓缩池→两级消化池→机械脱水→最终处置	1.35
16. 浓缩池→机械脱水→最终处置	14.87
17. 初沉池污泥→好氧消化池→浓缩池→机械脱水→最终处置	2.70
18. 浓缩池→厌氧消化池→机械脱水→最终处置	1.35

注　表中未注明的污泥均为活性污泥

1. 污泥浓缩

污泥浓缩主要是降低污泥中的孔隙水，通常采用的是物理法，包括重力浓缩法、气浮浓缩法、离心浓缩法等，几种浓缩方法的比能耗和含固浓度见表 27.10。

表 27.10　几种浓缩方法的比能耗和含固浓度

浓缩方法	污泥类型	浓缩后含水率/%	比能耗	
			干固体/($kW \cdot h \cdot t^{-1}$)	脱除水/($kW \cdot h \cdot t^{-1}$)
重力浓缩	初沉污泥	90 ~ 95	1.75	0.20
重力浓缩	剩余活性污泥	97 ~ 98	8.81	0.09
气浮浓缩	剩余活性污泥	95 ~ 97	131	2.18
框式离心浓缩	剩余活性污泥	91 ~ 92	211	2.29
无孔转鼓离心浓缩	剩余活性污泥	92 ~ 95	117	1.23

从表 27.10 可以看出，初沉污泥用重力浓缩法处理最为经济。对于剩余污泥来说，由于其浓度低、有机物含量高、浓缩困难，采用重力浓缩法效果不好，而采用气浮浓缩、离心浓缩则设备复杂，费用高，也不合适。所以，目前推行将剩余污泥送回初沉池与初沉污泥共同沉淀的重力浓缩工艺，利用活性污泥的絮凝性能，提高初沉池的沉淀效果，同时使剩余污泥得到浓缩。对此进行的试验研究表明这种工艺的初沉池出水水质好于传统工艺。不同污泥浓缩方法在我国所占的比例如图 27.4 所示。

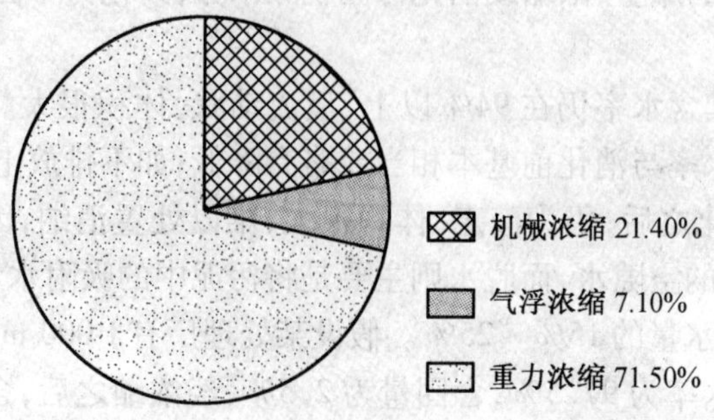

图 27.4　不同污泥浓缩方法在我国所占的比例

由于我国污水处理厂中的污泥有机物含量低，并经济成本的因素，所以重力浓缩法仍将是今后主要的污泥浓缩手段。

2. 污泥稳定

污泥稳定化处理就是降解污泥中的有机物质，进一步减少污泥含水量，杀灭污泥中的细菌、病原体等，打破细胞壁，消除臭味，这是污泥能否资源化有效利用的关键步骤。污泥稳定化处理的目的就是通过适当的技术措施，使污泥得到再利用或以某种不损害环境的形式重新返回到自然环境中，使污泥处理后安全、无臭味，不返泥性、实现重金属的稳定，可以用于多种循环再利用途径，如水泥熟料、建筑材料、园林土、土壤改良剂等。污泥稳定化的方法主要有堆肥化、干燥、碱稳定、厌氧消化等。

我国目前常用的污泥稳定方法是厌氧消化，好氧消化和污泥堆肥也有部分被采用，并且污泥堆肥正处于不断研究阶段，而热解和化学稳定方法由于技术的原因或者是由于经济、能耗的原因而很少被采用。不同污泥稳定方法在我国所占的比例如图 27.5 所示。

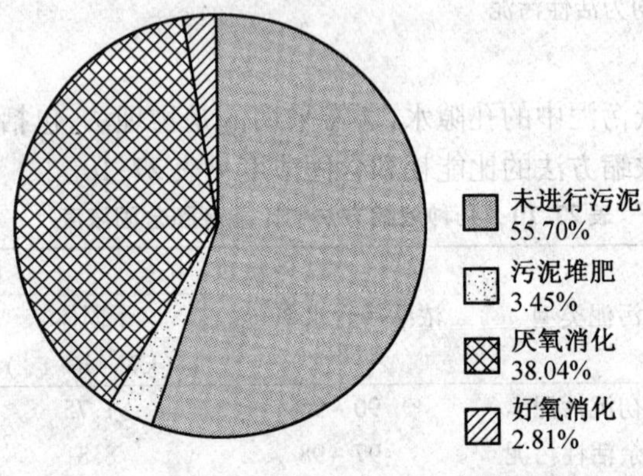

图 27.5　不同污泥稳定方法在我国所占的比例

从图 27.5 可以看出，我国城市污水污泥中有 55.70% 没有经过任何稳定措施，大量的未经稳定处理的污泥必然会对环境造成严重的二次污染。就我国现有的经济技术情况来看，由于经过厌氧消化后的污泥具有易脱水、性质稳定等特点，所以今后污泥稳定将仍是以厌氧消化为主，而污泥好氧堆肥是利用微生物的作用将污泥转化为类腐殖质的过程，堆肥后污泥稳定化、无害化程度高，是经济简便、高效低耗的污泥稳定化无害化替代技术，也将在我国拥有广阔的应用前景。

3. 污泥脱水

污泥脱水是将流态的原生、浓缩或消化污泥脱除水分，转化为半固态或固态泥块的一种污泥处理方法。

污泥经浓缩之后，其含水率仍在 94% 以上，呈流动状，体积很大。浓缩污泥经消化之后，如果排放上清液，其含水率与消化前基本相当或略有降低；如不排放上清液，则含水率会升高。总之，污泥经浓缩或消化之后，仍为液态，体积很大，难以处置消纳，因此还需进行污泥脱水。浓缩主要是分离污泥中的空隙水，而脱水则主要是将污泥中的吸附水和毛细水分离出来，这部分水分约占污泥中总含水量的 15% ~25%。假设某处理厂有 1 000 m^3 由初沉污泥和活性污泥组成的混合污泥，其含水率为 97.5%，含固量为 2.5%，经浓缩之后，含水率一般可降为 95%，含固量增至 5%，污泥体积则降至 500 m^3。此时体积仍很大，外运处置仍很困难。如经过脱水，则可进一步减量，使含水率降至 75%，含固量增至 25%，体积则减至 100 m^3 以后，其体积减至浓缩前的 1/10，减至脱水前的 1/5，大大降低了后续污泥处置的难度。经过脱水后，污泥含水率可降低到55%至80%,视污泥和沉渣的性质和脱水设备的效能而定。

脱水的方法,主要有自然干化法、机械脱水法和造粒法。自然干化法和机械脱水法适用于污水污泥。造粒法适用于混凝沉淀的污泥。

(1)自然干化法。

自然干化法的主要构筑物是污泥干化场,一块用土堤围绕和分隔的平地,如果土壤的透水性差,可铺薄层的碎石和砂子,并设排水暗管。依靠下渗和蒸发降低流放到场上的污泥的含水量。下渗过程经2~3 d完成,可使含水率降低到85%左右。此后主要依靠蒸发,数周后可降到75%左右。污泥干化场的脱水效果,受当地降雨量、蒸发量、气温、湿度等的影响。一般适宜于在干燥、少雨、沙质土壤地区采用。这种脱水方式适于村镇小型污水处理厂的污泥处理,维护管理工作量很大,且产生大范围的恶臭。

(2)机械脱水法。

通常污泥先进行预处理,也称为污泥的调理或调质。这主要是因为城市污水处理系统产生的污泥,尤其是活性污泥脱水性能一般都较差,直接脱水将需要大量的脱水设备,因而不经济。所谓污泥调质,就是通过对污泥进行预处理,改善其脱水性能,提高脱水设备的生产能力,获得综合的技术经济效果。污泥调质方法有物理调质和化学调质两大类。物理调质有淘洗法、冷冻法及热调质等方法,而化学调质则主要指向污泥中投加化学药剂,改善其脱水性能。以上调质方法在实际中都有采用,但以化学调质为主,原因在于化学调质流程简单,操作不复杂,且调质效果很稳定。最通用的预处理方法是投加无机盐或高分子混凝剂。此外,还有淘洗法和热处理法。

机械脱水法有过滤和离心法。过滤是将湿污泥用滤层(多孔性材料如滤布、金属丝网)过滤,使水分(滤液)渗过滤层,脱水污泥(滤饼)则被截留在滤层上。离心法是借污泥中固、液比重差所产生的不同离心倾向达到泥水分离。过滤法用的设备有真空过滤机、板框压滤机和带式过滤机。真空过滤机连续进泥,连续出泥,运行平稳,但附属设施较多。板框压滤机为化工常用设备,过滤推动力大,泥饼含水率较低,进泥、出泥是间歇的,生产率较低。人工操作的板框压滤机,劳动强度甚大,现在大多改用机械自动操作。带式过滤机是新型的过滤机,有多种设计,依据的脱水原理也有不同(重力过滤、压力过滤、毛细管吸水、造粒),但它们都有回转带,一边运泥,一边脱水,或只有运泥作用。它们的复杂性和能耗都相近。离心法常用卧式高速沉降离心脱水机,由内外转筒组成,转筒一端呈圆柱形,另一端呈圆锥形。转速一般在3 000 r/min左右或更高,内外转筒有一定的速差。离心脱水机连续生产和自动控制,卫生条件较好,占地也小,但污泥预处理的要求较高。机械脱水法主要用于初次沉淀池污泥和消化污泥。脱水污泥的含水率和污泥性质及脱水方法有关。一般情况下,真空过滤的泥饼含水率为60%~80%,板框压滤为45%~80%,离心脱水为80%~85%。

(3)造粒脱水法。

水中造粒脱水机是发展的一种新设备。其主体是钢板制成的卧式筒状物,分为造粒部、脱水部和压密部,绕水平轴缓慢转动。加高分子混凝剂后的污泥,先进入造粒部,在污泥自身重力的作用下,絮凝压缩,分层滚成泥丸,接着泥丸和水进入脱水部,水从环向泄水斜缝中排出。最后进入压密部,泥丸在自重下进一步压缩脱水,形成粒大密实的泥丸,推出筒体。造粒机构造简单,不易磨损,电耗少,维修容易。泥丸的含水率一般在70%左右。

在污水厂的污泥脱水过程中所产生的滤液,除干化床的滤液污染物含量较少外,其他都含有高浓度的污染物质。因此这些滤液必须处理,一般是与入流废水一起处理。

我国现有的污泥脱水措施主要是机械脱水,而干化场由于受到地区条件的限制很少被采用。几种污泥脱水技术在我国所占的比例如图 27.6 所示。

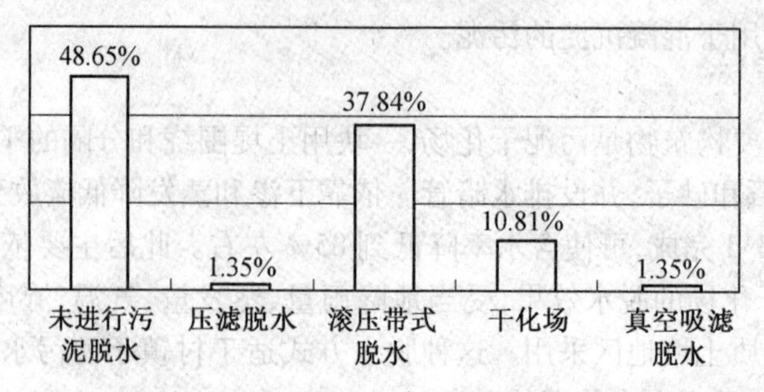

图 27.6 几种污泥脱水技术在我国所占的比例

从图 27.6 可以发现,我国将近 50% 的污泥没有经过脱水,说明我国的污泥脱水还是比较落后,还存在很大的问题。污泥经浓缩、消化后含水率尚为 95% ~97%,体积仍然很大。这样庞大体积的污泥如果不经过干化脱水处理,不但会造成环境污染,也将为运输及后续处置带来许多不便。

4. 污泥的最终处置

城市污水污泥的处置途径包括土地利用、卫生填埋、焚烧处理和水体消纳等方法,这些方法都能够容纳大量的城市污水污泥。

由表 27.11 可以看出,每个国家根据自己国情的不同,污泥的处置方式也各各不相同;但在国内,总的状况还是以土地利用的形式将污泥用于农业。我国自 1961 年北京高碑店污水处理厂的污泥大多被当地的农民施用于土地,其后的天津纪庄子污水处理厂的污泥也均用于农田。随着城市污水污泥产量和污水处理厂的逐渐增多,目前我国已经开始将污水处理厂污泥用于土地填埋和城市绿化,并将污泥作为基质,制作复合肥用于农业等。但由于我国在污泥管理方面对污泥所含病原菌、重金属和有毒有机物等理化指标及臭气等感官指标控制的重视程度还不够,因此限制了对污泥的进一步处置利用。

表 27.11 各个国家每年的干污泥产量及污泥处置方法

国家	干污泥产量 /(百万 $t \cdot a^{-1}$)	处置方法			
		土地利用	陆地填埋	焚烧	其他
奥地利	32	13	56	31	0
比利时	7.5	31	56	9	4
丹麦	13	37	33	28	2
法国	70	50	50	0	0
德国	250	25	63	12	0
希腊	1.5	81	18	0	1
爱尔兰	2.4	28	18	0	54
意大利	80	34	55	11	0
卢森堡	1.5	81	18	0	1
荷兰	28.2	44	53	3	0
葡萄牙	20	80	13	0	7
西班牙	28	10	50	10	30
瑞典	18	45	55	0	0
日本	17.1	9	35	55	1
澳大利亚	—	28.5	33.5	1	37(投海)

图27.7为几种污泥处置技术在我国所占的比例。由此图可以看出,国内的污泥有13.79%没有做任何处置,这将对环境带来巨大危害。污泥散发的臭气污染严重,病原菌对人类健康产生潜在威胁,重金属和有毒有害有机物污染地表和地下水系统。造成这种现象的原因如下:由于国内污泥处理、处置的起步较晚,许多城市没有将污泥处置场所纳入城市总体规划,造成很多污水处理厂难以找到合适的污泥处置方法和污泥弃置场所;我国污泥利用的基础薄弱,人们对污泥利用的认识存在严重不足,对污泥的最终处置问题缺乏关注,给一些有害污泥的最终处置留了隐患;污泥利用率不是很高,仍有一部分的污水处理厂污泥只经储存即由环卫部门外运市郊直接堆放。污泥的随意堆放很容易产生二次污染,并且会造成污泥资源的浪费。因此我国当前面临的问题是应尽快发展污泥处置技术来解决。

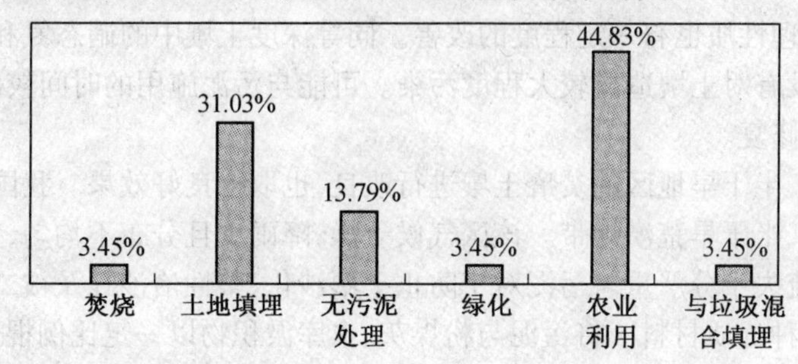

图27.7　几种污泥处置技术在我国所占的比例

目前污泥处置途径主要有以下几种。

(1)污泥在农业上的应用。

污泥农业利用的途径主要有直接施用和间接施用。

①直接施用。

直接施用是将未经处理的污水污泥直接施用在土地上,如农业用地、林业用地、严重破坏的土地、专用的土地场所,这是美国及大多数欧共体国家最普遍采用的处理方法。我国在运行污水处理中,污泥未经任何处理直接农用的约占60%以上。

a.农田施用。

污泥中富含的氮、磷、钾是农作物必需的肥料成分,有机腐殖质(初次沉淀污泥含33%、消化污泥含35%、腐殖污泥含47%)是良好的土壤改良剂。土壤施用污泥后可明显提高土壤肥力,具体表现在改善土壤物理性质,增加土壤有机质和氮磷水平,并增加土壤生物活性,因此作物产量较高,且可满足后茬作物生长的营养需求。但污泥中的重金属以及病原菌含量仍是不可小觑的问题,如蔬菜对重金属的富集使污泥对人体造成间接危害,以及污泥中的硝酸盐污染地下水的问题。

我国是一个农业大国,但土地资源严重不足,世界上没有哪个国家遭遇的环境问题、土地资源问题、人口问题有中国那么严重,那么负担沉重,压力巨大。因此可以说,世界上没有哪个国家对肥料的需求像中国这样迫切,这就决定了我国必须认真考虑污泥的农用资源化问题。在安全、可靠、避免二次污染的前提下将污泥农用,既消除城市污染,又能促进农业的发展。因此,污泥农用是符合我国国情的处置方法。

有实验表明,用消化污泥作为肥料,土壤持水能力、非毛细管孔隙率和离子交换能力均可提高3%~23%,有机质提高35%~40%,总氮含量增加70%。但考虑到污泥中所含的重金属对作物的影响,应合理地施用污泥,一般以作物对氮的需要量为污泥施用量的限度,污泥中的重金属含量必须符合农用污泥标准以及污泥施用区土壤重金属含量不得超过允许标准。我国规定施用符合污染物控制标准的农用污泥每年不得超过 30 t/hm^2，且连续施用不得超过 20 年（GB 4284—84）。

b. 林地施用。

污泥在森林与园林绿地（包括林地、学地、市政绿化、高速公路的隔离带、育苗基地、高尔夫球场、学坪等非食物链植物生长的土地）施用可促进树木、花卉、草坪的生长，提高其观赏品质，并且不易构成食物链污染的危险。

有实验表明，污泥施用一年后，林地土壤 0～20 cm 中的全氮、速效氮、全磷、有机质及阳离子代换量的含量都明显增加，增加的量随试验污泥用量的增加而增大。同时，土壤的容重、持水量和孔隙度等物理性质也有一定程度的改善。同等深度土壤中的硝态氮和重金属含量比对照有所增加，但并没有对土壤造成较大程度污染。可能与污泥施用的时间较短有关。

c. 退化土地的修复。

用污泥对干旱、半干旱地区的贫瘠土壤进行改良，也取得良好效果。我国内蒙古西部的包头地区属典型干旱、半干旱荒漠地带。该区气候干燥，降雨少且分布不均匀，生态环境脆弱，植被易遭破坏，水土流失十分严重。污泥对于防止土壤沙化、整性治沙丘及被二氧化硫破坏地区的植被恢复均为一种优质材料。将污泥与粉煤灰、水库淤积物以一定比例棍合施用，可改善土壤的保温、保湿、透气的性质，同时污泥中的有机营养物强化了废弃物组合体的微生物作用，使整个土壤加速腐殖化，达到增加土壤中有机质含量的作用。

另外污泥还可以施用于各种严重扰动的土地，如过采煤矿、尾矿坑、取土坑以及已退化的土地、垦荒地、滑坡与其他因自然灾害而需要恢复植被的土地。C. Lue-Hing 等在美国芝加哥富尔顿的煤矿废弃地上施用污泥，改善了土壤耕性，增加了土壤透水性，提高了土壤 CEC 值，并提供了作物生长所需的有效养分。

②间接施用。

a. 污泥消化后农用。

对污泥进行厌氧消化处理，可以达到污泥减量化的目的，而且可以回收一部分能源，也可为后续处理减轻负担。近年日本的污泥消化技术进一步提高，如机械浓缩和高浓度消化的有机结合、搅拌和热效的改善、完全的厌氧两相消化法（发酵工艺+甲烷发酵工艺的分离法），使发酵时间大大缩短，甲烷发生量和消化率提高。国内约有 40% 的污水处理厂把污泥进行消化脱水后农用，一方面可以产生部分能源回用，另一方面可以减少污泥中的部分有害细菌，增加污泥的稳定性。这样，污泥在农用中其负面影响相对小一些。

b. 制成复合肥料使用。

污泥与城市垃圾、通沟污泥等堆肥后农用。污泥经过堆肥发酵后，可以杀死污泥和垃圾中绝大部分有害细菌，还可以增加和稳定其中的腐殖质，应用风险性较小。这种方式解决了污泥在使用中科技含量不高的问题，存在的问题是应用量较少，国内也有此类报道，但目前推广应用程度还远远不够。

国外对污泥的农业利用有严格的控制标准，如欧共体、美国等对污泥中的重金属都有严格的限定值及每年进入土壤的极限负荷值。我国也在 1984 年初次颁布了农用污泥中污染物控制标准（GB 4284）。现在对污泥进行农田利用前都要进行稳定化和无害化处理。

堆肥化处理是最常见的稳定化及无害化处理方法，是利用污泥中的好氧微生物进行好氧发酵的过程。将污泥按一定比例与各种秸秆、稻草、树叶等植物残体或者与草炭、生活垃圾等混合，借助于混合微生物群落，在潮湿环境中对多种有机物进行氧化分解，使有机物转化为类腐殖质。污泥经堆肥化处理后，物理性状改善，质地疏松、易分散，含水率小于40%，可以根据使用目的进行进一步的处理。污泥的堆肥化处理虽减少了病菌、寄生虫的数量，增加了堆肥的稳定性，但对污泥中重金属的总量没有多大影响。众多研究表明近几十年来，城市污泥中重金属含量呈下降趋势，在严格控制污泥堆肥质量、合理施用的情况下，一般不会造成重金属的污染。

污泥与垃圾棍合堆肥的体积比为4∶7，含水率和孔隙率约为50%，有机质含量约20%时，堆肥的效果较好，周期较短。污泥与垃圾棍合高温堆肥的工艺流程分预处理、一次堆肥、二次堆肥和后处理4个阶段。

预处理——去除污泥中的杂质等。

一次发酵——在发酵仓内进行，污泥与垃圾的混合比为1∶3.5～2.8，混合料含水率为50%～60%，C/N为(30～40)∶1，通气量为3.5 $m^3/(m^3 \cdot h)$，堆肥周期为7～9 d。

二次发酵——经过一次发酵后，从发酵仓取出，自然堆放，堆成高1～2 m的堆垛进行二次发酵，使其中一部分易分解和大量难分解的有机物腐熟，温度稳定在40 ℃左右即达腐熟，此过程大概一个月。腐熟后物料呈褐黑色，无臭味，手感松散，颗粒均匀。

后处理——去除杂质，破碎，装袋。

新鲜污泥泥饼经自然风干，使含水率降至15%左右，将干化污泥与1.5～4倍体积的氯化铵、过磷酸钙、氯化钾等养分单价较低的化肥混合，用链磨机破碎、过筛，按配方分别称量和混匀，然后造粒。造粒采用圆鼓滚动法、圆盘滚动法和挤压法进行造粒，前两者属团聚造粒，物料加水增湿下滚动造粒、烘干、筛分、冷却，合格部分装袋入库，粉料回转到前段工序重新破碎造粒。挤压法则将粉料直接输入挤压造粒机，使用强力挤压成圆柱状，再切成长5 mm的段。相对来说，挤压法的成粒率、含水量和平均抗压强度较好，且加工成木低。复棍肥在盆栽试验中比化肥有增产效果，但在水稻与小麦的田间试验中增产效果相同。

c.污泥制作饲料。

污泥中含有大量有价值的有机质（蛋白质和脂肪酸等），据报道污泥中含有28.7%～40.9%粗蛋白，26.4%～46.0%灰分，其中70%的粗蛋白以氨基酸形式存在，以蛋氨酸、胱氨酸、苏氨酸为主，各氨基酸之间相对平衡，是一种非常好的饲料蛋白。

据日本科学技术厅资源调查会的报告，当污水来源是有机性工业废水以及食品加工、酿造工厂和畜牧厂的废水时，剩余污泥中含有大量细菌类和原生动物，很有希望作为鱼、蟹的饲料。采用活性污泥法处理，污泥经过灭菌等过程，制成饲料，污泥与饲料成品的投入产出比为1∶0.6。如果都用嗜气性微生物制成饲料，将成为水产养殖业的丰富的饲料来源。因污泥中含有蛋白质、维生素和痕量元素，利用净化的污泥或活性污泥加工成含蛋白质的饲料用来喂鱼，或与其他饲料棍合饲养鸡等，可提高产量，但肉质稍差。

另外，污泥还可用做建材、合成燃料和吸附剂等，但相关技术还有待于进一步研究和完善。

②污泥填埋。

由于污泥填埋方法简单、费用低廉，因此，在有些国家填埋是一种主要的处置方式。但填埋一方而要侵占大量上地；另一方面由于污泥含有一定的有毒物质，填埋不当有可能由于沥滤液的渗出而污染地下水。为此，在选择填埋场地时，要综合考虑水文地质条件、上壤条件、交通条件以及对人群可能产生的影响，并应该与土地规划相结合。

③污泥投海。

利用海洋的自净能力,投海处理污泥一直被许多国家所采用。但由于这一处置方式对海洋生态、环境卫生及水体污染所造成的严重后果,美国、日木、欧共体国家及组织对污泥投海均作了严格的规定,该方法已于 1998 年 12 月 30 日终止使用。

④污泥焚烧。

污泥焚烧是最彻底的污泥处置方法,它能使有机物全部碳化,杀死病原体,可最大限度地减少污泥体积。但由于焚烧过程能耗高,消耗大量能源,运行成木高。例如,日本以焚烧处理污泥为主(占 55%),每年耗重油达 $3.9\times10^5\ m^3$。同时,污泥焚烧会产生大量废气容易造成二次污染。

此外,从污泥综合利用角度出发,人们还进行了污泥制动物饲料、污泥热解产油、污泥制水泥质材料、污泥改性制活性炭等尝试。但其经济性、安全性、实用性尚待深入研究。

综上所述,城市污水污泥的处置途径包括土地利用、卫生填埋、焚烧处理和水体消纳等方法,这些方法都能够容纳大量的城市污水污泥,但因国家不同而应用情况有所不同。我国作为发展中国家,经济发展水平还不够高,污泥成分也不完全和国外相同,因此必须寻找适合国情的处理方法。

27.2 污泥厌氧消化工艺流程及消化池构造

27.2.1 污泥厌氧消化工艺流程

以甲烷发酵为目标的各处理设施的总和,称之为厌氧消化工艺系统。一个厌氧消化工艺系统,除厌氧生物反应器外,往往还包括预处理设施、后处理设施。

1. 预处理

污泥固体的生物可降解性低,完全的厌氧消化需相当长的时间,即使 20 ~ 30 d 的停留时间仅能去除 30% ~50% 的挥发性固体 VSS,厌氧消化的速度较慢,对固体废物采用预处理可以提高甲烷产气量。

目前对固态厌氧消化底物的预处理方法很多,有物理、化学和生物方法等,对物理和化学预处理方法究较多,有碱处理、热处理、臭氧氧化、超声处理、微波处理、高压喷射法、冷冻处理法、辐照法等强化处理技术。生物方法主要是生物酶技术。

(1)碱解处理。

早在 19 世纪后期,Rajan 等就提出了污泥碱解预处理的方法。碱解处理作为传统而又简易的处理方法仍然有其很大的潜力。碱解处理可有效地将胞内硝化纤维溶解转化为溶解性有机碳化合物,使其容易被微生物利用。

碱对污泥的融胞效果与碱的投加量以及碱的种类有关,不同种类的碱对碱解处理的效果见表 27.12。

表 27.12 不同种类的碱对碱解处理的效果

条件	NaOH	KOH	$Mg(OH)_2$	$Ca(OH)_2$
pH 为 12,常温 COD 的溶出率	39.8%	36.6%	10.8%	15.3%
pH 为 12,120 ℃的 COD 溶出率	51.8%	47.8%	18.3%	17.1%

通常污泥固体浓度为 0.5% ~2%,碱的用量为 8 ~ 16 g NaOH/100 g TS 或 14.8 g

$Ca(OH)_2$/100 g TS,前者可将40%的TCOD转化为SCOD,后者的转化率仅为20%,因此应尽量选择NaOH。其他试验结果表明,低剂量NaOH对污泥的溶解效果更为明显。Rajan等报道经过低剂量NaOH处理的污泥溶解性可达46%,进行厌氧消化后气体产生量增长了29%~112%,VS去除率提高,并随加碱量增加而提高。同时,加碱水解能促进脂类及蛋白质的利用,所以加碱预处理后的污泥气中甲烷比率也会提高。另外,当加入一定量的碱时缩短HRT反而会使甲烷产率增加,可见投加碱还可缩短HRT。加碱的另一个作用就是使pH处于厌氧消化的最佳控制范围。这种方法虽然可使较多的有机质加以释放(如利用0.5 mol/L的NaOH溶液进行碱性水解时有机碳释放率可达55%),但增加了盐离子浓度和后续工艺的处理难度。

碱处理具有处理速度快、可有效提高污泥产气率和脱水性能等优点。但该方法药剂投加量大、运行费用高。对仪器设备易造成腐蚀,还会增加后续处理的难度,因此,对污泥碱处理方法的经济性和处理过程中的负面影响等尚需有一个全面的认识。

(2)热处理。

热处理是通过加热使得污泥中的部分细胞体受热膨胀而破裂,释放出蛋白质和胶质、矿物质以及细胞膜碎片,进而在高温下受热水解、溶化,形成可溶性聚缩氨酸、氨氮、挥发酸以及碳水化合物等,从而在很大程度上促进了污泥厌氧消化的发生。该方法是目前研究较多、应用较广的一项污泥预处理技术。

热处理采用的温度范围较广,为60~180 ℃,其中温度低于100 ℃的热处理称为低温热处理,不同温度下热处理的效果见表27.13。

表27.13　不同温度下热处理的效果

分类	温度/℃	效果
低热处理(<100 ℃)	45~65	细胞膜破裂
	50~70	DNA破坏
	65~90	细胞壁破坏
	70~95	蛋白质变性
高温热处理	>200	产生难溶性的有机物质

热处理温度越高对污泥的破解效果越显著,但是温度升高并不意味着厌氧消化效率的提升,而且过高的温度会增加处理的费用。故如何选择最佳热处理条件,在提高厌氧消化效率的同时降低热处理所需的能耗有待进一步研究。同时,现有研究重温度,轻压力,而反应压力很可能是影响高温预处理的重要因素之一,因此今后有必要对反应压力进一步研究。

(3)臭氧氧化。

臭氧可与污泥中的化合物发生直接或间接反应。间接反应取决于寿命较短的羟基自由基,直接反应速率很低,取决于反应物的结构形式。

臭氧作为一种强氧化剂,可以通过直接或间接的反应方式破坏污泥中微生物的细胞壁,使细胞质进入到溶液中,增加污泥中溶解性TOC的浓度,臭氧作为一种强氧化剂,可以通过直接或间接的反应方式破坏污泥中微生物的细胞壁,使细胞质进入到溶液中,增加污泥中溶解性TOC的浓度,提高污泥的厌氧消化性能。

臭氧氧化法是一种非常有效的污泥预处理技术,能够很大程度地改善污泥的厌氧消化性能,增加产气量,臭氧的处理效果与臭氧的投加量直接相关,投加量越大,处理效果越好,对厌氧消化越有利。但增加投药量也相应增加了污泥预处理的成本,目前尚不具备广泛应用的条件。

(4)超声波处理。

超声波是大量的能量通过介质扩散而产生的有压波动，其频率范围一般为 20 k～10 MHz。19 世纪，研究者们就通过超声波技术计算细菌细胞数量，提取胞外聚合物以及研究污泥表面微生物性质。超声波在液态介质中传播时会产生热效应，机械效应以及空化效应。机械效应即水力剪切作用，与空化作用都能导致污泥的破解。超声波在液体中作用会产生大量空化气泡，气泡生长、变大并在瞬间破灭会在气泡周围的液体中产生极强的剪切力。频率低于 100 kHz 时超声波的机械作用是主要的。而空化效应发生的高效频率范围大于 100 kHz，该效应的产生主要是由于空化气泡崩裂瞬间产生的高温(5 000 K)和高压(100 MPa)的极端环境，导致空化气泡内化合物的高温热解以及生成高活性的羟基自由基。

超声波预处理具有如下优势：①设计紧凑并且可以改装完成；②实现了低成本和自动化操作；③可提高产气率；④改善污泥的脱水性能；⑤对污泥后续处理没有影响；⑥无二次污染。因此，国内外对用超声波预处理剩余污泥的效果进行了大量研究。

但在促进细胞破碎后固体碎屑的水解却不如添加碱和加热方法，同时，超声波的作用受到液体的许多参数(温度、黏度、表面张力等)和超声波发生设备的影响，在短时间内还难以投入大规模的工程化应用.

(5)微波处理。

微波预处理是近年出现的污泥破解的新方法。微波是一种振动频率在 0.3～300 GHz 的电磁辐射，即波长在 1 mm～1 m 之间的电磁波。微波会导致热量产生并且改变微生物蛋白质的二级、三级结构，研究者认为微波预处理是一种非常快速的细胞水解方法。20 世纪 90 年代初，国外学者开始将微波技术引入污水污泥的处理，其技术优势表现为加热速度快，热效高，热量立体传递，设备体积小等。

微波预处理可以实现污泥的减量化，同时提高产气量和产气速率，其能耗可以通过污泥中生物质能回收进行补偿，一次性投资可相对减少，进而给企业带来一定效益。因此，微波预处理剩余污泥具有良好的工业化应用前景。

(6)高压喷射法。

高压喷射法是利用高压泵将污泥循环喷射到一个固定的碰撞盘上，通过该过程产生的机械力来破坏污泥内微生物细胞的结构。使得胞内物质被释放出来，从而显著提高污泥中蛋白质的含量，促进水解的进行。Choi 等研究了经过 3 MPa 高压喷射预处理的污泥的厌氧消化过程，试验结果表明，2～26 d 停留时间的厌氧消化后，污泥中挥发性固体(VS)的去除率达到 13%～50%，而对照组污泥(未经过预处理)在相同的试验条件下，VS 的去除率仅达到 2%～35%。可见高压喷射法明显有利于污泥厌氧消化的进行。为了进一步弄清高压喷射法对污泥作用的具体机制，Nah 等人通过试验发现，经过高压喷射法预处理污泥的 SCOD，STOC 和蛋白质浓度能由处理前的 100～210 mg/L，80～130 mg/L 和 63～85 mg/L 分别升高至 760～947 mg/L，560～920 mg/L 和 120～210 mg/L，同时，污泥的碱度，NH_3-N 和总磷含量也有所上升，而 SS 浓度却略微下降，由此证实了高压喷射法对改善污泥消化性能的有效性。

然而，高压喷射法处理污泥过程的机械能损失较大，当所用设备的能耗为 1.8×10^4 kJ/kg SS 时细胞裂解程度仅为 25%，所以该方法在实际的工程应用中难以推广。

(7)冷冻处理法。

冷冻处理法是将污泥降温至凝固点以下，然后在室温条件下融化的处理方法。通过冷冻形成冰晶再融化的过程胀破细胞壁，使细胞内的有机物溶出，同时使污泥中的胶体颗粒脱稳凝聚，颗粒粒径由小变大，失去毛细状态，从而有效提高污泥的沉降性能和脱水性能，加速污泥厌氧消化过程的水解反应。

Wang等对活性污泥分别在-10 ℃，-20 ℃和-80 ℃条件下进行冷冻法处理，发现经处理后污泥中溶出的蛋白质和碳水化合物总量比未经处理的污泥分别高出25，24和18倍，结果表明在较高的凝固点下（-10 ℃）条件下，污泥的冷冻速度相对较慢，对细胞的破壁效果更为显著，污泥消化后的产气量提高约27%。冷冻处理法受自然条件限制较大，在寒冷地区具有一定的应用前景。

(8)辐照法。

辐照法即利用辐射源释放的射线对污泥进行照射处理，目前应用较多的辐射源主要是产生Γ-射线的钴源（60Co）和产生高能电子束的电子加速器。

国内外研究表明：经Γ-射线辐照处理后，污泥的平均粒径减小，粒径分布由70～120 μm向0～40 μm迁移；污泥絮体中微生物的细胞结构被破坏，核酸等细胞内含物的流出增加了污泥中可溶性有机组分的含量，大大提高了VFA浓度；5kGy剂量的Γ-射线处理污泥，能使污泥中的SCOD增长55.5%，可溶性有机物浓度增加59.6%，经过10d的高温厌氧消化后甲烷产量的增幅约为50%；此外，经高剂量的Γ-射线照射处理后的污泥中粪大肠菌数减少约3个数量级。

辐照法处理污泥有利于缩短污泥厌氧消化的周期，加速厌氧消化速率，提高产气量，但该方法应用操作技术要求高，能耗相对较大，其经济可行性有待进一步研究。

(9)生物酶技术。

生物酶技术是指向污泥中投加能够分泌胞外酶的细菌，或直接投加溶菌酶等酶制剂（抗菌素）水解细菌的细胞壁，达到溶胞的目的，同时这些细菌或酶还可以将不易生物降解的大分子有机物分解为小分子物质，有利于厌氧菌对底物的利用，促进厌氧消化的进行。这些溶菌酶可以从消化池中直接筛选，也可以选育特殊的噬菌体和具有溶菌能力的真菌。

目前，热处理法和碱处理法已具备工程应用的条件，且基建投资、运行成本相对较低；超声波处理法和臭氧氧化法是十分有效的污泥预处理技术，需作进一步的优化和完善，同时开发廉价、稳定、有效的设备作为技术支持；其他技术如辐照法和生物酶技术同属新兴的污泥预处理技术，具有较好的发展前景，是今后重点研究的方向。此外，选择不同预处理技术进行优化组合，扬长避短，往往能取到更为显著的效果。如热处理法与其他预处理方法相结合应用，不仅有效利用污水处理厂工艺流程中的废热和余热，节约了能源，而且显著增强了其他方法的处理效果。

2.污泥的厌氧消化

城市污水与污泥处理系统流程如图27.8所示，生物垃圾厌氧生物处理系统流程图如图27.9所示。

根据厌氧消化的工艺运行形式，分为两相消化工艺和多级消化工艺。

(1)两相消化工艺。

两相消化工艺设有两个单独的反应器，为产酸菌和产甲烷菌提供了各自的生存环境，能够降低在有机负荷过高的情况下挥发性有机酸积累对产甲烷菌活性的抑制，降低反应器中不稳定因素的影响，提高反应器的负荷和产气的效率。但在实际应用中由于两相消化系统需要更多的投资，运转维护也更为复杂，并没有表现出优越性，在欧洲固体垃圾厌氧消化中，两相消化所占的比重比单相消化要小得多。

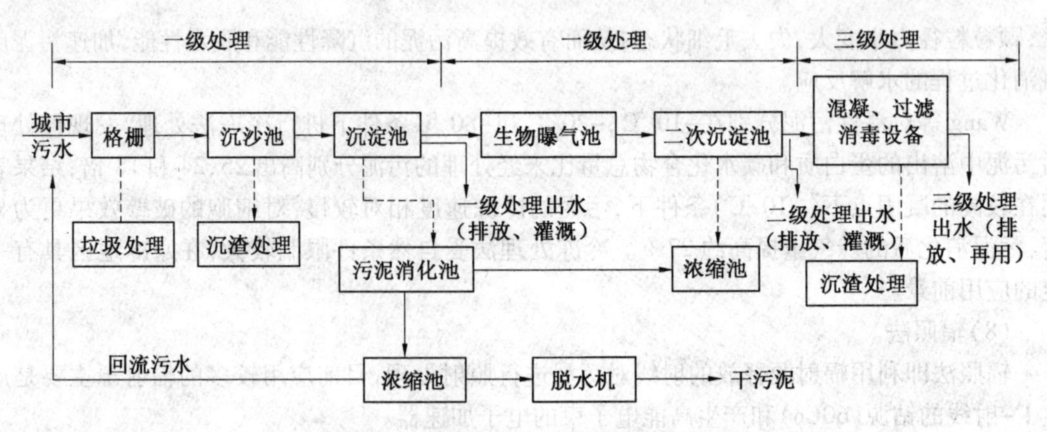

图 27.8　城市污水与污泥处理系统流程

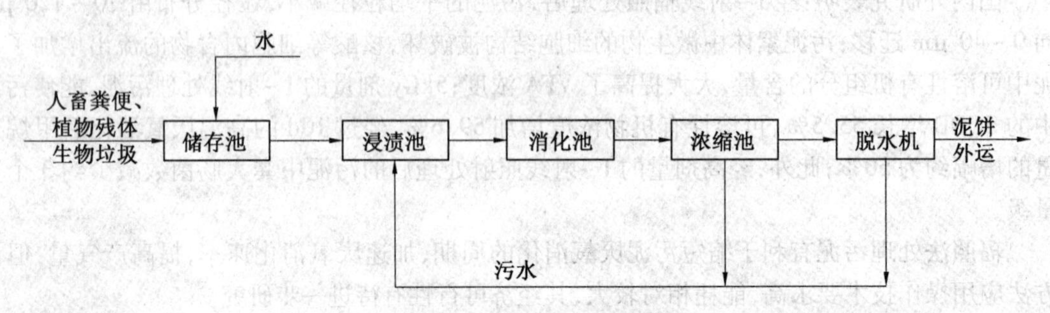

图 27.9　生物垃圾厌氧生物处理系统流程

污泥两相消化是污泥厌氧消化技术的一个重要发展，两相消化的设计思想是基于将污泥的水解、酸化过程和产甲烷化过程分开，使之分别在串联的两个消化池中完成，因而可以使各相的运行参数控制在最佳范围内，达到高效的目的。这种工艺的关键是如何将两相分开，其方法有投加抑制剂法、调节控制水力停留时间和回流比等。一般来说，投加抑制剂法是通过在产酸相中加入产甲烷菌的抑制剂如氯仿、四氯化碳、微量氧气、调节氧化还原电位等，使产酸相中的优势菌种为产酸菌。但加入的抑制剂可能对后续产甲烷发酵阶段有影响而难以实际应用。通常调节水力停留时间是更为实际的方法。目前有人研究高温酸化、中温甲烷化的两相消化工艺，其优点是比常规中温厌氧消化具有高的产甲烷率和病源微生物杀灭率。污泥两相消化流程如图 27.10 所示，由于运行管理复杂，很少用于污泥处理的实际工程中。

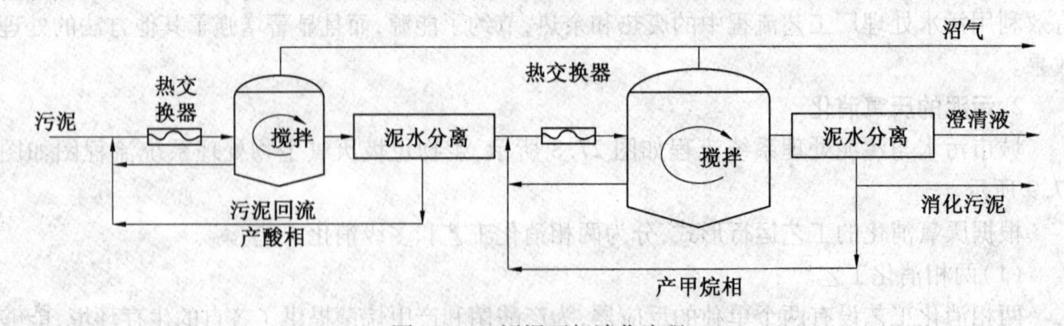

图 27.10　污泥两相消化流程

南阳酒精厂采用两个 5 000 m^3的厌氧发酵罐和 1 个 3 000 m^3的 UASB 厌氧反应 3 对高浓度酒精槽液进行处理，温度控制在 50 ~ 60 ℃，COD_{Cr}有机负荷为 7.0 kg/(m^3. d)，处理后的厌氧消化液 COD_{Cr}为 3 500 ~ 4 300 mg/L，BOD_5为 1 500 ~ 2 100 mg/L，TN 为 400 ~ 700 mg/L，

NH_3-N为300～600 mg/L，碱度为1600～2 100 mg/L，每天处理酒糟量为2 000 m^3左右，每天产沼气40 000 m^3左右，可供10万户家庭用沼气，这也是我国利用酒精发酵产生沼气规模较大、运行较为成功的企业。

自20世纪80年代以来，两相厌氧消化工艺在污泥上的研究取得了新的进展。

清华大学杨晓宇、蒋展鹏等对石化废水剩余污泥进行了湿式氧化-两相厌氧消化的试验研究，选择较温和的湿式氧化条件，使污泥的可生化性和过滤性能得到明显改善。对上清液采用两相厌氧处理，提高产气率和COD的去除率；固渣经离心分离形成含水率为38%～44%的滤饼，湿式氧化-两相厌氧消化-离心脱水处理工艺对COD的去除率为86.16%～94.15%，污泥消化率为63.11%～75.15%，可减少污泥体积95%～98.15%，可直接填埋。

哈尔滨工业大学的赵庆良等研究了污泥和马铃薯加工废水、猪血、灌肠加工废物的高温酸化-中温甲烷化两相厌氧消化。认为污泥和一定比例的其他高浓度有机废物进行高温/中温两相厌氧消化在技术上是可行和有效的。控制高温产酸相在75 ℃和21.15 d可基本达到水解与产酸的目的，控制中温产甲烷相在37℃和10 d可达到最大产气与甲烷，系统稳定性较好。

哈尔滨工业大学的付胜涛等较系统地研究了混合比例和水力停留时间对剩余污泥和厨余垃圾混合中温厌氧消化过程的影响，混合进料按照TS之比分别采用75%：25%，50%：50%和25%：75%，HRT为10 d，15 d和20 d。结果表明，在整个运行期间，进料VS有机负荷为1.53 g/(L·d)～5.63 g/(L·d)，没有出现pH降低、碱度不足、氨抑制现象。进料TS之比为50%：50%时，具有最大的缓冲能力，稳定性和处理效果都比较理想，相应的挥发性固体去除率为51.1%～56.4%，单位TS甲烷产率为0.353～0.373 L/g，甲烷含量为61.8%～67.4%。系统对原污泥的处理效果较明显，尤其是单位产气量和甲烷含量均具有较高值。

(2)多级消化。

从运行方式来看，厌氧消化池有一级和二级之分，二级消化池串联在一级消化池之后。

一级消化池的基本任务是完成甲烷发酵。它有严格的负荷率及加排料制度，池内加热，并保持稳定的发酵温度；池内进行充分的搅拌，以促进高速消化反应。

一级消化池排出的污泥中还混杂着一些未完全消化的有机物，还保持着一定的产气能力；此外，污泥颗粒与气泡形成的聚合体未能充分分离，影响泥水分离；污泥保持的余热还可以利用。由此便出现了在一级消化池之后串联二级消化池的设想和工程实践，而且两级消化池在国外相当流行，近年来我国也有设计两级消化池的工程实践。

二级消化池虽有利用余热继续消化的功能，但由于不加热不搅拌，残余有机物为数较少，故其产气率很低，实际上它主要是一个固液分离的场所。一般从池子上部排出清液，从池子底部排出浓缩了的污泥。产生的沼气从池顶引出，与一级消化池产生的沼气混合储存和利用。由二级消化池排出的污泥温度低、浓度大、矿化度高，进一步浓缩和脱水都比较容易，而且气味小，卫生条件好。

二级消化池既是泥水分离的场所，就不应进行全池性的搅拌。但是，为了有效地破除液面的浮渣层，往往在液面以下不深处吹入沼气，防止浮渣的滞留和结块。

一级消化池的水力停留时间多采用15～20 d，二级消化池的水力停留时间可采用一级的一半，即两池的容积比大致控制在2：1。两级消化池的液位差以0.7～1.0 m为好，以便一级池的污泥能重力流向二级池。

两级消化是为了节省污泥加温与搅拌所需能量，根据消化时间与产气量的关系而建立的运行方式。该方法把消化池设为两级(图23.11)，第一级消化池有加热、搅拌设备，污泥在该池内被降解后,送入第二级消化池。第二级消化池不设加热与搅拌设备,依靠余热继续消化。由于不搅拌,第二级消化池还兼有污泥浓缩的功能,并降低污泥含水率。目前国内外仍以两级厌氧消化运行为主。

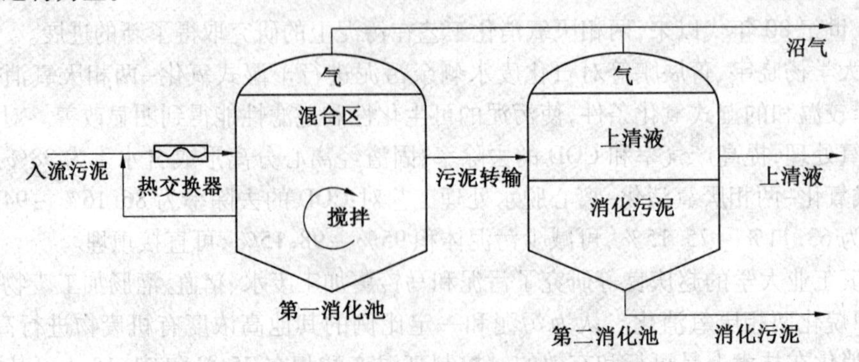

图 27.11　两级消化流程

在该系统中,新鲜污泥进入第一级消化池,固体有机物被水解液化、溶解性有机物被分解成有机酸和醇类等中间产物,同时产生甲烷。通过加强搅拌可加速污泥的水解酸化。无论是在第二级消化池中主要是完成产气和固液分离过程,可以起到储存气体和污泥的作用。

两级消化,第一级进行加温搅拌,促进气体化反应;第二级为泥水分离。一级和二级消化池的容积比 1∶1 用得最多,其次为 2∶1,也有用 3∶1 的。京都市有一个双层池结构,被认为是广义的两级消化,其容积比为 1∶20。

两级消化时间的设计值一般为 30 d,第一级消化池的停留时间通常是 10~20 d。大部分采用中温消化,消化温度为 30~40 ℃,也有不少采用消化温度在 35 ℃以上的。东京都的两个处理厂采用的消化温度在 50 ℃左右。高温消化的消化速度快于中温消化,消化时间可缩减到 7~8 d,因而一级消化池的容积可设计得小些,但产气量与中温消化的一样,而池子的管理及气体利用反而不利。

采用两级消化系统,虽然消化池容积不一定比采用传统的一级消化池小,但第二级消化不用搅拌和加热,出泥的含水率较一级低。二级消化的优点是减少耗热量,减少搅拌所需能耗,熟污泥的含水率低等。

在对城市污水污泥特性和各种厌氧反应器了解的基础上,借鉴国内外的研究结果和带有共性的研究思路,将治污、产气、综合利用三者相结合,使废物资源化、环境效益与经济效益和社会效益相统一。我国北京市环境保护科学研究院研究了污泥的多级消化,其基本思想是将具体工艺分为以下 3 个处理阶段。

①第一级处理阶段。第一级反应器应该具有将固体和液体状态的废弃物部分液化(分解和酸化)的功能。其中液化的污染物去 UASB 反应器(为第二级处理的一部分),固体部分根据需要进行进一步消化或直接脱水处理。可采用加温完全混合式反应器(CSTR)作为酸化反应器,采用 CSTR 反应器的优点是反应器采用完全混合式。由于不产气,可以采用不密封或不收集沼气的反应器。

②第二级处理阶段。包括一个固液分离装置,没有液化的固体部分可采用机械或上流式中间分离装置或设施加以分离。中间分离的主要功能是达到固液分离的目的,保证出水中悬浮物含量少,有机酸浓度高,为后续的 UASB 厌氧处理提供有利的条件。分离后的固体可被进一步干化或堆肥并作为肥料或有机复合肥料的原料。

③第三级处理阶段。在第二阶段的固液分离装置应该去除大部分(80%~90%)的悬浮物,使得污泥转变为简单污水。城市污泥经CSTR反应器酸化后出水中含有高浓度VFA,需要有高负荷去除率的反应器作为产甲烷反应器。UASB反应器对处理进水稳定且悬浮物含量低的水有一定的优势,而且UASB在世界范围内的应用相当广泛,已有很多的运行经验。

在该研究中,CSTR反应器有效容积为20 L,反应控制在恒温和搅拌的条件下。物料在CSTR反应器中进行水解、酸化反应,反应器后接一上流式中间分离池,作用是分离在CSTR反应器内产生的有机酸。采用UASB(有效容积为5 L)反应器出水回流洗脱方法。经液化后的水在UASB反应器内充分地降解,产气经水封后由转子流量计测定产率,水则排到排水槽内,部分出水回流到中间分离池(图27.12)。

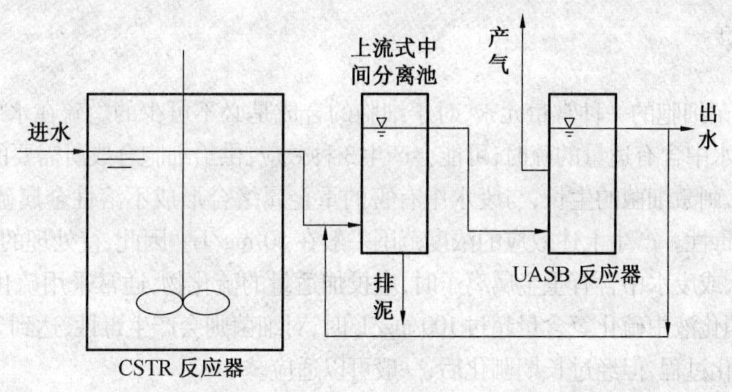

图27.12 多级厌氧消化工艺流程

目前,工业废水和小型生活污水处理厂,普遍采用对好氧剩余污泥直接脱水的方法处理污泥。剩余活性污泥存在着耗药量大,脱水比较困难的缺点。北京市中日友好医院污水处理厂处理水量为2 000 m^3/d,原污泥的处置方案为活性污泥经浓缩后,运至城市污水处理厂消纳,但在实际运行过程中经常出现由于污泥无稳定出路,而影响污水处理厂运转的情况。为了使活性污泥得到稳定的处置,实际工程中采用的一体化污泥处理设备如图27.13所示。各反应器的停留时间分别为:污泥酸化池5 d,中间分离池1 d,UASB反应器1 d。

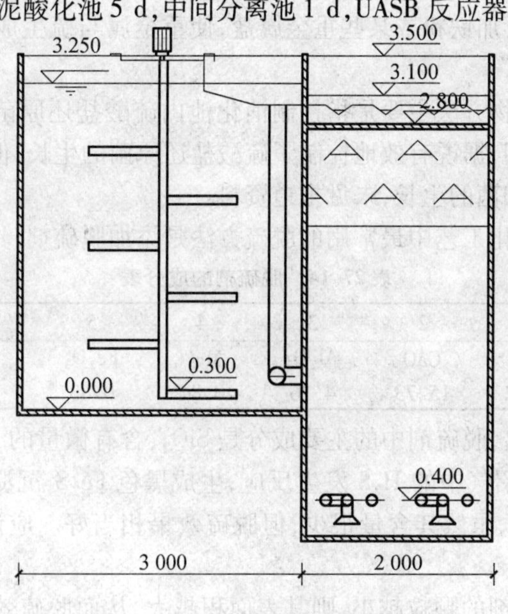

图27.13 一体化污泥处理设备

二沉池排出的剩余污泥首先排入污泥酸化池进行水解酸化处理，然后进入中间分离池，该池排出的上清液进入 UASB 反应器，进行高浓度、低悬浮物有机废水的降解；从中间分离池排出的污泥经测定已基本稳定化，污泥量较常规处理减少了 2/3，脱水性能大大改善；而且病菌和虫卵杀灭率达到 99.99%，完全符合国家关于医院污水厂污水污泥无害化标准，从而彻底解决了污泥消纳的问题。

3. 后处理设施

后处理设施包括浓缩脱水、脱硫、脱氨、好氧处理等。

(1)浓缩脱水。

污泥浓缩主要是降低污泥中的孔隙水，通常采用的是物理法，包括重力浓缩法、气浮浓缩法、离心浓缩法等。

(2)脱硫。

硫是组成细菌细胞的一种常量元素，对于细胞的合成是必不可少的。硫在水中主要以 H_2S 的形态存在。当废水中含有适量的硫时，可能会产生 3 种效应：供给细胞合成所需要的硫元素；降低环境氧化还原电位，刺激细菌的生长；与废水中有害的重金属络合形成不溶性金属硫化物沉淀，减轻或消除重金属的毒性。产生上述效应的浓度范围一般在 50 mg/L。因此，待处理的废水中如不含硫或其含量甚微时，或废水中含有重金属离子时，应投加适量的硫化物，通常采用硫化钠，石膏或硫酸镁等。但是，当消化液中硫化氢含量超过 100 mg/L 时，对细菌则会产生毒性，达到 200 mg/L 时会强烈地抑制厌氧消化过程，但经过长期驯化后，一般可以适应。

在废水厌氧消化处理中硫化氢毒性控制的方法一般分为 3 种，即物理方法、化学方法和生物方法。

①物理方法：常采用进水稀释、气提等方法。无论采用哪种物理控制方法实际都不能真正解决问题。因为这样做只能维持消化过程的进行，却不可能增加甲烷产量，而且硫化氢通过汽提进入消化气体中会引起消化池，集气、输气和用气设备及管道的腐蚀，需增加防腐措施及气体脱硫设施，因此会增加投资和运行费用。

②化学方法：利用化学方法控制硫化氢的毒性主要是利用重金属硫化物难溶于水的特性，向入流废水或消化池内投加铁粉或某些重金属盐，使重金属与硫生成对细菌无毒害作用的不溶性金属硫化物。

③生物方法：所谓生物方法主要是指控制消化池内硫酸盐还原菌的生长。有人曾经往进水中投加 10 ~ 15 mL/L Cl，据说有效地控制了硫酸盐还原菌的生长，但采用这种方法时在长期运行中是否会影响其他细菌的生长，未见报道资料。

目前，在污泥厌氧消化工艺中最常用的脱硫方法是添加脱硫剂，具体成分见表 27.14。

表 27.14　脱硫剂的成分表

项目	1	2	3	4	5	烧失量	累计
化学成分	SiO_2	CaO	Al_2O_3	MgO	Fe_2O_3	—	—
质量分数/%	61.12	15.73	4.26	0.84	0.83	13.78	96.56

从表 23.14 可以看出，脱硫剂中的主要成分是 SiO_2，含有微量的 Fe_2O_3。而在所有的成分中，也只有 Fe_2O_3 才能与沼气中的 H_2S 发生反应，生成黑色 Fe_2S_3 沉淀。据此可认为是脱硫剂中的 Fe_2O_3 在起脱硫作用，虽然其含量很少，但脱硫效果相当好。应该说，这样的脱硫材料是比较容易获得的。

从理论上来说，脱硫剂的颗粒越小，则其表面积越大，从而脱硫效果也越好；但颗粒过细，则造成颗粒间的孔隙减少，使沼气流过的阻力大大增加。对某研究中所采用的脱硫颗粒做筛分分析，结果见表27.15。

表27.15　颗粒状脱硫剂的筛分分析

筛子孔径/mm	10	7	5	3	<3	累计
筛余质量/%	0.00	39.60	48.12	11.78	0.50	100.0
过筛质量/%	100.00	60.40	12.28	0.50	–	–

(3)脱氨。

在某些蛋白质、尿素等含氮化合物浓度很高的工业废水和生物污泥厌氧消化处理过程中常常会形成大量氨态氮。氨氮不仅是合成细菌细胞必需的氮元素的唯一来源，而且当其浓度较高时还可以提高消化液的缓冲能力。因此，消化液中维持一定浓度的氨氮对厌氧消化过程显然是有利的。但是，氨氮浓度过高则会引起氨中毒，特别是当消化液的pH较高时，游离氨的危险性更大些。McCarty曾就氨氮在厌氧消化过程的影响进行了研究，其结果见表27.16。

实际上，在工程技术中氨氮表示消化液中游离氨(NH_3)和铁离子的总量。对于厌氧消化而言，游离氨往往具有更强的毒性，在未经驯化的系统中，游离氨的临界毒性浓度约为40 mg/L，经长期驯化，可适应的最高允许浓度约为150 mg/L；而铵离子的临界毒性浓度约为2 500 mg/L，最高允许浓度为4 000 mg/L以上。

表27.16　不同氨氮浓度对厌氧消化过程的影响

氨氮浓度/($mg \cdot L^{-1}$)	对厌氧消化过程的影响
50～200	有利
200～1 000	无不利影响
1 000～4 000	当pH较高时，有抑制作用

表27.17列出了在35 ℃中温消化池内，欲保持游离氨低于某一临界值(40 mg/L，150 mg/L)时，相应于不同pH的铵离子浓度。可以看出，相应于一定的游离氨浓度，随着pH的升高，达到平衡时所能维持的按离子浓度较低，说明在高pH条件下，允许的总氨氮浓度较低。如果废水中氨氮浓度很高，必然会导致较高的pH，很容易导致游离氨中毒。但厌氧细菌本身对这种情况会产生反映，就是积累挥发酸，以中和HCO_3^-碱度，从而降低pH，使系统得到自行调节。不过这是以降低出水水质为代价的，所以，有人为了调整pH，采用加盐酸的措施取得一定效果。但多数情况下，往往以降低整个系统的运行效率以获得较好的出水水质。

在处理氨氮浓度很高的废水或污泥时，高温消化看来是不利的，因为随着消化液温度的升高，欲保持游离氨浓度低于其临界毒性浓度或最高允许浓度，在一定的pH值条件下，消化液中允许的氨氮浓度较低，否则易引起氨中毒。表27.18列举了在高温50 ℃条件下，消化液中游离氨和按离子浓度随pH的变化关系。

表27.17　消化液中游离氨和铵离子浓度随pH的变化关系(中温35 ℃)

pH	NH_3/($mg \cdot L^{-1}$)	NH_4^+($mg \cdot L^{-1}$)	NH_3/($mg \cdot L^{-1}$)	NH_4^+($mg \cdot L^{-1}$)
9.0	40	40	150	150
8.0	40	400	150	1 500
7.6	40	1000	150	3 700
7.4	40	1600	150	6 000
7.0	40	4000	150	15 000

表 27.18 消化液中游离氨和铵离子浓度随 pH 的变化(高温 50 ℃)

pH	NH_3/(mg·L^{-1})	NH_4^+/(mg·L^{-1})	NH_3/(mg·L^{-1})	NH_4^+/(mg·L^{-1})
8.6	40	40	150	150
8.0	40	160	150	600
7.6	40	400	150	1 500
7.4	40	630	150	2 400
7.0	40	800	150	3 000
6.8	40	1600	150	6 000

(4)好氧处理。

由于厌氧消化有消化过程不稳定,消化时间长的缺点,因此一般在污泥厌氧消化过程的最后会加入好氧处理设施,好氧处理设施能够进一步稳定污泥,减轻污泥对环境和土壤的危害,同时能进一步减少污泥的最终处理量。

27.2.2 消化池构造

早在20世纪初,在水污染控制工程中就出现了“消化”这一技术用语。当时的水污染控制指标主要是悬浮固体,因此把厌氧条件下污水污泥中挥发性悬浮固体(VSS)进行的生物“液化”过程(实际上是生物水解作用)称为消化。

在水污染控制工程中,有两个并用的术语:厌氧消化和好氧消化。所谓好氧消化指活性生物污泥(如生物曝气池产生的剩余污泥或生物滤池排出的腐殖污泥)在好氧条件下进行的微生物自身氧化分解过程。在一定意义上讲,这也是一种生物液化作用。

由于有了厌氧消化和好氧消化两个生物过程,准确地说,应把进行该过程的构筑物分别称为厌氧消化池和好氧消化池。不过好氧消化过程毕竟在工程实践中应用得很少,所以在一般不致引起混淆的情况下,也可把厌氧消化池简称为消化池。

最早出现的厌氧生物处理构筑物依次是化粪池和双层沉淀池。它们的共同特点是废水沉淀与污泥发酵在同一个构筑物中进行。由于污泥发酵是在自然温度下进行,加之废水沉淀室太小,产生的气泡对废水沉淀产生干扰,因此处理效果很差。消化池是最早开发的单独处理污水污泥(即城市生活污水产生的污泥)的构筑物。它的出现和不断的改进和完善,在有机污泥及类似性能的污染物处置方面,开辟了一个新的纪元,至今广泛应用于世界各地。国内外一些消化池的概况见表 27.19。

表 27.19 国内外一些消化池的概况

厂名	建造/投运年份/年	单个消化池体积/m^3	单池尺寸/m(直径×高)	温度/℃	加热方法	搅拌方法	备注
太原污水厂	1956	930	11×15	32~35	直接蒸汽	水射器	
西安污水厂	1958	1 352	14×14.5	32~36	直接蒸汽	水射器	
上海污水厂	1981	776	12×9.5	34	直接蒸汽	搅拌机	
首机污水厂	1980	–	8×8	55~60	直接蒸汽	搅拌机	高温消化
长沙污水厂	1982	1 366	14×14.28	33~35	直接蒸汽	搅拌机	
唐山西郊污水厂	1984	–	12×13.1	33~35	直接蒸汽	搅拌机	
纪庄污水厂	1984	2 800	18×19.2	33~35	外部换热器	沼气	两级消化

续表 27.19

厂名	建造/投运年份/年	单个消化池体积/m^3	单池尺寸/m（直径×高）	温度/℃	加热方法	搅拌方法	备注
巴黎安谢尔污水厂	1968	8 125	26×15	35	外部换热器	沼气	两级消化
洛杉矶污水厂	1973	14 200	38×15.2	35	直接蒸汽	沼气	
兰开斯特污水厂	1980	2 695	18×10.6	35	两级消化	沼气	
横滨南部污水厂	—	—	21×19.05	中温	直接蒸汽	沼气	两级消化
汉堡污水厂	—	8 000	22.2×37.13	中温	两级消化	沼气	卵型消化池
温哥华污水厂	—	4 700	22.5×12.8	35	外部加热	搅拌机和沼气	

从发展的角度来看，厌氧消化池经历了两个阶段，第一阶段的消化池称为传统消化池，第二阶段的消化池称为高速消化池，这两种消化池的主要差异在于池内有无搅拌措施。

传统消化池内没有搅拌设备（图 27.14），新污泥投入池中后，难于和原有厌氧活性污泥充分接触。据测定，大型池的死区高达 61% ~77%，因此生化反应速率很慢。要得到较完全的消化，必须有很长的水力停留时间（60 ~100 d），从而导致负荷率很低。传统消化池内分层现象十分严重，液面上有很厚的浮渣层，久而久之，会形成板结层，妨碍气体的顺利逸出；池底堆积的老化（惰性）污泥很难及时排出，在某些角落长期堆存，占去了有效容积；中间的清液（常称上清液）含有很高的溶解态有机污染物，但因难于与底层的厌氧活性污泥接触，处理效果很差。除以上方面外，传统消化池一般没有人工加热设施，这也是导致其效率很低的重要原因。

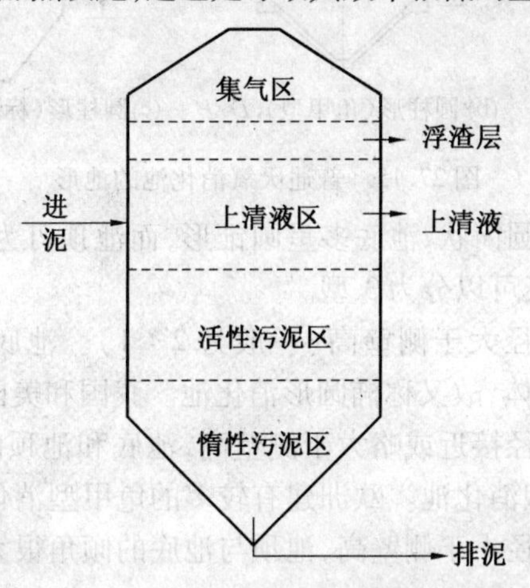

图 27.14　传统厌氧消化池

对去除 90% 可溶性有机物的初沉污泥来说所需的消化时间，一般在中温的范围内（30 ~38 ℃），最佳温度为 35 ℃，所需时间为 25 d 左右。而在高温范围内（55 ~65℃），最佳温度为 54.4 ℃，消化所需时间为 15 d 左右。高温消化虽然所需时间较短，但由于耗能大，而且对环境的变化较敏感而不易控制，故实际中采用较少。

1955 年，消化池内开始采用搅拌技术，这是厌氧消化工艺中的一项重要技术突破。这一技术措施和以后出现的加热措施，使消化池大大地提高了生化速率，从而产生了高速厌氧消化池。

高速消化池的有机负荷可达到 2.5 ~6.5 kg VSS/(m^3 · d)，停留时间为 10 ~20 d，采用连续搅拌方式运行，进料或排放消化后的污泥采用连续式或非连续式。由于连续搅拌，在高速消化池中的厌氧菌和新鲜污泥完全混合,因而发酵速度加快,同时也提高了有机负荷和减少了消化池的容积。高速消化池在进料时须停止搅拌,待分层后排出上清液。普通消化池与高速消化池的比较见表27.20。

表27.20 普通消化池与高速消化池的比较

项目	普通消化池	高速消化池
有机负荷/($kg\ VSS \cdot m^{-3} \cdot d^{-1}$)	0.5~1.60	2.5~6.5
消化时间/d	30~40	10~20
初沉池和二沉池的污泥含固量,干固体/%	2~5	4~6
消化池底流浓度,干固体/%	4~8	4~6

消化池的构造主要包括池体结构、污泥的投配设施、排泥及溢流系统、收集与储气设备、搅拌设备、加温设备及附属设施等。

1.池体结构

(1)池形。

消化池的基本池形有圆柱形和蛋形两种(图27.15)。

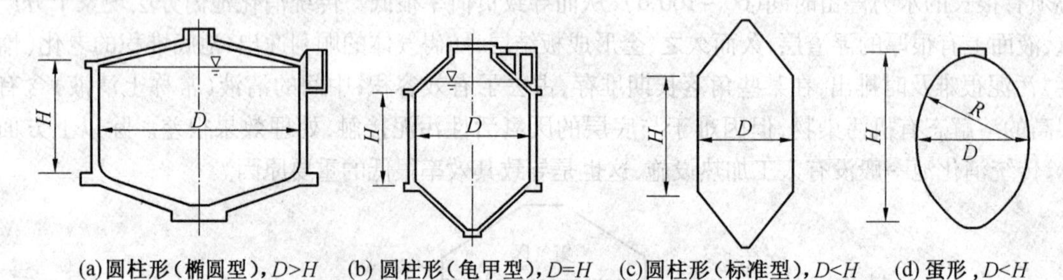

图27.15 普通厌氧消化池的池形

圆柱形的特点是池身呈圆筒状,池底多呈圆锥形,而池顶可为圆锥形、拱形或平板形。根据直径与侧壁的比例大小,又可以分为3型。

Ⅰ型圆筒形消化池的直径大于侧壁高(一般为2∶1)。池底倾角较平缓(25/10或更大些),外形有点像平置的椭圆体,故又称椭圆形消化池。我国和美国、日本等国流行这种池型。

Ⅱ型圆筒形消化池的直径接近或略大于侧壁高,池底和池顶的倾角都较大。这种池子的外形很像龟甲,故又称龟甲型消化池。欧洲建有较多的龟甲型消化池。

Ⅲ型圆筒形消化池的池径小于侧壁高,池顶与池底的倾角很大。在国外,这种池子也称为标准型消化池,流行于德国。

卵形消化池与圆筒形消化池的主要差别是池侧壁呈圆弧形直径远小于池高。这种池子于1956年始建于德国,在德国颇为流行。

根据资料,当以上4种池形具有如表27.21所列的壁厚时,其建设费用如图27.16所示,假设$V=3\ 000\ m^3$的费用为1。

表 27.21　各池形各个部位的厚度

池形	部位	3 000 m^3	6 000 m^3	9 000 m^3
圆柱形	顶盖	350	400	450
	侧壁	250	300	350
	底部	450	500	550
卵形	侧壁	250 ~ 550	300 ~ 600	350 ~ 650
	底部	450	500	550

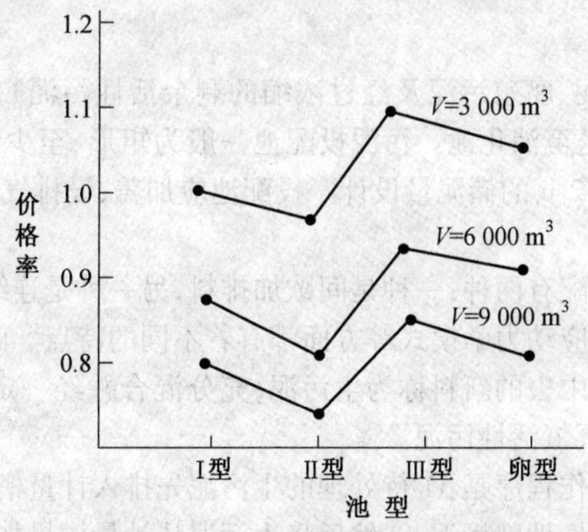

图 27.16　各种池形的建设费用

由图 27.16 可以看出,建设费用以龟甲型最低,原因是其外形轮廓比较接近于球体,具有最小的表面积。椭圆形、卵形和标准形消化池的建设费用则依次增大。

蛋形的结构与受力条件最好,如采用钢筋混凝土结构,可节省材料;搅拌充分、均匀,无死角,污泥不会在池底固结;池内污泥的表面积小,即使生成浮渣,也容易清除;在池容相等的条件下,池子总表面积比圆柱形小,故散热面积小,易于保温;防渗水性能好,聚集沼气效果好等。

(2)池顶构型。

普通厌氧消化池的池顶构型有固定顶盖和浮动顶盖两类。前者的池顶盖固定不动,后者的池顶盖随池内沼气压力的高低而上下浮动。

固定顶盖式消化池有两种构型:一种是淹没式双顶盖型;另一种是非淹没式单顶盖型。

淹没式双顶盖型有两层顶盖,下顶盖淹没在消化液中。淹没顶盖上有3排孔口,分别与顶盖外的3个区域连通。最下一排孔口可以让上清液流出到污泥水槽中去,以便及时排除部分上清液。中部一排孔口可以让浮渣排出到浮渣槽,以便及时破碎和排除浮渣,并在检修时清除池内浮清或破碎板结层。最上面的孔口用以引出沼气至集气室。消化池的上层顶盖用以储气和保温。这种池顶构型是早期为了解决浮渣层的板结和及时排除污泥水而设计建造的,但由于构造复杂,现已很少应用。

非淹没式单顶盖型消化池是目前应用最广的一种池顶构型,在施工修建、加热搅拌、加料排料等方面都有许多优点。

固定顶盖的主要缺点是池顶受力复杂,容易裂缝漏气。消化池排泥时,池内压力降低,顶盖受到由外向内的压力;而当沼气压力增大时,顶盖又受到由内向外的压力。在长期运行过程中,由于受到交替变换的内外压力的作用,顶盖容易产生裂缝,出现漏气现象。消化池漏气易引起事故:沼气外漏时,会引起火灾;空气内漏时,一旦引入火苗,会引起池内爆炸。

为了克服固定顶盖的上述缺点，曾出现过浮动顶盖式消化池。这种池子的顶盖插入池周壁的水封套里，防止漏气。水封套里装满水或其他液体。水封水的高度要保证顶盖处于最低位时，不致溢出；而处于最高位时，还能保证必需的水封高度。为了保证水封套里长期有水，最好建立水封水循环系统。

浮动顶盖式消化池的最大优点是池体受力均匀，具有一定的储气容积，沼气压力保持稳定。设置合理时，可不另建储气罐，减少占地面积。其主要缺点是构造复杂，运行管理较麻烦，故其应用相对较少。

2. 污泥的投配

生污泥（包括初沉污泥、腐殖污泥及经过浓缩的剩余活性污泥），需先排入消化池的污泥投配池，然后用污泥泵抽送至消化池。污泥投配池一般为矩形、至少设两个，池容根据生污泥量及投配方式确定，常用 12 h 的储泥量设计。投配池应加盖、设排气管、上清液排放管和溢流管。

普通厌氧消化池的投配有两种：一种是间歇加排料，另一种是连续加排料。两种加排料制度的工况在运行操作及反应动力学模式等方面都有着不同的特点。间歇加排料

通常将投加到消化池中去的新料称为生污泥，充分混合并经一定厌氧消化后的污泥称为熟污泥，而将消化池内即厌氧活性污泥。

间歇加排料制度的操作程序是：①待处理的生污泥先排入计量槽计量其体积；②接着从消化池的底部排出同体积的惰性熟污泥；③然后将生污泥从计量槽投加到消化池中去；④然后进行搅拌，使新老污泥充分接触。通常加排料的次数为每日 1 ~ 2 次，视沉淀池排泥的次数而定。一般两者同步进行。如果沉淀池采用连续排泥的话，污泥应先储存于计量池中，再按预定的消化池加排料制度进行加排料操作。如果生污泥来自二次沉淀池，或者是初沉污泥和二沉污泥的混合污泥，由于含水率高，必须先经浓缩后才能投加到消化池中去。执行间歇式加排料操作制度的消化池工况，其特征可以从以下 3 个方面说明。

（1）生物学及生化特性。

消化池中生物学及生化特性均呈周期性变化。在排料时，一部分厌氧活性污泥被排出，使池中的厌氧微生物总量有所减少，其中相应地减少了一部分产甲烷细菌。当生污泥投加到消化池中后，生活于生污泥中的厌氧微生物随之也进入池中。生污泥中的厌氧微生物基本上是产酸菌，因此，当生污泥进入消化池后，池中产酸菌数量得到了补充，而甲烷菌并未得到相应的补充。另外，加料后池中营养物大增，致使水解和产酸过程进行得旺盛，而产气过程相对减弱；也就是说，酸发酵强度大于甲烷发酵强度。此后，随着时间的推移，基质逐渐减少，致使水解和产酸过程逐渐减弱，产气环境得到改善，产气强度得到了恢复。此时，产酸速率与产气速率达到了某种相对稳定和平衡。当第二次进行加排料操作后，以上的变化过程又周期性地重复了一遍。

（2）理化特性。

消化池中理化特性随加排料的周期进行也呈周期性变化。在两次加排料操作之间的一个变化周期内，池中的理化特性又有三个小的变化阶段。加料后的一段时间属于第一变化阶段，其特点是由于基质的突然增加，产酸过程大于产气过程，溶液中的有机酸量增多了，pH 下降了，在此时段的 COD 值一般变化不大。第二阶段是一个较长的渐变过程，即随着基质的逐渐减少，产酸过程一步步地减弱，产气过程则一步步地增强，两者处于缓慢漂移的平衡状态。此时的有机酸稍有减少，pH 稍有回升，而 COD 值则有明显的降低。第三阶段为衰减阶段，即产

酸产气速率明显减慢,溶液的 pH 有了进一步回升,氨氮含量也随之增多。此后,随着下一次加排料的开始,又重复出现以上的3阶段。

(3)工程学特性。

由于间歇加排料,池内环境做周期性变化,故生化速率受到一定影响,有机物负荷率相对于连续加排料时要低,但操作运行较简单。

(4)连续加排料。

连续加排料制度的操作程序是:待处理的生污泥以一定的流量连续加入消化池中,同时以同样的流量从消化池中连续排出熟污泥。在连续加排料的同时,进行连续的搅拌。如果沉淀池施行连续排泥制度,则沉淀池的排泥与消化池的加料可以连接起来操作,中间不一定再设置大的调节池;如果沉淀池施行间接排泥制度,则两池之间尚需设置一个储泥池,其容积足以容纳一次排出的全部污泥。至于是否在两池之间设置浓缩池,视消化池连续操作时方便与否而定。

连续式加排料操作制度的消化池工况有以下特点。

①生物学及生化特性。

池中的生物学特性和生化特性相对恒定。在一定的有机物负荷率及环境条件下,消化池中的微生物总量及产酸菌和产甲烷菌的比例基本上保持不变,酸发酵与甲烷发酵的速率维持某一恒定的协调关系,并不发生周期性的变化。

②理化特性。

池中的理化特性保持相对稳定,pH、酸碱度、污泥浓度、挥发性悬浮固体浓度、COD 等主要参数均无周期性变化,池内温度也比较均匀。

③工程学特性。

由于环境条件无周期性变化,细菌种群保持着均衡的协调关系,温度均一,因而负荷率较间歇加排料时为大,液面不易产生浮渣层。搅拌时间长,耗电多。

3. 排泥及溢流系统

消化池的排泥管设在池底,出泥口布置在池底中央或在池底分散数处,排空管可与出泥管合并使用,也可单独设立。依靠消化池内的静水压力将熟污泥排至污泥的后续处理装置。排泥管布置在池底部。污泥管最小管径为150 mm。

当池径较大时,可以设置几个排泥管,从易于沉积污泥的几个部位同时或轮流排泥。

消化池的污泥投配过量、排泥不及时或沼气产量与用气量不平衡等情况发生时,沼气室内的沼气压缩,气压增加甚至可能压破池顶盖。因此消化池必须设置溢流装置,及时溢流,以保持沼气室压力恒定。

溢流管的溢流高度,必须考虑是在池内受压状态下工作。为了防止池内液位超过限定的最高液位,池内应设置溢流管。液面上经常结有浮渣层,把溢流管的管口设于液面上易引起堵塞。通常的做法是从上清液层中引出水平支管,然后弯曲向上至最高液位的高程处,再弯曲向下,接于地面附近的水封井内。水封的作用是池内因排泥而使液位下降时,防止池内沼气沿溢流管泄漏。溢流管的布置必须考虑是在池内受压状态下溢流,最小管径为200 mm。溢流管装置有3种形式,即倒虹管式、大气压式及水封式,如图27.17所示。溢流管的设置要绝对避免消化池沼气室与大气相通。若沼气压力超过规定值时,污泥除了从溢流管排除外,也会冲开水封排出。

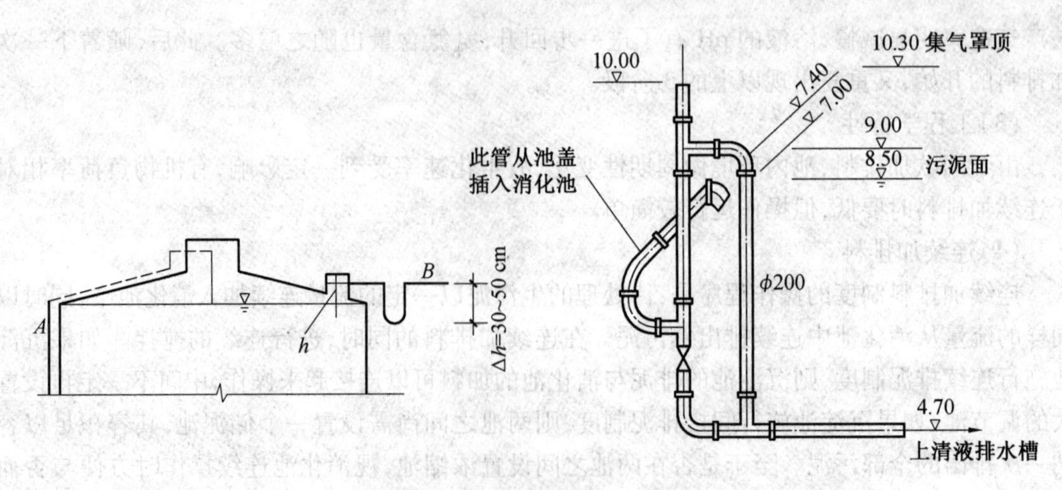

图 27.17　消化池的溢流管布置形式

(A)倒虹管式;(B)大气压式;(C)水封式

4. 收集与储气设备

由于产气量与用气量常常不平衡,所以必须设储气柜进行调节。沼气从集气罩通过沼气管输送到储气柜。

为了减少凝结水量,防止沼气管被冻裂,沼气管应该保温。应采取防腐措施,一般采用防腐蚀镀锌钢管或铸铁管。

低压浮盖式储气柜构造如图 27.18 所示。

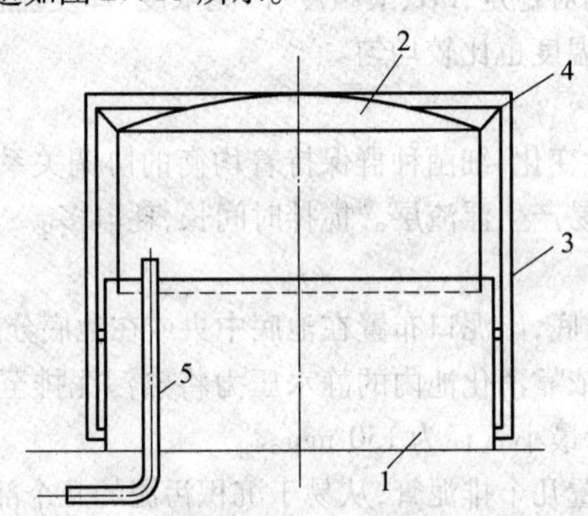

图 27.18　低压浮盖式储气柜构造

1—水封柜;2—浮盖;3—外轨;4—滑轮;5—导气管

5. 加温设备

为了使消化池的消化温度恒定(中温或高温消化),必须对新鲜污泥进行加热和补偿消化池池体及管道系统的热损失。恒温工作的厌氧消化池必须通过加热系统保持池内的温度恒定。城市污水污泥通常采用中温消化,最适温度为 33 ℃。人畜粪便含有很多致病菌和寄生虫及卵,可采用 50 ~ 55 ℃的高温消化;而当采用中温消化时,可采用较高的 33 ~ 38 ℃。发酵残液可视其排出温度的高低,而选择中温消化或高温消化。

厌氧消化池的加热方式有池外加热和池内加热两大类。采用的热源有蒸汽、热水、燃气和太阳能 4 大类。

(1)池外蒸汽加热。

一般在池外设置的预加热池内进行。将待加热的生污泥装入预加热池,通过安装于池内的一组加热管用蒸汽对生污泥进行直接加热。加热结束后,将热污泥抽出,打入消化池。预加热池加盖,池顶设通气管。

池外蒸汽预热只对生污泥进行加热,污泥量少,易于控制。预热温度可以高些,以补充池体的热损失,同时还有利于杀灭寄生虫卵,以提高消化污泥的卫生条件。池外蒸汽预热可以提高生污泥的流动性,改善池内污泥的混合和搅拌性能。池外蒸汽预热的另一优点是不损伤池内甲烷细菌的生活。这种加热方式的缺点是池外要设置一套加热系统,建设费用较高。

(2)池外热水加热

池外热水加热在套管式热交换器中进行。加热对象可以是生污泥,也可以是池内抽出的消化污泥。污泥在内管(d≥100 mm)流动,热水在外管(d≥150 mm)流动,两者可采用逆流或顺流方式。污泥流速较大,为1.2~1.5 m/s,以防止沉积结垢。热水流速较小,约为0.6 m/s。热水温度以60~70 ℃为佳。如采用消化污泥循环流动加热方式,应从池底抽出污泥,加热后的污泥从池上部投入。池外热水加热的优点是可促进污泥的循环,设备检修方便,缺点是辅机较多,费用较高。这种加热方式多用于中小型池。

(3)池内蒸汽加热

在池内设置数根垂直安装的蒸汽管,通过安装在管口处的蒸汽喷射泵将蒸汽喷入污泥内,并带动污泥作小范围循环运动。如把蒸汽加热和池内搅拌配合起来同时进行,效果将更加理想。这样不会因加热而损伤甲烷细菌的生活,并能保证池内温度尽快达到均匀。

池内蒸汽加热的优点是设备简单,操作方便,特别适用于大中型消化池。但是,不论是池内或者池外加热,生产蒸汽需要增设一套净化水的设备(软水制备系统),建设费用较高。此外,蒸汽加热时的冷凝水会占去一部分有效池容,并增高消化污泥进行浓缩和脱水的费用。当采用池内蒸汽加热时,消化池的有效容积应增大5%~10%,并应增设排除上清液的管路。

(4)池内热水加热。

在池内不同部位设置热交换器。通入热水进行间接加热。为了防止池内污泥在热交换器外壁上的沉积,器壁一般为直立式。热水温度以65 ℃左右为好,热水流速以0.6~0.8 m/s为佳。池内热水加热的缺点是更换管件比较困难,一般用于小型消化池。

(5)燃气加热。

将沼气通入液面下进行浸没燃烧,或者将沼气燃烧后的热烟气通入池内污泥中进行加热。这种加热方式在国外偶有应用,但尚未对应用前景做出评估。

(6)太阳能加热。

一般在池顶或周壁外设置太阳能加热器,带动热水进行间接加热。这种加热方式可考虑在光照充足的炎热地区选用。

为了减少消化池、热交换器及热力管外表面的热损失,一般均应敷设保温结构。消化池的池盖,池壁、池底的主体结构,一般均为钢筋混凝土,热交换器等为钢板制品。保温层一般均设在主体结构层的外侧,保温层外设有保护层,组成保温结构。凡是导热系数小,容重较小,并具有一定机械强度和耐热能力,而吸水性小的材料,一般均可作为保温材料,如泡沫混凝土、膨胀珍珠岩、聚氯乙烯泡沫塑料、聚氨酯泡沫塑料等。

6. 搅拌设备

混合搅拌在消化过程中起着很重要作用,它对消化池的正常运行影响很大。然而对消化池的混合搅拌作用研究得还很不够。

目前国外采用的混合搅拌方法有许多种：①机械混合搅拌法，混合搅拌机械通常安装在消化池内，有螺旋浆板、螺旋泵、喷射泵等。这种方法用得比较广泛。②泵循环搅拌法，泵循环搅拌常与投加新鲜污泥同时进行，并与外部换热器结合使用。这种方法用于美国、英国、法国等国，但不很广泛。③池内沼气混合搅拌。沼气通入池内有几种布置方法，有悬管式、自由释放式和抽升管式。这种方法可以产生强烈地混合搅拌，池内无机械设备、结构简单、施工和运转简便、混合搅拌比较均匀、约可增加10%的产气量，但沼气喷头容易堵塞。由于效果较好，目前许多国家都采用它，例如英国、美国、日本。④池外沼气循环混合搅拌。这是一种比较新的方法，混合装置放在池外，通常与进泥、加热结合在一起，成为“三合一”的装置。这种装置国外已有定型产品生产，正在得到日益广泛地应用。

近年来国内也开始采用池内沼气混合搅拌的方法。这种方法有许多优点。例如，池中没有机械设备、结构简单、施工和维护运转方便、混合搅拌比较均匀、可以增加产气量等。其缺点是目前国内还没有合适的沼气压缩机可供使用。沼气混合搅拌有好几种布置方法：竖管式，在池内均匀布置，管径为25～50 mm；在池底布置扩散器。天津纪庄子污水厂消化池采用沼气搅拌已经投产，在池中心的导流筒中安装有许多个沼气释放喷嘴。由于运行时间不长，尚未总结出经验。

大多数学者都认同搅拌在厌氧消化过程中所起积极的作用，但他们认为连续搅拌不仅没有必要而且起反作用，所以实际操作时，可以采用间歇式搅拌，例如每30 min搅拌约5 min、每小时搅拌10～15 min或者每两个小时搅拌25～35 min等，或者每天持续搅拌数小时即可达到目的。

目前，学者普遍认为搅拌主要通过改善厌氧消化过程中的以下几个方面来达到提高沼气产量的目的。

(1)提高传质效果：搅拌使可降解有机物和微生物之间发生紧密和有效的接触，从而提高有机物的降解和转化效率。

(2)均匀物理、化学和生物学性状：搅拌使污泥消化池内各处的物理、化学和生物学性状(污泥浓度、温度、pH、微生物种群等)保持一致，由于分布不均导致的局部地方物料浓度过高会抑制细菌的活性。

(3)降低有害物质抑制：搅拌将有机物和有害的微量抑制物均匀分布，降低或者消除其影响，特别是在冲击负荷下。Khursheed Karim 等的实验结果也表明，搅拌对于进料负荷的波动有较好的缓冲作用，并且它较不搅拌在负荷冲击过后也拥有较短的恢复时间。

(4)提高消化池的有效容积：搅拌使浮渣层和底部沉积物积累的量减小，从而提高消化池的有效容积。在处理低固体浓度的有机物时若缺乏适当的搅拌，则容易形成一层很厚的表层浮渣。

当搅拌持续进行或者搅拌强度过高时，就会对厌氧消化过程的稳定形成很大的负面影响，从而出现沼气产量下降的现象。目前，过度搅拌对厌氧消化的影响主要有：阻碍反应器中甲烷化区域形成；连续剧烈的搅拌会破坏微生物絮团的结构，从而打乱厌氧环境中各互营性菌群间的空间分布关系；影响污泥的结构，降低脂肪酸的氧化效率，脂肪酸的累积则会导致消化器的不稳定运行；EPS(胞外聚合物)作为颗粒污泥的不可或缺的组成部分，也是反应器内污泥形成状态的指示物，在过度搅拌条件下，其存在量有着明显下降，这也可能暗示小强度和短时间的搅拌能够使反应器内形成更多较大的污泥颗粒。

27.3 厌氧消化系统的运行与控制

27.3.1 厌氧消化系统的启动

厌氧消化系统主要靠厌氧微生物来降解有机污染物,厌氧微生物通常以厌氧活性污泥(泥粒或泥膜)的形式悬浮于处理构筑物中,或固着于处理构筑物中的挂膜介质上。一个生产性厌氧处理构筑物的有效容积会达数百乃至数千立方米,在这样大的容积中培养足够数量的厌氧活性污泥并正常运行一般要花费几个月的时间。

启动的目的就是培养足够数量的厌氧活性污泥,并将其驯化成具有正常处理功能的厌氧活性污泥。

1. 污泥的来源

生产性厌氧处理构筑物需要的大量厌氧活性污泥是通过逐渐培养和不断积累而形成的。培养的方式有两种,即接种培养和自身培养。

接种培养是将成熟的消化污泥作为接种料,投加到新建的厌氧处理构筑物中去,然后不断添加待处理的污泥或废水,逐渐培养和积累起所需量的厌氧活性污泥。可供接种的厌氧活性污泥主要有以下来源。

(1)运行中的城市污水处理厂普通厌氧消化池中的消化污泥。

(2)处理同类工业废水的厌氧消化构筑物中的消化污泥。

(3)农村沼气池中的沉积物。

(4)沟、渠、池塘中的底泥。

(5)好氧生物处理系统中排出的剩余活性污泥。

城市污水处理厂通常建有容积很大的普通厌氧消化池。一个容积为2 000 m^3的厌氧消化池,每天约可排出100~150 m^3成熟的消化污泥。这种消化污泥不仅数量多,而且性能好,适用于各种污泥或废水进行厌氧生物处理时的接种污泥。

从各类厌氧消化池取得的接种污泥都有很高的含水率,一般为96%~97%。因此体积大,运输十分不便。通常将这种污泥在现场予以浓缩和脱水,使其含水率降至75%~80%,这样可使其体积减少到原来的1/5或1/6。含水率为75%~80%的消化污泥呈饼状,装车运输都比较方便。经过数天甚至数十天之后,加水消解,加热培养,仍具有很好的厌氧生物活性。

处理工业废水的厌氧处理构筑物中的厌氧活性污泥,用来作为处理同类型工业废水的接种污泥,具有培养迅速、无须驯化、启动时向短等优点。但是,这类处理构筑物大多为小型的上流式厌氧污泥床反应器,每天排出的废水中残留的厌氧活性污泥量很少,且难于分离收集;如从处理构筑物中取用工作中的厌氧活性污泥,势必要影响其工作效能。由此看来,作为处理工业废水的接种污泥还是从城市污水厂的普通厌氧消化池中获取较易实现。

农村沼气池虽也存在质量较好的消化污泥,但体积不大,污泥量有限,只能供小型厌氧消化构筑物起动时作接种污泥使用。沟渠池塘的底泥也可作为接种污泥加以利用。但因其组成复杂,无机组分较多,成熟程度较低,使用时要经过淘洗、筛选、培养后,才能转化成有用的接种污泥。

最近的研究表明,好氧生物处理构筑物中排出的大量剩余活性污泥是培养厌氧活性污泥的另一重要泥源。吴唯民等的研究表明,堆放的剩余活性污泥中存在着大量产甲烷细菌,其数

量为 $10^8 \sim 10^9$个/g VSS。它们主要是氢营养型和混合营养型产甲烷细菌。在实践中,用处理生活污水和印染废水的好氧剩余污泥作为接种污泥,已成功地启动了小型 UASB 装置,并培养出了良好的颗粒污泥。

综上所述,利用普通消化池排出的消化污泥和好氧剩余活性污泥单独或混合起来充作新池的接种污泥,是一种经济方便而又有效的途径。

厌氧活性污泥也可通过自身培养逐渐积累的方式予以形成将待处理的污泥或废水通入厌氧处理构筑物,在低负荷下加温培。一般而言,城市污泥、人畜粪便及某些发酵残渣,只要条件控制易于自身培养成功;而工业废水进行自身培养的困难相对较大。

2. 培养

首先将采集的接种污泥(厌氧活性污泥或好氧剩余活性污泥)经消解后,用水配成含水率为 95% 的污泥,投入消化池,投加量以不少于消化池有效容积的 10% ~20% 为宜。然后加热培养,升温幅度控制在每小时 1 ℃左右。如原设计的加热系统难以利用时,可采用临时安装的蒸汽加热系统。经 1 ~2 d 后,池内温度可达到中温消化的 33 ~35 ℃(如为高温消化,升温时间将延长至 3 ~5 d)。此后维持温度不变,并逐日投加适量的活性污泥或生活污水(或无毒易消化的工业废水),待水深达到设计液位后,停止投加,要注意的是逐日投加的量要严加控制,不使产生酸性发酵状态(即 pH 不致下降到 6.8 ~7.0 以下)。如 pH 下降,可投加石灰水以改善环境条件。此后维持消化温度不变,进行厌氧发酵。在此过程中,可能的话给予适当的搅拌,以均化池内温度,强化接触过程。正常情况下,经过 20 ~40 d 的培养,可形成成熟的厌氧活性污泥。如果采用现有厌氧消化池中的污泥进行接种培养,则成熟期可稍有减少。

一般而言,培养期的长短和接种污泥量的多少成正比。接种污泥量越多,培养成熟期越短。但是厌氧消化池的池容往往很大,达到设计负荷所需厌氧污泥量很难在短期内形成,长期积累是不可避免的。

3. 驯化

使厌氧活性污泥中的微生物逐渐适应待处理废水或污泥的特殊过程,称为驯化。

一般而言,城市污水的沉淀污泥和水质类似于生活污水的废水,多不存在驯化任务,当厌氧活性污泥培养成熟后,即能顺利地完成处理任务。但如处理对象是一些水质特异甚至存在抑制物的工业废水或工业废渣时,驯化就成为不可缺少的环节了。

培养和驯化可同步进行,亦可异步进行。前者指在利用生活污水或污泥培养的同时,适当掺加待处理的废水或污泥,实际上是边培养,边驯化。后者指先用生活污水或污泥把厌氧活性污泥培养成熟起来,然后再适当掺加待处理废水或污泥逐渐驯化,直至. 达到满负荷运行而止。一般而言,在经验不足的情况下,采用异步法比较稳妥。但不论采用何种方法驯化,重要的一条是循序渐进,千万不可急于求成。

27.3.2 厌氧消化系统的运行

运行工作的主要任务是:首先要灵活运用系统的调节能力,尽量保证负荷的均匀性;其次要建立一套负荷缓冲制度,使系统在一定的负荷波动范围内仍能维持高效的工作,这些都有赖于收集数据,积累经验一般而言,厌氧消化系统负荷率偏低仅对沼气用户有一定影响,对处理任务无影响;而负荷率过高往往影响全局,甚至破坏正常的甲烷发酵。因此,维持负荷的均衡,特别是预防超负荷和冲击负荷的出现,乃是运行人员的首要职责。

1. 日常运行工作

厌氧消化系统的日常运行工作主要包括加排料、加热、搅拌和监测,此外,及时发现排除故障以及维护系统的安全,也是十分重要的。

按照设计要求加料排料是保证系统正常运行的前提,维持负荷的均衡,特别是预防超负荷和冲击负荷是运行人员的首要职责。

加热是维持厌氧消化过程正常运行的另外一个重要条件。由于停电、锅炉检修或加热系统出现故障而使厌氧消化过程停滞的情况屡见不鲜。因此,要建立一套能正常加热的保障机制是十分重要的。

搅拌对普通厌氧消化池的作用主要表现在两个方面:①强化混合和强化接触;②破除浮渣。

2. 运行过程中常出现的问题

在运行实践中,从消化污泥开始培养到稳定运行,通常出现的问题如下:消化池出现泡沫;消化池气相压力不稳定,出现波动;消化池内浮渣问题等。以上几种情况有时交替出现或同时出现,严重影响系统的安全和稳定。

(1)泡沫。

根据已有报道,消化池的泡沫主要有两种来源,一种泡沫是化学泡沫,另一种泡沫主要发生在处理剩余污泥的消化池中,主要是由于剩余污泥含有大量的诺卡氏菌,从而导致消化池产生泡沫。

在数据分析中,发现消化池出现泡沫时,其沼气中气体含量有较明显的变化。表27.22为污水处理厂出现泡沫的相关数据,每次消化池出现泡沫时,其沼气中甲烷和二氧化碳的体积比都有明显的变化,要高于2.6的平均值。

表27.22　污水处理厂消化池出现泡沫的相关数据

	是否出现泡沫	CH_4/%	CO_2/%	CH_4/CO_2
1	无	69.4	26.2	2.648 855
2	无	67.5	27	2.5
3	有	—	—	—
4	无	68.7	27.4	2.507 3
5	无	70.6	24.6	2.869 9
6	有	70.6	24.7	2.858 3
7	有	71.8	23.9	3.004 184
8	无	70	25.3	2.766 798

因此,对于卵形消化池的泡沫问题,可采用现场或在线检测沼气中甲烷和二氧化碳的含量来进行泡沫的监控。

由前述消化池泡沫分析和监控看,消化池出现泡沫现象比较常见。在实际运行中,主要的措施之一就是采用自动或人工消泡。可采用自动控制程序监控泡沫的产生,随时进行消泡。此外,对于消化池的进泥,应按照有机负荷确定投加量,可以减少泡沫的产生。在出现泡沫后,紧急降低消化池的液位同时辅助增加消泡力度,也是一个比较可行的方法。还可在顶部加装搅拌器消除泡沫的产生。

(2)消化池气相波动。

消化池气相压力波动主要是由沼气管线中的冷凝水引起的。由于沼气在输送过程中,温度不断降低,不断有冷凝水排放出来。若冷凝水系统堵塞,排放不出,就会积存在沼气管道中,导致整个系统的压力发生变化。此外,在运行中也存在局部阻力过高(易发于脱硫塔、沼气流量计等),导致消化池压力升高的情况。

在消化池运行中,通过定期监控和测试系统的局部阻力,可避免消化池压力波动的问题。

(3)浮渣。

搅拌不良的消化池很容易在液面形成浮渣,甚至板结成厚层。它的形成对沼气的产生和引出、对有效容积的利用以及对上清液的有效排出,都产生不良影响。所以,要采取措施及时破除或撇出。

产生浮渣层的原因,主要是水力提升器作用范围较小,池子较大,搅拌效果不够理想所致。在正常运转中,受水力提升器搅动而无浮渣的范围,一般仅为2 m 直径大小。

防治的办法有:用沼气在浮渣底部吹脱搅拌;用上清液在浮渣层表面上进行压力喷洒;利用设在液面上的旋转耙进行破碎;利用浮渣排出池撇除。在以上措施中,沼气吹脱搅拌的效果最好,应用最广。并且在设计水力提升器时,适当地加大混合室和污泥面之间的距离,以充分发挥水力提升器的提升作用。另外,在消化池直径较大的情况下,一般说来,超过10 m 就宜考虑两个以上的搅拌装置。

此外,由于沼气是可燃气体,与一定比例的空气混合后易引起爆炸。尤其是启动运行的初期,消化池顶部的气体实际上是沼气和空气的混合气体,一旦有火苗窜入,将引起爆炸,轻则炸坏消化池,重则炸伤四邻。储气罐前、后的水封及阻燃装置均应妥善安装,定期检修。

3. 运行过程中的控制因素

消化池的运行过程中需要控制以下几种因素。

(1)消化池的压力控制。

对于成熟的污泥消化系统,运行压力的监控非常重要,在实际运行操作中,消化池的压力是浮动的,消化池的进泥、排泥、搅拌都有可能影响消化系统的压力。其中最重要的是沼气管道内冷凝水的影响。及时排放管道中析出的冷凝水,保持管路畅通,避免系统压力过高是消化系统稳定运行的重要保证。

(2)消化池的温度控制。

尽量保持消化池内温度恒定。建议温度控制在(35±1) ℃。虽然选择设计运行温度是重要的,保持稳定的运行温度更为重要,因为细菌,特别是产生甲烷的细菌,对温度变化是敏感的。通常,温度变化大于1 ℃/d 就影响过程效能。

(3)消化池的液位控制。

消化池液位的浮动直接反馈为消化池的压力变化,应将消化池的液位作为一个重要的监控指标。保持消化池液位的相对稳定,对保持消化池压力系统的稳定是非常重要的。在实际中,主要通过定期校核消化池进、排泥泵,定期校核消化池液位计来进行液位控制。

27.3.3 厌氧消化系统的监测

厌氧消化是一个复杂的生物化学过程,要使这个过程高效而稳定的进行,必须及时地计量和监测有关参数,并根据结果对系统进行调控,使之处于最佳状态。

厌氧消化系统中需要测定的参数很多,大致可分为两类:一类为反映基质和产物浓度的项目;另一类为反映环境条件的项目。厌氧消化系统常用的监测项目见表27.23。

表 27.23　厌氧消化系统常用的监测项目

类别		项目
基质与沼气	基质	化学需要量(COD)
		五日生化需氧量(BOD_5)
		总有机碳(TOC)
		总固体(TS)
		挥发性固体(VS)
		挥发性悬浮固体(VSS)
		悬浮固体(SS)
	沼气	甲烷(CH_4)
		气体全分析(CH_4,CO_2,N_2,O_2,H_2,CO,H_2S等)
环境条件	物理	温度
	化学	氧化还原电位(Eh)
		pH
		挥发性脂肪酸(VFA)
		碱度
	营养	总氮(TN),氨氮(NH_3-N),总磷(TP),可溶解性磷(DP)
	抑制物	

1. **有机物**

废水或污泥常因含有大量可生化性有机物(蛋白质、氨基酸、脂肪、糖类、醇类、有机酸类等)而进行厌氧消化处理。反映可生化性有机物含量多少的最佳指标是生化需氧量(BOD),此外还有化学需氧量(COD)、总有机碳(TOC)、总固体(TS)、挥发性固体(VS)、挥发性悬浮固体(VSS)等指标。

选用何种指标进行测定,除设备条件和技术水平等因素外,还与有机物的存在状态有关。一般而言,有机物主要以溶解态(或乳化态)存在时,以选用 BOD,COD 或 TOC 为宜;主要以悬浮态存在时,以选用 VSS 或 SS 为宜;以溶解态和悬浮态并存时,以选用 VS 为宜。

生化需氧量通常测定 5 d 生化需氧量(BOD_5)值。此值虽能准确地反映可生化性有机物的含量水平,但因测定过程历时较长,难以及时指导实践,以及抑制物含量高时难以取得准确数据,故在多数情况下,仅作为对照参数予以使用。

测定 COD 时采用重铬酸钾法。因其操作简便迅速,故应用最广。但当无机还原物质(亚铁盐、亚硝酸盐、硫化物等)含量高时,测定值中因包括此类物质而使结果偏高。

TOC 表示废水中含碳物质的量。它比 BOD 和 COD 更能直接地反映有机物的总量。分析 TOC 的仪器类型很多,其中氧化燃烧-非分散红外吸收 TOC 分析仪器操作简便,使用较广。

TS 表示试样在一定温度下蒸发至干时所留固体物总量,是溶解性固体(DS)和悬浮性固体(SS)的总量。VS 是指总固体的灼烧(550~600 ℃)减量,主要包括有机物和易挥发的无机盐(如碳酸盐、按盐、硝酸盐等)。当易挥发的无机盐含量低且稳定时,VS 能较近似地代表有机物量。如果试样的 VS/TS 比值比较固定时,用 TS 测定值反映 VS 的含量水平,在操作上更为方便。如果试样为有机污泥或生物污泥,则测定挥发性悬浮固体(VSS)或悬浮固体(SS)更有实用价值。

测定废水量(m^3/d)及有机物浓度(kg/m^3),可计算总的有机负荷(kg/d),并在选定有机物容积负荷后,计算处理构筑物的有效容积。测定进、出水的有机物浓度,可计算有机物的去除率,并根据出水的有机物浓度判定是否达到排放要求,是否需要进一步处理。测定反应器内各处的SS及VSS值,可了解生物污泥在其中的纵向和横向分布是否合理,并计算平均污泥浓度是否满足要求。测定出水的SS及VSS浓度,可判断有无污泥流失现象。有机物浓度在进水或出水中的突变,可以帮助操作人员采取有效措施,及时调整负荷率。

2. 沼气组成成分分析

有机物在厌氧消化中的最终产物是沼气。沼气的主要成分是甲烷和二氧化碳,还有少量的一氧化碳、氢气、氮气、氧气和硫化氢气体等。沼气测定中的两项主要指标是产气量和甲烷含量。沼气量可用湿式气体流量计或转子流量计测定。甲烷含量可以用燃烧法测定。

3. 环境条件

环境条件方面的测定项目包括物理项目、化学项目、营养项目和抑制物项目4类。

(1)物理项目。

物理项目主要是指温度。一般来说希望对进水、消化液和出水的温度能够测定,最好能自动记录其逐时的变化情况。如果反应器很大应该在不同部位设置测点,以掌握温度的分布状况。

其他物理项目包括水力停留时间和容积有机负荷率等。

(2)化学项目。

化学项目通常包括氧化还原电位、pH、挥发性脂肪酸和碱度4项。

氧化还原电位反映厌氧消化系统氧化还原势的总状况。一般希望该值在-300~-500 mV之间,以保持良好的厌氧或还原环境。有资料表明,产甲烷菌正常生长要求的氧化还原电位在-330 mV以下的环境中,并且厌氧条件越严格越有利于产甲烷菌的生长。影响氧化还原电位的因素很多,最主要的是发酵系统的密封条件的优劣。此外,发酵物质中各类物质的组成比例也会影响到系统的氧化还原电位。

pH是厌氧消化系统中一项对运行管理十分有用的指标。厌氧消化虽能在6.5~8.0之间进行,但最佳pH在7.0~7.2之间。

挥发性脂肪酸包括甲酸、乙酸、丙酸、丁酸、戊酸和己酸等。它们是发酵细菌的代谢产物。保持适宜的挥发性脂肪酸浓度,对维持厌氧消化过程的有序进行是十分重要的,但当有机负荷偏大或环境条件恶化时,会出现挥发性脂肪酸的积累,导致pH下降,最终抑制甚至破坏厌氧消化进程。

因此,定期测定挥发性脂肪酸的浓度,对了解系统的运行状况是十分重要的,在条件许可时,还应测定乙酸、丙酸和丁酸的变化情况,因为丙酸含量的相对增大,往往预示着酸抑制的出现。挥发性脂肪酸浓度采用比色法测定;挥发性脂肪酸各组分的测定,一般采用气相色谱法。

碱度是反映溶液中结合氢离子能力的指标。一般用与之相当的$CaCO_3$浓度表示。厌氧消化系统中的碱度主要由碳酸盐(CO_3^{2-})、重碳酸盐(HCO_3^-)和部分氢氧化物(OH^-)组成。消化过程中经氨基酸而形成的氨是碱度的重要来源。

碱度反映系统的缓冲能力:在一定程度上能缓解因酸性物质(有时也包括碱性物质)突增而使pH波动过大。例如,碱度可采用电位滴定法或指示剂滴定法予以测定。一般认为,甲基橙碱度宜维持在3 000~8 000 mg/L之间,且与挥发性脂肪酸(以乙酸计)的比值宜大于2∶1。

(3)营养项目。

厌氧消化系统中的营养物质有C,H,O,N,P,S及某些作为酶活化剂的微量元素,其中主要包括Fe,Mo,Ca,Mg,Co,Cu,Ni,Zn,K等。废水中缺少其中任何一种物质,都会限制细菌的生长。一般地说,C来源于废水中的有机物和CO_2;H和O主要来源于水;N,P,S及各种微量元素通常也可由废水中得到。但对于缺少营养物的某些废水,则必须由外部供给适量的营养物。由于长期生存的环境条件不同,营养物的需要量往往也是不同的,一般按下述要求确定。

①氮。

从理论上讲,氮的需要量应根据细胞的化学组成、有机物的转化率、细胞产量系数及消化池内平均固体停留时间有关。

$$处理单位体积废水需氮量 = \frac{Y(S_0 - S_e) \times N}{1 + k_d t_s}$$

$$每日需氮量 = \frac{Y(S_0 - S_e) Q \times N}{1 + k_d t_s}$$

式中　Y——细胞产量系数,kg细胞/kg去除COD。对于脂肪酸废水,取$Y = 0.05$;对于含碳水化合物废水,取$Y = 0.24$;对于含蛋白质废水,取$Y = 0.08$;对于含复杂有机物废水,取$Y = 0.1 \sim 0.15$。

Q——废水流量,m^3/d。

S_0——原废水的COD质量浓度,g/L。

S_e——出水的COD质量浓度,g/L。

N——细菌细胞组织中氮的百分含量,可根据细胞组织的化学组成($C_5H_7O_2N$)计算,约为12%。

k_d——细菌细胞的衰减系数,d^{-1}。对于醋酸,取$k_d = 0.02$;对于复杂有机物,取$k_d = 0.03$。

t_s——消化池内平均固体停留时间。

计算得出的氮需要量往往不能满足细菌生长的需要,还必须在运行过程中通过测定出水中氨氮含量加以调整。一般在消化池启动阶段,应投加过量的氮。

②磷。

一般为氮需要量的1/6~1/5。在设计中估算氮和磷的需要量时,可采用COD∶N∶P=1 000∶5∶1(对于含脂肪酸废水)或COD∶N∶P=350∶5∶1(对于含复杂有机物废水)。

③硫。

硫在细菌生长中是不可缺少的一种常量元素,它是细胞的主要组分之一。硫在消化池内主要以H_2S形式存在,其作用具有两重性。当H_2S质量浓度为50~100 mg/L时,可能会降低消化液的氧化还原电位,刺激细菌生长,有利于消化过程的进行。当H_2S质量浓度超过100 mg/L时,对细菌则会产生毒性,不利于消化过程的正常进行。

④微量元素。

多种微量元素都是酶的活化剂。如果废水中缺少细菌所必需的某种微量元素,就会降低细菌的生长速率。一般,应通过试验确定废水中缺少哪一种微量元素,以便补加相应的无机盐。各种微量元素的最佳需要量也应通过试验确定。一般对于细菌生长所必需的微量元素的量可参照表27.24进行投加。

表 27.24 微量元素用量表

化合物	需要量/(mg·L^{-1})	化合物	需要量/(mg·L^{-1})
$MnCl_2$	0.5	$NaMoO_4 \cdot H_2O$	0.5
$CaCl_2$	200	NH_4VO_3	0.5
H_3BO_3	0.5	$FeCl_3 \cdot 4H_2O$	40
$ZnCl_2$	0.5	$CoCl_2$	4.0
$KHCO_3$	1 000	$NiCl_2$	0.5
$MgSO_4 \cdot 7H_2O$	400	$NaHCO_3$	3 000

注 $KHCO_3$和$NaHCO_3$用于需要投加缓冲剂的废水

(4)抑制物项目。

抑制物的存在要根据废水的分析化验报告及化学物质的浓度来确定。

27.4 化学物质对厌氧消化系统的影响

27.4.1 化学物质对厌氧消化系统的抑制类别

化学物质对厌氧微生物综合生物活性的影响与其浓度有关。一些研究者认为:大多数化学物质在浓度很低时对生物活性有一定的刺激作用(或促进作用);当浓度较高时,开始产生抑制作用;而且浓度越高,抑制作用越强烈。在从刺激作用向抑制作用的过渡中,必然存在一个既无刺激作用又无抑制作用的浓度区间,称为临界浓度区间。如果该浓度区间很小,表现为某一值时,则此值称为临界浓度(图 27.19)。

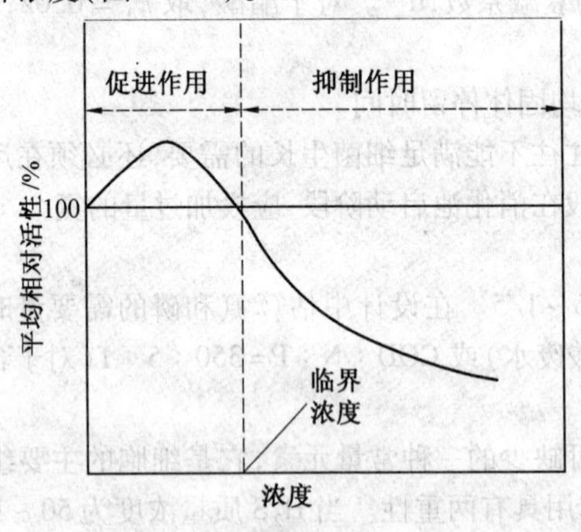

图 27.19 不同浓度对生物活性的影响

虽然说许多化学物质对综合生物活性有一定的刺激作用,但多数化学物质的刺激作用表现得并不明显,或者临界浓度值很小,难于实际观察到。

研究表明,各种化学物质的临界浓度相差很大,而且不同研究者提供的同一化学物质的临界浓度值也很不一致。

化学物质对综合生物活性的抑制作用按程度不同大体上分为基本无抑制(即浓度在临界浓度附近时的情况)、轻度抑制、重度抑制、完全抑制等。轻度抑制和重度抑制的划分并无严格的界限。完全抑制指厌氧微生物完全失去甲烷发酵能力时的抑制。

当厌氧微生物首次接触某些化学物质时，在浓度为 A 时表现为重度抑制，那么在长期接触同一浓度后，由于适应能力的提高，有可能表现为轻度抑制了。同理，当初次接触某一化学物质时的临界浓度为 a，则在长期接触该化学物质后的临界浓度有可能变为大于 a 的 b 了。因此，应将初次接触时的抑制和长期接触后的抑制加以区别。前者可称为初期抑制（或冲击抑制），后者可称为长期抑制（或驯化抑制）。

在生产实际中，初期抑制只发生在某种化学物质偶发性的短期进入厌氧消化系统的场合。由于初期抑制产生的抑制程度较高，往往会使厌氧消化系统在受到较高浓度冲击时遭到严重抑制，甚至完全破坏。

27.4.2　抑制剂种类

在工业废水和城市污水污泥的厌氧消化化处理中，有许多物质（无机的和有机的）可能对厌氧菌群产生抑制影响。虽然各种物质引起抑制的程度及作用机制也各异，但大多数物质在一定条件下对细菌通常会产生下列几种作用：①破坏细菌细胞的物理结构；②与酶形成复合物使之丧失活性；③抑制细菌的生长和代谢过程，降低其速率。无机性抑制物质主要包括：硫化氢（H_2S），氨及铵离子，碱金属和碱金属阳离子（如 Na^+，K^+，Ca^{2+} 及 Mg^+），重金属（如 Cu^{2+}，Fe^{2+}，Fe^{3+}，Cr^{3+}，Cr^{6+}等）；有机性抑制物质主要有：CCl_4，$CHCl_3$，CH_2Cl_2及其氯代烃类，酚类、醛类、酮类及多种表面活性物质。

1. 有机抑制剂

常见的有机抑制剂分为以下几种。

（1）氯酚。

氯酚类化合物（CPs）广泛应用于木材防腐剂、防锈剂、杀菌剂和除草剂等行业。氯酚类化合物对大多数有机体都是有毒的，它会中断质子的跨膜传递，干扰细胞的能量转换。氯酚类有机物的厌氧生物降解性大小依次为：五氯酚（PCP）>四氯酚（TeCP）>三氯酚（TCP）>单氯酚（MCP）>二氯酚（DCP）。厌氧微生物经过驯化可以降低氯酚类化合物的抑制作用并提高其生物降解性。

（2）含氮芳烃化合物。

含氮芳烃化合物包括硝基苯、硝基酚、氨基苯酚、芳香胺等。它们的毒性是通过与酶的特殊化学作用或是干扰代谢途径产生的。硝基芳香化合物对产甲烷菌的毒性非常大，而芳香胺类化合物的毒性要小得多。这可能是由于硝基芳香化合物比芳香胺类化合物疏水性更低的缘故。厌氧微生物经过驯化可以降低含氮芳烃化合物的毒性并提高其生物降解性。

（3）长链脂肪酸。

长链脂肪酸（LCFAs）抑制产甲烷菌主要是由于产甲烷菌的细胞壁与革兰氏阳性菌很相似。LCFAs 会吸附在其细胞壁或细胞膜上，干扰其运输或防御功能，从而导致抑制作用。LCFAs 对生物质的表层吸附还会使活性污泥悬浮起来，导致活性污泥被冲走。在 UASB 反应器中，LCFAs 导致污泥悬浮的浓度要远低于其毒性浓度。由于 LCFAs 可与钙盐形成不溶性盐，所以加入钙盐也可以降低 LCFAs 的抑制作用，但还是不能解决污泥悬浮的问题。

有机化学物质对厌氧消化过程特性的研究工作开展得较早、报道得也较多，但研究的有机化学物质却为数不多，而且多偏重于临界浓度的确定。

近年来，西安建筑科技大学对 60 多种有机化学物质（主要是酚类、苯类、苯胺类、多环芳香族、农药、抗生素及其他一些物质）的抑制特性进行了比较系统的研究。

每一待测的有机化学物质的考察系统有5套，每一套的发酵瓶中投加一定浓度的该物质。5种浓度根据以下原则进行选定：①最小浓度对厌氧消化系统基本无抑制；②最大浓度使厌氧消化达到完全抑制；③其他3个浓度大致均匀分布在最小和最大浓度之间。

该研究对考察的每一化学物质在给定的5种浓度下的初期抑制和长期抑制进行计算和归纳，得到的结果见表27.25，部分芳香族有机物毒性的大小顺序见表27.26。

表27.25 有机物质的短期接触允许浓度和长期接触允许浓度

有机物类别	序号	有机物名称	短期接触允许浓度/($mg \cdot L^{-1}$)	长期接触允许浓度/($mg \cdot L^{-1}$)
苯酚及其衍生物	1	苯酚	300	1 500
	2	邻苯二酚	500	1 100
	3	间苯二酚	1 100	—
	4	对苯二酚	1 000	1 500
	5	对特丁基邻苯二酚	<100	<100
	6	邻甲酚	<100	800
	7	间甲酚	1 500	1 600
	8	对甲酚	250	500
	9	3,5-二甲酚	<100	300
	10	邻硝基酚	100	500
	11	间硝基酚	500	1 600
	12	对硝基酚	<100	7 500
	13	2,4-二硝基酚	<100	100
	14	2,4-二氯酚	<100	200
	15	2,6-二氯酚	<100	接近100
	16	五氯酚	0.2	<0.1
胺类	17	二甲胺	7 000	—
	18	三甲胺	12 000	11 500
	19	甲胺	750	800
	20	二苯胺	接近100	<100
	21	联苯胺	700	900
	22	N-甲基苯胺	<100	<100
	23	N,N-二甲基苯胺	150	—
	24	乙基苯胺	接近100	<100
	25	间硝基苯胺	100	100
	26	对氯苯胺	<100	4 500
	27	甲酰苯胺	<<2 000	<2 000
	28	乙酰苯胺	<100	<100

续表 27.25

有机物类别	序号	有机物名称	短期接触允许浓度 /(mg·L^{-1})	长期接触允许浓度 /(mg·L^{-1})
苯及其衍生物	29	甲苯	—	3 250
	30	苯	1 100	2 100
	31	乙苯	<500	1 000
	32	对硝基甲苯	接近 100	900
	33	2,4-二硝基甲苯	<100	<100
	34	氯代苯	接近 100	200
	35	邻二氯代苯	接近 100	100
	36	苯甲酸	—	11 000
多环芳香族	37	蒽	接近 500	>5 000
	38	芘	接近 100	<100
	39	萘	6 000	—
	40	萘酚	120	接近 100
	41	萘胺	3 000	—
脂肪族	42	三氯甲烷	0.5	5
	43	二氯甲烷	20	150
	44	六氯甲烷	90	300
	45	二氯乙烯	10	120
农药及抗菌素	46	DDT	<100	100
	47	灭菌丹	接近 100	接近 100
	48	福美双灭菌剂	<100	<100
	49	倍硫磷	90	200
	50	红霉素	—	—
	51	土霉素	<100	<100
	52	链霉素	<100	100
	53	青霉素 K	—	5 300
	54	青霉素 Na	—	10 000
	55	庆大霉素	<100	<100
	56	四环素	<100	200
其他	57	嘧啶	接近 1 000	—
	58	水合肼	—	>10 000
	59	尿素	900	700
	60	氨水	1 100	3 300

注　短期和长期接触的抑制分别以 3 d 和 60 d 的抑制程度进行判定

表 27.26　部分芳香族有机物毒性的大小顺序

	酚类	胺类	苯类
毒性大 ↑	五氯酚	二乙基苯胺	邻二氯苯
	2,4-二硝基酚	间硝基苯胺	对硝基甲苯
	3,5-二甲酚	苯胺	对二氯苯
	硝基酚(邻、间、对)	苯	乙苯
	甲酚(邻、间、对)		苯
	二苯酚		
	苯酚		
毒性小	苯		

将一种毒性有机物投入厌氧处理系统,使其在消化液中的剂量达到表列临界毒性浓度时,就会导致产气速率下降。但是,对于大多数有毒物质,采用适当条件经过长期驯化,厌氧消化系统可适应的毒物浓度往往远高于临界毒性浓度值,这时产气速率与未接受毒性物质前相比并不会发生明显的下降。在工程上将厌氧处理系统所能接受这一毒物浓度称为最高允许浓度。实验证实,许多有毒物质都具有这样一种可驯化的特性。当消化液中某种有毒物质的浓度超过其最高允许浓度时,产气速率会迅速下降,最终将导致产气过程停止。产气停止并不是意味着产甲烷菌群的死亡。

实验证明,一旦将消化液中的有毒物质排除,产气过程往往会立即开始,并逐渐恢复到未遭受毒性物质破坏以前的水平,这说明产甲烷菌具有对毒物抑制的可逆性。很多情况下,所谓毒物抑制往往是可逆的,这一点在工程上具有十分重要的意义。一个生产性厌氧处理系统一旦遭受有毒物质的破坏后,根据可逆性抑制的原理,可以将混杂有毒物质的消化池内液体用自来水或不含毒物的废液迅速置换,然后少量进入所要处理的废水,可在短期内使系统完全恢复正常,而不必重新接种进行启动。

根据厌氧消化系统可驯化的原理,迄今为止,在国内外已经进行多种石油化学产品的厌氧处理试验。常用的驯化方法分为两类,即交叉驯化和长期驯化。前者主要用于分批试验中,目的在于加速一个新的厌氧处理系统的启动过程。后者多用于半连续进水或连续进水的各种厌氧处理系统。Speecc 采用完全混合型消化器和推流式厌氧滤池对 30 多种石油化学产品进行了长期驯化处理试验。根据这些试验结果得出下列几点主要结论。

①有机化合物的厌氧毒性强弱会影响该种化合物的驯化周期和厌氧生物降解度。

②驯化时间越长,有机化合物的降解度越高。

③含有基团—C1,—NH_2和羰基的各种化合物不利于驯化,可降解性也差。

④有机化合物分子中基团的位置会显著影响该种化合物在驯化过程中开始发生降解的迟缓期、降解度和降解速率。

⑤含有偶数和奇数碳的有机化合物,不影响驯化过程的迟缓期,但影响化合物的降解度和降解速率。

⑥链长相同的双巯基有机化合物与单巯基化合物比较,需要的驯化周期更长,降解速率更低。

⑦厌氧消化系统维持较长的细胞停留时间有利于驯化,并可提高系统抵抗毒物影响的能力。

几乎所有的表面活性物质均对厌氧消化处理都有不利影响。常用的硬洗涤剂十六烷基苯磺酸盐(ABS)在非乳化状态下,当消化液中质量浓度高于 65 mg/L 时,对厌氧消化过程就会产生抑制作用。但在污泥消化处理中,ABS 会掺和在人粪便内,表面吸附上其他有机物而发生乳化,这样就会降低其厌氧毒性,甚至在消化污泥中 ABS 质量浓度达 1 000 mg/L 时,对污泥的厌氧消化处理也不会产生严重的影响。当 ABS 的质量浓度达到 400 ~ 700 mg/L(占污泥的 0.8% ~1.4%)时,沼气的产生量明显下降。

2. 无机抑制剂

无机化学物质对厌氧消化的影响(特别是其抑制作用),早在 20 世纪二三十年代就开始了研究。

(1)碱金属和碱土金属盐。

在某些工业生产部门,如造纸、制药及石油化工的某些生产过程中会排出含有高浓度碱金属和碱土金属盐的有机废水,含有高浓度无机酸和有机酸的有机废水由于加碱中和也会导致其中含有高浓度碱金属和碱土金属的盐类。采用厌氧消化法处理这类废水时或当消化池发生酸积累而通过加碱控制 pH 时,均有可能在消化液中出现很高的碱金属(主要是 K^+ 和 Na^+)和碱土金属的正离子(主要是 Ca^{2+} 和 Mg^{2+}),由于这些离子的大量存在常会导致消化过程失败。如表 27.27 所示,当消化液中含有不同浓度这类离子时,或者对细菌产生刺激作用,或者产生抑制作用。

表 27.27　碱金属和碱土金属离子的刺激和抑制浓度(mg/L)

金属离子	刺激浓度	中等抑制浓度	强烈抑制浓度
Na^+	100～200	3 500～5 500	8 000
K^+	200～400	2 500～4 500	12 000
Ca^{2+}	100～200	2 500～4 500	8 000
Mg^{2+}	75～150	1 000～1 500	3 000

Ca^{2+} 对某些产甲烷菌株的生长至关重要。但是大量的 Ca^{2+} 会形成钙盐沉淀物析出,可能导致以下后果:①在反应器和管道上结垢;②使生物质结垢,降低特定产甲烷菌群的活性;③造成营养成分的损失和厌氧系统缓冲能力的降低。

Mg^{2+} 对厌氧污泥的产气活性有影响,当 Mg^{2+} 浓度为 3～10 mmol/L 时,能够提高污泥的产气活性,而超出此范围时,对污泥产气活性可能有抑制作用。Mg^{2+} 提高厌氧污泥产气活性的机制可能是 Mg^{2+} 能够催化甲烷合成过程的一步或几步反应,另外,Mg^{2+} 可能会影响有机物与污泥的有效接触。

低浓度的 K^+(<400 mg/L)在中温和高温范围对厌氧消化有促进作用,而高浓度的 K^+ 在高温范围很容易表现出抑制作用。这是因为高浓度的 K^+ 会被动进入细胞膜,中和细胞膜电位

当 Na^+ 质量浓度在 100～200 mg/L 范围内时,对中温厌氧菌的生长是有益的,因为 Na^+ 对三磷酸腺苷的形成或核苷酸的氧化有促进作用。Na^+ 浓度过高时很容易干扰微生物的代谢,影响它们的活性。

当这些离子同时存在时,由于它们之同拮抗作用会减弱它们对细菌的毒性,或者由于相互之间的协同作用而增强其毒性(表 27.28)。Ca^{2+},Mg^{2+} 通常并不作为主要的拮抗剂使用,投加 Ca^{2+},Mg^{2+} 往往会提高其他正离子的毒性;但是,当有另一种拮抗剂存在时则会产生刺激效应。如前所述,在发生 Na^+ 毒性的情况下,若向消化池内同时投加 300 mg/L K^+ 和 200 mg/L Ca^{2+},则会消除 Na^+ 引起的毒性。但如不向消化池内投加钾盐,只投加钙盐时,往往适得其反。

表 27.28　不同金属离子的组合作用

有毒离子	与以下离子共存时有抑制增强作用	与以下离子共存时有抑制减弱作用
NH_4^+	Ca^{2+},Mg^{2+},K^+	Na^+
Ca^{2+}	NH_4^+	K^+,Na^+
Mg^{2+}	Ca^{2+},NH_4^+	K^+,Na^+
K^+	—	Ca^{2+},NH_4^+,Mg^{2+},Na^+
Na^+	Ca^{2+},NH_4^+,Mg^{2+}	—

(2)硫及硫化物。

硫是组成细菌细胞的一种常量元素,对于细胞的合成是必不可少的。硫在水中主要以 H_2S 的形态存在。当废水中含有适量的硫时,可能会产生 3 种效应:供给细胞合成所需要的硫元素;降低环境氧化还原电位,刺激细菌的生长;与废水中有害的重金属络合形成不溶性金属

硫化物沉淀,减轻或消除重金属的毒性。产生上述效应的浓度范围一般为 50 mg/L。因此,待处理的废水中如不含硫或其含量甚微时,或废水中含有重金属离子时,应投加适量的硫化物,通常采用硫化钠,石膏或硫酸镁等。但是,当消化液中硫化氢含量超过 100 mg/L 时,对细菌则会产生毒性,达到 200 mg/L 时会强烈地抑制厌氧消化过程,但经过长期驯化后,一般可以适应。

观测表明,当厌氧消化过程受到硫化物抑制时,常常会出现以下几种现象。

①甲烷产量明显减少。

②挥发酸浓度增高,pH 下降。

③COD 去除率降低。

④气相中 CO_2 含量升高。

⑤对启动条件反应迟钝。

⑥超负荷时稳定性差。

如前所述,在含有高浓度 SO_4^{2+} 的废水厌氧消化处理中,硫化物的形成对产申烷过程可能会产生下列几方面的抑制作用。

①由于硫酸盐还原菌争夺 H_2 而导致对甲烷生成过程的一次抑制作用。

②当消化液中溶解硫浓度高于 200 mg/L 时,对细菌的细胞功能会产生直接抑制作用,因为 H_2S 可与酶形成复合物,抑制其活性。

③由于硫酸盐还原菌的大量生长,将与产甲烷菌争夺碳源,而引起产甲烷菌类群和数量的减少,从而对甲烷生成产生二次抑制作用。

在废水厌氧消化处理中硫化氢毒性控制的方法一般分为 3 种,即物理方法、化学方法和生物方法。

①物理方法常采用进水稀释、汽提等方法。无论采用哪种物理控制方法实际都不能真正解决问题。因为这样做只能维持消化过程的进行,却不可能增加甲烷产量,而且硫化氢通过汽提进入消化气体中会引起消化池,集气、输气和用气设备及管道的腐蚀,需增加防腐措施及气体脱硫设施,因此会增加投资和运行费用。

②化学方法前已提及,利用化学方法控制硫化氢的毒性主要是利用重金属硫化物难溶于水的特性,向入流废水或消化池内投加铁粉或某些重金属盐,使重金属与硫生成对细菌无毒害作用的不溶性金属硫化物。

③生物方法主要是指控制消化池内硫酸盐还原菌的生长。有人曾经往进水中投加 10 ~ 15 mL/L 的氯,据说有效地控制了硫酸盐还原菌的生长,但采用这种方法时在长期运行中是否会影响其他细菌的生长,未见报道资料。

(3)氨。

氨主要由蛋白质和尿素生物分解产生。氨氮在水溶液中,主要是以铵离子(NH_4^+)和游离氨(NH_3,FA)形式存在。其中 FA 具有良好的膜渗透性,是抑制作用产生的主要原因。在 4 种类型的厌氧菌群中,产甲烷菌最易被氨抑制而停止生长。当 NH_3-N 质量浓度在 4 051 ~ 5 734 mg/L范围时,颗粒污泥中产酸菌几乎不受影响,而产甲烷菌的失活率达到了 56.5% 。

在某些蛋白质、尿素等含氮化合物浓度很高的工业废水和生物污泥厌氧消化处理过程中常常会形成大量氨态氮。

氨氮不仅是合成细菌细胞必需的氮元素的唯一来源,而且当其浓度较高时还可以提高消化液的缓冲能力。因此,消化液中维持一定浓度的氨氮对厌氧消化过程显然是有利的。但是,氨氮浓度过高则会引起氨中毒,特别是当消化液的 pH 较高时,游离氨的危险性更大些。McCarty 曾就氨氮在厌氧消化过程的影响进行了研究,其结果见表 23.29。

表 27.29　氨氮对厌氧消化过程的影响

氨氮质量浓度/($mg \cdot L^{-1}$)	对厌氧消化的影响
50～200	有利
200～1 000	无不利影响
1 000～4 000	pH 较高时,有抑制作用

驯化、空气吹脱或化学沉淀都可以有效降低氨的抑制作用。某些离子(如钠离子、钙离子、镁离子)也可以拮抗氨的抑制作用。多种离子联合使用要比单独使用某种离子的效果好。

(4)重金属。

微量重金属(如铁、钴、铜、镍、锌、锰)对厌氧细菌的生长可能有某种刺激作用,有利于细胞的合成,对厌氧消化过程往往是有益的。但是,几乎所有重金属离子当其浓度达到某一值时,都会抑制细菌的生长,特别是铜、镍、锌、铬、锡、铅、汞等重金属离子对厌氧菌的毒性作用较强,即使消化液中只有几 mg/L,有时也会产生严重的后果。

一般认为重金属离子引起毒性的机制是与细胞蛋白质具有强烈的亲和性,可与过氧化氢酶形成络合物使之丧失活性,并可破坏细胞原生质,引起细胞蛋白质变性而产生沉淀。几种重金属化合物的允许浓度见表 27.30。

表 27.30　几种重金属化合物的允许浓度

化合物	允许浓度/($mg \cdot L^{-1}$)	化合物	允许浓度($mg \cdot L^{-1}$)
$CuSO_4 \cdot 5H_2O$	700	$CrCl_3 \cdot 6H_2O$	1 000
Cu_2O	300	$K_2Cr_2(SO_4)_4 \cdot 24H_2O$	3 000
CuO	500	$Cr(NO_3)_3 \cdot 9H_2O$	100
$CuCl$	500	$NiSO_4 \cdot 7H_2O$	300
$CuCl_2 \cdot H_2O$	700	$NiCl_2 \cdot 6H_2O$	500
CuS	700	$Ni(NO_3)_3 \cdot 6H_2O$	200
$K_2Cr_2O_7$	500	NiS	700
$Cr(OH)_3$	1 000	$HgCl_2$	2 000
Cr_2O_3	5 000	$HgNO_3$	1 000

重金属对厌氧微生物是促进还是抑制主要取决于重金属离子浓度、重金属化学形态、pH、氧化还原电位等。由于厌氧系统的复杂性,重金属可能参与许多物理化学过程,形成多种化学形态,如:①形成硫化物沉淀、碳酸盐沉淀、氢氧化物沉淀;②吸附到固态颗粒或惰性微粒上;③在溶液中,与降解产生的中间体或产物形成复合物。

在讨论硫化物毒性问题时已经提及,当重金属与硫化物同时存在于消化液中时,它们之间可以进行络合反应形成不溶性的无毒性金属硫化物沉淀,从而可以同时消除重金属离子和硫化物的毒性。在只含有重金属离子的工业废水厌氧处理系统中,按一定量投加硫化钠、石膏或其他硫酸盐,一般可以有效地控制或者消除重金属离子的厌氧毒性。有些高价重金属离子(如 Cr^{6+})较低价重金属离子(如 Cr^{3+})会显示更强的厌氧毒性,但在消化池内高价离子很容易被还原为低价离子,因此可减弱或消除其毒性。

工业废水或废渣中一般含有多种重金属,它们在厌氧消化过程中会产生拮抗/协同作用,作用程度取决于成分的种类和比例。大多数重金属混合后，会产生协同作用，毒性增强，如Cr-Cd，Cr-Pb，Cr-Cd-Pb，Zn-Cu-Ni。Babich等发现，Ni在Ni-Cu，Ni-Mo-Co，Ni-Hg组合中，起协同作用；而在Ni-Cd、Ni-Zn组合中，起拮抗作用。

中科院生态环境研究中心的研究表明重金属毒性大小的次序大致为铅>六价铬>三价铬>铜、锌>镍。还对铜、锌、镍和三价铬共同存在时的抑制作用进行了研究。结果表明，当几种重金属共同存在的情况下比单一离子存在时的毒性要大，即污泥对混合离子总量的承受能力要比任一单个离子的承受能力都低。

降低重金属毒性的主要方法是利用有机或无机配体使重金属沉淀、吸附或螯合。使重金属沉淀主要采用硫化物，但过量的硫化物也会对产甲烷菌的乙酰胆碱酯酶产生抑制。由于$FeSO_4$溶解性好，Fe^{2+}的毒性也相对较小，且过量的硫化物可以通过添加$FeSO_4$生成FeS来处理，较为常用。利用污泥、活性炭、高岭土、皂土、硅藻土及废弃物堆肥对重金属的吸附作用，也可以降低其毒性。有机配体对重金属的螯合作用也对降低其毒性很有效。微生物与重金属的接触也会激活多种细胞内解毒机制，如细胞表面的生物中和沉淀或螯合作用、生物甲基化作用、胞吐作用等。

第28章　活性污泥膨胀

28.1　污泥膨胀的概念及理论

28.1.1　污泥膨胀的概念

污泥膨胀是活性污泥系统在运行过程中出现的异常现象之一,定义为:由于某种原因活性污泥沉降性能恶化(SVI值不断上升),造成二次沉淀池中泥水分离效果差,污泥易随出水流失,影响出水水质,从而破坏处理工艺的正常运行的现象。

污泥膨胀的主要表现是:污泥结构松散,沉淀压缩性能差;SV值增大(有时达到90%,SVI达到300以上);二次沉淀池难以固液分离,导致大量污泥流失,出水浑浊;回流污泥浓度低,有时还伴随大量的泡沫产生,直接影响着整个生化系统的正常运行。

活性污泥法降解能力强,处理程度高,是一种有效而极具发展潜力的污水处理技术,但污泥膨胀现象一直是困扰人们的难题之一。

污泥膨胀现象具有3个显著特点:一是发生率较高,在欧洲近50%的城市污水厂每年发生污泥膨胀,在我国污泥膨胀的发生率也很高,例如在上海几乎所有的城市污水及工业废水处理厂存在不同程度的污泥膨胀问题;二是普遍性,在各种类型与变法的活型污泥工艺中都存在污泥膨胀问题,甚至连被认为最不易发生污泥膨胀的间歇式曝气池也能发生污泥膨胀;三是危害严重、难于控制,污泥膨胀的后果不仅使污泥流失,出水悬浮物增高使水质恶化,也大大降低了处理能力,严重者将导致工艺无法正常运行,而且污泥膨胀一旦发生则难于控制或者需要相当长的时间处理。

污泥膨胀不仅影响出水水质,增大污泥的处理费用,而且极易引起大量污泥流失,严重时可导致整个处理工艺失败。

28.1.2　污泥膨胀理论

1. 比表面积假说

在各种污泥膨胀理论中,最被广泛接受的污泥丝状菌膨胀理论假说。这里所说的表面积(A)和容积(V)是指活性污泥中微生物的表面积及其容积。这种假说认为,伸展于活性污泥絮体之外的丝状菌比表面积(A/V)要大大超过菌胶团细菌的比表面积。当微生物处于底物限制和控制状态时,比表面积大的丝状菌在取得底物的能力方面要强于菌胶团细菌,结果在曝气池中丝状菌的生长将占优势,而菌胶团细菌的生长将受到限制。

这一假说对于解释低底物浓度和N,P元素缺乏的污泥膨胀是比较有效的,但它仅仅是定性地进行了解释,尚缺乏定量数据的支持。

2. 积累/再生假说

微生物对底物的利用经历了细胞内累积、储存和生物代谢3个阶段。有机底物通过传输和扩散作用进入微生物细胞体内而成为累积物质。细胞在进行合成生长之前,单位质量细胞所能积累的底物称为细胞的累积能力(Accumulation capacity,AC)。单位质量的微生物细胞所能储存的底物称为储存能力(Storage capacity,SC)。只有当微生物所积累的有机底物得到氧化降解后,其积累能力才能得到恢复,微生物才能继续进行代谢和生长。如果微生物所摄取的营养物得不到及时的氧化降解或得不到足够的营养物的话,则微生物的实际 AC 将不能得到充分地发挥而使其 SC 值降低。有关研究表明,丝状菌的 AC 值通常要比菌胶团细菌的 AC 值低,因此在高有机负荷条件下,丝状菌的生长和代谢速率较菌胶团细菌的高,容易造成丝状菌的积累。

AC/SC 假说解释了高负荷条件下发生丝状菌污泥膨胀的现象。它能对高负荷条件下发生丝状菌污泥膨胀问题作较为合理的解释。

3. Chudoba 的选择性理论

由于污泥膨胀成因的多样性,在一定程度上给人们研究污泥膨胀造成了困难。虽然有关污泥膨胀的假说很多,但是有些假说只能解释特定条件下的污泥膨胀问题。自从 Chudoba 于 1973 年提出了选择性理论后,该理论为学者们广为接受并成为污泥膨胀研究领域中的主要理论。它是基于不同的微生物的生长动力学参数的不同而提出的。微生物的动力学参数可根据 Monod 方程式来确定。

$$\mu = \mu_{max} S/(k_S + S)$$

式中 μ—— 微生物的实际比生长速率,d^{-1};

μ_{max}—— 微生物的最大比生长速率,d^{-1};

S—— 限制性基质浓度,mg/L;

k_S—— 半饱和常数,mg/L。

根据 Chudoba 提出的理论,具有低的 k_S 和 μ_{max} 值的丝状菌在低基质浓度下,具有较高的生长速率,从而具有竞争优势;而在高基质浓度下,具有高的 k_S 和 μ_{max} 值的菌交团微生物有较高的生长速率(图 28.1)。该理论可以很好地解释基质限制、溶解氧限制和营养物质缺乏引起的污泥膨胀现象。

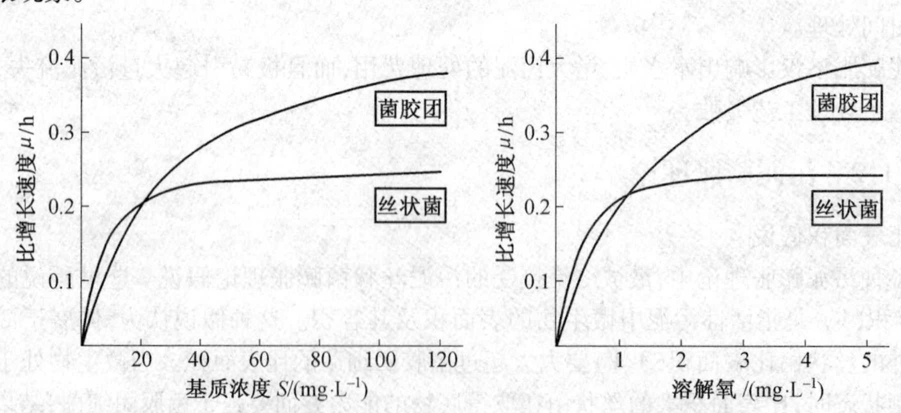

图 28.1 两类微生物比增长速率与基质浓度和溶解氧的关系

4. 饥饿假说理论

Chiesa 等(1985)根据废水中不可降解底物和微生物衰减系数对微生物生长速率的影响而提出的污泥膨胀理论。Chiesa 等汇总和分析了不同研究者对动力学研究的结果,指出在活性污泥中存在 3 种不同的微生物种群:一是快速生长的菌胶团污泥絮凝微生物;二是具有较高底物亲和能力、生长缓慢的耐饥饿的丝状微生物；三是对溶解氧具有亲和力、对饥饿高度敏感的快速生长丝状菌。在低底物浓度条件下，第二类微生物将占生长优势；当有机底物浓度在一定浓度以上时，只要氧的传递不受限制，絮状菌的比增长速率低于丝状菌的比增长速率，该情况下则不可避免地要发生污泥膨胀。

28.2　污泥膨胀类型

活性污泥系统中的微生物处于动态平衡之中，理想的污泥絮体沉降性能良好，丝状菌和菌胶团之间相互竞争、相互依存，絮体中存在的丝状菌有利于保护絮体已经形成的结构并能增加其强度。但是在污泥膨胀诱因的诱发下就容易发生污泥膨胀。污泥膨胀可以分为两大类：丝状菌膨胀和非丝状菌膨胀。前者是由于活性污泥中大量丝状菌繁殖而造成的，大量的丝状菌从污泥絮体中伸出很长的菌丝体，菌丝体之间互相接触，起到架桥作用，从而形成了一个框架结构，支撑着污泥絮体，阻止了絮体的有效沉降。后者是由于菌胶团在特定的环境条件下分泌并积累大量高黏性物质，而高黏性物质的结合水高达380%，从而造成污泥比重减轻，压缩性能恶化而引起膨胀。

28.2.1　丝状菌膨胀

1. 丝状细菌

丝状细菌是活性污泥中微生物的重要组成成分。污水生物处理运行过程中菌胶团细菌和丝状菌生长在一起，形成一个微生物的生态体系，其中存在着两种微生物之间在时间和空间上的动态生态学相互作用。丝状细菌在活性污泥中可交叉穿织在菌胶团之间或附着生长于生物絮体表面，少数种类的丝状细菌可游离于污泥絮粒之间。丝状细菌在水处理过程中起的作用主要有以下3种。

(1)保持污泥的絮体结构，形成具有良好沉淀性能的污泥，由活性污泥絮体的形成理论可知，丝状菌是形成污昵絮体的骨架，它对于保证污泥絮体的强度有很大作用。如果没有足量的丝状菌，则污泥絮体的强度将会降低，同时抗剪切力亦将变差，使处理出水浑浊，出水水质变差。

(2)保持高的净化效率、低的处理出水浓度。

(3)保持低的出水悬浮物浓度，存在适宜数量的丝状菌所形成的污泥絮体网状结构有利于污泥在沉淀过程中网捕水中细小的悬浮颗粒，对水流起到过滤作用并吸附截留水中的游离细菌而使出水澄清。

丝状菌是一大类菌体相连而形成丝状的微生物的统称，荷兰学者 Eikelboom 在以下7个方面对数百个废水处理厂的数千个污泥样品进行了观察研究，将所观察到的丝状细菌区分成29个类型、7个群，即：①是否存在衣鞘和黏液；②滑行运动；③真分支或假分支；④革兰氏染色和奈氏染色反应的特性；⑤丝状体的长短、性质和形状；⑥细胞直径、长短和形状；⑦有无胞含体(PHB、多聚磷酸盐和硫粒)等。不同的丝状菌对生长环境有着不同的要求，表28.1列出了丝状膨胀活性污泥中部分致菌微生物的一般特征。

表 28.1　丝状膨胀活性污泥中部分致菌微生物的一般特征

丝状体类型	革兰氏染色	硫粒	其他颗粒	丝状体直径/μm	丝状体长度/μm	备注
Sphaerotdus natans	–	–	PHB	1.0～1.4	>500	假分支
type 1701	–	–	PHB	0.6～0.8	20～80	细胞隔膜硬而可见
type 0041	+,V	–	–	1.4～1.6	100～500	发生奈赛氏阳性反应
type 0675	+,V	––	–	0.8～1.0	50～150	发生奈赛氏阳性反应
type 021 N	–	–,+,+	PHB	1.0～2.0	500～1 000	玫瑰花形物,微生子
Thiothrix	–	+,–	PHB	0.8～1.4	50～200	玫瑰花形物,微生子
type 0914	–,+	–,+	PHB	1.0	50～200	硫粒"正方形"
type 1851	+ weak	–	–	0.8	100～300	毛发体包裹
type 0961	–	–	–	0.8～1.2	40～80	"透明的"
Microthrix paruicella	+	–	PHB	0.8	50～200	大的碎片
type 1863	–	–	–	0.8	20～50	"细胞链"

注　＊表示在低污泥负荷的腐化废水中出现

长丝状形态有利于其在固相上附着生长,长丝状形态比表面积大,有利于摄取低浓度底物,在底物浓度相对较低的条件下比菌胶团增殖速度快,在底物浓度较高时则比菌胶团增殖速度慢。许多丝状菌表面具有胶质的鞘,能分泌黏液,黏液层能够保证一定的胞外酶浓度,并减少水流对细胞的冲刷。丝状菌生物种类繁多、数量大,对生长环境要求低。其生理生长特性表现为:吸附能力强、增殖速率快、耐低溶氧能力以及耐低基质浓度的能力都很强。根据丝状菌是否易被菌胶团附着,形成污泥絮体分为结构型丝状菌和非结构型丝状菌。在正常水处理工程运行条件下,具有结构丝状菌的絮体占绝对优势,非结构丝状菌因其表面含有特定的抗体不易被菌胶团附着,彼此存在拮抗关系,因此其存在的数量很少。

活性污泥中丝状菌的生理特点主要是:①比表面积大、沉降压缩性能差。②耐低营养。③耐低氧球衣菌对 DO 的生长饱和常数 K_{DO} 为 0.01 mg/L,而菌胶团细菌乳酸杆菌的 K_{DO} 为 1.15 mg/L。并发现当活性污泥生长在长期 K_{DO} 低于 0.4 mg/L 的环境下可抑制菌胶团细胞外多聚物的形成,使菌胶团细菌生长不良,活性污泥絮体解体,出水浊度增加。而平行对照的丝状菌生长却未受到长期低 K_{DO} 的影响。④高 C/N 比的废水,尤其是碳源为易生物降解有机物时容易引起球衣菌类丝状菌的过量生长。丝状菌与菌胶团细菌理化性质对比表见表 28.2。

表 28.2　丝状菌与菌胶团细菌理化性质对比表

	项目	菌胶团菌	参考值	丝状菌	参考值
1	最大生长速率 L_{max}/d^{-1}	高	4.4	低	3.0
2	基质亲合力 K_s /(mg·L^{-1})	低	64	高	40
3	DO 亲合力 K_{DO} /(mg·L^{-1})	低	0.1	高	0.027
4	内源代谢率 K_d/d^{-1}	高	0.012	低	0.010

续表 28.2

	项目	菌胶团菌	参考值	丝状菌	参考值
5	产率系数 Y /(g·g^{-1})	高	0.153	低	0.139
6	积累能力 A	高	—	低	—
7	耐饥饿能力及储存能力	高	—	非常低	—

从表 28.2 可以看出,正常运行情况下,菌胶团菌的最大生长速率较丝状菌高,其生长是占优势的。如果一旦所处的环境发生了较大的有利于丝状菌增殖的变化,超过了活性污泥这个微生物群落自身的调节能力,就会导致丝状菌过度增殖触发污泥膨胀。

活性污泥是一个混合培养系统,任何活性污泥系统中都存在着丝状菌。龙腾锐等把正常运行时活性污泥结构形态分成了 4 类:I 型,致密、细小,看不到丝状菌为骨架的污泥;II 型,有明显丝状骨架、呈长条形的污泥; III 型,厚实、具有网状结构的巨型污泥;IV 型,有孔洞结构的巨型污泥。污泥膨胀时其结构形态又可分为两类:V 型,结构丝状菌大量生长、从菌胶团中伸出,絮体结构松散;VI 型,非结构丝状菌大量生长,不形成絮体。正常运行时长条形污泥、网状污泥和孔洞污泥一般可占 90% 以上。也就是说具有良好沉降性和传质性能的菌胶团是以结构丝状菌为骨架,菌胶团附着于其上而形成的,它们是去除有机物的主要组成部分。

大量研究表明,菌胶团与结构丝状菌之间是相互依存。结构丝状菌交织生长,菌胶团附着其上形成新生污泥,丝状菌形成了絮体骨架,为絮体形成较大颗粒同时保持一定的松散度提供了必要条件。而菌胶团的附着使絮体具有一定的沉降性而不易被出水带走,并且由于菌胶团的包附使得结构丝状菌获得更加稳定、良好的生态条件,可见这两大类微生物在活性污泥中形成了特殊的共生体系。

2. 丝状菌膨胀

具有良好结构的活性污泥絮体以结构丝状菌为骨架,胶团菌附着于其上,丝状菌在胶团菌的附着下,不断生长伸长,形成条状和网状污泥。活性污泥絮体中丝状菌和菌胶团两者之间应该有一个适当的比例关系,如果丝状菌生长繁殖过多,就会抑制菌胶团的生长繁殖,众多的丝状菌伸出污泥表面之外,使得絮体松散、沉淀性能恶化、污泥体积膨胀、污泥沉降体积(SV)及污泥容积指数(SVI)均很高,发生丝状菌性污泥膨胀。此时,SVI 值可达 200 ~ 2 000。这种情况占发生污泥膨胀的大多数,一般占发生污泥膨胀的 90% 以上,通常所说的污泥膨胀就是指这种丝状菌性污泥膨胀。不同运行条件下污泥膨胀中优势丝状菌类型见表 28.3。

根据丝状菌对环境条件和底物种类要求的不同,可将污泥的丝状菌膨胀划分为 5 种类型:①低底物浓度型;②低 DO 浓度型;③营养缺乏型;④高硫化物型;⑤pH 不平衡型。这 5 种类型的膨胀占目前所存在的污泥膨胀问题的绝大部分。

表 28.3　不同运行条件下污泥膨胀中优势丝状菌类型

环境条件	丝状菌类型
低负荷	微丝菌、诺卡氏菌、软发菌、0041 型菌、0092 型菌、0675 型菌、0581 型菌、0961 型菌、0803 型菌、1851 型菌.021N 型菌
低 DO	球衣菌属、硫丝菌、1701 型菌、021N 型菌、1863 型菌和软发菌
腐化废水或硫化物高	丝丝菌、贝氏硫黄菌、1701 型菌、021N 型菌和球衣菌属、0092 型分、0914 型分、0581 型菌 K、0961 型菌、0411 型菌
营养(N,P)不足	硫丝菌、021N 型菌和球衣菌
pH 低	丝状真菌

28.2.2 非丝状菌膨胀

非丝状菌污泥膨胀又被称为黏性膨胀(Viscousbulking)或菌胶团膨胀(Zoogloea bulking),其主要特征是没有丝状菌过量增生甚至观察不到丝状菌,一般是由结合水含量高的胞外多聚物引起的高黏度膨胀,由高黏性的菌胶团大量繁殖引起污泥浓缩和沉降性能变差,相对较少发生。

当活性污泥微生物处于内源呼吸期或减速增殖期的后段时,微生物的运功性能微弱、动能很低。不能与范德华引力相抗衡。并且在布朗运动作用下,菌体互相碰撞、结合。大多数细菌体外都有荚膜样物质,当细菌进入老龄后,菌体分泌的胞外聚合物增加。这种聚合物主要是细菌多糖。它同荚膜一样都能使细菌凝聚在一起,形成菌胶团。

对于正常运行的运行阶段的活性污泥,除少数负荷较高、废水碳氮比较高的活性污泥外。典型的新生菌胶团仅在絮凝边缘偶尔见到。因为在处理废水的过程中,具有很强吸附能力的菌胶团把废水中的杂质和游离细菌等吸附在其上,形成了活性污泥的凝絮体。因此,菌胶团构成了活性污泥的骨架。

菌胶团细菌是构活性污泥絮凝体的主要成分,有很强的生物吸附能力和氧化分解有机物的能力。一旦菌胶团受到各种因素的影响和破坏,对有机物去除率则明显下降,甚至无去除能力。

活性污泥絮凝体的形成,在废水处理过程中微生物的生态演变中有重要作用,细菌形成菌胶团后可防止被以游离细菌为食料的微型动物所吞噬。在培育活性污泥的初期,微型动物吞噬游离细菌会导致细菌数目锐减,形成絮凝体后,细菌形成菌胶团聚集并被包埋,避免了被微型动物吞噬,使细菌得以生存和增殖。菌胶团细菌构成的活性污泥絮凝体有很好的沉降性能,使混合液在二次沉淀池中迅速地完成泥水分离。

非丝状菌性膨胀的活性污泥中没有大量的丝状菌存在,但含有过量的结合水,正常污泥的结合水为90%左右,而这种膨胀类型的SVI值可达400,结合水可达380%。因其含有大量水分,体积膨胀,而使污泥相对密度变小,压缩性能恶化。发生非丝状菌性膨胀时,其污泥外观体积显著增大,故亦称为水胀性污泥膨胀或菌胶团污泥膨胀。因其丝状菌很少或甚至看不到,即使看到也是为数极少的短丝状菌,故絮状体亦松散。非丝状菌性污泥膨胀发生的较少,一般占发生污泥膨胀的10%以下。

研究表明,引起非丝状菌污泥膨胀可能的原因主要有:污水水质成分(如含有高浓度脂肪和油酸或富含简单易降解的糖类、挥发性脂肪酸等);过高或过低的污泥负荷;水力停留时间过长;氮、磷等营养物质或某些微量元素缺乏;低温或温度波动。

高春娣等研究发现,在投加充足的磷源的情况下,进水BOD/N为100/3和100/2时,均发生高含水率的黏性菌胶团过量生长引起的非丝状菌污泥膨胀;在进水BOD/N为100/0.94这种极度氮限制的条件下,发生严重的非丝状菌膨胀。投加了充足的氮源后,在有机负荷为4 kg/(kg·d)的条件下污泥膨胀即能得到有效地控制。

王建芳等对发生非丝状菌膨胀的污泥镜检,发现原生动物和微生物的数量不多,以纤毛虫为主,污泥中只有很少量呈絮状的菌胶团,而呈指状的、放射状的菌胶团和球状菌胶团占污泥絮体的60%以上,而且污泥膨胀程度越大,这一比例越高。膨胀污泥胞外多聚物中多糖含量是正常污泥的一倍多,污泥的憎水性是正常污泥的1/4~1/2。胞外多聚物中高浓度多糖具有很强的亲水性,使得污泥具有很高的黏性和含水率,阻碍了污泥絮体的下沉和压缩,导致非丝状菌污泥膨胀的发生。

28.3　污泥膨胀成因

据报告,在发生污泥膨胀的污水处理厂,约有90%以上属于丝状菌性污泥膨胀。因此,主要从进水水质、环境条件和运转条件3方面来论述丝状菌膨胀的形成原因。

28.3.1　进水水质

进水水质在大量的实践中总结出的如下几种废水水质容易引起污泥膨胀。

(1)碳水化合物含量高的废水,含有大量可溶性有机物的废水。

废水水质对污泥膨胀有明显影响,一般认为污水中悬浮固体少,而溶解性和易降解的有机物组分较多,特别是含低相对分子质量的烃类、糖类和有机酸等类型基质的污水容易发生非丝状菌性污泥膨胀,例如啤酒、食品、乳品、石化、造纸等废水。

(2)陈腐或腐化的废水,含有大量H_2S的废水。

污水在下水管道、初沉池等储存设施中,停留时间过长,发生早期消化,使pH下降,产生利于丝状菌摄取的低分子溶解性有机物和H_2S,容易引起硫代谢丝状菌,如021N型菌、丝硫细菌、贝丝硫菌的过量增殖。现有的资料一致认为,含有H_2S的废水易引起污泥膨胀。当城市污水中的H_2S质量浓度超过1~2.5 mg/L时,就可能发生膨胀。污水中存在的硫化物,大部分是厌氧发酵过程中的一个副产物,在污水中厌氧发酵有大量小分子有机酸产生,它是曝气池在一定运行方式和负荷情况下造成污泥膨胀的主要原因,而H_2S是次要因素。

(3)含有有毒物质的废水。

当大量含有有毒有害物质的工业废水进入污水厂时,绝大多数情况下,活性污泥中的微生物要出现“中毒”现象。Novak在对非丝状菌膨胀的研究中发现,当活性污泥中菌胶团细菌吸收污水中的有毒物质后,黏性物质分泌量减少,生理活动出现异常,可能引起污泥膨胀。

(4)N,P含量不平衡的废水。

进水中营养物质缺乏或不平衡,除引发丝状菌膨胀外,还会导致非丝状菌污泥膨胀。高春娣等以SBR法处理啤酒废水(COD为600 mg/L)为研究对象,分析了N,P缺乏引起的非丝状菌污泥膨胀问题,认为当进水TP充足,BOD_5/P为100/0.6和100/0.3时发生高含水率黏性菌胶团菌过量生长引起了污泥膨胀,BOD_5/P为100/0.4时,混合液中出现大量高含水量的细胞外聚物,发生严重的非丝状菌污泥膨胀;当进水TP充足,BOD_5/N为100/3和100/2时,污水中营养失调,均发生高含水率的黏性菌胶团细菌过量生长引起了非丝状菌污泥膨胀。Wu C报道,对于完全混合式反应器在BOD_5/N为35/1时,就会形成N限制的情况,使得过量的碳源存在,微生物不能充分利用,吸入体内并转变为多聚糖类胞外储存物,此类物质具有高度亲水性,形成很多结合水,从而影响了污泥的沉降性能,造成高黏度污泥膨胀。吉芳英和杨琴等在除磷脱氮SBR系统的研究中也发现了高黏性污泥膨胀。楼少华和王涛等在一体化氧化沟的实际运行中发现了高黏性污泥膨胀。

(5)低pH的废水。

在活性污泥法工艺的运行中,为了使活性污泥正常发育、生长,曝气池的pH应保持在6.5~8.0范围内。pH较低会导致丝状真菌的繁殖而引起污泥膨胀。国内外研究报道,混合液的pH低于6.5时,有利于丝状真菌的生长繁殖,而菌胶团的生长受到抑制;当pH低至4.5

时,真菌将完全占优,活性污泥絮体遭到破坏,处理出水水质严重恶化。Storm 和 Hu 通过对不同 pH 下的研究发现,pH≤5 时有利于真菌繁殖。

28.3.2 环境条件

引起污泥膨胀的常见的环境因素主要有以下方面。

(1)水流流态及运转方式。

流态影响的关键是曝气池内的基质浓度梯度。Rensink 于 1982 年在 3 种不同流态的活性污泥试验模型中,进行比较得出,曝气池内的流态对丝状菌的生长有很大影响的结论。在完全混合式曝气池中负荷 0.1 ~0.5 kg BOD_5/(kg MLSS · d)都发生膨胀,而在推流式系统中,污泥负荷大于 0.5 kg BOD_5/(kg MLSS · d)才发生膨胀。而在间歇反应器内没有发现膨胀现象。

(2)流量和水质变化。

在实际污水处理工程的实践中,污水的流量、水质变化是其本质特性。王凯军等研究认为,在变化的水力负荷下,污泥的 SVI 呈上升趋势,具体分析为变负荷对于污泥沉降性能的影响是在高负荷、低溶解氧的状态下刺激了丝状菌的生长,且由于丝状菌生长过程的不可逆性,结果造成了污泥沉降性能的变化。日本的口田广的研究表明,在水质、水量发生变化时,特别当有机物浓度剧增时,极易引起污泥膨胀。比利时的 Meyers(1979)则认为,人为控制的冲击负荷对于低负荷的污泥膨胀有一定的控制作用。

(3)其他环境因子。

微生物的生长、发育、代谢过程受各种环境条件影响很大。pH、温度以及营养成分等环境因子对丝状菌的生长十分重要。

曝气池混合液的 pH 低于 6.0,有利于丝状菌的生长,而菌胶团细菌的生长则受到抑制;pH 降至 4.5 时,真菌将完全占优势,原生动物大部分消失,一些真菌迅速繁殖可以造成丝状菌型膨胀,严重影响污泥的沉降分离和出水水质;pH 超过 11,活性污泥即会破坏,处理效果显著下降。

不同的丝状菌具有其各自的最佳温度生长范围,如球衣菌的最佳生长温度在 30 ℃左右,丝硫菌、贝氏硫菌等的最佳生长温度在 30 ~36 ℃之间。如果温度较低,污水中微生物代谢速度较慢,会积储起大量高黏性多糖类物质,易形成高黏性污泥膨胀。温度也普遍影响丝状菌的生长,Knoop 等通过观察 *M. Parvicella* 细菌在低温下的生长情况,认为低温有利于丝状菌的生长。据报道,在低温、高负荷的情况下,可能发生非丝状菌型膨胀。

28.3.3 运行条件

引起污泥膨胀的运行条件主要介绍如下。

(1)负荷的影响。

负荷对污泥沉降性能的影响比较复杂,很多报道是由于研究者的背景以及研究条件的不同,研究结果有时互相矛盾。Chudoba 在 20 世纪 70 年代进行一组试验结果表明,完全混合式活性污泥系统中,随着负荷的增大,SVI 值呈下降趋势。而推流式活性污泥系统中,SVI 的变化规律则相反。一般认为,在低负荷时,进水底物浓度低,由于基质的限制而引起污泥膨胀。低 F/M 的情况通常出现在完全混合式曝气池、大回流比的氧化沟(如 Carrousel 氧化沟)、沿程分散进水曝气池中。

Pipes 调查研究了 32 个活性污泥处理厂,发现合适的污泥负荷在 0.25 ~0.45 kg/(kg

MLSS·d)范围内,低于或高于这个范围会导致高的SVI值。Chao和Keinath在实验研究中发现,负荷在0.6~1.3 g COD/(g MLSS·d)和大于1.8 g COD/(g MLSS·d)范围内易发生膨胀。污泥负荷对污泥沉降性能的影响如图28.2所示。

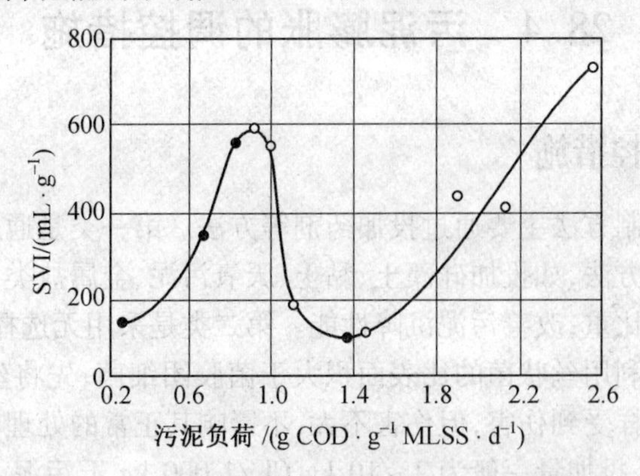

图28.2　污泥负荷对污泥沉降性能的影响

污泥负荷与膨胀之间的关系是非常复杂的,原因是还有其他许多因素如污水性质、运行条件等同时影响污泥膨胀。

(2)溶解氧。

在曝气池中低溶解氧浓度的条件下,大部分好氧菌几乎不能继续生长繁殖。因为丝状菌的菌丝比较长,比表面积大,更易夺得溶解氧并迅速生长繁殖。另外,丝状菌的饱和常数K_b值低,对低浓度溶解氧有很大的亲和力,因此在低溶解氧的环境中,丝状菌是优势菌属。

负荷与溶解氧之间的关系对SVI有十分密切的影响。Palm等对负荷与溶解氧关系对SVI的影响进行详细研究表明,只要溶解氧成为限制,在任何负荷下都可能发生膨胀。同样,只要负荷足够高,在任何溶解氧的条件下也可能发生污泥膨胀。溶解氧在0.1~6.0 mg/L之间时,随着有机负荷的不同,活性污泥均有可能发生污泥膨胀。Segzin等研究结果表明,在高有机负荷的情况下,推流式系统在缺氧时引起膨胀。在高污泥负荷下,"安全"溶解氧值很高。陈滢,彭永臻等在研究用SBR工艺处理实际生活小区污水时发现,在低溶解氧条件下,有机负荷为0.20 kg/(kg·d)和0.26 kg/(kg·d)时,活性污泥中虽有丝状菌存在,但没有发生污泥膨胀。当有机负荷升高至0.57 kg/(kg·d)时,发生了非丝状菌污泥膨胀。长期的高负荷,低溶解氧浓度条件下可引起非丝状菌污泥膨胀。

关于引起膨胀的低DO的具体范围在文献里有不同的报道,Sezin等的研究发现,曝气池混合液中DO质量浓度小于1.0 mg/L时会引起污泥膨胀;德国一研究小组则认为曝气池中DO质量浓度小于2.0 mg/L时会导致污泥膨胀;而Palm等的研究结果表明,DO浓度在膨胀与非膨胀之间并没有一个固定的临界值,而是与污泥负荷有关,即负荷越高对应的临界值越大。Chudoba曾报道过推流式反应器当超过一定负荷($F/M>0.5$ kg BOD_5/(kg MLSS·d))时会发生污泥膨胀。

(3)污泥龄(SRT)。

钱易等对污泥龄与SVI的相关关系进行研究表明,在两者之间不存在数量上的相关关系。认为泥龄对污泥沉降性能的影响,实际上是通过受其他影响的很多因素来发生作用。

(4)运行方式和处理工艺。

研究证明,在活性污泥处理系统中,污泥膨胀出现频率最高的是初沉池水力停留时间长,采用完全混合式和曝气池采用沿程分散进水的污水处理厂。而推流式曝气池中形成底物梯度,这有利于污泥絮凝性的增强,发生污泥膨胀的概率较低。

28.4 污泥膨胀的调控措施

28.4.1 应急调控措施

早期的污泥膨胀控制方法主要通过投加药剂等方法。第一类是通过增加絮体的比重或者增加絮体的沉淀速度的方法,如投加硅藻土、黏土、厌氧污泥、金属盐类。此外还可以投加一些混凝剂也可以增加絮体比重,改善污泥沉降性能。第二类是采用无选择性的,对微生物有毒害作用的药剂或氧化剂。利用丝状菌的比表面积大于菌胶团细菌;先将丝状菌毒害抑制其生长过程。而菌胶团细菌同样受到伤害,但伤害不大,不影响其正常的处理功能。具有代表性的是采用回流污泥加氯措施,投加量一般为2~10 kg Cl_2/1 000 kg 干污泥。既可以控制曝气池内的污泥膨胀,也可以对二级处理出水进行消毒,同时还使控制污泥膨胀所需要加氯量最少。此类方法的优点是能够迅速、有效地控制住污泥膨胀地发生和发展,但是停止加药后污泥膨胀重新产生。此类方法没有解决污泥膨胀的根本原因,治标不治本。需要对影响污泥膨胀的各种因素和丝状菌的生长特性进行透彻了解,才能对症下药,很好地控制污泥膨胀地发生。

28.4.2 工艺设计控制措施

在污泥膨胀的控制中,最重要的是从源头,即工艺设计阶段就防止污泥膨胀的发生,对不同的污水水质,采用不同的处理工艺,这是设计正常运行的污水处理厂的基本原则。

为避免污水早期消化,可采取适当的措施,如使下水道具有合适的坡度以防止污水长时间停留;调节池、沉砂池水力停留时间不宜过长等。减小污水厂初沉池的体积或取消初沉池,以提高曝气池中的悬浮物浓度,使污泥沉降性能改善,防止污泥膨胀现象的发生。

设置污泥再生池,在曝气池中补充生物填料或采用射流曝气等方法控制污泥膨胀,射流曝气的供氧方式可以有效克服浮游球衣细菌引起的污泥膨胀。

从生物反应器池形构造设计角度考虑,宜选用推流式而不是完全混合式曝气池。在曝气池前端通过设置高负荷接触区(也称生物选择器),池中混合液呈推流状态,形成一个明显的底物浓度梯度来克服污泥膨胀。设置调节池,对进水水质、水量进行均衡,使曝气池的负荷保持在一个比较稳定的范围内,这可在一定程度上防止污泥膨胀的发生。

28.4.3 工艺运行调控措施

1.污泥膨胀的调控措施

工艺运行调节控制措施适用于运行过程中因为工艺条件控制不当而产生的污泥膨胀。

(1)溶解氧控制。

在溶解氧方面,必须控制在曝气池出口值不低于3.0 mg/L,曝气池首端保证不低于1.0 mg/L的溶解氧值。如果首端曝气量不能有效满足,可以通过利用降低进流水量和减少活性污泥回流比的方法来满足。二次沉淀池内溶解氧的检测值低于0.5 mg/L,就应该调整以保证二次沉淀池内的活性污泥能够在较短的停留时间内回流到曝气池,以免丝状菌在此部位发生环境优势增殖。

(2)食微比值(*F/M*)的控制。

食微比的问题导致丝状菌的膨胀不是在短时间内完成的,通常在3个月以上才有可能是因为食微比的问题导致了丝状菌的膨胀,有鉴于此,因为食微比导致的丝状菌膨胀,调控方法也就是让偏离正常值的食微比回归到正常控制范围内。最佳的食微比值在0.15左右,低于0.05的情况是尽量需要避免的。

活性污泥食微比的控制,本质上是由进水有机物浓度值和活性污泥浓度两方面来决定的。为此,通过主动降低活性污泥浓度的方法可以缓解食微比过低的情况。在食微比控制值修正到正常值后,对轻中度的因负荷原因导致的丝状菌膨胀。可以起到有效抑制作用。

(3)调节pH。

丝状菌对高pH污水、废水的适应能力远低于对低pH污水、废水的适应能力,为此,运用高pH废水来抑制丝状菌的高度膨胀是非常常用和有效的方法。基于丝状菌的比表面积大于菌胶团的比表面积,所以在理论上,丝状菌应对急性环境恶变的能力总体而言是低于菌胶团的。

根据实践经验,控制曝气池pH在10.0,持续时间4 h左右能够对丝状菌起到明显的抑制和杀灭作用。

(4)利用漂白粉抑制和杀灭丝状菌。

利用漂白粉抑制和杀灭丝状菌,就原理上不难理解,因为漂白粉是杀菌剂,对微生物具有极好的杀菌作用,可以运用漂白粉的这个特性对丝状菌进行抑制和杀灭。根本理由方面的解释还是丝状菌比表面积巨大,吸收杀菌剂的能力也强于菌胶团,同时菌胶团在受到杀菌剂冲击的时候。仍然会通过舍去外围的部分微生物,来保全菌胶团内部的主体部分。

利用漂白粉来抑制和杀灭丝状菌的使用环境,重点是针对极度膨胀和高度膨胀的丝状菌,对中轻度不适用。因为越是丝状菌繁殖不占优势,运用漂白粉杀灭丝状菌时对菌胶团的影响就越大。

一般来说漂白粉的投加量按70~90 g/m^3计算即可。投加过量很可能将正常菌胶团全部杀灭,而投加过少很可能没有起到任何作用,反而使生化系统出水出现恶化。

(5)回流污泥再生法。

在脱氮除磷工艺中,将二沉池排出的回流污泥排入一单独设置的曝气池内进行曝气,将微生物体内储存物质氧化 ,从而使菌胶团细菌具有最大吸附和储存能力,使污泥得到充分再生并恢复活性,可在与丝状菌的竞争中获得优势,抑制丝状菌的过量繁殖。

(6)投加填料。

填料主要作为载体来吸附、凝聚丝状菌和污染物,增加比重,从而提高分离速率。例如,荷兰的Bodegraven污水处理厂的污泥膨胀问题,通过投加特殊形状的滑石粉(5~150 μm)得以解决。

2. 丝状菌膨胀的应对措施

如果确定污泥膨胀是因为丝状菌而引起的,还要通过对各种运行条件的分析确定所属的具体膨胀类型,然后对症下药,具体可分为以下两种情况。

(1)非结构型丝状菌膨胀。

非结构型丝状菌膨胀的主要特征是大量丝状微生物,不见附着生长物,不形成絮体。对于这种类型,由于其与菌胶团菌之间有拮抗关系,一般只有通过投加药剂的方法,将其生长抑制。最常用的药剂有氯和过氧化氢,以氯为多。加氯的目的是为了杀死附着在絮体微生物表面的丝状菌。加氯量和投加地点是两个重要的参数，由于这两类细菌对氯的敏感性没有明显的差别，因此氯的投加量要控制到刚好能杀死丝状菌而不能或少伤害到絮体微生物，一般投加量为 1～10 g 有效氯/(kg MLSS · d)，投加的时候要从小剂量开始，逐渐增加至预期的效果。投加地点可选择在:①回流活性污泥中紊流程度大的地方,如管道的转弯处、回流污泥泵的入口处等;②二沉池的中央配水井或进水廊道;③多点加氯的方式。对于没有外鞘的丝状菌,在系统中加氯几天后 SVI 就会下降到正常水平。对于有外鞘的丝状菌，只有通过排泥 SVI 才会回到正常的状态，这大约需要 2～3 个污泥龄的周期

(2)结构型丝状菌膨胀。

根据引起产生结构型丝状菌膨胀的不同情况采取相应的控制措施,具体方法如下。

①低基质浓度的限制。通过提高食微比(F/M)或使用选择器来控制，改变工艺的运行方式也可以有效地提高底物浓度,如采用推流式运行或将曝气池分成若干个小格、间歇序批运行、间歇进水等。

②低溶解氧限制。工程中往往是由于高负荷引起的低 DO,通过降低食微比(F/M)提高曝气池的 MLSS，使得 F/M 处于不易膨胀的中等负荷状态；或在曝气池前段增设好氧选择器；或增加曝气量，提高风机的供风量;或改用更高充氧效率的设备等。

③营养盐缺乏(N,P)。调整废水中的 C,N,P 的比例,使 BOD_5：N：P 回到 100：5：1 或 100：6：1.2 的正常水平。在恢复正常后，可考虑将 BOD_5：N：P 保持在 100：4：0.18。

④低 pH 冲击。低 pH 有利于丝状真菌的生长,干扰菌胶团的正常生长，可通过加碱的方式，使进曝气池的废水 pH 控制在 7.12～8.15 范围内。

⑤腐败废水或高 H_2S。根据前面所述,这种废水引起的膨胀可归纳到低溶氧限制的膨胀类型,可考虑相应的控制对策。

参考文献

[1]马放,杨基先,魏利. 环境微生物图谱[M]. 北京:中国环境科学出版社,2010.

[2]哈雷,谢建平. 图解微生物实验指南[M]. 北京:科学出版社,2012.

[3]赵庆祥,长英夫. 污水处理的生物相诊断[M]. 北京:化学工业出版社,2012.

[4]周凤霞,陈剑虹. 淡水微型生物与底栖动物[M]. 北京:化学工业出版社,2011.

[5]曹军卫,沈萍,李朝阳. 嗜极微生物[M]. 武汉:武汉大学出版社,2004.

[6]小泉贞明,水野丈夫,钱晓晴,等. 图解实验观察大全[M]. 北京:人民教育出版社,2006.

[7]韩伟,刘晓晔,李永峰. 环境工程微生物学[M]. 哈尔滨:哈尔滨工业大学出版社,2010.

[8]高桥俊,张自杰. 活性污泥生物学[M]. 北京:中国建筑工业出版社,1978.

[9]沈韫芬. 原生动物学[M]. 北京:科学出版社,1999.

[10]于淼,黄勇,李勇,等. 废水生物脱氮除磷工艺技术经济比较分析[J]. 环境科学导刊,2008(4):53-56.

[11]周利,彭永臻,黄志,等. 丝状菌污泥膨胀的影响因素与控制[J]. 环境科学进展,1999(1):88-93.

[12]陈滢,彭永臻,刘敏,等. SBR 法处理生活污水时非丝状菌污泥膨胀的发生与控制[J]. 环境科学学报,2005(1):105-108.

[13]于安峰. 好氧-厌氧耦合体系污泥减量化的机理研究及工程应用[D]. 北京:清华大学,2008.

[14]吴昌永. A^2/O 工艺脱氮除磷及其优化控制的研究[D]. 哈尔滨:哈尔滨工业大学,2010.

[15]彭永臻,吴蕾,马勇,等. 好氧颗粒污泥的形成机制、特性及应用研究进展[J]. 环境科学,2010(2):273-281.

[16]邢德峰. 产氢-产乙醇细菌群落结构与功能研究[D]. 哈尔滨:哈尔滨工业大学,2006.

[17]朱海霞,陈林海,张大伟,等. 活性污泥微生物菌群研究方法进展[J]. 生态学报,2007(1):314-322.

[18]王兵,李巧燕,李永峰. "活性污泥-生物膜"处理废水复合生物工艺[M]. 哈尔滨:哈尔滨工业大学出版社,2014.

[19]王家玲,臧向莹,王志通. 环境微生物学[M]. 北京:高等教育出版社,1988.

[20]沈萍. 微生物学[M]. 北京:高等教育出版社,2000.

[21]李永峰,李巧燕,王兵. 环境生物技术:典型厌氧环境微生物过程[M]. 哈尔滨:哈尔滨工业大学出版社,2014.

[22]王凯军. 活性污泥膨胀机理与控制[M]. 北京:中国环境出版社,1993.

[23]MICHAEL H G, BRITTANY L. Microscopic examination of the activated sludge process[M]. American:A John Wiley & Sons, Inc. ,2008.

[24]BORREGAARD V R. Experience with nutrient removal in a fixed-film system at full-scale wastewater treatment plants[J]. War. Sci. Technol. ,1997,36(1):129.

[25]GONCALVES L E, LE-GRAND L, ROGALLA R. Biological phosphrus uptake in submerged biofihers with nitrogen removal[J]. Wat. Sci. Technol. ,1994,29(10-11):119-125.

[26]SAKAI Y, NITTA Y, TAKAHASHI F. A submerged filter system consisting of magnetic tubular

support media covered with a biofilm fixed by magnetic force[J]. War. Res. ,1994,28(5):1175-1179.

[27]SMITH L P. Submerged filter biotreatment of hazardous leachate in aerobic,anaerobic and anaerobic/aembic systems[J]. Hazardous Waste & Hazardous Materials,1996,12(2):167-183.

[28]CHUDOBA P,PUJOL R. A three-stage biofiltration process:performances of a pilot plant[J]. Wat. Sci. Technol. ,1998,38(8-9):257-265.

[29]DEMOULIN G. Co-current nitrification/denitrification and biological P-removal in cyclic activated sludge plants[J]. Wat. Sci. Technol. ,1997,35(1):215-224.

[30]GENDER M,JEFERSON B,JNDD K. Aerobic MBRs for domestic wastewater treatment:a review with cost con-sideration[J]. Separation and Purification Technol. ,2002,18:119-130.

[31]GORONSZY M C. Aerated denitrification in full scale activated sludge facilities[J]. Wat. Sci. Technol. ,2007,35(10):103-110.

[32]GORONSZY M C. The cyclic activated sludge system for resort area wastawater treatment[J]. Wat. Sci. Technol. ,1995,32(9-10):105-114.

[33]HOWELL J A. Suberitical flux operation of microfiltratior L[J]. Journal of Membrane Science, 1995,107:165-171.

[34]JANG A,YOON Y H,KIM I S,et al. Characterization and evaluation of aerobic granules in sequencing batch reactor[J]. J. Biotechnol. ,2003,105:71-82.

[35]JIANG H L,LAY J H,LIU Y,et al. Ca^{2+} augmentation for enhancement of aerobically grown microbial granules in sludge blanket reactors[J]. Biotechnol. Lett. ,2004,25:95-99.

[36]KWON D Y,VIGNSWARAN S. Influence of particle size and surface charge on critical flux of crossflow microfil-tration[J]. Wat. Sci. Technol. ,1998,38:481-488.

[37]LIN Y M,LIU Y,LAY J H. Development and characteristics of phosphorus-accumulating microbial granules in sequencing batch reactors[J]. Appl. Microbiol. Biotechno. ,2003,62:430-435.

[38]LIU H,RAMNARAYANAN I,LOGAN B E. Production of electricity during waste water treatment using a single chamber mierobialfuel cell[J]. Environ. Sci. Technol. ,2004,38:2281-2285.

[39]LO K V,LIAO P H,GAO Y C. Anaerobic treatment of swine wastewater using hybrid UASB reactors[J]. Bioresource Technol. ,1994,47(2):153-157.

[40]LOGAN B F. Extracting hydrogen and electricity from renewable resources:a roadmap for establishing sustainable processes[J]. Environ. Sci. Technol. ,2004,38:160-167.

[41]LOGAN B E. Biological hydrogen production measured in batch anaerobic respirometers[J]. Environ. Sci. Technol. ,2002,36:2530-2535.

[42]SRINATH T,VERMA T,RAMTEKE P W,et al. Chromium(Ⅵ)biosorption and bioaccumulation by chromate resistant bacteria[J]. Chemosphere,2002,48:427-435.

[43]RICKARD D,GRIFFITH A,OLDROYD A,et al. The composition of nanoparticulate mackinawite,tetragonal iron(Ⅱ)monosulfide[J]. J. Chem. Geol. ,2006,235(3-4):286-298.

[44]LARRY L B. Sulfate reducing bacteria[M]. New York:Plenum Press,1995.

[45]DEMIRBAS A. Biodiesel:a realistic fuel alternative for diesel engines[M]. London:Springer,

2008.

[46]EDINGER R,KAUL S. Humankind's detour toward sustainability:past,present,and future of renewable energies and electric power generation[J]. Renew Sustain Energy Rev. ,2000(4):295-313.

[47]GOLTSOV V A,VEZIROGLU T N. A step on the road to hydrogen civilization[J]. Int. J. Hydrogen Energy,2002,27:719-723.

[48]HANSEN A C,ZHANG Q,LYNE P W L. Ethanol-diesel fuel blends:a review[J]. Biores. Technol. ,2005,96:277-285.

[49]NATH K,DAS D. Hydrogen from biomass[J]. Current Sci. ,2003,85:265-271.

[50]QUAKERNAAT J. Hydrogen in a global long-term perspective[J]. Int. J. Hydrogen Energy,1995,20:485-492.

[51]VEZIROGLU T N. Dawn of the hydrogen age[J]. Int. J. Hydrogen Energy,1998,23:1077-1078.

[52]WANG D,CZERNIK S,CHORNET E. Production of hydrogen from biomass by catalytic steam reforming of fast pyrolysis oils[J]. Energy Fuels,1998,12:19-24.

[53]DEMIRBAS M F,BALAT M. Recent advances on the production and utilization trends of biofuels:a global perspective[J]. Energy Convers Manage,2006,47:2371-2381.

[54]DERWENT R G,COLLINS W J,JOHNSON C E,et al. Transient behavior of tropospheric ozone precursors in a global 3-D CTM and their indirect greenhouse effects[J]. Climatic Change,2001,49:463-487.

[55]KIM S,DALE B E. Life cycle assessment of various cropping systems utilized for producing biofuels:bioethanol and biodiesel[J]. Biomass Bioenergy,2005,29:426-439.

[56]HANSEN A C,ZHANG Q,LYNE P W L. Ethanol-diesel fuel blends:a review[J]. Biores. Technol. ,2005,96:277-285.

[57]DEMIRBAS A. Biodiesel: a realistic fuel alternative for diesel engines[M]. London:Springer,2008.

[58]EDINGER R, KAUL S. Humankind's detour toward sustainability: past, present, and future of renewable energies and electric power generation[J]. Renew Sustain Energy Rev. ,2000(4):295-313.